地震学中的 Lamb 问题（下）

张海明　冯　禧　著

科学出版社

北　京

内 容 简 介

　　本书分为上下册，以地震学中经典的 Lamb 问题为主题，系统地论述了地震学的基础理论以及 Lamb 问题的两种解法。上册介绍了理论地震学的基础知识，并在回顾 Lamb 问题研究历史的基础上，系统地介绍了 Lamb 问题频率域解法的基础理论和数值实现；下册主要探讨 Lamb 问题的时间域解法，运用 Cagniard-de Hoop 方法，首先对二维问题得到闭合形式的解答，然后对三维问题，在得到积分表达的基础上，分别针对三类 Lamb 问题以及推广的运动源 Lamb 问题做细致的分析，最终得到时间域的广义闭合形式解答。本书对理论和方法的叙述力求详细、清楚，便于读者自学。

　　本书可作为各高校地球物理学科的高年级本科生和研究生的参考书，对相关专业的高校教师和科研人员也有一定的参考价值。

图书在版编目 (CIP) 数据

地震学中的 Lamb 问题. 下/张海明，冯禧著. —北京：科学出版社，2024.4
ISBN 978-7-03-076534-5

Ⅰ. ①地…　Ⅱ. ①张…②冯…　Ⅲ. ①地震学–研究　Ⅳ. ①P315

中国国家版本馆 CIP 数据核字 (2023) 第 188964 号

责任编辑：王　运　赵　颖／责任校对：王　瑞
责任印制：赵　博／封面设计：北京图阅盛世

科 学 出 版 社 出版
北京东黄城根北街 16 号
邮政编码：100717
http://www.sciencep.com

北京厚诚则铭印刷科技有限公司印刷
科学出版社发行　各地新华书店经销

*

2024 年 4 月第　一　版　开本：787 × 1092　1/16
2025 年 1 月第三次印刷　印张：33
字数：780 000
定价：198.00 元
(如有印装质量问题，我社负责调换)

序　一

2021 年 3 月 31 日，海明加了我的微信，告诉我他刚出版了一本关于 Lamb 问题的新书。几天后，我就收到了《地震学中的 Lamb 问题 (上)》。此前，我读过他在理论地震学领域发表的系列论文，了解到他在 Lamb 问题的研究上颇有建树。这次翻阅他的新书，又有新的惊喜。这既是一本以 Lamb 问题为主题的高级科普性专著，也是一本颇具特色的理论地震学教科书和参考书。翔实的地震学发展史料，流畅的文字表达，严谨且详细的数学推导，图文并茂且精准的描述，加上由浅入深的章节安排，阅读起来确是一种享受。

去年底，再次收到海明的微信好消息，他和他的学生冯禧合著的《地震学中的 Lamb 问题 (下)》也即将正式出版，并发来了电子版书稿，邀请我为他们的新作写个序，我欣然接受，写下几句心得与大家分享。

与上册相比，下册更是名副其实的理论地震学专著。作者全面探讨了 Lamb 问题的时间域解法，运用 Cagniard-de Hoop 方法，推导出一般情形下的二维 Lamb 问题的闭合形式解析解和一般情形下的三维 Lamb 问题的广义闭合形式解析解。至此，地震学中的这道百年理论难题得以全面解答，值得庆贺！

回想起来，除了科研上的交流，我和海明其实并没有太多的私人交往。如果没有记错，我只是在参加北京大学理论与应用地球物理研究所的学术活动时与他有过短暂的见面。在我的心里，海明更是一位学术知己。认识海明之前，我从国内的同行，特别是他的北京大学同事那里早就听说他人好，科研做得不错。从 2005 年开始到 2020 年新冠疫情暴发前，我几乎每年都在中国科学院大学 (国科大) 的暑期小学期班讲授计算地震学。2009 年开始，海明也在国科大讲授理论地震学课程。由于海明的课安排在大学期，我们俩并没有在那里碰上面。这两门课程的内容、方向相近，有不少学生都有选修。课余，就有不少学生向我介绍他们的理论地震学课程和老师，由此我了解到海明的专业课也讲得好。

我对 Lamb 问题的解析解特别感兴趣，不仅仅是因为它的理论意义，更是因为它在地震学，特别是计算地震学中的应用价值。二十多年前，我开始编写一些谱方法计算软件，用于模拟分层介质中的同震、震后形变，以及人工合成地震图。众所周知，谱方法有一内在不足：谱积分的有限频率采样和有限频率上限都会导致时空域的假频信号 (aliasing)，影响数值模型的精度。特别是在计算近场形变时，由于信号频带宽，如果能利用均匀半空间相应问题的解析解作为分层半空间渐近解，则能有效加快数值谱积分的收敛。例如，负荷问题中的 Boussinesq 解以及位错问题中的 Okada 解，都是我们非常熟悉并普遍应用的半空间的静态弹性形变问题的解析解。此前，对于三维动态地震形变问题，一般情形下仅有无限空间的 Stokes-Love 解可用。现在，终于有了更加实用的三维 Lamb 问题的 Feng-Zhang 解，可以有效解决近场人工合成地震图的快速收敛问题。Feng-Zhang 解在地震学中的更广泛的应用还有待我们进一步去开发。

与其他自然科学分支一样，地震学发展到今天的信息化时代，各种黑匣子式的计算软件比比皆是，导致越来越多的年轻人不再愿意自己推导公式和编程了。另外，随着社会风气的日渐浮躁，不少高校和科研院所简单量化学术评价模式，年轻人的生活和工作压力大，难挡短线利益的诱惑。像海明这样，十几二十年如一日，不计较个人得失，认真、静心地做好自己偏爱的基础研究，并取得突破性的成果，实属不易，人才难得。

期待海明在理论地震学领域不断取得更大的成就！

汪荣江

德国地球科学中心资深研究员

2023 年 1 月 12 日

于德国柏林

序 二

经作者的努力和坚持，《地震学中的 Lamb 问题 (下)》完成了。该书的上册出版刚一年多之后，作者就按计划完成了 500 页左右的下册书稿，笔者实在为作者的勤奋所感动，也为能够成为最早的读者之一而感到十分荣幸。相信所有相关的专业人员和学生都会因该书的早日出版而受益。

众所周知，Lamb 问题是地震学中最为经典的理论问题之一，可谓是理论及应用地震学大厦的根基。该问题的研究过程让人们看到地震学理论是怎样在经典力学的基础上建立起来的。忽略了这个根本，我们将难以真正准确地理解相关的地震学基本概念，系统、深入地理解地震震源动力学和地震波传播现象的内在本质。作者历经千辛万苦完成的这部著作，在学风浮躁的今天，尤其有着不可低估的价值和意义，也成为当代学者的榜样。

在上册的基础上，作者在下册中更多地详尽阐述了作者及其弟子的研究成果，它把我们直接带到了当代理论地震学的前沿，展现了有关 Lamb 问题的最新研究成果和前沿思考。该书对涉及内容的理论推导之详尽，研究探讨之深入，在同类教科书中是绝无仅有的。该成果具有重要的实际应用价值，这成为该书的一大特色，充分展现了作者的科学思维之聪慧，数学功底之深厚，同时也大大降低了阅读理解的难度。详细读过该书的读者必将从中获得难以从其他著作中获得的智慧和享受。

作者是当代国际学术界对 Lamb 问题研究最有成就的少数学者之一，该书所展现的研究成果已经获得了国际学术同行的认可和引用，做出了我国地震学家在理论地震学领域的贡献。正由于这一背景，读者在该书中可以看到作者独立完成的、与理论推导配合的数值模拟结果。这无疑非常有益于读者理解相关的物理概念，更加容易建立相关的物理图像，从而成为该书的另一重要特色。

如上所述，该书的诸多特色使其既是一本难得的教科书，也是一部难得的学术专著。这在我国的同类教科书中是绝无仅有的。相信该书的出版必将有力推进我国的理论和应用地震学研究，为培养我国新一代优秀的地震学家做出重要贡献。

中国地震局地质研究所研究员

2022 年 12 月于北京

序　三

在全球范围内目前已经有不少优秀的地震学教材，但是海明教授的书在很多方面都独具特色。这本下册是上册的延续。为了更全面地理解内容，两册需要一起学习。

海明教授在上册中将这套书定位为一部值得阅读的"高等地震学的基础性科普专著"，作者无疑实现了这个目标。

首先是科普性。尽管这套书涉及困难的课题，充满了公式推导，但是流畅的文字、详尽的解释、历史叙述和轶事笔记使阅读变得更加容易和愉快。海明教授将他二十多年的学习心得和教学科研经验融入书中，从利于学生成长的角度写作，使得这本书更容易学习。这本书特别适合那些有较强的数学和物理基础，但困扰于为什么要努力学习以及学了有啥用的学生。它将你的注意力集中在解决一个世界级的问题上，同时仍然能享受数学推导之美的乐趣；抑或让你看到，跳过许多公式之后，柳暗花明的美景。

其次是基础性。Lamb 问题是地震学中最基本的问题之一。它试图找到半空间中弹性波传播的广义闭合形式的解析解。为了实现这些目标，本套书涵盖了弹性动力学的基本定理和震源表示理论，这是地震学的两大支柱。在此基础上，书中还涉及了 Green 函数、表示定理、波动方程、体波和面波相关的基本问题，以及在解决 Lamb 问题的过程中求解波动偏微分方程、Fourier 分析和 Cagniard-de Hoop 方法的多种技术。

最后，这是一部高等地震学的专著。研究者们试图解决 Lamb 问题的历史已逾百年。包括 Rayleigh、Lamb、Pekeris、Chao、Johnson、Richards 和 Kausel 等在内的著名学者已经对这些问题做了相关的工作。然而，海明教授和他的学生冯禧在解决第二类、第三类以及运动源 Lamb 问题方面做出了基础性的贡献，将问题的 Green 函数解表示为广义闭合形式，从而使计算效率有几个数量级的提升。这部分的内容主要在下册。在解决这一世界级的基础问题上，能与世界著名学者并列，这本身就是海明教授作为中国科学家对世界的重要贡献。

以上是我对此书的特点和作者写此书用意的理解。因此，此书不是一本全面的地震学教科书，而是更注重于对一个问题 (Lamb 问题) 的深入理解。地震学博大精深，较全面的地震学教科书已经有不少，尤其是国外学者写的。当我还在著名的加州理工学院地震实验室读研究生时，我上了 7 门地震学或相关课程（分别由 Kanamori、Tanimoto、Clayton、Harkrider、Helmberger、Anderson 和 Grand 几位教授讲授）。每个人都有不同的教学方法，强调不同的方面。从这个角度讲，海明教授的著作是对丰富世界地震学著作的一个非常特殊的贡献。

一年多前，海明教授问我是否可以为这本书写序。在看到上册和下册的书稿后，我立刻被这本书所吸引，并同意写一篇序言，但是繁忙的日程总是打断我的计划，尽管如此，我一直告诉海明，我会写的，因为我确实乐意。也因此每次想执笔写的时候，会多翻看一眼，享受其中的乐趣。除了这本书本身的吸引力之外，海明追求纯粹知识的热情给我留下了深刻的印象，这来源于我在几年前全职到北京大学工作后对他的了解。他的追求和热情对任何一个读这本书的读者来说也是显而易见的。在当今快速发展的大环境下，能坐在办公桌前安静地推导公式和写教科书是一件非常有挑战的事。因此，我希望年轻的研究生和科研人员不仅要掌握基本的研究技能，同时也应培养对科学的纯粹热情。特别是，我国迫切需要未来一代不仅有优秀的观测地震学家，而且有世界级的理论地震学家。我希望你们中的一些有志者能高高举起这个火炬。

宋晓东

北京大学地球与空间科学学院讲席教授

2023 年 12 月 25 日

前　言

作为《地震学中的 Lamb 问题 (上)》(以下简称"上册",对应地称本书为"下册")的姊妹篇,下册中有关内容选择和安排、表达方式等的指导思想与上册前言中所述的一致,不再赘述。不过,与上册相比,下册有一些特别之处。

如果说上册的前 4 章为了引出 Lamb 问题而做的理论地震学背景介绍,使得上册还具有部分教材的特点,那么这本下册集中于论述 Lamb 问题的时间域解法的特点就使得其属性是专著了。在上册第 6 章中介绍的频率域解法中,最终时间域的位移场可以表示为波数和频率的双重积分,并通过离散 Fourier 变换实现。我们曾不止一次地提到过,Lamb 问题的最佳解法是基于 Cagniard-de Hoop 方法的时间域解法。运用这种时间域解法,二维问题直接可以得到闭合形式的解析解,而三维问题中时间域的位移场表示为一重积分。这个优势是明显的,对于二维问题,我们可以直接根据其解析解做各种理论分析;对于三维问题,直接在时间域中计算积分可以避免频率域解法中必须面对的由于离散 Fourier 变换带来的问题①。但是,相应的代价是,对应于交给计算机做离散 Fourier 变换的那一重积分的工作就需要由人来完成,这无疑会增加人的工作量,并且因为理论分析的过程涉及复变积分,需要细致地处理各种技术问题。甚至,如果我们把目标定得更高一些,希望将三维问题的积分从理论上得到其最简形式,就涉及更为复杂和细致的分析,这对于非数学专业的从事地震学学习和研究的大多数学生和研究人员来说,是个颇有难度的挑战。

在上册的第 5 章对 Lamb 问题的研究历史回顾中,我们曾经提到 Johnson (1974) 已经得到了形式上非常完备的三维 Lamb 问题 Green 函数及其一阶空间导数的积分解,并且后续的研究 (如 Richards (1979) 和 Kausel (2012)) 对于第一类 Lamb 问题②进行了详尽的理论分析,获得了形式上非常简化的广义闭合形式解。对于第二类和第三类 Lamb 问题,因为不涉及像第一类 Lamb 问题那样必须通过理论分析来处理的主值积分,直接采用数值积分技术就可以得到 Lamb 问题的 Green 函数及其一阶空间导数的数值结果。因此,从实际计算的角度看,结合数值分析,已经可以实现各种情况下 Lamb 问题的计算了。但是另一方面,可以从数学上进一步提出的问题是:既然第一类 Lamb 问题得到了最简形式的广义闭合形式解,那么对于第二类和第三类问题,以及 Lamb 问题的推广应用——运动源 Lamb 问题,是否也存在广义闭合形式解? 如果有,具体如何求解? 在过去的几年中,我们对于这个问题进行了深入的研究,目前已经系统地解决了整个问题 (Feng and Zhang, 2018, 2020, 2021)。如果说有什么遗憾,那就是对于各类 Lamb 问题的求解多数都是散落在不同的英文文献中,并且限于论文的篇幅,往往叙述较为简略;稍微详细一些的博士学位论文 (冯禧,

---

① 正如在上册第 7 章中显示的那样,对于时间域中尖锐的变化,采用离散 Fourier 变换不可避免地会出现显著的 Gibbs 效应。

② 回顾在上册 1.1.1.2 节中,为了叙述问题方便,我们根据源点和场点所处位置的不同,把 Lamb 问题分为三类。第一类问题中,源点和场点都位于地表;第二类和第三类问题中,源点都位于地下,但是场点分别位于地表和地下。

2021)，其中也省略了很多步骤，恐怕多数读者难以复现论文的推导[①]。

本书的写作正是为了弥补这个遗憾，我们的目标是：在一个统一的符号体系内，以多数读者可以无障碍地复现的详细程度，由浅入深地、系统和完整地介绍二维和三维 Lamb 问题的时间域解法，得到二维问题的闭合形式解，以及三类三维问题及其推广形式——运动源 Lamb 问题的积分解答和其对应的广义闭合形式解答。在此基础上进行理论分析，并通过数值结果揭示 Lamb 问题的性质和特点，试图使读者详细和全面地了解 Lamb 问题的求解。但是，Lamb 问题由于本身的性质，是属于门槛较高的，对其深入的研究，涉及无数技术细节的处理，对每个技术细节的处理都关乎全局的成败，因此对研究者的数学基础和耐心、毅力等都有较高的要求。将这样一种研究的过程，以读者易于接受的方式呈现，是一个非常艰巨的任务。为此我们做了以下几个方面的努力：

(1) 保证本书所有公式的正确性，并尽最大可能性消除公式中的可能误导读者理解的笔误。为了避免在重要的结果性的公式中出现错误和由于誊写和输入导致的笔误，我们采取了一种"经受实践检验"的终极做法：直接根据最终书中呈现的公式的形式编程计算并绘制结果，并验证其正确性。

(2) 文字叙述力求准确和简洁。从整本书的章节安排，到各个具体章节的段落安排，力求逻辑通畅、便于理解和掌握。为了读者在一些涉及基础性的推导之处不至于卡壳，我们准备了内容丰富、叙述详尽的附录。此外，针对部分读者储备知识不足的特点，以脚注形式注明了需要用到的知识点，如留数定理、小圆弧引理和大圆弧引理等。对于部分过于繁琐的推导，除了叙述其过程以外，还以脚注的形式详细介绍了利用擅长符号运算的数学软件 Maple 的操作命令，便于读者自己去验证。

(3) 由于公式较多，对于重要的定义和结果的公式加上带灰色背景的框突出显示，便于读者查阅。公式和图件均经过考究的整理和处理，力争以最美观的方式呈现。

总之，为了使这部专著兼具科普的功能，我们尽了最大努力降低门槛，创造条件，使得具有本科中等程度以上水平的读者，通过一定的努力可以掌握大部分，甚至全部的内容。力图使本书成为"既有深度又有温度、既有内涵又有颜值"的科普性专著。以这种非主流的方式撰写严肃的学术专著，是否能起到期望的效果，有待事实来检验。

本书涉及的研究是在前人工作的基础上进行的。法国数学家 L. Cagniard 天才地提出 Cagniard 方法，后来经过 de Hoop 做了简化形成了 Cagniard-de Hoop 方法，才使得 Lamb 问题的研究出现了全新的景象。经过包括 Pekeris、Chao、Eason、Mooney、Johnson 等学者的努力，在 20 世纪 70 年代得到了完备的积分解。后经 Richards 和 Kausel 的努力，得到了第一类 Lamb 问题的广义闭合解答。这些研究为我们的工作奠定了坚实的基础，并且提供了有益的思路。可以说，没有这些前人的研究，就不会有我们的研究。

德国地球科学研究中心的汪荣江博士、中国地震局地质研究所的前所长刘启元研究员和北京大学地球与空间科学学院的宋晓东教授应邀为本书作序，特此致谢。本书的写作过程中，始终得到了来自诸多同事的鼓励，其中包括蔡永恩教授、宁杰远教授、赵里教授、章文波教授、王彦宾教授等，对他们一直以来的支持和鼓励表示由衷的感谢。

---

① 即便是附有补充材料的论文，如 Kausel (2012)，其推导的详细程度对于很多读者来说也是简略的；更不用说像 Johnson (1974) 和 Richards (1979) 这样对于方法一笔带过而仅仅罗列结果的论文。

张海明完成了全书的写作，冯禧在前期进行了本书第 6 ~ 9 章中采用的广义闭合解方法的建构和探索实践，并对书稿的修改提出建设性的建议。

本书涉及的相关科研工作，以及本书的出版得到了国家自然科学基金和国家重点研发计划项目 (42274060、41874047 和 2020YFA0710600) 的资助，在此致谢。

书中的内容若有疏漏和不当之处，还请读者批评指正 (zhanghm@pku.edu.cn)。

作　者

2022 年 12 月

于北京大学燕园

目 录

常用符号表

a	$= \sqrt{\bar{t}^2 - k^2}$	s	t 对应拉氏域中的变量
b	$= \sqrt{\bar{t}^2 - 1}\ (\bar{t} > 1)$	$\mathrm{sgn}(\cdot)$	符号函数
b'	$= \sqrt{1 - \bar{t}^2}\ (k < \bar{t} < 1)$	$t, \bar{t}$	时间变量和除以 S 波到时后的无量纲化时间变量
c	运动点源的速度	$t_{\mathrm{P}}, t_{\mathrm{S}}, t_{\mathrm{R}},$ ...	P 波、S 波和 Rayleigh 波等的到时
$\hat{\boldsymbol{e}}_i$	直角坐标系基矢量	$\boldsymbol{u}, u_i$	位移矢量 (或分量形式)
E	杨氏模量	v_{R}	Rayleigh 波速度
$E(\cdot)$	第二类椭圆积分函数	(x_1, x_2, x_3)	场点坐标，二维情况下为 (x, z)
$\boldsymbol{f}, f_i, \boldsymbol{F}$	体力矢量 (或分量形式)	(x'_1, x'_2, x'_3)	源点坐标，二维情况下为 (x', z')
$\mathscr{F}\{\cdot\}$	Fourier 变换	y_i, y'_i	Rayleigh 方程的根
$\mathbf{G}, G_{ij}$	Green 函数 (或分量形式)	α, β	P 波和 S 波速度
H	点源深度或有限尺度源的上缘深度	$(\delta, \lambda, \phi_s)$	描述震源的倾角、滑动角和走向
$H(\cdot)$	Heaviside 函数 (阶跃函数)	δ_{ij}	Kronecker 符号
$\mathrm{Im}(\cdot)$	取虚部	$\delta(\cdot)$	Dirac δ 函数 (脉冲)
k	$= \beta/\alpha$	θ	源场连线与竖直方向的夹角
k'	$= \sqrt{1 - k^2}$	θ_{c}	$= \arcsin k$，临界角
$K(\cdot)$	第一类椭圆积分函数	κ	$= \sqrt{y_3}$，$y_3 > 0$ 为 Rayleigh 函数的根
$\mathscr{L}\{\cdot\}$	Laplace 变换	λ, μ	Lamé 常数 (弹性参数)
$\bar{p}, \bar{q}$	de Hoop 变换引入的无量纲变量	ν	Poisson 比
r	源点和场点之间的距离	ρ	密度
R	源点和场点之间的水平距离	σ_{ij}, τ_{ij}	应力分量
$R(\cdot), \mathscr{R}(\cdot)$	不同形式的 Rayleigh 函数	ϕ	场点的方位角 (参见图 4.1.1)
$\mathrm{Re}(\cdot)$	取实部	$\Pi(\cdot)$	第三类椭圆积分函数
res	留数	∇	$= \hat{\boldsymbol{e}}_i \partial/\partial x_i$

对于本书采用符号的说明：

(1) 以上所列的为贯穿全书的常用符号，局部定义的符号并未列入其中。

(2) 在不引起歧义的情况下，相同的符号在不同的场景中可能表示不同的含义。例如，尽管 k 定义为 S 波和 P 波的速度之比，但是当 k 出现在下标中时，代表 $1 \sim 3$ 的整数；ξ_1 和 ξ_2 在推导积分解的过程中 (4.2 节) 代表空间变量 x_1 和 x_2 在拉氏域中对应的变量，而在推导广义闭合解过程中 (7.2.5 节)，则代表分式线性变换中引入的参数。

第 1 章 绪 论

在上册书中，我们由浅入深地介绍了研究 Lamb 问题所必备的理论地震学知识，并在回顾 Lamb 问题的研究的基础上，系统地介绍了 Lamb 问题的第一种解法——频率域解法，包括它的基础理论和数值实现。在下册中，我们将继续探讨另外一种对于 Lamb 问题而言更优的解法——时间域解法，它主要基于 Cagniard-de Hoop 方法。在深入探讨之前，本章首先简要地回顾这两种解法，并通过二维和三维情况的简单例子演示本书后续章节中至关重要的 Cagniard-de Hoop 方法，最后对本书的内容做简要的介绍。

1.1 Lamb 问题的解法简要回顾

上册的第 5 章曾经以若干有代表性的工作为例，比较详尽地回顾了 Lamb 问题的研究历史。对问题的方程采取不同的积分变换，产生了不同的解法。总体来看，这些解法可以大致分为两类：一类是基于 Fourier 合成的方法 (上册第 6 章介绍的方法)，另一类是基于 Cagniard 方法的时间域解法 (下册将要介绍的方法)。

1.1.1 基于 Fourier 合成的方法

简谐运动的特点导致了数学处理上的方便，可以不用考虑时间变化导致的复杂性，因此，先从单一频率的简谐运动入手，再通过对频率进行积分的方式得到时间域的运动，是个自然的思路。但是这不可避免地会导致包括对频率积分在内的双重积分形式，如何计算这个双重积分是摆在我们面前的重要课题。

在 Lamb 问题诞生之后的前 50 年，沿着这个思路处理的研究几乎无一例外地需要借助于渐近方法简化对积分的处理。一方面，这要求研究者具有高超的数学技巧，另一方面，由于问题的复杂性，往往只能得到特殊情况下的渐近解。因此不难料想，这种解法很难得到广泛的应用。

在 20 世纪 50 年代计算机得到普遍应用之后，运用这种解法的研究出现了柳暗花明的景象。首先，快速 Fourier 变换 (FFT) 算法的出现，使得数值地进行频率域到时间域的转化不再成为问题；其次，对波数或慢度 (即速度的倒数) 的积分也可以很方便地运用数值解法来实现。这两个方面的原因极大地降低了相关研究的门槛。此外，我们在上册第 6 章中介绍的利用基函数展开的方式，将求解方程转化为常微分方程组求解的基础理论，可以推广到平行层状的分层介质模型，后续出现的若干方法，比如传播矩阵法、反射率法和广义反透射系数法等，都是在这个框架下结合积分的数值计算实现的。由于可以方便地将复杂的分层界面上的边界条件通过矩阵运算相连接，因此这类解法在过去几十年中爆发出很强的生命力。这不得不说是计算机出现之后的数值计算技术飞速发展的产物。

　　与即将提到的另外一种在时间域的解法相比，这种解法的特点是，它并不需要单独地考虑震相，而是借由矩阵运算将所有震相的贡献一并考虑，因此，它在计算全波场的地震图方面优势明显，尤其对于存在数目众多的反射和转换震相的多层介质情况。当然，解法本身的特点，使得在某些特殊情况下计算困难，必须发展特殊的技术来克服，比如上册第 7 章中介绍的自适应的 Filon 积分方法和峰谷平均法；并且，由于时间域的结果是由频率域的结果经过离散 Fourier 反变换得到的，因此对于尖锐的震源时间函数，比如阶跃函数、甚至 δ 函数，在尖锐的震相到时处经常会出现明显的 Gibbs 效应。这些在上册的第 7 章中已经进行了详尽的讨论。

1.1.2　基于 Laplace 变换的时间域解法

　　我们所研究的地震波具有瞬态变化的特点，并非稳态的，从理论上讲，基于 Fourier 变换的方式当然是可行的，但是由于瞬变信号覆盖了很广的频率范围，因此 Fourier 合成的解法并非最优的途径。

　　与 Fourier 合成的方式不同，另外一种方法是采用 Laplace 变换，将时间域内的初值–边值问题转换成了拉氏域内的边值问题。采用积分变换类的方法解决问题，不可避免地面临将变换域内的解反变换回求解域的问题。与前面提到的基于 Fourier 合成的方法类似，如何求解多重积分的反变换是需要解决的问题。法国数学家 L. Cagniard 在 20 世纪30 年代开创性地提出了一种间接处理的方式，巧妙地避免了直接处理积分，而是借助于复数平面内积分路径的变化，将待求的积分转化为标准的 Laplace 变换形式，从而可以直接得到时间域的结果。Cagniard 方法经 de Hoop (1960) 改进，成为 Cagniard-de Hoop方法，迅速被科学和工程领域的学者用于解决各种问题，包括本书的主题——地震学中的Lamb 问题。对于弹性半空间的简单模型而言，由于地震波的震相数目有限，采用 Cagniard-de Hoop 方法可以非常方便地得到时间域的表达。对于二维问题，直接可以获得完全用初等函数表示的闭合形式解；而对于三维问题，时间域的解可以表示为积分形式 (Johnson,1974)，经过细致的分析，可以进一步将积分形式的解转化为用初等函数和三类标准的椭圆积分表示的广义闭合形式解 (Richards, 1979; Kausel, 2012; Feng and Zhang, 2018, 2020,2021)。

　　从理论上讲，将这种针对半空间的 Lamb 问题的做法推广到更为复杂的介质 (如平行层状介质) 是可行的，但是由于这种方法的特点，需要针对各个震相单独进行分析，对于层数较多的情况，需要单独考虑的震相数目巨大，因此从合成完成波场的角度来看，这种基于 Laplace 变换的时间域解法并不方便。但是，这个"缺点"从另一个角度看也恰恰是优点。在某些需要考虑特殊震相的场合，单独地运用这种方法计算某个震相的贡献是方便的，而实现这一点对于之前提到的基于 Fourier 合成的方法来说却并不方便。

　　无论如何，对于 Lamb 问题而言，运用时间域解法可以直接获得时间域中的二维情况的闭合形式解和三维情况的广义闭合形式解，这本身就说明了 Cagniard-de Hoop 方法的巨大优势[①]。能够获得形式最简的精确解，完美地符合了力学家和地震学家们的期许。显而

---

　　① 瑞典地震学家 M. Båth 在其著作 *Mathematical aspects of seismology* (1968) 中评价："Cagniard 方法胜过其他一切方法，其优点是可以进行精确的数值计算，而其他方法通常仅给出在很大距离处 (很大的 r) 才成立的近似解。Cagniard 方法是 $r=0$ 附近最简单的方法。"Dix (1954) 在其文章的结尾部分也提到，Cagniard 方法是他所发现的最简单的方法。

易见，Cagniard-de Hoop 方法在其中扮演了至关重要的角色。

1.2 Cagniard-de Hoop 方法

1.2.1 Cagniard-de Hoop 方法简史

在科学发展史上，屡见不鲜的一个情况是，在某一个集中的时间段内，出现了若干类似的研究。有关地震波的研究也不例外。20 世纪 30 年代，Cagniard 教授在一系列论文中发展了求解弹性波传播基本问题的精确解的方法，并出版了题为《行进地震波的反射和折射》的法文专著。几乎是与此同时，苏联学者 Smirnov 和 Sobolev 独立地发展了一种等价的方法，他们应用 Fourier 积分和复变平面内的特殊闭合回路，将 Rayleigh 波与 P 波和 S 波项分离地表达；Pekeris 在 1941 年也提出了一种与 Cagniard 方法等价的方法求解表面脉冲的问题。在若干种等价的方法中，Cagniard 的方法由于其在日后几经阐释和推广而被应用得更为广泛，因此最为著名。

1.2.1.1 Cagniard (1939)：开创性研究

正如 Cagniard 在其专著 (Cagniard, 1939, 见图 1.2.1) 中所述："本书的方法不同于以往的这些方法。我们试图寻找波动传播的一般问题的完整的严格的精确解。这个解的形

图 1.2.1 Cagniard 教授于 1939 年出版的题为《行进地震波的反射和折射》的法文专著

式使得我们可以发现弹性波传播的本质，并可以进行近似的或精确的数值计算。"在书中，Cagniard 研究了这样的问题：两个通过平面连接的均匀各向同性完全弹性的半无限介质，在其中一个介质中有一个初始的球形各向同性压缩弹性波，求解两个介质中任一点处的位移。Cagniard 总结其考虑的问题与 Lamb (1904) 有几点不同：一是 Lamb 问题的弹性介质之外是真空，而他研究的是两个相互连接的任意弹性介质；二是 Lamb 问题的源位于地表，而他考虑的问题中源位于其中一个介质的内部；三是 Lamb 问题只考虑了表面处的位移，而他的解在两个介质内部都成立。显然，相比于 Lamb (1904)，Cagniard (1939) 所研究问题的情形更为一般。

　　Cagniard (1939) 用了 14 章的篇幅来完整地发展了求解上述问题的理论。其中大部分的篇幅是用来处理所涉及的积分。如前所述，在研究这个问题的过程中，Cagniard 处理 Laplace 反变换的方式非常特别，他并没有直接做反变换的积分，而是通过一系列的数学变换，将反变换的积分式写成标准的 Laplace 变换的形式，从而最终通过观察得到时间域的解。但是正如 Dix (1954) 所说，这本书里涉及的数学推导非常困难和复杂，对大多数真正需要理解书中内容的读者来说掌握起来难度太大。

　　值得一提的是，Flinn 和 Dix 于 1962 年将 Cagniard (1939) 翻译并修改补充成英文版（见图 1.2.2），对 Cagniard 方法的普及功不可没。

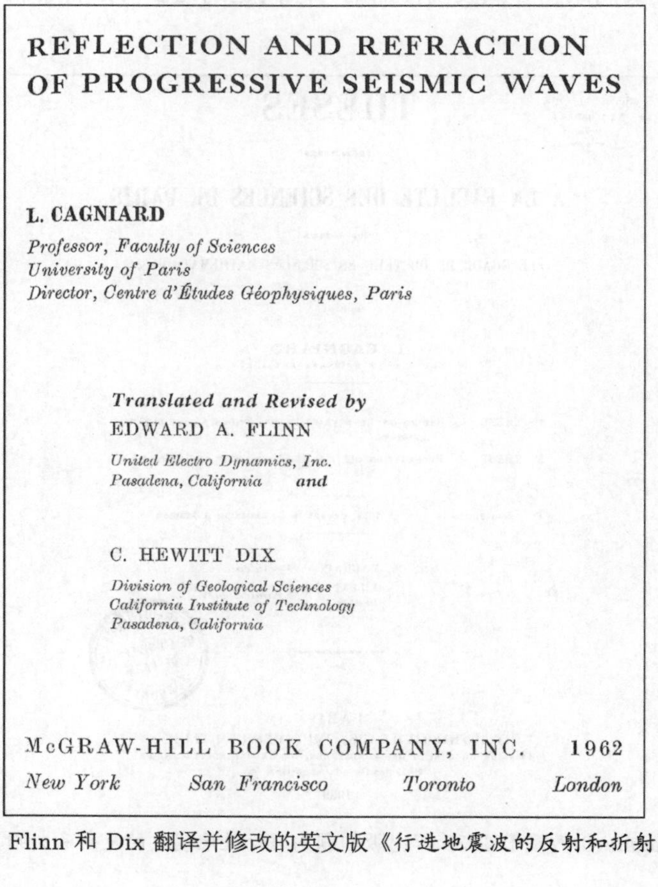

REFLECTION AND REFRACTION
OF PROGRESSIVE SEISMIC WAVES

L. CAGNIARD

Professor, Faculty of Sciences
University of Paris
Director, Centre d'Études Géophysiques, Paris

Translated and Revised by
EDWARD A. FLINN

United Electro Dynamics, Inc.
Pasadena, California　　*and*

C. HEWITT DIX

Division of Geological Sciences
California Institute of Technology
Pasadena, California

McGRAW-HILL BOOK COMPANY, INC.　　1962
New York　　San Francisco　　Toronto　　London

图 1.2.2　Flinn 和 Dix 翻译并修改的英文版《行进地震波的反射和折射》(1962)

1.2.1.2 Dix (1954)：对 Cagniard (1939) 的简明阐释

鉴于多数读者掌握 Cagniard (1939) 存在困难的情况，加州理工学院的 Dix 教授于 1954 年在 *Geophysics* 上发表了一篇题为《地震脉冲问题中的 Cagniard 方法》的论文 (Dix, 1954)(图 1.2.3)，旨在通过简化的例子，略去 Cagniard 的书中用来处理与界面有关的复杂积分的内容，展示 Cagniard 方法的精髓。

GEOPHYSICS, VOL. XIX, NO. 4 (OCTOBER, 1954), PP. 722–738, 8 FIGS.

THE METHOD OF CAGNIARD IN SEISMIC PULSE PROBLEMS*

C. HEWITT DIX†

ABSTRACT

The main procedures used by L. Cagniard to calculate seismic pulse motion have been carried through for the case of a point source in an infinite medium. This relatively simple case serves as a basis for a simplified exposition of Cagniard's method. By using this case, we avoid cluttering the exposition with a large collection of algebraic details that tend to befog the main issues.

图 1.2.3　Dix 于 1954 年发表的题为《地震脉冲问题中的 Cagniard 方法》的论文

Dix (1954) 考虑的是在一个均匀各向同性的无界空间内的一个球形空腔，在施加阶跃函数的压力源之后产生的介质运动。处理这样的问题的大致思路是：运用矢量的 Helmholtz 分解 (参见上册的 4.2 节) 将位移分解为以标量势函数 φ 表示的纵波和以矢量势函数 $\boldsymbol{\Psi}$ 表示的横波。由于问题只涉及压力源，并且没有其他界面，因此不存在横波，问题归结为只需要求解 φ 所满足的齐次波动方程。对运动方程、边界条件和初始条件做 Laplace 变换之后，不难通过分离变量法得到变换域中的 φ，即 $\bar{\varphi}$，通过让其满足边界条件和初始条件确定其表达式。之后运用 Cagniard 方法，通过变量替换和变换积分路径的方式得到 φ，从而获得位移的表达式。

遗憾的是，即便在如此简化的问题中，处理起来也相当麻烦，其根源在于 Dix (1954) 是在柱坐标系中研究问题的，这样在通过分离变量法得到 $\bar{\varphi}$ 的过程中，不可避免地会引入 Bessel 函数，利用其用余弦函数的积分表达进一步处理的过程，就有很大的技术难度。因此，从某种程度上说，尽管 Dix (1954) 的目的是通过更简化的例子展示 Cagniard (1939) 方法的思想，一些对积分的技术处理仍然让很大一部分希望运用 Cagniard 方法的读者难以掌握。

1.2.1.3 de Hoop (1960)：对 Cagniard (1939) 的改进

荷兰物理学家 de Hoop 于 1960 年在 *Applied Scientific Research* 上发表了一篇题为《对求解地震脉冲问题的 Cagniard 方法的改进》的论文，见图 1.2.4。这篇仅 7 页的短文，分别以脉冲线源和脉冲点源为例，研究了二维和三维的标量波传播问题。与前人做法不同的是，de Hoop 直接在笛卡儿坐标系中考虑问题，从而避免了引入 Bessel 函数，并且对于三维问题，还创造性地引入了被称为 de Hoop 变换的变量替换，从而使问题大大简化。de Hoop 的工作在保留 Cagniard 方法的思想的基础上，极大地简化了问题的处理，使得这个原本对于多数非数学专业领域的科学家们来说难以掌握的方法变得简单明晰，从而能够将其运用于不同的领域。因此后来将改进后的 Cagniard 方法称为 Cagniard-de Hoop 方法。

在 1.2.2 节我们将详细地介绍 de Hoop 所研究的两个简单问题, 展示 Cagniard-de Hoop 方法的主要步骤和做法。

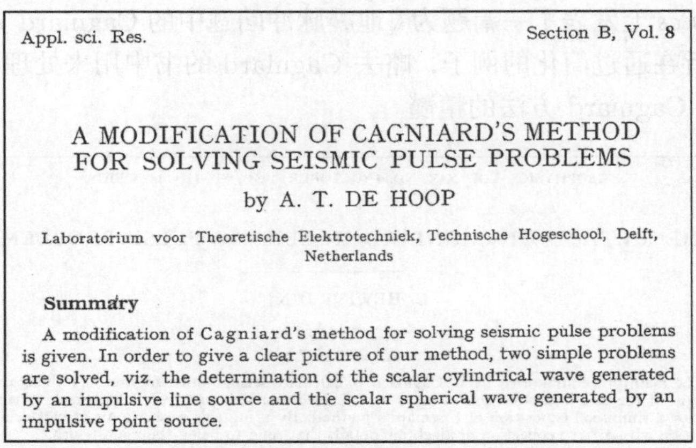

Appl. sci. Res.   Section B, Vol. 8

A MODIFICATION OF CAGNIARD'S METHOD FOR SOLVING SEISMIC PULSE PROBLEMS

by A. T. DE HOOP

Laboratorium voor Theoretische Elektrotechniek, Technische Hogeschool, Delft, Netherlands

Summary

A modification of Cagniard's method for solving seismic pulse problems is given. In order to give a clear picture of our method, two simple problems are solved, viz. the determination of the scalar cylindrical wave generated by an impulsive line source and the scalar spherical wave generated by an impulsive point source.

图 1.2.4   de Hoop 于 1960 年发表的题为《对求解地震脉冲问题的 Cagniard 方法的改进》的论文

de Hoop (1960) 的研究一经发表, 这种方法就被各领域的学者注意到, 并用于解决各种问题。20 世纪 60 年代到 70 年代初, 运用 Cagniard-de Hoop 方法求解 Lamb 问题的研究层出不穷, 以 Johnson (1974) 的集大成研究作为杰出代表 (将在本书第 4 章予以详细介绍), 得到了三维 Lamb 问题的完备的积分形式解, 这为后续求解广义闭合形式的解析解奠定了坚实的基础。

1.2.2   Cagniard-de Hoop 方法应用举例

在上册的 4.2 节和 6.2 节中提到, 对位移场可进行矢量 Helmholtz 分解, 分为无旋的 P 波项和无源的 S 波项, 后者进一步可分解为 SH 波和 SV 波。由于 P 波与 SV 波会发生耦合, 而 SH 波与它们不耦合, 因此 SH 波问题相对简单。本节分别以无限弹性介质中的二维和三维 SH 波为例, 展示如何用 Cagniard-de Hoop 方法来解决地震学问题 (de Hoop, 1960; Aki and Richards, 2002, 第 218~244 页)。

1.2.2.1   二维 SH 波问题

首先考虑二维问题, 如图 1.2.5 所示。

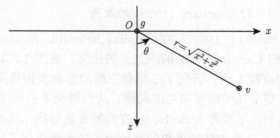

图 1.2.5   二维 SH 波问题的示意图

沿 y 轴 (垂直于纸面向外) 施加大小为 $g = g(x, z, t)$ 的力, 在空间中一点处产生沿 y 轴方向的位移 $v = v(x, z, t)$, 该点距离原点 $r = \sqrt{x^2 + z^2}$, 二者的连线与 z 轴正向的夹角为 θ

设无限介质中，沿 y 轴方向分布着如下形式的脉冲力

$$\boldsymbol{f}(x, z, t) = (0, g(x, z, t), 0) = (0, \delta(x)\delta(z)\delta(t), 0)$$

其中，$\delta(\cdot)$ 为 Dirac δ 函数。那么，这个脉冲力将仅产生 y 方向的位移 $v(x, z, t)$，即 $\boldsymbol{u} = (0, v(x, z, t), 0)$，并且 $v(x, z, t)$ 满足二维波动方程[①]

$$\ddot{v}(x, z, t) = \frac{1}{\rho}\delta(x)\delta(z)\delta(t) + \beta^2\left(\frac{\partial^2}{\partial x^2} + \frac{\partial^2}{\partial z^2}\right)v(x, z, t) \tag{1.2.1}$$

其中，$\{\ddot{\cdot}\}$ 代表对时间变量 t 的二阶导数，β 为 S 波速度，ρ 为介质的密度。记 $v(x, z, t)$ 的 Laplace 变换为

$$V(x, z, s) = \int_0^\infty v(x, z, t)\mathrm{e}^{-st}\,\mathrm{d}t \tag{1.2.2}$$

与一般的 Laplace 变换中 s 可以为复数不同，这里的 s 是一个充分大的正实数，可以保证上式的收敛性[②]。注意到 Laplace 变换的性质

$$\mathscr{L}\{\ddot{v}(x, z, t)\} = s^2 V(x, z, s) - sv(x, z, 0) - \dot{v}(x, z, 0), \quad \mathscr{L}\{\delta(t)\} = 1$$

由于初始时刻位移和速度均为零，即 $v(x, z, 0) = \dot{v}(x, z, 0) = 0$，因此对式 (1.2.1) 作 Laplace 变换 (以 $\mathscr{L}$ 表示)，得到

$$\frac{\partial^2 V}{\partial x^2} + \frac{\partial^2 V}{\partial z^2} - \frac{s^2}{\beta^2}V = -\frac{\delta(x)\delta(z)}{\mu} \tag{1.2.3}$$

其中，$\mu = \rho\beta^2$ 为无界弹性半空间的剪切模量。

引入 $V(x, z, s)$ 关于 x 的 Fourier 变换

$$\mathscr{V}(\xi, z, s) = \int_{-\infty}^\infty V(x, z, s)\mathrm{e}^{-\mathrm{i}\xi x}\,\mathrm{d}x$$

利用 Fourier 变换 (以 $\mathscr{F}$ 代表) 的性质

$$\mathscr{F}\left\{\frac{\partial^2 V(x, z, s)}{\partial x^2}\right\} = -\xi^2\mathscr{V}(\xi, z, s)$$

对式 (1.2.3) 做关于 x 的 Fourier 变换，得到

$$\frac{\mathrm{d}^2\mathscr{V}}{\mathrm{d}z^2} - \gamma^2\mathscr{V} = -\frac{\delta(z)}{\mu} \tag{1.2.4}$$

---

① 根据上册的式 (4.4.3)，注意到此时 $p = 2$，并且对于当前的二维情况，$\boldsymbol{x}$ 与 y 无关，因此

$$F(x, z, t) = 0, \quad \boldsymbol{H}(x, z, t) = (H_1(x, z, t), 0, H_3(x, z, t))$$

根据 Lamé 定理 (参见上册 4.2 节) 有，$\boldsymbol{\Psi} = (\Psi_1(x, z, t), 0, \Psi_3(x, z, t))$。据此得到

$$\boldsymbol{u}(x, z, t) = \nabla \times \boldsymbol{\Psi} = \left(0, \frac{\partial}{\partial z}\Psi_1(x, z, t) - \frac{\partial}{\partial x}\Psi_3(x, z, t), 0\right) = (0, v(x, z, t), 0)$$

这表明沿 y 轴方向的脉冲力仅产生 y 轴方向的位移。由于 Ψ_1 和 Ψ_3 是满足矢量波动方程的 $\boldsymbol{\Psi}$ 的分量，因此在笛卡儿坐标系中，它们各自满足标量波动方程，由它们的空间导数组合而成的 y 轴方向的位移分量 $v(x, z, t)$ 自然也满足标量波动方程。

② 这是为了后续分析处理时的方便而作的规定。事实上，既然 Laplace 变换定义中的 s 可以是复数，只要满足积分的收敛性，取特殊的实数自然也是可以的。

其中，

$$\gamma = \gamma(\xi, s) = \sqrt{\xi^2 + \frac{s^2}{\beta^2}} \quad (\mathrm{Re}(\gamma) \geqslant 0)$$

$\mathrm{Re}(\gamma) \geqslant 0$ 的条件是为了保证在 ξ 为复数时开平方运算的解析性而作的规定。

除了 $z = 0$ 处以外，式 (1.2.4) 处处满足右端为零的齐次方程

$$\frac{\mathrm{d}^2 \mathscr{V}}{\mathrm{d}z^2} - \gamma^2 \mathscr{V} = 0$$

其解为

$$\mathscr{V}(\xi, z, s) = A\mathrm{e}^{\pm \gamma |z|}$$

其中的系数 A 由式 (1.2.4) 的右端项决定。由于所考虑的问题介质为无限介质，为了保证解在 $|z| \to \infty$ 时的有界性，式 (1.2.4) 的解形式为

$$\mathscr{V}(\xi, z, s) = A\mathrm{e}^{-\gamma |z|} \tag{1.2.5}$$

对式 (1.2.4) 两端取从 $z = -\varepsilon$ 到 $z = +\varepsilon$ 的积分 ($\varepsilon \to 0$)，得到

$$\left. \frac{\mathrm{d}\mathscr{V}}{\mathrm{d}z} \right|_{z=-\varepsilon}^{z=+\varepsilon} - \gamma^2 \int_{-\varepsilon}^{+\varepsilon} \mathscr{V} \, \mathrm{d}z = -\frac{1}{\mu}$$

当 $\varepsilon \to 0$ 时，等号左边的积分项等于零，注意到 $\mathscr{V}$ 的表达式 (1.2.5) 在 $z > 0$ 和 $z < 0$ 情况下符号的差异，不难得到 $2\gamma A = 1/\mu$，从而

$$\mathscr{V}(\xi, z, s) = \frac{1}{2\mu\gamma} \mathrm{e}^{-\gamma |z|} \tag{1.2.6}$$

对式 (1.2.6) 作关于 ξ 的 Fourier 反变换，得

$$V(x, z, s) = \frac{1}{2\pi} \int_{-\infty}^{\infty} \frac{\mathrm{e}^{\mathrm{i}\xi x - \gamma |z|}}{2\mu\gamma} \, \mathrm{d}\xi$$

$$\xrightarrow{\xi = \mathrm{i}sp} \frac{1}{4\pi\mu} \int_{-\mathrm{i}\infty}^{\mathrm{i}\infty} \frac{-\mathrm{i}\mathrm{e}^{-s(px + \eta |z|)}}{\eta} \, \mathrm{d}p \tag{1.2.7}$$

其中

$$\eta = \eta(p) = \sqrt{\frac{1}{\beta^2} - p^2} \quad (\mathrm{Re}(\eta) \geqslant 0)$$

式 (1.2.7) 中的变量替换称为 de Hoop 变换，最初由 de Hoop(1960) 提出[①]。这个积分变换有两个重要的意义：一是通过变换，将 e 指数项变成显式的 e^{-st} 形式；二是将积分变量由实数 ξ 变为复数 p。这两点都便于进一步利用复变积分的性质，通过积分路径的变化将积分项完全转化为 Laplace 变换的标准形式。以下我们详细考察借助这个变量替换，是如何实现将式 (1.2.7) 的形式转化为 Laplace 变换的标准形式的。

---

① 虽然 de Hoop (1960) 中变换的具体形式与此处略有不同，但是本质相同。

为了实现这个目标，首先令

$$t = px + \eta |z| \tag{1.2.8}$$

这样式 (1.2.7) 中的 e 指数项形式地变成 e^{-st}。之所以强调只是形式上，是因为在 Laplace 变换式 (1.2.2) 中，幂指数中的 t 是正实数。但是，由于式 (1.2.7) 中的 p 位于其复平面中的虚轴上，这种情况下，t 不可能是实数。这就意味着，在 t 为实数的情况下，p 的积分路径就不再是沿着其虚轴了。为了更清楚地说明这一点，我们将式 (1.2.8) 转化为 p 用 t 的表达

$$p = \begin{cases} \dfrac{1}{r^2}\left[xt \pm |z|\sqrt{t_{\mathrm{s}}^2 - t^2}\right], & 0 \leqslant t \leqslant t_{\mathrm{s}} \\[3mm] \dfrac{1}{r^2}\left[xt \pm \mathrm{i}|z|\sqrt{t^2 - t_{\mathrm{s}}^2}\right], & t > t_{\mathrm{s}} \end{cases} \tag{1.2.9}$$

其中，$t_{\mathrm{s}} = r/\beta$ 为剪切波的到时。为了得到 p 和 t 之间的唯一对应关系，将式 (1.2.9) 代入式 (1.2.8) 中，得到

$$\eta = \frac{t - xp}{|z|} = \begin{cases} \dfrac{1}{r^2}\left[|z|\, t \mp x\sqrt{t_{\mathrm{s}}^2 - t^2}\right], & 0 \leqslant t \leqslant t_{\mathrm{s}} \\[3mm] \dfrac{1}{r^2}\left[|z|\, t \mp \mathrm{i}x\sqrt{t^2 - t_{\mathrm{s}}^2}\right], & t > t_{\mathrm{s}} \end{cases} \tag{1.2.10}$$

为了保证 $\mathrm{Re}(\eta) \geqslant 0$ 的条件成立，在 $t \in [0, t_{\mathrm{s}}]$ 时，如果 $x \geqslant 0$，要取 "+" 号，而如果 $x < 0$ 时，要取 "−" 号；而对于 $t > t_{\mathrm{s}}$，无论取什么符号都能保证这个条件成立，但是为了选取积分路径方便，取 "−" 号[①]。这样一来，我们就可以唯一地确定 p 和 t 的对应关系。

以下以 $x < 0$ 为例来分析[②]。这时

$$p = \begin{cases} \dfrac{1}{r^2}\left[xt + |z|\sqrt{t_{\mathrm{s}}^2 - t^2}\right], & 0 \leqslant t \leqslant t_{\mathrm{s}} \\[3mm] \dfrac{1}{r^2}\left[xt + \mathrm{i}|z|\sqrt{t^2 - t_{\mathrm{s}}^2}\right], & t > t_{\mathrm{s}} \end{cases} \tag{1.2.11}$$

式 (1.2.11) 给出了 p 随着 t 变化的关系。如图 1.2.6 所示，当 $0 \leqslant t \leqslant t_{\mathrm{s}}$ 时，p 为实数，对应的路径为 p 的复平面内[③]位于实轴上的 A 到 B 之间的线段；而当 $t > t_{\mathrm{s}}$ 时，p 为复数，对应复平面内第二象限中的路径 C，这被称为 Cagniard 路径。具体地，A 点和 B 点的横坐标分别为 $|z|/r\beta$ 和 $x/r\beta$，并且由于

$$\mathrm{Re}(p) = \frac{xt}{r^2}, \quad \mathrm{Im}(p) = \frac{|z|\sqrt{t^2 - t_{\mathrm{s}}^2}}{r^2}$$

---

① η 的表达式中取不同的符号，对于复平面中的 p 来说，对应不同的积分路径。下面将会看到，如果取 "−" 号，那么 $t > t_{\mathrm{s}}$ 对应的 p 位于其复平面上第二象限内的双曲线上 (见图 1.2.6)，这时 $C_1 + C + C_R - C_0$ 构成了一个闭合的积分回路。而如果取 "+" 号，$t > t_{\mathrm{s}}$ 对应的 p 就位于第三象限内的双曲线上，这时为了造成闭合的积分回路，C_R 就要位于第三、四和一象限内，并且由于沿着正实轴存在割线，必须沿着割线的上下缘取积分路径，这就需要分别计算上下缘路径上对积分的贡献。相比之下，这种方案要复杂很多。因此，为了分析问题方便，对于 $t > t_{\mathrm{s}}$，取 "−" 号。

② $x \geqslant 0$ 的情况类似，但最终的结果是一样的。二者的区别在于 Cagniard 路径位于 p 的复平面中的不同象限内 (以虚轴为轴翻转)。作为练习，请读者自己动手分析一下。

③ 注意到式 (1.2.7) 中的被积函数分母中含有 η，这意味着 $p = \pm 1/\beta$ 既是枝点又是极点。为了保证被积函数的解析性，需要画割线来确定单值分支。附录 A 中叙述了形如 $f(p) = \sqrt{a^2 - p^2}$ $(a > 0)$ 的函数的割线画法。结论是：如果选取割线是实部为零的部分，那么割线方程为 $\mathrm{Im}(p) = 0$ 且 $|\mathrm{Re}(p)| \geqslant a$，在图 1.2.6 中为虚线所代表的位于实轴上的两条射线。

从而

$$\frac{[\mathrm{Re}(p)]^2}{\sin^2\theta} - \frac{[\mathrm{Im}(p)]^2}{\cos^2\theta} = \frac{1}{\beta^2}$$

θ 的定义见图 1.2.5。这是一个双曲线方程，因此路径 C 为双曲线的一部分。双曲线的渐近线方程为

$$\mathrm{Im}(p) = \frac{|z|}{x}\mathrm{Re}(p)$$

见图 1.2.6 中的斜虚线。

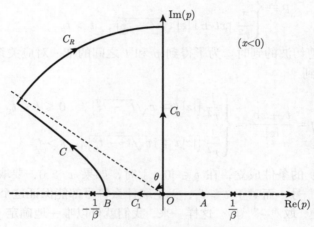

图 1.2.6　p 的复平面内的积分路径

横轴和竖轴分别为 p 的实部和虚部。O 为复平面的坐标原点，A 和 B 分别为 $t=0$ 和 $t=r/\beta$ 时对应的 p 在复平面上的位置。实轴上的 $\pm 1/\beta$ 为枝点，以 "×" 表示；实轴上的割线用粗虚线表示。原始的积分路径为沿正虚轴的 C_0。双曲线的一部分 C 为 Cagniard 路径，细虚线为双曲线的渐近线，其与虚轴的夹角为 θ（见图 1.2.5）。C_R 为半径 $R \to +\infty$ 的大圆弧。C_1 代表由 O 到 B 的积分路径

以上的分析说明，如果 t 从 0 开始增加到 ∞，相应地，p 首先在实轴上从 A 变化到 B，然后离开实轴，沿着 Cagniard 路径 C 逐渐靠近其渐近线。这同时意味着，式 (1.2.7) 的积分中，p 沿着虚轴从 $-\mathrm{i}\infty$ 变化到 $\mathrm{i}\infty$，那么对应的 t 就是一个一般的复数，而非实数。这就产生了一个矛盾：根据式 (1.2.8) 的定义，式 (1.2.7) 中的 p 对应的 t 不可能为实数，而如果想将式 (1.2.7)"凑成"标准的 Laplace 变换，则要求 t 为实数，但这样一来，p 就不再在虚轴上变化，而是在 $\overline{AB}$ 到 Cagniard 路径 C 上变化。如何解决这个矛盾？

回忆复变函数中的留数定理[①]，如果我们能构造一个闭合的回路，利用留数定理，就可能建立原始的积分路径（p 的复平面中的虚轴）和 $\overline{AB}+$Cagniard 路径 C 上的积分之间的关系。一个自然的想法是，增补从 $t \to +\infty$ 时的位置到虚轴上无穷远处的大圆弧路径

---

① 设区域 G 的边界 C 为一段光滑的简单闭合曲线。若除有限个孤立奇点 a_k ($k=1, 2, 3, \cdots, n$) 外，函数 $f(z)$ 在 $\overline{G}$ 中单值解析，则

$$\oint_C f(z)\,\mathrm{d}z = 2\pi\mathrm{i}\sum_{k=1}^{n}\mathrm{res}f(a_k)$$

其中，$\mathrm{res}f(a_k)$ 为 $f(z)$ 在 a_k 处的留数（吴崇试，2003，第 85 页）。

C_R(半径 $R \to +\infty$)，那么 $C_1 \to C \to C_R \to -C_0$ 构成了一个闭合回路，其中 C_1 为实轴上从 O 到 B 的线段，而 C_0 为正虚轴上从 O 到 ∞ 的路径，见图 1.2.6。

沿着整个虚轴的积分和沿着正虚轴的积分之间有什么关系？在式 (1.2.7) 中，令 $p = \mathrm{i}q$，利用欧拉公式 $\mathrm{e}^{-\mathrm{i}x} = \cos x - \mathrm{i}\sin x$，从而

$$V(x,y,s) = \frac{1}{4\pi\mu} \int_{-\infty}^{\infty} \frac{\mathrm{e}^{-s\eta'|z|}\left[\cos(sqx) - \mathrm{i}\sin(sqx)\right]}{\eta'} \,\mathrm{d}q \qquad \left(\eta' = \sqrt{\frac{1}{\beta^2} + q^2}\right)$$

$$= \frac{1}{2\pi\mu} \int_0^{\infty} \frac{\mathrm{e}^{-s\eta'|z|}\cos(sqx)}{\eta'} \,\mathrm{d}q$$

$$= \frac{1}{2\pi\mu}\mathrm{Im}\left\{\mathrm{i}\int_0^{\infty} \frac{\mathrm{e}^{-s\eta'|z|}\cos(sqx)}{\eta'}\,\mathrm{d}q + \int_0^{\infty} \frac{\mathrm{e}^{-s\eta'|z|}\sin(sqx)}{\eta'}\,\mathrm{d}q\right\}$$

$$\xlongequal{q=-\mathrm{i}p} \frac{1}{2\pi\mu}\mathrm{Im}\int_0^{\mathrm{i}\infty} \frac{\mathrm{e}^{-s(px+\eta|z|)}}{\eta}\,\mathrm{d}p \tag{1.2.12}$$

式中，$\mathrm{Im}(\cdot)$ 代表取虚部。比较式 (1.2.12) 和式 (1.2.7)，不难看出除了积分路径由整个虚轴变成正虚轴以外，还引入了对复变积分的结果取虚部的操作。

在式 (1.2.12) 的积分中，如果 p 位于图 1.2.6 的 $\overline{AB}$ 路径上，p 为实数，且 $|p| < 1/\beta$，从而 η 为实数。这意味着积分结果为实数，从而取虚部为零，对围路积分没有贡献。既然如此，我们可以取其一部分 $\overline{OB}$(即 C_1)，与其他的路径一起形成闭合回路。显然，

$$\mathrm{Im}\int_{C_1} \frac{\mathrm{e}^{-s(px+\eta|z|)}}{\eta}\,\mathrm{d}p = 0 \tag{1.2.13}$$

另一方面，在大圆弧 C_R 上，$p = R\mathrm{e}^{\mathrm{i}\varphi}$ ($\pi/2 < \varphi < \theta + \pi/2$，$R \to \infty$)。此时 $\eta \to \sqrt{-p^2} = \pm\mathrm{i}p$，考虑到 $\mathrm{Re}(\eta) > 0$ 的条件，取 $\eta \to -\mathrm{i}p$。由于

$$\lim_{R\to\infty}\left|\frac{p\mathrm{e}^{-s(px+\eta|z|)}}{\eta}\right| = \lim_{R\to\infty}\left|\mathrm{e}^{-sp(x-\mathrm{i}|z|)}\right| = \lim_{R\to\infty}\left|\mathrm{e}^{-sR(\cos\varphi + \mathrm{i}\sin\varphi)(x-\mathrm{i}|z|)}\right|$$

$$= \lim_{R\to\infty} \mathrm{e}^{-sR(x\cos\varphi + |z|\sin\varphi)} = 0$$

根据大圆弧引理[①]，得到

$$\mathrm{Im}\int_{C_R} \frac{\mathrm{e}^{-s(px+\eta|z|)}}{\eta}\,\mathrm{d}p = 0 \tag{1.2.14}$$

前面已经提及，$p = \pm 1/\beta$ 是两个极点，在 $C_1 \to C \to C_R \to -C_0$ 组成的积分回路之外，因此根据留数定理，有

$$-\mathrm{Im}\int_{C_1} - \mathrm{Im}\int_C - \mathrm{Im}\int_{C_R} + \mathrm{Im}\int_{C_0} = \sum \mathrm{res} = 0 \tag{1.2.15}$$

---

① 设 $f(z)$ 在 $z = \infty$ 点的邻域内连续，在 $\theta_1 \leqslant \arg z \leqslant \theta_2$ 内，当 $z \to \infty$ 时，$zf(z)$ 一致地趋于 K，则

$$\lim_{R\to\infty}\int_{C_R} f(z)\,\mathrm{d}z = \mathrm{i}K(\theta_2 - \theta_1)$$

其中，C_R 是以原点为圆心、R 为半径、夹角为 $\theta_2 - \theta_1$ 的圆弧，即 $|z| = R$，$\theta_1 \leqslant \arg z \leqslant \theta_2$(吴崇试，2003，第 28 页)。

第一个等号右边代表所围路径中的孤立奇点的留数之和，左边各项前面的系数是考虑了复变积分的符号定义[①]。注意到式 (1.2.13) 和式 (1.2.14)，由式 (1.2.15) 可得

$$\mathrm{Im}\int_{C_0} = \mathrm{Im}\int_C$$

这就是说，式 (1.2.12) 中沿着 C_0 的积分结果与沿着 Cagniard 路径 C 的积分相同[②]，从而有

$$V(x,y,s) = \frac{1}{2\pi\mu}\mathrm{Im}\int_C \frac{\mathrm{e}^{-s(px+\eta|z|)}}{\eta}\,\mathrm{d}p = \frac{1}{2\pi\mu}\mathrm{Im}\int_{t_\mathrm{s}}^{\infty}\frac{\mathrm{e}^{-st}}{\eta}\frac{\mathrm{d}p}{\mathrm{d}t}\,\mathrm{d}t \tag{1.2.16}$$

根据式 (1.2.11)，

$$\frac{\mathrm{d}p}{\mathrm{d}t} = \frac{1}{r^2}\left[x + \frac{\mathrm{i}\,|z|\,t}{\sqrt{t^2-t_\mathrm{s}^2}}\right] \xlongequal{(1.2.10)} \frac{\mathrm{i}\eta}{\sqrt{t^2-t_\mathrm{s}^2}}$$

代入式 (1.2.16)，得到

$$V(x,y,s) = \frac{1}{2\pi\mu}\mathrm{Im}\int_{t_\mathrm{s}}^{\infty}\frac{\mathrm{i}\mathrm{e}^{-st}}{\sqrt{t^2-t_\mathrm{s}^2}}\,\mathrm{d}t = \frac{1}{2\pi\mu}\int_{t_\mathrm{s}}^{\infty}\frac{\mathrm{e}^{-st}}{\sqrt{t^2-t_\mathrm{s}^2}}\,\mathrm{d}t$$

$$= \frac{1}{2\pi\mu}\int_0^{\infty}\frac{H(t-t_\mathrm{s})}{\sqrt{t^2-t_\mathrm{s}^2}}\mathrm{e}^{-st}\,\mathrm{d}t$$

与式 (1.2.2) 的 Laplace 变换定义式比对，不难通过观察直接得到

$$\boxed{v(x,y,t) = \frac{H(t-t_\mathrm{s})}{\sqrt{t^2-t_\mathrm{s}^2}}} \tag{1.2.17}$$

式 (1.2.17) 表明了对于二维的 SH 波问题，采用 Cagniard-de Hoop 方法，最终得到了一个闭合形式的解答，其中显式地含有了震相的到时 t_s。

1.2.2.2 三维 SH 波问题

接下来考虑对应的三维问题。根据上册 6.2.1 节对于弹性波的分解的叙述，可以用一个标量势函数 χ 来表征 SH 波的位移：$\boldsymbol{u}^{\mathrm{SH}} = \nabla\times(0,0,\chi)$，对应的体力表示为 $\boldsymbol{f}^{\mathrm{SH}} = \nabla\times(0,0,F)$，其中 F 为与 SH 波相对应的体力标量势，如图 1.2.7 所示。根据上册 4.2 节的 Lamé 定理，χ 和 F 满足如下形式的波动方程

$$\ddot{\chi} = F + \beta^2\nabla^2\chi$$

在直角坐标系下，作用于原点处的单位集中脉冲力对应的 F 可以表示为

$$F = \frac{1}{\rho}\delta(x)\delta(y)\delta(z)\delta(t)$$

[①] 当研究区域在积分路径的左侧时积分为正。由图 1.2.6 可见，对于 C_1、C 和 C_R，方向和规定的正向相反，因此取负号。

[②] 乍看起来，经过上面的分析过程得到这个结果把问题复杂化了：将沿着 p 的复平面中的直线路径 C_0 上的积分转化为了沿着双曲线的一部分 C 上的积分。但是，注意到对于"将积分凑成标准的 Laplace 变换"的目的来说，我们更关注的是变换式 (1.2.8) 下的变量 t 的变化情况，在 C 上，t 为实数。

因此 χ 满足的波动方程的具体形式为

$$\ddot{\chi}(x,y,z,t) = \frac{1}{\rho}\delta(x)\delta(y)\delta(z)\delta(t) + \beta^2\left(\frac{\partial^2}{\partial x^2} + \frac{\partial^2}{\partial y^2} + \frac{\partial^2}{\partial z^2}\right)\chi(x,y,z,t) \qquad (1.2.18)$$

式 (1.2.18) 分别取对 x 和 y 的 Fourier 变换 (相应的变换域内的变量分别记为 ξ_x 和 ξ_y)，并对 t 作 Laplace 变换 (变换域内的变量仍然记为 s)，可以得到

$$\frac{\mathrm{d}^2}{\mathrm{d}z^2}\chi(\xi_x,\xi_y,z,s) - \gamma^2\chi(\xi_x,\xi_y,z,s) = -\frac{\delta(z)}{\mu}$$

其中，

$$\gamma = \gamma(\xi_x,\xi_y,s) = \sqrt{\xi_x^2 + \xi_y^2 + \frac{s^2}{\beta^2}} \quad (\mathrm{Re}(\gamma) \geqslant 0)$$

按照与二维情况类似的方式，不难得到

$$\chi(\xi_x,\xi_y,z,s) = \frac{1}{2\mu\gamma}\mathrm{e}^{-\gamma|z|} \qquad (1.2.19)$$

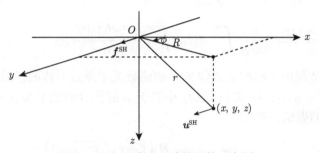

图 1.2.7　三维 SH 波问题的示意图

$\boldsymbol{f}^{\mathrm{SH}}$ 为在源点处施加的集中脉冲力，坐标为 (x,y,z) 的圆点代表观测点，位移为 $\boldsymbol{u}^{\mathrm{SH}}$。力的作用点到观测点距离为 r，原点 O 与观测点在地表的投影点之间的距离为 R，它们之间的连线与 x 轴所成角度为 ϕ

对式 (1.2.19) 做关于 ξ_x 和 ξ_y 的双重 Fourier 反变换，得到

$$\chi(x,y,z,s) = \frac{1}{4\pi^2}\int_{-\infty}^{\infty}\int_{-\infty}^{\infty}\frac{\mathrm{e}^{\mathrm{i}\xi_x x + \mathrm{i}\xi_y y - \gamma|z|}}{2\mu\gamma}\,\mathrm{d}\xi_x\,\mathrm{d}\xi_y \qquad (1.2.20)$$

下面的目标是运用 Cagniard-de Hoop 方法将上式等号右端的积分转化为标准的 Laplace 变换形式。为达到这个目的，与二维情况类似，需要引入恰当的变量替换。在三维情况下，作如下替换 (de Hoop, 1960)

$$\xi_x = s(w\cos\phi - q\sin\phi), \quad \xi_y = s(w\sin\phi + q\cos\phi) \qquad (1.2.21)$$

其中，ϕ 为观测点在水平面 xy 内的方位角，见图 1.2.7。注意到 $x = R\cos\phi$，$y = R\sin\phi$，$R = \sqrt{x^2 + y^2}$，有

$$\xi_x x + \xi_y y = swR, \quad \gamma = s\eta, \quad \eta \triangleq \sqrt{\frac{1}{\beta^2} + w^2 + q^2}$$

另一方面，由于

$$
\begin{vmatrix}
\dfrac{\partial \xi_x}{\partial w} & \dfrac{\partial \xi_x}{\partial q} \\[2mm]
\dfrac{\partial \xi_y}{\partial w} & \dfrac{\partial \xi_y}{\partial q}
\end{vmatrix} = s^2
$$

从而有 $\mathrm{d}\xi_x\,\mathrm{d}\xi_y = s^2\,\mathrm{d}w\,\mathrm{d}q$。这意味着在 de Hoop 变换式 (1.2.21) 下，式 (1.2.20) 可以写为

$$
\chi(x,y,z,s) = \frac{s}{8\pi^2\mu} \int_{-\infty}^{\infty} \mathrm{d}q \int_{-\infty}^{\infty} \frac{\mathrm{e}^{\mathrm{i}swR - s\eta|z|}}{\eta} \mathrm{d}w \tag{1.2.22}
$$

与二维情况下的式 (1.2.7) 比较，为了方便采用相似的做法将积分式 (1.2.22) "凑成"Laplace 变换的形式，进一步引入变换 $p = -\mathrm{i}w$，从而

$$
\chi(x,y,z,s) = \frac{s}{8\pi^2\mu} \int_{-\infty}^{\infty} \mathrm{d}q \int_{-\mathrm{i}\infty}^{\mathrm{i}\infty} \frac{-\mathrm{i}\mathrm{e}^{-s(pR+\eta|z|)}}{\eta} \mathrm{d}p \quad \left(\eta = \sqrt{\frac{1}{\beta^2} + q^2 - p^2}\right)
$$

$$
= \frac{s}{4\pi^2\mu} \int_{0}^{\infty} \mathrm{d}q \int_{-\mathrm{i}\infty}^{\mathrm{i}\infty} \frac{-\mathrm{i}\mathrm{e}^{-s(pR+\eta|z|)}}{\eta} \mathrm{d}p
$$

$$
\xlongequal{(1.2.12)} \frac{s}{2\pi^2\mu} \int_{0}^{\infty} \mathrm{d}q\,\mathrm{Im} \int_{0}^{\mathrm{i}\infty} \frac{\mathrm{e}^{-s(pR+\eta|z|)}}{\eta} \mathrm{d}p \tag{1.2.23}
$$

第二个等号的成立是利用了被积函数作为 q 的函数关于原点对称的性质。

如果令 $t = pR + \eta|z|$，则式 (1.2.23) 中关于 p 的积分形式上与式 (1.2.12) 相同[①]，采用与二维情况类似的做法，得到

$$
\chi(x,y,z,s) = \frac{s}{2\pi^2\mu} \int_{0}^{\infty} \mathrm{d}q \int_{0}^{\infty} \frac{H\left(t - r\sqrt{\beta^{-2} + q^2}\right)}{\sqrt{t^2 - r^2(\beta^{-2} + q^2)}} \mathrm{e}^{-st} \mathrm{d}t \tag{1.2.24}
$$

其中，$r = \sqrt{R^2 + z^2} = \sqrt{x^2 + y^2 + z^2}$，见图 1.2.7。

式 (1.2.24) 的形式已经与 Laplace 变换的形式非常接近了，但是注意到这个双重积分是先对 t 做积分，再对 q 做积分的，这并不符合 Laplace 变换的形式，后者要求对 t 的积分最后进行，因此必须交换积分次序。由于被积函数中存在阶跃函数，对于固定的 q，只有当 $t > r\sqrt{\beta^{-2} + q^2}$ 时被积函数才非零；交换积分次序后，需要根据这个不等式反解出 q，即对于固定的 t，只有当 $q < \sqrt{t^2 - t_s^2}/r$ 时才满足被积函数非零。交换积分次序前后的积分情况分别见图 1.2.8 (a) 和 (b)。

由于 $q = 0$ 时，$t = t_s = r/\beta$，因此

$$
\chi(x,y,z,s) = \frac{s}{2\pi^2\mu} \int_{0}^{\infty} \left\{ \int_{0}^{\sqrt{t^2 - t_s^2}/r} \frac{H(t - t_s)}{\sqrt{t^2 - r^2(\beta^{-2} + q^2)}} \mathrm{d}q \right\} \mathrm{e}^{-st} \mathrm{d}t
$$

---

① 当然 η 的表达式是不同的，不过如果将二维情况下的 $1/\beta^2$ 替换成 $1/\beta^2 + q^2$，就可以得到对应的三维情况的结果了。

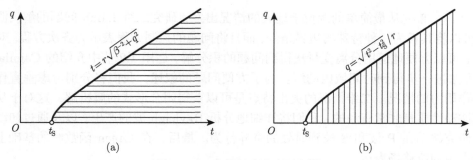

图 1.2.8 交换积分次序示意图

(a) 先对 t 积分再对 q 积分，t 的取值范围是 $\left[r\sqrt{\beta^{-2}+q^2}, \infty\right)$；(b) 先对 q 积分再对 t 积分，q 的取值范围是 $\left[0, \sqrt{t^2-t_{\mathrm{s}}^2}/r\right]$。$t = t_{\mathrm{s}} = r/\beta$ 为 S 波的到时

注意到 Laplace 变换的性质 $\mathscr{L}\{\dot{\chi}(x,y,z,t)\} = s\chi(x,y,z,s) - \chi(x,y,z,0)$，根据上式直接通过观察得到

$$\chi(x,y,z,t) = \frac{1}{2\pi^2\mu}\frac{\partial}{\partial t}\int_0^{\sqrt{t^2-t_{\mathrm{s}}^2}/r}\frac{H(t-t_{\mathrm{s}})}{\sqrt{t^2-r^2\left(\beta^{-2}+q^2\right)}}\,\mathrm{d}q \tag{1.2.25}$$

由于 q 与波速的倒数量纲相同，可将其视为慢度。式 (1.2.25) 表明，三维 SH 波的势函数 χ 可以表示为慢度的积分。对于当前的简单情况，可以继续求出这个慢度积分的闭合形式表达。但是，对于一般的问题，被积函数形式更为复杂，难以得到闭合形式解[①]。仔细考察式 (1.2.25) 中的积分，会发现当 q 取积分上限时，分母为零，因此这是一个瑕积分。但是由于分母的表达式为根式，奇异性较弱，可以通过简单的代换去掉奇异性，例如可以取

$$q = \frac{1}{r}\sqrt{t^2 - t_{\mathrm{s}}^2 - x^2} \quad \text{或} \quad q = \frac{1}{r}\sqrt{t^2 - t_{\mathrm{s}}^2}\sin x$$

以上我们分别以简单的二维和三维 SH 波问题为例，显示了运用 Cagniard-de Hoop 方法的求解过程。由最简单的 SH 波问题的二维解 (1.2.17) 和三维解 (1.2.25)，我们看到，运用 Cagniard-de Hoop 方法得到的二维解和三维解分别是闭合解和积分解的形式。这个结论不限于最简单的 SH 波情况，对于一般的弹性波问题都成立。在随后的章节中，我们将借助 Cagniard-de Hoop 方法分析更为一般的情况。

1.3 本书的内容

作为上册书的姊妹篇，本书的目标是系统地介绍 Lamb 问题的时间域解法。通过运用 Cagniard-de Hoop 方法，我们将由浅入深地首先得到二维问题的闭合形式解析解，接着对于一般的三维问题，得到三类 Lamb 问题的积分解，并在此基础上进一步分别针对三类 Lamb 问题，深入细致地研究它们各自的广义闭合形式解。最后，作为推广的情形，我们将考虑在地表运动的点源产生的地震波解，并最终得到其广义闭合形式解。具体地，本书包括如下内容：

---

① 通过更为细致的分析，可以将积分转化为广义的闭合形式表达，这将是本书后续章节的目标。

第 2 章，首先从最简单的源位于地表的情况出发，研究二维 Lamb 问题的解。源位于地表，可以将其视为一种特殊的边界条件，而且将问题的控制方程表示为齐次方程。对于齐次方程，可以方便地运用分离变量法得到问题的积分解，运用 1.2 节中介绍的 Cagniard-de Hoop 方法进一步得到时间域内的解。为了方便问题的叙述，我们将分别考虑垂直作用力和水平作用力的情况。二维情况的突出特点是可以获得闭合形式的解析解，这对于从理论上研究波动性质是非常有利的。我们将详细地分析 Rayleigh 波的产生，以及通过初动近似分析，研究波动在 P 波和 S 波到时处的奇异行为。最后，在 Green 函数解的基础上，获得位错点源的位移场表达。

第 3 章，研究源位于半空间内部的二维 Lamb 问题。对于这种情况，将不可避免地面临非齐次方程的求解。我们将介绍一种一般的处理方法，通过对几个空间变量和时间变量分别进行积分变换，首先得到变换域中的解，再对各个震相的反变换积分运用 Cagniard-de Hoop 方法，获得时间域的最终解。这种解法具有一般性，很容易推广到三维情形。由于源位于半空间内部，因此波动在地表发生反射和转换，将产生比源位于地表的情况更为复杂的各种震相。我们将通过各种算例，显示这些因素对于时间域波形的影响。

第 4 章，将第 3 章的方法推广到三维情况，获得三类 Lamb 问题 Green 函数的完整积分表达。Johnson (1974) 最先得到几类 Lamb 问题的 Green 函数及其空间导数的积分解，本章的内容可以视作对 Johnson (1974) 的详尽叙述。作为第三类 Lamb 问题的退化情况，当观测点位于地表时，分析的过程和结果可以大为简化。因此本章首先介绍第二类 Lamb 问题的积分解求取，之后对于更一般化的第三类 Lamb 问题，特别是转换波项，做详细的讨论，最终得到 Green 函数的积分解。除了 Green 函数本身以外，本章的分析方法还适用于 Green 函数空间导数的求取，在此基础上，可以获得双力偶源所产生的地震波场。在第 4 章的最后，我们将对积分做数值求解，显示单力源和双力偶源所产生的位移场的不同特征。对于上册第 7 章显示的算例，将显示时间域解法得到的结果的优势：不存在震相到时处的 Gibbs 效应，并且可以针对不同的震相分别计算。

第 5 章集中展示了根据第 4 章积分解所做的数值算例。我们首先针对三类 Lamb 问题，分别做了细致的正确性检验。通过与前人的结果，以及上册书发展的频率域解法的结果的综合对比，验证公式和程序的正确性。对于极个别与已经发表的论文中结果不一致的地方，我们通过深入细致的分析，证明我们的结果的正确性。正确性检验之后，分别对于三类 Lamb 问题，从不同的角度研究了 Green 函数以及剪切位错点源产生的位移场性质[①]，包括位移随时间的变化情况、质点运动轨迹、地表永久位移。对于第二类和第三类 Lamb 问题，我们还展示了有限尺度断层上的走滑位错源和逆冲位错源的对应结果。通过丰富的数值结果展示，试图从各个方面了解地震波场的性质。

从第 6 章开始，我们将由浅入深地分别针对三类 Lamb 问题，以及其推广形式——运动源 Lamb 问题，根据化整为零并逐个击破的思想，利用积分变量的替换以及部分分式分解的技术，将几类问题的积分表达切分成若干更为基本的积分表达，其中一部分可以得到闭合形式的解，而其余的部分经过仔细的处理，可以转化为三种标准的椭圆积分的组合，

---

① 对于第一类 Lamb 问题，只研究了 Green 函数的性质。因为地表剪切位错点源不仅不具有实际意义，而且也存在计算上的困难。

从而实现了将第 4 章获得的 Lamb 问题 Green 函数的积分表达做最大程度的简化的目的。对于最终的以广义闭合形式表达的结果，除了验证其正确性以外，我们还利用其形式紧凑的特点，从理论上分析波动的性质，并特别关注 Rayleigh 波的情况。

第 6 章，首先考虑最简单的第一类 Lamb 问题。这是一般形式的积分表达的特殊情况，也是 Lamb (1904) 最初考虑的问题。在这种情况下，可以最终转化为椭圆积分的那些积分形式最为简单，因此处理起来也相对容易，最终的结果可以经过化简得到紧凑的形式。与其他两类问题相比，第一类 Lamb 问题的重要特点是奇异性。将积分拆解之后，奇异性体现在部分的基本积分上，我们将仔细地处理这些积分。

第 7 章，考虑更为复杂的第二类 Lamb 问题 (Feng and Zhang, 2018)，这是地震学领域应用最为广泛的情况，但是遗憾的是之前并没有其 Green 函数的广义闭合形式解的报道。在第一类 Lamb 问题的基础上，我们将上述方法应用于第二类 Lamb 问题。与第一类 Lamb 问题不同的是，在做变量替换并将积分做拆分之后，可以转化为标准的椭圆积分的那些积分，被积函数的根式下方多项式表达更为复杂，需要进行更为细致的处理。为了将其转化为标准的椭圆积分，需要引入分式线性变换，以及相应的变量替换。同样的思路可以应用于 Green 函数空间导数的求解，我们将得到双力偶源 (对应于 Green 函数的一阶空间导数) 产生的地震波场的广义闭合形式表达。

第 8 章，我们将研究最为复杂的第三类 Lamb 问题 (Feng and Zhang, 2021)。由于实际上地震台多数布设于地表，因此观测点位于半空间内部的第三类 Lamb 问题在通常的地震学问题中较少碰到。但是对于运用边界积分方程方法研究半空间内断层面上的动力学破裂过程的研究而言，获得这类 Lamb 问题的 Green 函数解至关重要 (Zhang and Chen, 2006a)。与第二类 Lamb 问题类似，之前也没有相关闭合形式解答的研究。对于源和观测点同时位于半空间内部的情况而言，可以显式地把解分成三组：直达波项、反射波项和转换波项。从理论上可以证明，直达波的结果与无界空间的结果 (见上册第 4 章) 完全相同；而反射波项可以将第二类 Lamb 问题的解做简单的替换得到。因此对于第三类 Lamb 问题而言，主要着重处理的只有转换波项 (即 PS 波和 SP 波)。根据被积函数形式上的特点，引入合适的变量替换，并延续前两类 Lamb 问题处理的思路，对拆分之后的基本积分做细致的处理，最终也可得到广义闭合形式的表达，并进而得到双力偶源的对应结果。

第 9 章，在本书的最后，作为经典的 Lamb 问题的推广，我们将研究一种在地表的运动源在半空间表面产生的波场 (Feng and Zhang, 2020)[①]。与固定源的 Lamb 问题不同，这类问题的控制方程的源项包含了作用位置随时间运动的成分。我们首先根据问题的特点，在固定源情况的基础上，得到运动源的积分表达。与运动源的主要区别在于被积函数的分母上多出了导致奇异的成分。接着继续运用针对固定源的三类 Lamb 问题的分析方法，对于运动源的积分解进行分析，最终得到广义闭合形式的解答。最后，通过具体的算例从多个角度展示运动源波场的特点。

[①] 一个实际应用的场景是运动着的交通工具（比如快速运动的高铁列车）产生的波场。在 Feng 和 Zhang (2020) 中，我们研究的是在地表以任意速度运动的垂直力点源在半空间内部产生的位移。在本书中，我们以高铁运动的实际问题作为背景，考虑到绝大多数情况下地震记录都是在地表获得的，因此本书将仅考虑地表位移，同时限定运动速度不超过 Rayleigh 波速度。

第 2 章　二维 Lamb 问题 (I)：表面源

利用时间域解法研究 Lamb 问题，最好的出发点莫过于二维问题[①]。原因在于两点：一是相比于三维问题，二维问题简单且相对容易处理；二是利用 Cagniard-de Hoop 方法可以得到二维问题的闭合形式的精确解，基于它可以从理论上对半空间介质中的波动行为做各种分析，有助于建立起清晰的物理图像，从而为三维问题的求解奠定基础。

对于本章所要考虑的二维 Lamb 问题，我们首先研究一种特殊情况，即在自由界面上施加一个集中脉冲力，研究在半无限空间区域内部以及自由界面上的位移。从源的施加位置来看，这里研究的问题与 Lamb (1904) 考虑的相同，但是本章的研究与 Lamb (1904) 的研究有几点区别：

(1) 本章考虑的力源的时间变化并非 Lamb (1904) 考虑的周期函数和 Lamb (1904) 尝试解决的某几种特殊形式的时间函数，而是脉冲函数，即 Dirac δ 函数。这使得本章的结果更具有普遍性。根据位移表示定理，可以通过与任何形式的时间函数卷积得到其时间响应。

(2) 接收点可以位于半无限空间中的任何位置，包括 Lamb (1904) 考虑的自由界面。注意到 Lamb (1904) 研究的实际上是远场近似解，而此处研究的接收点即便在自由界面处也可以离源很近，更不用说在半空间内部。因此相比于 Lamb (1904) 研究的问题，可以研究更为广泛的问题，比如 P-S 震相的产生。

(3) 由于采用了 Cagniard-de Hoop 方法，因此我们在本章得到的是问题严格的闭合形式解析解，这个结果意义重大，基于此，我们可以获得很多对于地震波动深入的认识。

相比于作用在半无限空间内部的力源来说，作用在自由界面上的特点会给问题的求解带来额外的方便。这是因为此时我们可以把力源等效地看作集中力边界条件[②]，而不必让其参与控制方程，从而控制方程是齐次方程。这一点对于简化问题的求解非常有利。

2.1　定解问题和一般解

本章我们要考察的问题的几何模型见图 2.1.1。x 轴所在的“面”为自由界面 ($z = 0$)，z 轴垂直向下。各向同性均匀的弹性介质位于 $z > 0$ 的半无限空间内，密度为 ρ，Lamé 常

---

　① 例如在直角坐标系下考虑的二维问题，简单地说就是所有物理量都与某一个坐标 (比如 z 坐标) 无关的问题。换句话说，就是物理量所有与该方向有关的分量都为零。事实上，在现实世界中并不存在严格的“二维问题”。回忆弹性力学中的两种平面问题：平面应变问题和平面应力问题。以平面应变问题为例，考虑沿 z 轴方向无限延伸的弹性体，以 z 轴为法线方向的任何截面上的正应力分量 σ_z 其实并非为零。

　② 究竟将力源视为体力 (体现在控制方程中) 和集中面力 (体现在边界条件中) 是否等效，要视其产生的位移场是否相同。这一点可以通过在上册的第 2 章中介绍的位移表示定理式 (2.5.2) 来考察，其中 Green 函数为半无限空间的 Green 函数，因此满足自由边界条件。以作用在自由界面的向下的垂直集中力为例考虑。若视其为体力，则 $f_i(\boldsymbol{x}, t) = \delta_{i3}\delta(x)\delta(z)\delta(t)$，$T_i\big(\boldsymbol{u}(\boldsymbol{x}, \tau), \hat{\boldsymbol{n}}\big)\big|_S = 0$，代入上册的式 (2.5.4) 得，$u_n(\boldsymbol{x}, t) = G_{n3}(\boldsymbol{x}, t; \boldsymbol{0}, 0)$。若视其为面力，则 $f_i(\boldsymbol{x}, t) = 0$，$T_i\big(\boldsymbol{u}(\boldsymbol{x}, \tau), \hat{\boldsymbol{n}}\big)\big|_S = \delta_{i3}\delta(x)\delta(t)$，代入式 (2.5.4)，同样可得 $u_n(\boldsymbol{x}, t) = G_{n3}(\boldsymbol{x}, t; \boldsymbol{0}, 0)$。因此两种看待力源的方式是等效的。

数分别为 λ 和 μ。在原点处施加垂直向下的单位脉冲力 (图 2.1.1 (a)) 或水平向右的单位脉冲力 (图 2.1.1 (b))。观测点到原点的距离为 r，二者连线与 z 轴正向的夹角为 θ。

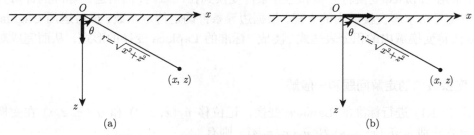

(a)   (b)

图 2.1.1   二维 Lamb 问题的求解模型示意图

$z = 0$ 的面为自由表面，z 轴垂直向下。在原点处施加 (a) 垂直向下的单位脉冲力或 (b) 水平向右的单位脉冲力。脉冲力用粗黑色箭头表示。半空间介质内部一点 (x, z) 到原点的距离为 r，二者连线与 z 轴正向的夹角为 θ

2.1.1 时间域内的定解问题

对于我们要研究的二维问题来说，所有的物理量都与 y 坐标无关[①]；同时，所有物理量的 y 分量都为零。考虑到这个特点，上册第 2 章中得到的弹性动力学方程 (2.2.21) 可以用分量形式写为

$$\begin{cases} \rho\ddot{u}_x = (\lambda + 2\mu)\dfrac{\partial}{\partial x}\left(\dfrac{\partial u_x}{\partial x} + \dfrac{\partial u_z}{\partial z}\right) + \mu\dfrac{\partial}{\partial z}\left(\dfrac{\partial u_x}{\partial z} - \dfrac{\partial u_z}{\partial x}\right) \\[2mm] \rho\ddot{u}_z = (\lambda + 2\mu)\dfrac{\partial}{\partial z}\left(\dfrac{\partial u_x}{\partial x} + \dfrac{\partial u_z}{\partial z}\right) + \mu\dfrac{\partial}{\partial x}\left(\dfrac{\partial u_z}{\partial x} - \dfrac{\partial u_x}{\partial z}\right) \end{cases} \tag{2.1.1}$$

其中，$u_x = u_x(x, z, t)$ 和 $u_z = u_z(x, z, t)$ 分别是位移在 x 方向和 z 方向的分量。

根据上册第 2 章中的斜面应力公式 (2.2.14)，自由界面上的应力矢量为 $\boldsymbol{T}^{-\hat{e}_z} = -\hat{e}_z \cdot \boldsymbol{\tau}|_{z=0}$。因此，对于垂直力源，边界条件为

$$\sigma_z(x, 0, t) = -\delta(x)\delta(t), \qquad \tau_{zx}(x, 0, t) = 0 \tag{2.1.2}$$

而对于水平力源，相应地有

$$\tau_{zx}(x, 0, t) = -\delta(x)\delta(t), \qquad \sigma_z(x, 0, t) = 0 \tag{2.1.3}$$

问题的初始条件是，在力源作用的时刻 $t = 0$ 之前，位移和速度都等于零，即[②]

$$u_x(x, z, 0) = \dot{u}_x(x, z, 0) = u_z(x, z, 0) = \dot{u}_z(x, z, 0) = 0 \tag{2.1.4}$$

[①] 这意味着关于 y 的空间导数为零，即 $\frac{\partial}{\partial y} = 0$。

[②] 严格地写，应该是

$$u_x(x, z, 0^-) = \dot{u}_x(x, z, 0^-) = u_z(x, z, 0^-) = \dot{u}_z(x, z, 0^-) = 0$$

其中，$t = 0^- = -\varepsilon$ ($\varepsilon \to 0$) 是 $t = 0$ 之前的时刻。但由于力恰好是在 $t = 0$ 时刻施加的，弹性体产生响应需要经过一个瞬间的延迟，因此可以认为在 $t = 0$ 时也满足位移和速度等于零的初始条件。

控制方程 (2.1.1)、边界条件 (2.1.2) 或 (2.1.3)，以及初始条件 (2.1.4) 联立构成了一个定解问题。为了求解这个非齐次边界条件下的齐次方程问题，我们接下来准备采取的思路是：首先采用 Laplace 变换将方程和边界条件变换到拉氏域内，然后运用标准的针对齐次方程的分离变量法求解变换域内的方程，根据边界条件确定待定系数，最后运用 Cagniard-de Hoop 方法将变换域内的积分表达式 "凑成" 标准的 Laplace 变换的形式，从而完成对问题的求解。

2.1.2　变换域内的定解问题和一般解

对式 (2.1.1) 进行标准的 Laplace 变换，记位移 $u_x(x, z, t)$ 和 $u_z(x, z, t)$ 在变换域内的对应函数分别为 $\widetilde{u}_x(x, z, s)$ 和 $\widetilde{u}_z(x, z, s)$，则有[①]

$$\begin{cases} s^2\widetilde{u}_x = \alpha^2\dfrac{\partial}{\partial x}\left(\dfrac{\partial \widetilde{u}_x}{\partial x} + \dfrac{\partial \widetilde{u}_z}{\partial z}\right) + \beta^2\dfrac{\partial}{\partial z}\left(\dfrac{\partial \widetilde{u}_x}{\partial z} - \dfrac{\partial \widetilde{u}_z}{\partial x}\right) \\ s^2\widetilde{u}_z = \alpha^2\dfrac{\partial}{\partial z}\left(\dfrac{\partial \widetilde{u}_x}{\partial x} + \dfrac{\partial \widetilde{u}_z}{\partial z}\right) + \beta^2\dfrac{\partial}{\partial x}\left(\dfrac{\partial \widetilde{u}_z}{\partial x} - \dfrac{\partial \widetilde{u}_x}{\partial z}\right) \end{cases} \tag{2.1.5}$$

其中，$\alpha = \sqrt{(\lambda + 2\mu)/\rho}$ 和 $\beta = \sqrt{\mu/\rho}$ 分别是 P 波和 S 波的波速，λ 和 μ 为两个弹性系数，s 为 Laplace 变换过程中引入的变量，根据 1.2.2.1 节中的做法，这里我们选定它为一个充分大的正实数。

对时间域中的边界条件 (2.1.2) 和 (2.1.3) 做 Laplace 变换，并注意到 $\mathscr{L}\{\delta(t)\} = 1$，对于垂直力源，变换域中的边界条件为

$$\widetilde{\sigma}_z(x, 0, s) = -\delta(x), \qquad \widetilde{\tau}_{zx}(x, 0, s) = 0 \tag{2.1.6}$$

而对于水平力源，相应地有

$$\widetilde{\tau}_{zx}(x, 0, s) = -\delta(x), \qquad \widetilde{\sigma}_z(x, 0, s) = 0 \tag{2.1.7}$$

根据上册 4.2 节中介绍的位移的 Helmholtz 势分解，可以将位移矢量表示为 $\boldsymbol{u} = \nabla\Phi + \nabla \times \boldsymbol{\Psi}$，其中第一项代表位移场的无旋成分，即 P 波部分，而第二项代表位移场的无源成分，即 S 波部分。取 S 波项对应的矢量势 $\boldsymbol{\Psi} = (0, \Psi, 0)$ [②]，则位移分量可表示为

$$\widetilde{u}_x = \frac{\partial \Phi}{\partial x} - \frac{\partial \Psi}{\partial z}, \qquad \widetilde{u}_z = \frac{\partial \Phi}{\partial z} + \frac{\partial \Psi}{\partial x} \tag{2.1.8}$$

把式 (2.1.8) 代入式 (2.1.5)，得到两个等式，分别记为 (a) 和 (b)。做如下操作，$\frac{\partial}{\partial x}(a)+\frac{\partial}{\partial z}$(b)，得到

$$s^2\nabla^2\Phi = \alpha^2\nabla^2\nabla^2\Phi \tag{2.1.9}$$

---

　　① 这里运用了 Laplace 变换的性质：$\mathscr{L}\{\ddot{f}(t)\} = s^2\widetilde{f}(s) - sf(0) - \dot{f}(0)$，其中 $\mathscr{L}\{\cdot\}$ 代表 Laplace 变换，$\ddot{f}(t)$ 和 $\dot{f}(t)$ 分别为 $f(t)$ 关于时间变量 t 的一次和二次导数，$\widetilde{f}(s)$ 为 $f(t)$ 对应的在拉氏变换域中的函数。注意问题的初始条件 (2.1.4)，因此 $\mathscr{L}\{\ddot{u}_x(x, z, t)\} = s^2\widetilde{u}_x(x, z, s)$，$\mathscr{L}\{\ddot{u}_z(x, z, t)\} = s^2\widetilde{u}_z(x, z, s)$。

　　② 这么取的原因在于，对 S 波的矢量势函数进行旋度运算之后，必须满足 y 分量为零，这是二维问题的要求；最为直接的取法自然是 $\Psi_x = \Psi_z = 0$。

类似地, 由 $\frac{\partial}{\partial x}(\mathrm{b}) - \frac{\partial}{\partial z}(\mathrm{a})$, 得到

$$s^2 \nabla^2 \Psi = \beta^2 \nabla^2 \nabla^2 \Psi \tag{2.1.10}$$

不难发现, 只要 Φ 和 Ψ 分别满足

$$\nabla^2 \Phi - \frac{s^2}{\alpha^2}\Phi = 0, \qquad \nabla^2 \Psi - \frac{s^2}{\beta^2}\Psi = 0 \tag{2.1.11}$$

则式 (2.1.9) 和 (2.1.10) 一定满足[①]。因此, 我们可以借由式 (2.1.8), 将位移分量满足的耦合的复杂偏微分方程系统式 (2.1.5) 转化为其对应的势函数满足的解耦 (两个独立) 的齐次波动方程 (2.1.11)。

相应地, 边界条件也可以转化为用位移势函数表示。注意到边界条件 (2.1.6) 是以应力分量表示的, 首先我们需要根据本构关系和几何关系 (见上册 2.2 节) 将其转化为用位移分量表示, 然后再根据式 (2.1.8) 转化为用位移势函数来表示。因此

$$\begin{cases} \widetilde{\sigma}_z(x, 0, s) = \left[\lambda \nabla \cdot \widetilde{\boldsymbol{u}} + 2\mu \dfrac{\partial \widetilde{u}_z}{\partial z}\right]\bigg|_{z=0} = \mu \left[\dfrac{s^2}{\beta^2}\Phi + 2\left(\dfrac{\partial^2 \Psi}{\partial x \partial z} - \dfrac{\partial^2 \Phi}{\partial x^2}\right)\right]\bigg|_{z=0} \\[4mm] \widetilde{\tau}_{zx}(x, 0, s) = \mu \left(\dfrac{\partial \widetilde{u}_x}{\partial z} + \dfrac{\partial \widetilde{u}_z}{\partial x}\right)\bigg|_{z=0} = \mu \left(\dfrac{\partial^2 \Psi}{\partial x^2} + 2\dfrac{\partial^2 \Phi}{\partial x \partial z} - \dfrac{\partial^2 \Psi}{\partial z^2}\right)\bigg|_{z=0} \end{cases} \tag{2.1.12}$$

为了求出变换域中的一般解, 以式 (2.1.11) 中 Φ 满足的波动方程为例。Φ 满足的波动方程可以写为

$$\frac{\partial^2 \Phi}{\partial x^2} + \frac{\partial^2 \Phi}{\partial z^2} - \frac{s^2}{\alpha^2}\Phi = 0 \tag{2.1.13}$$

这是一个两变量的齐次方程。采用分离变量法, 设 $\Phi(x, z) = X(x)Z(z)$, 代入式 (2.1.13), 得到[②]

$$\frac{X''}{X} = \frac{s^2}{\alpha^2} - \frac{Z''}{Z} \triangleq -\frac{s^2}{\beta^2}\bar{q}^2$$

---

① 严格地讲, 由式 (2.1.9) 和 (2.1.10) 并不能推出式 (2.1.11), 但是这里的要点不在于精确地从式 (2.1.9) 和 (2.1.10) 推出式 (2.1.11), 而在于选择合适的 Φ 和 Ψ, 使得它们满足式 (2.1.9) 和 (2.1.10), 同时满足式 (2.1.8)。满足式 (2.1.11) 即可达到这样的要求。事实上, 读者可回忆一下在弹性力学中学过的 Airy 应力函数, 由于它与应力分量之间存在导数关系, 因此 Airy 应力函数只能确定到差一个线性函数的程度。此处的 Φ 和 Ψ 是位移矢量对应的势函数, 与位移分量之间也是导数关系, 因此 "严格地" 得到 Φ 和 Ψ 并无必要。

② 在下面的等式中, 根据标准的分离变量法知道, 第一个等号两边相等, 只可能等于一个与 x 和 z 都无关的常数, 此处设为 $-s^2\bar{q}^2/\beta^2$。原因在于:

a. 负号是为了对 x 的解表示成 $\mathrm{e}^{\mathrm{i}kx}$ 的形式, 而对 z 的解表示成 e^{-kz} 的形式, 因为在组合成一般解的时候, 需要对引入的参数积分, x 的范围是从 $-\infty$ 到 ∞, 而 z 的范围是从 0 到 ∞, 这个差别使二者地位并不对等, 读者可以思考如果这个负号改成正号会如何。

b. s^2 的引入是为了后续 Cagniard-de Hoop 方法的需要, 必须在被积函数中凑出 e^{-st} 的因子, 平方自然是因为涉及对 x 或 z 的二阶导数。

c. β^2 的引入可能是最为费解的一点, 比如为什么不是 α^2? 简单地说, 这是为了简化 Rayleigh 函数的需要, 引入 β^2 做分母, 同时引入无量纲量 $\bar{q}$, 可以将 Rayleigh 函数写成无量纲量的形式, 便于研究其性质。

d. $\bar{q}$ 是这一项中唯一真正的引入变量, 在随后的组合成一般解的过程中需要进行积分运算。在本书中, 我们统一约定 $(\bar{\cdot})$ 代表无量纲的变量。无量纲量在表示上有其独特的优势, 重要的优势之一在于对由它组成的一些函数, 比如本章中的 Rayleigh 函数, 更便于进行特征的分析。

其中，$\bar{q}$ 是在分离变量过程中引入的无量纲参数。

$X(x)$ 和 $Z(z)$ 满足的方程分别为

$$X''(x) + \frac{s^2}{\beta^2}\bar{q}^2 X(x) = 0, \qquad Z''(z) + \frac{s^2}{\beta^2}\left(\bar{q}^2 + k^2\right)Z(z) = 0$$

因此

$$X(x) = A_1(\bar{q})\mathrm{e}^{\pm\mathrm{i}\frac{s}{\beta}\bar{q}x}, \qquad Z(z) = A_2(\bar{q})\mathrm{e}^{\pm\frac{s}{\beta}\eta_\alpha z} \tag{2.1.14}$$

其中，$A_1(\bar{q})$ 和 $A_2(\bar{q})$ 是 $\bar{q}$ 的任意函数，$\eta_\alpha = \sqrt{\bar{q}^2 + k^2}$ $(\mathrm{Re}(\eta_\alpha) \geqslant 0)$[①]，

$$\boxed{k = \frac{\beta}{\alpha} = \sqrt{\frac{\mu}{\lambda + 2\mu}} = \sqrt{\frac{1 - 2\nu}{2(1 - \nu)}}}$$

ν 为 Poisson 比[②]。由于 $\mathrm{Re}(\eta_\alpha) \geqslant 0$，$s$、$\beta$ 和 z 都是正实数，为了保证 $z \to +\infty$ 的收敛性，取式 (2.1.14) 中 $Z(z)$ 的表达式幂指数为负的一项，得到

$$\Phi(x, z, s) = A(\bar{q})\mathrm{e}^{\frac{s}{\beta}(\pm\mathrm{i}\bar{q}x - \eta_\alpha z)}$$

其中，$A(\bar{q}) = A_1(\bar{q})A_2(\bar{q})$。为了得到 $\Phi(x, z, s)$ 的一般解，将不同 $\bar{q}$ 值的解叠加，即对 $\bar{q}$ 进行积分，得到

$$\Phi(x, z, s) = \int_{-\infty}^{+\infty} A(\bar{q})\mathrm{e}^{\frac{s}{\beta}(\mathrm{i}\bar{q}x - \eta_\alpha z)}\,\mathrm{d}\bar{q} \tag{2.1.15}$$

由于 $\bar{q}$ 是从 $-\infty$ 到 $+\infty$ 取值，因此在当前来看，含有 x 的 e 指数项中取正或取负效果一样，因此这里只取正号[③]。

对于势函数 Ψ，可做与上述类似的分析，只需注意此时的波动传播速度由 α 变为 β，因此我们有

$$\Psi(x, z, s) = \int_{-\infty}^{+\infty} B(\bar{q})\mathrm{e}^{\frac{s}{\beta}(\mathrm{i}\bar{q}x - \eta_\beta z)}\,\mathrm{d}\bar{q} \tag{2.1.16}$$

其中，$\eta_\beta = \sqrt{\bar{q}^2 + 1}$ $(\mathrm{Re}(\eta_\beta) \geqslant 0)$。

到目前为止，我们得到了势函数 Φ 和 Ψ 的积分表达，其中含有待求的系数 $A(\bar{q})$ 和 $B(\bar{q})$。在接下来的 2.2 节和 2.3 节中，我们将分别针对垂直力源和水平力源两种特殊的情况，根据边界条件确定这些待求的系数，并最终得到精确的位移解。

---

① $\mathrm{Re}(\cdot)$ 代表取实部。为什么要附带上这个条件？因为一般情况下，$\bar{q}$ 不一定是实数，而是一个复数。对于复数而言，开平方运算得到的是一个多值函数，这个多值性来源于宗量 $\bar{q}^2 + k^2$ 辐角的多值性。为了使复变函数具有解析性，从而可以进行类似于求导的运算，必须规定单值分支。规定实部大于或等于零就是出于这个目的。需要强调的是，实部等于零对应于复平面内的点位于割线上，这个时候必须仔细地分析位于割线哪一边，确定其辐角值。详细讨论可参考附录 A。

② 在均匀各向同性介质中，独立的弹性参数只有两个，因此可以把两个 Lamé 常数 λ 和 μ 分别用杨氏模量 E 和 Poisson 比 ν 来表示 (王敏中等，2002，第 83 页)，最终的结果是杨氏模量可以约去，因此这两个波速只与 Poisson 比有关。

③ 但是需要说明的是，在随后的利用 Cagniard-de Hoop 方法所做的分析中，需要把 $\bar{q}$ 从 $-\infty$ 到 $+\infty$ 的积分转换为从 0 到 $+\infty$ 的积分，这时取正或取负就不是任意选择的，需要与 x 的正负号以及 Cagniard 路径的选取匹配起来，以保证积分的收敛性。

2.2 垂直作用力产生的位移

本节我们将详细地考察垂直作用力的情况。首先根据边界条件，得到变换域中的积分表达；然后运用 Cagniard-de Hoop 方法得到时间域内的精确表达式，并给出相应的数值算例。针对数值算例中发现的问题，我们将集中研究三个重要的问题：一是 Rayleigh 波的产生，特别是观测点位于自由界面时 Rayleigh 极点的贡献；二是运用初动近似方法研究位移图上的奇异行为；三是 P-S 震相的产生和相应的特征。

2.2.1 变换域中的表达

对于垂直作用力的情况，拉氏域内的边界条件为式 (2.1.6)。注意到[①]

$$\delta(x) = \frac{1}{2\pi} \int_{-\infty}^{+\infty} e^{i\omega x} d\omega \xrightarrow{\omega = \frac{s}{\beta}\bar{q}} \frac{s}{2\pi\beta} \int_{-\infty}^{+\infty} e^{i\frac{s}{\beta}\bar{q}x} d\bar{q} \qquad (2.2.1)$$

代入到式 (2.1.6) 并与式 (2.1.12) 联立。将 $z = 0$ 时的 Φ 和 Ψ 的积分表达式 (2.1.15) 和 (2.1.16) 代入，得到

$$\left(1 + 2\bar{q}^2\right) A(\bar{q}) - 2i\bar{q}\eta_\beta B(\bar{q}) = -\frac{\beta}{2\pi\mu s}$$

$$-2i\bar{q}\eta_\alpha A(\bar{q}) - \left(1 + 2\bar{q}^2\right) B(\bar{q}) = 0$$

因此得到

$$A(\bar{q}) = -\frac{\beta}{2\pi\mu s}\frac{1 + 2\bar{q}^2}{R(\bar{q})}, \qquad B(\bar{q}) = \frac{\beta}{2\pi\mu s}\frac{2i\bar{q}\eta_\alpha}{R(\bar{q})} \qquad (2.2.2)$$

其中，

$$R(\bar{q}) = \left(1 + 2\bar{q}^2\right)^2 - 4\bar{q}^2\eta_\alpha\eta_\beta \qquad (2.2.3a)$$

$$\eta_\alpha = \sqrt{\bar{q}^2 + k^2} \ (\text{Re}(\eta_\alpha \geqslant 0)), \qquad \eta_\beta = \sqrt{\bar{q}^2 + 1} \ \ (\text{Re}(\eta_\beta \geqslant 0)) \qquad (2.2.3b)$$

$R(\bar{q})$ 为 Rayleigh 函数[②]。将式 (2.2.2) 代入式 (2.1.15) 和 (2.1.16) 中，得到

$$\begin{cases} \Phi(x, z, s) = -\dfrac{\beta}{2\pi\mu s} \displaystyle\int_{-\infty}^{+\infty} \dfrac{1 + 2\bar{q}^2}{R(\bar{q})} e^{\frac{s}{\beta}(i\bar{q}x - \eta_\alpha z)} d\bar{q} \\[4mm] \Psi(x, z, s) = \dfrac{\beta}{2\pi\mu s} \displaystyle\int_{-\infty}^{+\infty} \dfrac{2i\bar{q}\eta_\alpha}{R(\bar{q})} e^{\frac{s}{\beta}(i\bar{q}x - \eta_\beta z)} d\bar{q} \end{cases}$$

---

① 在式 (2.2.1) 中，第一个等号右端的式子是 δ 函数的 Fourier 积分表示 (郭敦仁，1991，第 169 页)。

② 以 "Rayleigh 函数" 命名函数 $R(\bar{q})$ 是有丰富的背景的。注意到这个函数作为分母，在其零点 (即被积函数的极点，称为 Rayleigh 极点) 附近，被积函数将很大。后面我们将看到，Rayleigh 波的产生正是由于这个原因。当然，如此命名的一个重要原因是为了纪念 Lord Rayleigh 对于发现 Rayleigh 面波的贡献。他最初发现这种面波的论文发表于 1885 年，当时并无实际的地震图显示有这种波动的存在，更无理论的证明。他用短短几页的论文，以平面波的特例考虑，设置一种形式很奇怪的解 (振幅随着深度方向衰减的沿地表传播的平面波解)，证明这种波是可以存在的。随后在 1897 年，R. D. Oldham 在对一次印度地震的研究中首先在记录地震图辨识出了 Rayleigh 波；1904 年，H. Lamb 运用复杂的数学分析得到人类历史上第一幅理论地震图，这幅地震图清楚地显示，P 波和 S 波都是 "minor tremer" (小振动)，而 Rayleigh 波则是 "main shock" (主要的振动)。

将其代入位移分量与势函数之间的关系式 (2.1.8)，得到位移分量为

$$\widetilde{u}_x = \widetilde{u}_x^{\mathrm{P}} + \widetilde{u}_x^{\mathrm{S}}, \qquad \widetilde{u}_z = \widetilde{u}_z^{\mathrm{P}} + \widetilde{u}_z^{\mathrm{S}}$$

其中[①]

$$
\begin{cases}
\widetilde{u}_x^{\mathrm{P}} = \dfrac{\partial \Phi}{\partial x} = -\dfrac{\mathrm{i}}{2\pi\mu} \displaystyle\int_{-\infty}^{+\infty} \dfrac{(1 + 2\bar{q}^2)\,\bar{q}}{R(\bar{q})} \mathrm{e}^{\mathrm{P}}\,\mathrm{d}\bar{q} = \dfrac{1}{\pi\mu}\mathrm{Im}\displaystyle\int_0^{+\infty} \dfrac{(1 + 2\bar{q}^2)\,\bar{q}}{R(\bar{q})} \mathrm{e}^{\mathrm{P}}\,\mathrm{d}\bar{q} \\[4mm]
\widetilde{u}_x^{\mathrm{S}} = -\dfrac{\partial \Psi}{\partial z} = \dfrac{\mathrm{i}}{2\pi\mu} \displaystyle\int_{-\infty}^{+\infty} \dfrac{2\eta_\alpha \eta_\beta \bar{q}}{R(\bar{q})} \mathrm{e}^{\mathrm{S}}\,\mathrm{d}\bar{q} = -\dfrac{1}{\pi\mu}\mathrm{Im}\displaystyle\int_0^{+\infty} \dfrac{2\eta_\alpha \eta_\beta \bar{q}}{R(\bar{q})} \mathrm{e}^{\mathrm{S}}\,\mathrm{d}\bar{q} \\[4mm]
\widetilde{u}_z^{\mathrm{P}} = \dfrac{\partial \Phi}{\partial z} = \dfrac{1}{2\pi\mu} \displaystyle\int_{-\infty}^{+\infty} \dfrac{(1 + 2\bar{q}^2)\,\eta_\alpha}{R(\bar{q})} \mathrm{e}^{\mathrm{P}}\,\mathrm{d}\bar{q} = \dfrac{1}{\pi\mu}\mathrm{Re}\displaystyle\int_0^{+\infty} \dfrac{(1 + 2\bar{q}^2)\,\eta_\alpha}{R(\bar{q})} \mathrm{e}^{\mathrm{P}}\,\mathrm{d}\bar{q} \\[4mm]
\widetilde{u}_z^{\mathrm{S}} = \dfrac{\partial \Psi}{\partial x} = -\dfrac{1}{2\pi\mu} \displaystyle\int_{-\infty}^{+\infty} \dfrac{2\bar{q}^2 \eta_\alpha}{R(\bar{q})} \mathrm{e}^{\mathrm{S}}\,\mathrm{d}\bar{q} = -\dfrac{1}{\pi\mu}\mathrm{Re}\displaystyle\int_0^{+\infty} \dfrac{2\bar{q}^2 \eta_\alpha}{R(\bar{q})} \mathrm{e}^{\mathrm{S}}\,\mathrm{d}\bar{q}
\end{cases}
\tag{2.2.4}
$$

被积函数中的 $\mathrm{e}^{\mathrm{P}} = \mathrm{e}^{\frac{s}{\beta}(\mathrm{i}\bar{q}x - \eta_\alpha z)}$，$\mathrm{e}^{\mathrm{S}} = \mathrm{e}^{\frac{s}{\beta}(\mathrm{i}\bar{q}x - \eta_\beta z)}$。为了进一步分析方便，利用几何上的关系 $x = r\sin\theta$，$z = r\cos\theta$ (参见图 2.1.1)，可以将 e^{P} 和 e^{S} 表示为

$$\mathrm{e}^{\mathrm{P}} = \mathrm{e}^{s\frac{r}{\beta}(\mathrm{i}\bar{q}\sin\theta - \eta_\alpha\cos\theta)}, \qquad \mathrm{e}^{\mathrm{S}} = \mathrm{e}^{s\frac{r}{\beta}(\mathrm{i}\bar{q}\sin\theta - \eta_\beta\cos\theta)} \tag{2.2.5}$$

不失一般性，假定我们关注的区域是 $x \geqslant 0$ 的空间 (当然 $z \geqslant 0$)，即 $0° \leqslant \theta \leqslant 90°$，为了保证积分的收敛性，此时要求 $\mathrm{Im}(\bar{q}) \geqslant 0$[②]。

2.2.2　时间域中的精确解 (I)：P 波项

首先考虑 P 波项对应的位移分量 $\widetilde{u}_x^{\mathrm{P}}$ 和 $\widetilde{u}_z^{\mathrm{P}}$。这两个位移分量的积分表示中含有 e^{P}。如果我们令

$$t \triangleq \frac{r}{\beta}\left(-\mathrm{i}\bar{q}\sin\theta + \eta_\alpha\cos\theta\right) \tag{2.2.6}$$

则 $\mathrm{e}^{\mathrm{P}} = \mathrm{e}^{-st}$。以 $\widetilde{u}_x^{\mathrm{P}}$ 为例，此时有

$$\widetilde{u}_x^{\mathrm{P}}(r,\,\theta,\,s) = \frac{1}{\pi\mu}\mathrm{Im}\int_0^{+\infty} \frac{(1 + 2\bar{q}^2)\,\bar{q}}{R(\bar{q})} \mathrm{e}^{-st}\,\mathrm{d}\bar{q}$$

$$= \frac{1}{\pi\mu}\mathrm{Im}\int_{C'} \frac{(1 + 2\bar{q}^2)\,\bar{q}}{R(\bar{q})} \mathrm{e}^{-st}\frac{\mathrm{d}\bar{q}}{\mathrm{d}t}\,\mathrm{d}t \tag{2.2.7}$$

其中，C' 代表与 $\bar{q}$ 的复平面内正实轴相对应的 t 的复平面内的积分路径，一般而言这是一条并非沿着实轴的复杂积分路径。注意观察式 (2.2.7)，发现形式上与 Laplace 变换非常相

---

①　式 (2.2.4) 中各行的最后的等号成立，是考虑了奇偶性的缘故。以 $\widetilde{u}_x^{\mathrm{P}}$ 为例，当 $\bar{q}$ 在实轴上从 $-\infty$ 变化到 $+\infty$ 时，被积函数的实部关于原点是反对称的，而虚部关于原点是对称的，因此实部的积分结果为零，而虚部的积分结果为从 0 到 $+\infty$ 积分值的两倍。其他的位移分量可做类似的分析。这个转化有助于简化结果，同时，更重要的意义在于便于在运用 Cagniard-de Hoop 方法过程中利用复变积分的性质达到"凑成"标准的 Laplace 变换的目的。

②　这是因为如若不然，$\mathrm{i}\bar{q}\sin\theta$ 将是一个实部大于零的数，对于 $r \to +\infty$，将出现被积函数发散的情况。如果我们考虑的是 $x \leqslant 0$ 的空间，则需要 $\mathrm{Im}(\bar{q}) \leqslant 0$。

似，但是重要的区别在于在 Laplace 变换中，对 t 的积分是沿着 t 的复平面中的正实轴进行的，而此处却是沿着一条目前未知的复杂路径。是否可以建立起二者的某种关联，将这个积分"凑成"标准的 Laplace 变换的形式呢？

有了这个"大胆的假设"之后，下面的任务就是"小心的求证"。在 1.2.2 节已经通过例子显示了利用 Cagniard-de Hoop 方法是如何处理类似的简单问题的。为了达到"凑成"标准的 Laplace 变换的目的，必须要求 t 在其复平面内沿着正实轴变化。引入对应的无量纲化量 $\bar{t} = t/t_{\mathrm{S}}$，$t_{\mathrm{S}} = r/\beta$ 为 S 波到时，式 (2.2.6) 可以写为

$$\bar{t} = -\mathrm{i}\bar{q}\sin\theta + \eta_\alpha\cos\theta \tag{2.2.8}$$

为了方便考察 $\bar{q}$ 随 $\bar{t}$ 的变化，需要从式 (2.2.8) 中反解出 $\bar{q}$ 来。注意到 η_α 的定义，见式 (2.2.3b)，式 (2.2.8) 对应于 $\bar{q}$ 的一元二次方程为

$$\bar{q}^2 - 2\mathrm{i}\bar{t}\sin\theta\,\bar{q} + \left(k^2\cos^2\theta - \bar{t}^2\right) = 0$$

解之，得

$$\bar{q}(\bar{t}) = \begin{cases} \mathrm{i}\left(\bar{t}\sin\theta \pm \sqrt{k^2 - \bar{t}^2}\cos\theta\right), & 0 \leqslant \bar{t} \leqslant k \\ \mathrm{i}\bar{t}\sin\theta \pm \sqrt{\bar{t}^2 - k^2}\cos\theta, & \bar{t} > k \end{cases}$$

$\bar{t} = k = \beta/\alpha$ 对应着 $t_{\mathrm{P}} = r/\alpha$，即 P 波到时。为了唯一地确定 $\bar{q}$ 的复平面内的路径，需要确定上式中究竟取正号还是负号。基于式 (2.2.8) 所反映的 $\bar{q}$ 和 $\bar{t}$ 的对应关系，以及积分路径选取的考虑，我们取[①]

$$\bar{q}(\bar{t}) = \begin{cases} \mathrm{i}\left(\bar{t}\sin\theta - \sqrt{k^2 - \bar{t}^2}\cos\theta\right), & 0 \leqslant \bar{t} \leqslant k \\ \mathrm{i}\bar{t}\sin\theta + \sqrt{\bar{t}^2 - k^2}\cos\theta, & \bar{t} > k \end{cases} \tag{2.2.9}$$

相应地，可以得到 $\bar{q}$ 关于 $\bar{t}$ 的导数为

$$\frac{\mathrm{d}\bar{q}(\bar{t})}{\mathrm{d}\bar{t}} = \begin{cases} \mathrm{i}\left(\sin\theta + \dfrac{\bar{t}\cos\theta}{\sqrt{k^2 - \bar{t}^2}}\right), & 0 \leqslant \bar{t} \leqslant k \\ \mathrm{i}\sin\theta + \dfrac{\bar{t}\cos\theta}{\sqrt{\bar{t}^2 - k^2}}, & \bar{t} > k \end{cases} \tag{2.2.10}$$

根据式 (2.2.9)，可以相应地画出 $\bar{q}$ 所在复平面内的路径，如图 2.2.1 所示。注意到被积函数中涉及 $\sqrt{\bar{q}^2 + k^2}$ 和 $\sqrt{\bar{q}^2 + 1}$，这是复数域的开平方运算，因此是个多值函数。为了使得被积函数解析，必须确定单值分支。采取附录 A 中描述的方法画割线。图 A.1 中沿虚轴的粗线代表割线。C_0 代表式 (2.2.7) 中的 $\bar{q}$ 的变化路径，为沿正实轴从 0 变化到 $+\infty$。不难看出，当 $\bar{t} = 0$ 时，$\bar{q} = -\mathrm{i}k\cos\theta$（图 2.2.1 中的 A 点）；而当 $\bar{t} = k$ 时，$\bar{q} = \mathrm{i}k\sin\theta$（图 2.2.1 中的 B 点）。$\bar{t}$ 连续地从 0 增大到 k 时，$\bar{q}$ 沿虚轴，先是从 A 点到原点 O，随后沿着路径 C_1 从 O 点变化到 B 点。当 $\bar{t}$ 从 k 继续增大，根据式 (2.2.9)，$\bar{q}$ 将偏离虚轴沿

---

① 读者可以参照 1.2.2.1 节中类似的分析方式，自行思考这么取的原因。

着双曲线 C 行进[①]。当 $\bar{t} \to +\infty$ 时，在路径 C 上的 $\bar{q}$ 将趋近于其渐近线 (图 2.2.1 中的虚线) $y = x\tan\theta$[②]。

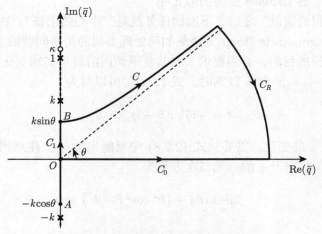

图 2.2.1　$\bar{q}$ 的复平面内的积分路径

横轴和竖轴分别为 $\bar{q}$ 的实部和虚部。"×" 和 "∘" 分别代表枝点和 Rayleigh 函数的零点。粗虚线为割线。原始的积分路径为 C_0。当限定 $\bar{t}$ 从 0 变化到 $+\infty$ 时，$\bar{q}$ 的变化路径为从 A 点 $(0, -k\cos\theta)$ 出发，沿着虚轴到原点 O，随后沿着 C_1 到 B 点 $(0, +k\sin\theta)$，然后沿着双曲线 C 变化。细虚线为双曲线的渐近线，与实轴所成的角度为 θ(参见图 2.1.1)。C_R 为大圆弧，半径 $R \to +\infty$

如果增补上从 $\bar{t} \to +\infty$ 时的位置到实轴上无穷远处的大圆弧路径 C_R(半径 $R \to +\infty$)，则 $C_1 \to C \to C_R \to -C_0$ 构成了一个闭合回路。因此，根据留数定理，我们有[③]

$$-\int_{C_1} - \int_C - \int_{C_R} + \int_{C_0} = \sum \mathrm{res} \tag{2.2.11}$$

其中，等号右边代表所围路径中的孤立奇点的留数之和。

对于式 (2.2.11) 中的第一个积分，被积函数中唯一可能的奇点来源是 Rayleigh 函数 $R(\bar{q})$ 的零点。根据上册的附录 B，$R(\bar{q})$ 的零点为 $\pm\mathrm{i}\kappa$ $(\kappa > 1)$[④]。这意味着被积函数唯一的奇点位于积分路径所围的区域之外的虚轴上，因此式 (2.2.11) 中的右端等于零，从而有

$$\int_{C_0} = \int_{C_1} + \int_C + \int_{C_R} \tag{2.2.12}$$

---

① 为何 C 为双曲线？这可以从式 (2.2.9) 分析出来，不难验证

$$\left[\frac{\mathrm{Im}\,(\bar{q})}{k\sin\theta}\right]^2 - \left[\frac{\mathrm{Re}\,(\bar{q})}{k\cos\theta}\right]^2 = 1$$

这是一个双曲线方程。路径 C 称为 Cagniard 路径。

② 这个不难从式 (2.2.9) 中得到。当 $\bar{t} \to +\infty$ 时，$\bar{q} \to \mathrm{i}\bar{t}\sin\theta + \bar{t}\cos\theta$。记 $\bar{q}$ 的实部和虚部分别为 x 和 y，则显然有 $y = x\tan\theta$。这具有非常明确的几何意义，因为如图 2.1.1 所示，θ 正是观测点与力作用点的连线与垂直方向的夹角。特别地，比如当 $\theta = 0°$ 时，Cagniard 路径 C 就是原始积分路径 C_0；而当 $\theta = 90°$ 时，观测点位于地表，Cagniard 路径 C 将变为沿着虚轴。这种特殊的情况我们将在 2.2.5.2 节中专门研究。

③ 式 (2.2.11) 中等号左侧积分前面的正负号是考虑了复变积分的符号定义，当研究区域在积分路径的左侧时积分为正。由图 2.2.1 可见，对于 C_1、C 和 C_R，方向和规定的正方向相反，因此取负号。

④ 做代换 $x = -\bar{q}^2$ 和 $m = k^2$，即为上册附录 B 中的 Rayleigh 函数定义式 (B.1)。根据结论，它的实根满足 $x > 1$。因此有 Rayleigh 函数的奇点为 $\bar{q} = \pm\mathrm{i}\kappa$ $(\kappa > 1)$。

进一步考察式 (2.2.12) 中在路径 C_1 和 C_R 上的积分。当 $\bar{q}$ 在 C_1 上时，为纯虚数。由于 $\text{Im}\{\bar{q}\} < k$，因此 $R(\bar{q})$ 为实数，从而

$$\int_{C_1} = \frac{1}{\pi\mu}\text{Im}\int_0^{+ik\sin\theta}\frac{(1+2\bar{q}^2)\,\bar{q}}{R(\bar{q})}\mathrm{e}^{-st}\,\mathrm{d}\bar{q} = 0 \tag{2.2.13}$$

另一方面，对于大圆弧上的积分，根据大圆弧引理，得到[①]

$$\int_{C_R} = \frac{1}{\pi\mu}\text{Im}\int_{C_R}\frac{(1+2\bar{q}^2)\,\bar{q}}{R(\bar{q})}\mathrm{e}^{-st}\,\mathrm{d}\bar{q} = 0 \tag{2.2.14}$$

将式 (2.2.13) 和 (2.2.14) 代入式 (2.2.12)，得到

$$\widetilde{u}_x^{\mathrm{P}}(r,\theta,s) = \frac{1}{\pi\mu}\text{Im}\int_{C_0}\frac{(1+2\bar{q}^2)\,\bar{q}}{R(\bar{q})}\mathrm{e}^{-st}\,\mathrm{d}\bar{q} = \frac{1}{\pi\mu}\text{Im}\int_C\frac{(1+2\bar{q}^2)\,\bar{q}}{R(\bar{q})}\mathrm{e}^{-st}\,\mathrm{d}\bar{q} \tag{2.2.15}$$

这意味着可以将积分路径由 C_0 替换成 Cagniard 路径 C。利用式 (2.2.10)，可以将式 (2.2.15) 写为

$$\widetilde{u}_x^{\mathrm{P}}(r,\theta,s) = \frac{\beta}{\pi\mu r}\text{Im}\int_0^{+\infty}\frac{(1+2\bar{q}^2)\,\bar{q}}{R(\bar{q})}\left(\frac{\bar{t}\cos\theta}{\sqrt{t^2-k^2}}+\mathrm{i}\sin\theta\right)H(t-t_{\mathrm{P}})\,\mathrm{e}^{-st}\,\mathrm{d}t$$

这是标准的 Laplace 变换，因此直接得到

$$u_x^{\mathrm{P}}(r,\theta,t) = \frac{\beta}{\pi\mu r}\text{Im}\left[\frac{(1+2\bar{q}^2)\,\bar{q}}{R(\bar{q})}\frac{H_{\mathrm{P}}(t,\theta)}{\sqrt{t^2-k^2}}\right] \tag{2.2.16}$$

其中，

$$\bar{q}(\bar{t}) = \sqrt{t^2-k^2}\cos\theta + \mathrm{i}\bar{t}\sin\theta \tag{2.2.17a}$$

$$H_{\mathrm{P}}(t,\theta) = \left(\bar{t}\cos\theta + \mathrm{i}\sqrt{t^2-k^2}\sin\theta\right)H(t-t_{\mathrm{P}}) \tag{2.2.17b}$$

这样，我们就得到了位移的 x 分量中 P 波的成分 u_x^{P} 的精确解析表达式。

对于位移的 z 分量中 P 波的成分 u_z^{P}，只需注意被积函数形式上的差别，可以做与上面完全相同的分析得到结果。这个留给读者自行完成，这里只给出结果：

$$u_z^{\mathrm{P}}(r,\theta,t) = \frac{\beta}{\pi\mu r}\text{Re}\left[\frac{(1+2\bar{q}^2)\,\eta_\alpha}{R(\bar{q})}\frac{H_{\mathrm{P}}(t,\theta)}{\sqrt{t^2-k^2}}\right] \tag{2.2.18}$$

其中，$\bar{q}(\bar{t})$ 和 $H_{\mathrm{P}}(t,\theta)$ 的定义见式 (2.2.17)。

---

① 此时有

$$f(z) = \frac{(1+2z^2)\,z}{(1+2z^2)^2-4z^2\sqrt{m+z^2}\sqrt{1+z^2}}\mathrm{e}^{-c\sqrt{m+z^2}}$$

其中，$m = k^2 \in (0,1/2)$，$c = st_{\mathrm{S}}\cos\theta > 0$。由于 $\left|\mathrm{e}^{\mathrm{i}st_{\mathrm{S}}z\sin\theta}\right| = 1$ 对于 $z \to \infty$ 情况的结果无影响，因此没有计入 $f(z)$ 中。利用 Maple 可以方便地计算 K 的值 (参见第 11 页的脚注)。以下为计算过程：

```
> f:=(2*z^2+1)*z*exp(-c*sqrt(z^2+m))/ ((2*z^2+1)^2-4*z^2*sqrt(z^2+m)*sqrt(z^2+1))
> assume(c > 0, 'and' (m > 0, m < 1/2))
> limit(z*f, z = infinity)
```

给出的结果为 0，这意味着大圆弧引理中的 $K = 0$。

　　以上得到的是位移 P 波成分的直角坐标分量。有时采取极坐标分量表示更为方便，称之为径向分量 $u_r(r, \theta, t)$ 和切向分量 $u_\theta(r, \theta, t)$。有了直角坐标分量，根据其与极坐标分量之间的几何关系[①]，不难得到极坐标分量

$$u_r = u_x \sin\theta + u_z \cos\theta, \quad u_\theta = u_x \cos\theta - u_z \sin\theta \tag{2.2.19}$$

注意到以下关系

$$y = \mathrm{Im}\{x + \mathrm{i}y\} = \mathrm{Re}\{-\mathrm{i}(x + \mathrm{i}y)\}, \quad x = \mathrm{Re}\{x + \mathrm{i}y\} = \mathrm{Im}\{\mathrm{i}(x + \mathrm{i}y)\}$$

将式 (2.2.16) 和 (2.2.18) 代入式 (2.2.19)，得到[②]

$$
\begin{aligned}
u_r^{\mathrm{P}}(r, \theta, t) &= \frac{\beta}{\pi\mu r} \mathrm{Re}\left[(\eta_\alpha \cos\theta - \mathrm{i}\bar{q}\sin\theta)\frac{1 + 2\bar{q}^2}{R(\bar{q})}\frac{H_{\mathrm{P}}(t, \theta)}{\sqrt{\bar{t}^2 - k^2}}\right] \\
&= \frac{\beta}{\pi\mu r}\mathrm{Re}\left[\frac{\bar{t}(1 + 2\bar{q}^2)}{R(\bar{q})}\frac{H_{\mathrm{P}}(t, \theta)}{\sqrt{\bar{t}^2 - k^2}}\right]
\end{aligned} \tag{2.2.20a}
$$

$$
\begin{aligned}
u_\theta^{\mathrm{P}}(r, \theta, t) &= \frac{\beta}{\pi\mu r}\mathrm{Im}\left[(\bar{q}\cos\theta - \mathrm{i}\eta_\alpha\sin\theta)\frac{1 + 2\bar{q}^2}{R(\bar{q})}\frac{H_{\mathrm{P}}(t, \theta)}{\sqrt{\bar{t}^2 - k^2}}\right] \\
&= \frac{\beta}{\pi\mu r}\mathrm{Im}\left[\frac{1 + 2\bar{q}^2}{R(\bar{q})}H_{\mathrm{P}}(t, \theta)\right]
\end{aligned} \tag{2.2.20b}
$$

2.2.3　时间域中的精确解 (II)：S 波项

　　以上完成了对式 (2.2.4) 中的 P 波项 u_x^{P} 和 u_z^{P} 的求解，可以用类似的方式求解 S 波项 u_x^{S} 和 u_z^{S}。根据式 (2.2.4)，P 波项和 S 波项的主要差别在于被积函数中的指数项，P 波项中含有 η_α，而 S 波项中含有 η_β。从数学上看，二者表达式的不同会给求解带来重要的差别[③]，而这种差别将导致在一定条件下产生一种新的震相 (P-S 震相)。分析的方法与前面详细介绍的 u_x^{P} 类似，因此这里只着重强调与前面分析的差别。相同的地方只罗列结果，请读者自己补充过程。

　　为了将 e^{S} 也变成 e^{-st} 的形式，对应于 P 波项的式 (2.2.8)，此时令

$$\bar{t} = -\mathrm{i}\bar{q}\sin\theta + \eta_\beta\cos\theta \tag{2.2.21}$$

---

　　① 这个关系可以通过矢量的合成和分解得到，也可以直接通过上册 2.1 节介绍的坐标变换得到，只需要将极坐标视为经直角坐标做旋转而成的新坐标系即可。

　　② 式 (2.2.20b) 中的第二个等号成立是利用了如下结果

$$\bar{q}\cos\theta - \mathrm{i}\eta_\alpha\sin\theta \xrightarrow{(2.2.8)} \bar{q}\cos\theta - \mathrm{i}\frac{\bar{t} + \mathrm{i}\bar{q}\sin\theta}{\cos\theta}\sin\theta = \frac{\bar{q} - \mathrm{i}\bar{t}\sin\theta}{\cos\theta} \xrightarrow{(2.2.17a)} \sqrt{\bar{t}^2 - k^2}$$

　　③ 从物理上看，这种差异对应于 Snell 定律所揭示的二者行为的不对等。根据 Snell 定律，以平面波入射的 P 波或 S 波在界面处发生转换，它们的波速和对应的波矢量与界面法线方向的夹角之间满足关系

$$\frac{\sin\theta_{\mathrm{S}}}{\sin\theta_{\mathrm{P}}} = \frac{\beta}{\alpha} = k < 1$$

假定是 P 波以角度 θ_{P} 入射，则在界面转换后的 S 波的反射角为 $\sin\theta_{\mathrm{S}} = k\sin\theta_{\mathrm{P}}$，对于任何角度的 θ_{P}，据此计算都没问题；但是如果考虑 S 波以角度 θ_{S} 的入射，相应的转换 P 波的反射角为 $\sin\theta_{\mathrm{P}} = (\sin\theta_{\mathrm{S}})/k$，由于 $\sin\theta_{\mathrm{P}}$ 不能大于 1，因此对于 S 波来说，存在一个临界角度 $\theta_{\mathrm{c}} = \arcsin k$：当入射角小于临界角时，就发生普通的反射转换；而当入射角大于临界角时，则会产生所谓的非均匀波。换句话说，对 S 波项来说，这个临界角形成了一个自然的分界线，在它两侧的行为是有差别的；而对于 P 波项来说则没有这个分界线。

相应地，可以得到 $\bar{q}$ 用 $\bar{t}$ 的表达

$$\bar{q}(\bar{t}) = \begin{cases} \mathrm{i}\left(\bar{t}\sin\theta - \sqrt{1-\bar{t}^2}\cos\theta\right), & 0 \leqslant \bar{t} \leqslant 1 \\ \mathrm{i}\bar{t}\sin\theta + \sqrt{\bar{t}^2-1}\cos\theta, & \bar{t} > 1 \end{cases} \tag{2.2.22}$$

以及 $\bar{q}$ 关于 $\bar{t}$ 的导数

$$\frac{\mathrm{d}\bar{q}(\bar{t})}{\mathrm{d}\bar{t}} = \begin{cases} \mathrm{i}\left(\sin\theta + \dfrac{\bar{t}\cos\theta}{\sqrt{1-\bar{t}^2}}\right), & 0 \leqslant \bar{t} \leqslant 1 \\ \mathrm{i}\sin\theta + \dfrac{\bar{t}\cos\theta}{\sqrt{\bar{t}^2-1}}, & \bar{t} > 1 \end{cases}$$

根据前面关于 u_x^{P} 的变量 $\bar{q}$ 在其复平面上的积分路径的分析知道，此时 $\bar{t}=1$ 对应于 $\bar{q}$ 离开虚轴而转向沿着 Cagniard 路径 C 的转折点 B (参见图 2.2.1) 的坐标为 $(0, \sin\theta)$。但是对于 $\theta \in [0, \pi/2]$，$\sin\theta$ 可能小于 k，也有可能大于 k，需要分别讨论。

2.2.3.1 $\sin\theta < k$ 的情况

这时 B 点仍然在枝点 $\mathrm{i}k$ 的下方，所以此时的 $\bar{q}$ 在复平面内的变化路径与图 2.2.1 中显示的完全相同。仿照与 2.2.2 节相同的方式，我们得到

$$u_x^{\mathrm{S}}(r, \theta, t) = -\frac{\beta}{\pi\mu r}\mathrm{Im}\left[\frac{2\bar{q}\eta_\alpha\eta_\beta}{R(\bar{q})}\frac{H_{\mathrm{S}}(t, \theta)}{\sqrt{t^2-1}}\right]$$

$$u_z^{\mathrm{S}}(r, \theta, t) = -\frac{\beta}{\pi\mu r}\mathrm{Re}\left[\frac{2\bar{q}^2\eta_\alpha}{R(\bar{q})}\frac{H_{\mathrm{S}}(t, \theta)}{\sqrt{t^2-1}}\right]$$

其中，

$$\boxed{H_{\mathrm{S}}(t, \theta) = \left(\bar{t}\cos\theta + \mathrm{i}\sqrt{\bar{t}^2-1}\sin\theta\right)H\left(t-t_{\mathrm{S}}\right)} \tag{2.2.23}$$

2.2.3.2 $\sin\theta \geqslant k$ 的情况

在这种情况下，B 点位于枝点 $\mathrm{i}k$ 和 i 之间；确切地说，是位于枝点 $\mathrm{i}k$ 对应割线的右缘[①]，如图 2.2.2 所示。此时，当 t 从 0 变到 $+\infty$ 时，对应的 $\bar{q}$ 在复平面内的路径为：从 A 点 $(0, -\mathrm{i}\cos\theta)$ 出发经虚轴到原点，继续沿着位于虚轴上的 C_1 到达枝点 $\mathrm{i}k$，然后沿着位于割线右缘的 C_2 到达 B 点 $(0, \mathrm{i}\sin\theta)$，最后离开虚轴，沿着 Cagniard 路径 C 到达无穷远。

与前面分析过的 P 波情况的区别在于在 C_2 上，由于 $\bar{q}^2 + k^2 < 0$，因此 $\eta_\alpha = \mathrm{i}\sqrt{-\bar{q}^2-k^2}$；而 η_β 仍然是实数，从而 $R(\bar{q})$ 是复数。因此 C_2 段对积分有贡献，这意味着此时

$$\int_{C_0} = \int_{C_2} + \int_C$$

由于在 C_2 上对应 t 的取值范围是 $[t_{\mathrm{P\text{-}S}}, t_{\mathrm{S}}]$，其中

$$\boxed{t_{\mathrm{P\text{-}S}} \overset{(2.2.21)}{=\!=\!=\!=} t_{\mathrm{S}}\left(k\sin\theta + \sqrt{1-k^2}\cos\theta\right) = t_{\mathrm{S}}\cos\left(\theta-\theta_{\mathrm{c}}\right), \quad \theta_{\mathrm{c}} = \arcsin k} \tag{2.2.24}$$

[①] 之所以强调这一点，是为了确定纯虚数 η_α 的符号。在割线右缘，$\arg(\eta_\alpha) = \pi/2$。因此在下面将要分析的路径 C_2 上，取 $\eta_\alpha = \mathrm{i}\sqrt{-\bar{q}^2-k^2}$，而非 $-\mathrm{i}\sqrt{-\bar{q}^2-k^2}$。

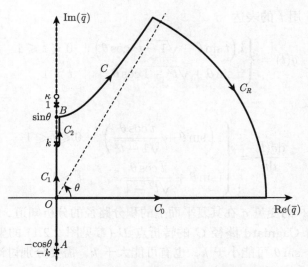

图 2.2.2　$\theta > \theta_c$ 时 $\bar{q}$ 的复平面内的积分路径

说明与图 2.2.1 相同。区别在于此时 $\bar{q}$ 离开虚轴而转向沿着 Cagniard 路径 C 的转折点 B 不是位于原点和枝点 $\mathrm{i}k$ 之间，而是位于枝点 i 与 $\mathrm{i}k$ 之间。割线上的路径为 C_2

因此

$$u_x^{\mathrm{S}}(r,\,\theta,\,t) = -\frac{\beta}{\pi\mu r}\left\{\operatorname{Im}\left[\frac{2\bar{q}\eta_\alpha\eta_\beta}{R(\bar{q})}\frac{H_{\mathrm{S}}(t,\,\theta)}{\sqrt{t^2-1}}\right] + \operatorname{Re}\left[\frac{2\bar{q}'\eta_\alpha'\eta_\beta'}{R(\bar{q}')}\right]\frac{H_{\mathrm{P\text{-}S}}(t,\,\theta)}{\sqrt{1-\bar{t}^2}}\right\}$$

$$u_z^{\mathrm{S}}(r,\,\theta,\,t) = -\frac{\beta}{\pi\mu r}\left\{\operatorname{Re}\left[\frac{2\bar{q}^2\eta_\alpha}{R(\bar{q})}\frac{H_{\mathrm{S}}(t,\,\theta)}{\sqrt{t^2-1}}\right] - \operatorname{Im}\left[\frac{2\bar{q}'^2\eta_\alpha'}{R(\bar{q}')}\right]\frac{H_{\mathrm{P\text{-}S}}(t,\,\theta)}{\sqrt{1-\bar{t}^2}}\right\}$$

其中，

$$H_{\mathrm{P\text{-}S}}(t,\,\theta) = \sin(\theta+\varphi)\Big[H\left(t - t_{\mathrm{P\text{-}S}}\right) - H\left(t - t_{\mathrm{S}}\right)\Big]H(\theta-\theta_c), \qquad \varphi = \arcsin\bar{t} \tag{2.2.25}$$

由于在 C_2 上 $\bar{q}$ 的取值与 C 上的取值不同，见式 (2.2.22)，为了区别，在上两式中，

$$\begin{cases} \bar{q} = \mathrm{i}\bar{t}\sin\theta + \sqrt{\bar{t}^2-1}\cos\theta, & \bar{q}' = \mathrm{i}\left(\bar{t}\sin\theta - \sqrt{1-\bar{t}^2}\cos\theta\right) \\[2mm] \eta_\alpha' = \eta_\alpha(\bar{q}') = \mathrm{i}\sqrt{[\operatorname{Im}(\bar{q}')]^2 - k^2}, & \eta_\beta' = \eta_\beta(\bar{q}') = \sqrt{1 - [\operatorname{Im}(\bar{q}')]^2} \end{cases} \tag{2.2.26}$$

2.2.3.3　综合的结果

$\sin\theta < k$ 和 $\sin\theta \geqslant k$ 两种情况下得到的结果可以综合写为如下形式

$$u_x^{\mathrm{S}}(r,\,\theta,\,t) = -\frac{\beta}{\pi\mu r}\left\{\operatorname{Im}\left[\frac{2\bar{q}\eta_\alpha\eta_\beta}{R(\bar{q})}\frac{H_{\mathrm{S}}(t,\,\theta)}{\sqrt{t^2-1}}\right] + \operatorname{Re}\left[\frac{2\bar{q}'\eta_\alpha'\eta_\beta'}{R(\bar{q}')}\right]\frac{H_{\mathrm{P\text{-}S}}(t,\,\theta)}{\sqrt{1-\bar{t}^2}}\right\} \tag{2.2.27a}$$

$$u_z^{\mathrm{S}}(r,\,\theta,\,t) = -\frac{\beta}{\pi\mu r}\left\{\operatorname{Re}\left[\frac{2\bar{q}^2\eta_\alpha}{R(\bar{q})}\frac{H_{\mathrm{S}}(t,\,\theta)}{\sqrt{t^2-1}}\right] - \operatorname{Im}\left[\frac{2\bar{q}'^2\eta_\alpha'}{R(\bar{q}')}\right]\frac{H_{\mathrm{P\text{-}S}}(t,\,\theta)}{\sqrt{1-\bar{t}^2}}\right\} \tag{2.2.27b}$$

类似于位移的 P 波成分，也可以将直角坐标分量转化为极坐标分量表示[①]，

$$
\begin{aligned}
u_r^S(r,\,\theta,\,t) =& -\frac{\beta}{\pi\mu r}\left\{\mathrm{Re}\left[(\bar{q}\cos\theta - \mathrm{i}\eta_\beta\sin\theta)\frac{2\bar{q}\eta_\alpha}{R(\bar{q})}\frac{H_S(t,\,\theta)}{\sqrt{t^2-1}}\right]\right.\\
& \left. -\mathrm{Im}\left[(\bar{q}'\cos\theta - \mathrm{i}\eta_\beta'\sin\theta)\frac{2\bar{q}'\eta_\alpha'}{R(\bar{q}')}\right]\frac{H_{P\text{-}S}(t,\,\theta)}{\sqrt{1-\bar{t}^2}}\right\}\\
=& -\frac{\beta}{\pi\mu r}\left\{\mathrm{Re}\left[\frac{2\bar{q}\eta_\alpha}{R(\bar{q})}H_S(t,\,\theta)\right] + \mathrm{Re}\left[\frac{2\bar{q}'\eta_\alpha'}{R(\bar{q}')}\right]H_{P\text{-}S}(t,\,\theta)\right\}
\end{aligned}
\tag{2.2.28a}
$$

$$
\begin{aligned}
u_\theta^S(r,\,\theta,\,t) =& -\frac{\beta}{\pi\mu r}\left\{\mathrm{Im}\left[(\eta_\beta\cos\theta - \mathrm{i}\bar{q}\sin\theta)\frac{2\bar{q}\eta_\alpha}{R(\bar{q})}\frac{H_S(t,\,\theta)}{\sqrt{t^2-1}}\right]\right.\\
& \left. +\mathrm{Re}\left[(\eta_\beta'\cos\theta - \mathrm{i}\bar{q}'\sin\theta)\frac{2\bar{q}'\eta_\alpha'}{R(\bar{q}')}\right]\frac{H_{P\text{-}S}(t,\,\theta)}{\sqrt{1-\bar{t}^2}}\right\}\\
=& -\frac{\beta\bar{t}}{\pi\mu r}\left\{\mathrm{Im}\left[\frac{2\bar{q}\eta_\alpha}{R(\bar{q})}\frac{H_S(t,\,\theta)}{\sqrt{t^2-1}}\right] + \mathrm{Re}\left[\frac{2\bar{q}'\eta_\alpha'}{R(\bar{q}')}\right]\frac{H_{P\text{-}S}(t,\,\theta)}{\sqrt{1-\bar{t}^2}}\right\}
\end{aligned}
\tag{2.2.28b}
$$

根据已经得到的 P 波项的式 (2.2.16)、(2.2.18) (或对应的极坐标表示式 (2.2.20)) 和 S 波项的式 (2.2.27)(或对应的极坐标表示式 (2.2.28))，可以发现以下特征：

(1) 这些表达式都是闭合形式的解析表达。因此我们得到的是脉冲函数形式的力导致的时间域内位移的精确解。在上册的第 7 章中，我们列举了不少数值算例，但是其中没有脉冲力对应的结果。因为在频率域解法中，时间域位移解中 Gibbs 效应的强弱与时间函数密切相关。脉冲函数将带来非常显著的 Gibbs 现象。当前的解不存在这个问题。

(2) 结果中含有的阶跃函数明确地标识了各项存在的时间范围，这便于分析各自震相的特征。比如 P 波项中均含有 $H(t-t_P)$，这意味着 P 波的成分出现在 $t=t_P$ 之后；而对于 S 波项，均含有 $H(t-t_S)$，这意味着 S 波的成分出现在 $t=t_S$ 之后。特别地，对于 $\theta > \theta_c$ 的情况，出现了存在于 $t \in [t_{P\text{-}S},\,t_S]$ 之间的震相，这是一种在无限空间的 Stokes 解中没有出现过的新震相——P-S 震相，与自由界面有关，我们将在 2.2.7 节中详细讨论。

(3) 各项的分母中均含有 Rayleigh 函数 $R(\bar{q})$，当 $\theta \to 90°$ 时，积分路径将趋近于 Rayleigh 极点 $\mathrm{i}\kappa$，因此会导致波幅增大，这对应于 Rayleigh 波[②]。我们将在 2.2.5 节讨论一种特殊情况，即 $\theta = 90°$，此时积分路径通过极点，必须采取特殊的方法进行特殊处理。

(4) 各项中震相到达之后表现的行为是不同的。比如在 u_r^P 中含有 $1/\sqrt{t^2-k^2}$ (见式 (2.2.20))、u_θ^S 中含有 $1/\sqrt{t^2-1}$ (见式 (2.2.28))，这些分别会导致 P 波和 S 波刚刚

[①] 其中，式 (2.2.28a) 中的第二个等号成立利用了如下关系式

$$\bar{q}\cos\theta - \mathrm{i}\eta_\beta\sin\theta \xrightarrow{(2.2.21),\,(2.2.26)} \sqrt{t^2-1}, \qquad \bar{q}'\cos\theta - \mathrm{i}\eta_\beta'\sin\theta \xrightarrow{(2.2.21),\,(2.2.26)} -\mathrm{i}\sqrt{1-\bar{t}^2}$$

而式 (2.2.28b) 中的第二个等号成立利用了如下关系式

$$\eta_\beta\cos\theta - \mathrm{i}\bar{q}\sin\theta = \eta_\beta'\cos\theta - \mathrm{i}\bar{q}'\sin\theta \xrightarrow{(2.2.21)} \bar{t}$$

[②] 需要提请注意的是，虽然 $\theta > \theta_c$ 的情况下的 P-S 项中也含有 Rayleigh 函数，但是它是 $R(\bar{q}')$，由于在这一项存在的时间段中，$R(\bar{q}')$ 永远不会趋于零，因此该项对 Rayleigh 波没有贡献。

到达的瞬间振幅趋于无穷大；而与此相反，u_θ^{P} 和 u_r^{S} 中则没有这种奇异现象。这与 P 波和 S 波成分主要分别体现在位移的径向分量和切向分量上有关。我们将在后面进一步讨论这种到时附近出现的奇异现象。

2.2.4   数值算例

到目前为止，我们已经得到了 P 波项和 S 波项的精确解，包括极坐标分量的表达和直角坐标分量的表达，关于波动特征的所有信息都隐含在这些数学表达式之中。本节的任务是通过具体的算例直观地揭示这些信息，并总结这些计算结果中的主要特征。在本书中，我们统一采用如下介质参数的取值[①]：P 波和 S 波速度分别为 $\alpha = 8.00$ km/s，$\beta = 4.62$ km/s(这意味着假定弹性半无限空间为 $\nu=0.25$ 的 Poisson 体)，密度 $\rho = 3.30 \times 10^3$ kg/m³。我们将通过考察不同极角 θ 处 (参见图 2.2.3) 的位移来研究结果的特征[②]。

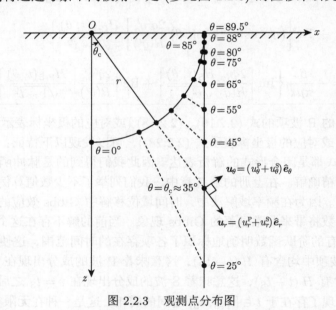

图 2.2.3   观测点分布图

半径为 r 的圆弧上，在 $\theta = 0°$, $25°$, $35°$, $45°$, $55°$, $65°$, $75°$, $80°$, $85°$, $88°$ 和 $89.5°$ 处分布着待研究的观测点；同时也显示了这些点在垂直于地表的直线上对应于相同极角的观测点分布 (圆弧上 $\theta = 0°$ 的观测点在竖直线上对应的点在无穷远处，图中没有标出)。u_r 和 u_θ 分别为位移的径向分量和切向分量。$\theta_c \approx 35°$ 对 S 波分量来说是一个临界值

2.2.4.1   位移的极坐标分量

图 2.2.4 和图 2.2.5 分别显示了根据式 (2.2.20) 和 (2.2.28) 计算得到的各个极坐标下表示的位移分量。左侧的图显示了 P 波项和 S 波项对应的位移 (黑色线代表主要的位移分量，而灰色线代表次要的位移分量)，右侧的图为二者之和。

[①] 这些参数的取值参考了 Johnson (1974)，是整体地球介质的平均值。之所以将弹性半空间视为 Poisson 体，是因为虽然各种岩石的 Poisson 比不同，比如花岗岩是 $0.18 \sim 0.35$，玄武岩是 $0.23 \sim 0.32$，但总体平均值大约是 0.25。这是 Jeffreys (1929) 得出的结论。

[②] 为什么在图 2.2.3 中最上面的观测点对应的极角取 89.5°，而不直接取为 90°？这是因为 $\theta = 90°$ 时对应着积分路径通过 Rayleigh 极点的情况，必须特殊处理。我们将在 2.2.5 节中详细研究这种特殊情形。目前只需要取一个充分接近 90° 的极角就足以说明问题了。

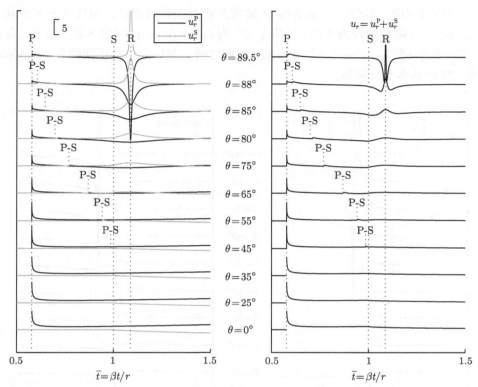

图 2.2.4   垂直力作用导致的不同 θ 值对应的径向位移 u_r

横坐标为无量纲化时间 $\bar{t} = \beta t/r$，纵坐标为以 $\beta/(\pi\mu r)$ 进行无量纲化的位移。左侧显示的是 u_r^{P}(黑色线) 和 u_r^{S}(灰色线)，右侧显示的是二者之和 $u_r = u_r^{\mathrm{P}} + u_r^{\mathrm{S}}$。点线标出了几种震相的到时：P、P-S、S 和 R(Rayleigh 波)。对于 $\theta < 85°$ 的结果进行了截断，只显示了振幅小于 10 的部分

从图 2.2.4 可以发现：对于径向位移 u_r 而言，在 P 波和 S 波项震相中，显著的是前者，即位移波形在 S 波到时 t_{S} 附近并不明显。这是由于对于径向位移来说，导致切向运动的 S 波项是相对次要的因素；对于 Rayleigh 波而言，径向位移的 P 波项和 S 波项贡献相反，二者共同作用形成了 Rayleigh 波的特征。除此以外，还可发现如下特征：

(1) 在 $\theta \gtrsim 80°$ 时，观测点接近于地表，以 Rayleigh 波 "到时" t_{R}[①]为中心的时间段内波动显著增大，并且在 t_{R} 前后的波形基本上是对称的。从图 2.2.4 中可以看到在此时间段内，$\theta = 89.5°$ 的振幅显著大于其他 θ 取值的结果，这说明在 $\theta \to 90°$ 时有特殊的特征。

(2) 径向位移 u_r^{P} 在 t_{P} 处非常尖锐，但是尖锐程度随着 θ 的增大而减小；而与此对应，S 波项的径向位移 u_r^{S} 在 S 波到时处却比较平缓。

(3) 当 $\theta > \theta_{\mathrm{c}} = \arcsin k \approx 35°$ 时，在 S 波项位移 u_r^{S} 的 P 波和 S 波的到时之间出现了一个并不尖锐的震相 (记为 P-S)，它的到时 $t_{\text{P-S}}$ 在 θ_{c} 附近接近于 t_{S}，而随着 θ 的增大，越来越接近于 t_{P}。

在图 2.2.5 中，切向位移呈现出不同的特征：相比于 P 震相而言，S 震相异常明显，因

---

① Rayleigh 波 "到时" 的定义将在 2.2.5 节中详细说明。之所以加引号，是因为对于 Rayleigh 波而言，定义的 t_{R} 更确切地说是 Rayleigh 波的振幅极大处，而并非像 P 波或 S 波那样确实从这一时刻开始震相才出现。

为对于切向位移来说，导致径向运动的 P 波项是相对次要的因素；而且对于 $\theta > \theta_c$ 的情况，在 t_S 前后，S 震相的行为不同：如果记 S^- 为 $t_S - \epsilon$ ($\epsilon \to 0$) 时的 S 波，而 S^+ 为 $t_S + \epsilon$ 时的 S 波，则有 $u_\theta^{S^-} \to +\infty$，$u_\theta^{S^+} \to -\infty$。除此之外，与径向位移不同的是，Rayleigh 波在 t_R 附近波形基本上反对称。

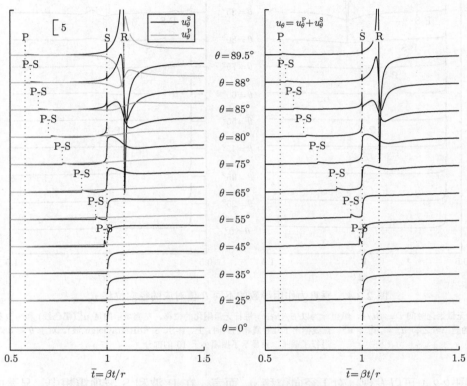

图 2.2.5   垂直力作用导致的不同 θ 值对应的切向位移 u_θ

左侧显示的是 u_θ^S(黑色线) 和 u_θ^P(灰色线)，右侧显示的是二者之和 $u_\theta = u_\theta^P + u_\theta^S$。其他图例同图 2.2.4

2.2.4.2   位移的直角坐标分量

以径向分量和切向分量表示的位移，在分析 P 波和 S 波的物理特征时非常方便，因为它们分别在径向和切向分量上较为显著。但是有时以直角坐标分量表示更为方便，比如以 Green 函数分量的形式[①]给出结果便于做其他问题分析，或者在研究质点的运动轨迹的时候。

图 2.2.6 中显示了水平位移分量 u_x 和竖直位移分量 u_z 在不同极角取值情况下的结果。结合图 2.2.4 和图 2.2.5 不难发现，事实上这里的结果综合了二者的特征：在两个分量中都含有明显的 P 波和 S 波分量，这显然是由于每一个直角坐标下的位移分量都是两个极坐标分量的组合的缘故。另外，一个有趣的现象是，u_x 分量和 u_z 分量中的 Rayleigh 波的成分

---

① 根据上册 2.4 节，以直角坐标表示的 Green 函数 G_{ij} 分量代表在 j 方向施加的作用力在 i 方向上产生的位移分量，因此事实上对于本节考虑的垂直作用力的情况，$u_x = G_{13}$，$u_z = G_{33}$。

几乎分别对应于 u_r 分量和 u_θ 分量中的 Rayleigh 波 (对于 u_z 分量取 u_θ 分量的相反数)[①]。

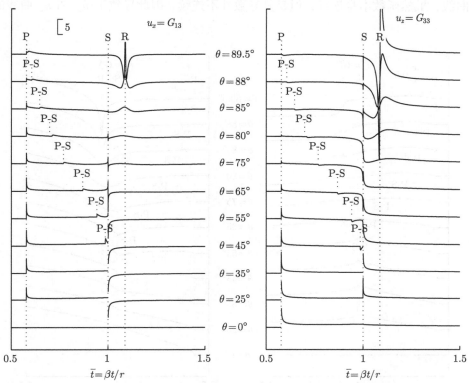

图 2.2.6 垂直力作用导致的不同 θ 值对应的水平方向和竖直方向的位移 u_x 和 u_z

左侧为 $u_x = G_{13}$, 右侧为 $u_z = G_{33}$。其他图例同图 2.2.4

2.2.4.3 时间函数为阶跃函数的集中力导致的位移

由集中脉冲力导致的位移是 Green 函数, 由前面的章节我们知道, 它是形成各种空间和时间分布的力源导致的位移场的基础。比如在研究地震学问题中, 经常会碰到时间函数为阶跃函数 $H(t)$ 的情况, 这在上册的第 7 章中已经进行了详尽的探讨。这时对应的直角坐标位移结果用 u_x^{H} 和 u_z^{H} 来表示。有两种途径可以获得: 一是根据上册第 2 章中位移表示定理, 直接用先前得到的 u_x 和 u_z (即 G_{13} 和 G_{33}) 与 $H(t)$ 做卷积运算; 二是对前面的推导过程做修正[②]。结论是, u_x^{H} 和 u_z^{H} 实际上正是 u_x 和 u_z 的时间积分。图 2.2.7 显示了不同极角取值的 u_x^{H} 和 u_z^{H} 的结果。可以看到, 与 u_x 和 u_z 的结果形成鲜明对照的是, 在 u_x^{H} 和 u_z^{H} 的结果中并未出现明显的奇异现象, 比如 P 波和 S 波到时处的无穷大取值, 而

[①] 读者可结合以极坐标分量表示的直角坐标分量的变换式 $u_x = u_r \sin\theta + u_\theta \cos\theta$ 和 $u_z = u_r \cos\theta - u_\theta \sin\theta$ 自行分析。

[②] 现在的力源由式 (2.1.2) 改为 $\sigma_z(x, 0, t) = -\delta(x)H(t)$, $\tau_{zx}(x, 0, t) = 0$。相应地, 变换域内的表达式 (2.1.6) 改为 $\tilde{\sigma}_z(x, 0, s) = -\delta(x)/s$, $\tilde{\tau}_{zx}(x, 0, s) = 0$。注意到 Laplace 变换的积分性质

$$\mathscr{L}\left\{\int_0^t f(\tau)\,\mathrm{d}\tau\right\} = \frac{1}{s}F(s)$$

不难得到文中提到的结论。

是相对规则地随时间变化，最终趋于一个定值 (即永久位移)。但是，注意到 P 波和 S 波到时处的曲线，虽然函数本身连续，但是其导数并不连续，因此导致了 u_x 和 u_z 曲线的奇异行为[①]。

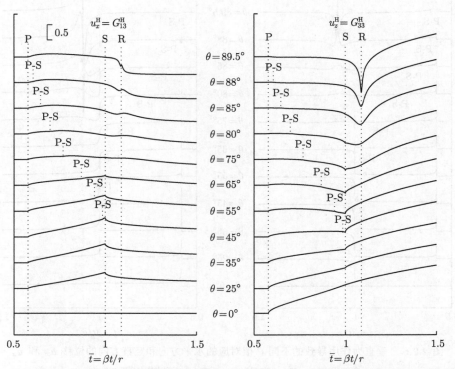

图 2.2.7　时间函数为 $H(t)$ 的垂直力作用导致的不同 θ 值对应的水平方向和竖直方向的位移

左侧为 u_x^{H}，右侧为 u_z^{H}。其他图例同图 2.2.4

2.2.4.4　质点运动轨迹

根据图 2.2.6 中显示的水平方向和竖直方向的位移分量，还可以直接得到一个有趣的结果，就是质点运动轨迹。图 2.2.8 显示了对应于图 2.2.3 中不同极角的结果[②]。

当 $\theta = 0°$ 时，质点的运动为从原点 O 出发沿 z 轴正方向向下瞬间达到无穷远，然后逐渐回到原点。这说明垂直作用的力对于沿其作用方向延伸的直线上的点来说，并不产生切向的位移；瞬间达到无穷远是脉冲作用的结果。对于其他的非零 θ 取值，运动轨迹显示既存在径向运动，也存在切向运动，在图 2.2.8 中表现为两个互相垂直的脉冲，并且径向

---

① 这其实不难理解，u_x^{H} 和 u_z^{H} 本身连续而导数不连续，对应着力源的时间函数为 $H(t)$，这是阶跃函数的不连续性所带来的结果；如果对应的力源时间函数是 $\delta(t)$，由于它是 $H(t)$ 的导数，因此 $\delta(t)$ 导致的位移场连续性质又降一阶，变成本身都是不连续的了。如果时间函数取更为光滑的 Ricker 子波或钟形函数之类的函数，由于这些函数的连续性质非常好，它们所对应的位移场就具有光滑的特点。从频谱的角度看，时间函数为 $H(t)$ 和 $\delta(t)$ 的解很难用基于 Fourier 变换的数值方法计算，这在上册的第 7 章已经进行了充分的讨论。为了避免频率截断带来的效应，必须取足够高的频率，需要减小空间网格的大小和时间步长，这样势必增大计算量。对于纯数值类的方法，比如有限元或有限元差分，在有些情况下是难以接受的。

② 由于 $\theta = 89.5°$ 对应的质点运动轨迹幅度较大，为了使不同极角的结果在相同的范围内显示便于比较，因此采用了 $\theta = 89°$ 的结果。事实上二者的结果形状几乎相同，只是幅度大小不同。

运动的幅度似乎随着 θ 的增大而减小[①]，切向运动由于图形显示区域的限制并不能看出什么明显的特征。

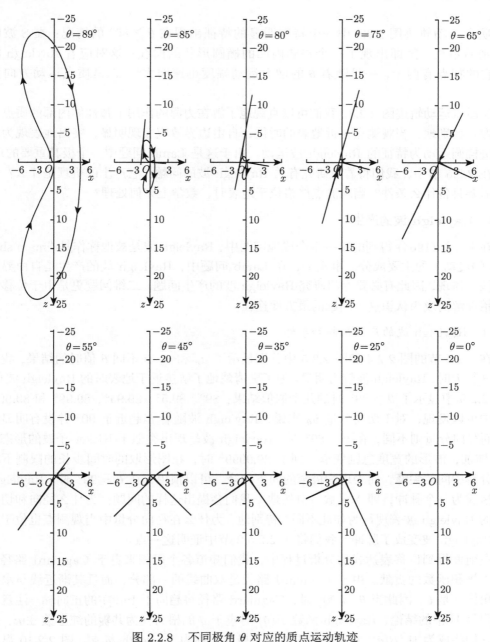

图 2.2.8　不同极角 θ 对应的质点运动轨迹

为了显示在相同大小的区域内便于比较，对于 $\theta \leqslant 65°$ 的情况，S 震相在左下方进行了截断。O 点为质点的初始位置

---

① 之所以说"似乎"，是因为 P 波到时之后的波形振幅趋于无穷大，这时的波形幅度强烈地受时间步长设置的限制，因此并不能完全根据图 2.2.8 中的显示判断；对于 S 波到时附近的情况也一样，尽管可以通过图 2.2.5 中 S 波到时附近的波动来推测，但是由于 S 波到时附近的奇异特征，再加上计算时间步长的限制，所以很难从结果图 2.2.8 上做分析。我们将在 2.2.6 节对这个问题进行详尽的讨论。

当 $\theta > 35°$ 时，在向右下的脉冲 (P 波震相) 和向右上的脉冲 (S 波震相) 之间出现一个 "小刺"，开始时很靠近 S 波的脉冲，但是随着 θ 的增大越来越靠近 P 波的脉冲，这是 P-S 震相。

质点运动轨迹图 2.2.8 中一个特别明显的特征出现在 $\theta \gtrsim 80°$ 的情况：在 S 波的脉冲出现后不久，随即出现了一个左侧内凹的椭圆形状的曲线，这对应着 Rayleigh 波震相。它的特点有两个，一是随着 θ 的增大运动幅度迅速增大[①]，二是质点运动方向为顺进的。

从质点运动轨迹图 2.2.8，我们可以直观地了解在力源的作用下弹性体内部的质点运动的图像。特别地，当观测点接近地表的时候，自由边界效应表现明显，突出地表现为以接近顺进椭圆运动为特征的 Rayleigh 波运动。由于这是 Lamb 问题中一个极其重要的现象，因此在 2.2.5 节中，我们将着重研究有关 Rayleigh 波的问题：它产生的机理是什么？观测到它需要具备什么条件？当观测点严格位于地表时，数学上如何处理？

2.2.5　Rayleigh 波的产生

在 Lamb (1904) 得到的第一幅合成地震图中，Rayleigh 波是被他称作是 "main shock"（主要的震动）的主要成分。事实上，在 Lamb 问题中，Rayleigh 波的产生是自由界面效应的核心体现，因此有必要专门研究 Rayleigh 波的产生问题。二维问题更是由于位移可以得到精确解而成为认识这个问题的最方便途径。

2.2.5.1　Rayleigh 波的产生机制和条件

在 2.2.4 节的图 2.2.4 和图 2.2.5 中分别显示了 u_r 和 u_θ 在不同 θ 值时的结果，我们发现在 θ 较大时，Rayleigh 波较为明显。为了更清楚地了解接近于地表时的 Rayleigh 波行为，在图 2.2.9 中显示了 $\theta \geqslant 89°$ 时的几个取值结果：89°、89.5°、89.95°、89.99° 和 89.9999°。从图中可以发现，对于切向分量 u_θ 来说，Rayleigh 波随着 θ 趋近于 90° 并没有明显的变化；而径向分量则不同，在 $\theta = 89°$ 时，Rayleigh 波呈现出类似于 Ricker 子波的形态，随着 θ 增加，波形的宽度急剧变窄，到了 89.9999° 时，在图形取的时间步长的限制下已经无法分辨中间的尖峰，而表现为极窄的向下的峰。可以预想，在 $\theta = 90°$ 时，Rayleigh 波将严格成为一个脉冲，即 δ 函数。自然地，我们会提出这样的问题：为什么径向和切向分量中的 Rayleigh 波表现行为如此不同？特别地，为什么在径向分量中当观测点也位于地表时，Rayleigh 波变成了脉冲？我们将在 2.2.5.2 节中证明这一点。

在前面得到位移表达式的分析过程中，我们知道各个震相来自于 Cagniard 路径上 $\bar{q}$ 积分中被积函数的贡献。由于 Cagniard 路径是双曲线的一部分，而且其渐近线与水平线的夹角恰好是 θ，因此当 $\theta \to 90°$ 时，Cagniard 路径将趋向于 $\mathrm{Im}(\bar{q})$ 的正向轴。注意根据上册附录 B 中的结论，Rayleigh 函数 $R(\bar{q})$ 对应于 $\bar{q}$ 的根为互为共轭的纯虚数 $\pm \mathrm{i}\kappa$，这意味着它们将成为 $|1/R(\bar{q})|$ 在复平面中的两个极点，称为 Rayleigh 极点。图 2.2.10 显示了 Rayleigh 极点附近的函数 $|1/R(\bar{q})|$ 的分布情况。

---

① 2.2.5 节中我们将考察 $\theta > 89°$ 的情况，随着极角趋近于 90°，Rayleigh 波运动的幅度迅速增大。

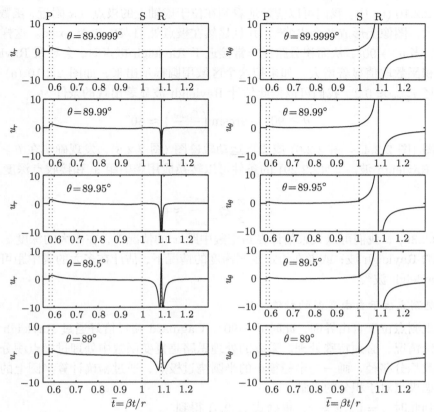

图 2.2.9 接近自由界面时几个不同 θ 时的径向位移 u_r(左) 和切向位移 u_θ(右)

从上到下依次为 89.9999°、89.99°、89.95°、89.5° 和 89° 的结果。其他图例与图 2.2.4 的相同

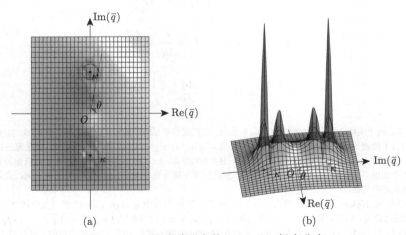

图 2.2.10 复平面 $\bar{q}$ 上的 Rayleigh 极点分布

(a) 俯视图；(b) 三维图。以 iκ 为圆心、0.2 为半径的圆代表了 Rayleigh 极点作用显著的区域。对于 Poisson 体，$\kappa \approx 1.088$，θ 的含义参见图 2.1.1

从图 2.2.10 (b) 中，我们可以清楚地看到在位于虚轴上的极点 $\pm\kappa$ 附近，函数 $|1/R(\bar{q})|$ 的值非常大，图像上形成两个尖峰[①]，并且显然在极点处 $|1/R(\pm i\kappa)| \to \infty$。这样造成的直接效果是，当 $\theta \to 90°$，从而积分路径非常接近于 Rayleigh 极点时，会导致 Rayleigh 极点附近的被积函数取值显著增大。如果把这个区域用圆标示出来，如图 2.2.10 (a) 所示，这个圆的半径 $r_{\text{pole}} \approx 0.2$。我们可以据此估计 Rayleigh 波显著出现的条件为

$$\theta \gtrsim 90° - \arcsin\left(\frac{r_{\text{pole}}}{\kappa}\right) \approx 80° \tag{2.2.29}$$

观察位移图 (图 2.2.4 ~ 图 2.2.6) 或质点运动轨迹图 (图 2.2.8)，发现确实在 $\theta \gtrsim 80°$ 时才能观察到 Rayleigh 波。式 (2.2.29) 的条件可以转换成用震中距 x 和接收点深度 z 的比值 ζ 表示：

$$\zeta = \frac{x}{z} \gtrsim \frac{\kappa}{r_{\text{pole}}} \approx 5 \tag{2.2.30}$$

根据式 (2.2.30)，我们可以大致估计在给定震中距 x 的情况下，在多大的深度 z 处可以观察到明显的 Rayleigh 波；或者在给定观测深度的情况下，估计在多大的震中距可以观测到明显的 Rayleigh 波[②]。

2.2.5.2　观测点位于自由界面的特殊情况

如果观测点位于自由界面，此时 $\theta = 90°$，Cagniard 路径恰好通过 Rayleigh 极点。对于这种特殊情况，必须特殊处理。采取的处理思路是复变函数中处理过极点积分的标准做法——修改积分路径，画一个半径很小的半圆绕过极点，通过精确计算半圆上的积分值的方式来考虑极点对于积分的贡献。

注意到此时 $z = 0$，$x = r$，根据式 (2.2.4) 得到

$$\begin{cases} \widetilde{u}_x(r, 90°, s) = \widetilde{u}_r(r, 90°, s) = \dfrac{1}{\pi\mu}\text{Im}\displaystyle\int_0^{+\infty} \dfrac{\left(1 + 2\bar{q}^2 - 2\eta_\alpha\eta_\beta\right)\bar{q}}{R(\bar{q})} e^{is\frac{r}{\beta}\bar{q}}\,\mathrm{d}\bar{q} \\[4mm] \widetilde{u}_z(r, 90°, s) = -\widetilde{u}_\theta(r, 90°, s) = \dfrac{1}{\pi\mu}\text{Re}\displaystyle\int_0^{+\infty} \dfrac{\eta_\alpha}{R(\bar{q})} e^{is\frac{r}{\beta}\bar{q}}\,\mathrm{d}\bar{q} \end{cases} \tag{2.2.31}$$

令

$$t = -i\frac{r}{\beta}\bar{q}, \qquad \bar{t} = \frac{t}{t_S} = \frac{t\beta}{r}$$

则有

$$\bar{q} = i\bar{t}, \qquad \frac{\mathrm{d}\bar{q}}{\mathrm{d}t} = \frac{i}{t_S} \tag{2.2.32}$$

---

① 在虚轴上的这两个尖峰之间，还有两个并不尖锐的峰，它们对应于 $\overline{R}(\bar{q})$ 的根，参见上册的附录 B。以 Poisson 体为例，$m = 1/3$，因此 $f(x)$ 的根为 $x_1 = (3+\sqrt{3})/4$，$x_2 = (3-\sqrt{3})/4$，$x_3 = 1/4$，所以 Rayleigh 极点为 $\pm i\kappa = \pm i\sqrt{x_1} \approx \pm 1.0877i$；而除了极点之外的两个峰的位置为 $\pm i\sqrt{x_2} \approx \pm 0.5630i$ 和 $\pm i\sqrt{x_3} = \pm 0.5000i$，由于数值接近，所以在图形上体现为两个峰。注意到由于 x_2 和 x_3 并非 $R(\bar{q})$ 的根，因此这两个峰与位于 Rayleigh 极点处的峰不同，值并非趋向于无穷大，因此图像上显示并不尖锐。

② 日本地震学家 H. Nakano 于 1925 年在一篇长达 94 页、题为 "On Rayleigh waves" 的论文中研究了 Rayleigh 波产生的条件。他得到的结论是，如果记震中距为 x、震源深度为 f，则在 x 小于 (i) $V_3 f/\sqrt{V_1^2 - V_3^2}$、(ii) $V_3 f/\sqrt{V_2^2 - V_3^2}$ 时不会出现 Rayleigh 波 (V_1、V_2 和 V_3 分别为 P 波、S 波和 Rayleigh 波速度)。由于 Green 函数的互易性质 (见上册 2.3 节)，这个结论对于作用力位于地表，观测点位于地下的情况同样成立。对于 Possion 体，这两个值分别对应于 $0.63f$ 和 $2.33f$，这两个值均小于我们这里得到的结果。值得提及的是，Nakano 是基于复变数积分的最速下降法得到上述结论的。事实上，这个结论非常强烈地依赖于这种分析方法。

当 t 从 0 变到 $+\infty$ 时，$\bar{q}$ 从复平面上的原点出发沿着正虚轴变到 $+\mathrm{i}\infty$，由几段组成：$C_1(\bar{q}$ 从原点到 $\mathrm{i}k)$、$C_2(\bar{q}$ 从 $\mathrm{i}k$ 到 $\mathrm{i})$、$C_3(\bar{q}$ 从 i 到 $\mathrm{i}(\kappa-\varepsilon))$、$C_\varepsilon$ $(\bar{q}$ 以 $\mathrm{i}\kappa$ 为圆心、ε 为半径的半圆)，以及 $C_4(\bar{q}$ 从 $\mathrm{i}(\kappa+\varepsilon)$ 到 $+\mathrm{i}\infty)$，如图 2.2.11 所示。

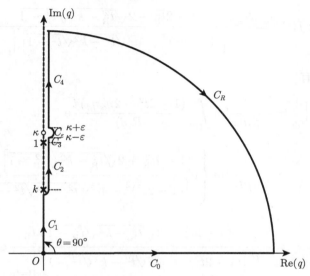

图 2.2.11　$\theta = 90°$ 时 $\bar{q}$ 的复平面内的路径

t 从 0 变到 $+\infty$ 对应于 $\bar{q}$ 从原点出发沿着正虚轴变到 $+\mathrm{i}\infty$。在极点 $\mathrm{i}\kappa$ 处，路径修改为半径为 $\varepsilon \to 0$ 的半圆 C_ε。其余图例说明参见图 2.2.1

1) $u_x(r, 90°, t)$

首先考察 $u_x(r, 90°, t)$。注意到

$$\eta_\alpha = \sqrt{\bar{q}^2 + k^2} \xrightarrow{(2.2.32)} \sqrt{k^2 - \bar{t}^2}, \quad \eta_\beta = \sqrt{\bar{q}^2 + 1} \xrightarrow{(2.2.32)} \sqrt{1 - \bar{t}^2}$$

以及

$$R(\bar{t}) \xrightarrow{(2.2.3),\,(2.2.32)} \left(1 - 2\bar{t}^2\right)^2 + 4\bar{t}^2 \eta_\alpha \eta_\beta \tag{2.2.33}$$

根据式 (2.2.31) 和 (2.2.32)，有

$$\widetilde{u}_x(r, 90°, s) = -\frac{1}{\pi\mu t_{\mathrm{S}}} \mathrm{Im} \int_0^{+\infty} \frac{\left(1 - 2\bar{t}^2 - 2\eta_\alpha\eta_\beta\right)\bar{t}}{R(\bar{q})} \mathrm{e}^{-st}\,\mathrm{d}t$$

由于在各个积分路径段上 η_α 和 η_β 的行为并不相同，因此需要分段考虑：

(1) C_1 段：$0 < \bar{t} < k$，因此 η_α 和 η_β 均为实数，从而被积函数为实数，对积分取虚部为零。

(2) C_2 段：$k < \bar{t} < 1$，$\eta_\alpha = \mathrm{i}\sqrt{\bar{t}^2 - k^2}$ 为纯虚数[①]，$\eta_\beta = \sqrt{1 - \bar{t}^2}$ 为实数，因此

$$u_x(r, 90°, t)\Big|_{C_2} = -\frac{\bar{t}}{\pi\mu t_{\mathrm{S}}} \mathrm{Im}\left[\frac{1 - 2\bar{t}^2 - 2\mathrm{i}\sqrt{\bar{t}^2 - k^2}\sqrt{1 - \bar{t}^2}}{\left(1 - 2\bar{t}^2\right)^2 + 4\mathrm{i}\bar{t}^2\sqrt{\bar{t}^2 - k^2}\sqrt{1 - \bar{t}^2}}\right]$$

---

① $\sqrt{k^2 - \bar{t}^2} = \mathrm{i}\sqrt{\bar{t}^2 - k^2}$ 而非 $-\mathrm{i}\sqrt{\bar{t}^2 - k^2}$，是因为积分路径 C_2 位于割线右侧，因此 $\arg(\eta_\alpha) = \pi/2$，参见附录 A。

(3) C_3 和 C_4 段：$\bar{t} > 1$，$\eta_\alpha = \mathrm{i}\sqrt{\bar{t}^2 - k^2}$、$\eta_\beta = \mathrm{i}\sqrt{\bar{t}^2 - 1}$ 均为纯虚数，从而根据式 (2.2.33) 知 $R(\bar{t})$ 为实数。因此被积函数整体为实数，积分后取虚部为零。

(4) C_ε 段：此段为极点的贡献，通过半圆弧上的积分表现出来。由于

$$\lim_{\varepsilon \to 0} (t - t_\mathrm{R}) f(t) \frac{t_\mathrm{R} = \kappa t_\mathrm{S}}{\left[(1 - 2\bar{t}^2)^2 - 4\bar{t}^2 \sqrt{\bar{t}^2 - k^2}\sqrt{\bar{t}^2 - 1} \right]' \Big|_{\bar{t} = \bar{t}_\mathrm{R}}} t_\mathrm{R} \mathrm{e}^{-st_\mathrm{R}}$$

根据小圆弧引理[①]，有

$$\widetilde{u}_x(r, 90°, s)\Big|_{C_\varepsilon} = -\frac{1}{\pi\mu t_\mathrm{S}} \mathrm{Im} \int_{C_\varepsilon} \frac{(1 - 2\bar{t}^2 - 2\eta_\alpha\eta_\beta)\bar{t}}{R(\bar{q})} \mathrm{e}^{-st}\,\mathrm{d}t$$

$$= -\frac{1}{\pi\mu t_\mathrm{S}} \mathrm{Im} \left\{ \mathrm{i} \frac{\left[1 - 2\bar{t}_\mathrm{R}^2 + 2\sqrt{\bar{t}_\mathrm{R}^2 - k^2}\sqrt{\bar{t}_\mathrm{R}^2 - 1} \right] t_\mathrm{R} \mathrm{e}^{-st_\mathrm{R}} \pi}{\left[(1 - 2\bar{t}^2)^2 - 4\bar{t}^2 \sqrt{\bar{t}^2 - k^2}\sqrt{\bar{t}^2 - 1} \right]' \Big|_{\bar{t} = \bar{t}_\mathrm{R}}} \right\}$$

$$= -\frac{1}{\mu} \frac{\left(1 - 2\bar{t}_\mathrm{R}^2 + 2\sqrt{\bar{t}_\mathrm{R}^2 - k^2}\sqrt{\bar{t}_\mathrm{R}^2 - 1} \right) \bar{t}_\mathrm{R}}{\left[(1 - 2\bar{t}^2)^2 - 4\bar{t}^2 \sqrt{\bar{t}^2 - k^2}\sqrt{\bar{t}^2 - 1} \right]' \Big|_{\bar{t} = \bar{t}_\mathrm{R}}} \mathrm{e}^{-st_\mathrm{R}}$$

根据 δ 函数的 Laplace 变换 $\mathscr{L}\{\delta(t)\} = 1$，以及 Laplace 变换的延迟性质 $\mathscr{L}\{f(t - \tau)\} = \mathrm{e}^{-s\tau} F(s)$，可以得到

$$u_x(r, 90°, t)\Big|_{C_\varepsilon} = -\frac{1}{\mu} \frac{\left(1 - 2\bar{t}_\mathrm{R}^2 + 2\sqrt{\bar{t}_\mathrm{R}^2 - k^2}\sqrt{\bar{t}_\mathrm{R}^2 - 1} \right) \bar{t}_\mathrm{R}}{\left[(1 - 2\bar{t}^2)^2 - 4\bar{t}^2 \sqrt{\bar{t}^2 - k^2}\sqrt{\bar{t}^2 - 1} \right]' \Big|_{\bar{t} = \bar{t}_\mathrm{R}}} \delta(t - t_\mathrm{R})$$

综合上面的结果，$u_x(r, 90°, t)$ 实际上是 C_2 段上积分的贡献与孤立的 Rayleigh 极点的贡献之和：

$$\boxed{\begin{aligned} u_x(r, 90°, t) &= u_x(r, 90°, t)\Big|_{C_2} + u_x(r, 90°, t)\Big|_{C_\varepsilon} \\ &= -\frac{\bar{t}}{\pi\mu t_\mathrm{S}} \mathrm{Im} \left[\frac{1 - 2\bar{t}^2 - 2\mathrm{i}F(\bar{t})}{(1 - 2\bar{t}^2)^2 + 4\mathrm{i}\bar{t}^2 F(\bar{t})} \right] \left[H(t - t_\mathrm{P}) - H(t - t_\mathrm{S}) \right] \\ &\quad - \frac{1}{\mu} \frac{(1 - 2\bar{t}_\mathrm{R}^2 + 2F^*(\bar{t}_\mathrm{R}))\bar{t}_\mathrm{R}}{\left[(1 - 2\bar{t}^2)^2 - 4\bar{t}^2 F^*(\bar{t}) \right]' \Big|_{\bar{t} = \bar{t}_\mathrm{R}}} \delta(t - t_\mathrm{R}) \end{aligned}}$$

$$(2.2.34)$$

---

① 若函数 $f(x)$ 在 $z = a$ 点的 (空心) 邻域内连续，且当 $\theta_1 \leqslant \arg(z - a) \leqslant \theta_2$，$|z - a| \to 0$ 时，$(z - a)f(z)$ 一致地趋近于 k，则

$$\lim_{\varepsilon \to 0} \int_{C_\varepsilon} f(z)\,\mathrm{d}z = \mathrm{i}k(\theta_2 - \theta_1)$$

其中，C_ε 是以 $z = a$ 为圆心、ε 为半径、夹角为 $\theta_2 - \theta_1$ 的圆弧，$|z - a| = \varepsilon$，$\theta_1 \leqslant \arg(z - a) \leqslant \theta_2$。参见 (吴崇试，2003，第 $27 \sim 28$ 页)。

其中，$F(x) = \sqrt{x^2 - k^2}\sqrt{1 - x^2}$，$F^*(x) = \sqrt{x^2 - k^2}\sqrt{x^2 - 1}$。可以看出，在这种源和观测点同时位于地表的情况，Rayleigh 波表现为一个出现在 t_R 时刻的脉冲。基于这个原因，我们定义它为 Rayleigh 波的到时。根据上册附录 B 中讨论的结果，Rayleigh 函数的根 $\bar{t}_R = \kappa$ 一定是个大于 1 的实数。对于 Poisson 体，$\bar{t}_R = \sqrt{3 + \sqrt{3}}/2 \approx 1.0877$，因此我们可以判断 Rayleigh 波稍晚于 S 波到达。如果记 v_R 为 Rayleigh 波的速度，则

$$v_R = \frac{2}{\sqrt{3 + \sqrt{3}}}\beta \approx 0.9194\beta$$

这说明 Rayleigh 波的传播速度为 S 波传播速度的 0.9194。Rayleigh (1885) 对于平面波的特殊情况得出了相同的结论。

值得强调的是，这样定义的 Rayleigh 波 "到时"，与 P 波的到时 ($t_P = r/\alpha$) 和 S 波的到时 ($t_S = r/\beta$) 是不同的。后者的意思正如字面表示的那样，从这一时刻开始，才出现这种震相。但是，除了源和观测点同时位于地表的极端情况以外，Rayleigh 波并非在 t_R 时刻到达，而是在此之前就出现，并且幅度逐渐地增大；可以粗略地说，上面定义的 Rayleigh 波 "到时"，并非其真正出现的时刻，而是峰值时刻。原因在于图 2.2.10 (b) 中显示的 Rayleigh 极点处出现的峰，在其影响范围之内，随着积分路径上的点靠近 Rayleigh 极点而导致 Rayleigh 波幅度的增大。这是个逐步的过程，而并非像 P 波和 S 波那样，在其到时处出现了积分路径的突然变化，从而导致到时前后结果的突然跃变。

2) $u_z(r, 90°, t)$

现在考虑另外一个位移分量 $u_z(r, 90°, t)$。可做与 $u_x(r, 90°, t)$ 类似的讨论。这里只简要地列出主要结果。

$$\tilde{u}_z(r, 90°, s) = \frac{1}{\pi\mu t_S}\text{Re}\int_0^{+\infty}\frac{\text{i}\eta_\alpha}{R(\bar{q})}e^{-st}\,dt$$

类似于 $u_x(r, 90°, t)$ 的情况，在 C_1 段的积分结果为零，C_2 段的积分对结果有贡献。不同的是，在 C_3 和 C_4 段上，被积函数为实数，对结果同样有贡献。对于 C_ε，同样根据小圆弧求得 $\lim_{\varepsilon \to 0}(t - t_R)f(t)$，结果为一个实数 B，但是在 C_ε 上的积分为 $\text{Re}(\text{i}B\pi) = 0$。这意味着 Rayleigh 极点对于积分没有贡献[①]。根据上面的分析，

$$u_z(r, 90°, t)\Big|_{C_2} = -\frac{1}{\pi\mu t_S}\text{Re}\left[\frac{\sqrt{\bar{t}^2 - k^2}}{(1 - 2\bar{t}^2)^2 + 4\text{i}\bar{t}^2 F(\bar{t})}\right]\left[H(t - t_P) - H(t - t_S)\right]$$

$$u_z(r, 90°, t)\Big|_{C_3+C_4} = -\frac{1}{\pi\mu t_S}\frac{\sqrt{\bar{t}^2 - k^2}}{\left(1 - 2\bar{t}^2\right)^2 - 4\bar{t}^2 F^*(\bar{t})}H(t - t_S)\Big|_{t \neq t_R}$$

$$u_z(r, 90°, t)\Big|_{C_\varepsilon} = -\frac{1}{\pi\mu t_S}(t - t_R)\delta(t - t_R) = 0$$

---

① 这看起来有些奇怪，但实际上是可能的。因为极点的贡献反映在半圆弧 C_ε 的积分上，显然积分值是与被积函数的性质密切相关的。如果被积函数具有积分后可以抵消的性质，比如图 2.2.9 中右侧显示的，函数在从两个不同方向趋向于 Rayleigh 波极点 κ 时行为类似，但是符号相反，那么整体的效果就是积分为零，也就是极点无贡献，这就是目前正在考虑的情形。在下面的关于 C_ε 上的等式右端，利用 δ 函数的性质 $x\delta(x) = 0$ 来表示这一点。但是对于 u_x 分量对应的情况，被积函数不具有积分后可以抵消的性质，比如图 2.2.9 中左侧显示的，因此结果表现为奇异的 δ 函数。

综合以上结果，可以得到

$$
\begin{aligned}
u_z(r, 90°, t) =& u_z(r, 90°, t)\Big|_{C_2} + u_z(r, 90°, t)\Big|_{C_\varepsilon} + u_z(r, 90°, t)\Big|_{C_3+C_4} \\
=& -\frac{1}{\pi\mu t_S}\Bigg\{\mathrm{Re}\left[\frac{\sqrt{\bar{t}^2-k^2}}{\left(1-2\bar{t}^2\right)^2+4\mathrm{i}\bar{t}^2 F(\bar{t})}\right]\left[H(t-t_P) - H(t-t_S)\right] \\
& + \frac{\sqrt{\bar{t}^2-k^2}\,H(t-t_S)}{\left(1-2\bar{t}^2\right)^2-4\bar{t}^2 F^*(\bar{t})}\Bigg|_{t\neq t_R}\Bigg\}
\end{aligned}
\tag{2.2.35}
$$

式 (2.2.34) 和 (2.2.35) 共同给出了垂直作用在地表的集中脉冲点力引起的地表某处的位移场。图 2.2.12 显示了位移分量 u_x 和 u_z 随时间的变化 (上图)。由于脉冲力产生的 u_x 中存在脉冲 Rayleigh 波，其幅度为无穷大，而积分有限，因此有必要显示其积分结果，即时间函数为 $H(t)$ 时对应的位移分量 u_x^H 和 u_z^H(下图)。注意到对于 $\theta = 90°$ 的情况，位移的直角坐标分量和极坐标分量之间有简单的对应关系：$u_x = u_r$ 和 $u_z = -u_\theta$，因此对比图 2.2.9 可以看出，图 2.2.12 中的结果正是图 2.2.9 中 $\theta \to 90°$ 的极限，这也符合此前我们的预期[①]。对于 u_x 分量，由于在 S 波到时 t_S 之后只有 $t = t_R$ 时刻出现一个 Rayleigh 波脉冲，因此对应的 u_x^H 在 t_S 之后出现一个规则的阶梯型变化；而对于 u_z 分量，在 $t = t_R$ 时刻前后波形分别趋于符号相反的无穷大，因此对应的 u_z^H 在 t_R 处呈现一个尖锐的峰。

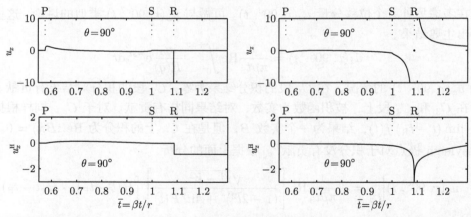

图 2.2.12　$\theta = 90°$ 时的 u_x 和 u_z(上图) 以及时间函数为 $H(t)$ 时的 u_x^H 和 u_z^H(下图)

上标 "H" 代表时间函数为阶跃函数 $H(t)$ 的结果。对于 $\theta = 90°$ 的特殊情况，位移的直角坐标分量和极坐标分量之间有简单的对应关系：$u_x = u_r$ 和 $u_z = -u_\theta$。其他图例说明同图 2.2.4

为了对接近地表处 Rayleigh 波的变化情况有直观的了解，图 2.2.13 显示了不同 $\zeta = x/z$ 取值的位移分量 u_x^H 和 u_z^H。我们曾经得到 $\zeta \gtrsim 5$ 是 Rayleigh 波出现的条件 (参见式

---

① 这位移分量 u_x 和 u_z 在 Rayleigh 波到时 t_R 处分别为无穷大和零 (分别对应图 2.2.12 中的脉冲和黑点)，原因在于极点的贡献在拉氏域内等于绕它而行的半圆弧上的贡献，根据参照图 2.2.9，在 $\theta \to 90°$ 时，u_x 分量的被积函数关于 t_R 呈现类似于对称的性质，而 u_z 分量的被积函数则呈现反对称性质，它们在半圆弧上积分之后的结果分别为一个非零的有限常数和零，因此对应到时间域内分别为脉冲和零。

(2.2.30))，这里显示的 ζ 值均满足，并且可以清楚地看到随着 ζ 值的增大，Rayleigh 波越来越明显的过程。注意到 $\zeta = +\infty$ 对应于 $\theta = 90°$，其结果是用本节得到的式 (2.2.34) 和 (2.2.35) 的时间积分计算的。

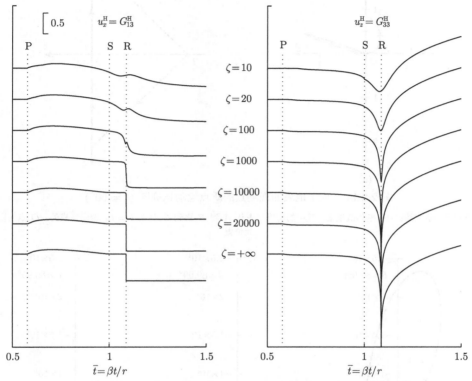

图 2.2.13　接近地表处不同 $\zeta = x/z$ 值对应的位移分量 u_x^H 和 u_z^H

ζ 的取值为 10, 20, 100, 1000, 10000, 20000 和 $+\infty$(对应于 $\theta = 90°$)。其他图例同图 2.2.4

2.2.5.3　地表附近的质点运动轨迹

根据图 2.2.12 中的位移分量 u_x 和 u_z，可以直接画出质点运动轨迹，如图 2.2.14 所示。我们熟知对于平面简谐振动的 Rayleigh 波，正如 Rayleigh (1885) 显示的那样，地表处的质点运动轨迹为逆进的椭圆。对于我们现在考虑的在地表作用向下施加的集中脉冲力而言，它引起的地表运动却近似地表现为逆进的三角形 (图 2.2.14 (b))。由于 A、B、C 三点都位于无穷远，因此运动起始阶段的图像并不能从图 2.2.14 (b) 中看到。图 2.2.14 (a) 显示了起始点附近的放大图。质点整个运动过程为：在 $t = t_P$ 时刻从原点 O 出发，向右上方沿着箭头指向运动；在 $t = t_S$ 时运动到 z 轴负半段，接着在 (t_S, t_R) 时间段内沿着 z 轴负向运动到无穷远 A 点；然后在 $t = t_R$ 时突然出现在 x 轴的负向无穷远 B 处；随即出现在 z 轴正向无穷远 C 处，在 $(t_R, +\infty)$ 时间段内在 z 轴正半段上沿着箭头运动回原点 O。

而对于接近于地表的点来说，随着离地表越来越近，Rayleigh 波迅速增大。图 2.2.15 中显示了接近地表处不同 θ 对应的质点运动轨迹图。质点运动轨迹形状大致相同，但是幅度随着接近地表而迅速增大。这些地表之下的 Rayleigh 波质点运动接近于顺进的椭圆。我

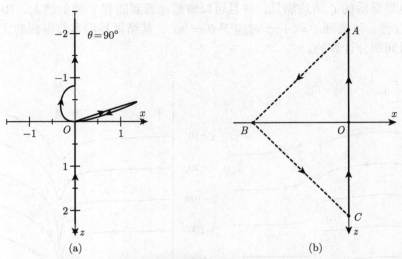

(a)　　　　　　　　　　　　　　　　　　　(b)

图 2.2.14　位于地表的观测点的质点运动轨迹图 ($\theta = 90°$)

(a) 起始点附近的放大图；(b) 整体效果图，其中的虚线代表从 A 到 B 再到 C 是在 $t = t_R$ 瞬间完成的。O 点为质点的初始位置

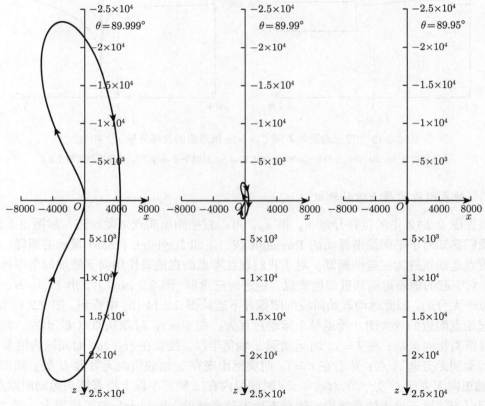

图 2.2.15　接近地表处不同 θ 对应的质点运动轨迹图

θ 的取值为 89.95°、89.99° 和 89.999°。为了清楚地看出幅度变化，对三个结果采取了相同的标度。由于 Rayleigh 波幅度远大于 P 波和 S 波的运动幅度，从图中并不能看到后者的运动。O 点为质点的初始位置

们知道，在地下一定深度处 (大致为波长的 1/5，参考上册 7.5.2 节)，质点运动轨迹由地表处的逆进椭圆转化为顺进椭圆。但是除了随深度迅速衰减的特征是相同的以外，这里显示的结果有显著不同。重要的差别有两点：一是 Rayleigh 波运动的形式，在地表处大致是逆进的三角形，而在地表以下迅速变为接近于顺进椭圆；二是这里考虑的并非单一频率的平面波情况，并不存在波长的概念，因此找不到一个这种转化的深度度量方式。

2.2.6 P 波和 S 波到时处的奇异行为：初动近似分析

2.2.5 节中我们分析了位移图 2.2.4 和图 2.2.5 中的最显著的特征：Rayleigh 波。现在来研究这两幅图中的第二个显著特征：在 P 波和 S 波到时处出现的奇异行为，即在 t_P 和 t_S 的瞬间，一些分量表现为无穷大；具体地说，就是 u_r^P 在 P 波到时处，以及 u_θ^S 在 S 波到时处的行为。仔细观察图 2.2.4 和图 2.2.5，可以发现这些分量的奇异行为与 θ 有关，因此笼统地说"奇异"是不确切的，需要细致地考察。

仔细考察 P 波项的极坐标表示式 (2.2.20) 和 S 波项的极坐标表示式 (2.2.28)，可以发现可能造成出现奇异性的来源，除了作为分母的 Rayleigh 函数 $R(\bar{q})$ 以外 (这在 2.2.5 节中已经进行了详细的讨论)，只有 u_r^P 中的作为分母的 $\sqrt{\bar{t}^2 - k^2}$ 和 u_θ^S 中的作为分母的 $\sqrt{\bar{t}^2 - 1}$ 和 $\sqrt{1 - \bar{t}^2}$。这意味着当 $\bar{t}$ 在 k 附近，即 t 在 t_P 附近时，u_r^P 是奇异的；而当 $\bar{t}$ 在 1 附近，即 t 在 t_S 附近时，u_θ^S 是奇异的。本节我们将采取 Knopoff 和 Gilbert (1959) 提出的初动近似分析的方法分析这种奇异性。其思想是仅仅考虑由极点导致的剧烈运动，而忽略慢速变化的部分。因此，从这个意义上说，这是一种基于高频近似的分析方法。

2.2.6.1 u_r^P 项在 P 波到时附近的分析

当 $t = t_P + \varepsilon$ ($\varepsilon \to 0$) 时，根据式 (2.2.9)，$\bar{q} \approx ik\sin\theta$，代入式 (2.2.3) 中，有

$$R(\bar{q}) \approx (1 - 2k^2\sin^2\theta)^2 + 4k^3\sin^2\theta\cos\theta\sqrt{1 - k^2\sin^2\theta}$$

另外，由于

$$\frac{\bar{t}\cos\theta}{\sqrt{\bar{t}^2 - k^2}} + i\sin\theta \approx \frac{\bar{t}\cos\theta}{\sqrt{\bar{t} + k}\sqrt{\bar{t} - k}} \approx \frac{\sqrt{k}\cos\theta}{\sqrt{2}\sqrt{\bar{t} - k}}$$

因此，式 (2.2.20) 近似为

$$u_r^{P,asy}(r, \theta, t) \approx \frac{\sqrt{\beta k^3}}{\pi\mu\sqrt{2r}}A_r^P(\theta)\frac{H(t - t_P)}{\sqrt{t - t_P}}$$

其中，

$$A_r^P(\theta) = \frac{(1 - 2k^2\sin^2\theta)\cos\theta}{(1 - 2k^2\sin^2\theta)^2 + 4k^3\sin^2\theta\cos\theta\sqrt{1 - k^2\sin^2\theta}} \tag{2.2.36}$$

是表征方向特征的因子，称为辐射因子。

2.2.6.2 u_θ^S 项在 S 波到时附近的分析

根据式 (2.2.28)，在 θ 的整个取值范围内，$t = t_S + \varepsilon$ ($\varepsilon \to 0$) 时都会有奇异性 (记此时的位移为 u_θ^{S+})；而当 $\theta_c < \theta < 90°$ 时，在 $t = t_S - \varepsilon$ ($\varepsilon \to 0$) 时也会有奇异性 (记此时的位移为 u_θ^{S-})。因此需要分别考虑这两种情况。

1) u_θ^{S+}

采用与前面类似的方式，有 $\bar{q} \approx \mathrm{i}\sin\theta$，从而[①]

$$R(\bar{q}) \approx \begin{cases} \cos^2(2\theta) + 4\sin^2\theta\cos\theta\sqrt{k^2 - \sin^2\theta}, & \theta \leqslant \theta_\mathrm{c} \\ \cos^2(2\theta) + 4\mathrm{i}\sin^2\theta\cos\theta\sqrt{\sin^2\theta - k^2}, & \theta > \theta_\mathrm{c} \end{cases}$$

$$\frac{\bar{t}\cos\theta}{\sqrt{\bar{t}^2 - 1}} + \mathrm{i}\sin\theta \approx \frac{\bar{t}\cos\theta}{\sqrt{\bar{t}+1}\sqrt{\bar{t}-1}} \approx \frac{\cos\theta}{\sqrt{2}\sqrt{\bar{t}-1}}$$

$$u_\theta^{S+,\mathrm{asy}}(r, \theta, t) \approx -\frac{\sqrt{\beta}}{\pi\mu\sqrt{2r}} A_\theta^{S+}(\theta) \frac{H(t - t_\mathrm{S})}{\sqrt{t - t_\mathrm{S}}}$$

其中，

$$A_\theta^{S+}(\theta) = \begin{cases} \dfrac{\sin(2\theta)\sqrt{k^2 - \sin^2\theta}}{\cos^2(2\theta) + 4\sin^2\theta\cos\theta\sqrt{k^2 - \sin^2\theta}}, & \theta \leqslant \theta_\mathrm{c} \\[4mm] \dfrac{2\sin^2(2\theta)\sin\theta(\sin^2\theta - k^2)}{\cos^4(2\theta) + 4\sin^2(2\theta)\sin^2\theta(\sin^2\theta - k^2)}, & \theta > \theta_\mathrm{c} \end{cases} \tag{2.2.37}$$

2) u_θ^{S-}

类似地，$\bar{q}' \approx \mathrm{i}\sin\theta$，

$$R(\bar{q}') \approx \cos^2(2\theta) + 4\mathrm{i}\sin^2\theta\cos\theta\sqrt{\sin^2\theta - k^2}$$

$$\frac{\bar{t}\cos\theta}{\sqrt{1 - \bar{t}^2}} + \sin\theta \approx \frac{\bar{t}\cos\theta}{\sqrt{1 + \bar{t}}\sqrt{1 - \bar{t}}} \approx \frac{\cos\theta}{\sqrt{2}\sqrt{1 - \bar{t}}}$$

$$u_\theta^{S-,\mathrm{asy}}(r, \theta, t) \approx \frac{\sqrt{\beta}}{\pi\mu\sqrt{2r}} A_\theta^{S-}(\theta) \frac{\left[H(t - t_{\mathrm{P\text{-}S}}) - H(t - t_\mathrm{S})\right]}{\sqrt{t_\mathrm{S} - t}} H(\theta - \theta_\mathrm{c})$$

其中，

$$A_\theta^{S-}(\theta) = \frac{\cos^2(2\theta)\sin(2\theta)\sqrt{\sin^2\theta - k^2}}{\cos^4(2\theta) + 4\sin^2(2\theta)\sin^2\theta(\sin^2\theta - k^2)} \tag{2.2.38}$$

2.2.6.3 计算结果及其分析

根据式 (2.2.36)、(2.2.37) 和 (2.2.38) 中的辐射因子 A_r^P、A_θ^{S+} 和 A_θ^{S-}，可以得到它们随 θ 变化的曲线，如图 2.2.16 所示。可以看到，A_r^P 的变化情况相对简单，在 $(0°, 90°)$ 的变化区间上呈单调递减；而 A_θ^{S+} 和 A_θ^{S-} 的变化情况相对复杂。对 A_θ^{S+} 而言，虽然在整个 $(0°, 90°)$ 的变化区间上都有定义，但是在临界角 θ_c 两侧表达形式是不同的 (见式 (2.2.37))，而且在分界处 $A_\theta^{S+} = 0$。A_θ^{S-} 仅对于 $\theta_\mathrm{c} < \theta < 90°$ 有定义，而且从其表达式可见，$A_\theta^{S-}(45°) = 0$。

---

① 此时 $\eta_\beta = \sqrt{1 - \sin^2\theta} = \cos\theta$ 为实数，而 $\eta_\alpha = \sqrt{k^2 - \sin^2\theta}$，必须根据 $\sin\theta$ 与 k 的大小关系确定其取值。如果 $\sin\theta \leqslant k$，即 $\theta \leqslant \theta_\mathrm{c}$，$\eta_\alpha$ 为实数，否则为纯虚数。由于负数开平方运算的多值性，为了确定纯虚数的符号，需要根据其辐角决定取值。此时在割线右缘 $\arg(\eta_\alpha) = \pi/2$ (参考附录 A)，所以 $\eta_\alpha = \mathrm{i}\sqrt{k^2 - \sin^2\theta}$。

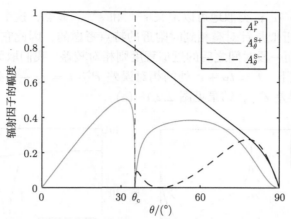

图 2.2.16 辐射因子 A_r^{P}、$A_\theta^{\mathrm{S}+}$ 和 $A_\theta^{\mathrm{S}-}$ 随 θ 的变化

横坐标为 θ，纵坐标为辐射因子的幅度，竖虚线代表临界角 θ_{c}

辐射因子随着极角 θ 的变化将影响位于不同极角处的位移分量在 P 波或 S 波到时处的振幅。根据图 2.2.16 的结果，可以预期 u_r^{P} 在 P 波到时之后的振动幅度随着 θ 由 0° 到 90° 逐渐递减，正如图 2.2.4 中显示的那样。而 u_θ^{S} 在 S 波到时之后的振动幅度在 0° 和 90° 附近较小，在中间取值的时候较大；在 S 波到时之前，对于 $\theta > \theta_{\mathrm{c}}$ 的情况，随着 θ 的增加，开始时较小，而在 60° 到 80° 之间逐渐增大，之后减小。这正是图 2.2.5 反映的情况。所以，根据初动近似分析，我们可以很好地解释结果中到时附近的奇异行为随极角 θ 的变化。另一方面，我们可以用得到的近似结果解释这些奇异震相刚出现时的幅度。以 $\theta = 60°$ 为例，图 2.2.17 显示了 P 波到时 $\bar{t}_{\mathrm{P}}$ 附近的 u_r^{P} 及其近似 $u_r^{\mathrm{P,asy}}$，以及 S 波到时 $\bar{t}_{\mathrm{S}}$ 附近的 u_θ^{S} 及其近似 $u_\theta^{\mathrm{S-,asy}}$、$u_\theta^{\mathrm{S+,asy}}$。由图 2.2.17 可见，图中的近似解几乎与准确解完全重合，这表明近似解很好地刻画了在到时附近的位移情况，特别是这种奇异的行为。

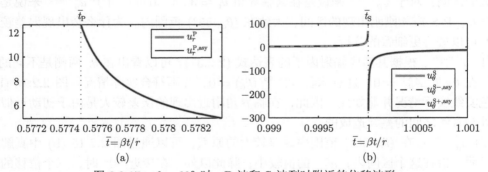

图 2.2.17 $\theta = 60°$ 时，P 波和 S 波到时附近的位移波形

(a) P 波到时 $\bar{t}_{\mathrm{P}}$ 附近的 u_r^{P} 及其近似 $u_r^{\mathrm{P,asy}}$；(b) S 波到时 $\bar{t}_{\mathrm{S}}$ 附近的 u_θ^{S} 及其近似 $u_\theta^{\mathrm{S-,asy}}$、$u_\theta^{\mathrm{S+,asy}}$

对于定义域内的任意极角取值，我们都可以计算近似解的相对误差。比如对于 u_r^{P}，根据式 (2.2.36) 计算得到的近似解为 $u_r^{\mathrm{P,asy}}$，相对误差定义为

$$\epsilon^{\mathrm{P}} = \left| \frac{\Delta u_r^{\mathrm{P}}}{u_r^{\mathrm{P}}} \right| \times 100\,\%$$

其中，$\Delta u_r^{\mathrm{P}} = u_r^{\mathrm{P,asy}} - u_r^{\mathrm{P}}$；类似地可以定义 $\epsilon^{\mathrm{S+}}$ 和 $\epsilon^{\mathrm{S-}}$。显然，这个误差对于不同时刻值是不同的。由于初动近似是针对震相到时附近的特点考虑的，因此它对于震相刚开始的时间段近似程度较好，而一段时间之后的近似程度则相对较差。我们取无量纲时间 $\varepsilon = 10^{-4}$，分别计算不同 θ 取值下，$\bar{t} = \bar{t}_{\mathrm{P}} + \varepsilon$ 处的相对误差 ϵ^{P}、$\bar{t} = \bar{t}_{\mathrm{S}} + \varepsilon$ 处的相对误差 $\epsilon^{\mathrm{S+}}$ 及 $\bar{t} = \bar{t}_{\mathrm{S}} - \varepsilon$ 处的相对误差 $\epsilon^{\mathrm{S-}}$，结果见图 2.2.18 (a)。

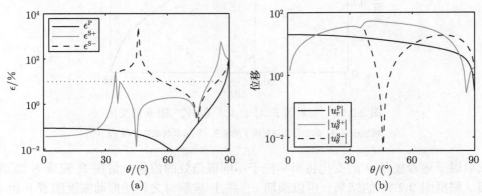

图 2.2.18　不同 θ 取值下的相对误差和准确值

(a) 取 $\varepsilon = 10^{-4}$ 时，不同 θ 取值下，$\bar{t} = \bar{t}_{\mathrm{P}} + \varepsilon$ 处的 $u_r^{\mathrm{P,asy}}$ 的相对误差 ϵ^{P}、$\bar{t} = \bar{t}_{\mathrm{S}} + \varepsilon$ 处的 $u_\theta^{\mathrm{S+,asy}}$ 的相对误差 $\epsilon^{\mathrm{S+}}$ 及 $\bar{t} = \bar{t}_{\mathrm{S}} - \varepsilon$ 处的 $u_\theta^{\mathrm{S-,asy}}$ 的相对误差 $\epsilon^{\mathrm{S-}}$。图中的点横线代表相对误差为 10%；(b) 在 (a) 中对应时刻和 θ 处计算的相应准确值。横坐标为极角 θ，纵坐标为对数坐标

根据图 2.2.18 (a) 中的曲线，可以看出对于 u_r^{P}，除了 90° 附近以外，其近似解 $u_r^{\mathrm{P,asy}}$ 都有很高的精度，与真解的相对误差普遍小于 1%；而对于 u_θ^{S}，近似解 $u_\theta^{\mathrm{S+,asy}}$ 和 $u_\theta^{\mathrm{S-,asy}}$ 的精度稍低，与 u_r^{P} 情况类似，在 90° 附近，误差较大。但除此以外，它们还各有一个误差较大的区间：对于 $u_\theta^{\mathrm{S+,asy}}$ 来说是在其临界角 $\theta_{\mathrm{c}} \approx 35.3°$ 附近；对于 $u_\theta^{\mathrm{S-,asy}}$ 来说是随着 θ 的增大，P-S 震相刚刚出现的区间，大致在 $(\theta_{\mathrm{c}}, 55°)$ 范围内。为什么会出现误差较大的情况？可以进行更细致的分析。

(1) $u_\theta^{\mathrm{S+,asy}}$：根据其对应辐射因子的表达式 (2.2.37)，可以看出在 θ_{c} 两侧是不同的；特别地，在 θ_{c} 处 $A_\theta^{\mathrm{S+}} = 0$。这意味着 $u_\theta^{\mathrm{S+,asy}}(\theta_{\mathrm{c}}) = 0$，并不符合实际情况。图 2.2.18 (b) 中的灰色实线实际情况并非如此。因此，在临界角附近出现的误差较大是由于初动近似本身在此处与真解之间的差异造成的。

(2) $u_\theta^{\mathrm{S-,asy}}$：在 $(\theta_{\mathrm{c}}, 55°)$ 范围内误差较大的原因，可以通过图 2.2.18 (b) 中真解的情况来说明。恰在这个区间内，$u_\theta^{\mathrm{S-}}$ 的值较小；除此以外，在接近 90° 时，三个位移的取值都较小。这说明，初动近似分析对于奇异性较大的情况精度较高，而反之较低。为什么会如此？因为在本节开始曾经提到过，初动近似分析本质上是一种高频近似的方法。奇异性较大对应于频率较高，因此更符合其适用条件。

2.2.7　P-S 震相的产生

考察完了 Rayleigh 波和 P 波、S 波到时处的奇异行为之后，让我们回到图 2.2.4 和图 2.2.5 上，研究图中的第三个主要特征：P-S 震相的出现。从图中显示的结果看，在 $\theta > \theta_{\mathrm{c}}$

的情况下，在 P 波到时 t_P 和 S 波到时 t_S 之间出现了一个并不尖锐的震相，称为 P-S 震相[1]。刚出现时，其到时接近于 t_S；随着 θ 增大，到时越来越接近于 t_P，直到观测点位于地表时 ($\theta = 90°$)，其到时与 t_P 相同。这是我们从图中观察到的现象。本节将通过分析揭示更深入的性质，并给出一种可以解释其成因的物理模型。

2.2.7.1 P-S 震相产生的数学原因和物理模型

根据 2.2.3 节的分析，我们知道 P-S 震相的产生与 $\theta > \theta_c$ 是复平面内的沿着割线的一部分积分路径的贡献有关 (参见图 2.2.2 中的 C_2)。因此，$\theta > \theta_c$ 是其产生的必要条件。沿着积分路径的运动直接对应着 t 的增大，而这部分沿着割线的积分路径出现在 P 波出现对应的点 B (参见图 2.2.1) 之后、S 波出现对应的点 B (参见图 2.2.2) 之前，因此其到时 $t_{\text{P-S}}$ 必然位于 t_P 和 t_S 之间；事实上，根据式 (2.2.24)，不难看出 $t_P \leqslant t_{\text{P-S}} \leqslant t_S$。此外，根据式 (2.2.28)，可以发现 P-S 震相存在的项，并没有导致在其到时处奇异的因子，因此与 P 波和 S 波震相不同，它在到时附近并不表现奇异性质，所以从图像上看并不尖锐。

以上是从数学角度给出的解释。图 2.2.19 给出了一种 P-S 震相产生的物理模型。原点 O 为集中力的作用点，观测点位于 B 点，二者之间的距离为 r，它们的连线与 z 轴正向之间的夹角为 θ。从 O 引出一条线段 OD，它与 z 轴正向之间的夹角为 θ_c，并且 $OD \perp BD$。过 B 作 $BA \parallel OD$，A 为其与 x 轴的交点。再过 A 作 $AC \perp OD$。根据式 (2.2.24)，$t_{\text{P-S}} = r\cos(\theta - \theta_c)/\beta = OD/\beta$ 为以 S 波速度 β 传播 OD 段的时间。另外，注意到 OC 段以 β 传播的时间等于 OA 段以 α 传播的时间[2]，$AB = CD$，因此，P-S 震相从 O 到达 B 的时间 $t_{\text{P-S}}$，等于以 β 传播 OD 段的时间，也等于以 α 传播 OA 段的时间与 β 传播 AB 段的时间之和。基于此分析，我们可以认为 P-S 震相产生的物理机制[3]是：沿着地表传播的 P 波在与地表的相互作用下转化成 S 波，即先是以 P 波形式从 O 传播到 A，再以 S 波形式从 A 传播到观测点 B。这也是以 "P-S" 来命名这种震相的原因。

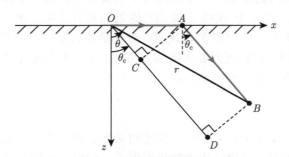

图 2.2.19 P-S 震相产生的几何示意图

粗灰线为 P-S 波的行进路线，粗实线为直达波的行进路线。B 为观测点，与原点之间的距离为 r，OB 与竖直方向夹角为 θ。
A 为地表上的一点，AB 与竖直方向夹角为 θ_c。$OD \parallel AB$，$AC \perp OD$，$BD \perp OD$

---

[1] 稍后会解释这么命名的原因。

[2] 假设传播时间分别为 t_1 和 t_2，由于
$$\frac{OC}{OA} = \frac{\beta t_1}{\alpha t_2} = \sin\theta_c = \frac{\beta}{\alpha}$$
所以有 $t_1 = t_2$。

[3] 与其说这是 "物理机制"，不如说这是可以解释这种现象的一种 "物理模型"。因为如果摒弃简单化的平面波图像，很难理解这种传播过程；但是这种描述确实能够解释结果，并且有助于形成可以把握的图像。

2.2.7.2　P-S 震相的波前分布

为了形成更直观的印象，图 2.2.20 给出了波前分布示意图。集中力作用之后，其扰动向地下各个方向传播。假定我们考虑一个给定的时刻 t_0，不难理解以恒定速度传播的 P 波和 S 波的前端 (即波前) 呈现半圆的形状，半圆的半径分别为 αt_0 和 βt_0。这里有趣的是 P-S 的波前，它是一条过 P 波波前与 x 轴的交点并与 S 波波前半圆相切的线段。为了说明这一点，只需要注意到这条线段上的任意一点和 O 的连线与图 2.2.20 中虚线之间的夹角为 $\theta - \theta_c$；虚线的长度为 βt_0，因此将它除以 $\cos(\theta - \theta_c)$ 恰好是连线的长度。

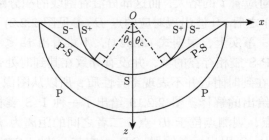

图 2.2.20　波前分布示意图

图中的大半圆和小半圆分别代表 P 波和 S 波波前；二者之间的直线段为 P-S 震相的波前。S^- 和 S^+ 分别代表 S 波到时前后的波动。θ_c 为出现 P-S 震相的临界角

2.3　水平作用力产生的位移

2.2 节中，我们详尽地描述了垂直作用力产生的位移的求解过程，通过数值算例直观地显示了计算结果，并针对这些结果中呈现的几个主要特征，进一步深入地研究了 Rayleigh 波和 P-S 震相的产生，以及 P 波和 S 波到时附近的奇异性质。垂直力导致的水平和竖直位移分量 u_x 和 u_z，从 Green 函数的角度看，分别是 G_{13} 和 G_{33}。对于二维问题，为了给出完备的 Green 函数解，我们还需要求解 G_{11} 和 G_{31}；也就是水平力作用下的水平和竖直位移分量。这是本节将要考虑的内容。

2.3.1　理论公式

鉴于分析的方法与 2.2 节内容相同，结论也类似，因此本节将只罗列主要结果。读者不妨将本节作为一个练习，这里给出的结果提供了一个检验正确与否的参考。

2.3.1.1　变换域中的解

对于水平集中脉冲作用力 (见图 2.1.1 (b))，边界条件为式 (2.1.7)。将 $z = 0$ 时的 Φ 和 Ψ 的积分表达式 (2.1.15) 和 (2.1.16) 代入到式 (2.1.12)，得到

$$A(\bar{q}) = \frac{\beta}{2\pi\mu s}\frac{2\mathrm{i}\bar{q}\eta_\beta}{R(\bar{q})}, \qquad B(\bar{q}) = \frac{\beta}{2\pi\mu s}\frac{1 + 2\bar{q}^2}{R(\bar{q})}$$

其中，$R(\bar{q})$ 的定义见式 (2.2.3a)。从而有

$$\begin{cases} \widetilde{u}_x^{\mathrm{P}} = -\dfrac{1}{\pi\mu}\mathrm{Re}\displaystyle\int_0^{+\infty}\dfrac{2\bar{q}^2\eta_\beta}{R(\bar{q})}\mathrm{e}^{\mathrm{P}}\,\mathrm{d}\bar{q}, & \widetilde{u}_x^{\mathrm{S}} = \dfrac{1}{\pi\mu}\mathrm{Re}\displaystyle\int_0^{+\infty}\dfrac{(1+2\bar{q}^2)\,\eta_\beta}{R(\bar{q})}\mathrm{e}^{\mathrm{S}}\,\mathrm{d}\bar{q} \\[4mm] \widetilde{u}_z^{\mathrm{P}} = \dfrac{1}{\pi\mu}\mathrm{Im}\displaystyle\int_0^{+\infty}\dfrac{2\eta_\alpha\eta_\beta\bar{q}}{R(\bar{q})}\mathrm{e}^{\mathrm{P}}\,\mathrm{d}\bar{q}, & \widetilde{u}_z^{\mathrm{S}} = -\dfrac{1}{\pi\mu}\mathrm{Im}\displaystyle\int_0^{+\infty}\dfrac{(1+2\bar{q}^2)\,\bar{q}}{R(\bar{q})}\mathrm{e}^{\mathrm{S}}\,\mathrm{d}\bar{q} \end{cases} \tag{2.3.1}$$

其中, e^{P} 和 e^{S} 的定义见式 (2.2.5)。

2.3.1.2　时间域中的精确解

采用与 2.2 节相同的分析方式, 通过变量替换及改变复平面 $\bar{q}$ 内的积分路径, 把式 (2.3.1) 转化成标准的 Laplace 变换形式, 得到

$$u_x^{\mathrm{P}}(r,\theta,t) = -\frac{\beta}{\pi\mu r}\mathrm{Re}\left[\frac{2\bar{q}^2\eta_\beta}{R(\bar{q})}\frac{H_{\mathrm{P}}(t,\theta)}{\sqrt{\bar{t}^2-k^2}}\right] \tag{2.3.2a}$$

$$u_z^{\mathrm{P}}(r,\theta,t) = \frac{\beta}{\pi\mu r}\mathrm{Im}\left[\frac{2\bar{q}\eta_\alpha\eta_\beta}{R(\bar{q})}\frac{H_{\mathrm{P}}(t,\theta)}{\sqrt{\bar{t}^2-k^2}}\right] \tag{2.3.2b}$$

其中, $\bar{q}(\bar{t})$ 和 $H_{\mathrm{P}}(t,\theta)$ 的定义见式 (2.2.17); 以及

$$u_x^{\mathrm{S}}(r,\theta,t) = \frac{\beta}{\pi\mu r}\left\{\mathrm{Re}\left[\frac{(1+2\bar{q}^2)\eta_\beta}{R(\bar{q})}\frac{H_{\mathrm{S}}(t,\theta)}{\sqrt{\bar{t}^2-1}}\right] - \mathrm{Im}\left[\frac{(1+2\bar{q}'^2)\eta_\beta'}{R(\bar{q}')}\right]\frac{H_{\mathrm{P\text{-}S}}(t,\theta)}{\sqrt{1-\bar{t}^2}}\right\} \tag{2.3.3a}$$

$$u_z^{\mathrm{S}}(r,\theta,t) = \frac{-\beta}{\pi\mu r}\left\{\mathrm{Im}\left[\frac{(1+2\bar{q}^2)\bar{q}}{R(\bar{q})}\frac{H_{\mathrm{S}}(t,\theta)}{\sqrt{\bar{t}^2-1}}\right] + \mathrm{Re}\left[\frac{(1+2\bar{q}'^2)\bar{q}'}{R(\bar{q}')}\right]\frac{H_{\mathrm{P\text{-}S}}(t,\theta)}{\sqrt{1-\bar{t}^2}}\right\} \tag{2.3.3b}$$

其中, $\bar{q}$ 和 $\bar{q}'$ 的定义见式 (2.2.26), $H_{\mathrm{S}}(t,\theta)$ 和 $H_{\mathrm{P\text{-}S}}(t,\theta)$ 的定义分别见式 (2.2.23) 和 (2.2.25)。

同样地, 可以将上述直角坐标的位移分量转化为极坐标分量。对于 P 波项,

$$u_r^{\mathrm{P}}(r,\theta,t) = \frac{\beta}{\pi\mu r}\mathrm{Im}\left[\frac{2\bar{t}\bar{q}\eta_\beta}{R(\bar{q})}\frac{H_{\mathrm{P}}(t,\theta)}{\sqrt{\bar{t}^2-k^2}}\right] \tag{2.3.4a}$$

$$u_\theta^{\mathrm{P}}(r,\theta,t) = -\frac{\beta}{\pi\mu r}\mathrm{Re}\left[\frac{2\bar{q}\eta_\beta}{R(\bar{q})}H_{\mathrm{P}}(t,\theta)\right] \tag{2.3.4b}$$

而对于 S 波项,

$$u_r^{\mathrm{S}}(r,\theta,t) = -\frac{\beta}{\pi\mu r}\left\{\mathrm{Im}\left[\frac{1+2\bar{q}^2}{R(\bar{q})}H_{\mathrm{S}}(t,\theta)\right] + \mathrm{Im}\left[\frac{1+2\bar{q}'^2}{R(\bar{q}')}\right]H_{\mathrm{P\text{-}S}}(t,\theta)\right\} \tag{2.3.5a}$$

$$u_\theta^{\mathrm{S}}(r,\theta,t) = \frac{\beta\bar{t}}{\pi\mu r}\left\{\mathrm{Re}\left[\frac{1+2\bar{q}^2}{R(\bar{q})}\frac{H_{\mathrm{S}}(t,\theta)}{\sqrt{\bar{t}^2-1}}\right] - \mathrm{Im}\left[\frac{1+2\bar{q}'^2}{R(\bar{q}')}\right]\frac{H_{\mathrm{P\text{-}S}}(t,\theta)}{\sqrt{1-\bar{t}^2}}\right\} \tag{2.3.5b}$$

需要注意的是在式 (2.3.4) 中 $\bar{q}$ 的定义与式 (2.3.5) 中的定义是不同的。

2.3.1.3　$\theta = 90°$ 时的位移解

对于观测点也位于地表的情况 ($\theta = 90°$)，由于此时

$$\begin{cases} \widetilde{u}_x(r, 90°, s) = \widetilde{u}_r(r, 90°, s) = \dfrac{1}{\pi\mu}\mathrm{Re}\displaystyle\int_0^{+\infty} \dfrac{\eta_\beta}{R(\bar{q})}\mathrm{e}^{\mathrm{i}s\frac{r}{\beta}\bar{q}}\,\mathrm{d}\bar{q} \\[4mm] \widetilde{u}_z(r, 90°, s) = -\widetilde{u}_\theta(r, 90°, s) = -\dfrac{1}{\pi\mu}\mathrm{Im}\displaystyle\int_0^{+\infty} \dfrac{\left(1 + 2\bar{q}^2 - 2\eta_\alpha\eta_\beta\right)\bar{q}}{R(\bar{q})}\mathrm{e}^{\mathrm{i}s\frac{r}{\beta}\bar{q}}\,\mathrm{d}\bar{q} \end{cases}$$

注意到与 2.2.5 节讨论的垂直力作用情况下的相应结果式 (2.2.31) 的细微差别，可以直接得到

$$\begin{aligned} u_x(r, 90°, t) = & -\frac{1}{\pi\mu t_{\mathrm{S}}}\left\{\mathrm{Im}\left[\frac{\sqrt{1-\bar{t}^2}}{\left(1-2\bar{t}^2\right)^2 + 4\mathrm{i}\bar{t}^2 F(\bar{t})}\right]\left[H(t-t_{\mathrm{P}}) - H(t-t_{\mathrm{S}})\right] \right. \\[3mm] & \left. \left. + \frac{H(t-t_{\mathrm{S}})\sqrt{\bar{t}^2-1}}{\left(1-2\bar{t}^2\right)^2 - 4\bar{t}^2 F^*(\bar{t})}\right|_{t\neq t_{\mathrm{R}}}\right\} \end{aligned}$$ (2.3.6a)

$$\begin{aligned} u_z(r, 90°, t) = & \frac{\bar{t}}{\pi\mu t_{\mathrm{S}}}\mathrm{Im}\left[\frac{1-2\bar{t}^2-2\mathrm{i}F(\bar{t})}{\left(1-2\bar{t}^2\right)^2 + 4\mathrm{i}\bar{t}^2 F(\bar{t})}\right]\left[H(t-t_{\mathrm{P}}) - H(t-t_{\mathrm{S}})\right] \\[3mm] & + \frac{1}{\mu}\frac{\left(1-2\bar{t}_{\mathrm{R}}^2 + 2F^*(\bar{t}_{\mathrm{R}})\right)\bar{t}_{\mathrm{R}}}{\left[\left(1-2\bar{t}^2\right)^2 - 4\bar{t}^2 F^*(\bar{t})\right]'\Big|_{\bar{t}=\bar{t}_{\mathrm{R}}}}\delta(t-t_{\mathrm{R}}) \end{aligned}$$ (2.3.6b)

2.3.1.4　初动近似结果

对于 u_r^{P} 和 u_θ^{S}，分别在 P 波到时之后和 S 波到时前后存在奇异性。仍然可以运用初动近似分析，得到在这些时刻附近的近似解

$$u_r^{\mathrm{P,asy}}(r, \theta, t) \approx \frac{\sqrt{\beta k^5}}{\pi\mu\sqrt{2r}}A_r^{\mathrm{P}}(\theta)\frac{H(t-t_{\mathrm{P}})}{\sqrt{t-t_{\mathrm{P}}}}$$

$$u_\theta^{\mathrm{S\pm,asy}}(r, \theta, t) \approx \frac{\sqrt{\beta}}{\pi\mu\sqrt{2r}}A_\theta^{\mathrm{S\pm}}(\theta)\frac{H(t-t_{\mathrm{S}})}{\sqrt{t-t_{\mathrm{S}}}}$$

其中，

$$A_r^{\mathrm{P}}(\theta) = \frac{\sin(2\theta)\sqrt{1-k^2\sin^2\theta}}{(1-2k^2\sin^2\theta)^2 + 4k^3\sin^2\theta\cos\theta\sqrt{1-k^2\sin^2\theta}}$$

$$A_\theta^{\mathrm{S+}}(\theta) = \begin{cases} \dfrac{\cos(2\theta)\cos\theta}{\cos^2(2\theta) + 4\sin^2\theta\cos\theta\sqrt{k^2-\sin^2\theta}}, & \theta \leqslant \theta_{\mathrm{c}} \\[4mm] \dfrac{\cos^3(2\theta)\cos\theta}{\cos^4(2\theta) + 4\sin^2(2\theta)\sin^2\theta(\sin^2\theta - k^2)}, & \theta > \theta_{\mathrm{c}} \end{cases}$$

$$A_\theta^{S-}(\theta) = \frac{\sin^2(2\theta)\cos(2\theta)\sqrt{\sin^2\theta - k^2}}{\cos^4(2\theta) + 4\sin^2(2\theta)\sin^2\theta(\sin^2\theta - k^2)}$$

2.3.2 数值结果与分析

以上罗列了与 2.2 节给出的垂直集中力情况相应的公式。本节通过展示相应的数值结果来直观地考察水平力作用下位移和质点运动的特征，并重点关注与垂直力作用导致的结果之异同。仍然考虑图 2.2.3 所显示的几何模型。

2.3.2.1 脉冲力导致的位移场：极坐标分量和直角坐标分量

图 2.3.1 和图 2.3.2 分别显示了水平力作用下的径向和切向位移分量的 P 波项、S 波项以及它们的和[①]。与之前在垂直力作用下不同的是，由于已经得到了 $\theta = 90°$ 的解，直接显示 $\theta = 90°$。对于径向分量 u_r，起主导作用的是其 P 波成分 u_r^P，S 成分对于 S 震相贡献很小，贡献主要体现在 P-S 震相上，以及当观测点接近地表时的 Rayleigh 波上。对于切向分量 u_θ，其 S 波成分 u_θ^S 的主导作用更加明显，P 波成分 u_θ^P 只对 Rayleigh 波有贡献。

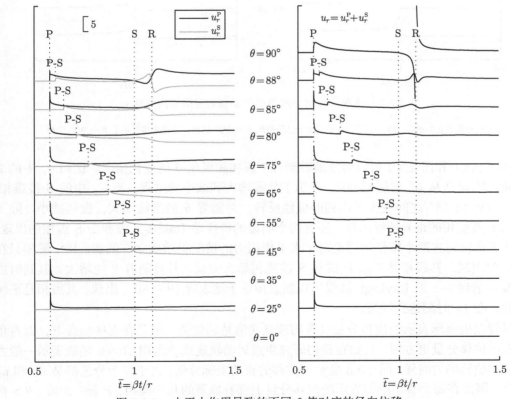

图 2.3.1 水平力作用导致的不同 θ 值对应的径向位移 u_r

说明与图 2.2.4 相同，唯一的区别在于，由于已经得到 $\theta = 90°$ 的解，这里直接显示了 $\theta = 90°$ 的解

[①] 对于 $\theta = 90°$ 情况，由于此时 P 波成分和 S 波成分合起来考虑，没有分别显示其 P 波项和 S 波项。

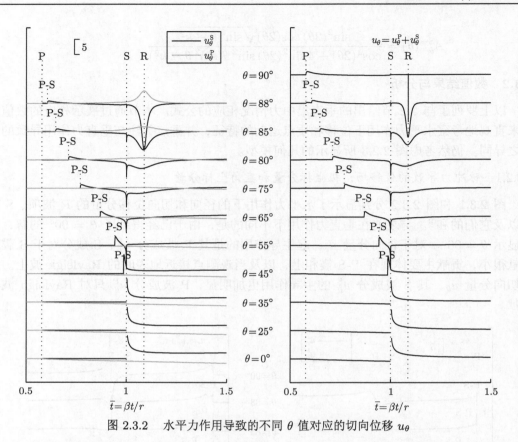

图 2.3.2　水平力作用导致的不同 θ 值对应的切向位移 u_θ

说明与图 2.2.5 相同, 唯一的区别在于, 由于已经得到 $\theta = 90°$ 的解, 这里直接显示了 $\theta = 90°$ 的解

　　从图 2.3.1 和图 2.3.2 可以清楚地看到各个震相随极角 θ 的变化情况。比如 u_r 中的 P 波震相, 随着 θ 从 $0°$ 增加到 $90°$, 经历了从零增大到减小的过程。而 u_θ 中的 S 波震相, 在 $\theta = 45°$ 到 $55°$ 之间发生了震相的极性反转, 并随着 θ 的继续增大, 振幅减小。除了 P 波和 S 波震相的奇异特征以外, 还有两个明显的特征是 Rayleigh 波和 P-S 震相的出现。在 2.2 节中针对这两个特征的讨论对于水平作用力的情况仍然成立。例如, P-S 震相只在 $\theta > \theta_c$ 时出现, 其震相并不像 P 波和 S 波震相那么尖锐, 并且随着 θ 的增大, 其到时由 t_S 逐渐提前到 t_P; 而 Rayleigh 波仅当观测点接近于地表时 $(\theta \gtrsim 80°)$ 出现, 其震相是平缓变化的, 在 t_R 时刻达到峰值。

　　尽管以极坐标表示的位移分量具有物理意义清楚的优势, 但是在有些场合下, 以直角坐标表示位移分量更方便, 比如在我们研究质点运动轨迹或者运用 Green 函数表示一般力源导致的位移场的时候。图 2.3.3 显示了位移的直角坐标分量。由于每个分量都是 u_P 和 u_S 的组合, 因此在每个直角坐标表示的位移分量上都有显著的几个震相: P 波、S 波、$\theta > \theta_c$ 时出现的 P-S 震相, 以及 $\theta \gtrsim 80°$ 时出现的 Rayleigh 波。同样, 我们可以清楚地看到各个震相的特点, 以及随着 θ 变化的特征。值得注意的是 u_z 分量的位移, 当观测点接近地表时, Rayleigh 波逐渐增大并变窄, 直到地表处 $(\theta = 90°)$, Rayleigh 波呈现脉冲的形式; 与此同时, u_x 分量的位移则显示出不同的特征, 在 Rayleigh 波到时 t_R 前后, 振幅分别为负无穷和正无穷。

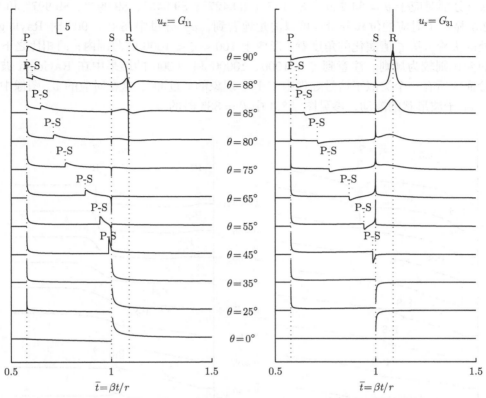

图 2.3.3　水平力作用导致的不同 θ 值对应的水平方向位移 u_x 和竖直方向的位移 u_y

说明与图 2.2.6 相同，唯一的区别在于，由于已经得到 $\theta = 90°$ 的解，这里直接显示了 $\theta = 90°$ 的解

有一个有趣的现象值得一提：在垂直力情况下，当 $\theta = 90°$ 时，图 2.2.12 中 u_x 的结果与图 2.3.3 中 u_z 的对应结果恰好只差一个符号，这一点从式 (2.2.34) 和 (2.3.6b) 也可以看出来。这意味着无论是垂直脉冲力还是水平脉冲力，在与它垂直的方向上都造成了一个与之形成右手螺旋的 Rayleigh 脉冲；与此同时，在与它相同的方向上，造成的 Rayleigh 波先是在 t_R 之前在逆着作用力的方向达到无穷大，然后在 t_R 之后从沿着力作用方向的无穷大逐渐减小到零。

2.3.2.2　阶跃函数作用力导致的位移场

当集中作用力的时间函数为阶跃函数时，其位移 (直角坐标分量分别记作 u_x^{H} 和 u_z^{H}) 的时间曲线将呈现更为规则的形状。

图 2.3.4 显示了不同 θ 情况下 u_x^{H} 和 u_z^{H} 的时间变化。明显的特征有两个，一是图形与脉冲力导致的位移相比少了很多奇异特征；二是具有显著的永久位移，这是阶跃函数力作用的结果。

注意到 u_x^{H} 在 $\theta = 88°$ 和 $\theta = 90°$ 的结果差异较大，这表明在接近地表处由于 Rayleigh 波较为明显，对位移的积分结果会有显著影响。因此有必要更为详细地研究 Rayleigh 波出现之后对结果的影响。针对 $\zeta = x/z$ 的不同取值：10、20、100、1000、10000、20000
和 $+\infty$（分别对应于 $\theta = 84.289°$、$87.137°$、$89.427°$、$89.943°$、$89.994°$、$89.997°$ 和 $90°$），
图 2.3.5 显示了对应的位移分量。可以清楚地看到，u_x^{H} 分量中在 $\theta = 90°$ 时 Rayleigh 波
到时处的尖峰，从 ζ 值演化的角度看，形成于 $100 < \zeta < 1000$ 的范围内；而相比之下，u_z^{H}
分量的变化则较为规则。注意到 $\zeta = 1000$、10000 和 20000 的结果中在 Rayleigh 波到时
处的阶梯前后有一个类似于信号处理中 Gibbs 现象的"过冲"，这在对应的 u_z 图像中对应
于 Ricker 子波形状的波动，参见图 2.3.3 中 $\theta = 88°$ 时的 u_z。

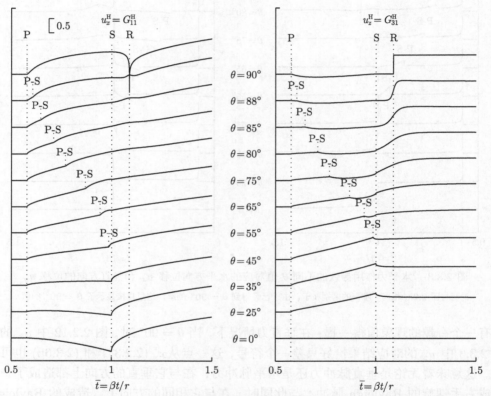

图 2.3.4   时间函数为 $H(t)$ 的水平力作用导致的不同 θ 值对应的水平方向和竖直方向的位移

说明与图 2.2.7 相同，唯一的区别在于，由于已经得到 $\theta = 90°$ 的解，这里直接显示了 $\theta = 90°$ 的解

注意一个细节：同样是 Ricker 子波形状的地表附近的 Rayleigh 波，为什么图 2.2.6 中
$\theta = 88°$ 对应的 u_x 在 θ 增大到位于地表时，其脉冲为向下的（见图 2.2.12 中的 u_x），而图
2.3.3 中相应的 u_z 在 θ 增大到位于地表时，脉冲方向向上？乍看起来有些费解，不过根据
对应的 u_x^{H} 和 u_z^{H} 从地表以下逐步接近地表的演化过程可以寻找到一些线索。观察图 2.2.13
中的 u_x^{H} 在 t_{R} 附近 ζ 增大的过程，发现原本向上的 Ricker 子波主峰被逐渐"拉平"，最终
向下的阶梯处对应着负向的脉冲；而图 2.3.5 中的 u_z^{H} 在 t_{R} 附近 ζ 增大的过程则不同，并
不存在这种"拉平"的效应，而是类似于 Gibbs 的过冲变窄消失的过程，最终形成了标准
的向上的阶梯，对应着正向的脉冲，见图 2.3.3 中 $\theta = 90°$ 时的 u_z。

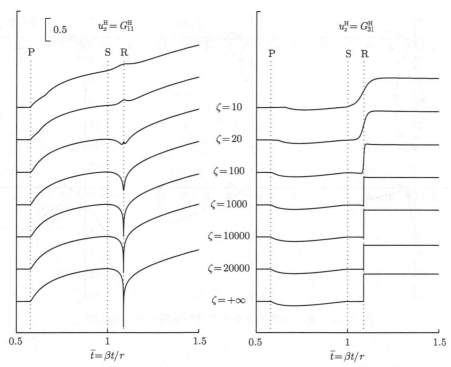

图 2.3.5   接近地表处不同 $\zeta = x/z$ 值对应的位移分量 u_x^{H} 和 u_z^{H}

除了此图是水平作用力下的结果以外, 图例说明与图 2.2.13 相同

2.3.2.3   质点运动轨迹

根据直角坐标表示的位移分量 u_x 和 u_z, 可以直接得到质点的运动轨迹。图 2.3.6 显示了不同 θ 角对应的质点运动轨迹。由于根据垂直情况相应的结果 (见图 2.2.8), $\theta < 55°$ 的结果差异不大, 因此这里只显示了 $\theta \geqslant 55°$ 的结果。可以看到清晰的 P 波震相 (向右下方的脉冲)、P-S 震相 (向右上方的脉冲), 以及 S 波震相 (与 P 波脉冲相垂直的脉冲)。在 $\theta \geqslant 80°$ 的结果中, 在 S 波的脉冲之后, 出现了一个随 θ 幅度越来越大的类似于椭圆的圆圈, 这就是 Rayleigh 波的质点运动轨迹, 注意到其方向是顺进的。这与相应的垂直力作用的结果类似, 相似的地方还有类椭圆的长轴都在垂直于地表的方向。

图 2.3.7 显示了一个非常接近地表的观测点处的质点运动轨迹图 ($\theta = 89.99°$)。由于 Rayleigh 波出现之后的幅度远远大于之前的幅度, 为了看清两者的运动, 将其拆分显示: 从 t_P 到 t_S 的部分 (图 2.3.7 (a)) 和 t_S 之后的部分 (图 2.3.7 (b))。在 t_P 之后, 首先出现一个直线段, 这是 P 波震相, 然后改变方向, 这是 P-S 震相。在 t_S 时刻, 质点运动回原点。之后的运动是 Rayleigh 波震相, 形状上看像一条头向下的鱼。先是从原点出发向左运动, 然后画一个交叉的类椭圆, 最后沿近似直线回到原点。在地表以下 Rayleigh 波出现的地方大致都是这个图像。

特别地, 对于观测点位于地表的情况, 由于形成了脉冲形的 Rayleigh 波, 质点运动轨迹较为特殊。图 2.3.8 (a) 和 (b) 分别显示了原点附近的局部放大图以及整体图像。类似于图 2.2.14 的分析, 质点运动过程为: 在 $t = t_P$ 时刻从原点 O 出发, 向右上方沿着箭头指

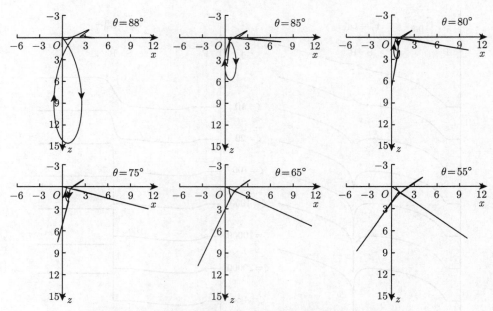

图 2.3.6　水平力作用下不同 θ 角对应的质点运动轨迹

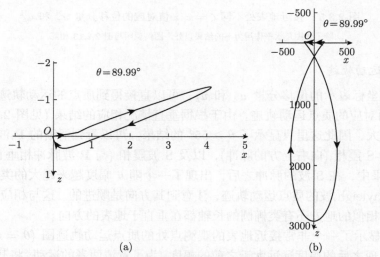

图 2.3.7　水平力作用下，非常接近地表的观测点处的质点运动轨迹图 ($\theta = 89.99°$)

(a) 从 t_P 到 t_S 的质点运动轨迹；(b) t_S 之后的质点运动轨迹。O 点为质点的初始位置

向运动，由于此时 P 波和 P-S 波到时一致，因此与图 2.3.7 不同，并不出现斜率不同的两段；在 $t = t_S$ 时回到原点，接着在 (t_S, t_R) 时间段内沿着 x 轴负向运动到无穷远 A 点；然后在 $t = t_R$ 时突然出现在 z 轴的正向无穷远 B 处；随即出现在 x 轴正向无穷远 C 处，在 $(t_R, +\infty)$ 时间段内在 x 轴正半段上沿着箭头运动回原点 O。整体来看，与垂直力情况类似，轨迹也是一个逆行的三角形；区别在于此时是从原点 → x 轴负向无穷远 → z 正向无穷远 → x 轴正向无穷远 → 原点。而对于垂直力情况，逆行的三角形是从原点 → z 轴负

向无穷远 → x 负向无穷远 → z 轴正向无穷远 → 原点，见图 2.2.14 (b)。

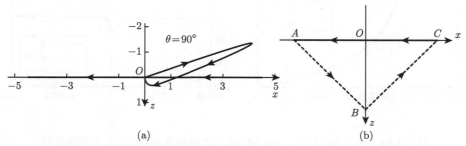

(a)　　　　　　　　　　　　(b)

图 2.3.8　水平力作用导致的位于地表的观测点的质点运动轨迹图 ($\theta = 90°$)

说明与图 2.2.14 相同

2.3.2.4　初动近似分析

图 2.3.9 给出了水平力情况下的初动近似解的各辐射因子随 θ 的变化。与垂直力作用下的情况 (图 2.2.16) 类似，A_r^{P} 变化行为比较简单，从零开始单调增加到 70° 左右达到最大，然后单调递减到零。$A_\theta^{\mathrm{S}+}$ 变化相对比较复杂，由于 θ_{c} 是分界点，两边的表达式不同，因此天然地以此为界分为两段：在 $\theta < \theta_{\mathrm{c}}$ 部分基本上保持为常数[1]，而 $\theta > \theta_{\mathrm{c}}$ 部分基本上为负，最终在 $\theta = 90°$ 时变为零。$A_\theta^{\mathrm{S}-}$ 只在 $\theta > \theta_{\mathrm{c}}$ 部分存在，其变化行为基本上与同区域的 $A_\theta^{\mathrm{S}+}$ 一致。这些 P 和 S 震相幅度随 θ 的变化特征可以从图 2.3.1 和图 2.3.2 上得到验证。

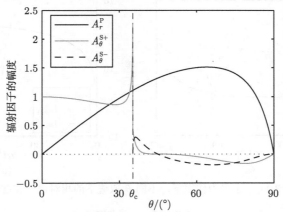

图 2.3.9　水平力作用下辐射因子 A_r^{P}、$A_\theta^{\mathrm{S}+}$ 和 $A_\theta^{\mathrm{S}-}$ 随 θ 的变化

说明与图 2.2.16 相同

为了考察初动近似分析的效果，仍然以 $\theta = 60°$ 为例，图 2.3.10 显示了 P 波到时 $\bar{t}_{\mathrm{P}}$ 附近的 u_r^{P} 及其近似 $u_r^{\mathrm{P,asy}}$，以及 S 波到时 $\bar{t}_{\mathrm{S}}$ 附近的 u_θ^{S} 及其近似 $u_\theta^{\mathrm{S}-,\mathrm{asy}}$、$u_\theta^{\mathrm{S}+,\mathrm{asy}}$。由图可见，与垂直作用力情况的图 2.2.17 类似，近似解几乎与准确解完全重合，说明近似解在到时附近很好地刻画了位移。

---

[1] 在非常接近于 θ_{c} 的地方由于近似分析出现的人为分界而导致结果相对不可靠，可以忽略。

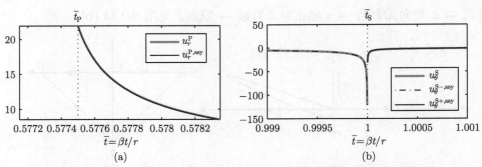

图 2.3.10　水平力作用下，$\theta = 60°$ 时，P 波和 S 波到时附近的位移波形

说明与图 2.2.17 相同

　　初动近似分析的效果随极角 θ 的不同而不同。类似于垂直作用力情况下的分析，我们定义近似解的相对精度 ϵ^P、ϵ^{S+} 和 ϵ^{S-}，仍然计算不同 θ 取值下，$\bar{t} = \bar{t}_P + \varepsilon$ 处的相对误差 ϵ^P、$\bar{t} = \bar{t}_S + \varepsilon$ 处的相对误差 ϵ^{S+} 及 $\bar{t} = \bar{t}_S - \varepsilon$ 处的相对误差 ϵ^{S-}（其中无量纲时间 $\varepsilon = 10^{-4}$）。图 2.3.11 (a) 显示了这些相对误差随 θ 的变化。可以看到，对于 $u_r^{P,\mathrm{asy}}$ 来说，在除了接近 90° 的绝大部分范围内，都维持了小于 1% 的相对误差；而 $u_\theta^{S-,\mathrm{asy}}$ 和 $u_\theta^{S+,\mathrm{asy}}$，除了在接近 90° 的地方以外，在临界角 θ_c 到大约 50° 的范围内误差较大。与在垂直力作用情况下的讨论类似，这是由于相应的 u_θ^{S-} 和 u_θ^{S+} 取值较小的缘故，见图 2.3.11 (b)。取值小意味着高频近似成立的条件相对较弱，因此近似效果不好是可以预期的。

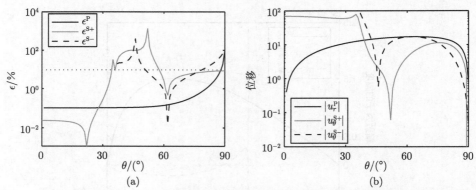

图 2.3.11　水平力作用下，不同 θ 取值下的相对误差和准确值

说明与图 2.2.18 相同

2.4　完整的 Green 函数解及位错点源产生的位移场

　　在 2.2 节和 2.3 节中，我们分别研究了垂直集中脉冲力和水平脉冲力产生的位移场，它们实际上分别就是 Green 函数的若干分量，将其组合起来，就形成完整的 Green 函数。根据上册第 3 章介绍的震源表示定理，有了 Green 函数，将其空间导数与地震矩张量卷积，就可以得到位错点源产生的位移场。本节将分别考察这两个内容。

2.4.1 完整的 Green 函数解

根据 Green 函数的定义 (参见上册 2.4.1 节)，G_{ij} 代表在 j 方向施加的集中脉冲里在 i 方向上产生的位移。因此由垂直作用力产生的直角坐标位移分量 u_x 和 u_z 实际上分别是 G_{13} 和 G_{33}，而由水平作用力产生的 u_x 和 u_z 分别对应 G_{11} 和 G_{31}。它们联合起来组成了完整的 Green 函数。

根据垂直作用力的结果式 (2.2.16)、(2.2.18)、(2.2.27)，以及水平作用力下的相应结果式 (2.3.2) 和 (2.3.3)，经过整理得到

$$G_{ij}(\bar{t}) = \frac{\beta}{\pi\mu r} \operatorname{Im}\left[f_{ij}^{\mathrm{P}} K^{\mathrm{I}}(\bar{t}, k) + f_{ij}^{\mathrm{S}} K^{\mathrm{I}}(\bar{t}, 1) + H(\theta - \theta_{\mathrm{c}}) f_{ij}^{\mathrm{P\text{-}S}} K^{\mathrm{II}}(\bar{t}) \right] \tag{2.4.1}$$

其中，$(i, j) = (1, 1),\ (1, 3),\ (3, 1),\ (3, 3)$，

$$f_{11}^{\mathrm{P}} = -\frac{2\mathrm{i}\bar{q}_\alpha^2 \eta_\beta(\bar{q}_\alpha)}{R(\bar{q}_\alpha)}, \quad f_{11}^{\mathrm{S}} = \frac{\mathrm{i}(1 + 2\bar{q}_\beta^2)\eta_\beta(\bar{q}_\beta)}{R(\bar{q}_\beta)}, \quad f_{11}^{\mathrm{P\text{-}S}} = -\frac{(1 + 2\bar{q}_\beta'^2)\eta_\beta(\bar{q}_\beta')}{R(\bar{q}_\beta')}$$

$$f_{13}^{\mathrm{P}} = \frac{(1 + 2\bar{q}_\alpha^2)\bar{q}_\alpha}{R(\bar{q}_\alpha)}, \quad f_{13}^{\mathrm{S}} = -\frac{2\bar{q}_\beta \eta_\alpha(\bar{q}_\beta)\eta_\beta(\bar{q}_\beta)}{R(\bar{q}_\beta)}, \quad f_{13}^{\mathrm{P\text{-}S}} = -\frac{2\mathrm{i}\bar{q}_\beta' \eta_\alpha(\bar{q}_\beta')\eta_\beta(\bar{q}_\beta')}{R(\bar{q}_\beta')}$$

$$f_{31}^{\mathrm{P}} = \frac{2\bar{q}_\alpha \eta_\alpha(\bar{q}_\alpha)\eta_\beta(\bar{q}_\alpha)}{R(\bar{q}_\alpha)}, \quad f_{31}^{\mathrm{S}} = -\frac{(1 + 2\bar{q}_\beta^2)\bar{q}_\beta}{R(\bar{q}_\beta)}, \quad f_{31}^{\mathrm{P\text{-}S}} = -\frac{\mathrm{i}(1 + 2\bar{q}_\beta'^2)\bar{q}_\beta'}{R(\bar{q}_\beta')}$$

$$f_{33}^{\mathrm{P}} = \frac{\mathrm{i}(1 + 2\bar{q}_\alpha^2)\eta_\alpha(\bar{q}_\alpha)}{R(\bar{q}_\alpha)}, \quad f_{33}^{\mathrm{S}} = -\frac{2\mathrm{i}\bar{q}_\beta^2 \eta_\alpha(\bar{q}_\beta)}{R(\bar{q}_\beta)}, \quad f_{33}^{\mathrm{P\text{-}S}} = \frac{2\bar{q}_\beta'^2 \eta_\alpha(\bar{q}_\beta')}{R(\bar{q}_\beta')}$$

以及

$$K^{\mathrm{I}}(\bar{t}, c) = \left(\frac{\bar{t}\cos\theta}{\sqrt{\bar{t}^2 - c^2}} + \mathrm{i}\sin\theta \right) H(\bar{t} - c), \quad \bar{t} = \frac{\beta t}{r}, \quad k = \frac{\beta}{\alpha} \tag{2.4.2a}$$

$$K^{\mathrm{II}}(\bar{t}) = \left(\frac{\bar{t}\cos\theta}{\sqrt{1 - \bar{t}^2}} + \sin\theta \right) \left[H(\bar{t} - \bar{t}_{\mathrm{P\text{-}S}}) - H(\bar{t} - 1) \right] \tag{2.4.2b}$$

$$\bar{q}_\alpha = \sqrt{\bar{t}^2 - k^2}\cos\theta + \mathrm{i}\bar{t}\sin\theta, \quad \bar{q}_\beta = \sqrt{\bar{t}^2 - 1}\cos\theta + \mathrm{i}\bar{t}\sin\theta \tag{2.4.2c}$$

$$\bar{q}_\beta' = \mathrm{i}\left(\bar{t}\sin\theta - \sqrt{1 - \bar{t}^2}\cos\theta \right), \quad \eta_\alpha(x) = \sqrt{x^2 + k^2}, \quad \eta_\beta(x) = \sqrt{x^2 + 1} \tag{2.4.2d}$$

$$R(x) = \left(1 + 2x^2\right)^2 - 4x^2 \eta_\alpha(x)\eta_\beta(x), \quad \bar{t}_{\mathrm{P\text{-}S}} = \cos(\theta - \theta_{\mathrm{c}}), \quad \theta_{\mathrm{c}} = \arcsin k \tag{2.4.2e}$$

2.4.2 位错点源产生的位移场

求解位错点源辐射的位移场的关键在于求出 Green 函数的空间导数，一旦求出，位移场即可表示为其与地震矩张量的卷积，参见上册式 (3.4.2)。Green 函数的空间导数求解，有两种思路：一种是直接在已经得到的 Green 函数基础上对其求空间导数，这种方式思路比较直接，但是涉及较多的项，比较繁琐；另一种是在 2.2 节和 2.3 节求解 Green 函数的过程中，在变换域中求导，然后采用与求解 Green 函数类似的方式获得解答。以下分别通过这两种方式求解，并显示数值计算结果。

2.4.2.1 直接对 Green 函数求空间导数：方法 I

在 Green 函数对 x 或 z 求导的时候，需要注意无量纲时间 $\bar{t} = \beta t/r$ $(r = \sqrt{x^2 + z^2}$ 中含有空间坐标变量；同样，$\sin\theta = x/r$ 和 $\cos\theta = z/r$ 中也含有坐标变量。比如

$$\bar{q}_\alpha = \sqrt{\frac{\beta^2 t^2}{x^2 + z^2} - k^2}\,\frac{z}{\sqrt{x^2 + z^2}} + \mathrm{i}\frac{\beta t x}{x^2 + z^2}$$

因此，

$$\frac{\partial \bar{q}_\alpha}{\partial x} = -\frac{\beta^2 t^2 xz}{\sqrt{\frac{\beta^2 t^2}{x^2 + z^2} - k^2}\,(x^2 + z^2)^{\frac{5}{2}}} - \frac{\sqrt{\frac{\beta^2 t^2}{x^2 + z^2} - k^2}\,xz}{(x^2 + z^2)^{\frac{3}{2}}} + \mathrm{i}\frac{\beta t}{x^2 + z^2}\left(1 - \frac{2x^2}{x^2 + z^2}\right)$$

$$= \frac{1}{r}\left[-\frac{2\bar{t}^2 - k^2}{\sqrt{\bar{t}^2 - k^2}}\sin\theta\cos\theta + \mathrm{i}\bar{t}\cos(2\theta)\right]$$

注意到上述结果，对式 (2.4.1) 求空间坐标的导数，得到

$$\begin{aligned}
G_{ij,m}(\bar{t}) = \frac{\beta}{\pi\mu r}\mathrm{Im}\bigg\{ &-\frac{r_{,m}}{r}\left[f_{ij}^{\mathrm{P}}K^{\mathrm{I}}(\bar{t},\,k) + f_{ij}^{\mathrm{S}}K^{\mathrm{I}}(\bar{t},\,1) + f_{ij}^{\mathrm{P\text{-}S}}K^{\mathrm{II}}(\bar{t})\right] \\
&+ f_{ij,m}^{\mathrm{P}}K^{\mathrm{I}}(t,\,k) + f_{ij,m}^{\mathrm{S}}K^{\mathrm{I}}(\bar{t},\,1) + f_{ij,m}^{\mathrm{P\text{-}S}}K^{\mathrm{II}}(\bar{t}) \\
&+ \frac{1}{r}\left[f_{ij}^{\mathrm{P}}K_{,m}^{\mathrm{I}}(\bar{t},\,k) + f_{ij}^{\mathrm{S}}K_{,m}^{\mathrm{I}}(\bar{t},\,1) + H(\theta - \theta_{\mathrm{c}})f_{ij}^{\mathrm{P\text{-}S}}K_{,m}^{\mathrm{II}}(\bar{t})\right]\bigg\}
\end{aligned} \tag{2.4.3}$$

其中[①]，$m = 1,\,3$，$r_{,1} = \sin\theta$，$r_{,3} = \cos\theta$，记 $s_\theta = \sin\theta$，$c_\theta = \cos\theta$，$s_{2\theta} = \sin 2\theta$，$c_{2\theta} = \cos 2\theta$，$k' = \sqrt{1 - k^2}$，

$$K_{,1}^{\mathrm{I}}(\bar{t},\,c) = \left[\frac{(2c^2 - \bar{t}^2)\,\bar{t}s_\theta c_\theta}{(\bar{t}^2 - c^2)^{\frac{3}{2}}} + \mathrm{i}c_\theta^2\right]H(\bar{t} - c) - \left(\frac{\bar{t}s_\theta c_\theta}{\sqrt{\bar{t}^2 - c^2}} + \mathrm{i}s_\theta^2\right)c\delta(\bar{t} - c) \tag{2.4.4a}$$

$$K_{,3}^{\mathrm{I}}(\bar{t},\,c) = \left[\frac{\bar{t}^2 s_\theta^2 + c^2 c_{2\theta}}{(\bar{t}^2 - c^2)^{\frac{3}{2}}}\bar{t} - \mathrm{i}s_\theta c_\theta\right]H(\bar{t} - c) - \left(\frac{\bar{t}c_\theta^2}{\sqrt{\bar{t}^2 - c^2}} + \mathrm{i}s_\theta c_\theta\right)c\delta(t - ct_{\mathrm{S}}) \tag{2.4.4b}$$

$$\begin{aligned}
K_{,1}^{\mathrm{II}} = &\left[-\frac{(2 - \bar{t}^2)\,\bar{t}s_\theta c_\theta}{(1 - \bar{t}^2)^{\frac{3}{2}}} + c_\theta^2\right]\left[H(\bar{t} - \bar{t}_{\mathrm{P\text{-}S}}) - H(\bar{t} - 1)\right] \\
&- \left(\frac{\bar{t}c_\theta}{\sqrt{1 - \bar{t}^2}} + s_\theta\right)\left[k\delta(\bar{t} - \bar{t}_{\mathrm{P\text{-}S}}) - s_\theta\delta(\bar{t} - 1)\right]
\end{aligned} \tag{2.4.4c}$$

$$\begin{aligned}
K_{,3}^{\mathrm{II}} = &-\left[\frac{\bar{t}^2 s_\theta^2 + c_{2\theta}}{(1 - \bar{t}^2)^{\frac{3}{2}}}\bar{t} + s_\theta c_\theta\right]\left[H(\bar{t} - \bar{t}_{\mathrm{P\text{-}S}}) - H(\bar{t} - 1)\right] \\
&- \left(\frac{\bar{t}c_\theta}{\sqrt{1 - \bar{t}^2}} + s_\theta\right)\left[k'\delta(\bar{t} - \bar{t}_{\mathrm{P\text{-}S}}) - c_\theta\delta(\bar{t} - 1)\right]
\end{aligned} \tag{2.4.4d}$$

---

① 严格地说，在 $K_{,1}^{\mathrm{II}}$ 和 $K_{,3}^{\mathrm{II}}$ 的结果式 (2.4.4c) 和 (2.4.4d) 中，应该分别包含对 $H(\theta - \theta_{\mathrm{c}})$ 项的导数
$$\frac{\cos\theta}{r}\left[H(\bar{t} - \bar{t}_{\mathrm{P\text{-}S}}) - H(\bar{t} - 1)\right]\delta(\theta - \theta_{\mathrm{c}}) \quad \text{和} \quad -\frac{\sin\theta}{r}\left[H(\bar{t} - \bar{t}_{\mathrm{P\text{-}S}}) - H(\bar{t} - 1)\right]\delta(\theta - \theta_{\mathrm{c}})$$
因为 $\theta = \arcsin(x/\sqrt{x^2 + z^2})$ 同样是空间坐标的函数。但是注意到 $\bar{t}_{\mathrm{P\text{-}S}} = \cos(\theta - \theta_{\mathrm{c}})$（见式 (2.2.24)），当 $\theta = \theta_{\mathrm{c}}$ 时，$\bar{t}_{\mathrm{P\text{-}S}} = 1$，因此上述两式中方括号中的项为零，可以略去。

以及

$$
\begin{aligned}
&f_{11,m}^{\mathrm{P}} = -\mathrm{i}Q_\alpha^{(1)}(\bar{q}_\alpha), \quad f_{11,m}^{\mathrm{S}} = \mathrm{i}Q_\beta^{(2)}(\bar{q}_\beta), \quad f_{11,m}^{\mathrm{P\text{-}S}} = -Q_\beta^{(2)}(\bar{q}_\beta'), \quad f_{13,m}^{\mathrm{P}} = Q^{(3)}(\bar{q}_\alpha) \\
&f_{13,m}^{\mathrm{S}} = -Q^{(4)}(\bar{q}_\beta), \quad f_{13,m}^{\mathrm{P\text{-}S}} = -\mathrm{i}Q^{(4)}(\bar{q}_\beta'), \quad f_{31,m}^{\mathrm{P}} = Q^{(4)}(\bar{q}_\alpha), \quad f_{31,m}^{\mathrm{S}} = -Q^{(3)}(\bar{q}_\beta) \\
&f_{31,m}^{\mathrm{P\text{-}S}} = -\mathrm{i}Q^{(3)}(\bar{q}_\beta'), \quad f_{33,m}^{\mathrm{P}} = \mathrm{i}Q_\alpha^{(2)}(\bar{q}_\alpha), \quad f_{33,m}^{\mathrm{S}} = -\mathrm{i}Q_\beta^{(1)}(\bar{q}_\beta), \quad f_{33,m}^{\mathrm{P\text{-}S}} = Q_\beta^{(1)}(\bar{q}_\beta')
\end{aligned}
$$

其中,

$$
Q_\gamma^{(1)}(x) = \frac{2x}{R(x)}\left[2x_{,m}\eta_{\bar{\gamma}}(x) + x\eta_{\bar{\gamma},m}(x)\right] - \frac{2x^2\eta_{\bar{\gamma}}(x)}{R^2(x)}R_{,m}(x), \quad \eta_{\alpha,m}(x) = \frac{xx_{,m}}{\sqrt{x^2+k^2}}
$$

$$
Q_\gamma^{(2)}(x) = \frac{1}{R(x)}\left[4xx_{,m}\eta_\gamma(x) + (1+2x^2)\eta_{\gamma,m}(x)\right] - \frac{(1+2x^2)\eta_\gamma(x)}{R^2(x)}R_{,m}(x)
$$

$$
Q^{(3)}(x) = \frac{(1+6x^2)\,x_{,m}}{R(x)} - \frac{(1+2x^2)x}{R^2(x)}R_{,m}(x), \quad \eta_{\beta,m}(x) = \frac{xx_{,m}}{\sqrt{x^2+1}}
$$

$$
Q^{(4)}(x) = \frac{2}{R(x)}\left[\left(x_{,m}\eta_\alpha(x) + x\eta_{\alpha,m}(x)\right)\eta_\beta(x) + x\eta_\alpha(x)\eta_{\beta,m}(x)\right] - \frac{2x\eta_\alpha(x)\eta_\beta(x)}{R^2(x)}R_{,m}(x)
$$

$$
R_{,m}(x) = 8xx_{,m}\left[1 + 2x^2 - \eta_\alpha(x)\eta_\beta(x)\right] - 4x^2\left[\eta_{\alpha,m}(x)\eta_\beta(x) + \eta_\alpha(x)\eta_{\beta,m}(x)\right]
$$

$$
\bar{q}_{\alpha,1} = \frac{1}{r}\left[-\frac{2t^2-k^2}{\sqrt{t^2-k^2}}s_\theta c_\theta + \mathrm{i}\bar{t}c_{2\theta}\right], \quad \bar{q}_{\alpha,3} = -\frac{1}{r}\left[\frac{t^2 c_{2\theta} + k^2 s_\theta^2}{\sqrt{t^2-k^2}} + \mathrm{i}\bar{t}s_{2\theta}\right]
$$

$$
\bar{q}_{\beta,1} = \frac{1}{r}\left[-\frac{2\bar{t}^2-1}{\sqrt{t^2-1}}s_\theta c_\theta + \mathrm{i}\bar{t}c_{2\theta}\right], \quad \bar{q}_{\beta,3} = -\frac{1}{r}\left[\frac{\bar{t}^2 c_{2\theta} + s_\theta^2}{\sqrt{t^2-1}} + \mathrm{i}\bar{t}s_{2\theta}\right]
$$

$$
\bar{q}_{\beta,1}' = \frac{\mathrm{i}}{r}\left[-\frac{2\bar{t}^2-1}{\sqrt{1-\bar{t}^2}}s_\theta c_\theta + \bar{t}c_{2\theta}\right], \quad \bar{q}_{\beta,3}' = -\frac{\mathrm{i}}{r}\left[\frac{\bar{t}^2 c_{2\theta} + s_\theta^2}{\sqrt{1-\bar{t}^2}} + \bar{t}s_{2\theta}\right]
$$

式中, 当下标 $\gamma = \alpha$ 时, $\bar{\gamma} = \beta$; 而当 $\gamma = \beta$ 时, $\bar{\gamma} = \alpha$。

2.4.2.2 在变换域对 Green 函数求空间导数: 方法 II

从式 (2.2.4) 出发, 对其求空间导数, 得到

$$
\widetilde{G}_{13,1}^{\mathrm{P}} = \frac{s}{\pi\mu\beta}\mathrm{Re}\int_0^{+\infty}\frac{(1+2\bar{q}^2)\,\bar{q}^2}{R(\bar{q})}\mathrm{e}^{\mathrm{P}}\,\mathrm{d}\bar{q}, \qquad \widetilde{G}_{13,1}^{\mathrm{S}} = -\frac{s}{\pi\mu\beta}\mathrm{Re}\int_0^{+\infty}\frac{2\bar{q}^2\eta_\alpha\eta_\beta}{R(\bar{q})}\mathrm{e}^{\mathrm{S}}\,\mathrm{d}\bar{q}
$$

$$
\widetilde{G}_{13,3}^{\mathrm{P}} = -\frac{s}{\pi\mu\beta}\mathrm{Im}\int_0^{+\infty}\frac{(1+2\bar{q}^2)\,\bar{q}\eta_\alpha}{R(\bar{q})}\mathrm{e}^{\mathrm{P}}\,\mathrm{d}\bar{q}, \quad \widetilde{G}_{13,3}^{\mathrm{S}} = \frac{s}{\pi\mu\beta}\mathrm{Im}\int_0^{+\infty}\frac{2\bar{q}\eta_\alpha\eta_\beta^2}{R(\bar{q})}\mathrm{e}^{\mathrm{S}}\,\mathrm{d}\bar{q}
$$

$$
\widetilde{G}_{33,1}^{\mathrm{P}} = -\frac{s}{\pi\mu\beta}\mathrm{Im}\int_0^{+\infty}\frac{(1+2\bar{q}^2)\,\bar{q}\eta_\alpha}{R(\bar{q})}\mathrm{e}^{\mathrm{P}}\,\mathrm{d}\bar{q}, \quad \widetilde{G}_{33,1}^{\mathrm{S}} = \frac{s}{\pi\mu\beta}\mathrm{Im}\int_0^{+\infty}\frac{2\bar{q}^3\eta_\alpha}{R(\bar{q})}\mathrm{e}^{\mathrm{S}}\,\mathrm{d}\bar{q}
$$

$$
\widetilde{G}_{33,3}^{\mathrm{P}} = -\frac{s}{\pi\mu\beta}\mathrm{Re}\int_0^{+\infty}\frac{(1+2\bar{q}^2)\,\eta_\alpha^2}{R(\bar{q})}\mathrm{e}^{\mathrm{P}}\,\mathrm{d}\bar{q}, \quad \widetilde{G}_{33,3}^{\mathrm{S}} = \frac{s}{\pi\mu\beta}\mathrm{Re}\int_0^{+\infty}\frac{2\bar{q}^2\eta_\alpha\eta_\beta}{R(\bar{q})}\mathrm{e}^{\mathrm{S}}\,\mathrm{d}\bar{q}
$$

类似地，由式 (2.3.1) 得到

$$\widetilde{G}_{11,1}^{\mathrm{P}} = \frac{s}{\pi\mu\beta}\mathrm{Im}\int_0^{+\infty}\frac{2\bar{q}^3\eta_\beta}{R(\bar{q})}\mathrm{e}^{\mathrm{P}}\,\mathrm{d}\bar{q}, \qquad \widetilde{G}_{11,1}^{\mathrm{S}} = -\frac{s}{\pi\mu\beta}\mathrm{Im}\int_0^{+\infty}\frac{(1+2\bar{q}^2)\bar{q}\eta_\beta}{R(\bar{q})}\mathrm{e}^{\mathrm{S}}\,\mathrm{d}\bar{q}$$

$$\widetilde{G}_{11,3}^{\mathrm{P}} = \frac{s}{\pi\mu\beta}\mathrm{Re}\int_0^{+\infty}\frac{2\bar{q}^2\eta_\alpha\eta_\beta}{R(\bar{q})}\mathrm{e}^{\mathrm{P}}\,\mathrm{d}\bar{q}, \qquad \widetilde{G}_{11,3}^{\mathrm{S}} = -\frac{s}{\pi\mu\beta}\mathrm{Re}\int_0^{+\infty}\frac{(1+2\bar{q}^2)\eta_\beta^2}{R(\bar{q})}\mathrm{e}^{\mathrm{S}}\,\mathrm{d}\bar{q}$$

$$\widetilde{G}_{31,1}^{\mathrm{P}} = \frac{s}{\pi\mu\beta}\mathrm{Re}\int_0^{+\infty}\frac{2\bar{q}^2\eta_\alpha\eta_\beta}{R(\bar{q})}\mathrm{e}^{\mathrm{P}}\,\mathrm{d}\bar{q}, \qquad \widetilde{G}_{31,1}^{\mathrm{S}} = -\frac{s}{\pi\mu\beta}\mathrm{Re}\int_0^{+\infty}\frac{(1+2\bar{q}^2)\bar{q}^2}{R(\bar{q})}\mathrm{e}^{\mathrm{S}}\,\mathrm{d}\bar{q}$$

$$\widetilde{G}_{31,3}^{\mathrm{P}} = -\frac{s}{\pi\mu\beta}\mathrm{Im}\int_0^{+\infty}\frac{2\bar{q}\eta_\alpha^2\eta_\beta}{R(\bar{q})}\mathrm{e}^{\mathrm{P}}\,\mathrm{d}\bar{q}, \qquad \widetilde{G}_{31,3}^{\mathrm{S}} = \frac{s}{\pi\mu\beta}\mathrm{Im}\int_0^{+\infty}\frac{(1+2\bar{q}^2)\bar{q}\eta_\beta}{R(\bar{q})}\mathrm{e}^{\mathrm{S}}\,\mathrm{d}\bar{q}$$

根据与 2.2 节相同的分析过程，我们得到[①]

$$G_{ij,m}(\bar{t}) = \frac{1}{\pi\mu r}\frac{\partial}{\partial t}\mathrm{Im}\left[\frac{h_{ijk}^{\mathrm{P}}}{R(\bar{q}_\alpha)}K^{\mathrm{I}}(\bar{t},\,m) + \frac{h_{ijm}^{\mathrm{S}}}{R(\bar{q}_\beta)}K^{\mathrm{I}}(\bar{t},\,1) + \frac{h_{ijm}^{\mathrm{P\text{-}S}}}{R(\bar{q}_\beta')}K^{\mathrm{II}}(\bar{t})\right] \tag{2.4.5}$$

其中，$K^{\mathrm{I}}(\bar{t},\,c)$ 和 $K^{\mathrm{II}}(\bar{t})$ 的定义见式 (2.4.2)，系数 h_{ijm}^{P}、h_{ijm}^{S} 和 $h_{ijm}^{\mathrm{P\text{-}S}}$ 的具体取值见表 2.4.1。

表 2.4.1　系数 h_{ijm}^{P}、h_{ijm}^{S} 和 $h_{ijm}^{\mathrm{P\text{-}S}}$ 的表达式

(i,j,m)	h_{ijm}^{P}	h_{ijm}^{S}	$h_{ijm}^{\mathrm{P\text{-}S}}$
$(1,1,1)$	$2\bar{q}_\alpha^3\eta_\beta(\bar{q}_\alpha)$	$-(1+2\bar{q}_\beta^2)\bar{q}_\beta\eta_\beta(\bar{q}_\beta)$	$-\mathrm{i}(1+2\bar{q}_\beta'^2)\bar{q}_\beta'\eta_\beta(\bar{q}_\beta')$
$(1,1,3)$	$2\mathrm{i}\bar{q}_\alpha^2\eta_\alpha(\bar{q}_\alpha)\eta_\beta(\bar{q}_\alpha)$	$-\mathrm{i}(1+2\bar{q}_\beta^2)\eta_\beta^2(\bar{q}_\beta)$	$(1+2\bar{q}_\beta'^2)\eta_\beta^2(\bar{q}_\beta')$
$(1,3,1)$	$\mathrm{i}\left(1+2\bar{q}_\alpha'^2\right)\bar{q}^2$	$-2\mathrm{i}\bar{q}_\beta^2\eta_\alpha(\bar{q}_\beta)\eta_\beta(\bar{q}_\beta)$	$2\bar{q}_\beta'^2\eta_\alpha(\bar{q}_\beta')\eta_\beta(\bar{q}_\beta')$
$(1,3,3)$	$-\left(1+2\bar{q}_\alpha^2\right)\bar{q}_\alpha\eta_\alpha(\bar{q}_\alpha)$	$2\bar{q}_\beta\eta_\alpha(\bar{q}_\beta)\eta_\beta^2(\bar{q}_\beta)$	$2\mathrm{i}\bar{q}_\beta'\eta_\alpha(\bar{q}_\beta')\eta_\beta^2(\bar{q}_\beta')$
$(3,1,1)$	$2\mathrm{i}\bar{q}_\alpha^2\eta_\alpha(\bar{q}_\alpha)\eta_\beta(\bar{q}_\alpha)$	$-\mathrm{i}(1+2\bar{q}_\beta^2)\bar{q}_\beta^2$	$(1+2\bar{q}_\beta'^2)\bar{q}_\beta'^2$
$(3,1,3)$	$-2\bar{q}_\alpha\eta_\alpha^2(\bar{q}_\alpha)\eta_\beta(\bar{q}_\alpha)$	$(1+2\bar{q}_\beta^2)\bar{q}_\beta\eta_\beta(\bar{q}_\beta)$	$\mathrm{i}(1+2\bar{q}_\beta'^2)\bar{q}_\beta'\eta_\beta(\bar{q}_\beta')$
$(3,3,1)$	$-\left(1+2\bar{q}_\alpha^2\right)\bar{q}_\alpha\eta_\alpha(\bar{q}_\alpha)$	$2\bar{q}_\beta^3\eta_\alpha(\bar{q}_\beta)$	$2\mathrm{i}\bar{q}_\beta'^3\eta_\alpha(\bar{q}_\beta')$
$(3,3,3)$	$-\mathrm{i}\left(1+2\bar{q}_\alpha^2\right)\eta_\alpha^2(\bar{q}_\alpha)$	$2\mathrm{i}\bar{q}_\beta^2\eta_\alpha(\bar{q}_\beta)\eta_\beta(\bar{q}_\beta)$	$-2\bar{q}_\beta'^2\eta_\alpha(\bar{q}_\beta')\eta_\beta(\bar{q}_\beta')$

2.4.2.3　Green 函数一阶空间导数的数值结果

以上我们采用直接对 Green 函数求空间导数和在变换域求空间导数的方法 (分别简称为 "方法 I" 和 "方法 II")，分别得到了 Green 函数的一阶空间导数。比较式 (2.4.3) 和 (2.4.5) 可以看到，根据方法 I 得到的直接是 Green 函数的一阶空间导数，结果显得较为繁琐；而方法 II 的结果显式地表示为时间导数，表示较为简洁[②]。由于求导运算，结果在 P 波和 S 波到时处的奇异性增强了。以 P 波到时为例，Green 函数本身在此处的奇异性为 $(t-t_{\mathrm{P}})^{-\frac{1}{2}}$，而求导之后变为 $(t-t_{\mathrm{P}})^{-\frac{3}{2}}$。为了避免由于高度奇异性导致显示不便，我们这里显示时间函数为阶跃函数 $H(t)$ 的力源对应的结果，用 $G_{ij,m}^{\mathrm{H}}$ 表示，并显示用这两种不同方法得到的结果[③]。

[①] 其中运用了 Laplace 变换的微分性质：若 $\mathscr{L}[f(t)] = F(s)$，则有 $\mathscr{L}[f'(t)] = sF(s) - f(0)$。

[②] 不过，方法 II 结果的简洁只是表面现象而已，如果展开对结果的时间导数运算，同样繁琐，它只是相当于把方法 I 中对空间坐标的导数转化为对时间的导数而已。

[③] 通过对比用两种不同方法得到结果的异同来检验结果的正确性，是方法类研究工作的常用手段。如果二者结果不同，则至少有一个结果有误；而如果二者结果一致，虽然不能严格地充分说明两种方法都正确，但是两种不同的方法得到相同的错误结论的概率是很低的。

图 2.4.1 和图 2.4.2 分别显示了离地表较近的两处 ($\theta = 89°$ 和 85°) 和离地表较远的两处 ($\theta = 55°$ 和 25°，分别大于和小于临界角 $\theta_c \approx 35.2°$) 的结果。灰色粗线和黑色细线分别代表用方法 I 和方法 II 得到的结果。其中方法 I 的结果对应于对式 (2.4.3) 做时间积分[①]，而方法 II 的结果对应于将式 (2.4.5) 中对时间坐标的导数去掉。

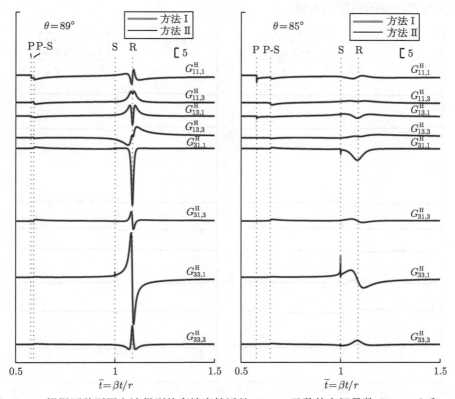

图 2.4.1　根据两种不同方法得到的离地表较近处 Green 函数的空间导数 ($\theta = 89°$ 和 85°)

时间函数为 $H(t)$，因此这里显示的并非严格意义上的 Green 函数，用 $G_{ij,m}^{\mathrm{H}}$ 表示。竖直的点线分别代表 P 波、P-S 波、S 波和 Rayleigh 波的到时。振幅用 $(\pi\mu r)^{-1}$ 作归一化，横坐标为用 t_{S} 作归一化的无量纲时间

图 2.4.1 和图 2.4.2 中的结果都显示了两种方法得到的结果是完全一致的，充分说明我们前面得到的公式的正确性。对于离地表较近处的结果 (图 2.4.1)，一个明显的特征是同一个 Green 函数分量对 x 和 z 的导数是有显著的区别的；另外，比较 $\theta = 89°$ 和 $\theta = 85°$ 的结果，可以清楚地看到随着观测点接近地表，如同我们前面看到的 Green 函数本身的结果一样，Green 函数的空间导数也随着接近于地表而显著增大[②]。

---

① 需要说明的是，积分过程中会碰到一个 "奇怪的" 现象。注意到式 (2.4.4a) 中出现了 δ 函数，积分结果将是把 t_{P} 或 t_{S} 代入到与之相乘的被积函数中，但是这会导致奇异性，因为分母为零；这意味着在 $t > t_{\mathrm{P}}$ 或 $t > t_{\mathrm{S}}$ 时，对应结果都需要加上或减去一个无穷大量。这看起来很奇怪，但这正是事实上的结果；因为如前所述，Green 函数本身在 P 波和 S 波到时处就有奇异性，积分结果自然会体现这一点。为了比对两种方法得到的结果，采取一个策略，比如在 P 波到时之后，将方法 I 得到的结果平移，使得它能够与方法 II 得到的结果相比。如果二者之间只相差一个平移的常数 (这个常数显然与计算采取的时间步长有关，时间步长越小，则这个常数越大)，这表明二者结果是一致的。

② 为了清楚地显示这一点，两个结果取的标度和显示位置等完全相同。

　　与此形成对比的是离地表较远处的结果 (图 2.4.2)，同一个 Green 函数分量对 x 和 z 的导数是差别很小，即 Green 函数沿 x 方向和 z 方向的变化没有分别，这意味着此时地表的影响可以忽略。而对于图 2.4.1 中的情况，由于离地表较近，因此 Green 函数沿 x 方向和 z 方向的变化有明显的差别。因此可以说，地表附近的 Green 函数的行为集中体现了半空间模型与无限空间模型的差别。

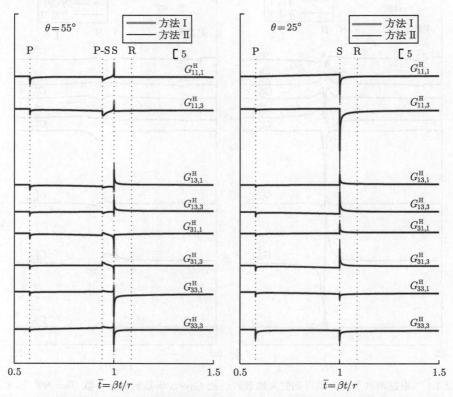

图 2.4.2　根据两种不同方法得到的离地表较近处 Green 函数的空间导数 ($\theta = 55°$ 和 $25°$)

说明与图 2.4.1 相同。由于 $\theta = 25° < \theta_c$，并不出现 P-S 震相，相应地没有显示到时

2.5　小　　结

　　在上册的第 4 章中，曾经通过 Helmholtz 势分解的方式，通过分别求两个势函数各自满足的非齐次波动方程的解，构造出闭合解析形式的无限空间 Green 函数。本章针对在自由界面作用集中力源的二维问题，再次利用势函数，通过求解齐次的波动方程，并利用自由界面上施加的力边界条件，确定待定系数，进而通过 Cagniard-de Hoop 方法得出精确的闭合形式解析解。应当说，这是 Cagniard-de Hoop 方法的巨大成功，因为在此之前，无法设想即便对于简单的二维问题，由复杂的边界条件带来的复杂积分居然可以得到精确解。闭合形式解的巨大优势在于我们透过它可以直接分析结果的各种特征，从而了解波场的行为，这对于建构直观的物理图像非常有益。

　　透过对二维结果的分析，我们了解到自由界面效应的显著体现，表现在两个方面：一是 Rayleigh 波的产生，二是 P-S 波的产生。这两者的出现都需要具备一定的条件。在垂直作用力的讨论中，我们详细地考察了它们各自的特征，更为重要的是从数学角度解释这些现象背后的原因。

在本章中，我们考虑的是比较特殊的二维问题：源位于表面，借助于将源视为边界条件，将方程转化为齐次方程。对齐次方程的求解可以借助于分离变量法来处理。但是，如果源位于半空间的内部，我们必须面对非齐次方程。可以预想，求解的方式将有很大的不同。在第 3 章中，我们将考察这种情况，这将为后续进一步考虑三维问题打下基础。

第 3 章 二维 Lamb 问题 (II)：内部源

在第 2 章中，我们详细地研究了二维情况下作用于地表的力源在半空间内部 (包括地表) 产生的位移场，并通过数值算例考察了位移的特征，特别是 Rayleigh 波和 P-S 波的产生。但是，由于源作用于地表，并且介质内部没有界面，弹性波的传播路径比较简单，位移场是相对比较简单的。如果源作用于介质内部 (简称为内部源)，观测点也位于介质内部 (或地表)，那么可以预见，由源发出的波动除了直接传播到观测点以外，部分还经过地表反射回来，地表的存在将使得波场更为复杂。作为向更为复杂的三维情况的过渡，有必要深入地探究普遍的源–场几何结构下波场的行为。

但是，由表面源向内部源的拓展在技术上并非是直接的。回忆在第 2 章中，我们是把表面源视为作用于自由表面上的面力，从而半空间内部并不存在内力。这样通过位移的 Helmholtz 势分解，我们可以通过求解简单的齐次波动方程来获得问题的解。但是当源位于介质内部时，这种处理将不再有效。我们将不得不面对非齐次的方程。这时可以仍然从位移势函数的出发求解，正如 Lamb (1904)、Nakano (1925) 和 Lapwood (1949) 那样；但是，我们将采取另一种途径求解：直接对位移方程做积分变换，在变换域中根据边界条件确定待定系数，并通过 Cagniard-de Hoop 方法直接得到问题的解。这种选择基于两点考虑：一是解法本身避免了引入复杂的 Bessel 函数积分表达等数学处理，相比于渐近分析类的解法更为自然流畅；二是这种方法可以拓展到三维情况。事实上，在第 4 章有关三维问题的研究中，我们正是运用了相同的思路。一个顺带的优势是，我们可以方便地比较二维简化和三维问题的区别。Johnson (1974) 对三维问题采用了此方法进行系统的求解，本章的内容可视为此种解法的二维版本。

应当指出，本章所研究的 Lamb 问题，除了空间维度是二维的以外，已经达到了 Lamb 问题的最大自由度：源和场空间位置任意、不限于近场、时间函数是 δ 函数或阶跃函数，并且最重要的是，获得的是闭合形式的解析解[①]。基于此，我们可以获得对地震波场更进一步的认识。

3.1 问题描述和求解思路

假设集中力源作用于 z 轴上，深度为 z'[②]。源点和场点坐标分别为 $(0, z')$ 和 (x, z)，它们之间的距离为 r，其连线到 z 轴的角度为 θ (逆时针为正)，见图 3.1.1。

[①] 这一点非常明确地区别于上述提到的 Lamb (1904) 等基于渐近分析的解。基于此，我们可以获得对于半无限空间内弹性波场的精确认识，具有非常重要的理论意义。

[②] 我们约定与源有关的坐标带撇号，而与场点有关的坐标不带撇号；并且用数字和字母表示的方向不加区分，比如 u_x 和 u_1 都代表位移在 x 轴方向上的分量。

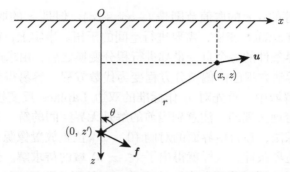

图 3.1.1   内部源的二维 Lamb 问题求解模型示意图

$z = 0$ 代表自由表面，z 轴垂直向下。"★" 代表的是集中脉冲力 $\boldsymbol{f}$，坐标为 $(0, z')$，坐标为 (x, z) 的圆点代表观测点，位移为 $\boldsymbol{u}$。力作用点到观测点距离为 r，它们之间的连线与 z 轴所成角度为 θ

3.1.1 问题描述

假定在 $(0, z')$ 处作用一个集中脉冲力[①]

$$\boldsymbol{f}(x, z, t) = (f_x \hat{\boldsymbol{e}}_x + f_z \hat{\boldsymbol{e}}_z)\, \delta(x)\delta(z - z')\delta(t)$$

我们需要求解的弹性运动方程现在是

$$\begin{cases} \rho \ddot{u}_x = f_x \delta(x)\delta(z - z')\delta(t) + (\lambda + 2\mu)\left(u_{x,xx} + u_{z,xz}\right) + \mu\left(u_{x,zz} - u_{z,xz}\right) \\ \rho \ddot{u}_z = f_z \delta(x)\delta(z - z')\delta(t) + (\lambda + 2\mu)\left(u_{x,xz} + u_{z,zz}\right) + \mu\left(u_{z,xx} - u_{x,xz}\right) \end{cases} \tag{3.1.1}$$

边界条件为自由界面上应力矢量的分量为零，问题的边界条件为

$$\begin{cases} \tau_{zx}(x, z, t)\big|_{z=0} = \mu\big[u_{x,z}(x, z, t) + u_{z,x}(x, z, t)\big]\big|_{z=0} = 0 \\ \sigma_z(x, z, t)\big|_{z=0} = \big[\lambda u_{x,x}(x, z, t) + (\lambda + 2\mu)u_{z,z}(x, z, t)\big]\big|_{z=0} = 0 \end{cases} \tag{3.1.2}$$

初始条件仍然是在 $t = 0$ 时刻，位移和速度分量都为零，即

$$u_x(x, z, 0) = u_z(x, z, 0) = \dot{u}_x(x, z, 0) = \dot{u}_z(x, z, 0) = 0 \tag{3.1.3}$$

方程 (3.1.1)、边界条件 (3.1.2) 和初始条件 (3.1.3) 共同组成了我们要求解的定解问题。

3.1.2 求解思路

当前的定解问题，方程中非齐次项的引入使得我们不能运用第 2 章中的分离变数法来求解，只能借助于更为一般的积分变换方式。

注意到自变量有三个，两个空间变量 x、z 和一个时间变量 t。对时间变量，采用通常的 Laplace 变换；而对于空间变量，则采用双边 Laplace 变换[②]。注意到在当前的问题中，

---

① 这样的取法有两个好处：一方面便于在运动方程中运用，因为它就是普通的矢量；另一方面，当 $(f_x, f_z) = (1, 0)$ 或 $(0, 1)$ 时，相应得到的位移组合起来即形成 Green 函数。

② 后面将会看到，双边 Laplace 变换本质上就是 Fourier 变换。

x 和 z 的地位是不对等的：x 的取值范围是 $(-\infty, +\infty)$，但是 z 的取值范围是 $[0, +\infty)$。为了对 z 也运用双边 Laplace 变换，需要进行空间的延拓。事实上，就是首先求解无界空间的解。对方程和边界条件的每个自变量都进行积分变换之后，由求解域 (x, z, t) 变到变换域 (ξ, η, s)，显然运动方程已由偏微分方程变为代数方程，容易得到变换域的解。剩下的任务是反变换到求解域中。首先对 η 作标准的双边 Laplace 反变换，得到 (ξ, z, s) 域的解，这是通过留数定理实现的。注意到当前的解是无界空间的解，为了得到半无限空间内的解，我们通过镜像法，在自由界面的对侧 $(0, -z')$ 位置放置像源，使得它的贡献与无界空间的解之和满足边界条件，这样就得出了 (ξ, z, s) 域的待求解。最后一步，我们运用 Cagniard-de Hoop 方法，通过将积分表达的 (x, z, s) 的积分路径变换，使得积分变为标准的 Laplace 变换形式得到求解域 (x, z, t) 的解。

3.2　变换域中的解

3.2.1　变换域 (ξ, η, s) 中的解

首先将求解区域进行延拓，将 $z > 0$ 的半无限空间内的介质延拓至整个无界空间，这样两个空间坐标 x 和 z 的取值范围都是 $(-\infty, +\infty)$。引入单边 Laplace 变换和双边 Laplace 变换，

$$\text{单边 Laplace 变换：}\quad f(s) = \mathscr{L}_t\{f(t)\} = \int_0^{+\infty} \mathrm{e}^{-st} f(t)\,\mathrm{d}t$$

$$\text{双边 Laplace 变换：}\quad f(\xi) = \mathscr{L}_x\{f(x)\} = \int_{-\infty}^{+\infty} \mathrm{e}^{-\xi x} f(x)\,\mathrm{d}x$$

$$f(\eta) = \mathscr{L}_z\{f(z)\} = \int_{-\infty}^{+\infty} \mathrm{e}^{-\eta z} f(z)\,\mathrm{d}z$$

算符 $\mathscr{L}_t$ 代表对时间变量 t 作单边 Laplace 变换，而算符 $\mathscr{L}_x$ 和 $\mathscr{L}_z$ 分别代表对空间变量 x 和 z 作双边 Laplace 变换[①]。在对时间变量的单边 Laplace 变换中，取 s 为一个充分大的正实数，以保证积分的收敛性[②]；另一方面，ξ 和 η 为一般的复数，即 $s \in \mathbb{R}^+$，$\xi, \eta \in \mathbb{C}$。

利用 Laplace 变换和 Fourier 变换的微分性质[③]，对式 (3.1.1) 作 x、z 和 t 的积分变

---

① 类比 Fourier 变换的定义式

$$F(k) = \mathscr{F}\{f(x)\} = \int_{-\infty}^{+\infty} \mathrm{e}^{-\mathrm{i}kx} f(x)\,\mathrm{d}x$$

只要令 $\xi = \mathrm{i}k$，就可看出其实双边 Laplace 变换等价于 Fourier 变换。对时间变量和空间变量分别作单边和双边 Laplace 变换的原因在于它们的定义域不同，空间变量的变化范围是从 $-\infty$ 到 $+\infty$，而时间变量的变化范围是从 0 到 ∞。前者适合于做 Fourier 变换，而后者适合于做 Laplace 变换。
② 事实上，是假定 $f(t)$ 在 $t \to +\infty$ 时的行为满足可以找到这样的 s。参见 (Cagniard, 1962) 和 (de Hoop, 1960)。
③

$$\mathscr{L}_t\{f''(t)\} = s^2\mathscr{L}_t\{f(t)\} - sf(0) - f'(0), \quad \mathscr{F}\left\{\frac{\mathrm{d}^n f(x)}{\mathrm{d}x^n}\right\} = (\mathrm{i}k)^n \mathscr{F}\{f(x)\}$$

因此有

$$\mathscr{L}_t\left\{\frac{\partial^2 u_x(x, z, t)}{\partial t^2}\right\} = s^2\mathscr{L}_t\{u_x(x, z, t)\}, \quad \mathscr{L}_x\left\{\frac{\partial u_x(x, z, t)}{\partial x}\right\} = \xi\mathscr{L}_x\{u_x(x, z, t)\}$$

换，得到

$$\rho s^2 \bar{u}_x = f_x \mathrm{e}^{-\eta z'} + (\lambda + \mu)\left(\xi^2 \bar{u}_x + \xi\eta\bar{u}_z\right) + \mu\left(\xi^2 + \eta^2\right)\bar{u}_x$$

$$\rho s^2 \bar{u}_z = f_z \mathrm{e}^{-\eta z'} + (\lambda + \mu)\left(\xi\eta\bar{u}_x + \eta^2\bar{u}_z\right) + \mu\left(\xi^2 + \eta^2\right)\bar{u}_z$$

其中，$\bar{u}_x = \mathscr{L}_t\mathscr{L}_x\mathscr{L}_z\{u_x\}$，$\bar{u}_z = \mathscr{L}_t\mathscr{L}_x\mathscr{L}_z\{u_z\}$。整理并写成矩阵形式为

$$\begin{bmatrix} \xi^2 + L(\nu_\beta) & \xi\eta \\ \xi\eta & \eta^2 + L(\nu_\beta) \end{bmatrix} \boldsymbol{u}^{\mathrm{F}} = -\frac{\mathrm{e}^{-\eta z'}}{\lambda + \mu}\boldsymbol{F}$$

其中，$\boldsymbol{u}^{\mathrm{F}} = \boldsymbol{u}^{\mathrm{F}}(\xi, \eta, s; z') = (\bar{u}_x \quad \bar{u}_z)^{\mathrm{T}}$（上标 "F" 代表无限空间的解，以示与相应的半无限空间解的区别），$\boldsymbol{F} = (f_x \quad f_z)^{\mathrm{T}}$，

$$\nu_\beta = \sqrt{s^2/\beta^2 - \xi^2}\ (\mathrm{Re}(\nu_\beta) \geqslant 0), \quad L(c) = \frac{\mu}{\lambda + \mu}\left(\eta^2 - c^2\right)$$

求解这个代数方程组，不难得到[①]

$$\boldsymbol{u}^{\mathrm{F}}(\xi, \eta, s; z') = -\begin{bmatrix} \eta^2 + L(\nu_\beta) & -\xi\eta \\ -\xi\eta & \xi^2 + L(\nu_\beta) \end{bmatrix}\frac{\left(\nu_\beta^2 - \nu_\alpha^2\right)\mathrm{e}^{-\eta z'}}{\left(\eta^2 - \nu_\beta^2\right)\left(\eta^2 - \nu_\alpha^2\right)\rho s^2}\boldsymbol{F} \triangleq \mathbf{G}^{\mathrm{F}}\boldsymbol{F} \quad (3.2.1)$$

其中，$\nu_\alpha = \sqrt{s^2/\alpha^2 - \xi^2}\ (\mathrm{Re}(\nu_\alpha) \geqslant 0)$，$\mathbf{G}^{\mathrm{F}}$ 为延拓后的无限空间介质 Green 函数。

3.2.2 变换域 (ξ, z, s) 中的解

3.2.2.1 对 η 的双边 Laplace 反变换

下面的目标是把式 (3.2.1) 变到 (ξ, z, s) 域中，这需要对它作双边的 Laplace 反变换[②]。以 G_{11}^{F} 为例，若 $z < z'$，为了保证被积函数收敛，取图 3.2.1 (a) 所示的积分回路。回路中包含两个一阶极点 ν_β 和 ν_α，而且根据大圆弧引理不难证明 C_R 上的积分为零[③]，因此根据留数定理[④]，

$$\mathscr{L}_\eta^{-1}\left\{G_{11}^{\mathrm{F}}(\eta)\right\}\Big|_{z<z'} = \frac{1}{2\pi\mathrm{i}}\int_\Gamma G_{11}^{\mathrm{F}}(\xi, \eta, s; z')\mathrm{e}^{\eta z}\,\mathrm{d}\eta = -\sum\mathrm{res}\left\{G_{11}^{\mathrm{F}}\mathrm{e}^{\eta z}\right\}$$

---

① 在化简过程中用到了以下关系

$$\nu_\beta^2 - \nu_\alpha^2 = \rho s^2 \frac{\lambda + \mu}{\mu(\lambda + 2\mu)}$$

注意到当以取 $\boldsymbol{F} = (1, 0)^{\mathrm{T}}$ 和 $\boldsymbol{F} = (0, 1)^{\mathrm{T}}$ 时分别得到的 $\boldsymbol{u}^{\mathrm{F}}$ 为列向量，组成的矩阵恰好为 Green 函数张量，因此去掉 $\boldsymbol{F}$ 后，矩阵的各个元素恰好对应于 Green 函数张量的各个元素。

② 注意到 Fourier 变换对为

$$F(k) = \int_{-\infty}^{+\infty}\mathrm{e}^{-\mathrm{i}kx}f(x)\,\mathrm{d}x, \qquad f(x) = \frac{1}{2\pi}\int_{-\infty}^{+\infty}\mathrm{e}^{\mathrm{i}kx}F(k)\,\mathrm{d}k$$

如前所述，只要作替换 $\mathrm{i}k = \eta$ 即得双边 Laplace 变换对。因此，

$$\boldsymbol{u}^{\mathrm{F}}(\xi, z, s; z') = \frac{1}{2\pi}\int_{-\infty}^{+\infty}\mathrm{e}^{\eta z}\boldsymbol{u}^{\mathrm{F}}(\xi, \eta, s; z')\,\mathrm{d}\left(\frac{\eta}{\mathrm{i}}\right) = \frac{1}{2\pi\mathrm{i}}\int_{-\mathrm{i}\infty}^{+\mathrm{i}\infty}\mathrm{e}^{\eta z}\boldsymbol{u}^{\mathrm{F}}(\xi, \eta, s; z')\,\mathrm{d}\eta$$

③ 请读者根据第 2 章中的类似讨论自己证明。

④ 下式中第二个等号右侧的负号是由于此时积分路径的方向与留数定理中规定的 "逆向为正" 相反。

$$= -\lim_{\eta \to \nu_\beta} (\eta - \nu_\beta) G_{11}^{\mathrm{F}} \mathrm{e}^{\eta z} - \lim_{\eta \to \nu_\alpha} (\eta - \nu_\alpha) G_{11}^{\mathrm{F}} \mathrm{e}^{\eta z}$$

$$= \frac{1}{2\rho s^2} \left[\nu_\beta \mathrm{e}^{-\nu_\beta(z'-z)} + \frac{\xi^2}{\nu_\alpha} \mathrm{e}^{-\nu_\alpha(z'-z)} \right]$$

类似地，若 $z > z'$，取图 3.2.1 (b) 所示的积分回路。相应地，有

$$\mathscr{L}_\eta^{-1} \left\{ G_{11}^{\mathrm{F}}(\eta) \right\} \Big|_{z>z'} = -\lim_{\eta \to -\nu_\beta} (\eta + \nu_\beta) G_{11}^{\mathrm{F}} \mathrm{e}^{\eta z} + \lim_{\eta \to -\nu_\alpha} (\eta + \nu_\alpha) G_{11}^{\mathrm{F}} \mathrm{e}^{\eta z}$$

$$= \sum \mathrm{res} \left\{ G_{11}^{\mathrm{F}} \mathrm{e}^{\eta z} \right\} = \frac{1}{2\rho s^2} \left[\nu_\beta \mathrm{e}^{-\nu_\beta(z-z')} + \frac{\xi^2}{\nu_\alpha} \mathrm{e}^{-\nu_\alpha(z-z')} \right]$$

两种情况下的结果可以综合写为

$$\mathscr{L}_\eta^{-1} \left\{ G_{11}^{\mathrm{F}}(\eta) \right\} = \frac{1}{2\rho s^2} \left[\nu_\beta \mathrm{e}^{-\nu_\beta|z-z'|} + \frac{\xi^2}{\nu_\alpha} \mathrm{e}^{-\nu_\alpha|z-z'|} \right]$$

类似地，我们可以得到

$$\mathscr{L}_\eta^{-1} \left\{ G_{12}^{\mathrm{F}}(\eta) \right\} = \mathscr{L}_\eta^{-1} \left\{ G_{21}^{\mathrm{F}}(\eta) \right\} = \frac{\xi \mathrm{sgn}(z'-z)}{2\rho s^2} \left[-\mathrm{e}^{-\nu_\beta|z-z'|} + \mathrm{e}^{-\nu_\alpha|z-z'|} \right]$$

$$\mathscr{L}_\eta^{-1} \left\{ G_{22}^{\mathrm{F}}(\eta) \right\} = \frac{1}{2\rho s^2} \left[\frac{\xi^2}{\nu_\beta} \mathrm{e}^{-\nu_\beta|z-z'|} + \nu_\alpha \mathrm{e}^{-\nu_\alpha|z-z'|} \right]$$

将这些结果代入到式 (3.2.1) 中，得到

$$\boldsymbol{u}^{\mathrm{F}}(\xi, z, s; z') = \begin{bmatrix} \xi^2 & \xi\nu_\alpha\zeta(z, z') \\ \xi\nu_\alpha\zeta(z, z') & \nu_\alpha^2 \end{bmatrix} \frac{\mathrm{e}^{-\nu_\alpha|z-z'|}}{2\rho s^2 \nu_\alpha} \boldsymbol{F}$$

$$+ \begin{bmatrix} \nu_\beta^2 & -\xi\nu_\beta\zeta(z, z') \\ -\xi\nu_\beta\zeta(z, z') & \xi^2 \end{bmatrix} \frac{\mathrm{e}^{-\nu_\beta|z-z'|}}{2\rho s^2 \nu_\beta} \boldsymbol{F} \tag{3.2.2}$$

其中，$\zeta(z, z') = \mathrm{sgn}(z'-z)$。

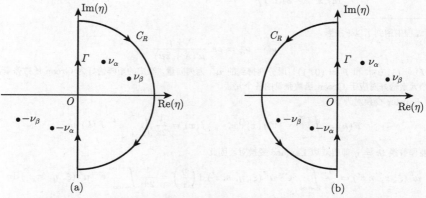

图 3.2.1　求解关于 η 的双边 Laplace 反变换的积分路径示意图

(a) $z < z'$ 的情况；(b) $z > z'$ 的情况。$\varGamma$ 为实际的积分路径，C_R 为大圆弧，$\pm\nu_\alpha$ 和 $\pm\nu_\beta$ 为四个一阶极点

3.2.2.2 运用镜像法求变换域 (ξ, z, s) 中的半无限空间 Green 函数

式 (3.2.2) 给出的是无界空间内部的位移。为了得到我们需要的半无限空间内部的位移,以下运用镜像法[1]求解。由于已经做过空间延拓,因此我们在以自由面 $z = 0$ 为对称面的另一侧放置像源,如图 3.2.2 所示,像源的位置为 $(0, -z')$,但大小和方向待定,这些需要根据边界条件来确定。记像源产生的位移为 $\boldsymbol{u}^*(\xi, z, s; -z')$,则

$$\boldsymbol{u}^*(\xi, z, s; -z') = \begin{bmatrix} \xi^2 & -\xi\nu_\alpha \\ -\xi\nu_\alpha & \nu_\alpha^2 \end{bmatrix} \frac{\mathrm{e}^{-\nu_\alpha(z+z')}}{2\rho s^2 \nu_\alpha} \boldsymbol{F}' + \begin{bmatrix} \nu_\beta^2 & \xi\nu_\beta \\ \xi\nu_\beta & \xi^2 \end{bmatrix} \frac{\mathrm{e}^{-\nu_\beta(z+z')}}{2\rho s^2 \nu_\beta} \boldsymbol{F}' \qquad (3.2.3)$$

其中,像源对应的体力项 $\boldsymbol{F}' = (f_x' \quad f_z')^{\mathrm{T}}$,$f_x'$ 和 f_z' 待定。假设 $\boldsymbol{F}'$ 的分量与 $\boldsymbol{F}$ 的分量之间存在线性关系;换句话说,$\boldsymbol{F}'$ 通过待定系数矩阵 $\mathbf{A}$ 与已知体力 $\boldsymbol{F}$ 相联系[2],

$$\boldsymbol{F}' = \begin{bmatrix} f_x' \\ f_z' \end{bmatrix} = \mathbf{A}\boldsymbol{F} = \begin{bmatrix} a & b \\ c & d \end{bmatrix} \begin{bmatrix} f_x \\ f_z \end{bmatrix} = \begin{bmatrix} af_x + bf_z \\ cf_x + df_z \end{bmatrix}$$

这样,待求的半无限空间位移 $\boldsymbol{u}$ 可以表示为 $\boldsymbol{u}^{\mathrm{F}}$ 和 $\boldsymbol{u}^*$ 之和,

$$\boldsymbol{u}(\xi, z, s; z') = \boldsymbol{u}^{\mathrm{F}}(\xi, z, s; z') + \boldsymbol{u}^*(\xi, z, s; -z') \qquad (3.2.4)$$

以下根据边界条件确定系数矩阵 $\mathbf{A}$ 的元素。首先须将边界条件式 (3.1.2) 转换到变换域 (ξ, z, s) 中

$$\left[\frac{\partial}{\partial z} u_x(\xi, z, s) + \xi u_z(\xi, z, s) \right] \bigg|_{z=0} = 0 \qquad (3.2.5a)$$

$$\left[\lambda \xi u_x(\xi, z, s) + (\lambda + 2\mu) \frac{\partial}{\partial z} u_z(\xi, z, s) \right] \bigg|_{z=0} = 0 \qquad (3.2.5b)$$

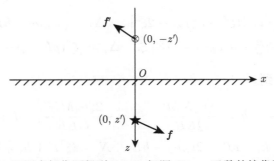

图 3.2.2 运用虚拟像源得到 Lamb 问题 Green 函数的镜像法示意图

"★" 代表真实力源 $\boldsymbol{f}$,坐标为 $(0, z')$;"⊗" 代表虚拟的像源 $\boldsymbol{f}'$,坐标为 $(0, -z')$,它们的空间位置关于自由界面对称

---

[1] 这种方式最早用于计算一定形状的导体面附近的电荷所产生的静电场,叫电像法,这是电磁学中求感生电荷电场的一种常用方法,由 W. Thomson 于 1848 年提出。后来发展为可以计算稳定的电磁场,现在称为镜像法。在电荷的附近放置导体面时,将对电场产生影响。镜像法是利用已知的静电学结论,通过在导体面的另一侧适当位置设置适量的假想电荷 (像电荷),等效地代替实际导体表面产生的感生电荷,以保证场的边界条件得以满足。镜像法的理论依据是唯一性定理,镜像电荷的确定需要满足以下两条原则:a. 所有的镜像电荷必须位于所求的场区域之外的空间中;b. 镜像电荷的位置和电量大小由满足场域边界上的边界条件确定。

[2] 这是一个假定,成立与否,需要由能否解出符合边界条件的待定系数来判定。引入系数矩阵 $\mathbf{A}$ 以后,确定未知的像源的体力分量就转化为了确定未知的系数矩阵元素,一共四个数。由于边界条件有两个,并且可以预期,将像源 $\boldsymbol{u}^{\mathrm{F}}$ 和 $\boldsymbol{u}^*$ 组合起来代入自由边界条件后,每个边界条件都可以写成 f_x 和 f_z 的线性组合,由于 f_x 和 f_z 线性无关,由各自的系数等于零可以得到四个方程,由此可以求出系数矩阵的四个未知数。

根据式 (3.2.2) ~ (3.2.4), 有

$$u_x(\xi, 0, s) = \frac{1}{2\rho s^2}\left\{ f_x\left[\left(\xi^2 + a\xi^2 - c\xi\nu_\alpha\right)\frac{E_\alpha}{\nu_\alpha} + \left(\nu_\beta^2 + a\nu_\beta^2 + c\xi\nu_\beta\right)\frac{E_\beta}{\nu_\beta}\right]\right.$$
$$\left. + f_z\left[\left(\xi\nu_\alpha + b\xi^2 - d\xi\nu_\alpha\right)\frac{E_\alpha}{\nu_\alpha} + \left(-\xi\nu_\beta + b\nu_\beta^2 + d\xi\nu_\beta\right)\frac{E_\beta}{\nu_\beta}\right]\right\}$$

$$u_z(\xi, 0, s) = \frac{1}{2\rho s^2}\left\{ f_x\left[\left(\xi - a\xi + c\nu_\alpha\right)E_\alpha + \left(-\xi\nu_\beta + a\xi\nu_\beta + c\xi^2\right)\frac{E_\beta}{\nu_\beta}\right]\right.$$
$$\left. + f_z\left[\left(\nu_\alpha - b\xi + d\nu_\alpha\right)E_\alpha + \left(\xi^2 + b\xi\nu_\beta + d\xi^2\right)\frac{E_\beta}{\nu_\beta}\right]\right\}$$

$$\frac{\partial}{\partial z}u_x(\xi, z, s)\bigg|_{z=0} = \frac{1}{2\rho s^2}\left\{ f_x\left[\left(\xi^2 - a\xi^2 + c\xi\nu_\alpha\right)E_\alpha + \left(\nu_\beta^2 - a\nu_\beta^2 - c\xi\nu_\beta\right)E_\beta\right]\right.$$
$$\left. + f_z\left[\left(\xi\nu_\alpha - b\xi^2 + d\xi\nu_\alpha\right)E_\alpha - \left(\xi\nu_\beta + b\nu_\beta^2 + d\xi\nu_\beta\right)E_\beta\right]\right\}$$

$$\frac{\partial}{\partial z}u_z(\xi, z, s)\bigg|_{z=0} = \frac{1}{2\rho s^2}\left\{ f_x\left[\left(\xi + a\xi - c\nu_\alpha\right)\nu_\alpha E_\alpha - \left(\xi\nu_\beta + a\xi\nu_\beta + c\xi^2\right)E_\beta\right]\right.$$
$$\left. + f_z\left[\left(\nu_\alpha + b\xi - d\nu_\alpha\right)\nu_\alpha E_\alpha + \left(\xi^2 - b\xi\nu_\beta - d\xi^2\right)E_\beta\right]\right\}$$

其中, $E_\alpha = \mathrm{e}^{-\nu_\alpha z'}$, $E_\beta = \mathrm{e}^{-\nu_\beta z'}$。代入式 (3.2.5), 并注意到 f_x 和 f_z 之间的独立性, 得到

$$\Delta_1 a + \Delta_2 c = \nu_\beta\left[\left(\xi^2 - \nu_\beta^2\right)E - 2\xi^2\right], \quad \Delta_1 b + \Delta_2 d = -\xi\left(2\nu_\alpha\nu_\beta - hE\right)$$
$$\Delta_3 a + \Delta_4 c = -\xi\left[p\xi^2 + \nu_\alpha^2 + \nu_\alpha\nu_\beta(p-1)E\right], \quad \Delta_3 b + \Delta_4 d = -\nu_\alpha\left[p\xi^2 + \nu_\alpha^2 - \xi^2(p-1)E\right]$$

其中, $p = \lambda/(\lambda + 2\mu)$, $E = \mathrm{e}^{(\nu_\alpha - \nu_\beta)z'}$, $h = \nu_\beta^2 - \xi^2$,

$$\Delta_1 = \nu_\beta\left[\left(\xi^2 - \nu_\beta^2\right)E - 2\xi^2\right], \quad \Delta_2 = \left(2\nu_\alpha\nu_\beta - hE\right)\xi$$
$$\Delta_3 = \left[p\xi^2 + \nu_\alpha^2 + \nu_\alpha\nu_\beta(p-1)E\right]\xi, \quad \Delta_4 = \left[\xi^2(pE - p - E) - \nu_\alpha^2\right]\nu_\alpha$$

解这个联立方程组, 得到

$$a = 1 - \frac{2\xi^2 MM'}{QER}, \quad b = \frac{2\xi\nu_\alpha NM'}{QER}, \quad c = -\frac{2\xi\nu_\beta MN'}{QER}, \quad d = \frac{2\nu_\alpha\nu_\beta NN'}{QER} - 1$$
$$M = 2\nu_\alpha\nu_\beta E - h, \quad M' = 2\nu_\alpha\nu_\beta - hE, \quad N = 2\xi^2 E + h, \quad N' = 2\xi^2 + hE$$

其中, 分母上的 $Q = \nu_\alpha\nu_\beta + \xi^2$, $R = h^2 + 4\xi^2\nu_\alpha\nu_\beta$。注意到这个求解过程是可逆的[①], 根据弹性力学的唯一性定理[②], 结合式 (3.2.2) ~ (3.2.4), 我们得到

$$\boldsymbol{u}(\xi, z, s; z') = \begin{bmatrix} \xi^2 & \xi\nu_\alpha\zeta(z, z') \\ \xi\nu_\alpha\zeta(z, z') & \nu_\alpha^2 \end{bmatrix}\frac{\mathrm{e}^{-\nu_\alpha|z-z'|}}{2\rho s^2\nu_\alpha}\boldsymbol{F}$$

---

① 虽然我们是通过边界条件解出这几个系数矩阵 $\boldsymbol{A}$ 的元素的; 但是反过来, 如果事先令它们等于这些结果, 可以验证 $\boldsymbol{u}$ 满足边界条件。

② 这个定理是说, 线弹性问题的解唯一。这是弹性力学的很多解法 (比如半逆解法) 的理论基础, 也是我们目前采用的镜像法的理论基础。根据这个定理, 如果找到一个解, 这个解既满足方程也满足边界条件, 那么可以肯定地说, 这就是问题的唯一解。

$$+ \begin{bmatrix} \nu_\beta^2 & -\xi\nu_\beta\zeta(z, z') \\ -\xi\nu_\beta\zeta(z, z') & \xi^2 \end{bmatrix} \frac{\mathrm{e}^{-\nu_\beta|z-z'|}}{2\rho s^2\nu_\beta} \boldsymbol{F}$$

$$+ \begin{bmatrix} A\xi & B\xi \\ -A\nu_\alpha & -B\nu_\alpha \end{bmatrix} \frac{\mathrm{e}^{-\nu_\alpha(z+z')}}{2\rho s^2\nu_\alpha} \boldsymbol{F} + \begin{bmatrix} C\nu_\beta & D\nu_\beta \\ C\xi & D\xi \end{bmatrix} \frac{\mathrm{e}^{-\nu_\beta(z+z')}}{2\rho s^2\nu_\beta} \boldsymbol{F} \qquad (3.2.6)$$

其中,

$$A = a\xi - c\nu_\alpha = -\frac{\xi}{R}\left(\bar{R} - 4\nu_\alpha\nu_\beta hE\right), \qquad B = b\xi - d\nu_\alpha = -\frac{\nu_\alpha}{R}\left(\bar{R} + 4\xi^2 hE\right)$$

$$C = a\nu_\beta + c\xi = \frac{\nu_\beta}{R}\left(\bar{R} + \frac{4\xi^2 h}{E}\right), \qquad D = b\nu_\beta + d\xi = -\frac{\xi}{R}\left(\bar{R} - \frac{4\nu_\alpha\nu_\beta h}{E}\right)$$

$\bar{R} = h^2 - 4\xi^2\nu_\alpha\nu_\beta$。考察式 (3.2.6) 中出现的指数因子 (又称为相位因子)。第一项包含 $\mathrm{e}^{-\nu_\alpha|z-z'|}$,第二项包含 $\mathrm{e}^{-\nu_\beta|z-z'|}$,第三项包含 $\mathrm{e}^{-\nu_\alpha(z+z')}$ 和 $E\mathrm{e}^{-\nu_\alpha(z+z')} = \mathrm{e}^{-\nu_\alpha z - \nu_\beta z'}$,第四项包含 $\mathrm{e}^{-\nu_\beta(z+z')}$ 和 $E\mathrm{e}^{-\nu_\beta(z+z')} = \mathrm{e}^{-\nu_\beta z - \nu_\alpha z'}$。这些指数因子与各个震相之间有如下的对应关系[①]:

$$\mathrm{e}^{-\nu_\alpha|z-z'|} \longleftrightarrow \text{直达 P 波}, \qquad\qquad \mathrm{e}^{-\nu_\beta|z-z'|} \longleftrightarrow \text{直达 S 波}$$

$$\mathrm{e}^{-\nu_\alpha(z+z')} \longleftrightarrow \text{反射 P 波 (PP 波)}, \qquad \mathrm{e}^{-\nu_\beta(z+z')} \longleftrightarrow \text{反射 S 波 (SS 波)}$$

$$\mathrm{e}^{-\nu_\beta z - \nu_\alpha z'} \longleftrightarrow \text{转换 P 波 (PS 波)}, \qquad \mathrm{e}^{-\nu_\alpha z - \nu_\beta z'} \longleftrightarrow \text{转换 S 波 (SP 波)}$$

因此,根据式 (3.2.6) 得到问题的 Green 函数

$$\boldsymbol{G}(\xi, z, s; z') = \boldsymbol{G}^{\mathrm{P}}(\xi, z, s; z') + \boldsymbol{G}^{\mathrm{S}}(\xi, z, s; z') + \boldsymbol{G}^{\mathrm{PP}}(\xi, z, s; z') + \boldsymbol{G}^{\mathrm{SS}}(\xi, z, s; z')$$

$$+ \boldsymbol{G}^{\mathrm{PS}}(\xi, z, s; z') + \boldsymbol{G}^{\mathrm{SP}}(\xi, z, s; z') \qquad (3.2.7)$$

其中,

$$\boldsymbol{G}^{\mathrm{P}}(\xi, z, s; z') = \begin{bmatrix} \xi^2 & \xi\nu_\alpha\zeta(z, z') \\ \xi\nu_\alpha\zeta(z, z') & \nu_\alpha^2 \end{bmatrix} \frac{\mathrm{e}^{-\nu_\alpha|z-z'|}}{2\rho s^2\nu_\alpha} \qquad (3.2.8\mathrm{a})$$

$$\boldsymbol{G}^{\mathrm{S}}(\xi, z, s; z') = \begin{bmatrix} \nu_\beta^2 & -\xi\nu_\beta\zeta(z, z') \\ -\xi\nu_\beta\zeta(z, z') & \xi^2 \end{bmatrix} \frac{\mathrm{e}^{-\nu_\beta|z-z'|}}{2\rho s^2\nu_\beta} \qquad (3.2.8\mathrm{b})$$

$$\boldsymbol{G}^{\mathrm{PP}}(\xi, z, s; z') = \begin{bmatrix} -\xi^2 & -\xi\nu_\alpha \\ \xi\nu_\alpha & \nu_\alpha^2 \end{bmatrix} \frac{\bar{R}\mathrm{e}^{-\nu_\alpha(z+z')}}{2\rho s^2\nu_\alpha R} \qquad (3.2.8\mathrm{c})$$

$$\boldsymbol{G}^{\mathrm{SS}}(\xi, z, s; z') = \begin{bmatrix} \nu_\beta^2 & -\xi\nu_\beta \\ \xi\nu_\beta & -\xi^2 \end{bmatrix} \frac{\bar{R}\mathrm{e}^{-\nu_\beta(z+z')}}{2\rho s^2\nu_\beta R} \qquad (3.2.8\mathrm{d})$$

$$\boldsymbol{G}^{\mathrm{PS}}(\xi, z, s; z') = \begin{bmatrix} \xi\nu_\beta & \nu_\alpha\nu_\beta \\ \xi^2 & \xi\nu_\alpha \end{bmatrix} \frac{2h\xi\mathrm{e}^{-\nu_\beta z - \nu_\alpha z'}}{\rho s^2 R} \qquad (3.2.8\mathrm{e})$$

[①] 在上册的 6.4.3 节中,也出现过类似的情景,当时我们曾经根据那里的相位因子指出了各项与不同的震相之间的对应关系。注意这里的 γ 和 ν 与那里的定义不同,这意味着,这种“对应关系”并不唯一,只是在某种程度上的对应。

$$\mathbf{G}^{\mathrm{SP}}(\xi, z, s; z') = \begin{bmatrix} \xi\nu_\beta & -\xi^2 \\ -\nu_\alpha\nu_\beta & \xi\nu_\alpha \end{bmatrix} \frac{2h\xi \mathrm{e}^{-\nu_\alpha z - \nu_\beta z'}}{\rho s^2 R} \tag{3.2.8f}$$

最后，对本节所采用的镜像法做一些说明。注意到我们采用镜像法是在 (ξ, z, s) 域中，并非在问题的求解域 (x, z, t) 中。直接在求解域中，镜像法的做法将不再成立。这是因为求得的 $\mathbf{A}$ 矩阵的元素中含有 ξ，这意味着对应的 (x, z, t) 域中 $\boldsymbol{f}'$ 在 x 方向上有分布，这就不再是简单的 "镜像源" 了。我们无法事先知道 $\boldsymbol{f}'$ 如何分布，因此在 (x, z, t) 域中无法基于当前的镜像法来求解。

3.3　自由表面处的 Green 函数

多数地震学问题关注的是自由表面处的解[①]，这时 $z = 0$，代表不同波动的指数因子缩减为两个，因此可以得到形式更为紧凑的解。在研究一般情况下的 Green 函数解之前，首先考虑这种特殊情况。

在式 (3.2.7) 和 (3.2.8) 中取 $z = 0$，得到

$$\mathbf{G}(\xi, 0, s; z') = \frac{\mathrm{e}^{-\nu_\alpha z'}}{\mu R} \mathbf{M}(\xi, s) + \frac{\mathrm{e}^{-\nu_\beta z'}}{\mu R} \mathbf{N}(\xi, s) \tag{3.3.1}$$

其中，

$$\mathbf{M}(\xi, s) = \begin{bmatrix} 2\xi^2\nu_\beta & 2\xi\nu_\alpha\nu_\beta \\ h\xi & h\nu_\alpha \end{bmatrix}, \qquad \mathbf{N}(\xi, s) = \begin{bmatrix} h\nu_\beta & -h\xi \\ -2\xi\nu_\alpha\nu_\beta & 2\xi^2\nu_\alpha \end{bmatrix}$$

为了得到我们所关心的求解域中的解，需要对式 (3.3.1) 作关于 ξ 的双边 Laplace 反变换，

$$\mathbf{G}(x, 0, s; z') = \frac{1}{2\pi\mathrm{i}} \int_{-\mathrm{i}\infty}^{+\mathrm{i}\infty} \left[\frac{\mathrm{e}^{-\nu_\alpha z'}}{\mu R} \mathbf{M}(\xi, s) + \frac{\mathrm{e}^{-\nu_\beta z'}}{\mu R} \mathbf{N}(\xi, s) \right] \mathrm{e}^{\xi x} \, \mathrm{d}\xi \tag{3.3.2}$$

以下采用 Cagniard-de Hoop 方法，将上述积分 "凑成" 对时间变量的 Laplace 变换形式。为了达到这个目的，做代换 $\xi = s\bar{q}/\beta$，从而

$$\nu_\alpha = \sqrt{\frac{s^2}{\alpha^2} - \xi^2} = \frac{s}{\beta}\eta_\alpha, \quad \nu_\beta = \sqrt{\frac{s^2}{\beta^2} - \xi^2} = \frac{s}{\beta}\eta_\beta$$

$$h = \nu_\beta^2 - \xi^2 = \frac{s^2}{\beta^2}\gamma, \qquad R = h^2 + 4\xi^2\nu_\alpha\nu_\beta = \frac{s^4}{\beta^4}\mathscr{R}$$

其中

$$\boxed{\eta_\alpha = \sqrt{k^2 - \bar{q}^2}, \quad \eta_\beta = \sqrt{1 - \bar{q}^2}, \quad \gamma = 1 - 2\bar{q}^2, \quad \mathscr{R} = \gamma^2 + 4\bar{q}^2\eta_\alpha\eta_\beta}$$

注意到 $x = r\sin\theta$，$z' = r\cos\theta$，因此

$$\mathrm{e}^{-\nu_\alpha z' + \xi x} = \mathrm{e}^{-\frac{s}{\beta}(\eta_\alpha r\cos\theta - \bar{q}r\sin\theta)} \triangleq \mathrm{e}^{-st_\alpha}$$

---

　① 这与绝大多数的地震台站布设在地表有关。人们了解地下介质结构或震源过程的直接资料就是地震记录，因此自由表面处的解具有明显的特殊意义。

$$e^{-\nu_\beta z' + \xi x} = e^{-\frac{s}{\beta}(\eta_\beta r \cos\theta - \bar{q} r \sin\theta)} \triangleq e^{-st_\beta}$$

式 (3.3.2) 可以改写为

$$\mathbf{G}(x, 0, s; z') = -\frac{\mathrm{i}}{2\pi\mu} \int_{-\mathrm{i}\infty}^{+\mathrm{i}\infty} \frac{\mathbf{P}(\bar{q})}{\mathscr{R}(\bar{q})} e^{-st_\alpha} \mathrm{d}\bar{q} - \frac{\mathrm{i}}{2\pi\mu} \int_{-\mathrm{i}\infty}^{+\mathrm{i}\infty} \frac{\mathbf{S}(\bar{q})}{\mathscr{R}(\bar{q})} e^{-st_\beta} \mathrm{d}\bar{q} \tag{3.3.3}$$

等号右端的两项分别为 P 波项和 S 波项，其中

$$\mathbf{P}(\bar{q}) = \begin{bmatrix} 2\bar{q}^2\eta_\beta & 2\bar{q}\eta_\alpha\eta_\beta \\ \bar{q}\gamma & \gamma\eta_\alpha \end{bmatrix}, \qquad \mathbf{S}(\bar{q}) = \begin{bmatrix} \gamma\eta_\beta & -\bar{q}\gamma \\ -2\bar{q}\eta_\alpha\eta_\beta & 2\bar{q}^2\eta_\alpha \end{bmatrix} \tag{3.3.4}$$

在式 (3.3.3) 的两项积分中，被积函数的实部都是 $\bar{q}$ 的偶函数，而虚部则是 $\bar{q}$ 的奇函数[1]，同时注意到

$$-\mathrm{i} \int_{-\mathrm{i}\infty}^{+\mathrm{i}\infty} \left[E(\bar{q}) + \mathrm{i}O(\bar{q}) \right] \mathrm{d}\bar{q} = 2\mathrm{Im} \int_0^{+\mathrm{i}\infty} \left[E(\bar{q}) + \mathrm{i}O(\bar{q}) \right] \mathrm{d}\bar{q} \tag{3.3.5}$$

其中，$E(\bar{q})$ 和 $O(\bar{q})$ 分别为被积函数的实部 (偶函数) 和虚部 (奇函数)[2]，因此

$$\mathbf{G}(x, 0, s; z') = \frac{1}{\pi\mu}\mathrm{Im} \int_0^{+\mathrm{i}\infty} \frac{\mathbf{P}(\bar{q})}{\mathscr{R}(\bar{q})} e^{-st_\alpha} \mathrm{d}\bar{q} + \frac{1}{\pi\mu}\mathrm{Im} \int_0^{+\mathrm{i}\infty} \frac{\mathbf{S}(\bar{q})}{\mathscr{R}(\bar{q})} e^{-st_\beta} \mathrm{d}\bar{q}$$

以下分别就 P 波项和 S 波项求解。

3.3.1 P 波项

对于 P 波项[3]，

$$\bar{t} = \frac{t}{t_\mathrm{S}} = \eta_\alpha \cos\theta - \bar{q}\sin\theta \tag{3.3.6}$$

其中，$t_\mathrm{S} = r/\beta$ 为 S 波到时。类似于第 2 章中分析的思路，为了使积分 "凑成" 标准的 Laplace 变换的形式，$\bar{t}$ 必须为实数；因此需要考察在这个前提下，$\bar{q}$ 在其复平面内变化的路径。根据式 (3.3.6) 反解出 $\bar{q}$，

$$\bar{q} = -\bar{t}\sin\theta \pm \cos\theta\sqrt{k^2 - \bar{t}^2}, \quad \theta \in [0, 90°)$$

---

[1] 由于 q 在虚轴上，为了分析方便，不妨令 $\bar{q} = \mathrm{i}\tilde{q}$，$\tilde{q} \in \mathbb{R}$，从而有

$$\frac{\mathbf{P}(\bar{q})}{\mathscr{R}(\bar{q})} e^{-st_\alpha} = \frac{1}{\mathscr{R}(\bar{q})} \begin{bmatrix} -2\tilde{q}^2\eta_\beta & 2\mathrm{i}\tilde{q}\eta_\alpha\eta_\beta \\ \mathrm{i}\tilde{q}\gamma & \gamma\eta_\alpha \end{bmatrix} e^{-s\eta_\alpha r \cos\theta} \left[\cos(s\tilde{q}r\sin\theta) + \mathrm{i}\sin(s\tilde{q}r\sin\theta)\right]$$

注意到 η_α、η_β、γ 和 $\mathscr{R}(\bar{q})$ 都是 $\tilde{q}$ 的偶函数，不难看出上述结果的实部为 $\tilde{q}$ (从而是 $\bar{q}$) 的偶函数，而虚部则为奇函数。对 S 波项做类似分析，可以得到相同的结论。

[2] 这个等式成立是因为

$$-\mathrm{i} \int_{-\mathrm{i}\infty}^{+\mathrm{i}\infty} \left[E(\bar{q}) + \mathrm{i}O(\bar{q}) \right] \mathrm{d}\bar{q} = \int_{-\mathrm{i}\infty}^{+\mathrm{i}\infty} O(\bar{q}) \mathrm{d}\bar{q} - \mathrm{i} \int_{-\mathrm{i}\infty}^{+\mathrm{i}\infty} E(\bar{q}) \mathrm{d}\bar{q} = -2\mathrm{i} \int_0^{+\mathrm{i}\infty} E(\bar{q}) \mathrm{d}\bar{q}$$

$$\xlongequal{\bar{q}=\mathrm{i}\tilde{q}} 2 \int_0^{+\infty} E(\tilde{q}) \mathrm{d}\tilde{q} = 2\mathrm{Im}\left\{ \mathrm{i} \int_0^{+\infty} E(\tilde{q}) \mathrm{d}\tilde{q} - \int_0^{+\infty} O(\tilde{q}) \mathrm{d}\tilde{q} \right\}$$

$$= 2\mathrm{Im}\left\{ \int_0^{+\infty} E(\bar{q}) \mathrm{d}\bar{q} + \mathrm{i} \int_0^{+\infty} O(\bar{q}) \mathrm{d}\bar{q} \right\} = 2\mathrm{Im} \int_0^{+\mathrm{i}\infty} \left[E(\bar{q}) + \mathrm{i}O(\bar{q}) \right] \mathrm{d}\bar{q}$$

[3] 单独讨论 P 波项或 S 波项时，因为没有歧义，为了简洁，将 t_α 简写为 t。

根据根号下的式子与零的关系分类讨论：

(1) 当 $\bar{t} \leqslant k$ 时，根号下的式子大于零。注意到

$$\eta_\alpha \xlongequal{(3.3.6)} \frac{\bar{t} + \bar{q}\sin\theta}{\cos\theta} = \bar{t}\cos\theta \pm \sin\theta\sqrt{k^2 - \bar{t}^2}$$

为了保证 $\mathrm{Re}(\eta_\alpha) \geqslant 0$，必须取 "+" 号。

(2) 当 $\bar{t} > k$ 时，根号下的式子为负数，因此

$$\bar{q} = -\bar{t}\sin\theta \pm \mathrm{i}\cos\theta\sqrt{\bar{t}^2 - k^2}$$

注意到此时无论虚部取正或负，都能保证 $\mathrm{Re}(\eta_\alpha) \geqslant 0$；这意味着两种取法都可以。但是为了积分路径选取方便[①]，我们取 "+" 号。

综合上面的分析，我们有

$$\bar{q} = \begin{cases} -\bar{t}\sin\theta + \cos\theta\sqrt{k^2 - \bar{t}^2}, & 0 \leqslant \bar{t} \leqslant k \\ -\bar{t}\sin\theta + \mathrm{i}\cos\theta\sqrt{\bar{t}^2 - k^2}, & \bar{t} > k \end{cases} \tag{3.3.7}$$

相应地，可以得到 $\bar{t} > k$ 时的 $\bar{q}$ 关于 $\bar{t}$ 的导数为

$$\frac{\mathrm{d}\bar{q}}{\mathrm{d}\bar{t}} = -\sin\theta + \mathrm{i}\cos\theta\frac{\bar{t}}{\sqrt{\bar{t}^2 - k^2}} \xlongequal{(3.3.6)} \frac{\mathrm{i}\eta_\alpha}{\sqrt{\bar{t}^2 - k^2}} \tag{3.3.8}$$

根据式 (3.3.7)，我们可以确定当 $\bar{t}$ 从 0 变化到 $+\infty$ 时，对应的 $\bar{q}$ 在复平面内的路径，如图 3.3.1 所示。由于 $\eta_\alpha = \sqrt{k^2 - q^2}$ 和 $\eta_\beta = \sqrt{1 - q^2}$ 中涉及开平方运算，因此 $\bar{q}$ 的复平面内存在 4 个位于实轴上的枝点：$\pm k$ 和 ± 1。根据附录 A 中介绍的方法画割线[②]，我们在由条件 $\mathrm{Re}(\eta_\alpha) \geqslant 0$ 和 $\mathrm{Re}(\eta_\beta) \geqslant 0$ 确定的 Riemann 面上考虑 $\bar{q}$ 的积分路径：当 $\bar{t} = 0$ 时，$\bar{q}$ 从 A 点 $\bar{q} = k\cos\theta$(位于原点和枝点 k 之间) 出发；随着 $\bar{t}$ 增大，$\bar{q}$ 沿着 C_1 向负实轴方向行进。当 $\bar{t} = k$ 时，$\bar{q}$ 到达 B 点 $\bar{q} = -k\sin\theta$(位于原点和枝点 $-k$ 之间)。$\bar{t}$ 继续增大，$\bar{q}$ 就离开实轴沿着第二象限内的双曲线 C，一直到 $\bar{t} \to +\infty$。

类似于第 2 章中的处理方式，通过增补大圆弧路径 C_R，这样 $C_1 \to C \to C_R \to -C_0$ 构成了闭合回路。由于唯一的奇点位于实轴上 (参考上册的附录 B)，并且路径 C_1 上的积分由于结果为实数没有贡献，大圆弧路径积分为零[③]，因此

$$\frac{1}{\pi\mu}\mathrm{Im}\int_0^{+\mathrm{i}\infty}\frac{\mathbf{P}(\bar{q})}{\mathscr{R}(\bar{q})}\mathrm{e}^{-st}\,\mathrm{d}\bar{q} = \frac{1}{\pi\mu}\mathrm{Im}\int_C\frac{\mathbf{P}(\bar{q})}{\mathscr{R}(\bar{q})}\mathrm{e}^{-st}\,\mathrm{d}\bar{q}$$

$$= \frac{\beta}{\pi\mu r}\mathrm{Im}\int_0^{+\infty}H(t - t_\mathrm{P})\frac{\mathbf{P}(\bar{q})}{\mathscr{R}(\bar{q})}\frac{\mathrm{d}\bar{q}}{\mathrm{d}\bar{t}}\mathrm{e}^{-st}\,\mathrm{d}t$$

---

① 在 1.2.2 节中关于二维 SH 波问题的介绍中，已经做了类似的详细讨论。此处取 "+" 号也是因为可以更方便地与原始积分路径一起构成闭合回路。如果取 "−" 号，则需要以跨越复平面上的第三、四、一象限的大圆路径来构成闭合回路，并且由于不能越过割线，还必须沿着割线的上下缘，很不方便。

② 注意在左侧割线的上缘，辐角 $\arg(\sqrt{k - \bar{q}^2}) = \arg(\sqrt{1 - \bar{q}^2}) = 3\pi/2$。这一点将会在当 $\theta > \theta_\mathrm{c}$ 时的 S 波项求解时用到。

③ 作为练习，读者可参考第 2 章中相应的分析自行证明。

注意到式 (3.3.8)，得到 P 波项的时间域结果为

$$\mathbf{G}^{\mathrm{P}}(x,\,0,\,t;z') = \frac{\beta}{\pi\mu r}\mathrm{Re}\left[\frac{\eta_\alpha\mathbf{P}(\bar{q})}{\mathscr{R}(\bar{q})}\right]\frac{H\left(t-t_{\mathrm{P}}\right)}{\sqrt{t^2-k^2}} \tag{3.3.9}$$

其中，$\bar{q}$ 和 $\mathbf{P}(\bar{q})$ 的表达式分别见式 (3.3.7) 和 (3.3.4)。

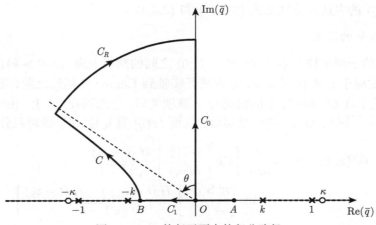

图 3.3.1 $\bar{q}$ 的复平面内的积分路径

横轴和竖轴分别为 $\bar{q}$ 的实部和虚部。"×"代表枝点，"○"代表 Rayleigh 函数的零点 (即被积函数的奇点)，粗虚线代表割线。原始的积分路径为 C_0。当 t 从 0 变化到 $+\infty$ 时，$\bar{q}$ 的变化路径为从 A 点 $(k\cos\theta, 0)$ 出发，沿实轴先到原点 O，随后沿着 C_1 到 B 点 $(-k\sin\theta, 0)$，然后沿着双曲线 C 变化。细虚线为双曲线的渐近线，与虚轴所成的角度为 θ(参见图 3.1.1)。C_R 为大圆弧，半径 $R \to +\infty$

3.3.2 S 波项

对于 S 波项，

$$\bar{t} = \eta_\beta\cos\theta - \bar{q}\sin\theta \tag{3.3.10}$$

类似于 P 波项的分析，我们有

$$\bar{q} = \begin{cases} -\bar{t}\sin\theta + \cos\theta\sqrt{1-\bar{t}^2}, & 0 \leqslant \bar{t} \leqslant 1 \\ -\bar{t}\sin\theta + \mathrm{i}\cos\theta\sqrt{\bar{t}^2-1}, & \bar{t} > 1 \end{cases} \tag{3.3.11}$$

以及 $\bar{q}$ 关于 $\bar{t}$ 的导数

$$\frac{\mathrm{d}\bar{q}}{\mathrm{d}\bar{t}} = \begin{cases} -\sin\theta - \cos\theta\dfrac{\bar{t}}{\sqrt{1-\bar{t}^2}} \xlongequal{(3.3.10)} -\dfrac{\eta_\beta}{\sqrt{1-\bar{t}^2}}, & 0 \leqslant \bar{t} \leqslant 1 \\ -\sin\theta + \mathrm{i}\cos\theta\dfrac{\bar{t}}{\sqrt{\bar{t}^2-1}} \xlongequal{(3.3.10)} \dfrac{\mathrm{i}\eta_\beta}{\sqrt{\bar{t}^2-1}}, & \bar{t} > 1 \end{cases}$$

根据式 (3.3.11)，$\bar{t} = 1$ 是两种情况的分界点，对应的 $\bar{q} = -\sin\theta$ 为 $\bar{q}$ 的复平面中的 B 点 (参见图 3.3.1)。由于 $\sin\theta$ 位于 0 和 1 之间，因此 B 点可能位于原点 O 和枝点 $(-k, 0)$ 之间 $(\sin\theta < k = \sin\theta_c)$，也可能位于两个枝点 $(-1, 0)$ 和 $(-k, 0)$ 之间的割线上缘 $(\sin\theta > k)$。两种情况对应于不同的结果，需要分别讨论。

3.3.2.1　$\sin\theta < k$ 的情况

此时 $\bar{q}$ 在复平面内的变化路径与图 3.3.1 中的完全相同。仿照对 P 波项的分析，不难得到

$$\mathbf{G}^{\mathrm{S}}(x,\,0,\,t;z') = \frac{\beta}{\pi\mu r}\mathrm{Re}\left[\frac{\eta_\beta \mathbf{S}(\bar{q})}{\mathscr{R}(\bar{q})}\right]\frac{H(t-t_{\mathrm{S}})}{\sqrt{t^2-1}}$$

其中，$\bar{q}$ 和 $\mathbf{S}(\bar{q})$ 的表达式分别见式 (3.3.11) 和 (3.3.4)。

3.3.2.2　$\sin\theta \geqslant k$ 的情况

此时 B 点位于两个枝点 $(-1,\,0)$ 和 $(-k,\,0)$ 之间的割线上缘 $(\sin\theta > k)$，如图 3.3.2 所示。这意味着对应于 t 从 0 到 $+\infty$，$\bar{q}$ 在离开实轴到 Cagniard 路径之前，有一段路径 C_2 在割线上缘。其余在 C_1 和 C_R 上的情况与 P 波项类似。注意到在 C_2 上，由于 $k^2 - \bar{q}^2 < 0$，因此 $\eta_\alpha = \mathrm{i}\sqrt{\bar{q}^2 - k^2}$[①]，而 η_β 仍然是实数，从而 $\mathscr{R}(\bar{q})$ 是复数，C_2 段对积分有贡献，因此

$$\mathbf{G}^{\mathrm{S}}(x,\,0,\,t;z') = \frac{\beta}{\pi\mu r}\left\{\mathrm{Re}\left[\frac{\eta_\beta \mathbf{S}(\bar{q})}{\mathscr{R}(\bar{q})}\right]\frac{H(t-t_{\mathrm{S}})}{\sqrt{t^2-1}}\right.$$
$$\left. -\mathrm{Im}\left[\frac{\eta'_\beta \mathbf{S}(\bar{q}')}{\mathscr{R}(\bar{q}')}\right]\frac{H(t-t_{\mathrm{S-P}}) - H(t-t_{\mathrm{S}})}{\sqrt{1-\bar{t}^2}}\right\}$$

其中，$t_{\mathrm{S-P}} = t_{\mathrm{S}}\cos(\theta - \theta_{\mathrm{c}})$,

$$\begin{cases}\bar{q} = -\bar{t}\sin\theta + \mathrm{i}\cos\theta\sqrt{\bar{t}^2-1}, & \bar{q}' = -\bar{t}\sin\theta + \cos\theta\sqrt{1-\bar{t}^2} \\ \eta'_\alpha = \eta_\alpha(\bar{q}') = \mathrm{i}\sqrt{\bar{q}'^2 - k^2}, & \eta'_\beta = \eta_\beta(\bar{q}') = \sqrt{1-\bar{q}'^2}\end{cases}$$

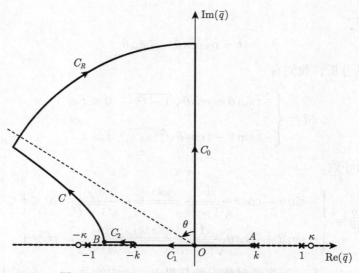

图 3.3.2　$\theta > \theta_{\mathrm{c}}$ 时 $\bar{q}$ 的复平面内的积分路径

说明与图 3.3.1 相同。区别在于此时 B 点位于枝点 $(-1,\,0)$ 和 $(-k,\,0)$ 之间。割线上的积分路径为 C_2

---

① 取正号是因为在割线上缘，$\arg(\sqrt{k^2-\bar{q}^2}) = \pi/2$。

3.3.3 综合的结果

综合以上讨论，对于观测点在地表的情况，Green 函数[①] 为

$$\mathbf{G}(x, 0, t; z') = \mathbf{G}^{\mathrm{P}}(x, 0, t; z') + \mathbf{G}^{\mathrm{S}}(x, 0, t; z') + H(\theta - \theta_c)\mathbf{G}^{\text{S-P}}(x, 0, t; z')$$

其中

$$\mathbf{G}^{\mathrm{P}}(x, 0, t; z') = \frac{\beta}{\pi\mu r}\mathrm{Re}\left[\frac{\eta_\alpha \mathbf{P}(\bar{q})}{\mathscr{R}(\bar{q})}\right]\frac{H(\bar{t} - k)}{\sqrt{\bar{t}^2 - k^2}}\Bigg|_{\bar{q}=-\bar{t}\sin\theta+\mathrm{i}\cos\theta\sqrt{\bar{t}^2-k^2}}$$

$$\mathbf{G}^{\mathrm{S}}(x, 0, t; z') = \frac{\beta}{\pi\mu r}\mathrm{Re}\left[\frac{\eta_\beta \mathbf{S}(\bar{q})}{\mathscr{R}(\bar{q})}\right]\frac{H(\bar{t} - 1)}{\sqrt{\bar{t}^2 - 1}}\Bigg|_{\bar{q}=-\bar{t}\sin\theta+\mathrm{i}\cos\theta\sqrt{\bar{t}^2-1}}$$

$$\mathbf{G}^{\text{S-P}}(x, 0, t; z') = -\frac{\beta}{\pi\mu r}\mathrm{Im}\left[\frac{\eta_\beta \mathbf{S}(\bar{q})}{\mathscr{R}(\bar{q})}\right]\frac{H(\bar{t} - \bar{t}_{\text{S-P}}) - H(\bar{t} - 1)}{\sqrt{1 - \bar{t}^2}}\Bigg|_{\bar{q}=\cos(\theta+\varphi)}$$

$$\bar{t}_{\text{S-P}} = \cos(\theta - \theta_c), \quad \theta_c = \arcsin k, \quad \varphi = \arcsin \bar{t}$$

$\mathbf{G}^{\text{S-P}}$ 代表了从源发出的 S 波，以临界角 θ_c 入射到地表，然后沿着地表以 P 波速度传播至观测点的震相。虽然沿着地表传播，但这并非 Rayleigh 波，称为"表面 P 波"，记为 S-P[②]。由于是"以临界角入射"，因此这种震相的出现需要满足一定的条件，即 $\theta > \theta_c$。

图 3.3.3 显示了 S-P 波的传播路径。根据几何关系，可以方便地求出 S-P 波的到时[③]：

$$t_{\text{S-P}} = \frac{r\cos\theta}{\beta\cos\theta_c} + \frac{r\sin\theta - r\cos\theta\tan\theta_c}{\alpha} = \frac{r\sin\theta}{\alpha} + r\frac{\cos\theta}{\cos\theta_c}\left(\frac{1}{\beta} - \frac{\beta}{\alpha^2}\right)$$

$$= \frac{r}{\beta}\left(k\sin\theta + \sqrt{1 - k^2}\cos\theta\right) = t_{\mathrm{S}}\cos(\theta - \theta_c)$$

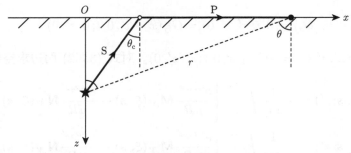

图 3.3.3 表面 P 波传播路径示意图

"★"代表源点，"●"代表观测点，$\theta_c = \arcsin k$ 为临界角，θ 为源点和场点连线与垂直方向的夹角，r 为它们之间的距离。

从源点发出的 S 波以 θ_c 入射到地表，然后转换为 P 波沿着地表传播到达场点

---

① 为了使结果的物理意义更清楚，将 $\theta > \theta_c$ 时的 S-P 波项单独写出，这是到时介于 P 波和 S 波之间的项。

② 在第 2 章表面源的情况下，当 θ 大于临界角的时候，会产生一种 P-S 震相，这在 2.2.7 节中已经做了讨论。为什么命名上会有这种差别？这可以基于 Green 函数的互易性 (参见上册的 2.4 节) 来考虑。当前考虑的模型为半空间模型，自由表面上牵引力为零，无穷远处位移为零，因此满足齐次边条件。这种情况下，根据 Green 函数的空间互易性，交换源点和场点的位置，同时 Green 函数的两个下标互换，结果相同。基于这一点，第 2 章中源在表面而观测点在半空间内部的情况，与此处考虑的源在半空间内部而观测点在地表的情况有一定程度上的对称性。

③ 反过来说，正是由于这种震相的到时与图 3.3.3 中的模型产生的到时一致，所以我们可以认为它对应的物理图像是上文描述的那样。

图 3.3.4 显示了几种震相的到时曲线。在固定场源间距离 r 的情况下，P 波到时 $\bar{t}_\mathrm{P}$ 和 S 波到时 $\bar{t}_\mathrm{S}$ 是固定的常数，分别为 k 和 1; 而 S-P 波的到时则在 $\bar{t}_\mathrm{P}$ 和 $\bar{t}_\mathrm{S}$ 之间变化：当 $\theta = \theta_c$ 时等于 $\bar{t}_\mathrm{S}$，而当 $\theta = 90°$ 时等于 $\bar{t}_\mathrm{P}$。

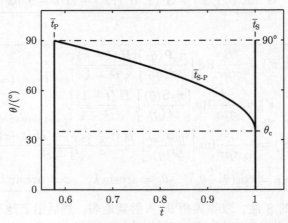

图 3.3.4   几种震相的到时曲线

横坐标为用 S 波到时 $t_\mathrm{S} = r/\beta$ 作归一化的时间 $\bar{t}$，纵坐标为 θ(参考图 3.1.1)。粗实线分别代表归一化的 P 波到时 $\bar{t}_\mathrm{P}$、S 波到时 $\bar{t}_\mathrm{S}$ 和 S-P 波到时 $\bar{t}_\mathrm{S\text{-}P}$。其中 $\bar{t}_\mathrm{S\text{-}P}$ 介于 $\bar{t}_\mathrm{P}$ 和 $\bar{t}_\mathrm{S}$ 之间，只在 $\theta > \theta_c$ 时存在

3.3.4   Green 函数的空间导数

前面的分析中是集中力源作用在 z 轴上。如果不是在 z 轴上，而是位于 (x', z')，只需要将原来的解中将 x 替换成 $x - x'$ 即可，这意味着

$$G_{ij}(x, 0, t; x', z', 0) = G_{ij}(x - x', 0, t; 0, z', 0)$$

所以 $G_{ij,1'}(x, 0, t; x', z', 0) = -G_{ij,1}(x, 0, t; x', z', 0)$。对式 (3.3.2) 两边求空间导数，有

$$\mathbf{G}_{,1'}(x, 0, s; z') = -\frac{1}{2\pi i} \int_{-i\infty}^{+i\infty} \left[\frac{e^{-\nu_\alpha z'}}{\mu R} \mathbf{M}_{,1'}(\xi, s) + \frac{e^{-\nu_\beta z'}}{\mu R} \mathbf{N}_{,1'}(\xi, s) \right] e^{\xi x} \, d\xi$$

$$\mathbf{G}_{,3'}(x, 0, s; z') = -\frac{1}{2\pi i} \int_{-i\infty}^{+i\infty} \left[\frac{e^{-\nu_\alpha z'}}{\mu R} \mathbf{M}_{,3'}(\xi, s) + \frac{e^{-\nu_\beta z'}}{\mu R} \mathbf{N}_{,3'}(\xi, s) \right] e^{\xi x} \, d\xi$$

其中，$\mathbf{M}_{,1'}(\xi, s) = \xi \mathbf{M}(\xi, s)$，$\mathbf{N}_{,1'}(\xi, s) = \xi \mathbf{N}(\xi, s)$，$\mathbf{M}_{,3'}(\xi, s) = \nu_\alpha \mathbf{M}(\xi, s)$，$\mathbf{N}_{,3'}(\xi, s) = \nu_\beta \mathbf{N}(\xi, s)$。由此可见，Green 函数的空间导数与 Green 函数本身的区别仅仅在于矩阵形式的差别，因此可以根据前面的分析直接得到如下结果[①]:

$$\boxed{\mathbf{G}_{,k'}(x, 0, t; z') = \mathbf{G}_{,k'}^\mathrm{P}(x, 0, t; z') + \mathbf{G}_{,k'}^\mathrm{S}(x, 0, t; z') + H(\theta - \theta_c)\mathbf{G}_{,k'}^\mathrm{S\text{-}P}(x, 0, t; z')}$$

---

① 注意到在作变量替换之后，由于矩阵元素的变化，会多出一个因子 s/β，在运用 Cagniard-de Hoop 方法 "凑成" Laplace 变换的表达式中会多出一个 s。为了得到时间域的解答，需要利用 Laplace 变换微分性质：即 $\mathscr{L}\left\{ \dot{f}(t) \right\} = s\tilde{f}(s) - f(0)$。这意味着时间域的最终表达式可以写成对时间的导数。

其中，

$$\mathbf{G}_{,k'}^{\mathrm{P}}(x, 0, t; z') = -\frac{1}{\pi\mu r}\frac{\partial}{\partial t}\mathrm{Re}\left[\frac{\eta_\alpha \mathbf{P}_{,k'}(\bar{q})}{\mathscr{R}(\bar{q})}\right]\frac{H(\bar{t}-k)}{\sqrt{\bar{t}^2-k^2}}\bigg|_{\bar{q}=-\bar{t}\sin\theta+\mathrm{i}\cos\theta\sqrt{\bar{t}^2-k^2}} \tag{3.3.12a}$$

$$\mathbf{G}_{,k'}^{\mathrm{S}}(x, 0, t; z') = -\frac{1}{\pi\mu r}\frac{\partial}{\partial t}\mathrm{Re}\left[\frac{\eta_\beta \mathbf{S}_{,k'}(\bar{q})}{\mathscr{R}(\bar{q})}\right]\frac{H(\bar{t}-1)}{\sqrt{\bar{t}^2-1}}\bigg|_{\bar{q}=-\bar{t}\sin\theta+\mathrm{i}\cos\theta\sqrt{\bar{t}^2-1}} \tag{3.3.12b}$$

$$\mathbf{G}_{,k'}^{\mathrm{S\text{-}P}}(x, 0, t; z') = \frac{1}{\pi\mu r}\frac{\partial}{\partial t}\mathrm{Im}\left[\frac{\eta_\beta \mathbf{S}_{,k'}(\bar{q})}{\mathscr{R}(\bar{q})}\right]\frac{H(\bar{t}-\bar{t}_{\mathrm{S\text{-}P}})-H(\bar{t}-1)}{\sqrt{1-\bar{t}^2}}\bigg|_{\bar{q}=\cos(\theta+\varphi)} \tag{3.3.12c}$$

上式中的 $\mathbf{P}_{,1'}(\bar{q}) = \bar{q}\mathbf{P}(\bar{q})$，$\mathbf{S}_{,1'}(\bar{q}) = \bar{q}\mathbf{S}(\bar{q})$，$\mathbf{P}_{,3'}(\bar{q}) = \eta_\alpha\mathbf{P}(\bar{q})$，$\mathbf{S}_{,3'}(\bar{q}) = \eta_\beta\mathbf{S}(\bar{q})$。

3.4 半空间内部的 Green 函数及其空间导数

对于观测点位于半无限空间内部的情况，我们需要回到式 (3.2.7)，并计算式 (3.2.8) 中的每一项。由于分析过程大致与 3.3 节相同，因此只简要地叙述过程并列出结果。

3.4.1 直达 P 波项和直达 S 波项

对式 (3.2.8) 中的直达 P 波项和直达 S 波项作关于 ξ 的双边 Laplace 反变换，有

$$\mathbf{G}^{\mathrm{P}}(x, z, s; z') = \frac{1}{2\pi\mathrm{i}}\int_{-\mathrm{i}\infty}^{+\mathrm{i}\infty}\frac{\mathrm{e}^{-\nu_\alpha|z-z'|}}{2\rho s^2\nu_\alpha}\begin{bmatrix}\xi^2 & \xi\nu_\alpha\zeta(z,z')\\\xi\nu_\alpha\zeta(z,z') & \nu_\alpha^2\end{bmatrix}\mathrm{e}^{\xi x}\,\mathrm{d}\xi \tag{3.4.1a}$$

$$\mathbf{G}^{\mathrm{S}}(x, z, s; z') = \frac{1}{2\pi\mathrm{i}}\int_{-\mathrm{i}\infty}^{+\mathrm{i}\infty}\frac{\mathrm{e}^{-\nu_\beta|z-z'|}}{2\rho s^2\nu_\beta}\begin{bmatrix}\nu_\beta^2 & -\xi\nu_\beta\zeta(z,z')\\-\xi\nu_\beta\zeta(z,z') & \xi^2\end{bmatrix}\mathrm{e}^{\xi x}\,\mathrm{d}\xi \tag{3.4.1b}$$

3.4.1.1 P 波项

作代换 $\xi = s\bar{q}/\beta$，并基于与 3.3 节相同的奇偶性分析，得到

$$\mathbf{G}^{\mathrm{P}}(x, z, s; z') = \frac{1}{2\pi\mu}\mathrm{Im}\int_0^{+\mathrm{i}\infty}\frac{\mathrm{e}^{-st}}{\eta_\alpha}\begin{bmatrix}\bar{q}^2 & \zeta(z,z')\bar{q}\eta_\alpha\\\zeta(z,z')\bar{q}\eta_\alpha & \eta_\alpha^2\end{bmatrix}\mathrm{d}\bar{q}$$

其中，$t = t_{\mathrm{S}}(\eta_\alpha\cos\theta - \bar{q}\sin\theta)$。类似于 3.3 节，运用 Cagniard-de Hoop 方法得到[①]

$$\mathbf{G}^{\mathrm{P}}(x, z, t; z') = \frac{\beta}{2\pi\mu r}\mathrm{Re}\begin{bmatrix}\bar{q}^2 & \zeta(z,z')\bar{q}\eta_\alpha\\\zeta(z,z')\bar{q}\eta_\alpha & \eta_\alpha^2\end{bmatrix}\frac{H(\bar{t}-k)}{\sqrt{\bar{t}^2-k^2}}$$

$$\mathbf{G}_{,1'}^{\mathrm{P}}(x, z, t; z') = -\frac{1}{2\pi\mu r}\frac{\partial}{\partial t}\mathrm{Re}\begin{bmatrix}\bar{q}^3 & \zeta(z,z')\bar{q}^2\eta_\alpha\\\zeta(z,z')\bar{q}^2\eta_\alpha & \bar{q}\eta_\alpha^2\end{bmatrix}\frac{H(\bar{t}-k)}{\sqrt{\bar{t}^2-k^2}}$$

$$\mathbf{G}_{,3'}^{\mathrm{P}}(x, z, t; z') = -\frac{1}{2\pi\mu r}\frac{\partial}{\partial t}\mathrm{Re}\begin{bmatrix}\bar{q}^2\eta_\alpha & \zeta(z,z')\bar{q}\eta_\alpha^2\\\zeta(z,z')\bar{q}\eta_\alpha^2 & \eta_\alpha^3\end{bmatrix}\frac{H(\bar{t}-k)}{\sqrt{\bar{t}^2-k^2}}$$

---

① 与 3.3 节的分析不同的是，对于 P 波项，只含有 η_α，因此在 $\bar{q}$ 的复平面上，只存在两个枝点 ($\pm k, 0$)，问题更为简单。对 S 波项，类似地，只有两个枝点 ($\pm 1, 0$)。

其中, $\bar{q} = -\bar{t}\sin\theta + \mathrm{i}\cos\theta\sqrt{\bar{t}^2 - k^2}$。

3.4.1.2 S 波项

对于 S 波项, 分析过程与 P 波项完全相同, 只需要注意矩阵元素的差别即可。这里只列出最终结果, 读者可自行补充过程。

$$\mathbf{G}^{\mathrm{S}}(x, z, t; z') = \frac{\beta}{2\pi\mu r}\mathrm{Re}\begin{bmatrix} \eta_\beta^2 & -\zeta(z, z')\bar{q}\eta_\beta \\ -\zeta(z, z')\bar{q}\eta_\beta & \bar{q}^2 \end{bmatrix}\frac{H(\bar{t}-1)}{\sqrt{\bar{t}^2-1}}$$

$$\mathbf{G}_{,1'}^{\mathrm{S}}(x, z, t; z') = -\frac{1}{2\pi\mu r}\frac{\partial}{\partial t}\mathrm{Re}\begin{bmatrix} \bar{q}\eta_\beta^2 & -\zeta(z, z')\bar{q}^2\eta_\beta \\ -\zeta(z, z')\bar{q}^2\eta_\beta & \bar{q}^3 \end{bmatrix}\frac{H(\bar{t}-1)}{\sqrt{\bar{t}^2-1}}$$

$$\mathbf{G}_{,3'}^{\mathrm{S}}(x, z, t; z') = -\frac{1}{2\pi\mu r}\frac{\partial}{\partial t}\mathrm{Re}\begin{bmatrix} \eta_\beta^3 & -\zeta(z, z')\bar{q}\eta_\beta^2 \\ -\zeta(z, z')\bar{q}\eta_\beta^2 & \bar{q}^2\eta_\beta \end{bmatrix}\frac{H(\bar{t}-1)}{\sqrt{\bar{t}^2-1}}$$

其中, $\bar{q} = -\bar{t}\sin\theta + \mathrm{i}\cos\theta\sqrt{\bar{t}^2 - 1}$。

3.4.2 反射 P 波项 (PP) 和反射 S 波项 (SS)

对式 (3.2.8) 中的 PP 波项和 SS 波项作关于 ξ 的双边 Laplace 反变换

$$\mathbf{G}^{\mathrm{P}}(x, z, s; z') = \frac{1}{2\pi\mathrm{i}}\int_{-\mathrm{i}\infty}^{+\mathrm{i}\infty}\begin{bmatrix} -\xi^2 & -\xi\nu_\alpha \\ \xi\nu_\alpha & \nu_\alpha^2 \end{bmatrix}\frac{\bar{R}\mathrm{e}^{-\nu_\alpha(z+z')+\xi x}}{2\rho s^2\nu_\alpha R}\mathrm{d}\xi$$

$$\mathbf{G}^{\mathrm{S}}(x, z, s; z') = \frac{1}{2\pi\mathrm{i}}\int_{-\mathrm{i}\infty}^{+\mathrm{i}\infty}\begin{bmatrix} \nu_\beta^2 & -\xi\nu_\beta \\ \xi\nu_\beta & -\xi^2 \end{bmatrix}\frac{\bar{R}\mathrm{e}^{-\nu_\beta(z+z')+\xi x}}{2\rho s^2\nu_\beta R}\mathrm{d}\xi$$

3.4.2.1 PP 波项

作代换 $\xi = s\bar{q}/\beta$ 并注意到奇偶性, 有

$$\mathbf{G}^{\mathrm{PP}}(x, z, s; z') = -\frac{\mathrm{i}}{4\pi\mu}\int_{-\mathrm{i}\infty}^{+\mathrm{i}\infty}\frac{\mathscr{R}^\dagger(\bar{q})\mathrm{e}^{-st}}{\mathscr{R}(\bar{q})\eta_\alpha}\mathbf{M}_{\mathrm{PP}}\mathrm{d}\bar{q} = \frac{1}{2\pi\mu}\mathrm{Im}\int_0^{+\mathrm{i}\infty}\frac{\mathscr{R}^\dagger(\bar{q})\mathrm{e}^{-st}}{\mathscr{R}(\bar{q})\eta_\alpha}\mathbf{M}_{\mathrm{PP}}\mathrm{d}\bar{q}$$

其中, $\mathscr{R}^\dagger(\bar{q}) = \gamma^2 - 4\bar{q}^2\eta_\alpha\eta_\beta$, $t = t_{\mathrm{SS}}(\eta_\alpha\cos\theta' - \bar{q}\sin\theta')$, $t_{\mathrm{SS}} = r'/\beta$, $r' = \sqrt{x^2 + (z+z')^2}$,

$$\mathbf{M}_{\mathrm{PP}} = \begin{bmatrix} -\bar{q}^2 & -\bar{q}\eta_\alpha \\ \bar{q}\eta_\alpha & \eta_\alpha^2 \end{bmatrix}$$

r' 和 θ' 的含义参见图 3.4.1。对于反射 P 波项, 从源点 A 发出的 P 波到达地表的 P 点处反射到达场点 B, 所走的路程长度为 r', θ' 为入射角和反射角 (二者相等)。根据简单的几何关系, 不难看出

$$z + z' = r'\cos\theta', \qquad x = R = r'\sin\theta'$$

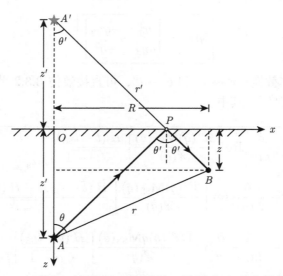

图 3.4.1 反射 P 波项 (PP) 和反射 S 波项 (SS) 的分析示意图

"★" 代表源作用点 A,"●" 代表观测点 B。从 A 点发出的 P 波 (或 S 波) 到达地表的 P 点处经反射到达 B 点。入射角 θ' 和反射角 θ' 相等。A' 为镜像源,它与 B 点之间的距离为 r'。其他符号与图 3.1.1 相同

比较 3.3.1 节中关于 P 波项的分析可以发现,只需要将那里的 r 替换为 r',θ 替换为 θ',就可以直接得到 PP 波项的结果[①]:

$$\mathbf{G}^{\mathrm{PP}}(x, z, t; z') = \frac{\beta}{2\pi\mu r'}\mathrm{Re}\left[\frac{\mathscr{R}^\dagger(\bar{q})\mathbf{M}_{\mathrm{PP}}(\bar{q})}{\mathscr{R}(\bar{q})}\right]\frac{H(\bar{t} - \bar{t}_{\mathrm{PP}})}{\sqrt{\bar{t}^2 - k^2}}$$

$$\mathbf{G}^{\mathrm{PP}}_{,1'}(x, z, t; z') = -\frac{1}{2\pi\mu r'}\frac{\partial}{\partial t}\mathrm{Re}\left[\frac{\mathscr{R}^\dagger(\bar{q})\bar{q}\mathbf{M}_{\mathrm{PP}}(\bar{q})}{\mathscr{R}(\bar{q})}\right]\frac{H(\bar{t} - \bar{t}_{\mathrm{PP}})}{\sqrt{\bar{t}^2 - k^2}}$$

$$\mathbf{G}^{\mathrm{PP}}_{,3'}(x, z, t; z') = -\frac{1}{2\pi\mu r'}\frac{\partial}{\partial t}\mathrm{Re}\left[\frac{\mathscr{R}^\dagger(\bar{q})\eta_\alpha\mathbf{M}_{\mathrm{PP}}(\bar{q})}{\mathscr{R}(\bar{q})}\right]\frac{H(\bar{t} - \bar{t}_{\mathrm{PP}})}{\sqrt{\bar{t}^2 - k^2}}$$

其中,$\bar{q} = -\bar{t}\sin\theta' + \mathrm{i}\cos\theta'\sqrt{\bar{t}^2 - k^2}$,$\bar{t}_{\mathrm{PP}} = r'k/r$。

3.4.2.2 SS 波项

与对 PP 波项的分析类似,作代换 $\xi = s\bar{q}/\beta$ 并注意到奇偶性,有

$$\mathbf{G}^{\mathrm{SS}}(x, z, s; z') = -\frac{\mathrm{i}}{4\pi\mu}\int_{-\mathrm{i}\infty}^{+\mathrm{i}\infty}\frac{\mathscr{R}^\dagger(\bar{q})\mathrm{e}^{-st}}{\mathscr{R}(\bar{q})\eta_\beta}\mathbf{M}_{\mathrm{SS}}\,\mathrm{d}\bar{q} = \frac{1}{2\pi\mu}\mathrm{Im}\int_0^{+\mathrm{i}\infty}\frac{\mathscr{R}^\dagger(\bar{q})\mathrm{e}^{-st}}{\mathscr{R}(\bar{q})\eta_\beta}\mathbf{M}_{\mathrm{SS}}\,\mathrm{d}\bar{q}$$

其中,$t = t_{\mathrm{SS}}(\eta_\beta\cos\theta' - \bar{q}\sin\theta')$,$t_{\mathrm{SS}} = r'/\beta$,

---

[①] 在这个结果中含有 r' 和 θ'。当给定源和场的空间坐标时,不难根据图 3.4.1 得到

$$\theta' = \arctan\frac{x}{z + z'}, \qquad r' = \frac{x}{\sin\theta'}$$

$$\mathbf{M}_{\mathrm{SS}} = \begin{bmatrix} \eta_\beta^2 & -\bar{q}\eta_\beta \\ \bar{q}\eta_\beta & -\bar{q}^2 \end{bmatrix}$$

同样地，只需要作替换：$r \to r'$ 和 $\theta \to \theta'$，可直接效仿 3.3.2 节的结果得到 SS 波项为 $\mathbf{G}^{\mathrm{SS}} + H(\theta' - \theta_{\mathrm{c}})\,\mathbf{G}^{\mathrm{sPs}①}$，其中

$$\mathbf{G}^{\mathrm{SS}}(x, z, t; z') = \frac{\beta}{2\pi\mu r'}\mathrm{Re}\left[\frac{\mathscr{R}^\dagger(\bar{q})\mathbf{M}_{\mathrm{SS}}(\bar{q})}{\mathscr{R}(\bar{q})}\right]\frac{H(\bar{t} - \bar{t}_{\mathrm{SS}})}{\sqrt{\bar{t}^2 - 1}}\Bigg|_{\bar{q}=\bar{q}_{\mathrm{S}}}$$

$$\mathbf{G}^{\mathrm{sPs}}(x, z, t; z') = -\frac{\beta}{2\pi\mu r'}\mathrm{Im}\left[\frac{\mathscr{R}^\dagger(\bar{q})\mathbf{M}_{\mathrm{SS}}(\bar{q})}{\mathscr{R}(\bar{q})}\right]\frac{H(\bar{t} - \bar{t}_{\mathrm{sPs}}) - H(t - t_{\mathrm{SS}})}{\sqrt{1 - \bar{t}^2}}\Bigg|_{\bar{q}=\bar{q}_{\mathrm{S\text{-}P}}}$$

$$\mathbf{G}^{\mathrm{SS}}_{,1'}(x, z, t; z') = -\frac{1}{2\pi\mu r'}\frac{\partial}{\partial t}\mathrm{Re}\left[\frac{\mathscr{R}^\dagger(\bar{q})\bar{q}\mathbf{M}_{\mathrm{SS}}(\bar{q})}{\mathscr{R}(\bar{q})}\right]\frac{H(\bar{t} - \bar{t}_{\mathrm{SS}})}{\sqrt{\bar{t}^2 - 1}}\Bigg|_{\bar{q}=\bar{q}_{\mathrm{S}}}$$

$$\mathbf{G}^{\mathrm{sPs}}_{,1'}(x, z, t; z') = \frac{1}{2\pi\mu r'}\frac{\partial}{\partial t}\mathrm{Im}\left[\frac{\mathscr{R}^\dagger(\bar{q})\bar{q}\mathbf{M}_{\mathrm{SS}}(\bar{q})}{\mathscr{R}(\bar{q})}\right]\frac{H(\bar{t} - \bar{t}_{\mathrm{sPs}}) - H(t - t_{\mathrm{SS}})}{\sqrt{1 - \bar{t}^2}}\Bigg|_{\bar{q}=\bar{q}_{\mathrm{S\text{-}P}}}$$

$$\mathbf{G}^{\mathrm{SS}}_{,3'}(x, z, t; z') = -\frac{1}{2\pi\mu r'}\frac{\partial}{\partial t}\mathrm{Re}\left[\frac{\mathscr{R}^\dagger(\bar{q})\eta_\beta\mathbf{M}_{\mathrm{SS}}(\bar{q})}{\mathscr{R}(\bar{q})}\right]\frac{H(\bar{t} - \bar{t}_{\mathrm{SS}})}{\sqrt{\bar{t}^2 - 1}}\Bigg|_{\bar{q}=\bar{q}_{\mathrm{S}}}$$

$$\mathbf{G}^{\mathrm{sPs}}_{,3'}(x, z, t; z') = \frac{1}{2\pi\mu r'}\frac{\partial}{\partial t}\mathrm{Im}\left[\frac{\mathscr{R}^\dagger(\bar{q})\eta_\beta\mathbf{M}_{\mathrm{SS}}(\bar{q})}{\mathscr{R}(\bar{q})}\right]\frac{H(\bar{t} - \bar{t}_{\mathrm{sPs}}) - H(t - t_{\mathrm{SS}})}{\sqrt{1 - \bar{t}^2}}\Bigg|_{\bar{q}=\bar{q}_{\mathrm{S\text{-}P}}}$$

其中，$\bar{t}_{\mathrm{sPs}} = r'\cos(\theta' - \theta_{\mathrm{c}})/r$，$\bar{t}_{\mathrm{SS}} = r'/r$，$\bar{q}_{\mathrm{S}} = -\bar{t}\sin\theta' + \mathrm{i}\cos\theta'\sqrt{\bar{t}^2 - 1}$，$\bar{q}_{\mathrm{S\text{-}P}} = \cos(\theta' + \varphi)$。

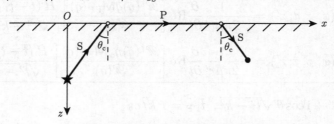

图 3.4.2　表面 P 波 sPs 传播路径示意图

从源点发出的 S 波以 θ_{c} 入射到地表，并转换为 P 波沿着地表传播，再以 θ_{c} 转换为 S 波到达观测点。"★"代表源点，"●"代表观测点，空心圆圈代表位于地表上的入射点和出射点。$\theta_{\mathrm{c}} = \arcsin k$ 为临界角

对应于观测点位于地表的表面 P 波项 S-P，此时的表面 P 波项为 sPs：从源点发出的 S 波以 θ_{c} 入射到地表，并转换为 P 波沿着地表传播，再以 θ_{c} 转换为 S 波出射到达观测点，见图 3.4.2。根据图示的几何关系，结合图 3.4.1，并注意到 $\sin\theta_{\mathrm{c}} = k$ 和 $\cos\theta_{\mathrm{c}} = \sqrt{1 - k^2}$，我们有

$$t_{\mathrm{sPs}} = \frac{z' + z}{\beta\cos\theta_{\mathrm{c}}} + \frac{r'\sin\theta' - (z + z')\tan\theta_{\mathrm{c}}}{\alpha} = \frac{r'\cos\theta'}{\beta\cos\theta_{\mathrm{c}}} + \frac{r'\sin\theta'}{\alpha} - \frac{r'\cos\theta'\sin\theta_{\mathrm{c}}}{\alpha\cos\theta_{\mathrm{c}}}$$

---

① Lapwood (1949) 把转换波 SS 中出现的割线上的积分部分叫做表面 P 波 (surface P-wave)，记作 sPs。

$$= \frac{r'\cos\theta'}{\beta\cos\theta_c}(1-k^2) + \frac{r'\sin\theta'}{\alpha} = \frac{r'}{\beta}\left(\cos\theta'\cos\theta_c + \sin\theta'\sin\theta_c\right) = t_{SS}\cos(\theta'-\theta_c)$$

从而, $\bar{t}_{sPs} = r'\cos(\theta'-\theta_c)/r$, 其中 $\theta_c = \arcsin k$。

3.4.3 转换 P 波项 (PS) 和转换 S 波项 (SP)

对式 (3.2.8) 中的 PS 波项和 SP 波项作关于 ξ 的双边 Laplace 反变换

$$\mathbf{G}^{PS}(x, z, s; z') = \frac{1}{\pi i}\int_{-i\infty}^{+i\infty}\begin{bmatrix}\xi\nu_\beta & \nu_\alpha\nu_\beta \\ \xi^2 & \xi\nu_\alpha\end{bmatrix}\frac{h\xi e^{-(\nu_\alpha z' + \nu_\beta z) + \xi x}}{\rho s^2 R}\,d\xi$$

$$\mathbf{G}^{SP}(x, z, s; z') = \frac{1}{\pi i}\int_{-i\infty}^{+i\infty}\begin{bmatrix}\xi\nu_\beta & -\xi^2 \\ -\nu_\alpha\nu_\beta & \xi\nu_\alpha\end{bmatrix}\frac{h\xi e^{-(\nu_\beta z' + \nu_\alpha z) + \xi x}}{\rho s^2 R}\,d\xi$$

3.4.3.1 PS 波项

作代换 $\xi = s\bar{q}/\beta$ 并注意到奇偶性, 有

$$\mathbf{G}^{PS}(x, z, s; z') = -\frac{i}{\pi\mu}\int_{-i\infty}^{+i\infty}\frac{\bar{q}\gamma e^{-st}}{\mathscr{R}(\bar{q})}\mathbf{M}_{PS}\,d\bar{q} = \frac{2}{\pi\mu}\mathrm{Im}\int_0^{+i\infty}\frac{\bar{q}\gamma e^{-st}}{\mathscr{R}(\bar{q})}\mathbf{M}_{PS}\,d\bar{q}$$

其中, $t = (\eta_\alpha z' + \eta_\beta z - \bar{q}x)/\beta$,

$$\mathbf{M}_{PS} = \begin{bmatrix}\bar{q}\eta_\beta & \eta_\alpha\eta_\beta \\ \bar{q}^2 & \bar{q}\eta_\alpha\end{bmatrix}$$

为了确定 $\bar{q}$ 的复平面内的积分路径, 需要仔细分析 $t = (\eta_\alpha z' + \eta_\beta z - \bar{q}x)/\beta$。根据相因子的物理意义, 我们知道正在考虑的这一项积分属于 PS 转换波的贡献。从射线角度分析, 可以依据 Snell 定律作出图 3.4.3。根据图中所示的几何关系, 有

$$t = \frac{1}{\beta}\left[\eta_\alpha r_\alpha\cos i_\alpha + \eta_\beta r_\beta\cos i_\beta - \bar{q}(r_\alpha\sin i_\alpha + r_\beta\sin i_\beta)\right] = t_\alpha + t_\beta \tag{3.4.2}$$

其中

$$t_\alpha = \frac{1}{\beta}\left(-\bar{q}r_\alpha\sin i_\alpha + \sqrt{k^2 - \bar{q}^2}\,r_\alpha\cos i_\alpha\right)$$

$$t_\beta = \frac{1}{\beta}\left(-\bar{q}r_\beta\sin i_\beta + \sqrt{1 - \bar{q}^2}\,r_\beta\cos i_\beta\right)$$

将其表示成为 $\bar{q}$ 满足的一元二次方程, 分别为

$$\bar{q}^2 r_\alpha^2 + 2\beta t_\alpha r_\alpha\sin i_\alpha\bar{q} + \beta^2 t_\alpha^2 - k^2 r_\alpha^2\cos^2 i_\alpha = 0 \tag{3.4.3a}$$

$$\bar{q}^2 r_\beta^2 + 2\beta t_\beta r_\beta\sin i_\beta\bar{q} + \beta^2 t_\beta^2 - r_\beta^2\cos^2 i_\beta = 0 \tag{3.4.3b}$$

由于 $\bar{q}$ 同时满足两个方程, 因此对应系数之比相等

$$\frac{t_\alpha r_\alpha\sin i_\alpha}{t_\beta r_\beta\sin i_\beta} = \frac{r_\alpha^2}{r_\beta^2} = \frac{\beta^2 t_\alpha^2 - k^2 r_\alpha^2\cos^2 i_\alpha}{\beta^2 t_\beta^2 - r_\beta^2\cos^2 i_\beta}$$

第一个等号两边相等，意味着

$$\frac{t_\alpha \sin i_\alpha}{r_\alpha} = \frac{t_\beta \sin i_\beta}{r_\beta} \triangleq \frac{m}{\beta} \implies t_\alpha = \frac{mr_\alpha}{\beta \sin i_\alpha}, \quad t_\beta = \frac{mr_\beta}{\beta \sin i_\beta} \tag{3.4.4}$$

根据第二个等号两边相等，并代入上式，得到

$$m = \sqrt{\frac{\cos^2 i_\beta - k^2 \cos^2 i_\alpha}{\csc^2 i_\beta - \csc^2 i_\alpha}} = \left[\frac{\dfrac{z^2}{R_\beta^2 + z^2} - k^2 \dfrac{z'^2}{R_\alpha^2 + z'^2}}{\dfrac{z^2}{R_\beta^2} - \dfrac{z'^2}{R_\alpha^2}} \right]^{\frac{1}{2}} \tag{3.4.5}$$

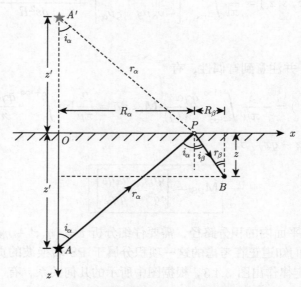

图 3.4.3   转换 P 波项 (PS) 的分析示意图

从 A 点发出的 P 波 (或 S 波) 到达地表的 P 点处转化为 S 波后到达 B 点。入射角为 i_α，反射角为 i_β，它们遵从 Snell 定律。A 和 P 之间的距离为 r_α，水平距离为 R_α；B 和 P 之间的距离为 r_β，水平距离为 R_β。其他符号与图 3.4.1 相同

将式 (3.4.4) 代入式 (3.4.2)，得到

$$t = \frac{m}{\beta}\left(\frac{r_\alpha}{\sin i_\alpha} + \frac{r_\beta}{\sin i_\beta}\right) = \frac{m}{\beta}\left(\frac{r_\alpha^2}{R_\alpha} + \frac{r_\beta^2}{R_\beta}\right) = \frac{m}{\beta}\left(x + \frac{z'^2}{R_\alpha} + \frac{z^2}{R_\beta}\right) \tag{3.4.6}$$

式 (3.4.3a) 和 (3.4.3b) 是两个等价的方程，可以择其一做分析。比如根据式 (3.4.3a)，可以得到 $\bar{q}$ 用 t_α 的表达

$$\bar{q} = -\frac{\beta t_\alpha}{r_\alpha}\sin i_\alpha \pm \cos i_\alpha\sqrt{k^2 - \frac{\beta^2 t_\alpha^2}{r_\alpha^2}} \xlongequal{(3.4.4)} -m \pm \cot i_\alpha\sqrt{k^2 \sin^2 i_\alpha - m^2}$$

根据式 (3.4.2)，

$$\eta_\alpha = \frac{\beta t_\alpha + R_\alpha \bar{q}}{z'} = \frac{\beta t_\alpha}{z'}\cos^2 i_\alpha \pm \sin i_\alpha\sqrt{k^2 - \frac{\beta^2 t_\alpha^2}{r_\alpha^2}} = m\cot i_\alpha \pm \sqrt{k^2 \sin^2 i_\alpha - m^2}$$

(1) 当 $t_\alpha \leqslant r_\alpha/\alpha$ 时, $\bar{q}$ 表达式中根式下的项为正, 为了保证 $\mathrm{Re}\{\eta_\alpha\} \geqslant 0$, 取 "+": $\bar{q} = -m + \cot i_\alpha \sqrt{k^2 \sin^2 i_\alpha - m^2}$。

(2) 当 $t_\alpha > r_\alpha/\alpha$ 时, $\bar{q}$ 表达式中根式下的项为负, 根式为纯虚数, 此时其符号取正或负, 总有 $\mathrm{Re}\{\eta_\alpha\} \geqslant 0$。为了积分路径选取的方便, 也取 "+": $\bar{q} = -m + \mathrm{i}\cot i_\alpha \sqrt{m^2 - k^2 \sin^2 i_\alpha}$。

综合起来, 有[①]

$$\bar{q} = \begin{cases} -m + \cot i_\alpha \sqrt{k^2 \sin^2 i_\alpha - m^2}, & 0 \leqslant t_\alpha \leqslant r_\alpha/\alpha \\ -m + \mathrm{i}\cot i_\alpha \sqrt{m^2 - k^2 \sin^2 i_\alpha}, & t_\alpha > r_\alpha/\alpha \end{cases}$$

由于 $t = (\eta_\alpha z' + \eta_\beta z - \bar{q}x)/\beta$, 两边对 t 求导, 得到

$$\beta = -\frac{\bar{q}}{\eta_\alpha}\frac{\mathrm{d}\bar{q}}{\mathrm{d}t}z' - \frac{\bar{q}}{\eta_\beta}\frac{\mathrm{d}\bar{q}}{\mathrm{d}t}z - \frac{\mathrm{d}\bar{q}}{\mathrm{d}t}x \implies \frac{\mathrm{d}\bar{q}}{\mathrm{d}t} = -\frac{\beta}{x + \bar{q}\left(\frac{z'}{\eta_\alpha} + \frac{z}{\eta_\beta}\right)} \tag{3.4.7}$$

随着 $t = t_\alpha + t_\beta$ 从 0 变到 $+\infty$, $\bar{q}$ 在其复平面内的变化情况与图 3.3.1 相同: 在 t 从 0 增大到 $t_{\mathrm{PS}} = r_\alpha/\alpha + r_\beta/\beta$ 的过程中, $\bar{q}$ 在实轴上变化, 此时被积函数中的所有量均为实数, 因此对结果无贡献; 而当 $t > t_{\mathrm{PS}}$ 时, $\bar{q}$ 在 Cagniard 路径上变化。按照与 3.3.1 节中相同的分析, 我们得到

$$\begin{aligned} \mathbf{G}^{\mathrm{PS}}(x, z, t; z') &= \frac{2}{\pi\mu}\mathrm{Im}\left[\frac{\bar{q}\gamma\mathbf{M}_{\mathrm{PS}}}{\mathscr{R}(\bar{q})}\frac{\mathrm{d}\bar{q}}{\mathrm{d}t}\right]H(t - t_{\mathrm{PS}}) \\ &\stackrel{(3.4.7)}{=\!=\!=} -\frac{2\beta}{\pi\mu}\mathrm{Im}\left\{\frac{\bar{q}\gamma\mathbf{M}_{\mathrm{PS}}}{\mathscr{R}(\bar{q})\left[x + \bar{q}\left(\frac{z'}{\eta_\alpha} + \frac{z}{\eta_\beta}\right)\right]}\right\}H(t - t_{\mathrm{PS}}) \\ \mathbf{G}^{\mathrm{PS}}_{,1'}(x, z, t; z') &= \frac{2}{\pi\mu}\frac{\partial}{\partial t}\mathrm{Im}\left\{\frac{\bar{q}^2\gamma\mathbf{M}_{\mathrm{PS}}}{\mathscr{R}(\bar{q})\left[x + \bar{q}\left(\frac{z'}{\eta_\alpha} + \frac{z}{\eta_\beta}\right)\right]}\right\}H(t - t_{\mathrm{PS}}) \\ \mathbf{G}^{\mathrm{PS}}_{,3'}(x, z, t; z') &= \frac{2}{\pi\mu}\frac{\partial}{\partial t}\mathrm{Im}\left\{\frac{\bar{q}\eta_\alpha\gamma\mathbf{M}_{\mathrm{PS}}}{\mathscr{R}(\bar{q})\left[x + \bar{q}\left(\frac{z'}{\eta_\alpha} + \frac{z}{\eta_\beta}\right)\right]}\right\}H(t - t_{\mathrm{PS}}) \end{aligned}$$

其中, $\bar{q} = -m + \mathrm{i}\cot i_\alpha \sqrt{m^2 - k^2 \sin^2 i_\alpha}$, $i_\alpha = \arctan(R_\alpha/z')$。

需要说明的是上式中 t_{PS} 和 $\bar{q}$ 中所含 R_α 的求法。如前所述, $t_{\mathrm{PS}} = r_\alpha/\alpha + r_\beta/\beta$, 代

[①] 如果根据式 (3.4.3b), 相应地有

$$\bar{q} = \begin{cases} -m + \cot i_\beta \sqrt{\sin^2 i_\beta - m^2}, & 0 \leqslant t_\beta \leqslant r_\beta/\beta \\ -m + \mathrm{i}\cot i_\beta \sqrt{m^2 - \sin^2 i_\beta}, & t_\beta > r_\beta/\beta \end{cases}$$

入式 (3.4.6)，并结合式 (3.4.5)，得到 $\sin i_\beta = k \sin i_\alpha$[①]。这个结果实际上就是 Snell 定律：

$$\frac{\sin i_\alpha}{\alpha} = \frac{\sin i_\beta}{\beta}$$

据此可求出 R_α[②]，从而得到 t_{PS}。这正是 PS 波的到时。当 $t > t_{\mathrm{PS}}$ 时，根据式 (3.4.6) 不难看出，此时 R_α 的值与 t 有关[③]。将式 (3.4.5) 代入式 (3.4.6)，得到

$$\beta t = \left[\frac{\dfrac{z^2}{R_\beta^2 + z^2} - k^2 \dfrac{z'^2}{R_\alpha^2 + z'^2}}{\dfrac{z^2}{R_\beta^2} - \dfrac{z'^2}{R_\alpha^2}} \right]^{\frac{1}{2}} \left(x + \frac{z'^2}{R_\alpha} + \frac{z^2}{R_\beta} \right)$$

根据此式可以求出 R_α[④]。图 3.4.4 显示了一个 $R_\alpha(t)$ 的计算结果。参数为：$\alpha = 8.00\ \mathrm{km/s}$，

---

① 代入可以得到

$$k r_\alpha + r_\beta = \left(\frac{r_\alpha}{\sin i_\alpha} + \frac{r_\beta}{\sin i_\beta} \right) \sqrt{\frac{\cos^2 i_\beta - k^2 \cos^2 i_\alpha}{\csc^2 i_\beta - \csc^2 i_\alpha}}$$

$$\Longrightarrow \left(\frac{k r_\alpha + r_\beta}{r_\alpha \sin i_\beta + r_\beta \sin i_\alpha} \right)^2 = \frac{\cos^2 i_\beta - k^2 \cos^2 i_\alpha}{\sin^2 i_\alpha - \sin^2 i_\beta}$$

从而有 $(\sin^2 i_\alpha - \sin^2 i_\beta)(k r_\alpha + r_\beta)^2 = (\cos^2 i_\beta - k^2 \cos^2 i_\alpha)(r_\alpha \sin i_\beta + r_\beta \sin i_\alpha)^2$。展开后，根据两边 r_α^2、$r_\alpha r_\beta$ 和 r_β^2 项的系数分别成比例，得到 $\sin i_\beta = k \sin i_\alpha$。

② 可以参考图 3.4.3 将此式整理成一个关于 R_α 的一元四次方程 $a R_\alpha^4 + b R_\alpha^3 + c R_\alpha^2 + d R_\alpha + e = 0$，其中 $a = 1 - k^2$，$b = -2x(1 - k^2)$，$c = -k^2(z^2 + x^2) + x^2 + z'^2$，$d = -2x z'^2$，$e = x^2 z'^2$。给定 x、z 和 z' 的值，在已经计算出 $a \sim e$ 的数值情况下，可以通过 Matlab 的命令 roots([a b c d e]) 求出 R_α。注意 $R_\alpha \in \mathbb{R}$ 以及 $0 < R_\alpha < x$ 的条件，从得到的 4 个解中挑选符合条件的一个。举例：$k = 1/\sqrt{3}$ (Poisson 体)，$x = 10\ \mathrm{km}$，$z' = 3\ \mathrm{km}$，$z = 2\ \mathrm{km}$，根据 roots 运算得到的解有四个：两个实根 11.345419、8.697267 和两个互为共轭的复根 $-0.021343 \pm 3.698776\mathrm{i}$。根据 $0 < R_\alpha < x$ 可以判断，$R_\alpha = 8.697267\ \mathrm{km}$。参见图 3.4.4 中的空心圆圈。

③ 这意味着对于 $t > t_{\mathrm{PS}}$，图 3.4.3 所示的在界面处的转换不再满足 Snell 定律。这是因为 Snell 定律是对高频近似下的射线得到的结论，当波动初到时频率很高时，满足高频的条件，但是对于初到以后的波动，由于频率成分不能满足高频条件，Snell 定律不再成立。

④ 此式可整理成一个关于 R_α 的一元六次方程 $a R_\alpha^6 + b R_\alpha^5 + c R_\alpha^4 + d R_\alpha^3 + e R_\alpha^2 + f R_\alpha + g = 0$，其中

$$a = x^2\left(z^2 - k^2 z'^2\right) + \beta^2 t^2\left(z'^2 - z^2\right)$$

$$b = 2x\left[\beta^2 t^2\left(z^2 - 2z'^2\right) + k^2 z'^2\left(2x^2 + z^2 - z'^2\right) - z^2\left(x^2 + z^2 - z'^2\right)\right]$$

$$c = \beta^2 t^2\left[z'^4 - z^4 + x^2\left(6z'^2 - z^2\right)\right] - k^2 z'^2\left[x^2\left(6x^2 + 7z^2 - 8z'^2\right) + \left(z^2 - z'^2\right)^2\right]$$
$$\quad + z^2\left[\left(x^2 + z^2 - z'^2\right)^2 - x^2 z'^2\right]$$

$$d = -4x z'^2\left[\beta^2 t^2\left(x^2 + z^2\right) - k^2 x^2\left(x^2 + 2z^2 - 3z'^2\right) - k^2\left(z^2 - z'^2\right)^2\right]$$

$$e = z'^2\left\{\beta^2 t^2\left[x^2\left(x^2 + 6z'^2\right) - z^2\left(z^2 - z'^2\right)\right] - k^2\left[x^2\left(x^4 + 3x^2 z^2 - 8x^2 z'^2 + 3z^4\right.\right.\right.$$
$$\quad \left.\left. -10z^2 z'^2 + 6z'^4\right) + z^2\left(z^2 - z'^2\right)^2\right] + z^2\left[\left(x^2 + z^2 - z'^2\right)^2 - x^2 z'^2\right]\right\}$$

$$f = -2x z'^4\left\{\beta^2 t^2\left(2x^2 + z^2\right) + k^2\left[x^2\left(x^2 + 2z^2 - 2z'^2\right) + z^2\left(z^2 - z'^2\right)\right] - z^2\left(x^2 + z^2 - z'^2\right)\right\}$$

$$g = x^2 z'^4\left[\left(\beta^2 t^2 - k^2 z'^2\right)\left(x^2 + z^2\right) + z^2 z'^2\right]$$

同样地，通过 Matlab 的命令 roots([a b c d e f g]) 求出 R_α。举例：$\beta = 4.62\ \mathrm{km/s}$，$t = 3\ \mathrm{s}$，$k = 1/\sqrt{3}$，$x = 10\ \mathrm{km}$，$z' = 3\ \mathrm{km}$，$z = 2\ \mathrm{km}$，得到的解有两个实根 20.560021、6.746360 和两对互为共轭的复根 $9.578812 \pm 2.871423\mathrm{i}$、$0.194674 \pm 3.288085\mathrm{i}$。根据 $0 < R_\alpha < x$ 可以判断，$R_\alpha = 6.746360\ \mathrm{km}$。参见图 3.4.4 中的空心圆圈。

$\beta = 4.62$ km/s, $x = 10$ km, $z' = 3$ km, $z = 2$ km。细横线代表满足 Snell 定律情况下计算的 $R_\alpha = R_\alpha(t_{PS})$。由图 3.4.4 可见，在 $t > t_{PS}$ 时，$R_\alpha(t) < R_\alpha(t_{PS})$，并且随着 t 的增大趋于一个稳定值。

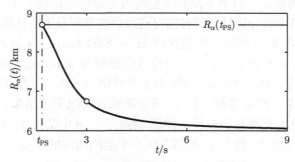

图 3.4.4 $R_\alpha(t)$ 随 t $(t \geqslant t_{PS})$ 的变化

虚线代表 t_{PS} 的时刻，实横线代表 $t = t_{PS}$ 时 R_α 的值。两个空心圆圈分别代表 $t = t_{PS}$ 和 $t = 3$ s 时的结果

3.4.3.2 SP 波项

与 PS 波项类似，

$$\mathbf{G}^{SP}(x, z, s; z') = -\frac{i}{\pi\mu} \int_{-i\infty}^{+i\infty} \frac{\bar{q}\gamma e^{-st}}{\mathscr{R}(\bar{q})} \mathbf{M}_{SP} \, d\bar{q} = \frac{2}{\pi\mu} \text{Im} \int_0^{+i\infty} \frac{\bar{q}\gamma e^{-st}}{\mathscr{R}(\bar{q})} \mathbf{M}_{SP} \, d\bar{q}$$

$$\mathbf{M}_{SP} = \begin{bmatrix} \bar{q}\eta_\beta & -\bar{q}^2 \\ -\eta_\alpha\eta_\beta & \bar{q}\eta_\alpha \end{bmatrix}$$

其中，$t = (\eta_\alpha z + \eta_\beta z' - \bar{q}x)/\beta$。

可以发现，只需要将 z 和 z' 互换即可根据 PS 波项的结果直接得到 SP 波项的结果。以下只罗列结果。

$$\mathbf{G}^{SP}(x, z, t; z') = -\frac{2\beta}{\pi\mu} \text{Im} \left\{ \frac{\bar{q}\gamma\mathbf{M}_{SP}}{\mathscr{R}(\bar{q})\left[x + \bar{q}\left(\frac{z}{\eta_\alpha} + \frac{z'}{\eta_\beta}\right)\right]} \right\} H(t - t_{SP})$$

$$\mathbf{G}^{SP}_{,1'}(x, z, t; z') = \frac{2}{\pi\mu} \frac{\partial}{\partial t} \text{Im} \left\{ \frac{\bar{q}^2\gamma\mathbf{M}_{SP}}{\mathscr{R}(\bar{q})\left[x + \bar{q}\left(\frac{z}{\eta_\alpha} + \frac{z'}{\eta_\beta}\right)\right]} \right\} H(t - t_{SP})$$

$$\mathbf{G}^{SP}_{,3'}(x, z, t; z') = \frac{2}{\pi\mu} \frac{\partial}{\partial t} \text{Im} \left\{ \frac{\bar{q}\eta_\beta\gamma\mathbf{M}_{SP}}{\mathscr{R}(\bar{q})\left[x + \bar{q}\left(\frac{z}{\eta_\alpha} + \frac{z'}{\eta_\beta}\right)\right]} \right\} H(t - t_{SP})$$

其中，$\bar{q} = -m + i\cot i_\alpha \sqrt{m^2 - k^2 \sin^2 i_\alpha}$, $i_\alpha = \arctan(R_\alpha/z)$,

$$m = \left[\frac{\frac{z'^2}{R_\beta^2 + z'^2} - k^2 \frac{z^2}{R_\alpha^2 + z^2}}{\frac{z'^2}{R_\beta^2} - \frac{z^2}{R_\alpha^2}} \right]^{\frac{1}{2}}, \quad t = \frac{m}{\beta}\left(x + \frac{z^2}{R_\alpha} + \frac{z'^2}{R_\beta}\right)$$

t_{SP} 和 R_α 的求法与 PS 波项中的相同，只需要将 z 和 z' 互换即可。

3.5　数　值　算　例

以上分别针对观测点位于自由表面和半空间内部的情况得到了 Green 函数及其空间导数的闭合表达式。本节中将分别针对两种情况通过数值算例直观地显示相关的计算结果并作分析。介质的参数与第 2 章相同：P 波速度 $\alpha = 8.00$ km/s，S 波速度 $\beta = 4.62$ km/s (Poisson 体)，密度 $\rho = 3.30$ g/cm³。我们将首先分析与 Johnson (1974) 论文中相应的五个具体算例的二维版本，显示 Green 函数 G_{ij} 及对应的 G_{ij}^{H}，并考察相应的质点运动轨迹和 G_{ij} 的空间导数结果；然后考察不同源–场空间位置情况下的结果。

图 3.5.1 显示了我们要考察的五种具体源–场组合，其中情形 I、II 和 III 是观测点位于自由界面的情况，而情形 IV 和 V 是观测点位于半空间内部的情况。以下分别具体考察。

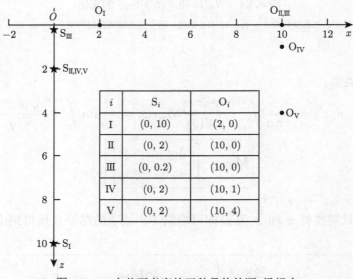

图 3.5.1　本节要考察的五种具体的源–场组合

情形 I、II 和 III 是观测点位于自由界面的情况，而情形 IV 和 V 是观测点位于半空间内部的情况。"★" "代表源 (Source，记为 S) 的位置，而 "●" 代表观测点 (Observation，记为 O) 的位置。图中的表格详细列出了五种情形的源和场的坐标 (单位：km)

3.5.1　自由表面处的 Green 函数

首先研究三个具体的场源空间组合，给出对应于 Johnosn (1974) 三维情况的二维结果，并显示对应的质点运动情况，给出 Green 函数空间导数的数值结果，然后考察更为普遍的场源空间组合下的结果。

3.5.1.1　情形 I、II 和 III 的 Green 函数 G_{ij} 及对应的 G_{ij}^{H}

参考图 3.5.1，这三种情形对应的参数分别为 (单位：km)：(I) $z' = 10, x = 2$ ($\theta = 11.31°$)；(II) $z' = 2, x = 10$ ($\theta = 78.69°$)；(III) $z' = 0.2, x = 10$ ($\theta = 88.85°$)。由于 $\theta_{\mathrm{c}} = \arcsin k \approx 35.3°$，因此情形 I 的结果中不会出现 S-P 震相，而后两种情形则包含。

对于情形 I (图 3.5.2)，由于相比于源的深度 ($z' = 10$ km) 而言，观测点的水平距离 ($x = 2$ km) 较小，因此 $\theta = 11.31° < \theta_c$，$G_{ij}$ 和 G_{ij}^{H} 只包含直达 P 波和直达 S 波。对于脉冲力导致的 G_{ij} 而言，P 波和 S 波到达时刻的位移幅度瞬间达到无穷大[①]，随后逐渐变小。震相到达瞬间振幅达到无穷大是脉冲源产生的位移场的典型特征[②]。阶跃函数导致的位移 G_{ij}^{H} 是 Green 函数 G_{ij} 与阶跃函数 $H(t)$ 的卷积，效果上相当于 G_{ij} 对时间变量求积分[③]，因此 G_{ij}^{H} 的波形上并不会出现类似于脉冲的成分，整体上较为光滑，只在 P 波和 S 波到时处出现导数的不连续。

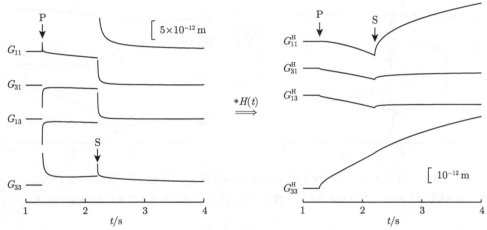

图 3.5.2　情形 I ($\theta = 11.31°$) 的 Green 函数分量 G_{ij} 及相应的 $G_{ij}^{\mathrm{H}} = H(t) * G_{ij}$

"$*$" 代表卷积运算。横坐标为时间 t (s)，纵坐标为 1 国际单位制的体力导致的 Green 函数分量 (m)，图中的纵向标度标出了位移大小。以箭头标出了初至 P 波和 S 波。为了不掩盖到时附近以外的波形信息，对波形进行了截断处理

图 3.5.3 显示了情形 II 对应的结果。此时震中距与源深度的比值 $\zeta = x/z' = 5$，根据第 2 章有关 Rayleigh 波出现条件以及前面有关 S-P 出现条件的分析，可知将出现 Rayleigh 波和 S-P 波；因此从波形上看情形 II 比情形 I 复杂得多。对于直达波以外的这两种新出现的震相，其特征有明显的不同：S-P 波虽然有明确的到时，但是并非表现出脉冲的特征，而是具有较为光滑的波形；而对于 Rayleigh 波，波形更为光滑，甚至并无明确的起始时刻[④]。

当 ζ 值进一步增大，达到情形 III 的 50 时，Rayleigh 波振幅相比于体波振幅显著增大（特别是垂直力导致的位移分量 G_{13} 和 G_{33}），成为波形中的最显著震相，如图 3.5.4 所示。这实际上正是 Lamb (1904) 指出的远场位移的主要特征。由于情形 III 对应的 $\theta = 88.85°$ 接近于 90°，因此 $t_{\text{S-P}} \to t_{\text{P}}$，即 S-P 波和 P 波的初至非常接近。图 3.5.4 还揭示了一个有

---

① 从频率域来看，振幅瞬间产生巨大的变化对应着频率 $f \to +\infty$，因此波动到时可以视为高频情况下的射线到达的时刻，而此后则不满足高频近似。

② 不包括 S-P 波，它的特点是在到达瞬间振幅为零，而后先平稳地增大再减小。在情形 II 和情形 III 的结果中可以看到这一点。

③ 这是因为

$$G_{ij}^{\mathrm{H}}(t) = \int_{-\infty}^{+\infty} G_{ij}(\tau) H(t - \tau)\,\mathrm{d}\tau = \int_0^t G_{ij}(\tau)\,\mathrm{d}\tau$$

④ 回忆第 2 章中关于 Rayleigh 波"到时"的定义，并非在此之后才出现 Rayleigh 波，而是到时大致位于振幅最大值附近。事实上，我们是以源点和场点都在地表情况下的 Rayleigh 波脉冲出现的时刻定义的到时。

趣的现象：垂直力所导致的 Rayleigh 波 (在 G_{13} 和 G_{33} 分量中) 幅度明显大于水平力导致的 Rayleigh 波 (在 G_{11} 和 G_{31} 分量中)[①]，导致了对应的 G_{i3}^{H} 分量在 Rayleigh 波到时附近出现了较大的波动，而与此形成对比的是 G_{i1}^{H} 分量，在该处只有较小的波动。

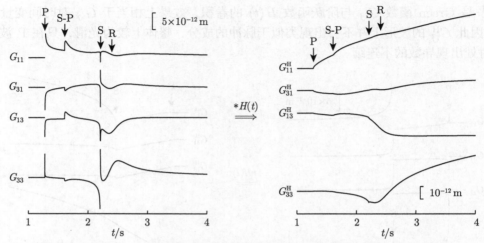

图 3.5.3　情形 II ($\theta = 78.69°$) 的 Green 函数分量 G_{ij} 及相应的 $G_{ij}^{\mathrm{H}} = H(t) * G_{ij}$

说明与图 3.5.2 相同，除了标出了初至 P 波和 S 波之外，还标出了初至 S-P 波和 Rayleigh 波 (R)

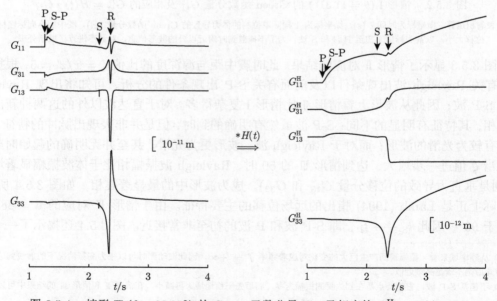

图 3.5.4　情形 III ($\theta = 88.85°$) 的 Green 函数分量 G_{ij} 及相应的 $G_{ij}^{\mathrm{H}} = H(t) * G_{ij}$

说明与图 3.5.3 相同

---

① 这可做如下直观的解释：垂直力导致的位移，在沿力的作用方向上因自由界面的存在而有较大的运动自由度 (G_{33})；与此相反，水平力导致的位移在沿力的作用方向上因前后都有介质而受限 (G_{11})。由连续介质中位移的连续性，相应地 G_{13} 较大而 G_{31} 较小。

3.5.1.2 Green 函数分量包含的各个震相

根据 3.3 节的分析，Green 函数分量 G_{ij} 是 P 波成分 G_{ij}^{P}、S 波成分 G_{ij}^{S} 以及 S-P 波成分 G_{ij}^{S-P}(如果存在的话) 之和。以情形 II 为例，图 3.5.5 显示了各 Green 函数分量 G_{ij} 及其各自包含的 P 波、S 波和 S-P 波成分。P 波成分和 S 波成分表现出相似的特征：在到时之后瞬间达到无穷大，随后迅速变小；随着时间增大，由于受同步变化的 q 在其复平面内的 Cagniard 路径附近的 Rayleigh 极点的影响，在 Rayleigh 波到时附近出现波幅变化，最后呈现单调变化。与此不同，S-P 波成分在到时处从零增大，而后平滑地变化，并在 S 波到时之前趋于无穷。值得指出的是，各个独立的震相中既包含高频的成分，也包含其他频率成分。前者是地震学中经常采用的简化分析的假设前提，在此假设之下，各个震相的行为可以用射线来形象地描述，比如在界面处的反射和折射；而在到时之后的波动行为并非用高频假定下的特征所能解释的，比如 G_{11} 分量中的 P 波成分和 S 波成分在 Rayleigh 波到时 t_{R} 之后分别单调递增和递减，与综合形成的 G_{11} 的特征并不相符[①]。这暗示着基于当

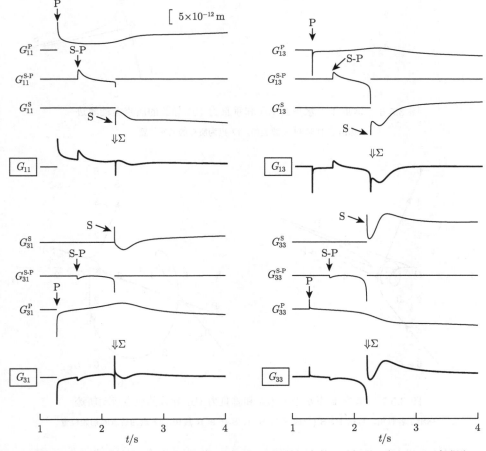

图 3.5.5　情形 II 中各 Green 函数分量 G_{ij} 及各自包含的 P 波、S 波和 S-P 波成分

---

① 正是由于一方面结果中包含有基于高频近似的射线理论所得到的一些特征，比如到时，而另一方面又包含了这种理论不能解释的低频特征，因此当前采用的方法被称为广义射线法。

前方法所得到的各个震相只是在数学意义上的分离[①]，而从物理上看，由于各个震相之间相互耦合，并不能做完全意义上的分离。

3.5.1.3　质点运动轨迹

根据 Green 函数分量的时间变化，可以方便地得到质点的运动轨迹。例如，以 G_{11} 为横坐标、G_{31} 为纵坐标形成的就是水平力导致的质点运动轨迹图。图 3.5.6 ~ 图 3.5.8 分别显示了情形 Ⅰ、Ⅱ 和 Ⅲ 下水平力和垂直力导致的质点运动轨迹。

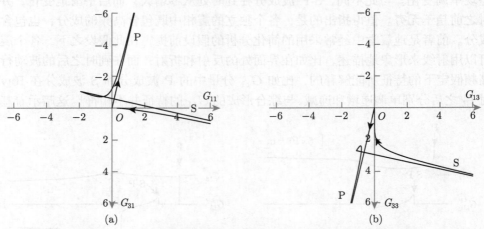

(a)　　　　　　　　　　　　　　　(b)

图 3.5.6　情形 Ⅰ 下水平力 (a) 和垂直力 (b) 导致的质点运动轨迹

标出了 P 波和 S 波震相。O 点为质点的初始位置

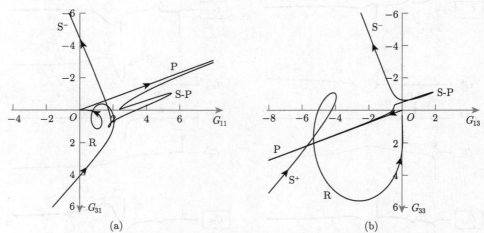

(a)　　　　　　　　　　　　　　　(b)

图 3.5.7　情形 Ⅱ 下水平力 (a) 和垂直力 (b) 导致的质点运动轨迹

标出了各震相，包括 P、S (分成 S⁻、S⁺)、S-P 和 R 震相。O 点为质点的初始位置

对于情形 Ⅰ (图 3.5.6)，由于只有直达 P 波和 S 波，因此轨迹较为简单，只有两个相互垂直的脉冲。而在情形 Ⅱ (图 3.5.7) 中，S 波在其到时 t_S 前后分别趋于正负无穷大 (图中

[①] 事实上我们是基于相因子的特征而命名的各个震相，这些震相在到时上符合高频近似下的射线理论所得到的结果。

分别标为 S⁻ 和 S⁺），因此质点在 S 波到时前后所处位置产生了巨大变化。除此以外，有两个明显的特征：一是在 P 波脉冲之后出现了幅度有限的 S-P 波，二是在 S 波到时之后在水平力和垂直力对应的质点轨迹图中都出现了明显的圆弧，这个圆弧是 Rayleigh 波的典型特征。

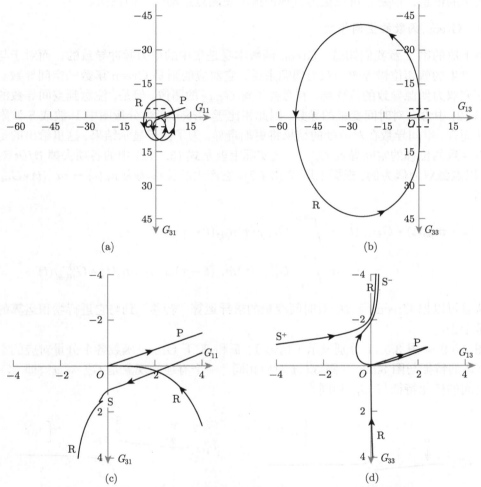

图 3.5.8　情形 Ⅲ 下水平力 (a) 和垂直力 (b) 导致的质点运动轨迹

说明与图 3.5.7 相同。(c) 和 (d) 分别是 (a) 和 (b) 中所示的虚线框中部分的局部放大

　　如果说情形 Ⅱ 只是刚刚能看到 Rayleigh 波的雏形，那么在情形 Ⅲ（图 3.5.8）中，Rayleigh 波则成为占绝对主导成分的震相，特别是图 3.5.8 (b) 垂直力导致的质点轨迹中。作为水平力和垂直力导致的结果，质点运动轨迹都是近似为长轴在 z 方向的逆行椭圆。在图 3.5.8 (b) 中，Rayleigh 波的幅度是如此之大，以至于在质点运动轨迹图上几乎看不到其他震相的图像。为此，图 3.5.8 (c) 和 (d) 分别显示了图 3.5.8 (a) 和 (b) 中虚框部分的局部放大。在放大图中，我们可以清楚地看到两个特征：一是由于此时 θ 接近于 90°，对应于 S-P 波到时与 P 波到时非常接近，因此在质点运动轨迹图上几乎辨识不出 S-P 震相；二是

S 震相的差异，在水平力的结果 (图 3.5.8 (c)) 中，S 波表现为一个尖锐而微小的突起，但是在垂直力的结果 (图 3.5.8 (d)) 中，由于质点在 S 波到时前后位置悬殊，因此出现了 S⁻ 和 S⁺ 两个部分。

从以上分析可以看到，虽然质点运动轨迹图并未比 Green 函数各个分量的时间变化图包含更多的信息，但是它可以更为直观地揭示观测点运动的几何图像。

3.5.1.4　Green 函数的空间导数

由上册的第 2 章我们知道，Green 函数本身是集中的单力脉冲导致的，而对于与地震断层上发生的剪切位错等效的双力偶源来说，它对应的则是 Green 函数的空间导数。因此为了探究双力偶源导致的位移场，有必要了解 $G_{ij,k'}$ 的图像。但是，注意到空间导数的结果式 (3.3.12) 中含有对时间变量的导数，因此相比于 Green 函数分量图中 P 波或 S 波附近的奇异性而言，空间导数在对应处的结果将更加奇异。为了便于显示结果，这里给出的是阶跃函数力导致的位移的空间导数 $G_{ij,k'}^{\mathrm{H}}$，这实际上就是式 (3.3.12) 中的各项去掉 $\partial/\partial t$ 对应的结果。以点源双力偶为例，根据上册式 (3.4.2)，它产生的位移场为 $u_n(t) = m_{ij}(t) * G_{ni,j'}(t)$，注意到

$$m_{pq}(t) * G_{ni,j'}(t) = \int_{-\infty}^{+\infty} G_{ni,j'}(\tau) m_{ij}(t-\tau)\, \mathrm{d}\tau$$

$$= \int_{-\infty}^{+\infty} G_{ni,j'}^{\mathrm{H}}(\tau) \dot{m}_{ij}(t-\tau)\, \mathrm{d}\tau = \dot{m}_{ij}(t) * G_{ni,j'}^{\mathrm{H}}(t)$$

这意味着可以把 Green 函数中对时间变量的求导运算"转移"到与它进行卷积运算的矩密度张量上去。

图 3.5.9 ～ 图 3.5.11 分别显示了情形 I、II 和 III 下 Green 函数各个分量对应的空间导数。整体的特征与图 3.5.2 ～ 图 3.5.4 对应相同。一个有趣的现象是 G_{ij}^{H} 对 x' (即 x_1') 的导数随时间的变化特征与 G_{ij} 相同。

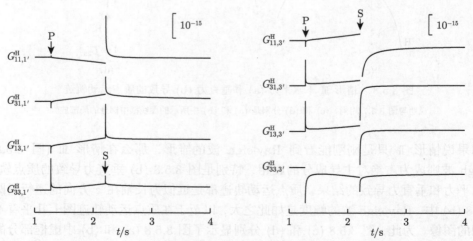

图 3.5.9　情形 I 下 Green 函数各个分量对应的空间导数 (左列为对 x'，右列为对 z')

横坐标为时间，纵坐标无量纲。标出了 P 波和 S 波到时。与图 3.5.2 类似，做了截断处理

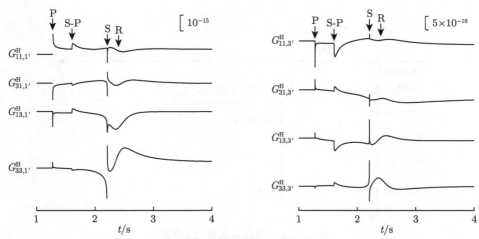

图 3.5.10 情形 Ⅱ 下 Green 函数各个分量对应的空间导数 (左列为对 x', 右列为对 z')

说明同图 3.5.9。除了 P 波和 S 波到时以外, 还标出了 S-P 波到时

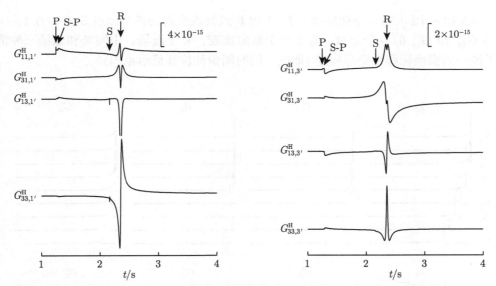

图 3.5.11 情形 Ⅲ 下 Green 函数各个分量对应的空间导数 (左列为对 x', 右列为对 z')

说明同图 3.5.10

3.5.1.5 不同源–场分布情况下的 Green 函数

以上考虑的都是几个具体的源–场分布的情况, 现在考虑更为一般的源–场分布。如图 3.5.12 所示, S_i $(i = 0, 2, \cdots, 8)$ 为由浅到深分布的源的位置 (分别对应深度 0 km、0.2 km、1 km、2 km、5 km、10 km、15 km、20 km 和 25 km)①, 分别考察位于地表的三个观测点 N、I 和 F, 它们分别是震中距为 1 km、10 km 和 50 km 的近场、中间场和远场观

---

① 这样取值是基于两方面考虑: 一是绝大多数地震发生在深度小于 30 km 的浅部, 二是在接近地表处地震波场性质变化较大。因此我们取 0 ∼ 25 km 的深度范围, 并在 0 ∼ 5 km 范围内取较密的分布。

测点。

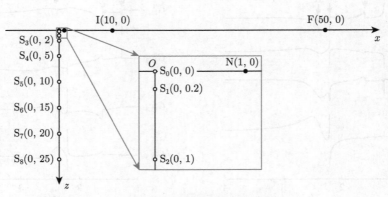

图 3.5.12　源点和观测点分布图

在 z 轴上的空心圆圈代表源点 S_i $(i = 0, 2, \cdots, 8)$，实心黑点代表观测点，N、I 和 F 分别代表观测点近场 (Near field，$x = 1$)、
中间场 (Intermediate field，$x = 10$) 和远场 (Far field，$x = 50$) 观测点 (坐标单位：km)

图 3.5.13 ~ 图 3.5.15 分别显示了 N、I 和 F 点处观察到的各个源点 S_i $(i = 0, 1, \cdots, 8)$ 产生的 G_{ij} 和 G_{ij}^{H} 的各个分量。为了便于横向比较，对于近场、中间场和远场三种情况，采用了统一的横坐标和纵坐标标度 (即统一的时间窗和位移显示范围)。

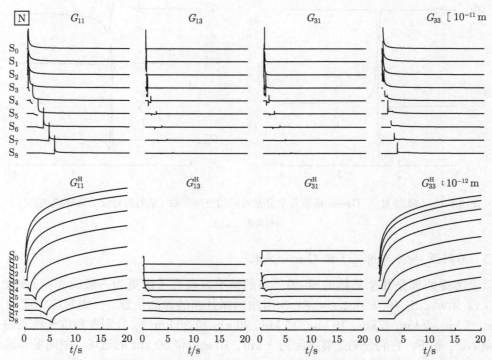

图 3.5.13　N 处由不同深度 z' 的源导致的 Green 函数分量 G_{ij} 以及对应的 G_{ij}^{H}

横纵坐标为时间 t (s)，纵坐标为位移 (m)。为了显示清楚，对 G_{ij} 中数值过大的分量做了截断处理

首先看近场的 N 点处的结果, 如图 3.5.13 所示。从 G_{ij} (图 3.5.13 的上图) 可以看到, 此种情况源–场之间距离较短, 因此波形主要位于时间窗的起始部分, 特别是对于 $S_0 \sim S_3$; 而对于 $S_4 \sim S_8$, 由于相应的 $\theta < \theta_c$, 只有 P 波和 S 波两种震相, 位移相对较为简单。除此以外, 可以清楚地看到各震相到时随着源深度的不同而变化的情况。对于 G_{ij}^{H}(图 3.5.13 的下图), 随着源深度的增加, 所造成的永久位移逐渐减小。突出的特征是, 较浅的源导致的位移幅度非常明显, 尤其是 G_{11}^{H} 和 G_{33}^{H} 两个分量; 相较而言, G_{13}^{H} 和 G_{31}^{H} 两个分量的幅度则明显较小。这是由于, 对于水平力而言, 主要造成沿力的方向 x 的位移 G_{11}^{H}, 而垂直于力的方向 z 上的位移 G_{31}^{H} 为因质点的水平运动而被动引起的位移, 相对较小; 对垂直力可做类似分析。

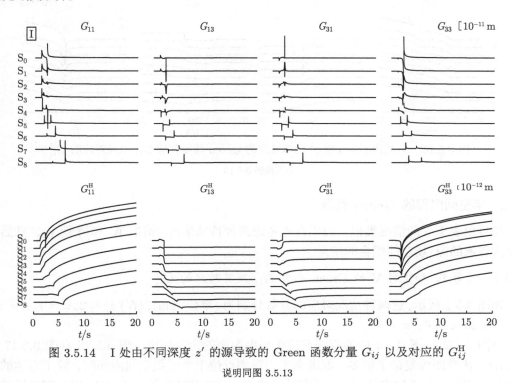

图 3.5.14　I 处由不同深度 z' 的源导致的 Green 函数分量 G_{ij} 以及对应的 G_{ij}^{H}

说明同图 3.5.13

对于图 3.5.14 和图 3.5.15 中所示的中间场和远场情况, 除了由于源–场之间距离的逐渐增大, 出现了 S-P 波和 Rayleigh 波, 并且各震相之间的时间距离增大以外, 主要特征与图 3.5.13 的近场情况类似。对近、中、远场三种情况作横向比较, 不难发现对于 G_{ij}^{H}, 特别是 G_{11}^{H} 和 G_{33}^{H}, 振幅明显变小。一个有趣的细节是, 注意到 G_{31}^{H} 分量, 随着源的深度从零开始增加, 永久位移有一个从正到负的极性反转; 并且这个转变的深度随着震中距的增加而增加。导致这个现象的重要原因在于 Rayleigh 波的贡献。对于近场情况 (图 3.5.13), 尽管 $x = 1$ km 数值很小, 但是对于 S_0 和 S_1, 由于满足 Rayleigh 波出现的条件 ($\zeta > 5$), 因此仍然会出现明显的 Rayleigh 波; 特别地, 对于 $z' = 0$ 的情况, G_{31}^{H} 中的 Rayleigh 波表现为一个脉冲。

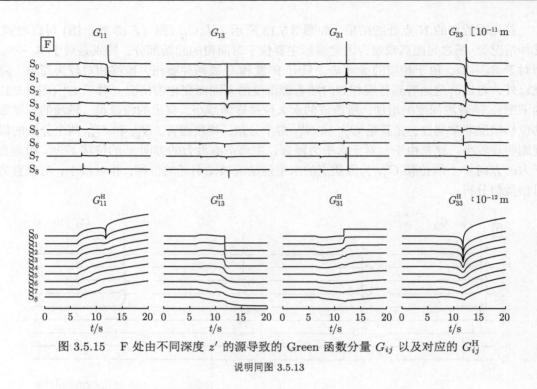

图 3.5.15   F 处由不同深度 z' 的源导致的 Green 函数分量 G_{ij} 以及对应的 G_{ij}^{H}

说明同图 3.5.13

3.5.2 半空间内部的 Green 函数

与自由表面处的情况类似，我们首先考虑两种特殊情况 (情形 IV 和情形 V)，随后考察更为普遍的源–场空间组合的结果。

3.5.2.1 情形 IV 和情形 V 的 Green 函数 G_{ij} 及其对应的 G_{ij}^{H}

如图 3.5.1 所示，这两种情况对应的参数分别为 (单位：km)：(IV) $z' = 2$, $z = 1$, $x = 10$；(V) $z' = 2$, $z = 4$, $x = 10$。

与图 3.5.2 ~ 图 3.5.4 中的观测点位于自由表面的情况相比，图 3.5.16 和图 3.5.17 中的 Green 函数图像复杂了很多。原因在于当观测点位于半无限空间内部时，除了直达的 P 波和 S 波以外，由于地表的存在，还有反射波 PP、SS 和转换波 PS、SP，以及部分沿着地表传播的非面波震相 sPs。根据前面导出的解，我们可以方便地确定各个震相的到时，因此在图 3.5.16 和图 3.5.17 中明确地标出了各个震相的初至位置。可以看到，对于其到时明确地出现在理论公式中的 P、S、PP、SS、PS 和 SP 而言，在 Green 函数分量中的行为都是在到时处瞬间幅度达到极大，然后逐渐回落；对于 SS 震相，还出现了在其到时前后振幅分别趋于符号相反的无穷大的情况。与此形成对比的是，类似于观测点位于自由界面情形下的 SP 震相，sPs 震相的出现是由于在 $\theta' > \theta_{\mathrm{c}}$ 的情况下，沿着割线上缘的积分部分对结果有贡献的缘故；并且与 SP 波类似，sPs 波在到时处振幅为零，此后幅度经历了先增大再减小的过程。

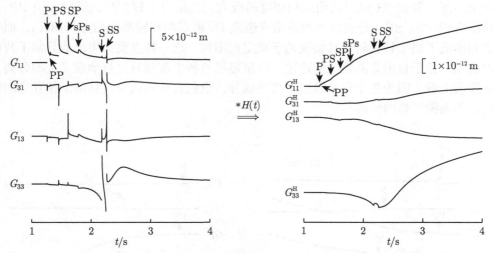

图 3.5.16 情形 IV 的 Green 函数分量 G_{ij} 及相应的时间积分 G_{ij}^{H}

横坐标为时间，纵坐标位移。以箭头标出了各个震相的到时。与图 3.5.2 类似，做了截断处理

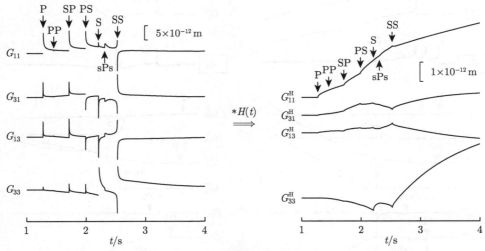

图 3.5.17 情形 V 的 Green 函数分量 G_{ij} 及相应的时间积分 G_{ij}^{H}

说明同图 3.5.16

3.5.2.2 Green 函数分量包含的各个震相

对于观测点位于半无限空间内部的情况，Green 函数分量 G_{ij} 是直达 P 波成分 G_{ij}^{P}、直达 S 波成分 G_{ij}^{S}、反射 PP 波成分 G_{ij}^{PP}、反射 SS 波成分 G_{ij}^{SS}、转换 PS 波成分 G_{ij}^{PS}、转换 SP 波成分 G_{ij}^{SP}，以及反射 SS 波的衍生震相 sPs 波成分 G_{ij}^{sPs}(如果存在的话) 之和。以情形 IV 为例，图 3.5.18 显示了各个 Green 函数分量及各自包含的各种震相。与观测点位于自由界面上的情况类似，主要特征有两个：一是除了 sPs 震相以外，各个震相都是在其到时处突然出现，而后平缓地回落和变化；sPs 震相在其到时处位移为零，而后幅度增加

并平缓地回落，并在 SS 到时之前达到幅度的极大；二是当 t 较大时，反射震相 PP、SS，以及转换震相 PS、SP，分别成对地递增或递减 (反射震相和转换震相方向相反)，而所有震相之和形成了当 t 较大时位移幅度趋于稳定的图像。这一特点更为突出地显示了我们此前针对观测点位于自由界面情况的论述：这里显示的各个震相只是数学意义上的分离，实际上从物理上看，因为各个分量既包含高频成分，也包含低频成分，且由于相互之间的耦合效应，不能做严格的分离[①]。

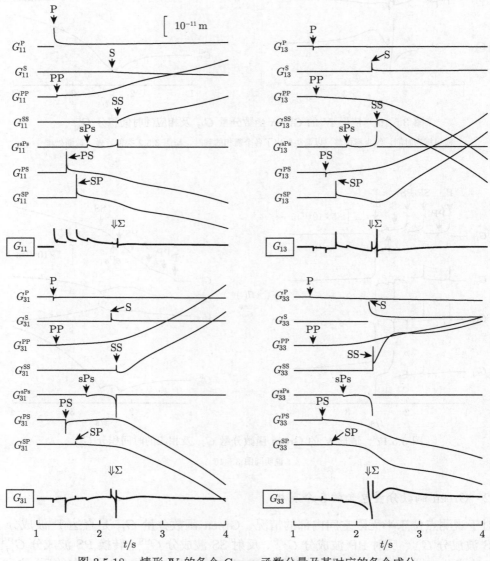

图 3.5.18　情形 IV 的各个 Green 函数分量及其对应的各个成分

说明与图 3.5.16 相同

[①] 当然，如果过滤掉导致点单调变化的低频成分，只保留高频成分，是可以做到震相分离的。

3.5.2.3 质点运动轨迹

图 3.5.19 和图 3.5.20 分别显示了情形 IV 和情形 V 下水平力和垂直力导致的质点运动轨迹。

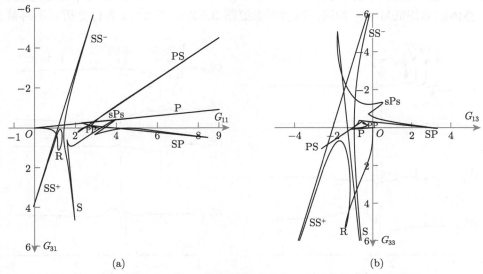

图 3.5.19 情形 IV 下水平力 (a) 和垂直力 (b) 导致的质点运动轨迹

图中标出了出现的各个震相

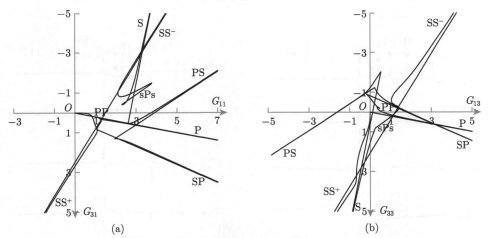

图 3.5.20 情形 V 下水平力 (a) 和垂直力 (b) 导致的质点运动轨迹

图中标出了出现的各个震相

由于情形 IV 和情形 V 中观测点分别位于自由表面之下 1 km 和 4 km, 距离地表较远, 因此 Rayleigh 波成分并不明显: 情形 IV (图 3.5.19) 中还可以分辨出 Rayleigh 波, 而情形 V (图 3.5.20) 中几乎分辨不出 Rayleigh 波了。由于 SS 震相的特点, 即在其到时前后幅度分别为方向相反的无穷大, 因此图中用 SS$^-$ 和 SS$^+$ 分别代表 t_{SS} 前后的质点位置。整体上来看, 质点运动轨迹形状上像海胆, 各个脉冲分别代表不同的震相。值得注意的是 sPs 震相, 它并不表现为脉冲, 而是幅度有限并且相对平滑的突起。

3.5.2.4　Green 函数的空间导数

类似于观测点位于自由界面的情况，这里给出的是阶跃函数力导致的结果 $G_{ij,k'}^{\mathrm{H}}$。图 3.5.21 和图 3.5.22 分别显示了情形 IV 和情形 V 下 Green 函数各个分量对应的空间导数。整体波形特征与 G_{ij} 相同，读者可参照图 3.5.2 ~ 图 3.5.4 自行分析，不再赘述。

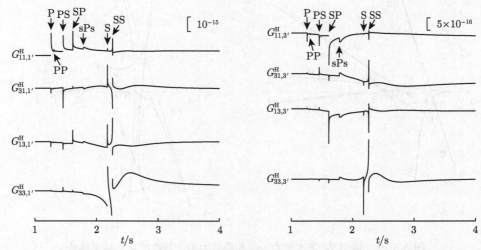

图 3.5.21　情形 IV 下 Green 函数各个分量对应的空间导数 (左列为对 x'，右列为对 z')

横坐标为时间，纵坐标无量纲。标出了各个震相的到时。与图 3.5.2 类似，做了截断处理

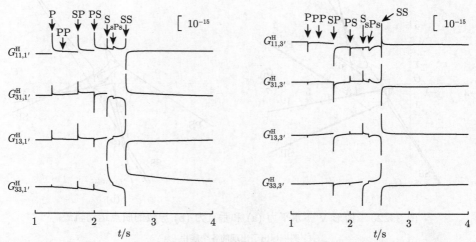

图 3.5.22　情形 V 下 Green 函数各个分量对应的空间导数 (左列为对 x'，右列为对 z')

说明同图 3.5.21

3.5.2.5　不同源–场分布情况下的 Green 函数

现在考虑如图 3.5.23 所示的更为一般的源–场分布情况。S_i $(i = 1, 2, \cdots, 8)$ 为由浅到深分布的源的位置 (分别对应深度 0.2 km、1 km、2 km、5 km、10 km、15 km、20 km 和

25 km)[①]，分别考察位于地表的三个系列的观测点 N_j、I_j 和 F_j $(j = 1, 2, \cdots, 4)$，它们分别是震中距为 1 km、10 km 和 50 km 的近场、中间场和远场观测点；$j = 1, 2, 3, 4$ 分别对应于观测点的深度为 0.2 km、2 km、10 km 和 20 km。本节将分别考察各个观测点处的 G_{ij} 和 G_{ij}^{H}，以及根据后者中包含的永久位移信息绘制的变形图。

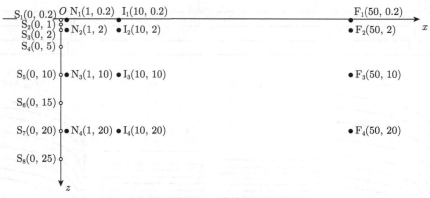

图 3.5.23   源点和观测点分布图

在 z 轴上的空心圆圈代表源点，实心黑点代表观测点，其中 N_i、I_i 和 F_i $(i = 1, 2, \cdots, 4)$ 分别代表近场 $(x = 1)$、中间场 $(x = 10)$ 和远场 $(x = 50)$ 观测点 (坐标单位：km)

图 3.5.24 ~ 图 3.5.35 分别显示了观测点位于 N_j、I_j 和 F_j $(j = 1, 2, \cdots, 4)$ 时不同深度的源点 S_i $(i = 1, 2, \cdots, 8)$ 所产生的 G_{ij} 和 G_{ij}^{H}。每幅图左上方的方框内标明了观测点的编号 (参见图 3.5.23)。尽管由于源–场之间的相对空间位置差异造成了信号持续时间和位移幅度相差甚远，但是为了横向和纵向比较方便，对于所有情况我们采用了统一的时间窗和位移显示范围。

首先考察近场的几个观测点处的情况，见图 3.5.24 ~ 图 3.5.27。注意到这种情况下源–场位置分布的特点，S_1、S_3、S_5 和 S_7 分别与 N_1、N_2、N_3 和 N_4 非常接近，因此在对应的 G_{ij} 图像中相应的曲线最先到达的震相 P 波到时显著小于其他震相，同时在 G_{ij}^{H} 图像中表现为相应的曲线的幅度显著大于其他情况，这可以解释为这些情况下的位移具有更长的积累时间；并且随着源点和场点都越来越深，直达波震相与反射波震相之间的时间间隔越来越大。对于较浅的观测点 (N_1 和 N_2)，G_{11}^{H} 和 G_{33}^{H} 的幅度显著大于 G_{13}^{H} 和 G_{31}^{H} 的幅度；而对于较深的观测点 (N_3 和 N_4)，差异则相对小了很多。原因与观测点位于地表的情况类似，离地表越近，质点沿着力的方向运动的阻力越小，反之越大。另外，注意到一个细节：在 N_1 的结果 (图 3.5.24) 中，S_1 产生的 G_{13} 和 G_{31} 在时间窗的末端有较为明显的计算误差[②]。

[①] 由于源位于地表的情况在第 2 章中着重考察过，并且在前面观测点位于地表的情况中也显示过，因此这里不再包括这种特殊的情况。

[②] 当前考虑的二维问题的解是闭合形式的解析解，为什么会有计算误差？需要注意到两个事实：a. 在 PS 震相和 SP 震相的求取中，涉及 R_α 的求解，这是采用数值方法得到的，因此结果是"闭合形式的解析解"并不意味着最终的解就是完全"精确"的；b. 我们目前采取的广义射线的解法是针对各个震相独立求解的，在图 3.5.18 中已经看到，反射震相和转换震相实际上在一定时间之后是随着时间增加单调变化的。对于当前的问题，在时间窗末端，计算得到反射和转换震相的幅度比最后综合得到的 Green 函数的幅度大好几个数量级；在这种情况下，它们抵消所形成的波形中含有比较明显的误差就不奇怪了。

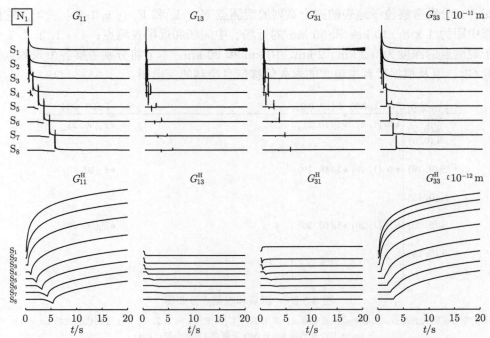

图 3.5.24 N_1 处由不同深度 z' 的源导致的 Green 函数分量 G_{ij} 以及对应的 G_{ij}^{H}

横纵坐标为时间 t (s)，纵坐标为位移 (m)。为了显示清楚，对 G_{ij} 中数值过大的分量做了截断处理

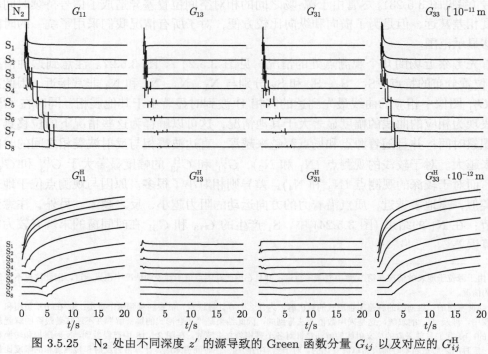

图 3.5.25 N_2 处由不同深度 z' 的源导致的 Green 函数分量 G_{ij} 以及对应的 G_{ij}^{H}

说明同图 3.5.24

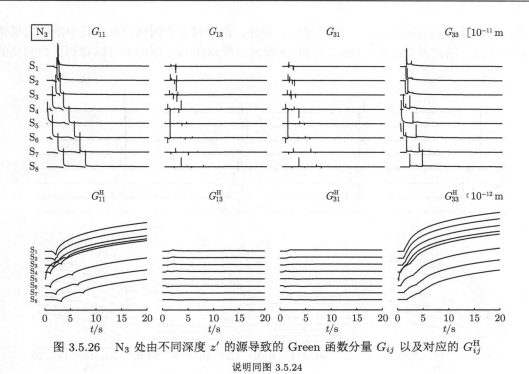

图 3.5.26　N_3 处由不同深度 z' 的源导致的 Green 函数分量 G_{ij} 以及对应的 G_{ij}^{H}

说明同图 3.5.24

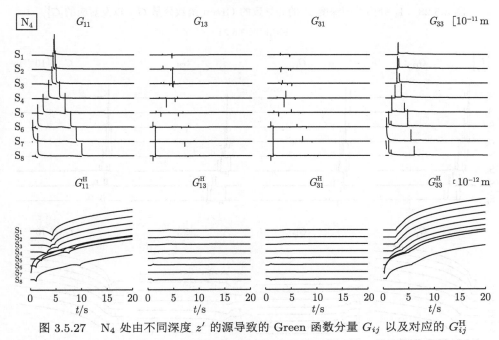

图 3.5.27　N_4 处由不同深度 z' 的源导致的 Green 函数分量 G_{ij} 以及对应的 G_{ij}^{H}

说明同图 3.5.24

对于图 3.5.28 ～ 图 3.5.31 显示的中间场的几个观测点，在埋藏较浅的两个观测点 I_1 和 I_2 的 G_{ij} 图像中，对于源点同时也较浅情况可以分辨出较为明显的 Rayleigh 波；而其他情况则不能分辨出 Rayleigh 波。这一点可以从 Rayleigh 波产生的数学条件 (Cagniard

路径要比较接近 Rayleigh 极点) 得到解释。另外，由于对于中间场情况，震中距比近场情况显著变大，因此各个震相之间的时间间隔较大，所以在 G_{ij} 图像中可以看到更为明显的

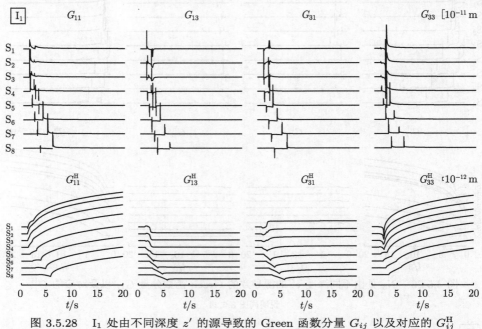

图 3.5.28　I_1 处由不同深度 z' 的源导致的 Green 函数分量 G_{ij} 以及对应的 G_{ij}^{H}

说明同图 3.5.24

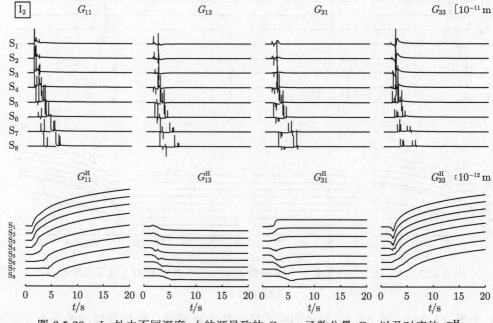

图 3.5.29　I_2 处由不同深度 z' 的源导致的 Green 函数分量 G_{ij} 以及对应的 G_{ij}^{H}

说明同图 3.5.24

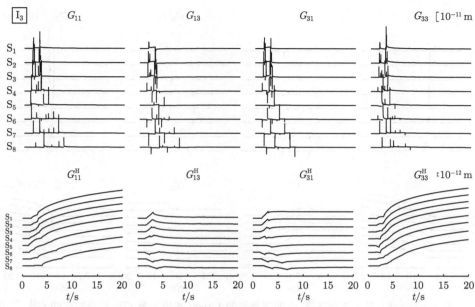

图 3.5.30　I_3 处由不同深度 z' 的源导致的 Green 函数分量 G_{ij} 以及对应的 G_{ij}^{H}

说明同图 3.5.24

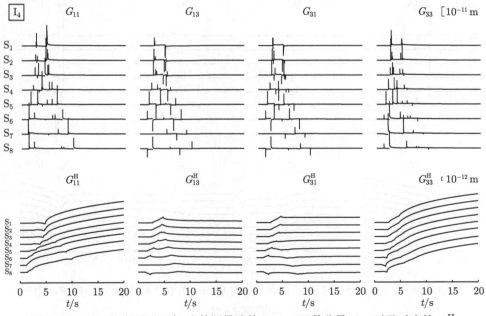

图 3.5.31　I_4 处由不同深度 z' 的源导致的 Green 函数分量 G_{ij} 以及对应的 G_{ij}^{H}

说明同图 3.5.24

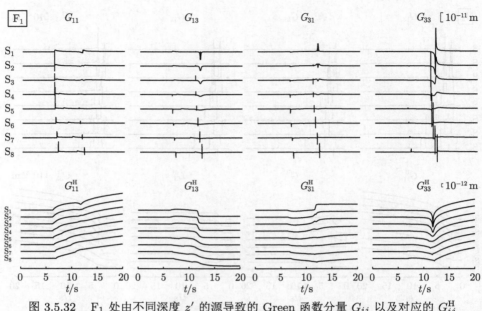

图 3.5.32　F_1 处由不同深度 z' 的源导致的 Green 函数分量 G_{ij} 以及对应的 G_{ij}^{H}

说明同图 3.5.24

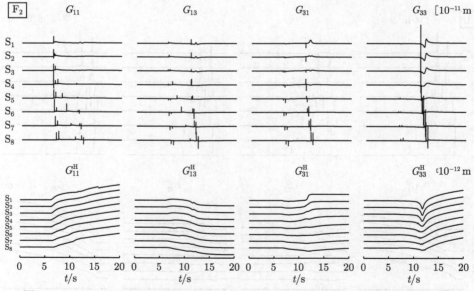

图 3.5.33　F_2 处由不同深度 z' 的源导致的 Green 函数分量 G_{ij} 以及对应的 G_{ij}^{H}

说明同图 3.5.24

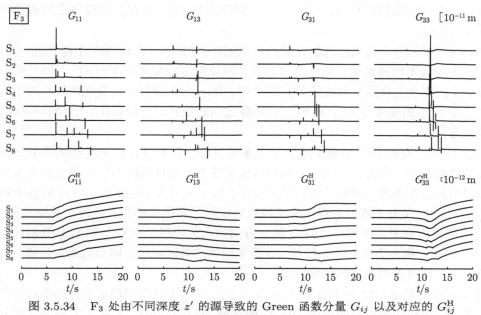

图 3.5.34　F_3 处由不同深度 z' 的源导致的 Green 函数分量 G_{ij} 以及对应的 G_{ij}^{H}

说明同图 3.5.24

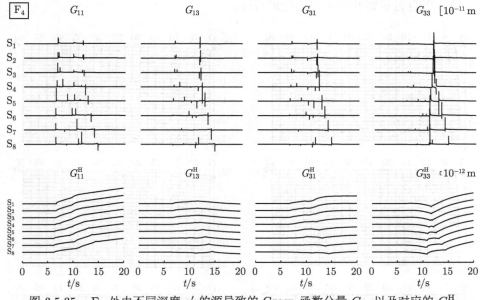

图 3.5.35　F_4 处由不同深度 z' 的源导致的 Green 函数分量 G_{ij} 以及对应的 G_{ij}^{H}

说明同图 3.5.24

各个震相。在中间场的结果中，G^{H}_{11} 和 G^{H}_{33} 的幅度与 G^{H}_{13} 和 G^{H}_{31} 的幅度之间的差异得到很大程度的弱化。

中间场结果的各个特征在远场情况的结果 (图 3.5.32 ~ 图 3.5.35) 中得到进一步增强。我们可以更为清晰地看到对于同一个观测点、不同深度的源所产生的 G^{H}_{ij}，以及同一个深度的源、不同深度的观测点对应的 G^{H}_{ij} 结果中，Rayleigh 波行为的变化情况。对于远场情况，G^{H}_{11} 和 G^{H}_{33} 的幅度与 G^{H}_{13} 和 G^{H}_{31} 的幅度之间的差异进一步弱化，已经看不出它们之间有什么差异。

上述不同源–场组合的结果中蕴含了丰富的信息，读者可自己从这些结果中分析提炼出更多的波场特征。作为一个例子，我们将显示基于上述得到的 G^{H}_{ij} 中蕴含的永久位移的信息而得到的直观图像，即弹性体的变形特征。取 t 充分大 (比如 $t = 30$ s) 时各个观测点的 G^{H}_{ij} 值，它们代表了该观测点在阶跃函数力作用下所产生的永久位移。具体地说，G^{H}_{11} 和 G^{H}_{31} 分别代表水平力作用产生的 x 和 z 方向的永久位移；而 G^{H}_{13} 和 G^{H}_{33} 分别代表垂直力作用产生的 x 和 z 方向的永久位移。计算半空间内某区域中不同点的永久位移，叠加到质点位置上，即可得到该区域的变形图。

图 3.5.36 和图 3.5.37 分别显示了 S_i $(i = 1, 2, \cdots, 8)$ 处作用的水平力和垂直力产生的变形。考虑一个位于第一象限内的 50×25 的区域 (单位：km)，x 和 z 方向的间距分别为 1 和 0.5，各个观测点用圆点代表，其变形前后的位置分别用灰色和黑色表示。观察这几幅图，可以清楚地看到不同深度处的作用力所产生的研究区域的变形情况。由于这个结果非常直观，请读者自行观察并分析归纳变形特征。

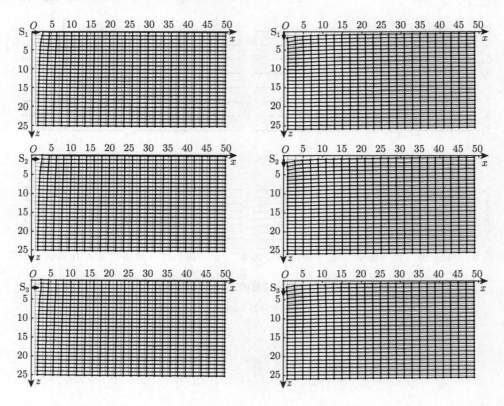

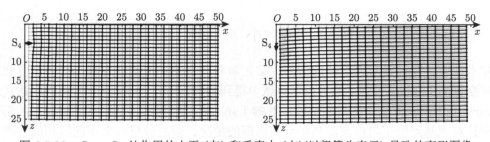

图 3.5.36 $S_1 \sim S_4$ 处作用的水平 (左) 和垂直力 (右)(以粗箭头表示) 导致的变形图像

50×25 的区域 (单位：km)，变形之前各个质点的位置用灰色的圆点及连线代表，而变形之后的各个质点位置用黑色圆点及连线代表。为了清晰地显示变形情况，将质点位移放大了一定的倍数

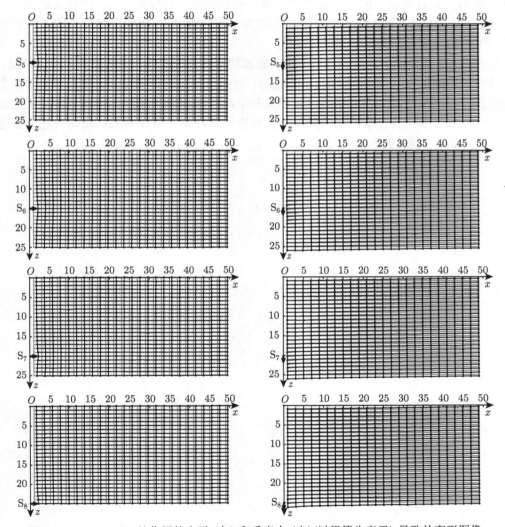

图 3.5.37 $S_5 \sim S_8$ 处作用的水平 (左) 和垂直力 (右)(以粗箭头表示) 导致的变形图像

说明与图 3.5.36 相同

3.6　小　　结

在本章中，我们针对内部源的情况，首先对非齐次的弹性运动方程进行各个空间变量和时间变量的 Laplace 变换，基于在求解域中得到的解，对于 Laplace 反变换的表达式运用 Cagniard-de Hoop 方法，将其表示成标准的 Laplace 变换形式，从而得到时间域的解。我们分别针对观测点位于自由表面和半空间内部的情况，通过分析各个不同震相的贡献，得到了完整波场的闭合形式解析解。

闭合形式的解在分析波场性质方面具有无可比拟的优势。我们分别针对观测点位于自由表面和半空间内部，给出了相应的数值算例，包括几个具体源–场空间组合情况的 Green 函数分量 G_{ij} 及其中包含的各个震相的贡献、阶跃函数力对应的 G_{ij}^{H}、质点运动轨迹，以及 Green 函数的空间导数 $G_{ij,k'}$，然后考虑更为一般的源–场空间组合情况下的 G_{ij} 和 G_{ij}^{H}，试图归纳出较为完整的波场信息。

到此为止，我们用了两章的篇幅，从表面源的特殊情况开始，到内部源的一般情况，详细地研究了二维 Lamb 问题的 Green 函数解，并通过相应的数值算例，建立了初步的直观物理图像。对二维情况的研究是进一步研究复杂的三维问题的基础，特别是本章中的分析方法，可以直接推广到三维情况，只是复杂程度显著增加。第 4 章我们将研究更为接近实际的三维 Lamb 问题的积分解。

第 4 章 三维 Lamb 问题的积分解 (I)：理论公式

前面两章考虑的二维问题，从三维角度看可以认为是沿着 y 轴分布的无限长线源所产生的位移场问题[①]，整个问题中的力源和位移等物理量均与 y 坐标无关。这包括两方面的意思，一是所有物理量的 y 分量为零，二是所有非零物理量都与 y 无关；换句话说，就是 $\partial/\partial y = 0$。因此可以略去问题中所有与 y 有关的量，求解的问题得到简化。然而对于一个三维空间中真正意义上的点源，所产生的位移场显然与三个坐标都有关系。这时从源头——定解问题起就必须包括所有关于 y 坐标的信息。因此可以预期求解过程将比二维情况复杂得多。尽管如此，第 3 章的分析思路仍然可以运用到三维情况。本章的内容基本上与 Johnson (1974) 相同，只是为了读者阅读的方便，做了详细的求解过程叙述。

鉴于三维问题的复杂性，我们采取由简到繁的两步走的策略。首先考察观测点位于地表的情况，然后研究观测点位于半空间内部的情况。前者是首先关注的内容，有两点理由：一是在这种情况下，不存在自由界面的反射和转换，解只包括 P 波项和 S 波项的贡献，因此求解相对简单，得到的解的形式更为紧凑；二是由于实际上绝大多数地震台布设在地球表面，因此地表位移在地震学中具有特殊的重要性。有了这些作为基础，再继续考察观测点位于半无限空间内部的情况，研究复杂的反射和转换波各自的贡献。

本章研究的三维 Lamb 问题，涵盖了所有的三类 Lamb 问题（参见上册的 1.1 节或本书前言部分的脚注）。与前两章讨论的二维问题不同的是，运用 Cagniard-de Hoop 方法求解三维问题，得不到闭合形式的解，作为本章的主要结论，几类 Lamb 问题的解都是以积分形式表达的。对于这些积分解，可以有两种处理方式：一是直接采用数值积分的方式获得其数值解答，并据此考察波动的行为，二是进一步将这些积分表达化为最简形式[②]。本章中将采用第一种途径，直接通过数值积分计算相应的算例。将积分解转化为广义的闭合形式表达将是本书随后章节的目标。

4.1 问题描述和求解思路

图 4.1.1 显示了求解问题的模型，建立原点 O 位于自由界面上的直角坐标系，使得集中力作用在 x_3 轴上，坐标为 $(0, 0, x_3')$[③]，观测点坐标为 (x_1, x_2, x_3)，它们之间的距离为 r，二者连线与 x_3 轴的夹角为 θ；O 点与观测点在地表的投影点之间的距离为 R，它们之间的连线与 x_1 轴的夹角为 ϕ。我们的目标是，求出源点处的作用力 f 在观测点处的响应 u。

[①] 由于线源可视为点源的积分，从数学角度看，二维问题的解实际上是三维问题的解的积分。

[②] 对于三维的几类 Lamb 问题的积分解，在不存在闭合形式解的情况下，可以通过仔细的处理，将其转化为用代数式和几类标准的椭圆积分表示的形式，即广义的闭合形式解。

[③] 由于源点和场点共享一个坐标系，为了区分二者，将源点坐标加上撇号，即 x_i' 代表源点坐标，而 x_i 代表场点坐标。另外需要说明的是，选择 $x_1' = x_2' = 0$ 是出于方便考虑；如果源点不位于 x_3 轴上，只需要在结果中将有关量做相应的调整即可，即把结果的 x_α 替换为 $x_\alpha - x_\alpha'$ $(\alpha = 1, 2)$。

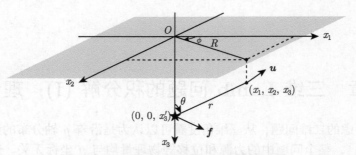

图 4.1.1   三维 Lamb 问题求解模型示意图

浅灰色的 $O\text{-}x_1x_2$ 代表自由表面，x_3 轴垂直向下。"★" 代表集中脉冲力 $\boldsymbol{f}$，坐标为 $(0, 0, x_3')$，坐标为 (x_1, x_2, x_3) 的圆点代表观测点，位移为 $\boldsymbol{u}$。力作用点到观测点距离为 r，它们之间的连线与 x_3 轴所成角度为 θ。原点 O 与观测点在地表的投影点之间的距离为 R，它们之间的连线与 x_1 轴所成角度为 ϕ

4.1.1   问题描述

我们要求解的方程是弹性运动方程，参见上册的式 (2.2.21) 和 (2.1.18)，

$$\rho\frac{\partial^2}{\partial t^2}\boldsymbol{u}(\boldsymbol{x}, t) = (\lambda + \mu)\nabla\nabla\cdot\boldsymbol{u}(\boldsymbol{x}, t) + \mu\nabla^2\boldsymbol{u}(\boldsymbol{x}, t) + \boldsymbol{f}(\boldsymbol{x}, t) \tag{4.1.1}$$

其中，t 是时间，$\boldsymbol{x}$ 是位置矢量，$\boldsymbol{u}$ 是位移，ρ 是密度，λ 和 μ 是 Lamé 常数。$\boldsymbol{f}$ 作为扰动源的体力，当取为集中脉冲力时，其表达式为

$$\boldsymbol{f}(\boldsymbol{x}, t) = (f_1\hat{\boldsymbol{e}}_1 + f_2\hat{\boldsymbol{e}}_2 + f_3\hat{\boldsymbol{e}}_3)\,\delta\,(x_1)\,\delta\,(x_2)\,\delta\,(x_3 - x_3')\,\delta\,(t) \tag{4.1.2}$$

注意到矢量方程 (4.1.1) 可以分解为三个标量方程，因此我们实际上是需要联立求解三个方程。

问题的边界条件，与二维情况类似，也是自由界面上应力矢量的分量为零，即[①]

$$\begin{cases} \tau_{13}(\boldsymbol{x}, t)\Big|_{x_3=0} = \mu\left[\dfrac{\partial}{\partial x_3}u_1(\boldsymbol{x}, t) + \dfrac{\partial}{\partial x_1}u_3(\boldsymbol{x}, t)\right]\Big|_{x_3=0} = 0 \\[3mm] \tau_{23}(\boldsymbol{x}, t)\Big|_{x_3=0} = \mu\left[\dfrac{\partial}{\partial x_3}u_2(\boldsymbol{x}, t) + \dfrac{\partial}{\partial x_2}u_3(\boldsymbol{x}, t)\right]\Big|_{x_3=0} = 0 \\[3mm] \sigma_{33}(\boldsymbol{x}, t)\Big|_{x_3=0} = \left[\lambda\dfrac{\partial}{\partial x_i}u_i(\boldsymbol{x}, t) + 2\mu\dfrac{\partial}{\partial x_3}u_3(\boldsymbol{x}, t)\right]\Big|_{x_3=0} = 0 \end{cases} \tag{4.1.3}$$

初始条件仍然是在 $t = 0$ 时刻，位移和速度分量都为零，

$$u_i(\boldsymbol{x}, 0) = \dot{u}_i(\boldsymbol{x}, 0) = 0 \tag{4.1.4}$$

这样，由方程 (4.1.1)、边界条件 (4.1.3) 和初始条件 (4.1.4) 共同组成了三维问题的定解问题。

---

① 此处采用了 Einstein 求和约定。以下如无特别声明，均不采用求和约定。

4.1.2 求解思路

求解这个定解问题的思路，与内部源的二维情况（第 3 章）类似。对于三维问题，自变量变为四个：三个空间变量 x_i $(i = 1, 2, 3)$ 和一个时间变量 t。仍然是在进行空间的延拓后，对 x_i 进行双边 Laplace 变换（记变换域中对应的变量为 ξ_i），而对 t 进行单边 Laplace 变换（记变换域中对应的变量为 s）。在求解域 (ξ_1, ξ_2, ξ_3, s) 中容易得到问题的解。随后对 ξ_3 进行双边 Laplace 反变换，通过留数定理求解得到 (ξ_1, ξ_2, x_3, s) 域的无界空间解；然后运用镜像法，得到我们所关心的半无限空间问题的 (ξ_1, ξ_2, x_3, s) 域的解。随后，对于各个震相，对 ξ_1 和 ξ_2 变量的双边 Laplace 反变换式，引入 de Hoop 变换，通过积分变量的路径变化，将积分"凑成"针对时间变量的标准 Laplace 变换形式，从而得到求解域 (x_1, x_2, x_3, t) 的解。

4.2 变换域中的解

4.2.1 变换域 (ξ_1, ξ_2, ξ_3, s) 中的解

首先对求解模型进行空间域的延拓，将 $x_3 < 0$ 的空间中填充上与 $x_3 \geqslant 0$ 的空间相同的介质，这样得到了一个介质参数为 ρ、λ 和 μ 的无限均匀弹性介质，对应的位移场分量以上标"F"表示。采用 3.2.1 节中引入的单边和双边 Laplace 变换，分别对时间变量 t 和各个空间变量 x_i 进行变换。例如对体力项 $\boldsymbol{f}$ 和方程中出现的 $\nabla(\nabla \cdot \boldsymbol{u}^{\mathrm{F}})$ 和 $\nabla^2 \boldsymbol{u}^{\mathrm{F}}$ 做 Laplace 变换，分别得到

$$\boldsymbol{f}(\boldsymbol{\xi}, s; \boldsymbol{x}', 0) = \mathscr{L}_{x_1} \mathscr{L}_{x_2} \mathscr{L}_{x_3} \mathscr{L}_t \{\boldsymbol{f}(\boldsymbol{x}, t; \boldsymbol{x}', 0)\} \xlongequal{(4.1.2)} (f_1 \hat{\boldsymbol{e}}_1 + f_2 \hat{\boldsymbol{e}}_2 + f_3 \hat{\boldsymbol{e}}_3) \mathrm{e}^{-\xi_3 x_3'}$$

和

$$\begin{aligned}
\mathscr{L}_{x_1} \mathscr{L}_{x_2} \mathscr{L}_{x_3} \mathscr{L}_t \{\nabla(\nabla \cdot \boldsymbol{u}^{\mathrm{F}})\} =& \hat{\boldsymbol{e}}_1 \left(\xi_1^2 \bar{u}_1^{\mathrm{F}} + \xi_1 \xi_2 \bar{u}_2^{\mathrm{F}} + \xi_1 \xi_3 \bar{u}_3^{\mathrm{F}}\right) \\
&+ \hat{\boldsymbol{e}}_2 \left(\xi_1 \xi_2 \bar{u}_1^{\mathrm{F}} + \xi_2^2 \bar{u}_2^{\mathrm{F}} + \xi_2 \xi_3 \bar{u}_3^{\mathrm{F}}\right) \\
&+ \hat{\boldsymbol{e}}_3 \left(\xi_1 \xi_3 \bar{u}_1^{\mathrm{F}} + \xi_2 \xi_3 \bar{u}_2^{\mathrm{F}} + \xi_3^2 \bar{u}_3^{\mathrm{F}}\right) \\
\mathscr{L}_{x_1} \mathscr{L}_{x_2} \mathscr{L}_{x_3} \mathscr{L}_t \{\nabla^2 \boldsymbol{u}^{\mathrm{F}}\} =& \hat{\boldsymbol{e}}_1 \left(\xi_1^2 + \xi_2^2 + \xi_3^2\right) \bar{u}_1^{\mathrm{F}} + \hat{\boldsymbol{e}}_2 \left(\xi_1^2 + \xi_2^2 + \xi_3^2\right) \bar{u}_2^{\mathrm{F}} \\
&+ \hat{\boldsymbol{e}}_3 \left(\xi_1^2 + \xi_2^2 + \xi_3^2\right) \bar{u}_3^{\mathrm{F}}
\end{aligned}$$

其中，$\bar{u}_i^{\mathrm{F}} = \mathscr{L}_{x_1} \mathscr{L}_{x_2} \mathscr{L}_{x_3} \mathscr{L}_t \{u_i^{\mathrm{F}}(\boldsymbol{x}, t)\}$。基于这些结果，并注意到基矢量 $\hat{\boldsymbol{e}}_i$ $(i = 1, 2, 3)$ 之间彼此独立，得到

$$\begin{cases}
\rho s^2 \bar{u}_1^{\mathrm{F}} = f_1 \mathrm{e}^{-\xi_3 x_3'} + (\lambda + \mu) \left(\xi_1^2 \bar{u}_1^{\mathrm{F}} + \xi_1 \xi_2 \bar{u}_2^{\mathrm{F}} + \xi_1 \xi_3 \bar{u}_3^{\mathrm{F}}\right) + \mu \left(\xi_1^2 + \xi_2^2 + \xi_3^2\right) \bar{u}_1^{\mathrm{F}} \\
\rho s^2 \bar{u}_2^{\mathrm{F}} = f_2 \mathrm{e}^{-\xi_3 x_3'} + (\lambda + \mu) \left(\xi_1 \xi_2 \bar{u}_1^{\mathrm{F}} + \xi_2^2 \bar{u}_2^{\mathrm{F}} + \xi_2 \xi_3 \bar{u}_3^{\mathrm{F}}\right) + \mu \left(\xi_1^2 + \xi_2^2 + \xi_3^2\right) \bar{u}_2^{\mathrm{F}} \\
\rho s^2 \bar{u}_3^{\mathrm{F}} = f_3 \mathrm{e}^{-\xi_3 x_3'} + (\lambda + \mu) \left(\xi_1 \xi_3 \bar{u}_1^{\mathrm{F}} + \xi_2 \xi_3 \bar{u}_2^{\mathrm{F}} + \xi_3^2 \bar{u}_3^{\mathrm{F}}\right) + \mu \left(\xi_1^2 + \xi_2^2 + \xi_3^2\right) \bar{u}_3^{\mathrm{F}}
\end{cases}$$

整理并写成矩阵形式，有

$$\begin{bmatrix}
\xi_1^2 + a(\xi_3^2 - \nu_\beta^2) & \xi_1 \xi_2 & \xi_1 \xi_3 \\
\xi_1 \xi_2 & \xi_2^2 + a(\xi_3^2 - \nu_\beta^2) & \xi_2 \xi_3 \\
\xi_1 \xi_3 & \xi_2 \xi_3 & \xi_3^2 + a(\xi_3^2 - \nu_\beta^2)
\end{bmatrix} \bar{\boldsymbol{u}}^{\mathrm{F}} = -\frac{\mathrm{e}^{-\xi_3 x_3'}}{\lambda + \mu} \boldsymbol{F}$$

其中，$a = \mu/(\lambda + \mu)$，$\bar{\boldsymbol{u}}^{\mathrm{F}} = \begin{pmatrix} \bar{u}_1^{\mathrm{F}} & \bar{u}_2^{\mathrm{F}} & \bar{u}_3^{\mathrm{F}} \end{pmatrix}^{\mathrm{T}}$，$\boldsymbol{F} = \begin{pmatrix} f_1 & f_2 & f_3 \end{pmatrix}^{\mathrm{T}}$，$\nu_\beta = \sqrt{s^2/\beta^2 - \xi_1^2 - \xi_2^2}$ $(\mathrm{Re}(\nu_\beta) \geqslant 0)$。从而

$$\bar{\boldsymbol{u}}^{\mathrm{F}} = -\frac{\mathrm{e}^{-\xi_3 x_3'}}{\lambda + \mu} \begin{bmatrix} \xi_1^2 + a(\xi_3^2 - \nu_\beta^2) & \xi_1\xi_2 & \xi_1\xi_3 \\ \xi_1\xi_2 & \xi_2^2 + a(\xi_3^2 - \nu_\beta^2) & \xi_2\xi_3 \\ \xi_1\xi_3 & \xi_2\xi_3 & \xi_3^2 + a(\xi_3^2 - \nu_\beta^2) \end{bmatrix}^{-1} \boldsymbol{F} \triangleq \mathbf{G}^{\mathrm{F}} \boldsymbol{F}$$

当 $\boldsymbol{F}$ 分别取 $(1, 0, 0)^{\mathrm{T}}$、$(0, 1, 0)^{\mathrm{T}}$ 和 $(0, 0, 1)^{\mathrm{T}}$ 时，分别得到沿着三个坐标轴方向的体力产生的位移，以它们为列向量的矩阵的元素形成了 Green 函数张量 $\mathbf{G}^{\mathrm{F}} = \mathbf{G}^{\mathrm{F}}(\xi_1, \xi_2, \xi_3, s; x_3')$[①]，因此有

$$\begin{aligned}
\bar{\boldsymbol{u}}^{\mathrm{F}} &= -\frac{\mathrm{e}^{-\xi_3 x_3'}}{\lambda + \mu} \begin{bmatrix} \xi_1^2 + a(\xi_3^2 - \nu_\beta^2) & \xi_1\xi_2 & \xi_1\xi_3 \\ \xi_1\xi_2 & \xi_2^2 + a(\xi_3^2 - \nu_\beta^2) & \xi_2\xi_3 \\ \xi_1\xi_3 & \xi_2\xi_3 & \xi_3^2 + a(\xi_3^2 - \nu_\beta^2) \end{bmatrix}^{-1} \boldsymbol{F} \\
&= \frac{1}{\rho s^2} \begin{bmatrix} I_3^{(2)}(\nu_\alpha) - I_3^{(2)}(\nu_\beta) & I_1(\nu_\beta) - I_1(\nu_\alpha) & I_2^{(1)}(\nu_\beta) - I_2^{(1)}(\nu_\alpha) \\ I_1(\nu_\beta) - I_1(\nu_\alpha) & I_3^{(1)}(\nu_\alpha) - I_3^{(1)}(\nu_\beta) & I_2^{(2)}(\nu_\beta) - I_2^{(2)}(\nu_\alpha) \\ I_2^{(1)}(\nu_\beta) - I_2^{(1)}(\nu_\alpha) & I_2^{(2)}(\nu_\beta) - I_2^{(2)}(\nu_\alpha) & I_4(\nu_\alpha) - I_4(\nu_\beta) \end{bmatrix} \boldsymbol{F} \quad (4.2.1)
\end{aligned}$$

其中，$\nu_\alpha = \sqrt{s^2/\alpha^2 - \xi_1^2 - \xi_2^2}$ $(\mathscr{R}e\{\nu_\alpha\} \geqslant 0)$，

$$I_1(c) = \frac{\xi_1\xi_2}{\xi_3^2 - c^2} \mathrm{e}^{-\xi_3 x_3'}, \qquad\qquad I_2^{(\eta)}(c) = \frac{\xi_\eta\xi_3}{\xi_3^2 - c^2} \mathrm{e}^{-\xi_3 x_3'} \quad (\eta = 1, 2)$$

$$I_3^{(\eta)}(c) = \left(\frac{\xi_3^2 + \xi_\eta^2}{\xi_3^2 - c^2} + a\frac{\xi_3^2 - \nu_\beta^2}{\xi_3^2 - c^2} \right) \mathrm{e}^{-\xi_3 x_3'}, \qquad I_4(c) = \left(\frac{\xi_1^2 + \xi_2^2}{\xi_3^2 - c^2} + a\frac{\xi_3^2 - \nu_\beta^2}{\xi_3^2 - c^2} \right) \mathrm{e}^{-\xi_3 x_3'}$$

4.2.2　变换域 (ξ_1, ξ_2, x_3, s) 中的解

4.2.2.1　对 ξ_3 的双边 Laplace 反变换

根据前面描述的求解思路，接下来我们需要把式 (4.2.1) 的解变到 (ξ_1, ξ_2, x_3, s) 域中，即对式 (4.2.1) 作关于 ξ_3 的双边 Laplace 反变换。我们需要对 $I_1(c)$、$I_2^{(\eta)}(c)$、$I_3^{(\eta)}(c)$ 和 $I_4(c)$ 都做这样的运算。以 $I_1(c)$ 为例，

$$\mathscr{L}_{\xi_3}^{-1}\{I_1(c)\} = \frac{\xi_1\xi_2}{2\pi\mathrm{i}} \int_{-\mathrm{i}\infty}^{+\mathrm{i}\infty} \frac{\mathrm{e}^{\xi_3(x_3 - x_3')}}{(\xi_3 + c)(\xi_3 - c)} \mathrm{d}\xi_3$$

[①] 在整理得到上式最终结果的过程中需要注意到第一个等号右边的矩阵的逆等于

$$\frac{1}{(\xi_1^2 + \xi_2^2 + \xi_3^2)A + A^2} \begin{bmatrix} \xi_2^2 + \xi_3^2 + A & -\xi_1\xi_2 & -\xi_1\xi_3 \\ -\xi_1\xi_2 & \xi_1^2 + \xi_3^2 + A & -\xi_2\xi_3 \\ -\xi_1\xi_3 & -\xi_2\xi_3 & \xi_1^2 + \xi_2^2 + A \end{bmatrix}$$

其中，$A = a(\xi_3^2 - \nu_\beta^2)$，而

$$(\xi_1^2 + \xi_2^2 + \xi_3^2)A + A^2 = \frac{\mu(\lambda + 2\mu)}{(\lambda + \mu)^2}(\xi_3^2 - \nu_\beta^2)(\xi_3^2 - \nu_\alpha^2)$$

因此

$$\frac{1}{(\lambda + \mu)\left[(\xi_1^2 + \xi_2^2 + \xi_3^2)A + A^2\right]} = \frac{1}{\rho s^2}\left(\frac{1}{\xi_3^2 - \nu_\beta^2} - \frac{1}{\xi_3^2 - \nu_\alpha^2} \right)$$

其中，算符 $\mathscr{L}_{\xi_i}^{-1}$ 代表对 ξ_i 变量做双边 Laplace 反变换。若 $x_3 \leqslant x_3'$，为了保证被积函数收敛，取图 4.2.1 (a) 所示的积分回路。根据留数定理，得

$$\mathscr{L}_{\xi_3}^{-1}\left\{I_1(c)\right\}\Big|_{x_3 \leqslant x_3'} = -\operatorname{res}\left\{\frac{\xi_1\xi_2 e^{\xi_3(x_3-x_3')}}{(\xi_3+c)(\xi_3-c)}\right\} = -\lim_{\xi_3 \to c}\frac{\xi_1\xi_2 e^{\xi_3(x_3-x_3')}}{\xi_3+c}$$

$$= -\frac{\xi_1\xi_2 e^{-c(x_3'-x_3)}}{2c}$$

若 $x_3 > x_3'$，为了保证被积函数收敛，取图 4.2.1 (b) 所示的积分回路。相应地，有

$$\mathscr{L}_{\xi_3}^{-1}\left\{I_1(c)\right\}\Big|_{x_3 > x_3'} = \operatorname{res}\left\{\xi_1\xi_2\frac{e^{\xi_3(x_3-x_3')}}{(\xi_3+c)(\xi_3-c)}\right\} = \lim_{\xi_3 \to -c}\frac{\xi_1\xi_2 e^{\xi_3(x_3-x_3')}}{\xi_3-c}$$

$$= -\frac{\xi_1\xi_2 e^{-c(x_3-x_3')}}{2c}$$

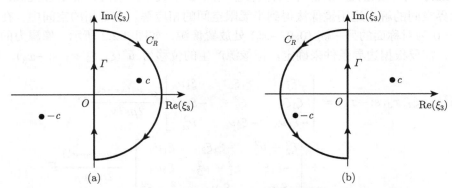

图 4.2.1　求解关于 ξ 的双边 Laplace 反变换的积分路径示意图

(a) $z < z'$ 的情况；(b) $z > z'$ 的情况。Γ 为实际的积分路径，C_R 为大圆弧，$\pm c$ 为两个一阶极点

综合上面两种情况，最终得到

$$\mathscr{L}_{\xi_3}^{-1}\left\{I_1(c)\right\} = -\frac{\xi_1\xi_2}{2c}e^{-c|x_3-x_3'|} \tag{4.2.2}$$

类似地，我们可以得到[①]

$$\mathscr{L}_{\xi_3}^{-1}\left\{I_2^{(\eta)}(c)\right\} = -\frac{1}{2}\operatorname{sgn}\left(x_3'-x_3\right)\xi_\eta e^{-c|x_3-x_3'|} \tag{4.2.3a}$$

$$\mathscr{L}_{\xi_3}^{-1}\left\{I_3^{(\eta)}(c)\right\} = -\left[c^2+\xi_\eta^2+a\left(c^2-\nu_\beta^2\right)\right]\frac{e^{-c|x_3-x_3'|}}{2c} \tag{4.2.3b}$$

$$\mathscr{L}_{\xi_3}^{-1}\left\{I_4(c)\right\} = -\left[\xi_1^2+\xi_2^2+a\left(c^2-\nu_\beta^2\right)\right]\frac{e^{-c|x_3-x_3'|}}{2c} \tag{4.2.3c}$$

---

① 作为练习，请读者自己仿照 $I_1(c)$ 的解法完成。

最后，将式 (4.2.2) 和 (4.2.3) 代入到式 (4.2.1) 关于 ξ_3 的反变换式中，得到

$$
\widetilde{\boldsymbol{u}}^{\mathrm{F}}(\xi_1,\xi_2,x_3,s;x_3') = \begin{bmatrix} \xi_1^2 & \xi_1\xi_2 & \zeta(x_3,x_3')\xi_1\nu_\alpha \\ \xi_1\xi_2 & \xi_2^2 & \zeta(x_3,x_3')\xi_2\nu_\alpha \\ \zeta(x_3,x_3')\xi_1\nu_\alpha & \zeta(x_3,x_3')\xi_2\nu_\alpha & \nu_\alpha^2 \end{bmatrix} \frac{\mathrm{e}^{-\nu_\alpha|x_3-x_3'|}}{2\rho s^2\nu_\alpha}\boldsymbol{F}
$$
$$
+ \begin{bmatrix} \xi_2^2+\nu_\beta^2 & -\xi_1\xi_2 & -\zeta(x_3,x_3')\xi_1\nu_\beta \\ -\xi_1\xi_2 & \xi_1^2+\nu_\beta^2 & -\zeta(x_3,x_3')\xi_2\nu_\beta \\ -\zeta(x_3,x_3')\xi_1\nu_\beta & -\zeta(x_3,x_3')\xi_2\nu_\beta & \xi_1^2+\xi_2^2 \end{bmatrix} \frac{\mathrm{e}^{-\nu_\beta|x_3-x_3'|}}{2\rho s^2\nu_\beta}\boldsymbol{F}
$$

$$(4.2.4)$$

其中，$\widetilde{\boldsymbol{u}}^{\mathrm{F}}(\xi_1,\xi_2,x_3,s;x_3')$ 为 $\bar{\boldsymbol{u}}^{\mathrm{F}}$ 作关于 ξ_3 的 Laplace 反变换之后的结果，$\zeta(x_3,x_3') = \mathrm{sgn}\,(x_3'-x_3)$。

4.2.2.2　运用镜像法求变换域 (ξ_1,ξ_2,x_3,s) 中的半无限空间 Green 函数

式 (4.2.4) 中表示的是无界空间的位移。与第 3 章关于二维问题的处理类似，以下基于这个无界空间的解，运用镜像法得到半无限空间的相应解。在延拓的空间中，在以自由界面 $x_3 = 0$ 为对称面的另一侧 $(0,0,-x_3')$ 处放置像源，如图 4.2.2 所示。像源力的大小和方向未知，需要根据边界条件来确定。记像源产生的位移为 $\widetilde{\boldsymbol{u}}^*(\xi_1,\xi_2,x_3,s;-x_3')$，则有

$$
\widetilde{\boldsymbol{u}}^*(\xi_1,\xi_2,x_3,s;-x_3') = \begin{bmatrix} \xi_1^2 & \xi_1\xi_2 & -\xi_1\nu_\alpha \\ \xi_1\xi_2 & \xi_2^2 & -\xi_2\nu_\alpha \\ -\xi_1\nu_\alpha & -\xi_2\nu_\alpha & \nu_\alpha^2 \end{bmatrix} \frac{\mathrm{e}^{-\nu_\alpha(x_3+x_3')}}{2\rho s^2\nu_\alpha}\boldsymbol{F}'
$$
$$
+ \begin{bmatrix} \xi_2^2+\nu_\beta^2 & -\xi_1\xi_2 & \xi_1\nu_\beta \\ -\xi_1\xi_2 & \xi_1^2+\nu_\beta^2 & \xi_2\nu_\beta \\ \xi_1\nu_\beta & \xi_2\nu_\beta & \xi_1^2+\xi_2^2 \end{bmatrix} \frac{\mathrm{e}^{-\nu_\beta(x_3+x_3')}}{2\rho s^2\nu_\beta}\boldsymbol{F}' \qquad (4.2.5)
$$

其中，像源对应的体力项 $\boldsymbol{F}' = (f_1'\ \ f_2'\ \ f_3')^{\mathrm{T}}$，$f_i'\ (i=1,2,3)$ 待定。假设 $\boldsymbol{F}'$ 的分量与 $\boldsymbol{F}$ 的分量之间存在线性关系；换句话说，$\boldsymbol{F}'$ 通过待定系数矩阵 $\mathbf{A}$ 与已知体力 $\boldsymbol{F}$ 相联系

$$
\boldsymbol{F}' = \begin{bmatrix} f_1' \\ f_2' \\ f_3' \end{bmatrix} = \mathbf{A}\boldsymbol{F} = \begin{bmatrix} a_1 & b_1 & c_1 \\ a_2 & b_2 & c_2 \\ a_3 & b_3 & c_3 \end{bmatrix} \begin{bmatrix} f_1 \\ f_2 \\ f_3 \end{bmatrix} = \begin{bmatrix} a_1f_1+b_1f_2+c_1f_3 \\ a_2f_1+b_2f_2+c_2f_3 \\ a_3f_1+b_3f_2+c_3f_3 \end{bmatrix}
$$

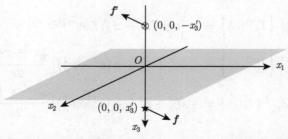

图 4.2.2　运用虚拟像源得到三维 Lamb 问题 Green 函数的镜像法示意图

"★" 代表真实力源 $\boldsymbol{f}$，坐标为 $(0,0,x_3')$；"⊗" 代表虚拟的像源 $\boldsymbol{f}'$，坐标为 $(0,0,-x_3')$

其中，a_i，b_i，c_i 为待定系数。半无限空间的位移 $\widetilde{\boldsymbol{u}}(\xi_1, \xi_2, x_3, s; x_3')$ 可表示为无限介质的位移与自由界面产生的位移之和：

$$\widetilde{\boldsymbol{u}}(\xi_1, \xi_2, x_3, s; x_3') = \widetilde{\boldsymbol{u}}^{\mathrm{F}}(\xi_1, \xi_2, x_3, s; x_3') + \widetilde{\boldsymbol{u}}^{*}(\xi_1, \xi_2, x_3, s; x_3') \tag{4.2.6}$$

以下根据自由界面处的边界条件 (4.1.3) 来确定系数矩阵 $\mathbf{A}$ 中的待定系数。

首先将边界条件式 (4.1.3) 转换到变换域 (ξ_1, ξ_2, x_3, s) 中，有

$$\left[\frac{\partial \widetilde{u}_1}{\partial x_3} + \xi_1 \widetilde{u}_3\right]\bigg|_{x_3=0} = 0, \qquad \left[\frac{\partial \widetilde{u}_2}{\partial x_3} + \xi_2 \widetilde{u}_3\right]\bigg|_{x_3=0} = 0 \tag{4.2.7a}$$

$$\left[\lambda \left(\xi_1 \widetilde{u}_1 + \xi_2 \widetilde{u}_2\right) + (\lambda + 2\mu)\frac{\partial \widetilde{u}_3}{\partial x_3}\right]\bigg|_{x_3=0} = 0 \tag{4.2.7b}$$

根据式 (4.2.4) $\sim$ (4.2.6)，可以得到 $\widetilde{u}_i|_{x_3=0}$ 和 $\partial \widetilde{u}_i/\partial x_3|_{x_3=0}$。以 $i=1$ 分量为例[①]，

$$\begin{aligned}
\widetilde{u}_1|_{x_3=0} = \frac{1}{2\rho s^2}\Bigg\{&f_1\left[\left(\xi_1^2 + a_1\xi_1^2 + a_2\xi_1\xi_2 - a_3\xi_1\nu_\alpha\right)\frac{\mathrm{e}^{-\nu_\alpha x_3'}}{\nu_\alpha}\right.\\
&\left.+\left(\xi_2^2 + \nu_\beta^2 + a_1\xi_2^2 + a_1\nu_\beta^2 - a_2\xi_1\xi_2 + a_3\xi_1\nu_\beta\right)\frac{\mathrm{e}^{-\nu_\beta x_3'}}{\nu_\beta}\right]\\
&+f_2\left[\left(\xi_1\xi_2 + b_1\xi_1^2 + b_2\xi_1\xi_2 - b_3\xi_1\nu_\alpha\right)\frac{\mathrm{e}^{-\nu_\alpha x_3'}}{\nu_\alpha}\right.\\
&\left.+\left(-\xi_1\xi_2 + b_1\xi_2^2 + b_1\nu_\beta^2 - b_2\xi_1\xi_2 + b_3\xi_1\nu_\beta\right)\frac{\mathrm{e}^{-\nu_\beta x_3'}}{\nu_\beta}\right]\\
&+f_3\left[\left(\xi_1\nu_\alpha + c_1\xi_1^2 + c_2\xi_1\xi_2 - c_3\xi_1\nu_\alpha\right)\frac{\mathrm{e}^{-\nu_\alpha x_3'}}{\nu_\alpha}\right.\\
&\left.\left.+\left(-\xi_1\nu_\beta + c_1\xi_2^2 + c_1\nu_\beta^2 - c_2\xi_1\xi_2 + c_3\xi_1\nu_\beta\right)\frac{\mathrm{e}^{-\nu_\beta x_3'}}{\nu_\beta}\right]\right\}
\end{aligned}$$

$$\begin{aligned}
\frac{\partial \widetilde{u}_1}{\partial x_3}\bigg|_{x_3=0} = \frac{1}{2\rho s^2}\Bigg\{&f_1\left[\left(\xi_1^2 - a_1\xi_1^2 - a_2\xi_1\xi_2 + a_3\xi_1\nu_\alpha\right)\mathrm{e}^{-\nu_\alpha x_3'}\right.\\
&\left.+\left(\xi_2^2 + \nu_\beta^2 - a_1\xi_2^2 - a_1\nu_\beta^2 + a_2\xi_1\xi_2 - a_3\xi_1\nu_\beta\right)\mathrm{e}^{-\nu_\beta x_3'}\right]\\
&+f_2\left[\left(\xi_1\xi_2 - b_1\xi_1^2 - b_2\xi_1\xi_2 + b_3\xi_1\nu_\alpha\right)\mathrm{e}^{-\nu_\alpha x_3'}\right.\\
&\left.-\left(\xi_1\xi_2 + b_1\xi_2^2 + b_1\nu_\beta^2 - b_2\xi_1\xi_2 + b_3\xi_1\nu_\beta\right)\mathrm{e}^{-\nu_\beta x_3'}\right]\\
&+f_3\left[\left(\xi_1\nu_\alpha - c_1\xi_1^2 - c_2\xi_1\xi_2 + c_3\xi_1\nu_\alpha\right)\mathrm{e}^{-\nu_\alpha x_3'}\right.\\
&\left.\left.-\left(\xi_1\nu_\beta + c_1\xi_2^2 + c_1\nu_\beta^2 - c_2\xi_1\xi_2 + c_3\xi_1\nu_\beta\right)\mathrm{e}^{-\nu_\beta x_3'}\right]\right\}
\end{aligned}$$

将它们代入到式 (4.2.7) 中，注意到 f_i 之间的独立性，得到

$$M_\zeta a_1 + N_\zeta a_2 + P_\zeta a_3 = M_\zeta, \qquad M_3(\xi_1 a_1 + \xi_2 a_2) + P_3 a_3 = -\xi_1 M_3$$

[①] 其他分量形式类似，为了节省篇幅，此处从略。作为练习，请读者自行补充。

$$M_\zeta b_1 + N_\zeta b_2 + P_\zeta b_3 = N_\zeta, \qquad M_3(\xi_1 b_1 + \xi_2 b_2) + P_3 b_3 = -\xi_2 M_3$$

$$M_\zeta c_1 + N_\zeta c_2 + P_\zeta c_3 = -P_\zeta, \qquad M_3(\xi_1 c_1 + \xi_2 c_2) + P_3 c_3 = P_3$$

其中，$\zeta = 1$ 或 2，

$$M_1 = \nu_\beta \left[\left(\xi_1^2 - \xi_2^2 - \nu_\beta^2 \right) E - 2\xi_1^2 \right], \quad N_2 = \nu_\beta \left[\left(\xi_2^2 - \xi_1^2 - \nu_\beta^2 \right) E - 2\xi_2^2 \right]$$

$$M_2 = N_1 = 2\xi_1 \xi_2 \nu_\beta (E - 1), \quad M_3 = (1 - 2a)\left(\xi_1^2 + \xi_2^2 \right) + \nu_\alpha^2 - 2a\nu_\alpha \nu_\beta E$$

$$P_\zeta = (2\nu_\alpha \nu_\beta - hE)\xi_\zeta, \quad P_3 = \nu_\alpha \left[(1 - 2a)\left(\xi_1^2 + \xi_2^2 \right) + \nu_\alpha^2 + 2a\left(\xi_1^2 + \xi_2^2 \right) E \right]$$

$$E = \mathrm{e}^{(\nu_\alpha - \nu_\beta)x_3'}, \quad h = \nu_\beta^2 - \xi_1^2 - \xi_2^2$$

解这个联立方程组，得到[①]

$$\begin{bmatrix} a_1 & b_1 & c_1 \\ a_2 & b_2 & c_2 \\ a_3 & b_3 & c_3 \end{bmatrix} = \frac{1}{Q} \begin{bmatrix} Q + 2\xi_1^2 HI & 2\xi_1\xi_2 HI & 2\xi_1\nu_\alpha KI \\ 2\xi_1\xi_2 HI & Q + 2\xi_2^2 HI & 2\xi_2\nu_\alpha KI \\ 2\xi_1\nu_\beta HJ & 2\xi_2\nu_\beta HJ & 2\nu_\alpha\nu_\beta KJ - Q \end{bmatrix} \tag{4.2.8}$$

其中，

$$H = h - 2\nu_\alpha\nu_\beta E, \quad I = 2\nu_\alpha\nu_\beta - hE, \quad J = 2\left(\xi_1^2 + \xi_2^2 \right) + hE$$

$$K = 2\left(\xi_1^2 + \xi_2^2 \right) E + h, \quad Q = \left(\nu_\alpha\nu_\beta + \xi_1^2 + \xi_2^2 \right) ER, \quad R = h^2 + 4\nu_\alpha\nu_\beta\left(\xi_1^2 + \xi_2^2 \right)$$

把式 (4.2.8) 代入到式 (4.2.4) ~ (4.2.6)，可以得到

$$\widetilde{\boldsymbol{u}}(\xi_1, \xi_2, x_3, s; x_3') = \begin{bmatrix} \xi_1^2 & \xi_1\xi_2 & \zeta(x_3, x_3')\xi_1\nu_\alpha \\ \xi_1\xi_2 & \xi_2^2 & \zeta(x_3, x_3')\xi_2\nu_\alpha \\ \zeta(x_3, x_3')\xi_1\nu_\alpha & \zeta(x_3, x_3')\xi_2\nu_\alpha & \nu_\alpha^2 \end{bmatrix} \frac{\mathrm{e}^{-\nu_\alpha|x_3 - x_3'|}}{2\rho s^2 \nu_\alpha} \boldsymbol{F}$$

$$+ \begin{bmatrix} \xi_2^2 + \nu_\beta^2 & -\xi_1\xi_2 & -\zeta(x_3, x_3')\xi_1\nu_\beta \\ -\xi_1\xi_2 & \xi_1^2 + \nu_\beta^2 & -\zeta(x_3, x_3')\xi_2\nu_\beta \\ -\zeta(x_3, x_3')\xi_1\nu_\beta & -\zeta(x_3, x_3')\xi_2\nu_\beta & \xi_1^2 + \xi_2^2 \end{bmatrix} \frac{\mathrm{e}^{-\nu_\beta|x_3 - x_3'|}}{2\rho s^2 \nu_\beta} \boldsymbol{F}$$

$$+ \begin{bmatrix} A_1\xi_1 & A_2\xi_1 & A_3\xi_1 \\ A_1\xi_2 & A_2\xi_2 & A_3\xi_2 \\ -A_1\nu_\alpha & -A_2\nu_\alpha & -A_3\nu_\alpha \end{bmatrix} \frac{\mathrm{e}^{-\nu_\alpha(x_3 + x_3')}}{2\rho s^2 \nu_\alpha} \boldsymbol{F}$$

$$+ \begin{bmatrix} B_1\nu_\beta & B_2\nu_\beta & B_3\nu_\beta \\ C_1\nu_\beta & C_2\nu_\beta & C_3\nu_\beta \\ B_1\xi_1 + C_1\xi_2 & B_2\xi_1 + C_2\xi_2 & B_3\xi_1 + C_3\xi_2 \end{bmatrix} \frac{\mathrm{e}^{-\nu_\beta(x_3 + x_3')}}{2\rho s^2 \nu_\beta} \boldsymbol{F} \tag{4.2.9}$$

其中，

$$A_{1(2)} = -\frac{\xi_{1(2)}}{R} \left(R^\dagger - 4\nu_\alpha\nu_\beta hE \right), \quad A_3 = -\frac{\nu_\alpha}{R} \left[R^\dagger + 4\left(\xi_1^2 + \xi_2^2 \right) hE \right]$$

[①] 矩阵 **A** 的元素都与 ξ_1 和 ξ_2 有关，这意味着在实际问题的求解域 (x_1, x_2, x_3, t) 中，像源 $\boldsymbol{f}'$ 在 $x_1 x_2$ 平面上将有一个分布，因此与 3.2.2.2 节中讨论的二维情况类似，由于事先无法知道这种分布，镜像法并不能直接在求解域中应用。

$$B_1 = \frac{1}{\nu_\beta R}\left[h^2\left(\kappa_\beta^2 - \xi_1^2\right) + 4\nu_\alpha\nu_\beta\left(\xi_2^2\kappa_\beta^2 - \xi_1^2\nu_\beta^2\right) + \frac{4\xi_1^2\nu_\beta^2 h}{E}\right] \quad \left(\kappa_\beta = \frac{s}{\beta}\right)$$

$$B_2 = -\frac{\xi_1\xi_2}{\nu_\beta R}\left[h^2 + 4\nu_\alpha\nu_\beta\left(\kappa_\beta^2 + \nu_\beta^2\right) - \frac{4\nu_\beta^2 h}{E}\right], \quad B_3 = -\frac{\xi_1}{R}\left[R^\dagger - \frac{4\nu_\alpha\nu_\beta h}{E}\right]$$

$$C_1 = -\frac{\xi_1\xi_2}{\nu_\beta R}\left[h^2 + 4\nu_\alpha\nu_\beta\left(\kappa_\beta^2 + \nu_\beta^2\right) - \frac{4\nu_\beta^2 h}{E}\right]$$

$$C_2 = \frac{1}{\nu_\beta R}\left[h^2\left(\kappa_\beta^2 - \xi_2^2\right) + 4\nu_\alpha\nu_\beta\left(\xi_1^2\kappa_\beta^2 - \xi_2^2\nu_\beta^2\right) + \frac{4\xi_2^2\nu_\beta^2 h}{E}\right]$$

$$C_3 = -\frac{\xi_2}{R}\left[R^\dagger - \frac{4\nu_\alpha\nu_\beta h}{E}\right], \quad R^\dagger = h^2 - 4\nu_\alpha\nu_\beta\left(\xi_1^2 + \xi_2^2\right)$$

与二维情况类似, 考察式 (4.2.9) 中出现的指数因子。第一项含 $e^{-\nu_\alpha|z-z'|}$, 第二项包含 $e^{-\nu_\beta|z-z'|}$, 第三项包含 $e^{-\nu_\alpha(z+z')}$ 和 $e^{-(\nu_\alpha z + \nu_\beta z')}$, 第四项包含 $e^{-\nu_\beta(z+z')}$ 和 $e^{-(\nu_\beta z + \nu_\alpha z')}$, 它们分别对应着直达 P 波、直达 S 波、反射 P 波（PP 波）、反射 S 波（SS 波）、转换 P 波（PS 波）以及转换 S 波（SP 波）。因此, 去掉式 (4.2.9) 中的 $\boldsymbol{F}$, 直接得到具有更明确的物理意义的 Green 函数为

$$\begin{aligned}
\mathbf{G}(\xi_1,\xi_2,x_3,s;x_3') = &\mathbf{G}^{\mathrm{P}}(\xi_1,\xi_2,x_3,s;x_3') + \mathbf{G}^{\mathrm{S}}(\xi_1,\xi_2,x_3,s;x_3') + \mathbf{G}^{\mathrm{PP}}(\xi_1,\xi_2,x_3,s;x_3') \\
&+ \mathbf{G}^{\mathrm{SS}}(\xi_1,\xi_2,x_3,s;x_3') + \mathbf{G}^{\mathrm{PS}}(\xi_1,\xi_2,x_3,s;x_3') + \mathbf{G}^{\mathrm{SP}}(\xi_1,\xi_2,x_3,s;x_3')
\end{aligned}$$

$$(4.2.10)$$

其中,

$$\mathbf{G}^{\mathrm{P}} = \begin{bmatrix} \xi_1^2 & \xi_1\xi_2 & \xi_1\nu_\alpha\zeta(x_3,x_3') \\ \xi_1\xi_2 & \xi_2^2 & \xi_2\nu_\alpha\zeta(x_3,x_3') \\ \xi_1\nu_\alpha\zeta(x_3,x_3') & \xi_2\nu_\alpha\zeta(x_3,x_3') & \nu_\alpha^2 \end{bmatrix}\frac{e^{-\nu_\alpha|x_3-x_3'|}}{2\rho s^2\nu_\alpha}$$

$$\mathbf{G}^{\mathrm{S}} = \begin{bmatrix} \xi_2^2 + \nu_\beta^2 & -\xi_1\xi_2 & -\xi_1\nu_\beta\zeta(x_3,x_3') \\ -\xi_1\xi_2 & \xi_1^2 + \nu_\beta^2 & -\xi_2\nu_\beta\zeta(x_3,x_3') \\ -\xi_1\nu_\beta\zeta(x_3,x_3') & -\xi_2\nu_\beta\zeta(x_3,x_3') & \xi_1^2 + \xi_2^2 \end{bmatrix}\frac{e^{-\nu_\beta|x_3-x_3'|}}{2\rho s^2\nu_\beta}$$

$$\mathbf{G}^{\mathrm{PP}} = \begin{bmatrix} -\xi_1^2 & -\xi_1\xi_2 & -\xi_1\nu_\alpha \\ -\xi_1\xi_2 & -\xi_2^2 & -\xi_2\nu_\alpha \\ \xi_1\nu_\alpha & \xi_2\nu_\alpha & \nu_\alpha^2 \end{bmatrix}\frac{R^\dagger e^{-\nu_\alpha(x_3+x_3')}}{2\rho s^2\nu_\alpha R}$$

$$\mathbf{G}^{\mathrm{SS}} = \begin{bmatrix} \kappa_\beta^2 R - \xi_1^2 S & -\xi_1\xi_2 S & -\xi_1\nu_\beta R^\dagger \\ -\xi_1\xi_2 S & \kappa_\beta^2 R - \xi_2^2 S & -\xi_2\nu_\beta R^\dagger \\ \xi_1\nu_\beta R^\dagger & \xi_2\nu_\beta R^\dagger & -\left(\xi_1^2 + \xi_2^2\right)R^\dagger \end{bmatrix}\frac{e^{-\nu_\beta(x_3+x_3')}}{2\rho s^2\nu_\beta R} \quad \left(S = R + 8\nu_\alpha\nu_\beta^3\right)$$

$$\mathbf{G}^{\mathrm{PS}} = \begin{bmatrix} \xi_1^2\nu_\beta & \xi_1\xi_2\nu_\beta & \xi_1\nu_\alpha\nu_\beta \\ \xi_1\xi_2\nu_\beta & \xi_2^2\nu_\beta & \xi_2\nu_\alpha\nu_\beta \\ \xi_1\left(\xi_1^2 + \xi_2^2\right) & \xi_2\left(\xi_1^2 + \xi_2^2\right) & \nu_\alpha\left(\xi_1^2 + \xi_2^2\right) \end{bmatrix}\frac{2h e^{-(\nu_\beta x_3 + \nu_\alpha x_3')}}{\rho s^2 R}$$

$$\mathbf{G}^{\mathrm{SP}} = \begin{bmatrix} \xi_1^2\nu_\beta & \xi_1\xi_2\nu_\beta & -\xi_1\left(\xi_1^2+\xi_2^2\right) \\ \xi_1\xi_2\nu_\beta & \xi_2^2\nu_\beta & -\xi_2\left(\xi_1^2+\xi_2^2\right) \\ -\xi_1\nu_\alpha\nu_\beta & -\xi_2\nu_\alpha\nu_\beta & \nu_\alpha\left(\xi_1^2+\xi_2^2\right) \end{bmatrix} \frac{2he^{-(\nu_\alpha x_3+\nu_\beta x_3')}}{\rho s^2 R}$$

接下来的任务就是逐项地求它们在求解域 (x_1, x_2, x_3, t) 中对应的解。与二维情况类似，仍然是运用 Cagniard-de Hoop 方法，将关于空间变量的反变换积分直接"凑成"关于时间变量的 Laplace 变换的形式。但是与二维情况不同的是，由于问题的维度增加了，我们将无法得到简单的闭合形式解，而只能得到以积分形式表达的解[①]。

由于项数较多，而对于观测点位于地表的情况，可以依据相因子合并，例如，在 $x_3 = 0$ 的情况下，$\mathbf{G}^{\mathrm{P}}$、$\mathbf{G}^{\mathrm{PP}}$ 和 $\mathbf{G}^{\mathrm{PS}}$ 三项的相位因子都为 $\mathrm{e}^{-\nu_\alpha x_3'}$，而 $\mathbf{G}^{\mathrm{S}}$、$\mathbf{G}^{\mathrm{SS}}$ 和 $\mathbf{G}^{\mathrm{SP}}$ 三项的相位因子都为 $\mathrm{e}^{-\nu_\beta x_3'}$，从而极大地简化了问题的求解，我们遵循 Johnson (1974) 的策略，首先考虑这种相对简单的特殊的情况，然后再继续考察较为复杂的一般情况。

4.3　第二类 Lamb 问题的 Green 函数及其一阶空间导数的积分解

对于大多数地震学问题，我们关心的是自由表面处 ($x_3 = 0$) 的解，这属于第二类 Lamb 问题[②]，对于观测点位于地表的前两类 Lamb 问题，解的形式会更为紧凑，因为此时的相因子退化为只剩两个：$\mathrm{e}^{-\nu_\alpha x_3'}$ 和 $\mathrm{e}^{-\nu_\beta x_3'}$，分别对应于 P 波和 S 波。从而有

$$\mathbf{G}(\xi_1,\xi_2,0,s;x_3') = \mathbf{G}^{\mathrm{P}^\star}(\xi_1,\xi_2,0,s;x_3') + \mathbf{G}^{\mathrm{S}^\star}(\xi_1,\xi_2,0,s;x_3')$$

$$= \frac{\mathrm{e}^{-\nu_\alpha x_3'}}{\mu R}\mathbf{M}(\xi_1,\xi_2,s) + \frac{\mathrm{e}^{-\nu_\beta x_3'}}{\mu\nu_\beta R}\mathbf{N}(\xi_1,\xi_2,s) \tag{4.3.1}$$

其中[③]，

$$\mathbf{G}^{\mathrm{P}^\star}(\xi_1,\xi_2,0,s;x_3') \triangleq \mathbf{G}^{\mathrm{P}}(\xi_1,\xi_2,0,s;x_3') + \mathbf{G}^{\mathrm{PP}}(\xi_1,\xi_2,0,s;x_3') + \mathbf{G}^{\mathrm{PS}}(\xi_1,\xi_2,0,s;x_3')$$

$$\mathbf{G}^{\mathrm{S}^\star}(\xi_1,\xi_2,0,s;x_3') \triangleq \mathbf{G}^{\mathrm{S}}(\xi_1,\xi_2,0,s;x_3') + \mathbf{G}^{\mathrm{SS}}(\xi_1,\xi_2,0,s;x_3') + \mathbf{G}^{\mathrm{SP}}(\xi_1,\xi_2,0,s;x_3')$$

$$\mathbf{M}(\xi_1,\xi_2,s) = \begin{bmatrix} 2\xi_1^2\nu_\beta & 2\xi_1\xi_2\nu_\beta & 2\xi_1\nu_\alpha\nu_\beta \\ 2\xi_1\xi_2\nu_\beta & 2\xi_2^2\nu_\beta & 2\xi_2\nu_\alpha\nu_\beta \\ \xi_1 h & \xi_2 h & \nu_\alpha h \end{bmatrix}$$

$$\mathbf{N}(\xi_1,\xi_2,s) = \begin{bmatrix} h\left(\nu_\beta^2-\xi_2^2\right)+4\nu_\alpha\nu_\beta\xi_2^2 & \xi_1\xi_2\left(h-4\nu_\alpha\nu_\beta\right) & -\xi_1\nu_\beta h \\ \xi_1\xi_2\left(h-4\nu_\alpha\nu_\beta\right) & h\left(\nu_\beta^2-\xi_1^2\right)+4\nu_\alpha\nu_\beta\xi_1^2 & -\xi_2\nu_\beta h \\ -2\xi_1\nu_\alpha\nu_\beta^2 & -2\xi_2\nu_\alpha\nu_\beta^2 & 2\nu_\alpha\nu_\beta\left(\xi_1^2+\xi_2^2\right) \end{bmatrix}$$

对式 (4.3.1) 作关于 ξ_1 和 ξ_2 的双边 Laplace 反变换，得到

$$\mathbf{G}(x_1,x_2,0,s;x_3') = \frac{1}{(2\pi\mathrm{i})^2}\iint_{-\mathrm{i}\infty}^{+\mathrm{i}\infty}\left[\frac{\mathrm{e}^{-\nu_\alpha x_3'}}{\mu R}\mathbf{M}(\xi_1,\xi_2,s)\right.$$

[①] 如何继续化简这些积分，是本书后半部分（第 6 ~ 8 章）的主题。

[②] 作为第二类 Lamb 问题的特例，当源也位于地表时，为第一类 Lamb 问题。这类问题比较特殊，积分路径刚好经过奇点，因此面临主值积分的问题，直接采用数值计算是不能得到准确结果的，必须特别地处理，在 4.4 节中将处理这种情况。

[③] P* 和 S* 分别代表其从震源发出的各种 P 波震相和 S 波震相的综合，加 ★ 号是为了与直达 P 波和直达 S 波区分。

$$+ \frac{\mathrm{e}^{-\nu_\beta x_3'}}{\mu \nu_\beta R} \mathbf{N}(\xi_1, \xi_2, s) \Bigg] \cdot \mathrm{e}^{\xi_1 x_1 + \xi_2 x_2} \, \mathrm{d}\xi_1 \, \mathrm{d}\xi_2 \tag{4.3.2}$$

下面我们的目标是基于式 (4.3.2) 的表达，采用 Cagniard-de Hoop 方法将其"凑成"关于 t 标准的 Laplace 变换形式，从而直接得到求解域的解 $\mathbf{G}(x_1, x_2, 0, t; x_3')$。

4.3.1 基于 de-Hoop 变换的变量替换

为了达到这个目的，需要引入 de Hoop 变换 (de Hoop, 1960)：

$$\xi_1 = \kappa_\beta \left(\bar{q} \cos\phi - \mathrm{i}\bar{p} \sin\phi \right), \quad \xi_2 = \kappa_\beta \left(\bar{q} \sin\phi + \mathrm{i}\bar{p} \cos\phi \right) \quad \left(\kappa_\beta \triangleq \frac{s}{\beta} \right) \tag{4.3.3}$$

其中，ϕ 为坐标原点和观测点之间的连线与 x_1 轴之间的夹角（参见图 4.1.1）。注意式 (4.3.3) 中的变量 $\bar{q}$ 和 $\bar{p}$ 都是无量纲变量，且 $\bar{p}$ 为实数，而 $\bar{q}$ 为纯虚数。

4.3.1.1 微元的变量替换

根据二重积分的变量替换的一般定理[①]，我们首先将注意力集中在微元的变换上。首先做一个中间变换[②]，令 $\xi_1 = \mathrm{i}\hat{\xi}_1$，$\xi_2 = \mathrm{i}\hat{\xi}_2$（$\hat{\xi}_1, \hat{\xi}_2 \in \mathbb{R}$），则有

$$I = \int_{-\mathrm{i}\infty}^{+\mathrm{i}\infty} \int_{-\mathrm{i}\infty}^{+\mathrm{i}\infty} f(\xi_1, \xi_2) \, \mathrm{d}\xi_1 \, \mathrm{d}\xi_2 = -\int_{-\infty}^{+\infty} \int_{-\infty}^{+\infty} f(\hat{\xi}_1, \hat{\xi}_2) \, \mathrm{d}\hat{\xi}_1 \, \mathrm{d}\hat{\xi}_2 \tag{4.3.5}$$

再令 $\bar{q} = \mathrm{i}\hat{q}$（$\hat{q} \in \mathbb{R}$），则式 (4.3.3) 变为

$$\hat{\xi}_1 = \kappa_\beta \left(\hat{q} \cos\phi - \bar{p} \sin\phi \right), \qquad \hat{\xi}_2 = \kappa_\beta \left(\hat{q} \sin\phi + \bar{p} \cos\phi \right)$$

注意上式中所有的量都是实数。因此坐标变换的 Jacobi 行列式为

$$J(\bar{p}, \hat{q}) = \begin{vmatrix} \dfrac{\partial \hat{\xi}_1}{\partial \hat{q}} & \dfrac{\partial \hat{\xi}_1}{\partial \bar{p}} \\[2mm] \dfrac{\partial \hat{\xi}_2}{\partial \hat{q}} & \dfrac{\partial \hat{\xi}_2}{\partial \bar{p}} \end{vmatrix} = \kappa_\beta^2 \begin{vmatrix} \cos\phi & -\sin\phi \\ \sin\phi & \cos\phi \end{vmatrix} = \kappa_\beta^2$$

---

① 设函数 $f(x, y)$ 在有界区域 D 上连续，作变换 $x = x(u, v)$，$y = y(u, v)$，使得满足：a. 把 uv 平面的区域 D' 一一对应地变到 xy 平面上的区域 D；b. 变换函数 $x = x(u, v)$，$y = y(u, v)$ 在 D' 上连续，且有连续的一阶偏导数；c. Jacobi 行列式在 D' 上处处不等于零，即

$$J(u, v) = \begin{vmatrix} \dfrac{\partial x}{\partial u} & \dfrac{\partial x}{\partial v} \\[2mm] \dfrac{\partial y}{\partial u} & \dfrac{\partial y}{\partial v} \end{vmatrix} \neq 0, \quad (u, v) \in D'$$

则有换元公式

$$\iint_D f(x, y) \, \mathrm{d}x \, \mathrm{d}y = \iint_{D'} f(x(u, v), y(u, v)) \, |J| \, \mathrm{d}u \, \mathrm{d}v \tag{4.3.4}$$

② 为什么要作这个中间变换？换句话说，为什么不直接利用式 (4.3.4) 的换元公式？这有一个微妙的原因。仔细观察式 (4.3.4)，会发现其实这个公式默认了关于 u 和 v 的积分满足上限大于下限；因为 J 本身是 Jacobi 行列式，公式中的 $|J|$ 是对行列式再取绝对值，因此始终是正值。事实上，这说明了式 (4.3.4) 是针对非定向区域成立的，这意味着积分上限要大于积分下限；如果想取消这种限制，则需要让积分针对定向区域进行，需要规定区域及其边界方向，这就比较复杂了。有兴趣了解细节的读者，可以阅读《微积分学教程》（菲赫金哥尔茨，2006，第 610 目）。只有实数才有大小之分，因此这个公式只是对于实积分变量成立的，对于积分变量位于复平面内虚轴上的情况并不成立。为了应用这个公式，需要做这个中间变换，使得积分变量变为实数。

利用式 (4.3.4)，式 (4.3.5) 可改写为

$$I = -\kappa_\beta^2 \int_{-\infty}^{+\infty} \mathrm{d}\bar{p} \int_{-\infty}^{+\infty} f(\hat{q}, \bar{p}) \, \mathrm{d}\hat{q} = \mathrm{i}\kappa_\beta^2 \int_{-\infty}^{+\infty} \mathrm{d}\bar{p} \int_{-\mathrm{i}\infty}^{+\mathrm{i}\infty} f(\bar{q}, \bar{p}) \, \mathrm{d}\bar{q}$$

根据这个结果，式 (4.3.2) 的形式变为

$$\mathbf{G}(x_1, x_2, 0, s; x_3') = -\frac{\mathrm{i}\kappa_\beta^2}{4\pi^2} \int_{-\infty}^{+\infty} \mathrm{d}\bar{p} \int_{-\mathrm{i}\infty}^{+\mathrm{i}\infty} \left\{ \cdots \right\} \mathrm{d}\bar{q} \tag{4.3.6}$$

4.3.1.2　被积函数的变量替换

接下来考察式 (4.3.6) 中大括号里面的部分。根据式 (4.3.3)，有

$$\xi_1^2 + \xi_2^2 = \kappa_\beta^2 \left(\bar{q}^2 - \bar{p}^2 \right), \quad \xi_1 \xi_2 = \kappa_\beta^2 \left(\bar{q}^2 + \bar{p}^2 \right) \sin\phi \cos\phi + \mathrm{i}\kappa_\beta^2 \bar{p}\bar{q} \cos 2\phi$$

因此，

$$\nu_\alpha = \sqrt{\frac{s^2}{\alpha^2} - \xi_1^2 - \xi_2^2} = \kappa_\beta \eta_\alpha, \qquad \nu_\beta = \sqrt{\frac{s^2}{\beta^2} - \xi_1^2 - \xi_2^2} = \kappa_\beta \eta_\beta$$

$$h = \nu_\beta^2 - \xi_1^2 - \xi_2^2 = \kappa_\beta^2 \gamma, \qquad\qquad R = h^2 + 4\nu_\alpha \nu_\beta = \kappa_\beta^4 \mathscr{R}$$

其中，

$$\boxed{\eta_\alpha = \sqrt{\mu_\alpha^2 - \bar{q}^2}, \quad \eta_\beta = \sqrt{\mu_\beta^2 - \bar{q}^2}, \quad \mu_\alpha = \sqrt{k^2 + \bar{p}^2}, \quad \mu_\beta = \sqrt{1 + \bar{p}^2}} \tag{4.3.7a}$$

$$\gamma = 1 - 2\left(\bar{q}^2 - \bar{p}^2 \right), \quad \mathscr{R} = \gamma^2 + 4\eta_\alpha \eta_\beta \left(\bar{q}^2 - \bar{p}^2 \right) \tag{4.3.7b}$$

基于这些基本的量，$\mathbf{M}$ 和 $\mathbf{N}$ 可以用 $\bar{p}$ 和 $\bar{q}$ 表示为

$$\mathbf{M}(\bar{p}, \bar{q}, s) = \kappa_\beta^3 \begin{bmatrix} 2\eta_\beta \left(\epsilon - \mathrm{i}\bar{p}\bar{q}s_{2\phi} \right) & 2\eta_\beta \left(\zeta + \mathrm{i}\bar{p}\bar{q}c_{2\phi} \right) & 2\eta_\alpha \eta_\beta \left(\bar{q}c_\phi - \mathrm{i}\bar{p}s_\phi \right) \\ 2\eta_\beta \left(\zeta + \mathrm{i}\bar{p}\bar{q}c_{2\phi} \right) & 2\eta_\beta \left(\bar{\epsilon} + \mathrm{i}\bar{p}\bar{q}s_{2\phi} \right) & 2\eta_\alpha \eta_\beta \left(\bar{q}s_\phi + \mathrm{i}\bar{p}c_\phi \right) \\ \gamma \left(\bar{q}c_\phi - \mathrm{i}\bar{p}s_\phi \right) & \gamma \left(\bar{q}s_\phi + \mathrm{i}\bar{p}c_\phi \right) & \gamma \eta_\alpha \end{bmatrix}$$

$$\mathbf{N}(\bar{p}, \bar{q}, s) = \kappa_\beta^4 \begin{bmatrix} \eta_\beta^2 \gamma - \bar{\gamma}\bar{\epsilon} - \mathrm{i}\bar{p}\bar{q}\bar{\gamma}s_{2\phi} & \bar{\gamma} \left(\zeta + \mathrm{i}\bar{p}\bar{q}c_{2\phi} \right) & -\gamma\eta_\beta \left(\bar{q}c_\phi - \mathrm{i}\bar{p}s_\phi \right) \\ \bar{\gamma} \left(\zeta + \mathrm{i}\bar{p}\bar{q}c_{2\phi} \right) & \eta_\beta^2 \gamma - \bar{\gamma}\epsilon + \mathrm{i}\bar{p}\bar{q}\bar{\gamma}s_{2\phi} & -\gamma\eta_\beta \left(\bar{q}s_\phi + \mathrm{i}\bar{p}c_\phi \right) \\ -2\eta_\alpha \eta_\beta^2 \left(\bar{q}c_\phi - \mathrm{i}\bar{p}s_\phi \right) & -2\eta_\alpha \eta_\beta^2 \left(\bar{q}s_\phi + \mathrm{i}\bar{p}c_\phi \right) & 2\eta_\alpha \eta_\beta \left(\bar{q}^2 - \bar{p}^2 \right) \end{bmatrix}$$

其中，

$$\boxed{\bar{\gamma} = \gamma - 4\eta_\alpha \eta_\beta, \quad \zeta = \left(\bar{q}^2 + \bar{p}^2 \right) s_\phi c_\phi, \quad \epsilon = \bar{q}^2 c_\phi^2 - \bar{p}^2 s_\phi^2, \quad \bar{\epsilon} = \bar{q}^2 s_\phi^2 - \bar{p}^2 c_\phi^2} \tag{4.3.8}$$

并且，$s_\phi = \sin\phi$，$c_\phi = \cos\phi$，$s_{2\phi} = \sin 2\phi$，$c_{2\phi} = \cos 2\phi$。

然后考察式 (4.3.2) 中的相因子。注意到图 4.1.1 中所示的几何关系

$$x_1 = R\cos\phi, \quad x_2 = R\sin\phi, \quad R = r\sin\theta, \quad x_3' = r\cos\theta$$

利用 de Hoop 变换式 (4.3.3)，容易得到

$$\mathrm{e}^{-\nu_\alpha x_3' + \xi_1 x_1 + \xi_2 x_2} = \mathrm{e}^{-st_\alpha}, \quad \mathrm{e}^{-\nu_\beta x_3' + \xi_1 x_1 + \xi_2 x_2} = \mathrm{e}^{-st_\beta}$$

其中，$t_\alpha = t_\mathrm{S}\left(\eta_\alpha \cos\theta - \bar{q}\sin\theta\right)$，$t_\beta = t_\mathrm{S}\left(\eta_\beta \cos\theta - \bar{q}\sin\theta\right)$，$t_\mathrm{S} = r/\beta$。

将上述结果代入式 (4.3.2) 和式 (4.3.6)，并注意到 $\mathbf{M}(\bar{p}, \bar{q}, s)$ 和 $\mathbf{N}(\bar{p}, \bar{q}, s)$ 的分量中含有 i 的项均为 $\bar{p}$ 的奇次幂，其余项为 $\bar{p}$ 的偶次幂[①]，因此得到

$$\mathbf{G}(x_1, x_2, 0, s; x_3') = \frac{-\mathrm{i}s}{2\pi^2 \mu\beta} \int_0^{+\infty} \mathrm{d}\bar{p} \int_{-\mathrm{i}\infty}^{+\mathrm{i}\infty} \left[\frac{\mathbf{M}^\star(\bar{p}, \bar{q})}{\mathscr{R}(\bar{p}, \bar{q})} \mathrm{e}^{-st_\alpha} + \frac{\mathbf{N}^\star(\bar{p}, \bar{q})}{\eta_\beta \mathscr{R}(\bar{p}, \bar{q})} \mathrm{e}^{-st_\beta}\right] \mathrm{d}\bar{q} \quad (4.3.9)$$

其中，

$$\mathbf{M}^\star(\bar{p}, \bar{q}) = \begin{bmatrix} 2\eta_\beta \epsilon & 2\eta_\beta \zeta & 2\bar{q}\eta_\alpha \eta_\beta c_\phi \\ 2\eta_\beta \zeta & 2\eta_\beta \bar{\epsilon} & 2\bar{q}\eta_\alpha \eta_\beta s_\phi \\ \bar{q}\gamma c_\phi & \bar{q}\gamma s_\phi & \gamma\eta_\alpha \end{bmatrix} \quad (4.3.10\mathrm{a})$$

$$\mathbf{N}^\star(\bar{p}, \bar{q}) = \begin{bmatrix} \eta_\beta^2 \gamma - \bar{\gamma}\epsilon & \bar{\gamma}\zeta & -\bar{q}\gamma\eta_\beta c_\phi \\ \bar{\gamma}\zeta & \eta_\beta^2 \gamma - \bar{\gamma}\epsilon & -\bar{q}\gamma\eta_\beta s_\phi \\ -2\bar{q}\eta_\alpha \eta_\beta^2 c_\phi & -2\bar{q}\eta_\alpha \eta_\beta^2 s_\phi & 2\eta_\alpha \eta_\beta \left(\bar{q}^2 - \bar{p}^2\right) \end{bmatrix} \quad (4.3.10\mathrm{b})$$

最后，与二维情况类似（参见 3.3 节），注意到式 (4.3.9) 中被积函数的实部是 $\bar{q}$ 的偶函数，而虚部则是 $\bar{q}$ 的奇函数，利用式 (3.3.5)，我们得到

$$\mathbf{G}(x_1, x_2, 0, s; x_3') = \frac{s}{\pi^2 \mu\beta} \mathrm{Im} \int_0^{+\infty} \mathrm{d}\bar{p} \int_0^{+\mathrm{i}\infty} \left[\frac{\mathbf{M}^\star(\bar{p}, \bar{q})}{\mathscr{R}(\bar{p}, \bar{q})} \mathrm{e}^{-st_\alpha} + \frac{\mathbf{N}^\star(\bar{p}, \bar{q})}{\eta_\beta \mathscr{R}(\bar{p}, \bar{q})} \mathrm{e}^{-st_\beta}\right] \mathrm{d}\bar{q} \quad (4.3.11)$$

到目前为止，我们基于 de Hoop 变换，完成了对积分式 (4.3.2) 的变量替换，并形式上地写出了类似于 Laplace 变换被积函数形式的相因子。注意式 (4.3.11) 中包括了两项，根据相因子判断，它们分别对应于 P 波和 S 波的贡献。以下分别进行求解。

4.3.2 第二类 Lamb 问题 Green 函数的 P 波项

对于式 (4.3.11) 中的 P 波项，$t = t_\alpha = t_\mathrm{S}\left(\eta_\alpha \cos\theta - \bar{q}\sin\theta\right)$，对应的无量纲化时间

$$\bar{t} = \frac{t}{t_\mathrm{S}} = \eta_\alpha \cos\theta - \bar{q}\sin\theta \quad (4.3.12)$$

与式 (3.3.6) 完全相同。这意味着我们可以采用完全类似于二维情况下的分析得到三维问题的相应解答。下面我们略去与二维问题相同的详细步骤，只说明重要的思路和步骤，并罗列根据在二维问题结果基础上做修正的主要结论。详细的分析请参考 3.3.1 节二维情况的讨论，留给读者自己补充。

---

① 由于关于 $\bar{p}$ 的积分是从 $-\infty$ 到 $+\infty$ 进行的，因此在这个区间上它们分别是 $\bar{p}$ 的奇函数和偶函数。奇函数部分积分结果为零，而偶函数部分的积分结果为从 0 到 $+\infty$ 积分的两倍。考虑到这一点，可以修改 $\mathbf{M}(\bar{p}, \bar{q}, s)$ 和 $\mathbf{N}(\bar{p}, \bar{q}, s)$ 的定义，去掉含有 i 的 $\bar{p}$ 的奇数次项，简化计算。

　　根据上式，我们可以反解出用 $\bar{t}$ 表达的 $\bar{q}$，并据此得到 $\bar{q}$ 对 $\bar{t}$ 的导数，

$$\bar{q} = \begin{cases} -\bar{t}\sin\theta + \cos\theta\sqrt{\mu_\alpha^2 - \bar{t}^2}, & 0 \leqslant \bar{t} \leqslant \mu_\alpha \\ -\bar{t}\sin\theta + \mathrm{i}\cos\theta\sqrt{\bar{t}^2 - \mu_\alpha^2}, & \bar{t} > \mu_\alpha \end{cases} \quad \left(\mu_\alpha = \sqrt{\bar{p}^2 + k^2}\right) \tag{4.3.13}$$

$$\left.\frac{\mathrm{d}\bar{q}}{\mathrm{d}\bar{t}}\right|_{\bar{t} > \mu_\alpha} = \frac{\mathrm{i}\eta_\alpha}{\sqrt{\bar{t}^2 - \mu_\alpha^2}}$$

　　为了使式 (4.3.11) 中的 P 波项为关于 t 标准的 Laplace 变换形式，必须要求 t 从 0 到 $+\infty$ 变化；相应地，$\bar{q}$ 在其复平面内的变化路径为：先沿着实轴从 A 点变化到 B 点，然后离开实轴沿着 Cagniard 路径变化到无穷远，如图 4.3.1所示。注意在三维情况下，需要将图 3.3.1 中位于实轴上的枝点 $(\pm k, 0)$ 和 $(\pm 1, 0)$ 分别修正为 $(\pm\mu_\alpha, 0)$ 和 $(\pm\mu_\beta, 0)$ $(\mu_\beta = \sqrt{\bar{p}^2 + 1})$[①]。通过增补大圆弧路径 C_R，并针对由 $C_1 \to C \to C_R \to -C_0$ 构成的闭合回路运用留数定理，注意到 $\bar{q}$ 在实轴上变化时对积分没有贡献，可以得到

$$\mathbf{G}^{\mathrm{P}\star}(x_1, x_2, 0, s; x_3') = \frac{s}{\pi^2\mu\beta}\mathrm{Im}\int_0^{+\infty}\mathrm{d}\bar{p}\int_C \frac{\mathbf{M}^\star(\bar{p}, \bar{q})}{\mathscr{R}(\bar{p}, \bar{q})}\mathrm{e}^{-st}\,\mathrm{d}\bar{q}$$

$$= \frac{s}{\pi^2\mu r}\int_0^{+\infty}\mathrm{d}\bar{p}\int_{\mu_\alpha t_{\mathrm{S}}}^{+\infty}\mathrm{Re}\left[\frac{\eta_\alpha\mathbf{M}^\star(\bar{p}, \bar{q})}{\mathscr{R}(\bar{p}, \bar{q})\sqrt{\bar{t}^2 - \mu_\alpha^2}}\right]\mathrm{e}^{-st}\,\mathrm{d}t \tag{4.3.14}$$

这个结果形式上与对 t 的 Laplace 变换很接近了，但是注意到 t 的积分下限中含有 $\bar{p}$，所以上式实际上是先做的 t 积分，再做的 $\bar{p}$ 积分，这并不符合我们的要求。所以必须设法把积分次序交换过来。

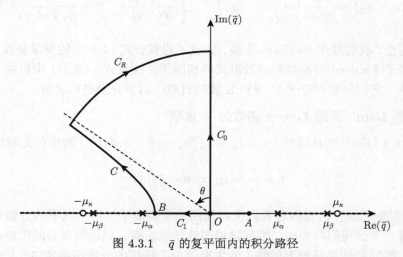

图 4.3.1　$\bar{q}$ 的复平面内的积分路径

横轴和竖轴分别为 $\bar{q}$ 的实部和虚部。"×"代表枝点，"○"代表 Rayleigh 函数的零点（即被积函数的奇点），粗虚线代表割线。原始的积分路径为 C_0。$\mu_\kappa = \sqrt{\bar{p}^2 + \kappa^2}$。当 t 从 0 变化到 $+\infty$ 时，$\bar{q}$ 的变化路径为从 A 点 $(\mu_\alpha\cos\theta, 0)$ 出发，沿实轴先到原点 O，随后沿着 C_1 到 B 点 $(-\mu_\alpha\sin\theta, 0)$，然后沿着双曲线 C 变化。细虚线为双曲线的渐近线，与虚轴所成的角度为 θ（参见图 4.1.1）。C_R 为大圆弧，半径 $R \to +\infty$

---

　　① 从数学求解的角度看，三维问题和二维问题的一个重要区别在于：二维问题中，$\bar{q}$ 与 $\bar{t}$ 具有简单的对应关系，见式 (3.3.7)；而三维问题中，$\bar{q}$ 不仅与 $\bar{t}$ 有关，还与 $\bar{p}$ 有关，见式 (4.3.13)。三维问题的这种复杂性带来的直接后果是，时间域的 Green 函数不再像二维问题那样可以表示成闭合形式的解析解，而只能表示成 $\bar{p}$ 的积分。

如图 4.3.2 (a) 所示，阴影区域为 $\bar{p}$-t 平面内的积分区域。根据式 (4.3.14)，对于 $[0, +\infty)$ 区间上的每一个 $\bar{p}$，t 的积分区间是从 $t_s\mu_\alpha = t_s\sqrt{k^2 + \bar{p}^2}$ 到 $+\infty$。这个积分区域还可以用另外一种积法，如图 4.3.2 (b) 所示，对于 $[t_P, +\infty)$ 区间上的每一个 t，$\bar{p}$ 从 0 到 $\sqrt{t - k^2}$ 积分；即先对 $\bar{p}$ 积分，再对 t 积分。交换积分次序后，式 (4.3.14) 可以写为

$$\mathbf{G}^{P\star}(x_1, x_2, 0, s; x_3') = \frac{s}{\pi^2\mu r}\int_0^{+\infty}\left\{\int_0^a \mathrm{Re}\left[\frac{\eta_\alpha \mathbf{M}^\star(\bar{p}, \bar{q})H(t - t_P)}{\mathscr{R}(\bar{p}, \bar{q})\sqrt{a^2 - \bar{p}^2}}\right]\mathrm{d}\bar{p}\right\}\mathrm{e}^{-st}\,\mathrm{d}t$$

其中，$a = \sqrt{t^2 - k^2}$。这是一个关于 t 的标准的 Laplace 变换式，注意等号右侧分子上还有一个 s，结合 Laplace 变换的性质，直接得到

$$\mathbf{G}^{P\star}(x_1, x_2, 0, t; x_3') = \frac{1}{\pi^2\mu r}\frac{\partial}{\partial t}\int_0^a \mathrm{Re}\left[\frac{\eta_\alpha \mathbf{M}^\star(\bar{p}, \bar{q})}{\mathscr{R}(\bar{p}, \bar{q})}\right]\frac{H(t - t_P)}{\sqrt{a^2 - \bar{p}^2}}\,\mathrm{d}\bar{p} \tag{4.3.15}$$

其中，$\bar{q} = -\bar{t}\sin\theta + \mathrm{i}\cos\theta\sqrt{a^2 - \bar{p}^2}$。

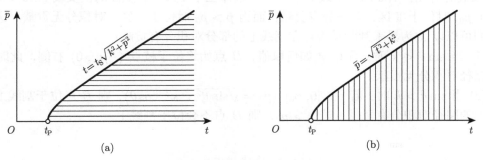

图 4.3.2 交换积分次序示意图

(a) 先对 t 积分再对 $\bar{p}$ 积分；(b) 先对 $\bar{p}$ 积分再对 t 积分。t_P 和 t_S 分别为 P 波和 S 波的到时。横线和竖线分别代表固定 $\bar{p}$ 变化 t，以及固定 t 变化 $\bar{p}$

将三维情况下的解式 (4.3.15) 与第 3 章得到的二维解式 (3.3.9) 比较，可以看到，三维解表示成对 $\bar{p}$ 的积分的时间偏导数，而二维解是闭合形式的解。

4.3.3 第二类 Lamb 问题 Green 函数的 S 波项

对于式 (4.3.11) 中的 S 波项，$t = t_\beta = t_S(\eta_\beta\cos\theta - \bar{q}\sin\theta)$，对应的无量纲化时间

$$\bar{t} = \frac{t}{t_S} = \eta_\beta\cos\theta - \bar{q}\sin\theta \tag{4.3.16}$$

此式与二维情况下的式 (3.3.10) 完全相同。因此，我们可以作完全平行于二维情况的分析，只需要在适当的地方注意修正即可。

类似于 P 波项的分析，对于 S 波项，我们有

$$\bar{q} = \begin{cases} -\bar{t}\sin\theta + \cos\theta\sqrt{\mu_\beta^2 - \bar{t}^2}, & 0 \leqslant \bar{t} \leqslant \mu_\beta \\ -\bar{t}\sin\theta + \mathrm{i}\cos\theta\sqrt{\bar{t}^2 - \mu_\beta^2}, & \bar{t} > \mu_\beta \end{cases} \qquad \left(\mu_\beta = \sqrt{\bar{p}^2 + 1}\right) \tag{4.3.17}$$

$$\frac{\mathrm{d}\bar{q}}{\mathrm{d}\bar{t}} = \begin{cases} -\dfrac{\eta_\beta}{\sqrt{\mu_\beta^2 - \bar{t}^2}}, & 0 \leqslant \bar{t} \leqslant \mu_\beta \\[3mm] \dfrac{\mathrm{i}\eta_\beta}{\sqrt{\bar{t}^2 - \mu_\beta^2}}, & \bar{t} > \mu_\beta \end{cases}$$

参见图 4.3.1，$\bar{t} = \mu_\beta$ 是两种情况的分界点，对应的 $\bar{q} = -\mu_\beta \sin\theta$ 是图中的 B 点。对应不同的 θ 取值，有两种可能性：B 点可能位于原点 O 和枝点 $(-\mu_\alpha, 0)$ 之间 ($\sin\theta < c(\bar{p}) \triangleq \mu_\alpha/\mu_\beta$)，也有可能位于两个枝点 $(-\mu_\alpha, 0)$ 和 $(-\mu_\beta, 0)$ 之间的割线上缘 ($\sin\theta > c(\bar{p})$)。与二维情况下（参见 3.3.2 节）的天然以 k 为分界点的情况不同，此处 $\sin\theta$ 的分界点中含有 $\bar{p}$，我们需要仔细地考虑一下这个问题。

如图 4.3.3 所示，$\sin\theta = c(\bar{p})$ 将 $\sin\theta$-$\bar{p}$ 平面分成 I 区和 II 区：当参数 $(\theta, \bar{p})$ 的取值位于 I 区时，B 点（参见图 4.3.1）位于枝点 $(-\mu_\alpha, 0)$ 右侧，此时实轴上的路径对积分无贡献；当位于 II 区，B 点位于割线上，割线上的部分对积分有贡献。图 4.3.3 中显示了两个 θ 取值的情况：下面的横实线 $\sin\theta < k$，整体位于 I 区中；上面的横实线 $\sin\theta > k$，当 $\bar{p} \in [0, \bar{p}_0]$ 时位于 II 区，对积分有贡献，而当 $\bar{p} > \bar{p}_0$ 时位于 I 区，对积分无贡献。这意味着我们可以以 k 为界来判断是否存在割线上的部分对积分有贡献：

(1) 当 $\sin\theta < k$ 时，无论 $\bar{p}$ 如何取值，B 点始终位于枝点 $(-\mu_\alpha, 0)$ 右侧，此时实轴上的路径对积分无贡献。

(2) 当 $\sin\theta > k$ 时：若 $\bar{p} \in [0, \bar{p}_0]$ ($\bar{p}_0 = \sqrt{\sin\theta^2 - k^2}/\cos\theta$)，则 B 点位于割线上，在割线上的路径对积分有贡献；若 $\bar{p} > \bar{p}_0$，则 B 点不会位于割线上。

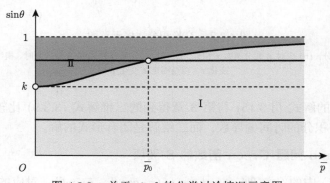

图 4.3.3　关于 $\sin\theta$ 的分类讨论情况示意图

横坐标为 $\bar{p}$，纵坐标为 $\sin\theta$。浅灰色的 I 区和深灰色的 II 区之间的粗实线代表 $\sin\theta = c(\bar{p})$。图中的两条横线分别代表 θ 的两种取值：下面的横实线代表 $\sin\theta < k$，上面的横实线代表 $\sin\theta > k$

4.3.3.1　$\sin\theta < k$ 的情况

此时的情况与 P 波项的分析完全相同，直接列出结果：

$$\mathbf{G}^{\mathrm{S}^\star}(x_1, x_2, 0, t; x_3') = \frac{1}{\pi^2 \mu r} \frac{\partial}{\partial t} \int_0^b \mathrm{Re}\left[\frac{\mathbf{N}^\star(\bar{p}, \bar{q})}{\mathscr{R}(\bar{p}, \bar{q})}\right] \frac{H(t - t_{\mathrm{S}})}{\sqrt{b^2 - \bar{p}^2}} \mathrm{d}\bar{p} \tag{4.3.18}$$

其中，$\bar{q} = -\bar{t}\sin\theta + \mathrm{i}\cos\theta\sqrt{b^2 - \bar{p}^2}$，$b = \sqrt{\bar{t}^2 - 1}$。

4.3.3.2 $\sin\theta > k$ 的情况

这种情况下，部分路径位于割线上缘，并且这部分路径对积分有贡献，因此造成一定的复杂性。如图 4.3.4 所示，积分路径 C 的情况与 $\sin\theta < k$ 时的分析完全相同，因此这部分积分路径的贡献与式 (4.3.18) 完全相同；而此时位于割线上缘的 C_2 段需要仔细考虑。

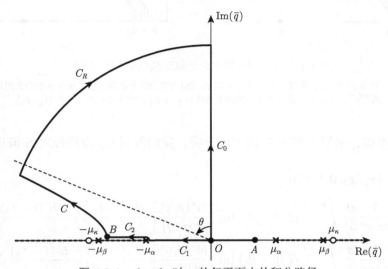

图 4.3.4　$\theta > \theta_c$ 时 $\bar{q}$ 的复平面内的积分路径

说明与图 4.3.1 相同。区别在于此时 B 点不是位于原点和枝点 $(-\mu_\alpha, 0)$ 之间，而是位于枝点 $(-\mu_\beta, 0)$ 和 $(-\mu_\alpha, 0)$ 之间。割线上的积分路径为 C_2

注意到式 (4.3.17)，类似于 P 波项的处理，对于图 4.3.4 中 C_2 段上的积分，我们可以得到

$$\mathbf{G}^{\mathrm{S}\star}(x_1,x_2,0,s;x_3')\Big|_{C_2} = -\frac{s}{\pi^2\mu r}\int_0^{\bar{p}_0}\mathrm{d}\bar{p}\int_{t^*}^{\mu_\beta t_\mathrm{S}}\mathrm{Im}\left[\frac{\mathbf{N}^\star(\bar{p},\bar{q})}{\mathscr{R}(\bar{p},\bar{q})\sqrt{b^2-\bar{t}^2}}\right]\mathrm{e}^{-st}\,\mathrm{d}t \qquad (4.3.19)$$

其中，t^* 是 $\bar{q}$ 位于枝点 $(-\mu_\alpha, 0)$ 处对应的 t 的取值，根据式 (4.3.16)，容易得到

$$t^* = t_\mathrm{S}\left(\mu_\alpha\sin\theta + k'\cos\theta\right)\quad\left(k' \triangleq \sqrt{1-k^2}\right)$$

$\bar{p} = 0$ 时对应的值为 S-P 波的到时

$$t_{\text{S-P}} = t_\mathrm{S}\left(k\sin\theta + k'\cos\theta\right) = t_\mathrm{S}\cos\left(\theta - \theta_c\right)$$

其中，$\theta_c = \arcsin k$。$\bar{p}$ 的积分上限为 $\bar{p}_0$（参见图 4.3.3）。

为了将式 (4.3.19)“凑成”Laplace 变换的形式，同样需要进行交换积分次序的操作。图 4.3.5 (a) 显示了当前的积分次序，先对 t 积分再对 $\bar{p}$ 积分；交换积分次序后，如图 4.3.5 (b) 所示，将对 t 的积分分成两部分：① $t \in [t_{\text{S-P}}, t_\mathrm{S}]$，在这个区间中（浅灰色区域），对 $\bar{p}$ 的积分从 0 到 $\bar{p}^\star(t)$（其值见图 4.3.5 (b) 中的标示）；② $t \in (t_\mathrm{S}, t_\mathrm{S}^\sharp]$，在这个区间中（深灰色区域），对 $\bar{p}$ 的积分从 $b = \sqrt{\bar{t}^2 - 1}$ 到 $\bar{p}^\star(t)$。

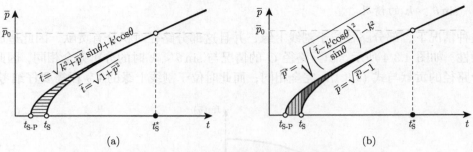

图 4.3.5　　C_2 段上的积分贡献交换积分次序示意图

(a) 先对 t 积分再对 $\bar{p}$ 积分；(b) 先对 $\bar{p}$ 积分再对 t 积分。(b) 中的浅灰色和深灰色区域中 $\bar{p}$ 积分的起点分别是 0 和 $\sqrt{\bar{t}^2 - 1}$。(a) 和 (b) 两个图中的两条曲线和 $\bar{p} = \bar{p}_0$ 的水平线相交于一点 $(t^\star_S, \bar{p}_0)$

基于上述考虑，采用类似于 P 波项的分析，我们得到 C_2 段路径对 S 波项的贡献为

$$
\begin{aligned}
& \mathbf{G}^{\mathrm{S}^\star}(x_1, x_2, 0, t; x_3') \Big|_{C_2} \\
&= -\frac{1}{\pi^2 \mu r} \frac{\partial}{\partial t} \int_0^{\bar{p}^\star(t)} H(\theta - \theta_c) \operatorname{Im}\left[\frac{\mathbf{N}^\star(\bar{p}, \bar{q})}{\mathscr{R}(\bar{p}, \bar{q})}\right] \frac{H(t - t_{\mathrm{S\text{-}P}}) - H(t - t_{\mathrm{S}})}{\sqrt{\bar{p}^2 - b^2}} \, \mathrm{d}\bar{p} \\
&\quad - \frac{1}{\pi^2 \mu r} \frac{\partial}{\partial t} \int_b^{\bar{p}^\star(t)} H(\theta - \theta_c) \operatorname{Im}\left[\frac{\mathbf{N}^\star(\bar{p}, \bar{q})}{\mathscr{R}(\bar{p}, \bar{q})}\right] \frac{H(t - t_{\mathrm{S}}) - H(t - t^\star_{\mathrm{S}})}{\sqrt{\bar{p}^2 - b^2}} \, \mathrm{d}\bar{p}
\end{aligned}
$$

其中，$\bar{q} = -\bar{t} \sin\theta + \cos\theta \sqrt{\bar{p}^2 - b^2}$，

$$
\bar{p}^\star(\bar{t}) = \sqrt{\left(\frac{\bar{t} - k' \cos\theta}{\sin\theta}\right)^2 - k^2}, \quad t^\star_{\mathrm{S}} = t_{\mathrm{S}} \frac{\cos\theta_c}{\cos\theta}, \quad k' = \sqrt{1 - k^2}
$$

4.3.4　第二类 Lamb 问题的完整 Green 函数积分解

以上分别针对 P 波项和 S 波项得到了积分表达，特别地，当 $\theta > \theta_c$ 时，我们研究了来自割线上的路径贡献。与二维情况下 $\bar{q}$ 与 t 的简单对应关系不同，在三维情况下，它们是通过积分变量 $\bar{p}$ 产生关联的。这种复杂性使得割线上的路径 C_2 不仅对 S-P 波到时与 S 波到时之间的信号有贡献（图 4.3.5 (b) 中的浅灰色区域），而且对 S 波到时之后直至 $t^\star_S$ 之前的部分信号有贡献（图 4.3.5 (b) 中的深灰色区域）。如果参照二维情况，仍然把 S-P 波到时与 S 波到时之间的这部分贡献定义成 S-P 震相，而把 S 波到时之后的部分贡献计入 S 震相，我们可以把观测点位于地表情况下的完整 Green 函数表示为四部分之和：P 波、C_1 路径贡献的 S 波（记为 S_1）、C_2 路径贡献的 S 波（记为 S_2）和 S-P 波（后两者仅当 $\theta > \theta_c$ 时起作用）：

$$
\begin{aligned}
\mathbf{G}^{(\mathrm{II})}(t) &\triangleq \mathbf{G}(x_1, x_2, 0, t; x_3') \\
&= \frac{1}{\pi^2 \mu r} \frac{\partial}{\partial t}\left\{\mathbf{F}_{\mathrm{P}}^{(\mathrm{II})}(t) + \mathbf{F}_{\mathrm{S}_1}^{(\mathrm{II})}(t) - H(\theta - \theta_c)\left[\mathbf{F}_{\mathrm{S}_2}^{(\mathrm{II})}(t) + \mathbf{F}_{\mathrm{S\text{-}P}}^{(\mathrm{II})}(t)\right]\right\}
\end{aligned} \tag{4.3.20}
$$

其中，(Ⅱ) 代表第二类 Lamb 问题，为了书写简便，略去了所有与场点时间变量无关的其他变量，$\bar{t} = t/t_\mathrm{S} = t\beta/r$ 为用直达 S 波到时无量纲化的时间，并且

$$\mathbf{F}_\mathrm{P}^{(\mathrm{II})}(\bar{t}) = \int_0^a \mathrm{Re}\left[\frac{\eta_\alpha \mathbf{M}^\star(\bar{p}, \bar{q})}{\mathscr{R}(\bar{p}, \bar{q})}\right]\bigg|_{\bar{q} = \bar{q}_\mathrm{P}} \frac{H(\bar{t} - k)}{\sqrt{a^2 - \bar{p}^2}}\,\mathrm{d}\bar{p} \tag{4.3.21a}$$

$$\mathbf{F}_{\mathrm{S}_1}^{(\mathrm{II})}(\bar{t}) = \int_0^b \mathrm{Re}\left[\frac{\mathbf{N}^\star(\bar{p}, \bar{q})}{\mathscr{R}(\bar{p}, \bar{q})}\right]\bigg|_{\bar{q} = \bar{q}_\mathrm{S}^{(1)}} \frac{H(\bar{t} - 1)}{\sqrt{b^2 - \bar{p}^2}}\,\mathrm{d}\bar{p} \tag{4.3.21b}$$

$$\mathbf{F}_{\mathrm{S}_2}^{(\mathrm{II})}(\bar{t}) = \int_b^{\bar{p}^\star(t)} \mathrm{Im}\left[\frac{\mathbf{N}^\star(\bar{p}, \bar{q})}{\mathscr{R}(\bar{p}, \bar{q})}\right]\bigg|_{\bar{q} = \bar{q}_\mathrm{S}^{(2)}} \frac{H(\bar{t} - 1) - H(\bar{t} - \bar{t}_\mathrm{S}^\star)}{\sqrt{\bar{p}^2 - b^2}}\,\mathrm{d}\bar{p} \tag{4.3.21c}$$

$$\mathbf{F}_{\mathrm{S\text{-}P}}^{(\mathrm{II})}(\bar{t}) = \int_0^{\bar{p}^\star(t)} \mathrm{Im}\left[\frac{\mathbf{N}^\star(\bar{p}, \bar{q})}{\mathscr{R}(\bar{p}, \bar{q})}\right]\bigg|_{\bar{q} = \bar{q}_\mathrm{S}^{(2)}} \frac{H(\bar{t} - \bar{t}_\mathrm{S\text{-}P}) - H(\bar{t} - 1)}{\sqrt{\bar{p}^2 - b^2}}\,\mathrm{d}\bar{p} \tag{4.3.21d}$$

式中，$\mathbf{M}^\star(\bar{p}, \bar{q})$ 和 $\mathbf{N}^\star(\bar{p}, \bar{q})$ 的具体表达见式 (4.3.10)，

$$\bar{q}_\mathrm{P} = -\bar{t}s_\theta + \mathrm{i}c_\theta\sqrt{a^2 - \bar{p}^2}, \quad \bar{q}_\mathrm{S}^{(1)} = -\bar{t}s_\theta + \mathrm{i}c_\theta\sqrt{b^2 - \bar{p}^2}, \quad k = \frac{\beta}{\alpha}, \quad a = \sqrt{\bar{t}^2 - k^2}$$

$$\bar{q}_\mathrm{S}^{(2)} = -\bar{t}s_\theta + c_\theta\sqrt{\bar{p}^2 - b^2}, \quad \eta_\alpha = \sqrt{k^2 + \bar{p}^2 - \bar{q}^2}, \quad \eta_\beta = \sqrt{1 + \bar{p}^2 - \bar{q}^2}, \quad b = \sqrt{\bar{t}^2 - 1}$$

$$s_\theta = \sin\theta, \quad c_\theta = \cos\theta, \quad \bar{p}^\star(\bar{t}) = \sqrt{\left(\frac{\bar{t} - k'c_\theta}{s_\theta}\right)^2 - k^2}, \quad \bar{t}_\mathrm{S}^\star = \frac{k'}{c_\theta}, \quad \bar{t}_\mathrm{S\text{-}P} = \cos(\theta - \theta_\mathrm{c})$$

$$k' = \sqrt{1 - k^2}, \quad \theta_\mathrm{c} = \arcsin k, \quad \gamma = 1 - 2\left(\bar{q}^2 - \bar{p}^2\right), \quad \mathscr{R}(\bar{p}, \bar{q}) = \gamma^2 + 4\eta_\alpha\eta_\beta\left(\bar{q}^2 - \bar{p}^2\right)$$

式 (4.3.20) 和 (4.3.21) 给出了观测点位于自由界面时的完整 Green 函数的精确积分表达。为了得到数值的结果，只需要采用数值积分的算法计算式 (4.3.21) 中所列的几个积分。

4.3.5 关于 Green 函数积分解的理论分析

对于式 (4.3.21) 中所列的四个积分，在运用数值方法计算之前，对其做一番详细的理论分析是必要的。

4.3.5.1 积分解的整体特征

式 (4.3.20) 表明，第二类 Lamb 问题的 Green 函数是式 (4.3.21) 中所列的几个关于 $\bar{p}$ 的积分之和的时间导数。这个特点意味着，如果震源时间函数不是脉冲函数，而是阶跃函数，那么对应的结果（用 $\mathbf{G}^\mathrm{H}(x_1, x_2, 0, t; x_3')$ 表示，以示与 Green 函数的区别）恰好为式 (4.3.20) 去掉对时间的导数的结果。这是因为，根据上册第 2 章介绍的位移表示定理，

$$\begin{aligned}
\mathbf{G}^{(\mathrm{II})\mathrm{H}}(t) &= H(t) * \mathbf{G}^{(\mathrm{II})}(t) = \int_{-\infty}^{+\infty} H(t - \tau)\frac{\partial}{\partial \tau}\mathbf{K}^{(\mathrm{II})}(\bar{\tau})\,\mathrm{d}\tau \\
&= H(t - \tau)\mathbf{K}^{(\mathrm{II})}(\bar{\tau})\bigg|_{\tau = -\infty}^{\tau = +\infty} - \int_{-\infty}^{+\infty} \mathbf{K}^{(\mathrm{II})}(\bar{\tau})\frac{\partial}{\partial \tau}H(t - \tau)\,\mathrm{d}\tau \\
&= \int_{-\infty}^{+\infty} \mathbf{K}^{(\mathrm{II})}(\bar{\tau})\delta(t - \tau)\,\mathrm{d}\tau = \mathbf{K}^{(\mathrm{II})}(\bar{t})
\end{aligned} \tag{4.3.22}$$

其中，

$$\mathbf{K}^{(\mathrm{II})}(\bar{t}) = \frac{1}{\pi^2 \mu r} \left\{ \mathbf{F}_{\mathrm{P}}^{(\mathrm{II})}(\bar{t}) + \mathbf{F}_{\mathrm{S}_1}^{(\mathrm{II})}(\bar{t}) - H(\theta - \theta_c) \left[\mathbf{F}_{\mathrm{S}_2}^{(\mathrm{II})}(\bar{t}) + \mathbf{F}_{\mathrm{S\text{-}P}}^{(\mathrm{II})}(\bar{t}) \right] \right\}$$

Jeffreys (1931) 曾经指出，阶跃函数导致的响应对于很广的一类地震都成立。事实上，式 (4.3.22) 表明，$\mathbf{G}^{(\mathrm{II})}(t) = \dot{\mathbf{G}}^{(\mathrm{II})\mathrm{H}}(t)$，因此任意时间函数 $f(t)$ 导致的位移场 $\mathbf{G}^{(\mathrm{II})\mathrm{f}}(t)$ 可以表示为

$$\mathbf{G}^{(\mathrm{II})\mathrm{f}}(t) = f(t) * \mathbf{G}^{(\mathrm{II})}(t) = f(t) * \frac{\partial}{\partial t} \mathbf{G}^{(\mathrm{II})\mathrm{H}}(t) = \dot{f}(t) * \mathbf{G}^{(\mathrm{II})\mathrm{H}}(t)$$

即时间函数的导数与 $\mathbf{G}^{(\mathrm{II})\mathrm{H}}(t)$ 的卷积。换句话说，任意时间函数 $f(t)$ 产生的位移场 $\mathbf{G}^{(\mathrm{II})\mathrm{f}}(t)$ 可以用阶跃函数产生的位移场 $\mathbf{G}^{(\mathrm{II})\mathrm{H}}(t)$ 来表示。鉴于阶跃函数 $H(t)$ 对地震波的重要性，随后的章节中我们将主要考察时间函数为 $H(t)$ 的 Green 函数（及其一阶导数）的性质。

式 (4.3.21) 中几个积分的被积函数具有共同的特征：都含有方括号内的复数分式的实部或虚部和以阶跃函数（或其组合）为分子、根式为分母的两个部分。对于前者，如果我们考虑的是第二类 Lamb 问题，那么图 4.3.1 和图 4.3.4 中的路径 C 并不通过 Rayleigh 极点 κ，因此第一个部分的复数分式并不具有奇异性，可以方便数值计算；但是对于第一类 Lamb 问题，路径 C 位于复平面内的实轴上，通过 Rayleigh 极点，这时必须仔细地处理积分，我们将在 4.4 节详细地考虑这种情况的处理。而对于第二个部分的分式，分子的阶跃函数中显式地含有几个主要震相的到时：P 波的到时 $\bar{t}_{\mathrm{P}}$、S 波的到时 $\bar{t}_{\mathrm{S}}$，以及当 $\theta > \theta_c$ 时出现的 S-P 波的到时 $\bar{t}_{\mathrm{S\text{-}P}}$[①]，而分母的根式则是 S 波到时处奇异性的来源，我们将在随后的 4.3.5.4 节中详细地研究。

值得注意的是，与 P 波、S 波和 S-P 波不同，式 (4.3.21) 的几个积分中并不显含 Rayleigh 波的到时。2.2.5 节我们曾针对二维问题详细地分析了 Rayleigh 波产生的机制和条件。类似的结论对于三维情况也成立。图 4.3.1 和图 4.3.4 中清楚地显示了 Cagniard 路径 C 与 Rayleigh 极点 $-\mu_\kappa = -\sqrt{\bar{p}^2 + \kappa^2}$ 的关系：当 θ 趋近于 $\pi/2$ 时，Rayleigh 极点对于积分的贡献急剧增大，体现在波形上，此时将会出现显著的 Rayleigh 波。类似于二维问题的处理，如果我们将 $\theta = \pi/2$ 情况下 Rayleigh 函数为零对应的时刻定义为 Rayleigh 波的到时 t_{R}，那么不难得知 $\bar{t}_{\mathrm{R}} = \kappa$。对于给定的材料，$\kappa$ 的值是固定的，因此 Lamb 问题中的 Rayleigh 波速度 v_{R} 是一定的，因此与介质不均匀的情况不同，半空间问题不存在频散的问题。以 $\nu = 0.25$ 的 Poisson 体为例，与 2.2.5 节介绍的二维情况类似，有

$$v_{\mathrm{R}} = \frac{2}{\sqrt{3 + \sqrt{3}}} \beta \approx 0.9194 \beta$$

这表明，Rayleigh 波稍晚于 S 波到达。由于积分路径接近 Rayleigh 极点时，后者对积分的影响是逐渐增大而后逐渐减小，因此，与体波（P 波、S 波和 S-P 波）在到时处有明显的波形变化不同，Rayleigh 波的波形是在 S 波出现之后逐渐增大，在"到时"处达到峰值。

积分解中显含震相到时是时间域解法区别于上册第 6 章中介绍的频率域解法的重要特征。后者由于是先在频率域中计算，而后通过 Fourier 反变换得到时间域的结果，因此各个震相的贡献是糅合在一起的。在时间域解法中，我们可以分震相分别计算，而后叠加而

---

① 在 3.3.2 节中，我们曾针对二维情况分析了为何 $\bar{t}_{\mathrm{S\text{-}P}}$ 代表了 S-P 波的到时，这个结论可以稍加修正推广到三维情况。

成总的波场。通常，在高频近似或者平面波的简单情况下，我们可以方便地利用射线的模型来简单地获得到时的信息。当前的结果，从震相到时的角度看，与射线分析获得结果是一致的[①]。但是我们这里的分析，并不依赖于任何假定，因此基于当前的解法进一步针对更为复杂的介质模型所发展的方法，又被称为广义射线法。"广义"二字体现在这种解法既包含了基于高频近似的射线理论中的到时信息，又含有一般频率的波动成分。

4.3.5.2 关于 P 波项和 S 波项的差异

式 (4.3.20) 中所包含的四项中，与 P 波有关的项只有第一项，其余三项均与 S 波有关，并且后两项仅在 $\theta > \theta_c$ 时才出现。当然，从数学求解过程我们知道，S 波项的复杂性来自于在某些情况下割线的贡献。但是这种差异背后的物理机制是什么？

尽管我们介绍的求解过程中并没有涉及高频近似的射线的概念，但是利用基于高频近似的射线分析对于形象地理解这个问题是有帮助的。图 4.3.6 形象地显示了以 P 波入射和 S 波入射到地表上的差异。对于高频射线而言，入射波在地表处发生转换时，其入射角和出射角满足 Snell 定律（Aki and Richards, 2002，第 131 页）

$$\frac{\sin\theta_P}{\alpha} = \frac{\sin\theta_S}{\beta}$$

因此不难得知，对于图 4.3.6 (a) 中所示的 P 波以 θ 入射到地表，而后转换为 SV 波的情况，出射角 $\theta' < \theta$，而对于图 4.3.6 (b) 中所示的 SV 波以 θ 入射到地表，而后转换为 P 波的情况，出射角 $\theta'' > \theta$。这就意味着，对于 P 波入射的情况，无论入射角 θ 多大，θ' 总是小于 $\pi/2$；但是对于 SV 波入射的情况，当 θ 大于临界值 $\theta_c = \arcsin(\beta/\alpha) = \arcsin k$ 时，转换波 SP 将沿着地表行进。SP 波将与入射的 P 波在地表处发生复杂的耦合作用，从而导致比 P 波入射更为复杂的现象。

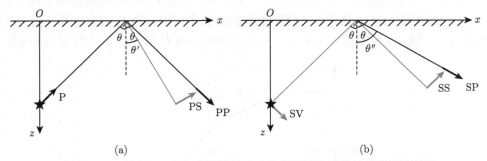

图 4.3.6 P 波和 SV 波入射到地表上产生反射波和转换波的差异示意图

(a) 从源发出的 P 波在地表产生反射波 PP 和转换波 PS，入射角和反射角分别为 θ 和 θ'；(b) 从源发出的 SV 波在地表产生反射波 SS 和转换波 SP，入射角和反射角分别为 θ 和 θ''。"★"代表源，细线代表波的传播路径，粗线的箭头代表位移方向。与 P 波和 SV 波有关的路径和位移分别用黑色和灰色表示

4.3.5.3 不同积分的作用区域

根据式 (4.3.21)，几个积分的被积函数中均含有以阶跃函数或其组合表示的时间作用范围。图 4.3.7 形象地显示了它们的时间作用范围。P 波项 $\mathbf{F}_P^{(II)}$ 和 S 波项 $\mathbf{F}_{S_1}^{(II)}$ 分别在 P

[①] 这是因为，一个新的震相到达的时刻，波形上会发生显著的突变。如果对时间信号做瞬时频率的分析，那么到时处的频率将满足高频的条件。

波到时 $\bar{t}_P = k$ 和 S 波到时 $\bar{t}_S = 1$ 之后一直起作用。如果 $\theta < \theta_c$，那么解是简单的，Green 函数仅含有这两项。但是，如果 $\theta > \theta_c$，如前所作的分析，由于转换波和入射波之间的耦合作用，波场中还含有在 S 波到时 $\bar{t}_S$ 和 $\bar{t}_S^*$ 之间起作用的 S 波项 $\mathbf{F}_{S_2}^{(\mathrm{II})}$，以及在 S-P 波到时 $\bar{t}_{S\text{-}P}$ 和 S 波到时 $\bar{t}_S$ 之间起作用的 S-P 项 $\mathbf{F}_{S\text{-}P}^{(\mathrm{II})}$。

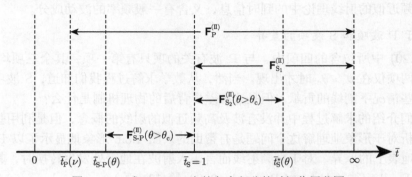

图 4.3.7　式 (4.3.21) 中的各个积分的时间作用范围

$\bar{t}_P = k$、$\bar{t}_S = 1$ 和 $\bar{t}_{S\text{-}P} = \cos(\theta - \theta_c)$ 分别为 P 波、S 波和 S-P 波的到时。$\mathbf{F}_{S_2}^{(\mathrm{II})}$ 和 $\mathbf{F}_{S\text{-}P}^{(\mathrm{II})}$ 两项仅在 $\theta > \theta_c$ 的情况下才非零。$\bar{t}_P$ 是 Poisson 比 ν 的函数，而 $\bar{t}_{S\text{-}P}$ 和 $\bar{t}_S^* = \cos\theta_c / \cos\theta$ 是 θ（参见图 4.1.1）的函数

注意到 P 波到时 $\bar{t}_P = k$ 与介质的 Possion 比 ν 之间存在如下的关系：

$$k = \frac{\beta}{\alpha} = \sqrt{\frac{1 - 2\nu}{2(1 - \nu)}} \tag{4.3.23}$$

图 4.3.8 显示了 k 随 Poisson 比 ν 的变化情况。对于自然界中的材料，$\nu \in [0, 0.5)$。当 ν 从 0 增大到 0.5，k 相应地从 $1/\sqrt{2}$ 减小到 0。$\nu = 0.5$ 对应于不可压缩的极限情况，这种情况下，介质只能发生形状的改变，不能产生体积的变化，相应地 P 波速度趋于无穷大，从而导致 k 为 0。图 4.3.8 中还标出了 $\nu = 0.25$ 的 Poisson 体的情况，这时 $k = 1/\sqrt{3}$。

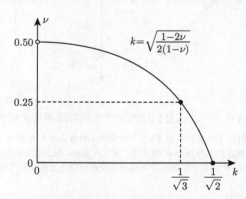

图 4.3.8　P 波到时 $\bar{t}_P = k$ 随 Poisson 比 ν 的变化

$\bar{t}_{S\text{-}P}$ 和 $\bar{t}_S^*$ 都是 θ 的函数，掌握它们随 θ 的变化规律对于了解积分的性质很重要。图 4.3.9 显示了它们随 θ 的变化情况。为了清楚地显示，横坐标取了以 10 为底的对数。浅灰色和深灰色区域分别为 $\mathbf{F}_{S\text{-}P}^{(\mathrm{II})}$ 和 $\mathbf{F}_{S_2}^{(\mathrm{II})}$ 起作用的区域，两个区域交接处对应着 S 波到时。

从图 4.3.9 中可以明显地看到，在 $\theta > \theta_c$ 的情况下，随着 θ 的增大，S-P 波的到时 $\bar{t}_{\text{S-P}}$ 从 S 波到时逐渐变化到 P 波到时，而 $\bar{t}_S^\star$ 则从 S 波到时迅速增大至无穷大。这意味着，随着 θ 趋向于 $\pi/2$，$\mathbf{F}_{\text{S-P}}^{(\text{II})}$ 的时间作用范围缓慢地增大，而 $\mathbf{F}_{\text{S}_2}^{(\text{II})}$ 的时间作用范围则迅速扩大。

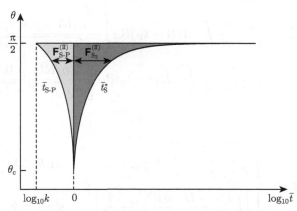

图 4.3.9   S-P 波到时 $\bar{t}_{\text{S-P}}$ 和 $\bar{t}_S^\star$ 随 θ 的变化

横坐标为无量纲时间 $\bar{t}$ 的对数 $\log_{10}\bar{t}$，纵坐标为 θ（参见图 4.1.1）。过 $\log_{10}\bar{t}=0$ 的竖线左侧和右侧的曲线分别为 $\bar{t}_{\text{S-P}}$ 和 $\bar{t}_S^\star$，相应地，浅灰色和深灰色区域分别为 $\mathbf{F}_{\text{S-P}}^{(\text{II})}$ 和 $\mathbf{F}_{\text{S}_2}^{(\text{II})}$ 起作用的区域

4.3.5.4 积分的奇异性

式 (4.3.21) 各个积分的被积函数都含有作为分母的根式，这将导致被积函数具有奇异性。奇异性包含两种：

(1) 可去的奇异性。式 (4.3.21a) 中，根式表示的分母在 $\bar{p}$ 达到积分上限 a 时取零，从而导致积分奇异。类似地，在式 (4.3.21b) 和 (4.3.21c) 中，根式表示的分母在 $\bar{p}$ 达到积分上限或下限 b 时取零，也会导致奇异性。但是由于这个奇异性阶次较低，可以分别通过 $\bar{p} = b\sin x$ 和 $\bar{p} = b/\sin x$ 的变量替换达到去除奇异性的目的[①]。在去除了奇异性之后，可采用数值积分的方法完成上述积分解的计算。

(2) 不可去的奇异性。在特殊情况下，式 (4.3.21c) 和 (4.3.21d) 中含有不可去的奇异性。当 $\bar{t} = \bar{t}_S = 1$ 时，根式的分母变为 $\bar{p}$，而积分下限为 0。在积分下限时，被积函数具有 p^{-1} 的奇异性。这意味着在图 4.3.9 所示的 $\mathbf{F}_{\text{S-P}}^{(\text{II})}$ 和 $\mathbf{F}_{\text{S}_2}^{(\text{II})}$ 的分界线上（$\bar{t}$ 恰好为 1），被积函数趋于无穷大[②]。因此当 $\theta > \theta_c$ 时，在 S 波到时处，$\mathbf{G}^{\text{H}}(t)$ 将不可避免地具有奇异性[③]。

[①] 由于弱奇异性是可去的，因此在常用的数学软件中有关积分的函数中都自带有去除弱奇异性的功能，例如，在 Matlab 中，计算含有弱奇异性的积分

$$\int_1^5 \frac{1}{\sqrt{x-1}}\,\mathrm{d}x = 4$$

采用函数 `integral` 就可以得到精确的结果：
```
>>integral(@(x)1./sqrt(x-1),1,5)
```
[②] 在具体进行数值计算时，如果在给定的时间步长下，$\bar{t}$ 的取值更好跨过 1，则可以顺利地数值计算；但是如果刚好能取到 1，则可以通过将其减去或加上一个小量（比如 10^{-6}）得到数值结果。

[③] 从直觉上不太好理解实际的地球介质中的地震波会在 S 波到时处出现奇异的现象。可以从两个方面理解。首先，我们当前的结论是在理想弹性介质的前提下成立的，而实际的地球不可能是理想的完全弹性介质。具体地球介质的衰减性质本身对信号就相当于滤波器，会钝化信号，因此不会出现这种奇异性；其次，这个结论是对于理想的阶跃函数成立的，这意味着在 $t = 0$ 时刻突然施加随后一直不随时间改变的力，这种理想化的情况也并不会在实际中发生。

4.3.5.5 与 Johnson (1974) 的积分解在表达上的区别

最后，值得提及的是，我们得到的式 (4.3.20) 和 (4.3.21) 与 Johnson (1974) 是有区别的。为了方便读者查阅，将 Johnson (1974) 的式 (26) ~ (28) 罗列如下：

$$\mathbf{G}(x_1, x_2, 0, t; x_3') = \frac{1}{\pi^2 \mu r} \frac{\partial}{\partial t} \int_0^{p_1} H(t - t_\mathrm{P}) \mathrm{Re}\left[\frac{\eta_\alpha \mathbf{M}(q, p, 0, t, x_3')}{\sigma \sqrt{(t/r)^2 - 1/\alpha^2 - p^2}}\right] \mathrm{d}p$$
$$+ \frac{1}{\pi^2 \mu r} \frac{\partial}{\partial t} \int_0^{p_2} H(t - t_2) \mathrm{Re}\left[\frac{\eta_\beta \mathbf{N}(q, p, 0, t, x_3')}{\sigma \sqrt{(t/r)^2 - 1/\beta^2 - p^2}}\right] \mathrm{d}p$$

其中，

$$p_2 = \begin{cases} \sqrt{\left(\dfrac{t}{r}\right)^2 - \dfrac{1}{\alpha^2}} \triangleq p_1, & \sin\theta \leqslant k \\[2mm] \left[\left(\dfrac{t/r - D\cos\theta}{\sin\theta}\right)^2 - \dfrac{1}{\alpha^2}\right]^{\frac{1}{2}}, & \sin\theta > k \end{cases}$$

$$t_2 = \begin{cases} t_\mathrm{S}, & \sin\theta \leqslant k \\ t_\mathrm{P}\sin\theta + rD\cos\theta, & \sin\theta > k \end{cases}$$

$$D = \sqrt{\frac{1}{\beta^2} - \frac{1}{\alpha^2}} = \frac{k'}{\beta}$$

除了本书采用无量纲化表示的差别以外，Johnson (1974) 的 P 波项与本书的结果是一致的。区别在于 S 波项，Johnson (1974) 的 S 波项形式上更为紧凑，但是这会带来一个细节的问题。在式 (4.3.21c) 和 (4.3.21d) 中，$\bar{t} < \sqrt{p^2 + 1}$，这就意味着在对应的情形下，Johnson (1947) 的表达式中作为分母的根式下方为负数。负数做开平方运算是有多值性的，必须确定其幅角才能得到唯一的结果。必须取 $\sqrt{(t/r)^2 - 1/\beta^2 - p^2} = -\mathrm{i}\sqrt{1/\beta^2 + p^2 - (t/r)^2}$，才能从 $\bar{q}_\mathrm{S}^{(1)}$ 变到 $\bar{q}_\mathrm{S}^{(2)}$（参见式 (4.3.21) 中的定义）。而一般的数学软件，比如 Matlab，默认负数开平方运算取的是正号，导致此种情况下的结果与正确结果之间差一个符号。因此，尽管我们得到的式 (4.3.20) 和 (4.3.21) 形式上并不非常紧凑，但是避免了歧义，更便于数值计算。同时，也更利于做进一步的理论分析。我们将在第 7 章，以此为出发点更为深入地分析这几个积分，将其转化为广义闭合解的形式。

4.3.6 第二类 Lamb 问题 Green 函数一阶空间导数的积分解

根据上册 3.3 节的内容，位错的等效体力——双力偶产生的响应对应着 Green 函数的一阶空间导数。因此为了获得双力偶产生的位移场，需要进一步考虑 Green 函数 G_{ij} 的一阶空间导数 $G_{ij,k'}$。与二维问题类似，有两种方式来得到 $G_{ij,k'}$：一是直接从前面已经得到的 G_{ij} 出发，通过求其空间导数得到；二是在求解过程中，在变换域中对空间坐标求导，从而得到总体形式上与 Green 函数本身比较相似的结果。这里我们采取第二种方案[①]。

[①] 仔细研究一下 4.3.4 节得到的 G_{ij} 的形式就会发现，显然第一种方案会导致极其繁琐的结果；而相较而言，第二种方案的结果将紧凑很多，但是缺点是需要很大程度上将前面的推导过程重复一遍。

返回到式 (4.3.2)。注意到这是针对源点位于 x_3 轴上的情况得到的结果。为了计算对源点坐标的空间导数，必须放开这个限制，即源点可以位于空间任意位置。在这种情况下，只需要将被积函数中的相位因子替换为 $\mathrm{e}^{\xi_1(x_1-x_1')+\xi_2(x_2-x_2')}$[①]。

对式 (4.3.2) 取 x_k' 的空间导数，有

$$\mathbf{G}_{,k'}(x_1,x_2,0,s;x_3') = \frac{1}{(2\pi\mathrm{i})^2}\iint_{-\mathrm{i}\infty}^{+\mathrm{i}\infty}\left[\frac{\mathrm{e}^{-\nu_\alpha x_3'}}{\mu R}\mathbf{M}_{,k'} + \frac{\mathrm{e}^{-\nu_\beta x_3'}}{\mu\nu_\beta R}\mathbf{N}_{,k'}\right]\mathrm{e}^{\xi_1 x_1+\xi_2 x_2}\,\mathrm{d}\xi_1\,\mathrm{d}\xi_2$$

其中，

$$\mathbf{M}_{,1'} = -\xi_1\mathbf{M},\quad \mathbf{M}_{,2'} = -\xi_2\mathbf{M},\quad \mathbf{M}_{,3'} = -\nu_\alpha\mathbf{M}$$

$$\mathbf{N}_{,1'} = -\xi_1\mathbf{N},\quad \mathbf{N}_{,2'} = -\xi_2\mathbf{N},\quad \mathbf{N}_{,3'} = -\nu_\beta\mathbf{N}$$

由此可见，只要将 $\mathbf{M}$ 和 $\mathbf{N}$ 分别替换成 $\mathbf{M}_{,k'}$ 和 $\mathbf{N}_{,k'}$，形式上 $\mathbf{G}_{,k'}$ 与 $\mathbf{G}$ 是相同的。因此，采用与 Green 函数完全相同的做法，最终得到

$$\mathbf{G}_{,k'}^{(\mathrm{II})}(t) \triangleq \mathbf{G}_{,k'}(x_1,x_2,0,t;x_3') = \frac{1}{\pi^2\mu\beta r}\frac{\partial^2}{\partial t^2}\left\{\left(\mathbf{F}_{\mathrm{P}}^{(\mathrm{II})}\right)_{,k'}(\bar t) + \left(\mathbf{F}_{\mathrm{S}_1}^{(\mathrm{II})}\right)_{,k'}(\bar t)\right.$$
$$\left. - H\left(\theta-\theta_{\mathrm{c}}\right)\left[\left(\mathbf{F}_{\mathrm{S}_2}^{(\mathrm{II})}\right)_{,k'}(\bar t) + \left(\mathbf{F}_{\mathrm{S}\text{-}\mathrm{P}}^{(\mathrm{II})}\right)_{,k'}(\bar t)\right]\right\} \tag{4.3.24}$$

其中，(II) 代表第二类 Lamb 问题，为了书写简便，略去了所有与场点时间变量无关的其他变量，

$$\left(\mathbf{F}_{\mathrm{P}}^{(\mathrm{II})}\right)_{,k'}(\bar t) = \int_0^a \mathrm{Re}\left[\frac{\eta_\alpha\mathbf{M}_{,k'}^\star(\bar p,\bar q)}{\mathscr{R}(\bar p,\bar q)}\right]\Bigg|_{\bar q=\bar q_{\mathrm{P}}}\frac{H(\bar t-k)}{\sqrt{a^2-\bar p^2}}\,\mathrm{d}\bar p \tag{4.3.25a}$$

$$\left(\mathbf{F}_{\mathrm{S}_1}^{(\mathrm{II})}\right)_{,k'}(\bar t) = \int_0^b \mathrm{Re}\left[\frac{\mathbf{N}_{,k'}^\star(\bar p,\bar q)}{\mathscr{R}(\bar p,\bar q)}\right]\Bigg|_{\bar q=\bar q_{\mathrm{S}}^{(1)}}\frac{H(\bar t-1)}{\sqrt{b^2-\bar p^2}}\,\mathrm{d}\bar p \tag{4.3.25b}$$

$$\left(\mathbf{F}_{\mathrm{S}_2}^{(\mathrm{II})}\right)_{,k'}(\bar t) = \int_b^{\bar p^\star(t)} \mathrm{Im}\left[\frac{\mathbf{N}_{,k'}^\star(\bar p,\bar q)}{\mathscr{R}(\bar p,\bar q)}\right]\Bigg|_{\bar q=\bar q_{\mathrm{S}}^{(2)}}\frac{H(\bar t-1)-H(\bar t-\bar t_{\mathrm{S}}^\star)}{\sqrt{\bar p^2-b^2}}\,\mathrm{d}\bar p \tag{4.3.25c}$$

$$\left(\mathbf{F}_{\mathrm{S}\text{-}\mathrm{P}}^{(\mathrm{II})}\right)_{,k'}(\bar t) = \int_0^{\bar p^\star(t)} \mathrm{Im}\left[\frac{\mathbf{N}_{,k'}^\star(\bar p,\bar q)}{\mathscr{R}(\bar p,\bar q)}\right]\Bigg|_{\bar q=\bar q_{\mathrm{S}}^{(2)}}\frac{H(\bar t-\bar t_{\mathrm{S}\text{-}\mathrm{P}})-H(\bar t-1)}{\sqrt{\bar p^2-b^2}}\,\mathrm{d}\bar p \tag{4.3.25d}$$

其中，

$$\mathbf{M}_{,1'}^\star(\bar p,\bar q) = \begin{bmatrix} -2\eta_\beta\kappa\bar q c_\phi & -2\eta_\beta\kappa'\bar q s_\phi & -2\eta_\alpha\eta_\beta\epsilon \\ M_{12,1'}^\star & -2\eta_\beta\bar\kappa'\bar q c_\phi & -2\eta_\alpha\eta_\beta\zeta \\ -\epsilon\gamma & -\zeta\gamma & -\eta_\alpha\gamma\bar q c_\phi \end{bmatrix}$$

$$\mathbf{M}_{,2'}^\star(\bar p,\bar q) = \begin{bmatrix} M_{12,1'}^\star & M_{22,1'}^\star & M_{23,1'}^\star \\ M_{12,2'}^\star & -2\eta_\beta\bar\kappa\bar q s_\phi & -2\eta_\alpha\eta_\beta\bar\epsilon \\ M_{32,1'}^\star & -\bar\epsilon\gamma & -\eta_\alpha\gamma\bar q s_\phi \end{bmatrix}$$

---

① 取完导数后，再令 $x_1' = x_2' = 0$ 即可。

$$\mathbf{M}^{\star}_{,3'}(\bar{p},\bar{q}) = -\eta_{\alpha}\mathbf{M}^{\star}(\bar{p},\bar{q}), \quad \mathbf{N}^{\star}_{,3'}(\bar{p},\bar{q}) = -\eta_{\beta}\mathbf{N}^{\star}(\bar{p},\bar{q})$$

$$\mathbf{N}^{\star}_{,1'}(\bar{p},\bar{q}) = \begin{bmatrix} -\left(\eta_{\beta}^2\gamma - \bar{\gamma}\bar{\kappa}'\right)\bar{q}c_{\phi} & -\bar{\gamma}\kappa' s_{\phi} & \eta_{\beta}\epsilon\gamma \\ N^{\star}_{12,1'} & -\left(\eta_{\beta}^2\gamma - \bar{\gamma}\kappa\right)\bar{q}c_{\phi} & \eta_{\beta}\zeta\gamma \\ 2\eta_{\alpha}\eta_{\beta}^2\epsilon & 2\eta_{\alpha}\eta_{\beta}^2\zeta & -2\eta_{\alpha}\eta_{\beta}\left(\bar{q}^2-\bar{p}^2\right)\bar{q}c_{\phi} \end{bmatrix}$$

$$\mathbf{N}^{\star}_{,2'}(\bar{p},\bar{q}) = \begin{bmatrix} -\left(\eta_{\beta}^2\gamma - \bar{\gamma}\bar{\kappa}\right)\bar{q}s_{\phi} & -\bar{\gamma}\kappa'\bar{q}c_{\phi} & N^{\star}_{23,1'} \\ N^{\star}_{12,2'} & -\left(\eta_{\beta}^2\gamma - \bar{\gamma}\kappa'\right)\bar{q}s_{\phi} & \eta_{\beta}\bar{\epsilon}\gamma \\ N^{\star}_{32,1'} & 2\eta_{\alpha}\eta_{\beta}^2\bar{\epsilon} & -2\eta_{\alpha}\eta_{\beta}\left(\bar{q}^2-\bar{p}^2\right)\bar{q}s_{\phi} \end{bmatrix}$$

$$\kappa = \bar{q}^2 c_{\phi}^2 - 3\bar{p}^2 s_{\phi}^2, \quad \bar{\kappa} = \bar{q}^2 s_{\phi}^2 - 3\bar{p}^2 c_{\phi}^2, \quad \kappa' = \kappa + 2\bar{p}^2, \quad \bar{\kappa}' = \bar{\kappa} + 2\bar{p}^2$$

其余的变量含义与式 (4.3.7)、(4.3.8) 和 (4.3.21) 中的相同。

4.4 第一类 Lamb 问题的 Green 函数的积分解

一定程度上讲，第一类 Lamb 问题可以看作是第二类 Lamb 问题的特殊情况 ($x_3' = 0$)。此时，Cagniard 路径退化为沿着负实轴割线上缘的直线，从而直接穿过 Rayleigh 极点 $-\mu_{\kappa}$，见图 4.4.1。对于这种特殊情况，必须针对 Rayleigh 极点做特殊的分析。由于第一类 Lamb 问题的场点和源点都位于地表，因此 Green 函数沿 x_3 方向的导数不存在，不需要求其一阶的空间导数[①]。

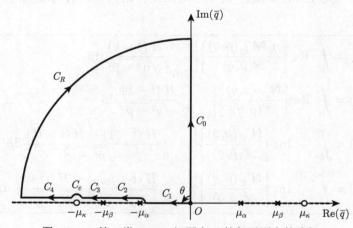

图 4.4.1 第一类 Lamb 问题中 $\bar{q}$ 的复平面内的路径

此时的 $\theta = 90°$，Cagniard 路径位于负实轴上。"×" 代表枝点 $\pm\mu_{\alpha}$ 和 $\pm\mu_{\beta}$；"∘" 代表 Rayleigh 极点 $\pm\mu_{\kappa}$；粗虚线代表割线。$\bar{t}$ 从 0 变到 $+\infty$ 对应于 $\bar{q}$ 原点出发沿着负实轴一直到无穷远。分成五段：C_1：$\bar{q}$ 从 0 到 $-\mu_{\alpha}$；C_2：$\bar{q}$ 从 $-\mu_{\alpha}$ 到 $-\mu_{\beta}$；C_3：$\bar{q}$ 从 $-\mu_{\beta}$ 到 $-\mu_{\kappa} + \varepsilon$；$C_{\varepsilon}$：$\bar{q}$ 位于以 $(-\mu_{\kappa}, 0)$ 为圆心、$\varepsilon \to 0$ 为半径的半圆弧上；C_4：$\bar{q}$ 从 $-\mu_{\kappa} - \varepsilon$ 到 $-\infty$。C_R 为半径无穷大的圆弧。原始的积分路径为 C_0

在第一类 Lamb 问题中，$x_3' = 0$，因此 $\theta = 90°$，参见图 4.1.1。从而有 $t_{\alpha} = t_{\beta} =$

[①] 求 Green 函数的一阶空间导数的目的在于利用震源表示定理（参见上册第 3 章）得到位错源的位移场。这个过程需要所有的 Green 函数的一阶空间导数，因此在 x_3 坐标固定，从而不存在沿着 x_3 方向的导数的情况下，即便对于 x_1 和 x_2 的导数存在，也是没有意义的。

$-t_\mathrm{s}\bar{q} \triangleq t$, $\bar{q} = -\bar{t}$。这意味着式 (4.3.11) 中的被积函数可以合并为一项，

$$\mathbf{G}(x_1, x_2, 0, s; 0) = \frac{s}{\pi^2 \mu \beta} \mathrm{Im} \int_0^{+\infty} \mathrm{d}\bar{p} \int_0^{+\mathrm{i}\infty} \frac{\mathbf{R}(\bar{p}, \bar{q})}{\eta_\beta \mathscr{R}(\bar{p}, \bar{q})} \mathrm{e}^{-st} \, \mathrm{d}\bar{q} \tag{4.4.1}$$

其中，

$$\mathbf{R}(\bar{p}, \bar{q}) = \begin{bmatrix} \eta_\beta^2(\gamma + 2\epsilon) - \bar{\gamma}\bar{\epsilon} & (\bar{\gamma} + 2\eta_\beta^2)\zeta & -\bar{q}\eta_\beta\gamma' c_\phi \\ (\bar{\gamma} + 2\eta_\beta^2)\zeta & \eta_\beta^2(\gamma + 2\bar{\epsilon}) - \bar{\gamma}\epsilon & -\bar{q}\eta_\beta\gamma' s_\phi \\ \bar{q}\eta_\beta\gamma' c_\phi & \bar{q}\eta_\beta\gamma' s_\phi & \eta_\alpha\eta_\beta \end{bmatrix} \quad (\gamma' = \gamma - 2\eta_\alpha\eta_\beta)$$

采用与 4.3.2 节中介绍的 P 波项分析类似的方式，补充大圆弧 C_R（参见图 4.4.1），根据留数定理，可以得到

$$\mathbf{G}(x_1, x_2, 0, s; 0) = \frac{s}{\pi^2 \mu \beta} \mathrm{Im} \int_0^{+\infty} \mathrm{d}\bar{p} \int_{C_1 + C_2 + C_3 + C_\varepsilon + C_4} \frac{\eta_\beta \mathbf{R}(\bar{p}, \bar{q})}{\mathscr{R}(\bar{p}, \bar{q})} \mathrm{e}^{-st} \, \mathrm{d}\bar{q}$$

式中，C_i $(i = 1, 2, \cdots, 4)$ 为 $\bar{q}$ 的复平面内负实轴上的路径，而 C_ε 为以 Rayleigh 极点 $-\kappa$ 为圆心、半径 $\varepsilon \to 0$ 的半圆弧。以下逐段讨论上述积分路径上的积分贡献。

4.4.1 C_1 上的积分

在路径 C_1 上，$-\sqrt{k^2 + \bar{p}^2} = -\mu_\alpha < \bar{q} = -\bar{t} < 0$，因此 η_α 和 η_β 均为实数，被积函数和积分变量均为实数，取虚部之后为零。换句话说，位于 C_1 上的部分对于结果没有贡献。

4.4.2 C_2 上的积分

在路径 C_2 上，$-\sqrt{1 + \bar{p}^2} = -\mu_\beta < \bar{q} = -\bar{t} < -\mu_\alpha$，此时 $\bar{q}$ 位于割线上缘。根据附录 A 中的结论，此时割线上的 $\bar{q}$ 为纯虚数，且辐角 $\arg(\bar{q}) = \pi/2$，因此

$$\eta_\alpha = \mathrm{i}\sqrt{\bar{t}^2 - \bar{p}^2 - k^2}, \quad \eta_\beta = \sqrt{1 + \bar{p}^2 - \bar{t}^2}$$

从而

$$\mathbf{G}(x_1, x_2, 0, s; 0)\Big|_{C_2} = -\frac{s}{\pi^2 \mu r} \int_0^{+\infty} \mathrm{d}\bar{p} \int_{t_\mathrm{s}\mu_\alpha}^{t_\mathrm{s}\mu_\beta} \mathrm{Im}\left[\frac{\mathbf{R}(\bar{p}, \bar{q})}{\eta_\beta \mathscr{R}(\bar{p}, \bar{q})}\right] \mathrm{e}^{-st} \, \mathrm{d}t$$

类似于 1.3.2 节中 P 波项和 1.3.3 节中 S 波项的做法，交换积分次序，见图 4.4.2，上式改写为

$$\mathbf{G}(x_1, x_2, 0, s; 0)\Big|_{C_2} = \frac{-s}{\pi^2 \mu r} \int_0^{+\infty} \left\{ \int_0^a \frac{H(\bar{t} - k) - H(\bar{t} - 1)}{\eta_\beta} \mathrm{Im}\left[\frac{\mathbf{R}(\bar{p}, \bar{q})}{\mathscr{R}(\bar{p}, \bar{q})}\right] \mathrm{d}\bar{p} \right.$$
$$\left. + \int_b^a \frac{H(\bar{t} - 1)}{\eta_\beta} \mathrm{Im}\left[\frac{\mathbf{R}(\bar{p}, \bar{q})}{\mathscr{R}(\bar{p}, \bar{q})}\right] \mathrm{d}\bar{p} \right\} \mathrm{e}^{-st} \, \mathrm{d}t$$

从而直接得到

$$\mathbf{G}(x_1, x_2, 0, t; x_3')\Big|_{C_2} = -\frac{1}{\pi^2 \mu r} \frac{\partial}{\partial t} \int_0^a \frac{H(\bar{t} - k) - H(\bar{t} - 1)}{\eta_\beta} \mathrm{Im}\left[\frac{\mathbf{R}(\bar{p}, \bar{q})}{\mathscr{R}(\bar{p}, \bar{q})}\right] \mathrm{d}\bar{p}$$

$$-\frac{1}{\pi^2\mu r}\frac{\partial}{\partial t}\int_b^a\frac{H(\bar{t}-1)}{\eta_\beta}\mathrm{Im}\left[\frac{\mathbf{R}(\bar{p},\bar{q})}{\mathscr{R}(\bar{p},\bar{q})}\right]\mathrm{d}\bar{p} \tag{4.4.2}$$

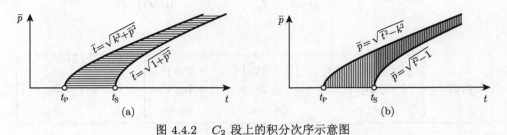

图 4.4.2　C_2 段上的积分次序示意图

(a) 先对 t 积分再对 $\bar{p}$ 积分；(b) 先对 $\bar{p}$ 积分再对 t 积分，浅灰色和深灰色区域中 $\bar{p}$ 积分的起点分别是 0 和 $\sqrt{\bar{t}^2-1}$

4.4.3　C_3 和 C_4 上的积分

在路径 C_3 和 C_4 上，$\bar{q}=-\bar{t}<-\mu_\beta$，$\bar{q}$ 仍然位于割线上缘，与 C_2 的区别在于，此时 η_α 和 η_β 都是虚数：

$$\eta_\alpha=\mathrm{i}g(k),\quad\eta_\beta=\mathrm{i}g(1),\quad g(x)\triangleq\sqrt{\bar{t}^2-\bar{p}^2-x^2}$$

从而 γ、ϵ、$\bar{\gamma}$、$\bar{\epsilon}$、γ' 和 $\mathscr{R}(\bar{p},\bar{q})$ 都是实数，并且

$$\mathrm{Im}\left[\frac{\mathbf{R}(\bar{p},\bar{q})}{\eta_\beta\mathscr{R}(\bar{p},\bar{q})}\right]=\frac{\mathbf{S}(\bar{p},\bar{q})}{g(1)\mathscr{R}(\bar{p},\bar{q})}$$

其中，

$$\mathbf{S}(\bar{p},\bar{q})=\begin{bmatrix}g^2(1)(\gamma+2\epsilon)+\bar{\gamma}\bar{\epsilon} & (2g^2(1)-\bar{\gamma})\,\zeta & 0\\ (2g^2(1)-\bar{\gamma})\,\zeta & g^2(1)(\gamma+2\bar{\epsilon})+\bar{\gamma}\epsilon & 0\\ 0 & 0 & g(k)g(1)\end{bmatrix}$$

因此

$$\left.\mathbf{G}(x_1,x_2,0,s;0)\right|_{C_3}=-\frac{s}{\pi^2\mu r}\int_0^{+\infty}\mathrm{d}\bar{p}\int_{t_S\mu_\beta}^{t_S\mu_\kappa}\frac{\mathbf{S}(\bar{p},\bar{q})}{g(1)\mathscr{R}(\bar{p},\bar{q})}\mathrm{e}^{-st}\,\mathrm{d}t$$

$$\left.\mathbf{G}(x_1,x_2,0,s;0)\right|_{C_4}=-\frac{s}{\pi^2\mu r}\int_0^{+\infty}\mathrm{d}\bar{p}\int_{t_S\mu_\kappa}^{+\infty}\frac{\mathbf{S}(\bar{p},\bar{q})}{g(1)\mathscr{R}(\bar{p},\bar{q})}\mathrm{e}^{-st}\,\mathrm{d}t$$

式中，$\mu_\kappa=\sqrt{\bar{p}^2+\kappa^2}$。

对 C_3 段上的积分，参考图 4.4.3 交换积分次序。C_4 段上积分的参数空间为图 4.4.3 (a) 中曲线 $\bar{t}=\sqrt{\kappa^2+\bar{p}^2}$ 右侧的区域，类似地也交换积分次序，可以得到

$$\left.\mathbf{G}(x_1,x_2,0,t;0)\right|_{C_3}=-\frac{1}{\pi^2\mu r}\frac{\partial}{\partial t}\int_0^b[H(\bar{t}-1)-H(\bar{t}-\kappa)]\frac{\mathbf{S}(\bar{p},\bar{q})}{g(1)\mathscr{R}(\bar{p},\bar{q})}\mathrm{d}\bar{p}$$

$$-\frac{1}{\pi^2\mu r}\frac{\partial}{\partial t}\int_c^b H(\bar{t}-\kappa)\frac{\mathbf{S}(\bar{p},\bar{q})}{g(1)\mathscr{R}(\bar{p},\bar{q})}\mathrm{d}\bar{p}\quad\left(c=\sqrt{\bar{t}^2-\kappa^2}\right) \tag{4.4.3a}$$

$$\mathbf{G}(x_1, x_2, 0, t; 0)\Big|_{C_4} = -\frac{1}{\pi^2 \mu r} \frac{\partial}{\partial t} \int_0^c H(\bar{t} - \kappa) \frac{\mathbf{S}(\bar{p}, \bar{q})}{g(1)\mathscr{R}(\bar{p}, \bar{q})} \, \mathrm{d}\bar{p} \tag{4.4.3b}$$

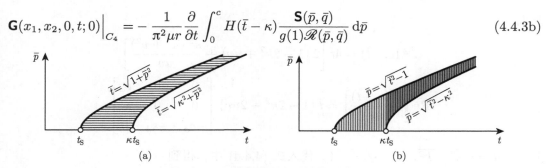

图 4.4.3 C_3 段上的积分次序示意图

(a) 先对 t 积分再对 $\bar{p}$ 积分；(b) 先对 $\bar{p}$ 积分再对 t 积分，浅灰色和深灰色区域中 $\bar{p}$ 积分的起点分别是 0 和 $\sqrt{\bar{t}^2 - \kappa^2}$

4.4.4 小圆弧 C_ε 上的积分

极点 $\bar{q}^\star(\bar{p}) = -\mu_\kappa$ 的贡献通过小圆弧 C_ε 体现，参见图 4.4.1。注意到

$$\lim_{\varepsilon \to 0} (\bar{q} - \bar{q}^\star) \frac{\mathbf{R}(\bar{p}, \bar{q})\mathrm{e}^{-st}}{\eta_\beta \mathscr{R}(\bar{p}, \bar{q})} = \frac{\mathbf{R}(\bar{p}, \bar{q}^\star(\bar{p}))\mathrm{e}^{st_s \bar{q}^\star(\bar{p})}}{\eta_\beta \mathscr{P}(\bar{p}, \bar{q}^\star(\bar{p}))}$$

其中，$\mathscr{P}$ 代表 $\mathscr{R}$ 对 $\bar{q}$ 求偏导数

$$\mathscr{P}(\bar{p}, \bar{q}) = \frac{\partial \mathscr{R}(\bar{p}, \bar{q})}{\partial \bar{q}} = -4\bar{q}\left[2(\gamma - \eta_\alpha \eta_\beta) + (\bar{q}^2 - \bar{p}^2)\left(\frac{\eta_\beta}{\eta_\alpha} + \frac{\eta_\alpha}{\eta_\beta}\right)\right]$$

根据小圆弧引理（参见第 42 页的脚注），因此

$$\mathbf{G}(x_1, x_2, 0, s; 0)\Big|_{C_\varepsilon} = \frac{s}{\pi^2 \mu \beta} \mathrm{Im} \int_0^{+\infty} \mathrm{d}\bar{p} \int_{C_\varepsilon} \frac{\mathbf{R}(\bar{p}, \bar{q})}{\eta_\beta \mathscr{R}(\bar{p}, \bar{q})} \mathrm{e}^{-st} \, \mathrm{d}\bar{q}$$

$$= \frac{s}{\pi^2 \mu \beta} \mathrm{Im} \int_0^{+\infty} \mathrm{i}\pi \frac{\mathbf{R}(\bar{p}, \bar{q}^\star(\bar{p}))\mathrm{e}^{st_s \bar{q}^\star(\bar{p})}}{\eta_\beta \mathscr{P}(\bar{p}, \bar{q}^\star(\bar{p}))} \, \mathrm{d}\bar{p}$$

利用 Laplace 变换的性质 $\mathscr{L}\{f(t - \tau)\} = \mathrm{e}^{-s\tau}F(s)$，不难得到

$$\mathbf{G}(x_1, x_2, 0, t; 0)\Big|_{C_\varepsilon} = \frac{1}{\pi \mu \beta} \frac{\partial}{\partial t} \int_0^{+\infty} \mathrm{Re}\left[\frac{H(\bar{t} - \kappa)\mathbf{R}(\bar{p}, \bar{q}^\star(\bar{p}))}{\eta_\beta \mathscr{P}(\bar{p}, \bar{q}^\star(\bar{p}))}\right] \delta\left(t + t_s \bar{q}^\star(\bar{p})\right) \, \mathrm{d}\bar{p}$$

$$= \frac{1}{\pi \mu r} \frac{\partial}{\partial t} \int_0^{+\infty} \mathrm{Re}\left[\frac{H(\bar{t} - \kappa)\mathbf{R}(\bar{p}, \bar{q}^\star(\bar{p}))}{\eta_\beta \mathscr{P}(\bar{p}, \bar{q}^\star(\bar{p}))}\right] \delta\left(\bar{t} - \sqrt{\bar{p}^2 + \kappa^2}\right) \, \mathrm{d}\bar{p}$$

记 $x = \mu_\kappa = \sqrt{\bar{p}^2 + \kappa^2}$，则有 $\bar{p}\,\mathrm{d}\bar{p} = x\,\mathrm{d}x$，从而

$$\mathbf{G}(x_1, x_2, 0, t; 0)\Big|_{C_\varepsilon} = \frac{1}{\pi \mu r} \frac{\partial}{\partial t} \int_\kappa^{+\infty} \mathrm{Re}\left[\frac{H(\bar{t} - \kappa)\mathbf{R}(c, -\bar{t})}{\eta_\beta \mathscr{P}(c, -\bar{t})}\right] \frac{x\delta\left(x - \bar{t}\right)}{\sqrt{x^2 - \kappa^2}} \, \mathrm{d}x$$

$$= \frac{1}{\pi \mu r} \frac{\partial}{\partial t} \mathrm{Re}\left[\frac{\mathbf{R}\left(c, -\bar{t}\right)}{\eta_\beta \mathscr{P}\left(c, -\bar{t}\right)}\right] \frac{\bar{t}H(\bar{t} - \kappa)}{\sqrt{\bar{t}^2 - \kappa^2}} \tag{4.4.4}$$

注意到，当 $\bar{p} = \sqrt{\bar{t}^2 - \kappa^2}$，$\bar{q} = -\bar{t}$ 时，

$$\eta_\alpha = \mathrm{i}\sqrt{\kappa^2 - k^2}, \quad \eta_\beta = \mathrm{i}\sqrt{\kappa^2 - 1}, \quad \gamma = 1 - 2\kappa^2$$

从而

$$\mathscr{P}\left(c,-\bar{t}\right) = 4\bar{t}\left[2\left(1-2\kappa^2+uv\right)+\frac{\kappa^2\left(u^2+v^2\right)}{uv}\right]$$

$$\mathrm{Re}\left[\frac{\mathbf{R}\left(c,-\bar{t}\right)}{\eta_\beta}\right] = \bar{t}\left(1-2\kappa^2+2uv\right)\begin{bmatrix}0 & 0 & c_\phi \\ 0 & 0 & s_\phi \\ -c_\phi & -s_\phi & 0\end{bmatrix}$$

其中，$u = \sqrt{\kappa^2-k^2}$，$v = \sqrt{\kappa^2-1}$。代入式 (4.4.4) 中，得到

$$\mathbf{G}(x_1,x_2,0,t;0)\Big|_{C_\varepsilon} = \frac{C\mathbf{Q}}{4\pi\mu r}\frac{\partial}{\partial t}\frac{\bar{t}H(\bar{t}-\kappa)}{\sqrt{\bar{t}^2-\kappa^2}} \tag{4.4.5}$$

其中，

$$C = \frac{(1-2\kappa^2+2uv)uv}{2(1-2\kappa^2+uv)uv+\kappa^2(u^2+v^2)}, \quad \mathbf{Q} = \begin{bmatrix}0 & 0 & c_\phi \\ 0 & 0 & s_\phi \\ -c_\phi & -s_\phi & 0\end{bmatrix}$$

这表明，小圆弧上的积分仅对 13、23、31 和 32 分量有贡献，并且可以写成闭合形式。

4.4.5　综合的结果

综合上述分析得到的结果，即式 (4.4.2) ~ (4.4.5)，我们可以得到第一类 Lamb 问题的 Green 函数的最终表达式为

$$\begin{aligned}\mathbf{G}^{(\mathrm{I})}(t) &\triangleq \mathbf{G}(x_1,x_2,0,t;0)\\ &= -\frac{1}{\pi^2\mu r}\frac{\partial}{\partial t}\left[\mathbf{F}_{\mathrm{P}_1}^{(\mathrm{I})}(\bar{t})+\mathbf{F}_{\mathrm{P}_2}^{(\mathrm{I})}(\bar{t})+\mathbf{F}_{\mathrm{S}_1}^{(\mathrm{I})}(\bar{t})+\mathbf{F}_{\mathrm{S}_2}^{(\mathrm{I})}(\bar{t})-\mathbf{F}_{\mathrm{R}}^{(\mathrm{I})}(\bar{t})\right]\end{aligned} \tag{4.4.6}$$

式中，(I) 代表第一类 Lamb 问题，

$$\mathbf{F}_{\mathrm{P}_1}^{(\mathrm{I})}(\bar{t}) = \int_0^a \mathrm{Im}\left[\frac{\mathbf{R}(\bar{p},\bar{q})}{\mathscr{R}(\bar{p},\bar{q})}\right]\Bigg|_{\bar{q}=-\bar{t}}\frac{H(\bar{t}-k)-H(\bar{t}-1)}{\sqrt{\bar{p}^2-b^2}}\,\mathrm{d}\bar{p} \tag{4.4.7a}$$

$$\mathbf{F}_{\mathrm{P}_2}^{(\mathrm{I})}(\bar{t}) = \int_b^a \mathrm{Im}\left[\frac{\mathbf{R}(\bar{p},\bar{q})}{\mathscr{R}(\bar{p},\bar{q})}\right]\Bigg|_{\bar{q}=-\bar{t}}\frac{H(\bar{t}-1)}{\sqrt{\bar{p}^2-b^2}}\,\mathrm{d}\bar{p} \tag{4.4.7b}$$

$$\mathbf{F}_{\mathrm{S}_1}^{(\mathrm{I})}(\bar{t}) = \int_0^b \frac{[H(\bar{t}-1)-H(\bar{t}-\kappa)]\mathbf{S}(\bar{p},\bar{q})}{\mathscr{R}(\bar{p},\bar{q})\sqrt{b^2-\bar{p}^2}}\Bigg|_{\bar{q}=-\bar{t}}\,\mathrm{d}\bar{p} \tag{4.4.7c}$$

$$\mathbf{F}_{\mathrm{S}_2}^{(\mathrm{I})}(\bar{t}) = \fint_0^b \frac{H(\bar{t}-\kappa)\mathbf{S}(\bar{p},\bar{q})}{\mathscr{R}(\bar{p},\bar{q})\sqrt{b^2-\bar{p}^2}}\Bigg|_{\bar{q}=-\bar{t}}\,\mathrm{d}\bar{p} \tag{4.4.7d}$$

$$\mathbf{F}_{\mathrm{R}}^{(\mathrm{I})}(\bar{t}) = \frac{\pi\bar{t}H(\bar{t}-\kappa)C\mathbf{Q}}{4\sqrt{\bar{t}^2-\kappa^2}} \tag{4.4.7e}$$

式 (4.4.6) 中的最后一项 $\mathbf{F}_{\mathrm{R}}^{(\mathrm{I})}(\bar{t})$ 为积分路径上奇点的贡献，以闭合形式表示。其余的部分有四个积分。$\mathbf{F}_{\mathrm{P}_1}^{(\mathrm{I})}(\bar{t})$ 为正常积分，直接用数值计算即可。其余三个积分都涉及积分限

处的弱奇异性问题。具体地说，当 $\bar{p} = b$ 时，分母中的 η_β 或 $g(1)$ 将为零。由于是根式下方的因式为零，因此这是可去的弱奇异性。对于 $\mathbf{F}_{P_2}^{(I)}(\bar{t})$，做代换 $\bar{p} = b\csc x$，而对于 $\mathbf{F}_{S_1}^{(I)}(\bar{t})$ 和 $\mathbf{F}_{S_2}^{(I)}(\bar{t})$，做代换 $\bar{p} = b\sin x$，即可达到去掉弱奇异性的目的。特别需要引起注意的是积分式 (4.4.7d)，这不是正常的积分，而是关于 $\bar{p}$ 的 Cauchy 主值积分（参见附录 B）。对于主值积分，积分区间中含有分母 $\mathscr{R}(\bar{p}, \bar{q})$ 的零点，并且这并非可去的奇点，因此直接用数值积分来计算不能得到准确的结果，必须从理论上仔细考虑[①]。

4.4.6　对主值积分的特殊处理

为了便于分析，作变量替换 $x = \bar{t}^2 - \bar{p}^2$，将对 $\bar{p}$ 的积分改写为对 x 的积分。由于 $\mathrm{d}x = -2\bar{p}\,\mathrm{d}\bar{p}$，从而有

$$\mathbf{F}_{S_2}^{(I)}(\bar{t}) = \int_0^b \frac{H(\bar{t} - \kappa)\mathbf{S}(\bar{p}, \bar{q})}{\mathscr{R}(\bar{p}, \bar{q})\sqrt{b^2 - \bar{p}^2}}\,\mathrm{d}\bar{p} = \int_1^{\bar{t}^2} \frac{H(\bar{t} - \kappa)\mathbf{S}(x)}{2\sqrt{x - 1}\sqrt{\bar{t}^2 - x}R(x)}\,\mathrm{d}x \tag{4.4.8}$$

其中，

$$R(x) = (1 - 2x)^2 - 4x\sqrt{x - 1}\sqrt{x - m} \quad (m = k^2) \tag{4.4.9}$$

分子上含有阶跃函数 $H(\bar{t} - \kappa)$，因此以下的分析都是在 $\bar{t} > \kappa$ 的前提下进行的。$\mathbf{S}$ 的各个元素中，只有 $S_{\alpha\beta}$ $(\alpha, \beta = 1, 2)$ 和 S_{33} 非零，具体地，

$$\begin{aligned}
S_{11}(x) =& 4x\sqrt{x - 1}\sqrt{x - m}c_\phi^2 - 4\bar{t}^2\sqrt{x - 1}\sqrt{x - m}c_{2\phi} - 4x^2c_\phi^2 \\
&+ \left(4\bar{t}^2c_{2\phi} + 3c_\phi^2 + 1\right)x - 3\bar{t}^2c_{2\phi} - 1 \\
S_{12}(x) =& S_{21}(x) = \left[4x\sqrt{x - 1}\sqrt{x - m} - 8\bar{t}^2\sqrt{x - 1}\sqrt{x - m} - 4x^2\right. \\
&+ \left.\left(8\bar{t}^2 + 3\right)x - 6\bar{t}^2\right]s_\phi c_\phi \\
S_{22}(x) =& 4x\sqrt{x - 1}\sqrt{x - m}s_\phi^2 + 4\bar{t}^2\sqrt{x - 1}\sqrt{x - m}c_{2\phi} - 4x^2s_\phi^2 \\
&- \left(4\bar{t}^2c_{2\phi} - 3s_\phi^2 - 1\right)x + 3\bar{t}^2c_{2\phi} - 1 \\
S_{33}(x) =& \sqrt{x - 1}\sqrt{x - m}
\end{aligned}$$

其中，$c_\phi = \cos\phi$，$s_\phi = \sin\phi$，$c_{2\phi} = \cos 2\phi$。从而有

$$\left(\mathbf{F}_{S_2}^{(I)}\right)_{11} = 4J_1c_\phi^2 - 4\bar{t}^2J_0c_{2\phi} - 4K_2c_\phi^2 + \left(4\bar{t}^2c_{2\phi} + 3c_\phi^2 + 1\right)K_1 - \left(3\bar{t}^2c_{2\phi} + 1\right)K_0 \tag{4.4.10a}$$

$$\left(\mathbf{F}_{S_2}^{(I)}\right)_{12} = \left(\mathbf{F}_{S_2}^{(I)}\right)_{21} = \left[4J_1 - 8\bar{t}^2J_0 - 4K_2 + \left(8\bar{t}^2 + 3\right)K_1 - 6\bar{t}^2K_0\right]s_\phi c_\phi \tag{4.4.10b}$$

$$\left(\mathbf{F}_{S_2}^{(I)}\right)_{22} = 4J_1s_\phi^2 + 4\bar{t}^2J_0c_{2\phi} - 4K_2s_\phi^2 - \left(4\bar{t}^2c_{2\phi} - 3s_\phi^2 - 1\right)K_1 + \left(3\bar{t}^2c_{2\phi} - 1\right)K_0 \tag{4.4.10c}$$

$$\left(\mathbf{F}_{S_2}^{(I)}\right)_{33} = J_0 \tag{4.4.10d}$$

式中的

$$J_i = \frac{1}{2}\int_1^{\bar{t}^2} \frac{x^i\sqrt{x - m}}{\sqrt{\bar{t}^2 - x}R(x)}\,\mathrm{d}x \quad (i = 0, 1) \tag{4.4.11a}$$

---

① 除了主值积分的问题以外，含有奇异性的积分在基于边界积分方程方法的震源动力学问题中也会出现，由于场、源重合带来的高度奇异性积分是必须面临的问题。在早期的研究中（张海明，2004），我们曾经针对这个问题进行了深入的分析，通过两步操作，分离出了导致奇异性的成分。有兴趣深入了解的读者可以参考。

$$K_j = \frac{1}{2}\!\!\!\int_1^{\bar{t}^2} \frac{x^j}{\sqrt{x-1}\sqrt{t^2-x}\,R(x)}\,\mathrm{d}x \quad (j=0,1,2) \tag{4.4.11b}$$

只需要计算式 (4.4.11) 中的两个基本积分，将结果代入式 (4.4.10) 即可得主值积分的值。

注意到式 (4.4.11) 中积分的被积函数分母中均含有 Rayleig 函数 $R(x)$，见式 (4.4.9)，为了便于进一步分析，需要将分母有理化。分子和分母同乘以

$$\overline{R}(x) = (1-2x)^2 + 4x\sqrt{x-1}\sqrt{x-m}$$

则式 (4.4.11) 变为

$$J_i = \!\!\!\int_1^{\bar{t}^2} \frac{\sqrt{x-m}}{\sqrt{t^2-x}}F_i^{(1)}(x)\,\mathrm{d}x + \!\!\!\int_1^{\bar{t}^2} \frac{\sqrt{x-1}}{\sqrt{t^2-x}}F_{i+1}^{(2)}(x)\,\mathrm{d}x \quad (i=0,1) \tag{4.4.12a}$$

$$K_j = \!\!\!\int_1^{\bar{t}^2} \frac{F_j^{(1)}(x)}{\sqrt{x-1}\sqrt{t^2-x}}\,\mathrm{d}x + \!\!\!\int_1^{\bar{t}^2} \frac{\sqrt{x-m}}{\sqrt{t^2-x}}F_{j+1}^{(3)}(x)\,\mathrm{d}x \quad (j=0,1,2) \tag{4.4.12b}$$

其中，

$$F_i^{(1)}(x) = \frac{x^i(1-2x)^2}{2f(x)}, \quad F_i^{(2)}(x) = \frac{2x^i(x-m)}{f(x)}, \quad F_i^{(3)}(x) = \frac{2x^i}{f(x)}$$

$$f(x) = R(x)\overline{R}(x) = 16(1-m)x^3 + 8(2m-3)x^2 + 8x - 1$$

$$0 < m = \frac{\beta^2}{\alpha^2} = \frac{\mu}{\lambda+2\mu} = \frac{1-2\nu}{2(1-\nu)} < \frac{1}{2}$$

式中，ν 为 Poisson 比，λ 和 μ 为各向同性弹性体的两个弹性参数。

为了方便对式 (4.4.12) 中积分的计算，需要根据实系数三次四项式 $f(x)$ 的根 x_i 将其改写为

$$f(x) = c(x-x_1)(x-x_2)(x-x_3)$$

其中，$c = 16(1-m)$，x_i 为 $f(x)$ 的三个根[①]。根据附录 C 可知[②]：

(1) 当 $0 < m < m_0 = 0.3215$（对应于 $0.2631 < \nu < 0.5$）时，$f(x)$ 有一个实根（设为 x_3）和一对共轭复根（设为 x_1 和 x_2）；

(2) 当 $m = m_0$（对应于 $\nu = 0.2631$）时，$f(x)$ 有三个实根，其中有一个二重根；

---

① 通过调用 Matlab 的内部函数 roots 可以方便地得到它们：

```
>> roots([16*(1-m),-8*(3-2*m),8,-1])
```

② 根据 $f(x)$ 的表达式，有

$$a_1 = \frac{2m-3}{2(1-m)}, \quad a_2 = \frac{1}{2(1-m)}, \quad a_3 = -\frac{1}{16(1-m)}$$

注意到 $0 < m < 0.5$，从而有

$$p = -\frac{4m^2-6m+3}{12(1-m)^2} < 0, \quad q^2 + \frac{4p^3}{27} = -\frac{64m^3 - 107m^2 + 62 - 11}{6912(1-m)^4} \begin{cases} > 0, & \text{当 } 0 < m < m_0 \text{ 时} \\ = 0, & \text{当 } m = m_0 \text{ 时} \\ < 0, & \text{当 } m_0 < m < 0.5 \text{ 时} \end{cases}$$

其中，$m_0 = 0.3215$。进一步可以根据表 C.1 判断根的分布情况。这个结论与上册的附录 B 中直接根据判别式判断的结果一致。

(3) 当 $m_0 < m < 0.5$（对应于 $0 < \nu < 0.2631$）时，$f(x)$ 有三个不相等的实根。将 $F_i^{(j)}(x)$ 用部分分式展开（参见附录 D）[①]，

$$F_i^{(j)}(x) = \frac{A_i^{(j)}}{x - x_3} + \frac{M_i^{(j)}x + N_i^{(j)}}{x^2 + ax + b} + B_i^{(j)} + C_i^{(j)}x \tag{4.4.13}$$

其中，$a = -(x_1 + x_2)$，$b = x_1 x_2$，涉及的系数 $A_i^{(j)}$、$B_i^{(j)}$、$C_i^{(j)}$、$M_i^{(j)}$ 和 $N_i^{(j)}$ 的具体表达式为

$$A_0^{(1)} = \zeta(1 - 2x_3)^2, \quad B_0^{(1)} = C_0^{(1)} = 0, \quad \zeta \triangleq \frac{1}{2c(x_3^2 + ax_3 + b)}$$

$$M_0^{(1)} = \zeta\left[4x_3(a + 1) + 4b - 1\right], \quad N_0^{(1)} = \zeta\left[4b(x_3 - 1) - (x_3 + a)\right]$$

$$A_1^{(1)} = \zeta x_3(1 - 2x_3)^2, \quad B_1^{(1)} = \frac{2}{c}, \quad C_1^{(1)} = 0$$

$$M_1^{(1)} = -\zeta\left[4(a + 1)(ax_3 + b) + x_3(1 - 4b)\right], \quad N_1^{(1)} = -\zeta b\left[4x_3(a + 1) + 4b - 1\right]$$

$$A_2^{(1)} = \zeta x_3^2(1 - 2x_3)^2, \quad B_2^{(1)} = \frac{2(x_3 - a - 1)}{c}, \quad C_2^{(1)} = \frac{2}{c}$$

$$M_2^{(1)} = \zeta\left[4a(a + 1)(ax_3 + b) + ax_3(1 - 8b) - 4b(b + x_3) + b\right], \quad N_2^{(1)} = -bM_1^{(1)}$$

$$A_1^{(2)} = 4\zeta x_3(x_3 - m), \quad B_1^{(2)} = C_1^{(2)} = 0, \quad M_1^{(2)} = 4\zeta\left[x_3(a + m) + b\right]$$

$$N_1^{(2)} = 4\zeta b(x_3 - m), \quad A_2^{(2)} = 4\zeta x_3^2(x_3 - m), \quad B_2^{(2)} = \frac{2}{c}, \quad C_2^{(2)} = 0$$

$$M_2^{(2)} = -4\zeta\left[(ax_3 + b)(a + m) - bx_3\right], \quad N_2^{(2)} = -bM_1^{(2)}$$

$$A_1^{(3)} = 4\zeta x_3, \quad B_1^{(3)} = C_1^{(3)} = 0, \quad M_1^{(3)} = -4\zeta x_3, \quad N_1^{(3)} = 4\zeta b$$

$$A_2^{(3)} = 4\zeta x_3^2, \quad B_2^{(3)} = C_2^{(3)} = 0, \quad M_2^{(3)} = 4\zeta(ax_3 + b), \quad N_2^{(3)} = 4\zeta bx_3$$

$$A_3^{(3)} = 4\zeta x_3^3, \quad B_3^{(3)} = \frac{2}{c}, \quad C_3^{(3)} = 0$$

$$M_3^{(3)} = -4\zeta\left[a(ax_3 + b) - bx_3\right], \quad N_3^{(3)} = -4\zeta b(ax_3 + b)$$

将式 (4.4.13) 代入式 (4.4.12)，有

$$J_0 = A_0^{(1)}R_3 + R\left(M_0^{(1)}, N_0^{(1)}\right) + A_1^{(2)}S_3 + S\left(M_1^{(2)}, N_1^{(2)}\right) \tag{4.4.14a}$$

$$J_1 = A_1^{(1)}R_3 + R\left(M_1^{(1)}, N_1^{(1)}\right) + B_1^{(1)}R_0 + A_2^{(2)}S_3 + S\left(M_2^{(2)}, N_2^{(2)}\right) + B_2^{(2)}S_0 \tag{4.4.14b}$$

$$K_0 = A_0^{(1)}T_3 + T\left(M_0^{(1)}, N_0^{(1)}\right) + A_1^{(3)}R_3 + R\left(M_1^{(3)}, N_1^{(3)}\right) \tag{4.4.14c}$$

$$K_1 = A_1^{(1)}T_3 + T\left(M_1^{(1)}, N_1^{(1)}\right) + B_1^{(1)}T_0^{(1)} + A_2^{(3)}R_3 + R\left(M_2^{(3)}, N_2^{(3)}\right) \tag{4.4.14d}$$

$$K_2 = A_2^{(1)}T_3 + T\left(M_2^{(1)}, N_2^{(1)}\right) + B_2^{(1)}T_0^{(1)} + C_2^{(1)}T_0^{(2)} + A_3^{(3)}R_3 + R\left(M_3^{(3)}, N_3^{(3)}\right) + B_3^{(3)}R_0 \tag{4.4.14e}$$

[①] 式 (4.4.13) 中将分母为 $x - x_3$ 的项单独写，而把分母为 $x - x_1$ 和 $x - x_2$ 的项合并写为分母为二次三项式的形式，是基于两点考虑：一是根据上册附录 B 的内容可知，$f(x)$ 只有一个根 $x_3 = \kappa^2$ 是 Rayleigh 函数 $R(x)$ 的根，而另外两个根 x_1 和 x_2 是 $\overline{R}(x)$ 的根。因此只有 $x = x_3$ 才是被积函数的奇点，而 x_1 和 x_2 不是。特别是当 Poisson 比 $0.2631 < \nu < 0.5$ 时，x_1 和 x_2 是互为共轭的复数，拆开写不可避免地会引入复数系数，既不方便计算也无必要；二是只有分母为 $x - x_3$ 的项才需要谨慎地处理主值积分的问题，与 x_1 和 x_2 有关的项不存在这个问题，因此后者可以方便地运用数值积分直接计算。

其中,

$$R_0 = \int_1^{\bar{t}^2} \frac{\sqrt{x-m}}{\sqrt{\bar{t}^2-x}}\,\mathrm{d}x, \quad T_0^{(i)} = \int_1^{\bar{t}^2} \frac{x^{i-1}}{\sqrt{x-1}\sqrt{\bar{t}^2-x}}\,\mathrm{d}x \quad (i=1,2)$$

$$S_0 = \int_1^{\bar{t}^2} \frac{\sqrt{x-1}}{\sqrt{\bar{t}^2-x}}\,\mathrm{d}x, \quad R(M,N) = \int_1^{\bar{t}^2} \frac{\sqrt{x-m}}{\sqrt{\bar{t}^2-x}}\frac{Mx+N}{x^2+ax+b}\,\mathrm{d}x$$

$$T(M,N) = \int_1^{\bar{t}^2} \frac{1}{\sqrt{x-1}\sqrt{\bar{t}^2-x}}\frac{Mx+N}{x^2+ax+b}\,\mathrm{d}x$$

$$S(M,N) = \int_1^{\bar{t}^2} \frac{\sqrt{x-1}}{\sqrt{\bar{t}^2-x}}\frac{Mx+N}{x^2+ax+b}\,\mathrm{d}x, \quad R_3 = \fint_1^{\bar{t}^2} \frac{\sqrt{x-m}}{\sqrt{\bar{t}^2-x}(x-x_3)}\,\mathrm{d}x$$

$$T_3 = \fint_1^{\bar{t}^2} \frac{1}{\sqrt{x-1}\sqrt{\bar{t}^2-x}(x-x_3)}\,\mathrm{d}x, \quad S_3 = \fint_1^{\bar{t}^2} \frac{\sqrt{x-1}}{\sqrt{\bar{t}^2-x}(x-x_3)}\,\mathrm{d}x$$

对于 S_0、$S(M,N)$、S_3、$T_0^{(i)}$ $(i=1,2)$、$T(M,N)$ 和 T_3, 被积函数含有根式 $\sqrt{\bar{t}^2-x}$ 和 $\sqrt{x-1}$, 而积分上下限分别为 1 和 $\bar{t}^2$, 因此可以做替换 $x(\theta) = 1 + (\bar{t}^2-1)\sin^2\theta$, 从而

$$S_0 = \frac{(\bar{t}^2-1)\pi}{2}, \quad S(M,N) = 2(\bar{t}^2-1)\int_0^{\frac{\pi}{2}} \frac{[Mx(\theta)+N]\sin^2\theta}{x^2(\theta)+ax(\theta)+b}\,\mathrm{d}\theta \tag{4.4.15a}$$

$$S_3 = 2(\bar{t}^2-1)\fint_0^{\frac{\pi}{2}} \frac{\sin^2\theta}{(1-x_3)+(\bar{t}^2-1)\sin^2\theta}\,\mathrm{d}\theta = \pi, \quad T_0^{(1)} = \pi \tag{4.4.15b}$$

$$T_0^{(2)} = \frac{(\bar{t}^2+1)\pi}{2}, \quad T(M,N) = 2\int_0^{\frac{\pi}{2}} \frac{[Mx(\theta)+N]}{x^2(\theta)+ax(\theta)+b}\,\mathrm{d}\theta \tag{4.4.15c}$$

$$T_3 = 2\fint_0^{\frac{\pi}{2}} \frac{1}{(1-x_3)+(\bar{t}^2-1)\sin^2\theta}\,\mathrm{d}\theta = 0 \tag{4.4.15d}$$

其中, $M(C,D)$ 为 Mooney 积分 (Mooney, 1974), 其计算过程详见附录 E。经过变量替换之后的积分 $S(M,N)$ 和 $T(M,N)$ 为正常积分, 可通过数值积分计算其结果。

对于 R_0、$R(M,N)$ 和 R_3, 做第三种欧拉替换[①]

$$\sqrt{x-m}\sqrt{\bar{t}^2-x} = v(x-m)$$

从而

$$x = \frac{\bar{t}^2+mv^2}{1+v^2}, \quad \sqrt{x-m}\sqrt{\bar{t}^2-x} = \frac{v(\bar{t}^2-m)}{1+v^2}, \quad \mathrm{d}x = -\frac{2v(\bar{t}^2-m)}{(1+v^2)^2}\,\mathrm{d}v$$

---

① 对于被积函数为 $f\left(x, \sqrt{ax^2+bx+c}\right)$ 的积分, 如果二次三项式 ax^2+bx+c 有相异的实根 λ 和 μ, 即 $ax^2+bx+c = a(x-\lambda)(x-\mu)$。可以做第三种欧拉替换：

$$\sqrt{ax^2+bx+c} = t(x-\lambda)$$

这时有

$$x = \frac{-a\mu+\lambda t^2}{t^2-a}, \quad \sqrt{ax^2+bx+c} = \frac{a(\lambda-\mu)t}{t^2-a}, \quad \mathrm{d}x = \frac{2a(\mu-\lambda)t}{(t^2-a^2)^2}\,\mathrm{d}t$$

从而实现被积函数的有理化 (参见《微积分学教程 (第二卷)》, 2006, 第 281 目, 第 41~42 页)。

不难计算得到以 v 为积分变量的 R_0 和 $R(M, N)$

$$R_0 = 2(\bar{t}^2 - m) \int_0^{v_0} \frac{1}{(1+v^2)^2} \, \mathrm{d}v = (\bar{t}^2 - m) \left[\frac{v}{1+v^2} + \arctan v \right] \Big|_0^{v_0}$$

$$= \sqrt{\bar{t}^2 - 1} \sqrt{1 - m} + (\bar{t}^2 - m) \arctan v_0 \tag{4.4.16a}$$

$$R(M, N) = 2 \int_0^{v_0} \frac{[x(v) - m][Mx(v) + N]}{(1+v^2)[x^2(v) + ax(v) + b]} \, \mathrm{d}v \tag{4.4.16b}$$

其中，$v_0 = \sqrt{(\bar{t}^2 - 1)/(1 - m)}$，$R(M, N)$ 为正常积分，可以用数值积分计算。另外，以 v 为积分变量的 R_3 为

$$R_3 = 2(\bar{t}^2 - m) \fint_0^{v_0} \frac{1}{(1+v^2)[(\bar{t}^2 - x_3) - (x_3 - m)v^2]} \, \mathrm{d}v$$

$$= 2 \fint_0^{v_0} \left[\frac{1}{1+v^2} - \frac{x_3 - m}{(x_3 - m)v^2 - (\bar{t}^2 - x_3)} \right] \mathrm{d}v = 2\arctan v_0 - 2L \tag{4.4.17}$$

其中，

$$L = \fint_0^{v_0} \frac{1}{v^2 - d^2} \, \mathrm{d}v \qquad \left(0 < d = \sqrt{\frac{\bar{t}^2 - x_3}{x_3 - m}} < v_0 \right)$$

$$= \frac{1}{2d} \left[\fint_0^{v_0} \frac{1}{v - d} \, \mathrm{d}v - \int_0^{v_0} \frac{1}{v + d} \, \mathrm{d}v \right]$$

$$= \frac{1}{2d} \left\{ \lim_{\delta \to 0} \left[\int_0^{d-\delta} \frac{1}{v - d} \, \mathrm{d}v + \int_{d+\delta}^{v_0} \frac{1}{v - d} \, \mathrm{d}v \right] - \int_0^{v_0} \frac{1}{v + d} \, \mathrm{d}v \right\}$$

$$= \frac{1}{2d} \left\{ \lim_{\delta \to 0} \left[\ln \left| \frac{\delta}{d} \right| + \ln \left| \frac{v_0 - d}{\delta} \right| \right] - \ln \left| \frac{v_0 + d}{d} \right| \right\} = \frac{1}{2d} \ln \frac{v_0 - d}{v_0 + d}$$

这样，我们就得到了 R_0、S_0 和 $T_0^{(i)}$ $(i = 1, 2)$ 的解析结果，并在主值意义下解析地得到了 R_3、S_3 和 T_3，将 $R(M, N)$、$S(M, N)$ 和 $T(M, N)$ 转化为可以进行数值计算的普通积分。最后，把式 (4.4.15)、(4.4.16)、(4.4.17) 和代入式 (4.4.14)，并将得到的 J_i 和 K_i 进一步代入式 (4.4.10)，这样就最终得到了本节开始提到的积分 $\mathbf{F}_{S_2}^{(I)}$（见式 (4.4.8)）。

4.5　第三类 Lamb 问题的 Green 函数及其一阶空间导数的积分解

在 4.4 节中，我们详细地研究了观测点位于地表的情况下 Green 函数的求解（第一、二类 Lamb 问题）。绝大多数记录天然地震的观测仪器是布设在地表的，这意味着地球介质内部的位移并不是可以直接测量的物理量，因此求解第三类 Lamb 问题并不具有现实意义。但是，对于某些地震学问题而言，恰恰需要观测点位于介质内部的位移解。比如，为了得到埋藏于地球介质内部的断层面上错动的时空历史，我们需要将观测点置于断层面上，这样上册的第 3 章中所介绍的震源表示定理中的位移表达式就变成了所谓的边界积分方程。由于观测点和源点都位于弹性半无限空间内部的断层面上，这属于第三类 Lamb 问题。与前

两类 Lamb 问题相比，第三类 Lamb 问题在数学求解上将更为复杂，而且可以预期，它对应的地震波动也更为丰富，因为在自由界面处将产生复杂的反射和转换效应。

在式 (4.2.10) 中，已经将 Green 函数表示为六项之和，这是依据相位因子的不同所做的划分，分别代表了直达的 P 波和 S 波、反射的 P 波和 S 波（PP 和 SS），以及转换的 P 波和 S 波（PS 和 SP）。本节中我们将对这几项分别处理。对于直达波，直接得到闭合形式的解析解，而且我们将证明，这个解析解与上册第 4 章中得到的无限空间问题的解是等价的。对于反射波和转换波，我们将得到以积分形式表示的精确解。反射波可以采用类似于第二类 Lamb 问题的方式处理，但是转换波相对较为复杂，需要予以仔细地分析。

4.5.1　直达 P 波项和直达 S 波项

从式 (4.2.10) 出发，(x_1, x_2, x_3, s) 域的直达 P 波和 S 波项可以分别通过对 (ξ_1, ξ_2, x_3, s) 域的对应项做双重 Laplace 反变换得到

$$\mathbf{G}^{\mathrm{P}}(x_1, x_2, x_3, s; x_3') = \frac{1}{(2\pi\mathrm{i})^2} \iint_{-\mathrm{i}\infty}^{+\mathrm{i}\infty} \frac{\mathrm{e}^{-\nu_\alpha |x_3 - x_3'|}}{2\rho s^2 \nu_\alpha} \mathbf{M}^{\mathrm{P}} \mathrm{e}^{\xi_1 x_1 + \xi_2 x_2} \, \mathrm{d}\xi_1 \, \mathrm{d}\xi_2 \tag{4.5.1a}$$

$$\mathbf{G}^{\mathrm{S}}(x_1, x_2, x_3, s; x_3') = \frac{1}{(2\pi\mathrm{i})^2} \iint_{-\mathrm{i}\infty}^{+\mathrm{i}\infty} \frac{\mathrm{e}^{-\nu_\beta |x_3 - x_3'|}}{2\rho s^2 \nu_\beta} \mathbf{M}^{\mathrm{S}} \mathrm{e}^{\xi_1 x_1 + \xi_2 x_2} \, \mathrm{d}\xi_1 \, \mathrm{d}\xi_2 \tag{4.5.1b}$$

其中，

$$\mathbf{M}^{\mathrm{P}} = \mathbf{M}^{\mathrm{P}}(\xi_1, \xi_2, x_3, s; x_3') = \begin{bmatrix} \xi_1^2 & \xi_1\xi_2 & \zeta(x_3, x_3')\xi_1\nu_\alpha \\ \xi_1\xi_2 & \xi_2^2 & \zeta(x_3, x_3')\xi_2\nu_\alpha \\ \zeta(x_3, x_3')\xi_1\nu_\alpha & \zeta(x_3, x_3')\xi_2\nu_\alpha & \nu_\alpha^2 \end{bmatrix}$$

$$\mathbf{M}^{\mathrm{S}} = \mathbf{M}^{\mathrm{S}}(\xi_1, \xi_2, x_3, s; x_3') = \begin{bmatrix} \xi_2^2 + \nu_\beta^2 & -\xi_1\xi_2 & -\zeta(x_3, x_3')\xi_1\nu_\beta \\ -\xi_1\xi_2 & \xi_1^2 + \nu_\beta^2 & -\zeta(x_3, x_3')\xi_2\nu_\beta \\ -\zeta(x_3, x_3')\xi_1\nu_\beta & -\zeta(x_3, x_3')\xi_2\nu_\beta & \xi_1^2 + \xi_2^2 \end{bmatrix}$$

式中，$\zeta(x_3, x_3') = \mathrm{sgn}(x_3' - x_3)$。

引入式 (4.3.3) 的 de Hoop 变换，采用与 4.3.1 节完全相同的方式处理，以下简单叙述并罗列主要的结果。

在将式 (4.5.1) 中的积分变量 (ξ_1, ξ_2) 替换为 $(\bar{p}, \bar{q})$ 之后，得到

$$\mathbf{G}^{\mathrm{P}}(x_1, x_2, x_3, s; x_3') = \frac{s}{2\pi^2\mu\beta} \mathrm{Im} \int_0^{+\infty} \mathrm{d}\bar{p} \int_0^{+\mathrm{i}\infty} \frac{\mathbf{M}^{\mathrm{P}}(\bar{p}, \bar{q})}{\eta_\alpha} \mathrm{e}^{-st_\alpha} \, \mathrm{d}\bar{q} \tag{4.5.2a}$$

$$\mathbf{G}^{\mathrm{S}}(x_1, x_2, x_3, s; x_3') = \frac{s}{2\pi^2\mu\beta} \mathrm{Im} \int_0^{+\infty} \mathrm{d}\bar{p} \int_0^{+\mathrm{i}\infty} \frac{\mathbf{M}^{\mathrm{S}}(\bar{p}, \bar{q})}{\eta_\beta} \mathrm{e}^{-st_\beta} \, \mathrm{d}\bar{q} \tag{4.5.2b}$$

其中，

$$\mathbf{M}^{\mathrm{P}}(\bar{p}, \bar{q}) = \begin{bmatrix} \bar{q}^2 c_\phi^2 - \bar{p}^2 s_\phi^2 & (\bar{p}^2 + \bar{q}^2)s_\phi c_\phi & \zeta(x_3, x_3')\bar{q}\eta_\alpha c_\phi \\ (\bar{p}^2 + \bar{q}^2)s_\phi c_\phi & \bar{q}^2 s_\phi^2 - \bar{p}^2 c_\phi^2 & \zeta(x_3, x_3')\bar{q}\eta_\alpha s_\phi \\ \zeta(x_3, x_3')\bar{q}\eta_\alpha c_\phi & \zeta(x_3, x_3')\bar{q}\eta_\alpha s_\phi & \eta_\alpha^2 \end{bmatrix} \tag{4.5.3a}$$

$$\mathbf{M}^{\mathrm{S}}(\bar{p},\bar{q}) = \begin{bmatrix} \bar{q}^2 s_\phi^2 - \bar{p}^2 c_\phi^2 + \eta_\beta^2 & -(\bar{p}^2 + \bar{q}^2)s_\phi c_\phi & -\zeta(x_3, x_3')\bar{q}\eta_\beta c_\phi \\ -(\bar{p}^2 + \bar{q}^2)s_\phi c_\phi & \bar{q}^2 c_\phi^2 - \bar{p}^2 s_\phi^2 + \eta_\beta^2 & -\zeta(x_3, x_3')\bar{q}\eta_\beta s_\phi \\ -\zeta(x_3, x_3')\bar{q}\eta_\beta c_\phi & -\zeta(x_3, x_3')\bar{q}\eta_\beta s_\phi & \bar{q}^2 - \bar{p}^2 \end{bmatrix} \tag{4.5.3b}$$

$$t_\alpha = t_{\mathrm{S}}\left(\eta_\alpha \cos\theta - \bar{q}\sin\theta\right), \quad t_\beta = t_{\mathrm{S}}\left(\eta_\beta \cos\theta - \bar{q}\sin\theta\right) \tag{4.5.3c}$$

为了分析方便，分 $x_3' > x_3$ 和 $x_3' < x_3$ 两种情况分别讨论。

首先，对于 $x_3' > x_3$ 的情况，与 4.3.2 节的处理方式完全相同[①]，得到与式 (4.3.15) 相对应的结果：

$$\mathbf{G}^{\mathrm{P}}(x_1, x_2, x_3, t; x_3') = \frac{1}{2\pi^2 \mu r}\frac{\partial}{\partial t}\int_0^a \mathrm{Re}\left[\mathbf{M}^{\mathrm{P}}(\bar{p},\bar{q})\right]\frac{H(t - t_{\mathrm{P}})}{\sqrt{a^2 - \bar{p}^2}}\,\mathrm{d}\bar{p} \tag{4.5.4a}$$

$$\mathbf{G}^{\mathrm{S}}(x_1, x_2, x_3, t; x_3') = \frac{1}{2\pi^2 \mu r}\frac{\partial}{\partial t}\int_0^b \mathrm{Re}\left[\mathbf{M}^{\mathrm{S}}(\bar{p},\bar{q})\right]\frac{H(t - t_{\mathrm{S}})}{\sqrt{b^2 - \bar{p}^2}}\,\mathrm{d}\bar{p} \tag{4.5.4b}$$

对于直达 P 波项，

$$\bar{q} = -\bar{t}\sin\theta + \mathrm{i}\cos\theta\sqrt{a^2 - \bar{p}^2}, \quad \eta_\alpha = \bar{t}\cos\theta + \mathrm{i}\sin\theta\sqrt{a^2 - \bar{p}^2}$$

因此有

$$\mathrm{Re}\left[\mathbf{M}^{\mathrm{P}}(\bar{p},\bar{q})\right] = \begin{bmatrix} \bar{t}^2\left(s_\theta^2 c_\phi^2 - s_\phi^2\right) + k^2 s_\phi^2 & \left[\bar{t}^2\left(1 + s_\theta^2\right) - k^2\right]s_\phi c_\phi & -\bar{t}^2 s_\theta c_\theta c_\phi \\ \left[\bar{t}^2\left(1 + s_\theta^2\right) - k^2\right]s_\phi c_\phi & \bar{t}^2\left(s_\theta^2 s_\phi^2 - c_\phi^2\right) + k^2 c_\phi^2 & -\bar{t}^2 s_\theta c_\theta s_\phi \\ -\bar{t}^2 s_\theta c_\theta c_\phi & -\bar{t}^2 s_\theta c_\theta s_\phi & \bar{t}^2 c_\theta^2 \end{bmatrix}$$

$$+ \left(a^2 - \bar{p}^2\right)\begin{bmatrix} s_\phi^2 - c_\theta^2 c_\phi^2 & -\left(1 + c_\theta^2\right)s_\phi c_\phi & -s_\theta c_\theta c_\phi \\ -\left(1 + c_\theta^2\right)s_\phi c_\phi & c_\phi^2 - c_\theta^2 s_\phi^2 & -s_\theta c_\theta s_\phi \\ -s_\theta c_\theta c_\phi & -s_\theta c_\theta s_\phi & -s_\theta^2 \end{bmatrix}$$

其中，$s_\theta = \sin\theta$，$c_\theta = \cos\theta$。代入式 (4.5.4a)，并注意到

$$\int_0^a \frac{1}{\sqrt{a^2 - \bar{p}^2}}\,\mathrm{d}\bar{p} = \frac{\pi}{2}, \quad \int_0^a \sqrt{a^2 - \bar{p}^2}\,\mathrm{d}\bar{p} = \frac{\pi}{4}a^2$$

从而有

$$\boxed{\mathbf{G}^{\mathrm{P}}(x_1, x_2, x_3, t; x_3') = \frac{1}{8\pi\mu r}\frac{\partial}{\partial t}\left[H(t - t_{\mathrm{P}})\,\mathbf{P}(x_1, x_2, x_3, t; x_3')\right]} \tag{4.5.5}$$

其中，

$$\boxed{\mathbf{P} = \begin{bmatrix} a_{31}s_\theta^2 c_\phi^2 - a_{11} & a_{31}s_\theta^2 s_\phi c_\phi & -a_{31}s_\theta c_\theta c_\phi \\ a_{31}s_\theta^2 s_\phi c_\phi & a_{31}s_\theta^2 s_\phi^2 - a_{11} & -a_{31}s_\theta c_\theta s_\phi \\ -a_{31}s_\theta c_\theta c_\phi & -a_{31}s_\theta c_\theta s_\phi & a_{31}c_\theta^2 - a_{11} \end{bmatrix}} \tag{4.5.6}$$

---

① 需要注意有一点区别。4.3.2 节中我们考虑的虽然说是"P 波项"，但实际上并非直达 P 波，而是在 $x_3' = 0$ 的情况下，直达 P 波、反射 P 波 (PP)，以及转换 P 波 (PS) 的综合；因此含有与 S 波有关的项 η_β。事实上，被积函数的分母 Rayleigh 函数 $\mathscr{R}(\bar{p},\bar{q})$ 中就同时含有 η_α 和 η_β，这本身也说明了 Rayleigh 波其实与 P 波和 S 波的相互作用有关。在当前考虑的直达波问题中，P 波与 S 波是完全分离的，因此直达 P 波项中只含有 η_α，而直达 S 波项中只含有 η_β。这意味着直达 P 波项只有两个枝点 $(\pm k, 0)$，而直达 S 波项也有两个枝点 $(\pm 1, 0)$。对于直达 P 波项，处理的方式与 4.3.2 节中的完全相同；但是对于直达 S 波项，不存在枝点 $(\pm k, 0)$，因此也就不存在"割线上的贡献部分"，做法与直达 P 波项完全相同。从结果上看，只需要将直达 P 波项中的 α 替换成 β 即可得到直达 S 波项的结果。

式中，$a_{mn} = m\bar{t}^2 - nk^2$，显然，$a_{11} = a^2$。

类似地，对于直达 S 波项，可以得到[①]

$$\mathbf{G}^{\mathrm{S}}(x_1, x_2, x_3, t; x_3') = \frac{1}{8\pi\mu r}\frac{\partial}{\partial t}\Big[H(t - t_{\mathrm{S}})\,\mathbf{S}(x_1, x_2, x_3, t; x_3')\Big] \tag{4.5.7}$$

其中，

$$\mathbf{S} = \begin{bmatrix} -b_{31}s_\theta^2 c_\phi^2 + \bar{b}_{11} & -b_{31}s_\theta^2 s_\phi c_\phi & b_{31}s_\theta c_\theta c_\phi \\ -b_{31}s_\theta^2 s_\phi c_\phi & -b_{31}s_\theta^2 s_\phi^2 + \bar{b}_{11} & b_{31}s_\theta c_\theta s_\phi \\ b_3(1)s_\theta c_\theta c_\phi & b_{31}s_\theta c_\theta s_\phi & b_{31}s_\theta^2 - 2b_{11} \end{bmatrix} \tag{4.5.8}$$

式中，$b_{mn} = m\bar{t}^2 - n$，$\bar{b}_{mn} = m\bar{t}^2 + 1$，显然，$b_{11} = b^2$。

另一方面，对于 $x_3' < x_3$ 的情况，这时观测点位于源点的下方，因此 $\theta > 90°$（参见图 4.1.1）。注意直达 P 波项和直达 S 波项的相位因子是含有绝对值的（见式 (4.5.1)），因此若令 $\theta' = \pi - \theta$，则作 $\theta \to \theta'$ 的替换后，上面针对 $x_3' > x_3$ 情况的讨论结果仍然成立。由于式 (4.5.3) 中对于直达 P 波项和直达 S 波项都是 13、23、31 和 32 分量含有符号函数，而式 (4.5.6) 和 (4.5.8) 中恰好只有这几个分量中含有 $\cos\theta'$，其余项均含有 $\sin^2\theta'$ 或 $\cos^2\theta'$，重新用 θ 表示，则形式上与 $x_3' > x_3$ 情况的完全相同。这意味着，式 (4.5.5) ~ (4.5.8) 的结果对于 $x_3' < x_3$ 的情况仍然成立。

以上得到了直达 P 波项和直达 S 波项各自的结果式 (4.5.5) 和 (4.5.7)，它们是闭合的表达式。从数学上看，原因在于式 (4.5.4) 中的被积函数不含有 Rayleigh 函数，从而使得可以容易地获得积分的闭合结果；从物理上看，是由于直达 P 波项和直达 S 波项反应的是在不存在边界的情况下，由源发出去的 P 波和 S 波，它们各自传播，并不产生相互的作用，因此较为简单。不难预期，直达 P 波项和直达 S 波项的整体贡献就是无限空间的 Green 函数，见上册第 4 章的式 (4.4.11)。

为了证明这一点，我们需要验证式 (4.5.5) 和 (4.5.7) 之和为（上册式 (4.4.11)）

$$G_{ij}^{\mathrm{full}}(\boldsymbol{x}, t; \boldsymbol{x}', 0) = \frac{3\gamma_i\gamma_j - \delta_{ij}}{4\pi\rho r^3}tS(t) + \frac{\gamma_i\gamma_j}{4\pi\rho\alpha^2 r}\delta(t - t_{\mathrm{P}}) - \frac{\gamma_i\gamma_j - \delta_{ij}}{4\pi\rho\beta^2 r}\delta(t - t_{\mathrm{S}})$$

其中，$\gamma_i = \dfrac{x_i - x_i'}{r}$，$r = |\boldsymbol{x} - \boldsymbol{x}'|$，$S(t) = H(t - t_{\mathrm{P}}) - H(t - t_{\mathrm{S}})$，从而有

$$\gamma_1 = \frac{x_1 - x_1'}{R}\frac{R}{r} = \sin\theta\cos\phi, \quad \gamma_2 = \frac{x_2 - x_2'}{R}\frac{R}{r} = \sin\theta\sin\phi, \quad \gamma_3 = \frac{x_3 - x_3'}{r} = -\cos\theta$$

以 G_{11} 分量为例，

$$G_{11}^{\mathrm{full}} = \frac{3\gamma_1^2 - 1}{4\pi\rho r^3}tS(t) + \frac{\gamma_1^2}{4\pi\rho\alpha^2 r}\delta(t - t_{\mathrm{P}}) - \frac{\gamma_1^2 - 1}{4\pi\rho\beta^2 r}\delta(t - t_{\mathrm{S}})$$

而

$$G_{11}^{\mathrm{P}} + G_{11}^{\mathrm{S}} = \frac{1}{8\pi\rho r}\frac{\partial}{\partial t}\left\{H(t - t_{\mathrm{P}})\left[\left(3\frac{t^2}{r^2} - \frac{1}{\alpha^2}\right)\gamma_1^2 - \left(\frac{t^2}{r^2} - \frac{1}{\alpha^2}\right)\right]\right.$$

---
① 感兴趣的读者可以作为练习。

$$+ H\left(t - t_{\mathrm{S}}\right) \left[-\left(3\frac{t^2}{r^2} - \frac{1}{\beta^2} \right) \gamma_1^2 + \left(\frac{t^2}{r^2} + \frac{1}{\beta^2} \right) \right] \Bigg\}$$

$$= \frac{\gamma_1^2}{4\pi\rho\alpha^2 r}\delta\left(t - t_{\mathrm{P}}\right) - \frac{\gamma_1^2 - 1}{4\pi\rho\beta^2 r}\delta\left(t - t_{\mathrm{S}}\right) + \frac{3\gamma_1^2 - 1}{4\pi\rho r^3}tS(t) = G_{11}^{\mathrm{full}}$$

类似地，可逐一验证其他分量也对应相等，得到 $G_{ij}^{\mathrm{P}} + G_{ij}^{\mathrm{S}} = G_{ij}^{\mathrm{full}}$。这意味着，在当前我们求解 Lamb 问题的体系下得到的直达波分量，与无限空间 Green 函数等价。事实上，这里提供了有关无限空间 Green 函数的另外一种求解途径。

4.5.2 反射 P 波项 (PP) 和反射 S 波项 (SS)

与 4.5.1 节的分析类似，首先也是从式 (4.2.10) 出发，将 $(x_1, x_2, x_3, s; x_3')$ 域的反射 P 波和 S 波项表示为 $(\xi_1, \xi_2, x_3, s; x_3')$ 域的对应项的双重 Laplace 反变换：

$$\mathbf{G}^{\mathrm{PP}}(x_1, x_2, x_3, s; x_3') = \frac{1}{(2\pi\mathrm{i})^2} \iint_{-\mathrm{i}\infty}^{+\mathrm{i}\infty} \frac{R^\dagger \mathrm{e}^{-\nu_\alpha(x_3 + x_3')}}{2\rho s^2 \nu_\alpha R} \mathbf{M}^{\mathrm{PP}} \mathrm{e}^{\xi_1 x_1 + \xi_2 x_2}\, \mathrm{d}\xi_1\, \mathrm{d}\xi_2 \quad (4.5.9\mathrm{a})$$

$$\mathbf{G}^{\mathrm{SS}}(x_1, x_2, x_3, s; x_3') = \frac{1}{(2\pi\mathrm{i})^2} \iint_{-\mathrm{i}\infty}^{+\mathrm{i}\infty} \frac{\mathrm{e}^{-\nu_\beta(x_3 + x_3')}}{2\rho s^2 \nu_\beta} \mathbf{M}^{\mathrm{SS}} \mathrm{e}^{\xi_1 x_1 + \xi_2 x_2}\, \mathrm{d}\xi_1\, \mathrm{d}\xi_2 \quad (4.5.9\mathrm{b})$$

其中，

$$\mathbf{M}^{\mathrm{PP}} = \mathbf{M}^{\mathrm{PP}}(\xi_1, \xi_2, x_3, s; x_3') = \begin{bmatrix} -\xi_1^2 & -\xi_1\xi_2 & -\xi_1\nu_\alpha \\ -\xi_1\xi_2 & -\xi_2^2 & -\xi_2\nu_\alpha \\ \xi_1\nu_\alpha & \xi_2\nu_\alpha & \nu_\alpha^2 \end{bmatrix}$$

$$\mathbf{M}^{\mathrm{SS}} = \mathbf{M}^{\mathrm{SS}}(\xi_1, \xi_2, x_3, s; x_3') = \begin{bmatrix} \kappa_\beta^2 R - \xi_1^2 S & -\xi_1\xi_2 S & -\xi_1\nu_\beta R^\dagger \\ -\xi_1\xi_2 S & \kappa_\beta^2 R - \xi_2^2 S & -\xi_2\nu_\beta R^\dagger \\ \xi_1\nu_\beta R^\dagger & \xi_2\nu_\beta R^\dagger & -\left(\xi_1^2 + \xi_2^2\right) R^\dagger \end{bmatrix}$$

式中，$S = R + 8\nu_\alpha\nu_\beta^3$。

引入式 (4.3.3) 的 de Hoop 变换，将式 (4.5.9) 中的积分变量 (ξ_1, ξ_2) 替换为 $(\bar{p}, \bar{q})$ 之后，得到

$$\mathbf{G}^{\mathrm{PP}}(x_1, x_2, x_3, s; x_3') = \frac{s}{2\pi^2\mu\beta}\mathrm{Im}\int_0^{+\infty} \mathrm{d}\bar{p}\int_0^{+\mathrm{i}\infty} \frac{\mathscr{R}^\dagger(\bar{p}, \bar{q})\mathbf{M}^{\mathrm{PP}}(\bar{p}, \bar{q})}{\eta_\alpha\mathscr{R}(\bar{p}, \bar{q})}\mathrm{e}^{-st_\alpha}\, \mathrm{d}\bar{q} \quad (4.5.10\mathrm{a})$$

$$\mathbf{G}^{\mathrm{SS}}(x_1, x_2, x_3, s; x_3') = \frac{s}{2\pi^2\mu\beta}\mathrm{Im}\int_0^{+\infty} \mathrm{d}\bar{p}\int_0^{+\mathrm{i}\infty} \frac{\mathbf{M}^{\mathrm{SS}}(\bar{p}, \bar{q})}{\eta_\beta\mathscr{R}(\bar{p}, \bar{q})}\mathrm{e}^{-st_\beta}\, \mathrm{d}\bar{q} \quad (4.5.10\mathrm{b})$$

其中，

$$\mathbf{M}^{\mathrm{PP}}(\bar{p}, \bar{q}) = \begin{bmatrix} -\epsilon & -\zeta & -\bar{q}\eta_\alpha c_\phi \\ -\zeta & -\bar{\epsilon} & -\bar{q}\eta_\alpha s_\phi \\ \bar{q}\eta_\alpha c_\phi & \bar{q}\eta_\alpha s_\phi & \eta_\alpha^2 \end{bmatrix}, \quad \chi = 8\eta_\alpha\eta_\beta^3 \quad (4.5.11\mathrm{a})$$

$$\mathbf{M}^{\mathrm{SS}}(\bar{p}, \bar{q}) = \begin{bmatrix} \left(\eta_\beta^2 + \bar{\epsilon}\right)\mathscr{R} - \epsilon\chi & -\left(\mathscr{R} + \chi\right)\zeta & -\bar{q}\eta_\beta\mathscr{R}^\dagger c_\phi \\ -\left(\mathscr{R} + \chi\right)\zeta & \left(\eta_\beta^2 + \epsilon\right)\mathscr{R} - \bar{\epsilon}\chi & -\bar{q}\eta_\beta\mathscr{R}^\dagger s_\phi \\ \bar{q}\eta_\beta\mathscr{R}^\dagger c_\phi & \bar{q}\eta_\beta\mathscr{R}^\dagger s_\phi & -\left(\bar{q}^2 - \bar{p}^2\right)\mathscr{R}^\dagger \end{bmatrix} \quad (4.5.11\mathrm{b})$$

$$\mathscr{R}(\bar{p}, \bar{q}) = \gamma^2 + 4\eta_\alpha\eta_\beta\left(\bar{q}^2 - \bar{p}^2\right), \quad \mathscr{R}^\dagger(\bar{p}, \bar{q}) = \gamma^2 - 4\eta_\alpha\eta_\beta\left(\bar{q}^2 - \bar{p}^2\right) \quad (4.5.11\mathrm{c})$$

比较式 (4.5.10) 与直达波对应的式 (4.5.2) 不难看出，一个显著的区别是反射波项的被积函数中含有 Rayleigh 函数 $\mathscr{R}(\bar{p}, \bar{q})$，以及与之相关联的函数 $\mathscr{R}^{\dagger}(\bar{p}, \bar{q})$，这说明根据相因子定义的"反射 P 波"和"反射 S 波"，并不单纯地分别只涉及 P 波和 S 波，而是本身就包含了两种波动成分的耦合，它们贡献了 Rayleigh 波的一部分[①]。

需要特别指出的是，式 (4.5.10) 中的 t_α 和 t_β 的定义为

$$t_\alpha = t_{\mathrm{SS}} \left(\eta_\alpha \cos\theta' - \bar{q} \sin\theta' \right), \quad t_\beta = t_{\mathrm{SS}} \left(\eta_\beta \cos\theta' - \bar{q} \sin\theta' \right)$$

其中，$t_{\mathrm{SS}} = r'/\beta$，$r'$ 和 θ' 的定义见图 4.5.1。由于式 (4.5.9) 中的相位因子 $\mathrm{e}^{-\nu_\alpha(x_3 + x_3')}$ 和 $\mathrm{e}^{-\nu_\beta(x_3 + x_3')}$ 中都含有 $x_3' + x_3$，而从图 4.5.1 不难看出 $x_3' + x_3 = r'\cos\theta'$，因此导致了 t_α 和 t_β 的上述表达式。

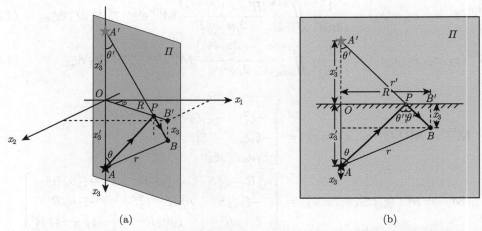

(a)　　　　　　　　　　　　　　　　　　　(b)

图 4.5.1　第三类 Lamb 问题反射 P 波项 (PP) 和反射 S 波项 (SS) 的分析示意图

(a) 三维视图；(b) Π 平面的二维视图。A 点处的源（以 ★ 表示）发出的 P 波或 S 波到达位于地表的 P 点处经反射到达 B 点（以 ● 表示）。入射角 θ' 和反射角 θ' 相等。A' 为镜像源，它与 B 点之间的距离为 r'，B' 为 B 在地面的投影点。其他符号与图 4.1.1 相同

比较式 (4.5.10) 与 (4.3.11)，除了被积函数中的矩阵元素及 t_α 和 t_β 的定义有所区别以外，从积分的结构上看是一致的。这意味着 4.3.2 节中对于 P 波项的分析，以及 4.3.3 节中对于 S 波项的分析分别完全适用于反射 P 波项和反射 S 波项，只需要做替换 $r \to r'$、$\theta \to \theta'$ 即可。相应地，时间变量 t 也要用 t_{SS} 来无量纲化。因此，为了区别第二类 Lamb 问题中的无量纲时间 $\bar{t}$，这里用 $\bar{t}' = t\beta/r'$ 来表示。根据式 (4.3.21)，直接得到

$$\mathbf{G}^{\mathrm{PP}} = \frac{1}{2\pi^2 \mu r'} \frac{\partial}{\partial t} \int_0^{a'} \mathrm{Re}\left[\frac{\mathscr{R}^{\dagger}(\bar{p}, \bar{q}) \mathbf{M}^{\mathrm{PP}}(\bar{p}, \bar{q})}{\mathscr{R}(\bar{p}, \bar{q})} \right]\bigg|_{\bar{q} = \bar{q}_{\mathrm{PP}}} \frac{H(t - t_{\mathrm{PP}})}{\sqrt{a'^2 - \bar{p}^2}} \, \mathrm{d}\bar{p} \tag{4.5.12a}$$

$$\mathbf{G}^{\mathrm{SS}_1} = \frac{1}{2\pi^2 \mu r'} \frac{\partial}{\partial t} \int_0^{b'} \mathrm{Re}\left[\frac{\mathbf{M}^{\mathrm{SS}}(\bar{p}, \bar{q})}{\mathscr{R}(\bar{p}, \bar{q})} \right]\bigg|_{\bar{q} = \bar{q}_{\mathrm{SS}}} \frac{H(t - t_{\mathrm{SS}})}{\sqrt{b'^2 - \bar{p}^2}} \, \mathrm{d}\bar{p}$$

---

① 另一部分来自于 4.5.3 节要研究的转换 P 波项 (PS) 和转换 S 波项 (SP)。

$$-\frac{H\left(\theta'-\theta_{\mathrm{c}}\right)}{2\pi^2\mu r'}\frac{\partial}{\partial t}\int_{b'}^{\bar{p}^{\star}(\bar{t}')}\mathrm{Im}\left[\frac{\mathbf{M}^{\mathrm{SS}}(\bar{p},\bar{q})}{\mathscr{R}(\bar{p},\bar{q})}\right]\Bigg|_{\bar{q}=\bar{q}_{\mathrm{sPs}}}\frac{H_1(t)}{\sqrt{\bar{p}^2-b'^2}}\,\mathrm{d}\bar{p} \tag{4.5.12b}$$

$$\mathbf{G}^{\mathrm{SS_2}}=-\frac{H\left(\theta'-\theta_{\mathrm{c}}\right)}{2\pi^2\mu r'}\frac{\partial}{\partial t}\int_{0}^{\bar{p}^{\star}(\bar{t}')}\mathrm{Im}\left[\frac{\mathbf{M}^{\mathrm{SS}}(\bar{p},\bar{q})}{\mathscr{R}(\bar{p},\bar{q})}\right]\Bigg|_{\bar{q}=\bar{q}_{\mathrm{sPs}}}\frac{H_2(t)}{\sqrt{\bar{p}^2-b'^2}}\,\mathrm{d}\bar{p} \tag{4.5.12c}$$

其中，$\mathbf{M}^{\mathrm{PP}}(\bar{p},\bar{q},s)$ 和 $\mathbf{M}^{\mathrm{SS}}(\bar{p},\bar{q})$ 的具体表达式见式 (4.5.11)，

$$\bar{q}_{\mathrm{PP}}=-\bar{t}'s'_\theta+\mathrm{i}c'_\theta\sqrt{a'^2-\bar{p}^2},\ \ \bar{q}_{\mathrm{ss}}=-\bar{t}'s'_\theta+\mathrm{i}c'_\theta\sqrt{b'^2-\bar{p}^2},\ \ a'=\sqrt{\bar{t}'^2-k^2},\ \ b'=\sqrt{\bar{t}'^2-1}$$

$$\bar{q}_{\mathrm{sPs}}=-\bar{t}'s'_\theta+c'_\theta\sqrt{\bar{p}^2-b'^2},\quad \bar{p}^{\star}(\bar{t}')=\sqrt{\left(\frac{\bar{t}'-k'c'_\theta}{s'_\theta}\right)^2-k^2},\quad s'_\theta=\sin\theta',\quad c'_\theta=\cos\theta'$$

$$t_{\mathrm{SS}}=\frac{r'}{\beta},\quad t_{\mathrm{PP}}=\frac{r'}{\alpha},\quad t_{\mathrm{sPs}}=t_{\mathrm{SS}}\cos(\theta'-\theta_{\mathrm{c}}),\quad \theta'=\arccos\left(\frac{x'_3+x_3}{r'}\right),\quad \theta_{\mathrm{c}}=\arcsin k$$

$$H_1(t)=H\left(t-t_{\mathrm{SS}}\right)-H\left(t-t_{\mathrm{SS}}\frac{\cos\theta_{\mathrm{c}}}{\cos\theta'}\right),\quad H_2(t)=H\left(t-t_{\mathrm{sPs}}\right)-H\left(t-t_{\mathrm{SS}}\right)$$

其余未说明的量与式 (4.3.21) 中的相同。

在式 (4.5.12b) 和 (4.5.12c) 中，我们将 $\mathbf{G}^{\mathrm{SS}}$ 拆分成两项：$\mathbf{G}^{\mathrm{SS_1}}$ 和 $\mathbf{G}^{\mathrm{SS_2}}$，分别对应 SS 波到时之后和之前的部分，前者来自位于第二象限的 Cagniard 路径的贡献（参见图 4.3.4 的路径 C），而后者则来自位于实轴上的割线上方的路径的贡献（参见图 4.3.4 的路径 C_2）。与 3.4.2 节中关于二维 SS 波项的讨论类似，这里在 SS 波到时之前出现的 $\mathbf{G}^{\mathrm{SS_2}}$ 就是 $\mathbf{G}^{\mathrm{sPs}}$，它的物理含义是当 $\theta'>\theta_{\mathrm{c}}=\arcsin k$ 时出现的特殊震相：从源点发出的 S 波以 θ_{c} 角入射到地表，转换为 P 波沿地表传播，然后以 θ_{c} 的出射角转换为 S 波到达观测点（参见图 3.4.2）。以下为了叙述方便，将 $\mathbf{G}^{\mathrm{SS_1}}$ 和 $\mathbf{G}^{\mathrm{SS_2}}$ 分别称为 "SS 波项" 和 "sPs 波项"。

4.5.3 转换 P 波项 (PS) 和转换 S 波项 (SP)

仍然是从式 (4.2.10) 出发,将 (x_1,x_2,x_3,s) 域的 PS 波项和 SP 波项表示为 (ξ_1,ξ_2,x_3,s) 域中对应项的双重 Laplace 反变换：

$$\mathbf{G}^{\mathrm{PS}}(x_1,x_2,x_3,s;x'_3)=\frac{1}{(2\pi\mathrm{i})^2}\iint_{-\mathrm{i}\infty}^{+\mathrm{i}\infty}\frac{2he^{-(\nu_\alpha x'_3+\nu_\beta x_3)}}{\rho s^2 R}\mathbf{M}^{\mathrm{PS}}e^{\xi_1 x_1+\xi_2 x_2}\,\mathrm{d}\xi_1\,\mathrm{d}\xi_2$$

$$\mathbf{G}^{\mathrm{SP}}(x_1,x_2,x_3,s;x'_3)=\frac{1}{(2\pi\mathrm{i})^2}\iint_{-\mathrm{i}\infty}^{+\mathrm{i}\infty}\frac{2he^{-(\nu_\beta x'_3+\nu_\alpha x_3)}}{\rho s^2 R}\mathbf{M}^{\mathrm{SP}}e^{\xi_1 x_1+\xi_2 x_2}\,\mathrm{d}\xi_1\,\mathrm{d}\xi_2$$

其中，

$$\mathbf{M}^{\mathrm{PS}}=\mathbf{M}^{\mathrm{PS}}(\xi_1,\xi_2,x_3,s;x'_3)=\begin{bmatrix}\xi_1^2\nu_\beta & \xi_1\xi_2\nu_\beta & \xi_1\nu_\alpha\nu_\beta\\ \xi_1\xi_2\nu_\beta & \xi_2^2\nu_\beta & \xi_2\nu_\alpha\nu_\beta\\ \xi_1\left(\xi_1^2+\xi_2^2\right) & \xi_2\left(\xi_1^2+\xi_2^2\right) & \nu_\alpha\left(\xi_1^2+\xi_2^2\right)\end{bmatrix}$$

$$\mathbf{M}^{\mathrm{SP}}=\mathbf{M}^{\mathrm{SP}}(\xi_1,\xi_2,x_3,s;x'_3)=\begin{bmatrix}\xi_1^2\nu_\beta & \xi_1\xi_2\nu_\beta & -\xi_1\left(\xi_1^2+\xi_2^2\right)\\ \xi_1\xi_2\nu_\beta & \xi_2^2\nu_\beta & -\xi_2\left(\xi_1^2+\xi_2^2\right)\\ -\xi_1\nu_\alpha\nu_\beta & -\xi_2\nu_\alpha\nu_\beta & \nu_\alpha\left(\xi_1^2+\xi_2^2\right)\end{bmatrix}$$

观察 PS 波项和 SP 波项的表达式，可以发现被积函数中的矩阵除了部分分量的次序和正负号有所差异之外完全相同；被积函数的唯一差别在于相位因子，只要将 x_3 和 x'_3 互换就可以由 PS 波项的结果直接得到 SP 波项的结果。因此，以下以 PS 波项为例叙述，SP 波项的结果通过互换直接得到。

运用 de Hoop 变换式 (4.3.3)，并根据图 4.1.1 中显示几何关系，容易得到

$$e^{-\left(\nu_\alpha x'_3 + \nu_\beta x_3\right)} e^{\xi_1 x_1 + \xi_2 x_2} = e^{-st} = e^{-s(t_\alpha + t_\beta)}$$

其中，

$$t_\alpha = \frac{1}{\beta}\left(-\bar{q} r_\alpha \sin i_\alpha + \eta_\alpha r_\alpha \cos i_\alpha\right) = \frac{1}{\beta}\left(-\bar{q} R_\alpha + \eta_\alpha x'_3\right), \qquad \eta_\alpha = \sqrt{k^2 + \bar{p}^2 - \bar{q}^2}$$

$$t_\beta = \frac{1}{\beta}\left(-\bar{q} r_\beta \sin i_\beta + \eta_\beta r_\beta \cos i_\beta\right) = \frac{1}{\beta}\left(-\bar{q} R_\beta + \eta_\beta x_3\right), \qquad \eta_\beta = \sqrt{1 + \bar{p}^2 - \bar{q}^2}$$

各个符号的含义参见图 4.5.2。将上述两个等式分别表示为 $\bar{q}$ 满足的一元二次方程，得到

$$\bar{q}^2 r_\alpha^2 + 2\tau_\alpha R_\alpha \bar{q} - \left[x'^2_3\left(k^2 + \bar{p}^2\right) - \tau_\alpha^2\right] = 0 \tag{4.5.13a}$$

$$\bar{q}^2 r_\beta^2 + 2\tau_\beta R_\beta \bar{q} - \left[x^2_3\left(1 + \bar{p}^2\right) - \tau_\beta^2\right] = 0 \tag{4.5.13b}$$

其中，$\tau_\alpha = \beta t_\alpha$，$\tau_\beta = \beta t_\beta$。由于 $\bar{q}$ 同时满足两个方程，因此对应系数之比相等，

$$\frac{r_\alpha^2}{r_\beta^2} = \frac{\tau_\alpha R_\alpha}{\tau_\beta R_\beta} = \frac{x'^2_3\left(k^2 + \bar{p}^2\right) - \tau_\alpha^2}{x^2_3\left(1 + \bar{p}^2\right) - \tau_\beta^2}$$

$$\Longleftrightarrow \quad \frac{r_\alpha^2}{r_\beta^2} = \frac{\tau_\alpha r_\alpha \sin i_\alpha}{\tau_\beta r_\beta \sin i_\beta} = \frac{r_\alpha^2 \cos^2 i_\alpha\left(k^2 + \bar{p}^2\right) - \tau_\alpha^2}{r_\beta^2 \cos^2 i_\beta\left(1 + \bar{p}^2\right) - \tau_\beta^2}$$

根据第一个等号两边相等，得到

$$\frac{\tau_\alpha \sin i_\alpha}{r_\alpha} = \frac{\tau_\beta \sin i_\beta}{r_\beta} \triangleq m \quad \Longrightarrow \quad \tau_\alpha = \frac{m r_\alpha}{\sin i_\alpha}, \quad \tau_\beta = \frac{m r_\beta}{\sin i_\beta} \tag{4.5.14}$$

将 τ_α 和 τ_β 用 m 的表达式代入到上面的第二个等号两边，整理得到

$$m = \sqrt{\frac{\left(1 + \bar{p}^2\right)\cos^2 i_\beta - \left(k^2 + \bar{p}^2\right)\cos^2 i_\alpha}{\csc^2 i_\beta - \csc^2 i_\alpha}}$$

$$= \sqrt{\frac{1}{\left(1 + C_\beta\right)\left(1 + C_\alpha\right)}\left[\frac{C_\beta\left(1 + C_\alpha\right) - k^2 C_\alpha\left(1 + C_\beta\right)}{C_\beta - C_\alpha} + \bar{p}^2\right]} \tag{4.5.15}$$

其中，$C_\alpha = x'^2_3/R_\alpha^2$，$C_\beta = x^2_3/R_\beta^2$。同时得到

$$\tau = \beta t = \tau_\alpha + \tau_\beta = m\left(\frac{r_\alpha}{\sin i_\alpha} + \frac{r_\beta}{\sin i_\beta}\right) = m\left(R + \frac{x'^2_3}{R_\alpha} + \frac{x^2_3}{R_\beta}\right) \tag{4.5.16}$$

式中，$R = R_\alpha + R_\beta$。根据式 (4.5.15) 和 (4.5.16)，m 是 t 和 $\bar{p}$ 的函数，即 $m = m(t, \bar{p})$，从而 R_α 和 R_β 也是 t 和 $\bar{p}$ 的函数：$R_\alpha = R_\alpha(t, \bar{p})$，$R_\beta = R_\beta(t, \bar{p})$。后面将详细讨论它们的求法。

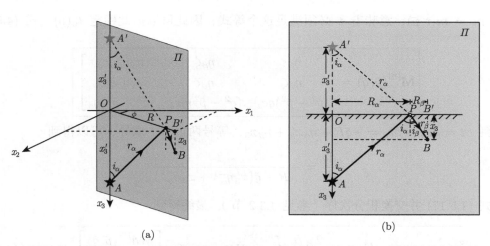

图 4.5.2 第三类 Lamb 问题转换 P 波项 (PS) 和转换 S 波项 (SP) 的分析示意图

(a) 三维视图；(b) $\varPi$ 平面的二维视图。深度为 x_3' 的 A 点处的源（以 "★" 表示）发出的 P 波到达位于地表的 P 点处转换为 S 波后到达深度为 x_3 的 B 点（以 "●" 表示）。入射角和反射角分别为 i_α 和 i_β。A' 为镜像源。线段 AP 和 BP 的长度分别为 r_α 和 r_β。它们在地面上的投影长度分别为 R_α 和 R_β。其他符号与图 4.1.1 相同

由于 $\bar{q}$ 同时满足式 (4.5.13) 中的两个方程，因此不妨取第一个[①]，解得

$$\bar{q} = -\frac{\tau_\alpha R_\alpha}{r_\alpha^2} \pm \frac{x_3'}{r_\alpha^2}\sqrt{r_\alpha^2(k^2+\bar{p}^2)-\tau_\alpha^2}$$

为了"凑成"标准的 Laplace 变换形式，要求 t（从而也是 τ）从 0 到 $+\infty$ 变化。对 τ 进行分段讨论：

(1) 当 $\tau \leqslant r_\alpha\sqrt{k^2+\bar{p}^2}$ 时，取

$$\bar{q} = -\frac{\tau_\alpha R_\alpha}{r_\alpha^2} \pm \frac{x_3'}{r_\alpha^2}\sqrt{r_\alpha^2(k^2+\bar{p}^2)-m^2\frac{r_\alpha^4}{R_\alpha^2}} = -m + \sqrt{C_\alpha\left(\frac{k^2+\bar{p}^2}{1+C_\alpha}-m^2\right)}$$

(2) 当 $\tau > r_\alpha\sqrt{k^2+\bar{p}^2}$ 时，取 $\bar{q} = -m + \mathrm{i}\sqrt{C_\alpha\left(m-\dfrac{k^2+\bar{p}^2}{1+C_\alpha}\right)}$。

完全类似于第 2 章的分析，不难得到

$$\mathbf{G}^{\mathrm{PS}}(x_1,x_2,x_3,s;x_3') = \frac{2s}{\pi^2\mu\beta}\mathrm{Im}\int_0^{+\infty}\mathrm{d}\bar{p}\int_{t_0(\bar{p})}^{+\infty}\frac{\gamma\mathbf{M}^{\mathrm{PS}}(\bar{p},\bar{q})}{\mathscr{R}(\bar{p},\bar{q})}\mathrm{e}^{-st}\frac{\mathrm{d}\bar{q}}{\mathrm{d}t}\mathrm{d}t \tag{4.5.17}$$

其中，$t_0(\bar{p})$ 满足等式 $m^2 = (k^2+\bar{p}^2)/(1+C_\alpha)$。这个 $t_0(\bar{p})$ 对应前面讨论 $\bar{q}$ 的分段取值时 τ 的临界点 $r_\alpha\sqrt{k^2+\bar{p}^2}$。注意到式 (4.5.14)，从而有

$$\tau_\alpha = m\frac{r_\alpha^2}{R_\alpha} = r_\alpha\sqrt{k^2+\bar{p}^2} \implies m^2 = \frac{R_\alpha^2}{r_\alpha^2}\left(k^2+\bar{p}^2\right) = \frac{k^2+\bar{p}^2}{1+C_\alpha} \tag{4.5.18}$$

---

① 取第二个也可以，完全等价。这是因为我们前面已经利用它们的系数成比例的条件定义了 m，在后续的求解过程中需要用到 m，实际上相当于同时利用了两个方程。

由于 $m = m(t, \bar{p})$，意味着 t 必须满足这个等式，因此可以据此确定 $t_0(\bar{p})$。式 (4.5.17) 中的

$$\mathbf{M}^{\mathrm{PS}}(\bar{p}, \bar{q}) = \begin{bmatrix} \eta_\beta \epsilon & \eta_\beta \zeta & \eta_\alpha \eta_\beta \bar{q} c_\phi \\ \eta_\beta \zeta & \eta_\beta \bar{\epsilon} & \eta_\alpha \eta_\beta \bar{q} s_\phi \\ (\bar{q}^2 - \bar{p}^2)\bar{q} c_\phi & (\bar{q}^2 - \bar{p}^2)\bar{q} s_\phi & (\bar{q}^2 - \bar{p}^2)\eta_\alpha \end{bmatrix}$$

注意到 $\beta t = \beta t_\alpha + \beta t_\beta = -\bar{q}R + \eta_\alpha x_3' + \eta_\beta x_3$，等号两边对 t 求导，可以得到

$$\frac{\mathrm{d}\bar{q}}{\mathrm{d}t} = -\frac{\beta}{R + \bar{q}\left(x_3'\eta_\alpha^{-1} + x_3\eta_\beta^{-1}\right)}$$

代入式 (4.5.17) 并交换积分次序（参见 4.3.2 节），最终得到

$$\mathbf{G}^{\mathrm{PS}}(x_1, x_2, x_3, t; x_3') = -\frac{2}{\pi^2 \mu} \frac{\partial}{\partial t} \int_0^{\bar{p}^\dagger(t)} H(t - t_{\mathrm{PS}}) \mathrm{Im}\left[\frac{\gamma \mathbf{M}^{\mathrm{PS}}(\bar{p}, \bar{q})}{\mathscr{R}(\bar{p}, \bar{q})Q^{\mathrm{PS}}}\right] \mathrm{d}\bar{p} \qquad (4.5.19)$$

其中，

$$\bar{q} = -m + \mathrm{i}\sqrt{C_\alpha\left(m - \frac{k^2 + \bar{p}^2}{1 + C_\alpha}\right)}, \qquad Q^{\mathrm{PS}} = R + \bar{q}\left(x_3'\eta_\alpha^{-1} + x_3\eta_\beta^{-1}\right)$$

$\bar{p}^\dagger(t)$ 满足等式 $m^2 = (k^2 + \bar{p}^2)/(1 + C_\alpha)$[①]，$t_{\mathrm{PS}}$ 为 PS 波的到时。

需要说明如何确定式 (4.5.19) 中涉及的 t_{PS}、$\bar{p}^\dagger(t)$ 和 $R_\alpha(t, \bar{p})$：

(1) t_{PS}。将式 (4.5.18) 和 (4.5.15) 联立，并令 $\bar{p} = 0$，得到

$$1 + C_\alpha = k^2(1 + C_\beta) \quad \Longrightarrow \quad \frac{\sin i_\beta}{\beta} = \frac{\sin i_\alpha}{\alpha} \qquad (4.5.20)$$

这正是 Snell 定律。如在第 2 章中提到的，Snell 定律只对于 $t = t_{\mathrm{PS}}$ 时成立，这是因为只有在这一瞬间才能满足频率趋于无穷大这个苛刻的条件。在 $t = t_{\mathrm{PS}}$ 的特殊情况下，R_α 与 $\bar{p}$ 无关，根据式 (4.5.20) 可以求出 R_α[②]。之后，联立式 (4.5.15) 和 (4.5.16)，并令 $\bar{p} = 0$，得到

$$t_{\mathrm{PS}} = \frac{R + C_\alpha R_\alpha + C_\beta R_\beta}{\alpha\beta} \sqrt{\frac{\alpha^2 C_\beta(1 + C_\alpha) - \beta^2 C_\alpha(1 + C_\beta)}{(1 + C_\alpha)(1 + C_\beta)(C_\beta - C_\alpha)}} = \frac{r_\alpha}{\alpha} + \frac{r_\beta}{\beta} \qquad (4.5.21)$$

---

① 前面已经分析过，这个等式是式 (4.5.17) 中 t 积分的积分下限 $t_0(\bar{p})$ 所满足的关系。由于经过了交换积分次序，在式 (4.5.19) 中表现为 $\bar{p}$ 积分的上限。如果能够像之前我们所分析的第二类 Lamb 问题的 P 波项和 S 波项或者第三类 Lamb 问题的 PP 波项和 SS 波项那样，存在用 t 表示 $\bar{p}$ 和用 $\bar{p}$ 表示 t 的显式关系，那么直接用显式关系表示即可；但是此处不存在这种显式关系式，只能用隐式关系式来表达。这个隐式的关系式对 $\bar{p}$ 也同样成立。

② 可以将式 (4.5.20) 整理成一个关于 R_α 的一元四次方程

$$A(R_\alpha)^4 + B(R_\alpha)^3 + C(R_\alpha)^2 + DR_\alpha + E = 0$$

其中，$A = 1 - k^2$，$B = -2R(1 - k^2)$，$C = -k^2(x_3^2 + R^2) + R^2 + x_3'^2$，$D = -2Rx_3'^2$，$E = R^2 x_3'^2$。给定 R、x_3 和 x_3' 的值，在已经计算出 $A \sim E$ 的数值情况下，可以通过 Matlab 的命令 `roots([A B C D E])` 求出 R_α。注意 $R_\alpha \in \mathbb{R}$ 以及 $0 < R^{\mathrm{PS}} < R$ 的条件，从得到的四个解中挑选符合条件的一个。举例：$k = 1/\sqrt{3}$（Poisson 体），$R = 10$，$x_3' = 3$，$x_3 = 2$，根据 `roots` 函数运算得到的解有四个：两个实根 11.345419、8.697267 和两个互为共轭的复根 $-0.021343 \pm 3.698776\mathrm{i}$。显然，根据 $0 < R_\alpha < R$ 可以判断，$R_\alpha = 8.697267$。

参考图 4.5.2，可以看出这正是以 P 波速度传播距离 r_α，随后以 S 波速度传播距离 r_β 的 PS 波的到时。

(2) $\bar{p}^\dagger(t)$。在 $t > t_{\text{PS}}$ 的情况下，联立式 (4.5.15) 和 (4.5.18) 得到

$$\bar{p} = \sqrt{\frac{(1 + C_\alpha) - k^2 (1 + C_\beta)}{C_\beta - C_\alpha}} \tag{4.5.22}$$

与式 (4.5.21) 中的 R_α 不同的是，在式 (4.5.22) 中，R_α 是 $\bar{p}$ 和 t 的函数。把式 (4.5.22) 代入式 (4.5.15)，再代入式 (4.5.16) 可以得到

$$\frac{(1 - k^2) \left[R + R_\alpha C_\alpha + (R - R_\alpha) C_\beta \right]^2}{C_\beta - C_\alpha} = \beta^2 t^2 = r^2 \bar{t}^2 \tag{4.5.23}$$

解之可得 $R_\alpha(t)^{①}$。将 $R_\alpha(t)$ 代入式 (4.5.22) 即得 $\bar{p}^\dagger(t)$。

(3) $R_\alpha(t, \bar{p})$。对于 $t > t_{\text{PS}}$ 和 $0 < p < p^\dagger(t)$，联立式 (4.5.15) 和 (4.5.16)，得到

$$\frac{(R + C_\alpha R_\alpha + C_\beta R_\beta)^2}{(1 + C_\alpha)(1 + C_\beta)} \left[\frac{C_\beta (1 + C_\alpha) - k^2 C_\alpha (1 + C_\beta)}{C_\beta - C_\alpha} + \bar{p}^2 \right] = \beta^2 t^2 = r^2 \bar{t}^2$$

注意到 $R_\beta(t, \bar{p}) = R - R_\alpha(t, \bar{p})$，解之可得 $R_\alpha(t, \bar{p})^{②}$。

如本节开始时提到的，考虑到 SP 波和 PS 波在数学表达上的区别，只需要将式 (4.5.19) 中的 $\mathbf{M}^{\text{PS}}(\bar{p}, \bar{q})$ 替换为 $\mathbf{M}^{\text{SP}}(\bar{p}, \bar{q})$，同时将 x_3 和 x_3' 互换即可

$$\mathbf{G}^{\text{SP}}(x_1, x_2, x_3, t; x_3') = -\frac{2}{\pi^2 \mu} \frac{\partial}{\partial t} \int_0^{\bar{p}^\dagger(t)} H(t - t_{\text{SP}}) \text{Im} \left[\frac{\gamma \mathbf{M}^{\text{SP}}(\bar{p}, \bar{q})}{\mathscr{R}(\bar{p}, \bar{q}) Q^{\text{SP}}} \right] \mathrm{d}\bar{p} \tag{4.5.24}$$

其中，

$$\mathbf{M}^{\text{SP}}(\bar{p}, \bar{q}) = \begin{bmatrix} \eta_\beta \epsilon & \eta_\beta \zeta & -(\bar{q}^2 - \bar{p}^2) \bar{q} c_\phi \\ \eta_\beta \zeta & \eta_\beta \bar{\epsilon} & -(\bar{q}^2 - \bar{p}^2) \bar{q} s_\phi \\ -\eta_\alpha \eta_\beta \bar{q} c_\phi & -\eta_\alpha \eta_\beta \bar{q} s_\phi & (\bar{q}^2 - \bar{p}^2) \eta_\alpha \end{bmatrix}$$

$$\bar{q} = -m + \mathrm{i} \sqrt{C_\beta \left(m - \frac{k^2 + \bar{p}^2}{1 + C_\beta} \right)}, \quad Q^{\text{SP}} = R + \bar{q}(x_3 \eta_\alpha^{-1} + x_3' \eta_\beta^{-1})$$

---

① 由于在式 (4.5.23) 中不含有 $\bar{p}$，因此式中的 R_α 只是 $\bar{t}$ 的函数。式 (4.5.23) 可以整理为 $R_\alpha(t)$ 的四次方程

$$A_1 R_\alpha^4(t) + B_1 R_\alpha^3(t) + C_1 R_\alpha^2(t) + D_1 R_\alpha(t) + E_1 = 0$$

其中

$$A_1 = cR^2, \quad B_1 = -2cR(R^2 + x_3^2 - x_3'^2) \quad (c = 1 - k^2)$$

$$C_1 = cR^2 \left(R^2 + 2x_3^2 - 4x_3'^2 \right) + c \left(x_3^2 - x_3'^2 \right)^2 - r^2 \bar{t}^2 \left(x_3^2 - x_3'^2 \right)$$

$$D_1 = 2Rx_3'^2 \left[c \left(R^2 + x_3^2 - x_3'^2 \right) - r^2 \bar{t}^2 \right], \quad E_1 = R^2 x_3'^2 \left(r^2 \bar{t}^2 + c x_3'^2 \right)$$

类似地，给定 R、x_3、x_3' 以及 t 的值可计算出 $A_1 \sim E_1$ 的数值，并通过 Matlab 的命令 `roots([A1 B1 C1 D1 E1])` 求出 $R_\alpha(t)$。

② 注意到上面的式子是关于 R_α 的复杂隐式表达，因此必须采用数值方法求根，一个简便易行的策略是折半找根法。

$\bar{p}^{\dagger}(t)$ 满足等式 $m^2 = (k^2 + \bar{p}^2)/(1 + C_\beta)$，$t_{\mathrm{SP}}$ 为 SP 波的到时。

第三类 Lamb 问题的完整的 Green 函数解，由式 (4.5.5)、(4.5.7)、(4.5.12)、(4.5.19) 及 (4.5.24) 之和组成。

4.5.4　第三类问题 Green 函数一阶导数的积分解

在 4.3.5 节中，我们采用在变换域中对空间坐标求导的方式，得到总体形式上与 Green 函数本身相似的空间导数结果。同样的策略可以应用于求解第三类 Lamb 问题 Green 函数的一阶导数上。由于处理过程与前面类似，所以中间过程从略，这里只罗列相关的结果：

$$
\begin{aligned}
\mathbf{G}_{,k'}(x_1, x_2, x_3, t; x_3') = &\, \mathbf{G}_{,k'}^{\mathrm{P}}(x_1, x_2, x_3, t; x_3') + \mathbf{G}_{,k'}^{\mathrm{S}}(x_1, x_2, x_3, t; x_3') + \mathbf{G}_{,k'}^{\mathrm{PP}}(x_1, x_2, x_3, t; x_3') \\
&+ \mathbf{G}_{,k'}^{\mathrm{SS}_1}(x_1, x_2, x_3, t; x_3') + \mathbf{G}_{,k'}^{\mathrm{SS}_2}(x_1, x_2, x_3, t; x_3') \\
&+ \mathbf{G}_{,k'}^{\mathrm{PS}}(x_1, x_2, x_3, t; x_3') + \mathbf{G}_{,k'}^{\mathrm{SP}}(x_1, x_2, x_3, t; x_3')
\end{aligned}
$$

其中，直达 P 波和 S 波成分为

$$
\mathbf{G}_{,k'}^{\mathrm{P}}(x_1, x_2, x_3, t; x_3') = \frac{1}{2\pi^2 \mu\beta r} \frac{\partial^2}{\partial t^2} \mathbf{M}_{,k'}^{\mathrm{P}}, \quad \mathbf{G}_{,k'}^{\mathrm{S}}(x_1, x_2, x_3, t; x_3') = \frac{1}{2\pi^2 \mu\beta r} \frac{\partial^2}{\partial t^2} \mathbf{M}_{,k'}^{\mathrm{S}}
$$

$$
\mathbf{M}_{,1'}^{\mathrm{P}} = \bar{t}
\begin{bmatrix}
(a_{53}s_\theta^2 c_\phi^2 - 3a_{11})s_\theta c_\phi & (a_{53}s_\theta^2 c_\phi^2 - a_{11})s_\theta s_\phi & -(a_{53}s_\theta^2 c_\phi^2 - a_{11})c_\theta \\
(a_{53}s_\theta^2 c_\phi^2 - a_{11})s_\theta s_\phi & (a_{53}s_\theta^2 s_\phi^2 - a_{11})s_\theta c_\phi & -a_{53}s_\theta^2 c_\theta s_\phi c_\phi \\
-(a_{53}s_\theta^2 c_\phi^2 - a_{11})c_\theta & -a_{53}s_\theta^2 c_\theta s_\phi c_\phi & (a_{53}1c_\theta^2 - a_{11})s_\theta c_\phi
\end{bmatrix}
$$

$$
\mathbf{M}_{,2'}^{\mathrm{P}} = \bar{t}
\begin{bmatrix}
(a_{53}s_\theta^2 c_\phi^2 - a_{11})s_\theta s_\phi & (a_{53}s_\theta^2 s_\phi^2 - a_{11})s_\theta c_\phi & -a_{53}s_\theta^2 c_\theta s_\phi c_\phi \\
(a_{53}s_\theta^2 s_\phi^2 - a_{11})s_\theta c_\phi & (a_{53}s_\theta^2 s_\phi^2 - 3a_{11})s_\theta s_\phi & -(a_{53}s_\theta^2 s_\phi^2 - a_{11})c_\theta \\
-a_{53}s_\theta^2 c_\theta s_\phi c_\phi & -(a_{53}s_\theta^2 s_\phi^2 - a_{11})c_\theta & (a_{53}c_\theta^2 - a_{11})s_\theta s_\phi
\end{bmatrix}
$$

$$
\mathbf{M}_{,3'}^{\mathrm{P}} = \bar{t}
\begin{bmatrix}
-(a_{53}s_\theta^2 c_\phi^2 - a_{11})c_\theta & -a_{53}s_\theta^2 c_\theta s_\phi c_\phi & (a_{53}c_\theta^2 - a_{11})s_\theta c_\phi \\
-a_{53}s_\theta^2 c_\theta s_\phi c_\phi & -(a_{53}s_\theta^2 s_\phi^2 - a_{11})c_\theta & (a_{53}c_\theta^2 - a_{11})s_\theta s_\phi \\
(a_{53}c_\theta^2 - a_{11})s_\theta c_\phi & (a_{53}c_\theta^2 - a_{11})s_\theta s_\phi & -(a_{53}c_\theta^2 - 3a_{11})c_\theta
\end{bmatrix}
$$

$$
\mathbf{M}_{,1'}^{\mathrm{S}} = \bar{t}
\begin{bmatrix}
-(b_{53}s_\theta^2 c_\phi^2 - b_{31})s_\theta c_\phi & -(b_{53}s_\theta^2 c_\phi^2 - b_{11})s_\theta s_\phi & (b_{53}s_\theta^2 c_\phi^2 - b_{11})c_\theta \\
-(b_{53}s_\theta^2 c_\phi^2 - b_{11})s_\theta s_\phi & -(b_{53}s_\theta^2 s_\phi^2 - \bar{b}_{11})s_\theta c_\phi & b_{53}s_\theta^2 c_\theta s_\phi c_\phi \\
(b_{53}s_\theta^2 c_\phi^2 - b_{11})c_\theta & b_{53}s_\theta^2 c_\theta s_\phi c_\phi & -(b_{53}c_\theta^2 - \bar{b}_{11})s_\theta c_\phi
\end{bmatrix}
$$

$$
\mathbf{M}_{,2'}^{\mathrm{S}} = \bar{t}
\begin{bmatrix}
-(b_{53}s_\theta^2 c_\phi^2 - \bar{b}_{11})s_\theta s_\phi & -(b_{53}s_\theta^2 s_\phi^2 - b_{11})s_\theta c_\phi & b_{53}s_\theta^2 c_\theta s_\phi c_\phi \\
-(b_{53}s_\theta^2 s_\phi^2 - b_{11})s_\theta c_\phi & -(b_{53}s_\theta^2 s_\phi^2 - b_{31})s_\theta s_\phi & (b_{53}s_\theta^2 s_\phi^2 - b_{11})c_\theta \\
b_{53}s_\theta^2 c_\theta s_\phi c_\phi & (b_{53}s_\theta^2 s_\phi^2 - b_{11})c_\theta & -(b_{53}c_\theta^2 - \bar{b}_{11})s_\theta s_\phi
\end{bmatrix}
$$

$$
\mathbf{M}_{,3'}^{\mathrm{S}} = \bar{t}
\begin{bmatrix}
(b_{53}s_\theta^2 c_\phi^2 - \bar{b}_{11})c_\theta & b_{53}s_\theta^2 c_\theta s_\phi c_\phi & -(b_{53}c_\theta^2 - b_{11})s_\theta c_\phi \\
b_{53}s_\theta^2 c_\theta s_\phi c_\phi & (b_{53}s_\theta^2 s_\phi^2 - \bar{b}_{11})c_\theta & -(b_{53}c_\theta^2 - b_{11})s_\theta s_\phi \\
-(b_{53}c_\theta^2 - b_{11})s_\theta c_\phi & -(b_{53}c_\theta^2 - b_{11})s_\theta s_\phi & (b_{53}c_\theta^2 - b_{31})c_\theta
\end{bmatrix}
$$

$$
a_{mn} = m\bar{t}^2 - nk^2, \quad b_{mn} = m\bar{t}^2 - n, \quad \bar{b}_{mn} = m\bar{t}^2 + n
$$

式中, $s_\theta = \sin\theta$, $c_\theta = \cos\theta$, $s_\phi = \sin\phi$, $c_\phi = \cos\phi$。其余和自由界面有关反射波和转换波各项可以用积分表示为

$$\mathbf{G}_{,k'}^{\mathrm{PP}} = \frac{1}{2\pi^2\mu\beta r'} \frac{\partial^2}{\partial t^2} \int_0^{a'} \mathrm{Re}\left[\frac{\mathscr{R}^\dagger(\bar{p},\bar{q})\mathbf{M}_{,k'}^{\mathrm{PP}}(\bar{p},\bar{q})}{\mathscr{R}(\bar{p},\bar{q})}\right]\Bigg|_{\bar{q}=\bar{q}_{\mathrm{PP}}} \frac{H(t-t_{\mathrm{PP}})}{\sqrt{a'^2-\bar{p}^2}} \, \mathrm{d}\bar{p}$$

$$\mathbf{G}_{,k'}^{\mathrm{SS}_1} = \frac{1}{2\pi^2\mu\beta r'} \frac{\partial^2}{\partial t^2} \int_0^{b'} \mathrm{Re}\left[\frac{\mathbf{M}_{,k'}^{\mathrm{SS}}(\bar{p},\bar{q})}{\mathscr{R}(\bar{p},\bar{q})}\right]\Bigg|_{\bar{q}=\bar{q}_{\mathrm{SS}}} \frac{H(t-t_{\mathrm{SS}})}{\sqrt{b'^2-\bar{p}^2}} \, \mathrm{d}\bar{p}$$

$$- \frac{H(\theta'-\theta_c)}{2\pi^2\mu\beta r'} \frac{\partial^2}{\partial t^2} \int_{b'}^{\bar{p}^\star(\bar{t}')} \mathrm{Im}\left[\frac{\mathbf{M}_{,k'}^{\mathrm{SS}}(\bar{p},\bar{q})}{\mathscr{R}(\bar{p},\bar{q})}\right]\Bigg|_{\bar{q}=\bar{q}_{\mathrm{sPs}}} \frac{H_1(t)}{\sqrt{\bar{p}^2-b'^2}} \, \mathrm{d}\bar{p}$$

$$\mathbf{G}_{,k'}^{\mathrm{SS}_2} = - \frac{H(\theta'-\theta_c)}{2\pi^2\mu\beta r'} \frac{\partial^2}{\partial t^2} \int_0^{\bar{p}^\star(\bar{t}')} \mathrm{Im}\left[\frac{\mathbf{M}_{,k'}^{\mathrm{SS}}(\bar{p},\bar{q})}{\mathscr{R}(\bar{p},\bar{q})}\right]\Bigg|_{\bar{q}=\bar{q}_{\mathrm{sPs}}} \frac{H_2(t)}{\sqrt{\bar{p}^2-b'^2}} \, \mathrm{d}\bar{p}$$

$$\mathbf{G}_{,k'}^{\mathrm{PS}} = - \frac{2}{\pi^2\mu\beta} \frac{\partial^2}{\partial t^2} \int_0^{\bar{p}^\dagger(t)} H(t-t_{\mathrm{PS}})\mathrm{Im}\left[\frac{\gamma\mathbf{M}_{,k'}^{\mathrm{PS}}(\bar{p},\bar{q})}{\mathscr{R}(\bar{p},\bar{q})Q^{\mathrm{PS}}}\right] \, \mathrm{d}\bar{p}$$

$$\mathbf{G}_{,k'}^{\mathrm{SP}} = - \frac{2}{\pi^2\mu\beta} \frac{\partial^2}{\partial t^2} \int_0^{\bar{p}^\dagger(t)} H(t-t_{\mathrm{SP}})\mathrm{Im}\left[\frac{\gamma\mathbf{M}_{,k'}^{\mathrm{SP}}(\bar{p},\bar{q})}{\mathscr{R}(\bar{p},\bar{q})Q^{\mathrm{SP}}}\right] \, \mathrm{d}\bar{p}$$

$$\mathbf{M}_{,1'}^{\mathrm{PP}} = \begin{bmatrix} \bar{q}\kappa c_\phi & \bar{q}\kappa' s_\phi & \epsilon\eta_\alpha \\ M_{12,1'}^{\mathrm{PP}} & \bar{q}\bar{\kappa}' c_\phi & \zeta\eta_\alpha \\ -M_{13,1'}^{\mathrm{PP}} & -M_{23,1'}^{\mathrm{PP}} & -\bar{q}\eta_\alpha^2 c_\phi \end{bmatrix}, \quad \mathbf{M}_{,2'}^{\mathrm{PP}} = \begin{bmatrix} M_{12,1'}^{\mathrm{PP}} & M_{22,1'}^{\mathrm{PP}} & M_{23,1'}^{\mathrm{PP}} \\ M_{12,2'}^{\mathrm{PP}} & \bar{q}\bar{\kappa} s_\phi & \bar{\epsilon}\eta_\alpha \\ -M_{13,2'}^{\mathrm{PP}} & -M_{23,2'}^{\mathrm{PP}} & -\bar{q}\eta_\alpha^2 s_\phi \end{bmatrix}$$

$$\mathbf{M}_{,1'}^{\mathrm{SS}} = \begin{bmatrix} \left[\kappa\chi-\mathscr{R}(\eta_\beta^2+\bar{\kappa}')\right]\bar{q}c_\phi & (\chi+\mathscr{R})\kappa'\bar{q}s_\phi & \eta_\beta\epsilon\mathscr{R}^\dagger \\ M_{12,1'}^{\mathrm{SS}} & \left[\bar{\kappa}'\chi-\mathscr{R}(\eta_\beta^2+\kappa)\right]\bar{q}c_\phi & \eta_\beta\zeta\mathscr{R}^\dagger \\ -M_{13,1'}^{\mathrm{SS}} & -M_{23,1'}^{\mathrm{SS}} & \bar{q}(\bar{q}^2-\bar{p}^2)\mathscr{R}^\dagger c_\phi \end{bmatrix}$$

$$\mathbf{M}_{,2'}^{\mathrm{SS}} = \begin{bmatrix} \left[\kappa'\chi-\mathscr{R}(\eta_\beta^2+\bar{\kappa})\right]\bar{q}s_\phi & (\chi+\mathscr{R})\bar{\kappa}'\bar{q}c_\phi & M_{23,1'}^{\mathrm{SS}} \\ M_{12,2'}^{\mathrm{SS}} & \left[\bar{\kappa}\chi-\mathscr{R}(\eta_\beta^2+\kappa')\right]\bar{q}s_\phi & \eta_\beta\bar{\epsilon}\mathscr{R}^\dagger \\ -M_{13,2'}^{\mathrm{SS}} & -M_{23,2'}^{\mathrm{SS}} & \bar{q}(\bar{q}^2-\bar{p}^2)\mathscr{R}^\dagger s_\phi \end{bmatrix}$$

$$\mathbf{M}_{,1'}^{\mathrm{PS}} = \begin{bmatrix} -\bar{q}\eta_\beta\kappa c_\phi & -\bar{q}\eta_\beta\kappa' s_\phi & -\epsilon\eta_\alpha\eta_\beta \\ M_{12,1'}^{\mathrm{PS}} & -\bar{q}\eta_\beta\bar{\kappa}' c_\phi & -\zeta\eta_\alpha\eta_\beta \\ -(\bar{q}^2-\bar{p}^2)\epsilon & -(\bar{q}^2-\bar{p}^2)\zeta & -\bar{q}(\bar{q}^2-\bar{p}^2)\eta_\alpha c_\phi \end{bmatrix}$$

$$\mathbf{M}_{,2'}^{\mathrm{PS}} = \begin{bmatrix} M_{12,1'}^{\mathrm{PS}} & M_{22,1'}^{\mathrm{PS}} & M_{23,1'}^{\mathrm{PS}} \\ M_{12,2'}^{\mathrm{PS}} & -\bar{q}\eta_\beta\bar{\kappa} s_\phi & -\bar{\epsilon}\eta_\alpha\eta_\beta \\ M_{32,1'}^{\mathrm{PS}} & -(\bar{q}^2-\bar{p}^2)\bar{\epsilon} & -\bar{q}(\bar{q}^2-\bar{p}^2)\eta_\alpha s_\phi \end{bmatrix}$$

$$\mathbf{M}_{,1'}^{\mathrm{SP}} = \begin{bmatrix} M_{11,1'}^{\mathrm{PS}} & M_{12,1'}^{\mathrm{PS}} & -M_{31,1'}^{\mathrm{PS}} \\ M_{12,1'}^{\mathrm{PS}} & M_{22,1'}^{\mathrm{PS}} & -M_{32,1'}^{\mathrm{PS}} \\ -M_{13,1'}^{\mathrm{PS}} & -M_{23,1'}^{\mathrm{PS}} & M_{33,1'}^{\mathrm{PS}} \end{bmatrix}, \quad \mathbf{M}_{,2'}^{\mathrm{SP}} = \begin{bmatrix} M_{11,2'}^{\mathrm{PS}} & M_{12,2'}^{\mathrm{PS}} & -M_{31,2'}^{\mathrm{PS}} \\ M_{12,2'}^{\mathrm{PS}} & M_{22,2'}^{\mathrm{PS}} & -M_{32,2'}^{\mathrm{PS}} \\ -M_{13,2'}^{\mathrm{PS}} & -M_{23,2'}^{\mathrm{PS}} & M_{33,2'}^{\mathrm{PS}} \end{bmatrix}$$

$$\mathbf{M}_{,3'}^{\mathrm{PP}} = -\eta_\alpha\mathbf{M}^{\mathrm{PP}}, \quad \mathbf{M}_{,3'}^{\mathrm{SS}} = -\eta_\beta\mathbf{M}^{\mathrm{SS}}, \quad \mathbf{M}_{,3'}^{\mathrm{PS}} = -\eta_\alpha\mathbf{M}^{\mathrm{PS}}, \quad \mathbf{M}_{,3'}^{\mathrm{SP}} = -\eta_\beta\mathbf{M}^{\mathrm{SP}}$$

式中，$\chi = 8\eta_\alpha\eta_\beta^3$，其余符号见式 (4.3.7)、(4.3.8) 和 (4.3.25)。

4.6　小　　结

延续第 3 章内部源情况的二维 Lamb 问题的解法，在本章中，我们对于三维情况的三类 Lamb 问题分别得到了积分解。首先得到了变换域 (ξ_1, ξ_2, x_3, s) 中的解，然后对于 $x_3 = 0$ 的第二类 Lamb 问题，通过引入 de-Hoop 变换，分别针对 P 波项和 S 波项得到了时间域 Green 函数及其一阶空间导数的积分解。通过将第一类 Lamb 问题视作第二类 Lamb 问题的特殊情况，针对源点和观测点同时位于地表的特殊情况，对各个段上的积分予以仔细分析，并且通过对主值积分细致的分析，最终得到了第一类 Lamb 问题 Green 函数的积分解。最后，对最复杂的第三类 Lamb 问题，通过对六种震相逐一地分析，得到第三类 Lamb 问题时间域 Green 函数及其一阶空间导数的积分解。基于 Green 函数的一阶空间导数可以进一步计算位错源的地震波场。

上述得到的积分，除了可去的弱奇异性（可以通过简单的变量替换去掉）以外，都是便于计算的常规积分。因此，借助于数值积分，就可以方便地计算这些积分，从而得到时间域的数值解。这在计算条件较为发达的今天已经不是问题。在第 5 章中，我们将展示与本章得到积分形式解对应的数值结果。

第 5 章 三维 Lamb 问题的积分解 (II):
数值算例

对于几类三维 Lamb 问题的 Green 函数及其一阶空间偏导数, 我们已经在第 4 章中运用 Cagniard-de Hoop 方法得到了以积分形式表达的时间域结果。对 Lamb 问题而言, 基于 Cagniard-de Hoop 方法的时间域解法全面优于上册的第 6 章中介绍的频率域解法, 主要体现在以下两个方面:

(1) 与频率域解法中将时间域的 Green 函数表示成频率和波数的双重积分不同, 这里时间域的 Green 函数仅是无量纲积分变量 $\bar{p}$ 的一重积分。少了对于频率的一重积分, 不仅节省了计算量, 而且对于时间函数为 δ 函数或阶跃函数等存在突变的情况, 计算结果自然避免了 Gibbs 效应。

(2) 具体到频率域解法中的波数 k 积分和时间域解法中对 $\bar{p}$ 的积分的计算, 后者要更为方便。为了计算积分限为无穷的振荡型 k 积分, 在上册的第 7 章中, 分别针对积分限无穷和被积函数振荡的特点发展了峰谷平均法和自适应的 Filon 积分方法[①]。而第 4 章中得到的 $\bar{p}$ 积分, 除了可去的弱奇异性以外, 不仅积分限是有限的, 而且被积函数并不具有振荡性质, 因此非常便于用普通的数值积分策略来实现。

在 4.3.5 节中, 曾经对 Green 函数的积分形式解进行了若干方面的理论分析。基于这些考虑, 得到积分解的数值结果是直接和方便的。比如, 在 Matlab 中采用 `integral` 函数就可以实现数值积分。因此, 对于当前的时间域解法的积分结果, 将其进行数值实现不需要进行像上册的 7.1 节和 7.2 节中叙述的复杂的准备工作。在本章中, 我们首先将第 4 章中得到的积分的数值结果与已经发表的结果比对进行正确性检验[②], 一方面显示时间域解法结果的正确性, 另一方面通过比对结果体现当前的时间域解法的优越性。然后, 分别对于三类 Lamb 问题从位移随时间的变化情况、质点的运动轨迹, 以及空间中不同观测点处的位移快照等几个方面研究 Green 函数解, 以及位错点源和有限断层的位错源引起的位移场的性质。目的在于从不同视角揭示这些积分解中蕴含的地震波场的性质。在上册的第 7 章中, 已经通过频率域解法的数值结果展示了一些理论地震图的结果, 本章展示的结果进一步进行补充和完善。

---

① 出现这种振荡型的瑕积分的根本原因在于频率域的解法是在柱坐标系中求解的, 基函数的选取不可避免地会引入 Bessel 函数, 以及从 0 到 $+\infty$ 变化的实参数 k。而如果按第 4 章中介绍的时间域解法选取笛卡儿坐标系, 就自然地避免了 Bessel 函数的引入。在 Cagniard 方法的发展历史上, 曾经有本质上等价的两种解法, 引入 Bessel 函数的 Cagniard-Pekeris 方法和不引入 Bessel 函数的 Cagniard-de Hoop 方法, 之所以后者得到更为广泛的应用, 与避免了 Bessel 函数的出现不无关联。

② 用于做正确性检验的例子与上册的 7.3 节相同, 所以一定程度上讲, 这是 "重复的", 但是由于时间域解法完全独立于上册的频率域解法, 这种 "重复" 是必要的。

5.1　正确性检验

在运用第 4 章中得到的几类 Lamb 问题的积分解进一步考察波场的性质之前的重要环节是根据公式编写程序并检验其正确性。目前发表的论文绝大多数显示的是时间函数为阶跃函数 $H(t)$（或斜坡函数 $R(t)$）对应的结果，因此本章用于正确性检验的结果均为 Green 函数与 $H(t)$（或 $R(t)$）的卷积。为了叙述方便，也称这些结果为 Green 函数[①]。

5.1.1　第一类 Lamb 问题的 Green 函数

在第一类 Lamb 问题中，源点和场点都位于地表，$x_3 = \xi_3 = 0$，这在三类问题中是最简单的。但是，此时积分路径恰好经过 Rayleigh 极点，因此需要从理论上细致地处理，这在 4.4 节已经进行了详尽的讨论。经过仔细处理过的各个积分都是普通的积分，并无奇异性，因此便于数值计算[②]。

5.1.1.1　与 Pekeris (1955) 和 Chao (1960) 结果的比较

与上册 7.3.1.1 节相同，震源位于坐标原点 $(0,0,0)$，观测点位于 $(10,0,0)$ km，仍然参照 Johnson (1974)，P 波和 S 波的速度分别为 $\alpha = 8.00$ km/s 和 $\beta = 4.62$ km/s，密度为 $\rho = 3.30$ g/cm³。图 5.1.1 和图 5.1.2 分别显示在原点处施加的垂直力和水平力导致的位移分量随时间变化的曲线。横坐标为用 S 波的到时进行无量纲化的时间 $\tau = \beta t / r$，纵坐标是以 $1/(\pi \mu r)$ 进行无量纲化的 Green 函数分量 $\bar{G}_{ij} = \pi \mu r G_{ij}$。对于当前的观测点的取值，$G_{12} = G_{21} = G_{23} = G_{32} = 0$。两幅图显示了非零的 Green 函数分量[③]。图中左侧是根据第 4 章的计算公式得到的结果（细实线），为了与上册第 6 章的频率域解法比对计算效果，还显示了相应的频率域解法的结果（粗灰线），右侧分别为 Pekeris (1955) 和 Chao (1960) 的结果。从图 5.1.1 和图 5.1.2 的比较可以看出，时间域解法的计算结果与 Pekeris (1955) 和 Chao (1960) 的结果整体上是一致的。

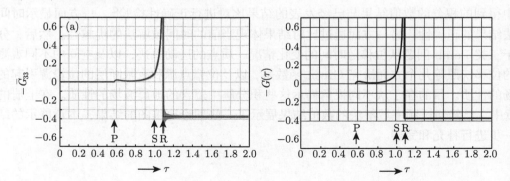

---

①　为了与原始文献中的叙述一致，有时直接称为 Green 函数，并用相同的符号 G_{ij} 代表，而有时用带上角标的 G_{ij}^{H} 代表。在 4.3.5.1 节中，我们曾经分析过，Green 函数的形式为积分对时间的偏导数，见式 (4.3.20)，而其与 $H(t)$ 的卷积从效果上看就是去掉了对时间的偏导数。因此从实际计算的角度上讲，计算 G_{ij}^{H} 相比于直接计算 G_{ij} 更为方便。

②　若采用上册第 6 章中介绍的频率域解法，则由于被积函数收敛极慢而必须采用在上册 7.1.3 节中介绍的峰谷平均法，尽管操作并不复杂，但是比这里的普通积分的计算还是复杂不少。

③　由于 $G_{31} = -G_{13}$，在图 5.1.2 中没有显示 G_{31}。

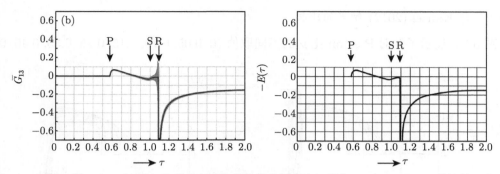

图 5.1.1　第一类 Lamb 问题中的垂直力导致的位移分量（左）及与 Pekeris (1955) 的比较（右）

(a) 无量纲化的垂直位移 $\bar{G}_{33} = \pi\mu r G_{33}$；(b) 无量纲化的水平位移 $\bar{G}_{13} = \pi\mu r G_{13}$。横坐标 $\tau = \beta t/r$ 为以 S 波到时进行无量纲化的时间。图中的 "P"、"S" 和 "R" 分别代表了 P 波、S 波和 Rayleigh 波的到时。左图中的细实线为采用本章公式计算的结果，粗灰线为采用上册第 6 章介绍的频率域解法计算的结果

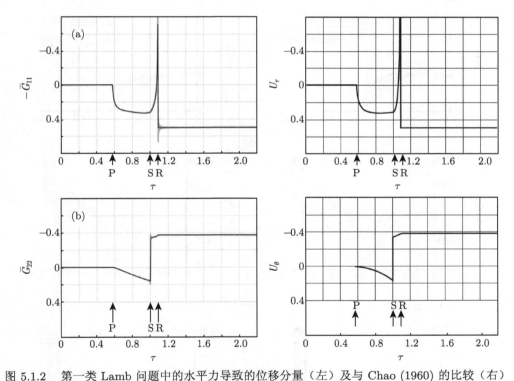

图 5.1.2　第一类 Lamb 问题中的水平力导致的位移分量（左）及与 Chao (1960) 的比较（右）

(a) 无量纲化的水平位移 $\bar{G}_{11} = \pi\mu r G_{11}$；(b) 无量纲化的水平位移 $\bar{G}_{22} = \pi\mu r G_{22}$。横坐标 $\tau = \beta t/r$ 为以 S 波到时进行无量纲化的时间。图中的 "P"、"S" 和 "R" 分别代表了 P 波、S 波和 Rayleigh 波的到时。左图中的细实线为采用本章公式计算的结果，粗灰线为采用上册第 6 章介绍的频率域解法计算的结果

　　值得一提的是，与在时间域信号突变处（S 波和 Rayleigh 波到时附近，即分别在 $\tau = 1$ 和 1.09 附近）存在明显振荡的频率域解法的计算结果不同，时间域解法的结果在这些信号突变处并没有 Gibbs 现象。

5.1.1.2　与 Kausel (2012) 结果的比较

图 5.1.3 显示了针对 Possion 比 ν 的不同取值 (0, 0.05, 0.10, 0.15, 0.25, 0.33, 0.40, 0.45,

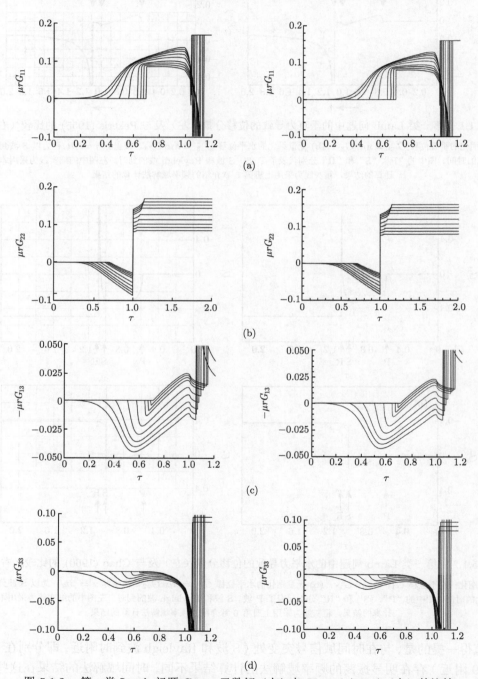

图 5.1.3　第一类 Lamb 问题 Green 函数解（左）与 Kausel (2012)（右）的比较

(a) $\mu r G_{11}$；(b) $\mu r G_{22}$；(c) $-\mu r G_{13}$；(d) $\mu r G_{33}$。横坐标 $\tau = \beta t/r$ 为以 S 波到时进行无量纲化的时间。Poisson 比 ν 的取值为 0, 0.05, 0.10, 0.15, 0.25, 0.33, 0.40, 0.45, 0.50。在 P 波到时附近，从右到左的各条曲线依次对应 ν 从小到大取值

0.50) 下我们的计算结果与 Kausel (2012)（右图）的比较。横坐标为用 S 波的到时进行无量纲化的时间 $\tau = \beta t/r$，纵坐标是以 $1/(\mu r)$ 进行无量纲化的 Green 函数分量 $\bar{G}_{ij} = \mu r G_{ij}$。在 P 波到时附近的一组曲线，从右到左依次对应 ν 从小到大取值。可以看出，不同计算方法得到结果是一致的。

5.1.2 第二类 Lamb 问题的 Green 函数

对于第二类 Lamb 问题，由于源位于地下，与源位于地表的第一类 Lamb 问题相比，波形上将更为复杂。这是地震学中主要研究的情况。

5.1.2.1 与 Johnson (1974) 结果的比较

Johnson (1974) 详尽地研究了几种源–场位置组合的情况（见表 5.1.1，其中的 θ 含义参见图 4.1.1），并展示了相应的 Green 函数分量 G_{ij}^{H}（"H" 代表时间函数为阶跃函数）的时间变化曲线。

表 5.1.1　Johnson (1974) 考虑的几种源—场位置组合

图形编号	源点坐标/km	场点坐标/km	$\theta/(°)$
5.1.4	$(0,0,10)$	$(2,0,0)$	11.3
5.1.5	$(0,0,2)$	$(10,0,0)$	78.7
5.1.6	$(0,0,0.2)$	$(10,0,0)$	88.9

图 5.1.4 ~ 图 5.1.6 显示了采用第 4 章中积分解公式得到的结果（左侧细实线）与 Johnson (1974) 结果（右侧）的比较。为了同时显示时间域解法和频率域解法的比较，在左侧图中还以粗灰线显示了根据上册第 6 章中介绍的频率域解法得到的结果。对比显示了几个结果的高度一致性。

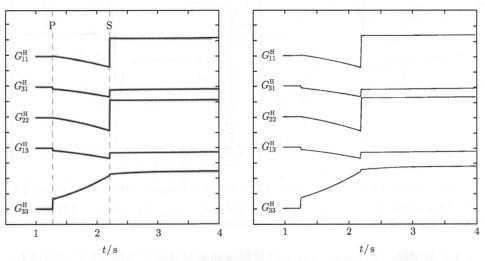

图 5.1.4　第二类 Lamb 问题的 Green 函数 (左) 及与 Johnson (1974)（右）的比较 (一)

只显示了非零的 Green 函数分量。源点位置 $\boldsymbol{\xi} = (0, 0, 10)$ km，场点位置 $\boldsymbol{x} = (2, 0, 0)$ km。左图中的 P 和 S 分别代表 P 波和 S 波到时

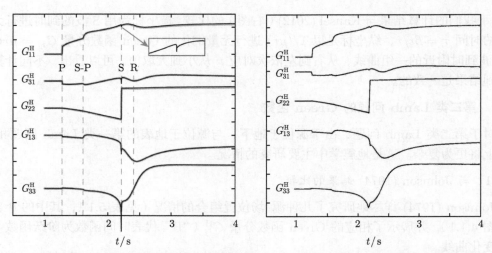

图 5.1.5　第二类 Lamb 问题的 Green 函数（左）及与 Johnson (1974)（右）的比较 (二)

只显示了非零的 Green 函数分量。源点位置 $\boldsymbol{\xi} = (0, 0, 2)$ km，场点位置 $\boldsymbol{x} = (10, 0, 0)$ km。左图中的 P、S-P、S 和 R 分别代表 P 波、S-P 波、S 波和 Rayleigh 波到时。左图的小矩形框内显示了部分波形在 S 波到时附近的局部放大

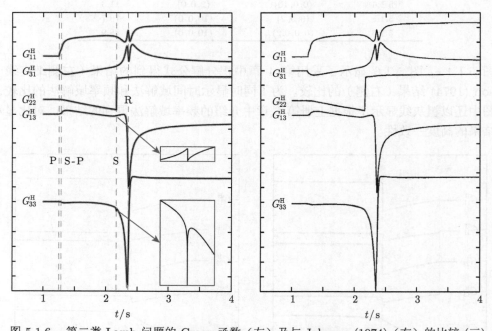

图 5.1.6　第二类 Lamb 问题的 Green 函数（左）及与 Johnson (1974)（右）的比较 (三)

只显示了非零的 Green 函数分量。源点位置 $\boldsymbol{\xi} = (0, 0, 0.2)$ km，场点位置 $\boldsymbol{x} = (10, 0, 0)$ km。左图中的 P、S-P、S 和 R 分别代表 P 波、S-P 波、S 波和 Rayleigh 波到时。左图的小矩形框内显示了部分波形在 S 波到时附近的局部放大

　　与 5.1.1 节中第一类 Lamb 问题时间域解法和频率域解法结果比较的情况类似，在这几种源–场组合情况下，P 波和 S 波到时处的波形较为尖锐，频率域解法的结果（粗灰线）有或轻或重的 Gibbs 效应，波形有振荡，而时间域解法的结果（细实线）中就完全没有此现象。这是由于后者是直接在时间域计算积分得到的，时间域波形尖锐与否对计算并无影

响，而前者是通过首先计算频率域中的结果，然后利用离散 Fourier 反变换得到时间域的结果，不可避免地会伴随 Gibbs 现象的出现（见上册 7.2 节）。

与频率域解法得到的结果不同，在时间域解法中，各个震相是分别单独计算的[①]，而且各个积分的被积函数中显含震相的到时，因此可以很方便地计算出各震相的理论到时，并在各个图中标出。

在 4.3.5 节中，我们从几个方面对二维情况的第二类 Lamb 问题 Green 函数的积分解进行了理论上的探讨。这里结合图 5.1.4 ~ 图 5.1.6 的图像，针对三维情况的结果做几点补充说明：

(1) 由于 θ 角（参见图 4.1.1）是否大于 $\theta_c = 35.3°$ 对应的 Green 函数解的形式差异很大，参见式 (4.3.20)，因此这个特点必然在波形上也有所反应。具体地说，在本节显示的三幅图中，图 5.1.4 对应的 $\theta < \theta_c$，在式 (4.3.20) 中仅包含前两项，因此波形上显得较为简单；而图 5.1.5 和图 5.1.6 对应 $\theta > \theta_c$，因此在后两幅图中包含了式 (4.3.20) 中的所有四项，而后两项中含有 S-P 波，并且在 θ 越接近 $\pi/2$ 的情况下，Rayleigh 波越显著（参见图 4.3.4），波形上与图 5.1.4 相比更为复杂。

(2) 对于 S-P 波而言，到时为 $t_{\text{S-P}} = t_S \cos(\theta - \theta_c)$，参见式 (4.3.20)，在其出现的范围内 $(\theta > \theta_c)$，随时间变化的曲线如图 4.3.9 所示。这表明当 θ 由 θ_c 开始增大到 $\pi/2$ 的过程中，$t_{\text{S-P}}$ 由 t_S 减小至 t_P。这个变化趋势从图 5.1.5 和图 5.1.6 中可以明显地看出来。

(3) 在 2.2.5.1 节中对于二维情况下 Rayleigh 波产生条件的讨论中，我们曾经估计 Rayleigh 波显著出现的条件为 $\theta \gtrsim 80°$，大致对应于震中距与震源深度的比值 ζ 约为 5 的情况。这个结论对于三维情况仍然是成立的。在图 5.1.5 中能隐约看到 Rayleigh 波（图中标注 R 的虚线处），注意到此时 $\zeta = 5, \theta = 78.7° \approx 80°$，恰好是能够明显观察到 Rayleigh 波的临界条件[②]。

(4) 在 4.3.5.4 节中，曾经讨论了积分的奇异性，并且指出对于 $\theta > \theta_c$ 的情况，在 S 波到时处，会出现不可去的奇异性。这一点可以从图 5.1.5 和图 5.1.6 中放大显示的矩形框中的波形上明显地看出来。在时间间隔取足够密的情况下[③]，将可以观察到 S 波到时处的奇异现象。这种奇异现象并不存在于 $\theta < \theta_c$ 的情况中（参见图 5.1.4）。

5.1.2.2 与 Pekeris 和 Lifson (1957) 结果的比较

更为详尽的针对不同 ζ 取值情况的 Green 函数分量随时间的变化情况由 Pekeris 和 Lifson (1957) 给出。Pekeris 和 Lifson (1957) 显示了由垂直力导致的垂直方向和水平方向的 Green 函数分量，即 $\bar{G}_{33}^{\text{H}}$ 和 $\bar{G}_{13}^{\text{H}}$，在不同的 ζ 取值（0.25，0.5，$1/\sqrt{2}$，1，2，5，10，20，40，100，1000 和 ∞ ($H=0$)）下的结果。图 5.1.7 和图 5.1.8 分别显示了采用时间域积分解（细实线）和频率域解法（粗灰线）计算得到的结果与 Pekeris 和 Lifson (1957) 相应结果的比较。横坐标为以 S 波到时进行无量纲化的 $\tau = \beta t/r$，纵坐标为采用 $1/(\pi\mu r)$ 进

---

① Rayleigh 波除外，与体波震相不同，这是由于在某些情况下积分路径靠近 Rayleigh 极点而产生的与自由界面有关的特殊震相，并非由独立的积分表达式计算得到。

② 从波动产生的数学机制上看，当 $\theta < 80°$ 时，Rayleigh 波仍然是存在的，只不过其振幅太小，淹没在其他震相中观察不出来而已。

③ 这个奇异性仅出现于 S 波到时的时刻，如果时间间隔取得不够密，并且正好采样点跨过了 S 波到时的时刻，那么在波形上将观察不到这种奇异性。

行无量纲化的 $-\bar{G}_{33}^{\mathrm{H}} = -\pi\mu r G_{33}^{\mathrm{H}}$ 和 $\bar{G}_{13}^{\mathrm{H}} = \pi\mu r G_{13}^{\mathrm{H}}$。图中 P 波、S 波、SP 波和 Rayleigh 波的到时分别用 "P"、"S"、"SP" 和 "R" 标出。对于 $\zeta = 1000$ 和 $\zeta = \infty$（即 $H = 0$），我们再一次看到，频率域解法的结果在 Rayleigh 波到时处有明显的 Gibbs 效应，而相应的时间域解法的结果中没有这种振荡。时间域解法的计算结果对于所有情况与 Pekeris 和 Lifson (1957) 的结果符合得都很好。

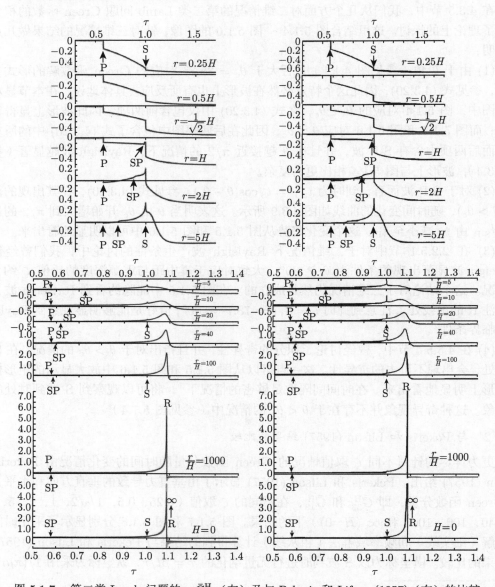

图 5.1.7　第二类 Lamb 问题的 $-\bar{G}_{33}^{\mathrm{H}}$（左）及与 Pekeris 和 Lifson (1957)（右）的比较

$\zeta = r/H = 0.25, 0.5, 1/\sqrt{2}, 1, 2, 5, 10, 20, 40, 100, 1000$ 和 ∞（$H=0$）。"P"、"SP"、"S" 和 "R" 分别代表 P 波、SP 波、S 波和 Rayleigh 波。左侧的细实线为根据时间域的积分解计算的结果，粗灰线为根据频率域解法计算得到的结果

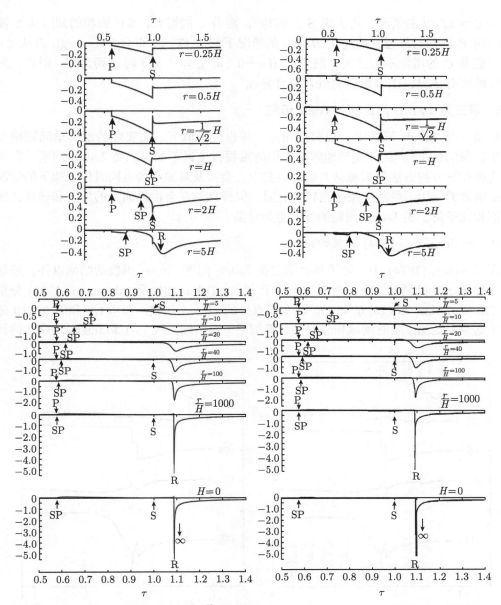

图 5.1.8 第二类 Lamb 问题的 $\bar{G}_{13}^{\mathrm{H}}$（左）及与 Pekeris 和 Lifson (1957)（右）的比较

$\zeta = r/H = 0.25,\ 0.5,\ 1/\sqrt{2},\ 1,\ 2,\ 5,\ 10,\ 20,\ 40,\ 100,\ 1000$ 和 ∞ $(H=0)$。"P"、"SP"、"S" 和 "R" 分别代表 P 波、SP 波、S 波和 Rayleigh 波。左侧的细实线为根据时间域的积分解计算的结果，粗灰线为根据频率域解法计算得到的结果

由于图 5.1.7 和图 5.1.8 展示了多种 ζ 取值下的结果，因此便于我们直观地把握不同源–场组合时的波动特征。临界角 $\theta_{\mathrm{c}} = 35.3°$，在 ζ 从小到大的变化过程中，临界角恰好出现在 $\zeta = 1/\sqrt{2}$，因此对于 $\zeta < 1/\sqrt{2}$ 的情况，波形较为简单，只有 P 波和 S 波两种震相；

而对于 $\zeta > 1/\sqrt{2}$ 的情况，将出现 S-P 震相[①]。随着 ζ 的增大，S-P 震相的到时从 S 波到时不断向 P 波到时靠近，最终在 $H = 0$ 的情况下与 P 波到时重合。Rayleigh 波从 $\zeta = 5$ 开始，随着 ζ 的增加不断变大，最终在 $H = 0$（即 $\zeta = +\infty$）时达到无穷。最后，对于 $\theta > \theta_c$ 的所有情况，在 S 波到时处均有奇异性[②]。

5.1.3　第三类 Lamb 问题的 Green 函数

在第三类 Lamb 问题中，观测点和源一样也位于地下，而实际的地震学问题很少有在地下记录的情况[③]，因此受到地震学家们的重视程度远不如第二类 Lamb 问题。但是在基于边界积分方程方法的震源动力学的研究中，会涉及对源和场点同时位于地下的情况的 Green 函数的应用。虽然应用范围较为有限，但弹性波在自由界面上的反射和转换，导致其波形相比于第二类 Lamb 问题的波形更为复杂。

5.1.3.1　与 Johnson (1974) 结果的比较

在 Johnson (1974) 中，除了显示第二类 Lamb 问题 Green 函数的结果以外，还显示了第三类 Lamb 问题的结果。对于源点位于 $(0, 0, 2)$ km 的情况，Johnson (1974) 分别计算了 $(10, 0, 1)$ km 和 $(10, 0, 4)$ km 两个场点处的 Green 函数。图 5.1.9 和图 5.1.10 分别给出了这两个观测点处时间域积分解的计算结果（左图细实线）与 Johnson (1974) 的计算

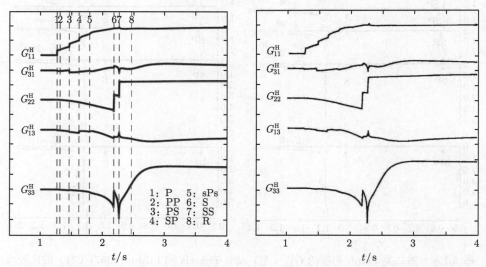

图 5.1.9　第三类 Lamb 问题的 Green 函数 G^{H}_{ij}（左）及与 Johnson (1974)（右）的比较 (一)

只显示了非零的 Green 函数分量。源点位置 $\boldsymbol{\xi} = (0, 0, 2)$ km，场点位置 $\boldsymbol{x} = (10, 0, 1)$ km。图中以灰色虚线标出了 8 种震相的到时：P，PP，PS，SP，sPs，S，SS，R（Rayleigh 波）

---

① Pekeris 和 Lifson (1957) 将其称为"SP"震相。这里为了与原文的称呼保持一致，图中也标为"SP"。但是需要注意的是，这个 SP 并非第三类 Lamb 问题中出现的转换 S 波震相 SP，而是 S 波以临界角入射到自由界面，而后沿着自由界面以 P 波速度传播的震相。

② 图 5.1.7 和图 5.1.8 中有些 ζ 对应的结果中 S 波震相的奇异性并不显著，是由于时间间隔取得还不足够密。这在 5.1.2.1 节的最后已做了说明。

③ 勘探地震学中有将地震仪置于钻孔中的情况，不过这在天然地震的观测中很罕见。

结果（右图）的对比，为了同时与上册第 6 章中介绍的频率域解法做对比，在左图中也以粗灰线标出了相应的结果。

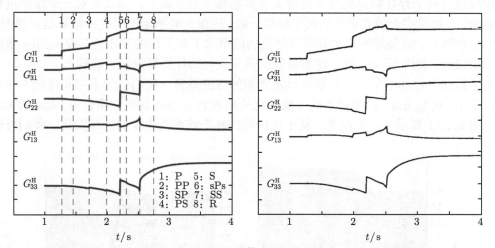

图 5.1.10　第三类 Lamb 问题的 Green 函数 G_{ij}^{H}（左）及与 Johnson (1974)（右）的比较（二）

只显示了非零的 Green 函数分量。源点位置 $\boldsymbol{\xi} = (0,\,0,\,2)$ km，场点位置 $\boldsymbol{x} = (10,\,0,\,4)$ km。图中以灰色虚线标出了 8 种震相的到时：P，PP，PS，SP，sPs，S，SS，R（Rayleigh 波）

在时间域积分解中，各个震相是独立求解的，并且被积函数中显含有各个震相的到时，因此我们可以明确地区分计算结果中各个波形变化处的震相。与观测点在地表的情况相比，波形要复杂很多，其中包含了直达 P 波和 S 波、反射 P 波 (PP)、反射 S 波 (SS)、转换 P 波 (PS)、转换 S 波 (SP)、sPs 波和 Rayleigh 波 (R) 等的震相。图 5.1.9 和图 5.1.10 中用灰色虚线标出了这 8 种震相的到时。

时间域解法和频率域解法结果的比较再一次显示了时间域解法的优越性：不存在 Gibbs 效应，除此以外，这两种解法的结果完全一致。图 5.1.9 中左右两个图的比较显示我们的计算结果与 Johnson (1974) 的结果一致，但是图 5.1.10的比较显示，左右图有较为明显的差别，在 5.1.3.2 节中我们将详细论证这个问题。

比较图 5.1.9 和图 5.1.10，可以发现一些有趣的特征：

(1) 图 5.1.10 中各个震相的到时相比于图 5.1.9 中的更为分散，并且各震相的到时略有延后，这明显是由于观测点位置更深，波动传播需要更长的时间所致。

(2) 震相到达的先后略有差异，比如在图 5.1.9 中，PS 是先于 SP 到达，sPs 先于 S 到达，但是在图 5.1.10 中则相反。我们将在 5.1.3.2 节通过不同深度的震相走时曲线来解释这一点。

(3) 在图 5.1.9 中可以观察到 Rayleigh 波，比如比较明显的有 G_{13}^{H} 和 G_{31}^{H}，而在图 5.1.10 中就看不到明显的 Rayleigh 波了，在标号为 8 的虚线处，观察不到波形上有任何变化。这表明 Rayleigh 波随着深度衰减，在深度为 1 km 处还有可见的振幅，而到深度为 4 km 处振幅就可以忽略了。

5.1.3.2   对差异的间接验证和分析

在上册的图 7.3.10 的对比中，曾经指出过这种差异，对差异做了间接的验证和分析。如果仅仅通过两个存在差异的结果比对无法判断哪个是正确的，那么可对三个结果进行相互比对印证。如果完全独立求解的两个结果一致，则很大概率地说明这种结果是正确的。图 5.1.10 的左图中，时间域解法和频率域解法的结果除了在尖锐的震相处存在 Gibbs 效应的振荡差别以外，结果完全一致，这本身就说明了我们的计算结果是正确的。

为了检验当前的结果，并且顺带显示震相的深度差异，我们仍然采用间接的方法计算震源位于 $(0, 0, 2)$ km、而观测点的深度变化从地表到 10 km 深度、步长 0.1 km 的 Green 函数。图 5.1.11 显示了计算结果，从中可以看到各个震相随深度的连续变化。我们可以清

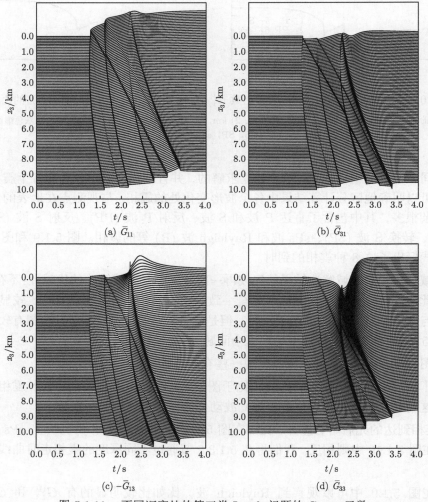

图 5.1.11   不同深度处的第三类 Lamb 问题的 Green 函数

(a) $\bar{G}_{11}^{\mathrm{H}}(10, 0, x_3; 0, 0, 2, 0)$；(b) $\bar{G}_{31}^{\mathrm{H}}(10, 0, x_3; 0, 0, 2, 0)$；(c) $-\bar{G}_{13}^{\mathrm{H}}(10, 0, x_3; 0, 0, 2, 0)$；

(d) $\bar{G}_{33}^{\mathrm{H}}(10, 0, x_3; 0, 0, 2, 0)$。观测点的深度 x_3 从 0 到 10 km，间隔 0.1 km

楚地看到, 在 1 km 以上, 还能观察到明显的 Rayleigh 波, 但是在 1 km 以下, 就几乎看不到 Rayleigh 波了。这个现象清楚地揭示了 Rayleigh 波随深度的变化规律。

另外一个有趣的现象是, 在各个分量中都显示了各个震相随深度变化时, 其先后次序会产生变化。为了清楚地看到这一点, 图 5.1.12 显示了不同震相的到时随深度的变化曲线。可以清楚地看到, PS 和 SP 在深度大约 2 km 处产生交叉, 而 S 和 sPs 大约在 3.2 km 处产生交叉。这就清楚地解释了图 5.1.9 和图 5.1.10 到时顺序不一致的原因。

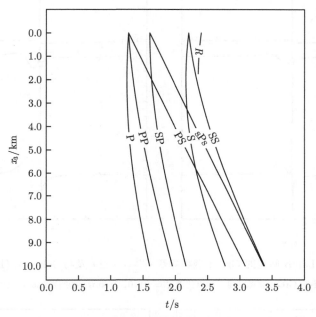

图 5.1.12 不同震相的到时随深度的变化曲线

5.1.4 第二类 Lamb 问题 Green 函数的空间导数及剪切位错点源产生的位移场

到目前为止, 通过与不同研究的对比, 验证了几类 Lamb 问题的 Green 函数的正确性。但是, 地震学中更关注的是剪切位错源产生的位移场, 根据上册第 3 章中的结论, 这可以通过地震矩张量和 Green 函数空间导数的卷积来得到。因此, 剪切位错点源产生的位移场的正确性检验分为两步: 首先是 Green 函数空间导数, 然后是它与地震矩张量的卷积。

5.1.4.1 与 Johnson (1974) 结果的比较: 第二类 Lamb 问题 Green 函数的空间导数

Johnson (1974) 针对图 5.1.5 所对应的场–源空间位置组合 (源点位于 $(0, 0, 2)$ km, 场点位于 $(10, 0, 0)$ km) 给出了 Green 函数的所有空间导数 $G_{ij,k'}^{\mathrm{H}}$。图 5.1.13 $\sim$ 图 5.1.15 分别显示了根据时间域解法 (细实线) 和频率域解法 (粗灰线) 计算得到的 $G_{ij,1'}^{\mathrm{H}}(10, 0, 0, t; 0, 0, 2, 0)$、$G_{ij,2'}^{\mathrm{H}}(10, 0, 0, t; 0, 0, 2, 0)$ 和 $G_{ij,3'}^{\mathrm{H}}(10, 0, 0, t; 0, 0, 2, 0)$ 的非零分量 (左图) 及 Johnson (1974) 的计算结果 (右图)。通过比较可以看出, 时间域解法的计算结果与 Johnson (1974) 的结果是高度一致的。

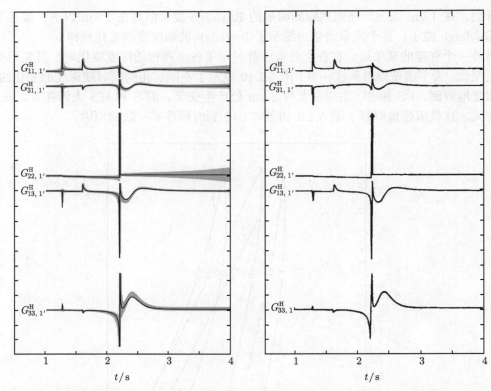

图 5.1.13　第三类 Lamb 问题的 Green 函数导数 $G^{\mathrm{H}}_{ij,1'}$（左）及与 Johnson (1974)（右）的比较

只显示了非零的 Green 函数分量。源点位置 $\boldsymbol{\xi} = (0,\,0,\,2)$ km，场点位置 $\boldsymbol{x} = (10,\,0,\,0)$ km

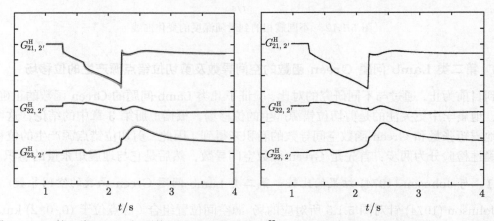

图 5.1.14　第三类 Lamb 问题的 Green 函数导数 $G^{\mathrm{H}}_{ij,2'}$（左）及与 Johnson (1974)（右）的比较

说明同图 5.1.13

　　由于 Green 函数的空间导数随时间的变化在各个震相处非常尖锐，采用频率域解法得到的结果（粗灰线）会出现明显的 Gibbs 效应，这在图 5.1.13 和图 5.1.15 中体现得非常明显。在上册的 7.3.4.1 节中，我们通过不同的采样点的结果来探究减弱 Gibbs 效应的途径。而对于时间域解法来说，Gibbs 效应是不存在的，因此获得的结果远远优于运用频率

域解法得到的结果。

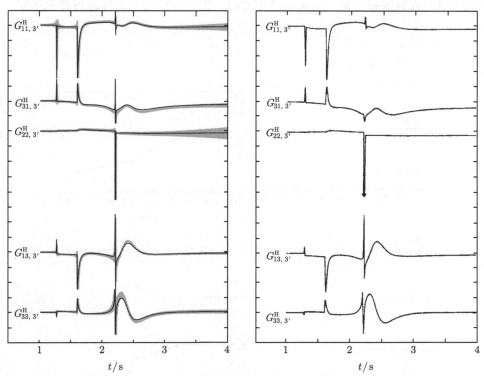

图 5.1.15 第三类 Lamb 问题的 Green 函数导数 $G_{ij,3'}^{\mathrm{H}}$（左）及与 Johnson (1974)（右）的比较

说明同图 5.1.13

5.1.4.2 与 Apsel (1979) 结果的比较：剪切位错点源产生的位移场

Apsel (1979) 选取时间函数为上升时间 $t_0 = 8$ s 的斜坡函数 $R(t)$，对于走向 $\phi_s = 67.5°$，不同倾角 δ 和倾伏角 λ 的情况，计算了剪切位错点源产生的三分量位移。震源位于 $\boldsymbol{\xi} = (0, 0, 5)$ km，观测点位于 $\boldsymbol{x} = (20, 0, 0)$ km。表 5.1.2 中总结了 Apsel (1979) 考虑的几种断层模型和相应的断层角度。

表 5.1.2 Apsel (1979) 考虑的几种断层模型及相应的断层角度

图号	断层类型	$\phi_s/(°)$	$\delta/(°)$	$\lambda/(°)$
图 5.1.16	垂直走滑/逆冲	67.5	90	0/90
图 5.1.17	倾斜走滑/逆冲	67.5	45	0/90
图 5.1.18	水平走滑	67.5	0	0/90

为了将时间域解法的结果与 Apsel (1979) 做比较，需要做一些准备工作。根据上册 3.4.1 节介绍的内容，剪切位错点源产生的位移场是地震矩张量与 Green 函数的空间导数的卷积（见上册式 (3.4.2)）。对于频率域解法来说，由于就是在频率域完成波数积分的，因此直接在频率域中求得地震矩张量谱与频率域 Green 函数的空间导数的乘积，之后进行离

散 Fourier 反变换，就得到了剪切位错点源产生的位移场。但是，对于时间域解法来说，直接得到的就是时间域的积分解，这么做并不方便。因此我们需要直接进行卷积运算。

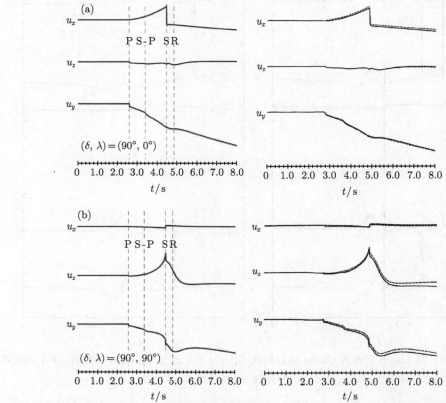

图 5.1.16　$(\phi_s, \delta) = (67.5°, 90°)$ 的剪切位错点源导致的位移（左）及与 Apsel (1979) 结果（右）的比较

(a) $\lambda = 0°$；(b) $\lambda = 90°$。震源时间函数为 $t_0 = 8$ s 的斜坡函数。左侧图中细实线为根据时间域解法的积分解计算的结果，粗灰线为根据频率域解法计算的结果；右侧图中，实线为 Apsel (1979) 的结果，虚线为根据 Johnson (1974) 的方法得到的结果

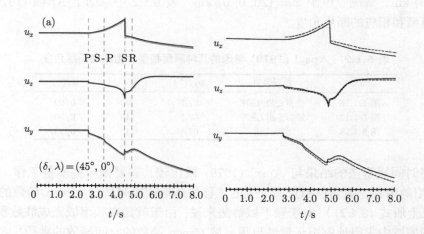

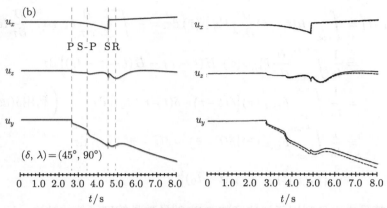

图 5.1.17　$(\phi_s, \delta) = (67.5°, 45°)$ 的剪切位错点源导致的位移（左）及与 Apsel (1979) 结果（右）的比较

说明与图 5.1.16 相同

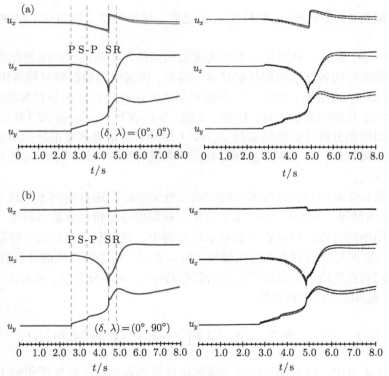

图 5.1.18　$(\phi_s, \delta) = (67.5°, 0°)$ 的剪切位错点源导致的位移（左）及与 Apsel (1979) 结果（右）的比较

说明与图 5.1.16 相同

根据 4.3.6 节，第二类 Lamb 问题 Green 函数的一阶导数积分解可以表示为积分的二阶时间导数，见式 (4.3.24)。在下面的推导中，为了书写方便，将 $G_{ij,k'}(t)$ 简记为 $\partial^2 F_{ij,k'}(\bar{t})/\partial t^2$。我们得到

$$R(t) * \frac{\partial^2}{\partial t^2} F_{ij,k'}(\bar{t}) = \int_{-\infty}^{+\infty} R(t-\tau) \frac{\partial^2}{\partial \tau^2} F_{ij,k'}(\bar{\tau}) \, \mathrm{d}\tau = -\int_{-\infty}^{+\infty} \frac{\partial}{\partial \tau} F_{ij,k'}(\bar{\tau}) \frac{\partial}{\partial \tau} R(t-\tau) \, \mathrm{d}\tau$$

$$= \frac{1}{t_0} \int_{-\infty}^{+\infty} \frac{\partial}{\partial \tau} F_{ij,k'}(\bar{\tau}) \big[H(t-\tau) - H(t-\tau-t_0) \big] \, \mathrm{d}\tau$$

$$= \frac{1}{t_0} \int_{-\infty}^{+\infty} F_{ij,k'}(\bar{\tau}) \big[\delta(t-\tau) - \delta(t-\tau-t_0) \big] \, \mathrm{d}\tau \qquad \left(利用 \delta(ax) = \frac{1}{|a|}\delta(x) \right)$$

$$= \frac{1}{t_0} \int_{-\infty}^{+\infty} F_{ij,k'}(\bar{\tau}) \big[\delta(\bar{t}-\bar{\tau}) - \delta(\bar{t}-\bar{\tau}-\bar{t}_0) \big] \, \mathrm{d}\bar{\tau}$$

$$= \frac{1}{t_0} \big[F_{ij,k'}(\bar{t}) - F_{ij,k'}(\bar{t}-\bar{t}_0) \big]$$

上式中第三个等号成立是利用了斜坡函数 $R(t)$ 的导数是箱型函数的结论，见上册式 (4.6.12)。根据上册式 (3.4.2)，我们得到剪切位错源产生的位移为

$$u_n(t) = M_{pq}(t) * G_{np,q'}(t) = M_{pq} R(t) * G_{np,q'}(t) = \frac{M_{pq}}{t_0} \big[F_{np,q'}(\bar{t}) - F_{np,q'}(\bar{t}-\bar{t}_0) \big] \quad (5.1.1)$$

在给定了断层倾角 δ、走向角 ϕ_s 和倾伏角 λ 之后，可以根据上册的式 (3.4.8) 计算地震矩张量 M_{pq}。

图 5.1.16 ~ 图 5.1.18 分别显示了不同倾角和倾伏角的断层所产生的位移场（左图），其中细实线为根据时间域解法的积分解计算的结果，粗灰线为根据频率域解法计算的结果，右图为 Apsel (1979) 的结果（实线），以及他利用 Johnson (1974) 的解计算的结果（虚线）。图中用虚线标出了几种震相的到时：P 波、S 波、S-P 波和 Rayleigh 波（R）。对于所有的情况，根据时间域积分解计算的结果与 Apsel（1979）的结果都有很好的一致性，同时与频率域解法的结果相比，除了在 S 波到时处，频率域解法的结果有 Gibbs 效应之外，二者的结果也是吻合的。

另外，这是在正确性检验部分唯一的时间函数为非阶跃函数的例子。对于时间函数是斜坡函数 $R(t)$ 的情况，在上册的 4.6.6.2 节中，我们曾经分析过其波形特征，典型表现是在波形上呈现箱型的特点。但是在当前显示的算例中，并没有观察到这个特征，这是由于 Apsel (1979) 选取的斜坡函数上升时间较长（$t_0 = 8 \, \mathrm{s}$），与当前算例的计算时间窗同长度，因此在这个时间窗长度内不会表现出明显的箱型特征[①]，而部分分量，比如图 5.1.16 (a) 中的 u_y，表现出明显的线性变化趋势。

5.2　第一类 Lamb 问题 Green 函数解的性质

在上册的 7.4 节中，曾经通过由频率域解法计算的算例从不同角度研究了 Lamb 问题的位移场，考察了不同形式的震源时间函数引起的位移场和质点运动轨迹之间的区别，并通过研究有限尺度的位错源产生的位移场，揭示了断层的尺度效应对位移场的影响。在本章接下来的几节中，将运用第 4 章中得到的时间域积分解继续补充研究三类 Lamb 问题

---

　① 在上册 4.6.2.2 节中，曾经研究过不同上升时间对无限空间中的位错点源产生的位移场的影响，见上册图 4.6.11。得到的结论是，上升时间越短，箱型的特征越突出；相反，上升时间越长，箱型的宽度越大，同时箱型的高度越低。当上升时间足够长的时候，就几乎看不到明显的箱型特征了。

Green 函数解，以及位错点源产生的位移场的性质。我们将限定时间函数为阶跃函数，考察点源（包括单力点源和位错点源[①]）产生的位移场的性质。这主要是基于以下考虑：任意时间变化、任意空间变化的源所引起的位移场都可以用时间函数为阶跃函数的点源解合成[②]，因此这种类型的震源所引起的位移场是基础。

本节首先考虑第一类 Lamb 问题 Green 函数解的性质。根据第一类 Lamb 问题 Green 函数的表达式 (4.4.6)，各个积分式 (4.4.7) 中与场点和源点位置有关的参数只有方位角 ϕ（参见图 4.1.1），而二者之间的距离 r 出现在最终表达式的系数中。这表明 r 和 ϕ 这两个与源、场点空间位置有关的参数对 Green 函数解的影响是不同的：Green 函数解按随 r 按 -1 次方衰减，这个行为清楚且简单，而随 ϕ 的变化较为复杂。由于我们的积分解都是以无量纲量来表达的，如果用 $\pi^2\mu r$ 乘以 Green 函数，得到的无量纲化的 Green 函数 $\bar{G}_{ij}^{(\mathrm{I})} = \pi^2\mu r G_{ij}^{(\mathrm{I})}$ 只是 ϕ 的函数。

根据这个特点，设计如图 5.2.1 所示的模型来考察 Green 函数解的性质。以点源所在位置为坐标原点建立坐标系，使得 Ox_1x_2 平面位于地表，而 x_3 轴垂直向下。在源所在点分别施加沿着几个坐标轴方向的阶跃函数力 $\boldsymbol{f}_1$、$\boldsymbol{f}_2$ 和 $\boldsymbol{f}_3$，从不同角度考察其产生的位移场的性质。

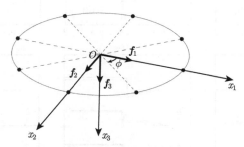

图 5.2.1　　第一类 Lamb 问题的模型示意图

Ox_1x_2 平面位于地表，x_3 轴垂直向下。O 为源点，考虑分别沿着三个坐标轴的时间函数为阶跃函数的单力 $\boldsymbol{f}_1$、$\boldsymbol{f}_2$ 和 $\boldsymbol{f}_3$。场点位于 Ox_1x_2 平面内的圆上 $\phi = i\pi/4\ (i = 0, 1, \cdots, 7)$ 位置处，用黑点表示

5.2.1　位移随时间的变化

首先考虑图 5.2.1 中所示的位于以 O 为圆心的圆上的 8 个不同方位的观测点处的位移随时间的变化情况：$\phi = 0,\ \pi/4,\ \pi/2,\ 3\pi/4,\ \pi,\ 5\pi/4,\ 3\pi/2,\ 7\pi/4$。

图 5.2.2 和图 5.2.3 分别显示了由水平点力 $\boldsymbol{f}_1$ 和 $\boldsymbol{f}_2$，以及垂直点力 $\boldsymbol{f}_3$ 导致的地表位移随时间的变化情况。横坐标为用 t_{S} 无量纲化的时间，对于每一位置处的位移分量，图中给出了不同 Poisson 比的结果（$\nu = 0.1$、0.25 和 0.4，分别用细灰线、粗黑线和细黑线表示）。由 Green 函数分量下标的含义（参见上册 2.4.1 节）可知，$\boldsymbol{f}_i\,(i = 1, 2, 3)$ 所产生的位移场的三个分量分别为 $\bar{G}_{1i}^{\mathrm{H}}$、$\bar{G}_{2i}^{\mathrm{H}}$ 和 $\bar{G}_{3i}^{\mathrm{H}}$。

---

①　只对第二类和第三类 Lamb 问题才考虑位错点源的情况，因为在真实的情况中，位错源是位于地下的。源位于地表的情况主要是爆破或陨石撞击等场合，考虑地表位错源没有实际意义。另外，根据上册的式 (3.4.2)，位错点源的位移场表示为地震矩张量和 Green 函数空间导数的卷积。而从数学角度看，第一类 Lamb 问题的源固定于地表，因此源的坐标不能在垂直于地面的方向上变化，不能对 x_3' 求导，从而无法对第一类 Lamb 问题计算位错点源产生的位移场。

②　在 4.3.5.1 节中曾说明了任意时间函数产生的位移场可以用阶跃函数产生的位移场来表示。此外，可以通过将源离散化成若干点源的叠加来实现任意空间变化的源引起的位移场的计算。

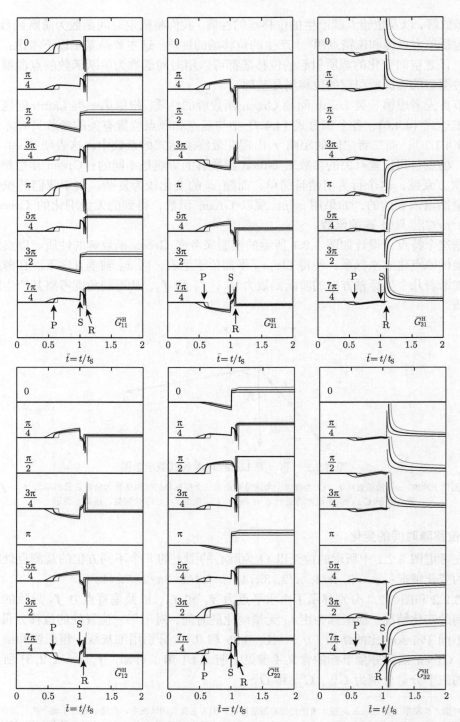

图 5.2.2　由时间函数为 $H(t)$ 的水平点力 $\boldsymbol{f}_1$（上）和 $\boldsymbol{f}_2$（下）导致的地表位移随时间的变化

横坐标为用 S 波到时 t_S 无量纲化的时间。对于每个位移分量，显示了 $\phi = i\pi/4$ $(i = 0, 1, \cdots, 7)$ 处的位移，对于每一位移，显示了三个 Poisson 比的结果：$\nu = 0.1$（细灰线）、0.25（粗黑线）和 0.4（细黑线）。对 $\nu = 0.25$ 在 P 波、S 波和 Rayleigh 波的到时处分别标出了 "P"、"S" 和 "R"。为了清楚地显示，对振幅过大的部分进行了截断

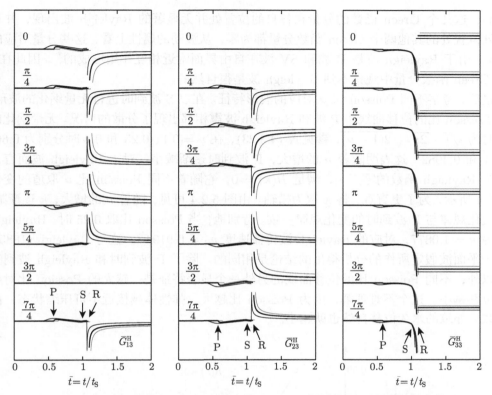

图 5.2.3 由时间函数为 $H(t)$ 的垂直点力 $\boldsymbol{f}_3$ 导致的地表位移随时间的变化

说明同图 5.2.2

对于图 5.2.2 中显示的由水平力产生的位移，从整体的空间分布上看有以下特征：

(1) $\bar{G}_{21}^{\mathrm{H}}(\phi) = \bar{G}_{12}^{\mathrm{H}}(\phi)$，也就是说，在地表的同一点处，$\boldsymbol{f}_1$ 产生的沿 x_2 方向的位移与 $\boldsymbol{f}_2$ 产生的沿 x_1 方向的位移是相等的。这由空间上的对称性不难看出。另外，从数学上看，式 (4.4.7) 的几个积分中涉及的矩阵 $\mathbf{R}$、$\mathbf{S}$ 和 $\mathbf{Q}$ 都满足 12 分量和 21 分量相等，因此这个结论是必然的。

(2) $\bar{G}_{22}^{\mathrm{H}}(\phi) = \bar{G}_{11}^{\mathrm{H}}(\phi + \pi/2)$，$\bar{G}_{32}^{\mathrm{H}}(\phi) = \bar{G}_{31}^{\mathrm{H}}(\phi + \pi/2)$。这同样是空间对称性的结果。例如，根据对称性，图 5.2.1 中 $\boldsymbol{f}_1$ 所指方向上的黑点处沿 x_1 轴方向的位移 $\bar{G}_{11}^{\mathrm{H}}(0)$ 与 $\boldsymbol{f}_2$ 所指方向上的黑点处沿 x_2 轴方向的位移 $\bar{G}_{22}^{\mathrm{H}}(\pi/2)$ 相等，其余类似。

(3) 对于每一个 Green 函数分量，由于空间对称性，位移波形随着方位角的改变也呈现出周期性变化的特征。例如，$\bar{G}_{\alpha\beta}^{\mathrm{H}}(\phi) = \bar{G}_{\alpha\beta}^{\mathrm{H}}(\phi + \pi)$，$\bar{G}_{3\beta}^{\mathrm{H}}(\phi) = -\bar{G}_{3\beta}^{\mathrm{H}}(\phi + \pi)$ $(\alpha, \beta = 1, 2)$。这意味着水平力产生的水平位移具有对称性，而产生的垂直位移具有反对称性。

从位移波形的特征上看，主要有三个震相：P 波、S 波和 Rayleigh 波[①]，在图 5.2.2 和图 5.2.3 中分别用 P、S 和 R 标出。在 Rayleigh 波到时处出现无穷大的振幅，这是第一类 Lamb 问题位移波形上的独有特征。值得注意的是 $\bar{G}_{11}^{\mathrm{H}}(\pi/2)$、$\bar{G}_{11}^{\mathrm{H}}(3\pi/2)$、$\bar{G}_{22}^{\mathrm{H}}(0)$ 和

---

① 第二类 Lamb 问题中的 S-P 波，在 $\theta = 90°$ 的极端情况下，到时等于 P 波到时，见图 5.1.7 和图 5.1.8，因此从第一类 Lamb 问题的波形上看不到 S-P 波。

$\bar{G}_{22}^{\mathrm{H}}(\pi)$，这几个 Green 函数的分量在各自的位置处并无显著的 Rayleigh 波出现，并且它们所处位置处的其他两个 Green 函数分量都为零，从波动的属性上看，这些分量对应的是 SH 波。由于 Rayleigh 波是 P 波和 SV 波在自由界面附近相互作用形成的[①]，因此在 SH 波的 Green 函数分量中观察不到 Rayleigh 波是很自然的。

最后，考察不同 Poisson 比 ν 对应的波形特征。在以 S 波到时进行无量纲化的波形中，不同 Poisson 比的位移曲线中 P 波和 Rayleigh 波震相都出现了分散的情况。无量纲化的 P 波到时为 $\sqrt{1-2\nu}/\sqrt{2(1-\nu)}$，参见式 (4.3.23)，在 $\nu = 0.1$、0.25 和 0.4 时分别为 0.6677、0.5774 和 0.4082。这表明随着 ν 的增大，P 波到时逐渐减小。对于 Rayleigh 波而言，其到时为 Rayleigh 函数的零点 κ，满足 $R(\kappa) = 0$，它随着不同 Poisson 比 ν 取值的变化如图 5.2.4 所示，为了更直观，将 κ 取为横轴。由图 5.2.4 可见，随着 ν 的增大，κ 逐渐减小，这个变化规律与 P 波到时的变化规律一致。特别地，当 Poisson 比取 0.25 时，Rayleigh 波到时为 $\kappa = 1.0877$，对应的 Rayleigh 波传播速度 $v_{\mathrm{R}} = 0.9194\beta$。这与 Rayleigh (1885) 最初基于平面波假定所作的分析得出的结论是相同的。除了 P 波到时和 Rayleigh 波到时的不同以外，不同 Poisson 比的位移曲线的另外一个显著特征是，越大的 Possion 比对应的永久位移越小。这个不难理解，因为 Poisson 比越大，弹性体越接近不可压缩状态，由阶跃函数力导致的永久位移自然也就越小。

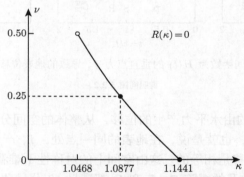

图 5.2.4　不同 Poisson 比 ν 取值时的以 t_{S} 无量纲化的 Rayleigh 波到时 κ 的变化

Poisson 比从 0 增大到 0.5，对应地，κ 从 1.1441 减小到 1.0468。在 Possion 体情况下 ($\nu = 0.25$)，Rayleigh 波到时 $\kappa = 1.0877$ 用虚线显示

对于图 5.2.3 中显示的由垂直力产生的位移，空间分布上也由于对称性呈现周期的特征，$\bar{G}_{23}^{\mathrm{H}}(\phi) = \bar{G}_{13}^{\mathrm{H}}(\phi + \pi/2)$，并且所有位置处的 $\bar{G}_{33}^{\mathrm{H}}$ 分量都相同。波形特征与水平力导致的位移类似，读者可自行分析，不再赘述。

5.2.2　质点运动轨迹

尽管位移随时间的变化曲线中已经包含了所有的波场信息，但是更为直观地把握空间某一点处运动情况的方式还是利用三分量位移的信息直接绘出不同时刻质点在空间的运动轨迹。图 5.2.5 给出了时间函数为 $H(t)$ 的水平点力和垂直点力导致的图 5.2.1 中所示的圆

---

① 在上册的第 6 章中，运用频率域内的基函数展开方法求解 Green 函数的结果式 (6.4.22) 和 (6.4.23) 中，与 Rayleigh 波形成有关的 Rayleigh 函数只出现在 P-SV 情形求解系统中的位移展开系数中，而与 SH 情形对应的系数无关。

上的 8 个不同方位的观测点处的地表质点运动轨迹。由于 f_1 和 f_2 都是水平力，只有方向上的差异，由它们导致的质点运动轨迹相似，也只有方位上的差异，因此只以 f_1 为例显示了水平力的结果。运动轨迹上相邻的黑点之间的时间间隔相同，因此可以从黑点的疏密判断运动的快慢：较密集的地方质点运动较慢；反之，较稀疏的地方质点运动较快。

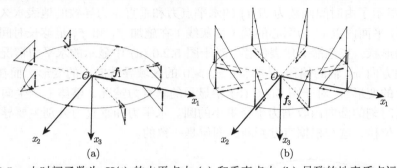

图 5.2.5　由时间函数为 $H(t)$ 的水平点力 (a) 和垂直点力 (b) 导致的地表质点运动轨迹

(a) 作用在原点的沿 x_1 轴方向的集中力 f_1 导致的结果；(b) 作用在原点的沿 x_3 轴方向的集中力 f_3 导致的结果。图中画出了位于 Ox_1x_2 平面内的圆上 $\phi = i\pi/4$ $(i = 0, 1, \cdots, 7)$ 位置处的质点运动情况。运动轨迹上的黑色圆点为时间上等间距的各个时刻

在图 5.2.5 (a) 显示的水平点力导致的质点运动轨迹中，可以观察到在 $\phi = 0$, $\pi/4$, $3\pi/4$, π, $5\pi/4$, $7\pi/4$ 几个位置处，质点在 P 波到达后首先在起始位置处"缓慢"地运动，在 S 波到达后立刻跳至另外一个位置处并沿着半径方向（图中的虚线）运动，$\phi = 0$, $\pi/4$, $7\pi/4$ 处的三个质点沿着向圆心的方向运动，而 $\phi = 3\pi/4$, π, $5\pi/4$ 处的三个质点沿着远离圆心的方向运动。在 Rayleigh 波到时处，质点突然迅速跳离 x_1x_2 平面，$\phi = 0$, $\pi/4$, $7\pi/4$ 处的三个质点跳到最初的自由界面以下，而 $\phi = 3\pi/4$, π, $5\pi/4$ 处的三个质点跳到最初的自由界面以上。随后，质点沿着平行于 x_3 轴的方向逐渐回归到最初的水平面附近。$\phi = \pi/2$ 和 $3\pi/2$ 处的两个质点运动情况较为特殊，始终沿着平行于 x_1 轴的方向运动，这正是 SH 波，因此没有 Rayleigh 波出现。

垂直点力导致的质点运动轨迹也是类似的，如图 5.2.5 (b) 所示，同样地，质点在 P 波到达后首先在起始位置处"缓慢"地运动，与水平力的情况不同的是，垂直力作用的情况下在 S 波到达后，质点位置没有产生明显的变化，只是沿着平行于 x_3 轴的方向向着远离水平面的方向运动。在 Rayleigh 波到时处，质点突然向圆心汇聚并迅速跳至最初的水平面以下，此后在与最初的水平面平行的平面内，各自沿着远离圆心的方向到达最初各自所处的位置附近。

第一类 Lamb 问题 Green 函数最突出的特征是 Rayleigh 波的行为，在位移波形中，Rayleigh 波到时处有无穷大的位移，体现在质点运动轨迹上就是突然跳至另外一个位置[①]。

5.2.3　地表永久位移

时间函数为阶跃函数的源产生的位移场的重要特征是存在永久位移。在 5.2.2 节描述质点运动轨迹时，已经观察到无论是水平点力还是垂直点力，其产生的质点运动，在 Rayleigh

---

① 这可能有违直观的想象，但这是基于严谨的数学分析得出的对于理想弹性介质成立的结论。这或许也正是科学的神奇之处吧。

波到时之后，均逐渐回归到最初位置附近。详细地考察这些质点最终产生的位移，即永久位移是必要的。这是因为永久位移与时间无关的属性提供了位移场空间分布的信息，而且它是可以通过 GPS 等手段直接测量的，能为反演工作提供更多的约束，因此具有重要的地震学意义[①]。

图 5.2.6 显示了由时间函数为 $H(t)$ 的水平点力和垂直点力导致的地表永久位移。初始时刻位于 x_1x_2 平面内以 O 为圆心的圆（细灰线）在施加 $\boldsymbol{f}_1$ 和 $\boldsymbol{f}_3$ 足够长时间之后，变为粗黑线显示的形状，灰色箭头代表位移。对于图 5.2.6 (a) 中显示的水平力情况，整体上产生沿着力作用方向 x_1 轴的偏移，同时在 $x_1 > 0$ 的区域导致向下的变形，而在 $x_1 < 0$ 的区域导致向上的变形[②]。对于图 5.2.6 (b) 中显示的垂直力情况，整体上产生向下的垂直位移，同时初始时刻的圆向内收缩为半径更小的圆。水平力和垂直力分别主要导致水平和垂直方向的永久位移，这与根据直觉判断的图像是一致的。

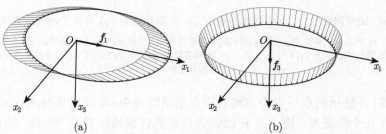

(a)　　　　　　　　　　　　　　　　(b)

图 5.2.6　由时间函数为 $H(t)$ 的水平点力 (a) 和垂直点力 (b) 导致的地表永久位移

(a) 作用在原点的沿 x_1 轴方向的集中力 $\boldsymbol{f}_1$ 导致的结果；(b) 作用在原点的沿 x_3 轴方向的集中力 $\boldsymbol{f}_3$ 导致的结果。为了对比，显示了初始时刻的圆（细灰色）在足够长时间之后的形状（粗黑线），用灰色箭头标出了位移

5.2.4　地表位移的快照

为了更形象和全面地观察第一类 Lamb 问题由施加在地表的作用力产生的地表动态变化以及永久位移的分布情况，图 5.2.7 显示了由 $\boldsymbol{f}_1$、$\boldsymbol{f}_2$ 和 $\boldsymbol{f}_3$ 导致的动态地表震动的快照。图 5.2.7 中 4 km×4 km 的区域被划分为 20×20 个正方形，显示了从 t=0.1 s 到 0.6 s 的时段内，间隔为 0.1 s 的不同时刻的网格位置变化的快照。半径由大到小的圆圈分别代表 P 波、S 波和 Rayleigh 波的波前（t=0.4 s 和 0.5 s，只显示了 S 波和 Rayleigh 波的波前，而 t=0.6 s 只显示了 Rayleigh 波波前）。

---

① 在上册 4.5.1 节中对无限空间 Green 函数性质的讨论中，我们曾经分别考察 Green 函数随时间和空间变化的性质。无限空间简单的介质模型使得解中自然地实现了空间变量和时间变量的分离，因此能够进行详细的空间变化性质考察，辐射图案就是重要的内容。但是对于半空间模型的 Lamb 问题而言，时间变量和空间变量是以复杂的方式参与最终的积分解的，无法实现分离，如果仍然考虑辐射图案，那么这是与时间有关的。换句话说，就是每个时刻的辐射花样都不同，这就不具有现实的意义。但是，永久位移是在时间变量趋于无穷大之后的位移，是与时间无关的，针对它研究空间变化性质能为了解震源性质提供有用的信息。

② 这个图像看起来有些违背直觉，因为根据直觉判断，施加 $\boldsymbol{f}_1$ 之后，它前方的部分在 x_1 方向被压缩，从而在 x_3 方向将膨胀，参见上册图 7.5.1。实际上，对于有一定埋深的水平力一定范围内产生的永久位移确实如此 (见上册图 7.4.1)，靠近作用力的地方确实永久位移向上，而一定距离之外的永久位移就是向下的了，但是随力的作用位置变浅 (见上册图 7.4.2)，永久位移就变成都向下了。

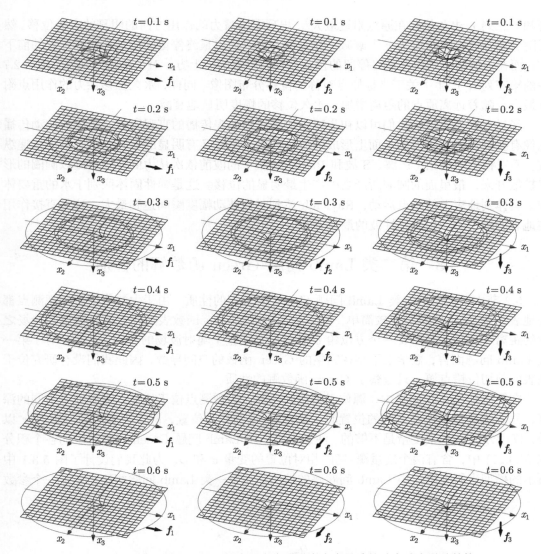

图 5.2.7 由时间函数为 $H(t)$ 的水平点力和垂直点力导致的动态地表震动的快照

从左到右的三列分别代表作用在原点的沿 x_1 轴、x_2 轴和 x_3 轴方向的集中力 $\boldsymbol{f}_1$、$\boldsymbol{f}_2$ 和 $\boldsymbol{f}_3$ 导致的结果（为了不遮挡，将作用于原点的力矢量平移到各子图的右下方）。研究的区域为 4 km×4 km 的区域，划分为 20×20 个正方形。显示了从 t=0.1 s 到 0.6 s 的时段内，间隔为 0.1 s 的不同时刻的快照。图中从外到内的三个圆圈分别代表 P 波、S 波和 Rayleigh 波的波前位置（$t = 0.4$ s 和 0.5 s 只显示了 S 波和 Rayleigh 波的波前位置，而 $t = 0.6$ s 只显示了 Rayleigh 波的波前位置）

从图 5.2.7 中可以清楚地看到，在坐标原点处[①]施加的沿着三个坐标轴方向施加的阶跃函数力产生的弹性波以圆为波前向四周扩散，P 波和 S 波波前处的运动幅度相对较小，而 Rayleigh 波波前处的运动幅度最大，表现为半径最小的圆圈经过的位置处产生的瞬时位移幅度最大，这也是第一类 Lamb 问题最显著的特征。在波前传播过的区域，留下永久位移，这是以阶跃函数为时间函数的力产生的位移的特征。对于水平力来说（图 5.2.7 中的第一

---

① 为了不遮挡图 5.2.7 中显示的内容，将表征作用力的矢量平移至各个子图的右下方。

列和第二列), 永久位移在原点附近最大[①], 出现了沿着力的作用方向的明显的永久位移, 然后随着离开原点的距离呈 r^{-1} 衰减。在力的前方, 质点最终停留的位置为初始位置的前下方; 而在力的后方, 质点最终停留的位置为初始位置的后上方。对于垂直力来说 (图 5.2.7 中的第三列), 产生了关于坐标原点对称的位移分布图像。同样, 永久位移在力的作用点附近最大, 随着远离原点的距离增加, 永久位移的幅度明显地衰减。

经过上面的讨论, 我们可以初步建立地震波在地表传播的直观印象。整体的波动传播图像有些类似于石子投到水面上形成的波纹传播, 但是又有明显的不同。水中只能传递纵波, 而三种不同震相 (P 波、S 波和 Rayleigh 波) 的波前依次从力的作用点处以圆圈的形状扩散开来, 最里面的圆圈所经之处产生最明显的位移。这是弹性固体区别于水的重要体现。具体到地表上的质点运动, Rayleigh 波到时处波动幅度瞬间达到最大, 这是直接作用在地表的集中力产生的弹性波的最显著特征。

5.3　第二类 Lamb 问题 Green 函数解的性质

5.2 节中研究了第一类 Lamb 问题 Green 函数解的性质, 由于力的作用点和观测点都在地表, 源–场位置相对比较简单, 除了只出现在 Green 函数表达式中的系数里的源场之间的距离 r 以外, 只需要一个方位角 ϕ 就可以描述整个辐射波场的行为。并且, 对于第一类 Lamb 问题而言, 数学上不存在完整的 Green 函数的空间导数, 因此我们没有研究位于地表的剪切位错点源, 只考察了 Green 函数解的性质。

在第二类 Lamb 问题中, 源位于半空间内部, 而观测点位于地表。当源处于不同的深度, 而观测点位于地表不同的位置时, 描述源–场的相对位置, 除了二者之间的距离 r 以外, 仅用方位角 ϕ 来度量是不够的。注意到第二类 Lamb 问题 Green 函数解中的各个积分式 (4.3.21) 中, 含有两个度量源–场的相对位置的变量 θ 和 ϕ, 为此我们设计了图 5.3.1 中所示的模型来研究第二类 Lamb 问题解的性质。与第一类 Lamb 问题相比, 多了一个参数

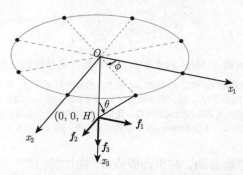

图 5.3.1　第二类 Lamb 问题的模型示意图

Ox_1x_2 平面位于地表, x_3 轴垂直向下。在 $(0,0,H)$ 处分别沿着三个坐标轴的时间函数为阶跃函数的单力 $\boldsymbol{f}_1$、$\boldsymbol{f}_2$ 和 $\boldsymbol{f}_3$。场点位于 Ox_1x_2 平面内的圆上 $\phi = i\pi/4$ $(i = 0, 1, \cdots, 7)$ 位置处, 用黑点表示。θ 为圆上任意一点和源点连线与垂直方向的夹角, ϕ 为各个场点与坐标原点的连线与 x_1 轴正向的夹角, 顺时针为正

---

① 从理论上讲, 原点为物理奇点, 它的位移是无法量度的。但为了形象地显示完整的结果, 图 5.2.7 中原点处的位移实际上是偏离了原点一个很小的距离处对应的位移。

θ。为了全面地考虑不同源–场位置的空间组合下波场的行为，我们需要研究不同 θ 的情况下，图 5.3.1 中圆上的黑点处的波场性质。在本节中，我们将分别显示位移随时间的变化情况、质点运动轨迹和地表永久位移[①]。本节计算并显示的 $\bar{G}_{ij}^{\mathrm{H}} = \bar{G}_{ij}^{(\mathrm{II})\mathrm{H}} = \pi^2 \mu r G_{ij}^{(\mathrm{II})\mathrm{H}}$。

5.3.1　位移随时间的变化

　　首先显示的由不同方向的集中脉冲力导致的 Green 函数分量随时间的变化。根据 5.2.1 节中显示的第一类 Lamb 问题的不同方向单力导致的 Green 函数分量随时间变化的讨论，由于 $\boldsymbol{f}_1$ 和 $\boldsymbol{f}_2$ 都是水平力，区别仅在于作用方向不同，由它们所引起的 Green 函数分量 $\bar{G}_{i1}^{\mathrm{H}}(\phi)$ 和 $\bar{G}_{i2}^{\mathrm{H}}(\phi)$ 之间满足一定的关系。这些关系对于第二类 Lamb 问题仍然成立，当然前提是对于相同的 θ。因此这里我们讨论 Green 函数的分量随时间的变化，重点不在于比较由不同方向的力导致的 Green 函数分量之间的关系，而在于不同的 θ 取值时对应的 Green 函数分量随时间变化的行为之间的区别。

　　图 5.3.2 ~ 图 5.3.4 中分别显示了 $\theta = 15°$、$60°$ 和 $88°$ 时水平点力 $\boldsymbol{f}_1$ 和垂直点力 $\boldsymbol{f}_3$ 导致的地表位移随时间的变化。作为比较，显示了不同的 Possion 比取值情况下的结果，

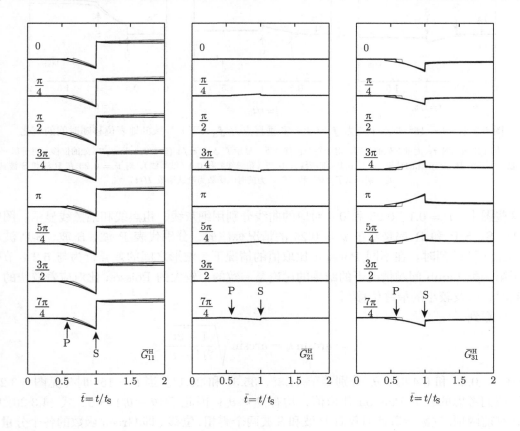

---

① 在 5.2 节中，对于第一类 Lamb 问题，我们还显示了地表位移的快照。由于在第二类和第三类 Lamb 问题中，描述源–场位置涉及更多的参数，位移快照对于不同参数图像虽有所差别，但是大致的图像与第一类 Lamb 问题中显示的类似。为了节省篇幅，就不再显示位移快照了。读者可以根据不同源–场组合下各个 Green 函数分量随时间的变化曲线，以及质点运动图像脑补位移快照的图像。

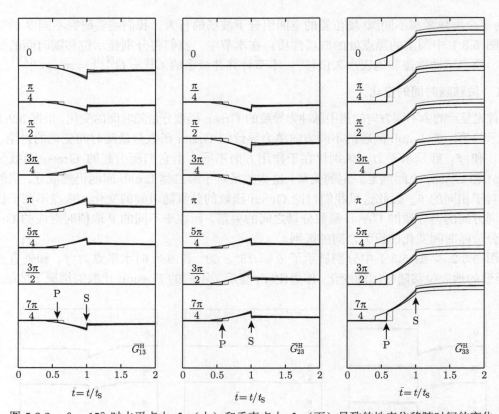

图 5.3.2　$\theta = 15°$ 时水平点力 $\boldsymbol{f}_1$（上）和垂直点力 $\boldsymbol{f}_3$（下）导致的地表位移随时间的变化

横坐标为用 S 波到时 t_{S} 无量纲化的时间。对于每个位移分量，显示了 $\phi = i\pi/4\ (i = 0, 1, \cdots, 7)$ 处的位移，对于每一位移，显示了三个 Poisson 比的结果：$\nu = 0.1$（细灰线）、0.25（粗黑线）和 0.4（细黑线）。对 $\nu = 0.25$ 在 P 波和 S 波到时处分别标出了 "P" 和 "S"。力的时间函数为阶跃函数 $H(t)$

在这些图中，$\nu = 0.1$、0.25 和 0.4 对应的曲线分别用细灰线、粗黑线和细黑线显示。图中的 P、S、S-P 和 R 都是对于 $\nu = 0.25$ 的情况标注的，分别代表 P 波、S 波、S-P 波和 Rayleigh 波的到时。在不同 Poisson 比取值的情况下，波形之间的差异行为与 5.2.1 节中关于第一类 Lamb 问题情况下的结果的讨论是一致的：较大的 Poisson 比对应着较快的 P 波到时，以及较小的最终位移[①]。

注意到

$$\theta_{\mathrm{c}} = \arcsin k = \arcsin \sqrt{\frac{1 - 2\nu}{2(1 - \nu)}}$$

$\nu = 0.1$、0.25 和 0.4 时，θ_{c} 分别等于 $41.8°$、$35.3°$ 和 $24.1°$。当 $\theta = 15°$ 时（见图 5.3.2），对于我们考虑的三个 Poisson 比取值，均有 $\theta < \theta_{\mathrm{c}}$，因此 $H(\theta - \theta_{\mathrm{c}}) = 0$，式 (4.3.20) 中仅含有前两项。这意味着此时仅有 P 波和 S 波两个震相，位移（即 Green 函数的各个分量）

---

① 在 5.2.1 节中已经解释过，这是由于 Poisson 比越大，弹性体越趋向于不可压缩。极端情况下（$\nu = 0.5$），弹性体的体积不能改变，仅仅形状可以产生变化，这时纵波可瞬间到达；但是最终位移不会降为零，这是因为"不可压缩"并不意味着弹性不会发生形变，只是总体积不会发生变化。

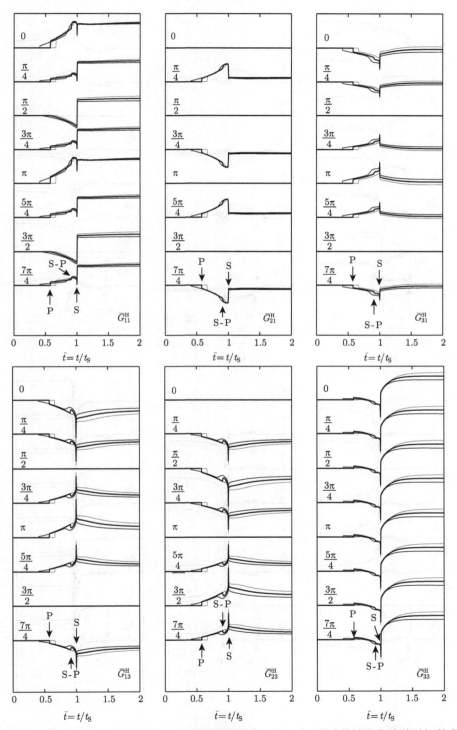

图 5.3.3　$\theta = 60°$ 时水平点力 $\boldsymbol{f}_1$（上）和垂直点力 $\boldsymbol{f}_3$（下）导致的地表位移随时间的变化

说明同图 5.3.2

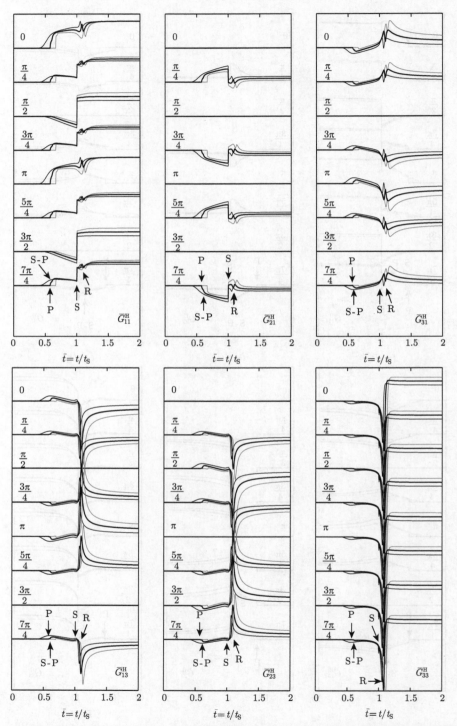

图 5.3.4　$\theta = 88°$ 时水平点力 $\boldsymbol{f}_1$（上）和垂直点力 $\boldsymbol{f}_3$（下）导致的地表位移随时间的变化

说明同图 5.3.2

随时间的变化行为非常简单。水平力和垂直力都主要引起沿着力施加方向的位移（即 $\bar{G}_{11}^{\mathrm{H}}$ 和 $\bar{G}_{33}^{\mathrm{H}}$），对于 $\bar{G}_{33}^{\mathrm{H}}$ 而言，由于对称性，波形完全不随方位角变化；而对于 $\bar{G}_{11}^{\mathrm{H}}$ 而言，虽然与方位角有关，但是此时由于 θ 较小，Green 函数分量随方位角的变化不明显，位移波形基本不随方位角 ϕ 的改变而产生变化。注意到 $\bar{G}_{11}^{\mathrm{H}}$ 分量，与第一类 Lamb 问题的情况类似，在 $\phi = \pi/2$ 和 $3\pi/2$ 处为 SH 波，质点运动的偏振方向为沿着 x_1 方向，因此另外两个分量 $\bar{G}_{21}^{\mathrm{H}}$ 和 $\bar{G}_{31}^{\mathrm{H}}$ 均为零。其他 Green 函数分量始终为零都是与对称性有关。

当 $\theta = 60°$（图 5.3.3）和 88°（图 5.3.4）时，三个 Poisson 比取值均有 $\theta > \theta_c$，因此 $H(\theta - \theta_c) = 1$，式 (4.3.20) 中含有完整的四项。此时的位移波形中除了 P 波和 S 波两个震相以外，还含有 S-P 波，对于 $\theta = 88°$ 的情况，Rayleigh 波比较显著。显然，与图 5.3.2 相比，图 5.3.3 和图 5.3.4 中的位移波形要复杂得多。图 5.3.3 中几乎看不到明显的 Rayleigh 波，而图 5.3.4 中就有非常明显的 Rayleigh 波了，特别对于垂直力导致的位移更为明显。

另外有两个值得注意的有趣现象：

(1) $\bar{G}_{11}^{\mathrm{H}}$ 分量在 $\theta = 60°$ 和 88° 的情况下随方位角的变化较为明显，并且 $\bar{G}_{21}^{\mathrm{H}}$ 分量在 $\theta = 15°$ 时振幅较小，而在 $\theta = 60°$ 和 88° 时振幅显著增加。这种现象可以直观地解释为：对于地表固定的位置而言，θ 越小，意味着源点离地表越远，施加的水平力在沿力的方向上产生的位移特征对方位的依赖性就越不明显；同时，在垂直于力的施加方向的另一个水平方向上引起的质点运动阻力就更大[①]。

(2) $\theta = 15°$ 时 S 波的震相只是在到时处产生波形的跳变，这是阶跃函数的时间函数力产生位移场的典型特征；但是对于 $\theta = 60°$ 和 88° 的情况，S 波震相出现明显的尖峰，特别是对于垂直力产生的位移分量更为明显。我们曾经在 4.3.5.4 节中从理论上分析过这个问题，这是来自 $\theta > \theta_c$ 时才起作用的式 (4.3.21c) 和 (4.3.21d) 中在 $\bar{t} = 1$ 时的不可去奇异性。这个奇异性仅在 $\theta > \theta_c$ 情况下的 S 波到时处才出现[②]。这也是第二类 Lamb 问题 Green 函数解的有趣特征。

5.3.2 质点运动轨迹

图 5.3.5 给出了不同 θ 取值的水平点力 $\boldsymbol{f}_1$ 和垂直点力 $\boldsymbol{f}_3$ 导致的 8 个不同方位的观测点处的地表质点运动轨迹（参见图 5.3.1 中所示的圆上的黑点）。在固定几个观测点位置的情况下，不同的 θ 值等价于源点的深度不同。

从图 5.3.5 中可以清楚地看到，整体上，不同方向施加的力主要引起沿着力施加方向的位移。对于 $\theta = 15°$ 的情况，水平力引起的质点运动，见图 5.3.5 (a)，首先在 P 波到达后沿着 x_1 轴的反方向缓慢运动，然后在 S 波到达时迅速反向跳变至初始位置的另外一侧，之后几乎保持不动；而垂直力引起的质点运动与此不同，见图 5.3.5 (b)，在 P 波到达后就沿着力施加的方向进行汇聚运动，在 S 波到达时跳变到另外一距离不远的位置，然后产生微小的缓慢运动。

水平力 $\boldsymbol{f}_1$ 在另外两种 θ 取值 60° 和 88° 时产生的质点运动与 15° 时有显著的不同。

---

① 对于源点位于地表的极端情况，即第一类 Lamb 问题，图 5.2.2 中显示的 $\bar{G}_{21}^{\mathrm{H}}$ 和 $\bar{G}_{11}^{\mathrm{H}}$ 的幅度相当，这是由于在自由界面施加的水平力附近，是界面自由的，沿着 x_2 方向的运动阻力要显著小于在半空间内部施加的情况。

② 这就导致了数值计算过程中，如果取的时间步长不足够小，在波形上根本不会有所体现。

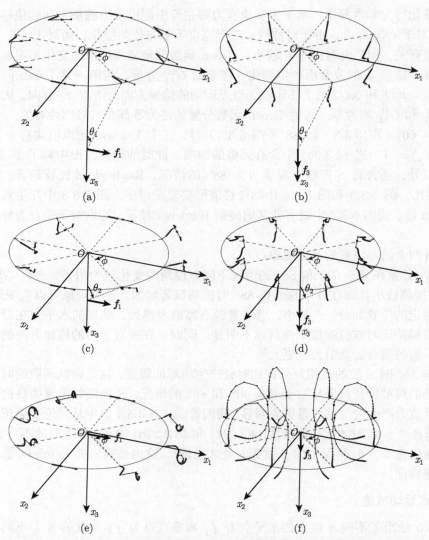

图 5.3.5　不同 θ 取值的水平点力和垂直点力导致的地表质点运动轨迹

(a) $\theta_1 = 15°$ 时 $\boldsymbol{f}_1$ 导致的结果；(b) $\theta_1 = 15°$ 时 $\boldsymbol{f}_3$ 导致的结果；(c) $\theta_2 = 60°$ 时 $\boldsymbol{f}_1$ 导致的结果；(d) $\theta_2 = 60°$ 时 $\boldsymbol{f}_3$ 导致的结果；(e) $\theta_3 = 88°$ 时 $\boldsymbol{f}_1$ 导致的结果；(f) $\theta_3 = 88°$ 时 $\boldsymbol{f}_3$ 导致的结果。图中画出了位于 Ox_1x_2 平面内的圆上 $\phi = i\pi/4$ $(i = 0, 1, \cdots, 7)$ 位置处的质点运动情况。运动轨迹上的黑色圆点为时间上等间距的各个时刻。力的时间函数为阶跃函数 $H(t)$

如图 5.3.5 (c) 和 (e) 所示，除了在 $\phi = \pi/2$ 和 $3\pi/2$ 处的 SH 波质点运动几乎不变以外，其他位置处均有明显的变化：质点在 P 波到达后并不先沿着 x_1 轴的反向运动，而是直接沿着 x_1 轴正向运动，同时在力的作用方向前方的质点向上运动，而在力的作用方向后方的质点向下运动。由于此时多了 S-P 震相，运动更为复杂，在 S 波达到时仍然出现明显的位置跳变。特别值得注意的是图 5.3.5 (e) 中在 S 波跳变后不久，质点运动出现了明显的近逆行椭圆的轨迹。这正是 Rayleigh 波。

Rayleigh 波在垂直力引起的质点运动中更为显著。对于 $\theta = 60°$ 的情况，见图 5.3.5 (d)，在 P 波到达后，首先缓慢地向上运动，然后在 S 波达到之后跳变至地面以下，最终缓慢地画一个弧线达到最终位置。这个弧线就是 Rayleigh 波。对于图 5.3.5 (f) 中显示的 $\theta = 88°$ 的情况，几乎看不到其他任何震相，而只能看到明显的 Rayleigh 波了。质点在 P 波到达之后首先在初始位置附近小幅度地缓慢运动，然后在 Rayleigh 波达到时，迅速地画出一个近逆行椭圆的轨迹，最终缓慢地运动到一个固定的位置。

5.3.3　地表永久位移

图 5.3.6 显示了不同 θ 取值的水平点力和垂直点力导致的地表永久位移。初始时刻位

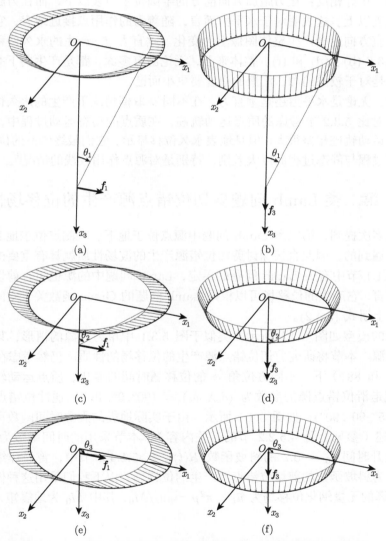

图 5.3.6　不同 θ 取值的水平点力和垂直点力导致的地表永久位移

(a) $\theta_1 = 15°$ 时 $\boldsymbol{f}_1$ 导致的结果；(b) $\theta_1 = 15°$ 时 $\boldsymbol{f}_3$ 导致的结果；(c) $\theta_2 = 60°$ 时 $\boldsymbol{f}_1$ 导致的结果；(d) $\theta_2 = 60°$ 时 $\boldsymbol{f}_3$ 导致的结果；(e) $\theta_3 = 88°$ 时 $\boldsymbol{f}_1$ 导致的结果；(f) $\theta_3 = 88°$ 时 $\boldsymbol{f}_3$ 导致的结果。为了对比，显示了初始时刻的圆（细灰色）在足够长时间之后的形状（粗黑线），用灰色箭头标出了位移

于 x_1x_2 平面内以 O 为圆心的圆（细灰线），在施加 f_1 和 f_3 足够长时间之后，变为粗黑线显示的形状，灰色箭头代表位移。与之前考虑质点运动轨迹类似，对于地表上固定的源，不同的 θ 值等价于源点的深度不同。

对于水平力 f_1，主要产生沿着 x_1 方向的水平永久位移，相比之下，沿 x_2 和 x_3 方向的永久位移要小很多。在力施加方向前方的半圆在 x_2 轴方向上略膨胀，而在力施加方向后方的半圆略收缩，这在 $\theta = 15°$ 的情况下尤其不明显，见图 5.3.6 (a)。比较有趣的现象是沿着垂直方向的永久位移。对于 $\theta = 15°$ 和 $60°$，见图 5.3.6 (a) 和 (c)，在力施加方向前方的半圆位于地表以上，而在力施加方向后方的半圆位于地表以下；但是对于 $\theta = 88°$，见图 5.3.6 (e)，正好相反：在力施加方向前方的半圆位于地表以下，而在力施加方向后方的半圆位于地表以上。这表明对于水平力而言，随着力的作用点接近地表，它引起的地面永久位移在垂直方向上会产生整体图像上的变化。垂直力 f_3 产生的永久位移图像要简单得多，见图 5.3.6 (b)、(d) 和 (f)。整体来看，无论源有多深，都是产生向下并且略汇聚的永久位移，只是对于较深的源，汇聚的幅度要更小而已。

总的说来，无论是水平力还是垂直力，在不同 θ 取值情况下产生的永久位移图像大致上是一致的。对比 5.3.2 节考虑的质点运动轨迹，在质点的动态运动过程中，不同深度的力引起的质点运动轨迹相差很大，但是地表永久位移显示，它们最终停留的位置相距不远。这说明了动态过程与静态过程的巨大差别，特别是对源点作用较浅的情况[①]。

5.4　第二类 Lamb 问题剪切位错点源产生的位移场性质

前面曾经多次提到，第二类 Lamb 问题中源点位于地下、观测点位于地表的情况是地震学中最经常遇到的，因此直接探讨剪切位错源产生的波场性质就具有重要的意义。根据我们在上册 1.1.1 节中有关 Lamb 问题的界定，Lamb 问题中的源也包含剪切位错源。对于位错点源而言，它产生的位移场可以根据 Lamb 问题的 Green 函数关于空间坐标的导数组合而成，见上册式 (3.4.2)。

本节考虑的模型如图 5.4.1 所示，类似于图 5.3.1 中单力点源的情形，只是把源替换为剪切位错点源。本节将研究剪切位错点源产生的位移场的性质。仍然考虑在不同的 θ 取值（$15°$、$60°$ 和 $88°$）下，不同方位角 ϕ 的位移随时间的变化、质点运动轨迹，以及永久位移。左旋走滑位错点源的参数为 $(\delta, \lambda, \phi_s) = (90°, 0°, 45°)$，逆冲位错点源的参数为 $(\delta, \lambda, \phi_s) = (45°, 90°, 90°)$，如图 5.4.1 所示。由于实际地震的震源时间函数可以用斜坡函数 $R(t)$ 来描述（参见上册 4.5.2.2 节的有关内容），本节采用的时间函数为用 S 波到时无量纲化的上升时间 $\bar{t}_0 = 0.2$ 的斜坡函数 $R(t)$。在 5.1.4.2 节中，曾经详细讨论过如何计算时间函数为斜坡函数的剪切位错点源产生的位移场。以下我们采用这种做法获得位移场。本节中计算的无量纲化位移场为 $\bar{u}_i = \pi^2 \mu r^2 \bar{t}_0 u_i / M_0$，其中 M_0 为地震矩（参见上册第 57 页）。

---

① 这对防震工作有些启示，地震波的动态过程对建筑物的破坏需要给予足够的重视。

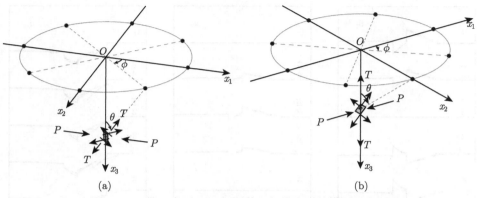

图 5.4.1 第二类 Lamb 问题剪切位错点源的模型示意图

(a) 左旋走滑位错点源；(b) 逆冲位错点源。Ox_1x_2 平面位于地表，x_3 轴垂直向下。场点位于 Ox_1x_2 平面内的圆上 $\phi = i\pi/4$ ($i = 0, 1, \cdots, 7$) 位置处，用黑点表示。θ 为圆上任意一点和位错点源连线与垂直方向的夹角，ϕ 为各个场点与坐标原点的连线与 x_1 轴正向的夹角，顺时针为正。图中标出了位错点源的等效体力，以及 P、T 轴

5.4.1 位移随时间的变化

图 5.4.2 ~ 图 5.4.4 中分别显示了 $\theta = 15°$、$60°$ 和 $88°$ 时左旋走滑位错点源（上图）和逆冲位错点源（下图）导致的地表位移随时间的变化。作为比较，也显示了不同的 Possion

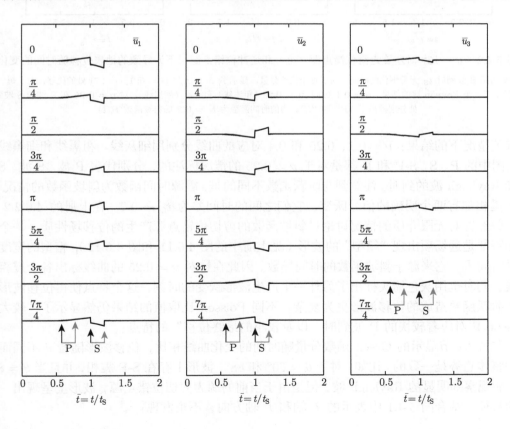

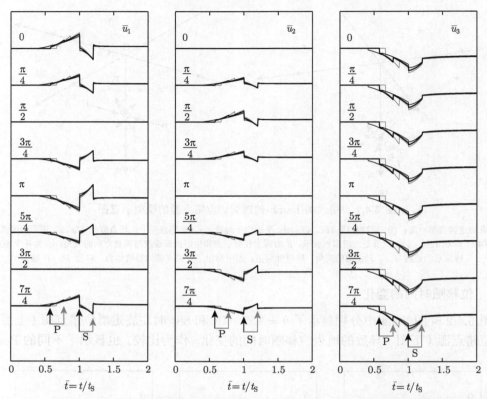

图 5.4.2　$\theta = 15°$ 时左旋走滑位错点源（上）和逆冲位错点源（下）导致的地表位移随时间的变化

横坐标为用 S 波到时 t_S 无量纲化的时间。对于每个位移分量，显示了 $\phi = i\pi/4$ $(i = 0, 1, \cdots, 7)$ 处的位移，对于每一位移，显示了三个 Poisson 比的结果：$\nu = 0.1$（细灰线）、0.25（粗黑线）和 0.4（细黑线）。对 $\nu = 0.25$ 在 P 波和 S 波到时处分别标出了 "P" 和 "S"。力的时间函数为 $\bar{t}_0 = 0.2$ 的斜坡函数 $R(t)$

比取值情况下的结果：$\nu = 0.1$、0.25 和 0.4 对应的曲线分别用细灰线、粗黑线和细黑线显示。图中的 P、S、S-P 和 R 都是对于 $\nu = 0.25$ 的情况标注的，分别代表 P 波、S 波、S-P 波和 Rayleigh 波的到时。注意到与阶跃函数不同的是，震源时间函数为斜坡函数的情况下，各个震相都有两个明确的信号跃变，它们之间的时间差为 $\bar{t}_0 = 0.2$。在上册的 4.6.2.2 节中，曾经针对无限介质的情况讨论过斜坡函数的剪切位错点源产生的位移场性质，一个明显的特征是远场项出现 "箱型" 的波形（见上册中的图 4.6.11 和图 4.6.12），箱型的宽度为上升时间 $\bar{t}_0$，它来源于斜坡函数的时间导数。因此在针对 $\nu = 0.25$ 的曲线标出各个震相的时候，同时也用灰色箭头标出了另外一个产生波形跃变的时刻，这个特点使得位移波形相比于阶跃函数造成的位移波形更为复杂。不同 Poisson 比取值的结果仍然显示了 "较大的 Poisson 比对应着较快的 P 波到时，以及较小的最终位移" 的特点。

与 5.3.1 节显示的 Green 函数分量随时间的变化曲线相比，位移波形随着 θ 不同而变化的整体趋势是一致的。比如，对于 $\theta = 60°$ 和 88°，波形上存在 S-P 震相，并且当 $\theta = 88°$ 时，能观察到明显的 Rayleigh 波，但是由于当前的源为剪切位错点源，波形上呈现出一些新的特征。结合图 5.4.1 中表示的 T 轴和 P 轴方向，不难发现：

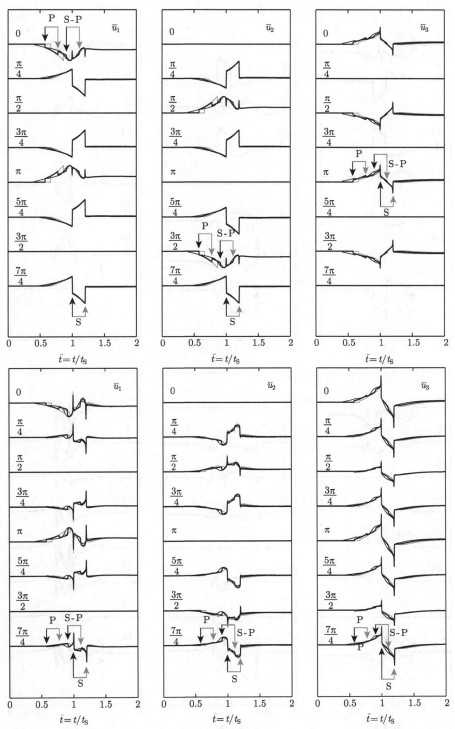

图 5.4.3 $\theta = 60°$ 时左旋走滑位错点源（上）和逆冲位错点源（下）导致的地表位移随时间的变化

说明同图 5.4.2。此时多出了 S-P 震相

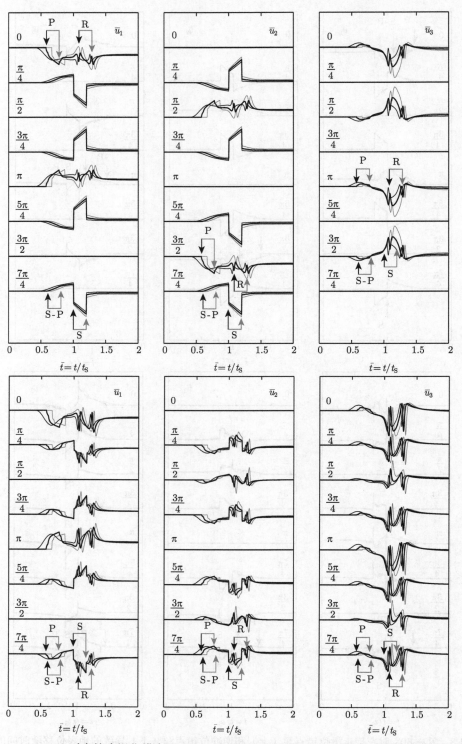

图 5.4.4　$\theta = 88°$ 时左旋走滑位错点源（上）和逆冲位错点源（下）导致的地表位移随时间的变化

说明同图 5.4.2。此时多出了 S-P 震相和 Rayleigh 波 (R)

(1) 对于左旋走滑剪切位错点源，在 $\phi = 0$ 和 π 处，由于受到两侧对称的拉力，沿着 x_2 方向的位移 $\bar{u}_2 = 0$；类似地，在 $\phi = \pi/2$ 和 $3\pi/2$ 处，由于受到两侧对称的压力，沿着 x_1 方向的位移 $\bar{u}_1 = 0$。垂直方向上，相对的水平推挤导致地表向上运动，而方向相反的水平拉力导致地表向下运动，因此图 5.4.1 (a) 中位于地表的平面内的两条虚线为分界线，从而 $\phi = i\pi/4$ $(i = 1, 3, 5, 7)$ 处的 $\bar{u}_3 = 0$。这意味着位于这些位置处的质点只在地表平面内运动。这些特征与 θ 的具体取值无关。

(2) 对于逆冲剪切位错点源，尽管 T 轴为直立的，但是水平面中的运动与左旋走滑剪切位错点源的情况类似。在 $\phi = 0$ 和 π 处，由于水平方向上不受力，沿着 x_2 方向的位移 $\bar{u}_2 = 0$；在 $\phi = \pi/2$ 和 $3\pi/2$ 处，由于受到两侧对称的压力，沿着 x_1 方向的位移 $\bar{u}_1 = 0$。但是在垂直方向上，由于受到向上的拉力作用，地表各处的质点都有相似的垂直方向上的运动，θ 越小，不同 ϕ 处的垂直运动差别就越小。

5.4.2　质点运动轨迹

图 5.4.5 给出了不同 θ 取值的左旋走滑位错点源和逆冲位错点源导致的 8 个不同方位的观测点处的地表质点运动轨迹（参见图 5.4.1 中所示的圆上的黑点）。在固定几个观测点位置的情况下，不同的 θ 值等价于源点的深度不同。

与 5.3.2 节中考虑的情况类似，随着 θ 的增大，点源的深度越来越浅，Rayleigh 波的贡献越来越显著。与时间函数为 $H(t)$ 的单力情况的图 5.3.5 相比，当前考虑的时间函数为 $R(t)$ 的位错点源的质点运动轨迹有些新的特点：

(1) 左旋走滑剪切位错点源在 $\phi = i\pi/4$ $(i = 1, 3, 5, 7)$ 处引起的质点运动轨迹均在沿着与当前点和原点连线垂直的方向上，这对应着 SH 波。为什么会出现这种现象？可以基于在 5.3 节中考虑的单力点源情况给出理论解释。图 5.3.5 (a)、(c) 和 (e) 中显示了水平力 $\boldsymbol{f}_1$ 导致的质点运动轨迹，在 $\phi = \pi/2$ 和 $3\pi/2$ 处的质点运动轨迹为沿着 x_1 轴方向。而根据上册 3.3.4 节（第 55 页）中的结论，当前研究的剪切位错点源等效于双力偶产生的位移场。图 5.4.1 (a) 中标出了组成双力偶的四个力。以 $\phi = \pi/4$ 处为例，沿着平行于断层面①方向施加的两个力大小相等但方向相反，造成的位移在 $\phi = \pi/4$ 处抵消；而垂直于断层面方向施加的力在 $\phi = \pi/4$ 处导致的质点运动方向参照单力的结果，是沿着垂直于断层的方向②。这个特征与 θ 的取值无关，无论震源深度是多少，这个特征都是存在的。

(2) 无论是对于 $\phi = i\pi/2$ $(i = 0, 1, 2, 3)$ 处的左旋走滑剪切位错点源，还是所有观测点处的逆冲位错点源，质点的运动都存在 P 波和 SV 波的相互作用，因此当源较浅的时候（$\theta = 88°$，见图 5.4.5 (e) 和 (f)）有明显的 Rayleigh 波。同时，由于点源的时间函数是斜坡函数，并且上升时间小于 S 波和 P 波到时差，每个震相都会出现两次，在质点运动上显得较为复杂，Rayleigh 波呈现两个逆进的近椭圆形状。

---

① 对于剪切位错点源，"点源"只是表明断层的几何尺寸远小于其到观测点的距离，这并不意味着是一个几何的点，仍然有断层面。

② 为什么同样是大小相等、方向相反的两组力，平行于断层面的两个在 $\phi = \pi/4$ 处造成的位移就相互抵消，而垂直于断层面的两个造成的位移就不抵消？这个问题可以借助于上册第 54 页的图 3.3.2 来解释。断层面位于 ξ_1 轴上，考虑一个位于 ξ_1 轴上异于 $\boldsymbol{\xi}$ 的观测点 $\boldsymbol{x}$。由于 $\boldsymbol{f}^{(1)}$ 和 $\boldsymbol{f}^{(2)}$ 分别作用于距 ξ_1 轴上各点 ε 的平行线上，对于 $\boldsymbol{x}$ 而言完全对称，区别仅在于作用的方向不同，它们产生的位移时完全抵消。但是 $\boldsymbol{f}^{(3)}$ 和 $\boldsymbol{f}^{(4)}$ 不同，虽然它们也是大小相同、方向相反，但是它们的作用点到 $\boldsymbol{x}$ 点的距离不同，差距为 2ε，因此它们的作用不能抵消。

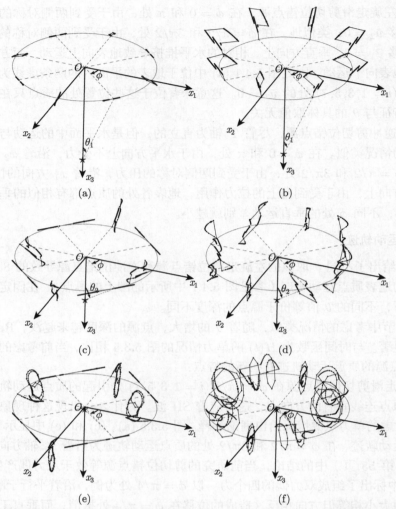

图 5.4.5　不同 θ 取值的左旋走滑位错点源（左）和逆冲位错点源（右）导致的地表质点运动轨迹

(a) $\theta_1 = 15°$ 的左旋走滑；(b) $\theta_1 = 15°$ 的逆冲；(c) $\theta_2 = 60°$ 的左旋走滑；(d) $\theta_2 = 60°$ 的逆冲；(e) $\theta_3 = 88°$ 的左旋走滑；(f) $\theta_3 = 88°$ 的逆冲。图中画出了位于 Ox_1x_2 平面内的圆上 $\phi = i\pi/4 \ (i = 0, 1, \cdots, 7)$ 位置处的质点运动情况。运动轨迹上的黑色圆点为时间上等间距的各个时刻。位错点源的时间函数为 $\bar{t}_0 = 0.2$ 的斜坡函数 $R(t)$

5.4.3　地表永久位移

图 5.4.6 显示了不同 θ 取值的左旋走滑位错点源和逆冲位错点源导致的地表永久位移。初始时刻位于 x_1x_2 平面内以 O 为圆心的圆（细灰线），在施加左旋走滑位错点源和逆冲位错点源足够长时间之后，变为粗黑线显示的形状，灰色箭头代表位移。对比单力点源的结果（图 5.3.6），位错点源产生的永久位移图像上明显复杂很多。

对于左旋走滑位错点源，根据图 5.4.1 显示的 P 轴和 T 轴分布，在 x_1 轴方向上产生压缩，在 x_2 轴方向上产生拉伸，图 5.4.6 (a)、(c) 和 (e) 中水平方向的永久位移反映了这种力的作用。竖直方向上，图 5.4.6 (a) 和 (c) 显示的 $\theta = 15°$ 和 $60°$ 的图像类似，但是 $\theta = 88°$ 的竖直方向的永久位移方向与它们相反。这个特征在单力情况中也出现过（见

5.3.3 节）。

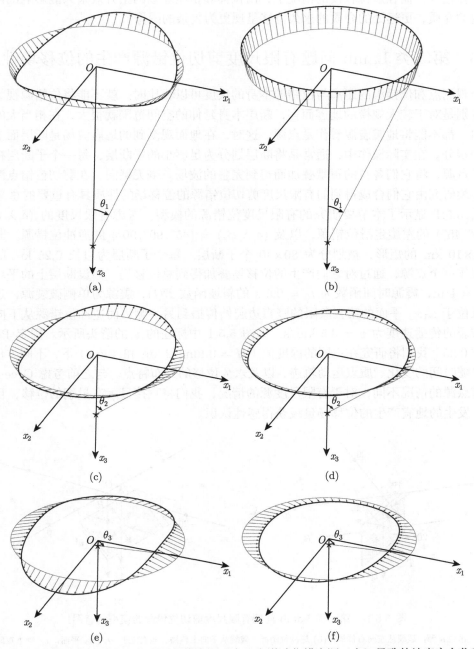

图 5.4.6 不同 θ 取值的左旋走滑位错点源（左）和逆冲位错点源（右）导致的地表永久位移

(a) $\theta_1 = 15°$ 的左旋走滑；(b) $\theta_1 = 15°$ 的逆冲；(c) $\theta_2 = 60°$ 的左旋走滑；(d) $\theta_2 = 60°$ 的逆冲；(e) $\theta_3 = 88°$ 的左旋走滑；(f) $\theta_3 = 88°$ 的逆冲。显示了初始时刻的圆（细灰色）在足够长时间之后的形状（粗黑线），用灰色箭头标出了位移

对于逆冲位错点源，$\theta = 15°$ 的结果明显比 $\theta = 60°$ 和 $88°$ 的结果简单。这是由于在

位错点源较深的情况下，竖直方向的拉伸作用和水平方向的挤压作用造成了源上方局部区域的整体抬升，而在震源较浅的情况下，由拉伸和挤压导致的抬升效果只能影响圆内一定范围内的介质，更远处的介质的永久位移呈现更为复杂的图像①。

5.5　第二类 Lamb 问题有限尺度剪切位错源产生的位移场性质

当观测点和位错源的距离与位错源本身的尺度可以相比时，就不能将位错源视为点源了。特别是对于较大规模的地震而言，断层本身延伸的空间范围就很大，在相当大的空间范围内，都不能将地震震源看作是点源。这时，在地面观测到的地震波场是断层面上位错贡献的积分。在实际操作中，通常是将断层划分为足够小的子断层，每一个子断层视为一个位错点源，将它们各自的贡献叠加而得到完整的波场。毫无疑问，在剪切位错点源的基础上继续研究由它们合成得到的有限尺度剪切位错源的位移场的性质具有重要的意义。

图 5.5.1 显示了本节要研究的有限尺度位错源的模型。考虑有限尺度的 $(\delta, \lambda, \phi_s) = (90°, 0°, 45°)$ 的左旋走滑位错源，以及 $(\delta, \lambda, \phi_s) = (45°, 90°, 90°)$ 的逆冲位错源。断层为 $20\text{ km} \times 10\text{ km}$ 的矩形，被划分为 80×40 个子断层。每个子断层为边长 0.25 km 的正方形，视作一个点源，通过对它们产生的位移场叠加得到总位移场。假设断层上的平均错动量 $\overline{[u]} = 1\text{ m}$，震源时间函数为 $t_0 = 0.5\text{ s}$ 的斜坡函数 $R(t)$，震源为单侧破裂源，走滑位错源从位于 $x_1 x_2$ 平面的第三象限的竖直边起始传播到另一侧，而逆冲位错源从下向上传播，破裂的传播速度为 $v = 3.5\text{ km/s}$，如图 5.5.1 中标注的 v 的箭头所示。固定 Poisson 比 $\nu = 0.25$。我们将研究在不同的深度值（$H = 0\text{ km}$、2 km 和 4 km）下，不同方位角 ϕ 的位移随时间的变化、质点运动轨迹，以及永久位移的分布特点。与之前考虑 Green 函数和位错点源的情况不同，对于有限尺度源的情况，我们将直接显示有量纲的位移，目的是对实际发生的地震产生的位移场量级获得感性认识。

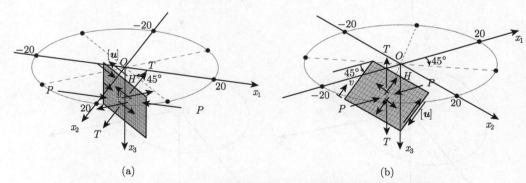

图 5.5.1　第二类 Lamb 问题有限尺度剪切位错源的模型示意图

(a) 左旋走滑位错源，破裂从左向右传播；(b) 逆冲位错源，破裂从下向上传播。地表位于 Ox_1x_2 平面，x_3 轴垂直向下。观测点位于地表半径为 20 km 的圆上 $\phi = i\pi/4$ ($i = 0, 1, \cdots, 7$) 位置处，用黑点表示。断层为 $20\text{ km} \times 10\text{ km}$ 的矩形，划分为 80×40 个子断层。H 为断层上缘距离地表的深度，v 为破裂传播速度。标出了位错和其等效体力，以及 P、T 轴

---

① 在上册的 7.5.1.2 节，我们显示了根据解析的静态解计算得到的结果，虽然采用的计算参数不完全相同，但是大致相当，感兴趣的读者可以通过与上册的图 7.5.2 和图 7.5.3 比对来分析当前我们得到的结果。

5.5.1 位移随时间的变化

图 5.5.2 和图 5.5.3 分别为不同 H 时的有限尺度左旋走滑位错源和逆冲位错源导致的地表位移随时间的变化，显示了 $\phi = i\pi/4$ $(i = 0, 1, \cdots, 7)$ 处的结果。对于每一位移，显示了三个深度的结果：$H = 0$ km（粗灰线）、2 km（细黑线）和 4 km（粗黑线）。

整体上，各个位移分量随时间的变化相比于 5.4.1 节中位错点源的结果要平缓得多，并且无论对于走滑位错源还是逆冲位错源，产生的动态位移和最终的永久位移，$H = 4$ km、2 km 和 0 km 的结果渐次变化，这一点明显与位错点源不同。对于位错点源，当点源的深度变小时，位移波形上会有非常明显的变化，集中体现在 Rayleigh 波越来越显著，见 5.4.1 节的讨论。位移波形上的这个特点也明确地显示了断层的有限性效应。由于位于断层上不同位置处的位错点源的作用时间有差异，由它们各自产生的位移波形叠加而成的总的位移波形就不再像点源产生的波形那样尖锐了。

除了断层尺度的有限性导致的上述特征以外，位移随时间变化还具有以下特点：

(1) 对于左旋走滑位错源，$\phi = \pi/4$ 处有一个明显异于其他所有分量的高振幅，见图 5.5.2。这个观测点所处的位置位于破裂传播的前方，参见图 5.5.1(a)。而破裂传播方向相反的 $\phi = 5\pi/4$ 处的位移幅度就明显小很多。类似地，仅从几个关系上看，关于断层面对称的两个观测点对 $(0, \pi)$、$(\pi/2, 3\pi/2)$ 及 $(3\pi/4, 7\pi/4)$ 都不再呈现出对称性。这个特征显示了破裂传播的方向性，它打破了位移分布的空间对称性，使得位移随时间变化的空间分布不再像位错点源那样具有明显的空间对称性。

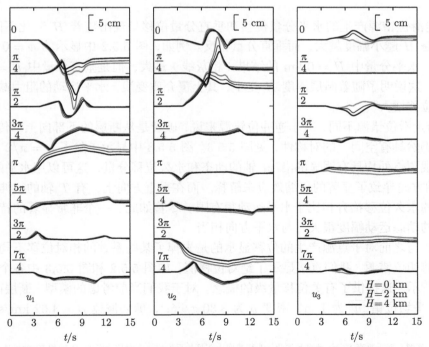

图 5.5.2　不同 H 时的有限尺度左旋走滑位错源导致的地表位移随时间的变化

横坐标为时间 t，单位为 s。对于每个位移分量，显示了 $\phi = i\pi/4$ $(i = 0, 1, \cdots, 7)$ 处的位移，对于每一位移，显示了三个深度的结果：$H = 0$ km（粗灰线）、2 km（细黑线）和 4 km（粗黑线）

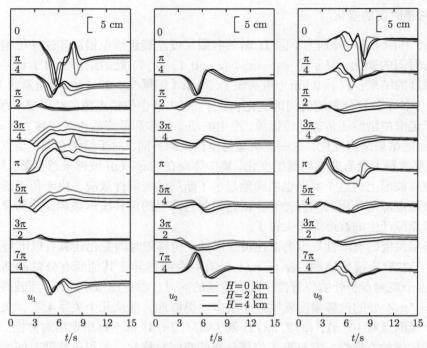

图 5.5.3   不同 H 时的有限尺度逆冲位错源导致的地表位移随时间的变化

说明同图 5.5.2

(2) 走滑位错源产生的水平分量位移和垂直分量位移呈现出随着 H 变化不同的特点。水平分量是 H 越小幅度越大，而垂直分量相反。例如，图 5.5.2 中显示的 $\phi = 0$ 处位移的三个分量，水平分量中 $H = 0$ km 的结果（粗灰线）最大，但是垂直分量中 $H = 0$ km 的结果最小。这说明了随着断层深度 H 变小，其上覆介质变浅，水平运动的阻力减小，从而导致水平位移增大[①]。

(3) 与走滑位错源不同，对于逆冲位错源来说，破裂是从断层的下部向上部传播，它产生的位移仍然具有空间上的对称性，见图 5.5.3。图 5.5.3 中显示了除了 $\phi = \pi/2$ 和 $\pi/3$ 以外，在各观测点处均具有明显的沿 x_1 轴的动态和永久位移分量，这可以用水平的 P 轴作用在 x_1 轴方向导致了显著的压缩效应来解释。而在垂直方向上，有 T 轴的拉伸作用，不过它导致的永久位移抬升相比于水平运动很有限。尽管如此，一个非常显著的特征是，垂直方向上的动态运动幅度很大，与水平方向相当。

最后，与之前对于点源产生的位移显示的是去掉了某些系数的相对位移不同，对于有限尺度的剪切位错源，我们直接显示了绝对位移值，如图 5.5.2 和图 5.5.3 中各个位移分量的右上角所示。这提供了有关位移量级的概念。对于我们当前考虑的模型，断层面积 A 为 200 km²、平均位错 $\overline{[u]}$ 为 1 m，密度 ρ 为 3.30 g/cm³，剪切波速 $\beta = 4.62$ km/s，对应的

---

① 直观上理解，对于垂直方向运动也是如此，为何事实上正好相反？由于走滑位错源的 P 轴和 T 轴都是水平的，参见图 5.5.1(a)，这意味着这种情况下水平运动是导致的主要运动，而垂直方向的运动是从动的。对于断层埋深较大的情况，由于上覆介质较深而导致水平运动阻力较大，水平运动较小。在同样的震源位错条件下，其余的能量用于推动上覆介质拱起或者下陷，产生垂直向的运动。因此断层越浅，垂直方向的运动反而幅度越小。

地震矩为

$$M_0 = \overline{[u]}\mu A = \overline{[u]}\rho\beta^2 A = 1.4 \times 10^{19}\,\mathrm{N \cdot m}$$

据此估计矩震级为 (Hanks and Kanamori, 1979)

$$M_{\mathrm{w}} = \frac{2}{3}\log_{10}M_0 - 6.033 = 6.7$$

这表明对于弹性半空间的模型，一个与地表相交的 20 km×10 km 的断层上发生的 M_{w} 6.7 级地震，在 20 km 之外产生的地表动态幅度最大可达十几厘米的量级。这已经是有明显体感的震动幅度了。

5.5.2　质点运动轨迹

图 5.5.4 显示了不同 H 取值时有限尺度的左旋走滑位错源和逆冲位错源导致的地表质点运动轨迹，观测点为图 5.5.1 中所示的圆上的 8 个不同方位的点，对应的 $\phi = i\pi/4$ ($i = 0, 1, \cdots, 7$)。

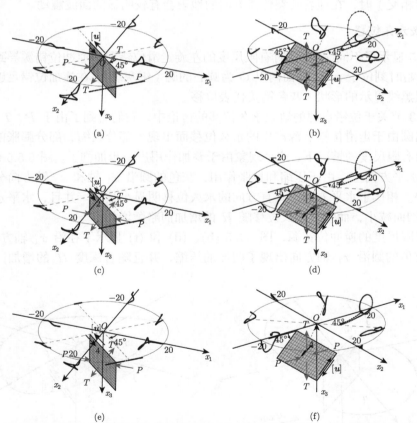

图 5.5.4　不同 H 取值时有限尺度的左旋走滑位错源（左）和逆冲位错源（右）导致的地表质点运动轨迹

(a) $H = 0$ km 的左旋走滑；(b) $H = 0$ km 的逆冲；(c) $H = 2$ km 的左旋走滑；(d) $H = 2$ km 的逆冲；(e) $H = 4$ km 的左旋走滑；(f) $H = 4$ km 的逆冲。图中画出了位于 Ox_1x_2 平面内的圆上 $\phi = i\pi/4$ ($i = 0, 1, \cdots, 7$) 位置处的质点运动情况。运动轨迹上的黑色圆点为时间上等间距的各个时刻。图中标出了位错的方向和 P、T 轴

图 5.5.4 中显示，对于有限尺度的走滑位错源来说，随着 H 的增大质点运动轨迹的变化不是非常显著。除了水平方向的位移有所减小以外，垂直方向的位移反而增大了。另外一个有趣的特征是，位于断层面走向方向的两个观测点 $\phi = \pi/4$ 和 $5\pi/4$ 处的质点运动轨迹为垂直于断层走向的线段，没有垂直方向的运动分量，这是 SH 波的运动特征。并且明显地，迎着破裂传播方向的 $\phi = \pi/4$ 处的振幅比背着破裂传播方向的 $5\pi/4$ 处的振幅大很多。

有限尺度的逆冲断层导致的地表运动轨迹呈现更为有趣的特征。对于迎着逆冲位错的破裂传播方向前方的点 ($\phi = 0$)，图 5.5.4 (b)、(d) 和 (e) 显示逆冲位错源产生的该点处的质点运动轨迹出现明显的逆行椭圆形状，长轴垂直于地表，随着深度的增大，椭圆越来越小。对比图 5.5.4 (a)、(c) 和 (e) 中显示的左旋走滑位错源的结果，随深度变化并不大。这是由于走滑位错源导致的质点运动主要位于水平面内，而逆冲位错源导致的质点运动主要位于垂直方向上。自由界面的存在使得质点在垂直方向上的运动受到的阻力更小，因此不难理解随着断层深度的减小，逆冲位错源导致的垂直运动会有比较明显的变化。这个特点带给我们的启示是，在地球内部由水平方向的挤压导致的逆冲断层，当断层较浅（特别是与地表直接相交）时，在迎着破裂传播方向的地表会有较明显的面波震动。

5.5.3　地表永久位移

图 5.5.5 显示了不同 H 取值时有限尺度的左旋走滑位错源和逆冲位错源导致的地表永久位移。初始时刻位于 x_1x_2 平面内以 O 为圆心的圆（细灰线），在施加位错足够长时间之后，变为粗黑线显示的形状，灰色箭头代表位移。

在 5.4.3 节关于位错点源的地表永久位移的讨论中，我们看到了由于 P、T 轴的作用，初始时刻的圆由于走滑位错点源产生的永久位移而出现了部分收缩、部分膨胀的图像。在当前讨论的有限尺度的情况下，这个现象由于叠加作用进一步加剧了。图 5.5.5 (a)、(c) 和 (e) 显示在水平方向上，由于压缩和拉张作用，灰色的圆沿 x_1 轴和 x_2 轴方向分别出现了收缩和拉伸。相比于水平方向，垂直方向的永久位移明显小很多。并且，水平永久位移随着 H 的增加而减小，而垂直永久位移随 H 的增加而略微增加。

对于有限尺度的逆冲位错源，图 5.5.5 (b)、(d) 和 (f) 显示了在沿 x_1 轴方向的 P 轴作用下，灰色的圆沿 x_1 轴方向出现了明显的压缩，并且随着深度 H 的增加，压缩的幅

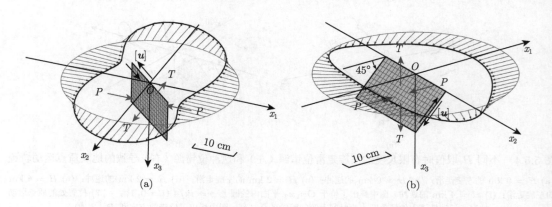

(a)   (b)

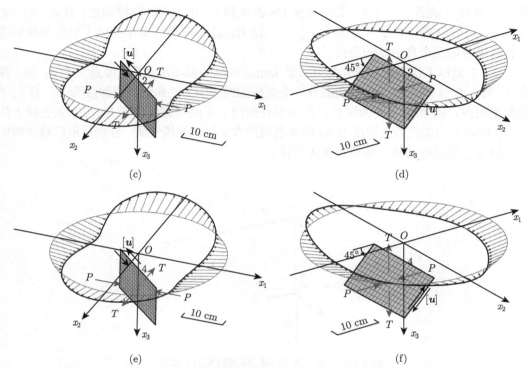

图 5.5.5 不同 H 取值时有限尺度的左旋走滑位错源（左）和逆冲位错源（右）导致的地表永久位移

(a) $H = 0$ km 的左旋走滑；(b) $H = 0$ km 的逆冲；(c) $H = 2$ km 的左旋走滑；(d) $H = 2$ km 的逆冲；(e) $H = 4$ km 的左旋走滑；(f) $H = 4$ km 的逆冲。显示了初始时刻的圆（细灰色）在足够长时间之后的形状（粗黑线），用灰色箭头标出了位移。图中标出了位错的方向和 P、T 轴

度在减小。与水平方向的永久位移相比，竖直方向的 T 轴作用产生的竖直方向的永久位移相对小很多。这一点与动态的运动形成明显的对比。注意到图 5.5.4 (b) 中出现非常明显的 Rayleigh 波，而这在永久位移中没有体现。由于我们考察的灰色圆半径为 20 km，离断层在地表的投影有一段距离，这表明有限尺度的逆冲位错源对垂直方向永久位移的影响范围比较局部[①]。

5.6 第三类 Lamb 问题 Green 函数解的性质

以上用三节的篇幅分别研究了第二类 Lamb 问题的 Green 函数解、位错点源以及有限尺度位错源产生的位移场的性质，由于观测点位于地表，源–场的相对位置关系比较简单。对于第三类 Lamb 问题，观测点和源同时位于半空间内部，因此二者的相对位置关系将比较复杂。

回忆在 4.5.2 节中考察第三类 Lamb 问题的 PP 波项和 SS 波项时，结果表达式中的 θ' 和 r' 直接与源点和场点的垂直方向的坐标 x_3' 和 x_3，以及二者之间的水平距离 R 有关，

---

① 在上册 252 页图 7.7.4 和图 7.7.5 中显示了有限尺度的左旋走滑断层和逆冲断层引起的地表永久位移的空间分布，可以更清楚地看到整体的分布情况。

参见式 (4.5.12)。此外，在 4.5.3 节中考察 PS 波项和 SP 波项时，同样如此，在式 (4.5.19) 和 (4.5.24) 中的 Q^{PS} 和 Q^{SP} 中显含 x_3'、x_3 和 R。这意味着想要全面地了解位移场的性质，就需要考虑三个自由度的变化。

图 5.6.1 显示了我们将要研究的第三类 Lamb 问题的模型示意图。源点位于 x_3 轴上深度为 x_3' 处，$\boldsymbol{f}_i$ $(i = 1, 2, 3)$ 为分别沿着三个坐标轴的集中力。我们研究深度为 x_3、平行于地表的平面内，以 $(0, 0, x_3)$ 为圆心，R 为半径的圆上不同位置处（图 5.6.1 中灰色圆上的黑点处，地表上的虚线圆是深度为 x_3 的灰色圆的投影）的波场性质，分别显示位移随时间的变化情况、质点运动轨迹和地表永久位移。

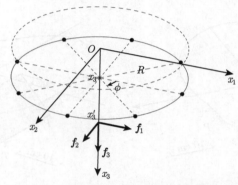

图 5.6.1　第三类 Lamb 问题的模型示意图

Ox_1x_2 平面位于地表，x_3 轴垂直向下。在 $(0, 0, x_3')$ 处分别沿着三个坐标轴的时间函数为阶跃函数的单力 $\boldsymbol{f}_1$、$\boldsymbol{f}_2$ 和 $\boldsymbol{f}_3$。场点位于深度为 x_3 平面内半径为 R 的圆上 $\phi = i\pi/4$ $(i = 0, 1, \cdots, 7)$ 位置处，用黑点表示。ϕ 为各个场点与坐标原点的连线与 x_1 轴正向的夹角，顺时针为正

表 5.6.1 列出了我们研究的第三类 Lamb 问题不同算例的参数取值。由于自由界面是影响波场行为的主要因素，取 x_3' 为 1.0 km、2.0 km 和 3.0 km，研究不同的 R 取值（1.0 km、3.0 km 和 10.0 km）下[①]，不同深度 x_3（0.5 km、1.5km、2.5km 和 3.5 km）处的圆上不同方位处的位移场性质。对于各个算例，表 5.6.1 的最后一列还给出了计算的时间窗 T_{win}，选取的标

表 5.6.1　第三类 Lamb 问题不同算例的参数取值

参数编号	R/km	x_3'/km	x_3/km	T_{win}/s
Case#1	1.0	1.0	0.5, 1.5, 2.5, 3.5	1.2
Case#2	1.0	2.0	0.5, 1.5, 2.5, 3.5	1.6
Case#3	1.0	3.0	0.5, 1.5, 2.5, 3.5	2.0
Case#4	3.0	1.0	0.5, 1.5, 2.5, 3.5	2.0
Case#5	3.0	2.0	0.5, 1.5, 2.5, 3.5	2.0
Case#6	3.0	3.0	0.5, 1.5, 2.5, 3.5	2.0
Case#7	10.0	1.0	0.5, 1.5, 2.5, 3.5	5.0
Case#8	10.0	2.0	0.5, 1.5, 2.5, 3.5	5.0
Case#9	10.0	3.0	0.5, 1.5, 2.5, 3.5	5.0

---

① 由于源影响最显著的主要是在源区附近，在这个区域内波场变化较大，一定距离以外的波场除了 Rayleigh 波的成分随着 R 的增大更加明显之外变化不大，这几个取值分别用来研究距离力源很近、比较近和比较远的情况。R 更大时，波场的行为与 10.0 km 的情况类似，参考图 5.1.7 和图 5.1.8，其中显示了第二类 Lamb 问题随着 r/H（震中距和震源深度之比）增大的位移波形变化。对于观测点有一定深度的第三类 Lamb 问题，这个整体特征是类似的。

准是 T_{win} 能涵盖所有的震相。对于第一类和第二类 Lamb 问题已经研究过不同 Poisson 比取值下波场的性质，已经得出了定性的结论，它对于第三类 Lamb 问题同样成立，因此对于第三类 Lamb 问题，我们统一设定 Poisson 比 $\nu = 0.25$。具体地，仍然参考 Johnson (1974) 的取法，P 波和 S 波的速度分别为 $\alpha = 8.00$ km/s 和 $\beta = 4.62$ km/s，密度为 $\rho = 3.30$ g/cm^3。时间函数为阶跃函数 $H(t)$。本节对于 Green 函数的所有结果，都乘以了 $2\pi^2\mu$，即 $\bar{G}_{ij}^{\text{H}} = 2\pi^2\mu G_{ij}^{\text{H}}$，其中不含任何有关几何特征的因子，因此计算结果可以直观地显示随着位置不同的幅度变化。

5.6.1 位移随时间的变化

根据源点和场点之间的水平距离 R 的不同，我们将所有的算例分成三组：第一组，$R = 1.0$ km；第二组，$R = 3.0$ km；第三组，$R = 10.0$ km。每一组中，源点深度有三种取值，场点深度有四种取值，见表 5.6.1。以下分别考察三组结果。

5.6.1.1 第一组的结果（$R = 1.0$ km）

图 5.6.2 ~ 图 5.6.4 分别显示了 Case#1、Case#2 和 Case#3（参见表 5.6.1）情况下由沿着 x_1 轴方向的水平力和沿着 x_3 轴方向的垂直力导致的地表位移随时间的变化。图中分别显示了三种不同源点深度情况下，半径 $R = 1$ km、深度不同的圆上 $\phi = i\pi/4(i = 0, 1, \cdots, 7)$ 处的位移曲线，粗灰线、细黑线、粗黑线和细灰线分别是 $x_3 = 0.5$ km、1.5 km、2.5 km 和 3.5 km 的结果。由于观测点位于半空间内部的情况中波在地表的反射和转换，存在较多的震相，并且观测点深度不同时震相到时有差别，为了避免混乱，在这些图中没有标明震相。图 5.6.5 中以 $\phi = 0$ 处的水平力产生的沿 x_1 轴方向的位移分量 $\bar{G}_{11}^{\text{H}}$ 和垂直力产生的沿 x_3 轴方向的位移分量 $\bar{G}_{33}^{\text{H}}$ 为例，标出了不同观测点深度 x_3 处的各个震相。为了更形象地理解和分析波动的行为特征，图中还标出了源点（星号）和观测点（倒三角形）的空间分布。

由于第二类 Lamb 问题可以视作第三类 Lamb 问题的极端特殊情况，将当前第三类 Lamb 问题的结果结合在 5.3 节中关于第二类 Lamb 问题 Green 函数解的讨论一起来研究，对深入理解问题是有帮助的。对比图 5.3.2，不难发现各个 Green 函数分量的时间变化曲线随着不同方位 ϕ 变化的整体特征是一致的。对于第一组的几个算例来讲，$R = 1$ km 很小，相比而言源的深度 x_3' 较大，因此从位移曲线上观测不到明显的 Rayleigh 波。各个震相都表现为波形上较为陡峭的突变。同时，由于源点与观测点的距离较近，从源点发出的波动到地面处再回来需要传播的距离更远，因此各个震相在波形上分得都比较开，从波形上可以清晰地看到各个震相。综合图 5.6.2 ~ 图 5.6.4，不难得到以下的认识：

(1) 对于单力而言，主要产生沿着力的作用方向的位移，其他方向的位移相对要小很多。具体地说，在各个 Green 函数分量的时间变化曲线中，$\bar{G}_{11}^{\text{H}}$ 和 $\bar{G}_{33}^{\text{H}}$ 幅度最大，而它们分别是水平力产生的水平位移和垂直力产生的垂向位移。这一点从直观上很容易理解。

(2) 位移的方向呈现很明显的极性特征：沿着力作用方向的位移，基本上是沿着作用力相同的方向。某些情况下会出现 P 波到达后先往反方向运动的情况，但是在下一个震相到达之后就基本上沿着力的作用方向运动了。但是单力产生的其他方向的位移并非如此，比如水平力产生的垂直位移 $\bar{G}_{31}^{\text{H}}$，以及垂直力产生的水平位移 $\bar{G}_{13}^{\text{H}}$ 和 $\bar{G}_{23}^{\text{H}}$，观测点位于源

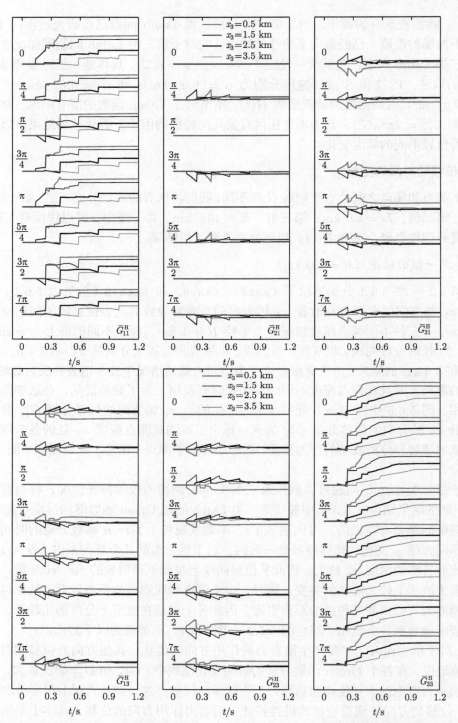

图 5.6.2　$(R, x_3') = (1.0, 1.0)$ km 时水平力（上）和垂直力（下）导致的地表位移随时间的变化

横坐标为时间（单位为 s）。对于每个位移分量，显示了 $\phi = i\pi/4$ $(i = 0, 1, \cdots, 7)$ 处的四个不同 x_3 取值的结果：0.5 km（粗灰线）、1.5 km（细黑线）、2.5 km（粗黑线）和 3.5 km（细灰线）。力的时间函数为阶跃函数 $H(t)$

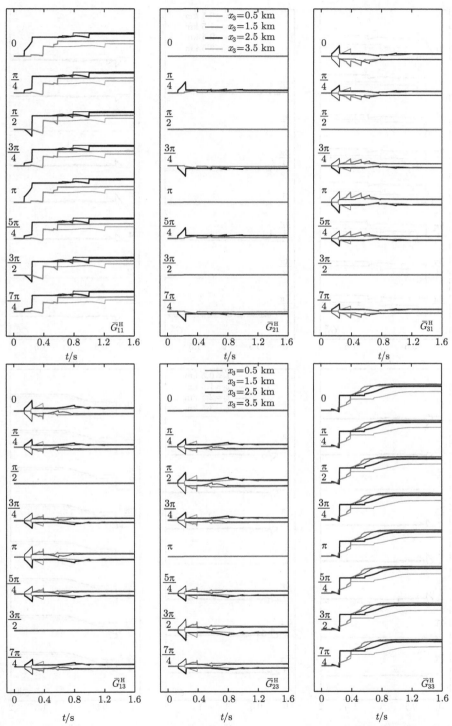

图 5.6.3 $(R, x_3') = (1.0, 2.0)$ km 时水平力（上）和垂直力（下）导致的地表位移随时间的变化

说明同图 5.6.2

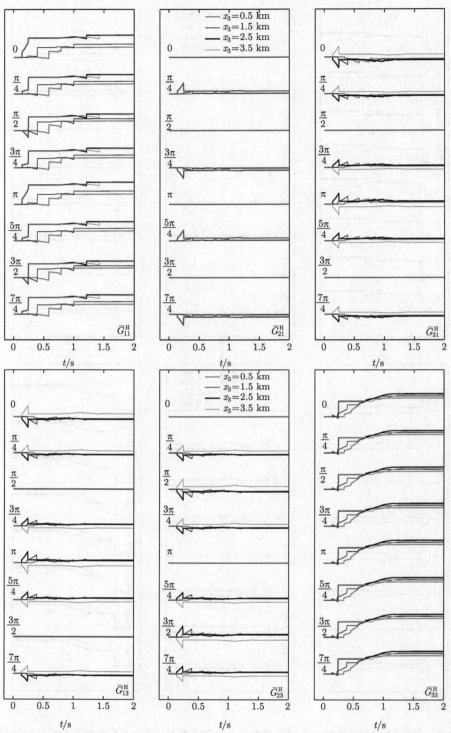

图 5.6.4　$(R, x'_3) = (1.0, 3.0)$ km 时水平力（上）和垂直力（下）导致的地表位移随时间的变化

说明同图 5.6.2

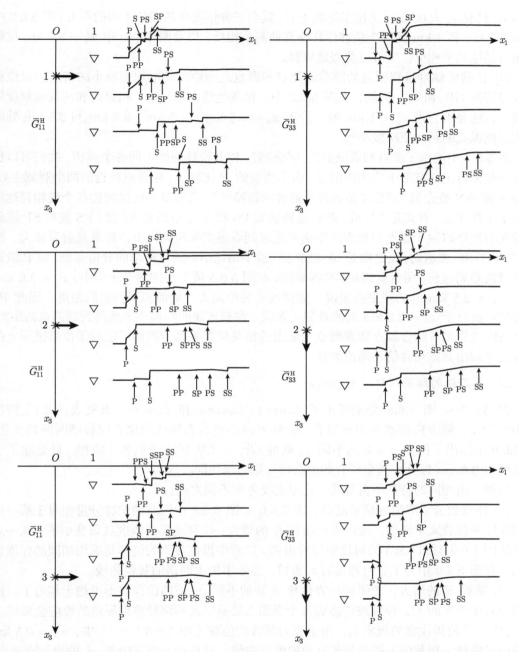

图 5.6.5　$R = 1$ km 时不同深度水平力（左）和垂直力（右）导致的不同深度位移的震相

从上到下的点力源深度 x_3' 分别为 1 km、2 km 和 3 km。显示了水平力导致的水平位移 $\bar{G}_{11}^{\mathrm{H}}$（左）和垂直力导致的垂向位移 $\bar{G}_{33}^{\mathrm{H}}$（左）。$x_3$ 轴上的星号代表力的作用点，粗黑色箭头代表力的作用方向。竖直排列的倒三角形代表不同深度（$x_3 = 0.5$ km、1.5 km、2.5 km 和 3.5 km）的观测点，其右方显示的是标注了震相的位移随时间的变化

以上和源以下，位移的方向是相反的。举例来说，对于垂直力产生的水平位移 $\bar{G}_{13}^{\mathrm{H}}$，在图 5.6.2 中，是 $x_3 = 0.5$ km（粗灰线）的方向与其余几个相反，这是因为此时 $x_3' = $

0.5 km，只有 $x_3 = 0.5$ km 是位于源的上方，其余三种情况中的源位于源的下方；图 5.6.2 中 $x_3' = 0.5$ km 和 1 km 的两个位移位移与其他两个相反，以及图 5.6.2 中 $x_3' = 3.5$ km 位移方向与其他几个相反，也可以类似地解释。

(3) 位移的幅度呈现明显的随着观测点和源点之间距离的增加而减小的特征。以位移比较显著的 $\bar{G}_{11}^{\mathrm{H}}$ 和 $\bar{G}_{33}^{\mathrm{H}}$ 为例，在图 5.6.2 中，粗灰色线、细黑线、粗黑线和细灰线幅度依次减小，这是因为当 $x_3' = 1$ km 时，位于 $x_3 = 0.5$ km、1.5 km、2.5 km 和 3.5 km 处的观测点到源点的距离依次减小[①]。

图 5.6.5 中给出了源点和观测点的几何位置，以及位移曲线上的各个震相，我们可以据此进一步分析位移波形中震相的信息。由于当前的 R 比较小，距源点较近的两个观测点处，总是 P 波和 S 波先到，而后才是各种反射波和转换波[②]。反射波和转换波的各个震相到达顺序的基本规律是，首先是 PP 波，然后是转换波 PS 和 SP，最后是 SS 波。PS 波和 SP 波到达的先后次序取决于源点到地表的距离和地表到观测点的距离大小，如果是前者较大，则 PS 波早于 SP 波达到；反之则是 SP 波先到。这个结论不难通过简单的分析得到，以 P 波速度传播的距离越长，用时就越短。举例来说，在图 5.6.5 最下面的两个子图中，$x_3' = 3.0$ km，对于 $x_3 = 2.5$ km 处的观测点来说，源到地面的距离大于地面到观测点的距离，因此 PS 波先到；而对于 $x_3 = 3.5$ km 处的观测点来说，源到地面的距离小于地面到观测点的距离，因此 SP 波先到。结合源点和观测点与地面的相互位置关系，我们可以对于位移波形上的所有变化指出其震相并给予理论解释。

5.6.1.2 第二组的结果（$R = 3.0$ km）

图 5.6.6 ~ 图 5.6.8 分别显示了 Case#4、Case#5 和 Case#6（参见表 5.6.1）情况下由沿着 x_1 轴方向的水平力和沿着 x_3 轴方向的垂直力导致的地表位移随时间的变化。图 5.6.9 中标出了位于 $\phi = 0$ 的不同 x_3 处的 $\bar{G}_{11}^{\mathrm{H}}$ 和 $\bar{G}_{33}^{\mathrm{H}}$ 波形上的各个震相。此处除了 R 的取值为 3.0 km 以外，其余所有的参数均与第一组相同。

与第一组相同的特征不再赘述，这里主要考察不同之处：

(1) 注意到为了清楚地显示波形，图 5.6.6 ~ 图 5.6.8 中所有的位移分量相对于第一组的相应结果都放大了两倍，这意味着随着 R 的增大，位移波形的幅度显著变小了。这一点可以从图 5.6.9 与图 5.6.5 的对比明显看出来，二者中黑色显示的位移是采用相同的标度显示的。在图 5.6.9 中为了更清晰地看到震相，显示了扩大两倍的灰色曲线。

(2) 随着 R 的增大，位于同一方位角 ϕ 处的不同 x_3 值的位移波形更趋于相近了。这是因为对于更大的 R，弹性波传播到各个观测点处所经过的路径差别导致的效应会减弱。

(3) 一个值得注意的现象是，由垂直力导致的位移（图 5.6.6（下））中，$x_3 = 0.5$ km 处的位移曲线（粗灰线）明显异于其他取值的曲线，并且这个差别随着 x_3' 的增加而减小，见图 5.6.7 和图 5.6.8。这个差异主要体现在最后一个尖锐的波形变化之后，经历一个缓慢变化过程再收敛到某个固定值。结合具体的 x_3' 和 x_3 的取值，发现这种情况下源点和场点距离地表都最近，并且震中距和震源深度之比为 3，此时在波形中可以隐约看到 Rayleigh

---

① 具体地说，$x_3 = 0.5$ km 和 1.5 km 处的两个观测点到源点的距离相等，但是由于前者距离地面更近，各种波动的相互作用在此处更为强烈，因此幅度更大。

② 也有例外，比如图 5.6.5 最上面的两个子图中，在 $x_3' = 1.0$ km 时，PP 波的走时比 S 波小，因此 PP 波略早于 S 波到达。

波。这个缓慢变化的部分正是 Rayleigh 波。

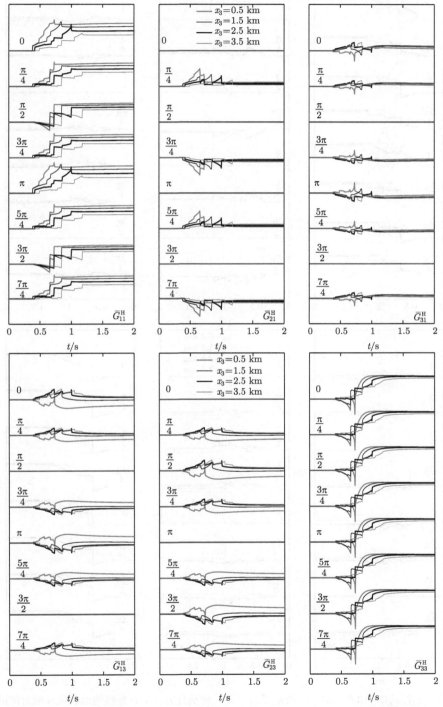

图 5.6.6　$(R, x_3') = (3.0, 1.0)$ km 时水平力（上）和垂直力（下）导致的地表位移随时间的变化

说明同图 5.6.2。但位移幅度相比于图 5.6.2 放大了两倍

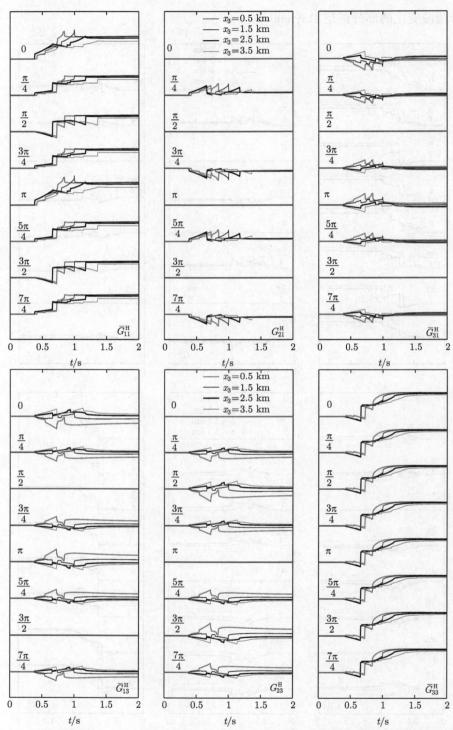

图 5.6.7　$(R, x_3') = (3.0, 2.0)$ km 时水平力（上）和垂直力（下）导致的地表位移随时间的变化

说明同图 5.6.6

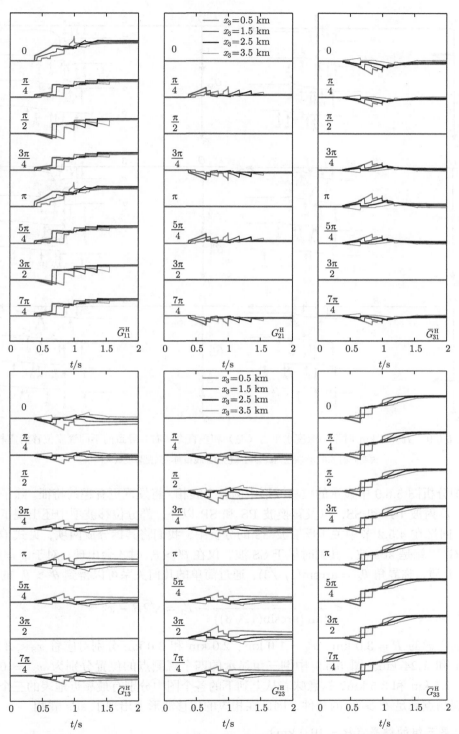

图 5.6.8 $(R, x_3') = (3.0, 3.0)$ km 时水平力（上）和垂直力（下）导致的地表位移随时间的变化

说明同图 5.6.6

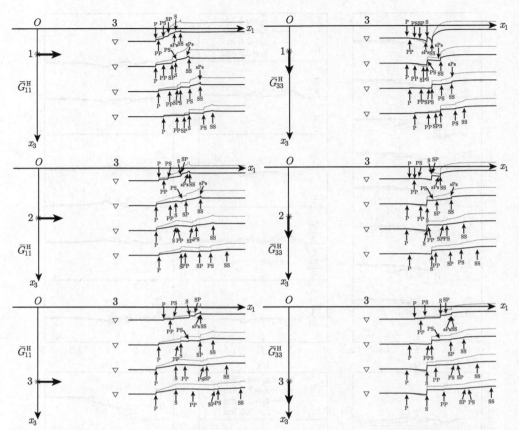

图 5.6.9　$R = 3$ km 时不同深度水平力（左）和垂直力（右）导致的不同深度位移的震相
说明同图 5.6.5。灰色曲线与粗黑色的曲线相同，只是幅度放大两倍

仔细分析图 5.6.9 中显示的位移波形中的各个震相，将发现更有趣的特征。除了直达波 P 和 S、反射波 PP 和 SS，以及转换波 PS 和 SP 以外，部分位移波项中还出现了新的震相 sPs。回忆在 4.5.2 节中关于反射波 SS 的分析中，我们将其拆分成两项，见式 (4.5.12)，其中的 $\mathbf{G}^{\mathrm{SS_2}}$ 就是 sPs 波，其到时早于 SS 波，仅在 $\theta' > \theta_{\mathrm{c}}$ 时才会出现。对于 $\nu = 0.25$ 的 Poisson 介质，临界角 $\theta_{\mathrm{c}} = \arcsin(1/\sqrt{3})$，通过简单的几何关系可以得到 $\theta' > \theta_{\mathrm{c}}$ 的条件是

$$x_3 < \frac{R}{\tan\left(\arcsin(1/\sqrt{3})\right)} - x_3' = \sqrt{2}R - x_3'$$

对于当前考虑的 $R = 3.0$ km，$x_3' = 1.0$ km、2.0 km 和 3.0 km 分别对应着 $x_3 < 3.24$ km、2.24 km 和 1.24 km。图 5.6.9 中倒三角显示的四个观测点的位置分别为 $x_3 = 0.5$ km、1.5 km、2.5 km 和 3.5 km，这意味着从上到下的各个图中分别有最靠近地表的三个、两个和一个观测点满足 $\theta' > \theta_{\mathrm{c}}$ 的条件，因此在相应的位移波形上出现了 sPs 震相。

5.6.1.3　第三组的结果（$R = 10.0$ km）

图 5.6.10 ∼ 图 5.6.12 分别显示了 Case#7、Case#8 和 Case#9（参见表 5.6.1）情况下由沿着 x_1 轴方向的水平力和沿着 x_3 轴方向的垂直力导致的地表位移随时间的变化。

图 5.6.13 中标出了位于 $\phi = 0$ 的不同 x_3 处的 $\bar{G}_{11}^{\mathrm{H}}$ 和 $\bar{G}_{33}^{\mathrm{H}}$ 波形上的各个震相。此处除了 R 的取值为 10.0 km 以外，其余所有的参数均与前两组相同。

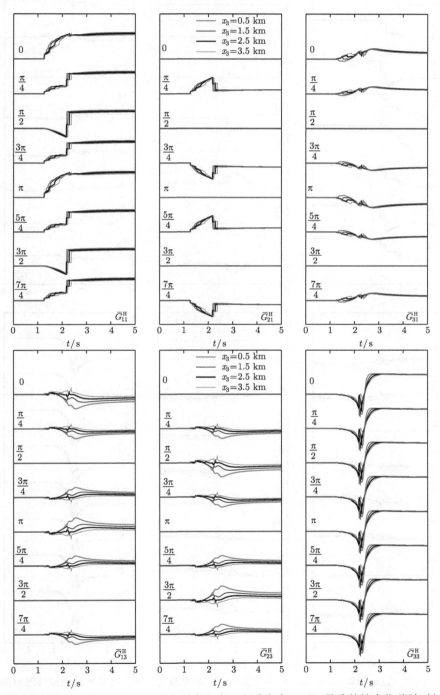

图 5.6.10　$(R, x_3') = (10.0, 1.0)$ km 时水平力（上）和垂直力（下）导致的地表位移随时间的变化

说明同图 5.6.2。但位移幅度相比于图 5.6.2 放大了 6 倍

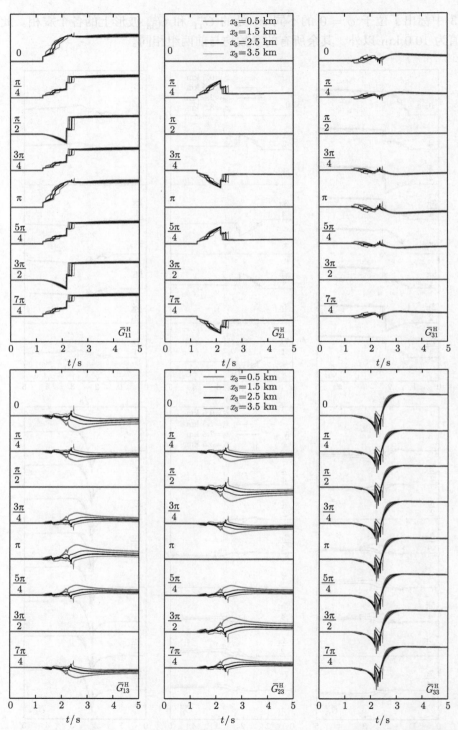

图 5.6.11　$(R, x_3') = (10.0, 2.0)$ km 时水平力（上）和垂直力（下）导致的地表位移随时间的变化

说明同图 5.6.10

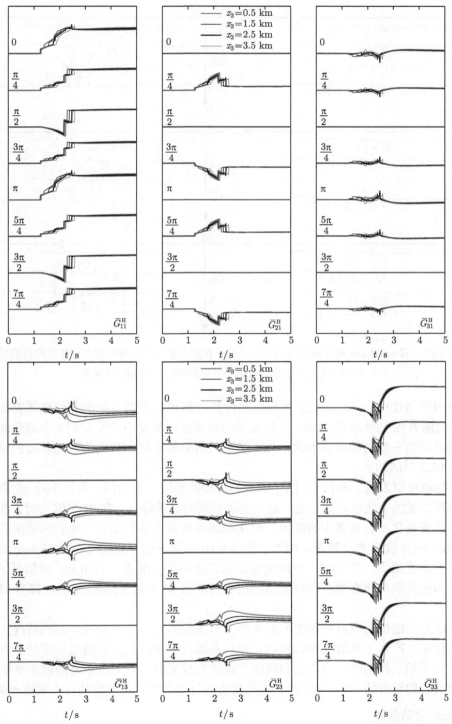

图 5.6.12 $(R, x_3') = (10.0, 3.0)$ km 时水平力（上）和垂直力（下）导致的地表位移随时间的变化

说明同图 5.6.10

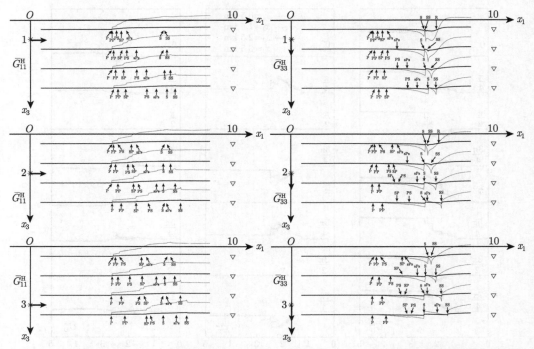

图 5.6.13　　$R = 10$ km 时不同深度水平力（左）和垂直力（右）导致的不同深度位移的震相

说明同图 5.6.5。灰色曲线与粗黑色的曲线相同，只是幅度放大 6 倍

　　注意到图 5.6.10 ~ 图 5.6.12 中所有的位移分量相对于第一组的相应结果都放大了 6 倍，这表明随着震中距 R 的增加，位移波形的幅度进一步变小。图 5.6.13 中黑色曲线显示的位移是采用第一组的标度显示的，几乎看不到明显的变化，灰色曲线为各自的位移波形放大了 6 倍之后的结果。

　　通过比较可以发现，不仅不同 x_3 取值的位移波形进一步趋同，而且不同 x_3' 取值下各个相应位移分量的变化也更为接近。这是远场观测的显著特点，在 R 足够大时，源点和观测点的小范围变化不会显著影响波形。但是观测点或源点非常接近于地表的情况除外，因为此时 Rayleigh 波将非常显著。例如，图 5.6.10 中最下面一行的 $x_3 = 0.5$ km 的结果还是明显异于其他曲线，图 5.6.13 更清楚地显示了这一点。在 $R = 10.0$ km 的情况下，不难验证对于当前所取的所有源点和观测点的组合都满足 $\theta' > \theta_c$ 的条件，因此都有 sPs 震相出现。

　　综合以上三组情况下对位移波形的考察，对于观测点位于半空间内部的情况，由于自由表面的存在，产生了反射波和转换波，并且在源点和观测点位置满足一定的条件时，还将出现新的震相。特别地，当源点和观测点都接近地表时，只要二者之间的水平距离足够大，就能观测到显著的 Rayleigh 波。这些复杂的行为都与自由界面的存在紧密相关。

5.6.2　质点运动轨迹

　　5.6.1 节显示的各种参数组合的位移随时间的变化包含了位移场的全部信息。为了更直观地了解半空间内的质点运动情况，图 5.6.14 ~ 图 5.6.16 分别给出了 $x_3' = 1.0$ km、

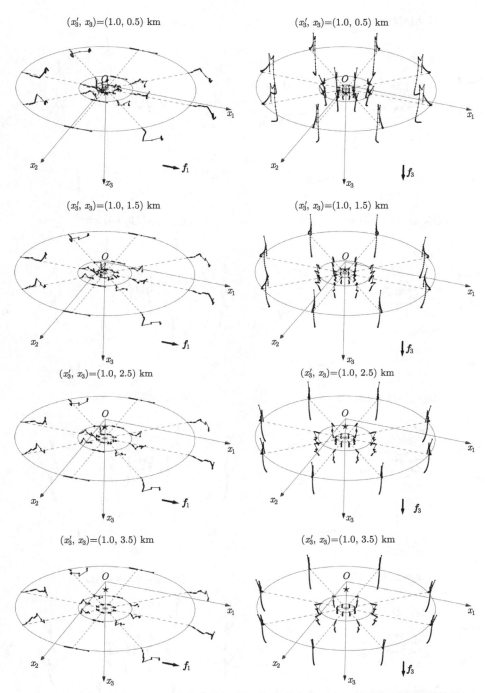

图 5.6.14 $x_3' = 1.0$ km 时水平点力（左）和垂直点力（右）导致的质点运动轨迹

从上到下依次为 $x_3 = 0.5$ km、1.5 km、2.5 km 和 3.5 km 的结果。平行于地表三个同心圆半径分别为 $R = 1.0$ km、3.0 km 和 10.0 km。显示了这些圆上 $\phi = i\pi/4$ $(i = 0, 1, \cdots, 7)$ 位置处的质点运动轨迹，其上的黑色圆点为等时间间距的各个时刻。"★"代表力的作用点，水平作用力 f_1 和垂直作用力 f_3 显示在各个子图的右下方。$R = 3.0$ km 和 10.0 km 的圆上的质点运动轨迹相比于 $R = 1.0$ km 上的轨迹分别放大了 5 倍和 25 倍

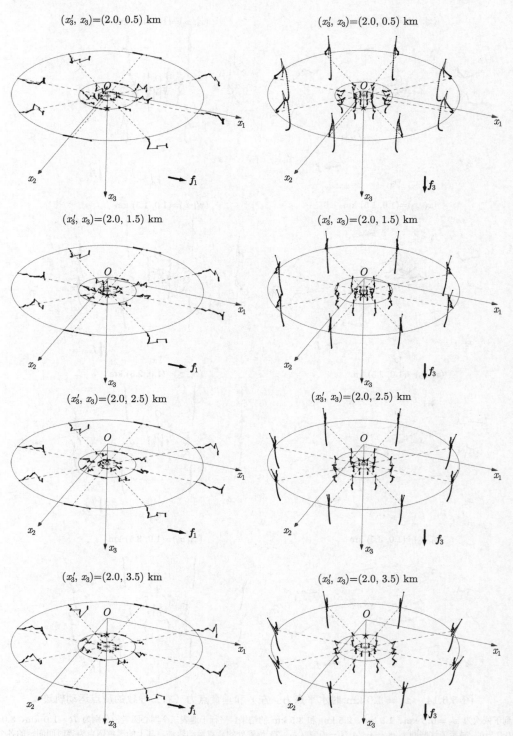

图 5.6.15　$x_3' = 2.0$ km 时水平点力（左）和垂直点力（右）导致的质点运动轨迹

说明同图 5.6.14

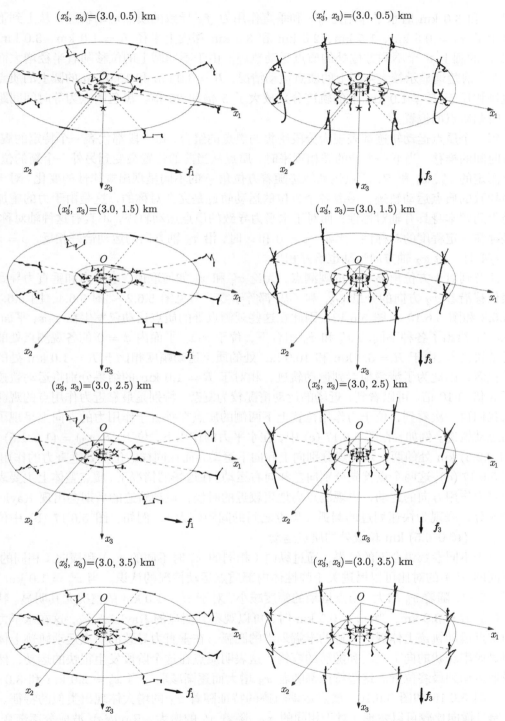

图 5.6.16 $x_3' = 3.0$ km 时水平点力（左）和垂直点力（右）导致的质点运动轨迹

说明同图 5.6.14

2.0 km 和 3.0 km 时水平作用力 f_1 和垂直作用力 f_3 导致的质点运动轨迹，从上到下分别显示了 $x_3 = 0.5$ km、1.5 km、2.5 km 和 3.5 km 深度上半径 $R = 1.0$ km、3.0 km 和 1.0 km 的圆上 8 个不同方位处的质点运动轨迹。由于不同圆上的位移随着半径增大而减小，为了清楚地显示较大半径上的质点运动情况，$R = 3.0$ km 和 10.0 km 的圆上的质点运动轨迹相比于 $R = 1.0$ km 上的轨迹分别放大了 5 倍和 25 倍。黑色圆点为等时间间距的各个时刻质点的位置。

每一个质点运动轨迹都表现为分段密集的黑点的组合，每一段都代表一个特定的震相。随着时间的推移，当下一个新的震相到来时，质点从当前的位置突变到另外一个新的位置。对于固定的 x_3'、x_3 和 R，质点运动轨迹随着方位角 ϕ 的不同呈现出规律性的变化。对于垂直力导致的质点运动轨迹，沿着各个方位的运动轨迹是完全对称的，这是由于力的施加方向使得问题本身具有轴对称性；而对于水平力导致的质点运动轨迹，不具有这种轴对称性，但是存在一定程度的对称性。比如，$\phi = 0$ 和 π 时，沿 x_3 轴方向的运动恰好相反，$\phi = \pi/4$ 和 $7\pi/4$ 时，沿 x_2 轴方向运动也恰好相反。

注意到对于方位角 $\phi = 0$ 的观测点，无论 x_3' 和 x_3 如何取值，水平力和垂直力导致的地表位移沿着 x_2 方向的分量 $\bar{G}_{21}^{\mathrm{H}}$ 和 $\bar{G}_{23}^{\mathrm{H}}$ 都等于零，参见图 5.6.2 ~ 图 5.6.4、图 5.6.4 ~ 图 5.6.8 和图 5.6.10 ~ 图 5.6.12，因此在这些观测点处的质点运动仅发生在 $x_1 x_3$ 平面内。图 5.6.17 给出了各种不同的 x_3' 和 x_3 组合下，位于 $x_1 x_3$ 平面内 $\phi = 0$ 的各观测点处的质点运动轨迹[①]。由于 $R = 3.0$ km 和 10.0 km 处的质点运动幅度相比于 $R = 1.0$ km 处的幅度小很多，因此为了清楚地看到运动轨迹，相对于 $R = 1.0$ km 的结果分别将运动轨迹放大了 3 倍和 10 倍。可以看到，近场的运动情况较为复杂，特别是最靠近力作用点的观测点处。我们再一次看到，位于力作用位置上下两侧的质点在垂直于作用力的方向上呈现了相反的运动轨迹。例如，在图 5.6.17 (c) 中，在水平力的作用下，位于 $(R, x_3) = (1.0, 1.5)$ km 和 $(1.0, 2.5)$ km 处的两个观测点分别向上和向下运动；而在同样的位置处垂直力的作用下，见图 5.6.17 (d)，这两个点首先分别向左和向右运动。在远场的情况下，质点整体上主要表现为沿着力作用方向的运动，当观测点离地表较近的时候，运动轨迹的后期会出现 Rayleigh 波的成分，表现为快速划过的圆弧（黑点之间的间距较大），例如，图 5.6.17 (b) 中位于 $(R, x_3) = (10.0, 0.5)$ km 位置处的质点运动。

对于不同参数组合下的结果，通过纵向（相同的 x_3' 时不同的 x_3）和横向（相同的 x_3 时不同的 x_3'）的对比可以增进关于弹性体内部质点运动情况的认识。当 $x_3' = 1.0$ km 时，见图 5.6.14，随着 x_3 增大，质点运动的幅度减小，对于 $R = 1.0$ km 的情况尤其明显。特别地，对于 $R = 3.0$ km，当 $x_3 = 0.5$ km 时，可以观察到明显的 Rayleigh 波，这在水平力导致的质点运动轨迹上体现为轨迹的末端划出的圆弧，在垂直力导致的质点运动轨迹上体现为明显像串珠状的向下运动和随后的弯钩，这表明质点在这个阶段发生很快的运动，然后缓慢地运动到最终位置。这些特征都随着 x_3 增大而逐渐减弱。当 $x_3' = 2.0$ km 和 3.0 km 时，见图 5.6.15 和图 5.6.16，质点运动轨迹的特征随着 x_3 的增大体现出类似的特征。但是，通过横向比较可以发现，对于相同的 x_3，随着 x_3' 的增大，Rayleigh 波成分逐渐变小。

---

① 与在三维坐标系中显示的质点运动轨迹不同，这些观测点处的质点运动轨迹可以在 $x_1 x_3$ 平面内显示，避免了由于视角问题可能导致的错误判断，因此便于更准确地了解质点的运动情况。

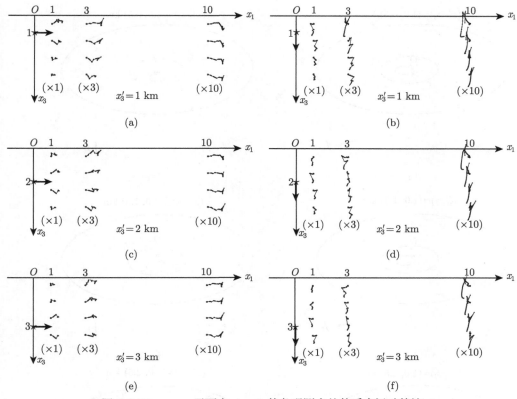

图 5.6.17 x_1x_3 平面内 $\phi=0$ 的各观测点处的质点运动轨迹

(a) $x_3'=1.0$ km 处的水平力；(b) $x_3'=1.0$ km 处的垂直力；(c) $x_3'=2.0$ km 处的水平力；(d) $x_3'=2.0$ km 处的垂直力；(e) $x_3'=3.0$ km 处的水平力；(f) $x_3'=3.0$ km 处的垂直力。显示了 $R=1.0$ km、3.0 km 和 10.0 km 处深度 $x_3=0.5$ km、1.5 km、2.5 km 和 3.5 km 各处的质点运动轨迹。($\times 1$)、($\times 3$) 和 ($\times 10$) 表示 $R=3.0$ km 和 10.0 km 的结果相比于 $R=1.0$ km 的结果放大了 3 倍和 10 倍

5.6.3 半空间内部的永久位移

阶跃函数的集中力作用下的质点运动的一个明显特征是存在永久位移，即质点动态运动的最终阶段是停留在一个固定不变的位置。图 5.6.18 ∼ 图 5.6.20 显示了与图 5.6.14 ∼ 图 5.6.16 相对应的永久位移。灰色圆代表力作用之前的位置，而黑色圆代表最终停留的位置，对于不同的 R 取值采取相同的标度。对于 $R=3.0$ km 和 10.0 km，由于永久位移较小，为了清楚地显示它们相对于最初位置的改变，用分别放大了 5 倍和 25 倍的虚线标出了最终的位置。

整体上看，水平力和垂直力都主要导致沿着作用力方向的永久位移。但是它们分别导致的其他方向的永久位移则呈现一些有趣的特征。如图 5.6.18 所示，当 $x_3'=1.0$ km 时，对于不同的 x_3，水平力前方的不同半径圆上的质点最终停留在初始位置以下的位置，而后方的不同半径圆上的质点最终停留在初始位置以上的位置。但是有一个例外，就是 $x_3=0.5$ km 时半径为 $R=1.0$ km 的情况，正好与此相反。竖直力的情况与此类似。这表明对于作用位置之上或之下的介质，水平力导致的垂直方向的位置改变和垂直力导致的水平方向的位置改变都是相反的。这个结论对于图 5.6.19 和图 5.6.20 中显示的 $x_3'=2.0$ km 和 3.0 km

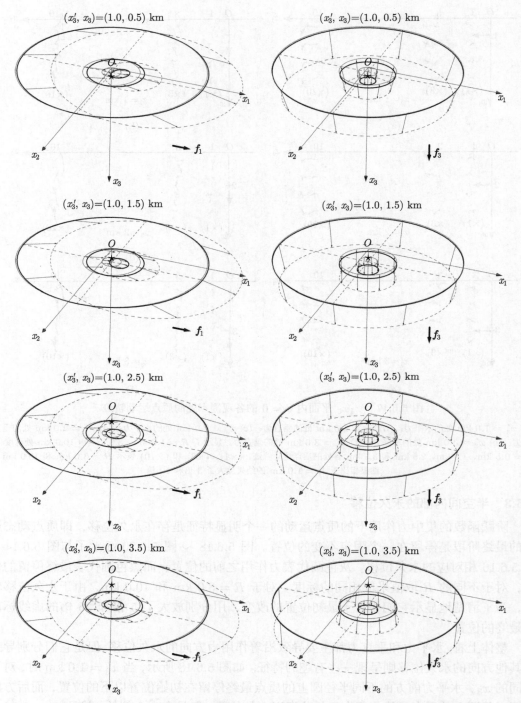

图 5.6.18　$x_3' = 1.0$ km 时水平点力（左）和垂直点力（右）导致的永久位移

从上到下依次为 $x_3 = 0.5$ km、1.5 km、2.5 km 和 3.5 km 的结果。平行于地表三个力作用前的同心圆半径分别为 $R = 1.0$ km、3.0 km 和 10.0 km，用灰色显示，黑色代表加上力作用之后形成的永久位移而成的位置。"$\star$" 代表力的作用点，水平作用力 $\boldsymbol{f}_1$ 和垂直作用力 $\boldsymbol{f}_3$ 显示在各个子图的右下方。对于 $R = 3.0$ km 和 10.0 km，还显示了永久位移放大了 5 倍和 25 倍之后的结果，用灰色虚线表示

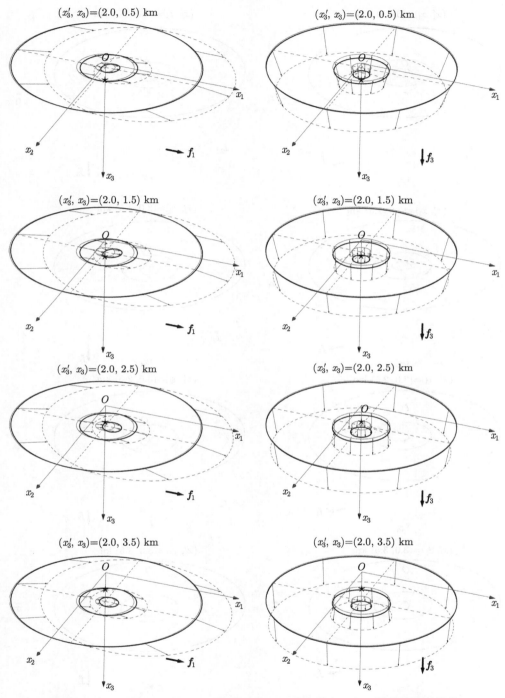

图 5.6.19 $x_3' = 2.0$ km 时水平点力（左）和垂直点力（右）导致的永久位移

说明同图 5.6.18

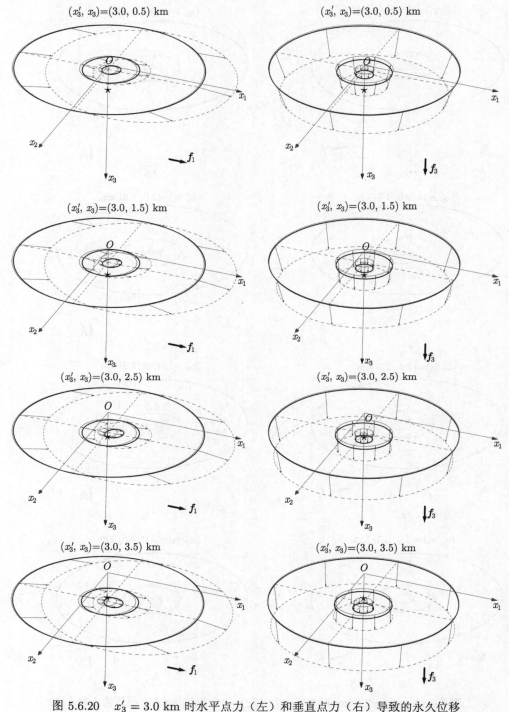

图 5.6.20　$x_3' = 3.0$ km 时水平点力（左）和垂直点力（右）导致的永久位移

说明同图 5.6.18

也是成立的，只不过随着力作用点深度的不同，其之上或之下所包含的不同 x_3 取值的观测点有所差异。

注意到对于 $\phi = 0$ 和 π 的观测点，在 x_2 方向上没有位移，位移仅发生在 x_1x_3 平面内，因此图 5.6.21 显示了 x_1x_3 平面内的质点最终停留位置的情况，更清楚地显示了永久位移的分布特征。可以看到，无论是水平力和垂直力，影响最明显的都是最接近于作用点位置的观测点，在力的作用前方产生了往四周扩散的特征，而在力的作用后方则使介质中的质点有汇聚的特征。

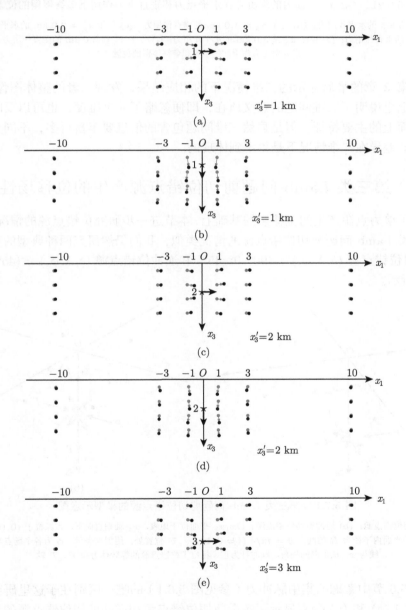

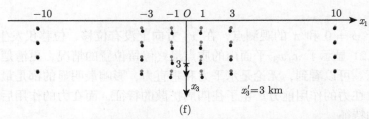

(f)

图 5.6.21 Ox_1x_3 平面内的观测点在水平点力和垂直点力作用下最终停留的位置

(a) 位于 $x_3' = 1.0$ km 的水平作用力；(b) 位于 $x_3' = 1.0$ km 的垂直作用力；(c) 位于 $x_3' = 2.0$ km 的水平作用力；(d) 位于 $x_3' = 2.0$ km 的垂直作用力；(e) 位于 $x_3' = 3.0$ km 的水平作用力；(f) 位于 $x_3' = 3.0$ km 的垂直作用力。灰色点和黑色点分别为力作用前的位置和最终停留的位置

对比在第 3 章的最后显示的二维情况下的相应结果，发现二者的整体图像是一致的。这一定程度上也说明了二维问题的意义所在，即便忽略了一个维度，也可以反映三维情况下某一个截面上的主要特征。但是显然三维问题包含的信息要丰富得多，不同方位角处位移分布特征的差异在二维情况下是得不到体现的。

5.7 第三类 Lamb 问题剪切位错点源产生的位移场性质

在考察了单力点源产生的位移场的基础上，本节进一步研究位错点源的情况。与 5.4 节介绍的第二类 Lamb 问题剪切位错点源的情况类似，我们仍然研究两种典型的剪切位错点源：左旋走滑位错点源 $(\delta, \lambda, \phi_s) = (90°, 0°, 45°)$ 和逆冲位错点源 $(\delta, \lambda, \phi_s) = (45°, 90°, 90°)$，如图 5.7.1 所示。

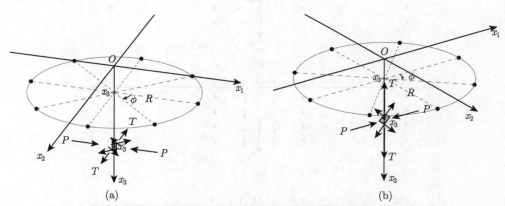

图 5.7.1 第三类 Lamb 问题剪切位错点源的模型示意图

(a) 左旋走滑剪切位错点源；(b) 逆冲剪切位错点源。Ox_1x_2 平面位于地表，x_3 轴垂直向下，点源位于 $(0, 0, x_3')$ 处。场点位于深度为 x_3 的平面内半径为 R 的圆上 $\phi = i\pi/4$ ($i = 0, 1, \cdots, 7$) 位置处，用黑点表示。ϕ 为各个场点与坐标原点的连线与 x_1 轴正向的夹角，顺时针为正。标出了位错点源的等效体力和 P、T 轴

本节与 5.6 节中考虑的集中脉冲力（参见图 5.6.1）的唯一区别在于这里研究的是位错点源，图 5.7.1 (a) 和 (b) 分别显示了走滑剪切位错点源和逆冲剪切位错点源的示意图。图中标出了等效体力以及表征受力情况的 P 轴和 T 轴。由于考虑的仍然是点源，描述源–场位置关系的仍然是 R、x_3'、x_3 和 ϕ 几个参数。我们仍然采用 5.6 节的表 5.6.1 中的参数组合，

时间函数为 $t_0 = 0.2$ s 的斜坡函数，计算参数与 5.6 节中的相同，并且 $\bar{u}_i = 2\pi^2 \mu \beta t_0 u_i / M_0$。以下对应地显示位错点源引起的位移随时间的变化情况、半空间内部的质点运动轨迹和永久位移。

5.7.1　位移随时间的变化

与 5.6.1 节类似，根据源点和场点之间的水平距离 R 的不同，我们将所有的算例分成三组：第一组，$R = 1.0$ km；第二组，$R = 3.0$ km；第三组，$R = 10.0$ km。每一组中，源点深度有三种取值，场点深度有四种取值，见表 5.6.1。以下分别考察三组结果。

5.7.1.1　第一组的结果（$R = 1.0$ km）

图 5.7.2 ～ 图 5.7.4 分别显示了 Case#1、Case#2 和 Case#3（参见表 5.6.1）情况下的左旋走滑位错点源和逆冲位错点源导致的地表位移随时间的变化。与 5.6.1 节类似，分别显示了三种不同源点深度情况下，半径 $R = 1.0$ km、深度不同的圆上 $\phi = i\pi/4$ ($i = 0, 1, \cdots, 7$) 处的位移曲线，粗灰线、细黑线、粗黑线和细灰线分别是 $x_3 = 0.5$ km、1.5 km、2.5 km 和 3.5 km 的结果。

与集中力作用产生的位移（参见图 5.6.2 ～ 图 5.6.4）相比，位错点源产生的位移随时间的变化既有相似之处，也有明显的不同点。相似之处在于，从位于某个方位处的单个波形上看，无论是集中力还是位错点源产生的位移都会在各个震相对应的波动到来时在位移波形上产生或大或小、或陡峭或平缓的变化，这是因为二者产生的不同震相的到时是相同的，而到时仅取决于源点和场点的位置。在源点以上和以下的位置处，某些位移分量会产生极性相反的波形。例如，走滑位错点源和逆冲位错点源产生的竖直方向的位移 $\bar{u}_3$ 都存在这个现象。

明显的不同之处在于，集中力产生的位移，沿着力作用的方向为明显的优势方向，换句话说，水平力主要产生沿力作用方向的水平位移，而垂直力主要产生垂直方向的位移，其他方向的唯一幅度明显偏小。这个现象对于剪切位错点源不存在。这可解释为位错点源的等效体力为两组力偶，而每一组力偶都是由一对大小相等但方向相反的集中力组成，这种情况下力的作用不像集中力那样只是沿着某一个特定的方向，因此对应的位移也不存在明显的优势方向。此外，集中力沿着力作用方向的位移分量没有明显的方位效应，不同 ϕ 处的位移分量波形相近（例如图 5.6.2 中水平力产生的水平位移分量 $\bar{G}_{11}^{\mathrm{H}}$）或者完全相同（对应垂直力产生的垂直位移分量 $\bar{G}_{33}^{\mathrm{H}}$）。但是当前的位错点源就明显不同了，无论是走滑位错点源还是逆冲位错点源，除了逆冲位错点源产生的垂直分量的位移以外，位移波形的其他各个分量都有明显的随方位角 ϕ 而变化的特点。

为了清楚地了解这些位移波形上每一个突变对应的震相，图 5.7.5 中以 $\phi = 0$ 处的左旋走滑位错点源产生的沿 x_1 轴方向的位移分量 $\bar{u}_1$ 和逆冲位错点源产生的沿 x_3 轴方向的位移分量 $\bar{u}_3$ 为例，标出了不同观测点深度 x_3 处的各个震相。由于震源时间函数采用的是 $t_0 = 0.2$ s 的斜坡函数，因此每一个震相之后 0.2 s 处都有一个对应的波形改变[①]，并

[①] 在上册 4.5.2.2 节中针对无限介质情况讨论过斜坡函数产生的位移场性质，并在上册图 4.5.10 中显示了不同 t_0 取值对波形的影响，我们发现由于上升时间的存在，除了在 P 波和 S 波到时处存在波形变化以外，在对应的 t_0 时间延迟之后，也有一个对应的波形变化。对于当前的半无限空间问题，这个性质仍然存在，并且对于每一个震相，包括 P、S、PP、SS、PS、SP 和 sPs 都是如此。原因不难从 5.1.4.2 节中的结论式 (5.1.1) 得知。

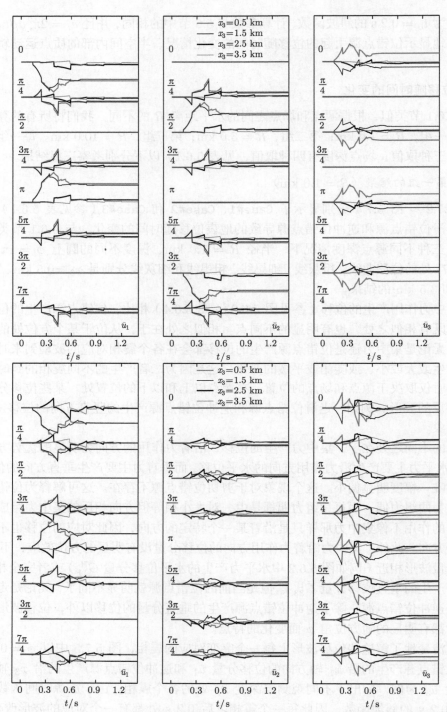

图 5.7.2 $(R, x_3') = (1.0, 1.0)$ km 时左旋走滑位错点源（上）和逆冲位错点源（下）导致的地表位移随时间的变化

横坐标为时间（单位为 s）。对于每个位移分量，显示了 $\phi = i\pi/4$ $(i = 0, 1, \cdots, 7)$ 处的四个不同 x_3 取值的结果：0.5 km（粗灰线）、1.5 km（细黑线）、2.5 km（粗黑线）和 3.5 km（细灰线）。时间函数为 $t_0 = 0.2$ s 的斜坡函数 $R(t)$

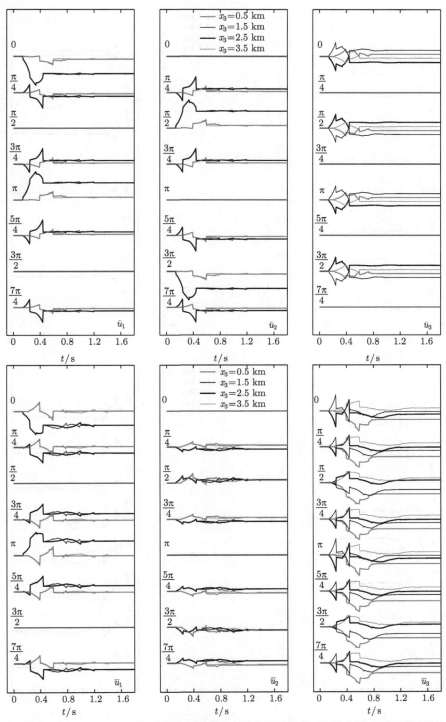

图 5.7.3 $(R, x_3') = (1.0, 2.0)$ km 时左旋走滑位错点源（上）和逆冲位错点源（下）导致的地表位移随时间的变化

说明同图 5.7.2

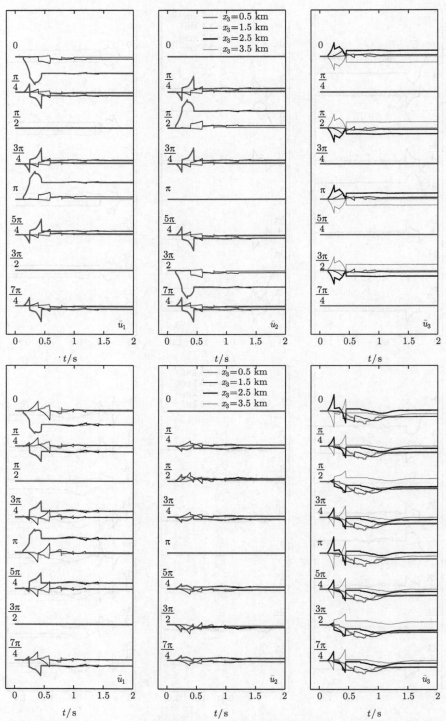

图 5.7.4　$(R, x_3') = (1.0, 3.0)$ km 时左旋走滑位错点源（上）和逆冲位错点源（下）导致的地表位移随时间的变化

说明同图 5.7.2

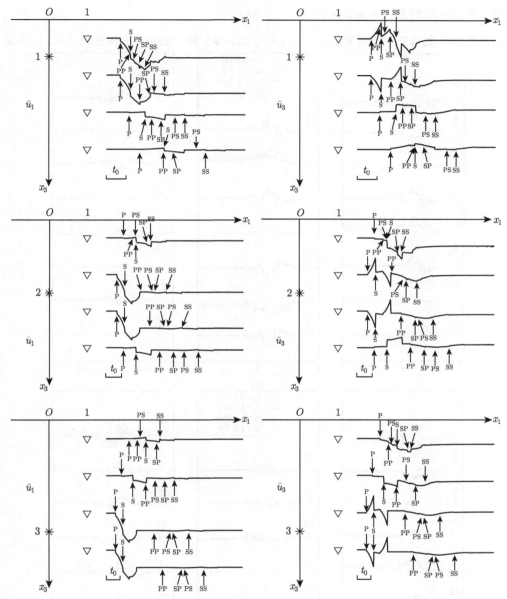

图 5.7.5 $R = 1$ km 时不同深度左旋走滑位错点源（左）和逆冲位错点源（右）导致的不同深度位移的震相

从上到下的点力源深度 x_3' 分别为 1 km、2 km 和 3 km。显示了水平力导致的水平位移 $\bar{G}_{11}^{\mathrm{H}}$（左）和垂直力导致的垂向位移 $\bar{G}_{33}^{\mathrm{H}}$（左）。$x_3$ 轴上的星号代表力的作用点。竖直排列的倒三角形代表不同深度（$x_3 = 0.5$ km、1.5 km、2.5 km 和 3.5 km）的观测点，其右方显示的是标注了震相的位移随时间的变化

且波形改变的幅度与震相到时处的幅度相当，例如位于 $x_3' = 2$ km 处的逆冲位错点源产生的 $x_3 = 1.5$ km 处的位移波形中（图 5.7.5 右列第 2 幅子图中的第 2 条曲线），P 波到时处的波形变化很小，而 S 波到时处波形发生突然的大幅度变化，对应的 t_0 之后（见图 5.7.5 中各个子图左下方的时间标度）的波形也分别产生了很小和明显的波形变化。

5.7.1.2　第二组的结果（$R = 3.0$ km）

图 5.7.6 ～ 图 5.7.8 分别显示了 Case#4、Case#5 和 Case#6（参见表 5.6.1）情况下

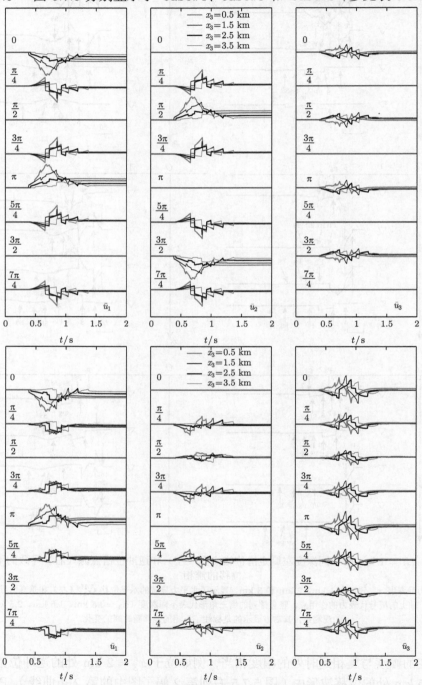

图 5.7.6　$(R, x_3') = (3.0, 1.0)$ km 时左旋走滑位错点源（上）和逆冲位错点源（下）导致的地表位移随时间的变化

说明同图 5.7.2。但位移幅度相比于图 5.7.2 放大了两倍

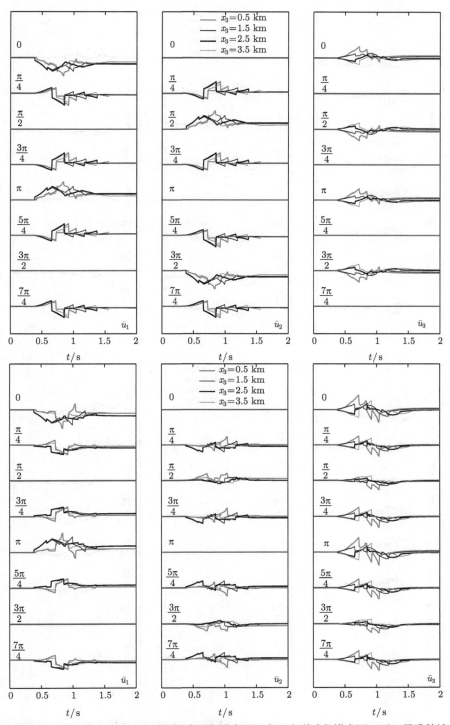

图 5.7.7　$(R, x_3') = (3.0, 2.0)$ km 时左旋走滑位错点源（上）和逆冲位错点源（下）导致的地表位移随时间的变化

说明同图 5.7.6

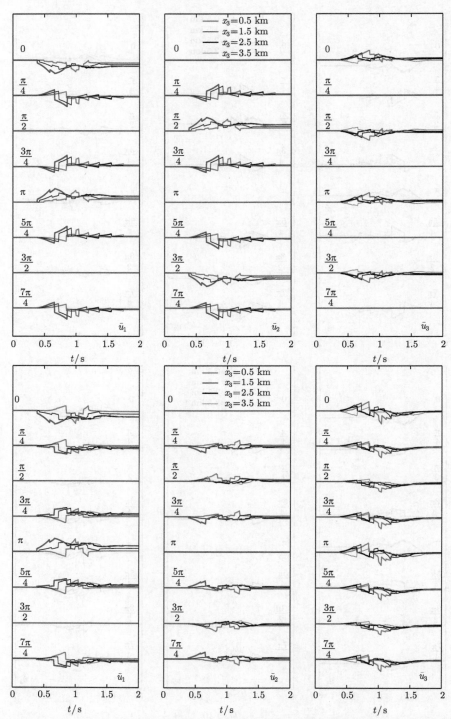

图 5.7.8　$(R, x_3') = (3.0, 3.0)$ km 时左旋走滑位错点源（上）和逆冲位错点源（下）导致的地表位移随时间的变化

说明同图 5.7.6

的左旋走滑位错点源和逆冲位错点源导致的地表位移随时间的变化。注意到与相应的第一组结果相比，位移的幅度都放大了两倍，这意味着位移幅度显著减小了。这是震中距 R 增大的自然结果。

　　R 增大的另外一个效应是，更多的反射或转换震相位于 P 波和 S 波之间，或者它们与直达波震相之间的时间间距显著变小了。图 5.7.9 中清楚地显示了这一点。例如，当 $R = 1$ km 时，$(x'_3, x_3) = (1.0, 0.5)$ km 的波形中（见图 5.7.5　最左上角的波形），P 波和 S 波之间只有 PP 震相，而对应的 $R = 3$ km 情况下（见图 5.7.9 最左上角的波形），P 波和 S 波之间却包含了四个震相：PP、PS、SP 和 sPs。又如，当 $R = 1$ km 时，$(x'_3, x_3) = (3.0, 3.5)$ km 的波形中（见图 5.7.5 最左下角的波形），S 波之后 0.58 s 反射波 PP 才到达，而当 $R = 3$ km 时，对应的结果（见图 5.7.9 最左下角的波形）中，S 波之后 0.24 s，PP 波就到达了。此外，关于 sPs 震相的产生，在 5.6.1.2 节中已经做了充分讨论，此处不再赘述。

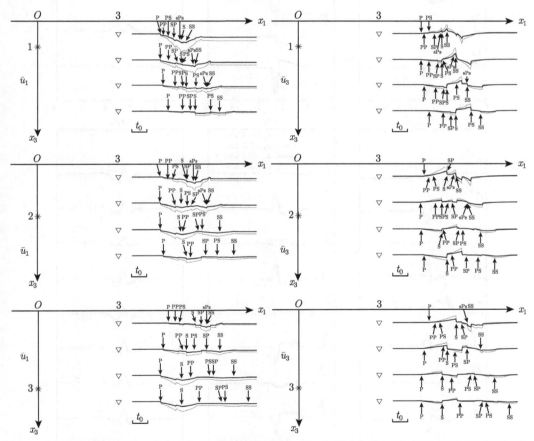

图 5.7.9　$R = 3$ km 时不同深度左旋走滑位错点源（左）和逆冲位错点源（右）导致的不同深度位移的震相

说明同图 5.7.5。灰色曲线与粗黑色的曲线相同，只是幅度放大了两倍

5.7.1.3　第三组的结果（$R = 10.0$ km）

　　图 5.7.10 ～ 图 5.7.12 分别显示了 Case#7、Case#8 和 Case#9（参见表 5.6.1）情况下

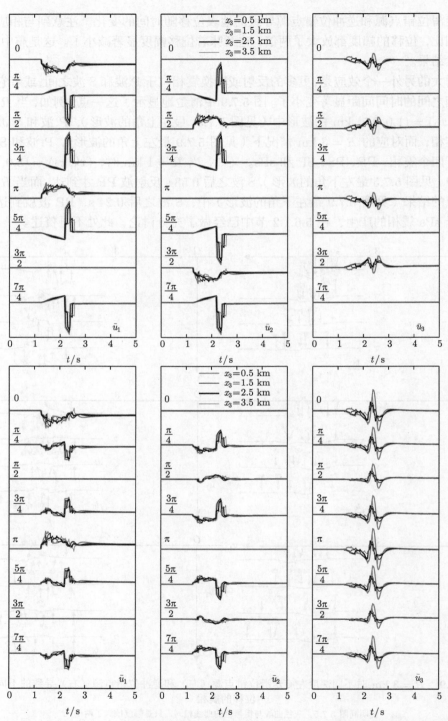

图 5.7.10　$(R, x_3') = (10.0, 1.0)$ km 时左旋走滑位错点源（上）和逆冲位错点源（下）导致的地表位移随时间的变化

说明同图 5.7.2。但位移幅度相比于图 5.7.2 放大了 10 倍

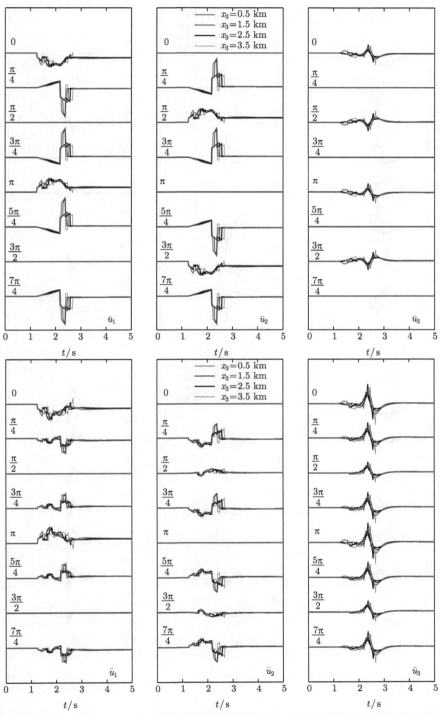

图 5.7.11 $(R, x_3') = (10.0, 2.0)$ km 时左旋走滑位错点源（上）和逆冲位错点源（下）导致的地表位移随时间的变化

说明同图 5.7.10

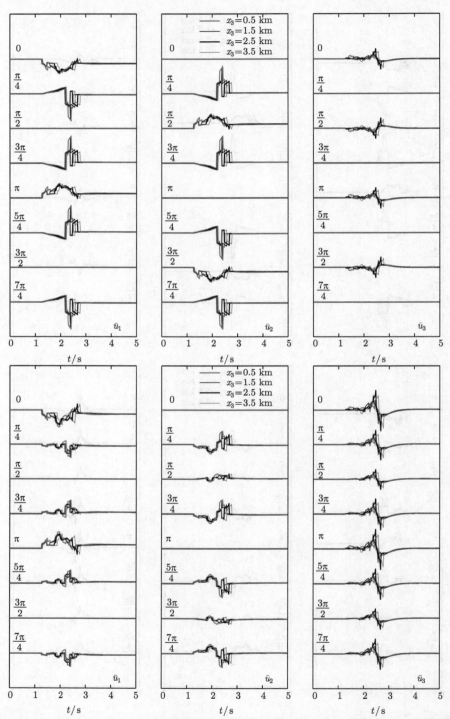

图 5.7.12　$(R, x_3') = (10.0, 3.0)$ km 时左旋走滑位错点源（上）和逆冲位错点源（下）导致的地表位移随时间的变化

说明同图 5.7.10

的左旋走滑位错点源和逆冲位错点源导致的地表位移随时间的变化。与相应的第一组结果相比，位移的幅度都放大了 10 倍。注意到在集中力的情况下（见 5.6.1.3 节）放大倍数是 6，这意味着剪切位错点源产生的远场位移幅度与近场位幅度之比，要比集中点力的情况下相应的比值更小[①]。

在 $R = 10$ km 的情况下，图 5.7.10 中 $x_3 = 0.5$ km 的位移曲线（粗灰线）明显异于其他取值的曲线，显著表现为垂直位移 $\bar{u}_3$ 的后半段出现振幅更大且光滑变化的部分，这正是 Rayleigh 波。对于更深的源或观测点，这个现象均没有如此明显。这意味着对于源和观测点同时位于半空间内部的第三类 Lamb 问题而言，只有当二者同时都较小的时候，Rayleigh 波才比较明显。

图 5.7.13 中以 $\phi = 0$ 处的左旋走滑位错点源产生的沿 x_1 轴方向的位移分量 $\bar{u}_1$ 和逆冲位错点源产生的沿 x_3 轴方向的位移分量 $\bar{u}_3$ 为例，标出了不同观测点深度 x_3 处的各个震相。跟前两组的结果相比，由于 R 增大导致的效应进一步增大：P 波和 S 波之间包括除了 SS 波和 Rayleigh 波之外的所有反射和转换震相。对于 $x_3' = 1.0$ km 的逆冲位错点源（图 5.7.13 中的右上图），$x_3 = 0.5$ km 的波形中出现了非常明显的 Rayleigh 波，随着观测点深度 x_3 的增加，Rayleigh 波很快衰减；对于走滑位错点源（图 5.7.13 中的左上图），Rayleigh 波始终不

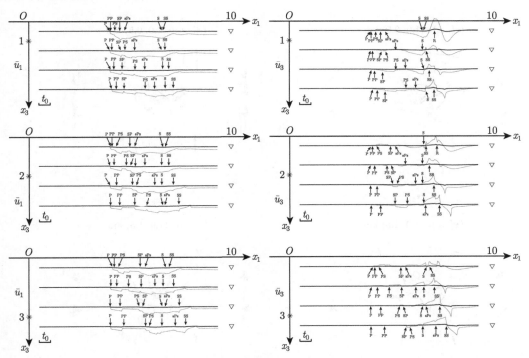

图 5.7.13　$R = 3$ km 时不同深度左旋走滑位错点源（左）和逆冲位错点源（右）导致的不同深度位移的震相

说明同图 5.7.5。灰色曲线与粗黑色的曲线相同，只是幅度放大了 10 倍

[①] 在上册第 4 章无限介质问题的讨论中，我们知道 Green 函数的近场项和远场项分别正比于 $1/r^2$ 和 $1/r$，见上册式 (4.5.1)；而剪切位错点源对应的结果分别为 $1/r^3$ 和 $1/r$。对于近场的情况，半无限空间问题中直达波成分是主要的，因此这个根据无限介质模型得出的结论对于半无限空间介质仍然成立。

显著。这与两种位错点源的等效作用力方向有关 (参见图 5.7.1), 走滑位错点源的 P 轴和 T 轴都位于平行于自由表面的平面内, 而逆冲位错点源虽然 P 轴方向平行于自由表面, 但是 T 轴垂直于自由表面, 这导致了后者的运动受阻较小, 从而当位错点源接近地表时产生了更为显著的 Rayleigh 波。此外, 与集中力的对应结果相比 (参见图 5.6.13), 剪切位错点源的情况下, Rayleigh 波随深度的衰减更快。这说明相比于单力情况, 剪切位错点源产生的 Rayleigh 波更集中于地表附近区域。

5.7.2　质点运动轨迹

对半空间内部弹性体的运动情况更为直观的展示是根据上述位移随时间变化的结果直接画出质点运动轨迹。图 5.7.14 ~ 图 5.7.16 分别显示了 $x_3' = 1.0$ km、2.0 km 和 3.0 km 时左旋走滑位错点源和逆冲位错点源导致的不同深度 x_3 处不同半径 R 的圆上各个方位 ϕ 上的质点运动轨迹。由于半径较大的位置处质点运动幅度显著变小, 为了显示清楚, $R = 3.0$ km 和 10.0 km 的圆上的质点运动轨迹相比于 $R = 1.0$ km 上的轨迹分别放大了 6 倍和 36 倍。

图 5.7.14 ~ 图 5.7.16 中直观地显示了在 $\phi = \pi/4$、$3\pi/4$、$5\pi/4$ 和 $7\pi/4$ 方位处[①], 左旋走滑位错点源产生的位移均为垂直于该点与坐标原点连线的线段。这表明在左旋走滑位错点

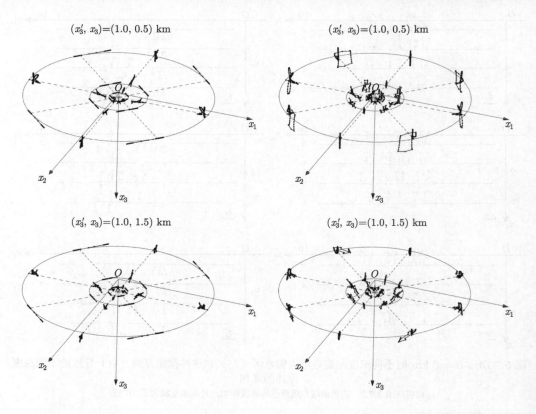

<hr />

① 结合图 5.7.1 (a) 中的示意图可知, 这几个方位分别对应于走滑断层面延伸的方向和垂直于断层面的方向上。

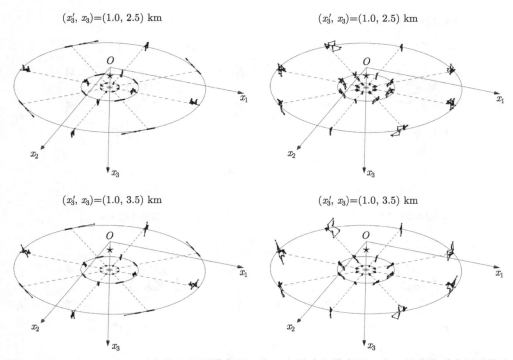

图 5.7.14　$x_3' = 1.0$ km 时左旋走滑位错点源（左）和逆冲位错点源（右）导致的质点运动轨迹

从上到下依次为 $x_3 = 0.5$ km、1.5 km、2.5 km 和 3.5 km 的结果。平行于地表三个同心圆半径分别为 $R = 1.0$ km、3.0 km 和 10.0 km。显示了这些圆上 $\phi = i\pi/4$ $(i = 0, 1, \cdots, 7)$ 位置处的质点运动轨迹，其上的黑色圆点为等时间间距的各个时刻。"★"代表力的作用点。$R = 3.0$ km 和 10.0 km 的圆上的质点运动轨迹相比于 $R = 1.0$ km 上的轨迹分别放大了 6 倍和 36 倍

源这几个方位处辐射的地震波为 SH 波。图 5.7.14 ~ 图 5.7.16 中显示，无论是左旋走滑位错还是逆冲位错均在更靠近它的位置处产生幅度较大的质点运动，并且与集中力产生的质点（参见图 5.6.14 ~ 图 5.6.16）运动明显不同的是，除了 SH 波以外，质点运动没有一个明显的优势方向，而后者存在沿着力的作用方向的运动优势方向。这些运动轨迹中的每一个位置突变均对应于一个震相的到达，可以参照图 5.7.5、图 5.7.9 和图 5.7.13 来判断具体是什么震相。值得提及的是，在图 5.6.14 的 $(x_3', x_3 = 1.0, 0.5)$ 情形（最上面的两幅图）中，$\phi = 0$、$\pi/2$、π 和 $3\pi/2$ 方位处的质点运动后期均出现了较快（体现为黑点之间的间距较大）的光滑运动，其中逆冲位错点源导致的运动优势方向在垂直方向上。这是 Rayleigh 波的显著特征。

　　注意到 $\phi = 0$ 时左旋走滑位错点源和逆冲位错点源均不产生沿着 x_2 轴方向的运动，这意味着质点运动只位于 $x_1 x_3$ 平面内。为了更方便和直观地比较不同观测点处的质点运动轨迹，图 5.7.17 显示了位于 $\phi = 0$ 方位处的竖直平面内不同观测点的质点运动位移。由于较远的观测点处质点运动幅度相比于近场的小很多，因此 $R = 3$ km 和 10 km 处的结果相比于 $R = 1$ km 处的结果幅度分别放大了 3 倍和 10 倍。一个很有趣的特征是，尽管左旋走滑位错和逆冲位错的机制不同，但是它们产生的近场运动是相似的，并且在点源上方和下方的质点运动呈现非常明显的空间对称性。

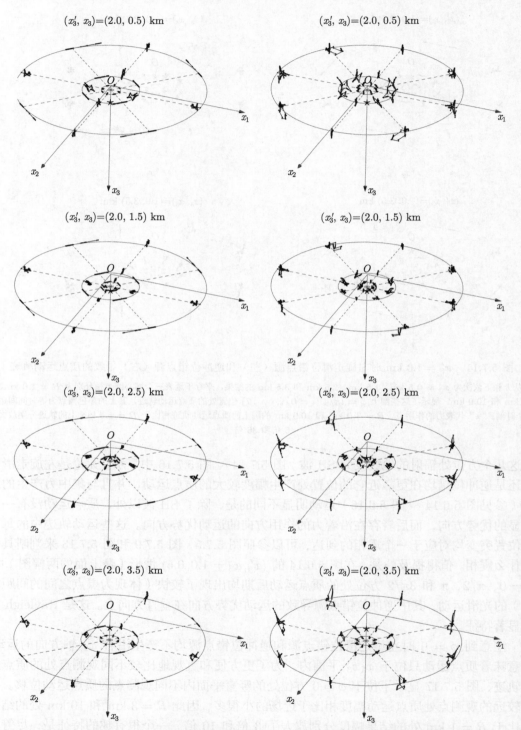

图 5.7.15　$x_3' = 2.0$ km 时左旋走滑位错点源（左）和逆冲位错点源（右）导致的质点运动轨迹

说明同图 5.7.14

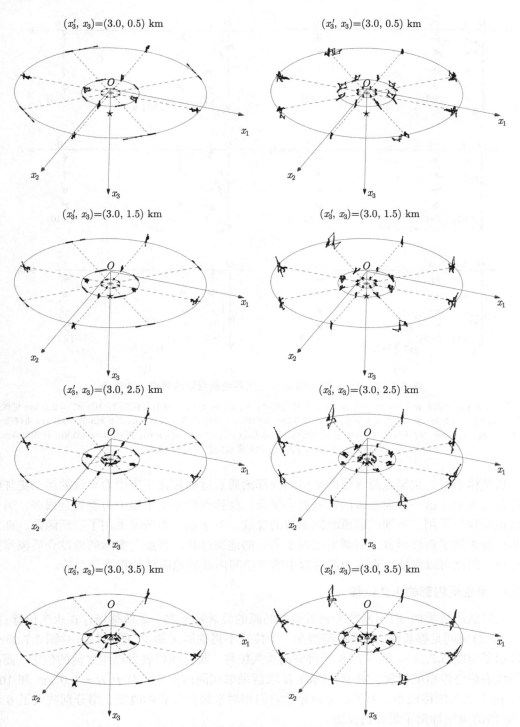

$(x_3', x_3)=(3.0, 0.5)$ km　　　　$(x_3', x_3)=(3.0, 0.5)$ km

$(x_3', x_3)=(3.0, 1.5)$ km　　　　$(x_3', x_3)=(3.0, 1.5)$ km

$(x_3', x_3)=(3.0, 2.5)$ km　　　　$(x_3', x_3)=(3.0, 2.5)$ km

$(x_3', x_3)=(3.0, 3.5)$ km　　　　$(x_3', x_3)=(3.0, 3.5)$ km

图 5.7.16　　$x_3' = 3.0$ km 时左旋走滑位错点源（左）和逆冲位错点源（右）导致的质点运动轨迹

说明同图 5.7.14

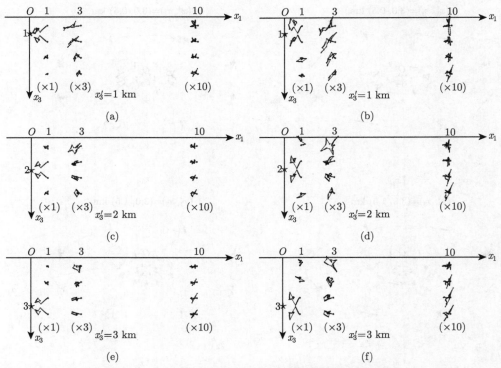

图 5.7.17　x_1x_3 平面内 $\phi = 0$ 的各观测点处的质点运动轨迹

(a) $x_3' = 1.0$ km 处的左旋走滑；(b) $x_3' = 1.0$ km 处的逆冲；(c) $x_3' = 2.0$ km 处的左旋走滑；(d) $x_3' = 2.0$ km 处的逆冲；(e) $x_3' = 3.0$ km 处的左旋走滑；(f) $x_3' = 3.0$ km 处的逆冲。显示了 $R = 1.0$ km、3.0 km 和 10.0 km 处深度 $x_3 = 0.5$ km、1.5 km、2.5 km 和 3.5 km 各处的质点运动轨迹。(×1)、(×3) 和 (×10) 表示 $R = 3.0$ km 和 10.0 km 的结果相比于 $R = 1.0$ km 的结果放大了 3 倍和 10 倍

　　从整体上看，位错点源导致的半空间内部的质点运动相比于集中力导致的运动更加收敛且杂乱无章。这一方面是源的形式更为复杂，位错点源相比于集中力要复杂很多，另一方面也是我们采用了不同的震源时间函数的缘故。对于集中力情况采用了阶跃函数，而对位错点源采用了斜坡函数。后者更接近于实际的地震过程，再加上实际的地球介质模型更为复杂，因此可以预期，真实地震过程中的半空间内部的地震动是相当复杂的。

5.7.3　半空间内部的永久位移

　　与阶跃函数类似，时间函数为斜坡函数的源的显著特征之一是位移场存在永久位移；换句话说，当时间足够长时，质点将停留在一个位置不再继续运动了。图 5.7.18 ~ 图 5.7.20 分别显示了与图 5.7.14 ~ 图 5.7.16 相对应的永久位移。灰色圆代表力作用之前的位置，而黑色圆代表最终停留的位置，对于不同的 R 取值采取相同的标度。对于 $R = 3.0$ km 和 10.0 km，由于永久位移较小，为了清楚地显示它们相对于最初位置的改变，用分别放大了 6 倍和 36 倍的虚线标出了最终的位置。

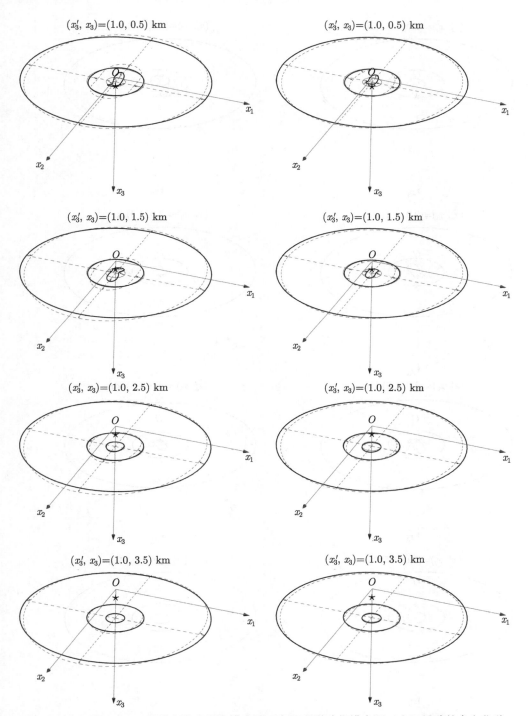

图 5.7.18 $x_3' = 1.0$ km 时左旋走滑位错点源（左）和逆冲位错点源（右）导致的永久位移

从上到下依次为 $x_3 = 0.5$ km、1.5 km、2.5 km 和 3.5 km 的结果。平行于地表三个力作用前的同心圆半径分别为 $R = 1.0$ km、3.0 km 和 10.0 km，用灰色显示，黑色代表加上力作用之后形成的永久位移而成的位置。"★"代表力的作用点，对于 $R = 3.0$ km 和 10.0 km，还显示了永久位移放大了 6 倍和 36 倍之后的结果，用灰色虚线表示

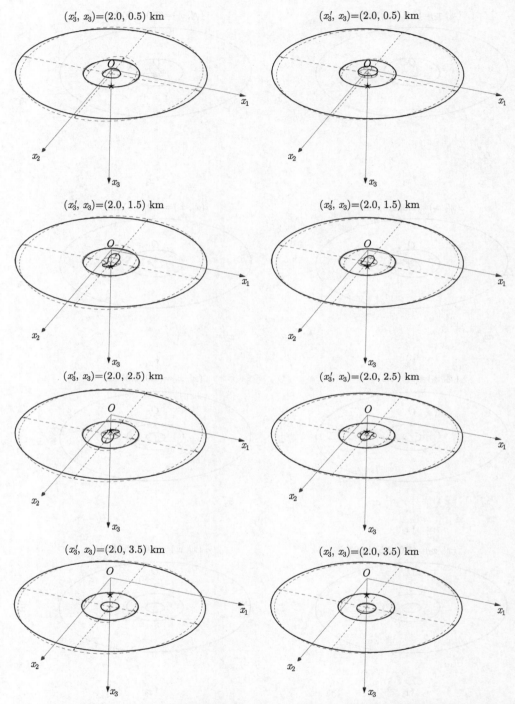

图 5.7.19　$x_3' = 2.0$ km 时左旋走滑位错点源（左）和逆冲位错点源（右）导致的永久位移

说明同图 5.7.18

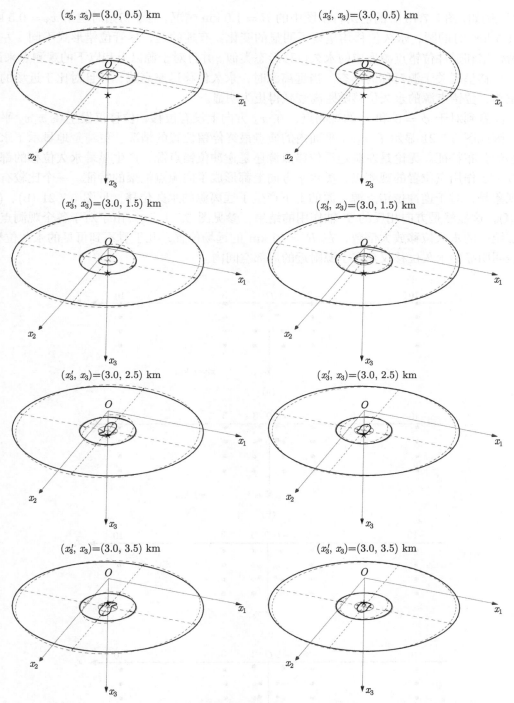

图 5.7.20 $x_3' = 3.0$ km 时左旋走滑位错点源（左）和逆冲位错点源（右）导致的永久位移

说明同图 5.7.18

对比集中力产生的永久位移,位错点源产生的永久位移形态更为复杂,特别是对于近场情况。例如，图 5.7.18 中的前两行子图中的 $R = 1.0$ km 情况，对于初始时位于 $x_3 = 0.5$ km 和 1.5 km 时的圆，永久位移均呈现了明显的变化。有趣的是，尽管位错形式不同，左旋走滑位错和逆冲位错点源形成的永久位移形态类似。并且对于源以上和以下的观测点来说，永久位移呈现关于源对称的形态。当远离源时，永久位移迅速衰减，并且对比于近场的永久位移，位错点源的永久位移随距离衰减得更为明显。

注意到对于 $\phi = 0$ 和 π 的观测点，在 x_2 方向上没有位移，位移仅发生在 $x_1 x_3$ 平面内，因此图 5.7.21 显示了 $x_1 x_3$ 平面内的质点最终停留位置的情况，更清楚地显示了永久位移的分布特征。无论是左旋走滑位错点源还是逆冲位错点源，产生显著永久位移的都是最接近于作用点位置的观测点，类水平方向上都形成了向源点汇聚的特征。一个比较有趣的现象是，对于逆冲位错点源，源的上下产生了远离源的永久位移，见图 5.7.21 (b)、(d) 和 (f)，这显然是方向相反的 T 轴作用的结果，参见图 5.7.1 (b)。由于对于各个观测点采用了统一的永久位移放大倍数，在 $R = 10$ km 的远场位置，几乎看不到可见的永久位移。这表明明显的永久位移仅存在于源附近的局部空间内。

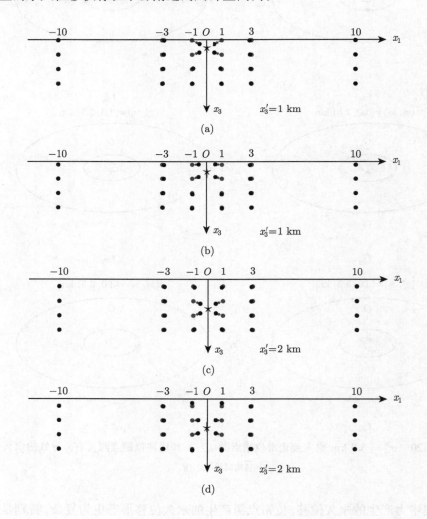

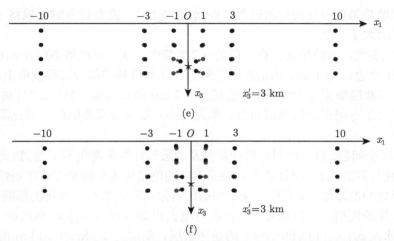

图 5.7.21 Ox_1x_3 平面内的观测点在左旋走滑和逆冲位错点源作用下最终停留的位置

(a) $x_3' = 1.0$ km 处的左旋走滑；(b) $x_3' = 1.0$ km 处的逆冲；(c) $x_3' = 2.0$ km 处的左旋走滑；(d) $x_3' = 2.0$ km 处的逆冲；(e) $x_3' = 3.0$ km 处的左旋走滑；(f) $x_3' = 3.0$ km 处的逆冲。灰色点和黑色点分别为力作用前的位置和最终停留的位置

综合上述关于位移随时间的变化、质点运动轨迹和永久位移的分析，我们可以形成这样的整体印象：位错点源对于源附近的空间有显著的作用，无论是动态位移还是永久位移，都较集中力的情况更为明显。由于自由界面的存在，半空间内部的运动较为复杂。当源作用点较浅，并且观测点也很浅且在一定距离之外时，会出现明显的 Rayleigh 波。

5.8 第三类 Lamb 问题有限尺度剪切位错源产生的位移场性质

位错点源的模型仅对于远场适用，而 5.7 节研究的结论是位错点源的主要影响范围是近场区域，这就产生了一个矛盾。在实际问题中，当我们关注断层面附近的震动时，断层的有限尺度是不能忽略的。因此在考察了位错点源产生的位移场之后，继续研究有限尺度的断层面上情况是非常必要的。

在 5.5 节中，我们已经针对第二类 Lamb 问题，研究了有限尺度位错源产生的位移场性质，通过将断层面划分为小的单元，将每一个单元的贡献用点源代替，并对所有单元求和的方式来计算。这就自然涉及两个技术问题：

(1) 这种计算有限尺度断层的效应的策略必然涉及大量的点源产生的位移场计算，如果点源的计算本身就比较耗时，那么有限尺度源的计算成本将非常高。不幸的是，对于第三类 Lamb 问题，我们就面临这样的困境。在 4.5 节中，我们详细地研究了各个震相贡献的求法。直达波贡献是闭合形式的解析解，计算耗时可以忽略；反射波贡献可以通过对第二类 Lamb 问题的解形式稍加改动而成。转换波的贡献是相比于第二类问题多出来的计算量，这一部分最耗时。我们曾在 4.5.3 节详细地描述如何求解积分表达式中涉及的 t_{PS}、$\bar{p}^{\dagger}(t)$ 和 $R_\alpha(t, \bar{p})$，对于每个时刻 t 都要通过数值的方式求解 $\bar{p}^{\dagger}(t)$，并且对于每一个 t 和 $\bar{p}$ 需要数值计算 $R_\alpha(t, \bar{p})$，因此计算成本是比较高的。为了计算剪切位错点源的位移场，需要求解所有的 Green 函数空间导数的分量，相比于 Green 函数本身，计算量增大为 3 倍；同时，由于计算中采用的是斜坡函数的时间函数，根据式 (5.1.1)，需要计算时间偏移 t_0 的相应解，这样计算量又增大了一倍。

(2) 划分成多大尺寸的单元？在上册的 4.7.2 节中，我们曾经将 50 km×10 km 的断层划分为 50×10 个边长为 1 km 的正方形子断层，计算得到的部分位移波形上出现"抖动"的现象；但是将断层细化为 100×20 个边长为 0.5 km 的正方形子断层，"抖动"就消失了。这个事实说明对于有限尺度的断层而言，单元大小对结果是有影响的。因此需要谨慎地选择单元尺寸。

对于第 (1) 个问题，目前的积分解计算涉及的数值计算是避免不了的，因此考虑到计算成本，我们简化计算的内容，由计算不同观测点处的位移场来全面地考察波场性质改为只计算一个固定点处的位移场，重点在于揭示断层的有限尺度因素对于波场的影响。图 5.8.1 显示了本节要计算的模型。我们研究一个直接与地表相交的 $(\delta, \lambda, \phi_s) = (90°, 0°, 45°)$ 的左旋走滑断层和 $(\delta, \lambda, \phi_s) = (45°, 90°, 90°)$ 的逆冲断层，断层为 20 km× 10 km 的矩形。在两个断层上都发生单侧破裂，走滑断层的破裂从左侧开始向右传播，逆冲断层的破裂从下侧开始向上传播，传播速度 $v = 3.5$ km。仍然假设断层上的平均错动量 $\overline{[u]} = 1$ m，震源时间函数为 $t_0 = 0.5$ s 的斜坡函数 $R(t)$。介质参数与 5.5 节相同。我们计算位于 $(20, 0, 2)$ km 的位移场，考察该处的位移随时间的变化，以及质点运动轨迹。

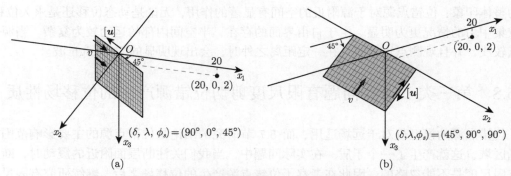

图 5.8.1　第三类 Lamb 问题有限尺度剪切位错源的模型示意图

(a) 左旋走滑剪切位错源，$(\delta, \lambda, \phi_s) = (90°, 0°, 45°)$；(b) 逆冲剪切位错源，$(\delta, \lambda, \phi_s) = (45°, 90°, 90°)$。$Ox_1x_2$ 平面位于地表，x_3 轴垂直向下，断层为 20 km× 10 km 的矩形。v 代表破裂速度，走滑断层发生从左侧开始向右传播的单侧破裂，逆冲断层发生从下侧开始向上传播的单侧破裂。图中标出了位错 $[\boldsymbol{u}]$。观测点位于 $(20,0,2)$ km

5.8.1　不同网格尺寸下的位移波形

为了回答上述第 (2) 个问题，设计不同单元尺寸 Δx 的算例来考察单元尺寸选取对结果的影响，如表 5.8.1 所示。单元划分由粗到细，我们考虑 6 种不同的划分，Δx 分别为 10.0 km、5.0 km、2.5 km、2.0 km、1.0 km 和 0.5 km，相应地，断层分别被划分为 2×1、4×2、8×4、10×5、20×10 和 40×20 个单元。每个单元的贡献由位于其中心处的点代替。图 5.8.2 直观地显示了这些单元划分的效果。

图 5.8.3 和图 5.8.4 分别显示了不同单元尺寸 Δx 的有限尺度左旋走滑位错源和逆冲位错源导致的半空间内部位移随时间的变化，每一个位移分量波形前所标出的序号对应的取值见表 5.8.1。

表 5.8.1   第三类 Lamb 问题有限尺度位错源不同算例的取值

编号	$\Delta x/\text{km}$	网格划分	计算时间/min
#1	10.0	2×1	13
#2	5.0	4×2	42
#3	2.5	8×4	190
#4	2.0	10×5	300
#5	1.0	20×10	1200
#6	0.5	40×20	4800

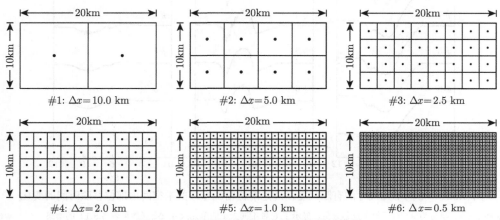

图 5.8.2   用不同单元尺寸划分的断层模型

Δx 分别为 10.0 km、5.0 km、2.5 km、2.0 km、1.0 km 和 0.5 km，相应地，断层分别被划分为 2×1、4×2、8×4、10×5、20×10 和 40×20 个单元，每个单元的贡献由位于其中心处的点代替

Δx 从大到小计算的结果呈现明显的规律性变化。首先，随着 Δx 的减小，位移的主要部分越来越滞后。这是因为相对较粗的网格划分实际上没有细致地刻画断层的破裂过程，而是将不同位置处的破裂用尚未破裂处的源点替代的缘故。例如，对于 #1，$\Delta x = 10.0$ km，仅仅将断层划分为两个单元，参见图 5.8.2。这意味着左侧的所有贡献仅用位于正方形中心的点代替，在初始时刻即发生破裂。而这显然不能如实地刻画破裂过程，事实上左侧 10 km 的范围内破裂需要经过 2.8 s 左右才能传播完，对于中心点左侧的部分来说，效果上相当于提前破裂了。因此会导致较粗的单元划分不恰当地使位移波形发生前移的现象。

其次，随着 Δx 的减小，位移的波形越来越光滑。有限尺度位错源产生位移场是断层上各个部分对应的位错点源产生位移场的叠加。在 5.7 节中，我们已经研究过位错点源产生的位移场，对于时间函数为斜坡函数的位错点源来说，它产生的位移场的整体特征是由波形上不断突变的各个部分的组合而成，每一个突变对应着一个震相。可以预期，当网格划分较粗时，例如 #1，只用两个位错点源来代替，这两个点由于破裂传播的延迟，发生破裂的时间相差较大，叠加时相当于将一个位错点源产生的位移波形和另一个具有明显时间延迟的位错点源产生的位移波形相加，结果必然是在合成的位移波形上也具有明显的突变。而随着 Δx 减小，位错点源的数目也越来越多，且时间延迟越来越小，将数目众多的位错点源产生的位移波形叠加，这种突变的特征就会越来越钝化。当网格足够细时，波形就相当光滑了。根据这里的结果显示，$\Delta x = 1.0$ km 的结果已经比较光滑，只有局部有"抖动"

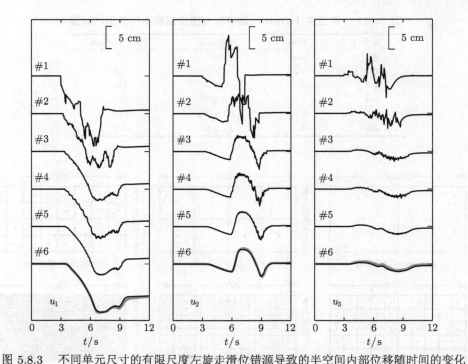

图 5.8.3　不同单元尺寸的有限尺度左旋走滑位错源导致的半空间内部位移随时间的变化

横坐标为时间 t，单位为 s。对于每个位移分量，显示了 6 种不同大小的单元尺寸 Δx（参见表 5.8.1）的结果。对于 #6，还绘出了相应的观测点位于地表处的第二类 Lamb 问题的结果（粗灰线）供参照

的现象，而当取 $\Delta x = 0.5$ km 时，就已经完全看不到"抖动"了。这个结论与之前提到的上册 4.7.2 节中基于无限空间 Green 函数考虑的有限尺度断层时得到的结论完全一致。这表明，0.5 km 的单元尺寸对于刻画有限尺度断层已经足够了[①]。

在图 5.8.3 和图 5.8.4 中，作为参照，在 #6 的结果上还叠加上了粗灰线显示的第二类 Lamb 问题的结果（即观测点位于地表）[②]。二者波形的整体形状基本一致，对于左旋走滑位错源而言，见图 5.8.3，地表的水平方向的位移 u_1 和 u_2 相对于 2 km 深处的位移略大，而垂直位移 u_3 略小；对于逆冲位错源而言，见图 5.8.4，地表的垂直方向位移 u_3 略大，水平位移 u_1 幅度基本相当，但是在位移波形的后半段，二者具有明显的差异：地表位移明显具有更大的振幅。这部分波动的行为代表什么？在 5.8.2 节中将从质点运动轨迹的角度来研究。

最后，值得一提的是不同 Δx 情况下的计算量问题。在表 5.8.1 中的最后一列列出了相应算例的计算时间，基本上是正比于问题的规模。在并没有采用特殊的并行策略情况下，单机的计算时间非常长，对于 #6，需要几十个小时的时长，这是很难接受的。

---

① 取更小的网格单元尺寸当然可以，但是波形上不会有明显的变化，因此是没有必要的。在地震学研究基本都依赖数值计算的当前，很多人认为只要硬件条件允许，网格划分越细越好，这是一种误解。如果更细的网格划分并不能对结果的正确解释有帮助，这就没有意义。

② 这两个结果分别是根据不同的程序计算而得的，二者基本一致，本身也验证了计算程序的正确性。

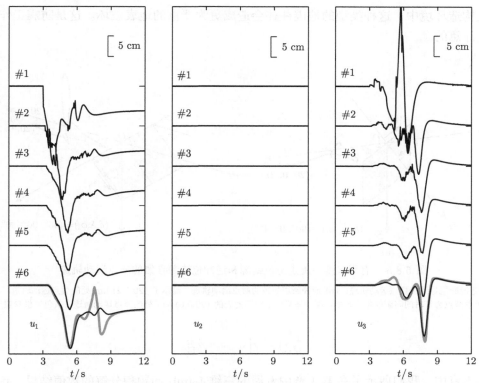

图 5.8.4　不同单元尺寸的有限尺度逆冲位错源导致的半空间内部位移随时间的变化

说明同图 5.8.3

5.8.2　质点运动轨迹

图 5.8.5 显示了有限尺度左旋走滑位错源和逆冲位错源导致的质点运动轨迹，作为对比，还用灰色显示了位移地表 (20,0,0) km 处的质点运动轨迹。对于有限尺寸的左旋走滑断层来说，见图 5.8.5 (a)，2 km 深处的质点运动轨迹和地表的质点运动轨迹几乎完全一致，仔细分辨，可以看出地表运动轨迹当中的一段各个点之间的距离相比于 2 km 深处的质点运动轨迹中的距离较大，这意味着这一段质点运动较快，而根据此前研究过的集中力和位错点源的经验，运动快、波形光滑是 Rayleigh 波的特征。而对于有限尺寸的逆冲断层，见图 5.8.5 (b)，2 km 深处的质点运动轨迹和地表的质点运动轨迹之间存在显著的差别。地表处的运动轨迹中，快速运动的一段由于水平位移的显著增大（见图 5.8.4 中最左下角的粗灰色波形）而呈现更接近圆形的特征；相比而言，2 km 深处的对应轨迹中的这一部分更接近长轴和短轴比较大的椭圆。根据我们此前对于集中力和位错点源产生的质点运动轨迹研究的经验，运动快且光滑的这一段是 Rayleigh 波对应的部分。由于观测点位于逆冲断层破裂传播的前方，质点运动轨迹表明 Rayleigh 波的运动轨迹接近于一个逆进的椭圆。这与经典的基于平面波的分析在整体图像上是一致的。

这里展示的结果表明，逆冲断层所形成的地表位移与介质内部位移有显著差别，集中表现在 Rayleigh 波更发育；而相比之下，走滑断层没有这种性质，不仅地表位移与内部位移之间没有显著的差别，而且也没有显著的 Rayleigh 波。由于逆冲断层广泛存在于挤压型的地质构造环境中，这种类型的地震往往会造成更为严重的地表破坏。这是防震工作中需要尤其注意的。

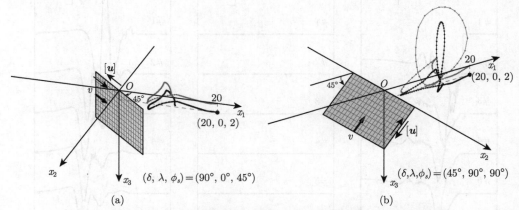

图 5.8.5　有限尺度左旋走滑位错源和逆冲位错源导致的质点运动轨迹

(a) 左旋走滑断层导致的质点运动轨迹；(b) 逆冲断层导致的质点运动轨迹。显示了 (20,0,2) km 处的质点运动轨迹，其上的黑色圆点为等时间间距的各个时刻。图中还显示了位于地表的 (20,0,0) km 处的质点运动轨迹（灰色）供参照

5.9　小　　结

在本章中，我们展示了在第 4 章中发展的三维 Lamb 问题积分解的数值结果。首先进行了正确性的检验，通过与前人结果，以及上册书中发展的频率域解法相应结果的比较，验证了积分解公式和计算程序的正确性。然后分别针对三类 Lamb 问题，依次研究了单力点源、位错点源以及有限尺度位错源所产生的位移场的性质。我们通过设计不同的算例，展示位移波形、质点运动轨迹，以及永久位移等，试图使读者对 Lamb 问题的波场有全面的了解。我们看到了各种不同类型、不同时间函数的源产生的波场具有的各种性质，特别是与自由界面密切相关的 Rayleigh 波，透过丰富的计算实例，了解到这种波动与挤压环境下形成的逆冲型的破裂密切相关。

从某种角度看，有关 Lamb 问题的讨论可以告一段落了。但是有一个悬而未决的问题，在 5.8 节中，我们分析了第三类 Lamb 问题计算量较大，根据积分解直接进行数值计算，只是计算单独的位错点源产生的位移场，计算时长在分钟的量级，但是对于需要基于大量的位错点源计算的有限尺度断层破裂产生的位移场问题，计算成本过大，很难承受。我们自然会提出这样的问题，是否可以对积分解进行深入细致的分析，进一步化简积分，根本性地提高计算效率？在接下来的几章中，我们将由浅入深地从第一类 Lamb 问题入手，通过细致的分析获得几类 Lamb 问题的广义闭合形式解。

第 6 章 第一类 Lamb 问题的广义闭合形式解

与可以直接表示为时间域中的闭合形式解的二维 Lamb 问题 Green 函数解 (第 2 和 3 章) 不同, 三维 Lamb 问题 Green 函数及其空间导数解只能表示为时间域的积分形式 (第 4 章)。对于第二类 Lamb 问题, 由于涉及的积分较少, 并且这些积分的计算过程中并不需要复杂的额外数值操作, 我们可以方便地借助于数值积分来实现 Green 函数的计算。对于第一类 Lamb 问题, 由于积分路径经过奇点, 因此涉及非正常的主值积分, 在进行仔细地处理 (4.4.6 节) 之后, 可将所有的积分转化为正常积分, 同样可以借助于数值积分来计算。比较复杂的是第三类 Lamb 问题的 Green 函数, 由于 PS 波项和 SP 波项的计算涉及较为繁复的操作 (见 4.5.3 节), 计算较为耗时。在 5.8 节中已经显示了对于需要大量点源解叠加的有限尺度源的情况, 计算量是不可接受的。这自然促使我们产生这样的疑问, 是否能从积分表达本身出发, 通过深入细致的分析, 将这些积分表达从理论上进行最大程度的简化? 这样可以达到最高的计算效率。回答是肯定的, 在从这一章开始的本书的后半部分中, 我们将分别针对三类 Lamb 问题, 详细地研究将它们对应的 Green 函数及空间导数[1]表示为广义闭合解的方法[2]。在本章中, 我们首先从第一类 Lamb 问题入手, 目标是获取其 Green 函数的最简形式。

从 Lamb 问题研究的历史来看, 由于第一类 Lamb 问题的特殊性, 有关于它的研究一直持续到十年前。这种特殊性体现在, 一方面这是几类 Lamb 问题中最简单的情况, 也是 Lamb 最初研究的情况, 并且在地震学之外的土木工程等相关领域也有广泛的应用; 另一方面, 在于积分的奇异性, 这一点已经在 4.4.5 节展示过, 直接付诸数值计算是不能奏效的, 因为数值计算对于奇异性积分是无能为力的, 必须进行细致的理论分析。这第二方面的原因客观上也导致了即便在计算技术快速发展的时期, 关于第一类 Lamb 问题的研究仍然长久不衰。

在上册书的第 5 章中, 叙述了 Lamb 问题研究的历史。在具体开展第一类 Lamb 问题的广义闭合解的研究之前, 有针对性地重温一下相关的研究是必要的。

6.1 关于第一类 Lamb 问题的前期研究

在 Lamb (1904) 的开创性研究近半个世纪之后, Pekeris (1955) 和 Chao (1960) 分别针对垂直力和水平力的情况, 对于 Poisson 介质的特殊情况 (即介质的 Poisson 比 $\nu = 0.25$)

---

① 具体地说, 对于第一类 Lamb 问题, 我们仅考虑 Green 函数本身; 对于第二类和第三类 Lamb 问题, 我们将研究 Green 函数以及它们的一阶空间导数的广义闭合解, 因为后者是构成位错点源产生的位移场的基本成分。研究一阶空间导数的目的也是服务于地震学中的经典震源模型——位错点源的情况。

② 寻求广义闭合解的过程是非常繁琐和艰苦的, 因此有必要在具体开展研究之前明确我们这么做的意义何在。广义闭合形式解和只能借助于数值手段计算的积分解是有重要的差别的, 至少体现在两个方面。一是从广义闭合形式解出发, 我们可以更为方便直接地研究这些解中所蕴含的物理问题的特征, 比如后面我们会看到, 在所得到的广义闭合解中, 我们可以将含有 Rayleigh 波贡献的项明确地分离出来, 这对于研究 Rayleigh 波的相关性质非常有利; 二是从理论上讲, 广义闭合解在计算效率方面非普通的数值解所及。之所以说 "从理论上讲", 是因为有个重要的前提, 就是可以快速地获得椭圆积分的值。由于椭圆积分的形式是固定的, 因此一个可能的途径之一是事先计算好详细的椭圆积分表, 在需要的时候调用。但是, 这种方式的缺点是精度较低。因此, 直接采用高效的算法计算椭圆积分是首选方案, 也是我们希望实现的目标。

给出了广义闭合形式的位移表达，这很大程度上得益于 Cagniard 方法的应用 (见 1.2 节)。但是，正如 Kausel (2012) 在论文的补充材料中提到的，Pekeris 的论文在数学上过于简洁，并且有一些模糊，比如他没有指明位移的方向，在显示位移随时间变化的时候，只标明了"向上"和"向下"，或者"向内"和"向外"，但是图中的符号与公式并不一致。这些问题使得他的论文可读性不高。

Poisson 介质的情况对于地震学研究而言是足够了，因为半空间模型本来就是极度简化的模型，而且地球介质是由岩石组成的，对于这种固定的材料而言，取 $\nu = 0.25$ 可以代表岩石的平均属性。但是，Lamb 问题在工程领域内也有应用的场景，这时考虑不同材料属性的情况就显得很必要了。在 Pekeris 的研究大约 20 年后，Mooney (1974) 推广了 Pekeris 的结果，使之适用于具有任意 Poisson 比的半空间介质。与 Pekeris 类似，他只考虑了垂直力的情况，没有研究水平力的作用。几乎与此同时，Eringen 和 Suhubi (1975) 在他们关于弹性动力学的名著中也讨论了垂直荷载问题，提供了 $\nu < 0.2631$[①]的结果。在上述这些研究的结果中，位移分量都是以广义闭合的形式给出的。

到了 20 世纪 70 年代末，为了给当时的研究震源动力学的边界积分方程方法提供 Green 函数解，Richards (1979) 给出了完整的水平力和垂直力导致的适用于任意 Poisson 比的半空间弹性介质的解答。他从 Johnson (1974) 的积分解出发，将第一类 Lamb 问题的 Green 函数表示为四个积分 I_i $(i = 1, 2, 3, 4)$ 的组合，他给出了前三个积分的闭合形式解，对于第四个积分 I_4，Richards 说尽管可以用椭圆积分表示，但是"直接用数值积分可能更有效"[②]。因此，尽管 Richards (1979) 提供了到当时为止有关第一类 Lamb 问题 Green 函数的最快算法，但是从理论上看，他并没有将所有的 Green 函数分量表示为广义闭合解的形式。

在 20 世纪 80 年代之前，关于第一类 Lamb 问题的研究大致如此。在 Pekeris 和 Chao 的研究出现后，地震学家和数学家们可以宣布第一类 Lamb 问题基本得到了完全的解决，此后的研究只需要在一些细节修修补补即可 (Kausel, 2012)。这一点可以从随后的重要研究论文中看出端倪。比如，Mooney (1974) 提出的对任意 Poisson 比的垂直载荷的扩展工作，是在其论文的附录中给出的；Richards (1979) 在其论文的开篇说，"这些公式只是出于一点小小的好奇"，因此他论文中根本没有给出任何的求解过程，只是罗列了结果[③]。但是事实上，这些结果的得到过程对于绝大多数研究者来说，并不是轻而易举的，遗憾的是，在所有的发表论文和出版书籍中，找不到这样的论证过程。

直到三十多年后的 2012 年，Kausel 给出了适用于任意 Poisson 比的半空间介质的第

---

① 为什么会出现这个奇怪的数，我们随后在求解过程中会详细介绍。事实上，在 4.4.6 节针对第一类 Lamb 问题主值积分的处理过程中已经遇到过。简单地说，这与作为分母的 Rayleigh 函数的根有关，ν 大于或小于这个数，Rayleigh 函数根的分布不同，从而导致求解过程有所差异。

② 的确如此，如果没有一个高效的计算椭圆积分，特别是适用于复数参数 n 的第三类椭圆积分 $\Pi(n, m)$ 的算法，直接数值积分从效率上来看反而更高。由此可见，一个准确高效的椭圆积分计算方案对于广义闭合解的应用至关重要。

③ 这一点与 Johnson (1974) 的经典工作有异曲同工之妙。Kausel (2012) 进一步评论，可能 Richards 觉得这些公式的证明是"显而易见"的，所以似乎他并没有意识到这个工作对于 Lamb 问题本身的意义。而且更有趣的是，Richards 的论文是在地震学的专业期刊 *Bulletin of the Seismological Society of America* 上发表的，随后将要提到的 Kausel 在 2012 年发表的论文投稿时根本就不知道有这么一篇论文，而恰好他的论文审稿人是 Richards，提醒他注意 Richards 本人的论文时，才发现了 Richards (1979)。Kausel 在其论文的补充材料里坦言，他自己和他在土壤动力学领域的很多消息灵通的同事都不知道 Richards 的工作。

一类 Lamb 问题 Green 函数真正完备的广义闭合解，正如其文章的标题所言，这是 Lamb 问题的最简形式解 (Lamb's problem at its simplest)。Kausel 成功地将第一类 Lamb 问题 Green 函数表示成代数式和椭圆积分的组合，并给出了详尽的论述过程 (在论文的补充材料中)。尽管他的解答形式上看起来与 Mooney (1974)、Eringen 和 Suhubi (1975)，以及 Richards (1979) 有很大的不同，但是借助对 Rayleigh 函数的一些额外的变换之后，可以证明它们是等价的。至此，在 Lamb 问题提出一百多年之后，终于可以宣布关于第一类 Lamb 问题 Green 函数的研究实现了完美的结局。

Kausel (2012) 是通过在 Laplace 和水平波数域 (s, k) 中求解，基于所谓 Bateman-Pekeris 定理，运用 Mooney 积分和部分分式展开计算的 Hankel 变换，对变换域的解进行围路积分的操作而得到时间域的解答的。在本章中，我们将采用一种完全不同的路线以达到相同的目标。

6.2 求 解 思 路

在 4.4 节中，我们曾经专门针对第一类 Lamb 问题，从 (ξ_1, ξ_2, s) 域到 (x_1, x_2, s) 域的反变换出发，通过分析不同积分路径上的贡献，得到时间域的 Green 函数，即式 (4.4.6)。其中包括了性质不同的三种积分：一种是正常积分，直接可以进行数值计算；第二种是含有可去的弱奇异性积分，通过简单的变量替换即可去掉弱奇异性，转化为正常积分，从而可以进行数值计算；第三种是奇异积分，在主值积分的意义下才存在积分值。对于第三种积分，需要做特别的分析处理，将其中的奇异性积分分离出来，其余部分为正常积分，而对于奇异性积分，解析地获得其在主值意义下的闭合解。

为了达到获得广义闭合形式解的目的，一个自然的思路是，对于所有的正常积分 (包括原来就含有的正常积分，以及转化后形成的正常积分) 逐个进行理论分析，将其转化为广义闭合形式解。但是，这里我们将采用另外一种方式：直接从第二类 Lamb 问题的完整 Green 函数解 (4.3.20) 出发，将第一类 Lamb 问题视作 $\theta = 90°$ 的特殊情况，对这几个积分进行分析处理，获得其广义闭合形式的解析解[①]。

具体地说，这个求解思路主要包括几个关键步骤：

(1) 将被积函数中分母上的 Rayleigh 函数有理化，并通过恰当的变量替换简化积分。这一步是后续步骤的基础。

(2) 将有理化之后被积函数中含有的 $P(x)/Q(x)$ 型的分式 (其中 $P(x)$ 和 $Q(x)$ 均为关于 x 的多项式) 分解为部分分式的和，连同被积函数中含有的根式，将积分转化为两类若干基本积分的和：其中一类被积函数含有关于 x 的二次多项式的根式，另一类被积函数中含有关于 x 的三次或四次多项式的根式。

(3) 对于第一类基本积分，逐个求解获得其闭合形式解；对于第二类基本积分，继续运用变量替换和复变积分的技术，将其转化为标准的三类椭圆积分的和。

对于 $\theta = 90°$ 的第一类 Lamb 问题，根据式 (4.3.20) 和 (4.3.21) 直接写出积分解为

---

① 选择这种求解方案的理由是，这是一个统一的求解框架，这个框架不仅适用于当前考虑的第一类 Lamb 问题，对于随后两章将要研究的第二类和第三类 Lamb 问题同样成立。相比于零散地逐个求解正常积分，不仅需要处理的积分数目较少，而且更为系统。

$$G^{(I)}(t) = \frac{1}{\pi^2 \mu r} \frac{\partial}{\partial t} \left[F_P^{(I)}(\bar{t}) + F_{S_1}^{(I)}(\bar{t}) - F_{S_2}^{(I)}(\bar{t}) - F_{S-P}^{(I)}(\bar{t}) + F_R^{(I)}(\bar{t}) \right] \tag{6.2.1}$$

其中, (I) 代表第一类 Lamb 问题, 为了书写简便, 略去了所有与场点时间变量无关的其他变量,

$$F_P^{(I)}(\bar{t}) = \int_0^a \text{Re} \left[\frac{\eta_\alpha M(\bar{p}, \bar{t})}{\mathscr{R}(\bar{p}, \bar{t})} \right] \frac{H(\bar{t} - k)}{\sqrt{a^2 - \bar{p}^2}} \, d\bar{p} \tag{6.2.2a}$$

$$F_{S_1}^{(I)}(\bar{t}) = \int_0^b \text{Re} \left[\frac{N(\bar{p}, \bar{t})}{\mathscr{R}(\bar{p}, \bar{t})} \right] \frac{H(\bar{t} - 1)}{\sqrt{b^2 - \bar{p}^2}} \, d\bar{p} \tag{6.2.2b}$$

$$F_{S_2}^{(I)}(\bar{t}) = \int_b^a \text{Im} \left[\frac{N(\bar{p}, \bar{t})}{\mathscr{R}(\bar{p}, \bar{t})} \right] \frac{H(\bar{t} - 1)}{\sqrt{\bar{p}^2 - b^2}} \, d\bar{p} \tag{6.2.2c}$$

$$F_{S-P}^{(I)}(\bar{t}) = \int_0^a \text{Im} \left[\frac{N(\bar{p}, \bar{t})}{\mathscr{R}(\bar{p}, \bar{t})} \right] \frac{H(\bar{t} - k) - H(\bar{t} - 1)}{\sqrt{\bar{p}^2 - b^2}} \, d\bar{p} \tag{6.2.2d}$$

$$F_R^{(I)}(\bar{t}) = \frac{\pi \bar{t} H(\bar{t} - \kappa) R Q}{4\sqrt{\bar{t}^2 - \kappa^2}} \tag{6.2.2e}$$

上式中的

$$M(\bar{p}, \bar{t}) = \begin{bmatrix} 2\eta_\beta \epsilon & 2\eta_\beta \zeta & -2\bar{t}\eta_\alpha \eta_\beta \cos\phi \\ 2\eta_\beta \zeta & 2\eta_\beta \bar{\epsilon} & -2\bar{t}\eta_\alpha \eta_\beta \sin\phi \\ -\bar{t}\gamma \cos\phi & -\bar{t}\gamma \sin\phi & \gamma \eta_\alpha \end{bmatrix} \tag{6.2.3a}$$

$$N(\bar{p}, \bar{t}) = \begin{bmatrix} \eta_\beta^2 \gamma - \bar{\gamma}\epsilon & \bar{\gamma}\zeta & \bar{t}\gamma \eta_\beta \cos\phi \\ \bar{\gamma}\zeta & \eta_\beta^2 \gamma - \bar{\gamma}\epsilon & \bar{t}\gamma \eta_\beta \sin\phi \\ 2\bar{t}\eta_\alpha \eta_\beta^2 \cos\phi & 2\bar{t}\eta_\alpha \eta_\beta^2 \sin\phi & 2\eta_\alpha \eta_\beta (\bar{t}^2 - \bar{p}^2) \end{bmatrix} \tag{6.2.3b}$$

$$\eta_\alpha = \sqrt{\bar{p}^2 - a^2}, \quad \eta_\beta = \sqrt{\bar{p}^2 - b^2}, \quad \gamma = 1 - 2(\bar{t}^2 - \bar{p}^2), \quad a^2 = \bar{t}^2 - k^2 \tag{6.2.3c}$$

$$\mathscr{R}(\bar{p}, \bar{t}) = \gamma^2 + 4\eta_\alpha \eta_\beta (\bar{t}^2 - \bar{p}^2), \quad \bar{\gamma} = \gamma - 4\eta_\alpha \eta_\beta, \quad \zeta = (\bar{t}^2 + \bar{p}^2) \sin\phi \cos\phi \tag{6.2.3d}$$

$$\epsilon = \bar{t}^2 \cos^2\phi - \bar{p}^2 \sin^2\phi, \quad \bar{\epsilon} = \bar{t}^2 \sin^2\phi - \bar{p}^2 \cos^2\phi, \quad b^2 = \bar{t}^2 - 1 \tag{6.2.3e}$$

$$R = \frac{(1 - 2\kappa^2)uv + 2u^2v^2}{2(1 - 2\kappa^2)uv + 2u^2v^2 + \kappa^2(u^2 + v^2)}, \quad Q = \begin{bmatrix} 0 & 0 & \cos\phi \\ 0 & 0 & \sin\phi \\ -\cos\phi & -\sin\phi & 0 \end{bmatrix} \tag{6.2.3f}$$

$$u = \sqrt{\kappa^2 - k^2}, \quad v = \sqrt{\kappa^2 - 1} \tag{6.2.3g}$$

式 (6.2.1) 中的 $F_R^{(I)}(\bar{t})$ 为 Rayleigh 极点的贡献。在 4.4.4 节中, 我们曾经详细地探讨过, 极点的贡献可以表示为式 (6.2.2e) 的闭合形式, 其中的 $\kappa = \sqrt{x_3}$ 为 Rayleigh 波到时, x_3 是 Rayleigh 方程 $(1 - 2x)^2 + 4x\sqrt{k^2 - x}\sqrt{1 - x} = 0$ 的大于 1 的实根 (参见上册附录 B)。

我们的目标是寻求式 (6.2.2a) ~ (6.2.2d) 中所列的四个积分的广义闭合形式解。

6.3 P 波 项

P 波项是式 (6.2.2a) 中对应的积分 $\mathbf{F}_{\mathrm{P}}^{(\mathrm{I})}(\bar{t})$。当 $\bar{t} > k$ 时，该项才有贡献。以下按照 6.2 节中提到的三个步骤依次处理[①]。

6.3.1 变量替换和 Rayleigh 函数的有理化

根据 6.2 节有关求解步骤的描述，我们需要首先对出现在式 (6.2.2a) 中被积函数分母上的 Rayleigh 函数 $\mathscr{R}(\bar{p}, \bar{t})$ 有理化，并通过合适的变量替换简化积分，这样才能够继续下面的操作。仔细观察式 (6.2.3d) 中的 $\mathscr{R}(\bar{p}, \bar{t})$，其中含有 η_α 和 η_β，根据式 (6.2.3c)，这是两个根式。分子和分母同时乘以 $\mathscr{R}^*(\bar{p}, \bar{t}) = \gamma^2 - 4\eta_\alpha\eta_\beta(\bar{t}^2 - \bar{p}^2)$：

$$\frac{1}{\mathscr{R}(\bar{p}, \bar{t})} = \frac{\mathscr{R}^*(\bar{p}, \bar{t})}{\mathscr{R}(\bar{p}, \bar{t})\mathscr{R}^*(\bar{p}, \bar{t})} = \frac{\gamma^2 - 4\eta_\alpha\eta_\beta(\bar{t}^2 - \bar{p}^2)}{\gamma^4 - 16(\bar{p}^2 - a^2)(\bar{p}^2 - b^2)(\bar{t}^2 - \bar{p}^2)^2}$$

这样就实现了分母的有理化。但是，分子上出现了 $\eta_\alpha\eta_\beta$，这是两个关于 $\bar{p}$ 的根式。如何采用变量替换简化积分？一个自然的想法是，将其中 η_α 和 η_β 中的一个当作积分变量。对于 P 波项，不妨将 η_α 当作积分变量，令 $\eta_\alpha = \mathrm{i}x$[②]，由 η_α 的定义式 (6.2.3c)，$\bar{p}^2 = a^2 - x^2$，从而有

$$\bar{p}(x) = \sqrt{a^2 - x^2}, \quad \eta_\beta(x) = \sqrt{k'^2 - x^2}, \quad \gamma(x) = -2x^2 - 2k^2 + 1 \quad (k'^2 = 1 - k^2)$$

以及

$$\frac{1}{\mathscr{R}(x)} = \frac{\gamma^2(x) - 4\mathrm{i}x(x^2 + k^2)\sqrt{k'^2 - x^2}}{R^{\mathrm{P}}(x)}$$

其中，

$$R^{\mathrm{P}}(x) = \left(-2x^2 - 2k^2 + 1\right)^4 + 16x^2\left(-x^2 - k^2 + 1\right)\left(x^2 + k^2\right)^2$$
$$= -16k'^2x^6 + 8\left(6k^4 - 8k^2 + 3\right)x^4 + 8\left(6k^6 - 10k^4 + 6k^2 - 1\right)x^2 + \left(2k^2 - 1\right)^4$$

如果令 $y = x^2$，显然这是一个关于 y 的一元三次多项式。由于后面会用到以 $R^{\mathrm{P}}(x)$ 作为分母的部分分式展开，需要讨论关于 y 的一元三次方程

$$16\left(1 - k^2\right)y^3 - 8\left(6k^4 - 8k^2 + 3\right)y^2 - 8\left(6k^6 - 10k^4 + 6k^2 - 1\right)y - \left(2k^2 - 1\right)^4 = 0 \quad (6.3.1)$$

根的分布情况。

根据 $k = \beta/\alpha$ 与 Poisson 比 ν 的关系式 (4.3.23)，方程 (6.3.1) 可改写为 $y^3 + a_1 y^2 + a_2 y + a_3 = 0$ 的形式，其系数

$$a_1 = -\frac{2\nu^2 + 1}{2(1 - \nu)}, \quad a_2 = \frac{4\nu^3 - 4\nu^2 + 4\nu - 1}{4(1 - \nu)^2}, \quad a_3 = -\frac{\nu^4}{8(1 - \nu)^3}$$

---

① 由于这个处理过程对于 S 波项和 S-P 波项，以及随后几章中的第二类和第三类 Lamb 问题的各个震相同样适用，因此对于这里的第一次应用，我们对过程的每一步都详细地叙述，后面反复应用的时候，除了对于不同之处必要的交代之外，我们只简略地叙述过程，不再过多地重复了。

② 为什么要乘以虚数单位？因为根据式 (6.2.2a) 和 (6.2.3c)，当 $\bar{p}$ 在 $0 \sim a$ 范围内变化时，η_α 为纯虚数，这样令可以使 x 是实数，便于分析。

因此, 附录 C 中的

$$p = -\frac{a_1^2}{3} + a_2 = -\frac{\nu^2 - \nu + 1}{3}, \quad q = \frac{2a_1^3}{27} - \frac{a_1 a_2}{3} + a_3 = \frac{2}{27}\nu^3 - \frac{1}{9}\nu^2 + \frac{1}{27}\nu - \frac{11}{216} \quad (6.3.2)$$

在 ν 的取值范围 $(0, 0.5)$ 内, $p < 0$, 并且

$$q^2 + \frac{4p^3}{27} = -\frac{1}{54}\nu^4 + \frac{1}{36}\nu^3 - \frac{37}{1728}\nu^2 + \frac{13}{864}\nu - \frac{5}{1728} \begin{cases} < 0, & 0 < \nu < 0.2631 \\ = 0, & \nu = 0.2631 \\ > 0, & 0.2631 < \nu < 0.5 \end{cases}$$

根据附录 C 中的表 C.1, 关于方程 (6.3.1) 根的情况, 可以得出以下结论: 对于 $0 < \nu < 0.2631$, 方程有三个不相等的实根; 对于 $0.2631 < \nu < 0.5$, 方程有一个实根和两个互为共轭的复数根; 而当 $\nu = 0.2631$ 时, 方程有三个相等的实根。由于最后一种情况是仅对于 ν 取一个特殊值才成立, 单独讨论这种情况意义不大, 以下我们仅考虑 ν 分别位于区间 $(0, 0.2631)$ 和 $(0.2631, 0.5)$ 上的情况。

(1) 当 $0 < \nu < 0.2631$ 时, 方程 (6.3.1) 的三个实数根中有一个为正数, 记为 y_3, 这是与 Rayleigh 波有关的根, 另外两个根分别记为 y_1 和 y_2。根据上册附录 B 的讨论, 方程 (B.1) 中定义的 Rayleigh 函数, 有且仅有一个大于 1 的实数根。因此, $y_3 > 0$, 且 $y_\alpha < 0 \ (\alpha = 1, 2)$[①]。从而 $R^P(x)$ 可做如下形式的因式分解

$$R^P(x) = -16k'^2 \left(x^2 - y_1\right)\left(x^2 - y_2\right)\left(x^2 - y_3\right) \quad (6.3.3)$$

(2) 当 $0.2631 < \nu < 0.5$ 时, 方程 (6.3.1) 中仍然有一个与 Rayleigh 波有关的实根, 也记为 $y_3 > 0$。另外还有两个互为共轭的复数根 y_1 和 $y_2 = y_1^*$。此时 $R^P(x)$ 仍可按 (6.3.3) 分解。两种情况下的因式分解形式上相同, 区别在于 y_1 和 y_2 的取值不同: 当 $0 < \nu < 0.2631$ 时, 它们为负实数; 而当 $0.2631 < \nu < 0.5$ 时, 它们是互为共轭的复数。

回到式 (6.2.2a)。根据 $\bar{p}^2 = a^2 - x^2$, 得到 $\bar{p}\,\mathrm{d}\bar{p} = -x\,\mathrm{d}x$, 因此

$$\int_0^a \frac{\mathrm{d}\bar{p}}{\sqrt{a^2 - \bar{p}^2}} = \int_a^0 \frac{-x\,\mathrm{d}x}{\sqrt{a^2 - x^2}\sqrt{x^2}} = \int_0^a \frac{\mathrm{d}x}{\sqrt{a^2 - x^2}}$$

积分沿着实轴进行, 这意味着 x 为正实数。从而式 (6.2.2a) 可以用 x 作为积分变量表示为

$$\mathbf{F}_P^{(I)}(\bar{t}) = \mathrm{Re} \int_0^a \frac{H(\bar{t} - k)}{R^P(x)\sqrt{a^2 - x^2}} \left[\mathbf{A}_1^P(x) + \frac{\mathbf{A}_2^P(x)}{\sqrt{k'^2 - x^2}} \right] \mathrm{d}x \quad (6.3.4)$$

其中,

---

① 上册的方程 (B.1) 中的 x 相当于当前的 $k^2 + y_3$。由 $k^2 + y_3 > 1$, 不难得到 $y_3 > 1 - k^2 = k'^2 > 0$。注意到 y_1 和 y_2 满足的方程为 $\mathscr{R}^*(y) = 0$, 即

$$(2y + 2k^2 - 1)^2 - 4(y + k^2)\mathrm{i}\sqrt{y}\sqrt{k'^2 - y} = 0$$

如果 $0 < y < k'^2$, 两个平方根号下方都是正数, 方程不可能成立。如果 $y > k'^2$, 由于 $-\mathrm{i}\sqrt{k'^2 - y} > 0$, 左端的两项都是正数, 方程也不能成立。只能有 $y_1 < 0$, 且 $y_2 < 0$。

$$\mathbf{A}_\xi^{\mathrm{P}}(x) = \begin{bmatrix} P_1^{(\xi)}(x)\cos^2\phi + P_2^{(\xi)}(x)\sin^2\phi & \left[P_1^{(\xi)}(x) - P_2^{(\xi)}(x)\right]\sin\phi\cos\phi & P_3^{(\xi)}(x)\cos\phi \\ \left[P_1^{(\xi)}(x) - P_2^{(\xi)}(x)\right]\sin\phi\cos\phi & P_1^{(\xi)}(x)\sin^2\phi + P_2^{(\xi)}(x)\cos^2\phi & P_3^{(\xi)}(x)\sin\phi \\ P_4^{(\xi)}(x)\cos\phi & P_4^{(\xi)}(x)\sin\phi & P_5^{(\xi)}(x) \end{bmatrix}$$

$$(6.3.5)$$

$$P_1^{(1)}(x) = 8\bar{t}^2 x^2 g\eta_\beta^2 = -8\bar{t}^2\left(x^6 + h_1 x^4 - h_2 x^2\right)$$

$$P_2^{(1)}(x) = -8x^2 g\bar{p}^2\eta_\beta^2 = -8\left[x^8 + (h_1 - a^2)x^6 - (h_1 a^2 + h_2)x^4 + h_2 a^2 x^2\right]$$

$$P_3^{(1)}(x) = -8\mathrm{i}\bar{t}x^3 g\eta_\beta^2 = 8\mathrm{i}\bar{t}\left(x^7 + h_1 x^5 - h_2 x^3\right)$$

$$P_4^{(1)}(x) = -\mathrm{i}\bar{t}x\gamma^3 = \mathrm{i}\bar{t}\left(8x^7 + 12h_1 x^5 + 6h_1^2 x^3 + h_1^3 x\right)$$

$$P_5^{(1)}(x) = -x^2\gamma^3 = 8x^8 + 12h_1 x^6 + 6h_1^2 x^4 + h_1^3 x^2$$

$$(6.3.6)$$

$$P_1^{(2)}(x) = 2\mathrm{i}\bar{t}^2 x\eta_\beta^2\gamma^2 = -2\mathrm{i}\bar{t}^2\left[4x^7 - 4(3k'^2 - 1)x^5 - h_1(6k'^2 - 1)x^3 - h_3 x\right]$$

$$P_2^{(2)}(x) = -2\mathrm{i}x\bar{p}^2\eta_\beta^2\gamma^2 = -2\mathrm{i}\left[4x^9 + 4(2h_1 - \bar{t}^2)x^7 + Ax^5 + Bx^3 + a^2 h_3 x\right]$$

$$P_3^{(2)}(x) = 2\bar{t}x^2\eta_\beta^2\gamma^2 = -2\bar{t}\left[4x^8 - 4(3k'^2 - 1)x^6 - h_1(6k'^2 - 1)x^4 - h_3 x^2\right]$$

$$P_4^{(2)}(x) = -4\bar{t}x^2 g\eta_\beta^2\gamma = -4\bar{t}\left[2x^8 + 3h_1 x^6 - (6h_2 - 1)x^4 - h_1 h_2 x^2\right]$$

$$P_5^{(2)}(x) = 4\mathrm{i}x^3 g\eta_\beta^2\gamma = 4\mathrm{i}\left[2x^9 + 3h_1 x^7 - (6h_2 - 1)x^5 - h_1 h_2 x^3\right]$$

其中, $g = x^2 + k^2$, $A = 5 + 8\bar{t}^2 - 12k^2\bar{t}^2 - 24h_2$, $B = h_1(1 + 5\bar{t}^2 - 6k^2\bar{t}^2 - 8h_2)$, $h_1 = 2k^2 - 1$, $h_2 = k^2 k'^2$, $h_3 = k'^2 h_1^2$。

式 (6.3.4) 中, 分母 $R^{\mathrm{P}}(x)$ 是一个关于 x 的 6 次多项式, 而 $\mathbf{A}_1^{\mathrm{P}}(x)$ 和 $\mathbf{A}_2^{\mathrm{P}}(x)$ 的各个分量分别最高为 x 的 8 次和 9 次的多项式。被积函数可以根据分母中根式下方的多项式次数分为两类, 一类是二次多项式, 一类是四次多项式。除了这些根式以外, 被积函数的其余部分都是关于 x 的有理分式。

对于这类问题, 19 世纪的法国数学家刘维尔 (J. Liouville) 证明了如下命题: 对于 $R(x, \sqrt{W(x)})$, 如果 $W(x)$ 是关于 x 的一次或二次多项式, 则积分 $\int R(x, \sqrt{W(x)})\,\mathrm{d}x$ 可以用初等函数表示; 如果 $W(x)$ 是关于 x 的三次或四次多项式, 则结果可以用初等函数和三类椭圆积分 (参见附录 F) 的组合表示。因此, 下面的任务就是将含有 $\mathbf{A}_1^{\mathrm{P}}(x)$ 和 $\mathbf{A}_2^{\mathrm{P}}(x)$ 元素的积分分别用初等函数, 以及初等函数和椭圆积分的组合表达出来。但是在此之前, 我们首先需要将复杂的有理分式 $[\mathbf{A}_1]_{ij}^{\mathrm{P}}(x)/R^{\mathrm{P}}(x)$ 和 $[\mathbf{A}_2]_{ij}^{\mathrm{P}}(x)/R^{\mathrm{P}}(x)$ 用部分分式的和表示出来, 然后再进一步考虑其积分。

6.3.2 有理分式的部分分式表示

根据有理分式的相关理论, 结合 $R^{\mathrm{P}}(x)$ 的因式分解 (6.3.3), 可以将式 (6.3.4) 中包含的两个有理分式分别写成如下形式:

$$\frac{[\mathbf{A}_1]_{ij}^{\mathrm{P}}(x)}{R^{\mathrm{P}}(x)} = \frac{u_{ij,1}^{\mathrm{P}}x + u_{ij,2}^{\mathrm{P}}}{x^2 - y_1} + \frac{u_{ij,3}^{\mathrm{P}}x + u_{ij,4}^{\mathrm{P}}}{x^2 - y_2} + \frac{u_{ij,5}^{\mathrm{P}}x + u_{ij,6}^{\mathrm{P}}}{x^2 - y_3} + \sum_{m=7}^{9} u_{ij,m}^{\mathrm{P}}x^{m-7}$$

$$\frac{[\mathbf{A}_2]_{ij}^{\mathrm{P}}(x)}{R^{\mathrm{P}}(x)} = \frac{v_{ij,1}^{\mathrm{P}}x + v_{ij,2}^{\mathrm{P}}}{x^2 - y_1} + \frac{v_{ij,3}^{\mathrm{P}}x + v_{ij,4}^{\mathrm{P}}}{x^2 - y_2} + \frac{v_{ij,5}^{\mathrm{P}}x + v_{ij,6}^{\mathrm{P}}}{x^2 - y_3} + \sum_{m=7}^{10} v_{ij,m}^{\mathrm{P}}x^{m-7} \tag{6.3.7}$$

利用附录 D 中介绍的方法, 可以得到一般的分子为 x 的 9 次多项式 $Q_9(x)$[①]的部分分式展开

$$\frac{Q_9(x)}{R(x)} = \frac{c_9x^9 + c_8x^8 + c_7x^7 + c_6x^6 + c_5x^5 + c_4x^4 + c_3x^3 + c_2x^2 + c_1x + c_0}{(x^2 - y_1)(x^2 - y_2)(x^2 - y_3)}$$

$$= \frac{w_1x + w_2}{x^2 - y_1} + \frac{w_3x + w_4}{x^2 - y_2} + \frac{w_5x + w_6}{x^2 - y_3} + \sum_{m=7}^{10} w_m x^{m-7}$$

其中, 各个展开系数的表达式为

$$
\begin{aligned}
w_1 &= \frac{\sum_{m=0}^{4} c_{2m+1}y_1^m}{(y_1 - y_2)(y_1 - y_3)}, \quad &
w_2 &= \frac{\sum_{m=0}^{4} c_{2m}y_1^m}{(y_1 - y_2)(y_1 - y_3)}, \quad &
w_3 &= \frac{\sum_{m=0}^{4} c_{2m+1}y_2^m}{(y_2 - y_1)(y_2 - y_3)} \\
w_4 &= \frac{\sum_{m=0}^{4} c_{2m}y_2^m}{(y_2 - y_1)(y_2 - y_3)}, \quad &
w_5 &= \frac{\sum_{m=0}^{4} c_{2m+1}y_3^m}{(y_3 - y_1)(y_3 - y_2)}, \quad &
w_6 &= \frac{\sum_{m=0}^{4} c_{2m}y_3^m}{(y_3 - y_1)(y_3 - y_2)} \\
w_7 &= c_6 + c_8(y_1 + y_2 + y_3), \quad & w_8 &= c_7 + c_9(y_1 + y_2 + y_3), \quad & w_9 &= c_8, \quad w_{10} = c_9
\end{aligned}
\tag{6.3.8}
$$

式 (6.3.6) 中明确地给出了 x 的多项式 $P_i^{(n)}(x)$ $(n = 1, 2; i = 1, 2, \cdots, 5)$ 的表达, 将各项的系数 c_i 以及 $y_i^{\mathrm{P}}(i = 1, 2, 3)$ 代入式 (6.3.8) 中, 可以方便地得到部分分式的系数 $u_{ij,m}^{\mathrm{P}}$ 和 $v_{ij,n}^{\mathrm{P}}$ $(i, j = 1, 2, 3; m = 1, 2, \cdots, 9; n = 1, 2, \cdots, 10)$ 的具体数值。

6.3.3　将待求积分表示为基本积分之和

到目前为止, 我们已经将式 (6.3.4) 被积函数中所含有的有理分式用部分分式表示出来了。将式 (6.3.7) 代入式 (6.3.4), 得到

$$
\begin{aligned}
\mathbf{F}_{\mathrm{P}}^{(\mathrm{I})}(\bar{t}) = {} & H(\bar{t} - k)\mathrm{Re}\Big[u_{ij,1}^{\mathrm{P}}U_1^{\mathrm{P}}(y_1) + u_{ij,2}^{\mathrm{P}}U_2^{\mathrm{P}}(y_1) + u_{ij,3}^{\mathrm{P}}U_1^{\mathrm{P}}(y_2) \\
& + u_{ij,4}^{\mathrm{P}}U_2^{\mathrm{P}}(y_2) + u_{ij,5}^{\mathrm{P}}U_1^{\mathrm{P}}(y_3) + u_{ij,6}^{\mathrm{P}}U_2^{\mathrm{P}}(y_3) + \sum_{k=7}^{9} u_{ij,k}^{\mathrm{P}}U_{k-4}^{\mathrm{P}} \\
& + v_{ij,1}^{\mathrm{P}}V_1^{\mathrm{P}}(y_1) + v_{ij,2}^{\mathrm{P}}V_2^{\mathrm{P}}(y_1) + v_{ij,3}^{\mathrm{P}}V_1^{\mathrm{P}}(y_2) + v_{ij,4}^{\mathrm{P}}V_2^{\mathrm{P}}(y_2) \\
& + v_{ij,5}^{\mathrm{P}}V_1^{\mathrm{P}}(y_3) + v_{ij,6}^{\mathrm{P}}V_2^{\mathrm{P}}(y_3) + \sum_{k=7}^{10} v_{ij,k}^{\mathrm{P}}V_{k-4}^{\mathrm{P}} \Big]
\end{aligned}
\tag{6.3.9}
$$

其中,

$$U_\xi^{\mathrm{P}}(c) = \int_0^a \frac{x^{2-\xi}}{(x^2 - c)\sqrt{a^2 - x^2}}\,\mathrm{d}x, \quad V_\xi^{\mathrm{P}}(c) = \int_0^a \frac{x^{2-\xi}}{(x^2 - c)\sqrt{(a^2 - x^2)(k'^2 - x^2)}}\,\mathrm{d}x$$

$$U_m^{\mathrm{P}} = \int_0^a \frac{x^{m-3}}{\sqrt{a^2 - x^2}}\,\mathrm{d}x, \qquad V_n^{\mathrm{P}} = \int_0^a \frac{x^{n-3}}{\sqrt{(a^2 - x^2)(k'^2 - x^2)}}\,\mathrm{d}x \tag{6.3.10}$$

---

① 8 次多项式可以看成是 x^9 项的系数 $c_9 = 0$ 的特殊情况。

其中，$\xi = 1, 2$，$m = 3, 4, 5$，$n = 3, 4, 5, 6$。以上所有的积分都在 $\bar{t} > k$(即 $a > 0$) 的前提下定义。U_i^{P} 和 V_i^{P} 为一些基础的积分，它们分别含有二次多项式和四次多项式的开平方运算，它们分别对应以代数式表示的闭合形式解和代数式与标准的三类椭圆函数的组合表示的解。以下对它们逐个求解。

6.3.4 U_i^{P} $(i = 1, 2, \cdots, 5)$ 的求解

6.3.4.1 $U_1^{\mathrm{P}}(c)$

$U_1^{\mathrm{P}}(c)$ 可以改写为

$$U_1^{\mathrm{P}}(c) \xrightarrow{z = x^2} \frac{1}{2} \int_0^{a^2} \frac{1}{(z - c)\sqrt{a^2 - z}} \, \mathrm{d}z \xrightarrow{y = \sqrt{a^2 - z}} \int_0^a \frac{1}{a^2 - c - y^2} \, \mathrm{d}y$$

这个积分的结果与参数 c 的取值有关。需要分别讨论如下。

(1) 当 c 为实数且 $c > a^2$，或者 c 为复数时

$$U_1^{\mathrm{P}}(c) = -\int_0^a \frac{1}{y^2 + c - a^2} \, \mathrm{d}y = -\frac{1}{\sqrt{c - a^2}} \arctan \frac{a}{\sqrt{c - a^2}}$$

(2) 当 c 为实数且 $0 < c < a^2$ 时，积分区间包括分母上的零点 $\sqrt{a^2 - c}$，因此是非正常积分。记 $d = \sqrt{a^2 - c}$ $(d < a)$，则

$$U_1^{\mathrm{P}}(c) = \int_0^a \frac{1}{d^2 - y^2} \, \mathrm{d}y = \frac{1}{2d} \int_0^a \left[\frac{1}{y + d} - \frac{1}{y - d} \right] \mathrm{d}y$$

考虑上式中的积分，由于第二项的积分是奇异的，我们求其在主值意义下的积分，

$$\int_0^a \frac{1}{y + d} \, \mathrm{d}y - \int_0^a \frac{1}{y - d} \, \mathrm{d}y = \int_0^a \frac{1}{y + d} \, \mathrm{d}y - \lim_{\delta \to 0} \left[\int_0^{d - \delta} \frac{1}{y - d} \, \mathrm{d}y + \int_{d + \delta}^{\sqrt{a}} \frac{1}{y - d} \, \mathrm{d}y \right]$$

$$= \ln \frac{a + d}{d} - \lim_{\delta \to 0} \left[\ln \frac{\delta}{d} + \ln \frac{a - d}{\delta} \right] = \ln \frac{a + d}{a - d}$$

因此，

$$U_1^{\mathrm{P}}(c) = \frac{1}{2d} \ln \frac{a + d}{a - d}$$

(3) 当 c 为实数且 $c < 0$ 时，由于 $d > a$，积分区间上没有零点，是正常积分，有

$$U_1^{\mathrm{P}}(c) = \int_0^a \frac{1}{d^2 - y^2} \, \mathrm{d}y = \frac{1}{2d} \ln \frac{d + a}{d - a}$$

综合上面的讨论，我们最终得到

$$U_1^{\mathrm{P}}(c) = \begin{cases} -\dfrac{1}{\sqrt{c - a^2}} \arctan \dfrac{a}{\sqrt{c - a^2}}, & c > a^2 \text{ 或 } c \text{ 为复数} \\[4mm] \dfrac{1}{2\sqrt{a^2 - c}} \ln \left| \dfrac{\sqrt{a^2 - c} + a}{\sqrt{a^2 - c} - a} \right|, & c < 0 \text{ 或 } 0 < c < a^2 \end{cases} \tag{6.3.11}$$

这个结果是以分段函数的形式给出的。我们需要讨论分段代表的含义。根据式 (6.3.9)，参数 c 代表 Rayleigh 方程 (6.3.1) 的根 y_i $(i = 1, 2, 3)$。由 6.3.1 节的讨论，当 $0 < \nu < 0.2631$ 时，$y_3 > k'^2$，$y_\alpha < 0$ $(\alpha = 1, 2)$；当 $0.2631 < \nu < 0.5$ 时，$y_3 > 0$，y_1 和 y_2 为互为共轭的复数。因此，在上述分段中，c 为复数代表 $0.2631 < \nu < 0.5$ 时的 y_1 和 y_2；$c < 0$ 代表 $0 < \nu < 0.2631$ 时的 y_1 和 y_2；$c > a^2$ 和 $0 < c < a^2$ 代表 y_3。具体地，若 $y_3 > a^2 = \bar{t}^2 - k^2$，即 $\bar{t} < \sqrt{k^2 + y_3} = \kappa$，根据 6.3.1 节中的讨论，不等号右侧为上册附录 B 中方程 (B.1) 的根，这是一个与 Poisson 比有关的大于 1 的实数。在 2.2.5.2 节中关于二维问题的讨论中，我们曾经定义这个量为 Rayleigh 波的到时，记为 $\kappa(= \bar{t}_{\mathrm{R}})$。对于 $\nu = 0.25$ 的 Poisson 体，$\kappa \approx 1.0877$。因此，$c > a^2$ 和 $0 < c < a^2$ 分别代表 $k < \bar{t} < \kappa$ 和 $\bar{t} > \kappa$ 时的 y_3。值得注意的是，$0 < c < a^2$(对应于 $\bar{t} > \kappa$) 的情形下，上面的结果是通过理论分析获得的在主值意义下的解，如果直接用数值积分计算，是不能得到稳定的结果的[①]。随后其他积分的结果中，经常出现这种分段函数的形式，均可类似地分析分段的含义，不再赘述。

6.3.4.2　$U_2^{\mathrm{P}}(c)$

$U_2^{\mathrm{P}}(c)$ 的定义为

$$U_2^{\mathrm{P}}(c) = \int_0^a \frac{1}{(x^2 - c)\sqrt{a^2 - x^2}} \, \mathrm{d}x$$

运用变量替换 $x = a \sin\theta$，可以改写为

$$U_2^{\mathrm{P}}(c) = \int_0^{\frac{\pi}{2}} \frac{1}{a^2 \sin^2\theta - c} \, \mathrm{d}\theta$$

等号右端的积分为附录 E 中讨论的 Mooney 积分，见式 (E.1)。根据其中的结论式 (E.7) 和 (E.8)，上式的结果为

$$U_2^{\mathrm{P}}(c) = \begin{cases} -\dfrac{\pi}{2c} \sqrt{\dfrac{c}{c - a^2}}, & c < 0 \text{ 或 } c > a^2 \text{ 或 } c \text{ 为复数} \\ 0, & 0 < c < a^2 \end{cases} \tag{6.3.12}$$

6.3.4.3　U_3^{P}, U_5^{P} 和 U_5^{P}

这几个积分的定义为

$$U_m^{\mathrm{P}} = \int_0^a \frac{x^{m-3}}{\sqrt{a^2 - x^2}} \, \mathrm{d}x \quad (m = 3, 4, 5)$$

作代换 $x = a \sin\theta$，容易得到

$$U_3^{\mathrm{P}} = \int_0^{\frac{\pi}{2}} \mathrm{d}\theta = \frac{\pi}{2}, \quad U_4^{\mathrm{P}} = \int_0^{\frac{\pi}{2}} a \sin\theta \, \mathrm{d}\theta = a, \quad U_5^{\mathrm{P}} = \int_0^{\frac{\pi}{2}} a^2 \sin^2\theta \, \mathrm{d}\theta = \frac{\pi a^2}{4} \tag{6.3.13}$$

[①] 在本章后续的 6.5.3 节关于基本积分的正确性检验中将显示具体的数值结果。

6.3.5　V_i^{P} $(i = 1, 2, \cdots, 6)$ **的求解**

积分 V_i^{P} $(i = 1, 2, \cdots, 6)$ 被积函数的分母中含有关于 x 的四次多项式，因此部分积分①不存在闭合的解析形式。我们的目标是，对于存在闭合解的积分，仍然像处理 U_i^{P} 一样得到代数表达的闭合解；而对于不存在闭合解的积分，把它们表示成为用附录 F 中的式 (F.2) 中三类标准的椭圆积分的组合。

首先注意到当 $\bar{t}$ 取不同值时，$a = \sqrt{t^2 - k^2}$ 和 $k' = \sqrt{1 - k^2}$ 的大小关系是不同的：当 $k < \bar{t} < 1$ 时，$a < k'$；而当 $\bar{t} > 1$ 时，$a > k'$。在这两种情况下，式 (6.3.10) 中定义的积分中的根式表现行为有所差别：如果 $a < k'$，积分路径上没有奇点，是正常的积分；但是如果 $a > k'$，积分路径将通过奇点，这时必须谨慎地处理积分。

以下分两种情况逐个求解这几个积分。

6.3.5.1　$V_1^{\mathrm{P}}(c)$

$V_1^{\mathrm{P}}(c)$ 的定义为

$$V_1^{\mathrm{P}}(c) = \int_0^a \frac{x}{(x^2 - c)\sqrt{(a^2 - x^2)(k'^2 - x^2)}} \, \mathrm{d}x$$

首先考虑 $k < \bar{t} < 1$ 的情况，此时 $k' > a$，被积函数的根号下方恒为正。因此

$$V_1^{\mathrm{P}}(c) \xlongequal{z = x^2} \frac{1}{2} \int_0^{a^2} \frac{1}{(z - c)\sqrt{a^2 - z}\sqrt{k'^2 - z}} \, \mathrm{d}z$$

$$\xlongequal{y = \sqrt{a^2 - z}} -\int_0^a \frac{1}{(y^2 + u)\sqrt{y^2 + v}} \, \mathrm{d}y \quad (u = c - a^2, \ v = k'^2 - a^2 > 0)$$

采用第一种欧拉变换 $w = \left(y + \sqrt{y^2 + v}\right)^2$②，上式可以进一步写成

$$V_1^{\mathrm{P}}(c) = -2 \int_{k'^2 - a^2}^{(a + k')^2} \frac{1}{(w + \zeta)^2 + 4(c - a^2)(k'^2 - c)} \, \mathrm{d}w \tag{6.3.14}$$

为了书写简便，令 $\xi = \sqrt{a^2 - c}$③，$\eta = \sqrt{k'^2 - c}$，$\zeta = 2u - v$，根据上式，当 $a^2 < c < k'^2$ 或 c 为复数时，有

$$V_1^{\mathrm{P}}(c) = -\frac{1}{\mathrm{i}\xi\eta} \arctan \frac{w + \zeta}{2\mathrm{i}\xi\eta} \bigg|_{k'^2 - a^2}^{(a + k')^2} = \frac{1}{\mathrm{i}\xi\eta} \left(\arctan \frac{\mathrm{i}\xi}{\eta} - \arctan \frac{c + ak'}{\mathrm{i}\xi\eta} \right)$$

$$= \frac{1}{\mathrm{i}\xi\eta} \arctan \frac{\mathrm{i}a\eta}{k'\xi} \tag{6.3.15}$$

---

① 之所以说是"部分积分"，是因为有些可以通过简单的变量替换，把根号下的四次多项式转化二次多项式，这种积分仍然存在闭合形式解。比如 V_1^{P}，分母上含有 x，令 $y = x^2$ 就可以将根式下方的四次多项式化为二次多项式。

② 菲赫金哥尔茨 (2006，第 283 目，第二卷 48 页) 研究过这种类型的不定积分，在第一种欧拉变换下，他给出

$$\int \frac{\mathrm{d}x}{(x^2 + u)\sqrt{x^2 + v}} = 2 \int \frac{2t\,\mathrm{d}t}{t^4 + 2(2u - v)t^2 + v^2} = 2 \int \frac{\mathrm{d}y}{y^2 + 2(2u - v)y + y^2}$$

其中，$y = t^2 = \left(x + \sqrt{x^2 + v}\right)^2$

③ 当 $c < a^2$ 时，ξ 为正实数；而当 $c > a^2$ 时，ξ 为纯虚数。

而当 $c < a^2$ 或 $c > k'^2$ 时，$(c - a^2)(k'^2 - c) < 0$。注意到当 $c < 0$ 或 $c > k'^2$ 时，$V_1^P(c)$ 是正常积分[①]，此时式 (6.3.14) 可以写为

$$V_1^P(c) = -2 \int_{k'^2 - a^2}^{(a+k')^2} \frac{1}{(w+\zeta)^2 - (2\xi\eta)^2} \, \mathrm{d}w = \frac{1}{2\xi\eta} \ln \left| \frac{w + \zeta + \xi\eta}{w + \zeta - \xi\eta} \right|_{k'^2 - a^2}^{(a+k')^2}$$

$$= \frac{1}{2\xi\eta} \ln \left| \frac{(c + ak' + \xi\eta)(\xi + \eta)}{(c + ak' - \xi\eta)(\xi - \eta)} \right| \tag{6.3.16}$$

而当 $0 < c < a^2$ 时，积分路径包含分母的零点 $w^* = (\xi + \eta)^2$，$V_1^P(c)$ 是反常积分，只能计算其在主值意义下的积分值，

$$V_1^P(c) = \frac{1}{2\xi\eta} \left[\int_{k'^2 - a^2}^{(a+k')^2} \frac{1}{w + \zeta + 2\xi\eta} \, \mathrm{d}w - \fint_{k'^2 - a^2}^{(a+k')^2} \frac{1}{w + \zeta - 2\xi\eta} \, \mathrm{d}w \right]$$

由于

$$\fint_{k'^2 - a^2}^{(a+k')^2} \frac{1}{w + \zeta - 2\xi\eta} \, \mathrm{d}w = \lim_{\delta \to 0} \left[\int_{k'^2 - a^2}^{u^* - \delta} \frac{1}{w + \zeta - 2\xi\eta} \, \mathrm{d}w + \int_{u^* + \delta}^{(a+k')^2} \frac{1}{w + \zeta - 2\xi\eta} \, \mathrm{d}w \right]$$

$$= \ln \left| \frac{c + ak' - \xi\eta}{c - a^2 - \xi\eta} \right|$$

从而有

$$V_1^P(c) = \frac{1}{2\xi\eta} \ln \left| \frac{(c + ak' + \xi\eta)(c - a^2 - \xi\eta)}{(c + ak' - \xi\eta)(c - a^2 + \xi\eta)} \right| = \frac{1}{2\xi\eta} \ln \left| \frac{(c + ak' + \xi\eta)(\xi + \eta)}{(c + ak' - \xi\eta)(\xi - \eta)} \right|$$

解的形式与式 (6.3.16) 完全相同，这意味着式 (6.3.16) 对于 $c < a^2$ 或 $c > k'^2$ 都成立。

以上是 $k < \bar{t} < 1$ 的情况，如果 $\bar{t} > 1$，情况有所不同。此时 $a > k'$，式 (6.3.10) 中 $V_1^P(c)$ 被积函数的分母并不恒为正。因此首先需要将其分段表示，

$$V_1^P(c) = \int_0^{k'} \frac{x}{(x^2 - c)\sqrt{(a^2 - x^2)(k'^2 - x^2)}} \, \mathrm{d}x + \int_{k'}^{a} \frac{x}{(x^2 - c)\sqrt{(a^2 - x^2)(k'^2 - x^2)}} \, \mathrm{d}x$$

等式右方的第一个积分 (记为 $I_1(c)$) 中，被积函数根式下方的多项式恒为正。而且注意到只要将 k' 和 a 互换，上面对于 $k < \bar{t} < 1$ 情况得到的结果可以直接应用。对于第二个积分，记为 $I_2(c)$，利用变量替换 $y = x^2 = k'^2 + (a^2 - k'^2)\sin^2\theta$ 可以改写为

$$I_2(c) = -\frac{\mathrm{i}}{2} \int_{k'^2}^{a^2} \frac{1}{(y - c)\sqrt{(a^2 - y)(y - k'^2)}} \, \mathrm{d}x = -\mathrm{i} \int_0^{\frac{\pi}{2}} \frac{1}{(k'^2 - c) + (a^2 - k'^2)\sin^2\theta} \, \mathrm{d}\theta$$

$$= \begin{cases} -\dfrac{\mathrm{i}\pi}{2\sqrt{k'^2 - c}\sqrt{a^2 - c}}, & c < k'^2 \text{ 或 } c > a^2 \text{ 或 } c \text{ 为复数} \\ 0, & k'^2 < c < a^2 \end{cases} \tag{6.3.17}$$

---

① 这一点可以通过将积分上下限分别代入分母的表达式，考察其符号是否相同来判断。积分上限代入分母得 $4c(a+k')^2$，积分下限代入得 $4(a^2 - k'^2)(a^2 - c)$。可见当 $c < 0$ 或 $c > k'^2$ 时，二者符号相同，这意味着积分区间中没有奇点；而当 $0 < c < a^2$ 时，二者符号相反，此时在积分区间中存在奇点。

上式最后一个等号是应用了附录 E 中 Mooney 积分的结论式 (E.7) 和 (E.8)。

综合式 (6.3.15) ～ (6.3.17) 的结论，将 $V_1^{\rm P}(c)$ 的闭合形式解在各种情况下的表达式列于表 6.3.1 中，其中 $a^2 = \bar{t}^2 - k^2$，$k'^2 = 1 - k^2 (k = \beta/\alpha)$，$\xi = \sqrt{a^2 - c}$，$\eta = \sqrt{k'^2 - c}$。

表 6.3.1 $V_1^{\rm P}(c)$ 的闭合形式解

时间范围	成立条件	$V_1^{\rm P}(c)$
$k < \bar{t} < 1$	$a^2 < c < k'^2$ 或 c 为复数	$\dfrac{1}{{\rm i}\xi\eta} \arctan \dfrac{{\rm i}a\eta}{k'\xi}$
$k < \bar{t} < 1$	$c < a^2$ 或 $c > k'^2$	$\dfrac{1}{2\xi\eta} \ln\left\| \dfrac{(c + ak' + \xi\eta)\,(\xi + \eta)}{(c + ak' - \xi\eta)\,(\xi - \eta)} \right\|$
$\bar{t} > 1$	$k'^2 < c < a^2$ 或 c 为复数	$\dfrac{1}{{\rm i}\xi\eta} \left(\arctan \dfrac{{\rm i}k'\xi}{a\eta} + \dfrac{\pi}{2} \right)$
$\bar{t} > 1$	$c < k'^2$ 或 $c > a^2$	$\dfrac{1}{2\xi\eta} \left(\ln\left\| \dfrac{(c + ak' + \xi\eta)\,(\xi + \eta)}{(c + ak' - \xi\eta)\,(\xi - \eta)} \right\| - {\rm i}\pi \right)$

6.3.5.2 $V_2^{\rm P}(c)$

$V_2^{\rm P}(c)$ 的定义为

$$V_2^{\rm P}(c) = \int_0^a \frac{1}{(x^2 - c)\sqrt{(a^2 - x^2)\,(k'^2 - x^2)}}\,{\rm d}x$$

与 $V_1^{\rm P}(c)$ 不同，$V_2^{\rm P}(c)$ 被积函数的分子为 1，因此分母中的四次多项式无法转化为二次多项式，只能转化为标准的椭圆积分的形式。另一方面，$V_2^{\rm P}(c)$ 的分母与 $V_1^{\rm P}(c)$ 相同，因此沿用对 $V_1^{\rm P}(c)$ 的处理方式，分 $k < \bar{t} < 1$ 和 $\bar{t} > 1$ 两种情况讨论。

当 $k < \bar{t} < 1$ 时，$k' > a$，被积函数根号下方恒为正。令 $x = ay$，则 $V_2^{\rm P}(c)$ 可以改写为

$$V_2^{\rm P}(c) = \frac{1}{k'a^2} \int_0^1 \frac{1}{(y^2 - c/a^2)\sqrt{1 - y^2}\sqrt{1 - m_1 y^2}}\,{\rm d}y = -\frac{1}{k'c}\varPi\left(a^2/c, m_1\right)$$

其中，$m_1 = a^2/k'^2$。最后一个等号是运用了附录 F 中的结论，形如式 (F.10) 的积分，在 $j = 1$ 时，可以转化为式 (F.13) 中的形式。

当 $\bar{t} > 1$ 时，$a > k'$。同样地将 $V_2^{\rm P}(c)$ 拆分为两个积分，

$$V_2^{\rm P}(c) = \int_0^{k'} \frac{1}{(x^2 - c)\sqrt{(a^2 - x^2)\,(k'^2 - x^2)}}\,{\rm d}x + \int_{k'}^a \frac{1}{(x^2 - c)\sqrt{(a^2 - x^2)\,(k'^2 - x^2)}}\,{\rm d}x$$

等式右边的第一个积分 $I_1(c)$ 的结果可以直接由 $k < \bar{t} < 1$ 时的解写出，只要将 a 和 k' 互换即可，

$$I_1(c) = -\frac{1}{ac}\varPi\left(k'^2/c, m_1'\right)$$

其中，$m_1' = 1/m_1 = k'^2/a^2$。对于第二个积分，首先改写为

$$I_2(c) = -{\rm i} \int_{k'}^a \frac{1}{(x^2 - c)\sqrt{(a^2 - x^2)\,(x^2 - k'^2)}}\,{\rm d}x$$

为了把这个积分变成标准的椭圆积分形式，见附录 F 的式 (F.2)，需要引入恰当的变量替换。根据附录 F 的表 F.1，当前根式下方的形式符合其中的第三行，因此做变换 $x = a\sqrt{1 - m_2 t^2}$，其中 $m_2 = 1 - k'^2/a^2 = b^2/a^2$，上式变为

$$I_2(c) = -\mathrm{i} \int_0^1 \frac{1}{a\left[a^2 - c - (a^2 - k'^2)t^2\right]\sqrt{(1 - t^2)(1 - m_2 t^2)}}\,\mathrm{d}t$$

$$= -\frac{\mathrm{i}}{a(a^2 - c)} \varPi\left(b^2/(a^2 - c), m_2\right)$$

总结上面的结果，我们得到

$$V_2^{\mathrm{P}}(c) = \begin{cases} -\dfrac{1}{k'c} \varPi\left(a^2/c, m_1\right), & k < \bar{t} < 1 \\[3mm] -\dfrac{1}{ac}\left[\varPi\left(k'^2/c, m_1'\right) + \dfrac{\mathrm{i}c}{a^2 - c}\varPi\left(n_1, m_2\right)\right], & \bar{t} > 1 \end{cases} \tag{6.3.18}$$

其中，$n_1 = b^2/(a^2 - c)$，$m_1 = a^2/k'^2$，$m_1' = 1/m_1$，$m_2 = b^2/a^2$。

6.3.5.3　V_3^{P}

V_3^{P} 的定义为

$$V_3^{\mathrm{P}} = \int_0^a \frac{1}{\sqrt{(a^2 - x^2)(k'^2 - x^2)}}\,\mathrm{d}x$$

当 $k < \bar{t} < 1$ 时，令 $x = ay$，

$$V_3^{\mathrm{P}} = \frac{1}{k'} \int_0^1 \frac{1}{\sqrt{1 - y^2}\sqrt{1 - m_1 y^2}}\,\mathrm{d}y = \frac{1}{k'} K(m_1)$$

当 $\bar{t} > 1$ 时，同样地，将 V_3^{P} 拆成两部分积分之和，其中第一个积分只需要把上式中的 k' 和 a 互换。而第二个积分做与上面 $V_2^{\mathrm{P}}(c)$ 相同的变换，得到

$$I_2 = -\mathrm{i} \int_0^1 \frac{1}{a\sqrt{(1 - t^2)(1 - m_2 t^2)}}\,\mathrm{d}t = -\frac{\mathrm{i}}{a} K(m_2)$$

因此，

$$V_3^{\mathrm{P}} = \begin{cases} \dfrac{1}{k'} K(m_1), & k < \bar{t} < 1 \\[3mm] \dfrac{1}{a}\left[K(m_1') - \mathrm{i}K(m_2)\right], & \bar{t} > 1 \end{cases} \tag{6.3.19}$$

6.3.5.4　V_4^{P}

V_4^{P} 的定义为

$$V_4^{\mathrm{P}} = \int_0^a \frac{x}{\sqrt{(a^2 - x^2)(k'^2 - x^2)}}\,\mathrm{d}x \overset{y = x^2}{=} \frac{1}{2} \int_0^{a^2} \frac{1}{\sqrt{(a^2 - y)(k'^2 - y)}}\,\mathrm{d}y$$

当 $k < \bar{t} < 1$ 时, $a < k' < 1$。作第三种欧拉替换 $\sqrt{(a^2 - y)(k'^2 - y)} = t(y - k'^2)$①,上式转化为

$$V_4^{\mathrm{P}} = -\int_0^{\frac{a}{k'}} \frac{1}{t^2 - 1} \, \mathrm{d}t = \frac{1}{2} \ln \frac{k' + a}{k' - a}$$

当 $\bar{t} > 1$ 时, $k' < a$,积分拆分成两段之和,同样地,第一段积分只需要将上式中的 a 和 k' 互换,对于第二段积分,做代换 $y = k'^2 + (a^2 - k'^2)\sin^2\theta$,得到

$$I_2 = -\frac{\mathrm{i}}{2} \int_{k'^2}^{a^2} \frac{1}{\sqrt{(a^2 - y)(y - k'^2)}} \, \mathrm{d}y = -\frac{\mathrm{i}\pi}{2}$$

因此,

$$V_4^{\mathrm{P}} = \begin{cases} \dfrac{1}{2} \ln \dfrac{k' + a}{k' - a}, & k < \bar{t} < 1 \\[3mm] \dfrac{1}{2} \left(\ln \dfrac{a + k'}{a - k'} - \mathrm{i}\pi \right), & \bar{t} > 1 \end{cases} \tag{6.3.20}$$

6.3.5.5 V_5^{P}

V_5^{P} 的定义为

$$V_5^{\mathrm{P}} = \int_0^a \frac{x^2}{\sqrt{(a^2 - x^2)(k'^2 - x^2)}} \, \mathrm{d}x$$

与 V_3^{P} 的处理方式类似,当 $k < \bar{t} < 1$ 时,令 $x = ay$,得到

$$\begin{aligned} V_5^{\mathrm{P}}(c) &= \frac{a^2}{k'} \int_0^1 \frac{y^2}{\sqrt{1 - y^2}\sqrt{1 - m_1 y^2}} \, \mathrm{d}y = -\frac{a^2}{m_{\mathrm{P}} k'} \int_0^1 \frac{1 - m_1 y^2 - 1}{\sqrt{1 - y^2}\sqrt{1 - m_1 y^2}} \, \mathrm{d}y \\ &= -\frac{a^2}{m_1 k'} \left[\int_0^1 \frac{\sqrt{1 - m_1 y^2}}{\sqrt{1 - y^2}} \, \mathrm{d}y - \int_0^1 \frac{1}{\sqrt{1 - y^2}\sqrt{1 - m_1 y^2}} \, \mathrm{d}y \right] \\ &= -\frac{a^2}{m_1 k'} \left[E(m_1) - K(m_1) \right] = -k' \left[E(m_1) - K(m_1) \right] \end{aligned}$$

当 $\bar{t} > 1$ 时,拆开的第一个积分把上面的结果中的 a 与 k' 互换即可。第二个积分,仍然采用 $V_2^{\mathrm{P}}(c)$ 中提到的变量替换,得到

$$I_2(c) = -\mathrm{i}a \int_0^1 \frac{1 - m_2 t^2}{\sqrt{(1 - t^2)(1 - m_2 t^2)}} \, \mathrm{d}t = -\mathrm{i}a \int_0^1 \frac{\sqrt{1 - m_2 t^2}}{\sqrt{1 - t^2}} \, \mathrm{d}t = -\mathrm{i}a E(m_2)$$

总结上面的分析,我们得到

$$V_5^{\mathrm{P}} = \begin{cases} -k' \left[E(m_1) - K(m_1) \right], & k < \bar{t} < 1 \\[3mm] -a \left[E(m_1') - K(m_1') + \mathrm{i}E(m_2) \right], & \bar{t} > 1 \end{cases} \tag{6.3.21}$$

---

① 根据菲赫金哥尔茨 (2006,第 281 目,第二卷 41 页),如果二次三项式 $ax^2 + bx + c$ 有相异的实根 u 与 v,即 $ax^2 + bx + c = a(x - u)(x - v)$,作第三种欧拉替换 $\sqrt{ax^2 + bx + c} = t(x - u)$,即 $a(x - v) = t^2(x - u)$,因此

$$x = \frac{-av + ut^2}{t^2 - a}, \quad \sqrt{ax^2 + bx + c} = \frac{a(u - v)t}{t^2 - a}, \quad \mathrm{d}x = \frac{2a(v - u)t}{(t^2 - a)^2} \, \mathrm{d}t$$

6.3.5.6　V_6^{P}

V_6^{P} 的定义为

$$V_6^{\mathrm{P}} = \int_0^a \frac{x^3}{\sqrt{(a^2 - x^2)(k'^2 - x^2)}} \,\mathrm{d}x \xlongequal{y = x^2} \frac{1}{2} \int_0^{a^2} \frac{y}{\sqrt{(a^2 - y)(k'^2 - y)}} \,\mathrm{d}y$$

当 $k < \bar{t} < 1$ 时，$a < k' < 1$。作与求解 V_4^{P} 相同的第三种欧拉替换，得到

$$V_6^{\mathrm{P}} = -\int_0^{\frac{a}{k'}} \frac{k'^2 t^2 - a^2}{(t^2 - 1)^2} \,\mathrm{d}t = -k'^2 \int_0^{\frac{a}{k'}} \frac{1}{t^2 - 1} \,\mathrm{d}t - (k'^2 - a^2) \int_0^{\frac{a}{k'}} \frac{1}{(t^2 - 1)^2} \,\mathrm{d}t$$

$$= \frac{k'^2 + a^2}{4} \ln \frac{k' + a}{k' - a} - \frac{k'a}{2}$$

当 $\bar{t} > 1$ 时，$k' < a$，积分拆分成两段之和，第一段积分只需要将上式中的 a 和 k' 互换，对于第二段积分，做相同的第三种欧拉变换，得到

$$I_2 = -\frac{\mathrm{i}}{2} \int_{k'^2}^{a^2} \frac{y}{\sqrt{(a^2 - y)(y - k'^2)}} \,\mathrm{d}y = -\mathrm{i} \int_0^{\infty} \frac{k'^2 t^2 + a^2}{t^2 + 1} \,\mathrm{d}t = -\frac{\mathrm{i}\pi}{4}(a^2 + k'^2)$$

综合上面的结果，得到

$$V_6^{\mathrm{P}} = \begin{cases} \dfrac{k'^2 + a^2}{4} \ln \dfrac{k' + a}{k' - a} - \dfrac{k'a}{2}, & k < \bar{t} < 1 \\[3mm] \dfrac{k'^2 + a^2}{4} \ln \dfrac{a + k'}{a - k'} - \dfrac{k'a}{2} - \dfrac{\mathrm{i}\pi}{4}(a^2 + k'^2), & \bar{t} > 1 \end{cases} \tag{6.3.22}$$

到目前为止，我们已经求出了所有的基础积分 U_i^{P} $(i = 1, 2, \cdots, 5)$ 和 V_j^{P} $(j = 1, 2, \cdots, 6)$ 的结果，其中全部的 U_i^{P} 和部分的 V_j^{P} $(j = 1, 4, 6)$ 都表示成代数解，其余的 V_j^{P} $(j = 2, 3, 5)$ 表示成三类标准的椭圆积分的组合。将它们代入式 (6.3.9)，即可获得 $\mathbf{F}_{\mathrm{P}}^{(\mathrm{I})}(\bar{t})$ 的数值。

6.4　S_1 波 项

以上我们较为详细地叙述了 P 波项积分的求解。S 波和 S-P 波项的求解要更为复杂。这里所谓的 "S 波项"，指的是式 (6.2.2b) 和 (6.2.2c) 中积分 $\mathbf{F}_{S_1}^{(\mathrm{I})}$ 和 $\mathbf{F}_{S_2}^{(\mathrm{I})}$ 的贡献 (以后将它们分别称为 "S_1 波项" 和 "S_2 波项")，而 "S-P 波项"，指的是式 (6.2.2d) 中积分 $\mathbf{F}_{\mathrm{S\text{-}P}}^{(\mathrm{I})}$ 的贡献。它们的区别在于前者只在 S 波到时之后存在，而后者却在 P 波和 S 波到时之间存在。从来源上看，$\mathbf{F}_{S_1}^{(\mathrm{I})}$ 来自图 4.3.4 中的 Cagniard 路径 C 的贡献，而 $\mathbf{F}_{S_2}^{(\mathrm{I})}$ 和 $\mathbf{F}_{\mathrm{S\text{-}P}}^{(\mathrm{I})}$ 则来自割线上缘的路径 C_2 的贡献。由于来源不同，η_β 的取值情况有所差异，变量替换的选择有所不同[①]。具体地说，根据式 (6.2.3c) 中 η_β 的定义，对于 $\bar{t} > 1$ 的 $\mathbf{F}_{S_1}^{(\mathrm{I})}$ 和 $\mathbf{F}_{S_2}^{(\mathrm{I})}$ 来说，见

---

① 这里之所以要讨论 η_β 的取值问题，是因为对于 S 波项和 S-P 波项，我们选取 η_β 作为积分变量来化简积分，它的取值对于了解积分的性质就很重要。其实对于第一类 Lamb 问题而言，仍像 P 波那样用 η_α 来做变量替换并无不可，因为在 $\theta = 90°$ 的特殊情况下，对于 P 波、S 波项以及 S-P 波项而言，$\bar{q}$ 的表达式相同，都是 $-\bar{t}$。但是，对于 θ 在 $(0, 90°)$ 区间的第二类和第三类 Lamb 问题，就必须采用 η_β 来表示。因为这时各项的 $\bar{q}$ 的表达式不同，对于 S 波项和 S-P 波项，如果仍然像 P 波项那样以 η_α 表示，则会导致复杂的 $\bar{q}$ 表达式，达不到我们将积分化为初等函数和椭圆积分表达的目的。为了与接下来的两章内容保持系统性，我们采用当前的这个方案。

式 (6.2.2b) 和 (6.2.2c)，在 $\mathbf{F}_{S_1}^{(I)}$ 的积分区间 $0 < \bar{p} < b = \sqrt{\bar{t}^2 - 1}$ 内，η_β 为纯虚数，而在 $\mathbf{F}_{S_2}^{(I)}$ 的积分区间 $b < \bar{p} < a = \sqrt{\bar{t}^2 - k^2}$ 内，η_β 为实数。类似地，对于 $k < \bar{t} < 1$ 的 $\mathbf{F}_{S\text{-}P}^{(I)}$ 来说，见式 (6.2.2d)，在积分区间 $b < \bar{p} < a$ 中，η_β 为实数。基于这个原因，我们将式 (6.2.2b) $\sim$ (6.2.2d) 的积分分为两组：一组是式 (6.2.2b) 中的 $\mathbf{F}_{S_1}^{(I)}$，另一组是式 (6.2.2c) 和 (6.2.2d) 中的 $\mathbf{F}_{S_2}^{(I)}$ 和 $\mathbf{F}_{S\text{-}P}^{(I)}$。本节讨论第一组积分的处理，6.5 节研究第二组积分的处理。

6.4.1 变量替换和 Rayleigh 函数的有理化

对于 S_1 波项，η_β 是纯虚数，因此可令 $\eta_\beta = \mathrm{i}x$，由 η_β 的定义，我们有 $\bar{p}^2 - \bar{t}^2 = -x^2 - 1$，

$$\bar{p}(x) = \sqrt{b^2 - x^2}, \quad \eta_\alpha(x) = \sqrt{-x^2 - k'^2}, \quad \gamma(x) = -2x^2 - 1 \tag{6.4.1}$$

其中，$b^2 = \bar{t}^2 - 1$，参见式 (6.2.3e)，$k'^2 = 1 - k^2$。因此，有

$$\frac{1}{\mathscr{R}(x)} = \frac{1}{\gamma^2(x) + 4\mathrm{i}x\eta_\alpha(x)(x^2 + 1)} = \frac{\gamma^2(x) + 4x(x^2 + 1)\sqrt{x^2 + k'^2}}{R^{S_1}(x)}$$

式中的

$$R^{S_1}(x) = (2x^2 + 1)^4 - 16x^2(x^2 + 1 - k^2)(x^2 + 1)^2$$
$$= -16(1 - k^2)x^6 + 8(4k^2 - 3)x^4 + 8(2k^2 - 1)x^2 + 1$$

由于 $R^{S_1}(x) = 0$，即

$$R^{S_1}(y) = -16(1 - k^2)y^3 + 8(4k^2 - 3)y^2 + 8(2k^2 - 1)y + 1 = 0 \qquad (y = x^2) \tag{6.4.2}$$

的根对于进一步求解很重要，因此需要讨论不同 Poisson 比 ν 的取值下方程根的分布情况。注意到式 (4.3.23)，方程 (6.4.2) 可改写为 $y^3 + b_1 y^2 + b_2 y + b_3 = 0$ 的形式，系数

$$b_1 = 1 + \nu, \quad b_2 = \nu, \quad b_3 = -\frac{1}{8}(1 - \nu)$$

对应地，附录 C 中的

$$p = -\frac{b_1^2}{3} + b_2 = -\frac{\nu^2 - \nu + 1}{3}, \quad q = \frac{2b_1^3}{27} - \frac{b_1 b_2}{3} + b_3 = \frac{2}{27}\nu^3 - \frac{1}{9}\nu^2 + \frac{1}{27}\nu - \frac{11}{216}$$

这与 6.3.1 节中的表达式 (6.3.2) 完全相同。这意味着不同 ν 的取值下，方程 (6.4.2) 根的分布情况与 P 波情形下的完全相同：当 $0 < \nu < 0.2631$ 时，方程有三个不相等的实根；当 $0.2631 < \nu < 0.5$ 时，方程有一个实根和两个互为共轭的复数根；而当 $\nu = 0.2631$ 时，方程有三个相等的实根。

(1) 当 $0 < \nu < 0.2631$ 时，方程 (6.4.2) 的三个实数根 $y_i\ (i = 1, 2, 3)$ 中有一个正数 (与 Rayleigh 波有关) 和两个负数。注意到做代换 $x = 1 + y$，则当前考虑的方程 (6.4.2) 与上册附录 B 式 (B.1) 中的一元三次方程 $f(x) = 0$ 相同。而对于 P 波项，对应的代换是 $x = k^2 + y$，这意味着 P 波项的根 y_i 与 S 波项的根 y_i' 之间满足关系 $y_i' = y_i - k'^2\ (i = 1, 2, 3)$。因此由 $y_3' > k'^2$ 和 $y_{1,2} < 0$ 可知：$y_3' > 0$，$y_{1,2}' < -k'^2 < 0$。

(2) 当 $0.2631 < \nu < 0.5$ 时，方程 (6.4.2) 的实数根仍然记为 $y_3' > 0$，另外两个互为共轭的复数根分别记为 y_1' 和 $y_2' = y_1'^*$。

在这两种情况下，$R^{\mathrm{S}_1}(x)$ 都可作如下形式的因式分解：

$$R^{\mathrm{S}_1}(x) = -16k'^2 \left(x^2 - y_1'\right) \left(x^2 - y_2'\right) \left(x^2 - y_3'\right) \tag{6.4.3}$$

与式 (6.3.3) 相似的是，无论 Poisson 比 ν 取何值，最后一项都是与 Rayleigh 波有关的，$y_3' > 0$ 为实数；而前两项与 Rayleigh 波无关，当 $0 < \nu < 0.2631$ 时，y_1' 和 y_2' 为负数，当 $0.2631 < \nu < 0.5$ 时，它们是互为共轭的复数。

以 x 为积分变量，式 (6.2.2b) 中的

$$\int_0^b \frac{H(\bar{t} - 1)}{\sqrt{b^2 - \bar{p}^2}} \, \mathrm{d}\bar{p} = \int_0^b \frac{H(\bar{t} - 1)}{\sqrt{b^2 - x^2}} \, \mathrm{d}x$$

因此式 (6.2.2b) 中的积分以 x 为积分变量表示为

$$\mathbf{F}_{\mathrm{S}_1}^{(\mathrm{I})}(\bar{t}) = \mathrm{Re} \int_0^b \frac{H(\bar{t} - 1)}{R^{\mathrm{S}}(x)\sqrt{b^2 - x^2}} \left[\mathbf{A}_1^{\mathrm{S}_1}(x) + \frac{\mathbf{A}_2^{\mathrm{S}_1}(x)}{\sqrt{x^2 + k'^2}} \right] \mathrm{d}x \tag{6.4.4}$$

其中，

$$\mathbf{A}_\xi^{\mathrm{S}_1}(x) = \begin{bmatrix} S_0^{(\xi)}(x) + S_1^{(\xi)}(x)c_\phi^2 + S_2^{(\xi)}(x)s_\phi^2 & \left[S_1^{(\xi)}(x) - S_2^{(\xi)}(x)\right]s_\phi c_\phi & S_3^{(\xi)}(x)c_\phi \\ \left[S_1^{(\xi)}(x) - S_2^{(\xi)}(x)\right]s_\phi c_\phi & S_0^{(\xi)} + S_1^{(\xi)}(x)s_\phi^2 + S_2^{(\xi)}(x)c_\phi^2 & S_3^{(\xi)}(x)s_\phi \\ S_4^{(\xi)}(x)c_\phi & S_4^{(\xi)}(x)s_\phi & S_5^{(\xi)}(x) \end{bmatrix} \tag{6.4.5}$$

$$\begin{aligned}
S_0^{(1)}(x) &= -x^2\gamma^3 = 8x^8 + 12x^6 + 6x^4 + x^2 \\
S_1^{(1)}(x) &= \bar{p}^2\left(\gamma^3 + 16x^2 g_1\right) = -8x^8 + 4(2b^2 - h_{14})x^6 - 2A'x^4 - B'x^2 - b^2 \\
S_2^{(1)}(x) &= -\bar{t}^2\left(\gamma^3 + 16x^2 g_1\right) = -\bar{t}^2\left[8x^6 + 4h_{14}x^4 + 2(8k'^2 - 3)x^2 - 1\right] \\
S_3^{(1)}(x) &= \mathrm{i}\bar{t}x\gamma^3 = -\mathrm{i}\bar{t}\left(8x^7 + 12x^5 + 6x^3 + x\right) \\
S_4^{(1)}(x) &= -8\mathrm{i}\bar{t}x^3 g_1 = -8\mathrm{i}\bar{t}\left(x^7 + h_{11}x^5 + k'^2 x^3\right) \\
S_5^{(1)}(x) &= -8x^2 g_2 = -8\left(x^8 + h_{21}x^6 + h_{12}x^4 + k'^2 x^2\right) \\
S_0^{(2)}(x) &= -4x^3 g_1\gamma = 4\left(2x^9 + h_{32}x^7 + h_{13}x^5 + k'^2 x^3\right) \\
S_1^{(2)}(x) &= -4x^3 \bar{p}^2 g_0\gamma = -4\left[2x^9 - (2\bar{t}^2 - h_{32})x^7 + Cx^5 - b^2 k'^2 x^3\right] \\
S_2^{(2)}(x) &= 4\bar{t}^2 x^3 g_0\gamma = -4\bar{t}^2\left(2x^7 + h_{12}x^5 + k'^2 x^3\right) \\
S_3^{(2)}(x) &= 4\mathrm{i}\bar{t}x^2 g_1\gamma = -4\mathrm{i}\bar{t}\left(2x^8 + h_{32}x^6 + h_{13}x^4 + k'^2 x^2\right) \\
S_4^{(2)}(x) &= -2\mathrm{i}\bar{t}x^2 g_0\gamma^2 = -2\mathrm{i}\bar{t}\left(4x^8 + 4h_{11}x^6 + h_{14}x^4 + k'^2 x^2\right) \\
S_5^{(2)}(x) &= -2xg_1\gamma^2 = -2\left(4x^9 + 4h_{21}x^7 + h_{58}x^5 + h_{15}x^3 + k'^2 x\right)
\end{aligned} \tag{6.4.6}$$

式中，$g_i = (x^2 + 1)^i (x^2 + k'^2)$，$A' = 15 - 10\bar{t}^2 + 8k^2\bar{t}^2 - 16k^2$，$B' = 9 - 10\bar{t}^2 + 16k^2b^2$，$C = 4 - 3\bar{t}^2 + 2k^2\bar{t}^2 - 3k^2$，$h_{ij} = i + jk'^2$，$s_\phi = \sin\phi$，$c_\phi = \cos\phi$。

6.4.2 有理分式的部分分式表示和将待求积分表示为基本积分之和

结合 $R^{\mathrm{S}}(x)$ 的因式分解 (6.4.3)，式 (6.4.4) 中的两个有理分式可分别写成如下形式：

$$\frac{[\mathbf{A}_1]_{ij}^{\mathrm{S}_1}(x)}{R^{\mathrm{S}_1}(x)} = \frac{u_{ij,1}^{\mathrm{S}_1}x + u_{ij,2}^{\mathrm{S}_1}}{x^2 - y_1'} + \frac{u_{ij,3}^{\mathrm{S}_1}x + u_{ij,4}^{\mathrm{S}_1}}{x^2 - y_2'} + \frac{u_{ij,5}^{\mathrm{S}_1}x + u_{ij,6}^{\mathrm{S}_1}}{x^2 - y_3'} + \sum_{m=7}^{9} u_{ij,m}^{\mathrm{S}_1}x^{m-7} \tag{6.4.7a}$$

$$\frac{[\mathbf{A}_2]_{ij}^{\mathrm{S}_1}(x)}{R^{\mathrm{S}_1}(x)} = \frac{v_{ij,1}^{\mathrm{S}_1}x + v_{ij,2}^{\mathrm{S}_1}}{x^2 - y_1'} + \frac{v_{ij,3}^{\mathrm{S}_1}x + v_{ij,4}^{\mathrm{S}_1}}{x^2 - y_2'} + \frac{v_{ij,5}^{\mathrm{S}_1}x + v_{ij,6}^{\mathrm{S}_1}}{x^2 - y_3'} + \sum_{n=7}^{10} v_{ij,n}^{\mathrm{S}_1}x^{n-7} \tag{6.4.7b}$$

将式 (6.4.6) 中多项式的系数按照式 (6.4.5) 中元素的方式组合，连同 Rayleigh 方程 (6.4.2) 的根，一并代入到式 (6.3.8) 中，即可得到式 (6.4.7) 中的部分分式系数 $u_{ij,m}^{\mathrm{S}}$ 和 $v_{ij,n}^{\mathrm{S}}$ ($i,j = 1,2,3$; $m = 1,2,\cdots,9$; $n = 1,2,\cdots,10$) 的具体数值。注意到部分分式系数的求解本身与积分无关，对于 S 波的两项和 S-P 波都成立。

确定了部分分式的展开系数之后，把式 (6.4.7) 代入式 (6.4.4)，就实现了将有理化之后的积分转化为一些基础积分的组合

$$
\begin{aligned}
\mathbf{F}_{\mathrm{S}_1}^{(\mathrm{I})}(\bar{t}) =\ & H(\bar{t} - 1)\mathrm{Re}\Big[u_{ij,1}^{\mathrm{S}_1}U_1^{\mathrm{S}_1}(y_1') + u_{ij,2}^{\mathrm{S}_1}U_2^{\mathrm{S}_1}(y_1') + u_{ij,3}^{\mathrm{S}_1}U_1^{\mathrm{S}_1}(y_2') \\
& + u_{ij,4}^{\mathrm{S}_1}U_2^{\mathrm{S}_1}(y_2') + u_{ij,5}^{\mathrm{S}_1}U_1^{\mathrm{S}_1}(y_3') + u_{ij,6}^{\mathrm{S}_1}U_2^{\mathrm{S}_1}(y_3') + \sum_{k=7}^{9} u_{ij,k}^{\mathrm{S}_1}U_{k-4}^{\mathrm{S}_1} \\
& + v_{ij,1}^{\mathrm{S}_1}V_1^{\mathrm{S}_1}(y_1') + v_{ij,2}^{\mathrm{S}_1}V_2^{\mathrm{S}_1}(y_1') + v_{ij,3}^{\mathrm{S}_1}V_1^{\mathrm{S}_1}(y_2') + v_{ij,4}^{\mathrm{S}_1}V_2^{\mathrm{S}_1}(y_2') \\
& + v_{ij,5}^{\mathrm{S}_1}V_1^{\mathrm{S}_1}(y_3') + v_{ij,6}^{\mathrm{S}_1}V_2^{\mathrm{S}_1}(y_3') + \sum_{k=7}^{10} v_{ij,k}^{\mathrm{S}_1}V_{k-4}^{\mathrm{S}_1}\Big]
\end{aligned}
\tag{6.4.8}
$$

其中，

$$U_\xi^{\mathrm{S}_1}(c) = \int_0^b \frac{x^{2-\xi}}{(x^2 - c)\sqrt{b^2 - x^2}}\,\mathrm{d}x, \qquad V_\xi^{\mathrm{S}_1}(c) = \int_0^b \frac{x^{2-\xi}}{(x^2 - c)\sqrt{(b^2 - x^2)(x^2 + k'^2)}}\,\mathrm{d}x$$

$$U_m^{\mathrm{S}_1} = \int_0^b \frac{x^{m-3}}{\sqrt{b^2 - x^2}}\,\mathrm{d}x, \qquad\qquad V_n^{\mathrm{S}_1} = \int_0^b \frac{x^{n-3}}{\sqrt{(b^2 - x^2)(x^2 + k'^2)}}\,\mathrm{d}x \tag{6.4.9}$$

式中，下标 $\xi = 1,2$，$m = 3,4,5$，$n = 3,4,5,6$。积分都在 $\bar{t} > 1$(即 $b > 0$) 的前提下定义。以下对它们逐个求解。

6.4.3 $U_i^{\mathrm{S}_1}$ ($i = 1,2,\cdots,5$) 的求解

比较式 (6.4.9) 中定义的 $U_i^{\mathrm{S}_1}$ ($i = 1,2,\cdots,5$) 与式 (6.3.10) 中的 U_i^{P}，二者结构完全相同，只需要将其中的 a 替换成 b 即可，因此可根据式 (6.3.11) ~ (6.3.13) 直接得到结果：

$$U_1^{S_1}(c) = \begin{cases} -\dfrac{1}{\sqrt{c-b^2}}\arctan\dfrac{b}{\sqrt{c-b^2}}, & c > b^2 \text{ 或 } c \text{ 为复数} \\[3mm] \dfrac{1}{2\sqrt{b^2-c}}\ln\left|\dfrac{\sqrt{b^2-c}+b}{\sqrt{b^2-c}-b}\right|, & c < 0 \text{ 或 } 0 < c < b^2 \end{cases} \tag{6.4.10}$$

$$U_2^{S_1}(c) = \begin{cases} -\dfrac{\pi}{2c}\sqrt{\dfrac{c}{c-b^2}}, & c < 0 \text{ 或 } c > b^2 \text{ 或 } c \text{ 为复数} \\[3mm] 0, & 0 < c < b^2 \end{cases} \tag{6.4.11}$$

$$U_3^{S_1} = \frac{\pi}{2}, \quad U_4^{S_1} = b, \quad U_5^{S_1} = \frac{\pi b^2}{4} \tag{6.4.12}$$

6.4.4 $V_i^{S_1}$ $(i = 1, 2, \cdots, 6)$ 的求解

6.4.4.1 $V_1^{S_1}(c)$

$V_1^{S_1}(c)$ 的定义为

$$V_1^{S_1}(c) = \int_0^b \frac{x}{(x^2-c)\sqrt{(b^2-x^2)(x^2+k'^2)}}\,\mathrm{d}x \xrightarrow{z=x^2} \frac{1}{2}\int_0^{b^2}\frac{1}{(z-c)\sqrt{(b^2-z)(z+k'^2)}}\,\mathrm{d}z$$

采用第三种欧拉变换 $\sqrt{(b^2-z)(z+k'^2)} = y(z+k'^2)$，上述积分变为

$$V_\xi^{S_1}(c) = -\int_0^{\frac{b}{k'}}\frac{1}{(k'^2+c)y^2+(c-b^2)}\,\mathrm{d}y$$

当 $c < -k'^2$ 或 $c > b^2$，或 c 为复数时，上式积分的被积函数不存在奇点，不难得到

$$V_1^{S_1}(c) = -\frac{1}{\sqrt{k'^2+c}\sqrt{c-b^2}}\arctan\frac{b\sqrt{k'^2+c}}{k'\sqrt{c-b^2}}$$

当 $-k'^2 < c < b^2$ 时，令 $\xi' = \sqrt{b^2-c}$，$\eta' = \sqrt{k'^2+c}$，被积函数分母的零点 $0 < y^* = \xi'/\eta' < b/k'$，位于积分区间内，因此需要计算主值积分。我们有

$$V_1^{S_1}(c) = \frac{1}{2\xi'\eta'}\left[\int_0^{\frac{b}{k'}}\frac{1}{y+y^*}\,\mathrm{d}y - \fint_0^{\frac{b}{k'}}\frac{1}{y-y^*}\,\mathrm{d}y\right] = \frac{1}{2\xi'\eta'}\left[\ln\left|\frac{b/k'+y^*}{y^*}\right| - \fint_0^{\frac{b}{k'}}\frac{1}{y-y^*}\,\mathrm{d}y\right]$$

因为

$$\fint_0^{\frac{b}{k'}}\frac{1}{y-y^*}\,\mathrm{d}y = \lim_{\delta\to 0}\left[\int_0^{y^*-\delta}\frac{1}{y-y^*}\,\mathrm{d}y + \int_{y^*+\delta}^{\frac{b}{k'}}\frac{1}{y-y^*}\,\mathrm{d}y\right] = \ln\left|\frac{b/k'-y^*}{y^*}\right|$$

所以

$$V_1^{S_1}(c) = \frac{1}{2\xi'\eta'}\ln\left|\frac{b/k'+y^*}{b/k'-y^*}\right| = \frac{1}{2\xi'\eta'}\ln\left|\frac{k'\xi'+b\eta'}{k'\xi'-b\eta'}\right|$$

总结上面的分析，我们得到

$$V_1^{S_1}(c) = \begin{cases} \dfrac{\mathrm{i}}{\xi'\eta'} \arctan \dfrac{b\eta'}{\mathrm{i}k'\xi'}, & c < -k'^2 \text{ 或 } c > b^2 \text{ 或 } c \text{ 为复数} \\[3mm] \dfrac{1}{2\xi'\eta'} \ln\left|\dfrac{k'\xi' + b\eta'}{k'\xi' - b\eta'}\right|, & -k'^2 < c < b^2 \end{cases} \tag{6.4.13}$$

6.4.4.2 $V_2^{S_1}(c)$

$V_2^{S_1}(c)$ 的定义为

$$V_2^{S_1}(c) = \int_0^b \frac{1}{(x^2 - c)\sqrt{(b^2 - x^2)(x^2 + k'^2)}} \, \mathrm{d}x$$

由于根式下方的含有四次多项式, 这个积分没有闭合形式解, 只能将其转化为标准的椭圆积分形式, 见附录 F 的式 (F.2)。注意到根式下方的四次多项式符合附录 F 的表 F.1 中第三行的形式, 做变换 $x = b\sqrt{1 - t^2}$, 得到

$$V_2^{S_1}(c) = \frac{1}{(b^2 - c)a} \int_0^1 \frac{1}{(1 - n_2 t^2)\sqrt{(1 - t^2)(1 - m_2 t^2)}} = \frac{1}{(b^2 - c)a} \Pi(n_2, m_2)$$

其中, $n_2 = b^2/(b^2 - c)$, $m_2 = b^2/a^2$, 即

$$V_2^{S_1}(c) = \frac{1}{(b^2 - c)a} \Pi(n_2, m_2) \tag{6.4.14}$$

6.4.4.3 $V_3^{S_1}$

$V_3^{S_1}$ 的定义为

$$V_3^{S_1} = \int_0^b \frac{1}{\sqrt{(b^2 - x^2)(x^2 + k'^2)}} \, \mathrm{d}x$$

同样做变换 $x = b\sqrt{1 - t^2}$, 得到

$$V_3^{S_1} = \int_0^1 \frac{1}{\sqrt{(1 - t^2)(a^2 - b^2 t^2)}} \, \mathrm{d}t = \frac{1}{a} K(m_2) \tag{6.4.15}$$

6.4.4.4 $V_4^{S_1}$

$V_4^{S_1}$ 的定义为

$$V_4^{S_1} = \int_0^b \frac{x}{\sqrt{(b^2 - x^2)(x^2 + k'^2)}} \, \mathrm{d}x \xlongequal{z = x^2} \frac{1}{2} \frac{1}{\sqrt{(b^2 - z)(z + k'^2)}} \, \mathrm{d}z$$

采用第三种欧拉变换 $\sqrt{(b^2 - z)(z + k'^2)} = y(z + k'^2)$, 得到

$$V_4^{S_1} = \int_0^{\frac{b}{k'}} \frac{1}{y^2 + 1} \, \mathrm{d}y = \arctan \frac{b}{k'} \tag{6.4.16}$$

6.4.4.5　$V_5^{S_1}$

$V_5^{S_1}$ 的定义为

$$V_5^{S_1} = \int_0^b \frac{x^2}{\sqrt{(b^2 - x^2)(x^2 + k'^2)}}\,\mathrm{d}x = \int_0^b \frac{\sqrt{x^2 + k'^2}}{\sqrt{b^2 - x^2}}\,\mathrm{d}x - k'^2 \int_0^b \frac{1}{\sqrt{(b^2 - x^2)(x^2 + k'^2)}}\,\mathrm{d}x$$

对等号右边的第一个积分做变换 $x = b\sqrt{1 - t^2}$，

$$\int_0^b \frac{\sqrt{x^2 + k'^2}}{\sqrt{b^2 - x^2}}\,\mathrm{d}x = a \int_0^1 \frac{\sqrt{1 - m_2 t^2}}{\sqrt{1 - t^2}}\,\mathrm{d}t = aE(m_2)$$

注意到等号右边的第一个积分就是 $V_3^{S_1}$，因此得到

$$\boxed{V_5^{S_1} = aE(m_2) - \frac{k'^2}{a}K(m_2)} \tag{6.4.17}$$

6.4.4.6　$V_6^{S_1}$

$V_6^{S_1}$ 的定义为

$$V_6^{S_1} = \int_0^b \frac{x^3}{\sqrt{(b^2 - x^2)(x^2 + k'^2)}}\,\mathrm{d}x \xlongequal{z = x^2} \frac{1}{2} \frac{z}{\sqrt{(b^2 - z)(z + k'^2)}}\,\mathrm{d}z$$

在第三种欧拉变换 $\sqrt{(b^2 - z)(z + k'^2)} = y(z + k'^2)$ 下，上式变为

$$V_6^{S_1} = \int_0^{\frac{b}{k'}} \frac{b^2 - k'^2 y^2}{(y^2 + 1)^2}\,\mathrm{d}y = a^2 \int_0^{\frac{b}{k'}} \frac{1}{(y^2 + 1)^2}\,\mathrm{d}y - k'^2 \int_0^{\frac{b}{k'}} \frac{1}{y^2 + 1}\,\mathrm{d}y$$

由于[①]

$$\int_0^{\frac{b}{k'}} \frac{1}{(y^2 + 1)^2}\,\mathrm{d}y = \frac{1}{2}\left[\frac{y}{y^2 + 1} + \arctan y\right]\Bigg|_0^{\frac{b}{k'}} = \frac{1}{2}\left(\frac{bk'}{a^2} + \arctan \frac{b}{k'}\right)$$

我们得到

$$\boxed{V_6^{S_1} = \frac{1}{2}\left[bk' + (b^2 - k'^2)\arctan \frac{b}{k'}\right]} \tag{6.4.18}$$

6.5　S_2 波项和 S-P 波项

在 6.4 节的开始我们提到，在 $\mathbf{F}_{S_2}^{(I)}$ 和 $\mathbf{F}_{S-P}^{(I)}$ 的积分区间中，η_β 都为实数，对于 S_2 波项和 S-P 波项可以采用相同的变量替换。由于做法与 6.4 节讨论的 S_1 波类似，除了与 S_1 的差别特别说明以外，其他部分均只罗列主要的结果。

[①] 具体地说，作替换 $y = \tan t$，所以

$$\int \frac{1}{(y^2 + 1)^2}\,\mathrm{d}y = \int \cos^2 t\,\mathrm{d}t = \frac{1}{2}\int (1 + \cos 2t)\,\mathrm{d}t = \frac{1}{2}(t + \sin t \cos t) = \frac{1}{2}\left(\frac{y}{y^2 + 1} + \arctan y\right)$$

6.5.1 变量替换和 Rayleigh 函数的有理化

令 $\eta_\beta = x$，根据式 (6.2.3c)，有 $\bar{p}^2 - \bar{t}^2 = x^2 - 1$，以及

$$\bar{p}(x) = \sqrt{x^2 + b^2}, \quad \eta_\alpha(x) = \mathrm{i}\sqrt{k'^2 - x^2}, \quad \gamma(x) = 2x^2 - 1$$

因此，

$$\frac{1}{\mathscr{R}(x)} = \frac{1}{\gamma^2(x) - 4x\eta_\alpha(x)\,(x^2 - 1)} = \frac{\gamma^2(x) + 4\mathrm{i}x\,(x^2 - 1)\,\sqrt{k'^2 - x^2}}{R^{S_2}(x)}$$

其中，

$$R^{S_2}(x) = (2x^2 - 1)^4 - 16x^2(x^2 - 1 + k^2)(x^2 - 1)^2$$

$$= 16(1 - k^2)x^6 + 8(4k^2 - 3)x^4 - 8(2k^2 - 1)x^2 + 1$$

容易验证，$R^{S_2}(y) = 0$ $(y = -x^2)$ 形式与方程 (6.4.2) 相同，因此它的三个根为 $-y'_i$。根据 6.4.1 节中的讨论，$y'_3 > 0$ 为 Rayleigh 函数的根，当 $0 < \nu < 0.2631$ 时，$y'_{1,2} < 0$，而当 $0.2631 < \nu < 0.5$ 时，y'_1 和 y'_2 为互为共轭的复数。因此，$R^{S_2}(x)$ 可作如下形式的因式分解：

$$R^{S_2}(x) = 16k'^2\left(x^2 + y'_1\right)\left(x^2 + y'_2\right)\left(x^2 + y'_3\right) \tag{6.5.1}$$

以 x 为积分变量，式 (6.2.2c) 和 (6.2.2d) 中的

$$\int_b^a \frac{H(\bar{t} - 1)}{\sqrt{\bar{p}^2 - b^2}}\,\mathrm{d}\bar{p} = \int_0^{k'} \frac{H(\bar{t} - 1)}{\sqrt{x^2 + b^2}}\,\mathrm{d}x$$

$$\int_0^a \frac{H(\bar{t} - k) - H(\bar{t} - 1)}{\sqrt{\bar{p}^2 - b^2}}\,\mathrm{d}\bar{p} = \int_{b'}^{k'} \frac{H(\bar{t} - k) - H(\bar{t} - 1)}{\sqrt{x^2 - b'^2}}\,\mathrm{d}x$$

其中，$b' = \sqrt{1 - \bar{t}^2}$，显然 $0 < b' < k'$。因此式 (6.2.2c) 和 (6.2.2d) 以 x 为积分变量表示为

$$\mathbf{F}_{S_2}^{(\mathrm{I})}(\bar{t}) = \mathrm{Im}\int_0^{k'} \frac{H(\bar{t} - 1)}{R^{S_2}(x)\sqrt{x^2 + b^2}}\left[\mathbf{A}_1^{S_2}(x) + \frac{\mathbf{A}_2^{S_2}(x)}{\sqrt{k'^2 - x^2}}\right]\mathrm{d}x \tag{6.5.2a}$$

$$\mathbf{F}_{S\text{-}P}^{(\mathrm{I})}(\bar{t}) = \mathrm{Im}\int_{b'}^{k'} \frac{H(\bar{t} - k) - H(\bar{t} - 1)}{R^{S_2}(x)\sqrt{x^2 - b'^2}}\left[\mathbf{A}_1^{S_2}(x) + \frac{\mathbf{A}_2^{S_2}(x)}{\sqrt{k'^2 - x^2}}\right]\mathrm{d}x \tag{6.5.2b}$$

其中，

$$\mathbf{A}_\xi^{S_2}(x) = \begin{bmatrix} S_0'^{(\xi)}(x) + S_1'^{(\xi)}(x)c_\phi^2 + S_2'^{(\xi)}(x)s_\phi^2 & \left[S_1'^{(\xi)}(x) - S_2'^{(\xi)}(x)\right]s_\phi c_\phi & S_3'^{(\xi)}(x)c_\phi \\ \left[S_1'^{(\xi)}(x) - S_2'^{(\xi)}(x)\right]s_\phi c_\phi & S_0'^{(\xi)} + S_1'^{(\xi)}(x)s_\phi^2 + S_2'^{(\xi)}(x)c_\phi^2 & S_3'^{(\xi)}(x)s_\phi \\ S_4'^{(\xi)}(x)c_\phi & S_4'^{(\xi)}(x)s_\phi & S_5'^{(\xi)}(x) \end{bmatrix} \tag{6.5.3}$$

$$S_0'^{(1)}(x) = x^2\gamma^3 = 8x^8 - 12x^6 + 6x^4 - x^2$$

$$S_1'^{(1)}(x) = \bar{p}^2\left(\gamma^3 - 16x^2g_1'\right) = -8x^8 - 4(2b^2 - h_{14})x^6 - 2A'x^4 + B'x^2 - b^2$$

$$S_2'^{(1)}(x) = -\bar{t}^2\left(\gamma^3 - 16x^2g_1'\right) = \bar{t}^2\left[8x^6 - 4h_{14}x^4 + 2(8k'^2 - 3)x^2 + 1\right]$$

$$S_3'^{(1)}(x) = \bar{t}x\gamma^3 = \bar{t}\left(8x^7 - 12x^5 + 6x^3 - x\right)$$

$$S_4'^{(1)}(x) = 8\bar{t}x^3g_1' = 8\bar{t}\left(x^7 - h_{11}x^5 + k'^2x^3\right)$$

$$S_5'^{(1)}(x) = 8x^2g_2' = -8\left(x^8 - h_{21}x^6 + h_{12}x^4 - k'^2x^2\right) \quad (6.5.4)$$

$$S_0'^{(2)}(x) = -4ix^3g_1'\gamma = -4i\left(2x^9 - h_{32}x^7 + h_{13}x^5 - k'^2x^3\right)$$

$$S_1'^{(2)}(x) = 4x^3\bar{p}^2g_0'\gamma = -4\left[2x^9 + (2\bar{t}^2 - h_{32})x^7 + Cx^5 + b^2k'^2x^3\right]$$

$$S_2'^{(2)}(x) = -4\bar{t}^2x^3g_0'\gamma = 4\bar{t}^2\left(2x^7 - h_{12}x^5 + k'^2x^3\right)$$

$$S_3'^{(2)}(x) = -4i\bar{t}x^2g_1'\gamma = -4i\bar{t}\left(2x^8 - h_{32}x^6 + h_{13}x^4 - k'^2x^2\right)$$

$$S_4'^{(2)}(x) = 2i\bar{t}x^2g_0'\gamma^2 = -2i\bar{t}\left(4x^8 - 4h_{11}x^6 + h_{14}x^4 - k'^2x^2\right)$$

$$S_5'^{(2)}(x) = -2xg_1'\gamma^2 = -2\left(4x^9 - 4h_{21}x^7 + h_{58}x^5 - h_{15}x^3 + k'^2x\right)$$

式中, $g_i' = (-x^2 + 1)^i(-x^2 + k'^2)$, $A' = 15 - 10\bar{t}^2 + 8k^2\bar{t}^2 - 16k^2$, $B' = 9 - 10\bar{t}^2 + 16k^2\bar{t}^2 - 16k^2$, $C = 4 - 3\bar{t}^2 + 2k^2\bar{t}^2 - 3k^2$, $h_{ij} = i + jk'^2$, $s_\phi = \sin\phi$, $c_\phi = \cos\phi$。

6.5.2　有理分式的部分分式表示和将待求积分表示为基本积分之和

结合 $R^{S_2}(x)$ 的因式分解 (6.5.1), 将式 (6.5.2) 中包含的两个有理分式分别写成如下形式:

$$\frac{[\mathbf{A}_1]_{ij}^{S_2}(x)}{R^{S_2}(x)} = \frac{u_{ij,1}^{S_2}x + u_{ij,2}^{S_2}}{x^2 + y_1'} + \frac{u_{ij,3}^{S_2}x + u_{ij,4}^{S_2}}{x^2 + y_2'} + \frac{u_{ij,5}^{S_2}x + u_{ij,6}^{S_2}}{x^2 + y_3'} + \sum_{m=7}^{9} u_{ij,m}^{S_2}x^{m-7} \quad (6.5.5a)$$

$$\frac{[\mathbf{A}_2]_{ij}^{S_2}(x)}{R^{S_2}(x)} = \frac{v_{ij,1}^{S_2}x + v_{ij,2}^{S_2}}{x^2 + y_1'} + \frac{v_{ij,3}^{S_2}x + v_{ij,4}^{S_2}}{x^2 + y_2'} + \frac{v_{ij,5}^{S_2}x + v_{ij,6}^{S_2}}{x^2 + y_3'} + \sum_{n=7}^{10} v_{ij,n}^{S_2}x^{n-7} \quad (6.5.5b)$$

将式 (6.5.4) 中多项式的系数按照式 (6.5.3) 中元素的方式组合, 代入到式 (6.3.8) 中, 即可得到式 (6.5.5) 中的部分分式系数 $u_{ij,m}^{S_2}$ 和 $v_{ij,n}^{S_2}$ ($i,j = 1,2,3$; $m = 1,2,\cdots,9$; $n = 1,2,\cdots,10$) 的具体数值。

确定了部分分式的展开系数之后, 把式 (6.5.5) 代入式 (6.5.2), 得到

$$\begin{aligned}
\mathbf{F}_{S_2}^{(I)}(\bar{t}) =\,& H(\bar{t} - 1)\mathrm{Im}\Big[u_{ij,1}^{S_2}U_1^{S_2}(y_1') + u_{ij,2}^{S_2}U_2^{S_2}(y_1') + u_{ij,3}^{S_2}U_1^{S_2}(y_2') \\
& + u_{ij,4}^{S_2}U_2^{S_2}(y_2') + u_{ij,5}^{S_2}U_1^{S_2}(y_3') + u_{ij,6}^{S_2}U_2^{S_2}(y_3') + \sum_{k=7}^{9} u_{ij,k}^{S_2}U_{k-4}^{S_2} \\
& + v_{ij,1}^{S_2}V_1^{S_2}(y_1') + v_{ij,2}^{S_2}V_2^{S_2}(y_1') + v_{ij,3}^{S_2}V_1^{S_2}(y_2') + v_{ij,4}^{S_2}V_2^{S_2}(y_2') \\
& + v_{ij,5}^{S_2}V_1^{S_2}(y_3') + v_{ij,6}^{S_2}V_2^{S_2}(y_3') + \sum_{k=7}^{10} v_{ij,k}^{S_2}V_{k-4}^{S_2}\Big]
\end{aligned} \quad (6.5.6)$$

以及

$$
\begin{aligned}
\mathbf{F}_{\text{S-P}}^{(\text{I})}(\bar{t}) = [H(\bar{t}-k) - H(\bar{t}-1)]\,\text{Im} &\Big[u_{ij,1}^{S_2} U_1^{\text{S-P}}(y_1') + u_{ij,2}^{S_2} U_2^{\text{S-P}}(y_1') \\
&+ u_{ij,3}^{S_2} U_1^{\text{S-P}}(y_2') + u_{ij,4}^{S_2} U_2^{\text{S-P}}(y_2') + u_{ij,5}^{S_2} U_1^{\text{S-P}}(y_3') + u_{ij,6}^{S} U_2^{\text{S-P}}(y_3') \\
&+ \sum_{k=7}^{9} u_{ij,k}^{S_2} U_{k-4}^{\text{S-P}} + v_{ij,1}^{S_2} V_1^{\text{S-P}}(y_1') + v_{ij,2}^{S_2} V_2^{\text{S-P}}(y_1') + v_{ij,3}^{S_2} V_1^{\text{S-P}}(y_2') \\
&+ v_{ij,4}^{S} V_2^{\text{S-P}}(y_2') + v_{ij,5}^{S_2} V_1^{\text{S-P}}(y_3') + v_{ij,6}^{S} V_2^{\text{S-P}}(y_3') + \sum_{k=7}^{10} v_{ij,k}^{S_2} V_{k-4}^{\text{S-P}} \Big]
\end{aligned}
\tag{6.5.7}
$$

其中,

$$
U_\xi^{S_2}(c) = \int_0^{k'} \frac{x^{2-\xi}}{(x^2+c)\sqrt{x^2+b^2}}\,\mathrm{d}x, \qquad V_\xi^{S_2}(c) = \int_0^{k'} \frac{x^{2-\xi}}{(x^2+c)\sqrt{(x^2+b^2)(k'^2-x^2)}}\,\mathrm{d}x
$$

$$
U_m^{S_2} = \int_0^{k'} \frac{x^{m-3}}{\sqrt{x^2+b^2}}\,\mathrm{d}x, \qquad V_n^{S_2} = \int_0^{k'} \frac{x^{n-3}}{\sqrt{(x^2+b^2)(k'^2-x^2)}}\,\mathrm{d}x
$$

$$
U_\xi^{\text{S-P}}(c) = \int_{b'}^{k'} \frac{x^{2-\xi}}{(x^2+c)\sqrt{x^2-b'^2}}\,\mathrm{d}x, \qquad V_\xi^{\text{S-P}}(c) = \int_{b'}^{k'} \frac{x^{2-\xi}}{(x^2+c)\sqrt{(x^2-b'^2)(k'^2-x^2)}}\,\mathrm{d}x
$$

$$
U_m^{\text{S-P}} = \int_{b'}^{k'} \frac{x^{m-3}}{\sqrt{x^2-b'^2}}\,\mathrm{d}x, \qquad V_n^{\text{S-P}} = \int_{b'}^{k'} \frac{x^{n-3}}{\sqrt{(x^2-b'^2)(k'^2-x^2)}}\,\mathrm{d}x
\tag{6.5.8}
$$

式中, 下标 $\xi = 1, 2$, $m = 3, 4, 5$, $n = 3, 4, 5, 6$。与 S_2 波有关的积分 (上标为 S_2) 在 $\bar{t} > 1$(即 $b > 0$) 的前提下定义, 而与 S-P 波有关的积分 (上标为 S-P) 都在 $k < \bar{t} < 1$(即 $0 < b' < k'$) 的前提下定义。以下对它们逐个求解。

6.5.3 $U_i^{S_2}$ $(i = 1, 2, \cdots, 5)$ 的求解

对于 $U_1^{S_2}(c)$, 作变量替换 $u^2 = x^2 + b^2$, 有

$$
\begin{aligned}
U_1^{S_2}(c) &= \int_0^{k'} \frac{x}{(x^2+c)\sqrt{x^2+b^2}}\,\mathrm{d}y = \int_b^a \frac{1}{u^2+c-b^2}\,\mathrm{d}z \\
&= \frac{1}{\sqrt{c-b^2}}\left(\arctan\frac{a}{\sqrt{c-b^2}} - \arctan\frac{b}{\sqrt{c-b^2}} \right) = \frac{1}{\sqrt{c-b^2}}\arctan\frac{(a-b)\sqrt{c-b^2}}{c+b(a-b)}
\end{aligned}
$$

其中[①], $a = \sqrt{\bar{t}^2 - k^2}$。因此得到

$$
\boxed{U_1^{S_2}(c) = \frac{1}{\sqrt{c-b^2}}\arctan\frac{(a-b)\sqrt{c-b^2}}{c+b(a-b)}}
\tag{6.5.9}
$$

---

① 式中的最后一个等号成立是利用了反三角函数的关系

$$
\arctan(x) + \arctan(y) = \arctan\left(\frac{x+y}{1-xy} \right)
$$

对于 $U_2^{\mathrm{S}_2}(c)$，采用第一种欧拉替换 $u = (x + \sqrt{x^2 + b^2})^2$ [①]，有

$$
\begin{aligned}
U_2^{\mathrm{S}_2}(c) &= 2 \int_{b^2}^{(k'+a)^2} \frac{\mathrm{d}u}{u^2 + 2(2c - b^2)u + b^4} = 2 \int_{b^2}^{(k'+a)^2} \frac{\mathrm{d}u}{(u + 2c - b^2)^2 + 4c(b^2 - c)} \\
&= \frac{1}{\sqrt{c(b^2 - c)}} \left[\arctan \frac{k'^2 + k'a + c}{\sqrt{c(b^2 - c)}} - \arctan \frac{c}{\sqrt{c(b^2 - c)}} \right] \\
&= \frac{1}{\sqrt{c(b^2 - c)}} \arctan \frac{k'(b^2 - c)}{a\sqrt{c(b^2 - c)}}
\end{aligned}
$$

因此得到

$$
U_2^{\mathrm{S}_2}(c) = \frac{1}{d} \arctan \frac{k'(b^2 - c)}{ad} \qquad \left(d = \sqrt{c(b^2 - c)} \right) \tag{6.5.10}
$$

对于 $U_m^{\mathrm{S}_2}$ $(m = 3, 4, 5)$，作第一类欧拉替换 $z = x + \sqrt{x^2 + b^2}$，它们可转化为

$$
U_3^{\mathrm{S}_2} = \int_b^{k'+a} \frac{1}{z} \, \mathrm{d}z = \ln \frac{k' + a}{b}, \quad U_4^{\mathrm{S}_2} = \int_b^{k'+a} \frac{z^2 - b^2}{2z^2} \, \mathrm{d}z = \frac{(a + k' - b)^2}{2(a + k')}
$$

$$
U_5^{\mathrm{S}_2} = \int_b^{k'+a} \frac{(z^2 - b^2)^2}{4z^3} \, \mathrm{d}z = \frac{(a + k')^4 - b^4}{8(a + k')^2} - \frac{b^2}{2} \ln \frac{a + k'}{b}
$$

因此我们得到

$$
U_3^{\mathrm{S}_2} = \ln \frac{k' + a}{b}, \quad U_4^{\mathrm{S}_2} = \frac{(a + k' - b)^2}{2(a + k')}, \quad U_5^{\mathrm{S}_2} = \frac{(a + k')^4 - b^4}{8(a + k')^2} - \frac{b^2}{2} \ln \frac{a + k'}{b} \tag{6.5.11}
$$

6.5.4 $U_i^{\mathrm{S\text{-}P}}$ $(i = 1, 2, \cdots, 5)$ 的求解

对 $U_1^{\mathrm{S\text{-}P}}(c)$ 作代换 $u^2 = x^2 - b'^2$，得到

$$
U_1^{\mathrm{S\text{-}P}}(c) = \int_{b'}^{k'} \frac{x}{(x^2 + c)\sqrt{x^2 - b'^2}} \, \mathrm{d}x = \int_0^a \frac{1}{u^2 + c - b^2} \, \mathrm{d}z = \frac{1}{\sqrt{c - b^2}} \arctan \frac{a}{\sqrt{c - b^2}}
$$

因此

$$
U_1^{\mathrm{S\text{-}P}}(c) = \frac{1}{\sqrt{c - b^2}} \arctan \frac{a}{\sqrt{c - b^2}} \tag{6.5.12}
$$

$$
\begin{aligned}
U_2^{\mathrm{S\text{-}P}}(c) &= \int_{b'}^{k'} \frac{1}{(x^2 + c)\sqrt{x^2 - b'^2}} \, \mathrm{d}x = 2 \int_{-b^2}^{(k'+a)^2} \frac{\mathrm{d}u}{u^2 + 2(2c - b^2)u + b^4} \\
&= \frac{1}{\sqrt{c(b^2 - c)}} \left[\arctan \frac{k'^2 + k'a + c}{\sqrt{c(b^2 - c)}} + \arctan \frac{b^2 - c}{\sqrt{c(b^2 - c)}} \right]
\end{aligned}
$$

[①] 菲赫金哥尔茨 (2006，第 283 目，第二卷 48 页) 研究过这种类型的积分，在引入替换 $y = (x + \sqrt{x^2 + v})^2$ 后，有

$$
\int \frac{\mathrm{d}x}{(x^2 + u)\sqrt{x^2 + v}} = 2 \int \frac{\mathrm{d}y}{y^2 + 2(2u - v)y + \mu^2}
$$

$$= -\frac{1}{\sqrt{c(b^2-c)}} \arctan \frac{(k'^2+k'a+b^2)c}{k'(k'+a)\sqrt{c(b^2-c)}}$$

所以

$$\boxed{U_2^{\text{S-P}}(c) = -\frac{1}{d} \arctan \frac{(f+b^2)c}{fd} \quad \left(f=k'(k'+a),\ d=\sqrt{c(b^2-c)}\right)} \tag{6.5.13}$$

对于 $U_m^{\text{S-P}}$ $(m=3,4,5)$

$$U_m^{\text{S-P}} = \int_{b'}^{k'} \frac{x^{m-3}}{\sqrt{x^2-b'^2}}\,\mathrm{d}x$$

作第一类欧拉替换 $z=x+\sqrt{x^2-b'^2}$，将上述积分改写为

$$U_3^{\text{S-P}} = \int_{b'}^{k'+a} \frac{1}{z}\,\mathrm{d}z = \ln \frac{k'+a}{b'}, \quad U_4^{\text{S-P}} = \int_{b'}^{k'+a} \frac{z^2+b'^2}{2z^2}\,\mathrm{d}z = \frac{(a+k')^2+b^2}{2(a+k')}$$

$$U_5^{\text{S-P}} = \int_{b'}^{k'+a} \frac{(z^2+b'^2)^2}{4z^3}\,\mathrm{d}z = \frac{(a+k')^4-b^4}{8(a+k')^2} - \frac{b^2}{2}\ln \frac{a+k'}{b'}$$

最终得到

$$\boxed{U_3^{\text{S-P}} = \ln \frac{k'+a}{b'}, \quad U_4^{\text{S-P}} = \frac{(a+k')^2+b^2}{2(a+k')}, \quad U_5^{\text{S-P}} = \frac{(a+k')^4-b^4}{8(a+k')^2} - \frac{b^2}{2}\ln \frac{a+k'}{b'}}$$

$$\tag{6.5.14}$$

6.5.5 $V_i^{S_2}$ $(i=1,2,\cdots,6)$ 的求解

6.5.5.1 $V_1^{S_2}(c)$

$V_1^{S_2}(c)$ 的定义为

$$V_1^{S_2}(c) = \int_0^{k'} \frac{x}{(x^2+c)\sqrt{(x^2+b^2)(k'^2-x^2)}}\,\mathrm{d}x \xrightarrow{z=x^2} \frac{1}{2}\int_0^{k'^2} \frac{1}{(z+c)\sqrt{(z+b^2)(k'^2-z)}}\,\mathrm{d}z$$

运用第三类欧拉代换 $\sqrt{(z+b^2)(k'^2-z)} = t(z+b^2)$，上述积分可继续转化为

$$V_1^{S_2}(c) = \int_0^{\frac{k'}{b}} \frac{1}{(c-b^2)t^2+c+k'^2}\,\mathrm{d}t$$

当 $c<-k'^2$ 或 $c>b^2$，或 c 为复数时，上式积分的被积函数不存在奇点。不难得到

$$V_1^{S_2}(c) = \frac{1}{\sqrt{k'^2+c}\sqrt{c-b^2}} \arctan \frac{k'\sqrt{c-b^2}}{b\sqrt{k'^2+c}}$$

当 $-k'^2<c<b^2$ 时，$(c-b^2)(c+k'^2)<0$。更具体地，当 $0<c<b^2$ 时，被积函数分母中的零点在积分区间之外，因此直接得到

$$V_1^{S_2}(c) = \frac{1}{2\xi'\eta'} \ln \left| \frac{k'\xi'+b\eta'}{k'\xi'-b\eta'} \right|$$

其中，$\xi' = \sqrt{b^2 - c}$，$\eta' = \sqrt{k'^2 + c}$。当 $-k'^2 < c < 0$ 时，被积函数分母的零点 $0 < t^* = \eta'/\xi' < k'/b$，位于积分区间内，因此需要计算主值积分：

$$V_1^{S_1}(c) = \frac{1}{2\xi'\eta'} \left[\int_0^{\frac{k'}{b}} \frac{1}{t + t^*}\,\mathrm{d}t - \fint_0^{\frac{k'}{b}} \frac{1}{t - t^*}\,\mathrm{d}t \right] = \frac{1}{2\xi'\eta'} \left[\ln\left| \frac{k'/b + t^*}{t^*} \right| - \fint_0^{\frac{k'}{b}} \frac{1}{t - t^*}\,\mathrm{d}t \right]$$

其中的主值积分

$$\fint_0^{\frac{k'}{b}} \frac{1}{t - t^*}\,\mathrm{d}t = \lim_{\delta \to 0} \left[\int_0^{t^* - \delta} \frac{1}{t - t^*}\,\mathrm{d}t + \int_{t^* + \delta}^{\frac{k'}{b}} \frac{1}{t - t^*}\,\mathrm{d}t \right] = \ln\left| \frac{k'/b - t^*}{t^*} \right|$$

因此

$$V_1^{S_2}(c) = \frac{1}{2\xi'\eta'} \ln\left| \frac{k'/b + t^*}{k'/b - t^*} \right| = \frac{1}{2\xi'\eta'} \ln\left| \frac{k'\xi' + b\eta'}{k'\xi' - b\eta'} \right|$$

形式上与 $0 < c < b^2$ 时的表达式完全相同。最后我们得到

$$V_1^{S_2}(c) = \begin{cases} -\dfrac{\mathrm{i}}{\xi'\eta'} \arctan \dfrac{\mathrm{i}k'\xi'}{b\eta'}, & c < -k'^2 \text{ 或 } c > b^2 \text{ 或 } c \text{ 为复数} \\[3mm] \dfrac{1}{2\xi'\eta'} \ln\left| \dfrac{k'\xi' + b\eta'}{k'\xi' - b\eta'} \right|, & -k'^2 < c < b^2 \end{cases} \tag{6.5.15}$$

6.5.5.2　$V_2^{S_2}(c)$

$V_2^{S_2}(c)$ 的定义为

$$V_2^{S_2}(c) = \int_0^{k'} \frac{1}{(x^2 + c)\sqrt{(x^2 + b^2)(k'^2 - x^2)}}\,\mathrm{d}x$$

被积函数根式下方为四次多项式，由附录 F 中的表 F.1，作代换 $x = k'\sqrt{1 - t^2}$，有

$$V_2^{S_2}(c) = \frac{1}{(k'^2 + c)a} \int_0^1 \frac{\mathrm{d}t}{(1 - n_3 t^2)\sqrt{(1 - t^2)(1 - m_1' t^2)}} = \frac{1}{(k'^2 + c)a} \Pi(n_3, m_1') \tag{6.5.16}$$

其中，$n_3 = k'^2/(k'^2 + c)$，$m_1' = k'^2/a^2$。

6.5.5.3　$V_3^{S_2}$

$V_3^{S_2}$ 的定义为

$$V_3^{S_2} = \int_0^{k'} \frac{1}{\sqrt{(x^2 + b^2)(k'^2 - x^2)}}\,\mathrm{d}x$$

作代换 $x = k'\sqrt{1 - t^2}$，直接得到

$$V_3^{S_2} = \frac{1}{a} \int_0^1 \frac{\mathrm{d}t}{\sqrt{(1 - t^2)(1 - m_1' t^2)}} = \frac{1}{a} K(m_1') \tag{6.5.17}$$

6.5.5.4 $V_4^{S_2}$

$V_4^{S_2}$ 的定义为

$$V_4^{S_2} = \int_0^{k'} \frac{x}{\sqrt{(x^2+b^2)(k'^2-x^2)}} \, dx \xrightarrow{z=x^2} \frac{1}{2} \int_0^{k'^2} \frac{1}{\sqrt{(z+b^2)(k'^2-z)}} \, dz$$

作第三类欧拉代换 $\sqrt{(z+b^2)(k'^2-z)} = t(z+b^2)$, 得到

$$V_4^{S_2} = \int_0^{\frac{k'}{b}} \frac{1}{t^2+1} \, dt = \arctan \frac{k'}{b} \tag{6.5.18}$$

6.5.5.5 $V_5^{S_2}$

$V_5^{S_2}$ 的定义为

$$V_5^{S_2} = \int_0^{k'} \frac{x^2}{\sqrt{(x^2+b^2)(k'^2-x^2)}} \, dx$$

作代换 $x = k'\sqrt{1-t^2}$, 得到

$$V_5^{S_2} = \int_0^{k'} \frac{\sqrt{x^2+b^2}}{\sqrt{k'^2-x^2}} \, dx - b^2 \int_0^{k'} \frac{1}{\sqrt{(x^2+b^2)(k'^2-x^2)}} \, dx$$

$$= a \int_0^1 \frac{\sqrt{1-m_1't^2}}{\sqrt{1-t^2}} \, dt - \frac{b^2}{a} \int_0^1 \frac{1}{\sqrt{(1-t^2)(1-m_1't^2)}} \, dt = aE(m_1') - \frac{b^2}{a} K(m_1')$$

即

$$V_5^{S_2} = aE(m_1') - \frac{b^2}{a} K(m_1') \tag{6.5.19}$$

6.5.5.6 $V_6^{S_2}$

$V_6^{S_2}$ 的定义为

$$V_6^{S_2} = \int_0^{k'} \frac{x^3}{\sqrt{(x^2+b^2)(k'^2-x^2)}} \, dx \xrightarrow{z=x^2} \frac{1}{2} \int_0^{k'^2} \frac{z}{\sqrt{(z+b^2)(k'^2-z)}} \, dz$$

作第三类欧拉代换 $\sqrt{(z+b^2)(k'^2-z)} = t(z+b^2)$, 得到

$$V_6^{S_2} = -b^2 \int_0^{\frac{k'}{b}} \frac{1}{t^2+1} \, dt + a^2 \int_0^{\frac{k'}{b}} \frac{1}{(t^2+1)^2} \, dt$$

$$\xrightarrow{(6.4.18)} -b^2 \arctan \frac{k'}{b} + \frac{1}{2}\left(bk' + a^2 \arctan \frac{k'}{b} \right) = \frac{1}{2}\left[bk' + (k'^2 - b^2) \arctan \frac{k'}{b} \right]$$

因此

$$V_6^{S_2} = \frac{1}{2}\left[bk' + (k'^2 - b^2) \arctan \frac{k'}{b} \right] \tag{6.5.20}$$

6.5.6 $V_i^{\text{S-P}}$ $(i = 1, 2, \cdots, 6)$ **的求解**

6.5.6.1　$V_1^{\text{S-P}}(c)$

对于 $V_1^{\text{S-P}}(c)$，首先作代换 $z = x^2$，

$$V_1^{\text{S-P}}(c) = \int_{b'}^{k'} \frac{x}{(x^2 + c)\sqrt{(x^2 - b'^2)(k'^2 - x^2)}} \, dx = \frac{1}{2} \int_{b'^2}^{k'^2} \frac{1}{(z + c)\sqrt{(z - b'^2)(k'^2 - z)}} \, dz$$

作代换 $z = b'^2 + (k'^2 - b'^2)\sin^2\theta$，上述积分可转化为

$$V_1^{\text{S-P}}(c) = \int_0^{\frac{\pi}{2}} \frac{1}{(b'^2 + c) + a^2 \sin^2\theta} \, d\theta$$

这是 Mooney 积分，符合附录 E 中式 (E.1) 的形式，根据式 (E.7) 和 (E.8)，得到

$$V_1^{\text{S-P}}(c) = \begin{cases} \dfrac{\pi}{2(c - b^2)}\sqrt{\dfrac{c - b^2}{c + k'^2}}, & c < -k'^2 \text{ 或 } c > b^2 \text{ 或 } c \text{ 为复数} \\[3mm] 0, & -k'^2 < c < b^2 \end{cases} \tag{6.5.21}$$

6.5.6.2　$V_2^{\text{S-P}}(c)$

$V_2^{\text{S-P}}(c)$ 的定义为

$$V_2^{\text{S-P}}(c) = \int_{b'}^{k'} \frac{dy}{(y^2 + c)\sqrt{(y^2 - b'^2)(k'^2 - y^2)}}$$

根据附录 F 中的表 F.1，作代换 $y = k'\sqrt{1 - m_1 t^2}$，$m_1 = a^2/k'^2$，得到

$$V_2^{\text{S-P}}(c) = \frac{1}{k'(k'^2 + c)} \int_0^1 \frac{dt}{(1 - n_4 t^2)\sqrt{(1 - t^2)(1 - m_1 t^2)}} = \frac{1}{k'(k'^2 + c)} \Pi(n_4, m_1)$$

其中，$n_4 = a^2/(k'^2 + c)$。因此，

$$V_2^{\text{S-P}}(c) = \frac{1}{k'(k'^2 + c)} \Pi(n_4, m_1) \tag{6.5.22}$$

6.5.6.3　$V_3^{\text{S-P}}$

$V_3^{\text{S-P}}$ 的定义为

$$V_3^{\text{S-P}} = \int_{b'}^{k'} \frac{1}{\sqrt{(x^2 - b'^2)(k'^2 - x^2)}} \, dx$$

作代换 $x = k'\sqrt{1 - m_1 t^2}$，直接得到

$$V_3^{\text{S-P}} = \frac{1}{k'} \int_0^1 \frac{1}{\sqrt{(1 - t^2)(1 - m_1 t^2)}} \, dt = \frac{1}{k'} K(m_1) \tag{6.5.23}$$

6.5.6.4 $V_4^{\text{S-P}}$

$V_4^{\text{S-P}}$ 的定义为

$$V_4^{\text{S-P}} = \int_{b'}^{k'} \frac{x}{\sqrt{(x^2 - b'^2)(k'^2 - x^2)}} \, \mathrm{d}x \xlongequal{z = x^2} \frac{1}{2} \int_{b'^2}^{k'^2} \frac{1}{\sqrt{(z - b'^2)(k'^2 - z)}} \, \mathrm{d}z$$

作代换 $z = b'^2 + (k'^2 - b'^2)\sin^2\theta$，直接得到

$$\boxed{V_4^{\text{S-P}} = \frac{\pi}{2}} \tag{6.5.24}$$

6.5.6.5 $V_5^{\text{S-P}}$

$V_5^{\text{S-P}}$ 的定义为

$$V_5^{\text{S-P}} = \int_{b'}^{k'} \frac{x^2}{\sqrt{(x^2 - b'^2)(k'^2 - x^2)}} \, \mathrm{d}x$$

做代换 $x = k'\sqrt{1 - m_1 t^2}$，得到

$$\boxed{V_5^{\text{S-P}} = k' \int_0^1 \frac{\sqrt{1 - m_1 t^2}}{\sqrt{1 - t^2}} \, \mathrm{d}t = k' E(m_1)} \tag{6.5.25}$$

6.5.6.6 $V_6^{\text{S-P}}$

$V_6^{\text{S-P}}$ 的定义为

$$V_6^{\text{S-P}} = \int_{b'}^{k'} \frac{x^3}{\sqrt{(x^2 - b'^2)(k'^2 - x^2)}} \, \mathrm{d}x \xlongequal{z = x^2} \frac{1}{2} \int_{b'^2}^{k'^2} \frac{z}{\sqrt{(z - b'^2)(k'^2 - z)}} \, \mathrm{d}z$$

作代换 $z = b'^2 + (k'^2 - b'^2)\sin^2\theta$，直接得到

$$\boxed{V_6^{\text{S-P}} = \int_0^{\frac{\pi}{2}} (a^2 \sin^2\theta - b^2) \, \mathrm{d}\theta = \frac{\pi}{4}(k'^2 - b^2)} \tag{6.5.26}$$

6.6 数值实现和正确性检验

到目前为止，我们已经实现了将第一类 Lamb 问题的 Green 函数的积分解 (6.2.2a) ∼ (6.2.2d) 转化为以代数式和椭圆积分表示的广义闭合解。首先通过变量替换，将被积函数转化为二次多项式和四次多项式的根式，以及有理分式的组合，然后将有理分式做部分分解，拆分成若干形式简单的分式，将待求的积分拆解为一些基本积分的组合，最后逐个求解这些基本积分。从形式上看，这个解远不如 (Kausel，2012) 获得的解形式简单。从理论上说，继续详细地分析部分分式展开的系数形式和它们与基本积分乘积的组合，从而得到更为紧凑的形式是完全可能的，但是我们并不打算这么做。原因首先在于这么做除了形式上紧凑以外，在数值实现上效率并不会显著提高；其次，在 6.1 节的研究简史中已经提到，仅就第一类 Lamb 问题而言，到 (Kausel，2012) 为止已经获得了完美的解决，但是更为复

杂的第二类和第三类问题并未解决。除了内容上的完整性以外，本章的更重要的目的在于提供一个通用的求解框架，不仅适合于简单的第一类问题，而且适用于更为复杂的另外两类问题。而得到更为紧凑的形式，对于第二类和第三类问题来说是极为困难的。因此从对普遍的 Lamb 问题的解决角度看，对当前的问题继续获得最紧凑的形式并无必要。

6.6.1　数值实现的步骤

本章之前的理论分析部分，已经包含了所有数值求解的要素。但是，由于涉及的部分分式分解比较复杂 (分子是最高到 9 次多项式，分母是 6 次多项式)，且基本积分数目较多 (一共 44 个)，在具体进行数值计算之前，明确地整理求解过程和这些结果是非常必要的。以下从数值实现的角度，梳理主要的步骤。为了查阅方便，进一步整理了 6.3 节和 6.4 节的主要结论。

6.6.1.1　第一步：求 Rayleigh 方程的根

首先需要求解 6.3.1 节的讨论与 Rayleigh 函数有关的一元三次方程

$$y^3 - \frac{2\nu^2+1}{2(1-\nu)}y^2 + \frac{4\nu^3-4\nu^2+4\nu-1}{4(1-\nu)^2}y - \frac{\nu^4}{8(1-\nu)^3} = 0$$

的根。当 $0 < \nu < 0.2631$ 时，方程有一个正根和两个负根；而当 $0.2631 < \nu < 0.5$ 时，方程有一个正根和两个共轭复根。令正根为 y_3，另外两个根分别为 y_1 和 y_2[①]。顺带得到 $y_i' = y_i - k'^2$ $(i = 1, 2, 3)$，其中 $k'^2 = 1 - k^2$ $(k = \beta/\alpha)$。

6.6.1.2　第二步：求部分分式展开的系数

1) P 波项部分分式展开的系数

对于 P 波项部分分式展开，记式 (6.3.6) 中的 $P_i^{(\xi)}$ $(\xi = 1, 2; i = 1, 2, \cdots, 5)$ 中 x^j $(j = 0, 1, \cdots, 9)$ 项系数为 $c_{i,j}^{P(\xi)}$ $(j = 0, 1, \cdots, 9)$，具体表达式见表 6.6.1。其中涉及的一些变量的定义为

$$A = 5 + 8\bar{t}^2 - 12k^2\bar{t}^2 - 24h_2, \quad B = h_1(1 + 5\bar{t}^2 - 6k^2\bar{t}^2 - 8h_2)$$

$$h_1 = 2k^2 - 1, \quad h_2 = k^2k'^2, \quad h_3 = k'^2h_1^2, \quad b_i = ik'^2 - 1, \quad c = 6h_2 - 1, \quad d = 2h_1 - \bar{t}^2$$

结合式 (6.3.5)、(6.3.7) 和 (6.3.8)，将表 6.6.1 中的系数代入得到 $u_{ij,m}^P$ 和 $v_{ij,n}^P$ $(i, j = 1, 2, 3; m = 1, 2, \cdots, 9; n = 1, 2, \cdots, 10)$：

$$\mathbf{u}_{,1}^P = \frac{1}{\Delta_1} \sum_{m=0}^{3} \mathbf{C}_{,2m+1}^{P(1)} y_1^m, \quad \mathbf{u}_{,2}^P = \frac{1}{\Delta_1} \sum_{m=0}^{4} \mathbf{C}_{,2m}^{P(1)} y_1^m, \quad \mathbf{u}_{,3}^P = \frac{1}{\Delta_2} \sum_{m=0}^{3} \mathbf{C}_{,2m+1}^{P(1)} y_2^m$$

$$\mathbf{u}_{,4}^P = \frac{1}{\Delta_2} \sum_{m=0}^{4} \mathbf{C}_{,2m}^{P(1)} y_2^m, \quad \mathbf{u}_{,5}^P = \frac{1}{\Delta_3} \sum_{m=0}^{3} \mathbf{C}_{,2m+1}^{P(1)} y_3^m, \quad \mathbf{u}_{,6}^P = \frac{1}{\Delta_3} \sum_{m=0}^{4} \mathbf{C}_{,2m}^{P(1)} y_3^m$$

$$\mathbf{u}_{,7}^P = -\frac{1}{16k'^2}\left[\mathbf{C}_{,6}^{P(1)} + (y_1 + y_2 + y_3)\mathbf{C}_{,8}^{P(1)}\right], \quad \mathbf{u}_{,i}^P = -\frac{1}{16k'^2}\mathbf{C}_{,i-1}^{P(1)} \quad (i = 8, 9)$$

---

① 具体令哪一个为 y_1，哪一个为 y_2 并不重要，因为从求解过程来看，y_1 和 y_2 地位是完全平等的。

$$\mathbf{v}_{,1}^{\mathrm{P}} = \frac{1}{\Delta_1}\sum_{m=0}^{4}\mathbf{C}_{,2m+1}^{\mathrm{P(2)}}y_1^m, \quad \mathbf{v}_{,2}^{\mathrm{P}} = \frac{1}{\Delta_1}\sum_{m=0}^{4}\mathbf{C}_{,2m}^{\mathrm{P(2)}}y_1^m, \quad \mathbf{v}_{,3}^{\mathrm{P}} = \frac{1}{\Delta_2}\sum_{m=0}^{4}\mathbf{C}_{,2m+1}^{\mathrm{P(2)}}y_2^m$$

$$\mathbf{v}_{,4}^{\mathrm{P}} = \frac{1}{\Delta_2}\sum_{m=0}^{4}\mathbf{C}_{,2m}^{\mathrm{P(2)}}y_2^m, \quad \mathbf{v}_{,5}^{\mathrm{P}} = \frac{1}{\Delta_3}\sum_{m=0}^{4}\mathbf{C}_{,2m+1}^{\mathrm{P(2)}}y_3^m, \quad \mathbf{v}_{,6}^{\mathrm{P}} = \frac{1}{\Delta_3}\sum_{m=0}^{4}\mathbf{C}_{,2m}^{\mathrm{P(2)}}y_3^m$$

$$\mathbf{v}_{,i}^{\mathrm{P}} = -\frac{1}{16k'^2}\left[\mathbf{C}_{,i-1}^{\mathrm{P(2)}} + (y_1+y_2+y_3)\mathbf{C}_{,i+1}^{\mathrm{P(2)}}\right], \quad \mathbf{v}_{,i+2}^{\mathrm{P}} = -\frac{1}{16k'^2}\mathbf{C}_{,i+1}^{\mathrm{P(1)}} \quad (i=7,8)$$

其中，$\Delta_i = -16k'^2(y_i-y_j)(y_i-y_k)$ ($i,j,k=1,2,3$ 且互不相等)，

$$\mathbf{C}_{,m}^{\mathrm{P}(\xi)} = \begin{bmatrix} c_{1,m}^{\mathrm{P}(\xi)}\cos^2\phi + c_{2,m}^{\mathrm{P}(\xi)}\sin^2\phi & \left(c_{1,m}^{\mathrm{P}(\xi)} - c_{2,m}^{\mathrm{P}(\xi)}\right)\sin\phi\cos\phi & c_{3,m}^{\mathrm{P}(\xi)}\cos\phi \\ \left(c_{1,m}^{\mathrm{P}(\xi)} - c_{2,m}^{\mathrm{P}(\xi)}\right)\sin\phi\cos\phi & c_{1,m}^{\mathrm{P}(\xi)}\sin^2\phi + c_{2,m}^{\mathrm{P}(\xi)}\cos^2\phi & c_{3,m}^{\mathrm{P}(\xi)}\sin\phi \\ c_{4,m}^{\mathrm{P}(\xi)}\cos\phi & c_{4,m}^{\mathrm{P}(\xi)}\sin\phi & c_{5,m}^{\mathrm{P}(\xi)} \end{bmatrix}$$

表 6.6.1 多项式 $P_i^{(\xi)}(x)$ 的系数 $c_{ij}^{\mathrm{P}(\xi)}$

(ξ,i)	$c_{i,9}^{\mathrm{P}(\xi)}$	$c_{i,8}^{\mathrm{P}(\xi)}$	$c_{i,7}^{\mathrm{P}(\xi)}$	$c_{i,6}^{\mathrm{P}(\xi)}$	$c_{i,5}^{\mathrm{P}(\xi)}$	$c_{i,4}^{\mathrm{P}(\xi)}$	$c_{i,3}^{\mathrm{P}(\xi)}$	$c_{i,2}^{\mathrm{P}(\xi)}$	$c_{i,1}^{\mathrm{P}(\xi)}$	$c_{i,0}^{\mathrm{P}(\xi)}$
$(1,1)$	0	0	0	$-8\bar{t}^2$	0	$-8\bar{t}^2 h_1$	0	$8\bar{t}^2 h_2$	0	0
$(1,2)$	0	-8	0	$-8(h_1-a^2)$	0	$8(h_1a^2+h_2)$	0	$-8h_2a^2$	0	0
$(1,3)$	0	0	$8\mathrm{i}\bar{t}$	0	$8\mathrm{i}\bar{t}h_1$	0	$-8\mathrm{i}\bar{t}h_2$	0	0	0
$(1,4)$	0	0	$8\mathrm{i}\bar{t}$	0	$12\mathrm{i}\bar{t}h_1$	0	$6\mathrm{i}\bar{t}h_1^2$	0	$\mathrm{i}\bar{t}h_1^3$	0
$(1,5)$	0	8	0	$12h_1$	0	$6h_1^2$	0	h_1^3	0	0
$(2,1)$	0	0	$-8\mathrm{i}\bar{t}^2$	0	$8\mathrm{i}\bar{t}^2 b_3$	0	$2\mathrm{i}\bar{t}^2 h_1 b_6$	0	$2\mathrm{i}\bar{t}^2 h_3$	0
$(2,2)$	$-8\mathrm{i}$	0	$-8\mathrm{i}d$	0	$-2\mathrm{i}A$	0	$-2\mathrm{i}B$	0	$-2\mathrm{i}a^2 h_3$	0
$(2,3)$	0	$-8\bar{t}$	0	$8\bar{t}b_3$	0	$2\bar{t}h_1 b_6$	0	$2\bar{t}h_3$	0	0
$(2,4)$	0	$-8\bar{t}$	0	$-12\bar{t}h_1$	0	$4\bar{t}c$	0	$4\bar{t}h_1 h_2$	0	0
$(2,5)$	$8\mathrm{i}$	0	$12\mathrm{i}h_1$	0	$-4\mathrm{i}c$	0	$-4\mathrm{i}h_1 h_2$	0	0	0

2) S_1 波项部分分式展开的系数

类似地，表 6.6.2 中给出了式 (6.5.4) 中的多项式 $S_i^{(\xi)}(x)$ ($\xi=1,2; i=0,1,\cdots,5$) 中 x^j ($j=0,1,\cdots,9$) 项的系数 $c_{i,j}^{S_1(\xi)}$ ($j=0,1,\cdots,9$)。其中涉及的变量为

$$A' = 15 - 10\bar{t}^2 + 8k^2\bar{t}^2 - 16k^2, \quad B' = 9 - 10\bar{t}^2 + 16k^2 b^2$$

$$C = 4 - 3\bar{t}^2 + 2k^2\bar{t}^2 - 3k^2, \quad h_{ij} = i + jk'^2$$

相应地，将表 6.6.2 里的取值代入式 (6.3.8)，结合式 (6.4.5) 和 (6.4.7)，得到 $u_{ij,m}^{S_1}$ 和 $v_{ij,n}^{S_1}$ ($i,j=1,2,3; m=1,2,\cdots,9; n=1,2,\cdots,10$)：

$$\mathbf{u}_{,1}^{S_1} = \frac{1}{\Delta_1}\sum_{m=0}^{3}\mathbf{C}_{,2m+1}^{S_1(1)}y_1'^m, \quad \mathbf{u}_{,2}^{S_1} = \frac{1}{\Delta_1}\sum_{m=0}^{4}\mathbf{C}_{,2m}^{S_1(1)}y_1'^m, \quad \mathbf{u}_{,3}^{S_1} = \frac{1}{\Delta_2}\sum_{m=0}^{3}\mathbf{C}_{,2m+1}^{S_1(1)}y_2'^m$$

$$\mathbf{u}_{,4}^{S_1} = \frac{1}{\Delta_2}\sum_{m=0}^{4}\mathbf{C}_{,2m}^{S_1(1)}y_2'^m, \quad \mathbf{u}_{,5}^{S_1} = \frac{1}{\Delta_3}\sum_{m=0}^{3}\mathbf{C}_{,2m+1}^{S_1(1)}y_3'^m, \quad \mathbf{u}_{,6}^{S_1} = \frac{1}{\Delta_3}\sum_{m=0}^{4}\mathbf{C}_{,2m}^{S_1(1)}y_3'^m$$

$$\mathbf{u}_{,7}^{S_1} = -\frac{1}{16k'^2}\left[\mathbf{C}_{,6}^{S_1(1)} + (y_1'+y_2'+y_3')\mathbf{C}_{,8}^{S_1(1)}\right], \quad \mathbf{u}_{,i}^{S_1} = -\frac{1}{16k'^2}\mathbf{C}_{,i-1}^{S_1(1)} \quad (i=8,9)$$

$$\mathbf{v}_{,1}^{S_1} = \frac{1}{\Delta_1} \sum_{m=0}^{4} \mathbf{C}_{,2m+1}^{S_1(2)} y_1'^m, \quad \mathbf{v}_{,2}^{S_1} = \frac{1}{\Delta_1} \sum_{m=0}^{4} \mathbf{C}_{,2m}^{S_1(2)} y_1'^m, \quad \mathbf{v}_{,3}^{S_1} = \frac{1}{\Delta_2} \sum_{m=0}^{4} \mathbf{C}_{,2m+1}^{S_1(2)} y_2'^m$$

$$\mathbf{v}_{,4}^{S_1} = \frac{1}{\Delta_2} \sum_{m=0}^{4} \mathbf{C}_{,2m}^{S_1(2)} y_2'^m, \quad \mathbf{v}_{,5}^{S_1} = \frac{1}{\Delta_3} \sum_{m=0}^{4} \mathbf{C}_{,2m+1}^{S_1(2)} y_3'^m, \quad \mathbf{v}_{,6}^{S_1} = \frac{1}{\Delta_3} \sum_{m=0}^{4} \mathbf{C}_{,2m}^{S_1(2)} y_3'^m$$

$$\mathbf{v}_{,i}^{S_1} = -\frac{1}{16k'^2} \left[\mathbf{C}_{,i-1}^{S_1(2)} + (y_1' + y_2' + y_3') \mathbf{C}_{,i+1}^{S_1(2)} \right], \quad \mathbf{v}_{,i+2}^{S_1} = -\frac{1}{16k'^2} \mathbf{C}_{,i+1}^{S_1(1)} \quad (i = 7, 8)$$

其中，$\Delta_i = -16k'^2(y_i - y_j)(y_i - y_k)$ $(i, j, k = 1, 2, 3$ 且互不相等$)$，

$$\mathbf{C}_{,m}^{S_1(\xi)} = \begin{bmatrix} c_{0,m}^{S_1(\xi)} + c_{1,m}^{S_1(\xi)} c_\phi^2 + c_{2,m}^{S_1(\xi)} s_\phi^2 & \left(c_{1,m}^{S_1(\xi)} - c_{2,m}^{S_1(\xi)} \right) s_\phi c_\phi & c_{3,m}^{S_1(\xi)} c_\phi \\ \left(c_{1,m}^{S_1(\xi)} - c_{2,m}^{S_1(\xi)} \right) s_\phi c_\phi & c_{0,m}^{S_1(\xi)} + c_{1,m}^{S_1(\xi)} s_\phi^2 + c_{2,m}^{S_1(\xi)} c_\phi^2 & c_{3,m}^{S_1(\xi)} s_\phi \\ c_{4,m}^{S_1(\xi)} c_\phi & c_{4,m}^{S_1(\xi)} s_\phi & c_{5,m}^{S_1(\xi)} \end{bmatrix}$$

式中，$s_\phi = \sin\phi$，$c_\phi = \cos\phi$。

表 **6.6.2**　多项式 $S_i^{(\xi)}(x)$ 的系数 $c_{ij}^{S_1(\xi)}$

(ξ, i)	$c_{i,9}^{S_1(\xi)}$	$c_{i,8}^{S_1(\xi)}$	$c_{i,7}^{S_1(\xi)}$	$c_{i,6}^{S_1(\xi)}$	$c_{i,5}^{S_1(\xi)}$	$c_{i,4}^{S_1(\xi)}$	$c_{i,3}^{S_1(\xi)}$	$c_{i,2}^{S_1(\xi)}$	$c_{i,1}^{S_1(\xi)}$	$c_{i,0}^{S_1(\xi)}$
$(1, 0)$	0	8	0	12	0	6	0	1	0	0
$(1, 1)$	0	-8	0	$4(2b^2 - h_{14})$	0	$-2A'$	0	$-B'$	0	$-b^2$
$(1, 2)$	0	0	0	$-8\bar{t}^2$	0	$-4\bar{t}^2 h_{14}$	0	$-2\bar{t}^2(8k'^2 - 3)$	0	$\bar{t}^2$
$(1, 3)$	0	0	$-8i\bar{t}$	0	$-12i\bar{t}$	0	$-6i\bar{t}$	0	$-i\bar{t}$	0
$(1, 4)$	0	0	$-8i\bar{t}$	0	$-8i\bar{t}h_{11}$	0	$-8i\bar{t}k'^2$	0	0	0
$(1, 5)$	0	-8	0	$-8h_{21}$	0	$-8h_{12}$	0	$-8k'^2$	0	0
$(2, 0)$	8	0	$4h_{32}$	0	$4h_{13}$	0	$4k'^2$	0	0	0
$(2, 1)$	-8	0	$4(2\bar{t}^2 - h_{32})$	0	$-4C$	0	$4b^2k'^2$	0	0	0
$(2, 2)$	0	0	$-8\bar{t}^2$	0	$-4\bar{t}^2 h_{12}$	0	$-4\bar{t}^2 k'^2$	0	0	0
$(2, 3)$	0	$-8i\bar{t}$	0	$-4i\bar{t}h_{32}$	0	$-4i\bar{t}h_{13}$	0	$-4i\bar{t}k'^2$	0	0
$(2, 4)$	0	$-8i\bar{t}$	0	$-8i\bar{t}h_{11}$	0	$-2i\bar{t}h_{14}$	0	$-2i\bar{t}k'^2$	0	0
$(2, 5)$	-8	0	$-8h_{21}$	0	$-2h_{58}$	0	$-2h_{15}$	0	$-2k'^2$	0

3) S$_2$ 波项和 S-P 波项部分分式展开的系数

注意到

$$c_{i,j}^{S_2(\xi)} = -ic_{i,j}^{S_1(\xi)} \quad (j = 1, 5, 9), \qquad c_{i,j}^{S_2(\xi)} = c_{i,j}^{S_1(\xi)} \quad (j = 0, 4, 8)$$

$$c_{i,j}^{S_2(\xi)} = ic_{i,j}^{S_1(\xi)} \quad (j = 3, 7), \qquad c_{i,j}^{S_2(\xi)} = -c_{i,j}^{S_1(\xi)} \quad (j = 2, 6)$$

因此，有

$$\mathbf{u}_{,1}^{S_2} = \frac{1}{\Delta_1'} \sum_{m=0}^{3} \mathbf{C}_{,2m+1}^{S_2(1)} (-y_1')^m, \quad \mathbf{u}_{,2}^{S_2} = \frac{1}{\Delta_1'} \sum_{m=0}^{4} \mathbf{C}_{,2m}^{S_2(1)} (-y_1')^m, \quad \mathbf{u}_{,3}^{S_2} = \frac{1}{\Delta_2'} \sum_{m=0}^{3} \mathbf{C}_{,2m+1}^{S_2(1)} (-y_2')^m$$

$$\mathbf{u}_{,4}^{S_2} = \frac{1}{\Delta_2'} \sum_{m=0}^{4} \mathbf{C}_{,2m}^{S_2(1)} (-y_2')^m, \quad \mathbf{u}_{,5}^{S_2} = \frac{1}{\Delta_3'} \sum_{m=0}^{3} \mathbf{C}_{,2m+1}^{S_2(1)} (-y_3')^m, \quad \mathbf{u}_{,6}^{S_2} = \frac{1}{\Delta_3'} \sum_{m=0}^{4} \mathbf{C}_{,2m}^{S_2(1)} (-y_3')^m$$

$$\mathbf{u}_{,7}^{S_2} = \frac{1}{16k'^2}\left[\mathbf{C}_{,6}^{S_2(1)} - (y_1' + y_2' + y_3')\mathbf{C}_{,8}^{S_2(1)}\right], \quad \mathbf{u}_{,i}^{S_2} = \frac{1}{16k'^2}\mathbf{C}_{,i-1}^{S_2(1)} \quad (i = 8,\,9)$$

$$\mathbf{v}_{,1}^{S_2} = \frac{1}{\Delta_1'}\sum_{m=0}^{4}\mathbf{C}_{,2m+1}^{S_2(2)}(-y_1')^m, \quad \mathbf{v}_{,2}^{S_2} = \frac{1}{\Delta_1'}\sum_{m=0}^{4}\mathbf{C}_{,2m}^{S_2(2)}(-y_1')^m, \quad \mathbf{v}_{,3}^{S_2} = \frac{1}{\Delta_2'}\sum_{m=0}^{4}\mathbf{C}_{,2m+1}^{S_2(2)}(-y_2')^m$$

$$\mathbf{v}_{,4}^{S_2} = \frac{1}{\Delta_2'}\sum_{m=0}^{4}\mathbf{C}_{,2m}^{S_2(2)}(-y_2')^m, \quad \mathbf{v}_{,5}^{S_2} = \frac{1}{\Delta_3'}\sum_{m=0}^{4}\mathbf{C}_{,2m+1}^{S_2(2)}(-y_3')^m, \quad \mathbf{v}_{,6}^{S_2} = \frac{1}{\Delta_3'}\sum_{m=0}^{4}\mathbf{C}_{,2m}^{S_2(2)}(-y_3')^m$$

$$\mathbf{v}_{,i}^{S_2} = \frac{1}{16k'^2}\left[\mathbf{C}_{,i-1}^{S_2(2)} - (y_1' + y_2' + y_3')\mathbf{C}_{,i+1}^{S_2(2)}\right], \quad \mathbf{v}_{,i+2}^{S_2} = \frac{1}{16k'^2}\mathbf{C}_{,i+1}^{S_2(1)} \quad (i = 7,\,8)$$

其中，$\Delta_i' = -\Delta_i$,

$$\mathbf{C}_{,m}^{S_2(\xi)} = \begin{bmatrix} c_{0,m}^{S_2(\xi)} + c_{1,m}^{S_2(\xi)}c_\phi^2 + c_{2,m}^{S_2(\xi)}s_\phi^2 & \left(c_{1,m}^{S_2(\xi)} - c_{2,m}^{S_2(\xi)}\right)s_\phi c_\phi & c_{3,m}^{S_2(\xi)}c_\phi \\[2mm] \left(c_{1,m}^{S_2(\xi)} - c_{2,m}^{S_2(\xi)}\right)s_\phi c_\phi & c_{0,m}^{S_2(\xi)} + c_{1,m}^{S_2(\xi)}s_\phi^2 + c_{2,m}^{S_2(\xi)}c_\phi^2 & c_{3,m}^{S_2(\xi)}s_\phi \\[2mm] c_{4,m}^{S_2(\xi)}c_\phi & c_{4,m}^{S_2(\xi)}s_\phi & c_{5,m}^{S_2(\xi)} \end{bmatrix}$$

6.6.1.3　第三步：求基本积分

为了查阅方便，将 6.3 节和 6.4 节中求得的 44 个基本积分的闭合解或广义闭合解罗列如下：

$$U_1^{P}(c) = \begin{cases} \dfrac{\mathrm{i}}{\xi}\arctan\dfrac{a}{\mathrm{i}\xi}, & c > a^2 \text{ 或 } c \text{ 为复数} \\[3mm] \dfrac{1}{2\xi}\ln\left|\dfrac{\xi + a}{\xi - a}\right|, & c < 0 \text{ 或 } 0 < c < a^2 \end{cases}$$

$$U_2^{P}(c) = \begin{cases} -\dfrac{\pi}{2c}\sqrt{\dfrac{c}{c - a^2}}, & c < 0 \text{ 或 } c > a^2 \text{ 或 } c \text{ 为复数} \\[3mm] 0, & 0 < c < a^2 \end{cases} \qquad U_3^{P} = \frac{\pi}{2},\ U_4^{P} = a,\ U_5^{P} = \frac{\pi a^2}{4}$$

$$V_1^{P}(c) = \begin{cases} \dfrac{1}{\mathrm{i}\xi\eta}\arctan\dfrac{\mathrm{i}a\eta}{k'\xi}, & a^2 < c < k'^2 \text{ 或 } c \text{ 为复数 } (k < \bar{t} < 1) \\[3mm] \dfrac{1}{2\xi\eta}\ln\left|\dfrac{(c + ak' + \xi\eta)(\xi + \eta)}{(c + ak' - \xi\eta)(\xi - \eta)}\right|, & c < a^2 \text{ 或 } c > k'^2 \ (k < \bar{t} < 1) \\[3mm] \dfrac{1}{\mathrm{i}\xi\eta}\left(\arctan\dfrac{\mathrm{i}k'\xi}{a\eta} + \dfrac{\pi}{2}\right), & k'^2 < c < a^2 \text{ 或 } c \text{ 为复数}, \ (\bar{t} > 1) \\[3mm] \dfrac{1}{2\xi\eta}\left(\ln\left|\dfrac{(c + ak' + \xi\eta)(\xi + \eta)}{(c + ak' - \xi\eta)(\xi - \eta)}\right| - \mathrm{i}\pi\right), & c < k'^2 \text{ 或 } c > a^2, \ (\bar{t} > 1) \end{cases}$$

$$V_2^{P}(c) = \begin{cases} -\dfrac{1}{k'c}\varPi\left(a^2/c,\,m_1\right), & k < \bar{t} < 1 \\[3mm] -\dfrac{1}{ac}\left[\varPi\left(k'^2/c,\,m_1'\right) + \dfrac{\mathrm{i}c}{\xi^2}\varPi\left(n_1,\,m_2\right)\right], & \bar{t} > 1 \end{cases}$$

$$V_3^{P} = \begin{cases} \dfrac{1}{k'}K\left(m_1\right), & k < \bar{t} < 1 \\[3mm] \dfrac{1}{a}\left[K\left(m_1'\right) - \mathrm{i}K\left(m_2\right)\right], & \bar{t} > 1 \end{cases}$$

$$V_4^{\mathrm{P}} = \begin{cases} \dfrac{1}{2} \ln \dfrac{f}{k'-a}, & k < \bar{t} < 1 \\[3mm] \dfrac{1}{2} \left(\ln \dfrac{f}{a-k'} - \mathrm{i}\pi \right), & \bar{t} > 1 \end{cases}$$

$$V_5^{\mathrm{P}} = \begin{cases} -k' \left[E\left(m_1\right) - K\left(m_1\right) \right], & k < \bar{t} < 1 \\[3mm] -a \left[E\left(m_1'\right) - K\left(m_1'\right) + \mathrm{i} E\left(m_2\right) \right], & \bar{t} > 1 \end{cases}$$

$$V_6^{\mathrm{P}} = \begin{cases} \dfrac{k'^2 + a^2}{4} \ln \dfrac{f}{k'-a} - \dfrac{k'a}{2}, & k < \bar{t} < 1 \\[3mm] \dfrac{k'^2 + a^2}{4} \ln \dfrac{f}{a-k'} - \dfrac{k'a}{2} - \dfrac{\mathrm{i}\pi}{4}(a^2 + k'^2), & \bar{t} > 1 \end{cases}$$

$$U_1^{\mathrm{S_1}}(c) = \begin{cases} \dfrac{\mathrm{i}}{\xi'} \arctan \dfrac{b}{\mathrm{i}\xi'}, & c > b^2 \text{ 或 } c \text{ 为复数} \\[3mm] \dfrac{1}{2\xi'} \ln \left| \dfrac{\xi'+b}{\xi'-b} \right|, & c < 0 \text{ 或 } 0 < c < b^2 \end{cases}$$

$$U_2^{\mathrm{S_1}}(c) = \begin{cases} -\dfrac{\pi}{2c} \sqrt{\dfrac{c}{c-b^2}}, & c < 0 \text{ 或 } c > b^2 \text{ 或 } c \text{ 为复数} \\[3mm] 0, & 0 < c < b^2 \end{cases}$$

$$U_3^{\mathrm{S_1}} = \dfrac{\pi}{2}, \qquad U_4^{\mathrm{S_1}} = b, \qquad U_5^{\mathrm{S_1}} = \dfrac{\pi b^2}{4}$$

$$U_1^{\mathrm{S_2}}(c) = \dfrac{1}{\sqrt{c-b^2}} \arctan \dfrac{(a-b)\sqrt{c-b^2}}{c+b(a-b)}, \quad U_2^{\mathrm{S_2}}(c) = \dfrac{1}{d} \arctan \dfrac{k'(b^2-c)}{ad}$$

$$U_3^{\mathrm{S_2}} = \ln \dfrac{f}{b}, \quad U_4^{\mathrm{S_2}} = \dfrac{(f-b)^2}{2f}, \quad U_5^{\mathrm{S_2}} = \dfrac{f^4 - b^4}{8f^2} - \dfrac{b^2}{2} \ln \dfrac{f}{b}$$

$$U_1^{\mathrm{S\text{-}P}}(c) = -\dfrac{1}{\sqrt{c-b^2}} \arctan \dfrac{a}{\sqrt{c-b^2}}, \quad U_2^{\mathrm{S\text{-}P}}(c) = -\dfrac{1}{d} \arctan \dfrac{(k'f+b^2)c}{k'fd}$$

$$U_3^{\mathrm{S\text{-}P}} = \ln \dfrac{f}{b'}, \quad U_4^{\mathrm{S\text{-}P}} = \dfrac{f^2 + b^2}{2f}, \quad U_5^{\mathrm{S\text{-}P}} = \dfrac{f^4 - b^4}{8f^2} - \dfrac{b^2}{2} \ln \dfrac{f}{b'}$$

$$V_1^{\mathrm{S_1}}(c) = \begin{cases} \dfrac{\mathrm{i}}{\xi'\eta'} \arctan \dfrac{b\eta'}{\mathrm{i}k'\xi'}, & c < -k'^2 \text{ 或 } c > b^2 \text{ 或 } c \text{ 为复数} \\[3mm] \dfrac{1}{2\xi'\eta'} \ln \left| \dfrac{k'\xi'+b\eta'}{k'\xi'-b\eta'} \right|, & -k'^2 < c < b^2 \end{cases}$$

$$V_2^{\mathrm{S_1}}(c) = \dfrac{1}{a\xi'^2} \Pi\left(n_2, m_2\right), \quad V_3^{\mathrm{S_1}} = \dfrac{1}{a} K\left(m_2\right), \quad V_4^{\mathrm{S_1}} = \arctan \dfrac{b}{k'}$$

$$V_5^{\mathrm{S_1}} = a E\left(m_2\right) - \dfrac{k'^2}{a} K\left(m_2\right), \quad V_6^{\mathrm{S_1}} = \dfrac{1}{2} \left[bk' + (b^2 - k'^2) \arctan \dfrac{b}{k'} \right]$$

$$V_1^{\mathrm{S_2}}(c) = \begin{cases} -\dfrac{\mathrm{i}}{\xi'\eta'} \arctan \dfrac{\mathrm{i}k'\xi'}{b\eta'}, & c < -k'^2 \text{ 或 } c > b^2 \text{ 或 } c \text{ 为复数} \\[3mm] \dfrac{1}{2\xi'\eta'} \ln \left| \dfrac{k'\xi'+b\eta'}{k'\xi'-b\eta'} \right|, & -k'^2 < c < b^2 \end{cases}$$

$$V_2^{S_2}(c) = \frac{1}{a\eta'^2}\Pi\left(n_3, m_1'\right), \quad V_3^{S_2} = \frac{1}{a}K\left(m_1'\right), \quad V_4^{S_2} = \arctan\frac{k'}{b}$$

$$V_5^{S_2} = aE\left(m_1'\right) - \frac{b^2}{a}K\left(m_1'\right), \quad V_6^{S_2} = \frac{1}{2}\left[bk' + \left(k'^2 - b^2\right)\arctan\frac{k'}{b}\right]$$

$$V_1^{S\text{-}P}(c) = \begin{cases} \dfrac{\pi}{2(c - b^2)}\sqrt{\dfrac{c - b^2}{c + k'^2}}, & c < -k'^2 \text{ 或 } c > b^2 \text{ 或 } c\text{为复数} \\ 0, & -k'^2 < c < b^2 \end{cases}$$

$$V_2^{S\text{-}P}(c) = \frac{1}{k'\eta'^2}\Pi\left(n_4, m_1\right), \quad V_3^{S\text{-}P} = \frac{1}{k'}K\left(m_1\right)$$

$$V_4^{S\text{-}P} = \frac{\pi}{2}, \quad V_5^{S\text{-}P} = k'E\left(m_1\right), \quad V_6^{S\text{-}P} = \frac{\pi}{4}(k'^2 - b^2)$$

其中, 涉及的变量定义为

$$a = \sqrt{\bar{t}^2 - k^2}, \ b = \sqrt{\bar{t}^2 - 1} = ib', \ k' = \sqrt{1 - k^2}, \ f = k' + a, \ d = \sqrt{c(b^2 - c)}, \ k = \frac{\beta}{\alpha}$$

$$m_1 = \frac{a^2}{k'^2}, \quad m_1' = \frac{k'^2}{a^2}, \quad m_2 = \frac{b^2}{a^2}, \quad n_1 = \frac{b^2}{\xi^2}, \quad n_2 = \frac{b^2}{\xi'^2}, \quad n_3 = \frac{k'^2}{\eta'^2}, \quad n_4 = \frac{a^2}{\eta'^2}$$

$$\xi = \sqrt{a^2 - c}, \quad \eta = \sqrt{k'^2 - c}, \quad \xi' = \sqrt{b^2 - c}, \quad \eta' = \sqrt{k'^2 + c}$$

在上述积分的结果中, $K(m)$、$E(m)$ 和 $\Pi(n,m)$ 分别为三类标准椭圆积分。

6.6.1.4　第四步: 通过组合得到问题的 Green 函数

将部分分式系数和基本积分代入式 (6.3.9)、(6.4.8)、(6.5.6) 和 (6.5.7) 中, 有

$$\begin{aligned}
\mathbf{F}_P^{(I)}(\bar{t}) =\ & H(\bar{t} - k)\text{Re}\Big[u_{ij,1}^P U_1^P\left(y_1\right) + u_{ij,2}^P U_2^P\left(y_1\right) + u_{ij,3}^P U_1^P\left(y_2\right) + u_{ij,4}^P U_2^P\left(y_2\right) \\
& + u_{ij,5}^P U_1^P\left(y_3\right) + u_{ij,6}^P U_2^P\left(y_3\right) + \sum_{k=7}^{9} u_{ij,k}^P U_{k-4}^P + v_{ij,1}^P V_1^P\left(y_1\right) + v_{ij,2}^P V_2^P\left(y_1\right) \\
& + v_{ij,3}^P V_1^P\left(y_2\right) + v_{ij,4}^P V_2^P\left(y_2\right) + v_{ij,5}^P V_1^P\left(y_3\right) + v_{ij,6}^P V_2^P\left(y_3\right) + \sum_{k=7}^{10} v_{ij,k}^P V_{k-4}^P\Big]
\end{aligned}$$

$$\begin{aligned}
\mathbf{F}_{S_1}^{(I)}(\bar{t}) =\ & H(\bar{t} - 1)\text{Re}\Big[u_{ij,1}^{S_1} U_1^{S_1}\left(y_1'\right) + u_{ij,2}^{S_1} U_2^{S_1}\left(y_1'\right) + u_{ij,3}^{S_1} U_1^{S_1}\left(y_2'\right) + u_{ij,4}^{S_1} U_2^{S_1}\left(y_2'\right) \\
& + u_{ij,5}^{S_1} U_1^{S_1}\left(y_3'\right) + u_{ij,6}^{S_1} U_2^{S_1}\left(y_3'\right) + \sum_{k=7}^{9} u_{ij,k}^{S_1} U_{k-4}^{S_1} + v_{ij,1}^{S_1} V_1^{S_1}\left(y_1'\right) + v_{ij,2}^{S_1} V_2^{S_1}\left(y_1'\right) \\
& + v_{ij,3}^{S_1} V_1^{S_1}\left(y_2'\right) + v_{ij,4}^{S_1} V_2^{S_1}\left(y_2'\right) + v_{ij,5}^{S_1} V_1^{S_1}\left(y_3'\right) + v_{ij,6}^{S_1} V_2^{S_1}\left(y_3'\right) + \sum_{k=7}^{10} v_{ij,k}^{S_1} V_{k-4}^{S_1}\Big]
\end{aligned}$$

$$\begin{aligned}
\mathbf{F}_{S_2}^{(I)}(\bar{t}) =\ & H(\bar{t} - 1)\text{Im}\Big[u_{ij,1}^{S_2} U_1^{S_2}\left(y_1'\right) + u_{ij,2}^{S_2} U_2^{S_2}\left(y_1'\right) + u_{ij,3}^{S_2} U_1^{S_2}\left(y_2'\right) + u_{ij,4}^{S_2} U_2^{S_2}\left(y_2'\right) \\
& + u_{ij,5}^{S_2} U_1^{S_2}\left(y_3'\right) + u_{ij,6}^{S_2} U_2^{S_2}\left(y_3'\right) + \sum_{k=7}^{9} u_{ij,k}^{S_2} U_{k-4}^{S_2} + v_{ij,1}^{S_2} V_1^{S_2}\left(y_1'\right) + v_{ij,2}^{S_2} V_2^{S_2}(y_1')
\end{aligned}$$

$$
+ v_{ij,3}^{S_2} V_1^{S_2}(y_2') + v_{ij,4}^{S_2} V_2^{S_2}(y_2') + v_{ij,5}^{S_2} V_1^{S_2}(y_3') + v_{ij,6}^{S_2} V_2^{S_2}(y_3') + \sum_{k=7}^{10} v_{ij,k}^{S_2} V_{k-4}^{S_2} \Bigg]
$$

$$
\mathbf{F}_{\text{S-P}}^{(\text{I})}(\bar{t}) = [H(\bar{t}-k) - H(\bar{t}-1)] \operatorname{Im} \Bigg[u_{ij,1}^{S_2} U_1^{\text{S-P}}(y_1') + u_{ij,2}^{S_2} U_2^{\text{S-P}}(y_1') + u_{ij,3}^{S_2} U_1^{\text{S-P}}(y_2')
$$

$$
+ u_{ij,4}^{S_2} U_2^{\text{S-P}}(y_2') + u_{ij,5}^{S_2} U_1^{\text{S-P}}(y_3') + u_{ij,6}^{S} U_2^{\text{S-P}}(y_3') + \sum_{k=7}^{9} u_{ij,k}^{S_2} U_{k-4}^{\text{S-P}} + v_{ij,1}^{S_2} V_1^{\text{S-P}}(y_1')
$$

$$
+ v_{ij,2}^{S_2} V_2^{\text{S-P}}(y_1') + v_{ij,3}^{S_2} V_1^{\text{S-P}}(y_2') + v_{ij,4}^{S_2} V_2^{\text{S-P}}(y_2') + v_{ij,5}^{S_2} V_1^{\text{S-P}}(y_3') + v_{ij,6}^{S} V_2^{\text{S-P}}(y_3')
$$

$$
+ \sum_{k=7}^{10} v_{ij,k}^{S_2} V_{k-4}^{\text{S-P}} \Bigg]
$$

得到 $\mathbf{F}_{\text{P}}^{(\text{I})}(\bar{t})$、$\mathbf{F}_{\text{S}_\xi}^{(\text{I})}(\bar{t})$ $(\xi = 1, 2)$ 和 $\mathbf{F}_{\text{S-P}}^{(\text{I})}(\bar{t})$ 后,连同式 (6.2.2e) 代入式 (6.2.1),最终得到第一类 Lamb 问题的 Green 函数:

$$
\mathbf{G}^{(\text{I})}(t) = \frac{1}{\pi^2 \mu r} \frac{\partial}{\partial t} \left[\mathbf{F}_{\text{P}}^{(\text{I})}(\bar{t}) + \mathbf{F}_{\text{S}_1}^{(\text{I})}(\bar{t}) - \mathbf{F}_{\text{S}_2}^{(\text{I})}(\bar{t}) - \mathbf{F}_{\text{S-P}}^{(\text{I})}(\bar{t}) + \mathbf{F}_{\text{R}}^{(\text{I})}(\bar{t}) \right]
$$

在接下来数值计算部分,我们将显示无量纲化的以阶跃函数 $H(t)$ 为时间函数的力产生的位移场,记为

$$
\bar{\mathbf{G}}^{\text{H}}(\bar{t}) = \mathbf{F}_{\text{P}}^{(\text{I})}(\bar{t}) + \mathbf{F}_{\text{S}_1}^{(\text{I})}(\bar{t}) - \mathbf{F}_{\text{S}_2}^{(\text{I})}(\bar{t}) - \mathbf{F}_{\text{S-P}}^{(\text{I})}(\bar{t}) + \mathbf{F}_{\text{R}}^{(\text{I})}(\bar{t})
$$

6.6.2 数值实现的技术处理和正确性检验

如在 6.3 节和 6.4 节看到的,广义闭合形式解的求解过程并不容易。不仅需要仔细地完成部分分式系数的求取,还要求解数目庞大的基本积分。付出这些努力的重要回报,应当是更高的计算效率[①]。但是从理论公式到最终的数值结果,还有一段路要走。如何获得最佳的计算效率,需要结合求解的具体过程进行深入的分析,包括选择何种计算策略、使用何种语言编程实现等技术处理,在这个过程中,不仅要进行正确性的检验,而且要对计算效率予以特别的重视。以下我们针对 6.5.1 节的几个步骤,研究这些过程中数值实现的方法。

6.6.2.1 Rayleigh 方程的根

求 Rayleigh 方程的根是整个广义闭合解数值实现的起点,这涉及一元三次方程的求根,在附录 C 中的 C.2 节中,叙述了一种解法,根据这个算法很容易编制程序。图 6.6.1 显示了三个根 y_i $(i = 1, 2, 3)$ 随着 Poisson 比 ν 变化的结果与运用 Matlab 的内部函数 roots 计算结果的比较。二者的一致性验证了算法和程序的正确性。图 6.6.1 中展示的数值结果印证了之前所作的理论分析的结论:在 $0 < \nu < 0.5$ 的整个范围内,y_3 为正实数;当 $0 < \nu < 0.2631$ 时,y_1 和 y_2 为负数,而当 $0.2631 < \nu < 0.5$ 时,它们为互为共轭的复数。

Rayleigh 方程的求根是个简单的问题,并且由于整个问题与时间变量无关,并不需要对于每一个时刻都进行求根,对整个问题的计算效率不会构成显著影响。但是我们可以借

---

① 一定程度上讲,是我们用手工推演替代了计算机数值计算的工作。

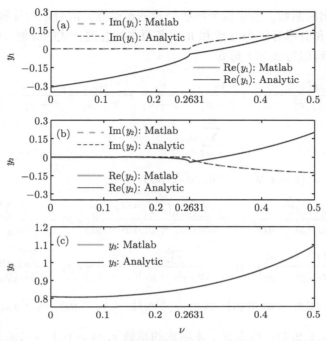

图 6.6.1 Rayleigh 函数的根 y_i 随 Poisson 比 ν 的变化

(a) y_1; (b) y_2; (c) y_3。实线和虚线分别为实部和虚部的结果,粗灰线为利用 Matlab 的内部函数 roots 计算的结果("Matlab"),细黑线为运用本书中提到的一元三次方程解析求根公式计算的结果("Analytic")

由这个简单的问题增进关于计算策略和编程语言选择对计算结果的影响的认识,从而选择更有利于提高整个问题的效率的方式进行整个 Green 函数的计算。我们比较了三种计算方法的效率:一是直接采用 Matlab 的内部函数 roots 计算(简称为"方案 A"),二是将 B.2 节中的算法用 Matlab 实现(简称为"方案 B"),三是将 B.2 节中的算法用 Fortran 实现(简称为"方案 C")。在 1.8 GHz 主频的单机上运行 10^6 次,方案 A 用时 66.34 s,方案 B 用时 9.19 s,方案 C 用时 0.36 s。这个效率差别是非常明显的[①]。方案 A 中,由于 roots 函数是对于一元 N 次方程通用的程序,其中的一些操作对于当前的一元三次方程是不必要的,因此会显著影响计算效率。

从 Rayleigh 方程求根这个简单问题入手,我们通过几种不同方案计算效率的比较,不难确立有关广义闭合解数值实现的基本策略:为了达到最高的计算效率,对于 6.5.1 节中涉及的所有重要操作,比如部分分式展开和几类椭圆积分的计算等,都选择效率高的算法,并且编程语言选择 Fortran。

6.6.2.2 部分分式的展开系数

目前的求解方案中,部分分式展开系数是以解析方式给出的,只涉及一些简单的代数运算。我们构造一个算例,通过比较基于这些解析公式给出的系数和运用 Matlab 的内部

---

① 这与 Matlab 和 Fortran 两种语言的底层操作方式有关。方案 B 和方案 C 是采用完全相同的算法,只是语言环境不同而已,效率就相差了 30 倍。直接调用 Matlab 的内部函数实现一些计算操作是一种方便的选择,但是方便的代价是牺牲了计算效率。另外,对于计算量不很大的正确性检验工作而言,选择 Matlab 的内部函数计算结果作为检验标准是合适的。

函数 residue 给出的系数，验证这个解析公式的正确性，同时显示计算效率。

考虑一个分子和分母分别为 9 次和 6 次多项式的有理分式的分解。根据我们的解析公式，如果有理分式可以写成如下形式

$$\frac{\sum_{m=0}^{9} c_m x^m}{(x^2 - a_1^2)(x^2 - a_2^2)(x^2 - a_3^2)} = \frac{v_1}{x - a_1} + \frac{v_2}{x + a_1} + \frac{v_3}{x - a_2} + \frac{v_4}{x + a_2} + \frac{v_5}{x - a_3} + \frac{v_6}{x + a_3}$$
$$+ \sum_{m=7}^{10} v_m x^{m-7}$$

那么各个展开系数 v_i $(i = 1, 2, \cdots, 10)$ 可表示为

$$v_1 = \frac{\sum_{m=0}^{9} c_m a_1^m}{2a_1(y_1 - y_2)(y_1 - y_3)}, \quad v_2 = \frac{\sum_{m=0}^{9} (-1)^{m+1} c_m a_1^m}{2a_1(y_1 - y_2)(y_1 - y_3)}, \quad v_3 = \frac{\sum_{m=0}^{9} c_m a_2^m}{2a_2(y_2 - y_1)(y_2 - y_3)}$$

$$v_4 = \frac{\sum_{m=0}^{9} (-1)^{m+1} c_m a_2^m}{2a_2(y_2 - y_1)(y_2 - y_3)}, \quad v_5 = \frac{\sum_{m=0}^{9} c_m a_3^m}{2a_3(y_3 - y_1)(y_3 - y_2)}, \quad v_6 = \frac{\sum_{m=0}^{9} (-1)^{m+1} c_m a_3^m}{2a_3(y_3 - y_1)(y_3 - y_2)}$$

$$v_7 = c_6 + c_8(y_1 + y_2 + y_3), \quad v_8 = c_7 + c_9(y_1 + y_2 + y_3), \quad v_9 = c_8, \quad v_{10} = c_9$$

其中，$y_i = a_i^2$ $(i = 1, 2, 3)$。给定分子多项式的系数 c_i $(i = 0, 1, \cdots, 9)$，以及分母的根 a_i $(i = 1, 2, 3)$，据此可以计算出各个部分分式的系数 v_i $(i = 1, 2, \cdots, 10)$。这个任务 Matlab 的内部函数 residue 也可以处理：

$$\frac{b(s)}{a(s)} = \frac{\sum_{i=0}^{m} b_i s^i}{\sum_{i=0}^{n} a_i s^i} = \frac{r_n}{s - p_n} + \cdots\cdots + \frac{r_2}{s - p_2} + \frac{r_1}{s - p_1} + k(s)$$

命令为 [r,p,k]=residue(b,a)、b=[bm ... b1 b0] 和 b=[an ... a1 a0] 分别为分子和分母多项式的系数，作为输入参数。输出参数 r=[rn ... r2 r1] 和 p=[pn ... p2 p1] 分别为部分分式的展开系数和分母多项式的根。当分式为假分式时，返回参数中还包括了部分分式展开中的多项式系数 k。我们以一个具体实例，用 Matlab 的结果作为参照，验证上面公式的正确性和效率。

随机产生 $(0, 10)$ 区间内的实数作为分子多项式的系数

$$[c_9, c_8, \cdots, c_0] = [1.6218\ 7.9428\ 3.1122\ 5.2853\ 1.6565\ 6.0198\ 2.6297\ 6.5408\ 6.8921\ 7.4815]$$

以 Poisson 比 $\nu = 0.25$ 时 Rayleigh 函数的根作为分母的根，即

$$[y_1, y_2, y_3] = [-0.0833333333333333 \quad -0.0163460352255527 \quad 0.849679368558886]$$

表 6.6.3 中显示了两种方法计算得到的系数 v_i $(i = 1, 2, \cdots, 10)$，数字相同的部分用下划线标明，二者在 10^{-7} 精度范围内一致。由于根据解析公式计算部分分式系数只涉及简单的代数运算，因此效率极高，重复运行 10^5 次，耗时仅为 0.05 s，而调用 Matlab 的 residue 计算需要用时 121.45 s。

表 6.6.3 部分分式展开系数 v_i $(i = 1, 2, \cdots, 10)$ 的比较

系数	解析公式的结果	residue 的结果
v_1	$0.534619106994368E2 - i0.193312446488339E3$	$0.534619118055555E3 - i0.1933124425444468E3$
v_2	$0.534619106994368E2 + i0.193312446488339E3$	$0.534619118055555E3 + i0.1933124425444468E3$
v_3	$-0.590348630047289E2 + i0.497246356551622E3$	$-0.590348642267278E2 + i0.4972463466232708E3$
v_4	$-0.590348630047289E2 - i0.497246356551622E3$	$-0.590348642267278E2 - i0.4972463466232708E3$
v_5	$0.247185037272967E2$	$0.247185036931934E2$
v_6	$-0.853453665350856E1$	$-0.85345363508488E1$
v_7	$0.112423998117447E2$	$0.11242399999999995E2$
v_8	$0.432854998111725E1$	$0.4328549999999999E1$
v_9	$0.794280004501343E1$	$0.79428000000000000E1$
v_{10}	$0.162179994583130E1$	$0.162180000000000E1$

6.6.2.3 椭圆积分的计算

广义闭合解的基本积分包含两部分: 一部分是以代数式表达的严格的闭合形式解, 这一部分结果的计算优化的空间不大; 另一部分是三类标准的椭圆积分的组合, 虽然理论上讲, 常用的数学软件 (比如 Matlab 和 Maple) 都有相关的内部函数, 但是计算效率如何, 需要在应用之前进行检验。在附录 F 的 F.5 节, 我们通过几种计算方案计算精度和效率的比较, 最后确定了椭圆积分的计算方案:

第一类椭圆积分 $K(m)$ 和第二类椭圆积分 $E(m)$ 采用渐近解求解。对于第三类椭圆积分 $\Pi(n, m)$, 若 $n > 1$, 首先根据式 (F.16) 将其转化为 $n < 1$ 的情况。对于 $\mathrm{Re}(n) < 0.9$ 且 $m < 0.9$ 的情况, 采用 10 点 Gauss 积分求解, 其余情况采用 Carlson 算法求解。

由于在 F.5 节中已经进行了充分的研究, 此处不再重复。

6.6.2.4 基本积分的计算

基本积分是广义闭合解的核心, 在 6.3 节和 6.4 节中, 我们详细地介绍了这些积分的求解。在将它们组合形成最终的 Green 函数之前, 对这些积分的正确性进行检验是必要的步骤。对于广义闭合解而言, 效率是极为关键的指标, 因此在正确性检验的同时, 我们也重点关注计算效率的问题。本节验证基本积分的方式是: 用 Fortran 语言实现 6.5.1.3 节中的基本积分计算, 将结果与在 Matlab 中调用函数 integral 直接完成数值积分的相应结果进行比对。在结果比对的同时, 还比较它们的计算效率。

图 6.6.2 和图 6.6.3 分别显示了 $\bar{t} = 0.8$ 和 1.5 时, 基本积分 $U_1^{\mathrm{P}}(c)$ 的闭合解与积分解的比较。由于参数 c 的取值为 Rayleigh 函数的根, 而根的情况与 Poisson 比密切相关, 因此研究不同 Poisson 比 ν、不同根的情况下的积分结果是必要的。在 6.3.4.1 节理论计算得到了 $U_1^{\mathrm{P}}(c)$ 之后, 我们曾经对分段的含义进行了分析。对 P 波项而言, c 为复数代表 $0.2631 < \nu < 0.5$ 时的 y_1 和 y_2; $c < 0$ 代表 $0.2631 < \nu < 0.5$ 时的 y_1 和 y_2; $c > a^2$ 和 $0 < c < a^2$ 分别代表 $k < \bar{t} < \kappa$ 和 $\bar{t} > \kappa$ 时的 y_3。当 $\bar{t} = 0.8$ 时, 根据图 6.6.2 (a), 这时 $y_3 > a^2$, 对应于 $k < \bar{t} < \kappa$。此时所有三个根 y_i $(i = 1, 2, 3)$ 的闭合解均与 Matlab 直接进行数值积分的结果非常一致。而当 $\bar{t} = 1.5$ 时, 对应于 $\bar{t} > \kappa$, 此时 $0 < y_3 < a^2$, 如图 6.6.3 (a) 所示, 尽管 y_1 和 y_2 对应的积分值仍然与数值积分的结果吻合得很好, 但是 y_3 对应的数值积分结果却出现了极不稳定的震荡, 见图 6.6.3 (d)。这是因为在 $0 < y_3 < a^2$

的情况下，积分区间包含了奇点，只有主值意义下的积分结果，这必须通过细致的理论分析获得，通过数值积分不能获得稳定的结果。

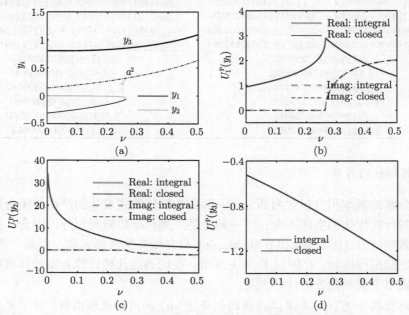

图 6.6.2　$\bar{t} = 0.8$ 时基本积分 $U_1^{\mathrm{P}}(c)$ 的闭合解与积分解的比较

(a) Rayleigh 方程的根 y_i ($i = 1, 2, 3$) 随 Poisson 比 ν 的变化 (只显示了实根)；(b) $U_1^{\mathrm{P}}(y_1)$ 的比较；(c) $U_1^{\mathrm{P}}(y_2)$ 的比较；(d) $U_1^{\mathrm{P}}(y_3)$ 的比较。"Real" 和 "Imag" 分别代表实部和虚部；"integral" 和 "closed" 分别代表用 Matlab 的内部函数值积分的结果和用 Fortran 语言实现的闭合解的计算结果。作为分段取值的判断标准，在 (a) 中还标出了 a^2 随 ν 的变化情况

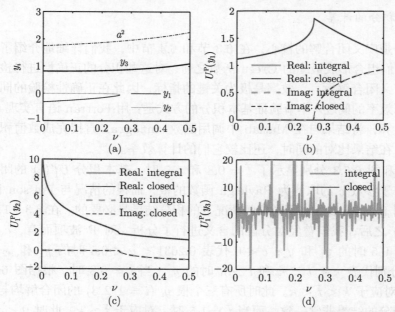

图 6.6.3　$\bar{t} = 1.5$ 时基本积分 $U_1^{\mathrm{P}}(c)$ 的闭合解与积分解的比较

说明与图 6.6.2 相同

在闭合解与数值解结果一致的前提下，二者的效率不出意外地有巨大的差异。对于图 6.6.2 和图 6.6.3 中显示的结果，如果计算 3×10^4 个不同 ν 取值下的 $U_1^{\mathrm{P}}(c)$，用 Matlab 的数值积分命令 `integral` 计算分别需要用时 36.785 s 和 544.433 s [①]，而用 Fortran 实现的解析解程序都只需要 1.563×10^{-2} s 左右。

对于其他的基本积分的正确性检验也按相同的方式逐个进行，就不赘述了。

6.6.3　第一类 Lamb 问题广义闭合解的数值结果

在 6.5.2 节几个关键步骤的技术问题都解决之后，根据 6.5.1 节描述的步骤，最终可获得第一类 Lamb 问题广义闭合解的数值结果。

首先仍然是正确性检验。在 6.1 节有关第一类 Lamb 问题前期研究的叙述中提到，第一类 Lamb 问题到 2012 年已经得到圆满的解答 (Kausel, 2012)。Kausel 不仅罗列了主要的结果，而且在补充材料中给出了详尽的推导过程和计算程序，为我们进行正确性检验提供了素材。图 6.6.4 显示了无量纲化的 $\bar{G}_{ij}^{\mathrm{H}} = \pi^2 \mu r G_{ij}^{\mathrm{H}}$ 的计算结果与 Kausel (2012) 算法结果的比较，其中粗灰线代表 Kausel (2012) 的结果，细实线为我们的结果。两个关键的计算

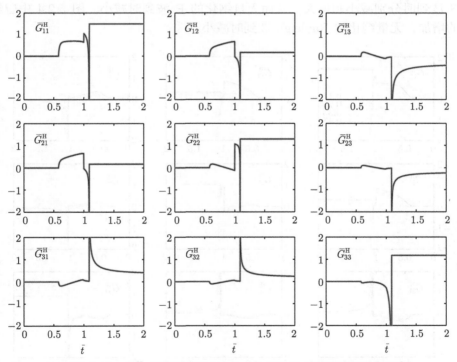

图 6.6.4　$\bar{G}_{ij}^{\mathrm{H}}$ 的计算结果与 Kausel (2012) 算法结果的比较

横坐标为无量纲化的时间 $\bar{t}$，$\bar{G}_{ij}^{\mathrm{H}} = \pi^2 \mu r G_{ij}^{\mathrm{H}}$ 为无量纲化的位移分量，"H" 代表时间函数为阶跃函数 $H(t)$。粗灰线为根据 Kausel (2012) 的算法计算的结果，细实线为根据我们的公式计算的结果。Poisson 比 $\nu = 0.25$，方位角 $\phi = \pi/6$

[①] 图 6.6.3 中的算例耗时特别长的原因在于积分是奇异的，在数值实现的过程中需要不断细化奇异点附近的积分间隔，但是由于问题的属性，无论如何细化也不能通过数值的方式得到稳定的结果。另一方面，在 Matlab 函数执行的过程中，不断显示警告信息，警告 "已达到正在使用的区间最大数目的限制。积分可能不存在，或者可能很难在数值上接近要求的准确度。" 显示警告信息本身也比较耗时。

参数：Poisson 比 $\nu = 0.25$，方位角 $\phi = \pi/6$。对比显示，二者高度吻合。因此证明了我们在本章中发展的计算第一类 Lamb 问题 Green 函数广义闭合解的公式和程序都是正确的。从求解效率上看，计算 1000 个时间点的位移分量变化曲线，我们的方法用时 3.125×10^{-2}s，Kausel (2012) 的算法用时 1.235×10^{-1} s。

本章发展的算法适用于所有可能的 Poisson 比取值。在数学求解上，ν 在小于 0.2631 和大于 0.2631 时 Rayleigh 函数的根行为上有所差异，这在求解过程已经详细分析了。这种数学求解上的差异在结果上有何反映？图 6.6.5 显示了不同 Poisson 比取值时的 $\bar{G}_{ij}^{\mathrm{H}}$：$\nu = 0.05$、0.15、0.25、0.35 和 0.45。可以看到，这些曲线体现了很流畅的渐变特征，这是符合预期的[①]。不同 Poisson 比产生的影响在震相到时和波动幅度上都有所体现。由于 P 波和 S 波速度为

$$\alpha = \sqrt{\frac{(1-\nu)E}{(1-2\nu)(1+\nu)\rho}}, \quad \beta = \sqrt{\frac{E}{2(1+\nu)\rho}}$$

其中，E 和 ρ 分别是杨氏模量和密度，α 和 β 随着 ν 的增加分别增大和减小，因此 P 波到时和 S 波到时分别减小和增大，从而无量纲化的 P 波到时减小。图 5.2.4 中曾经显示，随着 ν 的增加，无量纲化的 Rayleigh 波到时减小。

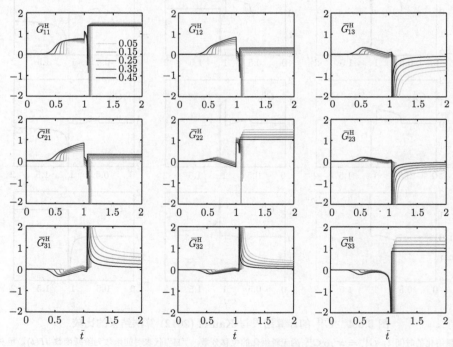

图 6.6.5　不同 Poisson 比取值时的 $\bar{G}_{ij}^{\mathrm{H}}$

符号含义和方位角 ϕ 的取值与图 6.6.4 相同，区别在于显示了不同 Poisson 比取值的结果：$\nu = 0.05$、0.15、0.25、0.35 和 0.45，颜色由浅变深，如左上角的子图中所示

---

① 有必要强调指出的是，ν 在不同范围内求解上的差异仅仅是数学处理上遇到的问题，这在物理上并不存在。设想有两个材料，ν 分别为 0.2630 和 0.2632，相同的力在它们当中产生的位移场不会有明显的差异，但是数学处理上非常不同。

在我们的求解方案中，Green 函数是由各种成分叠加而成的：P 波项、S_1 波项、S_2 波项、S-P 波项和 Rayleigh 波项 (R)，见式 (6.2.1)。图 6.6.4 和图 6.6.5 显示的都是合成的总结果。这些不同的波项各自的贡献如何？图 6.6.6 以 $\nu = 0.25$ 的 Poisson 介质为例，显示了不同波项的贡献[①]。图中的灰色曲线为对应黑色曲线的放大，黑色曲线末端的灰色数字代表放大的倍数。

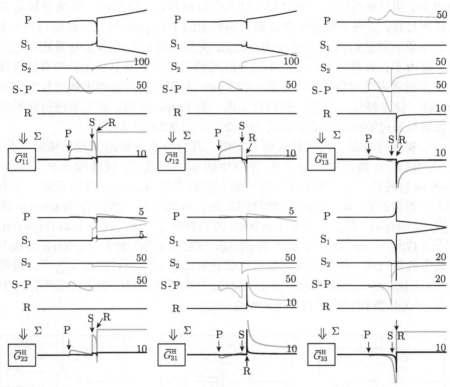

图 6.6.6 $\bar{G}_{ij}^{\mathrm{H}}$ 中的各个组成部分

显示了 $\bar{G}_{11}^{\mathrm{H}}$、$\bar{G}_{12}^{\mathrm{H}}$、$\bar{G}_{13}^{\mathrm{H}}$、$\bar{G}_{22}^{\mathrm{H}}$、$\bar{G}_{31}^{\mathrm{H}}$ 和 $\bar{G}_{33}^{\mathrm{H}}$ 的各个组成部分：P 波项、S_1 波项、S_2 波项、S-P 波项和 Rayleigh 波项 (R)。灰色曲线为对应黑色曲线的放大，黑色曲线末端的灰色数字代表放大的倍数。在合成的曲线上用箭头标出了 P 波、S 波和 Rayleigh 波 (R) 到时。Poisson 比 $\nu = 0.25$，方位角 $\phi = \pi/6$

不难从图 6.6.6 中看出以下特征：

(1) 各个成分的贡献大小有显著的差异。比如 $\bar{G}_{11}^{\mathrm{H}}$ 和 $\bar{G}_{11}^{\mathrm{H}}$ 及 S_2 波项和 S-P 波项的曲线分别放大了 100 倍和 50 倍才能看清楚变化的行为，可见它们对于总波形的贡献是很小的。

(2) 虽然单独的成分有随着时间增加的趋势，但是在合成时趋势相抵，总波形并不具有这种特征。为何单独的成分会有随时间增加的特点？这不难从求解过程得到答案。在表 6.6.1 和表 6.6.2 中列出了形成部分分式的展开系数 $c_{ij}^{\mathrm{P}(\xi)}$ 和 $c_{ij}^{\mathrm{S_1}(\xi)}$，其中有 $\bar{t}^2$ 和 $\bar{t}$ 的成分，由它们进行线性组合形成的部分分式展开系数 $u_{ij,1}^{\mathrm{P}}$、$v_{ij,1}^{\mathrm{P}}$、$u_{ij,1}^{\mathrm{S_1}}$ 和 $v_{ij,1}^{\mathrm{S_1}}$ 也必然具有这

---

① 由于 $\bar{G}_{21}^{\mathrm{H}} = \bar{G}_{12}^{\mathrm{H}}$，并且 $\bar{G}_{13}^{\mathrm{H}}$ 和 $\bar{G}_{23}^{\mathrm{H}}$ 以及 $\bar{G}_{31}^{\mathrm{H}}$ 和 $\bar{G}_{32}^{\mathrm{H}}$ 之间只相差一个系数，我们只显示了其余的 6 个分量的情况。

种特征。这就使得单独计算的各个波项会有随着 $\bar{t}$ 二次或一次幂增加的趋势[①]。

(3) 各个成分的作用时间范围是不同的。这是显然的，因为最初求解的出发点式 (6.2.2a) $\sim$ (6.2.2e) 中阶跃函数就明确地界定了各个成分的作用范围：P 波项为 $\bar{t} > k$、S_1 波项和 S_2 波项为 $\bar{t} > 1$、S-P 波项为 $k < \bar{t} < 1$，以及 Rayleigh 波项 (R) 为 $\bar{t} > \kappa$。

(4) Rayleigh 波项仅对 $\bar{G}_{13}^{\mathrm{H}}$、$\bar{G}_{23}^{\mathrm{H}}$、$\bar{G}_{31}^{\mathrm{H}}$ 和 $\bar{G}_{32}^{\mathrm{H}}$ 几个分量有贡献，且形式非常简单。这可以从式 (6.2.2e) 明显地看出来。而且对于这几个分量而言，波形的主要成分就是 Rayleigh 波项。从数学上看，这些贡献的来源是积分路径上的 Rayleigh 极点。这也是第一类 Lamb 问题特有的现象。其他的位移分量在 Rayleigh 波到时处也有波形上的明显变化，但是从数学上看，是由于在计算基本积分时不同分段的解不同，本质上是积分的奇异性导致的[②]。Rayleigh 极点所带来的奇异性质，是第一类 Lamb 问题广义闭合解求解过程中无法规避的最明显的特征。这个特征的存在，使得对于第一类 Lamb 问题，如果不进行详细的理论分析，根本无法只通过数值的方式实现式 (6.2.2a) $\sim$ (6.2.2d) 中的积分。

最后，需要强调的是，当前的求解方案中，部分分式分解的实现是依赖于分母的根；而这些根中，只有 P 波项中的 y_3、S_1 波项中的 y_3'，以及 S_2 波项和 S-P 波项中的 $-y_3'$ 是 Rayleigh 函数的根。这意味着仅与这些根有关的项对 Rayleigh 波有贡献。这个性质为我们提供了一种分离出 Rayleigh 波成分的方法。假如定义 $\bar{G}_{ij}^{\mathrm{H:R}}$ 为 Rayleigh 波的贡献（"R" 代表 Rayleigh），$\bar{G}_{ij}^{\mathrm{H:nR}}$ 为非 Rayleigh 波的贡献（"nR" 代表 non-Rayleigh），那么 $\bar{G}_{ij}^{\mathrm{H}} = \bar{G}_{ij}^{\mathrm{H:R}} + \bar{G}_{ij}^{\mathrm{H:nR}}$。图 6.6.7 显示了 Rayleigh 波成分 $\bar{G}_{ij}^{\mathrm{H:R}}$ 和非 Rayleigh 波成分 $\bar{G}_{ij}^{\mathrm{H:nR}}$ 的曲线。其中的粗灰线、细黑实线和细黑虚线分别代表 $\bar{G}_{ij}^{\mathrm{H}}$、$\bar{G}_{ij}^{\mathrm{H:R}}$ 和 $\bar{G}_{ij}^{\mathrm{H:nR}}$。最明显的特征是，非 Rayleigh 波成分在 Rayleigh 波到时处没有任何特别的变化，而所有的 Rayleigh 波成分在 Rayleigh 波到时处都有显著的跃变。

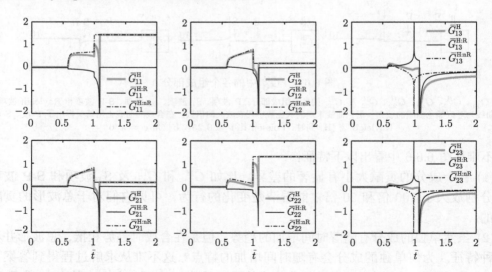

---

① 这多少有悖于直观的想象。在直观的想象中，各个波动成分 "应该是" 随着时间的增加而趋近于某个特定值的，就像总的合成波形一样。这种事实与直观想象的差异来源于各个波项的定义。在 4.2.2.2 节的最后，我们 "定义" 直达波项、反射波项和转换波项的依据是指数因子，而在 4.3.4 节中进一步区分 S 波的几种成分 (S_1、S_2 和 S-P) 时，是基于不同积分路径的贡献，这说明在当前的求解系统下，所谓什么波项，更多的是数学意义下的定义，这未必与我们直观想象中的具有物理意义的分解一致。

② 从某种角度上来说，这也是 Rayleigh 极点的贡献在这些分量上的体现。

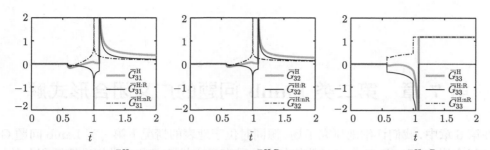

图 6.6.7　$\bar{G}_{ij}^{\mathrm{H}}$ 中的 Rayleigh 波成分 $\bar{G}_{ij}^{\mathrm{H:R}}$ 和非 Rayleigh 波成分 $\bar{G}_{ij}^{\mathrm{H:nR}}$

符号含义和计算参数的取值与图 6.6.4 相同。粗灰线、细黑实线和细黑虚线分别代表 $\bar{G}_{ij}^{\mathrm{H}}$、Rayleigh 波成分 $\bar{G}_{ij}^{\mathrm{H:R}}$ 和非
Rayleigh 波 (non-Rayleigh) 成分 $\bar{G}_{ij}^{\mathrm{H:nR}}$。$\bar{G}_{ij}^{\mathrm{H}} = \bar{G}_{ij}^{\mathrm{H:R}} + \bar{G}_{ij}^{\mathrm{H:nR}}$

　　图 6.6.7 还暗含了另外一个有趣的特征。在 4.3.5 节中，我们对第二类 Lamb 问题
Green 函数的积分解进行理论分析时曾经指出，在 S 波到时 $\bar{t} = 1$ 处，存在不可去的奇异
性 (4.3.5.4 节)。这意味着在 $\bar{t} = 1$ 处，波形上会体现为奇异的特征。作为第二类 Lamb 问题
的极限情况，第一类 Lamb 问题似乎也应该具有这种特征。但是我们在粗灰线表示的 $\bar{G}_{ij}^{\mathrm{H}}$
波形上并没有看到这种特征。为什么 S 波到时处的奇异特征会消失了呢? 图 6.6.7 给出了
答案。对于 $\bar{G}_{13}^{\mathrm{H}}$、$\bar{G}_{23}^{\mathrm{H}}$、$\bar{G}_{31}^{\mathrm{H}}$ 和 $\bar{G}_{32}^{\mathrm{H}}$ 几个分量，Rayleigh 波成分和非 Rayleigh 波成分在 S
波到时处均有奇异特征，只不过它们相加之后，奇异性相抵，整体并不显示出奇异性。

6.7　小　　结

　　作为 Lamb 问题中最简单的情形，第一类 Lamb 问题是寻求广义闭合解的最佳入手
点。在本章中，我们针对这种特殊情况，阐述了一种系统地求解 Lamb 问题广义闭合解的
方法。这种方法是从第 4 章得到的积分解出发，首先通过积分变量的替换，实现被积函数
中含有 Rayleigh 函数的部分有理化，然后通过部分分式分解，将积分拆解为若干小的部分，
这些小的部分是部分分式展开系数和基本积分的乘积；最后，逐个求解这些积分。这种解
法体现了求解 Lamb 问题广义闭合解的 "化整为零" 和 "分而治之" 的思想。尽管从第一
类 Lamb 问题这个特定的问题角度看，这种方法未必是最优的，但是醉翁之意不在酒，我
们的目标是更为复杂的第二类和第三类 Lamb 问题。

第 7 章 第二类 Lamb 问题的广义闭合形式解

在第 6 章中，我们详细地研究了场、源同时位于地表的情况下第一类 Lamb 问题 Green 函数的闭合形式解，将 Green 函数的各个分量表示成代数式和三类标准椭圆积分的组合。从 $\theta = 90°$ 的特殊形式的第二类 Lamb 问题积分解出发，通过变量替换实现了 Rayleigh 函数的有理化，并将被积函数中的有理分式展开成部分分式的形式，从而将待求积分转化成一系列基本积分的加权求和形式。逐个求解这些基本积分，部分积分可以直接表示为代数式的组合，而剩下的可以转化成为椭圆积分的形式。这个"化整为零"的求解思路可以应用于第二类 Lamb 问题的求解。以此为基础，在本章中我们将详细地探讨第二类 Lamb 问题的闭合形式解问题。

与第一类 Lamb 问题不同，在 Johnson (1974) 的经典工作之后，鲜有关于第二类 Lamb 问题广义闭合解的研究。主要原因在于，在第二类 Lamb 问题中，积分路径上不存在奇点，不需要做特殊的理论处理即可进行数值积分，因此从某种角度上说，寻求广义闭合解不是绝对必须的。另一方面，相比于第一类 Lamb 问题而言，在第二类问题中，由于源位于地下，多了一个参数 θ (参见图 4.1.1)，问题将复杂很多。尽管第 6 章的求解框架仍然适用，但是由于 θ 的引入，不仅部分分式分解的系数形式更为复杂，而且基本的积分求解也不能在实变数微积分的范畴内进行，而必须考虑复变积分。更为重要的区别是，在第一类 Lamb 问题中，$\theta = 90°$，因此根号下方的二次多项式中不存在一次项，便于"凑成"标准的椭圆积分；但是在第二类 Lamb 问题中，θ 是任意取值的，存在一次项，必须引入较为复杂的变换首先去掉一次项才能够进一步"凑成"标准的椭圆积分形式，处理上更为复杂。

目前仅有的关于第二类 Lamb 问题闭合解的研究是我们于 2018 年发表于 *Geophys.J. Int.* 上的工作 (Feng and Zhang, 2018)。出于求解的方便，我们当时的工作将 Poisson 比限定在 $0 < \nu < 0.2631$ 的范围内。虽然对于地震学而言，$\nu > 0.2631$ 并无多少实际意义，但是从理论上讲，仍然是一个缺憾。Emami 和 Eskandari-Ghadi (2019) 的综述文章认为，尽管第二类 Lamb 问题的广义闭合解有重要的进展，但是仍未得到完整的解答。冯禧 (2021) 在其博士学位论文中进一步推广了 2018 年的工作，使得广义闭合解涵盖了 $\nu > 0.2631$ 的范围。不过，他在学位论文中没有给出位错源的解答，而这对于地震学来说，更具有实际意义。

本章我们在第 6 章发展的求解框架中，继续深入研究第二类 Lamb 问题的 Green 函数及其一阶空间导数的广义闭合形式解，后者可以直接与矩张量卷积形成位错点的源位移场。与第 6 章有关的第一类 Lamb 问题 Green 函数的闭合形式解的求解类似，本章的讨论也是覆盖 Poisson 比 ν 的整个区域 (0, 0.5)。我们首先回顾第二类 Lamb 问题的 Green 函数及其一阶空间导数的积分形式解，这是我们求解广义闭合解的出发点。然后针对 Green 函数及其一阶空间导数，分别遵循 P 波项、S 波项和 S-P 波项的顺序逐个求解，并最终组合成闭合形式解。

7.1 Green 函数及其一阶空间导数的积分形式解

在具体进行广义闭合形式解的求解之前, 总结回顾在第 4 章中得到的积分形式解是必要的。

7.1.1 Green 函数的积分形式解

根据式 (4.3.20) 和 (4.3.21), Green 函数的积分解可以表示为

$$\mathbf{G}^{(\mathrm{II})}(t) = \frac{1}{\pi^2 \mu r} \frac{\partial}{\partial t} \left\{ \mathbf{F}_{\mathrm{P}}^{(\mathrm{II})}(\bar{t}) + \mathbf{F}_{\mathrm{S}_1}^{(\mathrm{II})}(\bar{t}) - H\left(\theta - \theta_{\mathrm{c}}\right) \left[\mathbf{F}_{\mathrm{S}_2}^{(\mathrm{II})}(\bar{t}) + \mathbf{F}_{\mathrm{S}\text{-}\mathrm{P}}^{(\mathrm{II})}(\bar{t}) \right] \right\} \tag{7.1.1}$$

其中, (II) 代表第二类 Lamb 问题, 为了书写简便, 略去了所有与场点时间变量无关的其他变量,

$$\mathbf{F}_{\mathrm{P}}^{(\mathrm{II})}(\bar{t}) = \int_0^a \mathrm{Re}\left[\frac{\eta_\alpha \mathbf{M}(\bar{p}, \bar{q}_{\mathrm{P}})}{\mathscr{R}(\bar{p}, \bar{q}_{\mathrm{P}})} \right] \frac{H\left(\bar{t} - k\right)}{\sqrt{a^2 - \bar{p}^2}} \, \mathrm{d}\bar{p} \tag{7.1.2a}$$

$$\mathbf{F}_{\mathrm{S}_1}^{(\mathrm{II})}(\bar{t}) = \int_0^b \mathrm{Re}\left[\frac{\mathbf{N}(\bar{p}, \bar{q}_{\mathrm{S}}^{(1)})}{\mathscr{R}(\bar{p}, \bar{q}_{\mathrm{S}}^{(1)})} \right] \frac{H\left(\bar{t} - 1\right)}{\sqrt{b^2 - \bar{p}^2}} \, \mathrm{d}\bar{p} \tag{7.1.2b}$$

$$\mathbf{F}_{\mathrm{S}_2}^{(\mathrm{II})}(\bar{t}) = \int_b^{\bar{p}^\star(t)} \mathrm{Im}\left[\frac{\mathbf{N}(\bar{p}, \bar{q}_{\mathrm{S}}^{(2)})}{\mathscr{R}(\bar{p}, \bar{q}_{\mathrm{S}}^{(2)})} \right] \frac{H\left(\bar{t} - 1\right) - H\left(\bar{t} - \bar{t}_{\mathrm{S}}^\star\right)}{\sqrt{\bar{p}^2 - b^2}} \, \mathrm{d}\bar{p} \tag{7.1.2c}$$

$$\mathbf{F}_{\mathrm{S}\text{-}\mathrm{P}}^{(\mathrm{II})}(\bar{t}) = \int_0^{\bar{p}^\star(t)} \mathrm{Im}\left[\frac{\mathbf{N}(\bar{p}, \bar{q}_{\mathrm{S}}^{(2)})}{\mathscr{R}(\bar{p}, \bar{q}_{\mathrm{S}}^{(2)})} \right] \frac{H\left(\bar{t} - \bar{t}_{\mathrm{S}\text{-}\mathrm{P}}\right) - H\left(\bar{t} - 1\right)}{\sqrt{\bar{p}^2 - b^2}} \, \mathrm{d}\bar{p} \tag{7.1.2d}$$

式中的

$$\mathbf{M}(\bar{p}, \bar{q}) = \begin{bmatrix} 2\eta_\beta \epsilon & 2\eta_\beta \zeta & 2\bar{q}\eta_\alpha \eta_\beta \cos\phi \\ 2\eta_\beta \zeta & 2\eta_\beta \bar{\epsilon} & 2\bar{q}\eta_\alpha \eta_\beta \sin\phi \\ \bar{q}\gamma \cos\phi & \bar{q}\gamma \sin\phi & \gamma \eta_\alpha \end{bmatrix}, \quad k = \frac{\beta}{\alpha}, \ k' = \sqrt{1 - k^2} \tag{7.1.3a}$$

$$\mathbf{N}(\bar{p}, \bar{q}) = \begin{bmatrix} \eta_\beta^2 \gamma - \bar{\gamma}\bar{\epsilon} & -\bar{\gamma}\zeta & -\bar{q}\gamma\eta_\beta \cos\phi \\ -\bar{\gamma}\zeta & \eta_\beta^2 \gamma - \bar{\gamma}\epsilon & -\bar{q}\gamma\eta_\beta \sin\phi \\ -2\bar{q}\eta_\alpha \eta_\beta^2 \cos\phi & -2\bar{q}\eta_\alpha \eta_\beta^2 \sin\phi & 2\eta_\alpha \eta_\beta \left(\bar{q}^2 - \bar{p}^2\right) \end{bmatrix} \tag{7.1.3b}$$

$$\bar{q}_{\mathrm{P}} = -\bar{t}\sin\theta + \mathrm{i}\cos\theta\sqrt{a^2 - \bar{p}^2}, \quad \bar{q}_{\mathrm{S}}^{(1)} = -\bar{t}\sin\theta + \mathrm{i}\cos\theta\sqrt{b^2 - \bar{p}^2} \tag{7.1.3c}$$

$$\bar{q}_{\mathrm{S}}^{(2)} = -\bar{t}\sin\theta + \cos\theta\sqrt{\bar{p}^2 - b^2}, \quad \eta_\alpha = \sqrt{k^2 + \bar{p}^2 - \bar{q}^2}, \quad \eta_\beta = \sqrt{1 + \bar{p}^2 - \bar{q}^2} \tag{7.1.3d}$$

$$\bar{p}^\star(\bar{t}) = \sqrt{\left(\frac{\bar{t} - k'\cos\theta}{\sin\theta}\right)^2 - k^2}, \quad \bar{t}_{\mathrm{S}}^\star = \frac{\cos\theta_{\mathrm{c}}}{\cos\theta}, \quad \bar{t}_{\mathrm{S}\text{-}\mathrm{P}} = \cos(\theta - \theta_{\mathrm{c}}) \tag{7.1.3e}$$

$$\gamma = 1 + 2\left(\bar{p}^2 - \bar{q}^2\right), \quad \mathscr{R}(\bar{p}, \bar{q}) = \gamma^2 - 4\eta_\alpha \eta_\beta \left(\bar{p}^2 - \bar{q}^2\right) \tag{7.1.3f}$$

$$\bar{\gamma} = \gamma - 4\eta_\alpha \eta_\beta, \quad \zeta = \left(\bar{q}^2 + \bar{p}^2\right)\sin\phi\cos\phi, \quad a^2 = \bar{t}^2 - k^2 \tag{7.1.3g}$$

$$\epsilon = \bar{q}^2 \cos^2\phi - \bar{p}^2 \sin^2\phi, \quad \bar{\epsilon} = \bar{q}^2 \sin^2\phi - \bar{p}^2 \cos^2\phi, \quad b^2 = \bar{t}^2 - 1 \tag{7.1.3h}$$

7.1.2　Green 函数一阶空间导数的积分形式解

根据式 (4.3.23) 和 (4.3.24)，Green 函数一阶空间导数的积分解可以表示为

$$\mathbf{G}_{,k'}^{(\mathrm{II})}(t) = \frac{1}{\pi^2 \mu \beta r} \frac{\partial^2}{\partial t^2} \left\{ \mathbf{F}_{\mathrm{P},k'}^{(\mathrm{II})}(\bar{t}) + \mathbf{F}_{\mathrm{S}_1,k'}^{(\mathrm{II})}(\bar{t}) - H(\theta - \theta_{\mathrm{c}}) \left[\mathbf{F}_{\mathrm{S}_2,k'}^{(\mathrm{II})}(\bar{t}) + \mathbf{F}_{\mathrm{S-P},k'}^{(\mathrm{II})}(\bar{t}) \right] \right\} \tag{7.1.4}$$

$$\mathbf{F}_{\mathrm{P},k'}^{(\mathrm{II})}(\bar{t}) = \int_0^a \mathrm{Re}\left[\frac{\eta_\alpha \mathbf{M}_{,k'}(\bar{p}, \bar{q}_{\mathrm{P}})}{\mathscr{R}(\bar{p}, \bar{q}_{\mathrm{P}})} \right] \frac{H(\bar{t} - k)}{\sqrt{a^2 - \bar{p}^2}} \, \mathrm{d}\bar{p} \tag{7.1.5a}$$

$$\mathbf{F}_{\mathrm{S}_1,k'}^{(\mathrm{II})}(\bar{t}) = \int_0^b \mathrm{Re}\left[\frac{\mathbf{N}_{,k'}(\bar{p}, \bar{q}_{\mathrm{S}}^{(1)})}{\mathscr{R}(\bar{p}, \bar{q}_{\mathrm{S}}^{(1)})} \right] \frac{H(\bar{t} - 1)}{\sqrt{b^2 - \bar{p}^2}} \, \mathrm{d}\bar{p} \tag{7.1.5b}$$

$$\mathbf{F}_{\mathrm{S}_2,k'}^{(\mathrm{II})}(\bar{t}) = \int_b^{\bar{p}^\star(t)} \mathrm{Im}\left[\frac{\mathbf{N}_{,k'}(\bar{p}, \bar{q}_{\mathrm{S}}^{(2)})}{\mathscr{R}(\bar{p}, \bar{q}_{\mathrm{S}}^{(2)})} \right] \frac{H(\bar{t} - 1) - H(\bar{t} - \bar{t}_{\mathrm{S}}^\star)}{\sqrt{\bar{p}^2 - b^2}} \, \mathrm{d}\bar{p} \tag{7.1.5c}$$

$$\mathbf{F}_{\mathrm{S-P},k'}^{(\mathrm{II})}(\bar{t}) = \int_0^{\bar{p}^\star(t)} \mathrm{Im}\left[\frac{\mathbf{N}_{,k'}(\bar{p}, \bar{q}_{\mathrm{S}}^{(2)})}{\mathscr{R}(\bar{p}, \bar{q}_{\mathrm{S}}^{(2)})} \right] \frac{H(\bar{t} - \bar{t}_{\mathrm{S-P}}) - H(\bar{t} - 1)}{\sqrt{\bar{p}^2 - b^2}} \, \mathrm{d}\bar{p} \tag{7.1.5d}$$

其中，

$$\mathbf{M}_{,1'}(\bar{p}, \bar{q}) = \begin{bmatrix} -2\eta_\beta \varkappa \bar{q} c_\phi & -2\eta_\beta \varkappa' \bar{q} s_\phi & -2\eta_\alpha \eta_\beta \epsilon \\ M_{12,1'} & -2\eta_\beta \bar{\varkappa}' \bar{q} c_\phi & -2\eta_\alpha \eta_\beta \zeta \\ -\epsilon\gamma & -\zeta\gamma & -\eta_\alpha \gamma \bar{q} c_\phi \end{bmatrix}, \quad c_\phi = \cos\phi, \; s_\phi = \sin\phi \tag{7.1.6a}$$

$$\mathbf{M}_{,2'}(\bar{p}, \bar{q}) = \begin{bmatrix} M_{12,1'} & M_{22,1'} & M_{23,1'} \\ M_{12,2'} & -2\eta_\beta \bar{\varkappa} \bar{q} s_\phi & -2\eta_\alpha \eta_\beta \bar{\epsilon} \\ M_{32,1'} & -\bar{\epsilon}\gamma & -\eta_\alpha \gamma \bar{q} s_\phi \end{bmatrix} \tag{7.1.6b}$$

$$\mathbf{M}_{,3'}(\bar{p}, \bar{q}) = -\eta_\alpha \mathbf{M}(\bar{p}, \bar{q}) \tag{7.1.6c}$$

$$\mathbf{N}_{,1'}(\bar{p}, \bar{q}) = \begin{bmatrix} -(\eta_\beta^2 \gamma - \bar{\gamma}\bar{\varkappa}')\bar{q} c_\phi & -\bar{\gamma}\varkappa' \bar{q} s_\phi & \eta_\beta \epsilon\gamma \\ N_{12,1'} & -(\eta_\beta^2 \gamma - \bar{\gamma}\varkappa)\bar{q} c_\phi & \eta_\beta \zeta\gamma \\ 2\eta_\alpha \eta_\beta^2 \epsilon & 2\eta_\alpha \eta_\beta^2 \zeta & -2\eta_\alpha \eta_\beta (\bar{q}^2 - \bar{p}^2)\bar{q} c_\phi \end{bmatrix} \tag{7.1.6d}$$

$$\mathbf{N}_{,2'}(\bar{p}, \bar{q}) = \begin{bmatrix} -(\eta_\beta^2 \gamma - \bar{\gamma}\bar{\varkappa})\bar{q} s_\phi & -\bar{\gamma}\bar{\varkappa}' \bar{q} c_\phi & N_{23,1'} \\ N_{12,2'} & -(\eta_\beta^2 \gamma - \bar{\gamma}\varkappa')\bar{q} s_\phi & \eta_\beta \bar{\epsilon}\gamma \\ N_{32,1'} & 2\eta_\alpha \eta_\beta^2 \bar{\epsilon} & -2\eta_\alpha \eta_\beta (\bar{q}^2 - \bar{p}^2)\bar{q} s_\phi \end{bmatrix} \tag{7.1.6e}$$

$$\mathbf{N}_{,3'}(\bar{p}, \bar{q}) = -\eta_\beta \mathbf{N}(\bar{p}, \bar{q}) \tag{7.1.6f}$$

式中的

$$\varkappa = \bar{q}^2 c_\phi^2 - 3\bar{p}^2 s_\phi^2, \quad \bar{\varkappa} = \bar{q}^2 s_\phi^2 - 3\bar{p}^2 c_\phi^2, \quad \varkappa' = \varkappa + 2\bar{p}^2, \quad \bar{\varkappa}' = \bar{\varkappa} + 2\bar{p}^2$$

其他变量的定义见式 (7.1.3a) ~ (7.1.3h)。

比较式 (7.1.5a) ~ (7.1.5d) 和式 (7.1.2a) ~ (7.1.2d)，可见 Green 函数一阶空间导数的积分形式与 Green 函数本身完全相同，只有其中涉及的矩阵的具体形式有所差异，因此我们可以按照统一的框架来求它们的广义闭合形式解。

7.2 P 波 项

首先研究 P 波项，即式 (7.1.2a) 中的 $\mathbf{F}_{\mathrm{P}}^{(\mathrm{II})}(\bar{t})$ 和式 (7.1.5a) 中的 $\mathbf{F}_{\mathrm{P},k'}^{(\mathrm{II})}(\bar{t})$。我们按照与 6.3 节中相同的步骤处理，相同的处理就不再重复，只列出主要结果，并对有差异的地方做详细的说明。

7.2.1 变量替换和 Rayleigh 函数的有理化

根据第一类 Lamb 问题的处理步骤，首先需要引入合适的变量替换进行 Rayleigh 函数的有理化。对于 P 波项，我们选取 η_α 作为新的积分变量，记为 x。由式 (7.1.3d) 中 η_α 的定义，$\bar{p}^2 - \bar{q}^2 = x^2 - k^2$。同时注意到式 (7.1.3c) 中 $\bar{q}_{\mathrm{P}}$ 的定义，不难得到

$$\bar{q}_{\mathrm{P}}(x) = \frac{x\cos\theta - \bar{t}}{\sin\theta}, \quad \bar{p}(x) = \frac{\sqrt{Q^{\mathrm{P}}(x)}}{\sin\theta}, \quad \eta_\beta(x) = \sqrt{x^2 + k'^2}, \quad \gamma(x) = 2x^2 - 2k^2 + 1 \tag{7.2.1}$$

其中，$Q^{\mathrm{P}}(x) = x^2 - 2x\bar{t}\cos\theta + \bar{t}^2 - k^2\sin^2\theta$。在上述代换下，有

$$\frac{1}{\mathscr{R}(x)} = \frac{\gamma^2(x) + 4x\eta_\beta(x)\left(x^2 - k^2\right)}{R'^{\mathrm{P}}(x)}, \quad \int_0^a \frac{\mathrm{d}\bar{p}}{\sqrt{a^2 - \bar{p}^2}} = \int_m^{m+\mathrm{i}n} \frac{-\mathrm{i}\,\mathrm{d}x}{\sqrt{Q^{\mathrm{P}}(x)}}$$

式中的

$$R'^{\mathrm{P}}(x) = \gamma^4(x) - 16x^2\eta_\beta^2(x)\left(x^2 - k^2\right)^2 = 16k'^2\left(x^2 + y_1\right)\left(x^2 + y_2\right)\left(x^2 + y_3\right) \tag{7.2.2}$$

$y_i\ (i = 1, 2, 3)$ 与 6.3 节中的相同，$m = \bar{t}\cos\theta$，$n = a\sin\theta$。以 x 为变量的积分的上下限是由相应的 $\bar{p}$ 积分限先代入式 (7.1.3c) 得到 $\bar{q}_{\mathrm{P}}$ 值、再由关系式 $\bar{t} = \eta_\alpha\cos\theta - \bar{q}\sin\theta$ 得到的。根据积分限判断，复变量 x 的积分路径是其所在复平面内一条平行于虚轴的线段[①]。这样，$\mathbf{F}_{\mathrm{P}}^{(\mathrm{II})}(\bar{t})$ 和 $\mathbf{F}_{\mathrm{P},k'}^{(\mathrm{II})}(\bar{t})$ 可以用 x 作为积分变量表示为

$$\mathbf{F}_{\mathrm{P}}^{(\mathrm{II})}(\bar{t}) = \mathrm{Im}\int_m^{m+\mathrm{i}n} \frac{H(t-k)}{R'^{\mathrm{P}}(x)\sqrt{Q^{\mathrm{P}}(x)}}\left[\mathbf{M}^{(1)}(x) + \frac{\mathbf{M}^{(2)}(x)}{\sqrt{x^2 + k'^2}}\right]\mathrm{d}x \tag{7.2.3a}$$

$$\mathbf{F}_{\mathrm{P},k'}^{(\mathrm{II})}(\bar{t}) = \mathrm{Im}\int_m^{m+\mathrm{i}n} \frac{H(t-k)}{R'^{\mathrm{P}}(x)\sqrt{Q^{\mathrm{P}}(x)}}\left[\mathbf{M}_{,k'}^{(1)}(x) + \frac{\mathbf{M}_{,k'}^{(2)}(x)}{\sqrt{x^2 + k'^2}}\right]\mathrm{d}x \tag{7.2.3b}$$

被积函数中的 $\mathbf{M}^{(\xi)}(x)$ 和 $\mathbf{M}_{,k'}^{(\xi)}(x)$ $(\xi = 1, 2)$ 的分量具体表达式分别列于表 7.2.1 和表 7.2.2，其中，$g = x^2 - k^2$，$c_\phi = \cos\phi$，$s_\phi = \sin\phi$。未列入表中的 (i, j) 组合的元素与表中的元素有简单的对应关系：

$$M_{21}^{(\xi)} = M_{12}^{(\xi)}, \quad M_{23}^{(\xi)} = M_{13}^{(\xi)}\tan\phi, \quad M_{32}^{(\xi)} = M_{31}^{(\xi)}\tan\phi, \quad M_{21,1'}^{(\xi)} = M_{11,2'}^{(\xi)} = M_{12,1'}^{(\xi)}$$

$$M_{12,2'}^{(\xi)} = M_{21,2'}^{(\xi)} = M_{22,1'}^{(\xi)}, \quad M_{13,2'}^{(\xi)} = M_{23,1'}^{(\xi)}, \quad M_{31,2'}^{(\xi)} = M_{32,1'}^{(\xi)}, \quad M_{33,2'}^{(\xi)} = M_{33,1'}^{(\xi)}\tan\phi$$

[①] 这个积分路径与 6.2 节的第一类 Lamb 问题 P 波项有明显的区别。在第一类 Lamb 问题中，在代换 $\eta_\alpha = \mathrm{i}x$ 下，积分路径位于实轴上，积分为实变数的。但对于这里考虑的第二类 Lamb 问题而言，必须考虑复变数积分。

以及 $M_{ij,3'}^{(\xi)} = -xM_{ij}^{(\xi)}$。表 7.2.1 和表 7.2.2 中具体表达式中的所有因子都是 x 的函数,将它们代入后得到多项式形式的表达。$C_{ij,m}^{\mathrm{P}(\xi)}$ 和 $C_{ijk,m}^{\mathrm{P}(\xi)}$ 分别为 $M_{ij}^{(\xi)}$ 和 $M_{ij,k'}^{(\xi)}$ 的多项式表达的系数,附录 G 详细描述了如何得到它们的具体数值。

表 7.2.1　　$M_{ij}^{(\xi)}(\xi=1,2;\ i,j=1,2,3)$ 的具体表达式

$\xi = 1$	具体表达式	多项式形式	$\xi = 2$	具体表达式	多项式形式
$M_{11}^{(1)}$	$8x^2 g\eta_\beta^2 \epsilon$	$\sum_{m=0}^{8} C_{11,m}^{\mathrm{P}(1)} x^m$	$M_{11}^{(2)}$	$2x\eta_\beta^2\gamma^2\epsilon$	$\sum_{m=0}^{9} C_{11,m}^{\mathrm{P}(2)} x^m$
$M_{12}^{(1)}$	$8x^2 g\eta_\beta^2 \zeta$	$\sum_{m=0}^{8} C_{12,m}^{\mathrm{P}(1)} x^m$	$M_{12}^{(2)}$	$2x\eta_\beta^2\gamma^2\zeta$	$\sum_{m=0}^{9} C_{12,m}^{\mathrm{P}(2)} x^m$
$M_{13}^{(1)}$	$8x^3 g\eta_\beta^2 \bar{q}c_\phi$	$\sum_{m=0}^{8} C_{13,m}^{\mathrm{P}(1)} x^m$	$M_{13}^{(2)}$	$2x^2\eta_\beta^2\gamma^2\bar{q}c_\phi$	$\sum_{m=0}^{9} C_{13,m}^{\mathrm{P}(2)} x^m$
$M_{22}^{(1)}$	$8x^2 g\eta_\beta^2 \bar{\epsilon}$	$\sum_{m=0}^{8} C_{22,m}^{\mathrm{P}(1)} x^m$	$M_{22}^{(2)}$	$2x\eta_\beta^2\gamma^2\bar{\epsilon}$	$\sum_{m=0}^{9} C_{22,m}^{\mathrm{P}(2)} x^m$
$M_{31}^{(1)}$	$x\gamma^3 \bar{q}c_\phi$	$\sum_{m=0}^{8} C_{31,m}^{\mathrm{P}(1)} x^m$	$M_{31}^{(2)}$	$4x^2 g\eta_\beta^2\gamma\bar{q}c_\phi$	$\sum_{m=0}^{9} C_{31,m}^{\mathrm{P}(2)} x^m$
$M_{33}^{(1)}$	$x^2\gamma^3$	$\sum_{m=0}^{8} C_{33,i}^{\mathrm{P}(1)} x^m$	$M_{33}^{(2)}$	$4x^3 g\eta_\beta^2\gamma$	$\sum_{m=0}^{9} C_{33,m}^{\mathrm{P}(2)} x^m$

表 7.2.2　　$M_{ij,k'}^{(\xi)}(\xi=1,2;\ i,j=1,2,3)$ 的具体表达式

$\xi = 1$	具体表达式	多项式形式	$\xi = 2$	具体表达式	多项式形式
$M_{11,1'}^{(1)}$	$-8x^2\bar{q}g\eta_\beta^2\varkappa c_\phi$	$\sum_{m=0}^{9} C_{111,m}^{\mathrm{P}(1)} x^m$	$M_{11,1'}^{(2)}$	$-2x\bar{q}\eta_\beta^2\gamma^2\varkappa c_\phi$	$\sum_{m=0}^{10} C_{111,m}^{\mathrm{P}(2)} x^m$
$M_{12,1'}^{(1)}$	$-8x^2\bar{q}g\eta_\beta^2\varkappa' s_\phi$	$\sum_{m=0}^{9} C_{121,m}^{\mathrm{P}(1)} x^m$	$M_{12,1'}^{(2)}$	$-2x\bar{q}\eta_\beta^2\gamma^2\varkappa' s_\phi$	$\sum_{m=0}^{10} C_{121,m}^{\mathrm{P}(2)} x^m$
$M_{13,1'}^{(1)}$	$-8x^3 g\eta_\beta^2\epsilon$	$\sum_{m=0}^{9} C_{131,m}^{\mathrm{P}(1)} x^m$	$M_{13,1'}^{(2)}$	$-2x^2\eta_\beta^2\gamma^2\epsilon$	$\sum_{m=0}^{10} C_{131,m}^{\mathrm{P}(2)} x^m$
$M_{22,1'}^{(1)}$	$-8x^2\bar{q}g\eta_\beta^2\bar{\varkappa}' c_\phi$	$\sum_{m=0}^{9} C_{221,m}^{\mathrm{P}(1)} x^m$	$M_{22,1'}^{(2)}$	$-2x\bar{q}\eta_\beta^2\gamma^2\bar{\varkappa}' c_\phi$	$\sum_{m=0}^{10} C_{221,m}^{\mathrm{P}(2)} x^m$
$M_{23,1'}^{(1)}$	$-8x^3 g\eta_\beta^2\zeta$	$\sum_{m=0}^{9} C_{231,m}^{\mathrm{P}(1)} x^m$	$M_{23,1'}^{(2)}$	$-2x^2\eta_\beta^2\gamma^2\zeta$	$\sum_{m=0}^{10} C_{231,m}^{\mathrm{P}(2)} x^m$
$M_{31,1'}^{(1)}$	$-x\gamma^3\epsilon$	$\sum_{m=0}^{9} C_{311,m}^{\mathrm{P}(1)} x^m$	$M_{31,1'}^{(2)}$	$-4x^2 g\eta_\beta^2\gamma\epsilon$	$\sum_{m=0}^{10} C_{311,m}^{\mathrm{P}(2)} x^m$
$M_{32,1'}^{(1)}$	$-x\gamma^3\zeta$	$\sum_{m=0}^{9} C_{321,m}^{\mathrm{P}(1)} x^m$	$M_{32,1'}^{(2)}$	$-4x^2 g\eta_\beta^2\gamma\zeta$	$\sum_{m=0}^{10} C_{321,m}^{\mathrm{P}(2)} x^m$
$M_{33,1'}^{(1)}$	$-x^2\bar{q}\gamma^3 c_\phi$	$\sum_{m=0}^{9} C_{331,i}^{\mathrm{P}(1)} x^m$	$M_{33,1'}^{(2)}$	$-4x^3 g\bar{q}\eta_\beta^2\gamma c_\phi$	$\sum_{m=0}^{10} C_{331,m}^{\mathrm{P}(2)} x^m$
$M_{22,2'}^{(1)}$	$-8x^2\bar{q}g\eta_\beta^2\bar{\varkappa} s_\phi$	$\sum_{m=0}^{9} C_{222,m}^{\mathrm{P}(1)} x^m$	$M_{22,2'}^{(2)}$	$-2x\bar{q}\eta_\beta^2\gamma^2\bar{\varkappa} s_\phi$	$\sum_{m=0}^{10} C_{222,m}^{\mathrm{P}(2)} x^m$
$M_{23,2'}^{(1)}$	$-8x^3 g\eta_\beta^2\bar{\epsilon}$	$\sum_{m=0}^{9} C_{232,m}^{\mathrm{P}(1)} x^m$	$M_{23,2'}^{(2)}$	$-2x^2\eta_\beta^2\gamma^2\bar{\epsilon}$	$\sum_{m=0}^{10} C_{232,m}^{\mathrm{P}(2)} x^m$
$M_{32,2'}^{(1)}$	$-x\gamma^3\bar{\epsilon}$	$\sum_{m=0}^{9} C_{322,m}^{\mathrm{P}(1)} x^m$	$M_{32,2'}^{(2)}$	$-4x^2 g\eta_\beta^2\gamma\bar{\epsilon}$	$\sum_{m=0}^{10} C_{322,m}^{\mathrm{P}(2)} x^m$

7.2.2　有理分式的部分分式表示

根据表 7.2.1 和表 7.2.2,$M_{ij}^{(1)}$ 和 $M_{ij}^{(2)}$ 分别是 8 次和 9 次多项式,而 $M_{ij,k'}^{(1)}$ 和 $M_{ij,k'}^{(2)}$ 分别是 9 次和 10 次多项式,结合 $R'^{\mathrm{P}}(x)$ 的分解式 (7.2.2),可以将积分式 (7.2.3) 中的有理分式以部分分式的形式写为

$$\frac{M_{ij}^{(1)}(x)}{R'^{\mathrm{P}}(x)} = \frac{u_{ij,1}^{\mathrm{P}(0)}x + u_{ij,2}^{\mathrm{P}(0)}}{x^2 + y_1} + \frac{u_{ij,3}^{\mathrm{P}(0)}x + u_{ij,4}^{\mathrm{P}(0)}}{x^2 + y_2} + \frac{u_{ij,5}^{\mathrm{P}(0)}x + u_{ij,6}^{\mathrm{P}(0)}}{x^2 + y_3} + \sum_{m=7}^{9} u_{ij,m}^{\mathrm{P}(0)}x^{m-7} \tag{7.2.4a}$$

$$\frac{M_{ij}^{(2)}(x)}{R'^{\mathrm{P}}(x)} = \frac{v_{ij,1}^{\mathrm{P}(0)}x + v_{ij,2}^{\mathrm{P}(0)}}{x^2 + y_1} + \frac{v_{ij,3}^{\mathrm{P}(0)}x + v_{ij,4}^{\mathrm{P}(0)}}{x^2 + y_2} + \frac{v_{ij,5}^{\mathrm{P}(0)}x + v_{ij,6}^{\mathrm{P}(0)}}{x^2 + y_3} + \sum_{m=7}^{10} v_{ij,m}^{\mathrm{P}(0)}x^{m-7} \tag{7.2.4b}$$

$$\frac{M_{ij,k'}^{\mathrm{P}(1)}(x)}{R'^{\mathrm{P}}(x)} = \frac{u_{ij,1}^{\mathrm{P}(k)}x + u_{ij,2}^{\mathrm{P}(k)}}{x^2 + y_1} + \frac{u_{ij,3}^{\mathrm{P}(k)}x + u_{ij,4}^{\mathrm{P}(k)}}{x^2 + y_2} + \frac{u_{ij,5}^{\mathrm{P}(k)}x + u_{ij,6}^{\mathrm{P}(k)}}{x^2 + y_3} + \sum_{m=7}^{10} u_{ij,m}^{\mathrm{P}(k)}x^{m-7} \tag{7.2.4c}$$

$$\frac{M_{ij,k'}^{\mathrm{P}(2)}(x)}{R'^{\mathrm{P}}(x)} = \frac{v_{ij,1}^{\mathrm{P}(k)}x + v_{ij,2}^{\mathrm{P}(k)}}{x^2 + y_1} + \frac{v_{ij,3}^{\mathrm{P}(k)}x + v_{ij,4}^{\mathrm{P}(k)}}{x^2 + y_2} + \frac{v_{ij,5}^{\mathrm{P}(k)}x + v_{ij,6}^{\mathrm{P}(k)}}{x^2 + y_3} + \sum_{m=7}^{11} v_{ij,m}^{\mathrm{P}(k)}x^{m-7} \tag{7.2.4d}$$

根据附录 D 中介绍的有理分式的部分分式相关内容，分子为 x 的 10 次多项式一般的 $Q_{10}(x)$[①]的部分分式展开为

$$\frac{Q_{10}(x)}{R(x)} = \frac{c_{10}x^{10} + c_9 x^9 + c_8 x^8 + c_7 x^7 + c_6 x^6 + c_5 x^5 + c_4 x^4 + c_3 x^3 + c_2 x^2 + c_1 x + c_0}{(x^2 + y_1)(x^2 + y_2)(x^2 + y_3)}$$

$$= \frac{w_1 x + w_2}{x^2 + y_1} + \frac{w_3 x + w_4}{x^2 + y_2} + \frac{w_5 x + w_6}{x^2 + y_3} + \sum_{m=7}^{11} w_m x^{m-7} \qquad (7.2.5)$$

其中，各个展开系数的表达式为

$$
\begin{array}{l}
w_1 = \dfrac{\sum_{m=0}^{4} c_{2m+1}(-y_1)^m}{(y_1 - y_2)(y_1 - y_3)}, \quad w_2 = \dfrac{\sum_{m=0}^{5} c_{2m}(-y_1)^m}{(y_1 - y_2)(y_1 - y_3)}, \quad w_3 = \dfrac{\sum_{m=0}^{4} c_{2m+1}(-y_2)^m}{(y_2 - y_1)(y_2 - y_3)} \\[4mm]
w_4 = \dfrac{\sum_{m=0}^{5} c_{2m}(-y_2)^m}{(y_2 - y_1)(y_2 - y_3)}, \quad w_5 = \dfrac{\sum_{m=0}^{4} c_{2m+1}(-y_3)^m}{(y_3 - y_1)(y_3 - y_2)}, \quad w_6 = \dfrac{\sum_{m=0}^{5} c_{2m}(-y_3)^m}{(y_3 - y_1)(y_3 - y_2)} \\[4mm]
w_7 = c_6 - c_8(y_1 + y_2 + y_3) + c_{10}(y_1^2 + y_2^2 + y_3^2 + y_1 y_2 + y_2 y_3 + y_3 y_1) \\[2mm]
w_8 = c_7 - c_9(y_1 + y_2 + y_3), \quad w_9 = c_8 - c_{10}(y_1 + y_2 + y_3), \quad w_{10} = c_9, \quad w_{11} = c_{10}
\end{array}
$$

将 7.2.1 节最后提到的根据附录 G 得到的多项式系数 $C_{ij,m}^{\mathrm{P}(\xi)}$ 和 $C_{ijk,m}^{\mathrm{P}(\xi)}$ 分别代入上式，即可得到部分分式的展开系数 $u_{ij,m}^{\mathrm{P}(0)}$、$v_{ij,n}^{\mathrm{P}(0)}$、$u_{ij,n}^{\mathrm{P}(k)}$ 和 $v_{ij,l}^{\mathrm{P}(k)}$ $(i, j, k = 1, 2, 3; m = 1, 2, \cdots, 9; n = 1, 2, \cdots, 10; l = 1, 2, \cdots, 11)$。

7.2.3 将待求积分表示为基本积分之和

把以部分分式形式表达的有理分式 (7.2.4) 代回积分式 (7.2.3)，得到

$$
\begin{aligned}
\mathbf{F}_{\mathrm{P}}^{(\mathrm{II})}(\bar{t}) = {}& H(\bar{t} - k)\mathrm{Im}\Big[u_{ij,1}^{\mathrm{P}(0)} U_1^{\mathrm{P}}(y_1) + u_{ij,2}^{\mathrm{P}(0)} U_2^{\mathrm{P}}(y_1) + u_{ij,3}^{\mathrm{P}(0)} U_1^{\mathrm{P}}(y_2) \\
& + u_{ij,4}^{\mathrm{P}(0)} U_2^{\mathrm{P}}(y_2) + u_{ij,5}^{\mathrm{P}(0)} U_1^{\mathrm{P}}(y_3) + u_{ij,6}^{\mathrm{P}(0)} U_2^{\mathrm{P}}(y_3) + \sum_{m=7}^{9} u_{ij,m}^{\mathrm{P}(0)} U_{m-4}^{\mathrm{P}} \\
& + v_{ij,1}^{\mathrm{P}(0)} V_1^{\mathrm{P}}(y_1) + v_{ij,2}^{\mathrm{P}(0)} V_2^{\mathrm{P}}(y_1) + v_{ij,3}^{\mathrm{P}(0)} V_1^{\mathrm{P}}(y_2) + v_{ij,4}^{\mathrm{P}(0)} V_2^{\mathrm{P}}(y_2) \\
& + v_{ij,5}^{\mathrm{P}(0)} V_1^{\mathrm{P}}(y_3) + v_{ij,6}^{\mathrm{P}(0)} V_2^{\mathrm{P}}(y_3) + \sum_{m=7}^{10} v_{ij,m}^{\mathrm{P}(0)} V_{m-4}^{\mathrm{P}} \Big]
\end{aligned} \qquad (7.2.6\mathrm{a})
$$

$$
\begin{aligned}
\mathbf{F}_{\mathrm{P},k'}^{(\mathrm{II})}(\bar{t}) = {}& H(\bar{t} - k)\mathrm{Im}\Big[u_{ij,1}^{\mathrm{P}(k)} U_1^{\mathrm{P}}(y_1) + u_{ij,2}^{\mathrm{P}(k)} U_2^{\mathrm{P}}(y_1) + u_{ij,3}^{\mathrm{P}(k)} U_1^{\mathrm{P}}(y_2) \\
& + u_{ij,4}^{\mathrm{P}(k)} U_2^{\mathrm{P}}(y_2) + u_{ij,5}^{\mathrm{P}(k)} U_1^{\mathrm{P}}(y_3) + u_{ij,6}^{\mathrm{P}(k)} U_2^{\mathrm{P}}(y_3) + \sum_{m=7}^{10} u_{ij,m}^{\mathrm{P}(k)} U_{m-4}^{\mathrm{P}} \\
& + v_{ij,1}^{\mathrm{P}(k)} V_1^{\mathrm{P}}(y_1) + v_{ij,2}^{\mathrm{P}(k)} V_2^{\mathrm{P}}(y_1) + v_{ij,3}^{\mathrm{P}(k)} V_1^{\mathrm{P}}(y_2) + v_{ij,4}^{\mathrm{P}(k)} V_2^{\mathrm{P}}(y_2) \\
& + v_{ij,5}^{\mathrm{P}(k)} V_1^{\mathrm{P}}(y_3) + v_{ij,6}^{\mathrm{P}(k)} V_2^{\mathrm{P}}(y_3) + \sum_{m=7}^{11} v_{ij,m}^{\mathrm{P}(k)} V_{m-4}^{\mathrm{P}} \Big]
\end{aligned} \qquad (7.2.6\mathrm{b})
$$

---

① 8 次多项式可以看成是 x^9 和 x^{10} 项对应的系数 $c_9 = c_{10} = 0$ 的特殊情况。类似地，9 次多项式可以看成是 x^{10} 项对应的系数 $c_{10} = 0$ 的特殊情况。

其中，

$$U_\xi^{\mathrm{P}}(c) = \int_m^{m+in} \frac{x^{2-\xi}}{(x^2+c)\sqrt{Q^{\mathrm{P}}(x)}}\,\mathrm{d}x, \quad V_\xi^{\mathrm{P}}(c) = \int_m^{m+in} \frac{x^{2-\xi}}{(x^2+c)\sqrt{Q^{\mathrm{P}}(x)(x^2+k'^2)}}\,\mathrm{d}x$$

$$U_i^{\mathrm{P}} = \int_m^{m+in} \frac{x^{i-3}}{\sqrt{Q^{\mathrm{P}}(x)}}\,\mathrm{d}x, \qquad\qquad V_j^{\mathrm{P}} = \int_m^{m+in} \frac{x^{j-3}}{\sqrt{Q^{\mathrm{P}}(x)(x^2+k'^2)}}\,\mathrm{d}x \tag{7.2.7}$$

其中，$\xi = 1, 2$，$i = 3, 4, \cdots, 6$，$j = 3, 4, \cdots, 7$。以上所有的积分都在 $\bar{t} > k$(即 $a > 0$) 的前提下定义。U_i^{P} 和 V_i^{P} 为一些基础的积分，它们分别含有二次多项式和四次多项式的开平方运算，从而分别对应以代数式表示的闭合形式解和代数式与标准的三类椭圆函数的组合表示的解。

7.2.4　U_i^{P} $(i = 1, 2, \cdots, 6)$ 的求解

注意到 x 的积分路径是平行于虚轴的线段，因此将积分变量换为衡量处于此线段上的位置的实参数更为方便。作代换 $x = m + in\cos\varphi$，则 $\mathrm{d}x = -in\sin\varphi\,\mathrm{d}\varphi$，而 $\sqrt{Q^{\mathrm{P}}(x)} = n\sin\varphi$，因此

$$U_1^{\mathrm{P}}(c) = \mathrm{i}\int_0^{\frac{\pi}{2}} \frac{x}{x^2+c}\,\mathrm{d}\varphi, \quad U_2^{\mathrm{P}}(c) = \mathrm{i}\int_0^{\frac{\pi}{2}} \frac{1}{x^2+c}\,\mathrm{d}\varphi, \quad U_j^{\mathrm{P}} = \mathrm{i}\int_0^{\frac{\pi}{2}} x^{j-3}\,\mathrm{d}\varphi$$

其中，$j = 3, 4, \cdots, 6$。

7.2.4.1　$U_1^{\mathrm{P}}(c)$

$U_1^{\mathrm{P}}(c)$ 可以改写为

$$U_1^{\mathrm{P}}(c) = \frac{1}{2}\int_0^{\frac{\pi}{2}} \left(\frac{1}{\sqrt{c}-\mathrm{i}x} - \frac{1}{\sqrt{c}+\mathrm{i}x}\right)\mathrm{d}\varphi = \frac{1}{2}\int_0^{\frac{\pi}{2}} \frac{\mathrm{d}\varphi}{m_1+n\cos\varphi} - \frac{1}{2}\int_0^{\frac{\pi}{2}} \frac{\mathrm{d}\varphi}{m_2-n\cos\varphi}$$

$$\xlongequal{y=\tan\frac{\varphi}{2}} \int_0^1 \frac{\mathrm{d}y}{(m_1-n)y^2+(m_1+n)} - \int_0^1 \frac{\mathrm{d}y}{(m_2+n)y^2+(m_2-n)}$$

$$= \frac{A_1}{m_1+n}\arctan A_1 - \frac{A_2}{m_2-n}\arctan A_2$$

其中，$m_1 = \sqrt{c} - \mathrm{i}m$，$m_2 = \sqrt{c} + \mathrm{i}m$，$A_1 = \sqrt{\dfrac{m_1-n}{m_1+n}}$，$A_2 = \sqrt{\dfrac{m_2+n}{m_2-n}}$。因此，

$$\boxed{U_1^{\mathrm{P}}(c) = \frac{A_1}{m_1-n}\arctan A_1 - \frac{A_2}{m_2+n}\arctan A_2} \tag{7.2.8}$$

7.2.4.2　$U_2^{\mathrm{P}}(c)$

与 $U_1^{\mathrm{P}}(c)$ 的做法类似，

$$U_2^{\mathrm{P}}(c) = \frac{\mathrm{i}}{2\sqrt{c}}\int_0^{\frac{\pi}{2}} \left(\frac{1}{\sqrt{c}-\mathrm{i}x} + \frac{1}{\sqrt{c}+\mathrm{i}x}\right)\mathrm{d}\varphi$$

$$= \frac{\mathrm{i}}{2\sqrt{c}}\left[\int_0^{\frac{\pi}{2}} \frac{\mathrm{d}\varphi}{m_1+n\cos\varphi} + \int_0^{\frac{\pi}{2}} \frac{\mathrm{d}\varphi}{m_2-n\cos\varphi}\right]$$

$$\underset{y=\tan\frac{\varphi}{2}}{=\!=\!=\!=} \frac{\mathrm{i}}{\sqrt{c}} \left[\int_0^1 \frac{\mathrm{d}y}{(m_1 - n)y^2 + (m_1 + n)} + \int_0^1 \frac{\mathrm{d}y}{(m_2 + n)y^2 + (m_2 - n)} \right]$$

$$= \frac{\mathrm{i}}{\sqrt{c}} \left[\frac{A_1}{m_1 - n} \arctan A_1 + \frac{A_2}{m_2 + n} \arctan A_2 \right]$$

各个符号的定义与 7.2.4.1 节中的相同。从而得到

$$\boxed{U_2^{\mathrm{P}}(c) = \frac{\mathrm{i}}{\sqrt{c}} \left[\frac{A_1}{m_1 - n} \arctan A_1 + \frac{A_2}{m_2 + n} \arctan A_2 \right]} \tag{7.2.9}$$

7.2.4.3 U_i^{P} $(i = 3, 4, \cdots, 6)$

这几个积分的求解是很容易的。注意到这几个积分对应的部分分式系数均为实数，而最终的结果要虚部，因此只需要计算 U_i^{P} $(i = 3, 4, \cdots, 6)$ 的虚部即可，直接得到

$$\boxed{\mathrm{Im}(U_3^{\mathrm{P}}) = \frac{\pi}{2}, \quad \mathrm{Im}(U_4^{\mathrm{P}}) = \frac{m\pi}{2}} \tag{7.2.10a}$$

$$\boxed{\mathrm{Im}(U_5^{\mathrm{P}}) = \frac{\pi}{4}\left(2m^2 - n^2\right), \quad \mathrm{Im}(U_6^{\mathrm{P}}) = \frac{m\pi}{4}\left(2m^2 - 3n^2\right)} \tag{7.2.10b}$$

7.2.5 V_i^{P} $(i = 1, 2, \cdots, 7)$ 的求解

在式 (7.2.7) 定义的 $V_\xi^{\mathrm{P}}(c)$ 和 V_n^{P} 中，分母中的根式下方为两个二次多项式的乘积，根据在第 6 章中求解第一类 Lamb 问题闭合解的经验，需要把这些积分转化为用标准的三类椭圆积分表示的形式。但是与第一类 Lamb 问题不同的是，根式下方的两个二次多项式中的 Q^{P} 含有 x 的一次方项，见式 (7.2.1)。这意味着若想把这些积分转化为标准椭圆积分的形式，必须首先将根式下方的四次多项式化为勒让德标准形式。在附录 F 的 F.3 节中，详细描述了这个过程。以下遵循这个过程，完成转化的操作。

7.2.5.1 分式线性变换的引入和积分的转化

根据式 (F.4)，将根式下方的四次多项式写为如下形式

$$(x^2 + k'^2)(x^2 - 2mx + \bar{t}^2 - k^2 \sin^2\theta) \triangleq (p_1 x^2 + 2q_1 x + r_1)(p_2 x^2 + 2q_2 x + r_2)$$

其中，

$$p_1 = p_2 = 1, \quad q_1 = 0, \quad q_2 = -m, \quad r_1 = k'^2, \quad r_2 = \bar{t}^2 - k^2 \sin^2\theta$$

将这些取值代入式 (F.5b) 构造关于 ξ 的方程

$$\xi^2 - \frac{\bar{t}^2 + k^2 \cos^2\theta - 1}{m}\xi - k'^2 = 0 \tag{7.2.11}$$

注意到这个一元二次方程的判别式

$$\Delta = \frac{\left[(\bar{t} - \sin\theta)^2 + k'^2 \cos^2\theta\right]\left[(\bar{t} + \sin\theta)^2 + k'^2 \cos^2\theta\right]}{m^2} > 0$$

因此它的两个根 ξ_1 和 ξ_2 均为实数。不失一般性，设 $\xi_1 > \xi_2$。由 $\xi_1\xi_2 = -k'^2 < 0$，可以得到 $\xi_2 < 0 < \xi_1$。对于 $\bar{t} > k$，

$$\xi_1 = \frac{\bar{t}^2 + k^2\cos^2\theta - 1}{2m} + \frac{\sqrt{\Delta}}{2} > m \iff \Delta > \frac{(2m^2 + 1 - \bar{t}^2 - k^2\cos^2\theta)^2}{m^2}$$

因此有 $\xi_2 < 0 < m < \xi_1$。

由附录 F 的式 (F.6) $\sim$ (F.8)，引入分式线性变换

$$z = \frac{x - \xi_1}{x - \xi_2}, \quad \text{即} \quad x = \frac{\xi_2 z - \xi_1}{z - 1} \tag{7.2.12}$$

$$b_1 = \frac{\xi_2}{\xi_2 - \xi_1}, \quad b_2 = \frac{\xi_2 - m}{\xi_2 - \xi_1}, \quad c_1 = -\frac{\xi_1}{\xi_2 - \xi_1}, \quad c_2 = -\frac{\xi_1 - m}{\xi_2 - \xi_1}$$

从而有

$$Q^{\mathrm{P}}(z)\eta_\beta^2(z) = \frac{(x - \xi_2)^4 \xi_2(\xi_2 - m)}{(\xi_2 - \xi_1)^2}\left(z^2 + z_1^2\right)\left(z^2 + z_2^2\right)$$

其中，$z_1 = \sqrt{\dfrac{\xi_1}{-\xi_2}}$，$z_2 = \sqrt{\dfrac{\xi_1 - m}{m - \xi_2}}$，均为正实数，并且因为

$$z_1^2 - z_2^2 = -\frac{\xi_1}{\xi_2} - \frac{\xi_1 - m}{m - \xi_2} = \frac{(\xi_1 - \xi_2)m}{(-\xi_2)(m - \xi_2)} > 0$$

所以有 $z_1 > z_2$。

注意到 $\mathrm{d}x = \dfrac{\xi_1 - \xi_2}{(z - 1)^2}\mathrm{d}z$ 以及 $z - 1 = \dfrac{\xi_2 - \xi_1}{x - \xi_2}$，因此

$$\frac{\mathrm{d}x}{\sqrt{Q^{\mathrm{P}}(x)(x^2 + k'^2)}} = \frac{1}{\sqrt{\xi_2(\xi_2 - m)}}\frac{\mathrm{d}z}{\sqrt{(z^2 + z_1^2)(z^2 + z_2^2)}}$$

这样，在分式变换 (7.2.12) 下，将 V_i^{P} $(i = 1, 2, \cdots, 7)$ 以 z 为积分变量改写为

$$V_i^{\mathrm{P}} = \frac{1}{\sqrt{\xi_2(\xi_2 - m)}}\int_\Gamma \frac{K_i(z)\,\mathrm{d}z}{\sqrt{(z^2 + z_1^2)(z^2 + z_2^2)}} \tag{7.2.13}$$

其中

$$K_1(z) = \frac{(z - 1)(\xi_2 z - \xi_1)}{(c + \xi_2^2)z^2 - 2(c + \xi_1\xi_2)z + (c + \xi_1^2)} = \frac{(z - 1)(\xi_2 z - \xi_1)}{(c + \xi_2^2)(z - z_0^+)(z - z_0^-)} \tag{7.2.14a}$$

$$K_2(z) = \frac{(z - 1)^2}{(c + \xi_2^2)z^2 - 2(c + \xi_1\xi_2)z + (c + \xi_1^2)} = \frac{(z - 1)^2}{(c + \xi_2^2)(z - z_0^+)(z - z_0^-)} \tag{7.2.14b}$$

$$K_i(z) = \frac{(\xi_2 z - \xi_1)^{i-3}}{(z - 1)^{i-3}} \quad (i = 3, 4, \cdots, 7) \tag{7.2.14c}$$

前两个式子中分母中的两个根 z_0^+ 和 z_0^- 分别为[①]

$$z_0^+ = \frac{\xi_1 + \sqrt{-c}}{\xi_2 + \sqrt{-c}}, \quad z_0^- = \frac{\xi_1 - \sqrt{-c}}{\xi_2 - \sqrt{-c}} \tag{7.2.15}$$

---

① 在式 (7.2.7) 中，显然 $x = \pm\sqrt{-c}$ 为奇点，直接代入分式线性变换式 (7.2.12) 即可得到。

式 (7.2.13) 中的 Γ 是新的变量 z 的积分路径 (图 7.2.1 (b))。进行分式变换之前，V_i^{P} $(i = 1, 2, \cdots, 7)$ 的积分路径是位于 x 的复平面内的平行于虚轴的线段[①]，见图 7.2.1 (a) 中的 AB。在分式变换下，积分路径变成了图 7.2.1 (b) 中的曲线 Γ，其起点 A' 和终点 B' 分别对应于变换之前的起点 A 和终点 B，坐标分别为 $(-z_2^2, 0)$ 和 $(0, z_2)$；并且有趣的是，终点 B' 与位于虚轴上的枝点重合[②]。

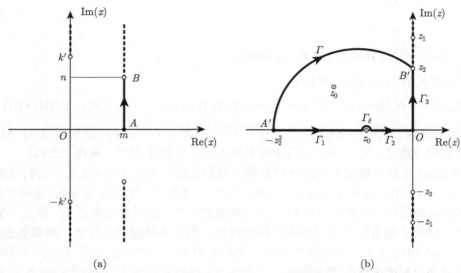

图 7.2.1　P 波项的基本积分 V_i^{P} 在分式变换前后的积分路径

(a) 分式变换之前的位于 x 的复平面内的积分路径 AB (粗黑线)。(b) 分式变换之后的位于 z 的复平面内的积分路径 $A'B'$ (即粗黑线 Γ)。空心圆圈代表枝点，粗虚线代表割线，位于负实轴上的 z_0 为极点。(中心有黑点的圆圈代表奇点 z_0(可以是 z_0^+ 或 z_0^-)，在不同条件下可能位于负实轴上或者积分围路内 (不同时出现)。(b) 中 $\Gamma_1 + \Gamma_2$ 是位于负实轴上的积分路径，Γ_3 是位于正虚轴上的积分路径，Γ_δ 是绕过奇点 z_0 的小圆弧路径

　　直接计算路径 Γ 上的积分并不方便，我们可以设法把问题进行转化。注意到从 A' 点

---

① 在图 7.2.1 (a) 中标注了四个枝点 (空心圆圈)，其中位于一、四象限内的两个枝点是由 $\sqrt{Q^{\mathrm{P}}(x)}$ 产生的，而位于虚轴上的两个枝点是由 $\eta_\beta(x)$ 产生的。无论是 $\sqrt{Q^{\mathrm{P}}(x)}$ 还是 $\eta_\beta(x)$ 都具有 $\sqrt{a^2 + z^2}$ 的形式，其割线的画法参考附录 A.1。

② 在分式变换之后的复平面 z 上，有四个位于虚轴上的枝点：$\pm \mathrm{i}z_1$ 和 $\pm \mathrm{i}z_2$ (参见式 (7.2.13))。由于这也是 $\sqrt{a^2 + z^2}$ 类型的，因此割线画法可参考附录 A.1。当 x 取图 7.2.1 (a) 中起点 A 处的 m 时，根据式 (7.2.12)，相应的 $z|_{A'} = -\dfrac{\xi_1 - m}{m - \xi_2} = -z_2^2$；而当 x 取路径终点 B 处的 $m + \mathrm{i}n$ 时，z 的取值需要稍加详细地分析一番。此时

$$z|_{B'} = \frac{m - \xi_1 + \mathrm{i}n}{m - \xi_2 + \mathrm{i}n} = \frac{(m - \xi_1)(m - \xi_2) + n^2 + \mathrm{i}(\xi_1 - \xi_2)n}{(m - \xi_2)^2 + n^2}$$

分子上的实部可写为 $m^2 - m(\xi_1 + \xi_2) + \xi_1\xi_2 + n^2$。由方程 (7.2.11) 的一次项和常数项系数可得 $\xi_1 + \xi_2$ 以及 $\xi_1\xi_2$，代入易得 $\mathrm{Re}(z|_{B'}) = 0$。但是如果直接采用公式中虚部的表示，将较为复杂。我们通过下述分析得到一种等价而简单的表达。既然实部为零，可设 $z|_{B'} = \mathrm{i}z_{\mathrm{I}}$ ($z_{\mathrm{I}} \in \mathbb{R}$)，代入式 (7.2.12)，得到

$$m + \mathrm{i}n = \frac{\mathrm{i}z_{\mathrm{I}}\xi_2 - \xi_1}{\mathrm{i}z_{\mathrm{I}} - 1}$$

两边同乘以等号右边项的分母，并比较实虚部，不难得到

$$z_{\mathrm{I}} = \frac{\xi_1 - m}{n} = \frac{n}{m - \xi_2} = \sqrt{\frac{\xi_1 - m}{m - \xi_2}} = z_2$$

即 $z|_{B'} = \mathrm{i}z_2$。

出发沿着负实轴到达原点 ($\Gamma_1 + \Gamma_2$)，然后沿着正虚轴到达 B' 点 (Γ_3) 的路径和 Γ 共同组成了一个闭合的积分回路，根据留数定理

$$\begin{cases} \displaystyle\int_{\Gamma_1+\Gamma_2} + F_1(z_0^+)\int_{\Gamma_\delta^+} + F_1(z_0^-)\int_{\Gamma_\delta^-} + \int_{\Gamma_3} - \int_\Gamma = 2\pi\mathrm{i}\sum\mathrm{res}, & \text{对于 } V_i^{\mathrm{P}}(c)\ (i=1,2) \\ \displaystyle\int_{\Gamma_1+\Gamma_2} + \int_{\Gamma_3} - \int_\Gamma = 0, & \text{对于 } V_j^{\mathrm{P}}\ (j=3,4,\cdots,7) \end{cases}$$

$$(7.2.16)$$

其中，

$$\sum\mathrm{res} = F_2(z_0^+)\mathrm{res}(z_0^+) + F_2(z_0^-)\mathrm{res}(z_0^-)$$

$$F_1(x) = H\left(x + z_2^2\right) - H(x)$$

$$F_2(x) = \left[H\left(\mathrm{Re}(x) + z_2^2\right) - H\left(\mathrm{Re}(x)\right)\right]\left[H\left(\mathrm{Im}(x)\right) - H\left(\mathrm{Im}(x) - Y(\mathrm{Re}(x))\right)\right]$$

$\mathrm{res}(\cdot)$ 代表取留数，式中的 $Y(X) = \sqrt{(z_2^2 + X)(1 - X)}$。$\Gamma_\delta^+$ 和 Γ_δ^- 分别为当 z_0^+ 和 z_0^- 位于负实轴的积分路径上时，围绕它们做的半径为 $\delta \to 0$ 的半圆弧，见图 7.2.1。

　　式 (7.2.16) 中两种情况表达的区别来源于被积函数中 $K_i(z)$ ($i=1,2,\cdots,7$) 表达式的不同，见式 (7.2.14)。对于 $K_i(z)$ ($i=3,4,\cdots,7$)，仅存在一个奇点 $z=1$，这显然位于积分路径所围区域之外。而在 $K_1(z)$ 和 $K_2(z)$ 的表达式中，分母存在奇点 z_0^+ 和 z_0^-，如果它们位于积分路径上或者积分路径所围区域的内部，则需要绕过极点计算小圆弧的积分 (参见图 7.2.1 (b) 中的 Γ_δ) 以及计算其留数。在附录 H 中，详细地讨论了奇点位于积分路径上或者积分路径所围区域内部的条件，式 (7.2.16) 中等号左侧 Γ_δ 积分之前的系数 F_1，以及等号右侧留数之前的系数 F_2 正是这些条件的数学表示。

　　注意到沿着路径 Γ_1 和 Γ_2 的积分，根据式 (7.2.14)，K_i ($i=3,4,\cdots,7$) 为实数，因此由式 (7.2.13)，其积分值 V_i^{P} ($i=3,4,\cdots,7$) 为实数。另外，式 (7.2.5) 表明，对于都是系实数的 10 次多项式，其部分分式的展开系数 w_m ($m=7,8,\cdots,10$) 都是实数[1]，因此式 (7.2.6) 中的部分分式系数 $v_{ij,m}^{\mathrm{P}(k)}$ ($k=0,1,2,3$; $m=7,8,\cdots,11$) 均为实数。这意味着它们与 V_m^{P} ($m=3,4,\cdots,7$) 分别相乘之后取虚部为零。

　　$V_1^{\mathrm{P}}(c)$ 和 $V_2^{\mathrm{P}}(c)$ 的情况更为复杂。对位于负实轴上的积分而言，c 为实数的情况分析与 V_i^{P} ($i=3,4,\cdots,7$) 类似，部分分式系数 $v_{ij,m}^{\mathrm{P}(k)}$ ($k=0,1,2,3$; $m=1,2,\cdots,6$) 和 $V_i^{\mathrm{P}}(c)$ ($i=1,2$) 都是实数，相乘之后取虚部为零，因此它们也对最终的结果无贡献。但是，如果 c 为复数 ($0.2631 < \nu < 0.5$ 时的 y_1 和 y_2)，积分 $V_i^{\mathrm{P}}(c)$ ($i=1,2$) 本身是复数，同时与它们相乘的系数 $v_{ij,m}^{\mathrm{P}(k)}$ ($k=0,1,2,3$; $m=1,2,\cdots,6$) 也都是复数，但是我们可以证明 (详见附录 I) 式 (7.2.6) 中所有含有 V_1^{P} 和 V_2^{P} 的项求和之后为实数，从而取虚部为零。这意味着，虽然式 (7.2.16) 中在路径 Γ_1 和 Γ_2 上的积分非零，但是它们对最终的结果并无贡献，因此计算它们是没有意义的。考虑到这一点，可以直接忽略式 (7.2.16) 中在路径 Γ_1 和 Γ_2 上的积分[2]，从而得到

---

　　[1] 在 6.3.1 节中，我们讨论过 y_i ($i=1,2,3$) 的取值情况。仅在 $0 < \nu < 0.2631$ 时，y_1 和 y_2 是互为共轭的复数，而其他所有情况下，y_i ($i=1,2,3$) 均为实数。在式 (7.2.5) 中出现的 w_m ($m=7,8,\cdots,10$) 的具体表达式中，涉及 y_1 和 y_2 的部分只与 $y_1 + y_2$、$y_1 y_2$ 或 $y_1^2 + y_2^2$ 有关，即便在它们为共轭复数的情况下，这些也都是实数。

　　[2] 注意对于极点位于负实轴路径上的情况，以极点 z_0 为圆心、$\delta \to 0$ 为半径作的半圆弧 Γ_δ 并不位于负实轴上，参见图 7.2.1 (b)，小圆弧的贡献不能忽略，可通过小圆弧引理计算。

$$\begin{cases} \iint_\Gamma = \int_{\Gamma_3} + F_1(z_0^+) \int_{\Gamma_\delta^+} + F_1(z_0^-) \int_{\Gamma_\delta^-} - 2\pi\mathrm{i} \sum \mathrm{res}, & \text{对于 } V_i^{\mathrm{P}}(c) \ (i=1,2) \\ \iint_\Gamma = \int_{\Gamma_3}, & \text{对于 } V_j^{\mathrm{P}} \ (j=3,4,\cdots,7) \end{cases} \tag{7.2.17}$$

根据式 (7.2.13)，上式中沿 Γ_3 的积分为

$$\begin{aligned} \int_{\Gamma_3} &= \frac{1}{\sqrt{\xi_2(\xi_2-m)}} \int_0^{\mathrm{i}z_2} \frac{K_i(z)\,\mathrm{d}z}{\sqrt{(z^2+z_1^2)(z^2+z_2^2)}} \\ &\xlongequal{z=\mathrm{i}z_2\bar{z}} \mathrm{i}c_{\mathrm{P}} \int_0^1 \frac{K_i(\bar{z})\,\mathrm{d}\bar{z}}{\sqrt{(1-\bar{z}^2)(1-m_{\mathrm{P}}\bar{z}^2)}} \end{aligned} \tag{7.2.18}$$

其中，$c_{\mathrm{P}} = \dfrac{1}{\sqrt{\xi_1(m-\xi_2)}}$，$m_{\mathrm{P}} = \dfrac{z_2^2}{z_1^2} = \dfrac{\xi_2(\xi_1-m)}{\xi_1(\xi_2-m)}$，

$$K_1(\bar{z}) = \frac{(\mathrm{i}z_2\bar{z}-1)(\mathrm{i}\xi_2 z_2\bar{z}-\xi_1)}{-(c+\xi_2^2)z_2^2\bar{z}^2 - 2\mathrm{i}(c+\xi_1\xi_2)z_2\bar{z} + (c+\xi_1^2)} \tag{7.2.19a}$$

$$K_2(\bar{z}) = \frac{(\mathrm{i}z_2\bar{z}-1)^2}{-(c+\xi_2^2)z_2^2\bar{z}^2 - 2\mathrm{i}(c+\xi_1\xi_2)z_2\bar{z} + (c+\xi_1^2)} \tag{7.2.19b}$$

$$K_i(\bar{z}) = \frac{(\mathrm{i}\xi_2 z_2\bar{z}-\xi_1)^{i-3}}{(\mathrm{i}z_2\bar{z}-1)^{i-3}} \quad (i=3,4,\cdots,7) \tag{7.2.19c}$$

以下逐个求解 V_i^{P} $(i=1,2,\cdots,7)$。

7.2.5.2 $V_1^{\mathrm{P}}(c)$

为了求解方便，首先将 (7.2.19a) 改写为

$$\begin{aligned} K_1(\bar{z}) &= \frac{(\xi_2 z_2^2\bar{z}^2+\xi_1)[(c+\xi_2^2)z_2^2\bar{z}^2+(c+\xi_1^2)]}{(c+\xi_2^2)^2 z_2^4\bar{z}^4 + 2[(c+\xi_1\xi_2)^2-c(\xi_1-\xi_2)^2]z_2^2\bar{z}^2 + (c+\xi_1^2)^2} \\ &\quad + \frac{\mathrm{i}(\xi_1-\xi_2)[(c-\xi_2^2)z_2^2\bar{z}^2+(c-\xi_1^2)]z_2\bar{z}}{(c+\xi_2^2)^2 z_2^4\bar{z}^4 + 2[(c+\xi_1\xi_2)^2-c(\xi_1-\xi_2)^2]z_2^2\bar{z}^2 + (c+\xi_1^2)^2} \\ &= \frac{(\xi_2 z_2^2\bar{z}^2+\xi_1)[(c+\xi_2^2)z_2^2\bar{z}^2+(c+\xi_1^2)]}{(c+\xi_2^2)^2(z_2^2\bar{z}^2-s_1)(z_2^2\bar{z}^2-s_2)} \\ &\quad + \frac{\mathrm{i}(\xi_1-\xi_2)[(c-\xi_2^2)z_2^2\bar{z}^2+(c-\xi_1^2)]z_2\bar{z}}{(c+\xi_2^2)^2(z_2^2\bar{z}^2-s_1)(z_2^2\bar{z}^2-s_2)} \end{aligned} \tag{7.2.20}$$

其中，

$$s_{1,2} = -\frac{\left[c+\xi_1\xi_2 \pm (\xi_1-\xi_2)\sqrt{-c}\right]^2}{(c+\xi_2^2)^2}$$

当 c 为实数时，式 (7.2.20) 等号右边的两项分别为 $K_1(\bar{z})$ 的实部和虚部；而当 c 为复数时，两项均为复数。这样拆分的好处是，可以将 $K_1(\bar{z})$ 明确地表示为 $\bar{z}^2$ 的函数，便于进一步将积分转化为标准的椭圆积分形式。当 c 取 $y_3 > 0$ 时，s_1 和 s_2 为互为共轭的复数；当 c

取 $0 < \nu < 0.2631$ 情况下的 y_1 或 y_2 时，s_1 和 s_2 为两个实数；而当 c 取 $0.2631 < \nu < 0.5$ 情况下的 y_1 或 y_2 时，s_1 和 s_2 为两个非共轭的复数。

将式 (7.2.20) 表示为部分分式之和的形式，有

$$K_1(\bar{z}) = \frac{\xi_2}{c + \xi_2^2} + \frac{(\xi_1 + s_1\xi_2)\left[s_1(c+\xi_2^2) + (c+\xi_1^2)\right]}{(s_2-s_1)(c+\xi_2^2)^2(s_1 - z_2^2\bar{z}^2)} + \frac{(\xi_1 + s_2\xi_2)\left[s_2(c+\xi_2^2) + (c+\xi_1^2)\right]}{(s_1-s_2)(c+\xi_2^2)^2(s_2 - z_2^2\bar{z}^2)}$$

$$+ \frac{\mathrm{i}(\xi_1-\xi_2)\left[s_1(c-\xi_2^2) + (c-\xi_1^2)\right]z_2\bar{z}}{(s_2-s_1)(c+\xi_2^2)^2(s_1 - z_2^2\bar{z}^2)} + \frac{\mathrm{i}(\xi_1-\xi_2)\left[s_2(c-\xi_2^2) + (c-\xi_1^2)\right]z_2\bar{z}}{(s_1-s_2)(c+\xi_2^2)^2(s_2 - z_2^2\bar{z}^2)}$$

$$(7.2.21)$$

积分 $V_1^{\mathrm{P}}(c)$ 的结果与 c 的取值密切相关，因此需要分别讨论。

(1) c 为实数 $(\mathrm{Im}(c) = 0)$。

此时式 (7.2.20) 等号右边的两项分别是实部和虚部。并且由于式 (7.2.6) 中的 $V_1^{\mathrm{P}}(c)$ 前面的系数 $v_{ij,m}^{\mathrm{P}(k)}$ $(k = 0, 1, 2, 3;\ i, j = 1, 2, 3;\ m = 1, 3, 5)$ 都是实数，注意到最终的结果要取虚部，同时路径 Γ_3 上的积分 (7.2.18) 结果中有系数 i，因此只需要计算 $K_1(\bar{z})$ 的实部的积分就可以了。将式 (7.2.21) 中等号右边的前三项代入式 (7.2.18)，得到

$$\int_{\Gamma_3} = \mathrm{i}c_{\mathrm{P}}\left[\frac{\xi_2 K(m_{\mathrm{P}})}{c+\xi_2^2} + \zeta_1 \Pi(z_2^2/s_1, m_{\mathrm{P}}) + \zeta_2 \Pi(z_2^2/s_2, m_{\mathrm{P}})\right] \qquad (7.2.22)$$

其中，

$$\zeta_1 = \frac{(\xi_1 + s_1\xi_2)\left[s_1(c+\xi_2^2) + (c+\xi_1^2)\right]}{s_1(s_2-s_1)(c+\xi_2^2)^2}, \qquad \zeta_2 = \frac{(\xi_1 + s_2\xi_2)\left[s_2(c+\xi_2^2) + (c+\xi_1^2)\right]}{s_2(s_1-s_2)(c+\xi_2^2)^2}$$

当 $c < 0$ 时，z_0^+ 或 z_0^- 为实数，如果它们位于负实轴的积分路径上时，需要计算小圆弧 Γ_δ^+ 或 Γ_δ^- 上的积分。由小圆弧引理，有[①]

$$\int_{\Gamma_\delta^+} = -\mathrm{i}\pi \lim_{\delta\to 0}(z - z_0^+)\frac{1}{\sqrt{\xi_2(\xi_2-m)}}\frac{K_1(z)}{\sqrt{(z^2+z_1^2)(z^2+z_2^2)}} = -\mathrm{i}\pi d_1^+$$

$$\int_{\Gamma_\delta^-} = -\mathrm{i}\pi \lim_{\delta\to 0}(z - z_0^-)\frac{1}{\sqrt{\xi_2(\xi_2-m)}}\frac{K_1(z)}{\sqrt{(z^2+z_1^2)(z^2+z_2^2)}} = -\mathrm{i}\pi d_1^-$$

其中，

$$d_1^\pm = \frac{c_{\mathrm{P}}'(z_0^\pm - 1)(\xi_2 z_0^\pm - \xi_1)}{(c+\xi_2^2)(z_0^\pm - z_0^\mp)\sqrt{\left[(z_0^\pm)^2 + z_1^2\right]\left[(z_0^\pm)^2 + z_2^2\right]}}, \qquad c_{\mathrm{P}}' = \frac{1}{\sqrt{\xi_2(\xi_2-m)}}$$

当 $c > 0$ 时，z_0^+ 或 z_0^- 为复数，如果它们位于积分路径所围区域内部时，需要计算其留数，

$$\mathrm{res}(z_0^+) = d_1^+, \qquad \mathrm{res}(z_0^-) = d_1^- \qquad (7.2.23)$$

[①] 需要积分路径的方向，如图 7.2.1 (b) 所示，沿着小圆弧为顺时针方向，因此式中的 $\theta_2 - \theta_1 = -\pi$，导致结果中有一个负号。

综合上述讨论，当 c 为实数时

$$
\boxed{
\begin{aligned}
\mathrm{Im}\left[V_1^{\mathrm{P}}(c)\right] =\ & c_{\mathrm{P}}\left[\frac{\xi_2 K(m_{\mathrm{P}})}{c+\xi_2^2}+\zeta_1\varPi(z_2^2/s_1,\,m_{\mathrm{P}})+\zeta_2\varPi(z_2^2/s_2,\,m_{\mathrm{P}})\right]\\
&-\pi H(-c)\left[F_1(z_0^+)d_1^+ + F_1(z_0^-)d_1^-\right]\\
&-2\pi H(c)\left[F_2(z_0^+)d_1^+ + F_2(z_0^-)d_1^-\right]\qquad(\mathrm{Im}(c)=0)
\end{aligned}}
\tag{7.2.24}
$$

(2) c 为复数 ($\mathrm{Im}(c)\neq 0$)。

此时式 (7.2.20) 等号右边的两项均为复数，因此与 c 为实数情况不同的是，两项对最终结果都有贡献。将式 (7.2.21) 中等号右边的前三项代入式 (7.2.18) 中，结果与式 (7.2.22) 相同。后两项代入式 (7.2.18)，得到

$$
\begin{aligned}
\int_{\varGamma_3} &= c_{\mathrm{P}}\int_0^1\left[\frac{\bar\zeta_1 z_2\bar z}{z_2^2\bar z^2-s_1}+\frac{\bar\zeta_2 z_2\bar z}{z_2^2\bar z^2-s_2}\right]\frac{\mathrm{d}\bar z}{\sqrt{(1-\bar z^2)(1-m_{\mathrm{P}}\bar z^2)}}\\
&\xlongequal{y=\bar z^2}\frac{c_{\mathrm{P}} z_1}{2z_2^2}\int_0^1\left[\frac{\bar\zeta_1}{y-s_1/z_2^2}+\frac{\bar\zeta_2}{y-s_2/z_2^2}\right]\frac{\mathrm{d}y}{\sqrt{(1-y)(z_1^2/z_2^2-y)}}
\end{aligned}
\tag{7.2.25}
$$

其中，

$$
\bar\zeta_1=\frac{(\xi_1-\xi_2)\left[s_1(c-\xi_2^2)+(c-\xi_1^2)\right]}{(s_2-s_1)(c+\xi_2^2)^2},\qquad
\bar\zeta_2=\frac{(\xi_1-\xi_2)\left[s_2(c-\xi_2^2)+(c-\xi_1^2)\right]}{(s_1-s_2)(c+\xi_2^2)^2}
$$

式 (7.2.25) 中所含的积分结构与 6.3.5.1 节中讨论的第一类 Lamb 问题中的 $V_1^{\mathrm{P}}(c)$ 完全相同，只需要作如下替换 $a\to 1$，$k'\to z_1/z_2$，$c\to s_i/z_2^2$ ($i=1,2$)，从而可以直接写出结果：

$$
\int_{\varGamma_3}=-\mathrm{i}c_{\mathrm{P}}\left[\frac{z_1\bar\zeta_1}{\alpha_{11}\alpha_{21}}\arctan\frac{\mathrm{i}z_2\alpha_{11}}{z_1\alpha_{21}}+\frac{z_1\bar\zeta_2}{\alpha_{12}\alpha_{22}}\arctan\frac{\mathrm{i}z_2\alpha_{12}}{z_1\alpha_{22}}\right]
$$

式中，$\alpha_{ij}=\sqrt{z_i^2-s_j}$ ($i,j=1,2$)。

c 为复数的情况下，积分路径上没有奇点，但是在满足特定的条件时，积分路径所围区域内可能有奇点，参见附录 H，这时需要计算它们的留数的贡献，见式 (7.2.23)。

综合上述讨论，得到 c 取复数时 $V_1^{\mathrm{P}}(c)$ 的结果为

$$
\boxed{
\begin{aligned}
V_1^{\mathrm{P}}(c)=\ &\mathrm{i}c_{\mathrm{P}}\left[\frac{\xi_2 K(m_{\mathrm{P}})}{c+\xi_2^2}+\zeta_1\varPi(z_2^2/s_1,\,m_{\mathrm{P}})+\zeta_2\varPi(z_2^2/s_2,\,m_{\mathrm{P}})\right.\\
&\left.-\frac{z_1\bar\zeta_1}{\alpha_{11}\alpha_{21}}\arctan\frac{\mathrm{i}z_2\alpha_{11}}{z_1\alpha_{21}}-\frac{z_1\bar\zeta_2}{\alpha_{12}\alpha_{22}}\arctan\frac{\mathrm{i}z_2\alpha_{12}}{z_1\alpha_{22}}\right]\\
&-2\pi\mathrm{i}\left[F_2(z_0^+)d_1^+ + F_2(z_0^-)d_1^-\right]\qquad(\mathrm{Im}(c)\neq 0)
\end{aligned}}
\tag{7.2.26}
$$

7.2.5.3 $V_2^{\mathrm{P}}(c)$

$V_2^{\mathrm{P}}(c)$ 的被积函数中的 $K_2(z)$ 与 $K_1(z)$ 结构相似，因此可以按照与求解 $V_1^{\mathrm{P}}(c)$ 类似的方式处理，以下只罗列结果。首先将式 (7.2.19b) 改写为

$$K_2(\bar{z}) = \frac{(c+\xi_2^2)\,z_2^4\bar{z}^4 - [(\xi_1-\xi_2)^2 - 2(c+\xi_1\xi_2)]\,z_2^2\bar{z}^2 + (c+\xi_1^2)}{(c+\xi_2^2)^2\,z_2^4\bar{z}^4 + 2\,[(c+\xi_1\xi_2)^2 - c(\xi_1-\xi_2)^2]\,z_2^2\bar{z}^2 + (c+\xi_1^2)^2}$$

$$- \frac{2\mathrm{i}(\xi_1-\xi_2)\,(\xi_2 z_2^2\bar{z}^2 + \xi_1)\,z_2\bar{z}}{(c+\xi_2^2)^2\,z_2^4\bar{z}^4 + 2\,[(c+\xi_1\xi_2)^2 - c(\xi_1-\xi_2)^2]\,z_2^2\bar{z}^2 + (c+\xi_1^2)^2}$$

$$= \frac{(c+\xi_2^2)\,z_2^4\bar{z}^4 - [(\xi_1-\xi_2)^2 - 2(c+\xi_1\xi_2)]\,z_2^2\bar{z}^2 + (c+\xi_1^2)}{(c+\xi_2^2)^2\,(z_2^2\bar{z}^2 - s_1)\,(z_2^2\bar{z}^2 - s_2)}$$

$$- \frac{2\mathrm{i}(\xi_1-\xi_2)\,(\xi_2 z_2^2\bar{z}^2 + \xi_1)\,z_2\bar{z}}{(c+\xi_2^2)^2\,(z_2^2\bar{z}^2 - s_1)\,(z_2^2\bar{z}^2 - s_2)}$$

$$= \frac{1}{c+\xi_2^2} + \frac{(c+\xi_2^2)\,s_1^2 - [(\xi_1-\xi_2)^2 - 2(c+\xi_1\xi_2)]\,s_1 + (c+\xi_1^2)}{(s_2-s_1)\,(c+\xi_2^2)^2\,(s_1 - z_2^2\bar{z}^2)}$$

$$+ \frac{(c+\xi_2^2)\,s_2^2 - [(\xi_1-\xi_2)^2 - 2(c+\xi_1\xi_2)]\,s_2 + (c+\xi_1^2)}{(s_1-s_2)\,(c+\xi_2^2)^2\,(s_2 - z_2^2\bar{z}^2)}$$

$$- \frac{2\mathrm{i}(\xi_1-\xi_2)\,(s_1\xi_2+\xi_1)\,z_2\bar{z}}{(s_2-s_1)\,(c+\xi_2^2)^2\,(s_1 - z_2^2\bar{z}^2)} - \frac{2\mathrm{i}(\xi_1-\xi_2)\,(s_2\xi_2+\xi_1)\,z_2\bar{z}}{(s_1-s_2)\,(c+\xi_2^2)^2\,(s_2 - z_2^2\bar{z}^2)}$$

(1) c 为实数 ($\mathrm{Im}(c)=0$)。

$$
\begin{aligned}
\mathrm{Im}\left[V_2^{\mathrm{P}}(c)\right] = {}& c_{\mathrm{P}}\left[\frac{K(m_{\mathrm{P}})}{c+\xi_2^2} + \eta_1 \Pi(z_2^2/s_1,\, m_{\mathrm{P}}) + \eta_2 \Pi(z_2^2/s_2,\, m_{\mathrm{P}})\right] \\
& - \pi H(-c)\left[F_1(z_0^+)d_2^+ + F_1(z_0^-)d_2^-\right] \\
& - 2\pi H(c)\left[F_2(z_0^+)d_2^+ + F_2(z_0^-)d_2^-\right] \qquad (\mathrm{Im}(c)=0)
\end{aligned}
\tag{7.2.27}
$$

其中，

$$F_1(x) = H(x + z_2^2) - H(x)$$

$$F_2(x) = \left[H\left(\mathrm{Re}(x) + z_2^2\right) - H\left(\mathrm{Re}(x)\right)\right]\left[H\left(\mathrm{Im}(x)\right) - H\left(\mathrm{Im}(x) - Y(\mathrm{Re}(x))\right)\right]$$

$$\eta_1 = \frac{(c+\xi_2^2)\,s_1^2 - [(\xi_1-\xi_2)^2 - 2(c+\xi_1\xi_2)]\,s_1 + (c+\xi_1^2)}{s_1(s_2-s_1)\,(c+\xi_2^2)^2}$$

$$\eta_2 = \frac{(c+\xi_2^2)\,s_2^2 - [(\xi_1-\xi_2)^2 - 2(c+\xi_1\xi_2)]\,s_2 + (c+\xi_1^2)}{s_2(s_1-s_2)\,(c+\xi_2^2)^2}$$

$$d_2^{\pm} = \frac{c_{\mathrm{P}}'\,(z_0^{\pm}-1)^2}{(c+\xi_2^2)\,(z_0^{\pm} - z_0^{\mp})\,\sqrt{[(z_0^{\pm})^2 + z_1^2]\,[(z_0^{\pm})^2 + z_2^2]}}$$

(2) c 为复数 ($\mathrm{Im}(c)\neq 0$)。

$$
\begin{aligned}
V_2^{\mathrm{P}}(c) = {}& \mathrm{i}c_{\mathrm{P}}\left[\frac{K(m_{\mathrm{P}})}{c+\xi_2^2} + \eta_1 \Pi(z_2^2/s_1,\, m_{\mathrm{P}}) + \eta_2 \Pi(z_2^2/s_2,\, m_{\mathrm{P}})\right. \\
& \left. + \frac{z_1\bar{\eta}_1}{\alpha_{11}\alpha_{21}}\arctan\frac{\mathrm{i}z_2\alpha_{11}}{z_1\alpha_{21}} + \frac{z_1\bar{\eta}_2}{\alpha_{12}\alpha_{22}}\arctan\frac{\mathrm{i}z_2\alpha_{12}}{z_1\alpha_{22}}\right] \\
& - 2\pi\mathrm{i}\left[F_2(z_0^+)d_2^+ + F_2(z_0^-)d_2^-\right] \qquad (\mathrm{Im}(c)\neq 0)
\end{aligned}
\tag{7.2.28}
$$

其中，

$$\bar{\eta}_1 = \frac{2\,(\xi_1 - \xi_2)\,(s_1\xi_2 + \xi_1)}{(s_2 - s_1)\,(c + \xi_2^2)^2}, \quad \bar{\eta}_2 = \frac{2\,(\xi_1 - \xi_2)\,(s_2\xi_2 + \xi_1)}{(s_1 - s_2)\,(c + \xi_2^2)^2}$$

7.2.5.4 V_i^{P} $(i = 3, 4, \cdots, 7)$

根据式 (7.2.17)，在忽略了沿图 7.2.1 (b) 中的 Γ_1 和 Γ_2 上的积分之后，沿 Γ 的积分转化为了沿正虚轴 Γ_3 的积分 (7.2.18)。注意到积分前面的系数含有 i，而最终的结果式 (7.2.6) 中 V_i^{P} $(i = 3, 4, \cdots, 7)$ 的系数 $v_{ij,m}^{\mathrm{P}(k)}$ $(m = 7, 8, \cdots, 11)$ 均为实数，并且对二者的乘积取虚部，因此只有 K_i $(i = 3, 4, \cdots, 7)$ 的实部对最终的结果有贡献。对式 (7.2.19c) 取实部，得到

$$\mathrm{Re}(K_3) = 1, \quad \mathrm{Re}(K_4) = \frac{\xi_2 z_2^2 \bar{z}^2 + \xi_1}{z_2^2 \bar{z}^2 + 1} = \xi_2 + \frac{\xi_1 - \xi_2}{z_2^2 \bar{z}^2 + 1}$$

$$\mathrm{Re}(K_5) = \frac{(\xi_2 z_2^2 \bar{z}^2 + \xi_1)^2 - (\xi_1 - \xi_2)^2 z_2^2 \bar{z}^2}{(z_2^2 \bar{z}^2 + 1)^2} = \xi_2^2 - \frac{\beta_{11}\beta_{13}}{z_2^2 \bar{z}^2 + 1} + \frac{2\beta_{11}^2}{(z_2^2 \bar{z}^2 + 1)^2}$$

$$\mathrm{Re}(K_6) = \frac{(\xi_2 z_2^2 \bar{z}^2 + \xi_1)\,[\xi_2^2 z_2^4 \bar{z}^4 - (3\xi_1^2 - 8\xi_1\xi_2 + 3\xi_2^2) z_2^2 \bar{z}^2 + \xi_1^2]}{(z_2^2 \bar{z}^2 + 1)^3}$$

$$= \xi_2^3 - \frac{3\xi_2 \beta_{11}\beta_{12}}{z_2^2 \bar{z}^2 + 1} - \frac{3\beta_{11}^2 \beta_{13}}{(z_2^2 \bar{z}^2 + 1)^2} + \frac{4\beta_{11}^3}{(z_2^2 \bar{z}^2 + 1)^3}$$

$$\mathrm{Re}(K_7) = \frac{[(\xi_1 - \xi_2)^2 z_2^2 \bar{z}^2 - (\xi_2 z_2^2 \bar{z}^2 + \xi_1)^2]^2 - 4(\xi_1 - \xi_2)^2 (\xi_2 z_2^2 \bar{z}^2 + \xi_1)^2 z_2^2 \bar{z}^2}{(z_2^2 \bar{z}^2 + 1)^4}$$

$$= \xi_2^4 - \frac{2\xi_2^2 \beta_{11}\beta_{35}}{z_2^2 \bar{z}^2 + 1} + \frac{\beta_{11}^2 (\beta_{15}^2 + 4k'^2)}{(z_2^2 \bar{z}^2 + 1)^2} - \frac{8\beta_{11}^3 \beta_{13}}{(z_2^2 \bar{z}^2 + 1)^3} + \frac{8\beta_{11}^4}{(z_2^2 \bar{z}^2 + 1)^4}$$

其中，$\beta_{ij} = i\xi_1 - j\xi_2$。将上式代入 (7.2.18)，结合附录 F 中的递推关系式 (F.12) 及 (F.13)，

$$H_2^{(1)} = \frac{\gamma_1^{(1)} H_1^{(1)} - m^{(1)} H_{-1}^{(1)}}{2\gamma_3^{(1)}}, \quad H_3^{(1)} = \frac{3\gamma_1^{(1)} H_2^{(1)} - 2\gamma_2^{(1)} H_1^{(1)} + m^{(1)} H_0^{(1)}}{4\gamma_3^{(1)}}$$

$$H_4^{(1)} = \frac{5\gamma_1^{(1)} H_3^{(1)} - 4\gamma_2^{(1)} H_2^{(1)} + 3m^{(1)} H_1^{(1)}}{6\gamma_3^{(1)}}, \quad \gamma_1^{(1)} = 3m^{(1)} \left(a^{(1)}\right)^2 + 2a^{(1)} \left(m^{(1)} + 1\right) + 1$$

$$\gamma_2^{(1)} = m^{(1)} + 1 + 3m^{(1)} a^{(1)}, \quad \gamma_3^{(1)} = a^{(1)} \left(a^{(1)} + 1\right) \left(a^{(1)} m^{(1)} + 1\right)$$

$$H_1^{(1)} = \frac{1}{a^{(1)}} \Pi \left(-\frac{1}{a^{(1)}}, m^{(1)}\right), \quad H_0^{(1)} = K\left(m^{(1)}\right), \quad a^{(1)} = \frac{1}{z_2^2}, \quad m^{(1)} = m_{\mathrm{P}}$$

$$H_{-1}^{(1)} = \frac{1}{m^{(1)}} \left[\left(a^{(1)} m^{(1)} + 1\right) K\left(m^{(1)}\right) - E\left(m^{(1)}\right)\right]$$

得到

$$\mathrm{Im}\left(V_3^{\mathrm{P}}\right) = c_{\mathrm{P}} H_0^{(1)} \tag{7.2.29a}$$

$$\mathrm{Im}\left(V_4^{\mathrm{P}}\right) = c_{\mathrm{P}} \left[\xi_2 H_0^{(1)} + \beta_{11} z_2^{-2} H_1^{(1)}\right] \tag{7.2.29b}$$

$$\mathrm{Im}\left(V_5^{\mathrm{P}}\right) = c_{\mathrm{P}} \left[\xi_2^2 H_0^{(1)} - \beta_{11}\beta_{13} z_2^{-2} H_1^{(1)} + 2\beta_{11}^2 z_2^{-4} H_2^{(1)}\right] \tag{7.2.29c}$$

$$\mathrm{Im}\left(V_6^{\mathrm{P}}\right) = c_{\mathrm{P}}\left[\xi_2^3 H_0^{(1)} - 3\xi_2\beta_{11}\beta_{12}z_2^{-2}H_1^{(1)} - 3\beta_{11}^2\beta_{13}z_2^{-4}H_2^{(1)} + 4\beta_{11}^3 z_2^{-6}H_3^{(1)}\right] \qquad (7.2.29\mathrm{d})$$

$$\mathrm{Im}\left(V_7^{\mathrm{P}}\right) = c_{\mathrm{P}}\left[\xi_2^4 H_0^{(1)} - 2\xi_2^2\beta_{11}\beta_{35}z_2^{-2}H_1^{(1)} + \beta_{11}^2\left(\beta_{15}^2 + 4k'^2\right)z_2^{-4}H_2^{(1)}\right.$$
$$\left. - 8\beta_{11}^3\beta_{13}z_2^{-6}H_3^{(1)} + 8\beta_{11}^4 z_2^{-8}H_4^{(1)}\right] \qquad (7.2.29\mathrm{e})$$

这样, 我们就得到了 P 波项全部的基本积分, 见式 (7.2.8) ~ (7.2.10b) 中的 U_i^{P} ($i = 1, 2, \cdots, 6$), 以及式 (7.2.24)、式 (7.2.26) ~ (7.2.29) 中的 V_i^{P} ($i = 1, 2, \cdots, 7$)。把这些结果连同部分分式的系数代入式 (7.2.6) 中, 即可得到 Green 函数及其一阶空间导数的 P 波项 $\mathbf{F}_{\mathrm{P}}^{\mathrm{II}}(\bar{t})$ 和 $\mathbf{F}_{\mathrm{P},k'}^{\mathrm{II}}(\bar{t})$。

7.3　S 波项 (S_1、S_2 和 S-P)

以上我们较为详细地叙述了式 (7.1.2a) 和 (7.1.5a) 中的 P 波项积分的求解。对于式 (7.1.2b) ~ (7.1.2d) 和式 (7.1.5b) ~ (7.1.5d) 中 S 波项的积分 (包含 S_1、S_2 和 S-P) 可以采取类似的分析方法处理。由于对这几项可以采取相同的变量替换, 可合并处理。对它们的处理方式与 P 波项相似, 我们只罗列主要的结果, 并强调与 P 波项求解的差别, 更为具体的推导过程从略。

7.3.1　变量替换和 Rayleigh 函数的有理化

与 P 波项的分析类似, 首先需要进行变量替换, 实现 Rayleigh 函数的有理化。但是一个值得注意的差别是, 对于 S 波项和 S-P 波项, 须将所有的量用 η_β 来表示。这是因为对于 P 波项和 S 波项而言, $\bar{q}$ 的定义不同, 见式 (7.1.3c) 和 (7.1.3d)。对于 S 波项, 如果仍然像 P 波项那样以 η_α 表示, 则会导致 $\bar{q}$ 的表达式复杂化, 不利于达到将积分化为初等函数和椭圆积分表达的目的。为了书写简便, 将 η_β 简记为 x[①]。根据式 (7.1.3d) ~ (7.1.3f), 有

$$\bar{q} = \frac{x\cos\theta - \bar{t}}{\sin\theta}, \quad \bar{p} = \frac{\sqrt{Q^{\mathrm{S}}(x)}}{\sin\theta}, \quad \eta_\alpha(x) = \sqrt{x^2 - k'^2}, \quad \gamma(x) = 2x^2 - 1$$

其中, $Q^{\mathrm{S}}(x) = x^2 - 2x\bar{t}\cos\theta + \bar{t}^2 - \sin^2\theta$。因此,

$$\frac{1}{\mathscr{R}(x)} = \frac{\gamma^2(x) + 4x\eta_\alpha(x)\left(x^2 - 1\right)}{R'^{\mathrm{S}}(x)}$$

式中的

$$R'^{\mathrm{S}}(x) = \gamma^4(x) - 16x^2\eta_\alpha^2(x)\left(x^2 - 1\right)^2 = 16k'^2(x^2 + y_1')(x^2 + y_2')(x^2 + y_3')$$

y_i' ($i = 1, 2, 3$) 与 6.4 节中的相同。对式 (7.1.2b) ~ (7.1.2d) 和式 (7.1.5b) ~ (7.1.5d) 中的几个积分作变量替换, 以 x 为积分变量, 得到

$$\int_0^b \frac{\mathrm{d}\bar{p}}{\sqrt{b^2 - \bar{p}^2}} = \int_m^{m+\mathrm{i}n'} \frac{-\mathrm{i}\,\mathrm{d}x}{\sqrt{Q^{\mathrm{S}}(x)}}, \quad \int_b^{\bar{p}^\star(t)} \frac{\mathrm{d}\bar{p}}{\sqrt{\bar{p}^2 - b^2}} = \int_m^{k'} \frac{\mathrm{d}x}{\sqrt{Q^{\mathrm{S}}(x)}}$$

---

① 为了推导过程书写简洁, 对于一些中间变量或函数, 我们并未区分 P 波项和 S 波项的差别, 比如本节的 x 的含义就与 7.2 节 P 波项的不同。

$$\int_0^{\bar{p}^\star(t)} \frac{\mathrm{d}\bar{p}}{\sqrt{\bar{p}^2 - b^2}} = \int_{m+\bar{n}}^{k'} \frac{\mathrm{d}x}{\sqrt{Q^{\mathrm{S}}(x)}}$$

其中，$m = \bar{t}\cos\theta$，$n' = \sqrt{\bar{t}^2 - 1}\sin\theta = b\sin\theta$，$\bar{n} = \sqrt{1-\bar{t}^2}\sin\theta = b'\sin\theta$。从式 (7.1.3c) 和 (7.1.3d) 中 $\bar{q}$ 的定义出发，直接把相应的 $\bar{p}$ 值代入得到 $\bar{q}$，然后利用式 (4.3.17) 中的关系 $x = (\bar{t} + \bar{q}\sin\theta)/\cos\theta$ 得到 x 积分的上下限①。

基于上述分析，式 (7.1.2b) $\sim$ (7.1.2d) 和式 (7.1.5b) $\sim$(7.1.5d) 可以用 x 作为积分变量表示为

$$\mathbf{F}_{\mathrm{S}_1}^{(\mathrm{II})}(\bar{t}) = \mathrm{Im}\int_m^{m+in'} \frac{H(\bar{t}-1)}{R'^{\mathrm{S}}(x)\sqrt{Q^{\mathrm{S}}(x)}}\left[\mathbf{N}^{(1)}(x) + \frac{\mathbf{N}^{(2)}(x)}{\sqrt{x^2 - k'^2}}\right]\mathrm{d}x \tag{7.3.1a}$$

$$\mathbf{F}_{\mathrm{S}_2}^{(\mathrm{II})}(\bar{t}) = \mathrm{Im}\int_m^{k'} \frac{H(\bar{t}-1) - H(\bar{t}-\bar{t}_{\mathrm{S}}^\star)}{R'^{\mathrm{S}}(x)\sqrt{Q^{\mathrm{S}}(x)}}\left[\mathbf{N}^{(1)}(x) + \frac{\mathbf{N}^{(2)}(x)}{\sqrt{x^2 - k'^2}}\right]\mathrm{d}x \tag{7.3.1b}$$

$$\mathbf{F}_{\mathrm{S\text{-}P}}^{(\mathrm{II})}(\bar{t}) = \mathrm{Im}\int_{m+\bar{n}}^{k'} \frac{H(\bar{t}-\bar{t}_{\mathrm{S\text{-}P}}) - H(\bar{t}-1)}{R'^{\mathrm{S}}(x)\sqrt{Q^{\mathrm{S}}(x)}}\left[\mathbf{N}^{(1)}(x) + \frac{\mathbf{N}^{(2)}(x)}{\sqrt{x^2 - k'^2}}\right]\mathrm{d}x \tag{7.3.1c}$$

$$\mathbf{F}_{\mathrm{S}_1,k'}^{(\mathrm{II})}(\bar{t}) = \mathrm{Im}\int_m^{m+in'} \frac{H(\bar{t}-1)}{R'^{\mathrm{S}}(x)\sqrt{Q^{\mathrm{S}}(x)}}\left[\mathbf{N}_{,k'}^{(1)}(x) + \frac{\mathbf{N}_{,k'}^{(2)}(x)}{\sqrt{x^2 - k'^2}}\right]\mathrm{d}x \tag{7.3.1d}$$

$$\mathbf{F}_{\mathrm{S}_2,k'}^{(\mathrm{II})}(\bar{t}) = \mathrm{Im}\int_m^{k'} \frac{H(\bar{t}-1) - H(\bar{t}-\bar{t}_{\mathrm{S}}^\star)}{R'^{\mathrm{S}}(x)\sqrt{Q^{\mathrm{S}}(x)}}\left[\mathbf{N}_{,k'}^{(1)}(x) + \frac{\mathbf{N}_{,k'}^{(2)}(x)}{\sqrt{x^2 - k'^2}}\right]\mathrm{d}x \tag{7.3.1e}$$

$$\mathbf{F}_{\mathrm{S\text{-}P},k'}^{(\mathrm{II})}(\bar{t}) = \mathrm{Im}\int_{m+\bar{n}}^{k'} \frac{H(\bar{t}-\bar{t}_{\mathrm{S\text{-}P}}) - H(\bar{t}-1)}{R'^{\mathrm{S}}(x)\sqrt{Q^{\mathrm{S}}(x)}}\left[\mathbf{N}_{,k'}^{(1)}(x) + \frac{\mathbf{N}_{,k'}^{(2)}(x)}{\sqrt{x^2 - k'^2}}\right]\mathrm{d}x \tag{7.3.1f}$$

上式被积函数中的 $\mathbf{N}^{(\xi)}(x)$ 和 $\mathbf{N}_{,k'}^{(\xi)}$ ($\xi = 1, 2$) 的分量形式分别列于表 7.3.1 和表 7.3.2，其中，$f_1(z) = (x^2 - z)\gamma^3 + 16x^2 g'\eta_\alpha^2 z$，$f_2(z) = g'(x^2 - z) + \gamma z$，$g' = x^2 - 1$。未列入表中的分量与表中分量的关系为

$$N_{21}^{(\xi)} = N_{12}^{(\xi)}, \quad N_{23}^{(\xi)} = N_{13}^{(\xi)}\tan\phi, \quad N_{32}^{(\xi)} = N_{31}^{(\xi)}\tan\phi, \quad N_{21,\alpha'}^{(\xi)} = N_{12,\alpha'}^{(\xi)}$$

$$N_{13,2'}^{(\xi)} = N_{23,1'}^{(\xi)}, \quad N_{31,2'}^{(\xi)} = N_{32,1'}^{(\xi)}, \quad N_{33,2'}^{(\xi)} = N_{33,1'}^{(\xi)}\tan\phi, \quad N_{ij,3'}^{(\xi)} = -xN_{ij}^{(\xi)}$$

表 7.3.1　$N_{ij}^{(\xi)}(\xi = 1, 2; i, j = 1, 2, 3)$ 的具体表达式

$\xi = 1$	具体表达式	多项式形式	$\xi = 2$	具体表达式	多项式形式
$N_{11}^{(1)}$	$(x^2 - \bar{\epsilon})\gamma^3 + 16x^2 g'\eta_\alpha^2\bar{\epsilon}$	$\sum_{m=0}^8 C_{11,m}^{\mathrm{S}(1)}x^m$	$N_{11}^{(2)}$	$4x\eta_\alpha^2\gamma[g'(x^2-\bar{\epsilon}) + \bar{\epsilon}\gamma]$	$\sum_{m=0}^9 C_{11,m}^{\mathrm{S}(2)}x^m$
$N_{12}^{(1)}$	$(\gamma^3 - 16x^2 g'\eta_\alpha^2)\zeta$	$\sum_{m=0}^8 C_{12,m}^{\mathrm{S}(1)}x^m$	$N_{12}^{(2)}$	$-4x\eta_\alpha^2\gamma(\gamma - g')\zeta$	$\sum_{m=0}^9 C_{12,m}^{\mathrm{S}(2)}x^m$
$N_{13}^{(1)}$	$-x\bar{q}\gamma^3 c_\phi$	$\sum_{m=0}^8 C_{13,m}^{\mathrm{S}(1)}x^m$	$N_{13}^{(2)}$	$-4x^2 g'\eta_\alpha^2\gamma\bar{q}c_\phi$	$\sum_{m=0}^9 C_{13,m}^{\mathrm{S}(2)}x^m$
$N_{22}^{(1)}$	$(x^2 - \epsilon)\gamma^3 + 16x^2 g'\eta_\alpha^2\epsilon$	$\sum_{m=0}^8 C_{22,m}^{\mathrm{S}(1)}x^m$	$N_{22}^{(2)}$	$4x\eta_\alpha^2\gamma[g'(x^2-\epsilon) + \epsilon\gamma]$	$\sum_{m=0}^9 C_{22,m}^{\mathrm{S}(2)}x^m$
$N_{31}^{(1)}$	$-8x^3 g'\eta_\alpha^2\bar{q}c_\phi$	$\sum_{m=0}^8 C_{31,m}^{\mathrm{S}(1)}x^m$	$N_{31}^{(2)}$	$-2x^2\eta_\alpha^2\gamma^2\bar{q}c_\phi$	$\sum_{m=0}^9 C_{31,m}^{\mathrm{S}(2)}x^m$
$N_{33}^{(1)}$	$-8x^2 g'^2\eta_\alpha^2$	$\sum_{m=0}^8 C_{33,i}^{\mathrm{S}(1)}x^m$	$N_{33}^{(2)}$	$-2xg'\eta_\alpha^2\gamma^2$	$\sum_{m=0}^9 C_{33,m}^{\mathrm{S}(2)}x^m$

---

① 根据这个方案确定第三个积分的下限 $x = m + \bar{n} = \cos(\theta - \varphi)$，其中 $\cos\varphi = \bar{t}$。因为 $\bar{t}_{\mathrm{S\text{-}P}} = \cos(\theta - \theta_c) < \bar{t} = \cos\varphi$，所以 $\theta - \theta_c > \varphi \implies \theta - \varphi > \theta_c \implies \cos(\theta - \varphi) < \cos\theta_c = k'$，从而有 $0 < m < m + \bar{n} < k'$。

表 7.3.2　$N_{ij,k'}^{(\xi)}(\xi=1,2;i,j,k=1,2,3)$ 的具体表达式

$\xi=1$	具体表达式	多项式形式	$\xi=2$	具体表达式	多项式形式
$N_{11,1'}^{(1)}$	$-f_1(\bar{\varkappa}')\bar{q}c_\phi$	$\sum_{m=0}^{9} C_{111,m}^{S(1)}x^m$	$N_{11,1'}^{(2)}$	$-4x\eta_\alpha^2\gamma f_2(\bar{\varkappa}')\bar{q}c_\phi$	$\sum_{m=0}^{10} C_{111,m}^{S(2)}x^m$
$N_{12,1'}^{(1)}$	$-\left(\gamma^3-16x^2g'\eta_\alpha^2\right)\varkappa'\bar{q}s_\phi$	$\sum_{m=0}^{9} C_{121,m}^{S(1)}x^m$	$N_{12,1'}^{(2)}$	$-4x\eta_\alpha^2\gamma\left(g'-\gamma\right)\varkappa'\bar{q}s_\phi$	$\sum_{m=0}^{10} C_{121,m}^{S(2)}x^m$
$N_{13,1'}^{(1)}$	$x\epsilon\gamma^3$	$\sum_{m=0}^{9} C_{131,m}^{S(1)}x^m$	$N_{13,1'}^{(2)}$	$4x^2g'\eta_\alpha^2\gamma\epsilon$	$\sum_{m=0}^{10} C_{131,m}^{S(2)}x^m$
$N_{22,1'}^{(1)}$	$-f_1(\varkappa)\bar{q}c_\phi$	$\sum_{m=0}^{9} C_{221,m}^{S(1)}x^m$	$N_{22,1'}^{(2)}$	$-4x\eta_\alpha^2\gamma f_2(\varkappa)\bar{q}c_\phi$	$\sum_{m=0}^{10} C_{221,m}^{S(2)}x^m$
$N_{23,1'}^{(1)}$	$x\zeta\gamma^3$	$\sum_{m=0}^{9} C_{231,m}^{S(1)}x^m$	$N_{23,1'}^{(2)}$	$4x^2g'\eta_\alpha^2\gamma\zeta$	$\sum_{m=0}^{10} C_{231,m}^{S(2)}x^m$
$N_{31,1'}^{(1)}$	$8x^3g'\eta_\alpha^2\epsilon$	$\sum_{m=0}^{9} C_{311,m}^{S(1)}x^m$	$N_{31,1'}^{(2)}$	$2x^2\eta_\alpha^2\gamma^2\epsilon$	$\sum_{m=0}^{10} C_{311,m}^{S(2)}x^m$
$N_{32,1'}^{(1)}$	$8x^3g'\eta_\alpha^2\zeta$	$\sum_{m=0}^{9} C_{321,m}^{S(1)}x^m$	$N_{32,1'}^{(2)}$	$2x^2\eta_\alpha^2\gamma^2\zeta$	$\sum_{m=0}^{10} C_{321,m}^{S(2)}x^m$
$N_{33,1'}^{(1)}$	$8x^2g'^2\eta_\alpha^2\bar{q}c_\phi$	$\sum_{m=0}^{9} C_{331,i}^{S(1)}x^m$	$N_{33,1'}^{(2)}$	$2xg'\eta_\alpha^2\gamma^2\bar{q}c_\phi$	$\sum_{m=0}^{10} C_{331,m}^{S(2)}x^m$
$N_{11,2'}^{(1)}$	$-f_1(\bar{\varkappa})\bar{q}s_\phi$	$\sum_{m=0}^{9} C_{112,m}^{S(1)}x^m$	$N_{11,2'}^{(2)}$	$-4x\eta_\alpha^2\gamma f_2(\bar{\varkappa})\bar{q}s_\phi$	$\sum_{m=0}^{10} C_{112,m}^{S(2)}x^m$
$N_{12,2'}^{(1)}$	$-\left(\gamma^3-16x^2g'\eta_\alpha^2\right)\bar{\varkappa}'\bar{q}c_\phi$	$\sum_{m=0}^{9} C_{122,m}^{S(1)}x^m$	$N_{12,2'}^{(2)}$	$-4x\eta_\alpha^2\gamma\left(g'-\gamma\right)\bar{\varkappa}'\bar{q}c_\phi$	$\sum_{m=0}^{10} C_{122,m}^{S(2)}x^m$
$N_{22,2'}^{(1)}$	$-f_1(\varkappa')\bar{q}s_\phi$	$\sum_{m=0}^{9} C_{222,m}^{S(1)}x^m$	$N_{22,2'}^{(2)}$	$-4x\eta_\alpha^2\gamma f_2(\varkappa')\bar{q}s_\phi$	$\sum_{m=0}^{10} C_{222,m}^{S(2)}x^m$
$N_{23,2'}^{(1)}$	$x\bar{\epsilon}\gamma^3$	$\sum_{m=0}^{9} C_{232,m}^{S(1)}x^m$	$N_{23,2'}^{(2)}$	$4x^2g'\eta_\alpha^2\gamma\bar{\epsilon}$	$\sum_{m=0}^{10} C_{232,m}^{S(2)}x^m$
$N_{32,2'}^{(1)}$	$8x^3g'\eta_\alpha^2\bar{\epsilon}$	$\sum_{m=0}^{9} C_{322,m}^{S(1)}x^m$	$N_{32,2'}^{(2)}$	$2x^2\eta_\alpha^2\gamma^2\bar{\epsilon}$	$\sum_{m=0}^{10} C_{322,m}^{S(2)}x^m$

与 P 波项类似, 通过附录 G 中描述的方法得到 $N_{ij}^{(\xi)}$ 和 $N_{ij,k'}^{(\xi)}$ 的多项式系数 $C_{ij,m}^{S(\xi)}$ 和 $C_{ijk,m}^{S(\xi)}$ 的具体数值。

7.3.2　有理分式的部分分式表示

将式 (7.3.1) 中各式的有理分式写成部分分式的形式

$$\frac{N_{ij}^{(1)}(x)}{R'^{S}(x)}=\frac{u_{ij,1}^{S(0)}x+u_{ij,2}^{S(0)}}{x^2+y_1'}+\frac{u_{ij,3}^{S(0)}x+u_{ij,4}^{S(0)}}{x^2+y_2'}+\frac{u_{ij,5}^{S(0)}x+u_{ij,6}^{S(0)}}{x^2+y_3'}+\sum_{m=7}^{9}u_{ij,m}^{S(0)}x^{m-7} \quad (7.3.2\text{a})$$

$$\frac{N_{ij}^{(2)}(x)}{R'^{S}(x)}=\frac{v_{ij,1}^{S(0)}x+v_{ij,2}^{S(0)}}{x^2+y_1'}+\frac{v_{ij,3}^{S(0)}x+v_{ij,4}^{S(0)}}{x^2+y_2'}+\frac{v_{ij,5}^{S(0)}x+v_{ij,6}^{S(0)}}{x^2+y_3'}+\sum_{m=7}^{10}v_{ij,m}^{S(0)}x^{m-7} \quad (7.3.2\text{b})$$

$$\frac{N_{ij,k'}^{(1)}(x)}{R'^{S}(x)}=\frac{u_{ij,1}^{S(k)}x+u_{ij,2}^{S(k)}}{x^2+y_1'}+\frac{u_{ij,3}^{S(k)}x+u_{ij,4}^{S(k)}}{x^2+y_2'}+\frac{u_{ij,5}^{S(k)}x+u_{ij,6}^{S(k)}}{x^2+y_3'}+\sum_{m=7}^{10}u_{ij,m}^{S(k)}x^{m-7} \quad (7.3.2\text{c})$$

$$\frac{N_{ij,k'}^{(2)}(x)}{R'^{S}(x)}=\frac{v_{ij,1}^{S(k)}x+v_{ij,2}^{S(k)}}{x^2+y_1'}+\frac{v_{ij,3}^{S(k)}x+v_{ij,4}^{S(k)}}{x^2+y_2'}+\frac{v_{ij,5}^{S(k)}x+v_{ij,6}^{S(k)}}{x^2+y_3'}+\sum_{m=7}^{11}v_{ij,m}^{S(k)}x^{m-7} \quad (7.3.2\text{d})$$

将多项式系数 $C_{ij,m}^{S(\xi)}$ 和 $C_{ijk,m}^{S(\xi)}$ 代入式 (7.2.5) 中的 w_i $(i=1,2,\cdots,11)$ 计算公式中 (需要将其中的 y_i 替换为 y_i' $(i=1,2,3)$), 可得到部分分式的展开系数 $u_{ij,m}^{S(0)}$、$v_{ij,n}^{S(0)}$、$u_{ij,n}^{S(k)}$ 和 $v_{ij,l}^{S(k)}$ $(i,j,k=1,2,3;m=1,2,\cdots,9;n=1,2,\cdots,10;l=1,2,\cdots,11)$。

7.3.3　将待求积分表示为基本积分之和

把以部分分式形式表达的有理分式 (7.3.2) 代回积分式 (7.3.1), 得到

$$\mathbf{F}_{S_1}^{(II)}(\bar{t})=H(\bar{t}-1)\text{Im}\left[u_{ij,1}^{S(0)}U_1^{S_1}(y_1')+u_{ij,2}^{S(0)}U_2^{S_1}(y_1')+u_{ij,3}^{S(0)}U_1^{S_1}(y_2')\right.$$

$$\left.+u_{ij,4}^{S(0)}U_2^{S_1}(y_2')+u_{ij,5}^{S(0)}U_1^{S_1}(y_3')+u_{ij,6}^{S(0)}U_2^{S_1}(y_3')+\sum_{m=7}^{9}u_{ij,m}^{S(0)}U_{m-4}^{S_1}\right.$$

$$+ v_{ij,1}^{S(0)} V_1^{S_1}(y_1') + v_{ij,2}^{S(0)} V_2^{S_1}(y_1') + v_{ij,3}^{S(0)} V_1^{S_1}(y_2') + v_{ij,4}^{S(0)} V_2^{S_1}(y_2')$$

$$+ v_{ij,5}^{S(0)} V_1^{S_1}(y_3') + v_{ij,6}^{S(0)} V_2^{S_1}(y_3') + \sum_{m=7}^{10} v_{ij,m}^{S(0)} V_{m-4}^{S_1} \Bigg] \tag{7.3.3a}$$

$$\mathbf{F}_{S_2}^{(\mathrm{II})}(\bar{t}) = [H(\bar{t}-1) - H(\bar{t}-\bar{t}_S^\star)] \operatorname{Im}\Bigg[u_{ij,1}^{S(0)} U_1^{S_2}(y_1') + u_{ij,2}^{S(0)} U_2^{S_2}(y_1') + u_{ij,3}^{S(0)} U_1^{S_2}(y_2')$$

$$+ u_{ij,4}^{S(0)} U_2^{S_2}(y_2') + u_{ij,5}^{S(0)} U_1^{S_2}(y_3') + u_{ij,6}^{S(0)} U_2^{S_2}(y_3') + \sum_{m=7}^{9} u_{ij,m}^{S(0)} U_{m-4}^{S_2}$$

$$+ v_{ij,1}^{S(0)} V_1^{S_2}(y_1') + v_{ij,2}^{S(0)} V_2^{S_2}(y_1') + v_{ij,3}^{S(0)} V_1^{S_2}(y_2') + v_{ij,4}^{S(0)} V_2^{S_2}(y_2')$$

$$+ v_{ij,5}^{S(0)} V_1^{S_2}(y_3') + v_{ij,6}^{S(0)} V_2^{S_2}(y_3') + \sum_{m=7}^{10} v_{ij,m}^{S(0)} V_{m-4}^{S_2} \Bigg] \tag{7.3.3b}$$

$$\mathbf{F}_{S\text{-}P}^{(\mathrm{II})}(\bar{t}) = [H(\bar{t}-\bar{t}_{S\text{-}P}) - H(\bar{t}-1)] \operatorname{Im}\Bigg[u_{ij,1}^{S(0)} U_1^{S\text{-}P}(y_1') + u_{ij,2}^{S(0)} U_2^{S\text{-}P}(y_1') + u_{ij,3}^{S(0)} U_1^{S\text{-}P}(y_2')$$

$$+ u_{ij,4}^{S(0)} U_2^{S\text{-}P}(y_2') + u_{ij,5}^{S(0)} U_1^{S\text{-}P}(y_3') + u_{ij,6}^{S(0)} U_2^{S\text{-}P}(y_3') + \sum_{m=7}^{9} u_{ij,m}^{S(0)} U_{m-4}^{S\text{-}P}$$

$$+ v_{ij,1}^{S(0)} V_1^{S\text{-}P}(y_1') + v_{ij,2}^{S(0)} V_2^{S\text{-}P}(y_1') + v_{ij,3}^{S(0)} V_1^{S\text{-}P}(y_2') + v_{ij,4}^{S(0)} V_2^{S\text{-}P}(y_2')$$

$$+ v_{ij,5}^{S(0)} V_1^{S\text{-}P}(y_3') + v_{ij,6}^{S(0)} V_2^{S\text{-}P}(y_3') + \sum_{m=7}^{10} v_{ij,m}^{S(0)} V_{m-4}^{S\text{-}P} \Bigg] \tag{7.3.3c}$$

$$\mathbf{F}_{S_1,k'}^{(\mathrm{II})}(\bar{t}) = H(\bar{t}-1) \operatorname{Im}\Bigg[u_{ij,1}^{S(k)} U_1^{S_1}(y_1') + u_{ij,2}^{S(k)} U_2^{S_1}(y_1') + u_{ij,3}^{S(k)} U_1^{S_1}(y_2')$$

$$+ u_{ij,4}^{S(k)} U_2^{S_1}(y_2') + u_{ij,5}^{S(k)} U_1^{S_1}(y_3') + u_{ij,6}^{S(k)} U_2^{S_1}(y_3') + \sum_{m=7}^{10} u_{ij,m}^{S(k)} U_{m-4}^{S_1}$$

$$+ v_{ij,1}^{S(k)} V_1^{S_1}(y_1') + v_{ij,2}^{S(k)} V_2^{S_1}(y_1') + v_{ij,3}^{S(k)} V_1^{S_1}(y_2') + v_{ij,4}^{S(k)} V_2^{S_1}(y_2')$$

$$+ v_{ij,5}^{S(k)} V_1^{S_1}(y_3') + v_{ij,6}^{S(k)} V_2^{S_1}(y_3') + \sum_{m=7}^{11} v_{ij,m}^{S(k)} V_{m-4}^{S_1} \Bigg] \tag{7.3.3d}$$

$$\mathbf{F}_{S_2,k'}^{(\mathrm{II})}(\bar{t}) = [H(\bar{t}-1) - H(\bar{t}-\bar{t}_S^\star)] \operatorname{Im}\Bigg[u_{ij,1}^{S(k)} U_1^{S_2}(y_1') + u_{ij,2}^{S(k)} U_2^{S_2}(y_1') + u_{ij,3}^{S(k)} U_1^{S_2}(y_2')$$

$$+ u_{ij,4}^{S(k)} U_2^{S_2}(y_2') + u_{ij,5}^{S(k)} U_1^{S_2}(y_3') + u_{ij,6}^{S(k)} U_2^{S_2}(y_3') + \sum_{m=7}^{10} u_{ij,m}^{S(k)} U_{m-4}^{S_2}$$

$$+ v_{ij,1}^{S(k)} V_1^{S_2}(y_1') + v_{ij,2}^{S(k)} V_2^{S_2}(y_1') + v_{ij,3}^{S(k)} V_1^{S_2}(y_2') + v_{ij,4}^{S(k)} V_2^{S_2}(y_2')$$

$$+ v_{ij,5}^{S(k)} V_1^{S_2}(y_3') + v_{ij,6}^{S(k)} V_2^{S_2}(y_3') + \sum_{m=7}^{11} v_{ij,m}^{S(k)} V_{m-4}^{S_2} \Bigg] \tag{7.3.3e}$$

$$\mathbf{F}_{S\text{-}P,k'}^{(\mathrm{II})}(\bar{t}) = [H(\bar{t}-\bar{t}_{S\text{-}P}) - H(\bar{t}-1)] \operatorname{Im}\Bigg[u_{ij,1}^{S(k)} U_1^{S\text{-}P}(y_1') + u_{ij,2}^{S(k)} U_2^{S\text{-}P}(y_1') + u_{ij,3}^{S(k)} U_1^{S\text{-}P}(y_2')$$

$$+ u_{ij,4}^{S(k)} U_2^{S\text{-}P}(y_2') + u_{ij,5}^{S(k)} U_1^{S\text{-}P}(y_3') + u_{ij,6}^{S(k)} U_2^{S\text{-}P}(y_3') + \sum_{m=7}^{10} u_{ij,m}^{S(k)} U_{m-4}^{S\text{-}P}$$

$$+ v_{ij,1}^{\mathrm{S}(k)} V_1^{\mathrm{S\text{-}P}}(y_1') + v_{ij,2}^{\mathrm{S}(k)} V_2^{\mathrm{S\text{-}P}}(y_1') + v_{ij,3}^{\mathrm{S}(k)} V_1^{\mathrm{S\text{-}P}}(y_2') + v_{ij,4}^{\mathrm{S}(k)} V_2^{\mathrm{S\text{-}P}}(y_2')$$

$$+ v_{ij,5}^{\mathrm{S}(k)} V_1^{\mathrm{S\text{-}P}}(y_3') + v_{ij,6}^{\mathrm{S}(k)} V_2^{\mathrm{S\text{-}P}}(y_3') + \sum_{m=7}^{11} v_{ij,m}^{\mathrm{S}(k)} V_{m-4}^{\mathrm{S\text{-}P}} \Bigg] \tag{7.3.3f}$$

其中,

$$U_\xi^{\mathrm{S_1}}(c) = \int_m^{m+\mathrm{i}n'} \frac{x^{2-\xi}}{(x^2+c)\sqrt{Q^{\mathrm{S}}(x)}}\,\mathrm{d}x, \qquad V_\xi^{\mathrm{S_1}}(c) = \int_m^{m+\mathrm{i}n'} \frac{x^{2-\xi}}{(x^2+c)\sqrt{Q^{\mathrm{S}}(x)\,(x^2-k'^2)}}\,\mathrm{d}x$$

$$U_i^{\mathrm{S_1}} = \int_m^{m+\mathrm{i}n'} \frac{x^{i-3}}{\sqrt{Q^{\mathrm{S}}(x)}}\,\mathrm{d}x, \qquad V_j^{\mathrm{S_1}} = \int_m^{m+\mathrm{i}n'} \frac{x^{j-3}}{\sqrt{Q^{\mathrm{S}}(x)\,(x^2-k'^2)}}\,\mathrm{d}x$$

$$U_\xi^{\mathrm{S_2}}(c) = \int_m^{k'} \frac{x^{2-\xi}}{(x^2+c)\sqrt{Q^{\mathrm{S}}(x)}}\,\mathrm{d}x, \qquad V_\xi^{\mathrm{S_2}}(c) = \int_m^{k'} \frac{x^{2-\xi}}{(x^2+c)\sqrt{Q^{\mathrm{S}}(x)\,(x^2-k'^2)}}\,\mathrm{d}x$$

$$U_i^{\mathrm{S_2}} = \int_m^{k'} \frac{x^{i-3}}{\sqrt{Q^{\mathrm{S}}(x)}}\,\mathrm{d}x, \qquad V_j^{\mathrm{S_2}} = \int_m^{k'} \frac{x^{j-3}}{\sqrt{Q^{\mathrm{S}}(x)\,(x^2-k'^2)}}\,\mathrm{d}x$$

$$U_\xi^{\mathrm{S\text{-}P}}(c) = \int_{m+\bar{n}}^{k'} \frac{x^{2-\xi}}{(x^2+c)\sqrt{Q^{\mathrm{S}}(x)}}\,\mathrm{d}x, \qquad V_\xi^{\mathrm{S\text{-}P}}(c) = \int_{m+\bar{n}}^{k'} \frac{x^{2-\xi}}{(x^2+c)\sqrt{Q^{\mathrm{S}}(x)\,(x^2-k'^2)}}\,\mathrm{d}x$$

$$U_i^{\mathrm{S\text{-}P}} = \int_{m+\bar{n}}^{k'} \frac{x^{i-3}}{\sqrt{Q^{\mathrm{S}}(x)}}\,\mathrm{d}x, \qquad V_j^{\mathrm{S\text{-}P}} = \int_{m+\bar{n}}^{k'} \frac{x^{j-3}}{\sqrt{Q^{\mathrm{S}}(x)\,(x^2-k'^2)}}\,\mathrm{d}x \tag{7.3.4}$$

式中, $\xi = 1, 2$, $i = 3, 4, \cdots, 6$, $j = 3, 4, \cdots, 7$。以下对它们逐个求解。

7.3.4　$U_i^{\mathrm{S_1}}$、$U_i^{\mathrm{S_2}}$ 和 $U_i^{\mathrm{S\text{-}P}}$ $(i = 1, 2, \cdots, 6)$ 的求解

7.3.4.1　$U_i^{\mathrm{S_1}}$ $(i = 1, 2, \cdots, 6)$

作代换 $x = m + \mathrm{i}n' \cos\varphi$, 因此

$$U_1^{\mathrm{S_1}}(c) = \mathrm{i}\int_0^{\frac{\pi}{2}} \frac{x}{x^2+c}\,\mathrm{d}\varphi, \qquad U_2^{\mathrm{S_1}}(c) = \mathrm{i}\int_0^{\frac{\pi}{2}} \frac{1}{x^2+c}\,\mathrm{d}\varphi, \qquad U_j^{\mathrm{S_1}} = \mathrm{i}\int_0^{\frac{\pi}{2}} x^{j-3}\,\mathrm{d}\varphi$$

式中, $j = 3, 4, \cdots, 6$。这几个积分形式上与 7.2.4 节中考虑的完全相同, 因此由式 (7.2.8) ~ (7.2.10b), 直接得到

$$U_1^{\mathrm{S_1}}(c) = \frac{A_1'}{m_1 - n'} \arctan A_1' - \frac{A_2'}{m_2 + n'} \arctan A_2' \tag{7.3.5a}$$

$$U_2^{\mathrm{S_1}}(c) = \frac{\mathrm{i}}{\sqrt{c}} \left[\frac{A_1'}{m_1 - n'} \arctan A_1' + \frac{A_2'}{m_2 + n'} \arctan A_2' \right] \tag{7.3.5b}$$

$$\mathrm{Im}(U_3^{\mathrm{S_1}}) = \frac{\pi}{2}, \qquad \mathrm{Im}(U_4^{\mathrm{S_1}}) = \frac{m\pi}{2} \tag{7.3.5c}$$

$$\mathrm{Im}(U_5^{\mathrm{S_1}}) = \frac{\pi}{4}\left(2m^2 - n'^2\right), \qquad \mathrm{Im}(U_6^{\mathrm{S_1}}) = \frac{m\pi}{4}\left(2m^2 - 3n'^2\right) \tag{7.3.5d}$$

其中, $m_1 = \sqrt{c} - \mathrm{i}m$, $m_2 = \sqrt{c} + \mathrm{i}m$, $A_1' = \sqrt{\dfrac{m_1 - n'}{m_1 + n'}}$, $A_2' = \sqrt{\dfrac{m_2 + n'}{m_2 - n'}}$。

7.3.4.2 $U_i^{S_2}(c)$ 和 $U_i^{S\text{-}P}(c)$ $(i = 1, 2, \cdots, 6)$

注意到对于 S_2 和 S-P 波项, 积分限均为实数, 并且 $Q^S(x) = (x - m)^2 + n'^2 > 0$, 因此除了 c 为复数的情况以外, $U_i^{S_2}$ 和 $U_i^{S\text{-}P}$ $(i = 1, 2, \cdots, 6)$ 均为实数。对于 c 为实数的情况, 部分分式系数 $u_{ij,m}^{S(k)}$ 和 $v_{ij,n}^{S(k)}$ 也为实数, 在式 (7.3.3) 中二者相乘取虚部为零。这意味着无需计算 $U_i^{S_2}$ 和 $U_i^{S\text{-}P}$ $(i = 3, 4, 5, 6)$, 以及 c 为实数时的 $U_\xi^{S_2}$ 和 $U_\xi^{S\text{-}P}$ $(\xi = 1, 2)$。

当 $0.2631 < \nu < 0.5$ 时, y_1' 和 y_2' 是互为共轭的复数。虽然此时部分分式系数 $u_{ij,m}^{S(k)}$ 和 $v_{ij,m}^{S(k)}$ $(k = 0, 1, 2, 3; m = 1, 2, 3, 4)$, 以及基本积分 $U_\xi^{S_2}$ 和 $U_\xi^{S\text{-}P}$ $(\xi = 1, 2)$ 都为复数, 但是利用附录 I 中的方法, 不难验证

$$\mathrm{Im}\left[u_{ij,1}^{S(k)} U_1^{S_2}(y_1') + u_{ij,2}^{S(k)} U_2^{S_2}(y_1') + u_{ij,3}^{S(k)} U_1^{S_2}(y_2') + u_{ij,4}^{S(k)} U_2^{S_2}(y_2') \right] = 0$$

$$\mathrm{Im}\left[u_{ij,1}^{S(k)} U_1^{S\text{-}P}(y_1') + u_{ij,2}^{S(k)} U_2^{S\text{-}P}(y_1') + u_{ij,3}^{S(k)} U_1^{S\text{-}P}(y_2') + u_{ij,4}^{S(k)} U_2^{S\text{-}P}(y_2') \right] = 0$$

根据上面的分析, 在实际计算中, 只需要将所有的 $U_i^{S_2}$ 和 $U_i^{S\text{-}P}$ $(\xi = 1, 2, \cdots, 6)$ 赋值为零即可。

7.3.5 $V_i^{S_\xi}$ $(\xi = 1, 2; i = 1, 2, \cdots, 7)$ 的求解

与 7.2.5 节中对 V_i^P 的处理类似, 对于分母中含有根号下四次多项式的 $V_i^{S_1}$、$V_i^{S_2}$ 和 $V_i^{S\text{-}P}$ $(i = 1, 2, \cdots, 7)$, 需要首先引入分式线性变换, 将根式下方的多项式变为标准的勒让德形式, 再将积分转化为标准的椭圆积分形式。由于分式线性变换中引入的参数性质与 $\bar{t}$ 的范围有关, 因此将满足 $\bar{t} > 1$ 的 $V_i^{S_1}$ 和 $V_i^{S_2}$ 放在一起考虑。本节首先考虑 $V_i^{S_1}$ 和 $V_i^{S_2}$, 7.3.6 节再单独研究满足 $\bar{t} < 1$ 的 $V_i^{S\text{-}P}$。

7.3.5.1 分式线性变换的引入和积分的转化

对于四次多项式

$$\eta_\alpha^2(x) Q^S(x) = (x^2 + k^2 - 1)(x^2 - 2mx + \bar{t}^2 - \sin^2\theta)$$
$$\triangleq (p_1 x^2 + 2q_1 x + r_1)(p_2 x^2 + 2q_2 x + r_2)$$

其中,

$$p_1 = p_2 = 1, \quad q_1 = 0, \quad q_2 = -m, \quad r_1 = -k'^2, \quad r_2 = \bar{t}^2 - \sin^2\theta$$

引入分式线性变换

$$x = \frac{\xi_2' z - \xi_1'}{z - 1} \quad \Longleftrightarrow \quad z = \frac{x - \xi_1'}{x - \xi_2'} \tag{7.3.6}$$

其中, ξ_1' 和 ξ_2' 为满足方程

$$\xi'^2 - \frac{\bar{t}^2 - k^2 + \cos^2\theta}{m}\xi' + k'^2 = 0 \tag{7.3.7}$$

的实数。不失一般性, 仍然设 $\xi_1' > \xi_2'$。注意到对于 $V_i^{S_\xi}$, 有 $\bar{t} > 1$, 从而 $b^2 = \bar{t}^2 - 1 > 0$, 一元二次方程 (7.3.7) 的判别式

$$\Delta' = \frac{(\bar{t}^2 + k^2 - \cos^2\theta)^2 - 4k^2\bar{t}^2\sin^2\theta}{m^2}$$

$$= \frac{\left[(\bar{t}\sin\theta + k)^2 + b^2\cos^2\theta\right]\left[(\bar{t}\sin\theta - k)^2 + b^2\cos^2\theta\right]}{m^2} > 0$$

因此 ξ_1' 和 ξ_2' 均为实数。在 $\xi_1' > \xi_2'$ 的假定下，$\xi_1'\xi_2' = k'^2 > 0$，并且

$$\begin{cases} \xi_1' = \dfrac{\bar{t}^2 - k^2 + \cos^2\theta}{2m} + \dfrac{\sqrt{\Delta'}}{2} > m \\[2mm] \xi_2' = \dfrac{\bar{t}^2 - k^2 + \cos^2\theta}{2m} - \dfrac{\sqrt{\Delta'}}{2} < m \end{cases} \Longleftrightarrow \Delta' > \frac{(2m^2 - \bar{t}^2 + k^2 - \cos^2\theta)^2}{m^2} \Longleftrightarrow \bar{t} > 1$$

从而得到 $0 < \xi_2' < m < \xi_1'$。

在变换 (7.3.6) 下，类似于 P 波项的情况，有

$$\frac{\mathrm{d}x}{\eta_\alpha(x)\sqrt{Q^{\mathrm{S}}(x)}} = \frac{1}{\sqrt{\xi_2'(m - \xi_2')}} \frac{\mathrm{d}z}{\sqrt{(z_1'^2 - z^2)(z^2 + z_2'^2)}}$$

其中，$z_1' = \sqrt{\dfrac{\xi_1'}{\xi_2'}}$，$z_2' = \sqrt{\dfrac{\xi_1' - m}{m - \xi_2'}}$，均为正实数。因此，式 (7.3.4) 中的 $V_i^{\mathrm{S}\xi}$ ($\xi = 1, 2$; $i = 1, 2, \cdots, 7$) 可以写为

$$V_i^{\mathrm{S}\xi} = \frac{1}{\sqrt{\xi_2'(m - \xi_2')}} \int_{\Gamma^{(\xi)}} \frac{K_i'(z)\,\mathrm{d}z}{\sqrt{(z_1'^2 - z^2)(z^2 + z_2'^2)}} \quad (\xi = 1, 2) \tag{7.3.8}$$

式中，$K_i'(z)$ ($i = 1, 2, \cdots, 7$) 的表达式结构上与式 (7.2.14) 相同，只需要把其中的 ξ_1 和 ξ_2 分别替换成 ξ_1' 和 ξ_2'。由于积分结果与积分路径 $\Gamma^{(\zeta)}$ ($\zeta = 1, 2$) 密切相关，并且 θ 在小于和大于临界角 θ_{c} 时积分路径是有差异的，有必要分情况仔细地考察不同积分路径下的积分。

1) $\theta < \theta_{\mathrm{c}}$

这种情况下，S_1 波项的积分路径由引入分式线性变换之前的 AB 变为之后的 $A'B'$（即 $\Gamma^{(1)}$），见图 7.3.1 (a) 和 (c)。根据 $0 < \xi_2' < m$ 以及 $\bar{t} > 1$，有

$$z_1'^2 - z_2'^2 = \frac{\bar{t}^2 + k^2 + \cos^2\theta - 2}{\xi_2'(m - \xi_2')} > 0 \quad \Longleftrightarrow$$

$$\bar{t}^2 + k^2 + \cos^2\theta - 2 > k^2 + \cos^2\theta - 1 > 0 \quad \Longleftrightarrow \quad \theta < \theta_{\mathrm{c}}$$

另一方面，注意到 $\sin\theta < \sin\theta_{\mathrm{c}} = k < \sqrt{2}/2$[①]，所以有

$$0 < z_2'^2 < z_2' \quad \Longleftrightarrow \quad z_2' < 1 \quad \Longleftrightarrow \quad \xi_1' + \xi_2' < 2m \quad \Longleftrightarrow \quad \bar{t}^2 - k^2 + \cos^2\theta - 2m^2 < 0$$

$$\Longleftrightarrow \quad \bar{t}^2\sin^2\theta - m^2 - k^2 + \cos^2\theta < \bar{t}^2 k^2 - m^2 - k^2 + \cos^2\theta$$

$$= \left(\bar{t}^2 - 1\right)\left(k^2 - \cos^2\theta\right) < \left(\bar{t}^2 - 1\right)\left(2k^2 - 1\right) < 0$$

这意味着 $z_1' > z_2' > z_2'^2$ 成立。

类似于 7.2 节中对 P 波项的分析，将路径 $\Gamma^{(1)}$ 上的积分转化为沿着负实轴的 $\Gamma_1 + \Gamma_2$ 的积分与沿着正虚轴的 Γ_3 的积分之和。对于 $V_\xi^{\mathrm{S}_1}(c)$ ($\xi = 1, 2$)，在有些情况下（参见附录

---

① 根据 k 与 Poisson 比 ν 的关系式 (4.3.23)，不难看出，当 $\nu = 0$ 时，k 有最大值 $\sqrt{2}/2$。

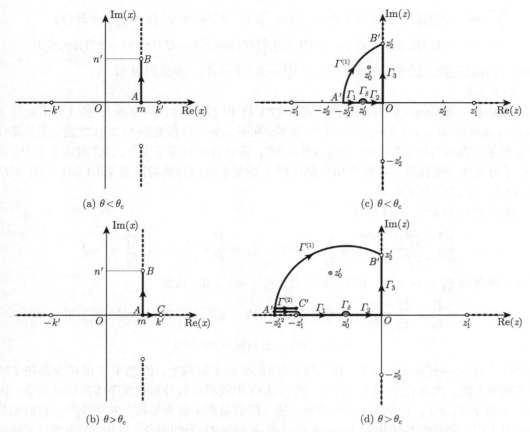

图 7.3.1 S_1 和 S_2 波项的基本积分 V_i^P 在分式变换前后的积分路径

(a) $\theta < \theta_c$ 时, 分式变换之前位于 x 的复平面内的 S_1 波项的积分路径 AB; (b) $\theta > \theta_c$ 且 $1 < \bar{t} < \cos\theta_c / \cos\theta$ 时, 分式变换之前位于 x 的复平面内的 S_1 波项的积分路径 AB 和 S_2 波项的积分路径 AC; (c) $\theta < \theta_c$ 时, 分式变换之后位于 z 的复平面内的 S_1 波项的积分路径 $\Gamma^{(1)}$; (d) $\theta > \theta_c$ 且 $1 < \bar{t} < \cos\theta_c / \cos\theta$ 时, 分式变换之后位于 z 的复平面内的 S_1 波项的积分路径 $\Gamma^{(1)}$ 和 S_2 波项的积分路径 $\Gamma^{(2)}$。空心圆圈代表枝点, 粗虚线代表割线, 中心有黑点的圆圈代表奇点 z_0'(可以是 $z_0'^+$ 或 $z_0'^-$), 在不同条件下可能位于负实轴上或者积分围路内 (不同时出现)。(c) 和 (d) 中 $\Gamma_1 + \Gamma_2$ 是位于负实轴上的积分路径, Γ_3 是位于正虚轴上的积分路径, Γ_δ 是绕过奇点 z_0' 的小圆弧路径

H) 积分路径上还可能有极点 z_0'(可以是 $z_0'^+$ 或 $z_0'^-$), 此时需要作小圆弧绕过奇点, 因此结果中还需要包括小圆弧 Γ_δ^+ 或 Γ_δ^-(分别代表绕着极点 $z_0'^+$ 和 $z_0'^-$ 的圆弧) 上的贡献。根据附录 I, 负实轴 $\Gamma_1 + \Gamma_2$ 上的积分对结果的贡献为零, 可以忽略负实轴上的积分部分, 得到类似于式 (7.2.17) 的结果

$$\begin{cases} \displaystyle\int_\Gamma = \int_{\Gamma_3} + F_1'(z_0'^+) \int_{\Gamma_\delta^+} + F_1'(z_0'^-) \int_{\Gamma_\delta^-} - 2\pi i \sum \text{res}, & \text{对于 } V_i^{S_1}(c)\ (i=1,2) \\ \displaystyle\int_\Gamma = \int_{\Gamma_3}, & \text{对于 } V_j^{S_1}\ (j=3,4,\cdots,7) \end{cases}$$

其中,

$$z_0'^+ = \frac{\xi_1' + \sqrt{-c}}{\xi_2' + \sqrt{-c}}, \qquad z_0'^- = \frac{\xi_1' - \sqrt{-c}}{\xi_2' - \sqrt{-c}}$$

$$\sum \text{res} = F_2'(z_0'^+)\text{res}(z_0'^+) + F_2'(z_0'^-)\text{res}(z_0'^-), \quad F_1'(x) = H\left(x + z_2'^2\right) - H(x)$$

$$F_2'(x) = \left[H\left(\text{Re}(x) + z_2'^2\right) - H\left(\text{Re}(x)\right)\right]\left[H\left(\text{Im}(x)\right) - H\left(\text{Im}(x) - Y'(\text{Re}(x))\right)\right]$$

$\text{res}(\cdot)$ 代表取留数, 式中的 $Y'(X) = \sqrt{(z_2'^2 + X)(1 - X)}$, 参见附录 H。

2) $\theta > \theta_c$

根据第二类 Lamb 问题的积分形式解 (7.1.1) 和 (7.1.2c), 在 $\theta > \theta_c$ 且 $1 < \bar{t} < \bar{t}_S^\star = \cos\theta_c/\cos\theta$(即 $m < k'$) 的情况下, $V_i^{S_2}$ 非零。在引入分式线性变换 (7.3.6) 之前, 积分路径在 x 的复平面内为图 7.3.1 (b) 中的 $AB + AC$, 其中 AB 对应于 $V_i^{S_1}$, AC 对应于 $V_i^{S_2}$。而在作了分式线性变换后, 这两个积分路径在 z 的复平面内分别对应图 7.3.1 (d) 中的 $A'B'$ 和 $A'C'$, 即 $\Gamma^{(1)}$ 和 $\Gamma^{(2)}$。

由于 $\xi_1'\xi_2' = k'^2$, 不难得到

$$\frac{k'^2 + \xi_1'^2 - 2k'\xi_1'}{k'^2 + \xi_2'^2 - 2k'\xi_2'} = \frac{\xi_1'}{\xi_2'} \implies z_{C'} = \frac{k' - \xi_1'}{k' - \xi_2'} = -\sqrt{\frac{\xi_1'}{\xi_2'}} = -z_1'$$

同时, 注意到 $\xi_2' < m < k'$, 因此 $(k' - \xi_2')(\xi_2' - m) < 0$, 从而

$$z_{C'} = \frac{k' - \xi_1'}{k' - \xi_2'} > \frac{\xi_1' - m}{\xi_2' - m} = -z_2'^2 \iff (k' - \xi_1')(\xi_2' - m) < (k' - \xi_2')(\xi_1' - m)$$

$$\iff (\xi_1' - \xi_2')(k' - m) > 0$$

所以有 $-z_2'^2 < -z_1' = z_{C'}$ 成立。这意味着此时 A' 位于割线上, 因此 $V_i^{S_2}$ 的积分路径 $\Gamma^{(2)}$ 沿着割线上缘。当 z 位于 $A'C'$ 上时, 式 (7.3.8) 中被积函数分母根式下方的因式为负, 因此与 z 位于 $\Gamma_1 + \Gamma_2$ 上的情况不同的是, 这一段的被积函数为复数。对于 $V_i^{S_1}$, 它的积分路径为 $\Gamma^{(1)}$, 仍然将其转化为 $\Gamma_{A'C'} + \Gamma_1 + \Gamma_\delta + \Gamma_2 + \Gamma_3$ 上的积分, 其中 Γ_δ 为当负实轴的积分路径上存在奇点时作的小圆弧, $\Gamma_{A'C'}$ 代表割线上缘 $A'C'$ 段的路径。注意到积分 $V_i^{S_2}$ 的存在范围是 $1 < \bar{t} < \bar{t}_S^\star$, 在这个时间段中, $\Gamma_{A'C'}$ 与 $V_i^{S_2}$ 的积分路径 $\Gamma^{(2)}$ 是重合的。在式 (7.1.1) 中, S_1 波项和 S_2 波项是相减的关系, 这意味着将 $V_i^{S_1} - V_i^{S_2}$ $(i = 1, 2, \cdots, 7)$ 作为一个整体考虑, $\Gamma_{A'C'}$ 上的积分贡献正好消去。与 $\theta < \theta_c$ 的情况类似, $\Gamma_1 + \Gamma_2$ 上的积分对结果没有贡献, 可以直接略去。

以上讨论的是 $1 < \bar{t} < \bar{t}_S^\star$ 的情况。当 $\bar{t} > \bar{t}_S^\star$ 时, 超出了 $V_i^{S_2}$ 的作用范围, 仅有 $V_i^{S_1}$ 起作用。此时 $m > k'$, 有 $-z_2'^2 > -z_1'$ 成立, 与图 7.3.1 (c) 中显示的 $\theta < \theta_c$ 情况类似, $\Gamma_1 + \Gamma_2$ 在枝点 $-z_1'$ 的右侧, 因此对最终的结果无贡献。

综上讨论, 如果定义

$$V_i^S = \begin{cases} V_i^{S_1}, & \bar{t} > \bar{t}_S^\star \\ V_i^{S_1} - H(\theta - \theta_c)V_i^{S_2}, & 1 < \bar{t} < \bar{t}_S^\star \end{cases} \quad (i = 1, 2, \cdots, 7)$$

则可以将结果统一表示为

$$V_i^S = \begin{cases} \displaystyle\int_{\Gamma_3} + F_1'(z_0'^+)\int_{\Gamma_\delta^+} + F_1'(z_0'^-)\int_{\Gamma_\delta^-} - 2\pi\mathrm{i}\sum\text{res}, & i = 1, 2 \\ \displaystyle\int_{\Gamma_3}, & i = 3, 4, \cdots, 7 \end{cases} \tag{7.3.9}$$

$F'(x)$ 的定义修正为 $F'_1(x) = H\left(x - \max(-z'_1, -z'^2_2)\right) - H(x)$。这是因为对于 $\theta > \theta_c$ 且 $1 < \bar{t} < \bar{t}_S$ 的情况，如果 z'^+_0 或 z'^-_0 位于割线 $A'C'$ 上，那么对于 $V^{S_1}_\xi(c)$ 和 $V^{S_2}_\xi(c)$ $(\xi = 1, 2)$，都需要计算小圆弧上的积分，二者相减抵消掉了，所以只需要判断奇点是否位于 $(-z'_1, 0)$ 区间上即可。

对于所有的 V^S_i $(i = 1, 2, \cdots, 7)$，式 (7.3.9) 显示共同的部分是 Γ_3 上的积分。此时的积分变量 z 为纯虚数，根据式 (7.3.8)，有

$$
\int_{\Gamma_3} = \frac{1}{\sqrt{\xi'_2 (m - \xi'_2)}} \int_0^{iz_2} \frac{K'_i(z)\,\mathrm{d}z}{\sqrt{(z'^2_1 - z^2)(z^2 + z'^2_2)}}
$$
$$
\xrightarrow{z = iz_2\bar{z}} \frac{i}{\sqrt{\xi'_2 (\xi'_1 - m)}} \int_0^1 \frac{K'_i(\bar{z})\,\mathrm{d}\bar{z}}{\sqrt{(z'^2_1/z'^2_2 + \bar{z}^2)(1 - \bar{z}^2)}} \tag{7.3.10}
$$

$K'_i(\bar{z})$ 的表达式结构上与式 (7.2.19) 相同。注意到根式下方并不是标准的勒让德形式，因此需要进一步通过合适的变换 "凑成" 标准的勒让德形式。根据附录 F 中表 F.1 的第四行，作代换 $\bar{z} = \sqrt{1 - \tilde{z}^2}$，上式进一步转化为

$$
\int_{\Gamma_3} = ic_s \int_0^1 \frac{K'_i(\tilde{z})\,\mathrm{d}\tilde{z}}{\sqrt{(1 - \tilde{z}^2)(1 - m_s\tilde{z}^2)}} \tag{7.3.11}
$$

其中，$m_s = \dfrac{z'^2_2}{z'^2_1 + z'^2_2} = \dfrac{\xi'_2(\xi'_1 - m)}{m(\xi'_1 - \xi'_2)}$，$c_s = \sqrt{\dfrac{m_s}{\xi'_2(\xi'_1 - m)}} = \dfrac{1}{\sqrt{m(\xi'_1 - \xi'_2)}}$。

以下针对具体形式的 $K'_i(\tilde{z})$ 求解。

7.3.5.2 $V^S_1(c)$

根据式 (7.2.21)，将 $\bar{z} = \sqrt{1 - \tilde{z}^2}$ 代入，得到

$$
K'_1(\tilde{z}) = \frac{\xi'_2}{c + \xi'^2_2} + \frac{\zeta'_1}{1 - n_{S_1}\tilde{z}^2} + \frac{\zeta'_2}{1 - n_{S_2}\tilde{z}^2} + \frac{i\bar{\zeta}'_1 z'_2\bar{z}}{s'_1 - z'^2_2\bar{z}^2} + \frac{i\bar{\zeta}'_2 z'_2\bar{z}}{s'_2 - z'^2_2\bar{z}^2} \tag{7.3.12}
$$

其中，$n_{S_1} = \dfrac{z'^2_2}{z'^2_2 - s'_1}$，$n_{S_2} = \dfrac{z'^2_2}{z'^2_2 - s'_2}$，

$$
\zeta'_1 = \frac{(\xi'_1 + s'_1\xi'_2)\left[s'_1(c + \xi'^2_2) + (c + \xi'^2_1)\right]}{(s'_2 - s'_1)(c + \xi'^2_2)^2(s'_1 - z'^2_2)}, \quad \zeta'_2 = \frac{(\xi'_1 + s'_2\xi'_2)\left[s'_2(c + \xi'^2_2) + (c + \xi'^2_1)\right]}{(s'_1 - s'_2)(c + \xi'^2_2)^2(s'_2 - z'^2_2)}
$$

$$
\bar{\zeta}'_1 = \frac{(\xi'_1 - \xi'_2)\left[s'_1(c - \xi'^2_2) + (c - \xi'^2_1)\right]}{(s'_2 - s'_1)(c + \xi'^2_2)^2}, \quad \bar{\zeta}'_2 = \frac{(\xi'_1 - \xi'_2)\left[s'_2(c - \xi'^2_2) + (c - \xi'^2_1)\right]}{(s'_1 - s'_2)(c + \xi'^2_2)^2}
$$

$$
s'_1 = -\frac{\left[c + \xi'_1\xi'_2 + (\xi'_1 - \xi'_2)\sqrt{-c}\right]^2}{(c + \xi'^2_2)^2}, \quad s'_2 = -\frac{\left[c + \xi'_1\xi'_2 - (\xi'_1 - \xi'_2)\sqrt{-c}\right]^2}{(c + \xi'^2_2)^2}
$$

1) c 为实数 $(\mathrm{Im}(c) = 0)$

与 7.2.5.2 节中讨论的 $V^P_1(c)$ 的情况类似，对于 Γ_3 上的积分，只需要考虑式 (7.3.12) 中的实部即可。并且，当 $c < 0$ 时，判断负实轴的积分路径上是否有奇点，如果有，需要加上奇点的贡献；而当 $c > 0$ 时，判断积分路径所围路径中是否有奇点，如果有，加上奇点的留数。根据式 (7.2.24)，可得类似的结果

$$\begin{aligned}
\mathrm{Im}\left[V_1^{\mathrm{S}}(c)\right] = & c_{\mathrm{s}}\left[\frac{\xi_2' K(m_{\mathrm{s}})}{c+\xi_2'^2} + \zeta_1'\Pi(n_{\mathrm{S}_1}, m_{\mathrm{s}}) + \zeta_2'\Pi(n_{\mathrm{S}_2}, m_{\mathrm{s}})\right] \\
& - \pi H(-c)\left[F_1'(z_0'^+)d_1'^+ + F_1'(z_0'^-)d_1'^-\right] \\
& - 2\pi H(c)\left[F_2'(z_0'^+)d_1'^+ + F_2'(z_0'^-)d_1'^-\right] \qquad (\mathrm{Im}(c)=0)
\end{aligned} \tag{7.3.13}$$

其中,

$$d_1'^{\pm} = \frac{c_{\mathrm{s}}'(z_0'^{\pm}-1)(\xi_2'z_0'^{\pm}-\xi_1')}{(c+\xi_2'^2)\left(z_0'^{\pm}-z_0'^{\mp}\right)\sqrt{\left[z_1'^2-(z_0'^{\pm})^2\right]\left[(z_0'^{\pm})^2+z_2'^2\right]}}$$

$$z_0'^{\pm} = \frac{\xi_1'\pm\sqrt{-c}}{\xi_2'\pm\sqrt{-c}}, \quad c_{\mathrm{s}}' = \frac{1}{\sqrt{\xi_2'(m-\xi_2')}}$$

$$F_1'(x) = H\left(x-\max(-z_1', -z_2'^2)\right) - H(x), \quad Y'(X) = \sqrt{(z_2'^2+X)(1-X)}$$

$$F_2'(x) = \left[H\left(\mathrm{Re}(x)+z_2'^2\right) - H\left(\mathrm{Re}(x)\right)\right]\left[H\left(\mathrm{Im}(x)\right) - H\left(\mathrm{Im}(x)-Y'(\mathrm{Re}(x))\right)\right]$$

2) c 为复数 $(\mathrm{Im}(c)\neq 0)$

此时 c 为复数, 式 (7.3.12) 等号右边的各项均为复数, 因此与 c 为实数情况不同的是, 最后两项对最终结果也有贡献。前三项代入式 (7.3.11) 中, 结果与式 (7.3.13) 中相应的项 (第一行等号右边) 相同。将式 (7.3.12) 等号右边的最后两项代入式 (7.3.10), 得到

$$\begin{aligned}
\int_{\Gamma_3} \stackrel{y=\bar{z}^2}{=\!=\!=} & -\frac{z_2'}{2\sqrt{\xi_2'(\xi_1'-m)}}\int_0^1\left[\frac{\bar{\zeta}_1'}{s_1'-z_2'^2 y} + \frac{\bar{\zeta}_2'}{s_2'-z_2'^2 y}\right]\frac{\mathrm{d}y}{\sqrt{(1-y)(z_1'^2/z_2'^2+y)}} \\
= & \frac{1}{2z_2'\sqrt{\xi_2'(\xi_1'-m)}}\int_0^1\left[\frac{\bar{\zeta}_1'}{y-s_1'/z_2'^2} + \frac{\bar{\zeta}_2'}{y-s_2'/z_2'^2}\right]\frac{\mathrm{d}y}{\sqrt{(1-y)(z_1'^2/z_2'^2+y)}}
\end{aligned}$$

形式上与 6.4.4.1 节研究的 $V_1^{\mathrm{S}_1}(c)$ 完全相同, 只需要作替换 $b\to 1$, $k'\to z_1'/z_2'$, 以及 $c\to s_i'/z_2'^2$ $(i=1,2)$ 即可, 因此可以通过类比直接得到

$$\int_{\Gamma_3} = -\frac{1}{\sqrt{\xi_2'(m-\xi_2')}}\left[\frac{\bar{\zeta}_1'}{\alpha_{11}'\alpha_{12}'}\arctan\frac{z_2'\alpha_{11}'}{z_1'\alpha_{12}'} + \frac{\bar{\zeta}_2'}{\alpha_{21}'\alpha_{22}'}\arctan\frac{z_2'\alpha_{21}'}{z_1'\alpha_{22}'}\right]$$

式中, $\alpha_{i1}' = \sqrt{s_i'+z_1'^2}$, $\alpha_{i2}' = \sqrt{s_i'-z_2'^2}$ $(i=1,2)$。

c 为复数的情况下, 在满足特定的条件时, 积分路径所围区域内可能有奇点, 参见附录 H, 这时需要计算它们的留数的贡献: $\mathrm{res}(z_0'^+)=d_1'^+$, $\mathrm{res}(z_0'^-)=d_1'^-$。

综合上述讨论, 得到 c 取复数时 $V_1^{\mathrm{S}}(c)$ 的结果为

$$\begin{aligned}
V_1^{\mathrm{S}}(c) = & \mathrm{i}c_{\mathrm{s}}\left[\frac{\xi_2' K(m_{\mathrm{s}})}{c+\xi_2'^2} + \zeta_1'\Pi(n_{\mathrm{S}_1}, m_{\mathrm{s}}) + \zeta_2'\Pi(n_{\mathrm{S}_2}, m_{\mathrm{s}})\right] \\
& - \frac{1}{\sqrt{\xi_2'(m-\xi_2')}}\left[\frac{\bar{\zeta}_1'}{\alpha_{11}'\alpha_{12}'}\arctan\frac{z_2'\alpha_{11}'}{z_1'\alpha_{12}'} + \frac{\bar{\zeta}_2'}{\alpha_{21}'\alpha_{22}'}\arctan\frac{z_2'\alpha_{21}'}{z_1'\alpha_{22}'}\right] \\
& - 2\pi\mathrm{i}\left[F_2'(z_0'^+)d_1'^+ + F_2'(z_0'^-)d_1'^-\right] \qquad (\mathrm{Im}(c)\neq 0)
\end{aligned} \tag{7.3.14}$$

7.3.5.3 $V_2^S(c)$

$V_2^S(c)$ 与 $V_1^S(c)$ 的区别仅在于 K_2' 的分子与 K_1' 不同，解法类似，因此直接罗列相关结果。

$$K_2'(\bar{z}) = \frac{1}{c + \xi_2'^2} + \frac{\eta_1'}{1 - n_{S_1}\bar{z}^2} + \frac{\eta_2'}{1 - n_{S_2}\bar{z}^2} - \frac{\mathrm{i}\bar{\eta}_1' z_2'\bar{z}}{s_1' - z_2'^2\bar{z}^2} - \frac{\mathrm{i}\bar{\eta}_2' z_2'\bar{z}}{s_2' - z_2'^2\bar{z}^2}$$

其中，$n_{S_1} = \dfrac{z_2'^2}{z_2'^2 - s_1'}$，$n_{S_2} = \dfrac{z_2'^2}{z_2'^2 - s_2'}$，

$$\eta_1' = \frac{(c + \xi_2'^2)\, s_1'^2 - [(\xi_1' - \xi_2')^2 - 2(c + \xi_1'\xi_2')]\, s_1' + (c + \xi_1'^2)}{(s_2' - s_1')\,(c + \xi_2'^2)^2\,(s_1' - z_2'^2)}$$

$$\eta_2' = \frac{(c + \xi_2'^2)\, s_2'^2 - [(\xi_1' - \xi_2')^2 - 2(c + \xi_1'\xi_2')]\, s_2' + (c + \xi_1'^2)}{(s_1' - s_2')\,(c + \xi_2'^2)^2\,(s_2' - z_2'^2)}$$

$$\bar{\eta}_1' = \frac{2\,(\xi_1' - \xi_2')\,(s_1'\xi_2' + \xi_1')}{(s_2' - s_1')\,(c + \xi_2'^2)^2}, \quad \bar{\eta}_2' = \frac{2\,(\xi_1' - \xi_2')\,(s_2'\xi_2' + \xi_1')}{(s_1' - s_2')\,(c + \xi_2'^2)^2}$$

$$s_1' = -\frac{\left[c + \xi_1'\xi_2' + (\xi_1' - \xi_2')\sqrt{-c}\right]^2}{(c + \xi_2'^2)^2}, \quad s_2' = -\frac{\left[c + \xi_1'\xi_2' - (\xi_1' - \xi_2')\sqrt{-c}\right]^2}{(c + \xi_2'^2)^2}$$

1) c 为实数 ($\mathrm{Im}(c) = 0$)

$$\boxed{\begin{aligned}
\mathrm{Im}\left[V_2^S(c)\right] = {} & c_s\left[\frac{K(m_s)}{c + \xi_2'^2} + \eta_1'\Pi(n_{S_1}, m_s) + \eta_2'\Pi(n_{S_2}, m_s)\right] \\
& - \pi H(-c)\left[F_1'(z_0'^+)d_2'^+ + F_1'(z_0'^-)d_2'^-\right] \\
& - 2\pi H(c)\left[F_2'(z_0'^+)d_2'^+ + F_2'(z_0'^-)d_2'^-\right] \qquad (\mathrm{Im}(c) = 0)
\end{aligned}}$$

$$(7.3.15)$$

其中，

$$z_0'^{\pm} = \frac{\xi_1' \pm \sqrt{-c}}{\xi_2' \pm \sqrt{-c}}, \quad d_2'^{\pm} = \frac{c_s'\,(z_0'^{\pm} - 1)^2}{(c + \xi_2'^2)\,(z_0'^{\pm} - z_0'^{\mp})\sqrt{\left[z_1'^2 - (z_0'^{\pm})^2\right]\left[(z_0'^{\pm})^2 + z_2'^2\right]}}$$

$$F_1'(x) = H\left(x - \max(-z_1', -z_2'^2)\right) - H(x), \quad Y'(X) = \sqrt{(z_2'^2 + X)(1 - X)}$$

$$F_2'(x) = \left[H\left(\mathrm{Re}(x) + z_2'^2\right) - H\left(\mathrm{Re}(x)\right)\right]\left[H\left(\mathrm{Im}(x)\right) - H\left(\mathrm{Im}(x) - Y'(\mathrm{Re}(x))\right)\right]$$

2) c 为复数 ($\mathrm{Im}(c) \neq 0$)

$$\boxed{\begin{aligned}
V_2^S(c) = {} & \mathrm{i}c_s\left[\frac{K(m_s)}{c + \xi_2'^2} + \eta_1'\Pi(n_{S_1}, m_s) + \eta_2'\Pi(n_{S_2}, m_s)\right] \\
& + \frac{1}{\sqrt{\xi_2'(m - \xi_2')}}\left[\frac{\bar{\eta}_1'}{\alpha_{11}'\alpha_{12}'}\arctan\frac{z_2'\alpha_{11}'}{z_1'\alpha_{12}'} + \frac{\bar{\eta}_2'}{\alpha_{21}'\alpha_{22}'}\arctan\frac{z_2'\alpha_{21}'}{z_1'\alpha_{22}'}\right] \\
& - 2\pi\mathrm{i}\left[F_2'(z_0'^+)d_2'^+ + F_2'(z_0'^-)d_2'^-\right] \qquad (\mathrm{Im}(c) \neq 0)
\end{aligned}}$$

$$(7.3.16)$$

其中，$\alpha_{i1}' = \sqrt{s_i' + z_1'^2}$，$\alpha_{i2}' = \sqrt{s_i' - z_2'^2}$ ($i = 1, 2$)。

7.3.5.4　V_i^{S} $(i = 3, 4, \cdots, 7)$

注意到在式 (7.3.10) 的积分系数中含有 i, 因此与 7.2.5.4 节中考虑的 V_i^{P} $(i = 3, 4, \cdots, 7)$ 类似, 我们只需要求 K_i' $(i = 3, 4, \cdots, 7)$ 的实部的积分即可。注意到 K_i' 的结构与 K_i 相同, 只需要将 ξ_i 替换为 ξ_i', 将 z_2 替换为 z_2' 即可, 同时, 令 $\bar{z}^2 = 1 - \tilde{z}^2$, 因此可以通过类比直接写出

$$\mathrm{Re}(K_3') = 1, \quad \mathrm{Re}(K_4') = \xi_2' - \frac{\beta_{11}'}{z_2'^2(\tilde{z}^2 + a')}$$

$$\mathrm{Re}(K_5') = \xi_2'^2 + \frac{\beta_{11}'\beta_{13}'}{z_2'^2(\tilde{z}^2 + a')} + \frac{2\beta_{11}'^2}{z_2'^4(\tilde{z}^2 + a')^2}$$

$$\mathrm{Re}(K_6') = \xi_2'^3 + \frac{3\xi_2'\beta_{11}'\beta_{12}'}{z_2'^2(\tilde{z}^2 + a')} - \frac{3\beta_{11}'^2\beta_{13}}{z_2'^4(\tilde{z}^2 + a')^2} - \frac{4\beta_{11}'^3}{z_2'^6(\tilde{z}^2 + a')^3}$$

$$\mathrm{Re}(K_7') = \xi_2'^4 + \frac{2\xi_2'^2\beta_{11}'\beta_{35}'}{z_2'^2(\tilde{z}^2 + a')} + \frac{\beta_{11}'^2(\beta_{15}' - 4k'^2)}{z_2'^4(\tilde{z}^2 + a')^2} + \frac{8\beta_{11}'^3\beta_{13}}{z_2'^6(\tilde{z}^2 + a')^3} + \frac{8\beta_{11}'^4}{z_2'^8(\tilde{z}^2 + a')^4}$$

式中, $\beta_{ij}' = i\xi_1' - j\xi_2'$, $a' = -(z_2'^2 + 1)/z_2'^2$。将上式代入式 (7.3.11), 得到

$$\mathrm{Im}\left(V_3^{\mathrm{S}}\right) = c_{\mathrm{s}} H_0^{(2)} \tag{7.3.17a}$$

$$\mathrm{Im}\left(V_4^{\mathrm{S}}\right) = c_{\mathrm{s}}\left[\xi_2' H_0^{(2)} - \beta_{11}' z_2'^{-2} H_1^{(2)}\right] \tag{7.3.17b}$$

$$\mathrm{Im}\left(V_5^{\mathrm{S}}\right) = c_{\mathrm{s}}\left[\xi_2'^2 H_0^{(2)} + \beta_{11}'\beta_{13}' z_2'^{-2} H_1^{(2)} + 2\beta_{11}'^2 z_2'^{-4} H_2^{(2)}\right] \tag{7.3.17c}$$

$$\mathrm{Im}\left(V_6^{\mathrm{S}}\right) = c_{\mathrm{s}}\left[\xi_2'^3 H_0^{(2)} + 3\xi_2'\beta_{11}'\beta_{12}' z_2'^{-2} H_1^{(2)} - 3\beta_{11}'^2\beta_{13} z_2'^{-4} H_2^{(2)} - 4\beta_{11}'^3 z_2'^{-6} H_3^{(2)}\right] \tag{7.3.17d}$$

$$\begin{aligned}\mathrm{Im}\left(V_7^{\mathrm{S}}\right) = c_{\mathrm{s}}\Big[&\xi_2'^4 H_0^{(2)} + 2\xi_2'^2\beta_{11}'\beta_{35}' z_2'^{-2} H_1^{(2)} + \beta_{11}^2(\beta_{15}'^2 - 4k'^2) z_2'^{-4} H_2^{(2)}\\ &+ 8\beta_{11}'^3\beta_{13} z_2'^{-6} H_3^{(2)} + 8\beta_{11}'^4 z_2'^{-8} H_4^{(2)}\Big]\end{aligned} \tag{7.3.17e}$$

其中, $m_{\mathrm{s}} = \dfrac{z_2'^2}{z_1'^2 + z_2'^2} = \dfrac{\xi_2'(\xi_1' - m)}{m(\xi_1' - \xi_2')}$, $n_{\mathrm{S}3} = \dfrac{z_2'^2}{z_2'^2 + 1}$, 以及

$$H_2^{(2)} = \frac{\gamma_1^{(2)} H_1^{(2)} - m^{(2)} H_{-1}^{(2)}}{2\gamma_3^{(2)}}, \quad H_3^{(2)} = \frac{3\gamma_1^{(2)} H_2^{(2)} - 2\gamma_2^{(2)} H_1^{(2)} + m^{(2)} H_0^{(2)}}{4\gamma_3^{(2)}}$$

$$H_4^{(2)} = \frac{5\gamma_1^{(2)} H_3^{(2)} - 4\gamma_2^{(2)} H_2^{(2)} + 3m^{(2)} H_1^{(2)}}{6\gamma_3^{(2)}}, \quad \gamma_1^{(2)} = 3m^{(2)}\left(a^{(2)}\right)^2 + 2a^{(2)}\left(m^{(2)} + 1\right) + 1$$

$$\gamma_2^{(2)} = m^{(2)} + 1 + 3m^{(2)}a^{(2)}, \quad \gamma_3^{(2)} = a^{(2)}\left(a^{(2)} + 1\right)\left(a^{(2)}m^{(2)} + 1\right)$$

$$H_1^{(2)} = \frac{1}{a^{(2)}}\Pi\left(-\frac{1}{a^{(2)}}, m^{(2)}\right), \quad H_0^{(2)} = K\left(m^{(2)}\right), \quad a^{(2)} = a' = -\frac{z_2'^2 + 1}{z_2'^2}$$

$$H_{-1}^{(2)} = \frac{1}{m^{(2)}}\left[\left(a^{(2)}m^{(2)} + 1\right) K\left(m^{(2)}\right) - E\left(m^{(2)}\right)\right], \quad m^{(2)} = m_{\mathrm{s}}$$

7.3.6 $V_i^{\text{S-P}}$ $(i = 1, 2, \cdots, 7)$ 的求解

与 $\bar{t} > 1$ 的 $V_i^{S\xi}$ $(\xi = 1, 2; i = 1, 2, \cdots, 7)$ 不同，$V_i^{\text{S-P}}$ 作用的时间范围是 $\bar{t}_{\text{S-P}} < \bar{t} < 1$，即

$$\bar{t} > \cos(\theta - \theta_c) = \cos\theta\cos\theta_c + \sin\theta\sin\theta_c = k'\cos\theta + k\sin\theta$$

仍然引入分式线性变换 (7.3.6)，此时判别式

$$\Delta' = \frac{\left(\bar{t}^2 - 1 + k'^2 + \cos^2\theta\right)^2 - 4k'^2\bar{t}^2\cos^2\theta}{m^2}$$

$$= \frac{(\bar{t} + k'\cos\theta + k\sin\theta)(\bar{t} + k'\cos\theta - k\sin\theta)(\bar{t} - k'\cos\theta + k\sin\theta)(\bar{t} - k'\cos\theta - k\sin\theta)}{m^2}$$

$$> 0$$

因此 ξ_1' 和 ξ_2' 均为实数。在假定 $\xi_1' > \xi_2'$ 的情况下，得到

$$\begin{cases} m < \xi_2' = \dfrac{d}{2} - \dfrac{\sqrt{\Delta'}}{2} < \cos(\theta - \varphi) \\[2mm] \xi_1' = \dfrac{d}{2} + \dfrac{\sqrt{\Delta'}}{2} > \cos(\theta - \varphi) \end{cases} \qquad \Longleftrightarrow \quad [d - 2\cos(\theta - \varphi)]^2 < \Delta' < (d - 2m)^2$$

$$\Longleftrightarrow \quad m + \bar{n} < k' \iff \cos(\theta - \theta_c) < \bar{t} < 1$$

其中，$d = \xi_1' + \xi_2' = (\bar{t}^2 - k^2 + \cos^2\theta)/m$，$\Delta' = d^2 - 4k'^2$，$\cos\varphi = \bar{t}$，$\cos(\theta - \varphi) = m + \bar{n}$，所以有 $0 < m < \xi_2' < m + \bar{n} < \xi_1'$ 成立。因此，

$$V_i^{\text{S-P}} = \frac{1}{\sqrt{\xi_2'\left(\xi_2' - m\right)}} \int_\Gamma \frac{K_i'(z)\,\mathrm{d}z}{\sqrt{(z_1'^2 - z^2)(z_2'^2 - z^2)}} \tag{7.3.18}$$

式中，$K_i'(z)$ $(i = 1, 2, \cdots, 7)$ 的表达式与 7.3.5 节的相同，而 $z_1' = \sqrt{\dfrac{\xi_1'}{\xi_2'}}$，$z_2' = \sqrt{\dfrac{\xi_1' - m}{\xi_2' - m}}$。又由于

$$z_1'^2 - z_2'^2 = \frac{\xi_1'}{\xi_2'} - \frac{\xi_1' - m}{\xi_2' - m} = -\frac{(\xi_1' - \xi_2')m}{\xi_2'(\xi_2' - m)} < 0$$

从而有 $z_1' < z_2'$。

注意到在引入分式变换之前，$V_i^{\text{S-P}}$ 的积分路径为位于正 x 轴上的线段 AB，见式 (7.3.4) 和图 7.3.2 (a)。根据式 (7.3.4) 中的表达式，$V_\xi^{\text{S-P}}(c)$ $(\xi = 1, 2)$ 在 $x = \pm\sqrt{-c}$ 处有奇点，当 c 为负数时 (Poisson 比 $0 < \nu < 0.2631$ 时的 y_1' 和 y_2')，它位于 x 轴上。根据 6.4.1 节中关于 y_i' $(i = 1, 2, 3)$ 的讨论可知，$c < -k'^2 < 0$，从而 $\sqrt{-c} > k'$。图 7.3.2 (a) 中显示了 $\sqrt{-c}$ 的位置，它位于积分路径终点 B 的右侧。引入分式变换之后，积分路径 Γ 为位于 z 的负实轴割线上的一个线段 $A'B'$，如图 7.3.2 (b) 所示，A' 和 B' 点分别位于枝点 $-z_2'$ 和 $-z_1'$ 处。这是因为

$$z_{B'} = \frac{k'^2 - \xi_1'}{k'^2 - \xi_2'} = -z_1', \quad z_{A'}^2 = \frac{(m + \bar{n} - \xi_1')^2}{(m + \bar{n} - \xi_2')^2} = \frac{\xi_1' - m}{\xi_2' - m} = z_2'^2$$

注意到 $\xi_2' < x_A = m + \bar{n} < \xi_1'$，因此 $z_{A'} = -z_2'$。根据 $k' < \sqrt{-c} < 1$，有下式成立

$$z_0'^- = \frac{\xi_1' - \sqrt{-c}}{\xi_2' - \sqrt{-c}} > -z_1' \quad \Longleftrightarrow \quad \frac{(\xi_1' - \sqrt{-c})^2}{(\xi_2' - \sqrt{-c})^2} < \frac{\xi_1'}{\xi_2'} \quad \Longleftrightarrow \quad -c > \xi_1' \xi_2' = k'^2$$

意味着极点 $z_0'^-$ 位于枝点 $-z_1$ 的左侧，不在积分路径 Γ 上[①]。

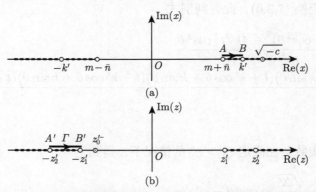

图 7.3.2　S-P 波项的基本积分 $V_i^{\text{S-P}}$ 在分式变换前后的积分路径

(a) 分式变换之前位于 x 的复平面内的积分路径 AB；(b) 分式变换之后位于 z 的复平面内的积分路径 $\Gamma = A'B'$。空心圆圈代表枝点，粗虚线代表割线，中心有黑点的圆圈代表奇点 $x = \sqrt{-c}$ $(c < 0)$((a) 中) 和 $z = z_0'^-$((b) 中)

基于以上分析，式 (7.3.18) 可具体写为

$$V_i^{\text{S-P}} = \frac{-\mathrm{i}}{\sqrt{\xi_2'\,(\xi_2' - m)}} \int_{-z_2'}^{-z_1'} \frac{K_i(z)\,\mathrm{d}z}{\sqrt{(z^2 - z_1^2)\,(z_2^2 - z^2)}}$$

由附录 F 中表 F.1 的第三行，作代换 $z = -z_2'\sqrt{1 - m_{\text{S-P}}\,\bar{z}^2}$，$m_{\text{S-P}} = 1 - \dfrac{z_1'^2}{z_2'^2} = \dfrac{m(\xi_1' - \xi_2')}{\xi_2'(\xi_1' - m)}$，上式用 $\bar{z}$ 表示为

$$V_i^{\text{S-P}} = -\mathrm{i}c_{\text{S-P}} \int_0^1 \frac{K_i(\bar{z})\,\mathrm{d}\bar{z}}{\sqrt{(1 - \bar{z}^2)\,(1 - m_{\text{S-P}}\,\bar{z}^2)}} \quad (i = 1, 2, \cdots, 7) \tag{7.3.19}$$

其中，$c_{\text{S-P}} = \dfrac{1}{\sqrt{\xi_2'\,(\xi_1' - m)}}$。以下分别考虑这些积分的计算。

7.3.6.1　$V_1^{\text{S-P}}(c)$

根据式 (7.2.14a)，

$$
\begin{aligned}
K_1(z) &= \frac{\xi_2'(c + \xi_2'^2)z^4 - (\xi_1' + \xi_2')(c + \xi_1'\xi_2')z^2 + \xi_1'(c + \xi_1'^2)}{(c + \xi_2'^2)^2 z^4 - 2\left[(c + \xi_1'\xi_2')^2 - c(\xi_1' - \xi_2')^2\right]z^2 + (c + \xi_1'^2)^2} \\
&\quad - \frac{\left[(\xi_1' - \xi_2')(c - \xi_2'^2)z^2 - (\xi_1' - \xi_2')(c - \xi_1'^2)\right]z}{(c + \xi_2'^2)^2 z^4 - 2\left[(c + \xi_1'\xi_2')^2 - c(\xi_1' - \xi_2')^2\right]z^2 + (c + \xi_1'^2)^2} \\
&= \frac{\xi_2'(c + \xi_2'^2)z^4 - (\xi_1' + \xi_2')(c + \xi_1'\xi_2')z^2 + \xi_1'(c + \xi_1'^2)}{(c + \xi_2'^2)^2 \left[z^2 - (z_0'^+)^2\right]\left[z^2 - (z_0'^-)^2\right]}
\end{aligned}
$$

[①] $z_0'^+ = (\xi_1' + \sqrt{-c})/(\xi_2' + \sqrt{-c}) > 0$ 更不可能在积分路径上。

$$- \frac{[(\xi_1' - \xi_2')(c - \xi_2'^2)z^2 - (\xi_1' - \xi_2')(c - \xi_1'^2)] z}{(c + \xi_2'^2)^2 \left[z^2 - (z_0'^+)^2\right] \left[z^2 - (z_0'^-)^2\right]}$$

$$= \frac{\xi_2'}{c + \xi_2'^2} + \frac{\lambda^+}{z^2 - (z_0'^+)^2} + \frac{\lambda^-}{z^2 - (z_0'^-)^2} - \frac{\lambda'^+ z}{z^2 - (z_0'^+)^2} - \frac{\lambda'^- z}{z^2 - (z_0'^-)^2}$$

其中,

$$z_0'^+ = \frac{\xi_1' + \sqrt{-c}}{\xi_2' + \sqrt{-c}}, \quad \lambda^+ = \frac{[\xi_2'(z_0'^+)^2 - \xi_1'][(c + \xi_2'^2)(z_0'^+)^2 - (c + \xi_1'^2)]}{(c + \xi_2'^2)^2[(z_0'^+)^2 - (z_0'^-)^2]}$$

$$z_0'^- = \frac{\xi_1' - \sqrt{-c}}{\xi_2' - \sqrt{-c}}, \quad \lambda^- = \frac{[\xi_2'(z_0'^-)^2 - \xi_1'][(c + \xi_2'^2)(z_0'^-)^2 - (c + \xi_1'^2)]}{(c + \xi_2'^2)^2[(z_0'^-)^2 - (z_0'^+)^2]}$$

$$\lambda'^+ = \frac{(\xi_1' - \xi_2')[(c - \xi_2'^2)(z_0'^+)^2 - (c - \xi_1'^2)]}{(c + \xi_2'^2)^2[(z_0'^+)^2 - (z_0'^-)^2]}, \quad \lambda'^- = \frac{(\xi_1' - \xi_2')[(c - \xi_2'^2)(z_0'^-)^2 - (c - \xi_1'^2)]}{(c + \xi_2'^2)^2[(z_0'^-)^2 - (z_0'^+)^2]}$$

将 $z = -z_2'\sqrt{1 - m_{\text{S-P}}\bar{z}^2}$ 代入上式, 得到

$$K_1(\bar{z}) = \frac{\xi_2'}{c + \xi_2'^2} + \frac{\lambda^+}{z_2'^2 - (z_0'^+)^2 - z_2'^2 m_{\text{S-P}} \bar{z}^2} + \frac{\lambda^-}{z_2'^2 - (z_0'^-)^2 - z_2'^2 m_{\text{S-P}} \bar{z}^2}$$
$$+ \frac{\lambda'^+ z_2'\sqrt{1 - m_{\text{S-P}}\bar{z}^2}}{z_2'^2 - (z_0'^+)^2 - z_2'^2 m_{\text{S-P}} \bar{z}^2} + \frac{\lambda'^- z_2'\sqrt{1 - m_{\text{S-P}}\bar{z}^2}}{z_2'^2 - (z_0'^-)^2 - z_2'^2 m_{\text{S-P}} \bar{z}^2}$$

代入式 (7.3.19), 得到

$$V_1^{\text{S-P}}(c) = -\mathrm{i}c_{\text{S-P}} \left[\frac{\xi_2'}{c + \xi_2'^2} K(m_{\text{S-P}}) + \frac{\lambda^+ \Pi\left(n_{\text{S-P}}^+, m_{\text{S-P}}\right)}{z_2'^2 - (z_0'^+)^2} + \frac{\lambda^- \Pi\left(n_{\text{S-P}}^-, m_{\text{S-P}}\right)}{z_2'^2 - (z_0'^-)^2} + J_1^+ + J_1^- \right]$$

其中,

$$n_{\text{S-P}}^+ = \frac{z_2'^2 m_{\text{S-P}}}{z_2'^2 - (z_0'^+)^2} = \frac{z_2'^2 - z_1'^2}{z_2'^2 - (z_0'^+)^2}, \quad n_{\text{S-P}}^- = \frac{z_2'^2 m_{\text{S-P}}}{z_2'^2 - (z_0'^-)^2} = \frac{z_2'^2 - z_1'^2}{z_2'^2 - (z_0'^-)^2}$$

$$J_1^+ = \int_0^1 \frac{\lambda'^+ z_2' \, \mathrm{d}\bar{z}}{[z_2'^2 - (z_0'^+)^2 - z_2'^2 m_{\text{S-P}} \bar{z}^2]\sqrt{1 - \bar{z}^2}} \xrightarrow{\bar{z} = \sin\theta} \int_0^{\frac{\pi}{2}} \frac{\lambda'^+ z_2' \, \mathrm{d}\theta}{z_2'^2 - (z_0'^+)^2 - z_2'^2 m_{\text{S-P}} \sin^2\theta}$$

$$\xrightarrow{\text{(E.7), (E.8)}} \frac{\pi\lambda'^+ z_2'}{2\sqrt{z_2'^2 - (z_0'^+)^2}\sqrt{z_1'^2 - (z_0'^+)^2}}$$

$$J_1^+ = \frac{\pi\lambda'^- z_2'}{2\sqrt{z_2'^2 - (z_0'^-)^2}\sqrt{z_1'^2 - (z_0'^-)^2}}$$

综合上述结果, 最终得到

$$\boxed{V_1^{\text{S-P}}(c) = -\mathrm{i}c_{\text{S-P}} \left[\frac{\xi_2' K(m_{\text{S-P}})}{c + \xi_2'^2} + \frac{\lambda^+ \Pi^+}{(\mu_2^+)^2} + \frac{\lambda^- \Pi^-}{(\mu_2^-)^2} + \frac{\pi\lambda'^+ z_2'}{2\mu_1^+ \mu_2^+} + \frac{\pi\lambda'^- z_2'}{2\mu_1^- \mu_2^-} \right]} \tag{7.3.20}$$

其中, $\mu_i^{\pm} = \sqrt{z_i'^2 - (z_0'^{\pm})^2} \ (i = 1, 2)$, $\Pi^{\pm} = \Pi\left(n_{\text{S-P}}^{\pm}, m_{\text{S-P}}\right)$。

7.3.6.2　$V_2^{\text{S-P}}(c)$

根据式 (7.2.14b),

$$
\begin{aligned}
K_2(z) &= \frac{(c+\xi_2'^2)z^4 + [(\xi_1'-\xi_2')^2 - 2(c+\xi_1'\xi_2')]z^2 + (c+\xi_1'^2) + 2(\xi_2'z^2-\xi_1')(\xi_1'-\xi_2')z}{(c+\xi_2'^2)^2\,z^4 - 2\left[(c+\xi_1'\xi_2')^2 - c(\xi_1'-\xi_2')^2\right]z^2 + (c+\xi_1'^2)^2} \\[2mm]
&= \frac{(c+\xi_2'^2)z^4 + [(\xi_1'-\xi_2')^2 - 2(c+\xi_1'\xi_2')]z^2 + (c+\xi_1'^2) + 2(\xi_2'z^2-\xi_1')(\xi_1'-\xi_2')z}{(c+\xi_2'^2)^2\left[z^2-(z_0'^+)^2\right]\left[z^2-(z_0'^-)^2\right]} \\[2mm]
&= \frac{1}{c+\xi_2'^2} + \frac{\bar\lambda^+}{z^2-(z_0'^+)^2} + \frac{\bar\lambda^-}{z^2-(z_0'^-)^2} + \frac{\bar\lambda'^+ z}{z^2-(z_0'^+)^2} + \frac{\bar\lambda'^- z}{z^2-(z_0'^-)^2}
\end{aligned}
$$

其中,

$$
z_0'^+ = \frac{\xi_1'+\sqrt{-c}}{\xi_2'+\sqrt{-c}}, \quad \bar\lambda^+ = \frac{(c+\xi_2'^2)(z_0'^+)^4 + [(\xi_1'-\xi_2')^2 - 2(c+\xi_1'\xi_2')](z_0'^+)^2 + (c+\xi_1'^2)}{(c+\xi_2'^2)^2[(z_0'^+)^2-(z_0'^-)^2]}
$$

$$
z_0'^- = \frac{\xi_1'-\sqrt{-c}}{\xi_2'-\sqrt{-c}}, \quad \bar\lambda^- = \frac{(c+\xi_2'^2)(z_0'^-)^4 + [(\xi_1'-\xi_2')^2 - 2(c+\xi_1'\xi_2')](z_0'^-)^2 + (c+\xi_1'^2)}{(c+\xi_2'^2)^2[(z_0'^-)^2-(z_0'^+)^2]}
$$

$$
\bar\lambda'^+ = \frac{2(\xi_1'-\xi_2')[\xi_2'(z_0'^+)^2-\xi_1']}{(c+\xi_2'^2)^2[(z_0'^+)^2-(z_0'^-)^2]}, \quad \bar\lambda'^- = \frac{2(\xi_1'-\xi_2')[\xi_2'(z_0'^-)^2-\xi_1']}{(c+\xi_2'^2)^2[(z_0'^-)^2-(z_0'^+)^2]}
$$

类比 7.3.6.1 节中的结果, 直接得到

$$
V_2^{\text{S-P}}(c) = -\,\mathrm{i}c_{\text{S-P}}\left[\frac{K(m_{\text{S-P}})}{c+\xi_2'^2} + \frac{\bar\lambda^+\Pi^+}{(\mu_2^+)^2} + \frac{\bar\lambda^-\Pi^-}{(\mu_2^-)^2} - \frac{\pi\bar\lambda'^+ z_2'}{2\mu_1^+\mu_2^+} - \frac{\pi\bar\lambda'^- z_2'}{2\mu_1^-\mu_2^-}\right] \tag{7.3.21}
$$

7.3.6.3　$V_i^{\text{S-P}}\ (i = 3, 4, \cdots, 7)$

根据式 (7.2.14c),

$$
K_3(z) = 1, \quad K_4(z) = \xi_2' - \frac{\beta_{11}'}{z^2-1} - \frac{\beta_{11}' z}{z^2-1}
$$

$$
K_5(z) = \xi_2'^2 + \frac{\beta_{11}'\beta_{13}'}{z^2-1} + \frac{2\beta_{11}'^2}{(z^2-1)^2} - \frac{2\xi_2'\beta_{11}' z}{z^2-1} + \frac{2\beta_{11}'^2 z}{(z^2-1)^2}
$$

$$
K_6(z) = \xi_2'^3 + \frac{3\xi_2'^2\beta_{11}'\beta_{12}'}{z^2-1} - \frac{3\beta_{11}'^2\beta_{13}'}{(z^2-1)^2} - \frac{4\beta_{11}'^3}{(z^2-1)^3} - \frac{3\xi_2'^2\beta_{11}' z}{z^2-1} - \frac{\beta_{11}'^2\beta_{17}' z}{(z^2-1)^2} - \frac{4\beta_{11}'^3 z}{(z^2-1)^3}
$$

$$
\begin{aligned}
K_7(z) &= \xi_2'^4 + \frac{2\xi_2'^2\beta_{11}'\beta_{35}'}{z^2-1} + \frac{\beta_{11}'^2(\beta_{15}'-4k'^2)}{(z^2-1)^2} + \frac{8\beta_{11}'^2\beta_{13}'}{(z^2-1)^3} + \frac{8\beta_{11}'^4}{(z^2-1)^4} - \frac{4\xi_2'^3\beta_{11}' z}{z^2-1} \\[2mm]
&\quad - \frac{4\xi_2'\beta_{11}'^2\beta_{14}' z}{(z^2-1)^2} + \frac{4\beta_{11}'^3\beta_{15}' z}{(z^2-1)^3} + \frac{8\beta_{11}'^4 z}{(z^2-1)^4}
\end{aligned}
$$

将 $z = z(\bar z) = -z_2'\sqrt{1-m_{\text{S-P}}\,\bar z^2}$ 代入上式, 得到

$$
K_3(\bar z) = 1, \quad K_4(z) = \xi_2' + \frac{\beta_{11}'}{c_2(\bar z^2+a'')} - \frac{\beta_{11}' z(\bar z)}{c_1-c_2\bar z^2}
$$

$$
K_5(\bar z) = \xi_2'^2 - \frac{\beta_{11}'\beta_{13}'}{c_2(\bar z^2+a'')} + \frac{2\beta_{11}'^2}{c_2^2(\bar z^2+a'')^2} - \frac{2\xi_2'\beta_{11}' z(\bar z)}{c_1-c_2\bar z^2} + \frac{2\beta_{11}'^2 z(\bar z)}{(c_1-c_2\bar z^2)^2}
$$

$$K_6(\bar{z}) = \xi_2'^3 - \frac{3\xi_2'\beta_{11}'\beta_{12}'}{c_2(\bar{z}^2+a'')} - \frac{3\beta_{11}'^2\beta_{13}'}{c_2^2(\bar{z}^2+a'')^2} + \frac{4\beta_{11}'^3}{c_2^3(\bar{z}^2+a'')^3} - \frac{3\xi_2'^2\beta_{11}'z(\bar{z})}{c_1-c_2\bar{z}^2} - \frac{\beta_{11}'^2\beta_{17}'z(\bar{z})}{(c_1-c_2\bar{z}^2)^2}$$

$$- \frac{4\beta_{11}'^3 z(\bar{z})}{(c_1-c_2\bar{z}^2)^3}$$

$$K_7(\bar{z}) = \xi_2'^4 - \frac{2\xi_2'^2\beta_{11}'\beta_{35}'}{c_2(\bar{z}^2+a'')} + \frac{\beta_{11}'^2(\beta_{15}'^2-4k'^2)}{c_2^2(\bar{z}^2+a'')^2} - \frac{8\beta_{11}'^3\beta_{13}'}{c_2^3(\bar{z}^2+a'')^3} + \frac{8\beta_{11}'^4}{c_2^4(\bar{z}^2+a'')^4} - \frac{4\xi_2'^3\beta_{11}'z(\bar{z})}{c_1-c_2\bar{z}^2}$$

$$- \frac{4\xi_2'^2\beta_{11}'^2\beta_{14}'z(\bar{z})}{(c_1-c_2\bar{z}^2)^2} + \frac{4\beta_{11}'^3\beta_{15}'z(\bar{z})}{(c_1-c_2\bar{z}^2)^3} + \frac{8\beta_{11}'^4 z(\bar{z})}{(c_1-c_2\bar{z}^2)^4}$$

其中，$n_{\text{S-P}} = \dfrac{z_2'^2 - z_1'^2}{z_2'^2 - 1}$，$c_1 = z_2'^2 - 1$，$c_2 = z_2'^2 - z_1'^2$，$a'' = -1/n_{\text{S-P}}$。代入式 (7.3.19)，得到

$$\text{Im}(V_3^{\text{S-P}}) = -c_{\text{S-P}} H_0^{(3)} \tag{7.3.22a}$$

$$\text{Im}(V_4^{\text{S-P}}) = -c_{\text{S-P}}\left[\xi_2' H_0^{(3)} + \beta_{11}' c_2^{-1} H_1^{(3)} + \beta_{11}' z_2' M_1\right] \tag{7.3.22b}$$

$$\text{Im}(V_5^{\text{S-P}}) = -c_{\text{S-P}}\Big[\xi_2'^2 H_0^{(3)} - \beta_{11}'\beta_{13}' c_2^{-1} H_1^{(3)} + 2\beta_{11}'^2 c_2^{-2} H_2^{(3)}$$
$$+ 2\beta_{11}' z_2'(\xi_2' M_1 - \beta_{11}' M_2)\Big] \tag{7.3.22c}$$

$$\text{Im}(V_6^{\text{S-P}}) = -c_{\text{S-P}}\Big[\xi_2'^3 H_0^{(3)} - 3\xi_2'\beta_{11}'\beta_{12}' c_2^{-1} H_1^{(3)} - 3\beta_{11}'^2\beta_{13}' c_2^{-2} H_2^{(3)}$$
$$+ 4\beta_{11}'^3 c_2^{-3} H_3^{(3)} + \beta_{11}' z_2'(3\xi_2'^2 M_1 + \beta_{11}'\beta_{17}' M_2 + 4\beta_{11}'^2 M_3)\Big] \tag{7.3.22d}$$

$$\text{Im}(V_7^{\text{S-P}}) = -c_{\text{S-P}}\Big[\xi_2'^4 H_0^{(3)} - 2\xi_2'^2\beta_{11}'\beta_{35}' c_2^{-1} H_1^{(3)} + \beta_{11}^2(\beta_{15}'^2 - 4k'^2)c_2^{-2} H_2^{(3)}$$
$$- 8\beta_{11}'^3\beta_{13} c_2^{-3} H_3^{(3)} + 8\beta_{11}'^4 c_2^{-4} H_4^{(3)} + 4\beta_{11}' z_2'(\xi_2'^3 M_1 + \xi_2'\beta_{11}'\beta_{14}' M_2$$
$$- \beta_{11}'^2\beta_{15}' M_3 - 2\beta_{11}'^3 M_4)\Big] \tag{7.3.22e}$$

式中，

$$H_2^{(3)} = \frac{\gamma_1^{(3)} H_1^{(3)} - m^{(3)} H_{-1}^{(3)}}{2\gamma_3^{(3)}}, \quad H_3^{(3)} = \frac{3\gamma_1^{(3)} H_2^{(3)} - 2\gamma_2^{(3)} H_1^{(3)} + m^{(3)} H_0^{(3)}}{4\gamma_3^{(3)}}$$

$$H_4^{(3)} = \frac{5\gamma_1^{(3)} H_3^{(3)} - 4\gamma_2^{(3)} H_2^{(3)} + 3m^{(3)} H_1^{(3)}}{6\gamma_3^{(3)}}, \quad \gamma_1^{(3)} = 3m^{(3)}\left(a^{(3)}\right)^2 + 2a^{(3)}\left(m^{(3)}+1\right) + 1$$

$$\gamma_2^{(3)} = m^{(3)} + 1 + 3m^{(3)} a^{(3)}, \quad \gamma_3^{(3)} = a^{(3)}\left(a^{(3)}+1\right)\left(a^{(3)} m^{(3)}+1\right)$$

$$H_1^{(3)} = \frac{1}{a^{(3)}}\Pi\left(-\frac{1}{a^{(3)}}, m^{(3)}\right), \quad H_0^{(3)} = K\left(m^{(3)}\right), \quad a^{(3)} = a'' = -\frac{1}{n_{\text{S-P}}}$$

$$H_{-1}^{(3)} = \frac{1}{m^{(3)}}\left[\left(a^{(3)} m^{(3)}+1\right) K\left(m^{(3)}\right) - E\left(m^{(3)}\right)\right]$$

$$m^{(3)} = m_{\text{S-P}} = \frac{m(\xi_1' - \xi_2')}{\xi_2'(\xi_1' - m)}, \quad M_i = \int_0^{\frac{\pi}{2}} \frac{\mathrm{d}\theta}{(c_1 - c_2\sin^2\theta)^i} \quad (i = 1, 2, \cdots, 4)$$

由 $z_2' > z_1' > 1$ 可知 $c_1 > c_2 > 0$，因此由附录 E，得到

$$M_1 \overset{\text{(E.7)}}{=\!=\!=} \frac{\pi}{2\sqrt{c_1}\sqrt{c_1 - c_2}}, \qquad M_2 \overset{\text{(E.9a)}}{=\!=\!=} \frac{\pi(2c_1 - c_2)}{4[c_1(c_1 - c_2)]^{3/2}}$$

$$M_3 \overset{\text{(E.9b)}}{=\!=\!=} \frac{\pi(8c_1^2 - 8c_1c_2 + 3c_2^2)}{16[c_1(c_1 - c_2)]^{5/2}}, \qquad M_4 \overset{\text{(E.9c)}}{=\!=\!=} \frac{\pi(2c_1 - c_2)(8c_1^2 - 8c_1c_2 + 5c_2^2)}{32[c_1(c_1 - c_2)]^{7/2}}$$

7.4　数值实现和正确性检验

与第 6 章中介绍的第一类 Lamb 问题的广义闭合形式解求解过程类似，第二类 Lamb 问题的广义闭合解也是通过将积分形式解进行拆解，转化为一系列部分分式的展开系数与基本积分乘积的组合。二者的求解架构是相同的，但是在技术处理上有明显的区别。在第二类 Lamb 问题中，源和观测点不是同时位于地表，因此不存在第一类 Lamb 问题中遇到的奇异性问题[1]。这是相较于第一类 Lamb 问题，第二类 Lamb 问题求解相对方便的地方[2]。但是另一方面，求解第二类 Lamb 问题的广义闭合形式解相比于求解第一类 Lamb 问题的广义闭合形式解的复杂之处，不仅在于部分分式的系数更为复杂，以至于很难用紧凑的形式表达，而且也在于基本积分的求解过程，将它们转化为标准的椭圆积分形式颇费周折。由于根式下方的四次多项式中含有奇数次幂，不仅需要引入分式线性变换消去根式下方的奇次方项，而且还需要有很多额外的技术操作，比如尽管基本积分形式已经比较简单了，但是分式线性变换之后，有理分式部分结果较为复杂，还要进一步通过部分分式展开才能达到将其表示成椭圆积分形式的目的。

在完成理论公式的推导之后，我们在本节中继续将其进行数值实现。一方面，检验所发展的一套公式是否正确。在确保正确的基础之上，另一方面的重要工作是，检验闭合形式解相比于积分解效率如何。只有效率上有显著的提升，我们在本章中所发展的公式才具有现实的意义。

7.4.1　数值实现的步骤

除了求解过程比较复杂，而且公式繁多，为了方便数值实现，仿照第 6 章的做法，首先梳理主要的步骤并罗列数值实现要用到的公式。

7.4.1.1　第一步：求 Rayleigh 方程的根

这一步与 6.6.1.1 节描述的完全相同。求解以下三次方程的根：

$$y^3 - \frac{2\nu^2 + 1}{2(1-\nu)}y^2 + \frac{4\nu^3 - 4\nu^2 + 4\nu - 1}{4(1-\nu)^2}y - \frac{\nu^4}{8(1-\nu)^3} = 0$$

其中，ν 是 Poisson 比。当 $0 < \nu < 0.2631$ 时，方程有一个正根和两个负根；而当 $0.2631 < \nu < 0.5$ 时，方程有一个正根和两个共轭复根。令正根为 y_3，另外两个根分别为 y_1 和 y_2。S 波项的求解过程中的 $y_i' = y_i - k'^2$ $(i = 1, 2, 3)$，其中 $k'^2 = 1 - k^2$ $(k = \beta/\alpha)$。

---

① 回顾本章对于基本积分的求解过程，我们并没有处理过奇异积分，仅有积分路径上的奇点或积分路径所围区域中的奇点，也是由于为了计算方便而转换的积分路径才遇到的。

② 也正是因为这一点，求解闭合形式解不是绝对必须的，完全可以利用数值方法来直接计算积分，这也是长久以来没有第二类 Lamb 问题广义闭合解的重要原因之一。

7.4.1.2 第二步: 求部分分式展开的系数

1) P 波项部分分式展开的系数

首先按照附录 G 中叙述的方法, 由表 7.2.1 和表 7.2.2 中的具体表达式, 得到 $C_{ij,m}^{\mathrm{P}(\xi)}$ 和 $C_{ijk,m}^{\mathrm{P}(\xi)}$ ($\xi = 1, 2$; $i, j, k = 1, 2, 3$; $m = 0, 1, 2, \cdots, 8 \sim 10$)。代入下式,

$$w_1 = \frac{\sum_{m=0}^{4} c_{2m+1}(-y_1)^m}{(y_1 - y_2)(y_1 - y_3)}, \quad w_2 = \frac{\sum_{m=0}^{5} c_{2m}(-y_1)^m}{(y_1 - y_2)(y_1 - y_3)}, \quad w_3 = \frac{\sum_{m=0}^{4} c_{2m+1}(-y_2)^m}{(y_2 - y_1)(y_2 - y_3)}$$

$$w_4 = \frac{\sum_{m=0}^{5} c_{2m}(-y_2)^m}{(y_2 - y_1)(y_2 - y_3)}, \quad w_5 = \frac{\sum_{m=0}^{4} c_{2m+1}(-y_3)^m}{(y_3 - y_1)(y_3 - y_2)}, \quad w_6 = \frac{\sum_{m=0}^{5} c_{2m}(-y_3)^m}{(y_3 - y_1)(y_3 - y_2)}$$

$$w_7 = c_6 - c_8(y_1 + y_2 + y_3) + c_{10}(y_1^2 + y_2^2 + y_3^2 + y_1 y_2 + y_2 y_3 + y_3 y_1)$$

$$w_8 = c_7 - c_9(y_1 + y_2 + y_3), \quad w_9 = c_8 - c_{10}(y_1 + y_2 + y_3), \quad w_{10} = c_9, \quad w_{11} = c_{10}$$

其中, c_i ($i = 0, 1, 2, \cdots, 10$) 分别取 $C_{ij,m}^{\mathrm{P}(1)}$、$C_{ij,m}^{\mathrm{P}(2)}$、$C_{ijk,m}^{\mathrm{P}(1)}$ 和 $C_{ijk,m}^{\mathrm{P}(2)}$, 可分别得到部分分式展开的系数 $u_{ij,m}^{\mathrm{P}(0)}$、$v_{ij,n}^{\mathrm{P}(0)}$、$u_{ij,n}^{\mathrm{P}(k)}$ 和 $v_{ij,l}^{\mathrm{P}(k)}$ ($i, j, k = 1, 2, 3$; $m = 1, 2, \cdots, 9$; $n = 1, 2, \cdots, 10$; $l = 1, 2, \cdots, 11$)。

2) S 波项部分分式展开的系数

类似地, 由表 7.3.1 和表 7.3.2 中的具体表达式, 得到 $C_{ij,m}^{\mathrm{S}(\xi)}$ 和 $C_{ijk,m}^{\mathrm{S}(\xi)}$ ($\xi = 1, 2$; $i, j, k = 1, 2, 3$; $m = 0, 1, 2, \cdots, 8 \sim 10$), 代入将 y_i 替换成 y_i' ($i = 1, 2, 3$) 的上式中, 将 c_i ($i = 0, 1, 2, \cdots, 10$) 分别取 $C_{ij,m}^{\mathrm{S}(1)}$、$C_{ij,m}^{\mathrm{S}(2)}$、$C_{ijk,m}^{\mathrm{S}(1)}$ 和 $C_{ijk,m}^{\mathrm{S}(2)}$, 分别得到部分分式展开的系数 $u_{ij,m}^{\mathrm{S}(0)}$、$v_{ij,n}^{\mathrm{S}(0)}$、$u_{ij,n}^{\mathrm{S}(k)}$ 和 $v_{ij,l}^{\mathrm{S}(k)}$ ($i, j, k = 1, 2, 3$; $m = 1, 2, \cdots, 9$; $n = 1, 2, \cdots, 10$; $l = 1, 2, \cdots, 11$)。

7.4.1.3 第三步: 求基本积分

根据 7.2 节和 7.3 节中的讨论, 将基本积分的结果罗列如下。

1) U_i^{P} 和 $U_i^{\mathrm{S}_1}$ ($i = 1, 2, \cdots, 6$)

$$U_1^{\mathrm{P}}(c) = \frac{A_1}{m_1 - n} \arctan A_1 - \frac{A_2}{m_2 + n} \arctan A_2$$

$$U_2^{\mathrm{P}}(c) = \frac{\mathrm{i}}{\sqrt{c}} \left[\frac{A_1}{m_1 - n} \arctan A_1 + \frac{A_2}{m_2 + n} \arctan A_2 \right]$$

$$\mathrm{Im}(U_3^{\mathrm{P}}) = \frac{\pi}{2}, \quad \mathrm{Im}(U_4^{\mathrm{P}}) = \frac{m\pi}{2}, \quad \mathrm{Im}(U_5^{\mathrm{P}}) = \frac{\pi}{4}\left(2m^2 - n^2\right), \quad \mathrm{Im}(U_6^{\mathrm{P}}) = \frac{m\pi}{4}\left(2m^2 - 3n^2\right)$$

$$U_1^{\mathrm{S}_1}(c) = \frac{A_1'}{m_1 - n'} \arctan A_1' - \frac{A_2'}{m_2 + n'} \arctan A_2'$$

$$U_2^{\mathrm{S}_1}(c) = \frac{\mathrm{i}}{\sqrt{c}} \left[\frac{A_1'}{m_1 - n'} \arctan A_1' + \frac{A_2'}{m_2 + n'} \arctan A_2' \right]$$

$$\mathrm{Im}(U_3^{\mathrm{S}_1}) = \frac{\pi}{2}, \quad \mathrm{Im}(U_4^{\mathrm{S}_1}) = \frac{m\pi}{2}, \quad \mathrm{Im}(U_5^{\mathrm{S}_1}) = \frac{\pi}{4}\left(2m^2 - n'^2\right), \quad \mathrm{Im}(U_6^{\mathrm{S}_1}) = \frac{m\pi}{4}\left(2m^2 - 3n'^2\right)$$

其中,

$$m = \bar{t}\cos\theta, \quad n = \sqrt{\bar{t}^2 - k^2}\sin\theta, \quad n' = \sqrt{\bar{t}^2 - 1}\sin\theta, \quad m_1 = \sqrt{c} - \mathrm{i}m, \quad m_2 = \sqrt{c} + \mathrm{i}m$$

$$A_1 = \sqrt{\frac{m_1 - n}{m_1 + n}}, \quad A_2 = \sqrt{\frac{m_2 + n}{m_2 - n}}, \quad A_1' = \sqrt{\frac{m_1 - n'}{m_1 + n'}}, \quad A_2' = \sqrt{\frac{m_2 + n'}{m_2 - n'}}, \quad k = \frac{\beta}{\alpha}$$

2) $V_\xi^P(c)$、$V_\xi^S(c)$ 和 $V_\xi^{S\text{-}P}(c)$ $(\xi = 1, 2)$

$V_\xi^P(c)$ 和 $V_\xi^S(c)$ 结果的表达式与 c 的取值有关。

当 c 为实数时 $(\operatorname{Im}(c) = 0)$：

$$\operatorname{Im}\left[V_1^P(c)\right] = c_P\left[\zeta_0 K(m_P) + \zeta_1 \Pi(n_{P_1}, m_P) + \zeta_2 \Pi(n_{P_2}, m_P)\right]$$
$$- \pi H(-c)\left[F_1(z_0^+)d_1^+ + F_1(z_0^-)d_1^-\right] - 2\pi H(c)\left[F_2(z_0^+)d_1^+ + F_2(z_0^-)d_1^-\right]$$

$$\operatorname{Im}\left[V_2^P(c)\right] = c_P\left[\eta_0 K(m_P) + \eta_1 \Pi(n_{P_1}, m_P) + \eta_2 \Pi(n_{P_2}, m_P)\right]$$
$$- \pi H(-c)\left[F_1(z_0^+)d_2^+ + F_1(z_0^-)d_2^-\right] - 2\pi H(c)\left[F_2(z_0^+)d_2^+ + F_2(z_0^-)d_2^-\right]$$

$$\operatorname{Im}\left[V_1^S(c)\right] = c_S\left[\zeta_0' K(m_S) + \zeta_1' \Pi(n_{S_1}, m_S) + \zeta_2' \Pi(n_{S_2}, m_S)\right]$$
$$- \pi H(-c)\left[F_1'(z_0'^+)d_1'^+ + F_1'(z_0'^-)d_1'^-\right] - 2\pi H(c)\left[F_2(z_0'^+)d_1'^+ + F_2(z_0'^-)d_1'^-\right]$$

$$\operatorname{Im}\left[V_2^S(c)\right] = c_S\left[\eta_0' K(m_S) + \eta_1' \Pi(n_{S_1}, m_S) + \eta_2' \Pi(n_{S_2}, m_S)\right]$$
$$- \pi H(-c)\left[F_1'(z_0'^+)d_2'^+ + F_1'(z_0'^-)d_2'^-\right] - 2\pi H(c)\left[F_2(z_0'^+)d_2'^+ + F_2(z_0'^-)d_2'^-\right]$$

当 c 为复数时 $(\operatorname{Im}(c) \neq 0)$：

$$V_1^P(c) = \mathrm{i}c_P\left[\zeta_0 K(m_P) + \zeta_1 \Pi(n_{P_1}, m_P) + \zeta_2 \Pi(n_{P_2}, m_P)\right] - 2\pi\mathrm{i}\left[F_2(z_0^+)d_1^+ + F_2(z_0^-)d_1^-\right]$$
$$- \mathrm{i}c_P\left[\frac{z_1\bar\zeta_1}{\alpha_{11}\alpha_{21}}\arctan\frac{\mathrm{i}z_2\alpha_{11}}{z_1\alpha_{21}} + \frac{z_1\bar\zeta_2}{\alpha_{12}\alpha_{22}}\arctan\frac{\mathrm{i}z_2\alpha_{12}}{z_1\alpha_{22}}\right]$$

$$V_2^P(c) = \mathrm{i}c_P\left[\eta_0 K(m_P) + \eta_1 \Pi(n_{P_1}, m_P) + \eta_2 \Pi(n_{P_2}, m_P)\right] - 2\pi\mathrm{i}\left[F_2(z_0^+)d_2^+ + F_2(z_0^-)d_2^-\right]$$
$$+ \mathrm{i}c_P\left[\frac{z_1\bar\eta_1}{\alpha_{11}\alpha_{21}}\arctan\frac{\mathrm{i}z_2\alpha_{11}}{z_1\alpha_{21}} + \frac{z_1\bar\eta_2}{\alpha_{12}\alpha_{22}}\arctan\frac{\mathrm{i}z_2\alpha_{12}}{z_1\alpha_{22}}\right]$$

$$V_1^S(c) = \mathrm{i}c_S\left[\bar\zeta_0 K(m_S) + \bar\zeta_1 \Pi(n_{S_1}, m_S) + \bar\zeta_2 \Pi(n_{S_2}, m_S)\right] - 2\pi\mathrm{i}\left[F_2(z_0'^+)d_1'^+ + F_2(z_0'^-)d_1'^-\right]$$
$$- c_S'\left[\frac{\bar\zeta_1'}{\alpha_{11}'\alpha_{12}'}\arctan\frac{z_2'\alpha_{11}'}{z_1'\alpha_{12}'} + \frac{\bar\zeta_2'}{\alpha_{21}'\alpha_{22}'}\arctan\frac{z_2'\alpha_{21}'}{z_1'\alpha_{22}'}\right]$$

$$V_2^S(c) = \mathrm{i}c_S\left[\bar\eta_0 K(m_S) + \bar\eta_1 \Pi(n_{S_1}, m_S) + \bar\eta_2 \Pi(n_{S_2}, m_S)\right] - 2\pi\mathrm{i}\left[F_2(z_0'^+)d_2'^+ + F_2(z_0'^-)d_2'^-\right]$$
$$+ c_S'\left[\frac{\bar\eta_1'}{\alpha_{11}'\alpha_{12}'}\arctan\frac{z_2'\alpha_{11}'}{z_1'\alpha_{12}'} + \frac{\bar\eta_2'}{\alpha_{21}'\alpha_{22}'}\arctan\frac{z_2'\alpha_{21}'}{z_1'\alpha_{22}'}\right]$$

其中涉及的变量为

$$m_P = \frac{\xi_2(\xi_1 - m)}{\xi_1(\xi_2 - m)}, \quad m_S = \frac{\xi_2'(\xi_1' - m)}{m(\xi_1' - \xi_2')}, \quad n_{P_1} = \frac{z_2^2}{s_1}, \quad n_{P_2} = \frac{z_2^2}{s_2}, \quad n_{S_i} = \frac{z_2'^2}{z_2'^2 - s_i'}$$

$$h_\varsigma^\pm = c \pm \xi_\varsigma^2, \quad h_\varsigma'^\pm = c \pm \xi_\varsigma'^2 \quad (\varsigma = 1, 2), \quad z_0^\pm = \frac{\xi_1 \pm \sqrt{-c}}{\xi_2 \pm \sqrt{-c}}, \quad z_0'^\pm = \frac{\xi_1' \pm \sqrt{-c}}{\xi_2' \pm \sqrt{-c}}$$

$$\alpha_{ij} = \sqrt{z_i^2 - s_j}, \quad \alpha_{i1}' = \sqrt{s_i' + z_1'^2}, \quad \alpha_{i2}' = \sqrt{s_i' - z_2'^2} \quad (i, j = 1, 2)$$

$$z_1 = \sqrt{\left|\frac{\xi_1}{\xi_2}\right|}, \quad z_2 = \sqrt{\left|\frac{m - \xi_1}{m - \xi_2}\right|}, \quad z_1' = \sqrt{\left|\frac{\xi_1'}{\xi_2'}\right|}, \quad z_2' = \sqrt{\left|\frac{m - \xi_1'}{m - \xi_2'}\right|}$$

$$\zeta_\varsigma = \frac{(\xi_1 + s_\varsigma\xi_2)(s_\varsigma h_2^- + h_1^+)}{s_\varsigma(s_{3-\varsigma} - s_\varsigma)(h_2^+)^2}, \quad \bar\zeta_\varsigma = \frac{(\xi_1 - \xi_2)(s_\varsigma h_2^- + h_1^-)}{(s_{3-\varsigma} - s_\varsigma)(h_2^+)^2}, \quad \zeta_0 = \frac{\xi_2}{h_2^+}$$

$$\zeta'_\varsigma = \frac{(\xi'_1 + s'_\varsigma \xi'_2)(s'_\varsigma h'^+_2 + h'^+_1)}{(s'_{3-\varsigma} - s'_\varsigma)(s'_1 - z'^2_2)\left(h'^+_2\right)^2}, \quad \bar{\zeta}'_\varsigma = \frac{(\xi'_1 - \xi'_2)(s'_\varsigma h'^-_2 + h'^-_1)}{(s'_{3-\varsigma} - s'_\varsigma)\left(h'^+_2\right)^2}, \quad \zeta'_0 = \frac{\xi'_2}{h'^+_2}$$

$$\eta_\varsigma = \frac{h^+_2 s^2_\varsigma - Ds_\varsigma + h^+_1}{s_\varsigma(s_{3-\varsigma} - s_\varsigma)(h^+_2)^2}, \quad \bar{\eta}_\varsigma = \frac{2\left(\xi_1 - \xi_2\right)\left(s_\varsigma \xi_2 + \xi_1\right)}{(s_{3-\varsigma} - s_\varsigma)(h^+_2)^2}, \quad \eta_0 = \frac{1}{h^+_2}$$

$$\eta'_\varsigma = \frac{h'^+_2 s'^2_\varsigma - D's'_\varsigma + h'^+_1}{(s'_{3-\varsigma} - s'_\varsigma)(s'_\varsigma - z'^2_2)(h'^+_2)^2}, \quad \bar{\eta}'_\varsigma = \frac{2\left(\xi'_1 - \xi'_2\right)\left(s'_\varsigma \xi'_2 + \xi'_1\right)}{(s'_{3-\varsigma} - s'_\varsigma)\left(h'^+_2\right)^2}), \quad \eta'_0 = \frac{1}{h'^+_2}$$

$$D = (\xi_1 - \xi_2)^2 - 2(c + \xi_1 \xi_2), \quad D' = (\xi'_1 - \xi'_2)^2 - 2(c + \xi'_1 \xi'_2)$$

$$s_{1,2} = -\frac{\left[c + \xi_1 \xi_2 \pm (\xi_1 - \xi_2)\sqrt{-c}\right]^2}{\left(h^+_2\right)^2}, \quad s'_{1,2} = -\frac{\left[c + \xi'_1 \xi'_2 \pm (\xi'_1 - \xi'_2)\sqrt{-c}\right]^2}{\left(h'^+_2\right)^2}$$

$$d^\pm_1 = \frac{c'_{\mathrm{P}}(z^\pm_0 - 1)(\xi_2 z^\pm_0 - \xi_1)}{h^+_2\left(z^\pm_0 - z^\mp_0\right)\sqrt{\left[(z^\pm_0)^2 + z^2_1\right]\left[(z^\pm_0)^2 + z^2_2\right]}}, \quad c_{\mathrm{P}} = \frac{1}{\sqrt{\xi_1\left(m - \xi_2\right)}}$$

$$d^\pm_2 = \frac{c'_{\mathrm{P}}(z^\pm_0 - 1)^2}{h^+_2\left(z^\pm_0 - z^\mp_0\right)\sqrt{\left[(z^\pm_0)^2 + z^2_1\right]\left[(z^\pm_0)^2 + z^2_2\right]}}, \quad c'_{\mathrm{P}} = \frac{1}{\sqrt{\xi_2\left(\xi_2 - m\right)}}$$

$$d'^\pm_1 = \frac{c'_{\mathrm{s}}(z'^\pm_0 - 1)(\xi'_2 z'^\pm_0 - \xi'_1)}{h'^+_2\left(z'^\pm_0 - z'^\mp_0\right)\sqrt{\left[z'^2_1 - (z'^\pm_0)^2\right]\left[(z'^\pm_0)^2 + z'^2_2\right]}}, \quad c_{\mathrm{s}} = \frac{1}{\sqrt{m(\xi'_1 - \xi'_2)}}$$

$$d'^\pm_2 = \frac{c'_{\mathrm{s}}(z'^\pm_0 - 1)^2}{h'^+_2\left(z'^\pm_0 - z'^\mp_0\right)\sqrt{\left[z'^2_1 - (z'^\pm_0)^2\right]\left[(z'^\pm_0)^2 + z'^2_2\right]}}, \quad c'_{\mathrm{s}} = \frac{1}{\sqrt{\xi'_2(m - \xi'_2)}}$$

$$F_1(x) = H(x + z^2_2) - H(x), \quad F'_1(x) = H\left(x - \max(-z'^2_1, -z'^2_2)\right) - H(x)$$

$$F_2(x) = \left[H\left(\mathrm{Re}(x) + z^2_2\right) - H\left(\mathrm{Re}(x)\right)\right]\left[H\left(\mathrm{Im}(x)\right) - H\left(\mathrm{Im}(x) - Y\left(\mathrm{Re}(x)\right)\right)\right]$$

$$F'_2(x) = \left[H\left(\mathrm{Re}(x) + z'^2_2\right) - H\left(\mathrm{Re}(x)\right)\right]\left[H\left(\mathrm{Im}(x)\right) - H\left(\mathrm{Im}(x) - Y'\left(\mathrm{Re}(x)\right)\right)\right]$$

$$Y(X) = \sqrt{(z^2_2 + X)(1 - X)}, \quad Y'(X) = \sqrt{(z'^2_2 + X)(1 - X)}$$

$$\xi_{1,2} = \frac{\bar{t}^2 + k^2\cos^2\theta - 1}{2m} \pm \frac{\sqrt{\Delta}}{2}, \quad \xi'_{1,2} = \frac{\bar{t}^2 - k^2 + \cos^2\theta}{2m} \pm \frac{\sqrt{\Delta'}}{2}$$

$$\Delta = \frac{\left(\bar{t}^2 - k^2\cos^2\theta + 1\right)^2 - 4\bar{t}^2\sin^2\theta}{m^2}, \quad \Delta' = \frac{\left(\bar{t}^2 + k^2 - \cos^2\theta\right)^2 - 4\bar{t}^2 k^2\sin^2\theta}{m^2}$$

对于 $V^{\mathrm{S\text{-}P}}_\xi(c)$ $(\xi = 1, 2)$，c 在允许范围内取任何值都有

$$V^{\mathrm{S\text{-}P}}_1(c) = -\mathrm{i}c_{\mathrm{S\text{-}P}}\left[\zeta'_0 K\left(m_{\mathrm{S\text{-}P}}\right) + \frac{\lambda^+ \Pi^+}{(\mu^+_2)^2} + \frac{\lambda^- \Pi^-}{(\mu^-_2)^2} + \frac{\pi\lambda'^+ z'_2}{2\mu^+_1 \mu^+_2} + \frac{\pi\lambda'^- z'_2}{2\mu^-_1 \mu^-_2}\right]$$

$$V^{\mathrm{S\text{-}P}}_2(c) = -\mathrm{i}c_{\mathrm{S\text{-}P}}\left[\eta'_0 K\left(m_{\mathrm{S\text{-}P}}\right) + \frac{\bar{\lambda}^+ \Pi^+}{(\mu^+_2)^2} + \frac{\bar{\lambda}^- \Pi^-}{(\mu^-_2)^2} - \frac{\pi\bar{\lambda}'^+ z'_2}{2\mu^+_1 \mu^+_2} - \frac{\pi\bar{\lambda}'^- z'_2}{2\mu^-_1 \mu^-_2}\right]$$

涉及的变量为

$$c_{\mathrm{S\text{-}P}} = \frac{1}{\sqrt{\xi'_2\left(\xi'_1 - m\right)}}, \quad \mu^\pm_\varsigma = \sqrt{z'^2_\varsigma - (z'^\pm_0)^2} \quad (\varsigma = 1, 2)$$

$$m_{\mathrm{S\text{-}P}} = \frac{m(\xi'_1 - \xi'_2)}{\xi'_2(\xi'_1 - m)}, \quad n^\pm_{\mathrm{S\text{-}P}} = \frac{z'^2_2 - z'^2_1}{z'^2_2 - (z'^\pm_0)^2}, \quad \Pi^\pm = \Pi\left(n^\pm_{\mathrm{S\text{-}P}}, m_{\mathrm{S\text{-}P}}\right)$$

$$\lambda^{\pm} = \frac{[\xi_2'(z_0'^{\pm})^2 - \xi_1'][h_2'^+ (z_0'^{\pm})^2 - h_1'^+]}{(h_2'^+)^2[(z_0'^{\pm})^2 - (z_0'^{\mp})^2]}, \quad \lambda'^{\pm} = \frac{(\xi_1' - \xi_2')[h_2'^- (z_0'^{\pm})^2 - h_1'^-]}{(h_2'^+)^2[(z_0'^{\pm})^2 - (z_0'^{\mp})^2]}$$

$$\bar{\lambda}^{\pm} = \frac{h_2'^+ (z_0'^{\pm})^4 + D'(z_0'^{\pm})^2 + h_1'^+}{(h_2'^+)^2[(z_0'^{\pm})^2 - (z_0'^{\mp})^2]}, \quad \bar{\lambda}'^{\pm} = \frac{2(\xi_1' - \xi_2')[\xi_2'(z_0'^{\pm})^2 - \xi_1']}{(h_2'^+)^2[(z_0'^{\pm})^2 - (z_0'^{\mp})^2]}$$

其余未说明的变量与之前定义的相同。

3) V_i^{P}、V_i^{S} 和 $V_i^{\mathrm{S\text{-}P}}$ $(i = 3, 4, \cdots, 7)$

$$\mathrm{Im}\left(V_3^{\mathrm{P}}\right) = c_{\mathrm{P}} H_0^{(1)}, \quad \mathrm{Im}\left(V_4^{\mathrm{P}}\right) = c_{\mathrm{P}}\left[\xi_2 H_0^{(1)} + \beta_{11} z_2^{-2} H_1^{(1)}\right]$$

$$\mathrm{Im}\left(V_5^{\mathrm{P}}\right) = c_{\mathrm{P}}\left[\xi_2^2 H_0^{(1)} - \beta_{11}\beta_{13} z_2^{-2} H_1^{(1)} + 2\beta_{11}^2 z_2^{-4} H_2^{(1)}\right]$$

$$\mathrm{Im}\left(V_6^{\mathrm{P}}\right) = c_{\mathrm{P}}\left[\xi_2^3 H_0^{(1)} - 3\xi_2\beta_{11}\beta_{12} z_2^{-2} H_1^{(1)} - 3\beta_{11}^2\beta_{13} z_2^{-4} H_0^{(1)} + 4\beta_{11}^3 z_2^{-6} H_3^{(1)}\right]$$

$$\mathrm{Im}\left(V_7^{\mathrm{P}}\right) = c_{\mathrm{P}}\left[\xi_2^4 H_0^{(1)} - 2\xi_2^2\beta_{11}\beta_{35} z_2^{-2} H_1^{(1)} + \beta_{11}^2\left(\beta_{15}^2 + 4k'^2\right) z_2^{-4} H_2^{(1)} - 8\beta_{11}^3\beta_{13} z_2^{-6} H_3^{(1)} \right.$$
$$\left. + 8\beta_{11}^4 z_2^{-8} H_4^{(1)}\right]$$

$$\mathrm{Im}\left(V_3^{\mathrm{S}}\right) = c_{\mathrm{S}} H_0^{(2)}, \quad \mathrm{Im}\left(V_4^{\mathrm{S}}\right) = c_{\mathrm{S}}\left[\xi_2' H_0^{(2)} - \beta_{11}' z_2'^{-2} H_1^{(2)}\right]$$

$$\mathrm{Im}\left(V_5^{\mathrm{S}}\right) = c_{\mathrm{S}}\left[\xi_2'^2 H_0^{(2)} + \beta_{11}'\beta_{13}' z_2'^{-2} H_1^{(2)} + 2\beta_{11}'^2 z_2'^{-4} H_2^{(2)}\right]$$

$$\mathrm{Im}\left(V_6^{\mathrm{S}}\right) = c_{\mathrm{S}}\left[\xi_2'^3 H_0^{(2)} + 3\xi_2'\beta_{11}'\beta_{12}' z_2'^{-2} H_1^{(2)} - 3\beta_{11}'^2\beta_{13} z_2'^{-4} H_2^{(2)} - 4\beta_{11}'^3 z_2'^{-6} H_3^{(2)}\right]$$

$$\mathrm{Im}\left(V_7^{\mathrm{S}}\right) = c_{\mathrm{S}}\left[\xi_2'^4 H_0^{(2)} + 2\xi_2'^2\beta_{11}'\beta_{35}' z_2'^{-2} H_1^{(2)} + \beta_{11}^2(\beta_{15}'^2 - 4k'^2) z_2'^{-4} H_2^{(2)} + 8\beta_{11}'^3\beta_{13} z_2'^{-6} H_3^{(2)} \right.$$
$$\left. + 8\beta_{11}'^4 z_2'^{-8} H_4^{(2)}\right]$$

$$\mathrm{Im}(V_3^{\mathrm{S\text{-}P}}) = -c_{\mathrm{s\text{-}p}} H_0^{(3)}, \quad \mathrm{Im}(V_4^{\mathrm{S\text{-}P}}) = -c_{\mathrm{s\text{-}p}}\left[\xi_2' H_0^{(3)} + \beta_{11}' c_2^{-1} H_1^{(3)} + \beta_{11}' z_2' M_1\right]$$

$$\mathrm{Im}(V_5^{\mathrm{S\text{-}P}}) = -c_{\mathrm{s\text{-}p}}\left[\xi_2'^2 H_0^{(3)} - \beta_{11}'\beta_{13}' c_2^{-1} H_1^{(3)} + 2\beta_{11}'^2 c_2^{-2} H_2^{(3)} + 2\beta_{11}' z_2'(\xi_2' M_1 - \beta_{11}' M_2)\right]$$

$$\mathrm{Im}(V_6^{\mathrm{S\text{-}P}}) = -c_{\mathrm{s\text{-}p}}\left[\xi_2'^3 H_0^{(3)} - 3\xi_2'\beta_{11}'\beta_{12}' c_2^{-1} H_1^{(3)} - 3\beta_{11}'^2\beta_{13}' c_2^{-2} H_2^{(3)} + 4\beta_{11}'^3 c_2^{-3} H_3^{(3)} \right.$$
$$\left. + \beta_{11}' z_2'(3\xi_2'^2 M_1 + \beta_{11}'\beta_{17}' M_2 + 4\beta_{11}'^2 M_3)\right]$$

$$\mathrm{Im}(V_7^{\mathrm{S\text{-}P}}) = -c_{\mathrm{s\text{-}p}}\left[\xi_2'^4 H_0^{(3)} - 2\xi_2'^2\beta_{11}'\beta_{35}' c_2^{-1} H_1^{(3)} + \beta_{11}^2(\beta_{15}'^2 - 4k'^2) c_2^{-2} H_2^{(3)} \right.$$
$$\left. - 8\beta_{11}'^3\beta_{13} c_2^{-3} H_3^{(3)} + 8\beta_{11}'^4 c_2^{-4} H_4^{(3)} + 4\beta_{11}' z_2'(\xi_2'^3 M_1 + \xi_2'\beta_{11}'\beta_{14}' M_2 \right.$$
$$\left. - \beta_{11}'^2\beta_{15}' M_3 - 2\beta_{11}'^3 M_4)\right]$$

其中涉及的变量为

$$\beta_{ij} = i\xi_1 - j\xi_2, \quad \beta_{ij}' = i\xi_1' - j\xi_2', \quad c_1 = z_2'^2 - 1, \quad c_2 = z_2'^2 - z_1'^2$$

$$H_2^{(i)} = \frac{\gamma_1^{(i)} H_1^{(i)} - m^{(i)} H_{-1}^{(i)}}{2\gamma_3^{(i)}}, \quad H_3^{(i)} = \frac{3\gamma_1^{(i)} H_2^{(i)} - 2\gamma_2^{(i)} H_1^{(i)} + m^{(i)} H_0^{(i)}}{4\gamma_3^{(i)}}$$

$$H_4^{(i)} = \frac{5\gamma_1^{(i)} H_3^{(i)} - 4\gamma_2^{(i)} H_2^{(i)} + 3m^{(i)} H_1^{(i)}}{6\gamma_3^{(i)}}, \quad \gamma_1^{(i)} = 3m^{(i)}\left(a^{(i)}\right)^2 + 2a^{(i)}\left(m^{(i)} + 1\right) + 1$$

$$\gamma_2^{(i)} = m^{(i)} + 1 + 3m^{(i)}a^{(i)}, \quad \gamma_3^{(i)} = a^{(i)}\left(a^{(i)}+1\right)\left(a^{(i)}m^{(i)}+1\right), \quad H_0^{(i)} = K\left(m^{(i)}\right)$$

$$H_1^{(i)} = \frac{1}{a^{(i)}}\Pi\left(-\frac{1}{a^{(i)}}, m^{(i)}\right), \quad H_{-1}^{(i)} = \frac{1}{m^{(i)}}\left[\left(a^{(i)}m^{(i)}+1\right)K\left(m^{(i)}\right) - E\left(m^{(i)}\right)\right]$$

$$a^{(1)} = \frac{1}{z_2^2}, \quad a^{(2)} = -\frac{z_2'^2+1}{z_2'^2}, \quad a^{(3)} = -\frac{c_1}{c_2}, \quad m^{(1)} = m_{\text{P}}, \quad m^{(2)} = m_{\text{S}}, \quad m^{(3)} = m_{\text{S-P}}$$

$$M_1 = \frac{\pi}{2\sqrt{c_1}\sqrt{c_1-c_2}}, \quad M_2 = \frac{\pi(2c_1-c_2)}{4[c_1(c_1-c_2)]^{3/2}}, \quad M_3 = \frac{\pi(8c_1^2 - 8c_1c_2 + 3c_2^2)}{16[c_1(c_1-c_2)]^{5/2}}$$

$$M_4 = \frac{\pi(2c_1-c_2)(8c_1^2-8c_1c_2+5c_2^2)}{32[c_1(c_1-c_2)]^{7/2}}$$

其余未说明的变量与之前定义的相同。

7.4.1.4 通过组合得到问题的解

将以上结果代入到式 (7.2.6) 和 (7.3.3) 中, 得到

$$\begin{aligned}
\mathbf{F}_{\text{P}}^{(\text{II})}(\bar{t}) = {} & H(\bar{t}-k)\text{Im}\big[u_{ij,1}^{\text{P}(0)}U_1^{\text{P}}(y_1) + u_{ij,2}^{\text{P}(0)}U_2^{\text{P}}(y_1) + u_{ij,3}^{\text{P}(0)}U_1^{\text{P}}(y_2) + u_{ij,4}^{\text{P}(0)}U_2^{\text{P}}(y_2) \\
& + u_{ij,5}^{\text{P}(0)}U_1^{\text{P}}(y_3) + u_{ij,6}^{\text{P}(0)}U_2^{\text{P}}(y_3) + u_{ij,1}^{\text{P}(0)}V_1^{\text{P}}(y_1) + v_{ij,2}^{\text{P}(0)}V_2^{\text{P}}(y_1) + v_{ij,3}^{\text{P}(0)}V_1^{\text{P}}(y_2) \\
& + v_{ij,4}^{\text{P}(0)}V_2^{\text{P}}(y_2) + v_{ij,5}^{\text{P}(0)}V_1^{\text{P}}(y_3) + v_{ij,6}^{\text{P}(0)}V_2^{\text{P}}(y_3)\big] \\
& + H(\bar{t}-k)\left[\sum_{m=7}^{9} u_{ij,m}^{\text{P}(0)}\text{Im}\left(U_{m-4}^{\text{P}}\right) + \sum_{m=7}^{10} v_{ij,m}^{\text{P}(0)}\text{Im}\left(V_{m-4}^{\text{P}}\right)\right]
\end{aligned}$$

$$\begin{aligned}
\mathbf{F}_{\text{P},k'}^{(\text{II})}(\bar{t}) = {} & H(\bar{t}-k)\text{Im}\big[u_{ij,1}^{\text{P}(k)}U_1^{\text{P}}(y_1) + u_{ij,2}^{\text{P}(k)}U_2^{\text{P}}(y_1) + u_{ij,3}^{\text{P}(k)}U_1^{\text{P}}(y_2) + u_{ij,4}^{\text{P}(k)}U_2^{\text{P}}(y_2) \\
& + u_{ij,5}^{\text{P}(k)}U_1^{\text{P}}(y_3) + u_{ij,6}^{\text{P}(k)}U_2^{\text{P}}(y_3) + v_{ij,1}^{\text{P}(k)}V_1^{\text{P}}(y_1) + v_{ij,2}^{\text{P}(k)}V_2^{\text{P}}(y_1) + v_{ij,3}^{\text{P}(k)}V_1^{\text{P}}(y_2) \\
& + v_{ij,4}^{\text{P}(k)}V_2^{\text{P}}(y_2) + v_{ij,5}^{\text{P}(k)}V_1^{\text{P}}(y_3) + v_{ij,6}^{\text{P}(k)}V_2^{\text{P}}(y_3)\big] \\
& + H(\bar{t}-k)\left[\sum_{m=7}^{10} u_{ij,m}^{\text{P}(k)}\text{Im}\left(U_{m-4}^{\text{P}}\right) + \sum_{m=7}^{11} v_{ij,m}^{\text{P}(k)}\text{Im}\left(V_{m-4}^{\text{P}}\right)\right]
\end{aligned}$$

$$\begin{aligned}
\mathbf{F}_{\text{S}_1}^{(\text{II})}(\bar{t}) - H(\theta-\theta_{\text{c}})\mathbf{F}_{\text{S}_2}^{(\text{II})}(\bar{t}) = {} & H(\bar{t}-1)\text{Im}\big[u_{ij,1}^{\text{S}(0)}U_1^{\text{S}_1}(y_1') + u_{ij,2}^{\text{S}(0)}U_2^{\text{S}_1}(y_1') + u_{ij,3}^{\text{S}(0)}U_1^{\text{S}_1}(y_2') \\
& + u_{ij,4}^{\text{S}(0)}U_2^{\text{S}_1}(y_2') + u_{ij,5}^{\text{S}(0)}U_1^{\text{S}_1}(y_3') + u_{ij,6}^{\text{S}(0)}U_2^{\text{S}_1}(y_3') \\
& + v_{ij,1}^{\text{S}(0)}V_1^{\text{S}}(y_1') + v_{ij,2}^{\text{S}(0)}V_2^{\text{S}}(y_1') + v_{ij,3}^{\text{S}(0)}V_1^{\text{S}}(y_2') + v_{ij,4}^{\text{S}(0)}V_2^{\text{S}}(y_2') \\
& + v_{ij,5}^{\text{S}(0)}V_1^{\text{S}}(y_3') + v_{ij,6}^{\text{S}(0)}V_2^{\text{S}}(y_3')\big] \\
& + H(\bar{t}-1)\left[\sum_{m=7}^{9} u_{ij,m}^{\text{S}(0)}\text{Im}\left(U_{m-4}^{\text{S}_1}\right) + \sum_{m=7}^{10} v_{ij,m}^{\text{S}(0)}\text{Im}\left(V_{m-4}^{\text{S}}\right)\right]
\end{aligned}$$

$$\begin{aligned}
\mathbf{F}_{\text{S}_1,k'}^{(\text{II})}(\bar{t}) - H(\theta-\theta_{\text{c}})\mathbf{F}_{\text{S}_2,k'}^{(\text{II})}(\bar{t}) = {} & H(\bar{t}-1)\text{Im}\big[u_{ij,1}^{\text{S}(k)}U_1^{\text{S}_1}(y_1') + u_{ij,2}^{\text{S}(k)}U_2^{\text{S}_1}(y_1') + u_{ij,3}^{\text{S}(k)}U_1^{\text{S}_1}(y_2') \\
& + u_{ij,4}^{\text{S}(k)}U_2^{\text{S}_1}(y_2') + u_{ij,5}^{\text{S}(k)}U_1^{\text{S}_1}(y_3') + u_{ij,6}^{\text{S}(k)}U_2^{\text{S}_1}(y_3') \\
& + v_{ij,1}^{\text{S}(k)}V_1^{\text{S}}(y_1') + v_{ij,2}^{\text{S}(k)}V_2^{\text{S}}(y_1') + v_{ij,3}^{\text{S}(k)}V_1^{\text{S}}(y_2') + v_{ij,4}^{\text{S}(k)}V_2^{\text{S}}(y_2') \\
& + v_{ij,5}^{\text{S}(k)}V_1^{\text{S}}(y_3') + v_{ij,6}^{\text{S}(k)}V_2^{\text{S}}(y_3')\big]
\end{aligned}$$

$$+ H(\bar{t} - 1)\left[\sum_{m=7}^{10} u_{ij,m}^{\mathrm{S}(k)}\mathrm{Im}\left(U_{m-4}^{\mathrm{S}_1}\right) + \sum_{m=7}^{11} v_{ij,m}^{\mathrm{S}(k)}\mathrm{Im}\left(V_{m-4}^{\mathrm{S}}\right)\right]$$

$$\mathbf{F}_{\mathrm{S\text{-}P}}^{(\mathrm{II})}(\bar{t}) = \left[H\left(\bar{t} - \bar{t}_{\mathrm{S\text{-}P}}\right) - H(\bar{t} - 1)\right]\left\{\mathrm{Im}\left[v_{ij,1}^{\mathrm{S}(0)}V_1^{\mathrm{S\text{-}P}}(y_1') + v_{ij,2}^{\mathrm{S}(0)}V_2^{\mathrm{S\text{-}P}}(y_1') + v_{ij,3}^{\mathrm{S}(0)}V_1^{\mathrm{S\text{-}P}}(y_2')\right.\right.$$

$$\left.\left. + v_{ij,4}^{\mathrm{S}(0)}V_2^{\mathrm{S\text{-}P}}(y_2') + v_{ij,5}^{\mathrm{S}(0)}V_1^{\mathrm{S\text{-}P}}(y_3') + v_{ij,6}^{\mathrm{S}(0)}V_2^{\mathrm{S\text{-}P}}(y_3')\right] + \sum_{m=7}^{10} v_{ij,m}^{\mathrm{S}(0)}\mathrm{Im}\left(V_{m-4}^{\mathrm{S\text{-}P}}\right)\right\}$$

$$\mathbf{F}_{\mathrm{S\text{-}P},k'}^{(\mathrm{II})}(\bar{t}) = \left[H\left(\bar{t} - \bar{t}_{\mathrm{S\text{-}P}}\right) - H(\bar{t} - 1)\right]\left\{\mathrm{Im}\left[v_{ij,1}^{\mathrm{S}(k)}V_1^{\mathrm{S\text{-}P}}(y_1') + v_{ij,2}^{\mathrm{S}(k)}V_2^{\mathrm{S\text{-}P}}(y_1') + v_{ij,3}^{\mathrm{S}(k)}V_1^{\mathrm{S\text{-}P}}(y_2')\right.\right.$$

$$\left.\left. + v_{ij,4}^{\mathrm{S}(k)}V_2^{\mathrm{S\text{-}P}}(y_2') + v_{ij,5}^{\mathrm{S}(k)}V_1^{\mathrm{S\text{-}P}}(y_3') + v_{ij,6}^{\mathrm{S}(k)}V_2^{\mathrm{S\text{-}P}}(y_3')\right] + \sum_{m=7}^{11} v_{ij,m}^{\mathrm{S}(k)}\mathrm{Im}\left(V_{m-4}^{\mathrm{S\text{-}P}}\right)\right\}$$

最终，根据式 (7.1.1) 和 (7.1.4) 得到第二类 Lamb 问题的 Green 函数及其一阶空间导数为

$$\mathbf{G}^{(\mathrm{II})}(t) = \frac{1}{\pi^2 \mu r}\frac{\partial}{\partial t}\left[\mathbf{F}_{\mathrm{P}}^{(\mathrm{II})}(\bar{t}) + \mathbf{F}_{\mathrm{S}}^{(\mathrm{II})}(\bar{t}) - H\left(\theta - \theta_{\mathrm{c}}\right)\mathbf{F}_{\mathrm{S\text{-}P}}^{(\mathrm{II})}(\bar{t})\right]$$

$$\mathbf{G}_{,k'}^{(\mathrm{II})}(t) = \frac{1}{\pi^2 \mu \beta r}\frac{\partial^2}{\partial t^2}\left[\mathbf{F}_{\mathrm{P},k'}^{(\mathrm{II})}(\bar{t}) + \mathbf{F}_{\mathrm{S},k'}^{(\mathrm{II})}(\bar{t}) - H\left(\theta - \theta_{\mathrm{c}}\right)\mathbf{F}_{\mathrm{S\text{-}P},k'}^{(\mathrm{II})}(\bar{t})\right]$$

其中，$\mathbf{F}_{\mathrm{S}}^{(\mathrm{II})}(\bar{t}) = \mathbf{F}_{\mathrm{S}_1}^{(\mathrm{II})}(\bar{t}) - H\left(\theta - \theta_{\mathrm{c}}\right)\mathbf{F}_{\mathrm{S}_2}^{(\mathrm{II})}(\bar{t})$，$\mathbf{F}_{\mathrm{S},k'}^{(\mathrm{II})}(\bar{t}) = \mathbf{F}_{\mathrm{S}_1,k'}^{(\mathrm{II})}(\bar{t}) - H\left(\theta - \theta_{\mathrm{c}}\right)\mathbf{F}_{\mathrm{S}_2,k'}^{(\mathrm{II})}(\bar{t})$。在随后的数值计算部分中，我们实际上显示的是无量纲的以阶跃函数 $H(t)$ 为时间函数的力产生的位移场，Green 函数及其一阶导数分别为

$$\bar{\mathbf{G}}^{\mathrm{H}}(\bar{t}) = \mathbf{F}_{\mathrm{P}}^{(\mathrm{II})}(\bar{t}) + \mathbf{F}_{\mathrm{S}}^{(\mathrm{II})}(\bar{t}) - H\left(\theta - \theta_{\mathrm{c}}\right)\mathbf{F}_{\mathrm{S\text{-}P}}^{(\mathrm{II})}(\bar{t})$$

$$\bar{\mathbf{G}}_{,k'}^{\mathrm{H}}(\bar{t}) = \frac{\partial}{\partial \bar{t}}\left[\mathbf{F}_{\mathrm{P},k'}^{(\mathrm{II})}(\bar{t}) + \mathbf{F}_{\mathrm{S},k'}^{(\mathrm{II})}(\bar{t}) - H\left(\theta - \theta_{\mathrm{c}}\right)\mathbf{F}_{\mathrm{S\text{-}P},k'}^{(\mathrm{II})}(\bar{t})\right]$$

7.4.2　部分分式系数和基本积分的正确性检验

尽管 7.4.1 节中罗列的本章得到的理论公式较为复杂，但是编程实现并不困难。在 6.6.2 节中，我们讨论了数值实现过程中涉及的若干问题，比如 Rayleigh 函数的根、部分分式的展开系数，以及椭圆积分的计算。我们目前研究的第二类 Lamb 问题，仍然涉及这些问题，因此可以直接借鉴 6.6.2 节中叙述的做法，此处不再赘述。需要强调的是，由于 Green 函数及其一阶空间导数的结果是若干部分分式展开系数与基本积分乘积的组合，在编程实现的过程中谨慎小心地验证每一个组成部件的正确性是必要的。在组合得到 Green 函数及其一阶空间导数之前，我们首先需要检验部分分式系数和基本积分的正确性。

7.4.2.1　部分分式的展开系数

按照 7.4.1.2 节中叙述的流程，计算得到各个部分分式展开的系数。以 $u_{11,i}^{\mathrm{P}(0)}$（$i = 1, 2, \cdots, 9$）为例，注意到决定 $u_{11,i}^{\mathrm{P}(0)}$ 的有两个重要的参数 $\bar{t}$ 和 ν。首先随机选取一个时刻，例如 $\bar{t} = 1.2$，计算 $u_{11,i}^{\mathrm{P}(0)}$ 随 Possion 比 ν 的变化。图 7.4.1 显示了计算结果与准确值的比较。这里用于比较的 "准确值" 是运用 Maple 计算得到的[①]。$u_{11,1}^{\mathrm{P}(0)}$ 和 $u_{11,2}^{\mathrm{P}(0)}$ 与 y_1 有关，

[①] 具体地说，是将表 7.2.1 中的 $M_{11}^{(1)}(x)$ 的多项式作分子，式 (7.2.2) 中的 $R'^{\mathrm{P}}(x)$ 作分母，在 Maple 中分别赋值后，运行如下命令：`convert(M11/RP,parfrac,x)`，稍加整理即可得到 $u_{11,i}^{\mathrm{P}(0)}$（$i = 1, 2, \cdots, 9$）。

$u_{11,3}^{P(0)}$ 和 $u_{11,4}^{P(0)}$ 与 y_2 有关。当 $0 < \nu < 0.2631$ 时，y_1 和 y_2 是实数，因此 $u_{11,i}^{P(0)}$ $(i = 1, 2, \cdots, 4)$ 为实数；而当 $0.2631 < \nu < 0.5$ 时，y_1 和 y_2 是共轭复数，此时 $u_{11,i}^{P(0)}$ $(i = 1, 2, \cdots, 4)$ 为复数。$u_{11,5}^{P(0)}$ 和 $u_{11,6}^{P(0)}$ 与 y_3 有关，y_3 在 Poisson 比的整个范围内都是实数，因此相应地 $u_{11,5}^{P(0)}$ 和 $u_{11,6}^{P(0)}$ 也均为实数。同时，由于 y_1 和 y_2 是共轭复数，$u_{11,i}^{P(0)}$ $(i = 6, 7, \cdots, 9)$ 也均为实数。图 7.4.1 显示了计算得到的 $u_{11,i}^{P(0)}$ $(i = 1, 2, \cdots, 9)$ 在 Poisson 比的整个取值范围 $(0, 0.5)$ 内与准确解一致[①]。

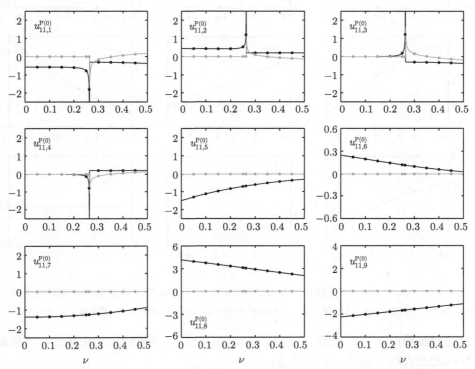

图 7.4.1　$\bar{t} = 1.2$ 时部分分式系数 $u_{11,i}^{P(0)}$ $(i = 1, 2, \cdots, 9)$ 随 ν 的变化与准确解的比较

黑线和灰线分别为根据 7.4.1.2 节中的方法得到的实部和虚部，相应地黑点和灰点为 Maple 做部分分式展开后得到的系数（准确解）。$\phi = \pi/3$, $\theta = \pi/6$

为了进一步检验不同时刻 $\bar{t}$ 的结果的正确性，图 7.4.2 显示了固定 $\nu = 0.25$ 时，$u_{11,i}^{P(0)}$ $(i = 1, 2, \cdots, 9)$ 随 $\bar{t}$ 的变化与准确解的比较。此时 y_i $(i = 1, 2, 3)$ 均为实数，因此 $u_{11,i}^{P(0)}$ 也都是实数。比较显示，不同时刻的计算结果与准确解一致。根据图 7.4.2，除了个别分量为常数以外 $(u_{11,9}^{P(0)})$，$u_{11,i}^{P(0)}$ 的其余分量的幅度都随 $\bar{t}$ 的增大呈现增加的趋势。在附录 G 中，我们曾经显示了多项式 $M_{11}^{(1)}(x)$ 的系数 $C_{11,2}^{P(1)}$ 和 $C_{11,4}^{P(1)}$ 中均含有因子 $\bar{t}^2$，正是这个因子的存在，使得根据多项式系数得到的部分分式展开的系数具有随着 $\bar{t}$ 指数增大的性质。仔细地考察这些多项式系数的表达式发现，对于 Green 函数，其中包括以 $\bar{t}^j$ $(j = 0, 1, 2)$ 为系数的成分；而对于 Green 函数的一阶导数，则包括以 $\bar{t}^j$ $(j = 0, 1, 2, 3)$ 为系数的成分。这意味着，在实际的数值实现中，我们可以在时间循环之外，计算部分分式中随 $\bar{t}$ 的不同幂次变化的成分并存储起来，而在时间循环之内，对于不同的时刻，只需要将这些成分相应

---

① 由于在 $\nu = 0.2631$ 附近曲线变化较为剧烈，图 7.4.1 中准确值的计算加密了取点。

地乘以 $\bar{t}$ 的不同幂次并求和即可。这样的策略可以最大程度地提高部分分式的计算效率。

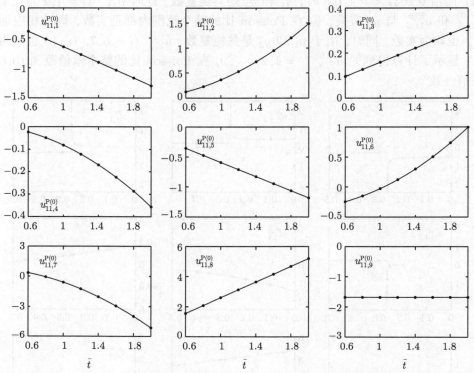

图 7.4.2　$\nu = 0.25$ 时部分分式系数 $u_{11,i}^{\mathrm{P}(0)}$ $(i = 1, 2, \cdots, 9)$ 随 $\bar{t}$ 的变化与准确解的比较

黑线为根据 7.4.1.2 节中的方法得到的结果，黑点为 Maple 做部分分式展开后得到的系数 (准确解)。$\phi = \pi/3$，$\theta = \pi/6$

经过这两步测试，可以确信 $u_{11,i}^{\mathrm{P}(0)}$ $(i = 1, 2, \cdots, 9)$ 的计算结果是正确的。其他的部分分式系数按此方式逐一验证，不再赘述。

7.4.2.2　基本积分

在 7.4.1.3 节中我们罗列了所有的基本积分结果。这里以 P 波项的基本积分 $U_1^{\mathrm{P}}(c)$ 和 $V_1^{\mathrm{P}}(c)$ 为例进行检验。与部分分式系数类似，决定这两个积分值的主要参数也是 ν 和 $\bar{t}$，因此也需要进行两步的检验。

图 7.4.3 显示了 $\bar{t} = 1.2$ 时基本积分 $U_1^{\mathrm{P}}(c)$ 和 $V_1^{\mathrm{P}}(c)$ 的闭合解随 ν 的变化与积分解的比较。对于每一个 ν 的取值，首先计算 Rayleigh 函数的根 y_i $(i = 1, 2, 3)$，c 分别取这三个根，计算相应的 $U_1^{\mathrm{P}}(c)$ 和 $V_1^{\mathrm{P}}(c)$。需要说明的是，对于 $0 < \nu < 0.2631$ 的 y_1 和 y_2，见图 7.4.3 (b) 和 (d)，我们没有计算相应的 $V_1^{\mathrm{P}}(y_1)$ 和 $V_1^{\mathrm{P}}(y_2)$，这是因为这部分对最终结果无贡献，计算是没有意义的。由于比较的积分解，我们采用 Matlab 的内部函数 integral 计算。从对比情况看，闭合解的结果与积分解是一致的。注意到图 7.4.3 (a) ～ (d) 揭示出的一个有趣的事实，由于 $\nu = 0.2631$ 是 Rayleigh 函数根 y_1 和 y_2 的两种不同分布状态的分割点，相应的 $U_1^{\mathrm{P}}(c)$ 和 $V_1^{\mathrm{P}}(c)$ 随 ν 的变化曲线在 $\nu = 0.2631$ 处均存在明显的改变。

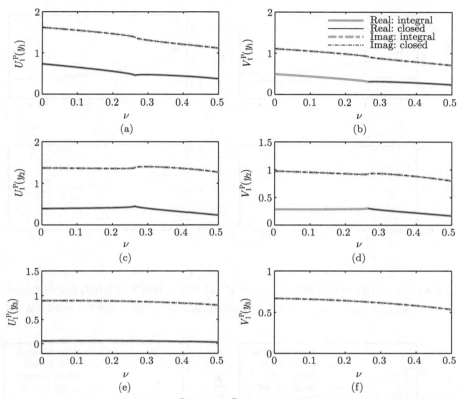

图 7.4.3 $\bar{t} = 1.2$ 时基本积分 $U_1^{\mathrm{P}}(c)$ 和 $V_1^{\mathrm{P}}(c)$ 的闭合解随 ν 的变化与积分解的比较

(a) $U_1^{\mathrm{P}}(y_1)$; (b) $V_1^{\mathrm{P}}(y_1)$; (c) $U_1^{\mathrm{P}}(y_2)$; (d) $V_1^{\mathrm{P}}(y_2)$; (e) $U_1^{\mathrm{P}}(y_3)$; (f) $V_1^{\mathrm{P}}(y_3)$。"Real" 和 "Imag" 分别代表取实部和虚部；"integral" 和 "closed" 分别代表用 Matlab 的内部函数值积分的结果和用 Fortran 语言实现的闭合解的计算结果。
$\phi = \pi/3$，$\theta = \pi/6$

鉴于此，在研究基本积分 $U_1^{\mathrm{P}}(c)$ 和 $V_1^{\mathrm{P}}(c)$ 的闭合解随 $\bar{t}$ 的变化情况时，我们在 $\nu = 0.2631$ 左右两侧各取一个值与积分解进行比较。图 7.4.4 和图 7.4.5 分别显示了 $\nu = 0.25$ 和 0.35 时的闭合解与解析解的比较。注意到当 $\nu = 0.25$ 时，y_i $(i = 1, 2, 3)$ 均为实数；当 $\nu = 0.35$ 时，只有 y_3 为实数，而对于 $V_1^{\mathrm{P}}(c)$，当 c 取实数时，仅有虚部对最终结果有贡献，因此在图 7.4.4 (b)、(d) 和 (f)，以及图 7.4.5 (f) 中仅显示了虚部的比较。从对比可以看到，闭合解与积分解是高度吻合的。这两步的对比足以表明基本积分 $U_1^{\mathrm{P}}(c)$ 和 $V_1^{\mathrm{P}}(c)$ 的闭合解计算是正确的。对于其他所有的基本积分，都以类似的方式逐一地验证[①]。

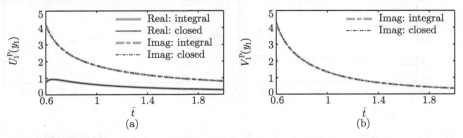

① 需要提请注意的是积分的存在条件，例如，对于 $V_i^{\mathrm{S\text{-}P}}$，其存在的条件是 $\theta > \theta_{\mathrm{c}}$ 和 $\cos(\theta - \theta_{\mathrm{c}}) < \bar{t} < 1$ 同时满足，否则这个积分是不存在的。

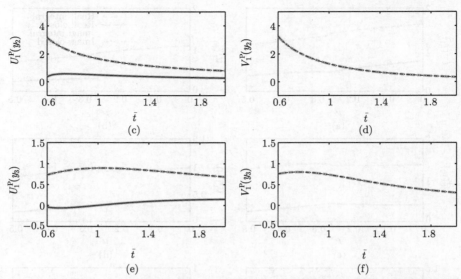

图 7.4.4　$\nu = 0.25$ 时基本积分 $U_1^{\mathrm{P}}(c)$ 和 $V_1^{\mathrm{P}}(c)$ 的闭合解随 $\bar{t}$ 的变化与积分解的比较

(a) $U_1^{\mathrm{P}}(y_1)$；(b) $V_1^{\mathrm{P}}(y_1)$；(c) $U_1^{\mathrm{P}}(y_2)$；(d) $V_1^{\mathrm{P}}(y_2)$；(e) $U_1^{\mathrm{P}}(y_3)$；(f) $V_1^{\mathrm{P}}(y_3)$。符号含义和参数取值同图 7.4.3

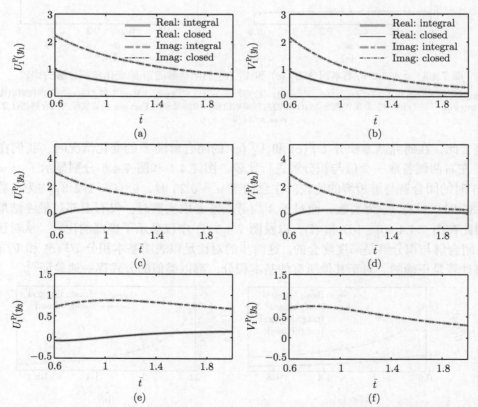

图 7.4.5　$\nu = 0.35$ 时基本积分 $U_1^{\mathrm{P}}(c)$ 和 $V_1^{\mathrm{P}}(c)$ 的闭合解随 $\bar{t}$ 的变化与积分解的比较

说明同 7.4.4

根据 7.4.1 节中概括的数值实现的步骤，除了作为基础的 Rayleigh 方程求根以外，两个最为重要的环节就是求解部分分式展开的系数和基本积分。经过对它们分别进行逐个检验，就可以进行组装形成 Green 函数及其一阶空间导数了。

7.4.3 第二类 Lamb 问题 Green 函数及其一阶空间导数的数值结果

在 6.6.3 节中，我们对于方位角 $\phi = \pi/6$，以 Poisson 体 ($\nu = 0.25$) 作为例子，展示了第一类 Lamb 问题广义闭合解的结果。为了与第一类 Lamb 问题的结果形成关联和对比，在第二类 Lamb 问题的结果展示中，仍然固定 $\phi = \pi/6$。同时，注意到在第二类 Lamb 问题中，多了震源深度 H (即 x_3') 的参数，因此在展示 Green 函数及其一阶空间导数本身的图时，还显示了不同震源深度的情况，便于直观地把握波场的性质；而在研究某些具体性质时，则取某个特定的 H。

7.4.3.1 第二类 Lamb 问题的 Green 函数

图 7.4.6 显示了不同震源深度 H (=10 km、5 km、2 km、1 km、0.5 km 和 0.1 km) 的 $\bar{G}_{ij}^{\mathrm{H}}$(细黑线)。作为比较，还显示了直接根据积分解进行数值求解的结果 (粗灰线)。Poisson 比 $\nu = 0.25$，方位角 $\phi = \pi/6$，左上角图中的数字代表不同的震源深度 H(单位：km)。图 7.4.6 中所有曲线的比较都显示，广义闭合解的结果与数值积分的结果完全一致，这证明了我们在本章中所发展的计算第二类 Lamb 问题 Green 函数广义闭合解的公式和程序是正确的。表 7.4.1 显示了计算 1000 个时间点的 Green 函数，两种方式的计算时间和效率比较。广义闭合解相比于积分解，计算效率实现了两个数量级的提升。

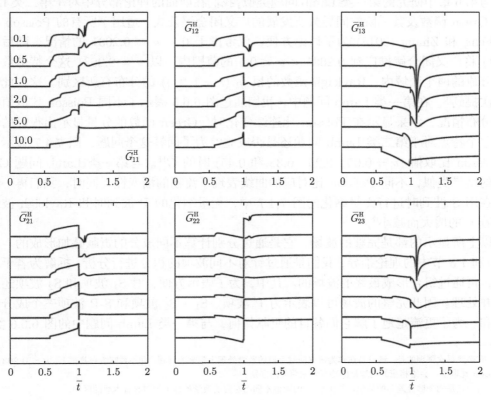

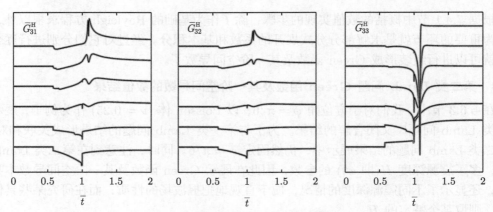

图 7.4.6　不同震源深度的 $\bar{G}_{ij}^{\mathrm{H}}$ 与积分解的比较

横坐标为无量纲化的时间 $\bar{t}$，$\bar{G}_{ij}^{\mathrm{H}} = \pi\mu r G_{ij}^{\mathrm{H}}$ 为无量纲化的位移分量。"H" 代表时间函数为阶跃函数 $H(t)$。粗灰线为根据积分解数值计算的结果，细黑线为根据广义闭合解计算的结果。$\nu = 0.25$，$\phi = \pi/6$，数字代表震源深度 H(单位：km)

表 7.4.1　不同震源深度 H 的 $\bar{G}_{ij}^{\mathrm{H}}$ 的广义闭合解和积分解的计算时间和效率比较

H/km	0.1	0.5	1.0	2.0	5.0	10.0
积分解用时/s	21.97	16.72	14.71	14.51	14.02	10.89
广义闭合解用时/s	0.063	0.063	0.063	0.047	0.047	0.037
效率提高/倍	349	265	233	309	298	351

与第 6 章中研究的第一类 Lamb 问题类似，我们在前面的理论部分中对于第二类 Lamb 问题 Green 函数及其一阶空间导数所发展的广义闭合解公式，适用于所有的 Poisson 比取值。Feng 和 Zhang (2018) 为了讨论方便，仅考虑了 $0 < \nu < 0.2631$ 的情况，随后冯禧 (2021) 将广义闭合解推广到 $0.2631 < \nu < 0.5$ 的范围内。以 $\nu = 0.2631$ 这个特殊数值为界所分成的两个区域内，Rayleigh 函数的根 y_i $(i = 1, 2, 3)$ 的分布有所区别。这在此前已经多次提到[①]。在第一类 Lamb 问题中，我们通过图 6.6.5 展示了不同 Poisson 比取值时的位移分布情况，结果显示在 Poisson 比连续变化时，Green 函数的分量显示出很好的连续性。这个特点对于第二类 Lamb 问题还是否成立？为了回答这个问题，图 7.4.7 显示了不同 Poisson 比取值 ($\nu = 0.05$、0.25、0.35 和 0.45) 时的 $\bar{G}_{ij}^{\mathrm{H}}$。与第一类 Lamb 问题 Green 函数的结果类似，不同 Poisson 比对应的曲线表现了流畅的渐变性。同时，我们再一次看到，在用 S 波到时进行无量纲化的图 7.4.7 中，无量纲化的 P 波到时和 Rayleigh 波到时都随着 ν 的增大而减小[②]。

以上所显示的都是完整的波场，它是通过分别计算不同成分的贡献叠加形成的。回顾 7.2 节和 7.3 节中的理论推导，我们是通过针对不同波项的积分进行分析，拆解为若干基本积分，再通过组合形成最终的波场的。其中，为了表示方便，对 S_1 波项和 S_2 波项还进行了合并处理。因此完整的波场可以表示为 P 波项、$\mathrm{S}_1 + \mathrm{S}_2$ 波项和 S-P 波项三个成分的贡献之和。为了更清楚地了解它们各自的贡献如何，与第一类 Lamb 问题中的图 6.6.6 类似，

---

① 有必要再次强调的是，这只是在作为研究问题手段的数学处理上带来的问题，并不意味着在物理上，$\nu = 0.2631$ 两侧的 Poisson 比取值，会给相应的物理量的特征带来明显的区别。

② 这一点是物理属性差异的体现，与由于 ν 的取值不同而对应的数学处理上的差异有本质的区别。

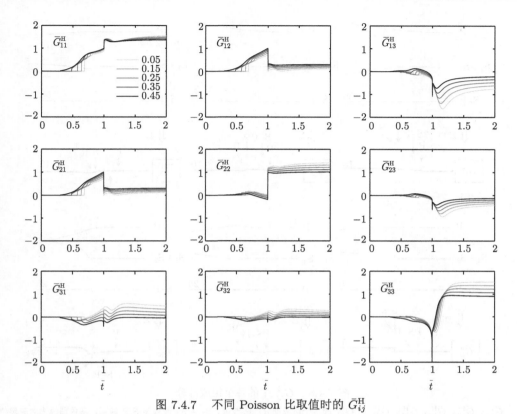

图 7.4.7 不同 Poisson 比取值时的 $\bar{G}_{ij}^{\mathrm{H}}$

符号含义和方位角 ϕ 的取值与图 7.4.6 相同，区别在于显示了震源深度 $H = 2$ km 时的不同 Poisson 比取值的结果：
$\nu = 0.05$、0.15、0.25、0.35 和 0.45，颜色由浅变深，如左上角的子图中所示

图 7.4.8 显示了 $\nu = 0.25$ 时不同波项的贡献，同样只显示了独立的 6 个分量的情况，并且为了看清位移变化，对幅度较小的曲线进行了放大 (灰色)，对应的原始黑色曲线的末端数字代表灰色曲线的放大倍数。

根据图 7.4.8，S-P 波项仅在有限的时段内有贡献，并且贡献相比于 P 波项和 S 波项 $(S_1 + S_2)$ 较小，必须放大几十倍才能清楚地显示其变化情况。而 P 波和 S 波由于各自存在的时间范围较广，部分分式系数中 t 的幂次项导致的明显的"上翘"或"下行"的趋势。但是最终叠加形成的总波形中不存在这种现象[①]。

最后，与第一类 Lamb 问题的讨论相对应，我们显示当前这种通过先拆分后组合的求解方案的一个"副产品"：Rayleigh 波成分和非 Rayleigh 波成分的分离。我们称与 Rayleigh 函数的根 y_3 有关的项为"Rayleigh 波成分"，其余的项为"非 Rayleigh 波成分"。图 7.4.9 显示了 $\bar{G}_{ij}^{\mathrm{H}}$ 中的 Rayleigh 波成分 $\bar{G}_{ij}^{\mathrm{H:R}}$ (细黑实线) 和非 Rayleigh 波成分 $\bar{G}_{ij}^{\mathrm{H:nR}}$ (细黑虚线)，完整的波场 (粗灰线) 为二者之和：$\bar{G}_{ij}^{\mathrm{H}} = \bar{G}_{ij}^{\mathrm{H:R}} + \bar{G}_{ij}^{\mathrm{H:nR}}$。为了更清楚地体现 Rayleigh 波的

---

① 这里再一次展现了数学处理和物理本质之间的微妙关系。之前曾经提过，我们所谓的"P 波项"、"S 波项"和"S-P 波项"是基于数学处理上的考虑，在获得积分分解的过程根据相位因子的不同而所作的人为划分，并非我们直觉上认为的从物理角度所作的波动成分划分。没有理由认为当前的 P 波项和 S 波项就必须表现出与总体的场波相一致的特征 (不出现非平稳的变化趋势)。但是，P 波项和 S 波项的叠加，使得这种趋势性的变化相互抵消了。如果数学处理是正确，那么它一定会产生这样的效果，因为这是物理规律支配的必然，作为实现手段的数学工具必然体现出这种规律。

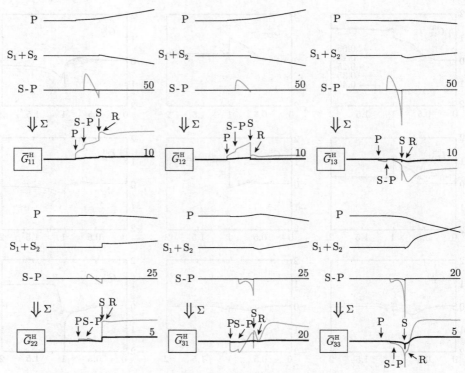

图 7.4.8　$\bar{G}_{ij}^{\mathrm{H}}$ 中的各个组成部分

显示了 $\bar{G}_{11}^{\mathrm{H}}$、$\bar{G}_{12}^{\mathrm{H}}$、$\bar{G}_{13}^{\mathrm{H}}$、$\bar{G}_{22}^{\mathrm{H}}$、$\bar{G}_{31}^{\mathrm{H}}$ 和 $\bar{G}_{33}^{\mathrm{H}}$ 的各个组成部分：P 波项、$S_1 + S_2$ 波项和 S-P 波项。灰色曲线为对应黑色曲线的放大，黑色曲线末端的灰色数字代表放大的倍数。在合成的曲线上用箭头标出了 P 波、S 波、S-P 波和 Rayleigh 波 (R) 到时。Poisson 比 $\nu = 0.25$，方位角 $\phi = \pi/6$，震源深度 $H = 2$ km

贡献，与上几个例子不同的是，此处的震源深度取为 $H = 0.2$ km。

　　首先注意到的特征是，非 Rayleigh 波成分在 Rayleigh 波到时附近的波形没有明显变化，而与此明显不同的是，Rayleigh 成分在 Rayleigh 波到时前后波形有显著的变化。这个特点使得完整波场在 Rayleigh 波到时附近的行为可以完全由 Rayleigh 波成分来刻画。这是与第一类 Lamb 问题相同的特征。不同的是，在第一类 Lamb 问题中，波形变化较为简单；而第二类 Lamb 问题中 Rayleigh 波到时附近的波形复杂得多，并且随着震源深度的不同，波形上有非常显著的差异。此外，图 7.4.9 中的 $\bar{G}_{13}^{\mathrm{H}}$、$\bar{G}_{23}^{\mathrm{H}}$、$\bar{G}_{31}^{\mathrm{H}}$ 和 $\bar{G}_{32}^{\mathrm{H}}$ 分量中还有一个明显的特征值得注意，在 S 波到时 $\bar{t} = 1$ 处，Rayleigh 波成分和非 Rayleigh 波成分都表现出明显的奇异性，但是极性相反 (即正负号相反)，最终叠加的效果是相互抵消，整体上在 S 波到时处并不体现显著的奇异性。

　　值得提到的是，我们这里所作的 "Rayleigh 波成分" 和 "非 Rayleigh 波成分" 的划分，仍然是基于数学上的考虑，并非物理上的。这意味着没有理由认为 "Rayleigh 波成分" 仅在 Rayleigh 波到时附近才有显著的波形，而在此之外就没有。在上册的 6.5.3 节和 7.5.2 节中，我们分别从理论分析和数值实现的角度，在频率域中也实现了 "Rayleigh 波成分的分离"。那里的分析是针对频率域中的波数积分，对于被积函数分母中的 Rayleigh 函数，是通过在复平面中求解极点的贡献来实现的。这种分离是与下册中整体求解思路不同的

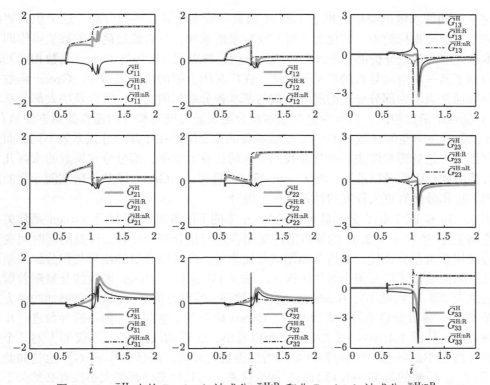

图 7.4.9 $\bar{G}_{ij}^{\mathrm{H}}$ 中的 Rayleigh 波成分 $\bar{G}_{ij}^{\mathrm{H:R}}$ 和非 Rayleigh 波成分 $\bar{G}_{ij}^{\mathrm{H:nR}}$

粗灰线、细黑实线和细黑虚线分别代表 $\bar{G}_{ij}^{\mathrm{H}}$、Rayleigh 波成分 $\bar{G}_{ij}^{\mathrm{H:R}}$ 和非 Rayleigh 波 (non-Rayleigh) 成分 $\bar{G}_{ij}^{\mathrm{H:nR}}$。$\bar{G}_{ij}^{\mathrm{H}} = \bar{G}_{ij}^{\mathrm{H:R}} + \bar{G}_{ij}^{\mathrm{H:nR}}$。Poisson 比 $\nu = 0.25$,方位角 $\phi = \pi/6$,震源深度 $H = 0.2$ km

另外一种做法。直接求解 Rayleigh 极点的贡献,从某种角度上可以认为是实现了 "面波成分" 和 "体波成分" 的分离。从上册中的图 7.5.23、图 7.5.26 和图 7.5.28 中显示的时间域波形及图 7.5.24、图 7.5.25、图 7.5.27 和图 7.5.29 中显示的质点运动轨迹可以看出,分离出来的 Rayleigh 波确实仅在 Rayleigh 波到时附近有显著的波形,而在其他的时间区段没有响应。这两种方法所作的 Rayleigh 波成分的分离,都可以实现 "提取出 Rayleigh 波到时附近波形的主要贡献" 的目的,但是又有显著的区别。总结来说,两种做法各有优缺点:当前的做法得到的是直接在时间域表达的广义闭合解,但是在 Rayleigh 波到时附近之外也有响应;而上册的做法可以做到仅提取出 Rayleigh 波到时附近的贡献,除此之外没有响应,但是代价是仅能得到频率域的闭合形式解,要得到时间域的波形必须通过 FFT 来实现。

7.4.3.2 第二类 Lamb 问题的 Green 函数的一阶空间导数

Green 函数的一阶空间导数是表达位错源产生的位移场的必备要素 (见上册 3.2 节),而且第二类 Lamb 问题 "源在地下、观测点在地表" 的特征也恰好对应现实世界中断层破裂产生地表震动的情形,因此对于地震学而言,Green 函数的一阶空间导数比 Green 函数本身更有意义。从理论上讲,直接从 Green 函数的积分表达式出发求空间导数是可以的,但是过程过于复杂。幸运的是,运用 Cagniard-de Hoop 方法,Johnson (1974) 在与 Green

函数完全相同的求解框架中给出了 Green 函数一阶空间导数的积分解。这个积分解成功地将原本对空间坐标的求导转化为了对时间变量的求导，后者通过简单的数值操作即可实现。本章之前的理论分析部分中，也是从这个积分解出发，按照与 Green 函数相同的求解过程得到了其一阶空间导数的广义闭合解。在广义闭合解的最终表达中，Green 函数一阶空间导数通常表示为部分分式的展开系数与基本积分乘积的组合，所涉及的大部分基本积分都与 Green 函数相同，只有少量的基本积分可以通过椭圆积分的递推关系方便地获得。Green 函数的一阶空间导数与 Green 函数本身的主要区别在于部分分式系数不同，而这可通过仔细的理论处理来解决。并且在我们当前的计算方案中，部分分式系数的求解几乎不占用计算时间，因此可以预期，与 Green 函数本身相比，Green 函数一阶空间导数的广义闭合解将比积分解有更大程度的计算效率的提升。

图 7.4.10 ~ 图 7.4.12 分别显示了图 7.4.6 中的不同震源深度 H 下 Green 函数关于不同的空间坐标 ξ_i' ($i = 1, 2, 3$) 的导数的广义闭合解与积分解的比较。涉及的对时间变量的导数直接用数值差分替代。从这几幅图的对比来看，广义闭合解的结果与积分解的结果完全一致，从而验证了广义闭合解的正确性。图 7.4.6 显示了 Green 函数的分量随着震源不断接近地表 (即 H 的减小)，Rayleigh 波显著增强，特别是沿着 x_3 轴方向施加的单力产生的几个 Green 函数分量 ($\bar{G}_{i3}^{\mathrm{H}}$) 更为明显。Green 函数关于空间坐标的一阶导数进一步放大了这种效应。从图 7.4.10 ~ 图 7.4.12 中可以看出，随着 H 的减小，不仅 $\bar{G}_{i3}^{\mathrm{H}}$ 对几个空间坐标的导数在 Rayleigh 波到时附近幅度增加得更为显著，而且 $\bar{G}_{i1}^{\mathrm{H}}$ 和 $\bar{G}_{i2}^{\mathrm{H}}$ 也是如此。原因在于 $\bar{G}_{ij,k'}^{\mathrm{H}}$ 反映的是 Green 函数的空间变化率，与其自身的幅度大小没有必然关系。这个结果意味着在非常接近地表的地方，由 $\bar{G}_{ij,k'}^{\mathrm{H}}$ 组成的位错源产生的位移场将比单力产生的位移场有更显著的增强。这也暗示了浅源地震的巨大破坏性。

值得一提的是，图 7.4.10 ~ 图 7.4.12 展示的另外一个重要特征：相比于 Green 函数本身，Green 函数的一阶空间导数在 P 波、S 波和 S-P 波的到时处波形上有更为尖锐的特征。原因在于之前所说的，Green 函数关于空间坐标的一阶导数已经被转化为了对时间变量的导数，各个震相的到时处的特征为波形突变，因此对时间变量求导必然放大这种突变的效应。在用 S 波到时无量纲化的时间 $\bar{t}$ 作为横轴显示的图 7.4.10 ~ 图 7.4.12 中，P 波到时 0.577、S 波到时处都有尖锐的波形，并且二者之间有随着深度变化的尖锐突起，这是 S-P 波，其到时为 $\cos(\theta - \theta_c)$。随着 H 的减小，它越来越接近于 P 波到时，并且在地表处与 P 波到时重合。

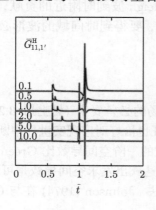
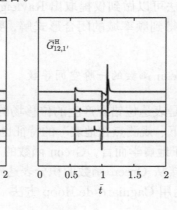
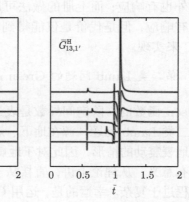

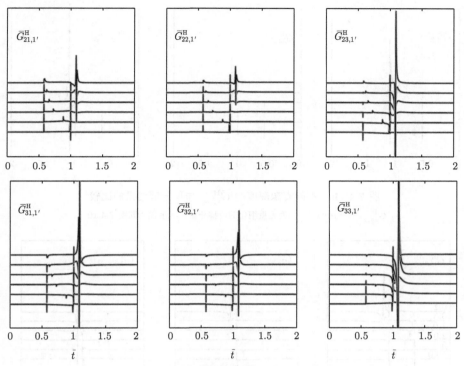

图 7.4.10 不同震源深度的 $\bar{G}^{\mathrm{H}}_{ij,1'}$ 与积分解结果的比较

横坐标为无量纲化的时间 $\bar{t}$, $\bar{G}^{\mathrm{H}}_{ij,1'} = \pi\mu r^2 G^{\mathrm{H}}_{ij,1'}$ 为无量纲化的位移分量。"H" 代表阶跃函数 $H(t)$。粗灰线为根据积分数值计算的结果，细实线为根据广义闭合解计算的结果。$\nu = 0.25$, $\phi = \pi/6$, 数字代表不同的震源深度 H(单位：km)

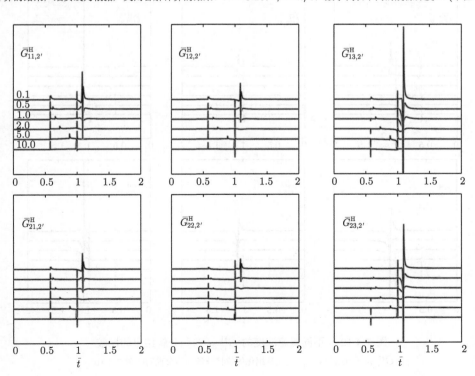

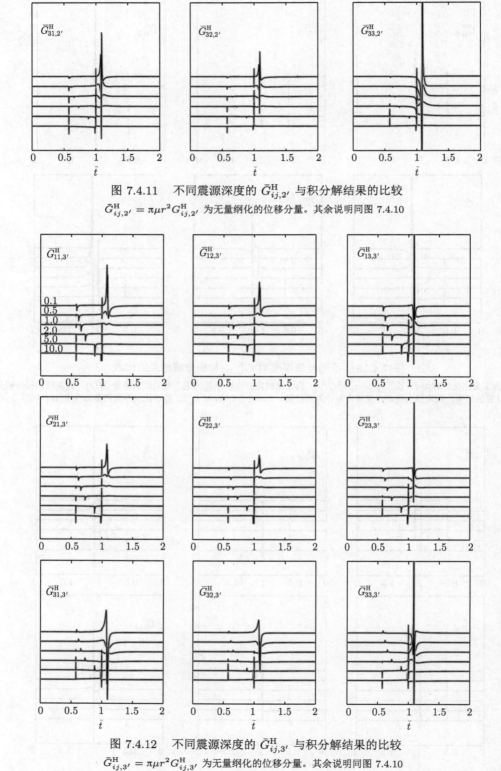

图 7.4.11 不同震源深度的 $\bar{G}^{\mathrm{H}}_{ij,2'}$ 与积分解结果的比较

$\bar{G}^{\mathrm{H}}_{ij,2'} = \pi\mu r^2 G^{\mathrm{H}}_{ij,2'}$ 为无量纲化的位移分量。其余说明同图 7.4.10

图 7.4.12 不同震源深度的 $\bar{G}^{\mathrm{H}}_{ij,3'}$ 与积分解结果的比较

$\bar{G}^{\mathrm{H}}_{ij,3'} = \pi\mu r^2 G^{\mathrm{H}}_{ij,3'}$ 为无量纲化的位移分量。其余说明同图 7.4.10

表 7.4.2 显示了不同震源深度 H 的 $\bar{G}^{\mathrm{H}}_{ij,k'}$ 的广义闭合解和积分解的计算时间和效率比较。积分解和广义闭合解的计算用时都随着震源深度 H 的减小而增加，主要有两个原因。第一，H 的减小导致被积函数更为复杂，从物理上看，这是由于震源接近地表导致近场部分在地表附近产生更为复杂的相互作用的体现。被积函数形式复杂，对于数值积分来说为了得到满足一定精度的结果，必然所取的积分点增加，导致运算时间增长；而对于广义闭合解而言，计算基本积分中的第三类椭圆积分的耗时也相应增加[①]。第二，随着 H 的减小，S-P 波的作用时长也增加。从 $\theta = \theta_{\mathrm{c}}$ 时开始出现 S-P 波 (其到时为 S 波到时) 的作用时长为零，随着震源越来越接近地表，θ 逐渐增加，最终到达地表时的作用时长增大为 P 波和 S 波到时之间的整个区域。作用时长增加，也会增加计算量。表 7.4.2 清楚地表明，广义闭合解与积分解相比，效率提升在 600 倍以上，在震源接近地表时，甚至接近 3 个数量级。与表 7.4.1 中的 Green 函数的计算时间进行比较，发现积分解用时明显比 Green 函数高很多，但是广义闭合解的计算用时几乎不变。这是因为对于积分解而言，只能逐个地进行积分。Green 函数对空间坐标的导数计算，需要数值计算的积分数目为计算 Green 函数的 3 倍，因此用时大致也是 3 倍的关系。但是广义闭合解不同，二者需要的绝大部分基本积分是相同的，对于 Green 函数一阶空间导数，只需要计算少量的额外基本积分，这部分只导致少量的计算用时增加。另外，部分分式展开系数几乎不增加任何计算时间，因此二者综合的效果是对于广义闭合解来说，计算 Green 函数的空间导数与计算 Green 函数本身相比，仅有极少量计算时间的增加。

表 7.4.2　不同震源深度 H 的 $\bar{G}^{\mathrm{H}}_{ij,k'}$ 的广义闭合解和积分解的计算时间和效率比较

H/km	0.1	0.5	1.0	2.0	5.0	10.0
积分解用时/s	70.39	51.41	44.55	43.83	41.98	30.45
广义闭合解用时/s	0.078	0.078	0.063	0.063	0.047	0.047
效率提高/倍	902	659	707	699	893	648

计算效率的极大提高，具有"量变引起质变"的效果[②]。前面曾经提及，Green 函数的一阶空间导数是计算位错源引起的地震波场的重要前提。与积分解相比，采用广义闭合形式解，实现了基本上与 Green 函数本身的计算用时相当，达到了接近于 3 个数量级的效率提升，不仅可以使得研究有限断层时的大量点源叠加更为快捷，而且将基于大量的实时正演计算的震源运动学和动力学反演成为可能[③]。尽管与过去相比，数值计算的硬件条件有了显著的提升，但是计算效率仍然是一个制约发展的因素。从"软件"的角度实现如此级别的效率提升，彰显了理论分析的巨大威力。

---

① 第三类椭圆积分的大部分是采用 Calson 算法计算的，参见附录 F。Calson 算法是一种迭代算法，地表附近波场复杂反映在计算第三类椭圆积分上，就是需要迭代的次数更多，从而导致计算用时增加。

② 科学发展史上不乏这方面的例证，一个典型的例子是快速 Fourier 变换 (FFT) 的出现。20 世纪 60 年代中期，FFT 的提出给科学和技术的几乎所有领域都带来了革命性的进步。从本质上讲，FFT 只是离散傅里叶变换 (DFT) 的快速算法而已，但是这种计算量从 N^2 压缩到 $N \log N$ 的改进，实实在在地由"量变"导致了"质变"。比如在上册中我们介绍的 Lamb 问题的频率域解法，我们是在频率域中将波场表示为波数积分。想要得到时间域的结果，从数学上必须做 Fourier 变换，这意味着时间域的波场其实是双重积分。如果没有效率极高的 FFT，对于频率的一重积分的计算量是不可忽略的，频率域解法的优越性就要大打折扣。

③ 目前震源研究领域开展较多的运动学反演，通常采用预先计算 Green 函数并存储，在正演计算时调用的策略，而震源动力学反演目前还仅仅处于起步阶段。所有这些反演研究的重要瓶颈都是正演计算的效率问题。

7.4.4　关于 Rayleigh 波激发的再讨论

7.4.4.1　问题的提出

在图 7.4.6 中, 我们看到了随着震源深度 H 的减小, Rayleigh 波越来越明显。如果与第 6 章中的图 6.6.4 相比较, 可以发现, 尽管 $H = 0.1$ km 的波形与第一类 Lamb 问题的波形比较相似, 但还是有显著的差异。例如 $\bar{G}_{11}^{\mathrm{H}}$ 分量, 图 6.6.4 中显示在 Rayleigh 波到时处波动趋于负无穷, 但是在图 7.4.6 中我们完全看不到有这个趋势。这说明假如我们继续减小 H, 将会有新的现象出现。图 7.4.13 中显示了 H 继续减小时, 接近地表不同深度

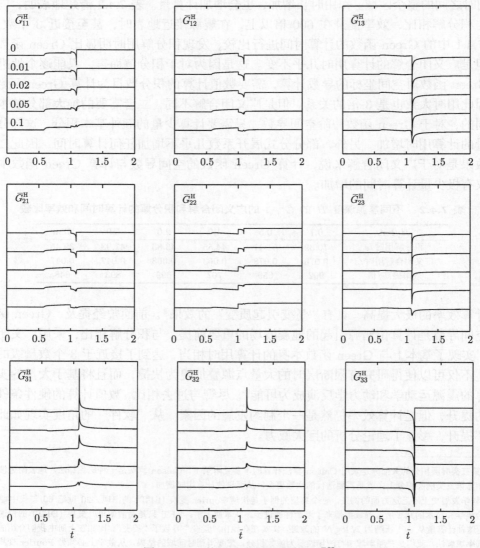

图 7.4.13　接近地表不同深度的 $\bar{G}_{ij}^{\mathrm{H}}$

横坐标为无量纲化的时间 $\bar{t}$, $\bar{G}_{ij}^{\mathrm{H}} = \pi \mu r G_{ij}^{\mathrm{H}}$ 为无量纲化的位移分量。“H” 代表时间函数为阶跃函数 $H(t)$。Poisson 比 $\nu = 0.25$, $\phi = \pi/6$, 左上角图中的数字代表不同的震源深度 H(单位: km)

(H=0.1 km、0.05 km、0.02 km 和 0.01 km) 的 $\bar{G}_{ij}^{\mathrm{H}}$，作为比较，我们还显示了根据第 6 章的公式计算的第一类 Lamb 问题的相应结果 ($H = 0$ km)[①]。比较这些不同震源深度处的位移曲线，可以发现随着震源深度的减小，波形产生渐变规律。

为了更清楚地显示 Rayleigh 波到时附近的情况，我们在图 7.4.14 中显示了不同震源深度的 Rayleigh 波到时附近的 $\bar{G}_{11}^{\mathrm{H}}$、$\bar{G}_{31}^{\mathrm{H}}$ 和 $\bar{G}_{33}^{\mathrm{H}}$[②]，图中的竖直虚线代表 Rayleigh 波到时。可以看到，随着 H 的减小，Rayleigh 波到两侧的波动迅速向虚线靠拢，最终在震源达到地表时，在 Rayleigh 波到时处产生阶跃式的突变。在 2.2.5.2 节中关于二维问题观测点位于自由界面的特殊情况的讨论中，我们定义了 Rayleigh 波的到时。这个定义对于三维问题同样成立。对于第一类 Lamb 问题而言，在这个到时处，波形产生阶跃式变化，但是在第二类 Lamb 问题中，我们发现其实这个到时并没有明显的特殊性。换句话说，它既不像 P 波、S 波和 S-P 波那样，在震相刚刚到达时产生明显的波形变化，也不是波形的极值点。因此这个"到时"，对于第二类 Lamb 问题而言，仅具有某种象征意义。

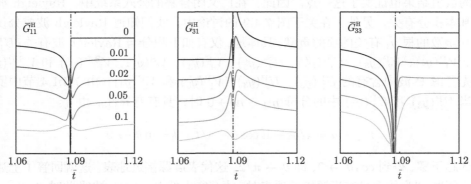

图 7.4.14　不同震源深度的 Rayleigh 波到时附近的 $\bar{G}_{11}^{\mathrm{H}}$、$\bar{G}_{31}^{\mathrm{H}}$ 和 $\bar{G}_{33}^{\mathrm{H}}$

$\bar{t} = 1.0878$ 处的虚线代表 Rayleigh 到时。其余说明同图 7.4.13

综合图 7.4.6 和图 7.4.10 ～ 图 7.4.12，连同图 7.4.13 和图 7.4.14，Green 函数及其一阶空间导数的图像中，接近地表处的显著的 Rayleigh 波无疑是最为明显的特征。从物理上讲，这是由于震源接近地表时引起更为复杂的波动成分的相互作用而引起的。数值计算结果也确实显示出了这个特征，但是我们可以进一步提出这样的问题：为什么会这样？具体地，为什么只有当源接近地表时，才有突出的 Rayleigh 波？以及当产生显著的 Rayleigh 波时，为什么这种突出的波形只出现在 Rayleigh 波到时附近？

在 2.2.5 节中，我们曾经针对二维情况详细地研究了 Rayleigh 波的产生机制和条件。之所以能够对二维情况做详细的理论探讨，是因为二维问题具有闭合形式解，我们关于它的分析可以直接触及问题的核心。比如，在图 2.2.10 中，我们显示了复平面 $\bar{q}$ 上的 Rayleigh 极点分布，而 $\bar{q}$ 是直接作为参数出现在位移的表达式中的，见式 (2.2.27) 和 (2.2.28)。但是对于三维问题来说，尽管在第 4 章的图 4.3.1 和图 4.3.4 中也展示了积分路径与 Rayleigh

---

① 值得一提的是，尽管从物理上看，震源直接位于地表只是其不断接近地表的极限情况，并没有本质上的特殊性，但是在数学处理上，我们必须单独地考虑这种极限情况。这是因为从数学角度看，极限情形会导致奇异积分，对于奇异积分必须予以特殊处理。

② 选择这几个分量，是因为它们的曲线具有代表性，能够反映所有 Green 函数分量的特征。

极点的关系，而且我们也能得出"当 θ 趋近于 90° 时，由于 Cagniard 路径靠近 Rayleigh 极点时将产生 Rayleigh 波"，但是注意到此时的 $\bar{q}$ 不再直接是 Green 函数的参数，而只是积分变量了，见式 (4.3.20) 和 (4.3.21)。我们可以分析被积函数的性质，但是它要经过积分的运算之后作用到位移场上，这种"理论分析"有隔靴搔痒之感。

广义闭合解的获得使得我们有可能突破这个障碍，对于三维问题，也能像二维问题一样，直击问题的核心。在本节中，我们将以本章所得到的 Green 函数的广义闭合解为例[①]，通过渐近分析，从理论上探讨三维 Lamb 问题中 Rayleigh 波激发的机理。这是相比于积分解，除了极大提升计算效率以外，广义闭合解在理论分析波场性质方面显著优越性的体现。

7.4.4.2   对 P 波项的渐近分析

根据 7.4.1.4 节中罗列的公式，Green 函数是部分分式系数与相应的基本积分乘积的组合。而由 7.4.1.2 节中部分分式的公式，其中不存在奇异性，7.4.2.1 节中有关部分分式展开系数的数值结果也证实了这一点。因此，在广义闭合解的公式系统中，Rayleigh 波的产生仅与基本积分有关。另外，在关于图 7.4.9 的讨论中，我们知道 Rayleigh 波成分仅是与 Rayleigh 函数的根 y_3 有关的项的贡献。具体地，仅有如下积分与 Rayleigh 波有关：$U_1^{\mathrm{P}}(y_3)$、$U_2^{\mathrm{P}}(y_3)$、$V_1^{\mathrm{P}}(y_3)$、$V_2^{\mathrm{P}}(y_3)$、$U_1^{\mathrm{S_1}}(y_3')$、$U_2^{\mathrm{S_1}}(y_3')$、$V_1^{\mathrm{S}}(y_3')$、$V_2^{\mathrm{S}}(y_3')$、$V_1^{\mathrm{S\text{-}P}}(y_3')$ 和 $V_2^{\mathrm{S\text{-}P}}(y_3')$。

首先考虑 P 波中含有的 $U_1^{\mathrm{P}}(y_3)$、$U_2^{\mathrm{P}}(y_3)$、$V_1^{\mathrm{P}}(y_3)$ 和 $V_2^{\mathrm{P}}(y_3)$。由 7.4.1.4 节中罗列的公式，当 $U_1^{\mathrm{P}}(y_3)$ 和 $U_2^{\mathrm{P}}(y_3)$ 中的分母 $m_1 - n \to 0$ 时，具有奇异性。由

$$m_1 - n = \sqrt{y_3} - \mathrm{i}\bar{t}\cos\theta - \sqrt{\bar{t} - k^2}\sin\theta \to 0$$

根据虚部趋于零，得到 $\cos\theta \to 0$，即 $\theta \to \pi/2$，这代表震源接近地表。这就回答了上述提出的第一个问题："为什么只有当源接近地表时，才有突出的 Rayleigh 波？"此时 $\sin\theta \to 1$，由实部趋于零，得到 $\bar{t} \to \sqrt{y_3 + k^2}$。根据 6.3.1 节中关于 Rayleigh 方程根的讨论得知，$y_3 + k^2$ 相当于上册附录 B 中式 (B.1) 中的 x。因此此时的 $\bar{t}$ 正是我们在 2.2.5.2 节中针对二维问题定义的 Rayleigh 波的到时 $\bar{t}_{\mathrm{R}}$。对 Poisson 体，$\bar{t} = \sqrt{3 + \sqrt{3}}/2 = 1.0877$。这就回答了第二个问题："当产生显著的 Rayleigh 波时，为什么这种突出的波形只出现在 Rayleigh 波到时附近"。简单地说，只有 $\theta \to \pi/2$ 和 $\bar{t} \to \sqrt{y_3 + k^2}$ 这两个条件同时达到，才有 $U_1^{\mathrm{P}}(y_3) \to \infty$ 和 $U_2^{\mathrm{P}}(y_3) \to \infty$。

对于 $V_1^{\mathrm{P}}(y_3)$ 和 $V_2^{\mathrm{P}}(y_3)$ 的分析，要更复杂些。根据对 $U_1^{\mathrm{P}}(y_3)$ 和 $U_2^{\mathrm{P}}(y_3)$ 的分析，我们知道只有 $\cos\theta \to 0$ 时才会有显著的 Rayleigh 波。为了书写简便，记 $\delta = \cos\theta$。以下我们采用渐近分析来讨论。根据 7.4.1.3 节中罗列的公式，当 $\delta \to 0$ 时，

$$\Delta = \frac{(\bar{t}^2 - 1)^2 - 2(k^2\bar{t}^2 + k^2 - 2\bar{t}^2)\delta^2 + k^4\delta^4}{\bar{t}^2\delta^2} \approx \frac{(\bar{t}^2 - 1)^2 - 2(k^2\bar{t}^2 + k^2 - 2\bar{t}^2)\delta^2}{\bar{t}^2\delta^2}$$

从而有

$$\frac{\sqrt{\Delta}}{2} \approx \frac{\bar{t}^2 - 1}{2\bar{t}\delta}(1 + F\delta^2)^{\frac{1}{2}} \approx \frac{\bar{t}^2 - 1}{2\bar{t}\delta}\left(1 + \frac{1}{2}F\delta^2\right), \qquad F = -\frac{2(k^2\bar{t}^2 + k^2 - 2\bar{t}^2)}{(\bar{t}^2 - 1)^2}$$

[①] 对 Green 函数的一阶空间导数也可以做类似的分析，不再重复。感兴趣的读者可以作为练习，自己操作分析一下。

$$\xi_{1,2} \approx \frac{1}{2\bar{t}\delta}\left[k^2\delta^2 + (\bar{t}^2 - 1) \pm (\bar{t}^2 - 1)\left(1 + \frac{1}{2}F\delta^2\right)\right]$$

$$\xi_1 \approx \frac{\bar{t}^2 - 1}{2\bar{t}}\left(\frac{2}{\delta} + \frac{F\delta}{2}\right) + \frac{k^2\delta}{2\bar{t}}, \quad \xi_2 \approx \frac{\delta}{2\bar{t}}\left(k^2 - \frac{\bar{t}^2 - 1}{2}F\right), \quad \xi_1 - \xi_2 \approx \frac{\bar{t}^2 - 1}{\bar{t}\delta}$$

$$z_2^2 = \frac{\xi_1 - \bar{t}\delta}{\bar{t}\delta - \xi_2} \approx \frac{(\bar{t}^2 - 1)^2 - (\bar{t}^4 - 2\bar{t}^2 + k^2)\delta^2}{\bar{t}^2(\bar{t}^2 - k^2)\delta^2} \approx \frac{(\bar{t}^2 - 1)^2}{\bar{t}^2(\bar{t}^2 - k^2)\delta^2}$$

$$s_{1,2} \approx -\left[\frac{y_3 + k^2 - 1 \pm \frac{\bar{t}^2 - 1}{\bar{t}\delta}\sqrt{-y_3}}{y_3 + \xi_2^2}\right]^2 \approx \frac{(\bar{t}^2 - 1)^2}{\bar{t}^2\delta^2 y_3}, \quad n_{P_{1,2}} = \frac{z_2^2}{s_{1,2}} \approx \frac{y_3}{\bar{t}^2 - k^2}$$

这意味着，当 $\bar{t} \to \sqrt{y_3 + k^2}$ 时，$n_{P_{1,2}} \to 1$。根据附录 F 中的图 F.7，第三类椭圆积分在参数 $n = 1$ 附近奇异[①]。因此在 Rayleigh 波到时 $\bar{t}_R = \sqrt{y_3 + k^2}$ 处，波形奇异。

综上讨论，对于 P 波项而言，$U_1^P(y_3)$、$U_2^P(y_3)$、$V_1^P(y_3)$ 和 $V_2^P(y_3)$ 四个基本积分都在条件 $\theta \to \pi/2$ 和 $\bar{t} \to \sqrt{y_3 + k^2}$ 下出现奇异；换句话说，根据 P 波项的基本积分，Rayleigh 波仅在源趋近于地表，并且 $\bar{t}$ 趋近于定义的 Rayleigh 波到时处 $\bar{t}_R$ 出现。

7.4.4.3 对 S 波项的渐近分析

S 波项与 Rayleigh 波有关的基本积分为 $U_1^{S_1}(y_3')$、$U_2^{S_1}(y_3')$、$V_1^S(y_3')$ 和 $V_2^S(y_3')$。

首先，对于 $U_1^{S_1}(y_3')$ 和 $U_2^{S_1}(y_3')$。根据

$$m_1 - n' = \sqrt{y_3'} - i\bar{t}\cos\theta - \sqrt{\bar{t} - 1}\sin\theta \to 0$$

由虚部和实部趋于零，分别得到 $\cos\theta \to 0$ 和 $\bar{t} \to \sqrt{y_3' + 1}$。注意到在 6.4.1 节中叙述过 y_i' 和 y_i 之间的关系为：$y_i' = y_i - k'^2$，因此 $\bar{t} \to \sqrt{y_3' + 1} = \sqrt{y_3 + k^2}$。得到的结论与根据 P 波项得到的结论相同。

对于 $V_1^{S_1}(y_3')$ 和 $V_2^S(y_3')$ 作与 P 波项类似的渐近分析。当 $\delta \to 0$ 时，

$$\Delta' = \frac{(\bar{t}^2 - k^2)^2 + 2(2k^2\bar{t}^2 - k^2 - \bar{t}^2)\delta^2 + \delta^4}{\bar{t}^2\delta^2} \approx \frac{(\bar{t}^2 - k^2)^2 - 2(2k^2\bar{t}^2 - k^2 - \bar{t}^2)\delta^2}{\bar{t}^2\delta^2}$$

从而有

$$\frac{\sqrt{\Delta}}{2} \approx \frac{\bar{t}^2 - k^2}{2\bar{t}\delta}(1 + F'\delta^2)^{\frac{1}{2}} \approx \frac{\bar{t}^2 - k^2}{2\bar{t}\delta}\left(1 + \frac{1}{2}F'\delta^2\right), \qquad F' = \frac{2(2k^2\bar{t}^2 - k^2 - \bar{t}^2)}{(\bar{t}^2 - k^2)^2}$$

$$\xi_{1,2}' \approx \frac{1}{2\bar{t}\delta}\left[\delta^2 + (\bar{t}^2 - k^2) \pm (\bar{t}^2 - k^2)\left(1 + \frac{1}{2}F'\delta^2\right)\right]$$

$$\xi_1' \approx \frac{\bar{t}^2 - k^2}{2\bar{t}}\left(\frac{2}{\delta} + \frac{F'\delta}{2}\right) + \frac{\delta}{2\bar{t}}, \quad \xi_2' \approx \frac{\delta}{2\bar{t}}\left(1 - \frac{\bar{t}^2 - k^2}{2}F'\right), \quad \xi_1' - \xi_2' \approx \frac{\bar{t}^2 - k^2}{\bar{t}\delta}$$

$$z_2'^2 = \frac{\xi_1' - \bar{t}\delta}{\bar{t}\delta - \xi_2'} \approx \frac{(\bar{t}^2 - k^2)^2 - (\bar{t}^4 - 2\bar{t}^2 + k^2)\delta^2}{\bar{t}^2(\bar{t}^2 - 1)\delta^2} \approx \frac{(\bar{t}^2 - k^2)^2}{\bar{t}^2(\bar{t}^2 - 1)\delta^2}$$

---

① 这一点不难理解，根据第三类椭圆积分的定义式 (F.2c) 或 (F.3c)，当 $n = 1$ 时，x 在接近积分上限 1 时分母具有不可去的奇异性。

$$s'_{1,2} \approx -\left[\frac{y_3 - k^2 + 1 \pm \frac{\bar{t}^2 - k^2}{\bar{t}\delta}\sqrt{-y'_3}}{y'_3 + \xi'^2_2}\right]^2 \approx \frac{(\bar{t}^2 - k^2)^2}{\bar{t}^2\delta^2 y'_3}, \quad n_{\mathrm{S}_{1,2}} = \frac{z'^2_2}{z'^2_2 - s'_{1,2}} \approx \frac{y'_3}{\bar{t}^2 - 1 - y'_3}$$

与 P 波项的 $V^{\mathrm{P}}_1(y_3)$ 和 $V^{\mathrm{P}}_2(y_3)$ 不同的是, 对于 S 波项的 $V^{\mathrm{S}}_1(y'_3)$ 和 $V^{\mathrm{S}}_2(y'_3)$, 当 $\bar{t} \to 1$ 时, 有 $n_{\mathrm{P}_{1,2}} \to 1$, 这表明, 当 $\delta \to 0$ 时, 在 S 波到时处附近存在奇异性, 而在 Rayleigh 波到时处没有奇异性。

综上讨论, 对于 S 波项而言, 基本积分 $U^{\mathrm{S}_1}_1(y_3)$ 和 $U^{\mathrm{S}_1}_2(y_3)$ 在条件 $\theta \to \pi/2$ 和 $\bar{t} \to \sqrt{y_3 + k^2}$ 下出现奇异, 对 Rayleigh 波有贡献; 但是 $V^{\mathrm{P}}_1(y_3)$ 和 $V^{\mathrm{P}}_2(y_3)$ 当 $\theta \to \pi/2$ 时, 仅在 S 波到时附近出现奇异性, 对 Rayleigh 波的出现无贡献。

7.4.4.4　对 S-P 波项的渐近分析

S-P 波项仅有两个基本积分可能与 Rayleigh 波有关: $V^{\mathrm{S\text{-}P}}_1(y'_3)$ 和 $V^{\mathrm{S\text{-}P}}_2(y'_3)$。根据上面对于 S 波的分析, 当 $\delta \to 0$ 时, 有

$$z'^2_2 \approx \frac{(\bar{t}^2 - k^2)^2}{\bar{t}^2(\bar{t}^2 - 1)\delta^2}, \quad z'^2_1 = \frac{\xi'_1}{\xi'_2} \approx \frac{(\bar{t}^2 - k^2)^2}{\bar{t}^2 k'^2\delta^2}, \quad (z'^{\pm}_0)^2 \approx -\frac{(\bar{t}^2 - k^2)^2}{y'_3\bar{t}^2\delta^2}$$

$$n^{\pm}_{\mathrm{S\text{-}P}} = \frac{z'^2_2 - z'^2_1}{z'^2_2 - (z'^{\pm}_0)^2} \approx -\frac{y'_3(\bar{t}^2 + k^2 - 2)}{k'^2(\bar{t}^2 + y'_3 - 1)}$$

当 $\bar{t} \to 1$ 时, $n^{\pm}_{\mathrm{S\text{-}P}} \to 1$。这表明当 $\delta \to 0$ 时, S-P 波项的基本积分 $V^{\mathrm{S\text{-}P}}_1(y'_3)$ 和 $V^{\mathrm{S\text{-}P}}_2(y'_3)$ 仅在 S 波到时附近有奇异性。由于 S-P 波仅在 S 波到时之前存在, 它不可能对 Rayleigh 波有贡献。

7.4.4.5　综合评述

根据以上对 P 波项、S 波项和 S-P 波项的逐一分析, 我们不难获得这样的认识: 与 y_3 或 y'_3 有关的基本积分在多数情况下表现为正常积分, 只在某些特殊情况下表现出奇异性。当震源非常接近于地表时, $\cos\theta \to 0$, 此时不同的积分表现出不同的奇异行为:

(1) P 波项的 $U^{\mathrm{P}}_1(y_3)$、$U^{\mathrm{P}}_2(y_3)$、$V^{\mathrm{P}}_1(y_3)$ 和 $V^{\mathrm{P}}_2(y_3)$, 以及 S 波项的 $U^{\mathrm{S}_1}_1(y_3)$ 和 $U^{\mathrm{S}_1}_2(y_3)$, 在 Rayleigh 到时处表现出奇异性。而且, 表现的方式也不尽相同。对于 $U^{\mathrm{P}}_1(y_3)$、$U^{\mathrm{P}}_2(y_3)$、$U^{\mathrm{S}_1}_1(y_3)$ 和 $U^{\mathrm{S}_1}_2(y_3)$, 是通过其闭合解析表达式的分母为零体现出奇异性; 而对于 $V^{\mathrm{P}}_1(y_3)$ 和 $V^{\mathrm{P}}_2(y_3)$, 则是通过第三类椭圆积分的参数 n 趋近于 1, 以椭圆积分的奇异性表现出奇异性。

(2) S 波项的 $V^{\mathrm{P}}_1(y_3)$ 和 $V^{\mathrm{P}}_2(y_3)$, 以及 S-P 波项的 $V^{\mathrm{S\text{-}P}}_1(y'_3)$ 和 $V^{\mathrm{S\text{-}P}}_2(y'_3)$, 分别在 S 波到时处的右侧和左侧[①]表现出奇异性。这种奇异性是通过第三类椭圆积分的参数 n 趋向于 1 体现的。

广义闭合解使得我们可以将基本积分的奇异性与波场的奇异性之间建立直接的关联。从数学角度理解 Rayleigh 波产生的原因, 简而言之就是基本积分在某些特定条件下的奇异性导致了相应的波场奇异性, 体现为大幅度的 Rayleigh 波。由于奇异性的出现不是突然的, 这也决定了 Rayleigh 波与从到时开始出现相应震相的 P 波、S 波和 S-P 波不同, 不存在某个特定时刻开始出现 Rayleigh 波。它是渐变出现的, 逐渐达到极大值, 然后再逐渐

---

① 注意它们存在的时间范围分别是 $\bar{t} > 1$ 和 $\cos(\theta - \theta_{\mathrm{c}}) < \bar{t} < 1$。

回落。Rayleigh 波到时，只是根据第一类 Lamb 问题的特殊情况的波形突变时刻来定义的。在源具有一定深度的情况，这个到时仅具有标识意义[①]。

7.5 小　结

在本章中，我们将在第 6 章中引入的求解策略应用于第二类 Lamb 问题的求解中。由于多了一个表征震源深度的参数，求解过程相应也复杂一些。如果说第一类 Lamb 问题广义闭合解的复杂性主要体现在奇异积分的处理上，那么第二类 Lamb 问题广义闭合解的复杂性则主要体现在如何将含有根式的积分向标准的椭圆积分转化上。

第二类 Lamb 问题 Green 函数的一阶导数具有重要的应用价值，因此在本章中我们将其与 Green 函数本身一并求解。经过仔细整理获得的广义闭合形式解，非常便于编程实现。在数值实现的部分，我们显示了广义闭合形式解在计算效率和理论分析两个方面的优势。相比于积分解，广义闭合解实现了几百倍的效率提升，这显示了它的潜在应用价值。广义闭合解天然地实现了 Rayleigh 波成分的分离，在本章的最后，我们通过对基本积分的深入分析，对 Rayleigh 波的产生进行了进一步的探讨。

既然化整为零的策略可以应用于第一类和第二类 Lamb 问题，有理由相信，也可以将其应用于最为复杂的第三类 Lamb 问题。

---

① 如何将数学角度的分析与物理角度建立关联呢？或许可以这样理解：自由界面的存在，就如同在点电荷附近放置的导体板，感生电荷将对电场产生影响。同样的道理，自由界面的存在，也会对位移场产生作用。不难理解，这种作用当震源十分接近地表时体现得尤为明显。从某种角度上说，自由界面相当于"次生源"，弹性波到达这个界面后发生反射，效果上等同于一个新的"源"。当源点无限趋近于地表时，与源点最接近的地表上的"次生源点"几乎瞬时产生次生波场，由于源所产生的波场与次生波场到时非常接近而发生激烈的相互作用，地表处剧烈的 Rayleigh 波因此而产生。

第 8 章　第三类 Lamb 问题的广义闭合形式解

在第 7 章中，详细地研究了第二类 Lamb 问题 Green 函数及其一阶空间导数的求解。仍然运用第 6 章中针对第一类 Lamb 问题 Green 函数求解时采用的策略，从积分形式解出发，首先通过积分变量的更换，实现被积函数中作为分母的 Rayleigh 函数的有理化，然后运用有理分式的部分分式展开，化整为零，将被积函数转化成若干简单的分式与二次多项式或四次多项式的根式乘积的组合，即所谓基本积分。最后逐个求解这些基本积分，获得问题的广义闭合解。正如在 7.4.3 节所展示的，相比于积分解，闭合形式解除了计算效率极大提升以外，还有助于我们进行波场性质的理论分析，例如 7.4.4 节中对于半空间中 Rayleigh 波激发机理的讨论。从数学角度看，得到闭合或广义闭合形式的解是我们对于一个定解问题求解的终极目标；对于大多数定解问题而言，这是做不到的。"幸运"的是，对于边界条件相对比较简单的 Lamb 问题，实现这个目标是可能的。事实上到目前为止，我们已经实现了前两类 Lamb 问题求解的终极目标。

对于地震学所关注的大部分问题，得到地表位移就足够了。绝大多数记录天然地震的观测仪器是布设在地表的，这意味着地球介质内部的位移并不是可以直接测量的物理量，因此从是否有观测数据作为约束的角度看，求解关注半空间内部位移场的第三类 Lamb 问题的 Green 函数（及其一阶空间导数）仅有理论上的意义，并不具有现实意义。但是，对于某些特殊的地震学问题而言，恰恰需要观测点位于介质内部的位移解。比如，为了得到埋藏于地球介质内部的断层面上错动的时空历史，我们需要将观测点置于断层面上，这样，上册 3.2 节中所介绍的震源表示定理中的位移表达式就变成了边界积分方程[①]。由于观测点和源点都位于弹性半无限空间内部的断层面上，这属于第三类 Lamb 问题。根据第 4 章有关几类 Lamb 问题积分解的介绍，与前两类 Lamb 问题相比，第三类 Lamb 问题在数学求解上要复杂得多，而且可以预期，它对应的地震波动也更为丰富，因为在自由界面处将产生复杂的反射和转换效应。

本章我们继续研究这最为复杂的一类 Lamb 问题——第三类 Lamb 问题（即观测点和源点同时位于半空间内部的情况）的广义闭合解。一方面，这具有理论上的意义。从数学角度看，对 Lamb 问题的求解，只有也得到了第三类 Lamb 问题的 Green 函数及其一阶空间导数的广义闭合解，Lamb 问题求解才算画上圆满的句号；从对地震波场的理论探讨角度看，尽管没有直接的观测结果可以作为约束，但是根据得到的广义闭合解进行半空间内部的波场性质的研究，无疑对于深入了解地震波场的性质是重要的补充。另一方面，从实用的角度讲，对第三类 Lamb 问题的广义闭合解的求取，可为基于边界积分方程的震源动力学研究提供重要的基础。对于研究断层直接破裂到地表或断层埋深很浅这样需要精确

---

① 所谓积分方程，是指被积函数中含有未知函数的方程。比如在上册 3.2 节中的震源表示定理式 (3.2.5) 中，当震源的位错函数 $[u_i(\boldsymbol{\xi}, t)]$ 未知时，这就是一个积分方程。"边界"是指这个积分方程是建立在某个边界上。如果我们把断层面视为弹性介质的内边界，那么建立在断层面这个区域上的积分方程就叫做边界积分方程。

计算地表影响的场合，运用第三类 Lamb 问题的广义闭合解将极大地提高计算效率[①]。在 4.5 节中，对于第三类 Lamb 问题，我们将 Green 函数及其一阶空间导数的积分解表示为 6 项之和，这是依据相位因子的不同所做的划分，分别代表了直达的 P 波和 S 波、反射的 P 波和 S 波（PP 和 SS），以及转换的 P 波和 S 波（PS 和 SP）。本章中我们从这些积分解出发，沿用在第 6 章和第 7 章中对于前两类 Lamb 问题的处理方法，对它们分别处理，最终得到第三类 Lamb 问题的 Green 函数及其一阶空间导数的广义闭合形式解。

8.1 Green 函数及其一阶空间导数的积分形式解

与第 7 章类似，我们求解第三类 Lamb 问题的广义闭合形式解的出发点仍然是积分形式解，因此罗列在第 4 章中得到的积分解，一方面便于我们回顾这些结果，另一方面也便于分析积分解的特征，作为进一步获得广义闭合解的基础。

8.1.1 Green 函数的积分形式解

综合式 (4.5.5)、(4.5.7)、(4.5.12)、(4.5.19) 和 (4.5.24)，第三类 Lamb 问题的积分解表示为

$$
\mathbf{G}^{(\mathrm{III})}(t) = \frac{1}{2\pi^2 \mu r} \frac{\partial}{\partial t} \left\{ \frac{\pi}{4} \left[\mathbf{F}_{\mathrm{P}}^{(\mathrm{III})}(\bar{t}) + \mathbf{F}_{\mathrm{S}}^{(\mathrm{III})}(\bar{t}) \right] + \varsigma \left[\mathbf{F}_{\mathrm{PP}}^{(\mathrm{III})}(\bar{t}) + \mathbf{F}_{\mathrm{SS}_1}^{(\mathrm{III})}(\bar{t}) \right] \right.
$$
$$
\left. - H\left(\theta' - \theta_{\mathrm{c}} \right) \varsigma \left[\mathbf{F}_{\mathrm{SS}_2}^{(\mathrm{III})}(\bar{t}) + \mathbf{F}_{\mathrm{sPs}}^{(\mathrm{III})}(\bar{t}) \right] - 4 \left[\mathbf{F}_{\mathrm{PS}}^{(\mathrm{III})}(\bar{t}) + \mathbf{F}_{\mathrm{SP}}^{(\mathrm{III})}(\bar{t}) \right] \right\} \tag{8.1.1}
$$

其中，(III) 代表第三类 Lamb 问题，为了书写简便，略去了所有与场点时间变量无关的其他变量，

$$
\mathbf{F}_{\mathrm{P}}^{(\mathrm{III})}(\bar{t}) = \begin{bmatrix} a_{31}s_\theta^2 c_\phi^2 - a_{11} & a_{31}s_\theta^2 s_\phi c_\phi & -a_{31}s_\theta c_\theta c_\phi \\ a_{31}s_\theta^2 s_\phi c_\phi & a_{31}s_\theta^2 s_\phi^2 - a_{11} & -a_{31}s_\theta c_\theta s_\phi \\ -a_{31}s_\theta c_\theta c_\phi & -a_{31}s_\theta c_\theta s_\phi & a_{31}c_\theta^2 - a_{11} \end{bmatrix} \tag{8.1.2a}
$$

$$
\mathbf{F}_{\mathrm{S}}^{(\mathrm{III})}(\bar{t}) = \begin{bmatrix} -b_{31}s_\theta^2 c_\phi^2 + \bar{b}_{11} & -b_{31}s_\theta^2 s_\phi c_\phi & b_{31}s_\theta c_\theta c_\phi \\ -b_{31}s_\theta^2 s_\phi c_\phi & -b_{31}s_\theta^2 s_\phi^2 + \bar{b}_{11} & b_{31}s_\theta c_\theta s_\phi \\ b_{31}s_\theta c_\theta c_\phi & b_{31}s_\theta c_\theta s_\phi & b_{31}s_\theta^2 - 2b_{11} \end{bmatrix} \tag{8.1.2b}
$$

$$
\mathbf{F}_{\mathrm{PP}}^{(\mathrm{III})}(\bar{t}) = \int_0^a \mathrm{Re} \left[\frac{\mathscr{R}^\dagger(\bar{p}, \bar{q}_{\mathrm{PP}}) \mathbf{M}^{\mathrm{PP}}(\bar{p}, \bar{q}_{\mathrm{PP}})}{\mathscr{R}(\bar{p}, \bar{q}_{\mathrm{PP}})} \right] \frac{H(\bar{t} - k/\varsigma)}{\sqrt{a^2 - \bar{p}^2}} \, \mathrm{d}\bar{p} \tag{8.1.2c}
$$

$$
\mathbf{F}_{\mathrm{SS}_1}^{(\mathrm{III})}(\bar{t}) = \int_0^b \mathrm{Re} \left[\frac{\mathbf{M}^{\mathrm{SS}}(\bar{p}, \bar{q}_{\mathrm{SS}}^{(1)})}{\mathscr{R}(\bar{p}, \bar{q}_{\mathrm{SS}}^{(1)})} \right] \frac{H(\bar{t} - 1/\varsigma)}{\sqrt{b^2 - \bar{p}^2}} \, \mathrm{d}\bar{p} \tag{8.1.2d}
$$

[①] 在前期的研究中，我们曾经首次基于上册介绍的频率域半空间 Green 函数建立边界积分方程，从而实现了在震源动力学破裂过程的模拟中精确地包含了自由表面的贡献 (Zhang and Chen, 2006a, 2006b)。但是，这种做法具有技术上的缺陷。为了能够计算准确，必须在选定的时间窗内选取足够多的采样点。对于断层面上两个彼此距离较近的点，计算积分核将比较耗时。但是，破裂过程的计算采用统一的时间步长，对于距离相近的点，将只挑取其中部分的结果用于破裂过程计算。这样就造成了大量的时间浪费。如果能直接得到时间域的 Green 函数的二阶空间导数（参见上册 3.2.3 节的式 (3.2.6)），那么就可以从根本上解决这个问题。但是，Green 函数二阶空间导数广义闭合解的求取不仅要占用较多的篇幅，而且应用范围较窄，只服务于边界积分方程，本书中不予讨论，只讨论与位错源有关的一阶空间导数。

$$\mathbf{F}_{\mathrm{SS}_2}^{(\mathrm{III})}(\bar{t}) = \int_b^{\bar{p}^\star(\bar{t})} \mathrm{Im}\left[\frac{\mathbf{M}^{\mathrm{SS}}(\bar{p}, \bar{q}_{\mathrm{SS}}^{(2)})}{\mathscr{R}(\bar{p}, \bar{q}_{\mathrm{SS}}^{(2)})}\right] \frac{H(\bar{t} - 1/\varsigma) - H(\bar{t} - \bar{t}_{\mathrm{SS}}^\star)}{\sqrt{\bar{p}^2 - b^2}} \, \mathrm{d}\bar{p} \tag{8.1.2e}$$

$$\mathbf{F}_{\mathrm{sPs}}^{(\mathrm{III})}(\bar{t}) = \int_0^{\bar{p}^\star(\bar{t})} \mathrm{Im}\left[\frac{\mathbf{M}^{\mathrm{SS}}(\bar{p}, \bar{q}_{\mathrm{SS}}^{(2)})}{\mathscr{R}(\bar{p}, \bar{q}_{\mathrm{SS}}^{(2)})}\right] \frac{H(\bar{t} - \bar{t}_{\mathrm{sPs}}) - H(\bar{t} - 1/\varsigma)}{\sqrt{\bar{p}^2 - b^2}} \, \mathrm{d}\bar{p} \tag{8.1.2f}$$

$$\mathbf{F}_{\mathrm{PS}}^{(\mathrm{III})}(\bar{t}) = \int_0^{\bar{p}_{\mathrm{PS}}^\dagger(t)} H(\bar{t} - \bar{t}_{\mathrm{PS}}) \mathrm{Im}\left[\frac{\gamma \mathbf{M}^{\mathrm{PS}}(\bar{p}, \bar{q}_{\mathrm{PS}})}{\mathscr{R}(\bar{p}, \bar{q}_{\mathrm{PS}})\bar{Q}^{\mathrm{PS}}}\right] \mathrm{d}\bar{p} \tag{8.1.2g}$$

$$\mathbf{F}_{\mathrm{SP}}^{(\mathrm{III})}(\bar{t}) = \int_0^{\bar{p}_{\mathrm{SP}}^\dagger(t)} H(\bar{t} - \bar{t}_{\mathrm{SP}}) \mathrm{Im}\left[\frac{\gamma \mathbf{M}^{\mathrm{SP}}(\bar{p}, \bar{q}_{\mathrm{SP}})}{\mathscr{R}(\bar{p}, \bar{q}_{\mathrm{SP}})\bar{Q}^{\mathrm{SP}}}\right] \mathrm{d}\bar{p} \tag{8.1.2h}$$

$s_\theta = \sin\theta$, $c_\theta = \cos\theta$, $s_\phi = \sin\phi$, $c_\phi = \cos\phi$, 其他变量定义为

$$R = \sqrt{x_1^2 + x_2^2}, \quad r = \sqrt{R^2 + (x_3' - x_3)^2}, \quad r' = \sqrt{R^2 + (x_3' + x_3)^2}, \quad \varsigma = \frac{r}{r'} \tag{8.1.3a}$$

$$a_{mn} = m\bar{t}^2 - nk^2, \quad b_{mn} = m\bar{t}^2 - n, \quad \bar{b}_{mn} = m\bar{t}^2 + n, \quad s_\theta' = \frac{R}{r'}, \quad c_\theta' = \frac{x_3 + x_3'}{r'} \tag{8.1.3b}$$

$$\mathbf{M}^{\mathrm{PP}}(\bar{p}, \bar{q}) = \begin{bmatrix} -\epsilon & -\zeta & -\bar{q}\eta_\alpha c_\phi \\ -\zeta & -\bar{\epsilon} & -\bar{q}\eta_\alpha s_\phi \\ \bar{q}\eta_\alpha c_\phi & \bar{q}\eta_\alpha s_\phi & \eta_\alpha^2 \end{bmatrix}, \quad k = \frac{\beta}{\alpha}, \quad k' = \sqrt{1 - k^2} \tag{8.1.3c}$$

$$\mathbf{M}^{\mathrm{SS}}(\bar{p}, \bar{q}) = \begin{bmatrix} (\eta_\beta^2 + \bar{\epsilon})\mathscr{R} - \epsilon\chi & -(\mathscr{R} + \chi)\zeta & -\bar{q}\eta_\beta\mathscr{R}^\dagger c_\phi \\ -(\mathscr{R} + \chi)\zeta & (\eta_\beta^2 + \epsilon)\mathscr{R} - \bar{\epsilon}\chi & -\bar{q}\eta_\beta\mathscr{R}^\dagger s_\phi \\ \bar{q}\eta_\beta\mathscr{R}^\dagger c_\phi & \bar{q}\eta_\beta\mathscr{R}^\dagger s_\phi & -(\bar{q}^2 - \bar{p}^2)\mathscr{R}^\dagger \end{bmatrix} \tag{8.1.3d}$$

$$\mathbf{M}^{\mathrm{PS}}(\bar{p}, \bar{q}) = \begin{bmatrix} \eta_\beta\epsilon & \eta_\beta\zeta & \eta_\alpha\eta_\beta\bar{q}c_\phi \\ \eta_\beta\zeta & \eta_\beta\bar{\epsilon} & \eta_\alpha\eta_\beta\bar{q}s_\phi \\ (\bar{q}^2 - \bar{p}^2)\bar{q}c_\phi & (\bar{q}^2 - \bar{p}^2)\bar{q}s_\phi & (\bar{q}^2 - \bar{p}^2)\eta_\alpha \end{bmatrix} \tag{8.1.3e}$$

$$\mathbf{M}^{\mathrm{SP}}(\bar{p}, \bar{q}) = \begin{bmatrix} \eta_\beta\epsilon & \eta_\beta\zeta & -(\bar{q}^2 - \bar{p}^2)\bar{q}c_\phi \\ \eta_\beta\zeta & \eta_\beta\bar{\epsilon} & -(\bar{q}^2 - \bar{p}^2)\bar{q}s_\phi \\ -\eta_\alpha\eta_\beta\bar{q}c_\phi & -\eta_\alpha\eta_\beta\bar{q}s_\phi & (\bar{q}^2 - \bar{p}^2)\eta_\alpha \end{bmatrix} \tag{8.1.3f}$$

$$\bar{q}_{\mathrm{PP}} = -\varsigma\bar{t}s_\theta' + \mathrm{i}c_\theta'\sqrt{a^2 - \bar{p}^2}, \quad \bar{q}_{\mathrm{SS}}^{(1)} = -\varsigma\bar{t}s_\theta' + \mathrm{i}c_\theta'\sqrt{b^2 - \bar{p}^2} \tag{8.1.3g}$$

$$\bar{q}_{\mathrm{SS}}^{(2)} = -\varsigma\bar{t}s_\theta' + c_\theta'\sqrt{\bar{p}^2 - b^2}, \quad \eta_\alpha = \sqrt{k^2 + \bar{p}^2 - \bar{q}^2}, \quad \eta_\beta = \sqrt{1 + \bar{p}^2 - \bar{q}^2} \tag{8.1.3h}$$

$$\bar{Q}^{\mathrm{PS}} = \frac{R}{r} + \bar{q}_{\mathrm{PS}}\left(\frac{x_3'}{\eta_\alpha r} + \frac{x_3}{\eta_\beta r}\right), \quad \bar{q}_{\mathrm{PS}} = -m_{\mathrm{PS}} + \mathrm{i}\sqrt{C_\alpha\left(m_{\mathrm{PS}} - \frac{k^2 + \bar{p}^2}{1 + C_\alpha}\right)} \tag{8.1.3i}$$

$$\bar{p}^\star(\bar{t}) = \sqrt{\left(\frac{\varsigma\bar{t} - k'c_\theta'}{s_\theta'}\right)^2 - k^2}, \quad \bar{t}_{\mathrm{SS}}^\star = \frac{k'}{\varsigma c_\theta'}, \quad \bar{t}_{\mathrm{sPs}} = \frac{\cos(\theta' - \theta_c)}{\varsigma} \tag{8.1.3j}$$

$$\gamma = 1 + 2(\bar{p}^2 - \bar{q}^2), \quad \mathscr{R}(\bar{p}, \bar{q}) = \gamma^2 - 4\eta_\alpha\eta_\beta(\bar{p}^2 - \bar{q}^2), \quad \chi = 8\eta_\alpha\eta_\beta^3 \tag{8.1.3k}$$

$$\mathscr{R}^\dagger(\bar{p}, \bar{q}) = \gamma^2 + 4\eta_\alpha\eta_\beta(\bar{p}^2 - \bar{q}^2), \quad \zeta = (\bar{q}^2 + \bar{p}^2)s_\phi c_\phi, \quad a^2 = \varsigma^2\bar{t}^2 - k^2 \tag{8.1.3l}$$

$$\epsilon = \bar{q}^2 c_\phi^2 - \bar{p}^2 s_\phi^2, \quad \bar{\epsilon} = \bar{q}^2 s_\phi^2 - \bar{p}^2 c_\phi^2, \quad b^2 = \varsigma^2\bar{t}^2 - 1 \tag{8.1.3m}$$

以上对于转换波只列出了 PS 波项的量，SP 波项的相关量只需要互换 x_3' 和 x_3 即可。为了确定 PS 波项中的量，比如 m_{PS}、C_α 和积分限 $\bar{p}_{\mathrm{PS}}^\dagger(t)$，还需要进行额外的复杂操作，此处就不再罗列了，详细步骤可参考 4.5.3 节。

8.1.2　Green 函数一阶空间导数的积分形式解

根据 4.5.4 节中的结果，第三类 Lamb 问题 Green 函数一阶空间导数的积分形式解为

$$
\begin{aligned}
\mathbf{G}_{,k'}^{(\mathrm{III})}(t)=\frac{1}{2\pi^2\mu\beta r}\frac{\partial^2}{\partial t^2}\bigg\{ &\frac{\pi}{4}\left[\mathbf{F}_{\mathrm{P},k'}^{(\mathrm{III})}(\bar{t})+\mathbf{F}_{\mathrm{S},k'}^{(\mathrm{III})}(\bar{t})\right]+\varsigma\left[\mathbf{F}_{\mathrm{PP},k'}^{(\mathrm{III})}(\bar{t})+\mathbf{F}_{\mathrm{SS}_1,k'}^{(\mathrm{III})}(\bar{t})\right]\\
&-H\left(\theta'-\theta_c\right)\varsigma\left[\mathbf{F}_{\mathrm{SS}_2,k'}^{(\mathrm{III})}(\bar{t})+\mathbf{F}_{\mathrm{sPs},k'}^{(\mathrm{III})}(\bar{t})\right]-4\left[\mathbf{F}_{\mathrm{PS},k'}^{(\mathrm{III})}(\bar{t})+\mathbf{F}_{\mathrm{SP},k'}^{(\mathrm{III})}(\bar{t})\right]\bigg\}
\end{aligned}
\tag{8.1.4}
$$

$$
\mathbf{F}_{\mathrm{P},1'}^{(\mathrm{III})}=\bar{t}\begin{bmatrix}(a_{53}s_\theta^2c_\phi^2-3a_{11})s_\theta c_\phi & (a_{53}s_\theta^2c_\phi^2-a_{11})s_\theta s_\phi & -(a_{53}s_\theta^2c_\phi^2-a_{11})c_\theta\\ (a_{53}s_\theta^2c_\phi^2-a_{11})s_\theta s_\phi & (a_{53}s_\theta^2s_\phi^2-a_{11})s_\theta c_\phi & -a_{53}s_\theta^2c_\theta s_\phi c_\phi\\ -(a_{53}s_\theta^2c_\phi^2-a_{11})c_\theta & -a_{53}s_\theta^2c_\theta s_\phi c_\phi & (a_{53}c_\theta^2-a_{11})s_\theta c_\phi\end{bmatrix}
\tag{8.1.5a}
$$

$$
\mathbf{F}_{\mathrm{P},2'}^{(\mathrm{III})}=\bar{t}\begin{bmatrix}(a_{53}s_\theta^2c_\phi^2-a_{11})s_\theta s_\phi & (a_{53}s_\theta^2s_\phi^2-a_{11})s_\theta c_\phi & -a_{53}s_\theta^2c_\theta s_\phi c_\phi\\ (a_{53}s_\theta^2s_\phi^2-a_{11})s_\theta c_\phi & (a_{53}s_\theta^2s_\phi^2-3a_{11})s_\theta s_\phi & -(a_{53}s_\theta^2s_\phi^2-a_{11})c_\theta\\ -a_{53}s_\theta^2c_\theta s_\phi c_\phi & -(a_{53}s_\theta^2s_\phi^2-a_{11})c_\theta & (a_{53}c_\theta^2-a_{11})s_\theta s_\phi\end{bmatrix}
\tag{8.1.5b}
$$

$$
\mathbf{F}_{\mathrm{P},3'}^{(\mathrm{III})}=\bar{t}\begin{bmatrix}-(a_{53}s_\theta^2c_\phi^2-a_{11})c_\theta & -a_{53}s_\theta^2c_\theta s_\phi c_\phi & (a_{53}c_\theta^2-a_{11})s_\theta c_\phi\\ -a_{53}s_\theta^2c_\theta s_\phi c_\phi & -(a_{53}s_\theta^2s_\phi^2-a_{11})c_\theta & (a_{53}c_\theta^2-a_{11})s_\theta s_\phi\\ (a_{53}c_\theta^2-a_{11})s_\theta c_\phi & (a_{53}c_\theta^2-a_{11})s_\theta s_\phi & -(a_{53}c_\theta^2-3a_{11})c_\theta\end{bmatrix}
\tag{8.1.5c}
$$

$$
\mathbf{F}_{\mathrm{S},1'}^{(\mathrm{III})}=\bar{t}\begin{bmatrix}-(b_{53}s_\theta^2c_\phi^2-b_{31})s_\theta c_\phi & -(b_{53}s_\theta^2c_\phi^2-b_{11})s_\theta s_\phi & (b_{53}s_\theta^2c_\phi^2-b_{11})c_\theta\\ -(b_{53}s_\theta^2c_\phi^2-b_{11})s_\theta s_\phi & -(b_{53}s_\theta^2s_\phi^2-\bar{b}_{11})s_\theta c_\phi & b_{53}s_\theta^2c_\theta s_\phi c_\phi\\ (b_{53}s_\theta^2c_\phi^2-b_{11})c_\theta & b_{53}s_\theta^2c_\theta s_\phi c_\phi & -(b_{53}c_\theta^2-\bar{b}_{11})s_\theta c_\phi\end{bmatrix}
\tag{8.1.5d}
$$

$$
\mathbf{F}_{\mathrm{S},2'}^{(\mathrm{III})}=\bar{t}\begin{bmatrix}-(b_{53}s_\theta^2c_\phi^2-\bar{b}_{11})s_\theta s_\phi & -(b_{53}s_\theta^2s_\phi^2-b_{11})s_\theta c_\phi & b_{53}s_\theta^2c_\theta s_\phi c_\phi\\ -(b_{53}s_\theta^2s_\phi^2-b_{11})s_\theta c_\phi & -(b_{53}s_\theta^2s_\phi^2-b_{31})s_\theta s_\phi & (b_{53}s_\theta^2s_\phi^2-b_{11})c_\theta\\ b_{53}s_\theta^2c_\theta s_\phi c_\phi & (b_{53}s_\theta^2s_\phi^2-b_{11})c_\theta & -(b_{53}c_\theta^2-\bar{b}_{11})s_\theta s_\phi\end{bmatrix}
\tag{8.1.5e}
$$

$$
\mathbf{F}_{\mathrm{S},3'}^{(\mathrm{III})}=\bar{t}\begin{bmatrix}(b_{53}s_\theta^2c_\phi^2-\bar{b}_{11})c_\theta & b_{53}s_\theta^2c_\theta s_\phi c_\phi & -(b_{53}c_\theta^2-b_{11})s_\theta c_\phi\\ b_{53}s_\theta^2c_\theta s_\phi c_\phi & (b_{53}s_\theta^2s_\phi^2-\bar{b}_{11})c_\theta & -(b_{53}c_\theta^2-b_{11})s_\theta s_\phi\\ -(b_{53}c_\theta^2-b_{11})s_\theta c_\phi & -(b_{53}c_\theta^2-b_{11})s_\theta s_\phi & (b_{53}c_\theta^2-b_{31})c_\theta\end{bmatrix}
\tag{8.1.5f}
$$

$$
\mathbf{F}_{\mathrm{PP},k'}^{(\mathrm{III})}=\int_0^a\mathrm{Re}\left[\frac{\mathscr{R}^\dagger(\bar{p},\bar{q}_{\mathrm{PP}})\mathbf{M}_{,k'}^{\mathrm{PP}}(\bar{p},\bar{q}_{\mathrm{PP}})}{\mathscr{R}(\bar{p},\bar{q}_{\mathrm{PP}})}\right]\frac{H\left(\bar{t}-k/\varsigma\right)}{\sqrt{a^2-\bar{p}^2}}\,\mathrm{d}\bar{p}
\tag{8.1.5g}
$$

$$
\mathbf{F}_{\mathrm{SS}_1,k'}^{(\mathrm{III})}=\int_0^b\mathrm{Re}\left[\frac{\mathbf{M}_{,k'}^{\mathrm{SS}}(\bar{p},\bar{q}_{\mathrm{SS}}^{(1)})}{\mathscr{R}(\bar{p},\bar{q}_{\mathrm{SS}}^{(1)})}\right]\frac{H\left(\bar{t}-1/\varsigma\right)}{\sqrt{b^2-\bar{p}^2}}\,\mathrm{d}\bar{p}
\tag{8.1.5h}
$$

$$
\mathbf{F}_{\mathrm{SS}_2,k'}^{(\mathrm{III})}=\int_b^{\bar{p}^\star(\bar{t})}\mathrm{Im}\left[\frac{\mathbf{M}_{,k'}^{\mathrm{SS}}(\bar{p},\bar{q}_{\mathrm{SS}}^{(2)})}{\mathscr{R}(\bar{p},\bar{q}_{\mathrm{SS}}^{(2)})}\right]\frac{H\left(\bar{t}-1/\varsigma\right)-H\left(\bar{t}-\bar{t}_{\mathrm{SS}}^\star\right)}{\sqrt{\bar{p}^2-b^2}}\,\mathrm{d}\bar{p}
\tag{8.1.5i}
$$

$$\mathbf{F}_{\mathrm{sPs},k'}^{(\mathrm{III})} = \int_{0}^{\bar{p}^{\star}(\bar{t})} \mathrm{Im}\left[\frac{\mathbf{M}_{,k'}^{\mathrm{SS}}(\bar{p},\bar{q}_{\mathrm{SS}}^{(2)})}{\mathscr{R}(\bar{p},\bar{q}_{\mathrm{SS}}^{(2)})}\right] \frac{H(\bar{t}-\bar{t}_{\mathrm{sPs}}) - H(\bar{t}-1/\varsigma)}{\sqrt{\bar{p}^{2}-b^{2}}} \, \mathrm{d}\bar{p} \tag{8.1.5j}$$

$$\mathbf{F}_{\mathrm{PS},k'}^{(\mathrm{III})} = \int_{0}^{\bar{p}_{\mathrm{PS}}^{\dagger}(t)} H(\bar{t}-\bar{t}_{\mathrm{PS}})\mathrm{Im}\left[\frac{\gamma\mathbf{M}_{,k'}^{\mathrm{PS}}(\bar{p},\bar{q}_{\mathrm{PS}})}{\mathscr{R}(\bar{p},\bar{q}_{\mathrm{PS}})\bar{Q}^{\mathrm{PS}}}\right] \mathrm{d}\bar{p} \tag{8.1.5k}$$

$$\mathbf{F}_{\mathrm{SP},k'}^{(\mathrm{III})} = \int_{0}^{\bar{p}_{\mathrm{SP}}^{\dagger}(t)} H(\bar{t}-\bar{t}_{\mathrm{SP}})\mathrm{Im}\left[\frac{\gamma\mathbf{M}_{,k'}^{\mathrm{SP}}(\bar{p},\bar{q}_{\mathrm{SP}})}{\mathscr{R}(\bar{p},\bar{q}_{\mathrm{SP}})\bar{Q}^{\mathrm{SP}}}\right] \mathrm{d}\bar{p} \tag{8.1.5l}$$

其中，

$$\mathbf{M}_{,1'}^{\mathrm{PP}} = \begin{bmatrix} \bar{q}\varkappa c_{\phi} & \bar{q}\varkappa' s_{\phi} & \epsilon\eta_{\alpha} \\ M_{12,1'}^{\mathrm{PP}} & \bar{q}\bar{\varkappa}c_{\phi} & \zeta\eta_{\alpha} \\ -M_{13,1'}^{\mathrm{PP}} & -M_{23,1'}^{\mathrm{PP}} & -\bar{q}\eta_{\alpha}^{2}c_{\phi} \end{bmatrix} \tag{8.1.6a}$$

$$\mathbf{M}_{,2'}^{\mathrm{PP}} = \begin{bmatrix} M_{12,1'}^{\mathrm{PP}} & M_{22,1'}^{\mathrm{PP}} & M_{23,1'}^{\mathrm{PP}} \\ M_{12,2'}^{\mathrm{PP}} & \bar{q}\bar{\varkappa}s_{\phi} & \bar{\epsilon}\eta_{\alpha} \\ -M_{13,2'}^{\mathrm{PP}} & -M_{23,2'}^{\mathrm{PP}} & -\bar{q}\eta_{\alpha}^{2}s_{\phi} \end{bmatrix} \tag{8.1.6b}$$

$$\mathbf{M}_{,1'}^{\mathrm{SS}} = \begin{bmatrix} \left[\varkappa\chi - \mathscr{R}\left(\eta_{\beta}^{2}+\bar{\varkappa}'\right)\right]\bar{q}c_{\phi} & (\chi+\mathscr{R})\varkappa'\bar{q}s_{\phi} & \eta_{\beta}\epsilon\mathscr{R}^{\dagger} \\ M_{12,1'}^{\mathrm{SS}} & \left[\bar{\varkappa}'\chi - \mathscr{R}\left(\eta_{\beta}^{2}+\varkappa\right)\right]\bar{q}c_{\phi} & \eta_{\beta}\zeta\mathscr{R}^{\dagger} \\ -M_{13,1'}^{\mathrm{SS}} & -M_{23,1'}^{\mathrm{SS}} & \bar{q}(\bar{q}^{2}-\bar{p}^{2})\mathscr{R}^{\dagger}c_{\phi} \end{bmatrix} \tag{8.1.6c}$$

$$\mathbf{M}_{,2'}^{\mathrm{SS}} = \begin{bmatrix} \left[\varkappa'\chi - \mathscr{R}\left(\eta_{\beta}^{2}+\bar{\varkappa}\right)\right]\bar{q}s_{\phi} & (\chi+\mathscr{R})\bar{\varkappa}'\bar{q}c_{\phi} & M_{23,1'}^{\mathrm{SS}} \\ M_{12,2'}^{\mathrm{SS}} & \left[\bar{\varkappa}\chi - \mathscr{R}\left(\eta_{\beta}^{2}+\varkappa'\right)\right]\bar{q}s_{\phi} & \eta_{\beta}\bar{\epsilon}\mathscr{R}^{\dagger} \\ -M_{13,2'}^{\mathrm{SS}} & -M_{23,2'}^{\mathrm{SS}} & \bar{q}(\bar{q}^{2}-\bar{p}^{2})\mathscr{R}^{\dagger}s_{\phi} \end{bmatrix} \tag{8.1.6d}$$

$$\mathbf{M}_{,1'}^{\mathrm{PS}} = \begin{bmatrix} -\bar{q}\eta_{\beta}\varkappa c_{\phi} & -\bar{q}\eta_{\beta}\varkappa' s_{\phi} & -\epsilon\eta_{\alpha}\eta_{\beta} \\ M_{12,1'}^{\mathrm{PS}} & -\bar{q}\eta_{\beta}\bar{\varkappa}'c_{\phi} & -\zeta\eta_{\alpha}\eta_{\beta} \\ -(\bar{q}^{2}-\bar{p}^{2})\epsilon & -(\bar{q}^{2}-\bar{p}^{2})\zeta & -\bar{q}(\bar{q}^{2}-\bar{p}^{2})\eta_{\alpha}c_{\phi} \end{bmatrix} \tag{8.1.6e}$$

$$\mathbf{M}_{,2'}^{\mathrm{PS}} = \begin{bmatrix} M_{12,1'}^{\mathrm{PS}} & M_{22,1'}^{\mathrm{PS}} & M_{23,1'}^{\mathrm{PS}} \\ M_{12,2'}^{\mathrm{PS}} & -\bar{q}\eta_{\beta}\bar{\varkappa}s_{\phi} & -\bar{\epsilon}\eta_{\alpha}\eta_{\beta} \\ M_{32,1'}^{\mathrm{PS}} & -(\bar{q}^{2}-\bar{p}^{2})\bar{\epsilon} & -\bar{q}(\bar{q}^{2}-\bar{p}^{2})\eta_{\alpha}s_{\phi} \end{bmatrix} \tag{8.1.6f}$$

$$\mathbf{M}_{,\alpha'}^{\mathrm{SP}} = \begin{bmatrix} M_{11,\alpha'}^{\mathrm{PS}} & M_{12,\alpha'}^{\mathrm{PS}} & -M_{31,\alpha'}^{\mathrm{PS}} \\ M_{12,\alpha'}^{\mathrm{PS}} & M_{22,\alpha'}^{\mathrm{PS}} & -M_{32,\alpha'}^{\mathrm{PS}} \\ -M_{13,\alpha'}^{\mathrm{PS}} & -M_{23,\alpha'}^{\mathrm{PS}} & M_{33,\alpha'}^{\mathrm{PS}} \end{bmatrix}, \quad (\alpha=1,\,2) \tag{8.1.6g}$$

$$\mathbf{M}_{,3'}^{\mathrm{PP}} = -\eta_{\alpha}\mathbf{M}^{\mathrm{PP}}, \quad \mathbf{M}_{,3'}^{\mathrm{SS}} = -\eta_{\beta}\mathbf{M}^{\mathrm{SS}}, \quad \mathbf{M}_{,3'}^{\mathrm{PS}} = -\eta_{\alpha}\mathbf{M}^{\mathrm{PS}}, \quad \mathbf{M}_{,3'}^{\mathrm{SP}} = -\eta_{\beta}\mathbf{M}^{\mathrm{SP}} \tag{8.1.6h}$$

式中的

$$\varkappa = \bar{q}^{2}c_{\phi}^{2} - 3\bar{p}^{2}s_{\phi}^{2}, \quad \bar{\varkappa} = \bar{q}^{2}s_{\phi}^{2} - 3\bar{p}^{2}c_{\phi}^{2}, \quad \varkappa' = \varkappa + 2\bar{p}^{2}, \quad \bar{\varkappa}' = \bar{\varkappa} + 2\bar{p}^{2}$$

其他变量的定义与 8.1.1 节中的相同。

8.1.3 对积分解的初步分析

从 8.1.1 节和 8.1.2 节所列的积分解的形式来看，第三类 Lamb 问题的 Green 函数及其一阶导数比第二类问题相应的解要复杂很多。我们根据各项的性质分成三组作初步的分析：

(1) 直达波项（P 和 S）：直接以简单的闭合形式解给出，这两项不需要额外的操作。

(2) 反射波项（PP 和 SS_1、SS_2 和 sPs）：将这些项的表达与 7.1.1 节和 7.1.2 节中所列的第二类 Lamb 问题的相应表达对比，不难发现，只需要做替换 $r \to r'$，$\theta \to \theta'$，以及 $\bar{t} \to \varsigma\bar{t}$，第二类 Lamb 问题的求解过程完全适用于反射波项，二者的区别仅在于矩阵元素的具体形式不同。这将影响部分分式展开的系数，但是不影响基本积分[①]。因此，对于反射波项，我们只需要替换相应的部分分式系数，并作上述的替换，直接运用第 7 章中针对第二类 Lamb 问题的公式即可获得广义闭合解。

(3) 转换波项（PS 和 SP）：根据积分解的形式不难发现，只要做 x'_3 和 x_3 的互换，并且对 PS 波项中所含矩阵 $\mathbf{M}^{PS}$ 作次序上的调整，即可得到 SP 波项的结果。对于 Green 函数以及它关于 x'_1 和 x'_2 的导数都是如此，唯一需要注意的是 Green 函数关于 x'_3 的导数，矩阵元素有所差别，这个需要特殊处理。因此只要针对 PS 波项作细致的分析，得到其广义闭合解，做简单的代换和调整即可得到 SP 波项的结果。

在 5.8 节关于第三类 Lamb 问题积分解的数值实现中，我们曾经提到，第三类 Lamb 问题中转换波 PS 和 SP 波的计算中涉及复杂的额外操作，导致其计算效率很低。在进行点源叠加获得有限尺度源的位移场时，如果将断层划分得较细，计算成本就大到难以承受了。因此，第三类 Lamb 问题的难点在于转换波，本章中将着重研究转换波项（以 PS 波项为例，SP 波项的只需要做简单的替换类似处理即可）的广义闭合解如何得到。

8.2 反射波项（PP 和 SS）

根据 8.1.3 节中关于反射波项的分析，在替换 $r \to r'$，$\theta \to \theta'$，以及 $\bar{t} \to \varsigma\bar{t}$ 下，第三类 Lamb 问题 Green 函数及其一阶导数的表达式可以通过在第 7 章中介绍的第二类 Lamb 问题的相应解来表达。以下只罗列主要的结果，只对与第二类 Lamb 问题不同之处做详细的说明。

8.2.1 PP 波项

仿照对于第二类 Lamb 问题 P 波项的处理方式，选取 $\eta_\alpha \triangleq x$ 作为新的积分变量，将 $\mathbf{F}_{PP}^{(\text{III})}(\bar{t})$ 和 $\mathbf{F}_{PP,k'}^{(\text{III})}(\bar{t})$ 用 x 表示为

$$\mathbf{F}_{PP}^{(\text{III})}(\bar{t}) = \text{Im} \int_m^{m+in} \frac{H(t-k/\varsigma)}{R^{PP}(x)\sqrt{Q^{PP}(x)}} \left[\mathbf{M}^{PP(1)}(x) + \frac{\mathbf{M}^{PP(2)}(x)}{\sqrt{x^2+k'^2}} \right] dx \tag{8.2.1a}$$

$$\mathbf{F}_{PP,k'}^{(\text{III})}(\bar{t}) = \text{Im} \int_m^{m+in} \frac{H(t-k/\varsigma)}{R^{PP}(x)\sqrt{Q^{PP}(x)}} \left[\mathbf{M}_{,k'}^{PP(1)}(x) + \frac{\mathbf{M}_{,k'}^{PP(2)}(x)}{\sqrt{x^2+k'^2}} \right] dx \tag{8.2.1b}$$

其中，$m = \varsigma\bar{t}\cos\theta'$，$n = a\sin\theta'$，$Q^{PP} = x^2 - 2x\varsigma\bar{t}\cos\theta' + \varsigma^2\bar{t}^2 - k^2\sin^2\theta'$，$R^{PP}(x) = 16k'^2(x^2+y_1)(x^2+y_2)(x^2+y_3)$，$y_i$ $(i=1,2,3)$ 的含义与 7.2.1 节中的相同。被积函数中的

[①] 由于部分分式的数目增多，涉及更多的基本积分，但是这些基本积分可以根据递推关系得到，并不增加问题的难度。

$\mathbf{M}^{\mathrm{PP}(\xi)}(x)$ 和 $\mathbf{M}^{\mathrm{PP}(\xi)}_{,k'}(x)$ $(\xi = 1, 2)$ 的分量具体表达式分别列于表 8.2.1 和表 8.2.2 中, 其中的 $g = x^2 - k^2$。未列入表中的 (i, j) 组合的元素与表中元素的对应关系为

$$M^{\mathrm{PP}(\xi)}_{21} = M^{\mathrm{PP}(\xi)}_{12}, \quad M^{\mathrm{PP}(\xi)}_{23} = M^{\mathrm{PP}(\xi)}_{13} t_\phi, \quad M^{\mathrm{PP}(\xi)}_{31} = -M^{\mathrm{PP}(\xi)}_{13}, \quad M^{\mathrm{PP}(\xi)}_{32} = M^{\mathrm{PP}(\xi)}_{31} t_\phi$$

$$M^{\mathrm{PP}(\xi)}_{21,1'} = M^{\mathrm{PP}(\xi)}_{11,2'} = M^{\mathrm{PP}(\xi)}_{12,1'}, \quad M^{\mathrm{PP}(\xi)}_{12,2'} = M^{\mathrm{PP}(\xi)}_{21,2'} = M^{\mathrm{PP}(\xi)}_{22,1'}, \quad M^{\mathrm{PP}(\xi)}_{13,2'} = M^{\mathrm{PP}(\xi)}_{23,1'}$$

$$M^{\mathrm{PP}(\xi)}_{31,\alpha'} = -M^{\mathrm{PP}(\xi)}_{13,\alpha'}, \quad M^{\mathrm{PP}(\xi)}_{32,\alpha'} = -M^{\mathrm{PP}(\xi)}_{23,\alpha'}, \quad M^{\mathrm{PP}(\xi)}_{33,2'} = M^{\mathrm{PP}(\xi)}_{33,1'} t_\phi, \quad M^{\mathrm{PP}(\xi)}_{ij,3'} = -x M^{\mathrm{PP}(\xi)}_{ij}$$

其中, $\alpha = 1, 2$, $t_\phi = \tan \phi$。表 8.2.1 和表 8.2.2 中具体表达式中的所有因子都是 x 的函数, 将它们代入后得到多项式形式的表达。$C^{\mathrm{PP}(\xi)}_{ij,m}$ 和 $C^{\mathrm{PP}(\xi)}_{ijk,m}$ 分别为 $M^{\mathrm{PP}(\xi)}_{ij}$ 和 $M^{\mathrm{PP}(\xi)}_{ij,k'}$ 的多项式表达的系数, 根据附录 G 中详细的过程可以得到它们的具体数值。

表 8.2.1　$M^{\mathrm{PP}(\xi)}_{ij}(\xi = 1, 2; \ i, j = 1, 2, 3)$ 的具体表达式

$\xi = 1$	具体表达式	多项式形式	$\xi = 2$	具体表达式	多项式形式
$M^{\mathrm{PP}(1)}_{11}$	$-(\gamma^4 + 16x^2 g^2 \eta_\beta^2)\epsilon$	$\sum_{m=0}^{10} C^{\mathrm{PP}(1)}_{11,m} x^m$	$M^{\mathrm{PP}(2)}_{11}$	$-8x\eta_\beta^2 g\gamma^2 \epsilon$	$\sum_{m=0}^{11} C^{\mathrm{PP}(2)}_{11,m} x^m$
$M^{\mathrm{PP}(1)}_{12}$	$-(\gamma^4 + 16x^2 g^2 \eta_\beta^2)\zeta$	$\sum_{m=0}^{10} C^{\mathrm{PP}(1)}_{12,m} x^m$	$M^{\mathrm{PP}(2)}_{12}$	$-8x\eta_\beta^2 g\gamma^2 \zeta$	$\sum_{m=0}^{11} C^{\mathrm{PP}(2)}_{12,m} x^m$
$M^{\mathrm{PP}(1)}_{13}$	$-(\gamma^4 + 16x^2 g^2 \eta_\beta^2)x\bar{q}c_\phi$	$\sum_{m=0}^{10} C^{\mathrm{PP}(1)}_{13,m} x^m$	$M^{\mathrm{PP}(2)}_{13}$	$-8x^2\eta_\beta^2 g\gamma^2 \bar{q}c_\phi$	$\sum_{m=0}^{11} C^{\mathrm{PP}(2)}_{13,m} x^m$
$M^{\mathrm{PP}(1)}_{22}$	$-(\gamma^4 + 16x^2 g^2 \eta_\beta^2)\bar{\epsilon}$	$\sum_{m=0}^{10} C^{\mathrm{PP}(1)}_{22,m} x^m$	$M^{\mathrm{PP}(2)}_{22}$	$-8x\eta_\beta^2 g\gamma^2 \bar{\epsilon}$	$\sum_{m=0}^{11} C^{\mathrm{PP}(2)}_{22,m} x^m$
$M^{\mathrm{PP}(1)}_{33}$	$(\gamma^4 + 16x^2 g^2 \eta_\beta^2)x^2$	$\sum_{m=0}^{10} C^{\mathrm{PP}(1)}_{33,i} x^m$	$M^{\mathrm{PP}(2)}_{33}$	$8x^3\eta_\beta^2 g\gamma^2$	$\sum_{m=0}^{11} C^{\mathrm{PP}(2)}_{33,m} x^m$

表 8.2.2　$M^{\mathrm{PP}(\xi)}_{ij,k'}(\xi = 1, 2; \ i, j, k = 1, 2, 3)$ 的具体表达式

$\xi = 1$	具体表达式	多项式形式	$\xi = 2$	具体表达式	多项式形式
$M^{\mathrm{PP}(1)}_{11,1'}$	$(\gamma^4 + 16x^2 g^2 \eta_\beta^2)\bar{q}\varkappa c_\phi$	$\sum_{m=0}^{11} C^{\mathrm{PP}(1)}_{111,m} x^m$	$M^{\mathrm{PP}(2)}_{11,1'}$	$8x\bar{q}\eta_\beta^2 g\gamma^2 \varkappa c_\phi$	$\sum_{m=0}^{12} C^{\mathrm{PP}(2)}_{111,m} x^m$
$M^{\mathrm{PP}(1)}_{12,1'}$	$(\gamma^4 + 16x^2 g^2 \eta_\beta^2)\bar{q}\varkappa' s_\phi$	$\sum_{m=0}^{11} C^{\mathrm{PP}(1)}_{121,m} x^m$	$M^{\mathrm{PP}(2)}_{12,1'}$	$8x\bar{q}\eta_\beta^2 g\gamma^2 \varkappa' s_\phi$	$\sum_{m=0}^{12} C^{\mathrm{PP}(2)}_{121,m} x^m$
$M^{\mathrm{PP}(1)}_{13,1'}$	$(\gamma^4 + 16x^2 g^2 \eta_\beta^2)x\epsilon$	$\sum_{m=0}^{11} C^{\mathrm{PP}(1)}_{131,m} x^m$	$M^{\mathrm{PP}(2)}_{13,1'}$	$8x^2\eta_\beta^2 g\gamma^2 \epsilon$	$\sum_{m=0}^{12} C^{\mathrm{PP}(2)}_{131,m} x^m$
$M^{\mathrm{PP}(1)}_{22,1'}$	$(\gamma^4 + 16x^2 g^2 \eta_\beta^2)\bar{q}\bar{\varkappa}' c_\phi$	$\sum_{m=0}^{11} C^{\mathrm{PP}(1)}_{221,m} x^m$	$M^{\mathrm{PP}(2)}_{22,1'}$	$8x\bar{q}\eta_\beta^2 g\gamma^2 \bar{\varkappa}' c_\phi$	$\sum_{m=0}^{12} C^{\mathrm{PP}(2)}_{221,m} x^m$
$M^{\mathrm{PP}(1)}_{23,1'}$	$(\gamma^4 + 16x^2 g^2 \eta_\beta^2)x\zeta$	$\sum_{m=0}^{11} C^{\mathrm{PP}(1)}_{231,m} x^m$	$M^{\mathrm{PP}(2)}_{23,1'}$	$8x^2\eta_\beta^2 g\gamma^2 \zeta$	$\sum_{m=0}^{12} C^{\mathrm{PP}(2)}_{231,m} x^m$
$M^{\mathrm{PP}(1)}_{33,1'}$	$-(\gamma^4 + 16x^2 g^2 \eta_\beta^2)x^2\bar{q}c_\phi$	$\sum_{m=0}^{11} C^{\mathrm{PP}(1)}_{331,i} x^m$	$M^{\mathrm{PP}(2)}_{33,1'}$	$-8x^3\eta_\beta^2 g\gamma^2 \bar{q}c_\phi$	$\sum_{m=0}^{12} C^{\mathrm{PP}(2)}_{331,m} x^m$
$M^{\mathrm{PP}(1)}_{22,2'}$	$(\gamma^4 + 16x^2 g^2 \eta_\beta^2)\bar{q}\bar{\varkappa} s_\phi$	$\sum_{m=0}^{11} C^{\mathrm{PP}(1)}_{222,m} x^m$	$M^{\mathrm{PP}(2)}_{22,2'}$	$8x\bar{q}\eta_\beta^2 g\gamma^2 \bar{\varkappa} s_\phi$	$\sum_{m=0}^{12} C^{\mathrm{PP}(2)}_{222,m} x^m$
$M^{\mathrm{PP}(1)}_{23,2'}$	$(\gamma^4 + 16x^2 g^2 \eta_\beta^2)x\bar{\epsilon}$	$\sum_{m=0}^{11} C^{\mathrm{PP}(1)}_{232,m} x^m$	$M^{\mathrm{PP}(2)}_{23,2'}$	$8x^2\eta_\beta^2 g\gamma^2 \bar{\epsilon}$	$\sum_{m=0}^{12} C^{\mathrm{PP}(2)}_{232,m} x^m$

将表 8.2.1 和表 8.2.2 与表 7.2.1 和表 7.2.2 比较, 可以发现与 $M^{(\xi)}_{ij}$ 和 $M^{(\xi)}_{ij,k'}$ 相比, $M^{\mathrm{PP}(\xi)}_{ij}$ 和 $M^{\mathrm{PP}(\xi)}_{ij,k'}$ 的多了两个更高阶次的项。因此, 相比于 7.2.2 节中的第二类 Lamb 问题, 对于第三类 Lamb 问题的 PP 波项, 积分式 (8.2.1) 中的有理分式的部分分式要多出两项:

$$\frac{M^{\mathrm{PP}(1)}_{ij}(x)}{R^{\mathrm{PP}}(x)} = \frac{u^{\mathrm{PP}(0)}_{ij,1} x + u^{\mathrm{PP}(0)}_{ij,2}}{x^2 + y_1} + \frac{u^{\mathrm{PP}(0)}_{ij,3} x + u^{\mathrm{PP}(0)}_{ij,4}}{x^2 + y_2} + \frac{u^{\mathrm{PP}(0)}_{ij,5} x + u^{\mathrm{PP}(0)}_{ij,6}}{x^2 + y_3} + \sum_{m=7}^{11} u^{\mathrm{PP}(0)}_{ij,m} x^{m-7}$$

$$\frac{M^{\mathrm{PP}(2)}_{ij}(x)}{R^{\mathrm{PP}}(x)} = \frac{v^{\mathrm{PP}(0)}_{ij,1} x + v^{\mathrm{PP}(0)}_{ij,2}}{x^2 + y_1} + \frac{v^{\mathrm{PP}(0)}_{ij,3} x + v^{\mathrm{PP}(0)}_{ij,4}}{x^2 + y_2} + \frac{v^{\mathrm{PP}(0)}_{ij,5} x + v^{\mathrm{PP}(0)}_{ij,6}}{x^2 + y_3} + \sum_{m=7}^{12} v^{\mathrm{PP}(0)}_{ij,m} x^{m-7}$$

$$\frac{M_{ij,k'}^{\mathrm{PP}(1)}(x)}{R^{\mathrm{PP}}(x)} = \frac{u_{ij,1}^{\mathrm{PP}(k)}x + u_{ij,2}^{\mathrm{PP}(k)}}{x^2 + y_1} + \frac{u_{ij,3}^{\mathrm{PP}(k)}x + u_{ij,4}^{\mathrm{PP}(k)}}{x^2 + y_2} + \frac{u_{ij,5}^{\mathrm{PP}(k)}x + u_{ij,6}^{\mathrm{PP}(k)}}{x^2 + y_3} + \sum_{m=7}^{12} u_{ij,m}^{\mathrm{PP}(k)}x^{m-7}$$

$$\frac{M_{ij,k'}^{\mathrm{PP}(2)}(x)}{R^{\mathrm{PP}}(x)} = \frac{v_{ij,1}^{\mathrm{PP}(k)}x + v_{ij,2}^{\mathrm{PP}(k)}}{x^2 + y_1} + \frac{v_{ij,3}^{\mathrm{PP}(k)}x + v_{ij,4}^{\mathrm{PP}(k)}}{x^2 + y_2} + \frac{v_{ij,5}^{\mathrm{PP}(k)}x + v_{ij,6}^{\mathrm{PP}(k)}}{x^2 + y_3} + \sum_{m=7}^{13} v_{ij,m}^{\mathrm{PP}(k)}x^{m-7}$$

由于分子为 x 的 12 次多项式一般的 $Q_{12}(x)$ 的部分分式展开为

$$\frac{Q_{12}(x)}{R(x)} = \frac{\sum_{i=0}^{12} c_i x^i}{(x^2 + y_1)(x^2 + y_2)(x^2 + y_3)}$$

$$= \frac{w_1 x + w_2}{x^2 + y_1} + \frac{w_3 x + w_4}{x^2 + y_2} + \frac{w_5 x + w_6}{x^2 + y_3} + \sum_{m=7}^{13} w_m x^{m-7}$$

其中，各个展开系数的表达式为

$$w_1 = \frac{\sum_{m=0}^{5} c_{2m+1}(-y_1)^m}{(y_1 - y_2)(y_1 - y_3)}, \quad w_2 = \frac{\sum_{m=0}^{6} c_{2m}(-y_1)^m}{(y_1 - y_2)(y_1 - y_3)}, \quad w_3 = \frac{\sum_{m=0}^{5} c_{2m+1}(-y_2)^m}{(y_2 - y_1)(y_2 - y_3)}$$

$$w_4 = \frac{\sum_{m=0}^{6} c_{2m}(-y_2)^m}{(y_2 - y_1)(y_2 - y_3)}, \quad w_5 = \frac{\sum_{m=0}^{5} c_{2m+1}(-y_3)^m}{(y_3 - y_1)(y_3 - y_2)}, \quad w_6 = \frac{\sum_{m=0}^{6} c_{2m}(-y_3)^m}{(y_3 - y_1)(y_3 - y_2)}$$

$$w_7 = c_6 - c_8\Delta_1 + c_{10}\Delta_2 - c_{12}\Delta_3, \quad w_8 = c_7 - c_9\Delta_1 + c_{11}\Delta_2$$

$$w_9 = c_8 - c_{10}\Delta_1 + c_{12}\Delta_2, \quad w_{10} = c_9 - c_{11}\Delta_1, \quad w_{11} = c_{10} - c_{12}\Delta_1$$

$$w_{12} = c_{11}, \quad w_{13} = c_{12}, \quad \Delta_1 = y_1 + y_2 + y_3, \quad \Delta_2 = y_1^2 + y_2^2 + y_3^2 + y_1 y_2 + y_2 y_3 + y_3 y_1$$

$$\Delta_3 = y_1^3 + y_2^3 + y_3^3 + y_1^2(y_2 + y_3) + y_2^2(y_3 + y_1) + y_3^2(y_1 + y_2) + y_1 y_2 y_3$$

将上面得到的多项式系数 $C_{ij,m}^{\mathrm{PP}(\xi)}$ 和 $C_{ijk,m}^{\mathrm{PP}(\xi)}$ 分别代入上式，即可得到部分分式的展开系数 $u_{ij,m}^{\mathrm{PP}(0)}$、$v_{ij,n}^{\mathrm{PP}(0)}$、$u_{ij,n}^{\mathrm{PP}(k)}$ 和 $v_{ij,l}^{\mathrm{PP}(k)}$ $(i, j, k = 1, 2, 3; m = 1, 2, \cdots, 11; n = 1, 2, \cdots, 12; l = 1, 2, \cdots, 13)$。

把以部分分式形式表达的有理分式代回积分式 (8.2.1)，得到

$$\mathbf{F}_{\mathrm{PP}}^{(\mathrm{III})}(\bar{t}) = \mathrm{Im}\Big[u_{ij,1}^{\mathrm{PP}(0)}U_1^{\mathrm{PP}}(y_1) + u_{ij,2}^{\mathrm{PP}(0)}U_2^{\mathrm{PP}}(y_1) + u_{ij,3}^{\mathrm{PP}(0)}U_1^{\mathrm{PP}}(y_2) + u_{ij,4}^{\mathrm{PP}(0)}U_2^{\mathrm{PP}}(y_2)$$

$$+ u_{ij,5}^{\mathrm{PP}(0)}U_1^{\mathrm{PP}}(y_3) + u_{ij,6}^{\mathrm{PP}(0)}U_2^{\mathrm{PP}}(y_3) + v_{ij,1}^{\mathrm{PP}(0)}V_1^{\mathrm{PP}}(y_1) + v_{ij,2}^{\mathrm{PP}(0)}V_2^{\mathrm{PP}}(y_1)$$

$$+ v_{ij,3}^{\mathrm{PP}(0)}V_1^{\mathrm{PP}}(y_2) + v_{ij,4}^{\mathrm{PP}(0)}V_2^{\mathrm{PP}}(y_2) + v_{ij,5}^{\mathrm{PP}(0)}V_1^{\mathrm{PP}}(y_3) + v_{ij,6}^{\mathrm{PP}(0)}V_2^{\mathrm{PP}}(y_3)\Big]$$

$$+ \sum_{m=7}^{11} u_{ij,m}^{\mathrm{PP}(0)}\mathrm{Im}\left(U_{m-4}^{\mathrm{PP}}\right) + \sum_{m=7}^{12} v_{ij,m}^{\mathrm{PP}(0)}\mathrm{Im}\left(V_{m-4}^{\mathrm{PP}}\right) \tag{8.2.2a}$$

$$\mathbf{F}_{\mathrm{PP},k'}^{(\mathrm{III})}(\bar{t}) = \mathrm{Im}\Big[u_{ij,1}^{\mathrm{PP}(k)}U_1^{\mathrm{PP}}(y_1) + u_{ij,2}^{\mathrm{PP}(k)}U_2^{\mathrm{PP}}(y_1) + u_{ij,3}^{\mathrm{PP}(k)}U_1^{\mathrm{PP}}(y_2) + u_{ij,4}^{\mathrm{PP}(k)}U_2^{\mathrm{PP}}(y_2)$$

$$+ u_{ij,5}^{\mathrm{PP}(k)}U_1^{\mathrm{PP}}(y_3) + u_{ij,6}^{\mathrm{PP}(k)}U_2^{\mathrm{PP}}(y_3) + v_{ij,1}^{\mathrm{PP}(k)}V_1^{\mathrm{PP}}(y_1) + v_{ij,2}^{\mathrm{PP}(k)}V_2^{\mathrm{PP}}(y_1)$$

$$+ v_{ij,3}^{\mathrm{PP}(k)}V_1^{\mathrm{PP}}(y_2) + v_{ij,4}^{\mathrm{PP}(k)}V_2^{\mathrm{PP}}(y_2) + v_{ij,5}^{\mathrm{PP}(k)}V_1^{\mathrm{PP}}(y_3) + v_{ij,6}^{\mathrm{PP}(k)}V_2^{\mathrm{PP}}(y_3)\Big]$$

$$+ \sum_{m=7}^{12} u_{ij,m}^{\mathrm{PP}(k)}\mathrm{Im}\left(U_{m-4}^{\mathrm{PP}}\right) + \sum_{m=7}^{13} v_{ij,m}^{\mathrm{PP}(k)}\mathrm{Im}\left(V_{m-4}^{\mathrm{PP}}\right) \tag{8.2.2b}$$

式中，基本积分 $U_\xi^{\mathrm{PP}}(c)$、$V_\xi^{\mathrm{PP}}(c)$（$\xi = 1, 2$），以及 U_i^{PP}（$i = 3, 4, \cdots, 8$）和 V_j^{PP}（$i = 3, 4, \cdots, 9$）都是在 $\bar{t} > k/\varsigma$（即 $a > 0$）的前提下定义的，其结果与 7.4.1.3 节中罗列的上标为 P 的对应基本积分相同，只需要作 $r \to r'$，$\theta \to \theta'$，以及 $\bar{t} \to \varsigma\bar{t}$ 的替换即可。但是注意到 i 和 j 的取值在当前的情况下分别多出两个，因此需要补充求解四个积分：$\mathrm{Im}\left(U_7^{\mathrm{PP}}\right)$、$\mathrm{Im}\left(U_8^{\mathrm{PP}}\right)$、$\mathrm{Im}\left(V_8^{\mathrm{PP}}\right)$ 和 $\mathrm{Im}\left(V_9^{\mathrm{PP}}\right)$。

仿照 7.2.4.3 节的分析，不难得到

$$\mathrm{Im}\left(U_7^{\mathrm{PP}}\right) = \frac{\pi}{16}\left(8m^4 - 24m^2n^2 + 3n^4\right), \quad \mathrm{Im}\left(U_8^{\mathrm{PP}}\right) = \frac{m\pi}{16}\left(8m^4 - 40m^2n^2 + 15n^4\right)$$

$$(8.2.3)$$

对于 V_8^{PP} 和 V_9^{PP}，参考 7.2.5.4 节，首先写出

$$\mathrm{Re}(K_8) = \xi_2^5 - \frac{5\xi_2^3\beta_{11}\beta_{23}}{z_2^2\bar{z}^2 + 1} + \frac{5\xi_2\beta_{11}^2 A_{1,8,11}}{\left(z_2^2\bar{z}^2 + 1\right)^2} + \frac{5\beta_{11}^3 A_{1,10,17}}{\left(z_2^2\bar{z}^2 + 1\right)^3} - \frac{20\beta_{11}^4\beta_{13}}{\left(z_2^2\bar{z}^2 + 1\right)^4} + \frac{16\beta_{11}^5}{\left(z_2^2\bar{z}^2 + 1\right)^5}$$

$$\mathrm{Re}(K_9) = \xi_2^6 - \frac{3\xi_2^4\beta_{11}\beta_{57}}{z_2^2\bar{z}^2 + 1} + \frac{15\xi_2^2\beta_{11}^2 A_{1,6,7}}{\left(z_2^2\bar{z}^2 + 1\right)^2} - \frac{\beta_{11}^3 B_{1,33,183,231}}{\left(z_2^2\bar{z}^2 + 1\right)^3} + \frac{6\beta_{11}^4 A_{3,26,43}}{\left(z_2^2\bar{z}^2 + 1\right)^4} - \frac{48\beta_{11}^5\beta_{13}}{\left(z_2^2\bar{z}^2 + 1\right)^5}$$

$$+ \frac{32\beta_{11}^6}{\left(z_2^2\bar{z}^2 + 1\right)^6}$$

其中，$A_{i,j,k} = i\xi_1^2 - j\xi_1\xi_2 + k\xi_2^2$，$B_{i,j,k,l} = i\xi_1^3 - j\xi_1^2\xi_2 + k\xi_1\xi_2^2 - l\xi_2^3$。从而有

$$\mathrm{Im}\left(V_8^{\mathrm{PP}}\right) = c_{\mathrm{P}}\left[\xi_2^5 H_0^{(1)} - 5\xi_2^3\beta_{11}\beta_{23}z_2^{-2}H_1^{(1)} + 5\xi_2\beta_{11}^2 A_{1,8,11}z_2^{-4}H_2^{(1)}\right.$$
$$\left. + 5\beta_{11}^3 A_{1,10,17}z_2^{-6}H_3^{(1)} - 20\beta_{11}^4\beta_{13}z_2^{-8}H_4^{(1)} + 16\beta_{11}^5 z_2^{-10}H_5^{(1)}\right] \qquad (8.2.4\mathrm{a})$$

$$\mathrm{Im}\left(V_9^{\mathrm{PP}}\right) = c_{\mathrm{P}}\left[\xi_2^6 H_0^{(1)} - 3\xi_2^4\beta_{11}\beta_{57}z_2^{-2}H_1^{(1)} + 15\xi_2^2\beta_{11}^2 A_{1,6,7}z_2^{-4}H_2^{(1)}\right.$$
$$- \beta_{11}^3 B_{1,33,183,231}z_2^{-6}H_3^{(1)} + 6\beta_{11}^4 A_{3,26,43}z_2^{-8}H_4^{(1)}$$
$$\left. - 48\beta_{11}^5\beta_{13}z_2^{-10}H_5^{(1)} + 32\beta_{11}^6 z_2^{-12}H_6^{(1)}\right] \qquad (8.2.4\mathrm{b})$$

式中的

$$H_5^{(1)} = \frac{7\gamma_1^{(1)}H_4^{(1)} - 6\gamma_2^{(1)}H_3^{(1)} + 5m^{(1)}H_2^{(1)}}{8\gamma_3^{(1)}}, \quad H_6^{(1)} = \frac{9\gamma_1^{(1)}H_5^{(1)} - 8\gamma_2^{(1)}H_4^{(1)} + 7m^{(1)}H_3^{(1)}}{10\gamma_3^{(1)}}$$

其他所有涉及的变量形式上都与 7.2.5.4 节中的相同。

这样，结合在 7.2.4 节和 7.2.5 节中求解出的其他分量的基本积分，就得到了 PP 波所有的基本积分。将前面得到的部分分式系数和这些基本积分一并代入式 (8.2.2) 中，即可得到第三类 Lamb 问题的 PP 波的 Green 函数及其一阶空间导数的广义闭合解。

8.2.2 SS 波项

同样地，参考 7.3 节中第二类 Lamb 问题 S 波项的处理，选取 $\eta_\beta \triangleq x$ 作为新的积分变量，$\mathbf{F}_{\mathrm{PP}}^{(\mathrm{III})}(\bar{t})$ 和 $\mathbf{F}_{\mathrm{PP},k'}^{(\mathrm{III})}(\bar{t})$ 用 x 表示为

$$\mathbf{F}_{\mathrm{SS}_1}^{(\mathrm{III})}(\bar{t}) = \mathrm{Im} \int_m^{m+\mathrm{i}n'} \frac{H\left(\bar{t}-1/\varsigma\right)}{R^{\mathrm{SS}}(x)\sqrt{Q^{\mathrm{SS}}(x)}} \left[\mathbf{M}^{\mathrm{SS}(1)}(x) + \frac{\mathbf{M}^{\mathrm{SS}(2)}(x)}{\sqrt{x^2-k'^2}}\right] \mathrm{d}x \tag{8.2.5a}$$

$$\mathbf{F}_{\mathrm{SS}_2}^{(\mathrm{III})}(\bar{t}) = \mathrm{Im} \int_m^{k'} \frac{H\left(\bar{t}-1/\varsigma\right)-H\left(\bar{t}-\bar{t}_{\mathrm{S}}^\star\right)}{R^{\mathrm{SS}}(x)\sqrt{Q^{\mathrm{SS}}(x)}} \left[\mathbf{M}^{\mathrm{SS}(1)}(x) + \frac{\mathbf{M}^{\mathrm{SS}(2)}(x)}{\sqrt{x^2-k'^2}}\right] \mathrm{d}x \tag{8.2.5b}$$

$$\mathbf{F}_{\mathrm{sPs}}^{(\mathrm{III})}(\bar{t}) = \mathrm{Im} \int_{m+\bar{n}}^{k'} \frac{H\left(\bar{t}-\bar{t}_{\mathrm{sPs}}\right)-H\left(\bar{t}-1/\varsigma\right)}{R^{\mathrm{SS}}(x)\sqrt{Q^{\mathrm{SS}}(x)}} \left[\mathbf{M}^{\mathrm{SS}(1)}(x) + \frac{\mathbf{M}^{\mathrm{SS}(2)}(x)}{\sqrt{x^2-k'^2}}\right] \mathrm{d}x \tag{8.2.5c}$$

$$\mathbf{F}_{\mathrm{SS}_1,k'}^{(\mathrm{III})}(\bar{t}) = \mathrm{Im} \int_m^{m+\mathrm{i}n'} \frac{H\left(\bar{t}-1/\varsigma\right)}{R^{\mathrm{SS}}(x)\sqrt{Q^{\mathrm{SS}}(x)}} \left[\mathbf{M}_{,k'}^{\mathrm{SS}(1)}(x) + \frac{\mathbf{M}_{,k'}^{\mathrm{SS}(2)}(x)}{\sqrt{x^2-k'^2}}\right] \mathrm{d}x \tag{8.2.5d}$$

$$\mathbf{F}_{\mathrm{SS}_2,k'}^{(\mathrm{III})}(\bar{t}) = \mathrm{Im} \int_m^{k'} \frac{H\left(\bar{t}-1/\varsigma\right)-H\left(\bar{t}-\bar{t}_{\mathrm{S}}^\star\right)}{R^{\mathrm{SS}}(x)\sqrt{Q^{\mathrm{SS}}(x)}} \left[\mathbf{M}_{,k'}^{\mathrm{SS}(1)}(x) + \frac{\mathbf{M}_{,k'}^{\mathrm{SS}(2)}(x)}{\sqrt{x^2-k'^2}}\right] \mathrm{d}x \tag{8.2.5e}$$

$$\mathbf{F}_{\mathrm{sPs},k'}^{(\mathrm{III})}(\bar{t}) = \mathrm{Im} \int_{m+\bar{n}}^{k'} \frac{H\left(\bar{t}-\bar{t}_{\mathrm{sPs}}\right)-H\left(\bar{t}-1/\varsigma\right)}{R^{\mathrm{SS}}(x)\sqrt{Q^{\mathrm{SS}}(x)}} \left[\mathbf{M}_{,k'}^{\mathrm{SS}(1)}(x) + \frac{\mathbf{M}_{,k'}^{\mathrm{SS}(2)}(x)}{\sqrt{x^2-k'^2}}\right] \mathrm{d}x \tag{8.2.5f}$$

其中，$m = \varsigma\bar{t}\cos\theta'$，$n' = \sqrt{\varsigma^2\bar{t}^2-1}\sin\theta'$，$\bar{n} = \sqrt{1-\varsigma^2\bar{t}^2}\sin\theta'$，

$$Q^{\mathrm{SS}} = x^2 - 2x\varsigma\bar{t}\cos\theta' + \varsigma^2\bar{t}^2 - \sin^2\theta', \quad R^{\mathrm{SS}}(x) = 16k'^2(x^2+y_1')(x^2+y_2')(x^2+y_3')$$

上式被积函数中的 $\mathbf{M}^{\mathrm{SS}(\xi)}(x)$ 和 $\mathbf{M}_{,k'}^{\mathrm{SS}(\xi)}$ $(\xi=1,2)$ 的分量形式分别列于表 8.2.3 和表 8.2.4，其中，$d^\pm = \gamma^4 \pm 16x^2g'^2\eta_\alpha^2$，$g' = x^2-1$。未列入表中的分量与表中分量的关系为

$$M_{21}^{\mathrm{SS}(\xi)} = M_{12}^{\mathrm{SS}(\xi)}, \quad M_{23}^{\mathrm{SS}(\xi)} = M_{13}^{\mathrm{SS}(\xi)}t_\phi, \quad M_{31}^{\mathrm{SS}(\xi)} = -M_{13}^{\mathrm{SS}(\xi)}, \quad M_{32}^{\mathrm{SS}(\xi)} = M_{31}^{\mathrm{SS}(\xi)}t_\phi$$
$$M_{21,\alpha'}^{\mathrm{SS}(\xi)} = M_{12,\alpha'}^{\mathrm{SS}(\xi)}, \quad M_{31,\alpha'}^{\mathrm{SS}(\xi)} = -M_{13,\alpha'}^{\mathrm{SS}(\xi)}, \quad M_{32,\alpha'}^{\mathrm{SS}(\xi)} = -M_{23,\alpha'}^{\mathrm{SS}(\xi)} \quad (\alpha=1,2)$$
$$M_{13,2'}^{\mathrm{SS}(\xi)} = M_{23,1'}^{\mathrm{SS}(\xi)}, \quad M_{33,2'}^{\mathrm{SS}(\xi)} = M_{33,1'}^{\mathrm{SS}(\xi)}t_\phi, \quad M_{ij,3'}^{\mathrm{SS}(\xi)} = -xM_{ij}^{\mathrm{SS}(\xi)}$$

按照与 8.2.1 节中对 PP 波的相同方式，根据表 8.2.3 和表 8.2.4 中的多项式系数 $C_{ij,m}^{\mathrm{SS}(\xi)}$ 和 $C_{ijk,m}^{\mathrm{SS}(\xi)}$ 可得到部分分式的展开系数 $u_{ij,m}^{\mathrm{SS}(0)}$、$v_{ij,n}^{\mathrm{SS}(0)}$、$u_{ij,n}^{\mathrm{SS}(k)}$ 和 $v_{ij,l}^{\mathrm{SS}(k)}$ $(i,j,k=1,2,3; m=1,2,\cdots,11; n=1,2,\cdots,12; l=1,2,\cdots,13)$。

表 8.2.3 $\quad M_{ij}^{\mathrm{SS}(\xi)}(\xi=1,2; i,j=1,2,3)$ 的具体表达式

$\xi=1$	具体表达式	多项式形式	$\xi=2$	具体表达式	多项式形式
$M_{11}^{\mathrm{SS}(1)}$	$(x^2+\bar{\epsilon})d^- - 32x^4g'\eta_\alpha^2\epsilon$	$\sum_{m=0}^{10} C_{11,m}^{\mathrm{SS}(1)}x^m$	$M_{11}^{\mathrm{SS}(2)}$	$-8x^3\eta_\alpha^2\gamma^2\epsilon$	$\sum_{m=0}^{11} C_{11,m}^{\mathrm{SS}(2)}x^m$
$M_{12}^{\mathrm{SS}(1)}$	$-[\gamma^4 + 16x^2g'\eta_\alpha^2(x^2+1)]\varsigma$	$\sum_{m=0}^{10} C_{12,m}^{\mathrm{SS}(1)}x^m$	$M_{12}^{\mathrm{SS}(2)}$	$-8x^3\eta_\alpha^2\gamma^2\varsigma$	$\sum_{m=0}^{11} C_{12,m}^{\mathrm{SS}(2)}x^m$
$M_{13}^{\mathrm{SS}(1)}$	$-xd^+\bar{q}c_\phi$	$\sum_{m=0}^{10} C_{13,m}^{\mathrm{SS}(1)}x^m$	$M_{13}^{\mathrm{SS}(2)}$	$-8x^2g'\eta_\alpha^2\gamma^2\bar{q}c_\phi$	$\sum_{m=0}^{11} C_{13,m}^{\mathrm{SS}(2)}x^m$
$M_{22}^{\mathrm{SS}(1)}$	$(x^2+\epsilon)d^- - 32x^4g'\eta_\alpha^2\bar{\epsilon}$	$\sum_{m=0}^{10} C_{22,m}^{\mathrm{SS}(1)}x^m$	$M_{22}^{\mathrm{SS}(2)}$	$-8x^3\eta_\alpha^2\gamma^2\bar{\epsilon}$	$\sum_{m=0}^{11} C_{22,m}^{\mathrm{SS}(2)}x^m$
$M_{33}^{\mathrm{SS}(1)}$	$g'd^+$	$\sum_{m=0}^{10} C_{33,i}^{\mathrm{SS}(1)}x^m$	$M_{33}^{\mathrm{SS}(2)}$	$8x\eta_\alpha^2g'^2\gamma^2$	$\sum_{m=0}^{11} C_{33,m}^{\mathrm{SS}(2)}x^m$

表 8.2.4 $M_{ij,k'}^{SS(\xi)}(\xi=1,2;\ i,j,k=1,2,3)$ 的具体表达式

$\xi=1$	具体表达式	多项式形式	$\xi=2$	具体表达式	多项式形式
$M_{11,1'}^{SS(1)}$	$-[(x^2+\bar{\varkappa}')d^- - 32x^3 g'\eta_\alpha^2\varkappa]\bar{q}c_\phi$	$\sum_{m=0}^{11}C_{111,m}^{SS(1)}x^m$	$M_{11,1'}^{SS(2)}$	$8x^3\eta_\alpha^2\gamma^2\varkappa\bar{q}c_\phi$	$\sum_{m=0}^{12}C_{111,m}^{SS(2)}x^m$
$M_{12,1'}^{SS(1)}$	$[\gamma^4+16x^2 g'\eta_\alpha^2(x^2+1)]\varkappa'\bar{q}s_\phi$	$\sum_{m=0}^{11}C_{121,m}^{SS(1)}x^m$	$M_{12,1'}^{SS(2)}$	$8x^3\eta_\alpha^2\gamma^2\varkappa'\bar{q}s_\phi$	$\sum_{m=0}^{12}C_{121,m}^{SS(2)}x^m$
$M_{13,1'}^{SS(1)}$	$xd^+\epsilon$	$\sum_{m=0}^{11}C_{131,m}^{SS(1)}x^m$	$M_{13,1'}^{SS(2)}$	$8x^2 g'\eta_\alpha^2\gamma^2\epsilon$	$\sum_{m=0}^{12}C_{131,m}^{SS(2)}x^m$
$M_{22,1'}^{SS(1)}$	$-[(x^2+\varkappa)d^- - 32x^4 g'\eta_\alpha^2\bar{\varkappa}']\bar{q}c_\phi$	$\sum_{m=0}^{11}C_{221,m}^{SS(1)}x^m$	$M_{22,1'}^{SS(2)}$	$8x^3\eta_\alpha^2\gamma^2\bar{\varkappa}'\bar{q}c_\phi$	$\sum_{m=0}^{12}C_{221,m}^{SS(2)}x^m$
$M_{23,1'}^{SS(1)}$	$xd^+\zeta$	$\sum_{m=0}^{11}C_{231,m}^{SS(1)}x^m$	$M_{23,1'}^{SS(2)}$	$8x^2 g'\eta_\alpha^2\gamma^2\zeta$	$\sum_{m=0}^{12}C_{231,m}^{SS(2)}x^m$
$M_{33,1'}^{SS(1)}$	$-g'd^+\bar{q}c_\phi$	$\sum_{m=0}^{11}C_{331,i}^{SS(1)}x^m$	$M_{33,1'}^{SS(2)}$	$-8x\eta_\alpha^2 g'^2\gamma^2\bar{q}c_\phi$	$\sum_{m=0}^{12}C_{331,m}^{SS(2)}x^m$
$M_{11,2'}^{SS(1)}$	$-[(x^2+\bar{\varkappa})d^- - 32x^4 g'\eta_\alpha^2\varkappa']\bar{q}s_\phi$	$\sum_{m=0}^{11}C_{112,m}^{SS(1)}x^m$	$M_{11,2'}^{SS(2)}$	$8x^3\eta_\alpha^2\gamma^2\varkappa'\bar{q}s_\phi$	$\sum_{m=0}^{12}C_{112,m}^{SS(2)}x^m$
$M_{12,2'}^{SS(1)}$	$[\gamma^4+16x^2 g'\eta_\alpha^2(x^2+1)]\bar{\varkappa}'\bar{q}c_\phi$	$\sum_{m=0}^{11}C_{122,m}^{SS(1)}x^m$	$M_{12,2'}^{SS(2)}$	$8x^3\eta_\alpha^2\gamma^2\bar{\varkappa}'\bar{q}c_\phi$	$\sum_{m=0}^{12}C_{122,m}^{SS(2)}x^m$
$M_{22,2'}^{SS(1)}$	$-[(x^2+\varkappa)d^- - 32x^4 g'\eta_\alpha^2\bar{\varkappa}]\bar{q}s_\phi$	$\sum_{m=0}^{11}C_{222,m}^{SS(1)}x^m$	$M_{22,2'}^{SS(2)}$	$8x^3\eta_\alpha^2\gamma^2\bar{\varkappa}\bar{q}s_\phi$	$\sum_{m=0}^{12}C_{222,m}^{SS(2)}x^m$
$M_{23,2'}^{SS(1)}$	$xd^+\bar{\epsilon}$	$\sum_{m=0}^{11}C_{232,m}^{SS(1)}x^m$	$M_{23,2'}^{SS(2)}$	$8x^2 g'\eta_\alpha^2\gamma^2\bar{\epsilon}$	$\sum_{m=0}^{12}C_{232,m}^{SS(2)}x^m$

把以部分分式形式表达的有理分式代回积分式 (8.2.5)，结合 7.3 节的分析，得到

$$\mathbf{F}_{SS_1}^{(III)}(\bar{t}) - H(\theta'-\theta_c)\mathbf{F}_{SS_2}^{(III)}(\bar{t})$$

$$= \text{Im}\Big[u_{ij,1}^{SS(0)}U_1^{SS_1}(y_1') + u_{ij,2}^{SS(0)}U_2^{SS_1}(y_1') + u_{ij,3}^{SS(0)}U_1^{SS_1}(y_2')$$

$$+ u_{ij,4}^{SS(0)}U_2^{SS_1}(y_2') + u_{ij,5}^{SS(0)}U_1^{SS_1}(y_3') + u_{ij,6}^{SS(0)}U_2^{SS_1}(y_3') + v_{ij,1}^{SS(0)}V_1^{SS}(y_1')$$

$$+ v_{ij,2}^{SS(0)}V_2^{SS}(y_1') + v_{ij,3}^{SS(0)}V_1^{SS}(y_2') + v_{ij,4}^{SS(0)}V_2^{SS}(y_2') + v_{ij,5}^{SS(0)}V_1^{SS}(y_3')$$

$$+ v_{ij,6}^{SS(0)}V_2^{SS}(y_3')\Big] + \sum_{m=7}^{11}u_{ij,m}^{SS(0)}\text{Im}\left(U_{m-4}^{SS_1}\right) + \sum_{m=7}^{12}v_{ij,m}^{SS(0)}\text{Im}\left(V_{m-4}^{SS}\right) \tag{8.2.6a}$$

$$\mathbf{F}_{SS_1,k'}^{(III)}(\bar{t}) - H(\theta'-\theta_c)\mathbf{F}_{SS_2,k'}^{(III)}(\bar{t})$$

$$= \text{Im}\Big[u_{ij,1}^{SS(k)}U_1^{SS_1}(y_1') + u_{ij,2}^{SS(k)}U_2^{SS_1}(y_1') + u_{ij,3}^{SS(k)}U_1^{SS_1}(y_2')$$

$$+ u_{ij,4}^{SS(k)}U_2^{SS_1}(y_2') + u_{ij,5}^{SS(k)}U_1^{SS_1}(y_3') + u_{ij,6}^{SS(k)}U_2^{SS_1}(y_3') + v_{ij,1}^{SS(k)}V_1^{SS}(y_1')$$

$$+ v_{ij,2}^{SS(k)}V_2^{SS}(y_1') + v_{ij,3}^{SS(k)}V_1^{SS}(y_2') + v_{ij,4}^{SS(k)}V_2^{SS}(y_2') + v_{ij,5}^{SS(k)}V_1^{SS}(y_3')\Big]$$

$$+ v_{ij,6}^{SS(k)}V_2^{SS}(y_3') + \sum_{m=7}^{12}u_{ij,m}^{SS(k)}\text{Im}\left(U_{m-4}^{SS_1}\right) + \sum_{m=7}^{13}v_{ij,m}^{SS(k)}\text{Im}\left(V_{m-4}^{SS}\right) \tag{8.2.6b}$$

$$\mathbf{F}_{sPs}^{(III)}(\bar{t}) = \text{Im}\Big[v_{ij,1}^{SS(0)}V_1^{sPs}(y_1') + v_{ij,2}^{SS(0)}V_2^{sPs}(y_1') + v_{ij,3}^{SS(0)}V_1^{sPs}(y_2') + v_{ij,4}^{SS(0)}V_2^{sPs}(y_2')$$

$$+ v_{ij,5}^{SS(0)}V_1^{sPs}(y_3') + v_{ij,6}^{SS(0)}V_2^{sPs}(y_3')\Big] + \sum_{m=7}^{12}v_{ij,m}^{S(0)}\text{Im}\left(V_{m-4}^{sPs}\right) \tag{8.2.6c}$$

$$\mathbf{F}_{sPs,k'}^{(III)}(\bar{t}) = \text{Im}\Big[v_{ij,1}^{SS(k)}V_1^{sPs}(y_1') + v_{ij,2}^{SS(k)}V_2^{sPs}(y_1') + v_{ij,3}^{SS(k)}V_1^{sPs}(y_2') + v_{ij,4}^{SS(k)}V_2^{sPs}(y_2')$$

$$+ v_{ij,5}^{SS(k)}V_1^{sPs}(y_3') + v_{ij,6}^{SS(k)}V_2^{sPs}(y_3')\Big] + \sum_{m=7}^{13}v_{ij,m}^{SS(k)}\text{Im}\left(V_{m-4}^{sPs}\right) \tag{8.2.6d}$$

式中，基本积分 $U_\xi^{SS_1}(c)$、$V_\xi^{SS}(c)$ $(\xi=1,2)$，以及 $U_i^{SS_1}$ $(i=3,4,\cdots,8)$ 和 V_i^{SS} $(i=$

$3, 4, \cdots, 9)$ 都是在 $\bar{t} > 1/\varsigma$ 的前提下定义的，而 $V_\xi^{\mathrm{sPs}}(c)$ $(\xi = 1, 2)$ 和 V_j^{sPs} $(i = 3, 4, \cdots, 9)$ 则是在 $\bar{t}_{\mathrm{sPs}} < \bar{t} < 1/\varsigma$ 的前提下定义的。它们的结果分别与 7.4.1.3 节中罗列的上标为 S_1、S 和 S-P 的对应基本积分相同，只需要作 $r \to r'$，$\theta \to \theta'$，以及 $\bar{t} \to \varsigma\bar{t}$ 的替换即可。与 PP 波项的情况类似，由于 i 和 j 的取值在当前的情况下分别多出两个，需要补充以下 6 个积分：$\mathrm{Im}\left(U_7^{\mathrm{SS_1}}\right)$、$\mathrm{Im}\left(U_8^{\mathrm{SS_1}}\right)$、$\mathrm{Im}\left(V_8^{\mathrm{SS}}\right)$、$\mathrm{Im}\left(V_9^{\mathrm{SS}}\right)$、$\mathrm{Im}\left(V_8^{\mathrm{sPs}}\right)$ 和 $\mathrm{Im}\left(V_9^{\mathrm{sPs}}\right)$。

根据 7.3.4.1 节的分析，容易得到

$$\mathrm{Im}\left(U_7^{\mathrm{SS_1}}\right) = \frac{\pi}{16}\left(8m^4 - 24m^2 n'^2 + 3n'^4\right), \quad \mathrm{Im}\left(U_8^{\mathrm{SS_1}}\right) = \frac{m\pi}{16}\left(8m^4 - 40m^2 n'^2 + 15n'^4\right)$$

(8.2.7)

对于 $\mathrm{Im}\left(V_8^{\mathrm{SS}}\right)$ 和 $\mathrm{Im}\left(V_9^{\mathrm{SS}}\right)$，通过比较式 (7.3.22) ~ (7.3.26) 和式 (7.2.33) ~ (7.2.37) 的区别，不难直接根据式 (8.2.4a) 和 (8.2.4b) 写出

$$\mathrm{Im}\left(V_8^{\mathrm{SS}}\right) = c_{\mathrm{s}}\left[\xi_2'^5 H_0^{(2)} + 5\xi_2'^3 \beta_{11}' \beta_{23}' z_2'^{-2} H_1^{(2)} + 5\xi_2' \beta_{11}'^2 A_{1,8,11}' z_2'^{-4} H_2^{(2)}\right.$$
$$\left. - 5\beta_{11}'^3 A_{1,10,17}' z_2'^{-6} H_3^{(2)} - 20\beta_{11}'^4 \beta_{13}' z_2'^{-8} H_4^{(2)} - 16\beta_{11}'^5 z_2'^{-10} H_5^{(2)}\right]$$

(8.2.8a)

$$\mathrm{Im}\left(V_9^{\mathrm{SS}}\right) = c_{\mathrm{s}}\left[\xi_2'^6 H_0^{(2)} + 3\xi_2'^4 \beta_{11}' \beta_{57}' z_2'^{-2} H_1^{(2)} + 15\xi_2'^2 \beta_{11}'^2 A_{1,6,7}' z_2'^{-4} H_2^{(2)}\right.$$
$$+ \beta_{11}'^3 B_{1,33,183,231}' z_2'^{-6} H_3^{(2)} + 6\beta_{11}'^4 A_{3,26,43}' z_2'^{-8} H_4^{(2)}$$
$$\left. + 48\beta_{11}'^5 \beta_{13}' z_2'^{-10} H_5^{(2)} + 32\beta_{11}'^6 z_2'^{-12} H_6^{(2)}\right]$$

(8.2.8b)

其中，$\beta_{ij}' = i\xi_1' - j\xi_2'$，$A_{i,j,k}' = i\xi_1'^2 - j\xi_1'\xi_2' + k\xi_2'^2$，$B_{i,j,k,l}' = i\xi_1'^3 - j\xi_1'^2\xi_2' + k\xi_1'\xi_2'^2 - l\xi_2'^3$，

$$H_5^{(2)} = \frac{7\gamma_1^{(2)} H_4^{(2)} - 6\gamma_2^{(2)} H_3^{(2)} + 5m^{(2)} H_2^{(2)}}{8\gamma_3^{(2)}}, \quad H_6^{(2)} = \frac{9\gamma_1^{(2)} H_5^{(2)} - 8\gamma_2^{(2)} H_4^{(2)} + 7m^{(2)} H_3^{(2)}}{10\gamma_3^{(2)}}$$

其他所有涉及的变量形式上都与 7.3.5.4 节中的相同。

对于 $\mathrm{Im}\left(V_8^{\mathrm{sPs}}\right)$ 和 $\mathrm{Im}\left(V_9^{\mathrm{sPs}}\right)$，根据 7.3.6.3 节，首先根据式 (7.2.14c)，得到

$$K_8(z) = \xi_2'^5 + \frac{5\xi_2'^3 \beta_{11}' \beta_{23}'}{z^2 - 1} + \frac{5\xi_2' \beta_{11}'^2 A_{1,8,11}'}{(z^2 - 1)^2} - \frac{5\beta_{11}'^3 A_{1,10,17}'}{(z^2 - 1)^3} - \frac{20\beta_{11}'^4 \beta_{13}'}{(z^2 - 1)^4} - \frac{16\beta_{11}'^5}{(z^2 - 1)^5}$$
$$- \frac{5\xi_2'^4 \beta_{11}' z}{z^2 - 1} - \frac{10\xi_2'^2 \beta_{11}'^2 \beta_{13}' z}{(z^2 - 1)^2} - \frac{\beta_{11}'^3 A_{1,22,61}' z}{(z^2 - 1)^3} - \frac{4\beta_{11}'^4 \beta_{3,13}' z}{(z^2 - 1)^4} - \frac{16\beta_{11}'^5 z}{(z^2 - 1)^5}$$

$$K_9(z) = \xi_2'^6 + \frac{3\xi_2'^4 \beta_{11}' \beta_{57}'}{z^2 - 1} + \frac{15\xi_2'^2 \beta_{11}'^2 A_{1,6,7}'}{(z^2 - 1)^2} + \frac{\beta_{11}'^3 B_{1,33,183,231}'}{(z^2 - 1)^3} + \frac{6\beta_{11}'^4 A_{3,26,43}'}{(z^2 - 1)^4} + \frac{48\beta_{11}'^5 \beta_{13}'}{(z^2 - 1)^5}$$
$$+ \frac{32\beta_{11}'^6}{(z^2 - 1)^6} - \frac{6\xi_2'^5 \beta_{11}' z}{z^2 - 1} - \frac{10\xi_2'^3 \beta_{11}'^2 \beta_{25}' z}{(z^2 - 1)^2} - \frac{2\xi_2' \beta_{11}'^3 A_{3,36,73}' z}{(z^2 - 1)^3} + \frac{6\beta_{11}'^4 \beta_{13}' \beta_{1,11}' z}{(z^2 - 1)^4}$$
$$+ \frac{32\beta_{11}'^5 \beta_{14}' z}{(z^2 - 1)^5} + \frac{32\beta_{11}'^6 z}{(z^2 - 1)^6}$$

将 $z = z(\bar{z}) = -z_2' \sqrt{1 - m_{\mathrm{S-P}} \bar{z}^2}$ 代入上式，得到

$$K_8(\bar{z}) = \xi_2'^5 - \frac{5\xi_2'^3 \beta_{11}' \beta_{23}'}{c_2(\bar{z}^2 + a'')} + \frac{5\xi_2' \beta_{11}'^2 A_{1,8,11}'}{c_2^2(\bar{z}^2 + a'')^2} + \frac{5\beta_{11}'^3 A_{1,10,17}'}{c_2^3(\bar{z}^2 + a'')^3} - \frac{20\beta_{11}'^4 \beta_{13}'}{c_2^4(\bar{z}^2 + a'')^4} + \frac{16\beta_{11}'^5}{c_2^5(\bar{z}^2 + a'')^5}$$

$$- \frac{5\xi_2'^4\beta_{11}'z(\bar{z})}{c_1-c_2\bar{z}^2} - \frac{10\xi_2'^2\beta_{11}'^2\beta_{13}'z(\bar{z})}{(c_1-c_2\bar{z}^2)^2} - \frac{\beta_{11}'^3A_{1,22,61}'z(\bar{z})}{(c_1-c_2\bar{z}^2)^3} - \frac{4\beta_{11}'^4\beta_{3,13}'z(\bar{z})}{(c_1-c_2\bar{z}^2)^4} - \frac{16\beta_{11}'^5z(\bar{z})}{(c_1-c_2\bar{z}^2)^5}$$

$$K_9(\bar{z}) = \xi_2'^6 - \frac{3\xi_2'^4\beta_{11}'\beta_{57}'}{c_2(\bar{z}^2+a'')} + \frac{15\xi_2'^2\beta_{11}'^2A_{1,6,7}'}{c_2^2(\bar{z}^2+a'')^2} - \frac{\beta_{11}'^3B_{1,33,183,231}'}{c_2^3(\bar{z}^2+a'')^3} + \frac{6\beta_{11}'^4A_{3,26,43}'}{c_2^4(\bar{z}^2+a'')^4} - \frac{48\beta_{11}'^5\beta_{13}'}{c_2^5(\bar{z}^2+a'')^5}$$

$$+ \frac{32\beta_{11}'^6}{c_2^6(\bar{z}^2+a'')^6} - \frac{6\xi_2'^5\beta_{11}'z(\bar{z})}{c_1-c_2\bar{z}^2} - \frac{10\xi_2'^3\beta_{11}'^2\beta_{25}'z(\bar{z})}{(c_1-c_2\bar{z}^2)^2} - \frac{2\xi_2'\beta_{11}'^3A_{3,36,73}'z(\bar{z})}{(c_1-c_2\bar{z}^2)^3}$$

$$+ \frac{6\beta_{11}'^4\beta_{13}'\beta_{1,11}'z(\bar{z})}{(c_1-c_2\bar{z}^2)^4} + \frac{32\beta_{11}'^5\beta_{14}'z(\bar{z})}{(c_1-c_2\bar{z}^2)^5} + \frac{32\beta_{11}'^6z(\bar{z})}{(c_1-c_2\bar{z}^2)^6}$$

其中，$c_1 = z_2'^2 - 1$，$c_2 = z_2'^2 - z_1'^2$，$a'' = -1/n_{\text{s-P}}$，$n_{\text{s-P}} = \dfrac{z_2'^2 - z_1'^2}{z_2'^2 - 1}$。因此得到

$$\begin{aligned}
\text{Im}(V_8^{\text{sPs}}) = &-c_{\text{s-P}}\Big[\xi_2'^5H_0^{(3)} - 5\xi_2'^3\beta_{11}'\beta_{23}'c_2^{-1}H_1^{(3)} + 5\xi_2'\beta_{11}'^2A_{1,8,11}'c_2^{-2}H_2^{(3)} \\
&+ 5\beta_{11}'^3A_{1,10,17}'c_2^{-3}H_3^{(3)} - 20\beta_{11}'^4\beta_{13}'c_2^{-4}H_4^{(3)} + 16\beta_{11}'^5c_2^{-5}H_5^{(3)} \\
&+ \beta_{11}'z_2'(5\xi_2'^4M_1 + 10\xi_2'^2\beta_{11}'\beta_{13}'M_2 + \beta_{11}'^2A_{1,22,61}'M_3 + 4\beta_{11}'^3\beta_{3,13}'M_4 \\
&+ 16\beta_{11}'^4M_5)\Big]
\end{aligned}$$ (8.2.9a)

$$\begin{aligned}
\text{Im}(V_9^{\text{sPs}}) = &-c_{\text{s-P}}\Big[\xi_2'^6H_0^{(3)} - 3\xi_2'^4\beta_{11}'\beta_{57}'c_2^{-1}H_1^{(3)} + 15\xi_2'^2\beta_{11}'^2A_{1,6,7}'c_2^{-2}H_2^{(3)} \\
&- \beta_{11}'^3B_{1,33,183,231}'c_2^{-3}H_3^{(3)} + 6\beta_{11}'^4A_{3,26,43}'c_2^{-4}H_4^{(3)} - 48\beta_{11}'^5\beta_{13}'c_2^{-5}H_5^{(3)} \\
&+ 32\beta_{11}'^6c_2^{-6}H_6^{(3)} + 2\beta_{11}'z_2'(3\xi_2'^5M_1 + 5\xi_2'^3\beta_{11}'\beta_{25}'M_2 \\
&+ \xi_2'\beta_{11}'^2A_{3,36,73}'M_3 - 3\beta_{11}'^3\beta_{13}'\beta_{1,11}'M_4 - 16\beta_{11}'^4\beta_{14}'M_5 - 16\beta_{11}'^5M_6)\Big]
\end{aligned}$$ (8.2.9b)

式中的

$$H_5^{(3)} = \frac{7\gamma_1^{(3)}H_2^{(3)} - 6\gamma_2^{(3)}H_1^{(3)} + 5m^{(3)}H_0^{(3)}}{8\gamma_3^{(3)}}, \quad H_6^{(3)} = \frac{9\gamma_1^{(3)}H_3^{(3)} - 8\gamma_2^{(3)}H_2^{(3)} + 7m^{(3)}H_1^{(3)}}{10\gamma_3^{(3)}}$$

$$M_5 \xlongequal{\text{(E.9d)}} \frac{\pi(128c_1^4 - 256c_1^3c_2 + 288c_1^2c_2^2 - 160c_1c_2^3 + 35c_2^4)}{256[c_1(c_1-c_2)]^{9/2}}$$

$$M_6 \xlongequal{\text{(E.9e)}} \frac{\pi(2c_1-c_2)(128c_1^4 - 256c_1^3c_2 + 352c_1^2c_2^2 - 224c_1c_2^3 + 63c_2^4)}{512[c_1(c_1-c_2)]^{11/2}}$$

其他所有涉及的变量形式上都与 7.3.6.3 节中的相同。

连同在 7.3.4 ~ 7.3.6 节中求解出的其他分量的基本积分，就得到了 SS 波所有的基本积分。将前面得到的部分分式系数和这些基本积分代入式 (8.2.6) 中，即可得到第三类 Lamb 问题的 SS 波的 Green 函数及其一阶空间导数的广义闭合解。

8.3 转换波项 (PS)

第三类 Lamb 问题的难点在于转换波项。根据 4.5.3 节中转换波的积分解求解过程，不难看出，入射角和反射角的差异导致相比于反射波项，转换波项需要一些额外的操作，其积分解更为复杂。在本节中，我们将以 PS 波项为例，详细地探讨求解过程。

观察 PS 波项的积分表达式 (8.1.2g) 和 (8.1.5k)，可以发现与 PP 波项和 SS 波项的重要区别是被积函数的分母上多了因子 $\bar{Q}^{\mathrm{PS}}$。在式 (8.1.3i) 显示的 $\bar{Q}^{\mathrm{PS}}$ 的表达式中，同时出现了 η_α 和 η_β。这意味着不能像处理 PP 波和 SS 波项那样简单地以 η_α 或 η_β 作为积分变量进行变量替换。这是因为，如果以 η_α 为积分变量，则 η_β 的表达式为含有 x 的根式，反过来也一样，达不到将 Rayleigh 函数的有理化的目的。所以对于 PS 波项，需要另选变量替换的方案。

8.3.1 变量替换和 Rayleigh 函数的有理化

变量替换的选择需要满足 η_α 和 η_β 均不含有根式。注意到根据式 (8.1.3h) 中的定义，有关系式 $\eta_\beta^2 - \eta_\alpha^2 = 1 - k^2 = k'^2$ 成立，采取如下形式的变量替换 (Feng and Zhang, 2021)

$$\eta_\beta = k'\frac{x^2+1}{2x}, \quad \eta_\alpha = k'\frac{x^2-1}{2x}$$

从而由式 (8.1.3k)，有

$$\gamma = 1 + 2(\bar{p}^2 - \bar{q}^2) = \frac{k'^2}{2x^2}F(x), \quad F(x) \triangleq x^4 + 2\left(1 - k'^{-2}\right)x^2 + 1$$

根据 4.5.3 节中的式 (4.5.14)，注意到 $R_\alpha + R_\beta = R$，得到

$$\beta t = -\bar{q}R + \frac{k'}{2x}\left[x_3'(x^2-1) + x_3(x^2+1)\right] \implies \bar{q} = \frac{k'}{2x}\tilde{q} = \frac{k'}{2x}\left(z_+ x^2 - 2\tilde{t}\kappa_1 x + z_-\right)$$

其中，$z_\pm = z \pm z'$，$z = \dfrac{x_3}{R}$，$z' = \dfrac{x_3'}{R}$，$\tilde{t} = \dfrac{r}{R}\bar{t}$，$\kappa_m = \dfrac{1}{k'^m}$ $(m = 1, 2, \cdots)$。由式 (8.1.3h)，$\bar{p}^2 = \bar{q}^2 + \eta_\beta^2 - 1$，因此

$$\bar{p}(x) = \frac{k'}{2x}\sqrt{W(x)}, \quad \mathrm{d}\bar{p}(x) = \frac{k'P(x)\,\mathrm{d}x}{2x^2\sqrt{W(x)}}, \quad \bar{Q}^{\mathrm{PS}}(x) = \frac{P(x)R}{(x^4-1)r}, \quad \mathscr{R}(x) = \frac{k'^4}{2x^4}R^{\mathrm{PS}}(x) \tag{8.3.1}$$

式中的

$$P(x) = \left(z_+^2 + 1\right)x^4 - 2\tilde{t}\kappa_1 z_+ x^3 + 2\tilde{t}\kappa_1 z_- x - \left(z_-^2 + 1\right)$$

$$W(x) = \left(z_+^2 + 1\right)x^4 - 4\tilde{t}\kappa_1 z_+ x^3 + 2\left[z_+ z_- + 1 + 2\left(\tilde{t}^2 - 1\right)\kappa_2\right]x^2 - 4\tilde{t}\kappa_1 z_- x + \left(z_-^2 + 1\right)$$

$$R^{\mathrm{PS}}(x) = x^6 + (3 - 4\kappa_2 + 2\kappa_4)x^4 + (3 - 4\kappa_2)x^2 + 1 \tag{8.3.2}$$

将式 (8.3.1) 代入式 (8.1.2g) 和 (8.1.5k)，得到

$$\mathbf{F}_{\mathrm{PS}}^{\mathrm{III}}(\bar{t}) = \frac{k'^2 r}{16R}\mathrm{Im}\int_{x_l}^{x_u}\frac{H(\bar{t} - \bar{t}_{\mathrm{PS}})(x^4 - 1)F(x)\mathbf{M}^{\mathrm{PS}}(x)}{x^3 R^{\mathrm{PS}}(x)\sqrt{W(x)}}\,\mathrm{d}x \tag{8.3.3a}$$

$$\mathbf{F}_{\mathrm{PS},k'}^{\mathrm{III}}(\bar{t}) = \frac{k'^3 r}{32R}\mathrm{Im}\int_{x_l}^{x_u}\frac{H(\bar{t} - \bar{t}_{\mathrm{PS}})(x^4 - 1)F(x)\mathbf{M}_{,k'}^{\mathrm{PS}}(x)}{x^4 R^{\mathrm{PS}}(x)\sqrt{W(x)}}\,\mathrm{d}x \tag{8.3.3b}$$

被积函数中的 $\mathbf{M}^{\mathrm{PS}}(x)$ 和 $\mathbf{M}_{,k'}^{\mathrm{PS}}(x)$ 表达式为

$$\mathbf{M}^{\mathrm{PS}}(x) = \begin{bmatrix} (x^2+1)\epsilon^* & (x^2+1)\zeta^* & (x^4-1)\tilde{q}c_\phi \\ M_{12}^{\mathrm{PS}} & (x^2+1)\bar{\epsilon}^* & (x^4-1)\tilde{q}s_\phi \\ (\tilde{q}^2 - W(x))\tilde{q}c_\phi & (\tilde{q}^2 - W(x))\tilde{q}s_\phi & (x^2-1)(\tilde{q}^2 - W(x)) \end{bmatrix}$$

$$\mathbf{M}_{,1'}^{\mathrm{PS}}(x) = \begin{bmatrix} -(x^2+1)\varkappa^* \tilde{q} c_\phi & -(x^2+1)\varkappa'^* \tilde{q} s_\phi & -(x^4-1)\epsilon^* \\ M_{12,1'}^{\mathrm{PS}} & -(x^2+1)\bar{\varkappa}'^* \tilde{q} c_\phi & -(x^4-1)\zeta^* \\ -(\tilde{q}^2-W(x))\epsilon^* & -(\tilde{q}^2-W(x))\zeta^* & -(x^2-1)(\tilde{q}^2-W(x))\tilde{q} c_\phi \end{bmatrix}$$

$$\mathbf{M}_{,2'}^{\mathrm{PS}}(x) = \begin{bmatrix} M_{12,1'}^{\mathrm{PS}} & M_{22,1'}^{\mathrm{PS}} & M_{23,1'}^{\mathrm{PS}} \\ M_{12,2'}^{\mathrm{PS}} & -(x^2+1)\bar{\varkappa}^* \tilde{q} s_\phi & -(x^4-1)\bar{\epsilon}^* \\ M_{32,1'}^{\mathrm{PS}} & -(\tilde{q}^2-W(x))\bar{\epsilon}^* & -(x^2-1)(\tilde{q}^2-W(x))\tilde{q} s_\phi \end{bmatrix}$$

$$\mathbf{M}_{,3'}^{\mathrm{PS}}(x) = -(x^2-1)\mathbf{M}^{\mathrm{PS}}(x)$$

式中

$$\epsilon^* = \tilde{q}^2 c_\phi^2 - W(x) s_\phi^2, \quad \bar{\epsilon}^* = \tilde{q}^2 s_\phi^2 - W(x) c_\phi^2, \quad \zeta^* = (\tilde{q}^2 + W(x)) s_\phi c_\phi$$

$$\varkappa^* = \tilde{q}^2 c_\phi^2 - 3W(x) s_\phi^2, \quad \bar{\varkappa}^* = \tilde{q}^2 s_\phi^2 - 3W(x) c_\phi^2, \quad \varkappa'^* = \varkappa^* + 2W(x), \quad \bar{\varkappa}'^* = \bar{\varkappa}^* + 2W(x)$$

这样，我们就实现了式 (8.3.3) 中积分的有理化，除了分母上的四次根式以外，其他各项均为 x 的多项式。具体地说，对于积分 $\mathbf{F}_{\mathrm{PS}}^{\mathrm{III}}(\bar{t})$ 来说，分子 $(x^4-1)F(x)\mathbf{M}^{\mathrm{PS}}(x)$ 为 14 次多项式，而分母上的因子 $x^3 R^{\mathrm{PS}}(x)$ 为 9 次多项式；而对于积分 $\mathbf{F}_{\mathrm{PS},k'}^{\mathrm{III}}(\bar{t})$ 来说，分子 $(x^4-1)F(x)\mathbf{M}_{,k'}^{\mathrm{PS}}(x)$ 为 16 次多项式，而分母上的因子 $x^4 R^{\mathrm{PS}}(x)$ 为 10 次多项式。进一步地，可以运用部分分式分解的方式，将这些积分拆分成若干基本积分。

值得一提的是，在有理化这一步骤中，对 PS 项的处理与对反射波项 PP 和 SS 的处理有明显的不同。被积函数分母中同时含有 $\mathscr{R}$ 和 $\bar{Q}^{\mathrm{PS}}$，这使得我们不能采取对 PP 波项和 SS 波项的处理方式，通过将 η_α 或 η_β 选为新的积分变量，再对分子和分母同时乘以 $\mathscr{R}^\dagger$ 的方式实现将 $\mathscr{R}$ 有理化，因为这样不能将 $\bar{Q}^{\mathrm{PS}}$ 有理化。当前采用的变量替换方式，使得 η_α 和 η_β 同时有理化了，因此可实现 $\mathscr{R}$ 和 $\bar{Q}^{\mathrm{PS}}$ 的同时有理化。另一个重要的操作是 $\bar{q}$ 的表达，如果直接根据积分解中的定义式 (8.1.3i) 来取值，将导致其表达十分繁琐。我们的做法是直接根据积分解求解过程中的关系，得到 $\bar{q}$ 的简便多项式表达[①]。这样做的直接后果是作为积分解表达中的积分变量的 $\bar{p}$ 只能表达为四次根式，因此这也是进行变量替换之后的积分表达中的唯一根式。根据此前我们对于前两类 Lamb 问题闭合解求解的经验，这将导致椭圆积分的引入。与前两类 Lamb 问题，以及第三类 Lamb 问题的反射波项 (PP 和 SS) 不同的是，这是仅有的根式，此外被积函数中不含有二次根式，因此对于 PS 波项，广义闭合解的基本积分中将不再含有可以表达为代数式的基本积分成分。

8.3.2　积分限的确定

在 PS 波项的原始积分中，见式 (8.1.2g) 和 (8.1.5k)，积分限 $\bar{p}_{\mathrm{PS}}^\dagger(t)$ 需要按 4.5.3 节中叙述的方式确定。在进行变量替换之后，式 (8.3.3) 中积分的下限 x_l 和上限 x_u 分别根据 $W(x)=0$ 和 $W(x)=4\kappa_2 x^2 \big[\bar{p}_{\mathrm{PS}}^\dagger(t)\big]^2$ 反解得到的 x 确定。但是问题是这样四次方程的根有多个，具体如何确定上下限？需要仔细地研究。

---

① 这是第三类 Lamb 问题的闭合形式解优于积分解的重要体现。因为相比于前两类 Lamb 问题，第三类问题的积分解中 PS 波项和 SP 波项涉及复杂的操作，这是导致其计算效率不高的直接因素。而在闭合解中，直接通过细致的理论分析避免了导致降低计算效率的操作。

$W(x)$ 是四次多项式, 我们首先需要了解其根的分布情况. 令 $W^*(\bar{p}, x) = W(x) - 4\kappa_2 \bar{p}^2 x^2 = 0$, 其中 $0 \leqslant \bar{p} \leqslant \bar{p}^\dagger(t)$[①]. 当把 $\bar{p}$ 看作参数时, $W^*(\bar{p}, x)$ 是关于 x 的实系数四次多项式. 对于一般的实系数四次方程 $ax^4 + bx^3 + cx^2 + dx + e = 0$ $(a \neq 0)$, 其判别式为[②]

$$
\begin{aligned}
\Delta =\ & 256a^3e^3 - 192a^2bde^2 - 128a^2c^2e^2 + 144a^2cd^2e - 27a^2d^4 + 144ab^2ce^2 - 6ab^2d^2e \\
& - 80abc^2de + 18abcd^3 + 16ac^4e - 4ac^3d^2 - 27b^4e^2 + 18b^3cde - 4b^3d^3 - 4b^2c^3e + b^2c^2d^2
\end{aligned}
$$

对于 $W^*(\bar{p}, x)$, 有

$$
a = z_+^2 + 1, \quad b = -4\tilde{t}\kappa_1 z_+, \quad c = 2\left[z_+ z_- + 1 + 2\left(\tilde{t}^2 - \bar{p}^2 - 1\right)\kappa_2\right],
$$
$$
d = -4\tilde{t}\kappa_1 z_-, \quad e = z_-^2 + 1
$$

由于这些系数与 $\tilde{t}$、x_3、x_3'、k 和 R 等有关, 代入判别式将得到非常复杂的表达式, 难以从理论上分析判别式的正负情况, 我们采用数值的方式进行研究.

首先通过一个具体的例子来显示 $W^*(\bar{p}, x)$ 根的分布情况. 取 $R = 10$ km, $x_3' = 5$ km, $x_3 = 2$ km, $\beta = 4.62$ km, $k = 1/\sqrt{3}$. 第一步是根据 4.5.3 节中描述的过程求 t_{PS}. 根据第 162 页的脚注, R_α 满足方程

$$
\frac{2}{3}R_\alpha^4 - \frac{40}{3}R_\alpha^3 + \frac{271}{3}R_\alpha^2 - 500R_\alpha + 2500 = 0
$$

解得 $R_\alpha = 8.8376, 11.2419, -0.0397 \pm \mathrm{i}\, 6.1436$, 根据 $0 < R_\alpha < R$ 的条件得到 $R_\alpha = 8.8376$. 从而由式 (4.5.21),

$$
t_{\mathrm{PS}} = \frac{\sqrt{R_\alpha^2 + x_3'^2}}{\alpha} + \frac{\sqrt{(R - R_\alpha)^2 + x_3^2}}{\beta} = 1.7696 \text{ s}
$$

注意到在进行有关 PS 波分析的时候, 需要满足 $t > t_{\mathrm{PS}}$. 比如取 $t = t_0 = 2.0$ s, 下一步是计算 $p^\dagger(t_0)$. 根据式 (4.5.23), 解得 $R_\alpha(t_0) = 8.6842, 12.0302, -2.4572 \pm \mathrm{i}\, 5.5309$. 由于 $0 < R_\alpha(t_0) < R$, 因此 $R_\alpha(t_0) = 8.6842$. 代入式 (4.5.22), 得到 $\bar{p}^\dagger(t_0) = 0.3395$.

(1) 对于 $W^*(0, x)$, 代入四次方程判别式得到 $\Delta = 1587.0985 > 0$. 此时 $Q^*(0, x)$ 有四个复根, 具体地, $x = 1.4447 \pm \mathrm{i}\, 0.5283, -0.3814 \pm \mathrm{i}\, 0.4046$. 它们是两对互为共轭的复数根. 有趣的是, 如果取 $t = 1.5$ s, 这是在 PS 波到时之前的时刻, 则 $\Delta = -803.6223 < 0$, 此时有两个实根和一对互为共轭的复根: $x = 0.9018, 1.8364, -0.5716 \pm \mathrm{i}\, 0.3391$. 不难验证, 这两种根的分布状态之间的临界时刻恰为 PS 波的到时 t_{PS};

(2) 对于 $W^*(\bar{p}^\dagger(t_0), x)$, 代入判别式计算得到: $\Delta = 0$, 两个实数重根为 $x = 1.4898$, 而一对共轭的复数根为 $-0.4265 \pm \mathrm{i}\, 0.3843$.

综合以上结果, 对于 $t_0 > t_{\mathrm{PS}}$, $W^*(\bar{p}, x)$ $(0 \leqslant \bar{p} \leqslant \bar{p}^\dagger(t_0))$ 有两对互为共轭的复根, 或者一对实数重根和一对共轭复根, 后者只在 $\bar{p} = \bar{p}^\dagger(t_0)$ 时取到. 图 8.3.1 显示了 $W^*(\bar{p}, x) =$

---

① 之所以考虑更为一般的 $W^*(\bar{p}, x)$, 是因为除了在积分限处的 $\bar{p}$ 值以外, 我们也需要了解当 $\bar{p}$ 为取值范围内的其他值时, 以 x 为变量的积分在复平面内的路径.

② 这个结果可以通过 Maple 的命令 "p:=a*x^4+b*x^3+c*x^2+d*x+e; discrim(p,x)" 得到验证. 当且仅当至少两个根相等时, $\Delta = 0$. 对于实系数四次方程, 当 $\Delta < 0$ 时, 有两个实根和两个互为共轭的复根; 当 $\Delta > 0$ 时, 则四个根要么都是实数, 要么都是复数 (参考维基 "Discriminant" 条目: https://en.wikipedia.org/wiki/Discriminant).

0 的判别式 $\Delta(\bar{p}, \bar{t})$ 随 $\bar{p}$ 的变化，随着 $\bar{p}$ 的增大，$\Delta(\bar{p}, \bar{t})$ 减小，直到 $\bar{p} = \bar{p}^\dagger(t_0)$ 时变为 0。这意味着在式 (8.1.2g) 和 (8.1.5k) 的积分变量 $\bar{p}$ 的范围内，$W(x)$ 是具有两对互为共轭的复数根的四次多项式。

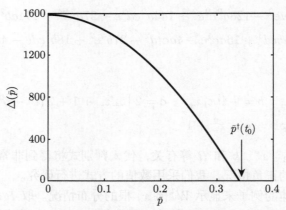

图 8.3.1　一元四次方程 $W^*(\bar{p}, x) = 0$ 的判别式 $\Delta(\bar{p})$ 随 $\bar{p}$ 变化

横坐标为 $\bar{p}$，纵坐标为 $\Delta(\bar{p})$。随着 $\bar{p}$ 的增大，$\Delta(\bar{p})$ 减小，直到 $\bar{p} = \bar{p}^\dagger(t_0)$ 时变为 0。$t_0 = 2.0$ s，$R = 10$ km，$x_3' = 5$ km，$x_3 = 2$ km，$\beta = 4.62$ km，$k = 1/\sqrt{3}$

将 $W(x)$ 写为两个二次多项式相乘的形式

$$W(x) = (z_+^2 + 1)(x^2 + 2q_1 x + r_1)(x^2 + 2q_2 x + r_2) \tag{8.3.4}$$

不难根据两个二次多项式的根都是互为共轭的复根的性质得知：q_1、q_2、r_1 和 r_2 都是实数，并且 $0 < q_1^2 < r_1$、$0 < q_2^2 < r_2$。因此，

$$x_{\mathrm{I}} = -q_1 + \mathrm{i}\sqrt{r_1 - q_1^2}, \qquad x_{\mathrm{I}}^* = -q_1 - \mathrm{i}\sqrt{r_1 - q_1^2} \tag{8.3.5a}$$

$$x_{\mathrm{II}} = -q_2 + \mathrm{i}\sqrt{r_2 - q_2^2}, \qquad x_{\mathrm{II}}^* = -q_2 - \mathrm{i}\sqrt{r_2 - q_2^2} \tag{8.3.5b}$$

可见，$|x_{\mathrm{I}}| = |x_{\mathrm{I}}^*| = \sqrt{r_1}$，$|x_{\mathrm{II}}| = |x_{\mathrm{II}}^*| = \sqrt{r_2}$。由于两个二次多项式地位平等，不妨设 $r_1 > r_2$。

将式 (8.3.4) 展开，并与式 (8.3.1) 中的 $W(x)$ 逐项比对，得到

$$(z_+^2 + 1)(q_1 + q_2) = -2\tilde{t}\kappa_1 z_+ \quad\Longrightarrow\quad q_1 + q_2 < 0 \tag{a}$$

$$(z_+^2 + 1)(r_1 + r_2 + 4q_1 q_2) = 2\left[z_+ z_- + 1 + 2(\tilde{t}^2 - 1)\kappa_2\right] \tag{b}$$

$$(z_+^2 + 1)(q_1 r_2 + q_2 r_1) = -2\tilde{t}\kappa_1 z_- \tag{c}$$

$$(z_+^2 + 1)r_1 r_2 = (z_m^2 + 1), \quad\Longrightarrow\quad r_1 r_2 = \frac{z_m^2 + 1}{z_+^2 + 1} < 1 \tag{d}$$

式 (c) 与式 (a) 相除并平方，得到

$$\left(\frac{q_1 r_2 + q_2 r_1}{q_1 + q_2}\right)^2 = \frac{z_m^2}{z_p^2} < \frac{z_m^2 + 1}{z_p^2 + 1} \overset{(d)}{=\!=} r_1 r_2 \quad\Longrightarrow\quad (r_1 - r_2)(q_2^2 r_1 - q_1^2 r_2) < 0$$

由于 $r_1 - r_2 > 0$，因此有 $q_2^2 r_1 < q_1^2 r_2$，从而 $q_2^2 < \dfrac{r_2}{r_1} q_1^2 < q_1^2$。又根据式 (a)，$q_1 + q_2 < 0$，不难得到 $q_2 > q_1$，并且 $q_1 < 0$。

式 (8.3.5) 中所列的四个根，具体哪一个才是 $\bar{p}$ 对应的？为了回答这个问题，我们需要结合特定的条件来分析。具体地说，式 (8.1.3h) 中定义的 η_α 和 η_β 为根式，在复数域内为了保证解析性，限定其实部为正；同时，$\bar{q}$ 的虚部非负，见式 (8.1.3i)。设 $x = u + \mathrm{i}v$（u 和 v 均为实数），我们得到

$$\operatorname{Re}(\eta_\beta) = \operatorname{Re}\left(k'\frac{x^2+1}{2x}\right) = \frac{k'u(u^2+v^2+1)}{u^2+v^2} \geqslant 0 \implies u \geqslant 0$$

$$\operatorname{Re}(\eta_\alpha) = \operatorname{Re}\left(k'\frac{x^2-1}{2x}\right) = \frac{k'u(u^2+v^2-1)}{u^2+v^2} \geqslant 0 \implies |x| \geqslant 1$$

$$\operatorname{Im}(\bar{q}) = \operatorname{Im}\left[\frac{k'}{2x}\left(z_+x^2 - 2\tilde{t}\kappa_1 x + z_-\right)\right] = \frac{k'v\left[(u^2+v^2)z_+ - z_-\right]}{u^2+v^2} \geqslant 0 \implies b \geqslant 0$$

这意味着式 (8.3.3) 中的积分变量 x 满足实部、虚部都非负，并且模不小于 1。注意到 $r_1 r_2 < 1$，所以只能是 $r_1 > 1$，而 $r_2 < 1$。这样，式 (8.3.5) 的四个根中，只有 x_1 能同时满足上述条件。因此，将式 (8.1.2g) 和 (8.1.5k) 关于 $\bar{p}$ 的积分通过变量替换转变为式 (8.3.3) 关于 x 的积分时，$\bar{p}$ 和 x 是一一对应的关系。换句话说，根据式 (8.1.2g) 和 (8.1.5k) 积分的上下限可以唯一地确定式 (8.3.3) 的上下限 x_u 和 x_l。图 8.3.2 显示了根据上述算法确定的复平面 x 中的积分路径，起点 x_l 和终点 x_u 分别为式 (8.3.3) 中的积分的下限和上限[①]。

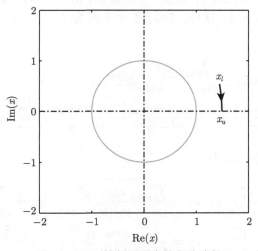

图 8.3.2 x 的复平面中的积分路径

横轴和纵轴分别为 x 的实部和虚部。x_l 和 x_u 分别为积分路径的起点和终点，即式 (8.3.3) 中的积分下限和上限。作为参考，图中标出了以灰色显示的单位圆。计算参数与图 8.3.1中的相同

8.3.3 部分分式分解

式 (8.3.3) 中除了根式以外的所有项均为 x 的多项式，因此可进行部分分式的分解。在此之前，需要了解式 (8.3.2) 中定义的 R^{PS} 的性质。

将式 (4.3.23) 代入式 (8.3.2)，并令 $y = x^2$，得到

---

① 一个有趣的事实是，图中的 x_u 位于实轴上，恰好是当 $\bar{p} = \bar{p}^\dagger(t_0)$ 时的那一对相等的实数根。

$$y^3 + (8\nu^2 - 8\nu + 3)y^2 + (8\nu - 5)y + 1 = 0 \qquad (8.3.6)$$

按照 6.3.1 节中类似的方式讨论方程 (8.3.6) 的根的分布情况。此时，$a_1 = 8\nu^2 - 8\nu + 3$，$a_2 = 8\nu - 5$，$a_3 = 1$，据此计算附录 C 中的 p 和 q，

$$p = -\frac{a_1^2}{3} + a_2 = \frac{8}{3}(1-\nu)(8\nu^3 - 8\nu^2 + 6 - 3) < 0$$

$$q = \frac{2a_1^3}{27} - \frac{a_1 a_2}{3} + a_3 = \frac{8}{27}(1-\nu)^2(128\nu^4 - 128\nu^3 + 144\nu^2 - 72\nu + 27)$$

因此，在 ν 的取值范围 $(0, 0.5)$ 内，有

$$q^2 + \frac{4p^3}{27} = \frac{64}{27}(1-\nu^3)(32\nu^3 - 16\nu^2 + 21\nu - 5) \begin{cases} < 0, & 0 < \nu < 0.2631 \\ = 0, & \nu = 0.2631 \\ > 0, & 0.2631 < \nu < 0.5 \end{cases}$$

这与 6.3.1 节中关于根的分布的结论完全一致，即当 $0 < \nu < 0.2631$ 时，方程 (8.3.6) 有三个不相等的实根；当 $0.2631 < \nu < 0.5$ 时，有一个实根和两个互为共轭的复数根；而当 $\nu = 0.2631$ 时，有三个相等的实根。仍然沿用之前采用的记号，将与 Rayleigh 函数有关的实根记为 y_3，而将另外两个根记为 y_1 和 y_2。不难验证，无论 ν 取何值，$y_3 < 0$，而当 $0.2631 < \nu < 0.5$ 时，$y_1 > 0$ 且 $y_2 > 0$。这样，我们将 R^{PS} 写为 $R^{\mathrm{PS}} = (x^2 - y_1)(x^2 - y_2)(x^2 - y_3)$。

有理分式

$$\begin{aligned}
\frac{Q_{14}(x)}{x^3 R^{\mathrm{PS}}(x)} &= \frac{\sum_{i=0}^{14} c_i x^i}{x^3(x^2 - y_1)(x^2 - y_2)(x^2 - y_3)} \\
&= \frac{w_1 x + w_2}{x^2 - y_1} + \frac{w_3 x + w_4}{x^2 - y_2} + \frac{w_5 x + w_6}{x^2 - y_3} + \sum_{m=7}^{15} w_m x^{m-10}
\end{aligned} \qquad (8.3.7)$$

其中，各个展开系数的表达式为

$$\begin{aligned}
&w_1 = \frac{\sum_{m=0}^{7} c_{2m} y_1^{m-2}}{(y_1 - y_2)(y_1 - y_3)}, \quad w_2 = \frac{\sum_{m=0}^{6} c_{2m+1} y_1^{m-1}}{(y_1 - y_2)(y_1 - y_3)}, \quad w_3 = \frac{\sum_{m=0}^{7} c_{2m} y_2^{m-2}}{(y_2 - y_1)(y_2 - y_3)} \\
&w_4 = \frac{\sum_{m=0}^{6} c_{2m+1} y_2^{m-1}}{(y_2 - y_1)(y_2 - y_3)}, \quad w_5 = \frac{\sum_{m=0}^{7} c_{2m} y_3^{m-2}}{(y_3 - y_1)(y_3 - y_2)}, \quad w_6 = \frac{\sum_{m=0}^{6} c_{2m+1} y_3^{m-1}}{(y_3 - y_1)(y_3 - y_2)} \\
&\qquad w_7 = -\frac{c_0}{y_1 y_2 y_3}, \quad w_8 = \frac{c_1}{y_1 y_2 y_3}, \quad w_9 = -\frac{y_1 y_2 y_3 c_2 + c_0 \Delta_1'}{y_1^2 y_2^2 y_3^2} \\
&w_{10} = c_9 + c_{11}\Delta_1 + c_{13}\Delta_2, \quad w_{11} = c_{10} + c_{12}\Delta_1 + c_{14}\Delta_2, \quad w_{12} = c_{11} + c_{13}\Delta_1 \\
&\qquad w_{13} = c_{12} + c_{14}\Delta_1, \quad w_{14} = c_{13}, \quad w_{15} = c_{14}, \quad \Delta_1 = y_1 + y_2 + y_3 \\
&\qquad\qquad \Delta_1' = y_1 y_2 + y_2 y_3 + y_3 y_1, \quad \Delta_2 = y_1^2 + y_2^2 + y_3^2 + \Delta_1'
\end{aligned}$$

并且

$$\frac{Q_{16}(x)}{x^4 R^{\mathrm{PS}}(x)} = \frac{\sum_{i=0}^{16} c_i x^i}{x^4(x^2 - y_1)(x^2 - y_2)(x^2 - y_3)}$$

$$= \frac{w_1 x + w_2}{x^2 - y_1} + \frac{w_3 x + w_4}{x^2 - y_2} + \frac{w_5 x + w_6}{x^2 - y_3} + \sum_{m=7}^{17} w_m x^{m-11} \tag{8.3.8}$$

其中，各个展开系数的表达式为

$$w_1 = \frac{\sum_{m=0}^{7} c_{2m+1} y_1^{m-2}}{(y_1 - y_2)(y_1 - y_3)}, \quad w_2 = \frac{\sum_{m=0}^{8} c_{2m} y_1^{m-2}}{(y_1 - y_2)(y_1 - y_3)}, \quad w_3 = \frac{\sum_{m=0}^{7} c_{2m+1} y_2^{m-2}}{(y_2 - y_1)(y_2 - y_3)}$$

$$w_4 = \frac{\sum_{m=0}^{8} c_{2m} y_2^{m-2}}{(y_2 - y_1)(y_2 - y_3)}, \quad w_5 = \frac{\sum_{m=0}^{7} c_{2m+1} y_3^{m-2}}{(y_3 - y_1)(y_3 - y_2)}, \quad w_6 = \frac{\sum_{m=0}^{8} c_{2m} y_3^{m-2}}{(y_3 - y_1)(y_3 - y_2)}$$

$$w_7 = -\frac{c_0}{y_1 y_2 y_3}, \quad w_8 = -\frac{c_1}{y_1 y_2 y_3}, \quad w_9 = -\frac{y_1 y_2 y_3 c_2 + c_0 \Delta_1'}{y_1^2 y_2^2 y_3^2}$$

$$w_{10} = -\frac{y_1 y_2 y_3 c_3 + c_1 \Delta_1'}{y_1^2 y_2^2 y_3^2}, \quad w_{11} = c_{10} + c_{12}\Delta_1 + c_{14}\Delta_2 + c_{16}\Delta_3$$

$$w_{12} = c_{11} + c_{13}\Delta_1 + c_{15}\Delta_2, \quad w_{13} = c_{12} + c_{14}\Delta_1 + c_{16}\Delta_2, \quad w_{14} = c_{13} + c_{15}\Delta_1$$

$$w_{15} = c_{14} + c_{16}\Delta_1, \quad w_{16} = c_{15}, \quad w_{17} = c_{16}, \quad \Delta_1 = y_1 + y_2 + y_3$$

$$\Delta_1' = y_1 y_2 + y_2 y_3 + y_3 y_1, \quad \Delta_2 = y_1^2 + y_2^2 + y_3^2 + \Delta_1'$$

$$\Delta_3 = y_1^3 + y_2^3 + y_3^3 + y_1^2(y_2 + y_3) + y_2^2(y_3 + y_1) + y_3^2(y_1 + y_2) + y_1 y_2 y_3$$

用式 (8.3.3a) 和 (8.3.3b) 的被积函数中的 $\mathbf{M}^{\mathrm{PS}}(x)$ 和 $\mathbf{M}_{,k'}^{\mathrm{PS}}(x)$ 各分量的多项式系数分别替换式 (8.3.7) 和 (8.3.8) 中的 c_i，即可得到部分分式的系数 $v_{ij,m}^{\mathrm{PS}(0)}$ 和 $v_{ij,n}^{\mathrm{PS}(k)}$ ($i, j, k = 1, 2, 3$; $m = 1, 2, \cdots, 15$; $n = 1, 2, \cdots, 17$)。

将式 (8.3.7) 和 (8.3.8) 代入式 (8.3.3)，得

$$\mathbf{F}_{\mathrm{PS}}^{(\mathrm{III})}(\bar{t}) = \frac{k'^2 r}{16R} \left\{ \mathrm{Im} \left[v_{ij,1}^{\mathrm{PS}(0)} V_a^{\mathrm{PS}}(y_1) + v_{ij,2}^{\mathrm{PS}(0)} V_b^{\mathrm{PS}}(y_1) + v_{ij,3}^{\mathrm{PS}(0)} V_a^{\mathrm{PS}}(y_2) + v_{ij,4}^{\mathrm{PS}(0)} V_b^{\mathrm{PS}}(y_2) \right. \right.$$

$$\left. \left. + v_{ij,5}^{\mathrm{PS}(0)} V_a^{\mathrm{PS}}(y_3) + v_{ij,6}^{\mathrm{PS}(0)} V_b^{\mathrm{PS}_1}(y_3) \right] + \sum_{m=7}^{15} v_{ij,m}^{\mathrm{PS}(0)} \mathrm{Im}\left(V_{m-10}^{\mathrm{PS}}\right) \right\} \tag{8.3.9a}$$

$$\mathbf{F}_{\mathrm{PS},k'}^{(\mathrm{III})}(\bar{t}) = \frac{k'^3 r}{32R} \left\{ \mathrm{Im} \left[v_{ij,1}^{\mathrm{PS}(k)} V_a^{\mathrm{PS}}(y_1) + v_{ij,2}^{\mathrm{PS}(k)} V_b^{\mathrm{PS}}(y_1) + v_{ij,3}^{\mathrm{PS}(k)} V_a^{\mathrm{PS}}(y_2) + v_{ij,4}^{\mathrm{PS}(k)} V_b^{\mathrm{PS}}(y_2) \right. \right.$$

$$\left. \left. + v_{ij,5}^{\mathrm{PS}(k)} V_a^{\mathrm{PS}}(y_3) + v_{ij,6}^{\mathrm{PS}(k)} V_b^{\mathrm{PS}_1}(y_3) \right] + \sum_{m=7}^{17} v_{ij,m}^{\mathrm{PS}(k)} \mathrm{Im}\left(V_{m-11}^{\mathrm{PS}}\right) \right\} \tag{8.3.9b}$$

其中，

$$V_a^{\mathrm{PS}}(c) = \int_{x_l}^{x_u} \frac{H(\bar{t} - \bar{t}_{\mathrm{PS}}) x}{(x^2 - c)\sqrt{W(x)}} \, \mathrm{d}x, \quad V_b^{\mathrm{PS}}(c) = \int_{x_l}^{x_u} \frac{H(\bar{t} - \bar{t}_{\mathrm{PS}})}{(x^2 - c)\sqrt{W(x)}} \, \mathrm{d}x$$

$$V_j^{\mathrm{PS}} = \int_{x_l}^{x_u} \frac{H(\bar{t} - \bar{t}_{\mathrm{PS}}) x^j}{\sqrt{W(x)}} \, \mathrm{d}x \quad (j = -4, -3, \cdots, 6) \tag{8.3.10}$$

在式 (8.3.9) 中，被积函数只含有四次根式的基本积分，而没有含有二次根式的基本积分，这是与第二类 Lamb 问题以及第三类 Lamb 问题的反射波项有明显区别的特征。除此以外，基本积分中出现了分母上有 x 的幂次项，这是之前没有遇到过的。这些项来自式 (8.3.7) 和 (8.3.8) 中分母上的 x 的幂次项。以下我们研究如何求解这些基本积分。

8.3.4　基本积分的求解

在式 (8.3.10) 定义的各个基本积分中，分母上含有四次根式 $\sqrt{W(x)}$，而 $W(x)$ 中含有 x 的从 0 到 4 的各个幂次，见式 (8.3.2)，我们首先需要把它们转化为勒让德形式（附录 F.3），然后再进一步地将这些积分转化为用三类标准的椭圆积分表示。

8.3.4.1　将 $W(x)$ 转化为勒让德形式

在式 (8.3.4) 中，已经将四次多项式 $W(x)$ 表示为两个一般的二次多项式的乘积形式。根据附录 F.3，可以通过引入分式线性变换 $z = \dfrac{x - \xi_1}{x - \xi_2}$ 来实现消除其中的一次项，其中，ξ_1 和 ξ_2（假定 $\xi_1 > \xi_2$）为满足下式的一元二次方程的根：

$$(q_2 - q_1)\xi^2 + (r_2 - r_1)\xi + (q_1 r_2 - q_2 r_1) = 0 \tag{8.3.11}$$

其中，q_α 和 r_α $(\alpha = 1, 2)$ 可以根据式 (8.3.5) 得到[①]

$$q_1 = -\frac{x_{\mathrm{I}} + x_{\mathrm{I}}^*}{2}, \quad r_1 = x_{\mathrm{I}} x_{\mathrm{I}}^*, \quad q_2 = -\frac{x_{\mathrm{II}} + x_{\mathrm{II}}^*}{2}, \quad r_2 = x_{\mathrm{II}} x_{\mathrm{II}}^*$$

根据 ξ 满足的一元二次方程 (8.3.11)，可知

$$\xi_1 = \frac{r_1 - r_2 + \sqrt{\Delta}}{2(q_2 - q_1)}, \quad \xi_2 = \frac{r_1 - r_2 - \sqrt{\Delta}}{2(q_2 - q_1)}, \quad \Delta = (r_1 - r_2)^2 - 4(q_2 - q_1)(q_1 r_2 - q_2 r_1)$$

注意到 $\Delta - [r_2 - r_1 - 2q_1(q_2 - q_1)]^2 = 4(q_2 - q_1)^2(r_1 - q_1^2) > 0$，因此

$$\sqrt{\Delta} > -2q_1(q_2 - q_1) - (r_1 - r_2) \quad \Longleftrightarrow \quad \xi_1 > -q_1$$

类似地，有 $\sqrt{\Delta} > 2q_2(q_2 - q_1) + (r_1 - r_2)$，从而 $\xi_2 < -q_2$。由于 $q_2 > q_1$，所以 $\xi_2 < -q_2 < -q_1 < \xi_1$。这样，根据式 (F.7) 和 (F.8)，

$$W(z) = \frac{(\xi_1 - \xi_2)^4}{(z - 1)^4}(z_p^2 + 1)(b_1 z^2 + c_1)(b_2 z^2 + c_2)$$

式中

$$b_1 = \frac{\xi_2 + q_1}{\xi_2 - \xi_1} > 0, \quad b_2 = \frac{\xi_2 + q_2}{\xi_2 - \xi_1} > 0, \quad c_1 = \frac{\xi_1 + q_1}{\xi_1 - \xi_2} > 0, \quad c_2 = \frac{\xi_1 + q_2}{\xi_1 - \xi_2} > 0$$

由于 $x = \dfrac{\xi_2 z - \xi_1}{z - 1}$，$\mathrm{d}x = \dfrac{\xi_1 - \xi_2}{(z - 1)^2}\,\mathrm{d}z$，在分式变换下，式 (8.3.10) 中的基本积分可以改写为

$$V_{a|b}^{\mathrm{PS}}(c) = \frac{1}{(\xi_1 - \xi_2)\sqrt{b_1 b_2(z_p^2 + 1)}} \int_\Gamma \frac{H(\bar{t} - \bar{t}_{\mathrm{PS}}) K_{a|b}(z, c)}{\sqrt{(z^2 + z_1^2)(z^2 + z_2^2)}}\,\mathrm{d}z \tag{8.3.12a}$$

[①] 这里的 x_{I}、x_{I}^* 和 x_{II}、x_{II}^* 分别为一元四次方程 $W(x) = 0$ 的两对互为共轭的复数根。利用韦达定理将这些复数根组合得到 q_α 和 r_α $(\alpha = 1, 2)$。

$$V_j^{\text{PS}} = \frac{1}{(\xi_1 - \xi_2)\sqrt{b_1 b_2 (z_p^2 + 1)}} \int_\Gamma \frac{H(\bar{t} - \bar{t}_{\text{PS}}) K_j(z)}{\sqrt{(z^2 + z_1^2)(z^2 + z_2^2)}} \, \mathrm{d}z \qquad (8.3.12\text{b})$$

其中，$j = -4, -3, \cdots, 6$，$z_1 = \sqrt{\dfrac{c_2}{b_2}} > z_2 = \sqrt{\dfrac{c_1}{b_1}}$，这是因为

$$\frac{z_2^2}{z_1^2} = \frac{b_2 c_1}{b_1 c_2} = \frac{(\xi_2 + q_2)(\xi_1 + q_1)}{(\xi_2 + q_1)(\xi_1 + q_2)} < 1 \quad \Longleftrightarrow \quad (q_2 - q_1)(\xi_1 - \xi_2) > 0$$

以及

$$K_a(z, c) = \frac{(z - 1)(\xi_2 z - \xi_1)}{(\xi_2^2 - c)\, z^2 - 2(\xi_1 \xi_2 - c)\, z + (\xi_1^2 - c)}$$

$$K_b(z, c) = \frac{(z - 1)^2}{(\xi_2^2 - c)\, z^2 - 2(\xi_1 \xi_2 - c)\, z + (\xi_1^2 - c)}$$

$$K_j(z) = \frac{(\xi_2 z - \xi_1)^j}{(z - 1)^j}, \quad (j = -4, -3, \cdots, 6)$$

式 (8.3.12) 中的 Γ 为作了分式线性变换之后 z 的复平面中的积分路径。根据 8.3.2 节的讨论可知，图 8.3.2 上的点具有如下形式：$x = -q_1 + \mathrm{i}\sqrt{r_1 - q_1^2}$。因此在分式线性变换下，对应的 z 为

$$z = \frac{-q_1 - \xi_1 + \mathrm{i}\sqrt{r_1 - q_1^2}}{-q_1 - \xi_2 + \mathrm{i}\sqrt{r_1 - q_1^2}} = \frac{(q_1 + \xi_1)(q_1 + \xi_2) + r_1 - q_1^2 + \mathrm{i}(\xi_1 - \xi_2)\sqrt{r_1 - q_1^2}}{(q_1 + \xi_2)^2 + r_1 - q_1^2}$$

由于 $\text{Re}(z) = \dfrac{q_1(\xi_1 + \xi_2) + \xi_1 \xi_2 + r_1}{(q_1 + \xi_2)^2 + r_1 - q_1^2} = 0$，可见 z 为纯虚数。这意味着 Γ 位于复平面 z 的虚轴上，不妨设 $z = \mathrm{i}z_{\text{I}}$，$z_{\text{I}}$ 为实数。则有

$$\frac{\mathrm{i}z_{\text{I}}\xi_2 - \xi_1}{\mathrm{i}z_{\text{I}} - 1} = -q_1 + \mathrm{i}\sqrt{r_1 - q_1^2}$$

两边的实部和虚部对应相等，因此，当 $r_1 \neq q_1^2$ 时，

$$z_{\text{I}} = \frac{q_1 + \xi_1}{\sqrt{r_1 - q_1^2}} = -\frac{\sqrt{r_1 - q_1^2}}{q_1 + \xi_2} = \sqrt{-\frac{\xi_1 + q_1}{\xi_2 + q_1}} = z_2$$

这意味着起点为虚轴上的枝点 $\mathrm{i}z_2$。而当 $r_1 = q_1^2$ 时，$x = x_u$，对应于积分路径的终点，有 $\xi_1 = -q_1 = x_u$，从而 $z_u = 0$。综合以上讨论，Γ 是位于复平面 z 的虚轴上原点和枝点 $\mathrm{i}z_2$ 之间的线段，如图 8.3.3 所示。粗虚线代表割线，粗黑线代表的积分路径 Γ 位于虚轴上，起点和终点分别为 $z_l = \mathrm{i}z_2$ 和 $z_u = 0$。

8.3.4.2 将积分转化为椭圆积分形式

既然积分路径 Γ 位于正虚轴上，令 $z = \mathrm{i}z_2 \bar{z}$，则式 (8.3.12) 中的积分可以改写为

$$V_{a|b}^{\text{PS}}(c) = \mathrm{i}c_{\text{PS}} \int_0^1 \frac{K_{a|b}(\bar{z}, c)}{\sqrt{(1 - \bar{z}^2)(1 - m_{\text{PS}}\bar{z}^2)}} \, \mathrm{d}\bar{z} \qquad (8.3.13\text{a})$$

$$V_j^{\mathrm{PS}} = \mathrm{i}c_{\mathrm{PS}} \int_0^1 \frac{K_j(\bar{z})}{\sqrt{(1 - \bar{z}^2)(1 - m_{\mathrm{PS}}\bar{z}^2)}} \, \mathrm{d}\bar{z} \quad (j = -4, -3, \cdots, 6) \tag{8.3.13b}$$

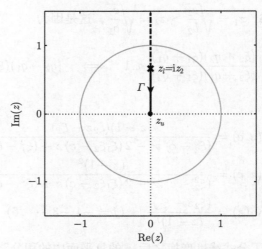

图 8.3.3 z 的复平面中的积分路径

横轴和纵轴分别为 z 的实部和虚部。$z_l = z_2$ 和 z_u 分别为积分路径的起点和终点。虚轴上的 "✖" 代表枝点,粗虚线代表割线,正虚轴上的粗实线为积分路径 Γ。作为参考,图中标出了单位圆。计算参数与图 8.3.1 中的相同

其中,

$$c_{\mathrm{PS}} = -\frac{1}{(\xi_1 - \xi_2)\sqrt{b_1 c_2(z_+^2 + 1)}}, \quad m_{\mathrm{PS}} = \frac{z_2^2}{z_1^2} = \frac{(\xi_1 + q_1)(\xi_2 + q_2)}{(\xi_1 + q_2)(\xi_2 + q_1)}$$

$$K_a(\bar{z}, c) = \frac{(\mathrm{i}z_2\bar{z} - 1)(\mathrm{i}\xi_2 z_2 \bar{z} - \xi_1)}{-(\xi_2^2 - c)z_2^2\bar{z}^2 - 2\mathrm{i}(\xi_1\xi_2 - c)z_2\bar{z} + (\xi_1^2 - c)} \tag{8.3.14a}$$

$$K_b(\bar{z}, c) = \frac{(\mathrm{i}z_2\bar{z} - 1)^2}{-(\xi_2^2 - c)z_2^2\bar{z}^2 - 2\mathrm{i}(\xi_1\xi_2 - c)z_2\bar{z} + (\xi_1^2 - c)} \tag{8.3.14b}$$

$$K_j(\bar{z}) = \frac{(\mathrm{i}\xi_2 z_2\bar{z} - \xi_1)^j}{(\mathrm{i}z_2\bar{z} - 1)^j} \quad (j = -4, -3, \cdots, 6) \tag{8.3.14c}$$

以下逐个地求解式 (8.3.13) 中的积分。

8.3.4.3 $V_a^{\mathrm{PS}}(c)$ 和 $V_b^{\mathrm{PS}}(c)$

将式 (8.3.13a)、(8.3.14a) 和 (8.3.14b) 与式 (7.2.18)、(7.2.19a) 和 (7.2.19b) 相比,可以发现二者形式上完全一致,只需要做代换 $c_{\mathrm{P}} \to c_{\mathrm{PS}}$、$m_{\mathrm{P}} \to m_{\mathrm{PS}}$ 和 $c \to -c$ 即可。同时,注意到当前的积分路径仅在虚轴上,因此无须像 7.2.5.2 节和 7.2.5.3 节中的 $V_1^{\mathrm{P}}(c)$ 和 $V_2^{\mathrm{P}}(c)$ 那样计算小圆弧的贡献。直接类比,罗列结果如下。

1) c 为实数($\mathrm{Im}(c) = 0$)

$$\mathrm{Im}\left[V_a^{\mathrm{PS}}(c)\right] = c_{\mathrm{PS}}\left[\zeta_0 K(m_{\mathrm{PS}}) + \zeta_1 \Pi(z_2^2/s_1, m_{\mathrm{PS}}) + \zeta_2 \Pi(z_2^2/s_2, m_{\mathrm{PS}})\right] \tag{8.3.15a}$$

$$\mathrm{Im}\left[V_b^{\mathrm{PS}}(c)\right] = c_{\mathrm{PS}}\left[\eta_0 K(m_{\mathrm{PS}}) + \eta_1 \Pi(z_2^2/s_1, m_{\mathrm{PS}}) + \eta_2 \Pi(z_2^2/s_2, m_{\mathrm{PS}})\right] \tag{8.3.15b}$$

其中,

$$
\zeta_0 = \frac{\xi_2}{\xi_2^2 - c}, \quad \zeta_\alpha = \frac{(\xi_1 + s_\alpha \xi_2)\left[s_1\left(\xi_2^2 - c\right) + \left(\xi_1^2 - c\right)\right]}{s_\alpha\left(s_{\bar\alpha} - s_\alpha\right)\left(\xi_2^2 - c\right)^2}, \quad s_{1,2} = -\frac{\left[\xi_1\xi_2 - c \pm (\xi_1 - \xi_2)\sqrt{c}\right]^2}{\left(\xi_2^2 - c\right)^2}
$$

$$
\eta_0 = \frac{1}{\xi_2^2 - c}, \quad \eta_\alpha = \frac{\left(\xi_2^2 - c\right)s_\alpha^2 - \left[(\xi_1 - \xi_2)^2 - 2(\xi_1\xi_2 - c)\right]s_\alpha + \left(\xi_1^2 - c\right)}{s_\alpha\left(s_{\bar\alpha} - s_\alpha\right)\left(\xi_2^2 - c\right)^2} \quad (\bar\alpha = 3 - \alpha)
$$

2) c 为复数（$\mathrm{Im}(c) \neq 0$）

$$
\begin{aligned}
V_a^{\mathrm{PS}}(c) = {}& \mathrm{i}c_{\mathrm{PS}}\Big[\zeta_0 K(m_{\mathrm{PS}}) + \zeta_1 \Pi(z_2^2/s_1,\, m_{\mathrm{PS}}) + \zeta_2 \Pi(z_2^2/s_2,\, m_{\mathrm{PS}}) \\
& - \frac{z_1\bar\zeta_1}{\alpha_{11}\alpha_{21}}\arctan\frac{\mathrm{i}z_2\alpha_{11}}{z_1\alpha_{21}} - \frac{z_1\bar\zeta_2}{\alpha_{12}\alpha_{22}}\arctan\frac{\mathrm{i}z_2\alpha_{12}}{z_1\alpha_{22}}\Big]
\end{aligned} \tag{8.3.16a}
$$

$$
\begin{aligned}
V_b^{\mathrm{PS}}(c) = {}& \mathrm{i}c_{\mathrm{PS}}\Big[\eta_0 K(m_{\mathrm{PS}}) + \eta_1 \Pi(z_2^2/s_1,\, m_{\mathrm{PS}}) + \eta_2 \Pi(z_2^2/s_2,\, m_{\mathrm{PS}}) \\
& + \frac{z_1\bar\eta_1}{\alpha_{11}\alpha_{21}}\arctan\frac{\mathrm{i}z_2\alpha_{11}}{z_1\alpha_{21}} + \frac{z_1\bar\eta_2}{\alpha_{12}\alpha_{22}}\arctan\frac{\mathrm{i}z_2\alpha_{12}}{z_1\alpha_{22}}\Big]
\end{aligned} \tag{8.3.16b}
$$

其中, $\alpha_{ij} = \sqrt{z_i^2 - s_j}$ $(i, j = 1, 2)$,

$$
\bar\zeta_\alpha = \frac{(\xi_1 - \xi_2)\left[s_\alpha\left(\xi_2^2 + c\right) + \left(\xi_1^2 + c\right)\right]}{(s_\alpha - s_{\bar\alpha})\left(\xi_2^2 - c\right)^2}, \quad \bar\eta_\alpha = \frac{2(\xi_1 - \xi_2)(s_\alpha\xi_2 + \xi_1)}{(s_{\bar\alpha} - s_\alpha)\left(\xi_2^2 - c\right)^2} \quad (\bar\alpha = 3 - \alpha)
$$

8.3.4.4 V_j^{PS} $(j = -4, -3, \cdots, 6)$

参考 7.2.5.4 节中的分析, 只有 $K_j(\bar z)$ $(j = -4, -3, \cdots, 6$ 的实部对最终的结果有贡献。首先将式 (8.3.14c) 改写为

$$
\mathrm{Re}(K_{-4})(\bar z) = \frac{1}{\xi_2^4}\left[1 - \frac{2\beta_{11}\beta_{53}}{\xi_2^2 z_2^2\bar z^2 + \xi_1^2} + \frac{\beta_{11}^2 A_{25,14,1}}{\left(\xi_2^2 z_2^2\bar z^2 + \xi_1^2\right)^2} - \frac{8\xi_1^2\beta_{11}^3\beta_{31}}{\left(\xi_2^2 z_2^2\bar z^2 + \xi_1^2\right)^3} + \frac{8\xi_1^4\beta_{11}^4}{\left(\xi_2^2 z_2^2\bar z^2 + \xi_1^2\right)^4}\right]
$$

$$
\mathrm{Re}(K_{-3})(\bar z) = \frac{1}{\xi_2^3}\left[1 - \frac{3\beta_{11}\beta_{21}}{\xi_2^2 z_2^2\bar z^2 + \xi_1^2} + \frac{3\xi_1\beta_{11}^2\beta_{31}}{\xi_2\left(\xi_2^2 z_2^2\bar z^2 + \xi_1^2\right)^2} - \frac{4\xi_1^3\beta_{11}^3}{\left(\xi_2^2 z_2^2\bar z^2 + \xi_1^2\right)^3}\right]
$$

$$
\mathrm{Re}(K_{-2})(\bar z) = \frac{1}{\xi_2^2}\left[1 - \frac{\beta_{11}\beta_{31}}{\xi_2^2 z_2^2\bar z^2 + \xi_1^2} + \frac{2\xi_1^2\beta_{11}^2}{\left(\xi_2^2 z_2^2\bar z^2 + \xi_1^2\right)^2}\right]
$$

$$
\mathrm{Re}(K_{-1})(\bar z) = \frac{1}{\xi_2}\left[1 - \frac{\xi_1\beta_{11}}{\xi_2^2 z_2^2\bar z^2 + \xi_1^2}\right], \quad \mathrm{Re}(K_0)(\bar z) = 1, \quad \mathrm{Re}(K_1)(\bar z) = \xi_2 + \frac{\beta_{11}}{z_2^2\bar z^2 + 1}
$$

$$
\mathrm{Re}(K_2)(\bar z) = \xi_2^2 - \frac{\beta_{11}\beta_{13}}{z_2^2\bar z^2 + 1} + \frac{2\beta_{11}^2}{\left(z_2^2\bar z^2 + 1\right)^2}
$$

$$
\mathrm{Re}(K_3)(\bar z) = \xi_2^3 - \frac{3\xi_2\beta_{11}\beta_{12}}{z_2^2\bar z^2 + 1} - \frac{3\beta_{11}^2\beta_{13}}{\left(z_2^2\bar z^2 + 1\right)^2} + \frac{4\beta_{11}^3}{\left(z_2^2\bar z^2 + 1\right)^3}
$$

$$
\mathrm{Re}(K_4)(\bar z) = \xi_2^4 - \frac{2\xi_2^2\beta_{11}\beta_{35}}{z_2^2\bar z^2 + 1} + \frac{\beta_{11}^2 A_{1,14,25}}{\left(z_2^2\bar z^2 + 1\right)^2} - \frac{8\beta_{11}^3\beta_{13}}{\left(z_2^2\bar z^2 + 1\right)^3} + \frac{8\beta_{11}^4}{\left(z_2^2\bar z^2 + 1\right)^4}
$$

$$\mathrm{Re}(K_5)(\bar{z}) = \xi_2^5 - \frac{5\xi_2^3\beta_{11}\beta_{23}}{z_2^2\bar{z}^2+1} + \frac{5\xi_2\beta_{11}^2 A_{1,8,11}}{\left(z_2^2\bar{z}^2+1\right)^2} + \frac{5\beta_{11}^3 A_{1,10,17}}{\left(z_2^2\bar{z}^2+1\right)^3} - \frac{20\beta_{11}^4\beta_{13}}{\left(z_2^2\bar{z}^2+1\right)^4} + \frac{16\beta_{11}^5}{\left(z_2^2\bar{z}^2+1\right)^5}$$

$$\mathrm{Re}(K_6)(\bar{z}) = \xi_2^6 - \frac{3\xi_2^4\beta_{11}\beta_{57}}{z_2^2\bar{z}^2+1} + \frac{15\xi_2^2\beta_{11}^2 A_{1,6,7}}{\left(z_2^2\bar{z}^2+1\right)^2} - \frac{\beta_{11}^3 B_{1,33,183,231}}{\left(z_2^2\bar{z}^2+1\right)^3} + \frac{6\beta_{11}^4 A_{3,26,43}}{\left(z_2^2\bar{z}^2+1\right)^4}$$

$$- \frac{48\beta_{11}^5\beta_{13}}{\left(z_2^2\bar{z}^2+1\right)^5} + \frac{32\beta_{11}^6}{\left(z_2^2\bar{z}^2+1\right)^6}$$

其中，$\beta_{ij} = i\xi_1 - j\xi_2$，$A_{i,j,k} = i\xi_1^2 - j\xi_1\xi_2 + k\xi_2^2$，$B_{i,j,k,l} = i\xi_1^3 - j\xi_1^2\xi_2 + k\xi_1\xi_2^2 - l\xi_2^3$。将上式代入式 (8.3.13b) 中，结合附录 F 中的递推关系 (F.12) 和 (F.13)，得到

$$\mathrm{Im}(V_{-4}^{\mathrm{PS}}) = c_{\mathrm{PS}}\xi_2^{-4}\Big[H_0^{(1)} - 2\beta_{11}\beta_{53}(\xi_2 z_2)^{-2}H_1^{(1)} + \beta_{11}^2 A_{25,14,1}(\xi_2 z_2)^{-4}H_2^{(1)}$$
$$- 8\xi_1^2\beta_{11}^3\beta_{31}(\xi_2 z_2)^{-6}H_3^{(1)} + 8\xi_1^4\beta_{11}^4(\xi_2 z_2)^{-8}H_4^{(1)}\Big] \tag{8.3.17a}$$

$$\mathrm{Im}(V_{-3}^{\mathrm{PS}}) = c_{\mathrm{PS}}\xi_2^{-3}\Big[H_0^{(1)} - 3\beta_{11}\beta_{21}(\xi_2 z_2)^{-2}H_1^{(1)} + 3\xi_1\beta_{11}^2\beta_{31}(\xi_2 z_2)^{-4}H_2^{(1)}$$
$$- 4\xi_1^3\beta_{11}^3(\xi_2 z_2)^{-6}H_3^{(1)}\Big] \tag{8.3.17b}$$

$$\mathrm{Im}(V_{-2}^{\mathrm{PS}}) = c_{\mathrm{PS}}\xi_2^{-2}\Big[H_0^{(1)} - \beta_{11}\beta_{31}(\xi_2 z_2)^{-2}H_1^{(1)} + 2\xi_1^2\beta_{11}^2(\xi_2 z_2)^{-4}H_2^{(1)}\Big] \tag{8.3.17c}$$

$$\mathrm{Im}(V_{-1}^{\mathrm{PS}}) = c_{\mathrm{PS}}\xi_2^{-1}\Big[H_0^{(1)} - \xi_1\beta_{11}(\xi_2 z_2)^{-2}H_1^{(1)}\Big], \quad \mathrm{Im}(V_0^{\mathrm{PS}}) = c_{\mathrm{PS}}H_0^{(2)} \tag{8.3.17d}$$

$$\mathrm{Im}(V_1^{\mathrm{PS}}) = c_{\mathrm{PS}}\Big[\xi_2 H_0^{(2)} + \beta_{11}z_2^{-2}H_1^{(2)}\Big] \tag{8.3.17e}$$

$$\mathrm{Im}(V_2^{\mathrm{PS}}) = c_{\mathrm{PS}}\Big[\xi_2^2 H_0^{(2)} - \beta_{11}\beta_{13}z_2^{-2}H_1^{(2)} + 2\beta_{11}^2 z_2^{-4}H_2^{(2)}\Big] \tag{8.3.17f}$$

$$\mathrm{Im}(V_3^{\mathrm{PS}}) = c_{\mathrm{PS}}\Big[\xi_2^3 H_0^{(2)} - 3\xi_2\beta_{11}\beta_{12}z_2^{-2}H_1^{(2)} - 3\beta_{11}^2\beta_{13}z_2^{-4}H_2^{(2)} + 4\beta_{11}^3 z_2^{-6}H_3^{(2)}\Big] \tag{8.3.17g}$$

$$\mathrm{Im}(V_4^{\mathrm{PS}}) = c_{\mathrm{PS}}\Big[\xi_2^4 H_0^{(2)} - 2\xi_2^2\beta_{11}\beta_{35}z_2^{-2}H_1^{(2)} + \beta_{11}^2 A_{1,14,25}z_2^{-4}H_2^{(2)}$$
$$- 8\beta_{11}^3\beta_{13}z_2^{-6}H_3^{(2)} + 8\beta_{11}^4 z_2^{-8}H_4^{(2)}\Big] \tag{8.3.17h}$$

$$\mathrm{Im}(V_5^{\mathrm{PS}}) = c_{\mathrm{PS}}\Big[\xi_2^5 H_0^{(2)} - 5\xi_2^3\beta_{11}\beta_{23}z_2^{-2}H_1^{(2)} + 5\xi_2\beta_{11}^2 A_{1,8,11}z_2^{-4}H_2^{(2)}$$
$$+ 5\beta_{11}^3 A_{1,10,17}z_2^{-6}H_3^{(2)} - 20\beta_{11}^4\beta_{13}z_2^{-8}H_4^{(2)} + 16\beta_{11}^5 z_2^{-10}H_5^{(2)}\Big] \tag{8.3.17i}$$

$$\mathrm{Im}(V_6^{\mathrm{PS}}) = c_{\mathrm{PS}}\Big[\xi_2^6 H_0^{(2)} - 3\xi_2^4\beta_{11}\beta_{57}z_2^{-2}H_1^{(2)} + 15\xi_2^2\beta_{11}^2 A_{1,6,7}z_2^{-4}H_2^{(2)}$$
$$- \beta_{11}^3 B_{1,33,183,231}z_2^{-6}H_3^{(2)} + 6\beta_{11}^4 A_{3,26,43}z_2^{-8}H_4^{(2)}$$
$$- 48\beta_{11}^5\beta_{13}z_2^{-10}H_5^{(2)} + 32\beta_{11}^6 z_2^{-12}H_6^{(2)}\Big] \tag{8.3.17j}$$

式中的

$$H_j^{(\alpha)} = \frac{(2j-3)\gamma_1^{(\alpha)}H_{j-1}^{(\alpha)} - 2(j-2)\gamma_2^{(\alpha)}H_{j-2}^{(\alpha)} + (2j-5)m_{\mathrm{PS}}H_{j-3}^{(\alpha)}}{2(j-1)\gamma_3^{(\alpha)}} \quad (2 \leqslant j \leqslant 6)$$

$$\gamma_1^{(\alpha)} = 3m_{\mathrm{PS}}\left(a^{(\alpha)}\right)^2 + 2a^{(\alpha)}\left(m_{\mathrm{PS}}+1\right) + 1, \quad \gamma_2^{(\alpha)} = m_{\mathrm{PS}} + 1 + 3m_{\mathrm{PS}}a^{(\alpha)}$$

$$\gamma_3^{(\alpha)} = a^{(\alpha)}\left(a^{(\alpha)}+1\right)\left(a^{(\alpha)}m_{\mathrm{PS}}+1\right), \quad a^{(1)} = \frac{\xi_1^2}{\xi_2^2 z_2^2}, \quad a^{(2)} = \frac{1}{z_2^2}, \quad H_0^{(\alpha)} = K\left(m_{\mathrm{PS}}\right)$$

$$H_1^{(\alpha)} = \frac{1}{a^{(\alpha)}} \Pi\left(-\frac{1}{a^{(\alpha)}}, m_{\mathrm{PS}}\right), \quad H_{-1}^{(\alpha)} = \frac{1}{m_{\mathrm{PS}}}\left[\left(a^{(\alpha)} m_{\mathrm{PS}} + 1\right) K\left(m_{\mathrm{PS}}\right) - E\left(m_{\mathrm{PS}}\right)\right]$$

这样，我们就得到了式 (8.3.10) 中定义的所有基本积分，将它们代回式 (8.3.9)，就得到了 PS 波项的广义闭合形式解。

对于 SP 波项，求解过程完全相同，只需要将 x_3' 和 x_3 互换，并且调整 Green 函数元素的次序即可，参见式 (8.1.3e)、(8.1.3f)、(8.1.6e) ~ (8.1.6h)。

8.3.5 关于转换波项特殊性的评述

转换波项广义闭合解的求解与此前研究的第二类 Lamb 问题的 P 波项、S 波项和 S-P 波项，以及第三类 Lamb 问题的反射波项（PP 和 SS）有明显的不同。从数学上看，这种差异的根源在于出发点——积分形式解的不同。在 PS 波项积分解的被积函数中，分母上的 $\bar{Q}^{\mathrm{PS}}$ 包含 η_α 和 η_β，见式 (8.1.2g) 和 (8.1.3i)，因此为了实现分母的有理化，对于 PS 波项必须采用不同于以往的变量替换。这直接导致了随后处理上的差别。在变量替换之后的积分 (8.3.3) 中，分母上出现了 x 的 3 次幂或 4 次幂，并且分子的多项式次数也提高了。尽管如此，我们在第 6 章和第 7 章中针对前两类 Lamb 问题发展的"化整为零"的求解策略同样适用于转换波。注意到被积函数的分母上的 Rayleigh 函数 R^{PS} 与前两类 Lamb 问题的 Rayleig 函数具体形式并不相同，但是根的分布情况与此前遇到的 Rayleigh 函数相同，见 8.3.3 节开始关于 R^{PS} 的分析。这是物理上波动的内禀属性在数学上的体现。这个特点就决定了在做部分分式的分解之后，基本积分大致与此前遇到的相似。由于涉及更多的基本积分，见 8.3.4.4 节，为了将基本积分转化为标准的椭圆积分形式，需要做相比于前两类 Lamb 问题更为复杂的二次的拆分。利用附录 F 中给出的关于椭圆积分的递推关系，最终实现了基本积分的求解。

第三类 Lamb 问题的转换波项的积分形式解与几类 Lamb 问题所涉及的所有其他波项相比都更为复杂。从射线角度看，由于涉及转换，入射角和反射角不同，如果直接用数值方法计算积分解，需要额外的复杂操作。比如对于每一个时刻，需要通过数值计算确定积分上限 $\bar{p}_{\mathrm{PS}}^\dagger(t)$（参见式 (8.1.2g)），并且在积分上限确定之后，对于每一个积分变量的取值，都要数值确定 $R_\alpha(\bar{t}, \bar{p})$。这使得积分解的数值计算效率很低。广义闭合解自然地避免了这些问题，与其他波项相比，尽管有细节上的差异，但是具体实现的方式是大致相同的。这是转换波项的广义闭合解独具的优势，这一点无疑对计算效率的提高具有重要的意义。

8.4 数值实现和正确性检验

通过 8.2 节和 8.3 节关于反射波项和转换波项的讨论，我们最终获得了第三类 Lamb 问题的广义闭合形式解。与前两类 Lamb 问题不同，第三类 Lamb 问题各个贡献的成分可以分成三组：第一组是直达波项，包括直达 P 波和直达 S 波，这是直接用闭合形式给出的，不需要特殊处理；第二组是反射波项，包括 PP 波、SS 波 ($\mathrm{SS}_1 + \mathrm{SS}_2$) 和 sPs 波，对它们的处理方式与第二类 Lamb 问题中的 P 波项和 S 波项完全相同，只需要补充计算若干基本积分；第三组是转换波项，包括 PS 波和 SP 波，这两种转换波的处理方式相同，因此只需要着重处理一个，另外一个可以通过简单的替换得到。转换波项也可以沿用在两类 Lamb 问题中发展的方法处理，只是由于必须采用不同的变量替换，需要做一些新的技术处理。

本节中我们将 8.2 节和 8.3 节发展的公式进行数值实现，在完成正确性检验的基础上，通过数值算例探讨一些波场性质，比如当源点和观测点的空间组合改变时，位移场会呈现怎样的特征，并且将特别关注闭合解有关的一些特征，例如 Rayleigh 波成分的分离，尤其是通过与积分解的比较，显示第三类 Lamb 问题 Green 函数及其一阶空间导数的计算，广义闭合解的优势如何。

8.4.1　数值实现的步骤

对于反射波项，求解过程与 7.4.1 节中叙述的完全相同，只需要做替换 $r \to r'$，$\theta \to \theta'$，以及 $\bar{t} \to \varsigma \bar{t}$，并且补充如下的基本积分：

$$\text{Im}\left(U_7^{\text{PP}}\right) = \frac{\pi}{16}\left(8m^4 - 24m^2n^2 + 3n^4\right), \quad \text{Im}\left(U_8^{\text{PP}}\right) = \frac{m\pi}{16}\left(8m^4 - 40m^2n^2 + 15n^4\right)$$

$$\text{Im}\left(V_8^{\text{PP}}\right) = c_{\text{P}}\left[\xi_2^5 H_0^{(1)} - 5\xi_2^3\beta_{11}\beta_{23}z_2^{-2}H_1^{(1)} + 5\xi_2\beta_{11}^2 A_{1,8,11}z_2^{-4}H_2^{(1)} + 5\beta_{11}^3 A_{1,10,17}z_2^{-6}H_3^{(1)}\right.$$
$$\left. - 20\beta_{11}^4\beta_{13}z_2^{-8}H_4^{(1)} + 16\beta_{11}^5 z_2^{-10}H_5^{(1)}\right]$$

$$\text{Im}\left(V_9^{\text{PP}}\right) = c_{\text{P}}\left[\xi_2^6 H_0^{(1)} - 3\xi_2^4\beta_{11}\beta_{57}z_2^{-2}H_1^{(1)} + 15\xi_2^2\beta_{11}^2 A_{1,6,7}z_2^{-4}H_2^{(1)} - \beta_{11}^3 B_{1,33,183,231}z_2^{-6}H_3^{(1)}\right.$$
$$\left. + 6\beta_{11}^4 A_{3,26,43}z_2^{-8}H_4^{(1)} - 48\beta_{11}^5\beta_{13}z_2^{-10}H_5^{(1)} + 32\beta_{11}^6 z_2^{-12}H_6^{(1)}\right]$$

$$\text{Im}\left(U_7^{\text{SS}_1}\right) = \frac{\pi}{16}\left(8m^4 - 24m^2n'^2 + 3n'^4\right), \quad \text{Im}\left(U_8^{\text{SS}_1}\right) = \frac{m\pi}{16}\left(8m^4 - 40m^2n'^2 + 15n'^4\right)$$

$$\text{Im}\left(V_8^{\text{SS}}\right) = c_{\text{s}}\left[\xi_2'^5 H_0^{(2)} + 5\xi_2'^3\beta_{11}'\beta_{23}'z_2'^{-2}H_1^{(2)} + 5\xi_2'\beta_{11}'^2 A_{1,8,11}'z_2'^{-4}H_2^{(2)} - 5\beta_{11}'^3 A_{1,10,17}'z_2'^{-6}H_3^{(2)}\right.$$
$$\left. - 20\beta_{11}'^4\beta_{13}'z_2'^{-8}H_4^{(2)} - 16\beta_{11}'^5 z_2'^{-10}H_5^{(2)}\right]$$

$$\text{Im}\left(V_9^{\text{SS}}\right) = c_{\text{s}}\left[\xi_2'^6 H_0^{(2)} + 3\xi_2'^4\beta_{11}'\beta_{57}'z_2'^{-2}H_1^{(2)} + 15\xi_2'^2\beta_{11}'^2 A_{1,6,7}'z_2'^{-4}H_2^{(2)}\right.$$
$$\left. + \beta_{11}'^3 B_{1,33,183,231}'z_2'^{-6}H_3^{(2)} + 6\beta_{11}'^4 A_{3,26,43}'z_2'^{-8}H_4^{(2)} + 48\beta_{11}'^5\beta_{13}'z_2'^{-10}H_5^{(2)}\right.$$
$$\left. + 32\beta_{11}'^6 z_2'^{-12}H_6^{(2)}\right]$$

$$\text{Im}\left(V_8^{\text{sPs}}\right) = -c_{\text{s-P}}\left[\xi_2'^5 H_0^{(3)} - 5\xi_2'^3\beta_{11}'\beta_{23}'c_2^{-1}H_1^{(3)} + 5\xi_2'\beta_{11}'^2 A_{1,8,11}'c_2^{-2}H_2^{(3)}\right.$$
$$\left. + 5\beta_{11}'^3 A_{1,10,17}'c_2^{-3}H_3^{(3)} - 20\beta_{11}'^4\beta_{13}'c_2^{-4}H_4^{(3)} + 16\beta_{11}'^5 c_2^{-5}H_5^{(3)} + \beta_{11}'z_2'(5\xi_2'^4 M_1\right.$$
$$\left. + 10\xi_2'^2\beta_{11}'\beta_{13}'M_2 + \beta_{11}'^2 A_{1,22,61}'M_3 + 4\beta_{11}'^3\beta_{3,13}'M_4 + 16\beta_{11}'^4 M_5)\right]$$

$$\text{Im}\left(V_9^{\text{sPs}}\right) = -c_{\text{s-P}}\left[\xi_2'^6 H_0^{(3)} - 3\xi_2'^4\beta_{11}'\beta_{57}'c_2^{-1}H_1^{(3)} + 15\xi_2'^2\beta_{11}'^2 A_{1,6,7}'c_2^{-2}H_2^{(3)}\right.$$
$$\left. - \beta_{11}'^3 B_{1,33,183,231}'c_2^{-3}H_3^{(3)} + 6\beta_{11}'^4 A_{3,26,43}'c_2^{-4}H_4^{(3)} - 48\beta_{11}'^5\beta_{13}'c_2^{-5}H_5^{(3)}\right.$$
$$\left. + 32\beta_{11}'^6 c_2^{-6}H_6^{(3)} + 2\beta_{11}'z_2'(3\xi_2'^5 M_1 + 5\xi_2'^3\beta_{11}'\beta_{25}'M_2 + \xi_2'\beta_{11}'^2 A_{3,36,73}'M_3\right.$$
$$\left. - 3\beta_{11}'^3\beta_{13}'\beta_{1,11}'M_4 - 16\beta_{11}'^4\beta_{14}'M_5 - 16\beta_{11}'^5 M_6)\right]$$

其中涉及的变量为

$$R = \sqrt{x_1^2 + x_2^2}, \quad r = \sqrt{R^2 + (x_3' - x_3)^2}, \quad r' = \sqrt{R^2 + (x_3' + x_3)^2}, \quad \varsigma = \frac{r}{r'}$$

$$m = \varsigma \bar{t} \frac{x_3 + x_3'}{r'}, \quad n = \frac{R}{r'}\sqrt{\varsigma^2 \bar{t}^2 - k^2}, \quad n' = \frac{R}{r'}\sqrt{\varsigma^2 \bar{t}^2 - 1}, \quad \beta_{ij} = i\xi_1 - j\xi_2$$

$$A_{i,j,k} = i\xi_1^2 - j\xi_1\xi_2 + k\xi_2^2, \quad B_{i,j,k,l} = i\xi_1^3 - j\xi_1^2\xi_2 + k\xi_1\xi_2^2 - l\xi_2^3, \quad \beta_{ij}' = i\xi_1' - j\xi_2'$$

$$A_{i,j,k}' = i\xi_1'^2 - j\xi_1'\xi_2' + k\xi_2'^2, \quad B_{i,j,k,l}' = i\xi_1'^3 - j\xi_1'^2\xi_2' + k\xi_1'\xi_2'^2 - l\xi_2'^3$$

$$H_5^{(i)} = \frac{7\gamma_1^{(i)}H_4^{(i)} - 6\gamma_2^{(i)}H_3^{(i)} + 5m^{(i)}H_2^{(i)}}{8\gamma_3^{(i)}}, \quad H_6^{(i)} = \frac{9\gamma_1^{(i)}H_5^{(i)} - 8\gamma_2^{(i)}H_4^{(i)} + 7m^{(i)}H_3^{(i)}}{10\gamma_3^{(i)}}$$

$$M_5 = \frac{\pi(128c_1^4 - 256c_1^3 c_2 + 288c_1^2 c_2^2 - 160c_1 c_2^3 + 35c_2^4)}{256[c_1(c_1 - c_2)]^{9/2}}$$

$$M_6 = \frac{\pi(2c_1 - c_2)(128c_1^4 - 256c_1^3 c_2 + 352c_1^2 c_2^2 - 224c_1 c_2^3 + 63c_2^4)}{512[c_1(c_1 - c_2)]^{11/2}}$$

其他未说明的变量形式上与 7.4.1 节中罗列的相同。

第三类 Lamb 问题 Green 函数及其一阶空间导数广义闭合解的重点在于转换波项的求解。下面以 PS 波项为例，根据 8.3 节中的讨论梳理步骤并罗列主要结论。

8.4.1.1 第一步：求 Rayleigh 方程的根

求解以下三次方程的根

$$y^3 + (8\nu^2 - 8\nu + 3)y^2 + (8\nu - 5)y + 1 = 0$$

式中，ν 为 Poisson 比。当 $0 < \nu < 0.2631$ 时，方程有一个负根和两个正根；当 $0.2631 < \nu < 0.5$ 时，方程有一个负根和两个共轭复根。令负根为 y_3，另外两个根为 y_1 和 y_2。

8.4.1.2 第二步：求部分分式展开的系数

分别将式 (8.3.3a) 和 (8.3.3b) 中的 M_{ij}^{PS} 和 $M_{ij,k'}^{\mathrm{PS}}$ 关于 x 的各项系数代入

$$w_1 = \frac{\sum_{m=0}^{7} c_{2m} y_1^{m-2}}{(y_1 - y_2)(y_1 - y_3)}, \quad w_2 = \frac{\sum_{m=0}^{6} c_{2m+1} y_1^{m-1}}{(y_1 - y_2)(y_1 - y_3)}, \quad w_3 = \frac{\sum_{m=0}^{7} c_{2m} y_2^{m-2}}{(y_2 - y_1)(y_2 - y_3)}$$

$$w_4 = \frac{\sum_{m=0}^{6} c_{2m+1} y_2^{m-1}}{(y_2 - y_1)(y_2 - y_3)}, \quad w_5 = \frac{\sum_{m=0}^{7} c_{2m} y_3^{m-2}}{(y_3 - y_1)(y_3 - y_2)}, \quad w_6 = \frac{\sum_{m=0}^{6} c_{2m+1} y_3^{m-1}}{(y_3 - y_1)(y_3 - y_2)}$$

$$w_7 = -\frac{c_0}{y_1 y_2 y_3}, \quad w_8 = -\frac{c_1}{y_1 y_2 y_3}, \quad w_9 = -\frac{y_1 y_2 y_3 c_2 + c_0 \Delta_1'}{y_1^2 y_2^2 y_3^2}$$

$$w_{10} = c_9 + c_{11}\Delta_1 + c_{13}\Delta_2, \quad w_{11} = c_{10} + c_{12}\Delta_1 + c_{14}\Delta_2, \quad w_{12} = c_{11} + c_{13}\Delta_1$$

$$w_{13} = c_{12} + c_{14}\Delta_1, \quad w_{14} = c_{13}, \quad w_{15} = c_{14}$$

以及

$$w_1 = \frac{\sum_{m=0}^{7} c_{2m+1} y_1^{m-2}}{(y_1 - y_2)(y_1 - y_3)}, \quad w_2 = \frac{\sum_{m=0}^{8} c_{2m} y_1^{m-2}}{(y_1 - y_2)(y_1 - y_3)}, \quad w_3 = \frac{\sum_{m=0}^{7} c_{2m+1} y_2^{m-2}}{(y_2 - y_1)(y_2 - y_3)}$$

$$w_4 = \frac{\sum_{m=0}^{8} c_{2m} y_2^{m-2}}{(y_2 - y_1)(y_2 - y_3)}, \quad w_5 = \frac{\sum_{m=0}^{7} c_{2m+1} y_3^{m-2}}{(y_3 - y_1)(y_3 - y_2)}, \quad w_6 = \frac{\sum_{m=0}^{8} c_{2m} y_3^{m-2}}{(y_3 - y_1)(y_3 - y_2)}$$

$$w_7 = -\frac{c_0}{y_1 y_2 y_3}, \quad w_8 = -\frac{c_1}{y_1 y_2 y_3}, \quad w_9 = -\frac{y_1 y_2 y_3 c_2 + c_0 \Delta_1'}{y_1^2 y_2^2 y_3^2}$$

$$w_{10} = -\frac{y_1 y_2 y_3 c_3 + c_1 \Delta_1'}{y_1^2 y_2^2 y_3^2}, \quad w_{11} = c_{10} + c_{12}\Delta_1 + c_{14}\Delta_2 + c_{16}\Delta_3$$

$$w_{12} = c_{11} + c_{13}\Delta_1 + c_{15}\Delta_2, \quad w_{13} = c_{12} + c_{14}\Delta_1 + c_{16}\Delta_2, \quad w_{14} = c_{13} + c_{15}\Delta_1$$

$$w_{15} = c_{14} + c_{16}\Delta_1, \quad w_{16} = c_{15}, \quad w_{17} = c_{16}$$

式中的

$$\Delta_1 = y_1 + y_2 + y_3, \quad \Delta_1' = y_1 y_2 + y_2 y_3 + y_3 y_1, \quad \Delta_2 = y_1^2 + y_2^2 + y_3^2 + \Delta_1'$$

$$\Delta_3 = y_1^3 + y_2^3 + y_3^3 + y_1^2(y_2 + y_3) + y_2^2(y_3 + y_1) + y_3^2(y_1 + y_2) + y_1 y_2 y_3$$

得到部分分式的系数 $v_{ij,m}^{\mathrm{PS}(0)}$ 和 $v_{ij,n}^{\mathrm{PS}(k)}$ ($i, j, k = 1, 2, 3$; $m = 1, 2, \cdots, 15$; $n = 1, 2, \cdots, 17$)。

8.4.1.3　第三步：求基本积分

基本积分的结果罗列如下。

1) $V_a^{\mathrm{PS}}(c)$ 和 $V_b^{\mathrm{PS}}(c)$

当 c 为实数时（$\mathrm{Im}(c) = 0$）：

$$\mathrm{Im}\left[V_a^{\mathrm{PS}}(c)\right] = c_{\mathrm{PS}}\left[\zeta_0 K(m_{\mathrm{PS}}) + \zeta_1 \Pi(z_2^2/s_1, m_{\mathrm{PS}}) + \zeta_2 \Pi(z_2^2/s_2, m_{\mathrm{PS}})\right]$$

$$\mathrm{Im}\left[V_b^{\mathrm{PS}}(c)\right] = c_{\mathrm{PS}}\left[\eta_0 K(m_{\mathrm{PS}}) + \eta_1 \Pi(z_2^2/s_1, m_{\mathrm{PS}}) + \eta_2 \Pi(z_2^2/s_2, m_{\mathrm{PS}})\right]$$

当 c 为复数时（$\mathrm{Im}(c) \neq 0$）：

$$V_a^{\mathrm{PS}}(c) = \mathrm{i} c_{\mathrm{PS}}\left[\zeta_0 K(m_{\mathrm{PS}}) + \zeta_1 \Pi(z_2^2/s_1, m_{\mathrm{PS}}) + \zeta_2 \Pi(z_2^2/s_2, m_{\mathrm{PS}})\right.$$
$$\left. - \frac{z_1 \bar{\zeta}_1}{\alpha_{11}\alpha_{21}} \arctan \frac{\mathrm{i} z_2 \alpha_{11}}{z_1 \alpha_{21}} - \frac{z_1 \bar{\zeta}_2}{\alpha_{12}\alpha_{22}} \arctan \frac{\mathrm{i} z_2 \alpha_{12}}{z_1 \alpha_{22}}\right]$$

$$V_b^{\mathrm{PS}}(c) = \mathrm{i} c_{\mathrm{PS}}\left[\eta_0 K(m_{\mathrm{PS}}) + \eta_1 \Pi(z_2^2/s_1, m_{\mathrm{PS}}) + \eta_2 \Pi(z_2^2/s_2, m_{\mathrm{PS}})\right.$$
$$\left. + \frac{z_1 \bar{\eta}_1}{\alpha_{11}\alpha_{21}} \arctan \frac{\mathrm{i} z_2 \alpha_{11}}{z_1 \alpha_{21}} + \frac{z_1 \bar{\eta}_2}{\alpha_{12}\alpha_{22}} \arctan \frac{\mathrm{i} z_2 \alpha_{12}}{z_1 \alpha_{22}}\right]$$

其中涉及的变量为

$$\zeta_0 = \frac{\xi_2}{\xi_2^2 - c}, \quad \zeta_\alpha = \frac{(\xi_1 + s_\alpha \xi_2)\left[s_1(\xi_2^2 - c) + (\xi_1^2 - c)\right]}{s_\alpha(s_{\bar{\alpha}} - s_\alpha)(\xi_2^2 - c)^2}, \quad s_{1,2} = -\frac{\left[\xi_1 \xi_2 - c \pm (\xi_1 - \xi_2)\sqrt{c}\right]^2}{(\xi_2^2 - c)^2}$$

$$\eta_0 = \frac{1}{\xi_2^2 - c}, \quad \eta_\alpha = \frac{(\xi_2^2 - c) s_\alpha^2 - \left[(\xi_1 - \xi_2)^2 - 2(\xi_1 \xi_2 - c)\right] s_\alpha + (\xi_1^2 - c)}{s_\alpha(s_{\bar{\alpha}} - s_\alpha)(\xi_2^2 - c)^2} \quad (\bar{\alpha} = 3 - \alpha)$$

$$\bar{\zeta}_\alpha = \frac{(\xi_1 - \xi_2)\left[s_\alpha(\xi_2^2 + c) + (\xi_1^2 + c)\right]}{(s_\alpha - s_{\bar{\alpha}})(\xi_2^2 - c)^2}, \quad \bar{\eta}_\alpha = \frac{2(\xi_1 - \xi_2)(s_\alpha \xi_2 + \xi_1)}{(s_{\bar{\alpha}} - s_\alpha)(\xi_2^2 - c)^2}, \quad \alpha_{ij} = \sqrt{z_i^2 - s_j}$$

$$c_{\mathrm{PS}} = -\frac{1}{(\xi_1 - \xi_2)\sqrt{b_1 c_2 (z_+^2 + 1)}}, \quad m_{\mathrm{PS}} = \frac{z_2^2}{z_1^2}, \quad z_1 = \sqrt{\frac{c_2}{b_2}}, \quad z_2 = \sqrt{\frac{c_1}{b_1}}$$

$$b_1 = \frac{\xi_2 + q_1}{\xi_2 - \xi_1}, \quad b_2 = \frac{\xi_2 + q_2}{\xi_2 - \xi_1}, \quad c_1 = \frac{\xi_1 + q_1}{\xi_1 - \xi_2}, \quad c_2 = \frac{\xi_1 + q_2}{\xi_1 - \xi_2}$$

ξ_1 和 ξ_2 按如下方式确定：首先求一元四次方程

$$W(x) = \left(z_+^2 + 1\right) x^4 - 4\tilde{t}\kappa_1 z_+ x^3 + 2\left[z_+ z_- + 1 + 2\left(\tilde{t}^2 - 1\right)\kappa_2\right] x^2 - 4\tilde{t}\kappa_1 z_- x + \left(z_-^2 + 1\right) = 0$$

的根。式中，$z_\pm = z \pm z'$，$z = x_3/R$，$z' = x_3'/R$，$\tilde{t} = r\bar{t}/R$，$\kappa_m = 1/k'^m$ $(m = 1, 2)$。这个方程有两对互为共轭的复数根，记为 x_{I} 和 x_{I}^*，以及 x_{II} 和 x_{II}^*。令

$$q_1 = -\frac{x_{\mathrm{I}} + x_{\mathrm{I}}^*}{2}, \quad r_1 = x_{\mathrm{I}} x_{\mathrm{I}}^*, \quad q_2 = -\frac{x_{\mathrm{II}} + x_{\mathrm{II}}^*}{2}, \quad r_2 = x_{\mathrm{II}} x_{\mathrm{II}}^*$$

满足 $r_1 > r_2$，则 ξ_1 和 ξ_2 分别为

$$\xi_1 = \frac{r_1 - r_2 + \sqrt{\Delta}}{2(q_2 - q_1)}, \quad \xi_2 = \frac{r_1 - r_2 - \sqrt{\Delta}}{2(q_2 - q_1)}, \quad \Delta = (r_1 - r_2)^2 - 4(q_2 - q_1)(q_1 r_2 - q_2 r_1)$$

2) V_j^{PS} $(j = -4, -3, \cdots, 6)$

$$\mathrm{Im}(V_{-4}^{\mathrm{PS}}) = c_{\mathrm{ps}} \xi_2^{-4} \Big[H_0^{(1)} - 2\beta_{11}\beta_{53}(\xi_2 z_2)^{-2} H_1^{(1)} + \beta_{11}^2 A_{25,14,1}(\xi_2 z_2)^{-4} H_2^{(1)}$$
$$- 8\xi_1^2 \beta_{11}^3 \beta_{31}(\xi_2 z_2)^{-6} H_3^{(1)} + 8\xi_1^4 \beta_{11}^4 (\xi_2 z_2)^{-8} H_4^{(1)} \Big]$$

$$\mathrm{Im}(V_{-3}^{\mathrm{PS}}) = c_{\mathrm{ps}} \xi_2^{-3} \Big[H_0^{(1)} - 3\beta_{11}\beta_{21}(\xi_2 z_2)^{-2} H_1^{(1)} + 3\xi_1 \beta_{11}^2 \beta_{31}(\xi_2 z_2)^{-4} H_2^{(1)}$$
$$- 4\xi_1^3 \beta_{11}^3 (\xi_2 z_2)^{-6} H_3^{(1)} \Big]$$

$$\mathrm{Im}(V_{-2}^{\mathrm{PS}}) = c_{\mathrm{ps}} \xi_2^{-2} \Big[H_0^{(1)} - \beta_{11}\beta_{31}(\xi_2 z_2)^{-2} H_1^{(1)} + 2\xi_1^2 \beta_{11}^2 (\xi_2 z_2)^{-4} H_2^{(1)} \Big]$$

$$\mathrm{Im}(V_{-1}^{\mathrm{PS}}) = c_{\mathrm{ps}} \xi_2^{-1} \Big[H_0^{(1)} - \xi_1 \beta_{11}(\xi_2 z_2)^{-2} H_1^{(1)} \Big], \quad \mathrm{Im}(V_0^{\mathrm{PS}}) = c_{\mathrm{ps}} H_0^{(2)}$$

$$\mathrm{Im}(V_1^{\mathrm{PS}}) = c_{\mathrm{ps}} \Big[\xi_2 H_0^{(2)} + \beta_{11} z_2^{-2} H_1^{(2)} \Big]$$

$$\mathrm{Im}(V_2^{\mathrm{PS}}) = c_{\mathrm{ps}} \Big[\xi_2^2 H_0^{(2)} - \beta_{11}\beta_{13} z_2^{-2} H_1^{(2)} + 2\beta_{11}^2 z_2^{-4} H_2^{(2)} \Big]$$

$$\mathrm{Im}(V_3^{\mathrm{PS}}) = c_{\mathrm{ps}} \Big[\xi_2^3 H_0^{(2)} - 3\xi_2 \beta_{11}\beta_{12} z_2^{-2} H_1^{(2)} - 3\beta_{11}^2 \beta_{13} z_2^{-4} H_2^{(2)} + 4\beta_{11}^3 z_2^{-6} H_3^{(2)} \Big]$$

$$\mathrm{Im}(V_4^{\mathrm{PS}}) = c_{\mathrm{ps}} \Big[\xi_2^4 H_0^{(2)} - 2\xi_2^2 \beta_{11}\beta_{35} z_2^{-2} H_1^{(2)} + \beta_{11}^2 A_{1,14,25} z_2^{-4} H_2^{(2)}$$
$$- 8\beta_{11}^3 \beta_{13} z_2^{-6} H_3^{(2)} + 8\beta_{11}^4 z_2^{-8} H_4^{(2)} \Big]$$

$$\mathrm{Im}(V_5^{\mathrm{PS}}) = c_{\mathrm{ps}} \Big[\xi_2^5 H_0^{(2)} - 5\xi_2^3 \beta_{11}\beta_{23} z_2^{-2} H_1^{(2)} + 5\xi_2 \beta_{11}^2 A_{1,8,11} z_2^{-4} H_2^{(2)}$$
$$+ 5\beta_{11}^3 A_{1,10,17} z_2^{-6} H_3^{(2)} - 20\beta_{11}^4 \beta_{13} z_2^{-8} H_4^{(2)} + 16\beta_{11}^5 z_2^{-10} H_5^{(2)} \Big]$$

$$\mathrm{Im}(V_6^{\mathrm{PS}}) = c_{\mathrm{ps}} \Big[\xi_2^6 H_0^{(2)} - 3\xi_2^4 \beta_{11}\beta_{57} z_2^{-2} H_1^{(2)} + 15\xi_2^2 \beta_{11}^2 A_{1,6,7} z_2^{-4} H_2^{(2)}$$
$$- \beta_{11}^3 B_{1,33,183,231} z_2^{-6} H_3^{(2)} + 6\beta_{11}^4 A_{3,26,43} z_2^{-8} H_4^{(2)}$$

$$-48\beta_{11}^5\beta_{13}z_2^{-10}H_5^{(2)} + 32\beta_{11}^6z_2^{-12}H_6^{(2)}\Big]$$

其中涉及的变量为

$$\beta_{ij} = i\xi_1 - j\xi_2, \quad A_{ijk} = i\xi_1^2 - j\xi_1\xi_2 + k\xi_2^2, \quad B_{ijkl} = i\xi_1^3 - j\xi_1^2\xi_2 + k\xi_1\xi_2^2 - l\xi_2^3$$

$$H_j^{(\alpha)} = \frac{(2j-3)\gamma_1^{(\alpha)}H_{j-1}^{(\alpha)} - 2(j-2)\gamma_2^{(\alpha)}H_{j-2}^{(\alpha)} + (2j-5)m_{\mathrm{PS}}H_{j-3}^{(\alpha)}}{2(j-1)\gamma_3^{(\alpha)}} \quad (2 \leqslant j \leqslant 6)$$

$$\gamma_1^{(\alpha)} = 3m_{\mathrm{PS}}\left(a^{(\alpha)}\right)^2 + 2a^{(\alpha)}\left(m_{\mathrm{PS}}+1\right) + 1, \quad \gamma_2^{(\alpha)} = m_{\mathrm{PS}} + 1 + 3m_{\mathrm{PS}}a^{(\alpha)}$$

$$\gamma_3^{(\alpha)} = a^{(\alpha)}\left(a^{(\alpha)}+1\right)\left(a^{(\alpha)}m_{\mathrm{PS}}+1\right), \quad a^{(1)} = \frac{\xi_1^2}{\xi_2^2z_2^2}, \quad a^{(2)} = \frac{1}{z_2^2}, \quad H_0^{(\alpha)} = K\left(m_{\mathrm{PS}}\right)$$

$$H_1^{(\alpha)} = \frac{1}{a^{(\alpha)}}\Pi\left(-\frac{1}{a^{(\alpha)}}, m_{\mathrm{PS}}\right), \quad H_{-1}^{(\alpha)} = \frac{1}{m_{\mathrm{PS}}}\left[\left(a^{(\alpha)}m_{\mathrm{PS}}+1\right)K\left(m_{\mathrm{PS}}\right) - E\left(m_{\mathrm{PS}}\right)\right]$$

8.4.1.4　通过组合得到问题的解

将 8.4.1.2 节中的部分分式系数和 8.4.1.3 节中的基本积分代入式 (8.3.9) 中，得到

$$\mathbf{F}_{\mathrm{PS}}^{(\mathrm{III})}(\bar{t}) = \frac{k'^2 r}{16R}\left\{\mathrm{Im}\left[v_{ij,1}^{\mathrm{PS}(0)}V_a^{\mathrm{PS}}(y_1) + v_{ij,2}^{\mathrm{PS}(0)}V_b^{\mathrm{PS}}(y_1) + v_{ij,3}^{\mathrm{PS}(0)}V_a^{\mathrm{PS}}(y_2) + v_{ij,4}^{\mathrm{PS}(0)}V_b^{\mathrm{PS}}(y_2)\right.\right.$$
$$\left.\left. + v_{ij,5}^{\mathrm{PS}(0)}V_a^{\mathrm{PS}}(y_3) + v_{ij,6}^{\mathrm{PS}(0)}V_b^{\mathrm{PS}_1}(y_3)\right] + \sum_{m=7}^{15}v_{ij,m}^{\mathrm{PS}(0)}\mathrm{Im}\left(V_{m-10}^{\mathrm{PS}}\right)\right\}$$

$$\mathbf{F}_{\mathrm{PS},k'}^{(\mathrm{III})}(\bar{t}) = \frac{k'^3 r}{32R}\left\{\mathrm{Im}\left[v_{ij,1}^{\mathrm{PS}(k)}V_a^{\mathrm{PS}}(y_1) + v_{ij,2}^{\mathrm{PS}(k)}V_b^{\mathrm{PS}}(y_1) + v_{ij,3}^{\mathrm{PS}(k)}V_a^{\mathrm{PS}}(y_2) + v_{ij,4}^{\mathrm{PS}(k)}V_b^{\mathrm{PS}}(y_2)\right.\right.$$
$$\left.\left. + v_{ij,5}^{\mathrm{PS}(k)}V_a^{\mathrm{PS}}(y_3) + v_{ij,6}^{\mathrm{PS}(k)}V_b^{\mathrm{PS}_1}(y_3)\right] + \sum_{m=7}^{17}v_{ij,m}^{\mathrm{PS}(k)}\mathrm{Im}\left(V_{m-11}^{\mathrm{PS}}\right)\right\}$$

最终，根据式 (8.1.1) 和 (8.1.4)，得到第三类 Lamb 问题的 Green 函数及其一阶空间导数为

$$\mathbf{G}^{(\mathrm{III})}(t) = \frac{1}{2\pi^2\mu r}\frac{\partial}{\partial t}\left\{\frac{\pi}{4}\left[\mathbf{F}_{\mathrm{P}}^{(\mathrm{III})}(\bar{t}) + \mathbf{F}_{\mathrm{S}}^{(\mathrm{III})}(\bar{t})\right] + \varsigma\left[\mathbf{F}_{\mathrm{PP}}^{(\mathrm{III})}(\bar{t}) + \mathbf{F}_{\mathrm{SS}_1}^{(\mathrm{III})}(\bar{t})\right]\right.$$
$$\left. - H\left(\theta'-\theta_c\right)\varsigma\left[\mathbf{F}_{\mathrm{SS}_2}^{(\mathrm{III})}(\bar{t}) + \mathbf{F}_{\mathrm{sPs}}^{(\mathrm{III})}(\bar{t})\right] - 4\left[\mathbf{F}_{\mathrm{PS}}^{(\mathrm{III})}(\bar{t}) + \mathbf{F}_{\mathrm{SP}}^{(\mathrm{III})}(\bar{t})\right]\right\}$$

$$\mathbf{G}_{,k'}^{(\mathrm{III})}(t) = \frac{1}{2\pi^2\mu\beta r}\frac{\partial^2}{\partial t^2}\left\{\frac{\pi}{4}\left[\mathbf{F}_{\mathrm{P},k'}^{(\mathrm{III})}(\bar{t}) + \mathbf{F}_{\mathrm{S},k'}^{(\mathrm{III})}(\bar{t})\right] + \varsigma\left[\mathbf{F}_{\mathrm{PP},k'}^{(\mathrm{III})}(\bar{t}) + \mathbf{F}_{\mathrm{SS}_1,k'}^{(\mathrm{III})}(\bar{t})\right]\right.$$
$$\left. - H\left(\theta'-\theta_c\right)\varsigma\left[\mathbf{F}_{\mathrm{SS}_2,k'}^{(\mathrm{III})}(\bar{t}) + \mathbf{F}_{\mathrm{sPs},k'}^{(\mathrm{III})}(\bar{t})\right] - 4\left[\mathbf{F}_{\mathrm{PS},k'}^{(\mathrm{III})}(\bar{t}) + \mathbf{F}_{\mathrm{SP},k'}^{(\mathrm{III})}(\bar{t})\right]\right\}$$

在随后的数值计算中，我们显示的是无量纲的以阶跃函数 $H(t)$ 为时间函数的力产生的位移场，对应的 Green 函数及其一阶导数分别为

$$\bar{\mathbf{G}}^{\mathrm{H}}(t) = \frac{\pi}{4}\left[\mathbf{F}_{\mathrm{P}}^{(\mathrm{III})}(\bar{t}) + \mathbf{F}_{\mathrm{S}}^{(\mathrm{III})}(\bar{t})\right] + \varsigma\left[\mathbf{F}_{\mathrm{PP}}^{(\mathrm{III})}(\bar{t}) + \mathbf{F}_{\mathrm{SS}_1}^{(\mathrm{III})}(\bar{t})\right]$$
$$- H\left(\theta'-\theta_c\right)\varsigma\left[\mathbf{F}_{\mathrm{SS}_2}^{(\mathrm{III})}(\bar{t}) + \mathbf{F}_{\mathrm{sPs}}^{(\mathrm{III})}(\bar{t})\right] - 4\left[\mathbf{F}_{\mathrm{PS}}^{(\mathrm{III})}(\bar{t}) + \mathbf{F}_{\mathrm{SP}}^{(\mathrm{III})}(\bar{t})\right]$$

$$\bar{\mathbf{G}}^{\mathrm{H}}_{,k'}(t) = \frac{\partial}{\partial \bar{t}} \left\{ \frac{\pi}{4} \left[\mathbf{F}^{(\mathrm{III})}_{\mathrm{P},k'}(\bar{t}) + \mathbf{F}^{(\mathrm{III})}_{\mathrm{S},k'}(\bar{t}) \right] + \varsigma \left[\mathbf{F}^{(\mathrm{III})}_{\mathrm{PP},k'}(\bar{t}) + \mathbf{F}^{(\mathrm{III})}_{\mathrm{SS}_1,k'}(\bar{t}) \right] \right.$$
$$\left. - H(\theta' - \theta_c) \varsigma \left[\mathbf{F}^{(\mathrm{III})}_{\mathrm{SS}_2,k'}(\bar{t}) + \mathbf{F}^{(\mathrm{III})}_{\mathrm{sPs},k'}(\bar{t}) \right] - 4 \left[\mathbf{F}^{(\mathrm{III})}_{\mathrm{PS},k'}(\bar{t}) + \mathbf{F}^{(\mathrm{III})}_{\mathrm{SP},k'}(\bar{t}) \right] \right\}$$

8.4.2 基本积分的正确性检验和特殊的技术处理

与第 7 章中研究的第二类 Lamb 问题类似，第三类 Lamb 问题的计算过程中的关键要素仍然是部分分式系数和基本积分。对部分分式展开系数的计算，只需要仔细地确定有理分式分子中 x 的不同阶次的系数，再根据 8.4.1.2 节中罗列的公式计算即可。这个过程虽然较为繁琐，但是不存在实质的困难。采用与 7.4.2.1 节中相同的方式，可以检验所得的部分分式系数的正确性，不再赘述。

对第三类 Lamb 问题的 Green 函数及其一阶导数，比较特殊的是基本积分的求解。由于相比于第二类 Lamb 问题 Green 函数及其一阶导数，第三类的相应问题涉及了阶次更高的基本积分，并且第三类问题中场点和源点的空间位置组合多了一个维度（场点可以有任意的深度 x_3），使得因分式线性变换而引入的 ξ_1 和 ξ_2 有了更多的变化空间，在一些特殊的场合（比如 ξ_2 很小或者很大）下，直接根据我们推导得到的理论公式计算，会出现数值方面的问题，需要予以特别的技术处理。

本节中我们以 $x'_3 = x_3 = 0.1$ km，源、场之间水平距离 $R = 10$ km（$x_1 = 8.66$ km，$x_2 = 5.0$ km）为例，分别研究这种情况下的 PP 波项、SS 波项和 PS 波项[①]的基本积分中出现的问题，分析其产生的原因，并且采取相应的措施解决问题。值得一提的是，在求解 Green 函数的空间导数时涉及对广义闭合解的计算结果对 $\bar{t}$ 进行数值求导，这本身会放大数值误差，所以为了显示计算的稳定性，本节中显示的所有例子均为基本积分对 $\bar{t}$ 的偏导数，例如 $\dot{V}^{\mathrm{PP}}_i = \partial V^{\mathrm{PP}}_i / \partial \bar{t}$。此外，我们仅展示了出现问题的基本积分以及与此相关的一些基本积分，没有数值问题的正常情况按照与 7.4.2.2 节相同的方式逐一验证正确性即可。

8.4.2.1 反射 PP 波项的基本积分

反射波项的求法本身与第二类 Lamb 问题的 P 波项类似，在第二类 Lamb 问题的数值求解中并未出现数值问题（参阅 7.4.2.2 节）。但是，在第三类 Lamb 问题中，源点和场点可以位于弹性半空间内部的任意位置，这个特点使得求解基本积分过程中引入的参数 ξ_1 和 ξ_2 在一些特殊情况下会导致出现数值问题。

图 8.4.1 显示了 PP 波项的基本积分对时间 $\bar{t}$ 的导数 $\dot{V}^{\mathrm{PP}}_i$ ($i = 4, 5, \cdots, 9$) 与相应的用 Matlab 进行数值计算的积分解的比较。图 8.4.1 的前两行为这些积分的广义闭合解（细黑线）与相应的积分解的数值计算结果（粗灰线）的比较；后两行分别为它们相对于数值积分解的相对误差，定义为

$$\varepsilon(x) = \frac{|x - y|}{\max |y|} \tag{8.4.1}$$

其中，x 代表广义闭合解的结果，y 代表根据 Matlab 计算得到的数值积分解的结果。对于 $\dot{V}^{\mathrm{PP}}_i$ ($i = 4, 5, \cdots, 8$)，广义闭合解与数值积分解的结果都吻合得很好，除了在个别分量的

---

① SP 波项的求解与 PS 波项相似，只是需要交换 x'_3 和 x_3，并且更改 Green 函数分量的排列次序，因此不再单独叙述关于 SP 波项基本积分的情况，具体可参照 PS 波的分析。

个别时段以外（例如 $\dot{V}_8^{\mathrm{PP}}$ 的起始阶段），相对误差都在 10^{-5} 以下[①]。但是，较为特别的是 $\dot{V}_9^{\mathrm{PP}}$，在 $\bar{t} = 0.7$ 之前，广义闭合解出现了明显的振荡，这显然是由于计算不当而导致的现象。根据这个现象，自然提出三个问题：为什么在这一段会出现振荡？为什么别处及别的分量没有振荡？如何消除这种振荡？

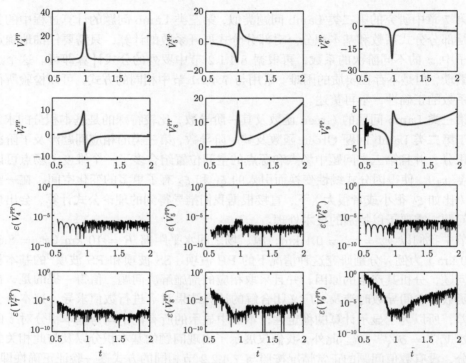

图 8.4.1　PP 波项的基本积分对时间 $\bar{t}$ 的导数 $\dot{V}_i^{\mathrm{PP}}$ $(i = 4, 5, \cdots, 9)$ 与相应的数值积分解的比较

横轴为无量纲化的时间 $\bar{t}$。前两行分别为 $\dot{V}_i^{\mathrm{PP}}$ $(i = 4, 5, \cdots, 9)$，其中粗灰线为数值积分解（用 Matlab 计算）的结果，细实线为广义闭合解的结果。后两行分别为它们相对于数值积分解的相对误差，参见式 (8.4.1) 的定义

　　为了回答这几个问题，图 8.4.2 显示了 $\dot{V}_9^{\mathrm{PP}}$ 中所包含的各个部分随 $\bar{t}$ 的变化曲线，其中 (a) ~ (g) 分别为 $\dot{V}_9^{\mathrm{PP}}$ 中含有 $H_i^{(1)}(i = 0, 1, \cdots, 6)$ 的部分（参见式 (8.2.4b)），(h) 为各部分之和，即 $\dot{V}_9^{\mathrm{PP}}$。结果显示这些组成部分在 $\bar{t} = 0.7$ 之前的数值非常大，量级为 $10^{12} \sim 10^{14}$，而它们求和之后变为数量级为 10^0 的结果。这是典型的在数值计算中应该避免的"两个非常接近的相减导致有效数字损失"的情况[②]。一般而言，双精度浮点数的存储精度可以

---

① 值得注意的是，虽然在根据式 (8.4.1) 计算相对误差时是以数值积分解作为标准计算的，但是这并不意味着数值积分的结果就"绝对精确"，只是衡量二者之间的差别大小。如果广义闭合和数值积分解的相对误差非常小，比如小于 10^{-5}，这说明两种方式得到的解都具有很高的计算精度。

② 数值计算中涉及的浮点数，在存储和计算上都存在误差的问题。由于计算机采用二进制，与我们通常采用的十进制数并非严格的一一对应，当十进制表示的数与二进制数不严格对应时，就存在存储上的误差。在运算上，当出现两个非常接近的数字相减的情况，会导致有效数字损失，通常会导致误差。举个例子，两个非常接近的数 a 和 b，$a = 82567032$，$b = 82567031$，显然 $a - b = 1$。从有效数字来看，a 和 b 都有 8 位有效数字，但是由于它们数值很接近，相减之后只剩下 1 位有效数字了，这在运算时就容易导致由于有效数字丢失而产生的计算误差。类似地，还有所谓"大数吃小数"，比如通常都是 3 个有效数字的两个数，a 和 b，$a = 2.15 \times 10^{12}$，$b = 1.25 \times 10^4$，当进行 $a - b$ 的运算时，首先将 b 转化为 $b = 0.0000000125 \times 10^{12}$，然后再进行相减，导致 $a - b = 2.15 \times 10^{12}$，$b$ 被"吃掉了"。

达到 15 ~ 16 位有效数字，当出现数量级为 10^{14} 的数字相加减时，个位数已经处于存储误差的边缘了，再经过浮点运算，对于 $\dot{V}_9^{PP}$ 中 $\bar{t} = 0.7$ 之前的部分，出现由于误差而导致的振荡就是难以避免的了。$\dot{V}_9^{PP}$ 的其他部分，以及其他的 $\dot{V}_i^{PP}$ ($i = 4, 5, \cdots, 8$) 没有如此大的量级相加减，因此不会出现类似的振荡现象。这就回答了前两个问题。

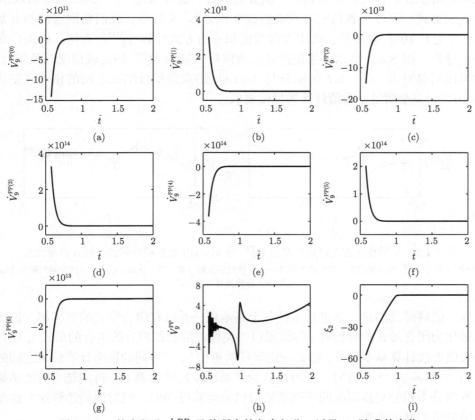

图 8.4.2　基本积分 $\dot{V}_9^{PP}$ 及其所含的各个部分，以及 ξ_2 随 $\bar{t}$ 的变化

横轴为无量纲化的时间 $\bar{t}$。(a) ~ (g) 分别为 $\dot{V}_9^{PP}$ 中含有 $H_i^{(1)}$($i = 0, 1, \cdots, 6$) 的部分；(h) 以上各部分之和，即 $\dot{V}_9^{PP}$；(i) ξ_2 随 $\bar{t}$ 的变化

　　如何解决这个问题呢？这需要寻找更根本的原因，是什么原因导致了 $\dot{V}_9^{PP}$ 的各个组成部分有如此大的量值？图 8.4.2 (i) 给出了 ξ_2 随 $\bar{t}$ 的变化曲线。在 $\bar{t} = 0.7$ 之前，ξ_2 的绝对值较大，这导致了 $\dot{V}_9^{PP}$ 的各个组成部分中的系数具有很高的量值。比如，根据式 (8.2.4b)，$H_0^{(1)}$ 的系数为 ξ_2^6，当 $\xi_2 = -50$ 时，$\xi_2^6 = 1.5625 \times 10^{10}$。显然，由于 $\dot{V}_9^{PP}$ 的各个组成部分的系数含有正比于 ξ_2^6 的系数，整体上造成了各项本身的数值都较大。将 $\dot{V}_9^{PP}$ 通过拆解表示为式 (8.2.4b) 的形式，目的是将其表示成为标准的椭圆积分的组合。这从数学上是严格的，但是在进行数值实现的时候，就会碰到数值振荡的问题[①]。只要引入 ξ_2，就必然面临这样的问题，因此，为了解决这个困难，对由于 ξ_2 的绝对值较大导致结果不稳定的情况，我们只能退回到引入 ξ_2 之前的积分式。根据式 (7.2.7) 中的定义，以及式 (7.2.1) 的变量替

---

① 可以说，这是实践理论上的广义闭合解所必须付出的代价。

换，可以得到

$$V_9^{\mathrm{PP}} = \int_m^{m+\mathrm{i}n} \frac{x^6\,\mathrm{d}x}{\sqrt{Q^{\mathrm{P}}(x^2+k'^2)}} = \mathrm{i}\int_0^a \frac{\eta_\alpha^6\,\mathrm{d}\bar{p}}{\sqrt{(a^2-\bar{p}^2)(\eta_\alpha^2+k'^2)}}$$

只能采用数值积分的方式直接得到这个积分的解答。这样就把 $\dot{V}_9^{\mathrm{PP}}$ 还原为最初以 $\bar{p}$ 为积分变量式的形式。可以用数值的方式求解这个积分①。实践中，我们采取这样的方案：判断 ξ_2^6 是否大于 10^8，如果是，采用直接数值积分的方式计算 $\dot{V}_9^{\mathrm{PP}}$；否则，根据广义闭合解的公式计算。图 8.4.3 显示了采用这种方案以后计算的 $\dot{V}_9^{\mathrm{PP}}$ 的比较情况以及相对误差。从图中可以明显看出，$\bar{t} < 0.7$ 的部分与 Matlab 的数值积分结果之间的相对误差达到了 $10^{-4} \sim 10^{-3}$，完全满足了数值计算的精度要求。

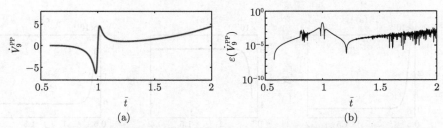

图 8.4.3　采用校正方案以后计算的 $\dot{V}_9^{\mathrm{PP}}$ 与 Matlab 数值积分解的比较及相对误差

(a) 采用校正方案的 $\dot{V}_9^{\mathrm{PP}}$ 的计算结果（细黑线）和 Matlab 数值积分解（粗灰线）比较；(b) 广义闭合解相对于 Matlab 数值积分解的相对误差

最后，值得强调的是，这里显示的各个基本积分并没有闭合形式的解析解，因此无论是将其转化为闭合形式的解析解（即结果以三类标准的椭圆积分的组合的形式），还是直接用各种数值方法计算基本积分，都是一定程度的近似②。当不同的策略计算结果之间的相对误差达到 $10^{-3} \sim 10^{-4}$ 精度时，就可以认为结果已经足够精确了。特别是当前的结果，是根据计算的基本积分直接对时间序列求数值微分运算得到的，相对误差达到这个精度，说明计算结果是非常可靠的。

8.4.2.2　反射 SS 波项的基本积分

SS 波项的计算也会遇到类似的问题，只是导致数值振荡的来源有所区别。图 8.4.4 显示了 SS 波项的基本积分对时间 $\bar{t}$ 的导数 $\dot{V}_i^{\mathrm{SS}}$ $(i = 4,5,\cdots,9)$ 与相应的数值积分解的比较。与 PP 项的图 8.4.1 类似，前两行为 $\dot{V}_i^{\mathrm{SS}}$ $(i = 4,5,\cdots,9)$，后两行是广义闭合解相对于 Matlab 的数值积分解的相对误差。很明显，$\dot{V}_9^{\mathrm{SS}}$ 表现出了严重的数值振荡。与 $\dot{V}_9^{\mathrm{PP}}$ 不同的是，这时整个波形上都出现了明显的振荡。

为了搞清楚这个振荡的来源，仍然是考察 $\dot{V}_9^{\mathrm{SS}}$ 的各个组成部分。图 8.4.5 显示了 $\dot{V}_9^{\mathrm{SS}}$ 及其所含的各个部分。图中显示，各个成分的量值逐渐增大，含有 $H_0^{(2)}$ 的一项量级为 10^{-8}，

---

　　① 当然，在直接进行数值积分之前还需要进行去除可去奇点的操作。显然当 $\bar{p} = a$ 时根式为零，因此可以令 $\bar{p} = a-x^2$，这样就可以去除奇点，将积分转化为正常积分。我们采用的是 *Numerical Recipes in Fortran 77* 中推荐的一种自适应的积分程序 qromb，这是一种采用逐次分半加速收敛的 Romberg 求积分方法的程序 (Press et al., 1992)。

　　② 事实上，椭圆积分的计算本质上也是一种近似，只是相比于变化万端的各种积分形式，其形式固定，更便于专门有针对性地研究而已。

而含有 $H_6^{(2)}$ 的一项量级为 10^{11}，跨越了 19 个数量级。最终它们之和 $\dot{V}_9^{\mathrm{SS}}$ 为 10^0 的量级。这表明，除了有与 8.4.2.1 节讨论的 PP 波的基本积分 $\dot{V}_9^{\mathrm{PP}}$ 相同的"相近的数相减导致有效数字降低"的问题，还有"大数吃小数"的问题。根据含有 $H_0^{(2)}$ 的一项系数为 ξ_2' 判断，大量级的问题不是由 ξ_2' 导致的。图 8.4.5 (i) 显示了 ξ_1' 随 $\bar{t}$ 的变化情况，随着 ξ_1' 的增大，将导致 $\dot{V}_9^{\mathrm{SS}}$ 的某些组成部分数值很大。比如 $H_6^{(2)}$ 的系数正比于 $(\xi_1' - \xi_2')^6$，根据图 8.4.5 (a) 判断 ξ_2' 很小，因此当 $\xi_1' = 80$ 时，这一项量级可达 10^{11}。

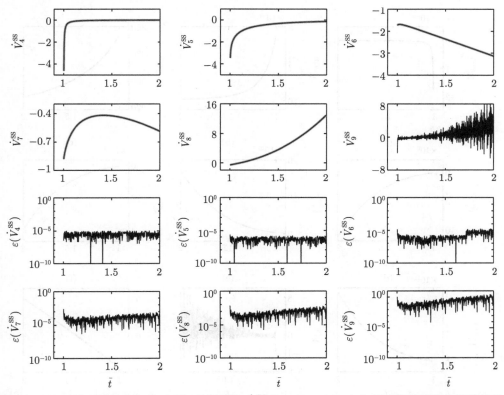

图 8.4.4　SS 波项的基本积分对时间 $\bar{t}$ 的导数 $\dot{V}_i^{\mathrm{SS}}$ $(i = 4, 5, \cdots, 9)$ 与相应的数值积分解的比较

横轴为无量纲化的时间 $\bar{t}$。前两行分别为 $\dot{V}_i^{\mathrm{SS}}$ $(i = 4, 5, \cdots, 9)$，其中粗灰线为数值积分解（用 Matlab 计算）的结果，细实线为广义闭合解的结果。后两行分别为它们相对于数值积分解的相对误差，参见式 (8.4.1) 的定义

如何消除这个因素影响的振荡呢？与 PP 波项的处理类似，我们只能退回到引入分式线性变换之前的积分，利用数值方法计算。根据式 (7.3.5) 中的定义及 7.3.1 节开始所描述的变量替换，将基本积分还原为用 $\bar{p}$ 表示的积分：

$$V_9^{\mathrm{SS}_1} = \int_m^{m+\mathrm{i}n'} \frac{x^6\,\mathrm{d}x}{\sqrt{Q^{\mathrm{S}}(x^2 - k'^2)}} = \mathrm{i} \int_0^b \frac{\eta_\beta^6\,\mathrm{d}\bar{p}}{\sqrt{(b^2 - \bar{p}^2)(\eta_\beta^2 - k'^2)}}$$

$$V_9^{\mathrm{SS}_2} = \int_m^{m+k'} \frac{x^6\,\mathrm{d}x}{\sqrt{Q^{\mathrm{S}}(x^2 - k'^2)}} = \int_b^c \frac{\eta_\beta^6\,\mathrm{d}\bar{p}}{\sqrt{(\bar{p}^2 - b^2)(\eta_\beta^2 - k'^2)}}$$

其中，$c = \bar{p}^*(t)$。对于 $V_9^{\mathrm{SS}_1}$，显然积分上限是一个可去奇点，作代换 $\bar{p} = b - x^2$ 可消去奇

点；对于 $V_9^{SS_2}$，不难验证当 $\bar{p} = c$ 时，$\eta_\beta^2 = k'^2$，因此积分上下限均为奇点，这种情况下，可以作代换 $\bar{p} = (c - b)\sin^2\varphi + b$，将第二个积分转化为正常积分。采取如下方案计算 V_9^{SS}：判断 $\xi_1'^6$ 是否大于 10^8，如果是，采用直接数值积分的方式计算 $\dot{V}_9^{SS}$；否则，根据广义闭合解的公式计算。图 8.4.6 显示了采用这种方案以后计算的 $\dot{V}_9^{SS}$ 的比较情况以及相对误差。采取校正方案计算的结果与 Matlab 的数值积分结果之间的相对误差达到了 $10^{-4} \sim 10^{-3}$，达到了数值计算的精度要求。

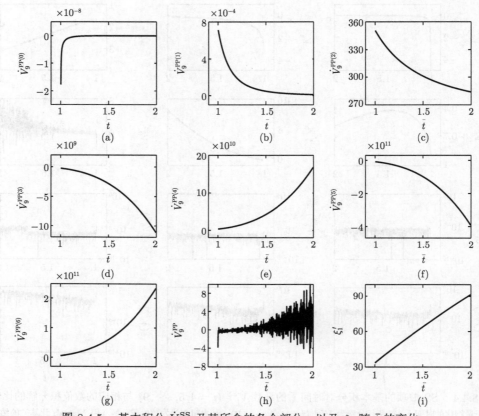

图 8.4.5　基本积分 $\dot{V}_9^{SS}$ 及其所含的各个部分，以及 ξ_1 随 $\bar{t}$ 的变化

横轴为无量纲化的时间 $\bar{t}$。(a) $\sim$ (g) 分别为 $\dot{V}_9^{SS}$ 中含有 $H_i^{(2)}(i = 0, 1, \cdots, 6)$ 的部分；(h) 以上各部分之和，即 $\dot{V}_9^{SS}$；(i) ξ_1 随 $\bar{t}$ 的变化

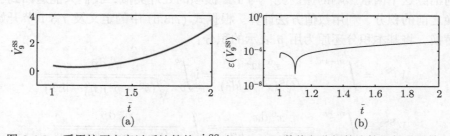

图 8.4.6　采用校正方案以后计算的 $\dot{V}_9^{SS}$ 与 Matlab 数值积分解的比较及相对误差

(a) 采用校正方案的 $\dot{V}_9^{SS}$ 的计算结果（细黑线）和 Matlab 数值积分解（粗灰线）比较；(b) 广义闭合解相对于 Matlab 数值积分解的相对误差

8.4.2.3 转换 PS 波项的基本积分

与反射 PP 波项和 SS 波项类似的问题也出现在转换 PS 波项的计算中。图 8.4.7 显示了 PS 波项的基本积分对时间 $\bar{t}$ 的导数 $\dot{V}_i^{PS}$ ($i = -4, -3, -2$) 与相应的数值积分解的比较。左列分别为 $\dot{V}_i^{PS}$ ($i = -4, -3, -2$)，其中粗灰线为数值积分解（用 Matlab 计算）的结果，细实线为广义闭合解的结果。右列分别为它们相对于数值积分解的相对误差，参见式 (8.4.1)。可以看到 $\dot{V}_{-4}^{PS}$ 的尾部（$\bar{t} > 1.5$）表现出了严重的数值振荡；而其余两个分量在整个时间区域上的相对误差都在 10^{-4} 以下。

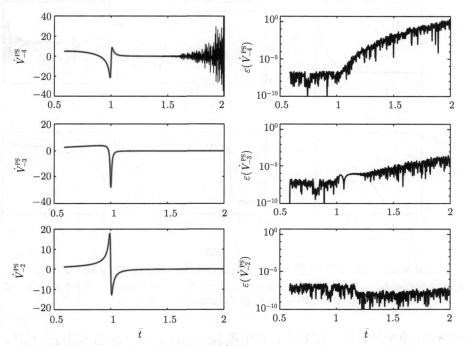

图 8.4.7　PS 波项的基本积分对时间 $\bar{t}$ 的导数 $\dot{V}_i^{PS}$ ($i = -4, -3, -2$) 与相应的数值积分解的比较
横轴为无量纲化的时间 $\bar{t}$。左列分别为 $\dot{V}_i^{PS}$ ($i = -4, -3, -2$)，其中粗灰线为数值积分解（用 Matlab 计算）的结果，细实线为广义闭合解的结果。右列分别为它们相对于数值积分解的相对误差，参见式 (8.4.1) 的定义

与对反射波项的分析类似，图 8.4.8 显示了基本积分 $\dot{V}_{-4}^{PS}$ 及其所含的各个部分，以及 ξ_1 和 ξ_2 随 $\bar{t}$ 的变化。显然这也是由于"相近的数相减导致有效数字损失"的情况。根据图 8.4.8 (g) $\sim$ (i)，图 8.4.8 (f) 尾部振荡的原因来自于较小的 ξ_2。当然我们也可以采用类似于针对反射波项采取的校正方案：对于较小的 ξ_2 采取退回分式变换之前的积分，并运用数值求解的方案。但是，转换波项的求解异常复杂，之前反复说过由于复杂的额外操作导致了计算效率低下，因此对于这种情况，我们另寻他法。

注意到与之前分析的 PP 波项和 SS 波项不同的是，此处并非由于较大的 ξ_1 或 ξ_2 导致的，而是由于较小的 ξ_2 导致的。根据式 (8.3.17a) $\sim$ (8.3.17c)，ξ_2 的幂次出现在分母上。这意味着当 ξ_2 较小时，如果 $\dot{V}_i^{PS}$ ($i = -4, -3, -2$) 的最终结果是一个有界值，那么分子上必然也出现小量，且与分母的小量同阶。这提示我们可以采用渐近分析来处理。

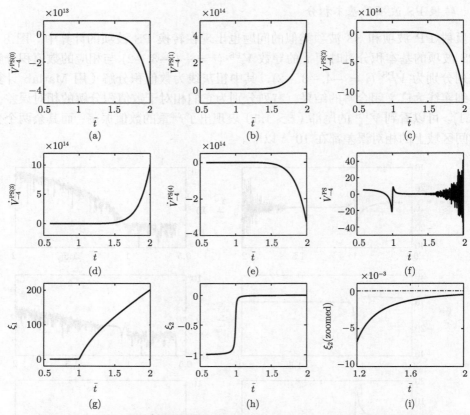

图 8.4.8　基本积分 $\dot{V}_{-4}^{\mathrm{PS}}$ 和其所含的各个部分，以及 ξ_1 和 ξ_2 随 $\bar{t}$ 的变化

横轴为无量纲化的时间 $\bar{t}$。(a) ～ (e) 分别为 $\dot{V}_9^{\mathrm{SS}}$ 中含有 $H_i^{(1)}(i=0,1,\cdots,4)$ 的部分；(f) 以上各部分之和，即 $\dot{V}_{-4}^{\mathrm{PS}}$；(g) ξ_1 随 $\bar{t}$ 的变化；(h) ξ_2 随 $\bar{t}$ 的变化；(i) (h) 的局部放大

　　基于 8.3.4 节中的分析，ξ_2 较小，意味着 $(q_2-q_1)(q_1r_2-q_2r_1) \ll (r_1-r_2)^2$，如果我们令

$$(q_2-q_1)(q_1r_2-q_2r_1) = (r_1-r_2)^2\delta, \quad 即 \quad \delta = \frac{(q_2-q_1)(q_1r_2-q_2r_1)}{(r_1-r_2)^2} \to 0$$

则有 $\sqrt{\Delta} = (r_1-r_2)\sqrt{1-4\delta} \approx (r_1-r_2)(1-2\delta)$，从而

$$\xi_1 = \frac{(r_1-r_2)(2-2\delta)}{2(q_2-q_1)} \approx \frac{r_1-r_2}{q_2-q_1}, \quad \xi_2 = \frac{(r_1-r_2)\delta}{q_2-q_1} = \xi_1\delta$$

以及

$$\mathrm{Re}(K_{-4}) = \frac{1}{\xi_1^4}\left[(y^4-6y^2+1) + 16y^2(1-y^2)\delta + 10y^2(6y^2-y^4-1)\delta^2\right]$$

$$\mathrm{Re}(K_{-3}) = \frac{1}{\xi_1^3}\left[1-3y^2+3y^2(3-y^2)\delta + 6y^2(3y^2-1)\delta^2\right]$$

$$\mathrm{Re}(K_{-2}) = \frac{1}{\xi_1^2}\left[1-y^2+4y^2\delta + 3y^2(y^2-1)\delta^2\right]$$

其中，$y = z_2 \bar{z}$。从而得到

$$\mathrm{Re}(V_{-4}^{\mathrm{PS}}) = \frac{1}{\xi_1^4}\big[I_0 - 2(1-\delta)(3-5\delta)z_2^2 I_1 + (1-6\delta)(1-10\delta)z_2^4 I_2 - 10\delta^2 z_2^6 I_3\big]$$

$$\mathrm{Re}(V_{-3}^{\mathrm{PS}}) = \frac{1}{\xi_1^3}\big[I_0 - 3(1-\delta)(1-2\delta)z_2^2 I_1 - 3(1-6\delta)\delta z_2^4 I_2\big]$$

$$\mathrm{Re}(V_{-2}^{\mathrm{PS}}) = \frac{1}{\xi_1^2}\big[I_0 - (1-\delta)(1-3\delta)z_2^2 I_1 + 3\delta^2 z_2^4 I_2\big]$$

式中的 I_i ($i = 0, 1, 2, 3$) 定义见附录 F 中的式 (F.10a)，式 (F.11) 给出了它的迭代关系式。这样，我们就把 $\dot{V}_i^{\mathrm{PS}}$ ($i = -4, -3, -2$) 转化为了 δ 的 Taylor 展开形式。所以可以采取的校正方案是：判断 δ 是否小于 10^{-3}，如果是，采用上面的式子计算 $\dot{V}_i^{\mathrm{PS}}$ ($i = -4, -3, -2$)；否则，采用原来的公式计算。图 8.4.9 显示了采用校正方案以后计算的 $\dot{V}_i^{\mathrm{PS}}$ ($i = -4, -3, -2$) 与 Matlab 数值积分解的比较及相对误差。不仅 $\dot{V}_{-4}^{\mathrm{PS}}$ 之前的振荡部分相对误差极大降低（10^{-7} 的水平），而且 $\dot{V}_{-3}^{\mathrm{PS}}$ 相应部分的相对误差也在原来的基础上极大降低。特别值得一提的是，渐近分析的校正方案并非数值积分，因此对计算效率没有影响。校正的方案不仅能消除数值振荡、极大地降低误差，而且能保持原来的高效率。

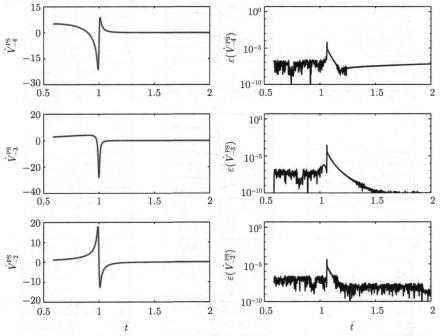

图 8.4.9　采用校正方案以后计算的 $\dot{V}_i^{\mathrm{PS}}$ ($i = -4, -3, -2$) 与 Matlab 数值积分解的比较及相对误差

左列分别为 $\dot{V}_i^{\mathrm{PS}}$ ($i = -4, -3, -2$)，其中粗灰线为数值积分解（用 Matlab 计算）的结果，细实线为广义闭合解的结果。右列分别为它们相对于数值积分解的相对误差

8.4.3　第三类 Lamb 问题的 Green 函数及其一阶空间导数的数值结果

在仔细地处理基本积分计算过程中出现的问题之后，通过将它们与部分分式展开系数进行组合形成各个波项（直达波项、反射波项和转换波项）的结果，并进一步组合形成第

三类 Lamb 问题的 Green 函数及其一阶空间导数。在第 6 章和第 7 章中，我们分别针对第一类和第二类 Lamb 问题，对于方位角 $\phi = \pi/6$，主要以 Poisson 体（$\nu = 0.25$）为例子，显示了广义闭合解的结果。特别地，对于第二类 Lamb 问题，显示了不同震源深度 H（$= x_3' = 0.1$ km、0.5 km、1 km、2 km、5 km 和 10 km）的结果。在第三类问题中，除了震源深度可变以外，观测点的深度 x_3 也可变。为此，我们针对固定观测点的水平位置（$(x_1, x_2) = (8.66, 5.0)$ km，即震中距 $R = 10$ km，方位角 $\phi = \pi/6$），而观测点深度不同（即 $x_3 = 0.1$ km、1 km 和 5 km）的情况，分别展示在各自的位置处观察不同的震源深度产生的 Green 函数及其一阶空间导数的结果，将它们与对应的数值积分解比较，并针对特定的场、源位置组合，研究不同 Poisson 比介质的相应结果、考察 Green 函数的不同震相各自的贡献，以及 Rayleigh 波成分与非 Rayleigh 成分各自的贡献等。

8.4.3.1　第三类 Lamb 问题的 Green 函数

图 8.4.10 ~ 图 8.4.12 分别显示了三不同的观测点处观测的不同震源深度的无量纲化

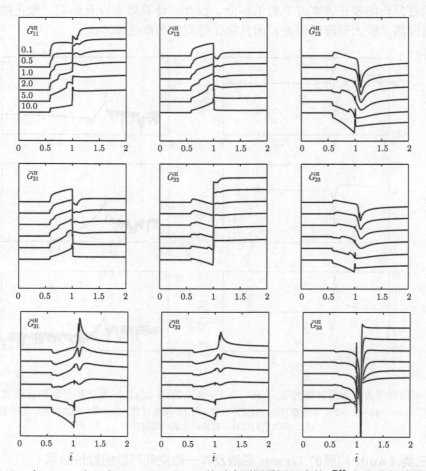

图 8.4.10　$(x_1, x_2, x_3) = (8.66, 5.0, 0.1)$ km 处对应不同震源深度的 $\bar{G}_{ij}^{\mathrm{H}}$ 与积分解结果的比较

横坐标为无量纲化的时间 $\bar{t}$，$\bar{G}_{ij}^{\mathrm{H}} = 2\pi^2 \mu r G_{ij}^{\mathrm{H}}$ 为无量纲化的位移分量。"H" 代表时间函数为阶跃函数 $H(t)$。粗灰线为根据积分解数值计算的结果，细黑线为根据广义闭合解计算的结果。$\nu = 0.25$，图中的数字代表震源深度 H（单位：km）

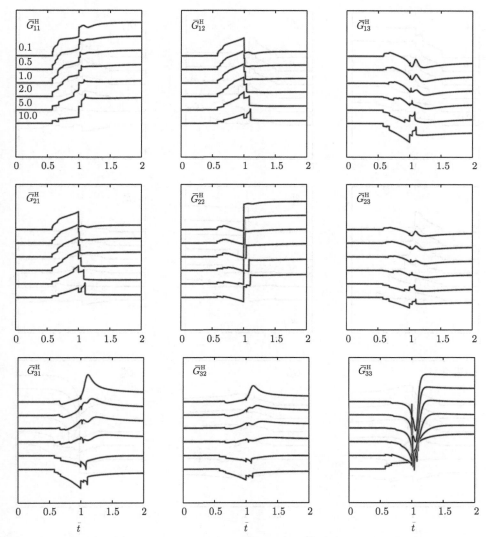

图 8.4.11　$(x_1, x_2, x_3) = (8.66, 5.0, 1.0)$ km 处对应不同震源深度的 $\bar{G}_{ij}^{\mathrm{H}}$ 与积分解结果的比较

说明同图 8.4.10

Green 函数 $\bar{G}_{ij}^{\mathrm{H}} = 2\pi^2 \mu r G_{ij}^{\mathrm{H}}$（细黑线），作为比较，还给出了以粗灰线显示的数值积分解的结果。Poisson 比 $\nu = 0.25$，左上角图中的数字代表不同的震源深度（单位：km）。这些图中广义闭合解和数值积分解的对比显示，二者的波形高度一致，所有的震相都精确地重合，这说明了我们在本章中发展的公式和程序的正确性。与第二类 Lamb 问题的相应结果（参见图 7.4.6）相比，在第三类 Lamb 问题中，观测点与源点都位于半空间的内部，由于自由界面处的反射和转换，Green 函数的图像变得更为复杂，呈现出更加丰富多彩的形态。比较这几幅图中的结果，不难看出随着观测点深度的增加（由图 8.4.10 中的 $x_3 = 0.1$ km，增加到图 8.4.11 中的 $x_3 = 1.0$ km，再增加到图 8.4.12 中的 $x_3 = 5.0$ km），一个明显的特征是 Rayleigh 波越来越不明显，同时各个震相变得越来越分散。

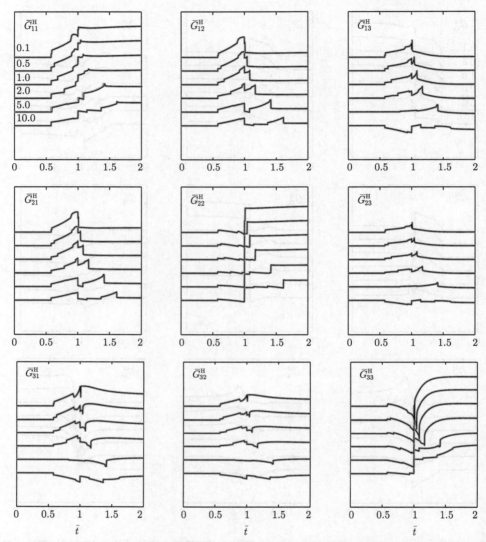

图 8.4.12　$(x_1, x_2, x_3) = (8.66, 5.0, 5.0)$ km 处对应不同震源深度的 $\bar{G}_{ij}^{\mathrm{H}}$ 与积分解结果的比较

说明同图 8.4.10

为了考察针对 Rayleigh 函数具有复数根的情况下（$0.2631 < \nu < 0.5$）结果的正确性，图 8.4.13 中显示了第三类 Lamb 问题不同 Poisson 比取值时的 Green 函数。震源深度取 2 km，观测点位于 1 km 深处。显示了几种不同 Poisson 比取值的结果：$\nu = 0.05$、0.15、0.25、0.35 和 0.45，颜色由浅变深。结果显示这些曲线具有很好的连续变化性。这验证了本章所建立的公式的正确性[①]。图 8.4.13 展示的结果是图 7.4.7 中显示的第二类 Lamb 问题相应结果的延伸，是观测点位于 1 km 深处的对应情况。通过对比不难看出，相比于接

---

① 有必要再次提到的是，$\nu = 0.2631$ 的分界只是数学上存在的，在物理上并不存在这个特殊的界限。直觉上，很难想象一个 Poisson 比为 0.2630 的材料和另一个 Poisson 比为 0.2632 的材料有明显的属性差异。所以尽管数学处理上很不相同，计算出来的结果应该在 0.2631 附近具有很好的一致性，这本身就可以作为检验结果是否合理的标准之一。当然最严格的标准还是与积分解的比较，二者一致，则说明本章的处理过程是正确的，我们做了检验，就不再赘述了。

收点在地表的情况，位于半空间内部的水平向位移中的面波成分明显减弱（$\bar{G}^{\mathrm{H}}_{1j}$ 和 $\bar{G}^{\mathrm{H}}_{2j}$），而对比之下，垂直向位移中的面波成分则变化不明显。这也是半空间介质自由边界条件而在垂直方向上具有更小的运动阻力的体现。

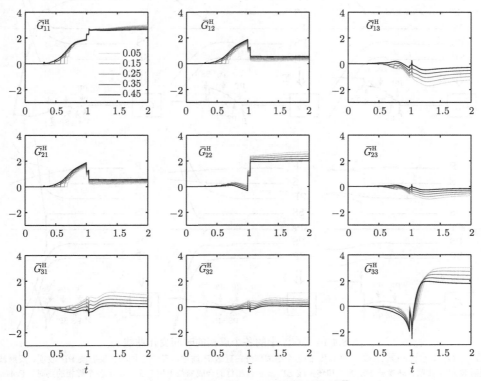

图 8.4.13　不同 Poisson 比取值时的 $\bar{G}^{\mathrm{H}}_{ij}$

震源深度 $H = 2.0$ km，观测点位于 $(x_1, x_2, x_3) = (8.66, 5.0, 1.0)$ km。符号含义与图 8.4.10 相同。颜色由浅变深的不同曲线分别代表不同 Poisson 比取值的结果：$\nu = 0.05$、0.15、0.25、0.35 和 0.45，如左上角的子图中所示

　　运用 Cagniard-de Hoop 方法求解 Lamb 问题，是针对各个震相独立求解的。从积分解的得到，到据此进一步获得广义闭合解，都是如此。图 8.4.14 以 $\bar{G}^{\mathrm{H}}_{11}$、$\bar{G}^{\mathrm{H}}_{12}$、$\bar{G}^{\mathrm{H}}_{13}$、$\bar{G}^{\mathrm{H}}_{22}$、$\bar{G}^{\mathrm{H}}_{31}$ 和 $\bar{G}^{\mathrm{H}}_{33}$ 为例，显示了组成它们的几个震相的时间变换曲线。粗线表示所有震相相加得到的完整结果，标出了各个震相的到时。对于各个 Green 函数分量，直达 P 波和直达 S 波相对比较独立，它们之和构成了无限空间 Green 函数。这两项有闭合的解析表达式，因此便于分析为何各个分量都具有随 $\bar{t}$ 变大或变小的成分。在式 (8.1.2) 和 (8.1.3) 中，均含有随着 $\bar{t}$ 呈二次方变化的成分，这说明在各自震相的到时之后，其波形具有随 $\bar{t}^2$ 变化的特征。反射波 PP 和 SS，以及转换波 PS 和 SP 均有类似的特征。图 8.4.14 还揭示了两个有趣的事实：一是反射波 PP 和 SS 随时间变大或变小的趋势是一致的，转换波 PS 和 SP 也是如此，但是两类波动的趋势相反，这样才会导致最终总的波形随着 $\bar{t} \to \infty$ 而趋于稳定[①]；二是反射波 SS 的衍生震相 sPs（参见 4.5.2 节）是各个震相中唯一"平稳"的一个，这是因为它仅在有限的时间段 ($t_{\mathrm{sPs}} < t < t_{\mathrm{SS}}$) 内出现。

---

① 这是时间函数为阶跃函数的 $H(t)$ 的源产生的位移场的特征。

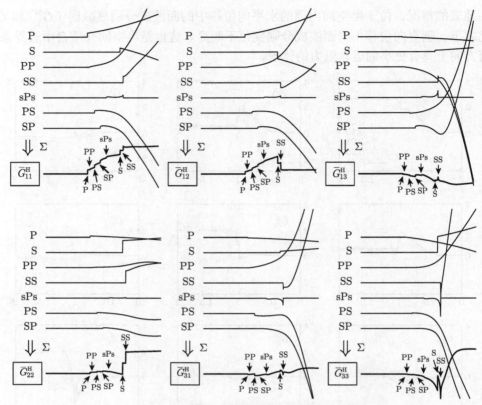

图 8.4.14　$\bar{G}_{ij}^{\mathrm{H}}$ 中的各个震相的时间变化曲线

显示了 $\bar{G}_{11}^{\mathrm{H}}$、$\bar{G}_{12}^{\mathrm{H}}$、$\bar{G}_{13}^{\mathrm{H}}$、$\bar{G}_{22}^{\mathrm{H}}$、$\bar{G}_{31}^{\mathrm{H}}$ 和 $\bar{G}_{33}^{\mathrm{H}}$ 的各个组成部分: 直达 P 波项、直达 S 波项、反射波 PP 波项、反射波 SS 波项和反射波 sPs 波项、转换波 PS 项和转换波 SP 波项。在总的合成曲线上用箭头标出了各个震相的到时。Poisson 比 $\nu = 0.25$, 震源深度 $H = 2$ km, 观测点位于 $(x_1, x_2, x_3) = (8.66, 5.0, 1.0)$ km

与前两类 Lamb 问题类似, 求解广义闭合解采取的 "化整为零" 的策略, 自然地造成了 Rayleigh 波成分和非 Rayleigh 波成分的分离。图 8.4.15 显示了 $\bar{G}_{ij}^{\mathrm{H}}$ 中的 Rayleigh 波成分 $\bar{G}_{ij}^{\mathrm{H;R}}$ (细黑实线) 和非 Rayleigh 波成分 $\bar{G}_{ij}^{\mathrm{H;nR}}$ (细黑虚线), 以及由它们之和构成的完整波场: $\bar{G}_{ij}^{\mathrm{H}} = \bar{G}_{ij}^{\mathrm{H;R}} + \bar{G}_{ij}^{\mathrm{H;nR}}$ (粗灰线)。为了清楚地显示 Rayleigh 的贡献, 此图中的源和观测点深度都取为 0.1 km。与图 7.4.9 中显示的第二类 Lamb 问题的情况类似, 我们可以清楚地看到, 整体波形上在 Rayleigh 波附近 ($\bar{t} = 1$ 之后一段) 的行为可以由 Rayleigh 波成分很好地刻画, 而非 Rayleigh 波成分虽然在此区间上波形并非为零, 但是对波形变化没有贡献, 只起到了对 Rayleigh 波成分 "平移" 的效果。此外, 这种分离的操作还呈现出一些有趣的特征: Rayleigh 波成分和非 Rayleigh 波成分在 P 波到时或 S 波到时处呈现较为奇异的行为, 表现为类似奇点的性质, 但是二者的合成则使整体波形呈现规律的光滑变化。

8.4.3.2　第三类 Lamb 问题的 Green 函数的一阶空间导数

Green 函数的一阶导数与位错源密切相关。根据位移表示定理 (参见上册的式 (3.2.5)), 位错源产生的位移场可以通过含有 Green 函数的一阶导数的积分来表达, 因此它对于地震学研究来说具有特殊的意义。在研究 Green 函数的基础之上，进一步研究其一阶空间导数是必要的。

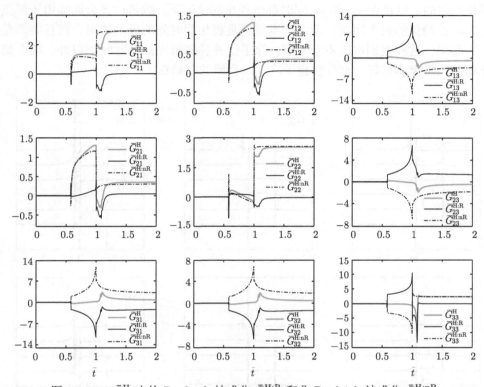

图 8.4.15　$\bar{G}_{ij}^{\mathrm{H}}$ 中的 Rayleigh 波成分 $\bar{G}_{ij}^{\mathrm{H:R}}$ 和非 Rayleigh 波成分 $\bar{G}_{ij}^{\mathrm{H:nR}}$

粗灰线、细黑实线和细黑虚线分别代表 $\bar{G}_{ij}^{\mathrm{H}}$、其中的 Rayleigh 波成分 $\bar{G}_{ij}^{\mathrm{H:R}}$ 和非 Rayleigh 波 (non-Rayleigh) 成分 $\bar{G}_{ij}^{\mathrm{H:nR}}$。$\bar{G}_{ij}^{\mathrm{H}} = \bar{G}_{ij}^{\mathrm{H:R}} + \bar{G}_{ij}^{\mathrm{H:nR}}$。Poisson 比 $\nu = 0.25$，震源深度 $H = 0.1$ km，观测点位于 $(x_1, x_2, x_3) = (8.66, 5.0, 0.1)$ km

　　在当前运用 Cagniard-de Hoop 方法求解各类 Lamb 问题的框架内，Green 函数的一阶空间导数可以按照与 Green 函数本身类似的方式处理，只是被积函数中各个震相涉及的矩阵形式上有所差异。在求解广义闭合解的过程中，采取与 Green 函数同样的操作流程，这时需要处理阶次更高有理分式的分解，从而涉及了阶次更高的基本积分。

　　图 8.4.16 ~ 图 8.4.18 显示了观测点深度为 0.1 km 时，不同深度的源导致的 Green 函数对不同源点坐标 x_i' $(i = 1, 2, 3)$ 的导数（细实线）与相应的数值积分解（粗灰线）的比较。左上角的图中所标的数字代表了源的深度 x_3'。值得一提的是，由于一阶空间导数的结果显式地表示为积分对时间变量的导数（见 8.4.1 节最后的式子），这个结果是通过对广义闭合解和数值积分解直接对时间变量 $\bar{t}$ 做数值的差商而得[①]。

　　对比显示，广义闭合解的结果与相应的数值积分的结果呈现整体的一致性。只有在 $x_3' = 0.1$ km 的对应曲线中，$\bar{t} = 1$ 处部分分量两种方法的结果有出入。这种情况是比较特殊的，与第一类 Lamb 问题较为接近。回忆在 8.4.2 节关于基本积分的特殊技术处理

---

① 这在计算稳定性方面比 Green 函数的计算面临更高的考验，因为即便是微小的计算误差，在做了数值差商之后都可能会导致很大的计算误差。

的部分中, 我们正是以这种情况为例, 说明不同的震相涉及的基本积分都存在数值问题。是否存在数值问题, 与源和观测点的位置密切相关, 尽管我们在此前进行公式推演的数学处理仍然是严格的, 但是在 x_3' 和 x_3 同时都比较小的情况下, 数值计算会面临由于浮点数存储和运算应该避免的若干问题。考虑到本身就是震相到时处的极端情况, 而且结果是通过数值差商而得, 这种差别可以不予考虑。除了这种特殊情况的特殊时刻以外, 两个结果在细节方面对比得都非常好, 充分检验了广义闭合解的正确性。

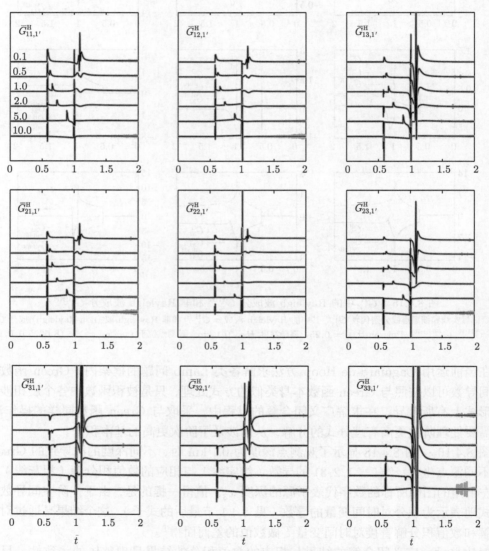

图 8.4.16　$(x_1, x_2, x_3) = (8.66, 5.0, 0.1)$ km 处对应不同震源深度的 $\bar{G}_{ij,1'}^{\mathrm{H}}$, 与积分解结果的比较
横坐标为无量纲化的时间 $\bar{t}$, $\bar{G}_{ij,1}^{\mathrm{H}} = 2\pi^2 \mu r^2 G_{ij,1}^{\mathrm{H}}$, 为无量纲化的位移分量。"H" 代表阶跃函数 $H(t)$。粗灰线为根据积分解数值计算的结果, 细实线为根据广义闭合解计算的结果。$\nu = 0.25$, $\phi = \pi/6$,
数字代表不同的震源深度 H (单位: km)

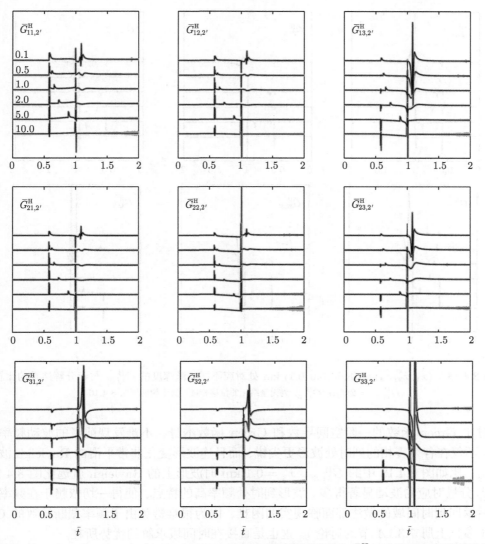

图 8.4.17 $(x_1, x_2, x_3) = (8.66, 5.0, 0.1)$ km 处对应不同震源深度的 $\bar{G}^{\mathrm{H}}_{ij,2'}$ 与积分解结果的比较

$\bar{G}^{\mathrm{H}}_{ij,2'} = 2\pi^2 \mu r^2 G^{\mathrm{H}}_{ij,2'}$ 为无量纲化的位移分量。其余说明同图 8.4.16

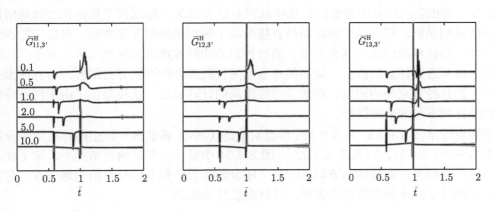

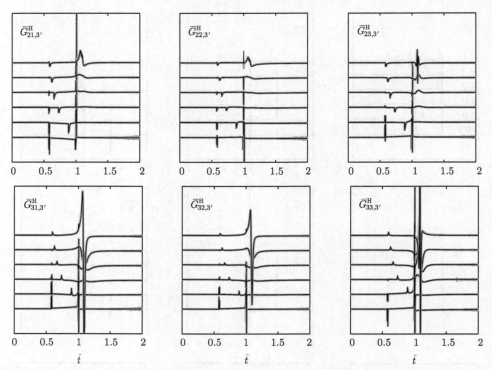

图 8.4.18　$(x_1, x_2, x_3) = (8.66, 5.0, 0.1)$ km 处对应不同震源深度的 $\bar{G}^{\mathrm{H}}_{ij,3'}$ 与积分解结果的比较

$\bar{G}^{\mathrm{H}}_{ij,3'} = 2\pi^2 \mu r^2 G^{\mathrm{H}}_{ij,3'}$ 为无量纲化的位移分量。其余说明同图 8.4.16

　　对比 Green 函数的一阶空间导数和 Green 函数本身，不难发现前者的波动频率成分更高。不仅在各个震相的到时处波形更尖锐，而且连波形变化非常平滑的 Rayleigh 波都更为突出，比如图 8.4.18 中的 $\bar{G}^{\mathrm{H}}_{31,3'}$，$x_3' = 0.1$ km 时波形上的 Rayleigh 就远比图 8.4.10 中的 $\bar{G}^{\mathrm{H}}_{31}$ 分量对应的波动显著得多。波形到时处频率高的特点，使得一切依赖于在频率域计算之后返回到时间域的做法都面临现实的困难，因为很难避免由于频率截断导致的 Gibbs 现象（参见上册 7.3.1.1 节的讨论）。这也是直接在时间域求解的优势所在。

　　一个值得注意的现象是，在图 8.4.16 ~ 图 8.4.18 中的许多分量中，采用数值积分得到的结果在波形的后半部分有较为明显的数值振荡，比如图 8.4.16 中的 $\bar{G}^{\mathrm{H}}_{12,1'}$、$\bar{G}^{\mathrm{H}}_{13,1'}$ 和 $\bar{G}^{\mathrm{H}}_{33,1'}$ 等。而相应的广义闭合解的结果中就没有这种振荡。原因在于数值积分面对的是形态各异的被积函数，积分结果的准确性直接取决于被积函数的变化性质，自适应的积分过程难免在一些特殊的情况计算有误差，而这种误差随后被数值求导放大了。对于广义闭合解而言，由于通过仔细的拆分，问题的解表示为代数式和椭圆积分的组合，后者的形式是固定的，而且经过充分的研究，形成了精度很高的计算方法，从而避免了由于特殊情况下数值积分处理不当带来的误差。

　　观测点深度为 1.0 km 和 5.0 km 情况对应的 Green 函数的一阶空间导数结果分别在图 8.4.19 ~ 图 8.4.21，以及图 8.4.22 ~ 图 8.4.24 中显示。在这两种情况下，除了在某些局部数值积分结果有振荡的地方以外，广义闭合解和数值积分的结果精确地一致。在波形上，震相到时处的波形变得更为尖锐，并且面波显著减弱。

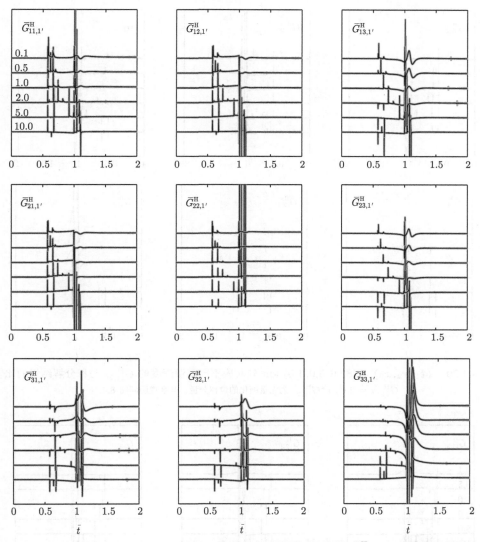

图 8.4.19　$(x_1, x_2, x_3) = (8.66, 5.0, 1.0)$ km 处对应不同震源深度的 $\bar{G}^{\mathrm{H}}_{ij,1'}$ 与积分解结果的比较
$\bar{G}^{\mathrm{H}}_{ij,1'} = 2\pi^2 \mu r^2 G^{\mathrm{H}}_{ij,1'}$ 为无量纲化的位移分量. 其余说明同图 8.4.16

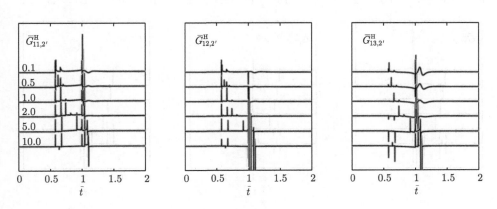

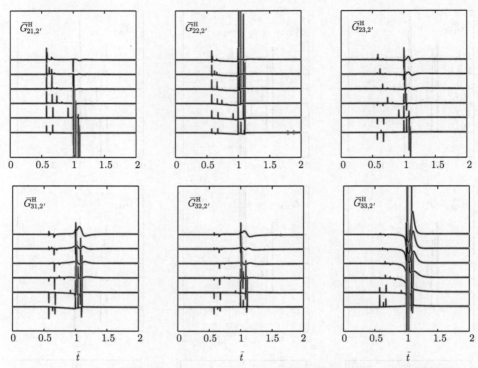

图 8.4.20　$(x_1, x_2, x_3) = (8.66, 5.0, 1.0)$ km 处对应不同震源深度的 $\bar{G}^{\mathrm{H}}_{ij,2'}$ 与积分解结果的比较
$\bar{G}^{\mathrm{H}}_{ij,2'} = 2\pi^2 \mu r^2 G^{\mathrm{H}}_{ij,2'}$ 为无量纲化的位移分量。其余说明同图 8.4.16

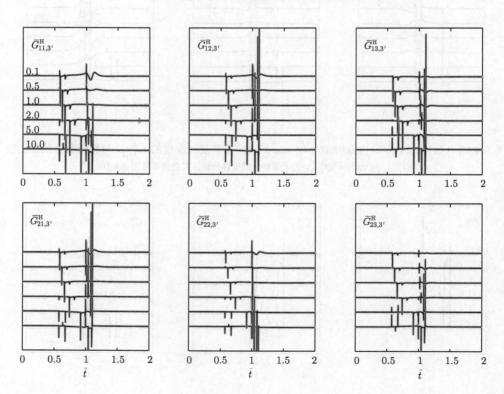

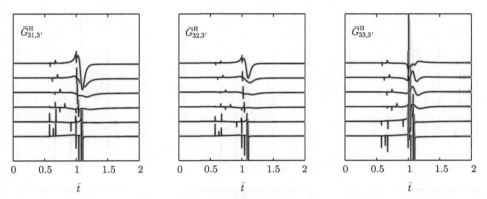

图 8.4.21 $(x_1, x_2, x_3) = (8.66, 5.0, 1.0)$ km 处对应不同震源深度的 $\bar{G}_{ij,3'}^{\mathrm{H}}$ 与积分解结果的比较

$\bar{G}_{ij,3'}^{\mathrm{H}} = 2\pi^2 \mu r^2 G_{ij,3'}^{\mathrm{H}}$ 为无量纲化的位移分量。其余说明同图 8.4.16

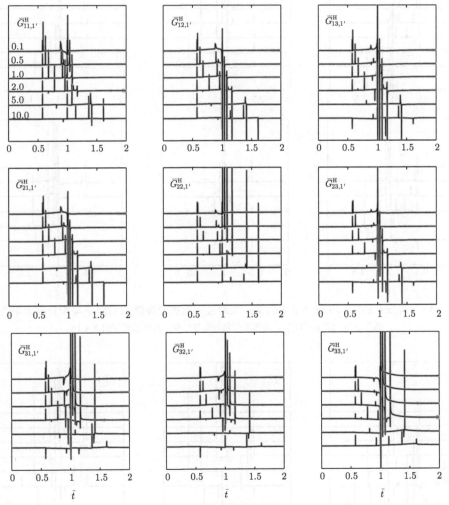

图 8.4.22 $(x_1, x_2, x_3) = (8.66, 5.0, 5.0)$ km 处对应不同震源深度的 $\bar{G}_{ij,1'}^{\mathrm{H}}$ 与积分解结果的比较

$\bar{G}_{ij,1'}^{\mathrm{H}} = 2\pi^2 \mu r^2 G_{ij,1'}^{\mathrm{H}}$ 为无量纲化的位移分量。其余说明同图 8.4.16

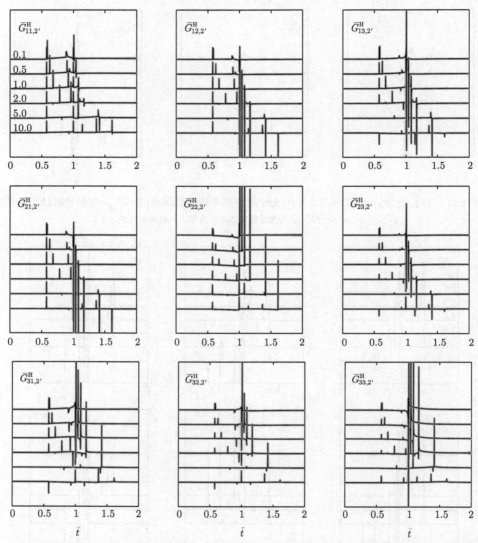

图 8.4.23　$(x_1, x_2, x_3) = (8.66, 5.0, 5.0)$ km 处对应不同震源深度的 $\bar{G}^{\mathrm{H}}_{ij,2'}$ 与积分解结果的比较

$\bar{G}^{\mathrm{H}}_{ij,2'} = 2\pi^2 \mu r^2 G^{\mathrm{H}}_{ij,2'}$，为无量纲化的位移分量。其余说明同图 8.4.16

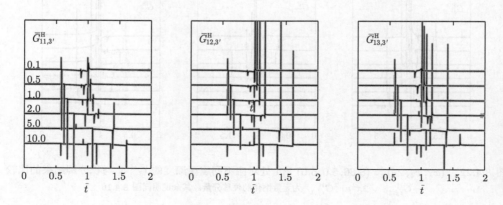

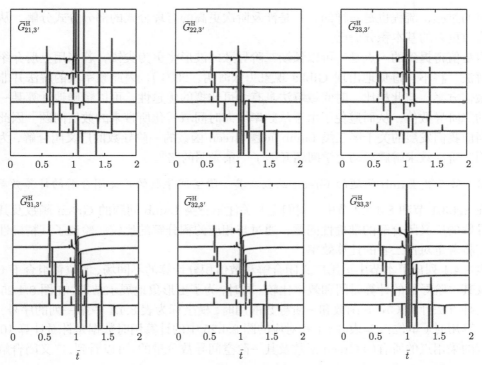

图 8.4.24 $(x_1, x_2, x_3) = (8.66, 5.0, 5.0)$ km 处对应不同震源深度的 $\bar{G}^{\mathrm{H}}_{ij,3'}$ 与积分解结果的比较
$\bar{G}^{\mathrm{H}}_{ij,3'} = 2\pi^2 \mu r^2 G^{\mathrm{H}}_{ij,3'}$ 为无量纲化的位移分量。其余说明同图 8.4.16

一个有趣的现象是，对于 $x_3 = 5$ km 的情况，图 8.4.12 中显示在 $\bar{t} = 1.5$ 附近还有震相出现，但是图 8.4.22 ~ 图 8.4.24 中在此时刻附近波形并无明显变化，这是什么原因？这需要注意到 $\bar{G}^{\mathrm{H}}_{ij,k'}$ 与 $\bar{G}^{\mathrm{H}}_{ij}$ 含义的区别，后者代表的是由于 j 方向施加的力导致的 i 方向的位移，但是前者表征的是这个位移的空间变化率。这相当于位移和应变的区别，应变小只代表位移的变化小，不代表位移本身小。

前文已经提到，Green 函数的一阶导数是计算位错源产生的位移场的重要桥梁，因此对于地震学具有特殊的意义。但这种意义并非体现在直接计算 Green 函数，因为地震学的绝大部分观测是在地表获得的，地下的位移场计算似乎只有理论上的意义。在地震学的重要分支——震源动力学中，我们可以借由半空间内部的位移场得到应力场[1]，通过将观测点置于断层上，可以建立断层上的位错与应力之间的关系，这被称为边界积分方程（参见上册的 3.2.3 节）。结合特定的控制破裂扩展的摩擦准则，可以进行应力影响下的动力学破裂的数值模拟。借由震源动力学的反演问题，获取关于发震区域应力场的信息，这对于预测未来可能发生的地震，从而对于防震减灾工作无疑具有重要的意义。在这个过程中，我们需要的是 Green 函数的二阶导数[2]。二阶导数的积分表达仍然可以在求解 Green 函数本身及其一阶导数的框架下进行，只是积分的被积函数中所含的相应矩阵不同。据此求解广义

---

[1] 这通过对位移场求空间坐标的导数，利用几何关系得到应变分量，再通过应力–应变关系得到。

[2] 这是因为对半空间位移分量求观测点坐标的导数，从而导致方程右侧被积函数中 Green 函数关于源点坐标的一阶导数进一步求关于观测点坐标的导数，出现了 Green 函数的二阶空间导数。参见上册的式 (3.2.6)。

闭合解的过程，流程也是一样的，只是涉及阶次更高的有理分式的部分分式分解，从而包含了为数更多的基本积分而已。

但是值得提到的一点是，可以预期二阶导数的波形将更为尖锐，若采用上册介绍的频率域解法，将不可避免地出现 Gibbs 现象（张海明，2004），因此频率域的解法并非此问题的最佳方案。与此相比，时间域解法具有无可比拟的优越性，可以精确地计算某一特定时刻的二阶导数值，从而避免了由于从频率域向时间域转化所带来的数值问题。因此，可以说当前我们发展的关于第三类 Lamb 问题 Green 函数的一阶导数的广义闭合解，为进一步应用二阶导数求解震源动力学问题开辟了一条光明的路[①]。

8.4.3.3   第三类 Lamb 问题的 Green 函数及其一阶空间导数的广义闭合解的计算效率

在 8.4.3.1 节和 8.4.3.2 节中，我们主要关注第三类 Lamb 问题的 Green 函数及其一阶空间导数的广义闭合解的准确性问题，通过与相应的积分解的比较，验证了其精确性。本节我们将着重对比二者的计算效率。

表 8.4.1 列出了本节中运用广义闭合解和数值积分计算的不同场、源位置组合下 Green 函数及其一阶导数的计算时间和效率比较。同时，为了更形象地展示结果，在图 8.4.25 中显示了两种方法计算 Green 函数和一阶导数的用时，横坐标为表 8.4.1 中第一列的序号，纵坐标为计算用时（单位：s）。表 8.4.1 和对应的图 8.4.25 中的计算用时数据是针对计算 1000 个时间域的采用点的所有的 Green 函数及其一阶空间导数分量的。可以看到，广义闭合解的计

表 8.4.1   不同场、源位置组合下 Green 函数及其一阶导数的计算时间和效率比较

序号	(x_3', x_3) (km)	第三类 Lamb 问题的 Green 函数			Green 函数的一阶导数		
		数值积分解/s	广义闭合解/s	效率/倍	数值积分解/s	广义闭合解 /s	效率/倍
1	(0.1, 0.1)	413.09	0.156	2468	1044.27	0.172	6071
2	(0.5, 0.1)	421.56	0.125	3372	1127.41	0.156	7227
3	(1.0, 0.1)	423.20	0.125	3386	1242.22	0.156	7963
4	(2.0, 0.1)	460.05	0.109	4221	1279.94	0.125	10240
5	(5.0, 0.1)	580.33	0.094	6174	1997.36	0.109	18324
6	(10.0, 0.1)	1178.63	0.078	15111	2274.39	0.094	24196
7	(0.1, 1.0)	419.58	0.156	2690	1323.95	0.156	8487
8	(0.5, 1.0)	413.61	0.109	3795	1202.02	0.141	8525
9	(1.0, 1.0)	386.95	0.109	3550	1151.75	0.125	9214
10	(2.0, 1.0)	491.42	0.094	5228	1123.67	0.109	10309
11	(5.0, 1.0)	396.47	0.094	4218	1469.11	0.094	15629
12	(10.0, 1.0)	634.52	0.078	8135	1362.66	0.094	14496
13	(0.1, 5.0)	587.13	0.094	6246	2886.03	0.109	26477
14	(0.5, 5.0)	461.22	0.094	4907	1788.24	0.109	16406
15	(1.0, 5.0)	396.11	0.078	5078	1468.00	0.109	13468
16	(2.0, 5.0)	364.66	0.078	4675	1259.16	0.094	13395
17	(5.0, 5.0)	305.86	0.063	4855	935.73	0.078	11996
18	(10.0, 5.0)	357.50	0.047	7606	1090.27	0.063	17306

[①] 这个论题属于过于专业的领域，过程极为繁琐，并且与本书的主题关系不大，因此本书中略去相关应用的叙述。在此后计划书写的相关专门著作中再详细地论述。

算，用时在 $10^{-2} \sim 10^{-1}$ s 量级，而相应的数值积分解计算用时在 $10^3 \sim 10^4$ s 量级不等，广义闭合解与数值积分相比，效率提升几千倍，甚至达到上万倍[①]。为什么运用数值方法直接计算积分和广义闭合解的效率差别如此之大？这是个值得深入探讨的问题。

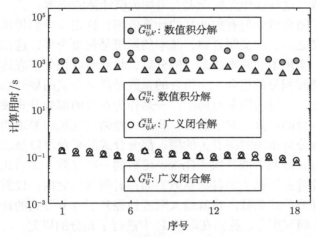

图 8.4.25　第三类 Lamb 问题的 Green 函数及其一阶空间导数的广义闭合解和数值积分用时的比较
横坐标为表 8.4.1 的第一列序号，纵坐标为计算用时（单位：s）。图中的空心三角形和空心圆圈分别代表广义闭合解计算 Green 函数及其一阶导数的计算用时，灰色三角形和灰色圆则分别代表数值积分相应的计算用时

　　首先说明的是，就更广的视野来看，数值计算第三类 Lamb 问题的 Green 函数及其一阶导数这个问题，并非一定需要表中所列的这么长时间。比如，利用上册的第 6 章所介绍的频率域的计算方法，计算用时比表中所列的要短很多。但是，正如前面所指出的，在频率域计算积分、然后返回时间域的做法，在遇到突变的波形时，不可避免地会出现 Gibbs 现象，并且图形越是尖锐，这个效应越是明显。在计算 Green 函数的一阶导数时，会有相当明显的数值误差。因此，我们在表中所列的数值计算积分的数据，仅对于在时间域中直接得到的积分表达，计算结果仅涉及数值计算的误差，而不牵扯由于离散 Fourier 变换带来的 Gibbs 现象。这些时间域的积分表达同时也是我们获得广义闭合解的出发点，因此比较它们才具有现实的意义。

　　数值积分为何需要如此长的时间？首先，正如前面所指出的，数值积分的效率直接取决于被积函数的变化情况。采用自适应的积分策略[②]，在遇到被积函数变化陡峭的区段，会加密步长，这必然会导致计算用时的增加。不同震相的被积函数差异巨大，因此靠数值积分策略自动地甄别被积函数变化情况，从而得到一定精度的计算结果，必然涉及较大的计算量。其次，就各个单独计算的震相而言，直达波项具有闭合形式的解析解，计算时间可以忽略不计。反射波项的被积函数和积分限都较为明确，是正常的积分，所需时间相对较少。最为费时的是转换波项的积分，除了普通的数值积分之外，还涉及一些额外的操作。在 4.5.3 节中，我们详细叙述了转换波项的求法。首先，转换波项的到时不像直达波和反射波

---

　　① 需要指出的是，由于数值积分是采用自适应的积分方案进行的，在计算某些情况的某些分量时，会出现计算时间显著延长的情况。因此表和图中的数值积分计算用时数据，仅具有大致的量级参考价值，其绝对的数值或许有所偏差。
　　② 即根据被积函数的变化情况自动调整积分的步长。

到时一样可以简单的表达，其到时需要数值求解；其次，在确定到时之后，需要针对到时之后的每个时刻，根据数值方法确定积分限 $\bar{p}^{\dagger}(t)$；然后，在确定了到时和积分限之后，在符合要求的 t 和 $\bar{p}$ 的取值范围内，需要针对每个时刻和每个积分变量 $\bar{p}$ 数值地确定 $R_\alpha(t, \bar{p})$，并据此计算被积函数。这些操作无疑会大大增加数值计算的成本。

另一方面，广义闭合解为何有如此高的计算效率？这正是我们付出巨大的努力获取广义闭合解的重要意义之一。广义闭合解，基本的思想是化整为零，这在前文已经多次提到过。通过化整为零，实现了"基本成分"的分离，将此前以积分解表达的位移场表示为代数式和标准形式的椭圆积分的组合，而组合的系数是部分分式的展开系数。显然，就数值实现广义闭合解而言，关键的因素有两个：一是作为系数的部分分式展开系数；二是作为最基础成分的椭圆积分的计算。对于前者，我们已经通过冗长而繁琐的推导，得到了解析的形式，并且显示地分离出跟时间有关的项。部分分式的系数可以显示地表示为时间变量 $\bar{t}$ 的二次（对于 Green 函数）或三次（Green 函数的一阶导数）多项式。在具体程序实现时，在时间循环之外首先计算 $\bar{t}$ 的各次系数，而在时间循环之内，仅需要通过简单的乘法运算即可组合形成部分分式系数。这就最大限度地提升了部分分式的计算效率，计算时间几乎可以忽略。对于椭圆积分，我们在附录 F 中进行了充分的研究，对于第一类和第二类椭圆积分，采用具有闭合形式的渐近表达式，而对于第三类椭圆积分，综合运用了 Gauss 积分和 Carlson 算法，实现了最高效率的椭圆积分计算。综合来看，我们目前采取的计算第三类 Lamb 问题的策略，从各个方面实现了最优化，因此具有高出数值积分 $3 \sim 4$ 个数量级的计算效率。

最后，为什么采用广义闭合解计算，Green 函数及其一阶导数具有近乎一致的计算时间，而积分解则有 $2 \sim 3$ 倍的差别？这是由于计算策略的根本不同导致的。如前所述，数值积分需要针对不同的被积函数，需要分别独立地计算。完整的 Green 函数的一阶导数具有 27 个分量，而 Green 函数有 9 个分量，因此前者的计算用时大致是后者的 3 倍[①]。而广义闭合解对于 Green 函数及其一阶空间导数采取完全相同的拆解流程，区别主要在于部分分式的系数不同，基本积分部分是相同的（除了 Green 函数的一阶导数涉及个别更高阶的基本积分，需要在 Green 函数涉及的基本积分基础上补充少量的计算以外），而部分分式系数的计算在我们的策略中的计算时间是可以忽略的。这就解释了在广义闭合解中，计算 Green 函数的一阶导数和 Green 函数本身的时间几乎一致，只是略有增加[②]。

成千甚至上万倍的效率的提升，具有不可估量的价值，将为基于此的相关研究带来质的飞跃。就严重依赖于数值计算的当代地震学而言，尽管计算机的硬件条件不断进步，各种改进的数值方法层出不穷，但是从根本上产生本质的推动作用的，还是有赖于计算策略上的优化。Lamb 问题的广义闭合解无疑在这个方面起到了重要的示范作用[③]。

---

① 这里面有一些分量具有简单的关系，不需要重复计算，因此计算增加不会到 3 倍。

② 顺带提及，这个特点使得广义闭合解在计算 Green 函数的二阶导数时也有和一阶导数大致相当的计算时间。对于 Green 函数二阶导数的计算，广义闭合解将拥有比数值积分解更优的效率优势。这一点对于震源动力学的正演及反演计算极为重要。

③ 并非所有的问题都能像目前考虑的 Lamb 问题这样处理，由于问题的复杂性，极大概率无法实现根本性的策略变革。但是，我们在本书中发展 Lamb 问题广义闭合解的过程中采取的"化整为零"和"分而治之"的策略具有重要的参考价值，或许对于实现局部的策略优化可以起到帮助作用。

8.5　小　　结

在本章中，我们将第 6、7 章中的第一类和第二类 Lamb 问题的求解策略应用于第三类 Lamb 问题的求解，得到了第三类 Lamb 问题的 Green 函数及其一阶导数的广义闭合解。第三类 Lamb 问题的求解与第二类 Lamb 问题有很大的相似之处，反射波项可以通过简单的替换直接采用第二类 Lamb 问题的解获得。我们通过对于转换波项积分限的深入分析，成功地实现了转换波项计算的极大简化，将其表示为与反射波类似的形式。

数值实现的算例表明，相比于时间域的数值积分解，具有几千甚至上万倍的效率的提升。我们指出，尽管第三类 Lamb 问题在多数地震学问题上没有用武之地，但是它对于基于第三类 Lamb 的二阶导数的震源动力学研究具有重要的意义，特别是极为高效的计算将给相关的震源动力学研究起到巨大的推动作用。这是第三类 Lamb 问题的广义闭合解的优越性可以得到充分体现的应用领域。

到目前为止，我们用三章的篇幅，在统一的框架之下，顺次得到了第一类、第二类和第三类 Lamb 问题 Green 函数的广义闭合解，对于后两类问题，还得到了 Green 函数的一阶导数的广义闭合解，这对地震学具有特殊的意义。可以说，已经存在了近 120 年的 Lamb 问题，至此获得了彻底和圆满的解决。

在接下来的本书的最后一章，我们将研究 Lamb 问题的重要拓展和应用之一：运动源 Lamb 问题。

第 9 章 运动源 Lamb 问题的广义闭合形式解

此前我们所研究的几类 Lamb 问题，尽管源、场的相对位置有所不同，但是有一个共同的特征：源的施加位置在空间中是固定的。作为 Lamb 问题的重要应用之一，在本章中，我们将研究一种扩展的情况——运动源所产生的地震波场；具体地说，是各向同性均匀弹性半空间的表面[①]对在表面上沿着特定方向以恒定速度运动的垂直载荷的响应，称为运动源 Lamb 问题。这可以视作是经典的第一类 Lamb 问题的自然推广。

研究运动源 Lamb 问题具有重要的现实意义。汽车和火车在公路或铁路上终日川流不息，它们在行进过程中会引起一定程度的地面振动，从这个角度看，可以将之视为运动的震源。与天然地震和人工爆破的震源相比，这种震源除了运动的特点之外，还有其他几个显著的特点：一是都是在地表运动，并且运动的速度远小于固体中的纵波和横波速度；二是震源类型相对简单，可以简化为运动的垂直力源；三是尽管影响的范围很有限，但是为数众多、可重复性好、稳定性高，且天然绿色环保。因此可以说，这是一种取之不尽的新型震源。如何充分利用这些运动源产生的振动记录，是工程振动和地震学等相关领域的研究者们面临的重要课题。

特别值得提到的是，目前我国已成为世界上高速铁路系统技术最全、集成能力最强、运营里程最长和运行速度最高的国家，在高铁为人们的出行带来巨大便利的同时，它所引发的地面振动对铁路沿线附近的建筑物和精密仪器的影响也越来越引起人们的重视[②]。在工程技术领域，长期以来不乏对列车导致的铁轨和地面振动的研究，目标主要集中于其产生的干扰和破坏的方面。另一方面，从地震学角度来看，沿轨道运行的列车可以被看作是一种运动的震源，因此在铁路沿线附近记录到的由列车产生的振动蕴含地下结构（特别是近地表浅层结构）的信息。将列车导致的振动用于浅层地下结构勘探，对于拓展人们了解地球内部奥秘的手段具有深远的影响。

尽管弹性半空间的求解模型对于认识运动源产生的振动造成的干扰和破坏，以及探测浅层结构的目标来说过于简单，而且在很多情况下甚至无法直接应用[③]，但是，也正是由于模型简单，我们可以得到与固定源情况类似的广义闭合形式解，基于它可以获得关于弹性体对运动荷载的瞬时响应最基本的认识，这将对目前已经开展的很多关于运动源的研究形成有益的补充。本章中，我们将此前求解固定源的三类 Lamb 问题 Green 函数的积分解和广义闭合解的方法应用到运动源的情况。首先导出运动源情况的积分解，然后基于这个积分解获得广义闭合解，最后，对运动源产生的波场进行初步的分析。

---

① 从理论上讲，不必将观测点限制在地表，但是对于具有实际应用背景的问题来说，弹性半空间内部的波场不能直接测量，因此并无实际的意义。

② 例如，当火车运行速度达到某种特定的条件时，引发铁轨以及周边地表的振动比较剧烈，有可能会对地面建筑物等造成损伤；而对于地震观测的台址选择来说，为了避免行驶列车的干扰，一般要求在离铁轨 $3 \sim 5$ km 以外布设地震仪器。

③ 普通的列车是直接在铺设在地面的铁轨上运行的，但是高速列车在多数路段是运行在高架桥上的，这时对于弹性半空间而言，直接的源是由于高铁运行而导致发生振动的分立桥墩，并非运行的高铁列车本身。

9.1 运动源 Lamb 问题的研究回顾

有关运动源产生的响应问题的研究开始于 20 世纪 50 年代。自从 1964 年设计速度 200 km/h 的日本新干线建成通车以来，经过半个多世纪的四次浪潮，包括中国在内的十几个国家建立了自己的高速铁路网络。相应地，有关运动源问题的理论和应用研究也一直都在稳步推进。

9.1.1 国内外的相关研究

较简单的二维问题（无限长线源）是研究运动源问题的最佳入手点。20 世纪 50 年代初，Sneddon (1952) 率先研究了均匀弹性半空间对于亚声速①线源的响应，这个结果随后被 Cole 和 Huth (1958) 推广到所有容许速度的情形②，但是他们都没有考虑运动荷载问题的瞬态特征。从 20 世纪 60 年代开始，Ang (1960) 通过 Fourier 变换和 Cagniard-de Hoop 方法揭示了这些特征，给出了超声速线源产生的内部应力场。Payton (1967) 利用动态 Betti-Rayleigh 互易定理探索了运动线荷载引起的地表运动，并发现当震源以 Rayleigh 波速运动时，位移变得无界。Freund (1972, 1973) 对于稳态和瞬态波动问题都研究了非均匀的运动速度。

但是二维情况毕竟是高度简化的，对于运动点源的情况，必须考虑三维模型。大致可以分为两类研究：稳态解和瞬态解③。在稳态解的研究方面，Papadopoulos (1963) 和 Eason (1965) 首先研究了运动点载荷的稳态运动，重点关注了载荷速度的不同范围。Lansing (1966) 给出了半空间任意点的稳态位移（和表面瞬态水平位移）解。Barber (1996) 也推导了稳态法向位移的闭合形式表达式。使用 Smirnov-Sobolev 技术将问题简化为二维应力场和位移场的线性叠加，得到了闭合形式的垂直力源的位移场，并讨论了和二维线源引发的位移场的关系。作为通常的垂向载荷的补充，Georgiadis 和 Lykotrafitis (2001) 研究了切向载荷的静态结果。此外，简单的弹性介质的情况后来被推广到分层黏弹性介质情况，de Barros 和 Luco (1994) 得到了以波数积分表示的静态位移和应力。最近，Kausel (2018) 将刚度矩阵法 (Kausel and Röesset, 1981) 扩展到任意分层介质以及源和观测点的任意位置的情况，得到了问题的数值解。

与稳态情况相比，三维弹性半空间的瞬态位移场显然包含更丰富的波场信息，并且求解也更为复杂，从 20 世纪 60 年代中期开始就引起了广泛关注。Payton (1964) 首次研究了三维弹性半空间表面的瞬态位移解。Gakenheimer 和 Miklowitz (1969) 扩展了 Payton (1964) 的解，运用 Cagniard-de Hoop 方法求出了沿地表匀速运动的垂直点力源产生的半空间位移场，并对源和场的位置关系以及源运动速度与横纵波速度的关系进行了详细的分类讨论，进而讨论了波场的一些特征。Bakker 等 (1999) 使用更简单版本的 Cagniard-de

---

① 根据运动源的速度 v 与弹性波速度（P 波和 S 波速度分别为 α 和 β）的关系，可以划分为三种状态：亚声速（subsonic，$v < \beta$）、近声速（transonic，$\beta < v < \alpha$）和超声速（supersonic，$v > \alpha$）。

② Cole 和 Huth 工作中存在错误，Georgiadis 和 Barber (1993) 纠正了这个错误。

③ 稳态解是一种简化的情况，位移场呈现周期性的变化特征，这是跟假定源具有周期性变化特征密切相关的。这类问题数学处理上相对简单，但是显然这种周期变化的特征限制了它的应用范围。与此相比，瞬态解具有可随时间按任意形式变化的特征，因此更为符合多数情况下的实际情况。

Hoop 方法重新研究了 Gakenheimer 和 Miklowitz (1969) 的模型，简化了推导过程。他们得到的积分表示形式上近似于 Johnson (1974) 给出的半空间 Green 函数，可以运用我们在之前几章中发展的广义闭合解的解法对结果进行进一步简化，获得闭合形式的解析解，便于更深入地从理论上研究波场性质，这也正是本章的目标。

Gakenheimer 和 Miklowitz (1969) 的工作形成了研究更复杂的问题的基础。Kennedy 和 Herrmann (1973) 运用 Cagniard-de Hoop 方法分析了运动源在固液介质产生的静态解，得到了闭合结果。Roy (1978, 1979) 进一步分析了加速和减速运动的点源的波场，得到了初动近似解。Herman (1997) 发现轨道附近介质的不均匀性会对信号产生显著影响。Ditzel 等 (2001) 通过慢度域的数值积分得到了运动源对分层介质的响应，结果与观测数据具有良好的一致性；它们发现对于本身振荡的运动列车，即使车速远低于 Rayleigh 波速，离轨道位置较远的接收点信号依然明显。Kooij (2010) 研究了速度大于 Rayleigh 波速的运动源产生的地表位移场，运用 Cagniard-de Hoop 方法成功地得到了闭合形式结果，并将波场表示成 P 波和 S 波成分之和，分析了 Rayleigh 极点的贡献，并较详细地讨论了波场的性质。由于精确解的复杂性，近年来引入了一些形式更简单的渐近解。例如，de Hoop (2002) 假设水平位移为零，以确定垂直位移的闭合形式表达式。Bierer 和 Bode (2007) 针对地表固定观测点位移的垂直分量发展了半解析的离散化方法。基于三种简化假设，Beskou 等 (2018) 将他们得到的解与精确解进行了比较，并分析了其准确度。

与地震学中的相关研究工作相比，在有关结构和振动的工程领域，出于了解列车导致的破坏效应的目的，需要详细考察振动效应对铁轨、路基和周边地面的影响，这建立在对列车引起的振动及其频谱特征有准确而全面的研究基础之上，往往需要更为详细地刻画作为运动源的列车情况，因此主要通过数值模拟研究进行分析。这方面的研究开始于 20 世纪 90 年代。Krylov (1994, 1995, 1996) 系统地研究了高速运动的火车引发的地表振动。在他的模型中，火车的重力通过轨枕传到地下引发震动，运用 Lamb 得到的半空间 Green 函数近似解 (Lamb, 1904)，轨枕的响应在频率域叠加为最终的位移场。通过分析数值结果，Krylov 发现当火车车速超过 Rayleigh 波速的时候会出现激波，而引发的振动也会显著地增大。近十几年来，随着仿真技术的快速进步，这方面的研究大量出现，模型不断细化，目前已可实现基于复杂建模技术生成的耦合系统的大规模并行计算的有限元模拟 (Ju, 2002; Hall, 2003; Park et al.,2004; Sheng et al., 2006)。

国内的相关研究起步较晚且为数不多。近些年来，随着我国高速铁路网越建越密，高速运行的列车作为一种运动震源的资源越来越丰富，另一方面，观测技术和硬件条件也取得了长足进步，目前实施对于高铁列车导致的宽频带监测并非难事。因此客观上获取大量高铁列车产生的地面振动记录是完全可行的。比如，2003 年 3 月在大秦铁路怀柔段联合使用宽频带和短周期地震仪，对列车振动进行了首次观测试验（李丽等，2004；陈棋福等，2004）；随后在 2004 年 5 月，在京沪铁路兖州段联合进行了第二次列车振动的观测试验（韩忠东等，2006）。通过对这两次测试的比对发现，利用列车振动震源产生的面波资料解释浅层构造取得了很好的试验效果，但利用宽频地震仪接收到的三分量地震波还没有找到有效的应用手段。随后，李文军等 (2008) 将震源扫描算法运用到 2004 年兖州试验的振动波形上，通过分段分离的方法，可以获得列车源分布情况，判断列车的走向。2013 年 4 月，使用了一千多个高精度数字地震采集站在京津高铁廊坊段进行了高铁列车运行地表振动观测试（徐善辉等，2017）。通过对记录的分析发现，列车振动直接沿地表传播的距离远在 1 km 以上，由于同一观测位置处不同列车通过产生的振动波形具有较好的一致性，而位置稍改变会引起振动波形的很大改变。近几年来，北京大学宁杰远教授团队在深圳和河北等地的高速铁路的附近采用短周期地震仪对高铁运行产生的振动做了观测，通过分析实际观测记录的特点，结合理论计算与数值模拟，明确了以高铁桥墩为分立点源激发的地震波场的干涉效应、Doppler 效应、多车速叠加效应等运动组合源特征，并基于这一系列特征进行了偏移成像（石永祥等，2022）、面波提取（温景充等，2021）、波速简单测量（蒋一然等，2022）、格林函数恢复等实际应用尝试。同时，对从分立桥墩点源过渡到连续运动点源的波场积分方法进行了初步探讨。这些针对列车产生的振动所做的观测和分析无疑对促进我国在这方面的研究发展起到重要的推动作用。

在工程技术领域，近年来国内也有相关的试验和数值模拟研究。比如冯青松等（2013）建立了运动列车–有砟轨道–路基–层状地基垂向耦合振动解析模型，根据线性系统叠加原理，求得地基动力响应功率谱估计值与时程结果，并对比分析了地基表面测点垂向振动加速度时程和频谱的理论计算与现场实测结果。薛富春和张建民（2015）建立了双线高速铁路轨道–路基–地基非线性耦合系统的真三维动力分析模型，运用大规模并行计算模拟了地基的初始应力场生成、路基结构和轨道系统的施工过程，并在此基础上模拟了作用于钢轨顶部的压力荷载的运动过程。

9.1.2 一些评论

运动震源的特殊性使得常规的地震学方法在解释这些观测资料的时候不能奏效。与天然地震和常规的人工震源在短时间内爆发出巨大能量的特征不同，高速运行的列车所产生的振动是在一段时间内不断释放能量，可以认为是一组间隔不等的离散震源序列，每个离散震源自身都会作为一个点震源产生地震波，它们都会有自己的初至、面波、多次波等，尤其是初至，一般能量较大。随着时间的推移，每个离散的点阵源依次激发，将各自激发的地震波按照随机的时间间隔错位叠加，形成了不同于天然地震导致的地震波的复杂形态，比如记录中会包含有运动物体所产生的多普勒效应（韩忠东等，2006；蒋一然等，2022）。

解释这些由运动源产生的振动记录，可以从两个方面入手：一是运用各种信号处理方法对这些记录进行处理，揭示信号在时域和频谱域的一些特征；二是通过数值模拟或理论分析的方式研究，获得更进一步的深入认识。前者更多的是揭示了振动记录中蕴含的特征，而后者则有助于解释产生这些特征的原因。因此，无论在地震学界还是在工程学界，数值模拟和理论分析的研究都受到学者们的重视。

对于通过了解轨道和铁路沿线的振动特征从而达到减小振动产生的负面效果的工程学研究来讲，需要较为详细的运动源描述，比如通常需要考虑车轮–轨道–路基–地基等的耦合系统，这样复杂的模型必须借助于数值方法求解。所得的结果反映了较为接近于实际情况的复杂模型的一些特征和规律，但是很难从数值模拟的结果中分析得到波动的本质特征，这必须依赖基于理论分析得到解来获得。尽管近几十年来随着计算技术的快速进步，目前已经能够实现运用各种数值方法计算复杂介质对复杂的运动震源的响应，但是基于简单运动震源和介质模型获得的理论解在进行理论分析提取问题的主要特征方面仍然具有无可比拟的优势。

在数值模拟中通常尽量使模型接近实际，从而其结果能够反映各种复杂因素。这对于从宏观上全面地把握问题的特征无疑是有利的，但由此带来的问题是复杂因素干扰了对于重要的本质特征的分析和把握。与此不同，采用理论分析时，通常采用相对较为简单的模型，一方面当然是因为便于做理论分析，但是另一方面也是由于这样有助于抓住问题的主要特征。目前国外已经有若干基于运动源的简单模型进行的理论分析。比如 Gakenheimer 和 Miklowitz(1969) 的工作，事实上得到了运动点源的 Green 函数的积分表达。如何将这种积分表达进一步通过细致的分析得到闭合形式解，基于这个 Green 函数解，一方面从理论上分析运动点源产生的地震波场的特征，并进而构建离散运动震源序列和均布震源序列等运动震源模型研究其地震波场特征，另一方面基于针对高铁导致的振动记录所做的信号处理分析得到的运动震源特征，提取相关信息修正高铁震源的表达，形成针对高铁这种运动震源的合成理论地震图方法，并运用这些振动资料对地下结构反演做初步的尝试。这些都是需要地震学工作者进一步开展的工作。

9.2　运动源 Lamb 问题的位移积分形式解

在 9.1.1 节中我们提到，20 世纪 60 年代末，Gakenheimer 和 Miklowitz (1969) 首先运用了 Cagniard-de Hoop 方法研究了沿地表匀速运动的垂直力源在弹性半空间内部产生的位移场[①]，30 年后，Bakker 等 (1999) 使用了简化版本的 Cagniard-de Hoop 方法重新研究了相同的问题。这两篇论文都针对位于不同区间的源运动速度 c（$c < \beta$、$\beta < c < \alpha$ 及 $c > \alpha$）对半空间内部的波场做了详尽的讨论。

本节我们采用本质上与这两篇文献相同的方法，沿用第 4 章中的求解框架，研究以高速列车导致的地表位移场的实际应用为背景的运动源 Lamb 问题。这个背景意味着我们仅需要考虑运动源的速度 $c < v_R$（v_R 为 Rayleigh 波速度，这种运动速度称为亚 Rayleigh 波速度），以及观测点位于地表的特殊情况。根据《高速铁路设计规范》（中华人民共和国行业标准）(国家铁路局，2015)，高速列车的设计时速分为三挡：250 km/h、300 km/h 和 350 km/h。即便是最高的设计时速，也不到 100 m/s。这个运行速度小于符合铁路铺设标准的填充材料（砂土类及细砾土，或碎石类及粗砾土）中的 Rayleigh 波速度，并且在绝大多数情况下，我们只能获得地表的振动记录，求解地下的位移场不具有实际的意义。基于这个考虑，本章将只关注以亚 Rayleigh 波速度传播的运动点源引起的地表位移场。值得一提的是，与固定源 Lamb 问题类似，由于源和场同时位于地表的情况将不可避免地面临奇异积分，不能通过直接将半空间内部的解直接退化的方式得到半空间表面处的解，这样数值求解是行不通的，必须直接从理论上处理奇异积分。

9.2.1　问题描述和求解思路

图 9.2.1 显示了本章的求解模型。仍然选择 $O\text{-}x_1x_2$ 位于自由表面、x_3 轴垂直向下的坐标系。垂直于地表的脉冲源在 $t = 0$ 时刻从源点处开始以速度 c 沿着 x_1 轴运动。我们

---

① 这篇论文的内容是基于 David Charles Gakenheimer 的同名博士学位论文 (Caltech, 1969)。后者给出了更为详尽的分析。

的目标是求在位于地表的观测点 $(x_1, x_2, 0)$ 处的位移为 $\boldsymbol{u}$。不过，为了求解方便，我们首先考虑观测点位于 (x_1, x_2, x_3) 的情况，然后再令 $x_3 = 0$[①]。原点 O 到观测点距离为 r，它们的连线与 x_1 轴所成的角度为 ϕ。

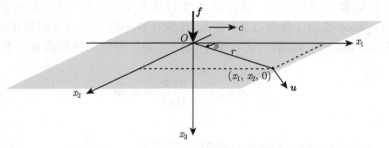

图 9.2.1　运动源 Lamb 问题的求解模型示意图

浅灰色的 $O\text{-}x_1x_2$ 代表自由表面，x_3 轴垂直向下。$t = 0$ 时刻，在原点处作用脉冲力 $\boldsymbol{f}$，随即以速度 c 沿着 x_1 轴运动。观测点 $(x_1, x_2, 0)$ 处的位移为 $\boldsymbol{u}$。原点 O 到观测点距离为 r，它们的连线与 x_1 轴所成的角度为 ϕ

9.2.1.1　控制方程和边界条件

由于源直接作用在地表，我们可以将其视为"边界力"，从而形成了如下定解问题：

$$\text{控制方程：}\quad \rho\frac{\partial^2}{\partial t^2}\boldsymbol{u}(\boldsymbol{x}, t) = (\lambda + \mu)\nabla\nabla\cdot\boldsymbol{u}(\boldsymbol{x}, t) + \mu\nabla^2\boldsymbol{u}(\boldsymbol{x}, t) \tag{9.2.1a}$$

$$\text{边界条件：}\quad \sigma_z(x_1, x_2, 0, t) = -\delta(x_1 - ct)\delta(x_2) \tag{9.2.1b}$$

$$\tau_{zx}(x_1, x_2, 0, t) = \tau_{zy}(x_1, x_2, 0, t) = 0 \tag{9.2.1c}$$

$$\text{初始条件：}\quad u_i(\boldsymbol{x}, 0) = \dot{u}_i(\boldsymbol{x}, 0) = 0 \tag{9.2.1d}$$

9.2.1.2　求解思路

对于由式 (9.2.1) 形成的定解问题，我们可以采用类似于第 2 章针对二维 Lamb 问题的解法，根据位移的势分解，势函数满足齐次的波动方程，对于时间变量 t 和空间变量 x_1、x_2 分别作 3.2.1 节中引入的单边和双边 Laplace 变换。在变换域形成关于 x_3 的常微分方程，结合边界条件得到变换域 (ξ_1, ξ_2, x_3, s) 中的解。对于由变换域中的 ξ_1 和 ξ_2 作反变换，即 (x_1, x_2, x_3, s) 中的双重积分式，引入 Cagniard-de Hoop 变换，利用第 3 章和第 4 章中的类似解法，将其转化为标准的针对 t 的 Laplace 变换式。这样就获得了问题的解。

9.2.2　变换域中的解

根据上册 4.2 节介绍的 Lamé 定理，如果将位移 $\boldsymbol{u}$ 作 Helmholtz 分解：

$$\boldsymbol{u} = \nabla\phi + \nabla\times\boldsymbol{\Psi}\quad (\nabla\cdot\boldsymbol{\Psi} = 0) \tag{9.2.2}$$

[①] 这是因为，无论是控制方程还是边界条件，都涉及位移分量关于 x_3 的导数。如果只考虑固定在地表 $x_3 = 0$ 的情况，是做不到这一点的。与第 4 章我们讨论的三维 Lamb 问题的积分分解时一样，首先，针对场、源都在地下的一般情况得到变换域内的解；然后，将观测点置于地表，研究特殊的第二类 Lamb 问题；进而将源也置于地表，研究第一类 Lamb 问题。

则与 P 波相关的标量势函数 ϕ 和与 S 波相关的矢量势函数 $\boldsymbol{\Psi}$ 分别满足齐次的标量和矢量波动方程

$$\frac{\partial^2 \phi}{\partial t^2} - \alpha^2 \nabla^2 \phi = 0, \quad \frac{\partial^2 \boldsymbol{\Psi}}{\partial t^2} - \beta^2 \nabla^2 \boldsymbol{\Psi} = \mathbf{0} \quad (\nabla \cdot \boldsymbol{\Psi} = 0) \tag{9.2.3}$$

α 和 β 分别为 P 波和 S 波的速度。对方程 (9.2.3) 作关于 t 的单边 Laplace 变换和关于 x_1 和 x_2 的双边 Laplace 变换（参考 3.2.1 节），在变换域中的变量分别对应正实数 s 和纯虚数 ξ_1、ξ_2。记 $\widetilde{\phi} = \phi(\xi_1, \xi_2, x_3, s)$，$\widetilde{\boldsymbol{\Psi}} = \boldsymbol{\Psi}(\xi_1, \xi_2, x_3, s)$，则它们分别满足关于 x_3 的常微分方程

$$\frac{\mathrm{d}^2 \widetilde{\phi}}{\mathrm{d}x_3^2} = \nu_\alpha \widetilde{\phi}, \quad \frac{\mathrm{d}^2 \widetilde{\boldsymbol{\Psi}}}{\mathrm{d}x_3^2} = \nu_\alpha \widetilde{\boldsymbol{\Psi}}$$

其中，

$$\nu_\alpha = \sqrt{\frac{s^2}{\alpha^2} - \xi_1^2 - \xi_2^2}, \quad \nu_\beta = \sqrt{\frac{s^2}{\beta^2} - \xi_1^2 - \xi_2^2} \quad (\mathrm{Re}(\nu_\alpha) > 0,\ \mathrm{Re}(\nu_\beta) > 0)$$

显然，$\widetilde{\phi} = A\mathrm{e}^{-\nu_\alpha x_3}$，$\widetilde{\Psi}_i = B_i \mathrm{e}^{-\nu_\beta x_3}$，其中的 A 和 B_i 为 4 个需要根据边界条件确定的待定系数。采用与 $\widetilde{\phi}$ 相似的记号，不难根据式 (9.2.2) 得到

$$\widetilde{u}_1 = \xi_1 \widetilde{\phi} + \xi_2 \widetilde{\Psi}_3 - \frac{\mathrm{d}}{\mathrm{d}x_3}\widetilde{\Psi}_2, \quad \widetilde{u}_2 = \xi_2 \widetilde{\phi} - \xi_1 \widetilde{\Psi}_3 + \frac{\mathrm{d}}{\mathrm{d}x_3}\widetilde{\Psi}_1, \quad \widetilde{u}_3 = \frac{\mathrm{d}}{\mathrm{d}x_3}\widetilde{\phi} + \xi_1 \widetilde{\Psi}_2 - \xi_2 \widetilde{\Psi}_1$$

将 $\widetilde{\phi}$ 和 $\widetilde{\Psi}_i$ 代入并根据几何方程和本构关系（参见上册式 (2.2.20)），得到

$$\widetilde{\sigma}_z\Big|_{x_3=0} = \left[\lambda(\xi_1 \widetilde{u}_1 + \xi_2 \widetilde{u}_2) + (\lambda + 2\mu)\frac{\mathrm{d}\widetilde{u}_3}{\mathrm{d}x_3}\right]\Bigg|_{x_3=0}$$

$$= \left[\lambda(\xi_1^2 + \xi_2^2) + (\lambda + 2\mu)\nu_\alpha^2\right]A + 2\mu\nu_\beta(\xi_2 B_1 - \xi_1 B_2)$$

$$\widetilde{\tau}_{zx}\Big|_{x_3=0} = \left[\frac{\mathrm{d}\widetilde{u}_1}{\mathrm{d}x_3} + \xi_1 \widetilde{u}_3\right]\Bigg|_{x_3=0} = -2\xi_1 \nu_\alpha A - \xi_1 \xi_2 B_1 - (\nu_\beta^2 - \xi_1^2)B_2 - \xi_2 \nu_\beta B_3$$

$$\widetilde{\tau}_{zy}\Big|_{x_3=0} = \left[\frac{\mathrm{d}\widetilde{u}_2}{\mathrm{d}x_3} + \xi_2 \widetilde{u}_3\right]\Bigg|_{x_3=0} = -2\xi_2 \nu_\alpha A + (\nu_\beta^2 - \xi_1^2)B_1 + \xi_1 \xi_2 B_2 + \xi_1 \nu_\beta B_3$$

注意到变换域中的边界条件 (9.2.1b) 和 (9.2.1c)

$$\widetilde{\sigma}_z\Big|_{x_3=0} = -\frac{1}{s + c\xi_1}, \quad \widetilde{\tau}_{zx}\Big|_{x_3=0} = \widetilde{\tau}_{zy}\Big|_{x_3=0} = 0$$

以及变换域中的 $\nabla \cdot \boldsymbol{\Psi} = 0$，即 $\xi_1 \widetilde{\Psi}_1 + \xi_2 \widetilde{\Psi}_2 + \dfrac{\mathrm{d}\widetilde{\Psi}_3}{\mathrm{d}x_3} = 0$，联立上述方程，形成关于待定系数的线性方程组

$$\begin{cases} \left[\lambda(\xi_1^2 + \xi_2^2) + (\lambda + 2\mu)\nu_\alpha^2\right]A + 2\mu\nu_\beta(\xi_2 B_1 - \xi_1 B_2) = -\dfrac{1}{s + c\xi_1} \\ 2\xi_1 \nu_\alpha A + \xi_1 \xi_2 B_1 + (\nu_\beta^2 - \xi_1^2)B_2 + \xi_2 \nu_\beta B_3 = 0 \\ 2\xi_2 \nu_\alpha A - (\nu_\beta^2 - \xi_1^2)B_1 - \xi_1 \xi_2 B_2 - \xi_1 \nu_\beta B_3 = 0 \\ \xi_1 B_1 + \xi_2 B_2 - \nu_\beta B_3 = 0 \end{cases}$$

解得

$$A = -\frac{\nu_\beta^2 - \xi_1^2 - \xi_2^2}{(s + c\xi_1)\mu R}, \quad B_1 = -\frac{2\xi_2\nu_\alpha}{(s + c\xi_1)\mu R}, \quad B_2 = \frac{2\xi_1\nu_\alpha}{(s + c\xi_1)\mu R}, \quad B_3 = 0$$

其中, $R = (\nu_\beta^2 - \xi_1^2 - \xi_2^2)^2 + 4\nu_\alpha\nu_\beta(\xi_1^2 + \xi_2^2)$ 为此问题的 Rayleigh 函数, 与固定源情况的 Rayleigh 函数形式上完全相同, 参见式 (4.2.9) 中的 R。因此得到

$$\tilde{u}_i = u_i(\xi_1, \xi_2, x_3, s) = \frac{F_i^{\mathrm{P}}\mathrm{e}^{-\nu_\alpha x_3} + F_i^{\mathrm{S}}\mathrm{e}^{-\nu_\beta x_3}}{(s + c\xi_1)\mu R} \tag{9.2.4}$$

其中,

$$F_1^{\mathrm{P}} = -\xi_1(\nu_\beta^2 - \xi_1^2 - \xi_2^2), \qquad F_2^{\mathrm{P}} = -\xi_2(\nu_\beta^2 - \xi_1^2 - \xi_2^2), \qquad F_3^{\mathrm{P}} = \nu_\alpha(\nu_\beta^2 - \xi_1^2 - \xi_2^2)$$

$$F_1^{\mathrm{S}} = 2\xi_1\nu_\alpha\nu_\beta, \qquad\qquad F_2^{\mathrm{S}} = 2\xi_2\nu_\alpha\nu_\beta, \qquad\qquad F_3^{\mathrm{S}} = 2(\xi_1^2 + \xi_2^2)\nu_\alpha$$

9.2.3 运动源产生的地表位移场

式 (9.2.4) 对于弹性半空间内部或表面都成立。对于我们关心的地表观测点, 取 $x_3 = 0$, 可简化为

$$u_i(\xi_1, \xi_2, 0, s) = \frac{F_i}{(s + c\xi_1)\mu R} \tag{9.2.5}$$

其中, $F_\zeta = -\xi_\zeta(\nu_\beta^2 - \xi_1^2 - \xi_2^2 - 2\nu_\alpha\nu_\beta)$ $(\zeta = 1, 2)$, $F_3 = \nu_\alpha s^2/\beta^2$。以下采用与 4.3 节针对第二类 Lamb 问题的求解完全相同的方式处理。首先对式 (9.2.5) 作关于 ξ_1 和 ξ_2 的双边 Laplace 反变换, 即

$$u_i(x_1, x_2, 0, s) = -\frac{1}{4\pi^2}\iint_{-\mathrm{i}\infty}^{+\mathrm{i}\infty} \frac{F_i\mathrm{e}^{\xi_1 x_1 + \xi_2 x_2}}{(s + c\xi_1)\mu R}\,\mathrm{d}\xi_1\,\mathrm{d}\xi_2$$

引入式 (4.3.3) 的 de Hoop 变换, 将上式中的变量替换为 $\bar{p}$ 和 $\bar{q}$, 得到[①]

$$u_i(x_1, x_2, 0, s) = \frac{1}{\pi^2\mu\beta}\mathrm{Im}\int_0^{+\infty}\mathrm{d}\bar{p}\int_0^{+\mathrm{i}\infty} \frac{F_i^*(\bar{p}, \bar{q})\mathrm{e}^{st_s\bar{q}}}{\mathscr{R}(\bar{p}, \bar{q})W(\bar{p}, \bar{q})}\,\mathrm{d}\bar{q} \tag{9.2.6}$$

式中的

$$F_1^*(\bar{p}, \bar{q}) = -\left[\bar{q}\cos\phi(1 + \bar{c}\bar{q}\cos\phi) + \bar{c}\bar{p}^2\sin^2\phi\right](\gamma - 2\eta_\alpha\eta_\beta) \tag{9.2.7a}$$

$$F_2^*(\bar{p}, \bar{q}) = -\left[\bar{q}(1 + \bar{c}\bar{q}\cos\phi) - \bar{c}\bar{p}^2\cos\phi\right](\gamma - 2\eta_\alpha\eta_\beta)\sin\phi \tag{9.2.7b}$$

$$F_3^*(\bar{p}, \bar{q}) = \eta_\alpha(1 + \bar{c}\bar{q}\cos\phi) \tag{9.2.7c}$$

$$W(\bar{p}, \bar{q}) = (1 + \bar{c}\bar{q}\cos\phi)^2 + \bar{c}^2\bar{p}^2\sin^2\phi \quad (\bar{c} = c/\beta) \tag{9.2.7d}$$

$$\mathscr{R}(\bar{p}, \bar{q}) = \gamma^2 + 4\eta_\alpha\eta_\beta(\bar{q}^2 - \bar{p}^2), \quad \gamma = 1 + 2(\bar{p}^2 - \bar{q}^2) \tag{9.2.7e}$$

$\eta_\alpha = \sqrt{k^2 + \bar{p}^2 - \bar{q}^2}$, $\eta_\beta = \sqrt{1 + \bar{p}^2 - \bar{q}^2}$。比较式 (9.2.6) 和式 (4.4.1), 不难发现当 $c = 0$ 时, 除了后者多了一个 s 的因子之外, 运动源的结果完全退化为固定源的形式[②]。对于 $c \neq 0$

---

① 具体过程与 4.3.1 节完全相同, 就不再赘述了。

② $c = 0$ 的情况, 源的时间函数为阶跃函数, 而式 (4.4.1) 是时间函数为脉冲对应的结果, 后者是前者的时间导数, 因此多了一个因子 s。

的运动源情形，式 (9.2.6) 相比于固定源的式 (4.4.1) 有个重要的特征：在分母上多了一个因式 $W(\bar{p}, \bar{q})$。这个因式中含有运动源的速度 c，为了方便，以下称其为运动项。因此，在将 $\bar{q}$ 沿着正虚轴的积分路径转化为图 4.4.1 中沿着负实轴的积分时，除了要考虑积分路径上的 Rayleigh 极点以外，还需要考虑运动项在负实轴以及第二象限内是否有极点，如果有，需要计算极点的贡献。

9.2.3.1　积分回路内奇点的贡献

我们研究式 (9.2.6) 中的运动项 $W(\bar{p}, \bar{q})$ 的零点对结果是否有贡献，首先考虑一些特殊的情况。参见图 9.2.1，如果观测点位于 x_2 轴上，这时 $x_1 = 0, \cos\phi = 0$，从而 $W(\bar{p}, \bar{q}) = \bar{c}^2 \bar{p}^2$，与 $\bar{q}$ 无关，因此对于 $\bar{q}$ 积分来说，$W(\bar{p}, \bar{q})$ 不存在零点。但是对于 $\bar{p}$ 积分来说，$W(\bar{p}, \bar{q})$ 作为分母，将导致在 $\bar{p}$ 的积分下限 0 时有高度的奇异性，给数值求解带来麻烦。其实这种极为特殊的情况在实际问题中并无特别的意义，可以不予考虑。$\phi = 0$ 的情况 ($x_2 = 0$ 且 $x_1 > 0$) 是需要避免的，也不予考虑[①]；而 $\phi = \pi$ 相当于把源置于运动源的正后方 ($x_2 = 0$ 且 $x_1 < 0$)，此时，$W(\bar{p}, \bar{q}) = (1 - \bar{c}\bar{p})^2$，二重根为 $\bar{p} = \bar{c}^{-1}$，不在积分路径上或其包围的区域内。

对于地表水平面内四个象限内的一般观测点 ($x_1 x_2 \neq 0$)，根据表达式 (9.2.7d)，不难得到 $W(\bar{p}, \bar{q}) = 0$ 的根为

$$\bar{q}^{\pm} = -\frac{r}{\bar{c}x_1} \pm \mathrm{i}\bar{p}\frac{|x_2|}{x_1} \tag{9.2.8}$$

对照图 4.4.1，只有实部为负、虚部为正的 $\bar{q}$ 才会落到积分回路内。因此如果 $\bar{q}^{+}$ 或 $\bar{q}^{-}$ 落在积分回路内，必然有 $x_1 > 0$，从而只有 $\bar{q}^{+}$ 在积分回路内部。这就是说，只有位于运动源开始朝向的方向的两个象限内的观测点才会有由 $W(\bar{p}, \bar{q}) = 0$ 的根带来的贡献，而在运动源运动方向后方的观测点则接收不到这个根的贡献。因此，根据留数定理，$W(\bar{p}, \bar{q}) = 0$ 的根产生的贡献为

$$\begin{aligned}
u_i^{\text{pole}}(x_1, x_2, 0, s) &= \frac{2r^2 H(x_1)}{\pi\mu\beta\bar{c}^2 x_1^2}\operatorname{Im}\int_0^{+\infty}\lim_{\bar{q}\to\bar{q}^{+}}(\bar{q}-\bar{q}^{+})\frac{\mathrm{i}F_i^{*}(\bar{p}, \bar{q})\mathrm{e}^{st_s\bar{q}}}{\mathscr{R}(\bar{p}, \bar{q})(\bar{q}-\bar{q}^{+})(\bar{q}-\bar{q}^{-})}\,\mathrm{d}\bar{p} \\
&= \frac{r^2 H(x_1)}{\pi\mu\beta\bar{c}^2 x_1 |x_2|}\operatorname{Im}\int_0^{+\infty}\frac{F_i^{*}(\bar{p}, \bar{q}^{+})\mathrm{e}^{st_s\bar{q}^{+}}}{\bar{p}\mathscr{R}(\bar{p}, \bar{q}^{+})}\,\mathrm{d}\bar{p}
\end{aligned} \tag{9.2.9}$$

将式 (9.2.8) 代入上式被积函数中，注意到除了 e 指数项之外都与 s 无关，并且

$$\mathrm{e}^{st_s\bar{q}} = \mathrm{e}^{-st}, \quad t \triangleq t_{\text{pole}} - \mathrm{i}\bar{p}\frac{r|x_2|}{\beta x_1} \quad \Longleftrightarrow \quad \bar{p} = \mathrm{i}\frac{\beta x_1}{r|x_2|}(t - t_{\text{pole}}) \quad \left(t_{\text{pole}} = \frac{r^2}{x_1 c}\right) \tag{9.2.10}$$

这时出现了与 4.3.1 节关于 $\bar{q}$ 的积分类似的场景：式 (9.2.9) 从形式上看与标准的 Laplace 变换一致，但是 e 指数上的幂次不是实数。这提示我们可以运用 Cagniard-de Hoop 方法，寻求 $\bar{p}$ 的复平面内的路径，沿着这条路径（即 Cagniard 路径），t 为实数。通过构建积分回路，将 Cagniard 路径上的积分和原始路径上的积分建立起关联，这样就可以将式 (9.2.9) 转化为严格的 Laplace 变换的形式。

---

① 这是因为，此时相当于把观测点置于运动源要经过的路径上，将出现源点和观测点重合的情况，构成了物理奇异性。

为了实现这一点, 我们需要在 $\bar{p}$ 的复平面内仔细地研究积分路径, 如图 9.2.2 所示。首先注意到当 $\bar{q} = \bar{q}^+$ 时, 有

$$\eta_\alpha = \frac{r}{x_1}\sqrt{(\bar{p} - \bar{p}_\alpha^+)(\bar{p} - \bar{p}_\alpha^-)}, \quad \eta_\beta = \frac{r}{x_1}\sqrt{(\bar{p} - \bar{p}_\beta^+)(\bar{p} - \bar{p}_\beta^-)}$$

其中,

$$\bar{p}_\alpha^\pm = \frac{1}{r\bar{c}}\left(\pm x_1\sqrt{1 - k^2\bar{c}^2} - \mathrm{i}|x_2|\right), \quad \bar{p}_\beta^\pm = \frac{1}{r\bar{c}}\left(\pm x_1\sqrt{1 - \bar{c}^2} - \mathrm{i}|x_2|\right)$$

这意味着两对枝点分别位于 $\bar{p}$ 的复平面内的第三和第四象限内。将 $\bar{p}_\alpha^+$ 和 $\bar{p}_\alpha^-$ 及 $\bar{p}_\beta^+$ 和 $\bar{p}_\beta^-$ 分别相连形成割线[①], 并且与 Rayleigh 函数相联系的被积函数的一阶极点 $\bar{p}_\kappa^\pm$ 位于割线上。这是因为, 通过比对式 (9.2.7e) 与上册附录 B 中的式 (B.1), 可知 Rayleigh 函数的根

$$x = (\bar{q}^+)^2 - \bar{p}^2 = \left(-\frac{r\beta}{x_1 c} + \mathrm{i}\bar{p}\frac{|x_2|}{x_1}\right)^2 - \bar{p}^2 = \kappa^2 > 1$$

因此 $\bar{p}_\kappa^\pm = \frac{1}{r\bar{c}}\left(\pm x_1\sqrt{1 - \kappa^2\bar{c}^2} - \mathrm{i}|x_2|\right)$。当运动源以小于 Rayleigh 波的速度运动时, 即

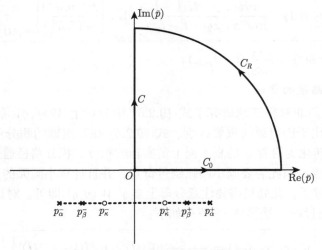

图 9.2.2　$\bar{p}$ 的复平面内的积分路径

横轴和竖轴分别为 $\bar{p}$ 的实部和虚部。"×" 代表枝点, "○" 代表 Rayleigh 函数的零点, 粗虚线代表割线。原始的积分路径为沿着正实轴的 C_0, Cagniard 路径为沿着正虚轴的 C, 二者以半径 $R \to \infty$ 的大圆弧 C_R 连接。$\bar{p}_\alpha^\pm$ 和 $\bar{p}_\beta^\pm$ 分别为与 η_α 和 η_β 相联系的枝点, 而 $\bar{p}_\kappa^\pm$ 为与 Rayleigh 函数相联系的一阶极点

---

　① 为何如此画割线? 可以仿照上册和本书的附录 A 中的方式分析。目前需要考虑的是形如 $f(z) = \sqrt{(z - z^+)(z - z^-)}$ 的函数的割线, 其中 $z^\pm = \pm a + \mathrm{i}b$。令 $z = x + \mathrm{i}y$, $f(z) = X + \mathrm{i}Y$, 根据

$$X + \mathrm{i}Y = \sqrt{(x + \mathrm{i}y - a - \mathrm{i}b)(x + \mathrm{i}y + a - \mathrm{i}b)}$$

即 $X^2 - Y^2 = x^2 - y^2 - a^2 - b^2 + 2by$, $XY = xy - bx$。根据 $X = 0$, 得到 $y = b$ 和 $-Y^2 = x^2 - a^2 < 0$。这表明割线满足的方程为: $-a < x < a$ 和 $y = b$。

$c < \beta/\kappa$，有 $1 - k^2\bar{c}^2 > 1 - \bar{c}^2 > 1 - \kappa^2\bar{c}^2 > 0$。从而这种情况下，$\bar{p}_\kappa^\pm$、$\bar{p}_\alpha^\pm$ 和 $\bar{p}_\beta^\pm$ 均位于如图 9.2.2 所示的割线上[①]。

根据式 (9.2.10)，当 $\bar{p}$ 位于正虚轴上时，$\bar{t} > t_{\text{pole}}$ 为正实数。这意味着我们可以取正虚轴为 Cagniard 路径，并且通过半径 $R \to \infty$ 的大圆弧 C_R 与位于正实轴上的原始积分路径 C_0 相连接，形成一个闭合回路。在这个闭合回路所围的区域内部不存在奇点。根据大圆弧引理，大圆弧 C_R 上的积分为零，因此，根据留数定理

$$\int_{C_0} + \int_{C_R} - \int_{C} = 0 \implies \int_{C_0} = \int_{C}$$

即

$$u_i^{\text{pole}}(x_1, x_2, 0, s) = \frac{r^2 H(x_1)}{\pi\mu\beta\bar{c}^2 x_1 |x_2|} \text{Im} \int_0^{+i\infty} \frac{F_i^*(\bar{p}, \bar{q}^+)e^{-st}}{\bar{p}\mathscr{R}(\bar{p}, \bar{q}^+)} \, d\bar{p}$$

等号右端的积分可以改写为

$$\int_0^{+i\infty} \frac{F_i^*(\bar{p}, \bar{q}^+)e^{-st}}{\bar{p}\mathscr{R}(\bar{p}, \bar{q}^+)} \, d\bar{p} = \int_0^\infty \frac{H(t - t_{\text{pole}})}{t - t_{\text{pole}}} \left. \frac{F_i^*(\bar{p}, \bar{q}^+)}{\mathscr{R}(\bar{p}, \bar{q}^+)} \right|_{\bar{p}=\bar{p}(t)} e^{-st} \, dt$$

其中，$\bar{p}(t)$ 的表达式见式 (9.2.10)。从而最终得到运动项的极点对位移场的贡献为

$$\boxed{u_i^{\text{pole}}(x_1, x_2, 0, t) = \frac{r H(x_1)}{\pi\mu\bar{c}^2 x_1 |x_2|} \frac{H(\bar{t} - \bar{t}_{\text{pole}})}{\bar{t} - \bar{t}_{\text{pole}}} \text{Im} \left[\left. \frac{F_i^*(\bar{p}, \bar{q}^+)}{\mathscr{R}(\bar{p}, \bar{q}^+)} \right|_{\bar{p}=\bar{p}(t)} \right]} \tag{9.2.11}$$

式中，$\bar{t}_{\text{pole}} = \dfrac{r}{x_1\bar{c}}$，$\bar{p}(t) = i\dfrac{x_1}{|x_2|}(\bar{t} - \bar{t}_{\text{pole}})$。

9.2.3.2　Cagniard 路径的贡献

9.2.3.1 节中我们非常仔细地研究了式 (9.2.6) 中分母上 $W(\bar{p}, \bar{q})$ 零点对积分的贡献。这一项是运动源相比于固定源的重要区别。式 (9.2.6) 在正虚轴的积分可以通过与 4.4 节完全相同的方式，转化为沿着 $\bar{q}$ 的复平面上负实轴的积分。积分路径通过位于负实轴上的 Rayleigh 函数的奇点，因此需要画小圆弧绕过奇点，并且计算小圆弧的贡献，这在 4.4 节中已经详细地讨论过了，此处只需要注意分母上多了 $W(\bar{p}, \bar{q})$ 即可。对比 4.4 节中的结果，直接将 Cagniard 路径的贡献部分 u_i^c 罗列如下：

$$\boxed{u_i^c(x_1, x_2, 0, t) = -\frac{1}{\pi^2\mu r} \left[\bar{u}_i^{c_1}(\bar{t}) + \bar{u}_i^{c_2}(\bar{t}) + \bar{u}_i^{c_3}(\bar{t}) \right]} \tag{9.2.12}$$

其中，

$$\boxed{\bar{u}_i^{c_1}(\bar{t}) = [H(\bar{t} - k) - H(\bar{t} - 1)]\text{Im} \int_0^a \frac{F_i^*(\bar{p}, -\bar{t})}{\mathscr{R}(\bar{p}, -\bar{t})W(\bar{p}, -\bar{t})} \, d\bar{p}} \tag{9.2.13a}$$

$$\boxed{\bar{u}_i^{c_2}(\bar{t}) = H(\bar{t} - 1)\text{Im} \int_b^a \frac{F_i^*(\bar{p}, -\bar{t})}{\mathscr{R}(\bar{p}, -\bar{t})W(\bar{p}, -\bar{t})} \, d\bar{p}} \tag{9.2.13b}$$

$$\boxed{\bar{u}_i^{c_3}(\bar{t}) = \delta_{i3}H(\bar{t} - 1)\text{Im} \int_0^b \frac{F_3^*(\bar{p}, -\bar{t})}{\mathscr{R}(\bar{p}, -\bar{t})W(\bar{p}, -\bar{t})} \, d\bar{p}} \tag{9.2.13c}$$

[①] 对于 $\beta < c < \alpha$ 的情况，$1 - k^2\bar{c}^2 > 0$，而 $1 - \kappa^2\bar{c}^2 < 1 - \bar{c}^2 < 0$，此时 $\bar{p}_\kappa^\pm$ 和 $\bar{p}_\beta^\pm$ 位于虚轴上。当 $c > \alpha$ 时，$\bar{p}_\kappa^\pm$、$\bar{p}_\alpha^\pm$ 和 $\bar{p}_\beta^\pm$ 都位于虚轴上。这时的积分路径位于割线上，需要仔细分析割线的贡献。

式中, $a = \sqrt{\bar{t}^2 - k^2}$, $b = \sqrt{\bar{t}^2 - 1}$, 其余变量定义与 4.4 节相同, 不再赘述。需要说明的是, 根据 4.4.5 节中的结果, 式 (9.2.13a) 和 (9.2.13b) 中的积分为正常积分, 可以借助数值方法直接计算; 而式 (9.2.13c) 中的积分, 当 $1 < \bar{t} < \kappa$ 时为普通积分, 而当 $\bar{t} > \kappa$ 时, 积分区间中包含 Rayleigh 函数 $\mathscr{R}(\bar{p}, -\bar{t})$ 的零点, 积分必须在主值意义下计算。此外, Rayleigh 函数极点的贡献必须单独计算, 仿照 4.4.5 节的分析, 容易得到

$$u_i^{\text{Ray}}(\bar{t}) = \frac{(1 - 2\kappa^2 + 2uv)uv \left[R_1(\bar{t})\delta_{i1} + R_2(\bar{t})\delta_{i2} \right] H(\bar{t} - \kappa)}{4\pi\mu r \sqrt{\bar{t}^2 - \kappa^2} \left[2(1 - 2\kappa^2 + uv)uv + \kappa^2(u^2 + v^2) \right] W(\bar{t})} \tag{9.2.14}$$

其中, $u = \sqrt{\kappa^2 - k^2}$, $v = \sqrt{\kappa^2 - 1}$,

$$R_1(\bar{t}) = \bar{t}D(\bar{t})\cos\phi - (\bar{t}^2 - \kappa^2)\bar{c}\sin^2\phi, \quad R_2(\bar{t}) = \left[\bar{t}D(\bar{t}) - (\bar{t}^2 - \kappa^2)\bar{c}\cos\phi \right]\sin\phi$$
$$W(\bar{t}) = D(\bar{t})^2 + \bar{c}^2(t^2 - \kappa^2)\sin^2\phi, \quad D(\bar{t}) = 1 - \bar{c}\bar{t}\cos\phi$$

Cagniard 路径的贡献、Rayleigh 函数的极点和运动项 $W(\bar{p}, \bar{q})$ 的极点贡献之和即为运动源产生的总位移场:

$$u_i(x_1, x_2, 0, t) = u_i^{\text{c}}(x_1, x_2, 0, t) + u_i^{\text{Ray}}(x_1, x_2, 0, t) + u_i^{\text{pole}}(x_1, x_2, 0, t) \tag{9.2.15}$$

式中, $u_i^{\text{Ray}}(x_1, x_2, 0, t)$ 和 $u_i^{\text{pole}}(x_1, x_2, 0, t)$ 都是闭合形式的表达, 见式 (9.2.14) 和式 (9.2.11), 只有代表 Cagniard 路径贡献的 $u_i^{\text{c}}(x_1, x_2, 0, t)$ 为积分表达, 见式 (9.2.12) 和式 (9.2.13a) ～ (9.2.13c), 其中含有主值意义下的奇异积分。我们是否能像固定源 Lamb 问题 (第 6 章) 那样, 也采用类似的方法得到运动源问题相应的广义闭合形式解答? 回答是肯定的。

9.3 运动源 Lamb 问题的位移广义闭合形式解

在 9.2 节中, 我们针对运动源 Lamb 问题, 得到了位移分量的积分解。这个积分解形式上与固定源 Lamb 问题类似, 区别主要在于两点: 一是沿着 Cagniard 的路径积分, 被积函数的分母上包含 $W(\bar{p}, \bar{q})$, 它在积分路径上恒为正数, 因此这部分积分只需要采用与固定源类似的方法即可计算; 二是 $W(\bar{p}, \bar{q})$ 在积分回路中的奇点对位移解的贡献, 我们通过仔细的分析, 得到了其闭合形式的表达。这一项仅在 $x_1 > 0$ 的情况下才有贡献, 并且与震相类似, 具有明确的到时 (t_{pole})。

沿着 Cagniard 路径的积分与固定源的情况相似, 因此我们可以采用与固定源类似的方式求解运动源的广义闭合解。本节采用与第 6 章类似的方式, 得到运动源问题的广义闭合解。在式 (9.2.15) 中, u_i^{Ray} 和 u_i^{pole} 都已经表示成闭合形式, 因此只需要求式 (9.2.13a)～(9.2.13c) 中的几个积分即可。以下我们按照 6.3 节针对第一类固定源 Lamb 问题的 P 波项的做法求解[①]。

[①] 在第 6 章中, 我们为了建立一个适用于第二类和第三类 Lamb 问题的求解框架而采取了一种相对复杂的做法, 分成 P 波、S 波和 S-P 波项分别求解。事实上对于第一类 Lamb 问题, 这不是必须的。对于运动源 Lamb 问题, 我们直接从 4.4 节中针对各个积分路径上的分析得到的结果出发, 由于观测点和源点同时在地表, P 波、S 波和 S-P 波项合并, 可采用相对简化的方式来处理。

9.3.1　$\bar{u}_i^{c_1}(\bar{t})$ 和 $\bar{u}_i^{c_2}(\bar{t})$ 的广义闭合解

首先注意到式 (9.2.13a) 和 (9.2.13b)，根据 $\bar{u}_i^{c_1}(\bar{t})$ 和 $\bar{u}_i^{c_2}(\bar{t})$ 存在的时间范围是不同的，前者是 $k < \bar{t} < 1$，而后者是 $\bar{t} > 1$。根据 4.4.2 节的分析，此时 $\eta_\alpha = \mathrm{i}\sqrt{a^2 - \bar{p}^2}$，$\eta_\beta = \sqrt{\bar{p}^2 - b^2}$，分别为纯虚数和实数。令 $\eta_\alpha = \mathrm{i}x$，则有

$$\bar{p}(x) = \sqrt{a^2 - x^2}, \quad \eta_\beta(x) = \sqrt{k'^2 - x^2}, \quad \gamma(x) = 1 - 2x^2 - 2k^2$$

与式 (6.3.2) 相同，这表明对于 $\bar{u}_i^{c_1}(\bar{t})$ 和 $\bar{u}_i^{c_2}(\bar{t})$ 的处理与 6.3.1 节中的过程完全相同。注意到此时

$$\int_0^a \mathrm{d}\bar{p} = \int_0^a \frac{x\,\mathrm{d}x}{\sqrt{a^2 - x^2}}, \quad \int_b^a \mathrm{d}\bar{p} = \int_0^{k'} \frac{x\,\mathrm{d}x}{\sqrt{a^2 - x^2}}$$

因此得到

$$\bar{u}_i^{c_1}(\bar{t}) = [H(\bar{t} - k) - H(\bar{t} - 1)]\mathrm{Im}\int_0^a \frac{1}{R(x)W(x)}\left[\frac{D_i^{(1)}(x)}{\sqrt{a^2 - x^2}} + \frac{D_i^{(2)}(x)}{\sqrt{(a^2 - x^2)(k'^2 - x^2)}}\right]\mathrm{d}x \tag{9.3.1a}$$

$$\bar{u}_i^{c_2}(\bar{t}) = H(\bar{t} - 1)\mathrm{Im}\int_0^{k'} \frac{1}{R(x)W(x)}\left[\frac{D_i^{(1)}(x)}{\sqrt{a^2 - x^2}} + \frac{D_i^{(2)}(x)}{\sqrt{(a^2 - x^2)(k'^2 - x^2)}}\right]\mathrm{d}x \tag{9.3.1b}$$

其中，

$$D_1^{(1)}(x) = A_1 x(\gamma^3 - 8x^2 g\eta_\beta^2), \quad D_2^{(1)}(x) = A_2 x(\gamma^3 - 8x^2 g\eta_\beta^2), \quad D_3^{(1)}(x) = \mathrm{i}\gamma^2 x^2 d$$

$$D_1^{(2)}(x) = -\mathrm{i}2A_1\gamma x^2\eta_\beta^2, \quad D_2^{(2)}(x) = -\mathrm{i}2A_2\gamma x^2\eta_\beta^2, \quad D_3^{(2)}(x) = 4x^3 g\eta_\beta^2 d$$

$$A_1 = \bar{t}d\cos\phi - \bar{c}\bar{p}^2\sin^2\phi, \quad A_2 = (\bar{t}d + \bar{c}\bar{p}^2\cos\phi)\sin\phi, \quad g = x^2 + k^2, \quad d = 1 - \bar{c}\bar{t}\cos\phi$$

$$R(x)W(x) = \varsigma\prod_{i=1}^4(x^2 - y_i), \quad \xi_1 = \bar{c}^2\sin^2\phi, \quad y_4 = \frac{d^2}{\xi_1} + a^2, \quad \varsigma = 16\xi_1 k'^2$$

其中，y_i $(i = 1, 2, 3)$ 定义与 6.3.1 节中的相同。注意到在式 (9.3.1a) 中，$k < \bar{t} < 1$，从而有 $a < k'$；而在式 (9.3.1b) 中，$\bar{t} > 1$，从而有 $a > k'$。这两个式子成立的前提是 $c \neq 0$，如果 $c = 0$，需要根据第 6 章的固定源第一类 Lamb 问题的公式计算。在两个积分的被积函数中出现了有理分式，分子 $D_i^{(\alpha)}$ 为 x 的多项式，最高为 8 次，记为 $Q_8(x)$。根据有理分式的部分分式展开

$$\frac{Q_8(x)}{R(x)W(x)} = \frac{\sum_{i=0}^8 c_i x^i}{\varsigma\prod_{i=1}^4(x^2 - y_i)}$$

$$= \frac{w_1 x + w_2}{x^2 - y_1} + \frac{w_3 x + w_4}{x^2 - y_2} + \frac{w_5 x + w_6}{x^2 - y_3} + \frac{w_7 x + w_8}{x^2 - y_4} + w_9$$

其中，

$$w_1 = \frac{\sum_{i=0}^{3} c_{2i+1} y_1^i}{\varsigma(y_1 - y_2)(y_1 - y_3)(y_1 - y_4)}, \quad w_2 = \frac{\sum_{i=0}^{4} c_{2i} y_1^i}{\varsigma(y_1 - y_2)(y_1 - y_3)(y_1 - y_4)}$$

$$w_3 = \frac{\sum_{i=0}^{3} c_{2i+1} y_2^i}{\varsigma(y_2 - y_1)(y_2 - y_3)(y_2 - y_4)}, \quad w_4 = \frac{\sum_{i=0}^{4} c_{2i} y_2^i}{\varsigma(y_2 - y_1)(y_2 - y_3)(y_2 - y_4)}$$

$$w_5 = \frac{\sum_{i=0}^{3} c_{2i+1} y_3^i}{\varsigma(y_3 - y_1)(y_3 - y_2)(y_3 - y_4)}, \quad w_6 = \frac{\sum_{i=0}^{4} c_{2i} y_3^i}{\varsigma(y_3 - y_1)(y_3 - y_2)(y_3 - y_4)}$$

$$w_7 = \frac{\sum_{i=0}^{3} c_{2i+1} y_4^i}{\varsigma(y_4 - y_1)(y_4 - y_2)(y_4 - y_3)}, \quad w_8 = \frac{\sum_{i=0}^{4} c_{2i} y_4^i}{\varsigma(y_4 - y_1)(y_4 - y_2)(y_4 - y_3)}, \quad w_9 = \frac{c_8}{\varsigma}$$

将式 (9.3.1a) 和 (9.3.1b) 中的 $D_i^{(\alpha)}(x)$ $(\alpha = 1, 2; i = 1, 2, 3)$ 关于 x 的多项式各幂次的具体表达式代入，即可得到部分分式的展开系数。从而，$\bar{u}_i^{c_1}(\bar{t})$ 和 $\bar{u}_i^{c_2}(\bar{t})$ 可表示为

$$\begin{aligned}
\bar{u}_i^{c_1}(\bar{t}) =& [H(\bar{t} - k) - H(\bar{t} - 1)]\mathrm{Im}\Big[\sum_{m=1}^{4} \big(u_{i,2m-1}^{c_1|2} U_1^{c_1}(y_m) + u_{i,2m}^{c_1|2} U_2^{c_1}(y_m) \\
& + v_{i,2m-1}^{c_1|2} V_1^{c_1}(y_m) + v_{i,2m}^{c_1|2} V_2^{c_1}(y_m)\big) + v_{i,9}^{c_1|2} V_3^{c_1} \Big]
\end{aligned} \tag{9.3.2a}$$

$$\begin{aligned}
\bar{u}_i^{c_2}(\bar{t}) =& H(\bar{t} - 1)\mathrm{Im}\Big[\sum_{m=1}^{4} \big(u_{i,2m-1}^{c_1|2} U_1^{c_2}(y_m) + u_{i,2m}^{c_1|2} U_2^{c_2}(y_m) + v_{i,2m-1}^{c_1|2} V_1^{c_2}(y_m) \\
& + v_{i,2m}^{c_1|2} V_2^{c_2}(y_m)\big) + v_{i,9}^{c_1|2} V_3^{c_2} \Big]
\end{aligned} \tag{9.3.2b}$$

式中，$u_{i,j}^{c_1|2}$ 和 $v_{i,j}^{c_1|2}$ 分别为有理分式 $\dfrac{D_i^{(1)}(x)}{R(x)W(x)}$ 和 $\dfrac{D_i^{(2)}(x)}{R(x)W(x)}$ 的部分分式展开系数。基本积分定义为

$$U_\xi^{c_1}(v) = \int_0^a \frac{x^{2-\xi}}{(x^2 - v)\sqrt{a^2 - x^2}} \, \mathrm{d}x, \quad V_\xi^{c_1}(v) = \int_0^a \frac{x^{2-\xi}}{(x^2 - v)\sqrt{(a^2 - x^2)(k'^2 - x^2)}} \, \mathrm{d}x$$

$$U_\xi^{c_2}(v) = \int_0^{k'} \frac{x^{2-\xi}}{(x^2 - v)\sqrt{a^2 - x^2}} \, \mathrm{d}x, \quad V_\xi^{c_2}(v) = \int_0^{k'} \frac{x^{2-\xi}}{(x^2 - v)\sqrt{(a^2 - x^2)(k'^2 - x^2)}} \, \mathrm{d}x$$

$$V_3^{c_1} = \int_0^a \frac{1}{\sqrt{(a^2 - x^2)(k'^2 - x^2)}} \, \mathrm{d}x, \quad V_3^{c_2} = \int_0^{k'} \frac{1}{\sqrt{(a^2 - x^2)(k'^2 - x^2)}} \, \mathrm{d}x$$

其中，$\xi = 1, 2$。以下逐个得到上述基本积分的闭合解或广义闭合解。

对于 $U_\xi^{c_1}(v)$、$V_\xi^{c_1}(v)$ 和 $V_3^{c_1}$，类比 6.3.4 节和 6.3.5 节的结果，可以直接得到

$$U_1^{c_1}(v) = \begin{cases} -\dfrac{1}{\sqrt{v - a^2}} \arctan \dfrac{a}{\sqrt{v - a^2}}, & v > a^2 \text{ 或 } v \text{ 为复数} \\[2mm] \dfrac{1}{2\xi} \ln \left| \dfrac{\xi + a}{\xi - a} \right|, & v < 0 \text{ 或 } 0 < v < a^2 \end{cases} \tag{9.3.3}$$

$$U_2^{c_1}(v) = \begin{cases} -\dfrac{\pi}{2v} \sqrt{\dfrac{v}{v - a^2}}, & v < 0 \text{ 或 } v > a^2 \text{ 或 } v \text{ 为复数} \\[2mm] 0, & 0 < v < a^2 \end{cases} \tag{9.3.4}$$

$$V_1^{c_1}(v) = \begin{cases} \dfrac{1}{\mathrm{i}\xi\eta} \arctan \dfrac{\mathrm{i}a\eta}{k'\xi}, & a^2 < v < k'^2 \text{ 或 } v \text{ 为复数} \\[3mm] \dfrac{1}{2\xi\eta} \ln \left| \dfrac{(v + ak' + \xi\eta)(\xi + \eta)}{(v + ak' - \xi\eta)(\xi - \eta)} \right|, & v < a^2 \text{ 或 } v > k'^2 \end{cases} \tag{9.3.5}$$

$$(\xi = \sqrt{a^2 - v}, \quad \eta = \sqrt{k'^2 - v})$$

$$V_2^{c_1}(v) = -\frac{1}{k'v} \varPi\left(a^2/v, \, a^2/k'^2\right), \quad V_3^{c_1} = \frac{1}{k'} K\left(a^2/k'^2\right) \tag{9.3.6}$$

对于 $U_\xi^{c_2}(v)$，尽管积分形式与 $U_\xi^{c_1}(v)$ 是相同的，但是积分限不同。基本积分 $U_1^{c_2}(v)$ 的求解过程，可参考 6.3.4.1 节的分析过程，注意修改相应的积分限[①]，可以类似地得到

$$U_1^{c_2}(v) = \begin{cases} -\dfrac{1}{\sqrt{v - a^2}} \arctan \dfrac{(a - b)\sqrt{v - a^2}}{v - a(a - b)}, & v > a^2 \text{ 或 } v \text{ 为复数} \\[3mm] \dfrac{1}{2\sqrt{a^2 - v}} \ln \left| \dfrac{(b - \sqrt{a^2 - v})(a + \sqrt{a^2 - v})}{(a - \sqrt{a^2 - v})(b + \sqrt{a^2 - v})} \right|, & v < 0 \text{ 或 } 0 < v < a^2 \end{cases} \tag{9.3.7}$$

但是由于积分限的改变，我们无法直接比对 6.3.4.2 节的分析得到 $U_2^{c_2}(v)$ 的结果。作第三种欧拉替换：$\sqrt{a^2 - x^2} = (a - x)y$，因此

$$x = a\frac{y^2 - 1}{y^2 + 1}, \quad \mathrm{d}x = \frac{4ay}{(y^2 + 1)^2} \mathrm{d}y, \quad \sqrt{a^2 - x^2} = \frac{2ay}{y^2 + 1}$$

$$x^2 - v = \frac{(a^2 - v)y^4 - 2(a^2 + v)y^2 + (a^2 - v)}{(y^2 + 1)^2}$$

从而

$$\begin{aligned} U_2^{c_2}(v) &= \frac{2}{a^2 - v} \int_1^{\frac{b}{a - k'}} \frac{y^2 + 1}{(y^2 + h)(y^2 + h')} \mathrm{d}y \\ &= \frac{1}{2a\sqrt{v}} \int_1^{\frac{b}{a - k'}} \left(\frac{1 - h}{y^2 + h} - \frac{1 - h'}{y^2 + h'} \right) \mathrm{d}y \\ &= \frac{1}{2a\sqrt{v}} \left[\frac{1 - h}{\sqrt{h}} \arctan \frac{y}{\sqrt{h}} - \frac{1 - h'}{\sqrt{h'}} \arctan \frac{y}{\sqrt{h'}} \right] \Big|_1^{\frac{b}{a - k'}} = \frac{f(h) - f(h')}{2a\sqrt{v}} \\ f(x) &\triangleq \frac{1 - x}{\sqrt{x}} \arctan \frac{(b + k' - a)\sqrt{x}}{(a - k')x + b} \end{aligned} \tag{9.3.8}$$

其中，$h = \dfrac{\sqrt{v} + a}{\sqrt{v} - a}$，$h' = \dfrac{1}{h}$。

　　[①] 比如，对于 $U_1^{c_2}(v)$，在进行类似于 6.3.4.1 节开始对于 $U_1^{\mathrm{P}}(c)$ 作的两次变量替换 $z = x^2$、$y = \sqrt{a^2 - z}$ 之后，得到的积分为

$$U_1^{c_2}(v) = \int_b^a \frac{1}{a^2 - c - y^2} \mathrm{d}y$$

与 $U_1^{\mathrm{P}}(c)$ 相比，下限由 0 变为 $\sqrt{a^2 - k'^2} = b$，此后的分析也需要基于此做相应的调整，此处不再赘述，留给感兴趣的读者作为练习。

最后，将 $V_\xi^{c2}(v)$ 和 V_3^{c2} 的定义和条件 $(k' < a)$ 与 $V_\xi^{c1}(v)$ 和 V_3^{c1} 的定义和条件 $(a < k')$ 相比，不难发现只需要将式 (9.3.5) 和 (9.3.6) 中的 a 和 k' 互换，就可以直接得到

$$V_1^{c2}(v) = \begin{cases} \dfrac{1}{i\xi\eta}\arctan\dfrac{ik'\xi}{a\eta}, & k'^2 < v < a^2 \text{ 或 } v \text{ 为复数} \\ \dfrac{1}{2\xi\eta}\ln\left|\dfrac{(v+ak'+\xi\eta)(\xi+\eta)}{(v+ak'-\xi\eta)(\xi-\eta)}\right|, & v < k'^2 \text{ 或 } v > a^2 \end{cases} \tag{9.3.9}$$

$$V_2^{c2}(v) = -\frac{1}{av}\Pi\left(k'^2/v,\, k'^2/a^2\right), \quad V_3^{c2} = \frac{1}{a}K\left(k'^2/a^2\right) \tag{9.3.10}$$

式 (9.3.10) 中的 ξ 和 η 定义与式 (9.3.5) 中的定义相同。

将式 (9.3.7) ~ (9.3.10) 代回式 (9.3.2a) 和 (9.3.2b)，即可得到 $\bar{u}_i^{c1}(\bar{t})$ 和 $\bar{u}_i^{c2}(\bar{t})$。

9.3.2 $\bar{u}_i^{c3}(\bar{t})$ 的广义闭合解

对 $\bar{u}_i^{c3}(\bar{t})$ 的处理方式与 $\bar{u}_i^{c1}(\bar{t})$ 和 $\bar{u}_i^{c2}(\bar{t})$ 是类似的。根据式 (9.2.13c)，只需要求 $\bar{u}_3^{c3}(\bar{t})$ 即可。注意这个积分是定义在 $\bar{t} > 1$ 的区间上的，因此有 $k'^2 = 1 - k^2 < \bar{t}^2 - k^2 = a^2$，即 $k' < a$。根据 4.4.3 节的分析，此时有 $\eta_\alpha = i\sqrt{a^2 - p^2}$，$\eta_\beta = i\sqrt{b^2 - \bar{p}^2}$，即 η_α 和 η_β 均为纯虚数。仍然令 $\eta_\alpha = ix$，则有

$$\bar{p}(x) = \sqrt{a^2 - x^2}, \quad \eta_\beta(x) = i\sqrt{x^2 - k'^2}, \quad \gamma(x) = 1 - 2x^2 - 2k^2$$

相应地，有

$$\int_0^b d\bar{p} = \int_{k'}^a \frac{x\,dx}{\sqrt{a^2 - x^2}}$$

当 $1 < \bar{t} < \kappa$ 时，积分区间上没有奇点，而当 $\bar{t} > \kappa$ 时，积分区间上有奇点[①]，必须在主值意义下取值，从而有

$$\bar{u}_3^{c3}(\bar{t}) = H(\bar{t}-1)\text{Im}\int_{k'}^a \frac{1}{R(x)W(x)}\left[\frac{E^{(1)}(x)}{\sqrt{a^2-x^2}} + \frac{E^{(2)}(x)}{\sqrt{(x^2-k'^2)(a^2-x^2)}}\right]dx$$

其中，$E^{(1)}(x) = i\gamma^2 x^2 d$，$E^{(2)}(x) = 4ix^3 g(x^2 - k'^2)d$，其他符号的含义与式 (9.3.2a) 和 (9.3.2b) 中的相同。采取与 9.3.1 节中对 $\bar{u}_i^{c1}(\bar{t})$ 和 $\bar{u}_i^{c2}(\bar{t})$ 相同的处理方式，对上式被积函数中的有理分式进行部分分式分解，所以类似地，$\bar{u}_3^{c3}(\bar{t})$ 可以表示为

$$\begin{aligned}\bar{u}_3^{c3}(\bar{t}) = H(\bar{t}-1)\text{Im}\sum_{m=1}^4 &\left(u_{3,2m-1}^{c3}U_1^{c3}(y_m) + u_{3,2m}^{c3}U_2^{c3}(y_m) + v_{3,2m-1}^{c3}V_1^{c3}(y_m)\right.\\ &\left.+ v_{3,2m}^{c3}V_2^{c3}(y_m)\right)\end{aligned} \tag{9.3.11}$$

---

① 注意到 Rayleigh 函数的零点（见上册附录 B 中的式 (B.1)）κ^2 满足 $\bar{q}^2 - \bar{p}^2 = x^2 + k^2 = \kappa^2$，对于在 $k' < x < a$ 中的 x，有 $1 < x^2 + k^2 = \kappa^2 < a^2 + k^2 = \bar{t}^2$，因此对于 $1 < \bar{t} < \kappa$，积分区间中没有奇点，但是当 $\bar{t} > \kappa$ 时，积分区间中有奇点 $x = \sqrt{y_3}$。

式中，$u_{3,j}^{c_3}$ 和 $v_{3,j}^{c_3}$ 分别为有理分式 $\dfrac{E^{(1)}(x)}{R(x)W(x)}$ 和 $\dfrac{E^{(2)}(x)}{R(x)W(x)}$ 的部分分式展开系数。基本积分定义为

$$U_\xi^{c_3}(v) = \int_{k'}^a \frac{x^{2-\xi}}{(x^2-v)\sqrt{a^2-x^2}}\,\mathrm{d}x, \quad V_\xi^{c_3}(v) = \int_{k'}^a \frac{x^{2-\xi}}{(x^2-v)\sqrt{(x^2-k'^2)(a^2-x^2)}}\,\mathrm{d}x$$

$U_1^{c_3}(c)$ 的求法与 $U_1^{c_2}(c)$ 类似，也是与 6.3.4.1 节中的过程类似，只需要修改相应的积分限，直接写出结果为

$$U_1^{c_3}(v) = \begin{cases} -\dfrac{1}{\sqrt{v-a^2}}\arctan\dfrac{b}{\sqrt{v-a^2}}, & v > a^2 \text{ 或 } v \text{ 为复数} \\[3mm] \dfrac{1}{2\sqrt{a^2-v}}\ln\left|\dfrac{\sqrt{a^2-v}+b}{\sqrt{a^2-v}-b}\right|, & v < a^2 \end{cases} \tag{9.3.12}$$

对于 $U_2^{c_3}(v)$，作第三种欧拉替换：$\sqrt{a^2-x^2}=(a+x)y$①，此时有

$$\begin{aligned} U_2^{c_3}(v) &= \frac{2}{a^2-v}\int_0^{\frac{b}{a+k'}} \frac{y^2+1}{(y^2+h)(y^2+h')}\,\mathrm{d}y \\[2mm] &= \frac{1}{2a\sqrt{v}}\int_0^{\frac{b}{a+k'}}\left(\frac{1-h}{y^2+h}-\frac{1-h'}{y^2+h'}\right)\mathrm{d}y = \frac{g(h)-g(h')}{2a\sqrt{v}} \\[2mm] g(x) &\triangleq \frac{1-x}{\sqrt{x}}\arctan\frac{b}{(a+k')\sqrt{x}} \end{aligned} \tag{9.3.13}$$

其中，h 和 h' 的定义与式 (9.3.8) 相同。

注意到 $V_\xi^{c_3}(v)$ 的定义与式 (6.5.9) 中的 $V_\xi^{\text{S-P}}(c)$ 相似，只需要将 $V_\xi^{\text{S-P}}(c)$ 中的 k'、b 和 c 分别替换为 a、k' 和 $-v$ 即可。因此根据 6.5.6.1 节和 6.5.6.2 节中的结论，直接得到

$$V_1^{c_3}(v) = \begin{cases} \dfrac{\pi}{2(k'^2-v)}\sqrt{\dfrac{k'^2-v}{a^2-v}}, & v > a^2 \text{ 或 } v < k'^2 \text{ 或 } v \text{ 为复数} \\[3mm] 0, & k'^2 < v < a^2 \end{cases} \tag{9.3.14}$$

$$V_2^{c_3}(v) = \frac{1}{a(a^2-v)}\varPi(n,m) \quad \left(n = \frac{b^2}{a^2-v},\ m = \frac{b^2}{a^2}\right) \tag{9.3.15}$$

将式 (9.3.12) ~ (9.3.15) 代入式 (9.3.11)，即可得到 $\bar{u}_3^{c_3}(t)$。最终，把式 (9.3.2a)、(9.3.2b) 和 (9.3.11) 代入式 (9.2.12)，连同式 (9.2.11) 和 (9.2.14)，一并代入式 (9.2.15)，最终得到运动点源产生的位移场的广义闭合形式解答。

9.4　正确性检验和数值算例

以上我们首先在 9.2 节中通过理论分析将运动点源产生的位移场分解为以闭合形式表达的 Rayleigh 函数极点的贡献 u_i^{Ray}、运动项极点的贡献 u_i^{pole} 和以积分形式表达的

---

① 此处的欧拉替换与求 $U_2^{c_2}(v)$ 时引入的略有区别。由于积分上限为 a，如果仍然采取替换 $\sqrt{a^2-x^2}=(a-x)y$，将导致对应 $x=a$ 的 y 值为无穷大。

Cagniard 路径的贡献 u_i^c，并在 9.3 节中仔细研究得到了 u_i^c 的广义闭合形式解。这样，对于运动源问题，我们在与三类 Lamb 问题相同的求解框架内，也得到了完整的广义闭合形式解。本节中，我们将首先检验解的正确性，然后通过一些数值算例，从不同角度考察运动源解的性质。

9.4.1 正确性检验

与三类 Lamb 问题的广义闭合解类似，运动源的广义闭合解计算也包含两个方面的要素：部分分式系数的计算和基本积分的计算。为了得到正确的位移场结果，需要对它们分别做细致的正确性检验。这个过程与第 6 ~ 8 章的三类 Lamb 问题类似，就不再赘述了。这里我们直接针对最终的位移场做检验。

但是，目前可查阅的文献中没有地表运动源产生的地表位移场结果可以供参考。我们采用两种方式进行间接地检验：一是针对较小的运动速度 c，将运动源的位移场与固定源的位移场做比较，理论上讲，当 $c \to 0$ 时，二者应当一致；二是对于 Bakker 等 (1999) 研究过的在半空间内部观测地表运动源产生的以积分形式表达的位移场，取较小的观测点深度 x_3，将结果与我们的计算结果比较，类似地，从理论上讲，当 $x_3 \to 0$ 时，二者的结果应当一致。

在本节以及 9.4.2 节的数值算例中，除非特别说明，介质模型都参考《高速铁路设计规范》（中华人民共和国行业标准）(国家铁路局，2015) 中有关路基材料的标准，设置为：P 波速度 $\alpha = 1800$ m/s，S 波速度 $\beta = 500$ m/s[①]。并且，如果没有特殊说明，所有的数值算例中的观测点坐标均为 $(3.0, 0.5, 0)$ km，运动源以高速列车的速度 $c = 300$ km/h（约为 83.3 m/s）运动。

9.4.1.1 与固定源 Lamb 问题结果的比较

考虑从 $t = 0$ 时刻开始，从坐标原点出发沿着 x_1 轴的正向，以速度 $c = 0.1$ m/s 运动的垂直点力在位于 $(3, 0.5, 0)$ km 的观测点处产生的位移场。图 9.4.1 显示了运动源的计算结果（细黑线）与根据第 6 章的第一类 Lamb 问题的广义闭合解计算的结果（粗灰线）的比较。对于固定源，时间函数为阶跃函数 $H(t)$，三个位移分量分别对应于 $\bar{G}_{i3}^{\mathrm{H}}$ $(i = 1, 2, 3)$。$\bar{u}_i = \pi^2 \mu r u_i$ $(i = 1, 2, 3)$ 为无量纲化的位移分量。

图 9.4.1 中的第一行子图分别为 80 s 内的三个位移分量[②]。可见信号主要集中在开始的很短的时间内，在时间窗的大部分区段，波形都并无变化并且与固定源的结果一致。为了看清楚开始一段的情况，在第二行的子图中显示了开始的 10 s 内的波形变化对比[③]，二

---

① 介质密度 $\rho = 2.0$ g/cm³，不过在位移的无量纲化表示中，用不到密度。这里需要说明的是，此前在关于固定源 Lamb 问题的算例中，我们始终采用 Johnson (1974) 中的介质参数设定：P 波速度 $\alpha = 8000$ m/s，S 波速度 $\beta = 4620$ m/s，介质密度 $\rho = 3.3$ g/cm³。为何此处这么设？这是因为 Johnson (1974) 的取值是地球介质整体的平均取值，对于具有强烈应用背景的本章考虑的问题，这个取值是不恰当的。地表上的运动源产生的地表位移场，很大程度上是受接近地表的介质影响。因此我们参考《高速铁路设计规范》中有关路基填充材料的信息做这种设置是更符合实际情况的，虽然半空间介质模型对于实际问题来说太简单了。

② 选取如此长的时间窗的原因在于，正如在之后的例子中将要看到的，如果运动源的速度不是很小，那么信号的延续范围将很大，所以为了看到移动源时间变化情况的全貌，也选取与 $c \nrightarrow 0$ 情况相同的时间窗。

③ 不是简单地截取和放大，而是在保证采样点一样的情况下，计算更短的时间窗信号。具体地说，计算第一行子图的结果，采用了 1000 个采样点，时间步长为 0.08 s；计算第二行子图的结果，也采用了 1000 个采样点，因此时间步长为 0.008 s。时间间隔更小了，导致局部的奇异性更加明显。

者仍然表现出了高度的一致性。这表明，作为退化情况，运动源在运动速度 $c \to 0$ 的情况下产生的波形与固定源的波形相同[①]。

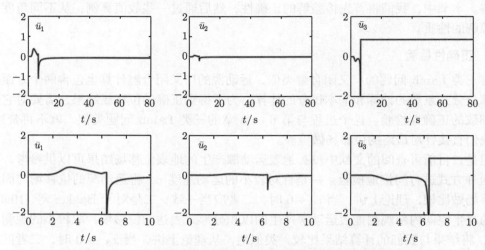

图 9.4.1　运动源和固定源产生的位移分量随时间变化的比较

横坐标为时间 t，单位为 s。纵坐标为无量纲化的位移场 $\bar{u}_i = \pi^2 \mu r u_i$。第一行子图分别为三分量的位移分量随时间 t 的变化曲线，第二行子图为第一行对应曲线在最初 10 s 内的放大。粗灰线为固定源第一类 Lamb 问题的结果（时间函数为阶跃函数 $H(t)$），细黑线为运动脉冲源的结果。垂直点力源的运动速度为 $c = 0.1$ m/s

9.4.1.2　与 Bakker 等 (1999) 积分解的比较

在 9.1.1 节中曾经提到过，在 Gakenheimer 和 Miklowitz (1969) 的基础上，Bakker 等 (1999) 用更简单的方式得到了形式上与 Johnson (1974) 得到的固定源情况的半空间 Green 函数类似的积分解。Feng 和 Zhang (2020) 正是在此基础上进一步得到了广义闭合形式解。但是，无论是 Bakker 等 (1999) 的积分解，还是 Feng 和 Zhang (2020) 的广义闭合解，都是针对在地表运动的源在半空间内部产生的位移场。从理论上看，这个解并不能直接退化为观测点在地表的情况[②]。尽管如此，我们可以令观测点的深度 $x_3 \to 0$，这样得到的位移波形应该与本章的结果一致。

图 9.4.2 中显示了基于本章的公式计算的运动源产生的位移分量随时间变化的曲线（细黑线）与同样水平位置、但深度为 $x_3 = 1$ m 的观测点处的运动点源积分解 (Bakker et al., 1999，粗灰线) 的比较。与图 9.4.1 类似，在图 9.4.2 中，第一行子图显示的是点源开始运动之后前 80 s 的波形变化，而第二行子图显示的是前 10 s 的波形变化。可以看出，两幅图中第二行的波形是一致的，但是第一行的波形有非常明显的差别，在 10 s 之后到 80 s 的时间范围内，位移分量都出现了振幅巨大的光滑波形。对于采用本章公式计算的结果而言，图 9.4.2 与图 9.4.1 的唯一差别在于运动速度，所以这个波形显然由运动产生[③]。

---

① 有一个很明显，但或许还值得一提的问题是：为什么时间函数是 δ 函数的运动源产生的位移场，波形与时间函数为阶跃函数的固定源产生的位移场是相同的？这是因为当 $c \to 0$ 时，可以近似认为运动源固定在源点不动，这样连续的 δ 函数的效果就相当于是阶跃函数了。

② 因为观测点严格位于地表的情况将出现奇异性，必须对奇异性积分做特殊的处理。

③ 在随后的数值算例部分中，我们将通过详细剖析各部分的贡献来显示这些波形的具体来源是什么。

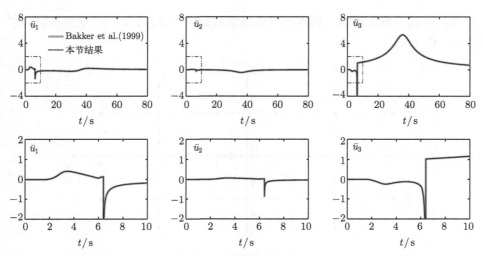

图 9.4.2 运动源产生的位移场与接近地表观测的运动点源积分解 (Bakker et al.，1999) 的比较

图形说明与图 9.4.1 相同，区别仅在于粗灰线为根据接近地表（深度为 1 m）观测的运动点源积分解 (Bakker et al, 1999) 计算的结果。第二行子图为第一行子图虚线框内部分的放大

一个很自然的问题是，既然运动速度不同会产生波形上的巨大差异，那么为什么在运动开始后的前 10 s 内的位移波形是基本一致的？这是因为对于地表上的固定观测点而言，接收到的信号波形是由不同位置的脉冲力作用产生的位移场的叠加。对于我们当前研究的 $c < v_{\mathrm{R}}$ 的运动源，首先到达观测点的是通过地表传播过来的地震波动。如果脉冲力的作用可以看作是时间上连续不断的（包括向前和向后），那么叠加得到的波形是光滑的，就像 $10 \sim 80$ s 这个时间段内的波形一样；但是在刚开始运动后的一段时间内，参与叠加的波形在时间上并非连续不断的[①]，没有之前产生的位移的叠加，开始一段的波形很大程度上保持了固定源位移场的特征。

从计算时间上比较，计算 1000 个时间点的三分量位移，运用 Bakker 等 (1999) 的积分公式计算用时 28.53 s，而根据广义闭合解公式计算用时 0.03 s。广义闭合解的计算效率是积分解的近千倍。

总而言之，通过 9.4.1.1 节和本节中与两种极限情况计算结果的对比测试，验证了本章中所发展的公式和程序的正确性和高效性。

9.4.2 数值算例

以下我们通过一些数值算例的研究，从不同方面揭示运动源波场的特点。

9.4.2.1 不同位置的观测点

为了考察在不同的空间位置观测运动源产生的位移波场有何差异，设计如图 9.4.3 所示的四条测线。参考图 9.2.1，图 9.4.3 为从地表之上向下的俯视图。垂直脉冲力源在 $t = 0$ 时刻从坐标原点 O 出发，沿着 x_1 轴正向以速度 c 运动。$l_j^{(i)}$ $(i = 1, 2, \cdots, 4; j = 1, 2, \cdots, 6)$ 为四条测线上的测点（黑色圆点）。水平测线上的测点序号从左到右依次增加；垂直测线上

---

① 因为在 $t = 0$ 之前并没有源的作用，从而没有对应的位移场产生。

的测点序号从上到下依次增加，具体数值见图中的数字（单位：km）。举例来说，$l_4^{(2)}$ 的坐标为 (1, 1.5, 0) km。

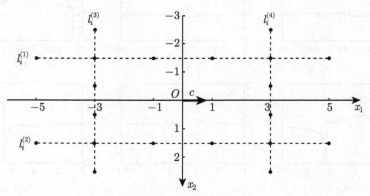

图 9.4.3　测线分布示意图

x_1 和 x_2 为位于地表的坐标轴。垂直点源沿着 x_1 轴正向以速度 c 运动。在 x_1 轴两侧 1.5 km 处各有一条测线 $l^{(1)}$ 和 $l^{(2)}$，每条测线有 6 个测点（黑色圆点），序号 i 为从左到右；在 x_2 轴两侧 3 km 处也各有一条测线 $l^{(3)}$ 和 $l^{(4)}$，每条测线有 6 个点，序号 i 为从上到下。各个测点的坐标见图中数字，单位为 km

图 9.4.4 显示了测点 $l_i^{(1)}$ 和 $l_i^{(2)}$ $(i = 1, 2, \cdots, 6)$ 处的位移分量随时间的变化，垂直力源的运动速度为 $c = 300$ km/h。需要特别说明的是，由于这里考虑的是多个不同的测点处的结果，为了便于比较不同结果的幅度，本例中我们对位移分量显示的是 $\bar{u}_i = \pi^2 \mu u_i$。可以看出，在 x_1 轴两侧的对应测点 $l_i^{(1)}$ 和 $l_i^{(2)}$ $(i = 1, 2, \cdots, 6)$ 处，$\bar{u}_1$ 和 $\bar{u}_3$ 是相等的，而 $\bar{u}_2$ 反号。这一点不难根据问题的对称性得到。对于 $x_1 > 0$ 的测点，对应的曲线上还标出了 "+" 和 "×"。"+" 代表运动源经过观测点在 x_1 轴上投影点的时刻 $t = x_1/c$，"×" 代表 t_{pole}。根据 9.2.3.1 节的分析，运动项包含的极点仅在 $x_1 > 0$ 才有贡献，因此位于图 9.4.3 中 x_2 轴左侧的测点 $l_i^{(\alpha)}$ $(\alpha = 1, 2; i = 1, 2, 3)$ 处的曲线不存在来自运动项的极点贡献，在波形上表现为没有 "鼓包"；而与此相反，在 x_2 轴右侧的测点 $l_i^{(\alpha)}$ $(\alpha = 1, 2; i = 4, 5, 6)$ 都有由运动项极点以及 Rayleigh 函数极点引起的 "鼓包"。一个有趣的现象是，"+" 的位置精确对应着位移曲线的零点（$\bar{u}_1$）或极值点（$\bar{u}_2$ 和 $\bar{u}_3$），而运动项对应的极点贡献的到时 t_{pole}（"×"）则与 "+" 有一定偏离，并且在固定 x_2 的情况下，x_1 越大，二者越接近[①]。

图 9.4.4 揭示的另外一个值得注意的现象是，与固定源相比，由于源在 x_1 方向的运动，破坏了空间上的对称性。根据 4.4.5 节所列的第一类 Lamb 问题 Green 函数解，垂直力源所产生的位移场中，两个水平分量 G_{13} 和 G_{23} 仅仅相差了一个系数（$G_{23} = G_{13} \tan \phi$）。这是垂直力源产生的位移场具有轴对称性的特点的直接体现。但是一旦源以速度 c 沿着 x_1 轴运动，这种空间对称性就打破了。体现在 $\bar{u}_1$ 和 $\bar{u}_2$ 分量位移波形的显著差异。位移分量 $\bar{u}_2$ 和 $\bar{u}_3$ 呈现出类似的特征：随着运动点源在水平方向上接近观测点在 x_1 轴上的投影点，振幅增大，而一旦过了该点，振幅逐渐减小。根据图 9.4.4 中显示的位移分量符号判断，观测点处的质点运动发生在靠近 x_1 轴的方向上，并且都向下运动。位移分量 $\bar{u}_1$ 则呈现较为复杂的变化特征：在运动点源向观测点在 x_1 轴上的投影点的运动过程中，观测点处的质

---

① 这一点不难从 t_{pole} 的定义看出来，$t_{\text{pole}} = \dfrac{r}{x_1 c} = \dfrac{\sqrt{x_1^2 + x_2^2}}{x_1 c}$，因此随着 x_1 的增大，结果越来越趋近于 x_1/c。

点先是向运动的点源方向运动，在通过投影点的瞬间，$\bar{u}_1 = 0$，随后质点跟随运动点源向 x_1 正方向运动，到达最大之后再缓慢反向运动。

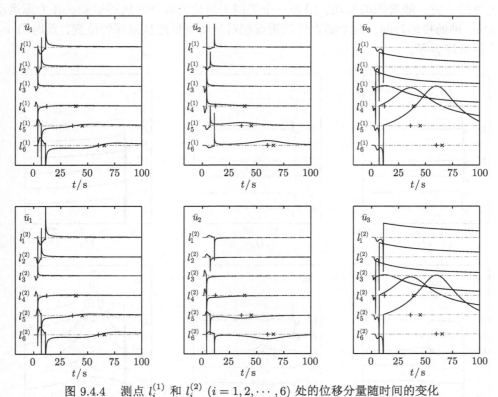

图 9.4.4　测点 $l_i^{(1)}$ 和 $l_i^{(2)}$ $(i = 1, 2, \cdots, 6)$ 处的位移分量随时间的变化

横坐标为时间 t，单位为 s。纵坐标为位移场 $\bar{u}_i = \pi^2 \mu u_i$。第一行和第二行的子图分别为测点 $l_i^{(1)}$ 和 $l_i^{(2)}$ $(i = 1, 2, \cdots, 6)$ 处的位移随时间的变化。各观测点的序号标于每条曲线的前面。"+" 代表运动源经过观测点在 x_1 轴上投影点的时刻 $t = x_1/c$，"×" 代表 t_{pole}。垂直点力源的运动速度为 $c = 300$ km/h

图 9.4.5 显示了测点 $l_i^{(3)}$ 和 $l_i^{(4)}$ $(i = 1, 2, \cdots, 6)$ 处的相应结果。注意到测点 $l_i^{(3)}$ 都位于 x_2 轴的左侧 $(x_1 < 0)$，即处于点源运动方向的后方，因此不存在运动项的极点贡献；而测点 $l_i^{(4)}$ 都位于 x_2 轴的右侧 $(x_2 < 0)$，即处于点源运动方向的前方，运动项极点和 Rayleigh 函数的极点对位移场都有贡献。与图 9.4.4 类似，对于测点 $l_i^{(4)}$，也标出了 "+" 和 "×"。"+" 的位置精确仍然对应着位移曲线的零点（$\bar{u}_1$）或极值点（$\bar{u}_2$ 和 $\bar{u}_3$），并且对于所有的测点 $l_i^{(4)}$，x_1 相同，因此 "+" 的位置相同。而运动项到时 t_{pole} 对应的 "×" 仍然与 "+" 有偏离，并且随着 $|x_2|$ 的增加而变大。图 9.4.5 显示的一个重要的现象是，对于 $x_1 > 0$ 的测点 $l_i^{(4)}$ $(i = 1, 2, \cdots, 6)$，观测点离 x_1 轴越近，位移分量的数值越大；而对于 $x_1 < 0$ 的测点 $l_i^{(3)}$ $(i = 1, 2, \cdots, 6)$，位移分量的数值与观测点到 x_1 轴的距离关系不大。

为了更清楚地显示介质在运动源作用下的运动情况，图 9.4.6 显示了图 9.4.3 中四条测线的四个交点 $l_2^{(3)}$、$l_5^{(3)}$、$l_2^{(4)}$ 和 $l_5^{(4)}$ 处的质点运动轨迹。结合图 9.4.5 中的位移分量曲线，不难分析这些测点处的质点运动情况。对于力源运动方向后方的两个测点 $l_2^{(3)}$ 和 $l_5^{(3)}$，质点运动较为简单，在力源开始运动之后，质点迅速离开初始位置相对运动到靠近源的下方，

然后随着源的运动，缓慢地向初始位置运动。而对于力源运动方向前方的两个测点 $l_2^{(4)}$ 和 $l_5^{(4)}$，质点运动情况较为复杂。在力源开始运动之后，质点也是迅速离开初始位置相对运动到靠近源的下方，随着源的运动，沿着一个类似于斜放的椭圆的轨迹运动。在力源运动到测点在 x_1 轴的投影处时，两个测点处的质点相对运动到最近且最深的位置，此时沿 x_1 方向的位移恰好为零。

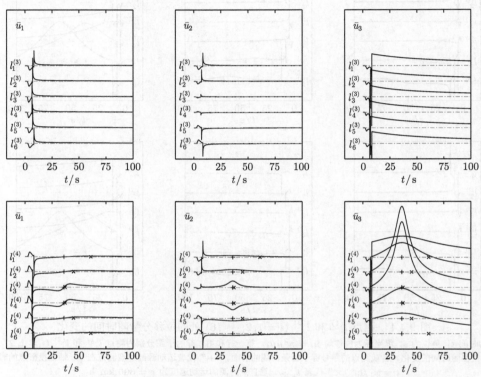

图 9.4.5　测点 $l_i^{(3)}$ 和 $l_i^{(4)}$ $(i = 1, 2, \cdots, 6)$ 处的位移分量随时间的变化

说明与图 9.4.4 相同，区别仅在于当前为测点 $l_i^{(3)}$ 和 $l_i^{(4)}$ $(i = 1, 2, \cdots, 6)$ 处的结果

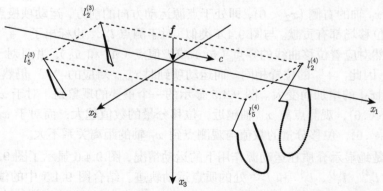

图 9.4.6　测点 $l_2^{(3)}$、$l_5^{(3)}$、$l_2^{(4)}$ 和 $l_5^{(4)}$ 处的质点运动轨迹

观测点坐标参见图 9.4.3。质点运动轨迹上的黑色圆点为等时间间距的各个时刻的位置

9.4.2.2 不同 Poisson 比的结果

我们在 9.2 节和 9.3 节中发展的解法对于 $0 < \nu < 0.5$ 的情况都成立。与第 6 章中研究的第一类 Lamb 问题 Green 函数的情况类似,当 Poisson 比位于 $(0, 0.2631)$ 和 $(0.2631, 0.5)$ 时,Rayleigh 函数的三个根的取值情况有所差异,对应基本积分的求解有所不同。但是,正如前面已经提到过的,这种差异只是数学求解时出现的,体现在最终的结果上,位移曲线随着 ν 的变化不应该出现明显的突变。

图 9.4.7 中显示了不同 Poisson 比 ν 情况下的运动源产生的位移场的比较。与图 9.4.1 类似,第一行和第二行子图分别显示了较长的时间区间 $(0, 80)$ s 和运动开始后最初的 10 s 内的各个位移分量随时间的变化曲线。每个分量都显示了 5 个不同的 Poisson 比取值对应的结果:$\nu = 0.05$、0.15、0.25、0.35 和 0.45,颜色由浅变深。根据图 9.4.2 的经验,不出预料地,第二行的结果与固定源的第一类 Lamb 问题的结果类似,参见图 6.6.5。我们更感兴趣的是图 9.4.7 中第一行子图的结果。从图中可以看出,不同的 Poisson 比取值对应的结果相差非常显著。波形的形状大致类似,但是幅度相差巨大。随着 Poisson 比 ν 的增大,运动源导致的无量纲位移幅度明显减小。接近地表区域的介质主要是各种土质,与岩石性质差别很大。土质的特点是 Poisson 比较大,比如我们在 9.4 节中的采用的基础介质模型,P 波和 S 波的速度分别是 1800 m/s 和 500 m/s,对应的 Poisson 比为 0.458。根据图 9.4.7 的结果,这意味着与岩石对应的 0.25 附近的介质相比,无量纲位移具有较小的幅度[①]。地震学问题中半空间模型通常都是假定 Poisson 体 ($\nu = 0.25$),但是对于当前考虑的运动源问题,针对

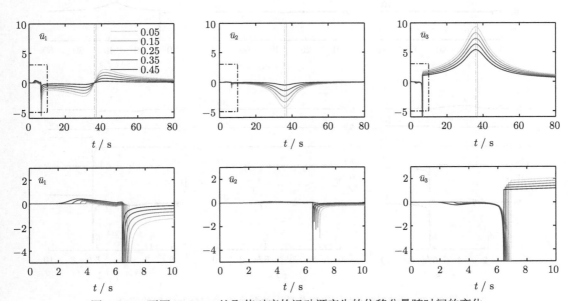

图 9.4.7　不同 Poisson 比取值对应的运动源产生的位移分量随时间的变化

说明参考图 9.4.2。对于每个位移分量,显示了不同 Poisson 比取值的结果:$\nu = 0.05$、0.15、0.25、0.35 和 0.45,颜色由浅变深,如左上角的子图中所示。第一行子图中的虚竖线和实数竖线分别代表 x_1/c 和 t_{pole}

---

① 绝对位移的数值,需要除以 $\pi^2 \mu r = \pi^2 \rho \beta^2 r$,还取决于密度和 S 波速度 β 的具体数值。

高速铁路路基这种材料，研究在 $(0.2631, 0.5)$ 区间内的 Poisson 比情况的解就具有很重要的现实意义。

9.4.2.3　位移分量中不同成分的贡献

根据运动源产生的位移的表达式 (9.2.15)，位移由三个部分组成：运动项的极点贡献 (9.2.11)、Rayleigh 函数的极点贡献 (9.2.14) 和 Cagniard 路径的积分项 (9.2.12)。为了对运动源产生的位移场有更深入的认识，有必要单独考虑每一项的贡献。

图 9.4.8 显示了位移分量的各个组成部分 $\bar{u}_i^{\text{pole}}$、$\bar{u}_i^{\text{Ray}}$ 和 $\bar{u}_i^{\text{c}}$（细实线）及它们的总和 $\bar{u}_i$（粗实线）。第一行和第二行的各个子图分别显示了 $[0, 80]$ s 和 $[0, 10]$ s 两个时间段上各位移分量的结果。为了清楚地显示结果，第二行子图中的灰色线代表放大了的曲线，放大倍数见各自位移曲线末端的灰色数字，同时还标出了 P 波、S 波和 Rayleigh 波到时 t_{P}、t_{S} 和 t_{R}。对于 $\bar{u}_3$（右上图），用灰色虚线和实线分别标出了运动点源经过观测点在 x_1 轴上投影点的时刻 $t = x_1/c$ 和 t_{pole}。

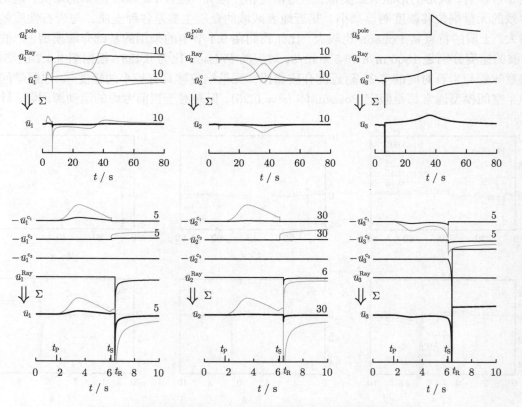

图 9.4.8　运动源产生的位移分量中的各个组成部分及它们的组合

第一行和第二行的各个子图分别显示了 $[0, 80]$ s 和 $[0, 10]$ s 两个时间段上各位移分量的组成部分：$\bar{u}_i^{\text{pole}}$、$\bar{u}_i^{\text{Ray}}$ 和 $\bar{u}_i^{\text{c}}$（细实线），以及它们之和 $\bar{u}_i$（粗实线）。第二行子图中的灰色线代表放大了的曲线，放大倍数见各自位移曲线末端的灰色数字，同时在时间轴上标出了 P 波、S 波和 Rayleigh 波到时 t_{P}、t_{S} 和 t_{R}。在第一行的 $\bar{u}_3$ 图中，竖直的灰色虚线和实线分别代表运动点源经过观测点在 x_1 轴上投影点的时刻 $t = x_1/c$ 和 t_{pole}

根据第一行几个子图，两个水平分量 $\bar{u}_1$ 和 $\bar{u}_2$ 的主要组成部分与垂直分量 $\bar{u}_3$ 差别非常明显。对于 $\bar{u}_1$ 和 $\bar{u}_2$，运动项的极点贡献为零，这是因为根据式 (9.2.11)，计算表明 F_1^*、F_2^* 和 $\mathscr{R}$ 都为实数；Cagniard 路径的贡献和 Rayleigh 极点的贡献大部分相互抵消。而对于 $\bar{u}_3$，Rayleigh 极点对它没有贡献，此时 F_3^* 为纯虚数，$\mathscr{R}$ 仍然为实数，因此根据式 (9.2.11)，位移分量主要来自 Cagniard 路径的贡献和运动项极点的贡献。一个有趣的现象是，Cagniard 路径的贡献部分在 $t = t_{\mathrm{pole}}$ 处产生了间断，但是与在此处开始出现的运动项极点的贡献部分正好互补，二者之和形成了一条光滑的曲线 $\bar{u}_3$。

为了了解起始阶段的波形的详细结构，图 9.4.8 的第二行子图显示了源开始运动之后 10 s 内观测点处的位移分量的各个组成部分：Cagniard 路径的三个积分 $-\bar{u}_j^{c_i}$ $(i, j = 1, 2, 3)$ 和 Rayleigh 函数极点的贡献 $\bar{u}_i^{\mathrm{Ray}}$ $(i = 1, 2, 3)$。根据式 (9.2.13c)，$\bar{u}_{\alpha}^{c_3} = 0$ $(\alpha = 1, 2)$，此外，根据式 (9.2.14)，$\bar{u}_3^{\mathrm{Ray}} = 0$，因此，$-\bar{u}_1^{\mathrm{Ray}}$、$-\bar{u}_2^{\mathrm{Ray}}$ 和 $-\bar{u}_3^{c_3}$ 分别构成了 $\bar{u}_1$、$\bar{u}_2$ 和 $\bar{u}_3$ 的主要成分。结合时间轴上所标出的几个震相的到时，可以清楚地分析各个成分的作用区间，就不再赘述了。

综合上面的分析，我们可以得到如下结论：在地表观测到的运动源产生的位移分量，除了 Cagniard 路径积分的贡献之外，水平分量和垂直分量的主要成分分别是 Rayleigh 函数的极点和运动项极点的贡献。

9.4.2.4　Rayleigh 波成分和非 Rayleigh 波成分

在第 6 ～ 8 章中，对于三类 Lamb 问题，我们都曾提到过广义闭合解的优势之一是在于明确地将与 Rayleigh 函数的根 y_3 有关的项分离出来，因此可以将整个位移波场分为 Rayleigh 波成分和非 Rayleigh 波成分。对于运动源问题，求解的框架与三类 Lamb 问题是相同的，因此也可以做这种分解。

在 9.4.2.3 节中，我们将位移分量中的不同成分进行了分离，仅有 Cagniard 路径贡献的部分 $\bar{u}_i^c$ 涉及继续拆解为部分分式系数与基本积分乘积之和的形式，参见 9.3 节，因此我们仅需要将 $\bar{u}_i^c$ 拆分为与 y_3 有关的 Rayleigh 波成分 $\bar{u}_i^{\mathrm{R}}$ 和非 Rayleigh 波成分 $\bar{u}_i^{\mathrm{nR}}$ 之和。

图 9.4.9 中显示了运动源产生的位移分量中的 Rayleigh 波成分 $\bar{u}_i^{\mathrm{R}}$ 和非 Rayleigh 波成分 $\bar{u}_i^{\mathrm{nR}}$。第一行和第二行的各个子图分别显示了 [0, 80] s 和 [0, 10] s 两个时间段的结果，对于后者，作为参考也显示了 Rayleigh 函数的极点贡献 $\bar{u}_i^{\mathrm{Ray}}$。

在 [0, 80] s 的时段中，对于水平分量 $\bar{u}_{\alpha}^c$ $(\alpha = 1, 2)$，Rayleigh 波成分和非 Rayleigh 波成分幅度大致相当。但是对于垂直分量 $\bar{u}_3$，在 10 s 之后的 Rayleigh 波成分 $\bar{u}_3^{\mathrm{R}}$ 基本为零，而非 Rayleigh 波成分 $\bar{u}_3^{\mathrm{nR}}$ 则构成了 $\bar{u}_3$ 的主体。这个特征与固定源的情况显著不同。原因在于无论对于 Rayleigh 波成分，还是非 Rayleigh 波成分，运动源的结果都是不同时刻、不同位置处的脉冲源产生的波场叠加的结果。叠加的效果相当于对波形进行了平滑，并且连续的叠加也没有了明确的到时概念，因此难以从波形上辨别 Rayleigh 波成分和非 Rayleigh 波成分的区别。当然，对于 [0, 10] s 时段而言，总体特征与固定源是类似的，还是能够明确地区分二者（见图 9.4.9 中的第二行）。

总体来讲，对于运动源的情况，区分 Rayleigh 波成分和非 Rayleigh 成分对于分析波形的特征意义不大。

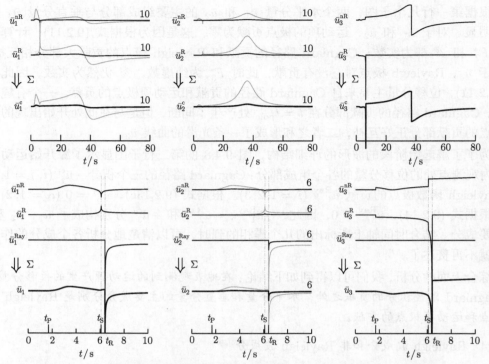

图 9.4.9　运动源产生的位移分量中的 Rayleigh 波成分和非 Rayleigh 波成分

第一行和第二行的各个子图分别显示了 [0, 80] s 和 [0, 10] s 两个时间段上三个位移分量中的 Rayleigh 波成分 $\bar{u}_i^{\mathrm{R}}$ 和非 Rayleigh 波成分 $\bar{u}_i^{\mathrm{nR}}$。对于 [0, 10] s，作为参考，还显示了 Rayleigh 极点的贡献 $\bar{u}_i^{\mathrm{Ray}}$。其他符号含义同图 9.4.8

9.4.2.5　不同的运动速度 c 和 Doppler 效应

对于运动源 Lamb 问题而言，源的运动速度 c 无疑是一个影响波场的重要因素。因此有必要考察不同运动速度产生的位移场有何不同。根据《高速铁路设计规范》(国家铁路局，2015)，我们以三种设计时速为例考察：$c = 250$ km/h、300 km/h 和 350 km/h，大致分别为 $c = 69.4$ m/s、83.3 m/s 和 97.2 m/s[①]。此外，我们知道运动源自然会伴随产生 Doppler 效应[②]。通过计算瞬时频率，可以观察到这种效应。瞬时频率一般定义为信号相位的时间微分，而信号的相位可以通过 Hilbert 变换得到[③]。

---

① 即便是最高设计时速也比 Rayleigh 波速度明显地小。Gakenheimer 和 Miklowitz (1969) 和 Bakker 等 (1999) 都分别考虑了运动速度 c 的各个可能取值区间的情况，比如小于 S 波速度 $c < \beta$，介于 S 波速度和 P 波速度之间 $\beta < c < \alpha$，甚至超过 P 波速度 $c > \alpha$。不同区间上对应的解法略有不同。不过由于实际中在地面上运行的运动点源的速度都有限，因此讨论更高的运行速度或许只有理论上的意义，而并无实际意义。Krylov (1994) 取的是 $c = 500$ km/h，大约是 139 m/s，并且设半空间 Rayleigh 速度为 $v_R = 125$ m/s，因此认为这对应了超 Rayleigh 波速的情况。但是，首先由于设计时速 500 km/h 存在严重安全隐患，目前在我国并不存在；其次，$v_R = 125$ m/s 对应的介质过于松软，并不符合铺设高速铁路路基的要求。因此这种情况在实际中并不会出现。

② 这是由奥地利物理学家 Doppler 于 1842 年首先提出的现象，即在波源向着观测者运动时频率变高，而在远离观测者时频率变低。这是波动的普遍现象，不仅适用于机械波，也适用于其他类型的波动，比如电磁波。

③ 记时间变量为 t(n)，对应的信号为 u(n)。利用 Matlab 计算瞬时频率的程序段为

```
> fs=1/(t(2)-t(1)); z=hilbert(u); freq=fs/(2*pi)*diff(unwrap(angle(z))); freq=[freq(1);freq];
```

通过 plot(t,freq) 可画出瞬时频率随时间变化的曲线。这样计算得到的瞬时频率可能出现振荡的现象，不过可以反映时间信号的频率随时间的变化情况。

  图 9.4.10 的上下两行子图分别显示了这几种速度运动的点力源产生的位移场的比较, 以及它们对应的瞬时频率。颜色由浅到深分别对应于 $c = 250$ km/h、300 km/h 和 350 km/h 的结果。对于固定的观测点来说, 运行越快的点源越早到达观测点在 x_1 轴上的投影, 因此波形上的 "鼓包" 随着 c 的增大呈现沿着时间轴压缩的趋势。这是可以预期的。一个值得注意的特征是, 点源运行通过观测点在 x_1 轴上的投影之后, 三个位移分量都逐渐恢复到零位移的初始状态, 但是运行越慢的源恢复越慢, 这一点可以从振幅较大的 $\bar{u}_3$ 的结果中明显地看到。这就使得, 运动源都通过了观测点之后的某个时刻, 源的运动速度越小, 观测点处的位移分量幅度越大。比如在 $t = 80$ s 的 $\bar{u}_3$, 幅度随着 c 的变小而增大。原因是在于, 运动源产生的位移场是连续的时刻和时间的脉冲力源产生位移场的叠加, 运动速度越慢, 意味着脉冲力作用的时间越长, 不难理解它所造成的影响也就越大。

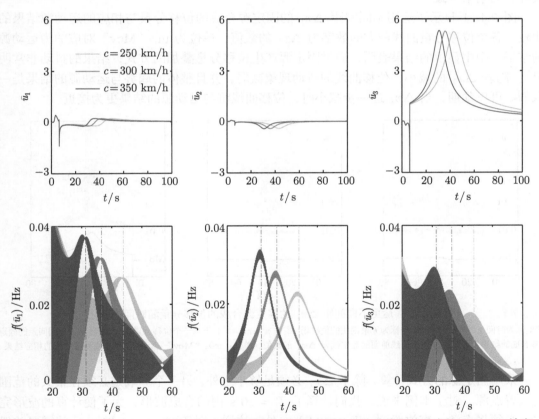

  图 9.4.10 以不同速度 c 运动的点力源产生的位移分量随时间的变化曲线和其对应的 Doppler 效应
横坐标为时间 t, 单位为 s。第一行子图分别为三个位移分量, 纵坐标为无量纲化的位移场 $\bar{u}_i = \pi^2 \mu r u_i$, 每个子图都显示了三个不同运动速度的结果: $c = 250$ km/h、300 km/h 和 350 km/h, 颜色由浅到深。第二行子图分别为它们对应的瞬时频率 $f(\bar{u}_i)$, 不同颜色的竖直虚线为各自对应的 x_1/c

  图 9.4.10 第二行子图为位移分量对应的瞬时频率随时间的变化。为了更清楚地显示 Doppler 效应, 还标出了运动源通过观测点在 x_1 轴上投影点的时刻 (竖直的虚线)。可以明显地看到, 在点源以不同的速度到达这些虚线之前, 随着运动源越来越接近, 瞬时频率逐渐从较小的数值增大到峰值; 在通过投影点之后, 瞬时频率迅速减小, 随后缓慢下降到

零值附近。而且，随着点源运动的速度增大，最高频率也随之变大。当然这是通过固体传播的弹性波对应的 Doppler 效应，在声波上同样可以计算 Doppler 效应，比如鸣笛的运动列车在经过观测者前后的频率变化，这将与我们的直观生活经验更为贴近。

9.4.2.6　根据固定源的解合成计算运动源产生的位移场

计算运动脉冲点力源产生的位移场，除了本章所描述的求解方法之外，还有另外一种思路：利用固定点源叠加的方式。在本节的最后，我们来研究这种实现方式。设想在 x_1 的正半轴上密布着垂直点力源，时间函数都是脉冲函数 $\delta(t - \tau)$，其中 $\tau = x_1/c$ 为位于 x_1 坐标处的源作用的时刻。可以预期，采用这种方式来得到运动源的位移场，计算的效果与点源放置的间距 Δx_1 有关，当 $\Delta x_1 \to 0$ 时，叠加的位移应该与采用本章得到的移动源公式计算的结果一致。

图 9.4.11 显示了运用不同间距 Δx_1 的固定源合成的位移分量与相应的运动源结果的比较。各个位移分量曲线前方的数字为 Δx_1 的数值，单位为 m。"Mov" 对应的为运动源的结果。图中显示的结果表明，通过固定源产生位移分量叠加的方式，结果的抖动非常明显[①]。随着 Δx_1 的减小，位移曲线的抖动现象减弱，并且整体的趋势与运动源的结果是一致的。可以预期，当 Δx_1 进一步减小时，位移曲线将与运动源的结果更为接近。

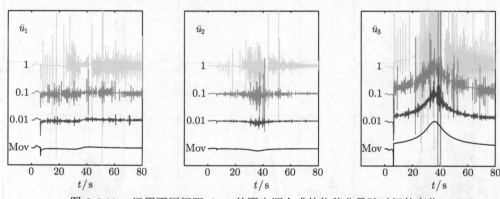

图 9.4.11　运用不同间距 Δx_1 的固定源合成的位移分量随时间的变化

横坐标为时间 t，单位为 s。纵坐标为无量纲化的位移场 $\bar{u}_i = \pi^2 \mu r u_i$。对于每一个位移分量 $\bar{u}_i$，都显示了不同间距的固定源合成的结果，各个位移分量曲线前面的数字代表 Δx_1 的数值（单位：m）。"Mov" 标示的位移曲线为运动源的相应结果

采用固定源的方式计算，除了 Δx_1 必须足够小之外，另一个弊端是必须在很大的范围内放置点源。对于本例来说，我们计算了 $T = 80$ s 内的合成波形，为了使计算的波形完整，必须将点源一直放置到 $\alpha T = 144$ km 处。这样，对于 $\Delta x_1 = 0.01$ m，就需要放置 1.44×10^7 个固定点源。由于采用广义闭合解计算，固定源和运动源的用时基本一致，这就意味着计算图 9.4.11 中的 "0.01" 对应的曲线，需要耗费 1.44×10^7 倍运动源的用时。这显然是不可接受的。因此，采用固定源合成的方式虽然理论上可行，但是实际上不可行。

---

① 这是因为在运用固定源合成的过程中，必须计算脉冲时间函数产生的位移场。根据式 (6.2.1)，脉冲力产生的位移场需要对结果做关于时间 t 的数值求导。由于在震相到时处的数值求导结果有奇异性，根据这些结果做叠加就难以避免地会有误差。解决这个困难的途径之一是通过不断加密 Δx_1，但是显然这是以计算效率的降低作为代价的。

9.5 小   结

作为传统的固定源 Lamb 问题的自然推广, 在本章中我们研究了一种半空间介质表面的运动源问题。我们的目的并非得到理论上完备的解答, 而是集中讨论一种具有广泛应用价值的情形: 在地表接收到的地表运动源产生的位移场问题, 移动源的速度小于 Rayleigh 波速度, 即 $c < v_R$。

我们首先通过将运动源视作边界力, 求解齐次弹性运动方程, 得到了运动源产生的位移场的积分表达。与前人的工作 (Gakenheimer and Miklowitz, 1969; Bakker et al., 1999) 及我们此前的工作 (Feng and Zhang, 2021) 不同的是, 本章研究的是观测点在地表的情况, 因此涉及 Rayleigh 函数极点和运动项极点的贡献。除了运动项之外, 位移解的形式整体上与固定源是相似的。因此我们可以将在第 6 ~ 8 章中针对三类固定源 Lamb 问题发展的广义闭合解的求解运用到移动源的情况, 得到了相应的广义闭合形式解。正确性检验表明, 广义闭合解具有准确和高效的特点。

在本章的最后, 我们从不同角度考察了运动源产生的波场的性质。尽管均匀半无限空间的介质模型过于简单, 但是运动源 Lamb 问题的广义闭合解不仅对于揭示运动源产生波场的本质属性有所帮助, 而且使得我们可以研究波动成分的来源, 便于从更深入的层次理解波场特点。这是理论分析的优势所在。

参 考 文 献

陈棋福, 李丽, 李纲, 等. 2004. 列车振动的地震记录信号特征. 地震学报, 26(6): 651–659.

高本庆. 1991. 椭圆函数及其应用. 北京: 国防工业出版社.

郭敦仁. 1991. 数学物理方法. 北京: 高等教育出版社.

菲赫金哥尔茨. 2006. 微积分学教程 (第二卷). 北京: 高等教育出版社.

冯青松, 雷晓燕, 练松良. 2013. 轨道随机不平顺影响下高速铁路地基动力分析模型. 振动工程学报, 26(6): 927–993.

冯禧. 2021. Lamb 问题的广义闭合解及其应用. 北京: 北京大学.

国家铁路局. 2015. 高速铁路设计规范 (中华人民共和国行业标准). 北京: 中国铁道出版社.

韩忠东, 翟培合, 杨锋杰, 等. 2006. 列车振动震源产生地震波的采集方法及信号比较研究. 中国科技信息, 21: 98–104.

蒋一然, 宁杰远, 温景充, 等. 2022. 高铁地震波场中的多普勒效应及应用. 中国科学: 地球科学, 52(3): 438–449.

李丽, 彭文涛, 李纲, 等. 2004. 可作为新震源的列车振动及实验研究. 地球物理学报, 47(4): 680–684.

李文军, 李丽, 陈棋福. 2008. 用震源扫描算法（SSA）研究列车源的运动. 地球物理学报, 51(4): 1146–1151.

石永祥, 温景充, 宁杰远. 2022. 高铁震源地下介质成像的理论分析. 中国科学: 地球科学, 52(5): 893–902.

斯米尔诺夫. 1962. 高等数学教程 (第一卷). 北京: 人民教育出版社.

王敏中, 王炜, 武际可. 2002. 弹性力学教程. 北京: 北京大学出版社.

温景充, 石永祥, 宁杰远. 2021. 高铁地震面波相速度频散曲线提取. 地球物理学报, 64(9): 3246–3256.

吴崇试. 2003. 数学物理方法. 2 版. 北京: 北京大学出版社.

徐善辉, 郭建, 李培培, 等. 2017. 京津高铁列车运行引起的地表振动观测与分析. 地球物理学进展, 32(1): 421–425.

薛富春, 张建民. 2015. 移动荷载下高铁路基段振动加速度频谱衰减特性. 岩土力学, 36(增刊 1): 445–450.

张海明. 2004. 半无限空间中平面断层的三维自发破裂传播的理论研究. 北京: 北京大学.

张海明. 2021. 地震学中的 Lamb 问题（上）. 北京: 科学出版社.

Abramowitz M, Stegun I. 1964. Handbook of Mathematical Functions with Formulas, Graphs, and Mathematical Tables. Gaithersburg: National Bureau of Standards.

Aki K, Richards P G. 2002. Quantitative Seismology. Sausalito: University Science Books.

Ang D D. 1960. Transient motion of a line load on the surface of an elastic half-space. Quarterly of Applied Mathematics, 18(3): 251–256.

Apsel R J. 1979. Dynamic Green's functions for layered media and applications to boundary-value problems. Ph. D. Thesis. University of California.

Bakker M C M, Verweij M D, Kooij B J, et al. 1999. The traveling point load revisited. Wave Motion, 29: 119–135.

Barber J R. 1996. Surface displacements due to a steadily moving point force. Journal of Applied Mechanics, 63(2): 245–251.

Beskou N D, Qian J, Beskos D E. 2018. Approximate solutions for the problem of a load moving on the surface of a half-plane. Acta Mechenica, 229(4): 1721–1739.

Bierer T, Bode C A. 2007. Semi-analytical model in time domain for moving loads. Soil Dynamics and Earthquake Engineering, 27(12): 1073–1081.

Byrd P F, Morris D F. 1971. Handbook of Elliptic Integrals for Engineers and Physicists. 2nd ed. Berlin: Springer.

Cagniard L. 1939. Réflexion Et Réfraction Des Ondes Séismiques Progressives. Paris: Gauthier-Villars.

Cagniard L. 1962. Reflection and Refraction of Progressive Seismic Waves. (Trans. by Flinn E A and Dix C H.) New York: McGraw-Hill.

Carlson B C. 1995. Numerical computation of real or complex elliptic integrals. Numerical Algorithms, 10: 13–26.

Chao C C. 1960. Dynamical response of an elastic half-space to tangential surface loadings. Journal of Applied Mechanics ASME, 27: 559–567.

Cole J D, Huth J H. 1958. Stresses produced in a half plane by moving loads. Journal of Applied Mechanics, 25(12): 433–436.

de Barros F C P, Luco J E. 1994. Response of a layered viscoelastic half-space to a moving point load. Wave Motion, 19(2): 189–210.

de Hoop A T. 1960. A modification of Cagniard's method for solving seismic pulse problems. Applied Scientific Research, B8: 349–356.

de Hoop A T. 2002. The moving-load problem in soil dynamics — the vertical displacement approximation. Wave Motion, 36(4): 335–346.

Ditzel A, Herman G, Helscher P. 2001. Elastic waves generated by high-speed trains. Journal of Computational Acoustics, 9(3): 833–840.

Dix C H. 1954. The method of Cagniard in seismic pulse problems. Geophysics, 19(4): 722–738.

Eason G. 1965. The stresses produced in a semi-infinite solid by a moving surface force. International Journal of Engineering Science, 2(6): 581–609.

Emami M, Eskandari-Ghadi M. 2019. Lamb's problem: a brief history. Mathemaics and Mechanics of Solids, 25(3): 1–14.

Eringen A C, Suhubi E S. 1975. Elastodynamics: Linear Theory (vol.Ⅱ). New York, London: Academic Press.

Feng X, Zhang H M. 2018. Exact closed-form solutions for Lamb's problem. Geophysical Journal International, 214(1): 444–459.

Feng X, Zhang H M. 2020. Exact closed-form solutions for Lamb's problem—Ⅱ: a moving point load. Geophysical Journal International, 223(2): 1446–1459.

Feng X, Zhang H M. 2021. Exact closed-form solutions for Lamb's problem—Ⅲ: the case for buried source and receiver. Geophysical Journal International, 224(1): 517–532.

Freund L B. 1972. Wave motion in an elastic solid due to a nonuniformly moving line load. Quarterly of Applied Mathematics, 30(3): 271–281.

Freund L B. 1973. The response of an elastic solid to nonuniformly moving surface loads. Journal of Applied Mechanics, 40(3): 699–704.

Gakenheimer D C. 1969. Transient excitation of an elastic half-space by a point load traveling on the surface. Ph.D.Thesis. California Institute of Technology.

Gakenheimer D C, Miklowitz J. 1969. Transient excitation of an elastic half space by a point load traveling on the surface. Journal of Applied Mechanics, 36(3): 505–515.

Georgiadis H G, Barber J R. 1993. Steady-state transonic motion of a line load over an elastic half-space: the corrected Cole/Huth solution. Journal of Applied Mechanics, 60(3): 772–774.

Georgiadis H G, Lykotrafitis G A. 2001. A method based on the Radon transform for three-dimensional elastodynamic problems of moving loads. Journal of Elasticity and the Physical Science of Solids, 65(1-3): 87–129.

Hall L. 2003. Simulations and analyses of train-induced ground vibrations in finite element models. Soil Dynamics And Earthquake Engineering, 23: 403–413.

Hanks T C, Kanamori H. 1979. A moment magnitude scale. Journal of Geophysical Research, 84: 2348–2350.

Herman G C. 1997. Waves generated by high-speed trains//1997 SEG Annual Meeting. Society of Exploration Geophysicists.

Jeffreys H. 1929. The Earth. 2nd ed. Cambridge: Cambridge University Press.

Jeffreys H. 1931. An application of the free-air reduction of gravity. Gerlands Beiträge zur Geophysik, 30: 336–350.

Johnson L R. 1974. Green's function for Lamb's problem. Geophysical Journal of the Royal Astronomical Society, 37: 99–131.

Ju S H. 2002. Finite element analyses of wave propagations due to high-speed train across bridges. International Journal for Numerical Methods in Engineering, 54: 1391–1408.

Kausel E. 2012. Lamb's problem at its simplest. Proceedings of the Royal Society, Seires A: 20120462.

Kausel E. 2018. Generalized stiffness matrix method for layered soils. Soil Dynamics and Earthquake Engineering, 115: 663–672.

Kausel E, Röesset J M. 1981. Stiffness matrices for layered soils. Bulletin of the Seismological Society of America, 71(6): 1743–1761.

Kennedy T C, Herrmann G. 1973. Moving load on a fluid-solid interface: supersonic regime. Journal of Applied Mechanics, 40(1): 137–142.

Kooij B J. 2010. The transient elastodynamic field excited by trans-Rayleigh trains. International Journal of Solids and Structures, 47(1): 81–90.

Krylov V V. 1994. On the theory of railway-induced ground vibrations. Le Journal de Physique IV, 4(C5): C5–769.

Krylov V V. 1995. Generation of ground vibrations by superfast trains. Applied Acoustics, 44(2): 149–164.

Krylov V V. 1996. Vibrational impact of high-speed trains. I. Effect of track dynamics. Journal of Acoustics Society of America, 100(5): 3121–3134.

Knopoff L, Gilbert F. 1959. First motion methods in theoretical seismology. Journal of Acoustic Society of America, 31: 1161–1168.

Lamb H. 1904. On the propagation of tremors over the surface of an elastic solid. Philosophical Transactions of Royal Society of London, Series A, 203: 1–42.

Lansing D L. 1966. The displacements in an elastic half space due to a moving concentrated normal load. NASA Technical Report, NASA TR R-238.

Lapwood E R. 1949. The disturbance due to a line source in a semi-infinite elastic medium. Philosophical Transactions of Royal Society of London, Series A, 242: 63–100.

Mooney H M. 1974. Some numerical solutions for Lamb's problem. Bulletin of the Seismological Society of America, 64(2): 473–491.

Nakano H. 1925. On Rayleigh waves. Japanese Journal of Astronomy and Geophysics, 2: 233–326.

Papadopoulos M. 1963. The elastodynamics of moving loads, Part 1: The field of a semi-infinite line load moving on the surface of an elastic solid with constant supersonic velocity. Journal of the Australian Mathematical Society, 3(1): 79–92.

Park K L, Watanabe E, Utsunomiya T. 2004. Development of 3D elastodynamic infinite elements for soil-structure interaction problems. International Journal of Structural Stability and Dynamics, 4(3): 423–441.

Payton R G. 1964. An application of the dynamic Betti-Rayleigh reciprocal theorem to moving-point loads in elastic media. Quarterly of Applied Mathematics, 21(4): 299–313.

Payton R G. 1967. The response of a thin elastic plate to a moving pressure point. Zeitschrift für angewandte Mathematik und Physik ZAMP, 18(1): 1–12.

Pekeris C L. 1955. The seismic surface pulse. Proceedings of the National Academy of Sciences, US, 41: 469–480.

Pekeris C L, Lifson H. 1957. Motion of the surface of a uniform elastic half-space produced by a buried pulse. Journal of the Acoustical Society of America, 29(11): 1233–1238.

Press W H, Teukolsky S A, Vetterling W T, et al. 1992. Numerical Recipes in Fortran 77: The Art of Scientific Compuing. 2nd ed. New York: Cambridge University Press.

Rayleigh L. 1885. On waves propagated along the plane surface of an elastic solid. Proceedings of the London Mathematical Society, 1: 4–11.

Richards P G. 1979. Elementary solutions to Lamb's problem for a point source and their relevance to three-dimensional studies of spontaneous crack propagation. Bulletin of the Seismological Society of America, 69: 947–956.

Roy A. 1978. First motions from nonuniformly moving dislocations. International Journal of Solids and Structures, 14(9): 755–769.

Roy A. 1979. Response of an elastic solid to nonuniformly expanding surface loads. International Journal of Engineering Science, 17(9): 1023–1038.

Sheng X, Jones C J C, Thompson D J. 2006. Prediction of ground vibration from trains using the wavenumber finite and boundary element method. Journal of Sound and Vibration, 293: 575–586.

Sneddon I N. 1952. The stress produced by a pulse of pressure moving along the surface of a semi-infinite solid. Rendiconti del Circolo Matematico di Palermo, 1(1): 57–62.

Zhang H M, Chen X F. 2006a. Dynamic rupture on a planar fault in three-dimensional half space — I. Theory. Geophysical Journal International, 164(3): 633–652.

Zhang H M, Chen X F. 2006b. Dynamic rupture on a planar fault in three-dimensional half space — II. Validations and numerical experiments. Geophysical Journal International, 167(2): 917–932.

附录 A $f(z) = \sqrt{a^2 \pm z^2}$ 的割线画法

在二维 Lamb 问题求解过程中，遇到了形如 $f_1(z) = \sqrt{a^2 + z^2}$ $(a \in \mathbb{R}^+)$ 的函数，而在三维 Lamb 问题求解过程中，则遇到了形如 $f_2(z) = \sqrt{a^2 - z^2}$ $(a \in \mathbb{R}^+)$ 的函数。在上册的附录 A 中，我们讨论了函数 $f(z) = \sqrt{z^2 - z_0^2}$ 的割线画法，这里将继续采用类似的分析方法，详细分析上述两种多值函数对应复平面的割线的画法，并讨论割线上的辐角问题。

A.1 $f_1(z) = \sqrt{a^2 + z^2}$

首先注意到 $z = \pm ia$ 是枝点。令 $z = x + iy$ $(x, y \in \mathbb{R})$，$f_1 = X + iY$ $(X, Y \in \mathbb{R})$，则有

$$X + iY = \sqrt{(x + iy)^2 + a^2}$$

从而

$$X^2 - Y^2 = x^2 - y^2 + a^2 \tag{A.1a}$$
$$XY = xy \tag{A.1b}$$

根据正文中的分析，我们通常是限定 $X = \mathrm{Re}\{f(z)\} \geqslant 0$，其中 $X = 0$ 给出了割线的位置。将 $X = 0$ 代入式 (A.1b)，得 $x = 0$ 或 $y = 0$。将 $X = 0$ 代入式 (A.1a)，则有

$$-Y^2 = x^2 - y^2 + a^2 \leqslant 0 \tag{A.2}$$

如果 $y = 0$，则式 (A.2) 意味着 $x^2 + a^2 \leqslant 0$，这是不可能的，除非 x 和 a 同时为零，而这时 $z \equiv 0$，显然不是我们要讨论的问题，所以只可能 $x = 0$，代入式 (A.2)，得到

$$|y| \geqslant a$$

因此我们得到割线的方程为：$x = 0$ 且 $|y| \geqslant a$，见图 A.1。

如前所述，当前的割线画法是使得 $f_1(z)$ 的实部为零，这意味着如果复平面内的一点位于割线上，则它是纯虚数，但是，位于割线的左缘或右缘，辐角是不同的。下面以上割线为例，讨论当 P 点分别位于其右缘和左缘时辐角的取值。

将 $f_1(z)$ 写为 $\sqrt{z^2 + a^2} = \sqrt{(z - ia)(z + ia)}$，并令

$$z - ia = r_1 e^{i\theta_1}, \qquad z + ia = r_2 e^{i\theta_2}$$

则有

$$f_1(q) = \sqrt{q^2 + a^2} = \sqrt{r_1 r_2} e^{i\frac{\theta_1 + \theta_2}{2}}$$

这意味着 $f_1(q)$ 的辐角 $\arg(f_1) = (\theta_1 + \theta_2)/2$。

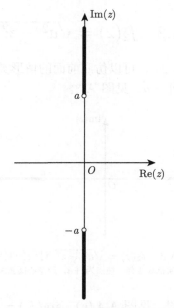

图 A.1 $\quad f_1(z) = \sqrt{z^2 + a^2}$ 对应的割线

横轴和竖轴分别为 z 的实部和虚部。枝点为 $\pm\mathrm{i}a$，用空心圆圈表示。粗实线代表割线

当 P 点位于上割线的右缘时（图 A.2 (a)），$\theta_1 = \theta_2 = \pi/2$，因此 $\arg(f_1) = \pi/2$；而当 P 点位于上割线的左缘时（图 A.2 (b)），$\theta_1 = -3\pi/2$，$\theta_2 = \pi/2$，因此 $\arg(f_1) = -\pi/2$。举例来说，$a = 1$，$q = 2\mathrm{i}$，则 $f_1(2\mathrm{i}) = \sqrt{-3}$。如果 P 点位于割线的右缘，因其辐角为 $\pi/2$，所以 $f_1(2\mathrm{i}) = \mathrm{i}\sqrt{3}$；如果 P 点位于割线的左缘，因其辐角为 $-\pi/2$，所以 $f_1(2\mathrm{i}) = -\mathrm{i}\sqrt{3}$。

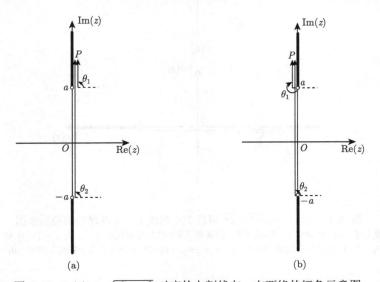

图 A.2 $\quad f_1(z) = \sqrt{z^2 + a^2}$ 对应的上割线左、右两缘的辐角示意图

(a) P 点位于上割线右缘；(b) P 点位于上割线左缘。两条带箭头的线段分别代表 $z - \mathrm{i}a$ 和 $z + \mathrm{i}a$，对应的辐角分别为 θ_1 和 θ_2。当 P 点位于上割线右缘时，$\theta_1 = \theta_2 = \pi/2$；而当 P 点位于上割线左缘时，$\theta_1 = -3\pi/2$，$\theta_2 = \pi/2$

A.2　$f_2(z) = \sqrt{a^2 - z^2}$

对于这种情况，枝点为 $z = \pm a$，可以仿照前面的情形类似地讨论，这里只罗列结果。割线的方程为：$y = 0$ 且 $|x| \geqslant a$，见图 A.3。

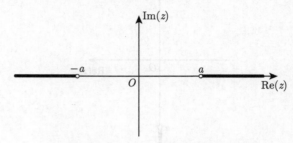

图 A.3　$f_2(z) = \sqrt{a^2 - z^2}$ 对应的割线
横轴和竖轴分别为 z 的实部和虚部。枝点为 $\pm a$，用空心圆圈表示。粗实线代表割线

当 P 点位于左割线的上缘时，见图 A.4 (a)，$\arg(f_2) = \pi/2$；而当 P 点位于左割线的下缘时，见图 A.4 (b)，$\arg(f_2) = -\pi/2$。读者可对照图 A.4 自行分析[①]。

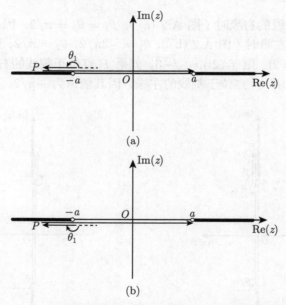

图 A.4　$f_2(z) = \sqrt{a^2 - z^2}$ 对应的左割线上、下两缘的辐角示意图
(a) P 点位于左割线上缘；(b) P 点位于左割线下缘。两条带箭头的线段分别代表 $a + z = z - (-a)$ 和 $a - z$，对应的辐角分别为 θ_1 和 θ_2。当 P 点位于上割线右缘时，$\theta_1 = \pi$，$\theta_2 = 0$；而当 P 点位于上割线左缘时，$\theta_1 = -\pi$，$\theta_2 = 0$

---

① 图 A.4 中标注的 θ_1 和 θ_2 分别是 $a + z$ 和 $a - z$ 的辐角，而 $\sqrt{a^2 - z^2} = \sqrt{(a + z)(a - z)}$，由于 $a + z = r_1 e^{i\theta_1}$，$a - z = r_2 e^{i\theta_2}$，从而 $f_2(z)$ 的辐角为 $\arg(f_2) = (\theta_1 + \theta_2)/2$。

附录 B   Cauchy 主值积分

在第一类 Lamb 问题的积分解和广义闭合形式解的求解过程中，我们经常会遇到一类反常积分，在积分区间内存在有限个（通常是一个）奇点。这种情况下，通常积分仅在特殊情况下存在。此附录中，我们主要介绍这种积分的求解[①]。

假设函数 $f(x)$ 在区间 $[a, b]$ 上只有一个奇点 c，在不包含 c 的任一部分区间上都是可积的。从 a 到 b 的反常积分定义为

$$\int_a^b f(x)\,\mathrm{d}x = \lim_{\substack{\eta \to 0 \\ \eta' \to 0}} \left\{ \int_a^{c-\eta} f(x)\,\mathrm{d}x + \int_{c+\eta'}^b f(x)\,\mathrm{d}x \right\}$$

其中，当 η 和 η' 独立无关地取极限时，极限存在。在很多情况下，这个极限并不存在，但是，如果令 η 和 η' 保持相等并且趋于零，即 $\eta' = \eta \to 0$，则极限可能存在。法国数学家 Cauchy 称其为反常积分的主值，记为

$$\mathrm{v.p.} \int_a^b f(x)\,\mathrm{d}x = \lim_{\eta \to 0} \left\{ \int_a^{c-\eta} f(x)\,\mathrm{d}x + \int_{c+\eta}^b f(x)\,\mathrm{d}x \right\}$$

其中，"v.p." 是法文单词 "valeur principale" 两个首字母，意思是 "主值"。这时我们说积分 $\int_a^b f(x)\,\mathrm{d}x$ 在主值的意义下存在。为了纪念 Cauchy 的贡献，这个积分称为 Cauchy 主值积分。在本书中，为了书写方便，我们将其记为

$$\fint_a^b f(x)\,\mathrm{d}x$$

以下通过两个具体的简单例子演示 Cauchy 主值积分的求法。

例 1   求 $\int_a^b \dfrac{\mathrm{d}x}{x-c}$ $(a < c < b)$。

首先注意到 $x = c$ 时被积函数奇异，并且

$$\lim_{\substack{\eta \to 0 \\ \eta' \to 0}} \left\{ \int_a^{c-\eta} \frac{\mathrm{d}x}{x-c} + \int_{c+\eta'}^b \frac{\mathrm{d}x}{x-c} \right\} = \ln \frac{b-c}{c-a} + \lim_{\substack{\eta \to 0 \\ \eta' \to 0}} \ln \frac{\eta}{\eta'}$$

当 η 和 η' 互相独立无关地趋于 0 时，由于最后一项值不确定，极限不存在，但是如果 $\eta = \eta'$，则有 $\ln \dfrac{\eta}{\eta'} = 0$，从而

$$\fint_a^b \frac{\mathrm{d}x}{x-c} = \lim_{\eta \to 0} \left\{ \int_a^{c-\eta} \frac{\mathrm{d}x}{x-c} + \int_{c+\eta}^b \frac{\mathrm{d}x}{x-c} \right\} = \ln \frac{b-c}{c-a} \tag{B.1}$$

[①] 参考了菲赫金哥尔茨的《微积分学教程（第二卷）》（高等教育出版社，2006，第 484 目，第 497~498 页）。

　　为了更形象地显示为何当 η 和 η' 独立变化时极限不存在，仅当 $\eta = \eta' \to 0$ 时才存在极限，图 B.1 中显示了 $a = 0$，$b = 2$，$c = 1$ 时被积函数在 $x = 1$ 附近的变化情况。显然在 $x = 1$ 两侧，函数曲线是反对称的。当 η 和 η' 独立无关地趋于零时，曲线下方的面积（即积分值）在 $x = 1$ 附近的邻域内不能抵消，且值与 η 和 η' 的具体取值有关；只有当 $\eta = \eta' \to 0$ 时，在 $x = 1$ 附近的邻域内，曲线下方的面积严格地正负抵消，此时整个积分的极限存在，就是 Cauchy 主值。

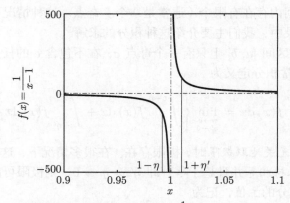

图 B.1　被积函数 $f(x) = \dfrac{1}{x-1}$ 随 x 的变化

取 $a = 0$，$b = 2$，$c = 1$，显示了奇点 $x = 1$ 附近的被积函数分布。两条细实线分别代表 $x = 1 - \eta$ 和 $x = 1 + \eta'$ 的取值

　　例 2　求 $\displaystyle\int_0^{\frac{\pi}{2}} \frac{\mathrm{d}\theta}{k - \sin\theta}$ $(0 < k < 1)$。

　　令 $z = k\tan\dfrac{\theta}{2} - 1$，将积分转化为

$$\int_0^{\frac{\pi}{2}} \frac{\mathrm{d}\theta}{k - \sin\theta} = \int_{1-k}^{1} \frac{2\,\mathrm{d}z}{z^2 - d^2} = \frac{1}{d}\left\{ \fint_{1-k}^{1} \frac{\mathrm{d}z}{z - d} - \int_{1-k}^{1} \frac{\mathrm{d}z}{z + d} \right\} \quad \left(d = \sqrt{1 - k^2}\right)$$

上式大括号中的两个积分，显然第一个积分中，$z = d$ 为奇点，形式与例 1 中的相同（$a = 1 - k$，$b = 1$，$c = d$），是个反常积分，只存在 Cauchy 主值意义下的积分值；而第二个积分为正常积分。根据式 (B.1)，不难直接得到

$$\fint_0^{\frac{\pi}{2}} \frac{\mathrm{d}\theta}{k - \sin\theta} = \frac{1}{d}\left[\ln\frac{1-d}{d-a} - \ln\frac{1+d}{d+a} \right] = \frac{1}{d}\ln\frac{1-d}{k} = \frac{1}{\sqrt{1-k^2}}\ln\frac{1 - \sqrt{1-k^2}}{k}$$

　　从以上的两个例子可以看到，这类反常积分值不能通过数值积分来获得。这是因为在靠近积分区间内的奇点时，被积函数值很大，一个很小的自变量取值误差都会带来巨大的函数值差异，从而给数值积分带来显著的误差。因此，从理论上分析反常积分的 Cauchy 主值具有非常重要的意义，在获取第一类 Lamb 问题的 Green 函数解的过程中发挥了重要的作用（参见 4.4.6 节和 6.3 ~ 6.5 节）。

附录 C 一元三次方程根的分布和求解

在 Lamb 问题的求解中涉及三次方程的求根，比如 Rayleigh 函数的求根就可以转化为三次方程的求根问题。多项式的求根如今已经可以借助于常用的数学软件来实现[①]，但是根的具体分布情况，究竟是三个都是实根，还是一个实根、两个复根，是否有重根情况，这些需要进行细致的分析。在此附录中，我们将详细地讨论有关的性质[②]。

C.1 一元三次方程根的分布

对于三次方程

$$y^3 + a_1 y^2 + a_2 y + a_3 = 0$$

作变量替换 $x = y - b$，则方程变为

$$x^3 + (3b + a_1)x^2 + (3b^2 + 2a_1 b + a_2)x + (b^3 + a_1 b^2 + a_2 b + a_3) = 0$$

显然，如果取 $b = -a_1/3$，则 x^2 项就消失了，从而方程变为

$$f(x) = x^3 + px + q = 0 \tag{C.1}$$

其中，

$$p = -\frac{a_1^2}{3} + a_2, \quad q = \frac{2a_1^3}{27} - \frac{a_1 a_2}{3} + a_3 \tag{C.2}$$

本书中涉及的都是实系数的三次方程，因此，在 p 和 q 都为实数的情况下，式 (C.1) 中的方程要么有三个实根，要么有两个共轭的复数根[③]。以下考虑不同情形出现的条件。

首先注意到，如果 $p = 0$，方程 (C.1) 退化为 $x^3 + q = 0$，得到 $x = \sqrt[3]{-q}$。如果 $q = 0$，则方程有三重根 $x = 0$；否则，方程有一个实根和两个共轭的复数根。以下的讨论中，设 $p \neq 0$。

---

① 比如在 Matlab 中，对于实系数三次方程

$$f(x) = a_0 x^3 + a_1 x^2 + a_2 x + a_3 = 0$$

在给定系数 a_i $(i = 0, 1, 2, 3)$ 的情况下，可以通过命令 roots([a0 a1 a2 a3]) 来实现根的求解。

② 参考了斯米尔诺夫的《高等数学教程（第一卷）》（人民教育出版社，1962，第 191 目，第 446~449 页）。

③ 实系数多项式 $f(x)$ 只能具有成对出现的共轭复数根。这是因为如果复数 z 是实系数多项式的根，即

$$a_0 z^n + a_1 z^{n-1} + \cdots + a_{n-1} z + a_n = 0$$

对方程两边取复共轭

$$a_0 (z^n)^* + a_1 (z^{n-1})^* + \cdots + a_{n-1} z^* + a_n = 0$$

注意到复数 $z = re^{i\theta}$ 的 n 次幂的共轭和共轭的 n 次幂都等于 $re^{-in\theta}$，即 $(z^*)^n = (z^n)^*$。这意味着

$$a_0 (z^*)^n + a_1 (z^*)^{n-1} + \cdots + a_{n-1} z^* + a_n = 0$$

所以 z^* 也是多项式的根。

对式 (C.1) 求导数

$$f'(x) = 3x^2 + p = 0$$

显然，如果 $p > 0$，则 $f'(x) > 0$，表明 $f(x)$ 单调增加，从而只有一个实根。如果 $p < 0$，则不难看出函数 $f(x)$ 在 $x = -\sqrt{-p/3}$ 时有极大值，而在 $x = \sqrt{-p/3}$ 时有极小值[①]，代入式 (C.1) 中 $f(x)$ 的表达式，得到函数的极大值和极小值为

$$q \mp \frac{2p}{3}\sqrt{-\frac{p}{3}}$$

(1) 如果这两个值同号，即

$$\left(q - \frac{2p}{3}\sqrt{-\frac{p}{3}}\right)\left(q + \frac{2p}{3}\sqrt{-\frac{p}{3}}\right) = q^2 + \frac{4p^3}{27} > 0$$

这种情况下，方程只有一个实根，而有两个互为共轭的复数根，而且实根在区间 $(-\infty, -\sqrt{-p/3})$ 或 $(\sqrt{-p/3}, +-\infty)$ 内。

(2) 如果这两个值异号，极大值大于零而极小值小于零，即

$$q^2 + \frac{4p^3}{27} < 0$$

这时，$f(-\infty)$、$f(-\sqrt{-p/3})$、$f(\sqrt{-p/3})$ 和 $f(\infty)$ 的符号各为 $-$、$+$、$-$ 和 $+$。因此，$f(x) = 0$ 具有三个实根。

(3) 如果二者相乘等于零，即

$$q^2 + \frac{4p^3}{27} = 0$$

不难验证，方程的根为

$$x = \left\{-\sqrt{-\frac{p}{3}}, -\sqrt{-\frac{p}{3}}, \frac{3q}{p}\right\} \quad \text{或} \quad x = \left\{\sqrt{-\frac{p}{3}}, \sqrt{-\frac{p}{3}}, \frac{3q}{p}\right\}$$

分别对应于极大值等于零和极小值等于零。

以上结果总结于表 C.1 中。

表 C.1　一元三次方程根的分布情况

条件	根的分布情况
$p = 0$ 且 $q = 0$	三重实根
$p = 0$ 且 $q \neq 0$	一个实根和两个共轭复根
$p > 0$	一个实根和两个共轭复根
$p < 0$ 且 $q^2 + \frac{4p^3}{27} > 0$	一个实根和两个共轭复根
$p < 0$ 且 $q^2 + \frac{4p^3}{27} < 0$	三个不同的实根
$p < 0$ 且 $q^2 + \frac{4p^3}{27} = 0$	三个实根，其中两个为重根

---

① $f'(x) = 0$ 是函数具有极值的必要条件，但是究竟是极大值还是极小值，要视 $f''(x)$ 的符号而定：$f''(x) < 0$ 时，$f(x)$ 具有极大值；而 $f''(x) > 0$ 时，$f(x)$ 具有极小值。

举两个例子。

(1)

$$x^3 + 9x^2 + 23x + 14 = 0$$

此时，$a_1 = 9$，$a_2 = 23$，$a_3 = 14$。根据式 (C.2)，得到 $p = -4$，$q = -1$，从而

$$q^2 + \frac{4p^3}{27} = -\frac{229}{27} < 0$$

根据表 C.1，方程有三个不同的实根。验证：由 Matlab 的命令 roots([1 9 23 14]) 给出的根为

$$x = \{-4.8608, -3.2541, -0.8851\}$$

(2)

$$x^3 - 3x + 5 = 0$$

此时，$a_1 = 0$，$a_2 = -3$，$a_3 = 5$。根据式 (C.2)，得到 $p = -3$，$q = 5$，从而

$$q^2 + \frac{4p^3}{27} = 21 > 0$$

根据表 C.1，方程有一个实根和两个共轭复根。验证：由 Matlab 的命令 roots([1 0 -3 5]) 给出的根为

$$x = \{-2.2790, 1.1395 \pm 0.9463i\}$$

C.2　一元三次方程根的求解

以上是根据实系数来判断根的分布特征，具体如何得到一元三次方程的解？最"省事"的方法是调用 Matlab 的函数用 roots，但是注意到 Matlab 的内部函数是针对一元 n 次方程都成立的，采用的是通用的解法，对于简单的一元三次方程，计算效率并不是最高的。

历史上有不同的解法，如著名的卡丹公式等。我们采用 *Numerical Recipes* 中推荐的解法 (Press et al., 1992, p.179)。

对于实系数一元三次方程 $x^3 + ax^2 + bx + c = 0$，计算

$$Q = \frac{a^2 - 3b}{9}, \qquad R = \frac{2a^3 - 9ab + 27c}{54}$$

如果 $R^2 < Q^3$，则此方程具有三个实根

$$x_1 = -2\sqrt{Q}\cos\left(\frac{\theta}{3}\right) - \frac{a}{3}, \quad x_{2,3} = -2\sqrt{Q}\cos\left(\frac{\theta \pm 2\pi}{3}\right) - \frac{a}{3}$$

式中，$\theta = \arccos\left(R/\sqrt{Q^3}\right)$。否则，计算

$$A = -\mathrm{sgn}(R)\left[|R| + \sqrt{R^2 - Q^3}\right]^{1/3}, \qquad B = \begin{cases} Q/A, & A \neq 0 \\ 0, & A = 0 \end{cases}$$

则三个根为

$$x_1 = A + B - \frac{a}{3}, \quad x_{2,3} = -\frac{1}{2}(A + B) - \frac{a}{3} \pm \mathrm{i}\frac{\sqrt{3}}{2}(A - B)$$

如果方程有一个实根和两个复根，那么实根就是 x_1。根据这个算法编写的 Matlab 程序计算的时间约为 0.1 ms，而直接调用 roots 计算的时间约为 0.6 ms，效率提高 5 倍左右。

附录 D　有理分式的部分分式

在第 7～9 章的三类 Lamb 问题的求解过程中，会反复遇到将有理分式表示为部分分式展开的操作。分母为作了变量替换而有理化之后的 6 次多项式，而分子则为 9～12 次多项式。在一些经典的高等数学教材中都有介绍将有理分式分解为部分分式的理论和方法[1]。但是这些方法讨论的对象均集中于真分式而非假分式[2]。如果有理分式为假分式，需要先用除法，得到一个多项式与一个真分式的和。当分子多项式的阶次远高于分母的时候，这种操作是比较麻烦的。

在这个附录中，我们介绍一种借助数学软件 Maple 的命令 convert 方便地求得假分式的部分分式展开系数的方法。以 6.3.2 节中的式 (6.3.8) 为例，求分子为 9 次多项式 $Q_9(x)$，而分母为 6 次多项式 $R(x) = (x^2 - y_1)(x^2 - y_2)(x^2 - y_3)$ 的有理分式的部分分式展开系数。

在 Maple 中输入以下命令：
```
> Q9:=c[9]*x^9+c[8]*x^8+c[7]*x^7+c[6]*x^6+c[5]*x^5+c[4]*x^4+c[3]*x^3
+c[2]*x^2+c[1]*x+c[0]; R:=(x^2-y[1])*(x^2-y[2])*(x^2-y[3])
```
运行后，屏幕显示

$$\frac{x^9\,c_9 + x^8\,c_8 + x^7\,c_7 + x^6\,c_6 + x^5\,c_5 + x^4\,c_4 + x^3\,c_3 + x^2\,c_2 + x\,c_1 + c_0}{\left(x^2 - y_1\right)\left(x^2 - y_2\right)\left(x^2 - y_3\right)}$$

继续输入命令：
```
> convert(Q9/R, parfrac, x);
```
执行后屏幕显示

$$x^3\,c_9 + x^2\,c_8 + \left(c_9\,y_1 + c_9\,y_2 + c_9\,y_3 + c_7\right)x + c_8\,y_1 + c_8\,y_2 + c_8\,y_3 + c_6$$
$$+ \frac{-x\,c_9\,y_2^4 - x\,c_7\,y_2^3 - c_8\,y_2^4 - x\,c_5\,y_2^2 - c_6\,y_2^3 - x\,c_3\,y_2 - c_4\,y_2^2 - x\,c_1 - c_2\,y_2 - c_0}{\left(x^2 - y_2\right)\left(y_1 - y_2\right)\left(y_2 - y_3\right)}$$
$$+ \frac{x\,c_9\,y_3^4 + x\,c_7\,y_3^3 + c_8\,y_3^4 + x\,c_5\,y_3^2 + c_6\,y_3^3 + x\,c_3\,y_3 + c_4\,y_3^2 + x\,c_1 + c_2\,y_3 + c_0}{\left(x^2 - y_3\right)\left(y_1\,y_2 - y_1\,y_3 - y_2\,y_3 + y_3^2\right)}$$
$$+ \frac{x\,c_9\,y_1^4 + x\,c_7\,y_1^3 + c_8\,y_1^4 + x\,c_5\,y_1^2 + c_6\,y_1^3 + x\,c_3\,y_1 + c_4\,y_1^2 + x\,c_1 + c_2\,y_1 + c_0}{\left(x^2 - y_1\right)\left(y_1 - y_3\right)\left(y_1 - y_2\right)}$$

稍加整理即得到式 (6.3.8) 的结果。更高阶次的分子，操作与上面的相同，只需要更改 $Q_9(x)$ 即可得到相应的结果。

---

[1] 例如，斯米尔诺夫的《高等数学教程（第一卷）》（人民教育出版社，1962，第 196 目，第 459～461 页）以及菲赫金哥尔茨的《微积分学教程（第二卷）》（高等教育出版社，2006，第 274 目，第 25～28 页）。

[2] 如果分子的多项式次数不低于分母的次数，称这个有理分式为假分式，反之为真分式。

附录 E　Mooney 积分的求解

在求 Lamb 问题的广义闭合形式积分解的过程中，会遇到如下形式的积分：

$$I(a,b) = \frac{2}{\pi} \int_0^{\frac{\pi}{2}} \frac{a}{(a + b\sin^2\theta)^s} \, \mathrm{d}\theta \tag{E.1}$$

其中，b 为实数，而 a 为任意的复常数，s 为正整数。这是 Lamb 问题求解中必然会遇到的一类积分。Pekeris (1955) 在研究第一类 Lamb 问题的解时直接给出了 a 为实数且 $s = 1$ 情况下的解（见 Pekeris 论文中的式 (40) 和 (41)），Mooney (1974) 在论文的附录 B 中较为详细地讨论了这个积分的求解。Kausel (2012) 在其对第一类 Lamb 问题最简形式的解析解的求解过程中，详尽地叙述了 $s = 1$ 情况下的积分求解（见 Kausel 论文补充材料的附录 II），并称之为 Mooney 积分。这里沿用这个称呼，并参考 Mooney (1974) 和 Kausel (2012) 详细介绍这个积分的求解。

E.1　$s = 1$ 的情形

首先考虑比较常见的 $s = 1$ 的情形。令 $w = \dfrac{a}{b} = x + \mathrm{i}y$，其中 x 和 y 均为实数，则式 (E.1) 可以改写为

$$I = \frac{2w}{\pi} \int_0^{\frac{\pi}{2}} \frac{1}{w + \sin^2\theta} \, \mathrm{d}\theta = \frac{2w}{\pi} \int_0^{\frac{\pi}{2}} \frac{1}{w + \frac{1}{2}(1 - \cos 2\theta)} \, \mathrm{d}\theta$$

$$\xrightarrow{\alpha = 2\theta} \frac{2w}{\pi} \int_0^{\pi} \frac{1}{2w + 1 - \cos\alpha} \, \mathrm{d}\alpha = \frac{w}{\pi} \int_0^{2\pi} \frac{1}{2w + 1 - \cos\alpha} \, \mathrm{d}\alpha \tag{E.2}$$

作变换 $z = \mathrm{e}^{\mathrm{i}\alpha}$，从而 $|z| = 1$，则有

$$\mathrm{d}z = \mathrm{i}z \, \mathrm{d}\alpha, \quad \mathrm{d}\alpha = \frac{\mathrm{d}z}{\mathrm{i}z}, \quad \cos\alpha = \frac{1}{2}\left(z + \frac{1}{z}\right)$$

这样，式 (E.2) 中的积分就转化为单位圆上的积分

$$I = \frac{w}{\pi} \oint_{|z|=1} \frac{1}{\mathrm{i}z\left[2w + 1 - \frac{1}{2}\left(z + \frac{1}{z}\right)\right]} \, \mathrm{d}z = \frac{w}{\mathrm{i}\pi} \oint_{|z|=1} \frac{1}{(2w+1)z - \frac{1}{2}(z^2 + 1)} \, \mathrm{d}z$$

$$= \frac{2\mathrm{i}w}{\pi} \oint_{|z|=1} \frac{1}{z^2 - 2(2w+1)z + 1} \, \mathrm{d}z = \frac{2\mathrm{i}w}{\pi} \oint_{|z|=1} \frac{1}{(z - z_1)(z - z_2)} \, \mathrm{d}z \tag{E.3}$$

其中，$z_{1,2} = 2w + 1 \mp 2\sqrt{w(1 + w)}$ 为积分 I 的两个一阶极点。由一元二次方程的韦达定理可知，$z_1 z_2 = 1$，即 $z_2 = 1/z_1$，不失一般性，取 $|z_1| < 1$。这意味着极点 z_1 位于单位圆内部，而 z_2 位于单位圆外部（除非二者都位于单位圆上）。根据留数定理，积分等于单元圆内极点的留数，即

$$I = 2\pi\mathrm{i} \frac{2\mathrm{i}w}{\pi} \frac{1}{z_1 - z_2} = \frac{4w}{z_2 - z_1} \tag{E.4}$$

以下根据 a 的属性不同分两种情况讨论。

E.1.1 a 为实数

在 a 为实数的情况下，$w = x$。极点 $z_{1,2}$ 的取值与判别式 $x(1+x)$ 有关。

1) $x(1+x) > 0$

由 $x(1+x) > 0$ 知，$x > 0$ 或 $x < -1$，不难验证，在这两种情况下，分别有

$$0 < 2x + 1 - 2\sqrt{x(x+1)} < 1, \quad -1 < 2x + 1 + 2\sqrt{x(x+1)} < 0$$

因此，

$$z_1 = \begin{cases} 2x + 1 - 2\sqrt{x(x+1)}, & \text{当 } x > 0 \text{ 时} \\ 2x + 1 + 2\sqrt{x(x+1)}, & \text{当 } x < -1 \text{ 时} \end{cases}$$

不难得到

$$z_2 - z_1 = 4\text{sgn}(x)\sqrt{x(x+1)}$$

代入式 (E.4)，得到

$$I = \frac{x\text{sgn}(x)}{\sqrt{x(x+1)}} = \sqrt{\frac{x}{x+1}} \tag{E.5}$$

由于 x 和 $x+1$ 同号，因此可以保证根式下方的分式为正。

2) $x(1+x) < 0$

此时 $-1 < x < 0$，$z_{1,2} = 2x + 1 \mp 2\text{i}\sqrt{-x(x+1)}$。注意到

$$(2x+1)^2 - 4x(x+1) = 1$$

这意味着 z_1 和 z_2 是位于单元圆上关于实轴对称的两个点。由于积分路径恰好经过这两个极点，因此可以作小圆弧绕过这两个极点，根据小圆弧引理[1]，不难得到

$$I = \pi\text{i}\frac{2\text{i}w}{\pi}\left(\frac{1}{z_2 - z_1} + \frac{1}{z_1 - z_2}\right) = 0 \tag{E.6}$$

3) $x(1+x) = 0$

此时 $x = 0$ 或 -1，$z_1 = z_2 = \pm 1$ 为重根，从而积分具有二阶极点。由于被积函数的形式为 $f(z) = \dfrac{1}{(z - z_1)^2}$，二阶极点对应的留数为[2]

$$\left[\frac{\text{d}}{\text{d}z}(z - z_1)^2 f(z)\right]\bigg|_{z=z_1} = 0$$

---

[1] 由于这种取小圆弧的方式使得 $\theta_2 - \theta_1 = \pi$，因此效果上相当于积分为留数值的一半。

[2] 若 $z = b$ 是 $f(z)$ 的 m 阶极点，则 $f(z)$ 在 b 处的留数为

$$a_1 = \frac{1}{(m-1)!}\frac{\text{d}^{m-1}}{\text{d}z^{m-1}}(z - b)^2 f(z)\bigg|_{z=b}$$

其中，a_1 为 $(z - b)^m f(z)$ 的展开式中 $(z - b)^{m-1}$ 项的系数（参见（吴崇试，2003，第 84 页））。

从而在这种情况下，$I = 0$。

结合式 (E.5)、(E.6) 以及判别式为零时 $I = 0$ 的结论，我们得到

$$
\begin{aligned}
I &= \frac{2}{\pi}\int_0^{\frac{\pi}{2}} \frac{a}{a+b\sin^2\theta}\,\mathrm{d}\theta = \frac{2}{\pi}\int_0^{\frac{\pi}{2}} \frac{x}{x+\sin^2\theta}\,\mathrm{d}\theta \\
&= \begin{cases} \sqrt{\dfrac{x}{x+1}}, & \text{当 } x>0 \text{ 或 } x<-1 \text{ 时} \\[2mm] 0, & \text{当 } -1\leqslant x\leqslant 0 \text{ 时} \end{cases}
\end{aligned}
\tag{E.7}
$$

E.1.2　a 为复数

当 a 为复数时，$w = x + \mathrm{i}y$（$y \neq 0$），回到式 (E.3)，其中的两个极点 z_1 和 z_2 为

$$
z_{1,2} = 2w + 1 \mp 2\sqrt{w(1+w)}
$$

并且假定 $|z_1| < 1$。根据式 (E.4)，仍然需要确定 z_1 的具体表达式。

由于

$$
\sqrt{w(1+w)} = \sqrt{(x+\mathrm{i}y)(1+x+\mathrm{i}y)} = \sqrt{(x^2+x-y^2)+\mathrm{i}y(1+2x)} = \sqrt{c+\mathrm{i}d} = R\mathrm{e}^{\mathrm{i}\Phi}
$$

其中，

$$
c = x^2+x-y^2, \quad d = y(1+2x), \quad R = \sqrt[4]{(x^2+y^2)\left[(1+x)^2+y^2\right]}, \quad \Phi = \frac{1}{2}\arctan\frac{d}{|c|}^{①}
$$

因此有

$$
z_{1,2} = 1 + 2w \mp 2R\mathrm{e}^{\mathrm{i}\Phi} = (1+2x\mp 2R\cos\Phi) + 2\mathrm{i}\,(y\mp R\sin\Phi)
$$

从而

$$
\begin{aligned}
\left|z_{1,2}\right|^2 &= (1+2x\mp 2R\cos\Phi)^2 + 4\,(y\mp R\sin\Phi)^2 \\
&= (1+2x)^2 + 4(y^2+R^2) \mp 4R\left[(1+2x)\cos\Phi + 2y\sin\Phi\right]
\end{aligned}
$$

在 $-\pi/2 < \Phi < \pi/2$ 的情况下，$\cos\Phi > 0$，因此

$$
\mathrm{sgn}(\Phi) = \mathrm{sgn}(d) = \mathrm{sgn}[y(2x+1)] = \mathrm{sgn}(y)\mathrm{sgn}(2x+1)
$$

从而

$$
\mathrm{sgn}(y)\mathrm{sgn}(\sin\Phi) = [\mathrm{sgn}(y)]^2\mathrm{sgn}(2x+1) = \mathrm{sgn}(2x+1)
$$

注意到 $(1+2x)\cos\Phi = \mathrm{sgn}(2x+1)|(1+2x)\cos\Phi|$，因此有

$$
\left|z_{1,2}\right|^2 = (1+2x)^2 + 4(y^2+R^2) \mp 4\mathrm{sgn}(2x+1)\left[|(1+2x)R\cos\Phi| + |2yR\sin\Phi|\right]
$$

---

① 由于 $\sqrt{c+\mathrm{i}d}$ 是复数开平方运算，因此结果是多值的。通常我们通过限定其实部大于零的方式来确定其中的一个作为结果，例如 $\sqrt{c+\mathrm{i}d} = p + \mathrm{i}q = R\cos\Phi + \mathrm{i}R\sin\Phi$（$R>0$，$p>0$）。此时，原本在主值区间 $(-\pi,\pi]$ 取值的 Φ 被限定在 $(-\pi/2,\pi/2]$。注意到 $d = 2pq$，$p > 0$ 意味着 q 与 d 同号，这就是说 Φ 的符号仅仅取决于 d。

为了让 $|z_1| < 1$ 而 $|z_2| > 1$,当 $\mathrm{sgn}(2x+1) > 0$ 时,z_1 应当取上式中的负号,否则取正号。这样就得到

$$\begin{cases} z_1 = 1 + 2w - 2\sqrt{w(1+w)}\mathrm{sgn}(2x+1), & |z_1| < 1 \\ z_2 = 1 + 2w + 2\sqrt{w(1+w)}\mathrm{sgn}(2x+1), & |z_2| > 1 \end{cases}$$

因此,$z_2 - z_1 = 4\sqrt{w(1+w)}\mathrm{sgn}(2x+1)$。另外,注意到

$$\sqrt{w(1+w)} = \mathrm{sgn}(d)\mathrm{sgn}(y)\sqrt{w}\sqrt{1+w}①$$

所以

$$z_2 - z_1 = 4\mathrm{sgn}(d)\mathrm{sgn}(y)\mathrm{sgn}(2x+1)\sqrt{w}\sqrt{1+w} = 4\sqrt{w}\sqrt{1+w}$$

代入式 (E.4),得到

$$\boxed{I = \frac{4w}{z_2 - z_1} = \frac{w}{\sqrt{w}\sqrt{1+w}} = \frac{\sqrt{w}}{\sqrt{1+w}} \quad (y \neq 0)} \tag{E.8}$$

与式 (E.7) 比较,虽然现在 w 是复数,但是形式上与实数的情况是一致的。

E.2 $s > 1$ 的情形

在实际计算中会碰到下面形式的积分

$$M_s = \int_0^{\frac{\pi}{2}} \frac{\mathrm{d}\theta}{(c_1 - c_2\sin^2\theta)^s} \quad (s = 2, 3, \cdots, 6)$$

其中,$c_1 > c_2 > 0$。根据式 (E.7),有

$$M_1 = \int_0^{\frac{\pi}{2}} \frac{\mathrm{d}\theta}{c_1 - c_2\sin^2\theta} = \frac{\pi}{2\sqrt{c_1}\sqrt{c_1 - c_2}}$$

上式两边取对 c_1 的 i $(i = 1, 2, \cdots, 5)$ 阶导数,得到

$$-\int_0^{\frac{\pi}{2}} \frac{\mathrm{d}\theta}{(c_1 - c_2\sin^2\theta)^2} = -\frac{\pi(2c_1 - c_2)}{4[c_1(c_1 - c_2)]^{3/2}}$$

$$\int_0^{\frac{\pi}{2}} \frac{2\,\mathrm{d}\theta}{(c_1 - c_2\sin^2\theta)^3} = \frac{\pi(8c_1^2 - 8c_1c_2 + 3c_2^2)}{8[c_1(c_1 - c_2)]^{5/2}}$$

---

① 记 $\sqrt{w(1+w)} = p + \mathrm{i}q$ $(p > 0)$,$\sqrt{w} = p_1 + \mathrm{i}q_1$ $(p_1 > 0)$,$\sqrt{1+w} = p_2 + \mathrm{i}q_2$ $(p_2 > 0)$。由于

$$x + \mathrm{i}y = p_1^2 - q_1^2 + 2\mathrm{i}p_1q_1, \quad 1 + x + \mathrm{i}y = p_2^2 - q_2^2 + 2\mathrm{i}p_2q_2$$

因此 $\mathrm{sgn}(q_1) = \mathrm{sgn}(q_2) = \mathrm{sgn}(y)$。从而

$$\sqrt{w}\sqrt{1+w} = p_1p_2 - q_1q_2 + \mathrm{i}|p_1q_2 + p_2q_1|\mathrm{sgn}(y)$$

而 $\sqrt{w(1+w)} = p + \mathrm{i}q = p + \mathrm{i}|q|\mathrm{sgn}(d)$,考虑二者的虚部,不难得到

$$\sqrt{w(1+w)} = \mathrm{sgn}(d)\mathrm{sgn}(y)\sqrt{w}\sqrt{1+w}$$

$$-\int_0^{\frac{\pi}{2}} \frac{6\,\mathrm{d}\theta}{(c_1 - c_2\sin^2\theta)^4} = -\frac{3\pi(2c_1 - c_2)(8c_1^2 - 8c_1c_2 + 5c_2^2)}{16[c_1(c_1 - c_2)]^{7/2}}$$

$$\int_0^{\frac{\pi}{2}} \frac{24\,\mathrm{d}\theta}{(c_1 - c_2\sin^2\theta)^5} = \frac{3\pi(128c_1^4 - 256c_1^3c_2 + 288c_1^2c_2^2 - 160c_1c_2^3 + 35c_2^4)}{32[c_1(c_1 - c_2)]^{9/2}}$$

$$-\int_0^{\frac{\pi}{2}} \frac{120\,\mathrm{d}\theta}{(c_1 - c_2\sin^2\theta)^6} = -\frac{15\pi(2c_1 - c_2)(128c_1^4 - 256c_1^3c_2 + 352c_1^2c_2^2 - 224c_1c_2^3 + 63c_2^4)}{64[c_1(c_1 - c_2)]^{11/2}}$$

从而得到

$$M_2 = \frac{\pi(2c_1 - c_2)}{4[c_1(c_1 - c_2)]^{3/2}} \tag{E.9a}$$

$$M_3 = \frac{\pi(8c_1^2 - 8c_1c_2 + 3c_2^2)}{16[c_1(c_1 - c_2)]^{5/2}} \tag{E.9b}$$

$$M_4 = \frac{\pi(2c_1 - c_2)(8c_1^2 - 8c_1c_2 + 5c_2^2)}{32[c_1(c_1 - c_2)]^{7/2}} \tag{E.9c}$$

$$M_5 = \frac{\pi(128c_1^4 - 256c_1^3c_2 + 288c_1^2c_2^2 - 160c_1c_2^3 + 35c_2^4)}{256[c_1(c_1 - c_2)]^{9/2}} \tag{E.9d}$$

$$M_6 = \frac{\pi(2c_1 - c_2)(128c_1^4 - 256c_1^3c_2 + 352c_1^2c_2^2 - 224c_1c_2^3 + 63c_2^4)}{512[c_1(c_1 - c_2)]^{11/2}} \tag{E.9e}$$

附录 F 椭圆积分

鉴于椭圆积分在三类 Lamb 问题的广义闭合解的求解过程中都占有重要的地位，在本附录中详细介绍相关的预备知识。

F.1 椭圆积分的研究简史

在微积分学发展的初期，把积分转化为代数函数是微积分学的中心任务之一。数学家们（如约翰·伯努利和欧拉等）运用变量替换和部分分式等技术求解了许多困难的积分。莱布尼茨 (G. W. Leibniz) 最初研究积分法时，曾设想过一个 "纲领"，把积分 $\int f(x)\,\mathrm{d}x$ 都归结为已知函数的封闭形式[①]。这是一个鼓舞人心的目标，但是在求椭圆和双曲线的弧长、单摆的周期、弹性杆的弯曲等问题中，求解如下形式的积分时遇到了很大的困难：

$$I = \int_0^x \frac{1}{\sqrt{(1-t^2)(1-k^2t^2)}}\,\mathrm{d}t \quad (0 < x \leqslant 1)$$

最初这种积分出现在求椭圆弧长的问题中，因此称为椭圆积分。经过当时最杰出的一批数学家的努力，还是不能把这一类积分表示成理想的形式。1694 年雅各布·伯努利 (Jakob Bernoulli) 猜想这个任务不可能完成。这个猜想直到 1833 年得到证明。法国数学家刘维尔 (Joseph Liouville) 证明了，包括椭圆积分在内的一大类积分均不可能表示为初等函数。

一般椭圆积分的形式为

$$\int R(x,\,y)\,\mathrm{d}x, \quad y^2 = W(x) \tag{F.1}$$

其中，被积函数 R 是关于 x 和 y 的有理函数[②]，$W(x)$ 是一般的三次或四次多项式。一般形式的椭圆积分较为复杂，最早研究的一类是所谓双纽线积分。1694 年，雅各布·伯努利因其简单、漂亮而单独提出来予以考虑。事实上，这是最简单的一类椭圆积分，因此这也成了研究椭圆积分的出发点。

一般椭圆积分的研究主要是由法国数学家勒让德 (A. M. Legendre) 开展的。1783 年起，他对椭圆积分开展了持续半个世纪的系统研究。1793 年，他证明了一般椭圆积分 (F.1) 可以化为三种类型

$$K(m) = \int \frac{1}{\sqrt{1-x^2}\sqrt{1-mx^2}}\,\mathrm{d}x$$

---

① 换句话说，就是求出由初等函数以有限的加、减、乘、除形式表现出来的函数 $g(x)$，使 $g'(x) = f(x)$。这里所说的 "初等函数"，一般指代数函数（多项式以及有理分式）、指数函数及三角函数，以及它们的反函数。

② 有理函数可以表示为 $P(x)/Q(x)$ 的形式，其中 $P(x)$ 和 $Q(x)$ 是 x 的多项式（作为分母，自然地要求 $Q(x)$ 是非零的）。

$$E(m) = \int \frac{\sqrt{1 - mx^2}}{\sqrt{1 - x^2}}\, \mathrm{d}x$$

$$\Pi(n, m) = \int \frac{1}{(1 - nx^2)\sqrt{1 - x^2}\sqrt{1 - mx^2}}\, \mathrm{d}x$$

勒让德在他的三卷本专著《椭圆函数论》中发展了一系列加法公式和变换公式，以及不同参数 a 的第三类积分之间的关系。在第二卷中，他还给出了第一个椭圆积分表，这也是今天同类表的基础。图 F.1 显示了 Byrd 和 Morris (1971, p.328) 中列出的第一类不完全椭圆积分的表（部分），其中最后一列 $\varphi = 90°$ 为完全椭圆积分的取值。时至今日，椭圆积分表恐怕很少有人使用了，因为各种数学软件，比如 Maple、Matlab、Mathematica 等都提供了相关的内部函数，可以方便地调用计算。

$$F(\varphi, k) = \int_0^\varphi \frac{\mathrm{d}\vartheta}{\sqrt{1 - k^2 \sin^2\vartheta}}$$

arcsin k	φ						
	60°	65°	70°	75°	80°	85°	90°
0°	1.047198	1.134464	1.221730	1.308997	1.396263	1.483530	1.570796
1°	1.047244	1.134521	1.221799	1.309078	1.396357	1.483636	1.570916
2°	1.047385	1.134693	1.222005	1.309320	1.396637	1.483955	1.571275
3°	1.047619	1.134979	1.222348	1.309723	1.397014	1.484488	1.571874
4°	1.047946	1.135380	1.222828	1.310288	1.397758	1.485233	1.572712
5°	1.048367	1.135895	1.223446	1.311015	1.398599	1.486193	1.573792
6°	1.048882	1.136526	1.224202	1.311905	1.399629	1.487368	1.575114
7°	1.049490	1.137271	1.225096	1.312957	1.400848	1.488758	1.576678
8°	1.050193	1.138132	1.226128	1.314173	1.402256	1.490365	1.578487
9°	1.050989	1.139107	1.227299	1.315553	1.403855	1.492189	1.580541
10°	1.051879	1.140199	1.228610	1.317098	1.405645	1.494234	1.582843
11°	1.052863	1.141407	1.230061	1.318808	1.407628	1.496499	1.585394
12°	1.053942	1.142730	1.231652	1.320685	1.409806	1.498986	1.588197
13°	1.055114	1.144171	1.233384	1.322730	1.412179	1.501699	1.591254
14°	1.056381	1.145728	1.235258	1.324943	1.414749	1.504637	1.594568
15°	1.057742	1.147402	1.237275	1.327326	1.417518	1.507805	1.598142
16°	1.059498	1.149195	1.239435	1.329980	1.420487	1.511205	1.601979
17°	1.060749	1.151105	1.241739	1.332607	1.423660	1.514838	1.606081
18°	1.062394	1.153134	1.244188	1.335508	1.427037	1.518709	1.610454
19°	1.064134	1.155282	1.246784	1.338585	1.430622	1.522820	1.615101
20°	1.065969	1.157550	1.249526	1.341839	1.434416	1.527174	1.620026
21°	1.067899	1.159937	1.252417	1.345272	1.438422	1.534776	1.625234
22°	1.069924	1.162445	1.255457	1.348886	1.442644	1.536629	1.630729
23°	1.072044	1.165075	1.258647	1.352683	1.447084	1.541736	1.636517
24°	1.074260	1.167825	1.261990	1.356665	1.451745	1.547103	1.642604
25°	1.076570	1.170698	1.265485	1.360835	1.456630	1.552734	1.648995
26°	1.078976	1.173694	1.269134	1.365194	1.461744	1.558633	1.655697
27°	1.081477	1.176812	1.272939	1.649744	1.467089	1.568407	1.662716
28°	1.084073	1.1S0055	1.276900	1.374490	1.472670	1.571259	1.670059
29°	1.086765	1.183421	1.281021	1.379432	1.478490	1.577997	1.677735
30°	1.089551	1.186913	1.285301	1.384575	1.484555	1.585026	1.685750
31°	1.092431	1.190529	1.289742	1.389920	1.490868	1.592353	1.694114
32°	1.095407	1.194272	1.294346	1.395470	1.497434	1.599984	1.702836
33°	1.098476	1.198140	1.299115	1.401229	1.504258	1.607927	1.711925
34°	1.101639	1.202135	1.304049	1.407201	1.511346	1.616189	1.721391
35°	1.104895	1.206257	1.309151	1.413387	1.518703	1.624779	1.731245
36°	1.108245	1.210505	1.314422	1.419792	1.526335	1.633704	1.741499
37°	1.111686	1.214882	1.319864	1.426419	1.534248	1.624974	1.752165
38°	1.115219	1.219385	1.325478	1.433272	1.542447	1.652599	1.763256
39°	1.118843	1.224016	1.331265	1.440354	1.550941	1.662588	1.774786
40°	1.122557	1.228775	1.337228	1.447669	1.559734	1.672952	1.786769
41°	1.126359	1.233661	1.343368	1.455222	1.568836	1.683703	1.799222
42°	1.130249	1.238674	1.349685	1.463016	1.578253	1.694852	1.812160
43°	1.134225	1.243813	1.356182	1.471055	1.587993	1.706411	1.825602
44°	1.138285	1.249079	1.362860	1.479343	1.598065	1.718395	1.839567
45°	1.142429	1.254470	1.369719	1.487885	1608477	1.730817	1.854075
arcsin k	60°	65°	70°	75°	80°	85°	90°
	φ						

图 F.1　第一类不完全椭圆积分表 (Byrd and Morris, 1971, p. 328)

勒让德之后，挪威数学家阿贝尔（N. H. Abel）和德国数学家雅可比 (C. G. Jacobi) 继续（独立地）发展椭圆积分的理论。他们意识到应从椭圆积分的反函数出发进行研究，最终建立了椭圆函数理论，曾经是 19 世纪数学研究的中心课题之一，但是"现在已经完全淹没在现代数学的汪洋大海之中，很少有人再提起了"[①]。

① 胡作玄. 近代数学史. 济南：山东教育出版社，2006: 513。

F.2 椭圆积分的标准形式

勒让德证明了一般的椭圆积分经过初等替换，在不计一个初等函数被加项的条件下，可以归结为下面三类标准的雅可比形式的椭圆积分

$$K(z, m) = \int_0^z \frac{1}{\sqrt{1-x^2}\sqrt{1-mx^2}}\, \mathrm{d}x \tag{F.2a}$$

$$E(z, m) = \int_0^z \frac{\sqrt{1-mx^2}}{\sqrt{1-x^2}}\, \mathrm{d}x \tag{F.2b}$$

$$\Pi(z, n, m) = \int_0^z \frac{1}{(1-nx^2)\sqrt{1-x^2}\sqrt{1-mx^2}}\, \mathrm{d}x \tag{F.2c}$$

其中，m 和 n 是参数，$m \in (0, 1)$，n 为小于 1[①]的实数或复数。当 $z = 1$ 时，称为完全椭圆积分。它们的记号与上面的相同，只是去掉 z 即可，即 $K(m)$、$E(m)$ 和 $\Pi(n, m)$。经过替换 $x = \sin\varphi$，雅可比形式的三类椭圆积分可以化为勒让德形式的椭圆积分

$$K(\varphi|m) = \int_0^\varphi \frac{1}{\sqrt{1-m\sin^2\theta}}\, \mathrm{d}\theta \tag{F.3a}$$

$$E(\varphi|m) = \int_0^\varphi \sqrt{1-m\sin^2\theta}\, \mathrm{d}\theta \tag{F.3b}$$

$$\Pi(n, \varphi|m) = \int_0^\varphi \frac{1}{(1-n\sin^2\theta)\sqrt{1-m\sin^2\theta}}\, \mathrm{d}\theta \tag{F.3c}$$

$\varphi = \pi/2$ 时为完全椭圆积分。这几个标准的椭圆积分是最基础也最简单的三类椭圆积分，目前已经被深入地研究，数值算法也比较成熟。在 Matlab 中，求解这几类椭圆积分的函数分别是 ellipticK、ellipticE 和 ellipticPi。

总而言之，形如 $\int R\left(x, \sqrt{W(x)}\right)\, \mathrm{d}x$ 的积分（其中 $W(x)$ 是次数 $n = 3$ 或 4 的多项式），其结果可以由初等函数和式 (F.2) 或 (F.3) 中的三个椭圆积分的有限次加、减、乘、除的运算来表达。

F.3 化四次多项式为勒让德标准形式

实现上述目标的第一步，是将根式下方的普遍形式的四次多项式化为勒让德标准形式[②]。设四次多项式 $P_4(x)$ 的四个根为 x_i $(i = 1, 2, 3, 4)$，可以将 $P_4(x)$ 表示为两个二次多项式的乘积

$$P_4(x) = P_2^{(1)}(x) P_2^{(2)}(x)$$

[①] 实际问题中有时会遇到 $n > 1$ 的情况，这被称为双曲型情形 (hyperbolic case)。这种情况下，积分区间内存在奇点，但可计算主值意义下的积分值。在 F.5 节将对这种情况予以讨论。

[②] 即 $Q^*(x) = (1-x^2)(1-mx^2)$，参见式 (F.2)。这是椭圆积分相关研究中的重要课题，例如菲赫金哥尔茨的《微积分学教程》（高等教育出版社，2006，第 291～293 目，第二卷，第 66～72 页）就介绍了一般性的处理方法。不过，本节介绍的方法（高本庆，1991，第 130～135 页）虽然思路上不如菲氏的直接，但是结果更为简洁。为了读者参阅方便，本节基本上按照高本庆 (1991) 的内容叙述。

其中

$$P_2^{(1)}(x) = p_1 x^2 + 2q_1 x + r_1 = p_1(x - x_1)(x - x_2) \tag{F.4a}$$

$$P_2^{(2)}(x) = p_2 x^2 + 2q_2 x + r_2 = p_2(x - x_3)(x - x_4) \tag{F.4b}$$

F.3.1　辅助变换：消去两个三项式中的一次项

引入参数 λ 和 ξ，使得 $P_2^{(1)} - \lambda P_2^{(2)}$ 可以表示为含有 ξ 的完全平方式

$$P_2^{(1)}(x) - \lambda P_2^{(2)}(x) = (p_1 - \lambda p_2)(x - \xi)^2 = (p_1 - \lambda p_2)x^2 + 2(q_1 - \lambda q_2)x + (r_1 - \lambda r_2)$$

比较第二个等号两边 x 的同次项系数，得到

$$\xi = -\frac{q_1 - \lambda q_2}{p_1 - \lambda p_2}, \qquad \xi^2 = -\frac{r_1 - \lambda r_2}{p_1 - \lambda p_2}$$

从而得到分别关于 λ 和 ξ 的两个方程：

$$(q_2^2 - p_2 r_2)\lambda^2 + (p_1 r_2 + p_2 r_1 - 2q_1 q_2)\lambda + (q_1^2 - p_1 r_1) = 0 \tag{F.5a}$$

$$(p_1 q_2 - p_2 q_1)\xi^2 + (p_1 r_2 - p_2 r_1)\xi + (q_1 r_2 - q_2 r_1) = 0 \tag{F.5b}$$

以下首先考察满足方程 (F.5b) 的 ξ_1 和 ξ_2 的性质。一元二次方程 (F.5b) 的判别式为

$$\Delta = (p_1 r_2 - p_2 r_1)^2 - 4(p_1 q_2 - p_2 q_1)(q_1 r_2 - q_2 r_1)$$

根据式 (F.4)，比较两侧的系数，我们得到 $q_1 = -\dfrac{1}{2}p_1(x_1 + x_2)$、$q_2 = -\dfrac{1}{2}p_2(x_3 + x_4)$、$r_1 = p_1 x_1 x_2$ 和 $r_2 = p_2 x_3 x_4$，代入上式，得到

$$\Delta = p_1^2 p_2^2 (x_1 - x_3)(x_1 - x_4)(x_2 - x_3)(x_2 - x_4)$$

注意到一元四次方程 $P_4(x) = 0$ 的根有三种情况：

(1) 四个根全是实数。我们可以选取 $x_1 > x_2 > x_3 > x_4$，从而 $\Delta > 0$；

(2) 有两个根是实数，另外两个根是互为共轭的复数。这种情况下，$(x_1 - x_3)(x_2 - x_3) = |x_1 - x_3|^2$，$(x_1 - x_4)(x_2 - x_4) = |x_1 - x_4|^2$，从而 $\Delta > 0$；

(3) 四个根全是复数，两两互为共轭。有 $(x_1 - x_3)(x_2 - x_4) = |x_1 - x_3|^2$，$(x_1 - x_4)(x_2 - x_3) = |x_1 - x_4|^2$，从而 $\Delta > 0$。

所以 $\Delta > 0$ 恒成立，从而 ξ_1 和 ξ_2 是实数。另一方面，方程 (F.5a) 的判别式

$$\begin{aligned}\Delta &= (p_1 r_2 + p_2 r_1 - 2q_1 q_2)^2 - 4(q_1^2 - p_1 r_1)(q_2^2 - p_2 r_2) \\ &= (p_1 r_2 - p_2 r_1)^2 - 4(p_1 q_2 - p_2 q_1)(q_1 r_2 - q_2 r_1)\end{aligned}$$

与式 (F.5b) 的判别式完全相同，因此 λ_1 和 λ_2 也是实数。

在式 (F.5b) 中，如果二次项系数 $p_1 q_2 - p_2 q_1 \neq 0$，则有两个实根 ξ_1 和 ξ_2；设与之对应的方程 (F.5a) 的两个实根为 λ_1 和 λ_2，则有

$$P_2^{(1)} - \lambda_1 P_2^{(2)} = (p_1 - \lambda_1 p_2)(x - \xi_1)^2, \qquad P_2^{(1)} - \lambda_2 P_2^{(2)} = (p_1 - \lambda_2 p_2)(x - \xi_2)^2$$

由此可解得

$$P_2^{(1)}(x) = b_1(x - \xi_1)^2 + c_1(x - \xi_2)^2, \qquad P_2^{(2)}(x) = b_2(x - \xi_1)^2 + c_2(x - \xi_2)^2 \tag{F.6}$$

其中，

$$b_1 = \frac{\lambda_2 p_1 - \lambda_1 \lambda_2 p_2}{\lambda_2 - \lambda_1} = \frac{p_1 \xi_2 + q_1}{\xi_2 - \xi_1}, \qquad c_1 = -\frac{\lambda_1 p_1 - \lambda_1 \lambda_2 p_2}{\lambda_2 - \lambda_1} = -\frac{p_1 \xi_1 + q_1}{\xi_2 - \xi_1} \tag{F.7a}$$

$$b_2 = \frac{p_1 - \lambda_1 p_2}{\lambda_2 - \lambda_1} = \frac{p_2 \xi_2 + q_2}{\xi_2 - \xi_1}, \qquad c_2 = -\frac{p_1 - \lambda_2 p_2}{\lambda_2 - \lambda_1} = -\frac{p_2 \xi_1 + q_2}{\xi_2 - \xi_1} \tag{F.7b}$$

令 $z = \dfrac{x - \xi_1}{x - \xi_2}$，代入式 (F.6)，从而得到

$$P_4(x) = P_2^{(1)}(x) P_2^{(2)}(x) = (x - \xi_2)^4 Q(z), \qquad Q(z) \triangleq (b_1 z^2 + c_1)(b_2 z^2 + c_2) \tag{F.8}$$

F.3.2 转化成勒让德标准形式

由于标准的勒让德形式的椭圆积分式 (F.2) 中含有的根式为 $Q^*(x) = (1 - x^2)(1 - mx^2)$，因此需要借助于变量替换将式 (F.8) 中的 $Q(z)$ 转化为勒让德标准形式 $Q^*(z)$。由于 b_1、b_2、c_1 和 c_2 可能有不同的正负取值，因此 $Q(z)$ 必为下列六种形式之一：

$$(a^2 - z^2)(b^2 - z^2), \quad (z^2 - a^2)(z^2 - b^2), \quad (a^2 - z^2)(z^2 - b^2)$$

$$(a^2 - z^2)(z^2 + b^2), \quad (z^2 - a^2)(z^2 + b^2), \quad (z^2 + a^2)(z^2 + b^2)$$

其中，a 和 b 为实常数。针对不同的形式采取不同的变换可以达到将其转化成 $Q^*(t)$ 的目的，为了查阅方便，总结列在表 F.1 中。

表 F.1　将 $Q(z)$ 转化为勒让德标准形式 $Q^*(t) = (1 - t^2)(1 - mt^2)$

$Q(z)$	条件	采取的变换	m	$\dfrac{\mathrm{d}z}{\sqrt{Q(z)}}$
$(a^2 - z^2)(b^2 - z^2)$	$a > b > z$	$z = bt$	$\dfrac{b^2}{a^2}$	$\dfrac{\mathrm{d}t}{a\sqrt{Q^*(t)}}$
$(z^2 - a^2)(z^2 - b^2)$	$z > a > b$	$z = \dfrac{a}{t}$	$\dfrac{b^2}{a^2}$	$-\dfrac{\mathrm{d}t}{a\sqrt{Q^*(t)}}$
$(a^2 - z^2)(z^2 - b^2)$	$a > z > b$	$z = a\sqrt{1 - mt^2}$	$\dfrac{a^2 - b^2}{a^2}$	$-\dfrac{\mathrm{d}t}{a\sqrt{Q^*(t)}}$
$(a^2 - z^2)(z^2 + b^2)$	$a > z$	$z = a\sqrt{1 - t^2}$	$\dfrac{a^2}{a^2 + b^2}$	$-\dfrac{\mathrm{d}t}{\sqrt{a^2 + b^2}\sqrt{Q^*(t)}}$
$(z^2 - a^2)(z^2 + b^2)$	$z > a$	$z = \dfrac{a}{\sqrt{1 - t^2}}$	$\dfrac{b^2}{a^2 + b^2}$	$-\dfrac{\mathrm{d}t}{\sqrt{a^2 + b^2}\sqrt{Q^*(t)}}$
$(z^2 + a^2)(z^2 + b^2)$	$a > b$	$z = \dfrac{a\sqrt{1 - t^2}}{t}$	$\dfrac{a^2 - b^2}{a^2}$	$-\dfrac{\mathrm{d}t}{a\sqrt{Q^*(t)}}$

一般情况下，被积函数中除了根式以外，还有其他因子，比如积分

$$\int_0^1 \frac{R(z^2)\,\mathrm{d}z}{\sqrt{Q^*(z)}} \tag{F.9}$$

其中，$Q^*(z) = (1 - z^2)(1 - mz^2)$ $(0 < m < 1)$，我们的目标是把它用勒让德标准形式的三类椭圆积分（见式 (F.2)）表示。以下简述做法（菲赫金哥尔茨，2006，第 293 目，第二卷，第 70~72 页）。首先注意到，式 (F.9) 中的积分是下面两种积分的线性组合

$$I_i = \int_0^1 \frac{z^{2i}\, \mathrm{d}z}{\sqrt{Q^*(z)}} \ (i = 0, 1, 2, \cdots) \tag{F.10a}$$

$$H_j = \int_0^1 \frac{\mathrm{d}z}{(z^2 + a)^j \sqrt{Q^*(z)}} \ (j = 1, 2, \cdots) \tag{F.10b}$$

对于积分 I_i，考虑如下等式

$$\frac{\mathrm{d}}{\mathrm{d}z}\left[z^{2i-3}\sqrt{Q^*(z)}\right] = (2i-3)z^{2i-4}\sqrt{Q^*(z)} + z^{2i-2}\frac{2mz^2 - (m+1)}{\sqrt{Q^*(z)}}$$

$$= \frac{(2i-1)mz^{2i} - 2(i-1)(m+1)z^{2i-2} + (2i-3)z^{2i-4}}{\sqrt{Q^*(z)}}$$

对上式作从 0 到 1 的积分，得到

$$(2i-1)mI_i - 2(i-1)(m+1)I_{i-1} + (2i-3)I_{i-2} = \left[z^{2i-3}\sqrt{Q^*(z)}\right]\Big|_0^1 = 0 \tag{F.11}$$

这是一个递推关系式，根据 I_0 和 I_1 就可以得到所有的 I_i $(i \geqslant 2)$。注意到式 (F.2) 中标准形式的椭圆积分的定义，有 $K(m) = I_0$ 和 $E(m) = I_0 - mI_1$，不难得到 $I_1 = -\frac{1}{m}\big[E(m) - K(m)\big]$。因此我们用标准形式的椭圆积分 $K(m)$ 和 $E(m)$ 可以表示所有的 I_i $(i \geqslant 0)$。

类似地，对于积分 H_j，考虑如下等式

$$\frac{\mathrm{d}}{\mathrm{d}z}\left[\frac{z\sqrt{Q^*(z)}}{(z^2+a)^{j-1}}\right] = \frac{1}{Q^*(z)}\left[\frac{Q^{*2}(z)}{(z^2+a)^{j-1}} + \frac{z^2(2mz^2 - m - 1)}{(z^2+a)^{j-1}} - \frac{2(j-1)z^2 Q^{*2}(z)}{(z^2+a)^j}\right]$$

$$= \frac{2(j-1)a(a+1)(am+1)}{(z^2+a)^j} - \frac{(2j-3)\big[1 + 2a(m+1) + 3ma^2\big]}{(z^2+a)^{j-1}}$$

$$+ \frac{2(i-2)\big[(m+1) + 3ma\big]}{(z^2+a)^{j-2}} - \frac{(2j-5)m}{(z^2+a)^{j-3}}$$

同样地，对上式作从 0 到 1 的积分，得到

$$2(j-1)a(a+1)(am+1)H_j - (2j-3)\big[1 + 2a(m+1) + 3ma^2\big]H_{j-1}$$
$$+ 2(j-2)\big[(m+1) + 3ma\big]H_{j-2} - (2j-5)mH_{j-3} = \left[\frac{z\sqrt{Q^*(z)}}{(z^2+a)^{j-1}}\right]\Big|_0^1 = 0 \tag{F.12}$$

因此，所有的 H_j $(j \geqslant 2)$ 可通过

$$H_1 = \frac{1}{a}\Pi\left(-\frac{1}{a}, m\right), \quad H_0 = K(m) \tag{F.13a}$$

$$H_{-1} = I_1 + aI_0 = \frac{1}{m}\big[(am+1)K(m) - E(m)\big] \tag{F.13b}$$

表示出来。这样，我们就实现了用 $K(m)$、$E(m)$ 和 $\Pi(n, m)$ 表示式 (F.9) 中积分的目标。

F.4 椭圆积分的级数表达

第一类椭圆积分 $K(m)$ 和 $E(m)$ 只有一个介于 0 和 1 之间的参数 m，可以通过分析将其展开成级数求和的形式 (Byrd and Morris, 1971, 第 297~302 页)：

$$K(m) = \frac{\pi}{2}\left\{1 + \sum_{i=1}^{\infty}\left[\frac{(2i-1)!!}{(2i)!!}\right]^2 m^i\right\}$$

$$= \frac{\pi}{2}\left[1 + \frac{1}{4}m + \frac{9}{64}m^2 + \frac{25}{256}m^3 + \frac{1225}{16384}m^4 + \frac{3696}{65536}m^5 + \cdots\right] \qquad \text{(F.14a)}$$

$$E(m) = \frac{\pi}{2}\left\{1 - \sum_{i=1}^{\infty}\left[\frac{(2i-1)!!}{(2i)!!}\right]^2 \frac{m^i}{2i-1}\right\}$$

$$= \frac{\pi}{2}\left[1 - \frac{1}{4}m - \frac{3}{64}m^2 - \frac{5}{256}m^3 - \frac{175}{16384}m^4 - \frac{441}{65536}m^5 - \cdots\right] \qquad \text{(F.14b)}$$

此外，第三类椭圆积分 $\Pi(n,m)$ 也可以类似地表示成级数形式

$$\Pi(n,m) = \begin{cases} \displaystyle\sum_{i=0}^{\infty} r_i m^i, & |n| > 1 \\ \displaystyle\frac{\pi}{2}\sum_{i=0}^{\infty}\sum_{j=0}^{\infty}\frac{(2i)!(2j)!}{4^i 4^j (i!)^2 (j!)^2}m^j n^{i-j}, & |n| < 1 \end{cases}$$

其中，r_i 是与 n 有关的表达式（具体表达式从略，详见（Byrd and Morris, 1971, 第 301 页））。

这些级数展开式为三类椭圆积分的计算提供了一种可能的途径。以第一类椭圆积分 $K(m)$ 和第二类椭圆积分 $E(m)$ 为例，图 F.2 中显示了式 (F.14) 取不同的项数（$N = 3$、4 和 5 分别代表取到 m^3、m^4 和 m^5 项）的级数展开结果与用 Matlab 内部函数 ellipticK 和 ellipticE 计算的结果的比较。以 Matlab 内部函数的结果为"准确解"，对两类椭圆积分分别定义相对误差为

$$\varepsilon_K(m) = \frac{|K(m) - K^*(m)|}{\max|K^*(m)|}, \qquad \varepsilon_E(m) = \frac{|E(m) - E^*(m)|}{\max|E^*(m)|} \qquad \text{(F.15)}$$

其中，$K^*(m)$ 和 $E^*(m)$ 为 Matlab 的计算结果。图 F.2 中显示，对于两类椭圆积分，在 m 接近于 0 时级数展开的相对误差很小，但是相对误差随着 m 的增加而迅速增大，在 m 接近 1 时尤甚。虽然随着所取的项数增多（即 N 增大），误差减小，但是这个整体的趋势是相似的。这意味着为了在 m 的全域满足给定的误差，级数展开需要取较多的项。

图 F.2 揭示的现象不难理解，级数展开形式表达的效果必然随着 m 的减小而更佳。这自然地造成这样的结果：对于要求达到的精度（比如 10^{-7}），不同的 m 所取的项数不同，如何确定所取项数 N 是一个问题，特别是对于接近于 1 的情况，理论上需要取无穷多项。这说明级数展开更多的只有理论上的意义，并不适合椭圆积分的数值计算。

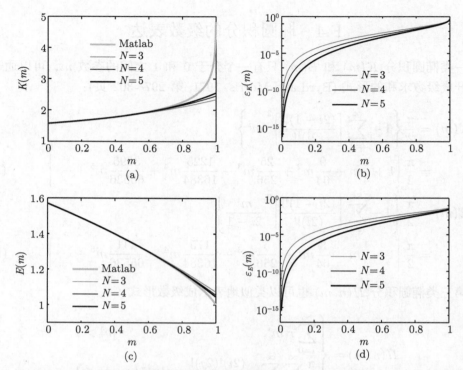

图 F.2　第一类和第二类椭圆积分级数展开结果与 Matlab 内部函数计算结果的比较

(a) $K(m)$ 的计算结果比较；(b) $K(m)$ 的级数展开解的相对误差 $\varepsilon_K(m)$；(c) $E(m)$ 的计算结果比较；(b) $E(m)$ 的级数展开解的相对误差 $\varepsilon_E(m)$。"Matlab" 代表用 Matlab 的内部函数计算的结果，"$N=3$"、"$N=4$" 和 "$N=5$" 分别代表式 (F.14) 取到 m^3、m^4 和 m^5 项的结果。相对误差定义见式 (F.15)

F.5　椭圆积分的数值计算

有不同的方案可以得到椭圆积分的数值结果。本节将研究几种不同的计算方案，并通过综合比较计算精度和效率，确定一种在保证 $\sim 10^{-8}$ 精度的前提下，用于计算三类椭圆积分的最高效的计算策略。

我们将比较以下三种计算方案的精度和效率。

(1) 方案 1：采用 Gauss 求积策略直接数值计算椭圆积分。

(2) 方案 2：对于第一类和第二类椭圆积分计算渐近解（第三类椭圆积分没有渐近解）。

(3) 方案 3：采用 Carlson 算法计算三类椭圆积分。

我们选取采用 Matlab 的函数 ellipticK、ellipticE 和 ellipticPi 计算的结果作为上述各种方案比较的标准。在比较各种方案的精度之后，最后将比较它们的计算效率（连同在 Matlab 里采用 integral 直接数值计算椭圆积分的方案）。

F.5.1　方案 1：Gauss 求积策略

Kausel (2012) 在研究第一类 Lamb 问题的数值实现中，采用了 Gauss 积分的策略。我们将首先研究这种方案。Gauss 积分是一种插值型求积的策略，通过选择求积节点使求积的代数精度达到最高。这种策略应用的前提是被积函数的变化相对比较平缓。因此，在应用之前考察被积函数的性质是个必要的工作。

首先面临的问题是，式 (F.2) 和 (F.3) 分别给出了雅可比形式和勒让德形式的椭圆积分，二者是等价的，但是具体选择哪一种进行数值积分呢？图 F.3 给出了两种形式下三类椭圆积分被积函数随相应的积分变量 x 和 θ 的变化。对于图 F.3 (a) 中的雅可比形式被积函数而言，在积分变量 x 接近 1 时，被积函数迅速增大。事实上，对于完全椭圆积分而言，$x = 1$ 是一个可去极点。通过转化成勒让德形式，这个奇异性消失了，图 F.3 (b) 显示了在整个积分区间上，被积函数不存在奇异性。这个性质表明，从数值积分的角度看，毫无疑问应该选择勒让德形式的积分。

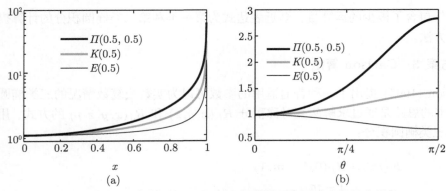

图 F.3 $m = 0.5$ 和 $n = 0.5$ 时的三类椭圆积分被积函数变化
(a) 雅可比形式，见式 (F.2)；(b) 勒让德形式，见式 (F.3)

Gauss 求积本质上是用多项式逼近被积函数来实现数值求解的，因此积分精度直接取决于多项式对于被积函数的逼近程度。根据图 F.3 (a) 中被积函数的特点，我们采取 Kausel (2012) 的方案，将积分区间等分成两段，分别进行 N 点 Gauss 积分求解。以第一类椭圆积分 $K(m)$ 为例，

$$K(m) = \int_0^{\frac{\pi}{2}} \frac{1}{\sqrt{1 - m\sin^2\theta}}\,\mathrm{d}\theta = \int_0^{\frac{\pi}{4}} \frac{1}{\sqrt{1 - m\sin^2\theta}}\,\mathrm{d}\theta + \int_{\frac{\pi}{4}}^{\frac{\pi}{2}} \frac{1}{\sqrt{1 - m\sin^2\theta}}\,\mathrm{d}\theta$$

$$= A\int_{-1}^1 \frac{\mathrm{d}t}{\sqrt{1 - m\sin^2[A(1+t)]}} + A\int_{-1}^1 \frac{\mathrm{d}t}{\sqrt{1 - m\sin^2[A(3+t)]}} \quad \left(A = \frac{\pi}{8}\right)$$

$$= A\sum_{i=1}^N \left\{ \frac{w_i}{\sqrt{1 - m\sin^2[A(1+p_i)]}} + \frac{w_i}{\sqrt{1 - m\sin^2[A(3+p_i)]}} \right\}$$

其中，p_i 和 w_i 分别为 N 点 Gauss 求积的节点位置和权重。

F.5.2 方案 2：渐近解

Abramowitz 和 Stegun (1964, 第 591~592 页) 给出了前两类椭圆积分的渐近表达式：

$$K(m) = [a_0 + a_1 m_1 + \cdots + a_4 m_1^4] + [b_0 + b_1 m_1 + \cdots + b_4 m_1^4]\ln(1/m_1) + \varepsilon(m)$$

$$E(m) = [c_0 + c_1 m_1 + \cdots + c_4 m_1^4] + [d_0 + d_1 m_1 + \cdots + d_4 m_1^4] \ln(1/m_1) + \varepsilon(m)$$

其中, $m_1 = 1 - m$, $|\varepsilon(m)| \leqslant 2 \times 10^{-8}$,

$a_0 = 1.38629436112$, $b_0 = 0.50000000000$, $c_0 = 1.00000000000$, $d_0 = 0.00000000000$

$a_1 = 0.09666344259$, $b_1 = 0.12498593597$, $c_1 = 0.44325141463$, $d_1 = 0.24998368310$

$a_2 = 0.03590092383$, $b_2 = 0.06880248576$, $c_2 = 0.06260601220$, $d_2 = 0.09200180037$

$a_3 = 0.03742563713$, $b_3 = 0.03328355346$, $c_3 = 0.04757383546$, $d_3 = 0.04069697526$

$a_4 = 0.01451196212$, $b_4 = 0.00441787012$, $c_4 = 0.01736506451$, $d_4 = 0.00526449639$

由于仅包含了极少的运算量, 渐近表达式为第一类和第二类椭圆积分的计算提供了高效的计算方法。

F.5.3 方案 3: Carlson 算法

Carlson (1995) 提出了一种普遍适用的参数可以为实数或复数情况的三类椭圆积分的算法。基本的思路是通过求解两类对称积分 $R_F(x, y, z)$ 和 $R_J(x, y, z, p)$ 的方式, 用它们的组合形成三类椭圆积分:

$$K(m) = R_F(0, 1 - m, 1)$$
$$E(m) = \frac{1 - m}{3} [R_J(0, 1 - m, 1, 1) + R_J(0, 1, 1 - m, 1 - m)]$$
$$\Pi(n, m) = K(m) + \frac{n}{3} R_J(0, 1 - m, 1, 1 - n)$$

其中, $R_F(x, y, z)$ 和 $R_J(x, y, z, p)$ 的定义为

$$R_F(x, y, z) = \frac{1}{2} \int_0^\infty \frac{1}{\sqrt{(t + x)(t + y)(t + z)}} \, \mathrm{d}t$$
$$R_J(x, y, z, p) = \frac{3}{2} \int_0^\infty \frac{1}{(t + p)\sqrt{(t + x)(t + y)(t + z)}} \, \mathrm{d}t$$

它们的数值计算算法如下 (Carlson, 1995)。

(1) $R_F(x, y, z)$ 的算法。

假定 $r < 3 \times 10^{-4}$。令 $(x_0, y_0, z_0) = x, y, z$, 并且

$$A_0 = \frac{x + y + z}{3}, \qquad Q = (3r)^{-1/6} \max\{|A_0 - x|, |A_0 - y|, |A_0 - z|\}$$

对于 $m = 0, 1, 2, \cdots$, 定义

$$\lambda_m = \sqrt{x_m}\sqrt{y_m} + \sqrt{x_m}\sqrt{z_m} + \sqrt{y_m}\sqrt{z_m}, \quad A_{m+1} = \frac{A_m + \lambda_m}{4}$$
$$x_{m+1} = \frac{x_m + \lambda_m}{4}, \quad y_{m+1} = \frac{y_m + \lambda_m}{4}, \quad z_{m+1} = \frac{z_m + \lambda_m}{4}$$

所有的平方根运算结果都取实部为正。对于 $m = 0, 1, 2, \cdots, n$，计算 A_m，其中 n 满足 $4^{-n}Q < |A_n|$。定义

$$X = \frac{A_0 - x}{4^n A_n}, \quad Y = \frac{A_0 - y}{4^n A_n}, \quad Z = -X - Y, \quad E_2 = XY - Z^2, \quad E_3 = XYZ$$

则 $R_F(x, y, z)$ 的取值为

$$R_F(x, y, z) \approx \frac{1}{\sqrt{A_n}} \left(1 - \frac{1}{10}E_2 + \frac{1}{14}E_3 + \frac{1}{24}E_2^2 - \frac{3}{44}E_2 E_3 \right)$$

(2) $R_J(x, y, z, p)$ 的算法。

假定 $r < 10^{-4}$。令 $(x_0, y_0, z_0, p_0) = x, y, z, p$，并且

$$A_0 = \frac{x + y + z + 2p}{5}, \quad \delta = (p - x)(p - y)(p - z)$$

$$Q = (r/4)^{-1/6} \max\{|A_0 - x|, |A_0 - y|, |A_0 - z|, |A_0 - p|\}$$

对于 $m = 0, 1, 2, \cdots$，定义

$$\lambda_m = \sqrt{x_m}\sqrt{y_m} + \sqrt{x_m}\sqrt{z_m} + \sqrt{y_m}\sqrt{z_m}, \quad A_{m+1} = \frac{A_m + \lambda_m}{4}$$

$$x_{m+1} = \frac{x_m + \lambda_m}{4}, \quad y_{m+1} = \frac{y_m + \lambda_m}{4}, \quad z_{m+1} = \frac{z_m + \lambda_m}{4}, \quad p_{m+1} = \frac{p_m + \lambda_m}{4}$$

$$d_m = \left(\sqrt{p_m} + \sqrt{x_m}\right)\left(\sqrt{p_m} + \sqrt{y_m}\right)\left(\sqrt{p_m} + \sqrt{z_m}\right), \quad e_m = \frac{\delta}{64^m d_m^2}$$

所有的平方根运算结果都取实部为正。对于 $m = 0, 1, 2, \cdots, n$，计算 A_m，其中 n 满足 $4^{-n}Q < |A_n|$。定义

$$X = \frac{A_0 - x}{4^n A_n}, \quad Y = \frac{A_0 - y}{4^n A_n}, \quad Z = \frac{A_0 - z}{4^n A_n}, \quad P = -\frac{X + Y + Z}{2}$$

$$E_2 = XY + YZ + XZ - 3P^2, \quad E_3 = XYZ + 3E_2 P + 4P^3$$

$$E_4 = (2XYZ + E_2 P + 3P^3)P, \quad E_5 = XYZP^2$$

则 $R_J(x, y, z, p)$ 的取值为

$$R_J(x, y, z, p) \approx \frac{1}{4^n A_n^{3/2}} \left(1 - \frac{3}{14}E_2 + \frac{1}{6}E_3 + \frac{9}{88}E_2^2 - \frac{3}{22}E_4 - \frac{9}{52}E_2 E_3 + \frac{3}{26}E_5 \right)$$

$$+ 6 \sum_{m=0}^{n-1} \frac{1}{4^m d_m} R_F(1, 1 + e_m, 1 + e_m)$$

F.5.4 几种方案计算精度的比较

F.5.4.1 第一类和第二类椭圆积分

图 F.4 中显示了采用上述三种方案计算第一类和第二类椭圆积分的相对误差（定义参见式 (F.15)）。图 F.4 (a) 和 (b) 为参数 m 全域 (0,1) 的相对误差分布情况，渐近解和

Carlson 算法的结果在全域内相对误差都在 10^{-8} 附近，但是 Guass 积分得到的结果有所不同：在这个区间的绝大部分，Gauss 积分的结果误差都在 10^{-8} 左右，但是，m 在接近于 1 的附近取值时，相对误差明显增大。图 F.4 (c) 和 (d) 分别为图 F.4 (a) 和 (b) 在 $(0.9,1)$ 区间内的局部放大图。从中可以看出，在误差显著增大的 m 区间内，随着 Gauss 积分点数的增加，误差整体呈现下降趋势，并且误差显著增大的 m 范围在缩小。

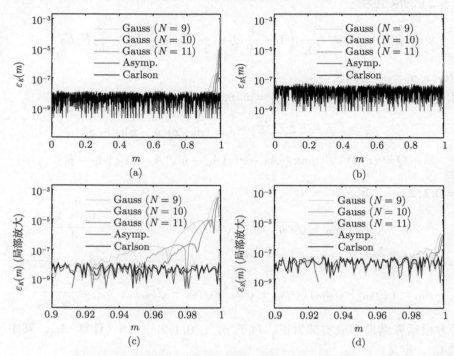

图 F.4 第一类和第二类椭圆积分几种方案计算精度的比较

(a) 第一类椭圆积分 $K(m)$ 计算精度 ε_K 的比较；(b) 第二类椭圆积分 $E(m)$ 计算精度 ε_E 的比较；(c) (a) 中 $(0.9,1)$ 区间的局部放大；(d) (b) 中 $(0.9,1)$ 区间的局部放大。"Gauss($N=9$)"、"Gauss($N=10$)" 和 "Gauss($N=11$)" 分别代表 9 点、10 点和 11 点 Gauss 积分的结果，"Asymp." 代表渐近解的结果，"Carlson" 代表采用 Carlson 算法的结果。相对误差 $\varepsilon_K(m)$ 和 $\varepsilon_E(m)$ 定义见式 (F.15)

为什么在 m 接近于 1 时，Gauss 积分的结果误差会显著增加？为了探究这个问题，图 F.5 中给出了第一类和第二类椭圆积分的被积函数随 m 和 θ 的变化曲面。m 接近于 1 时，曲面在 θ 接近于 $\pi/2$ 时出现陡峭的变化。对于第一类椭圆积分而言，见图 F.5 (a)，垂直的坐标轴显示的是被积函数的 $1/10$，因此实际上曲面抬升得要更为陡峭。这一点不难理解，因为在这个范围内被积函数的分母接近于零。第二类椭圆积分在这个范围内的曲面相比于其他范围内的也出现显著的改变，见图 F.5 (b)，但是由于不存在奇点，变化不像第一类椭圆积分那样剧烈。前面曾经提到过，应用 Guass 积分的前提是被积函数随积分变量的变化比较平缓，对于这种被积函数的陡峭变化，采用多项式拟合误差必然会增大。

F.5.4.2 第三类椭圆积分

第三类椭圆积分相比于前两类而言，由于多了一个参数 n 而更为复杂。这个参数，在我们研究的问题中，不仅可以取实数，而且可以取复数。因此在研究不同方案的积分精度时，需要针对不同的 n 取值讨论。

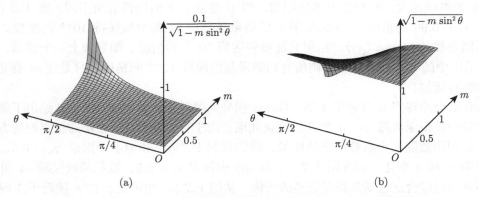

(a) (b)

图 F.5 第一类和第二类椭圆积分的被积函数随 m 和 θ 的变化曲面

(a) 第一类椭圆积分 $K(m)$ 的曲面；(b) 第二类椭圆积分 $E(m)$ 的曲面。两个水平坐标轴分别为 m 和 θ，它们的范围分别为 $(0,1)$ 和 $(0,\pi/2)$

针对几个典型的 n 的取值，在图 F.6 中，给出了不同点数的 Gauss 积分的结果和采用 Carlson 算法计算结果的相对误差。当 $n = -0.5$ 和 0.5 时，见图 F.6 (a) 和 (b)，相对误差的分布特征与图 F.4 (a) 中的 $K(m)$ 的特征相同，Carlson 算法的结果仍然在 m 的全

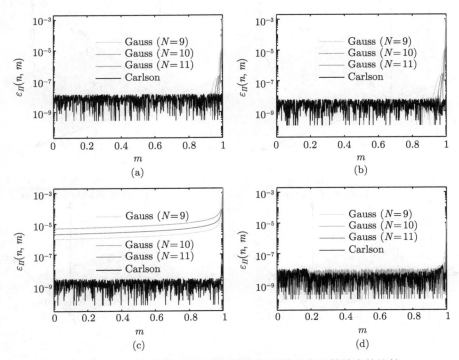

图 F.6 不同 n 取值时第三类椭圆积分几种方案计算精度的比较

(a) $n = -0.5$；(b) $n = 0.5$；(c) $n = 0.99$；(d) $n = 0.99 + 2i$，此时结果为复数，这里显示了实部的相对误差。"Gauss($N = 9$)"、"Gauss($N = 10$)" 和 "Gauss($N = 11$)" 分别代表 9 点、10 点和 11 点 Gauss 积分的结果，"Carlson" 代表采用 Carlson 算法的结果。相对误差 $\varepsilon_{\Pi}(n, m)$ 的定义类似于式 (F.15)

域保持 10^{-8} 的精度，几个不同点数的 Gauss 积分在 $(0, 0.9)$ 区间内精度也在 10^{-8}，但是随着 m 的继续增大，相对误差迅速增加。当 n 接近于 1 时图像有所不同。图 F.6 (c) 中显示了 $n = 0.99$ 的情况，Carlson 算法的结果还是在 m 的全域保持 10^{-8} 的精度，但是几个不同点数的 Gauss 积分的结果只能最多达到 10^{-6} 的精度。如果加上一个虚部，比如图 F.4 (d) 中的 $n = 0.99 + 2\text{i}$，则所有的结果都能保持 10^{-8} 的精度，只是在 m 接近于 1 时误差略有增加。

为什么会出现当 n 接近于 1 时，Gauss 积分的误差会显著增加？图 F.7 绘出了第三类椭圆积分的被积函数随 m、n 和 θ 的变化曲面。由于有三个参数，很难通过直观的方式同时显示被积函数随三个参数变化的图像，我们在图 F.7 (a) 和 (b) 中固定 $m = 0.5$，被积函数仅随 n 和 θ 变化，而在图 F.7 (c) 和 (d) 中固定 $n = 0.5$，被积函数仅随 m 和 θ 变化。不难通过综合这些结果获得完整的图像。从图 F.7 (a) 中可见，在 n 接近于 1 时，被积函数在 θ 接近 $\pi/2$ 时迅速增加，注意到图中对于被积函数缩小了 100 倍，实际的被积函数变化将更为陡峭，意味着在这种情况下，采用 Gauss 积分策略将有较大的误差。这仅是 $m = 0.5$ 的情况，当 m 趋近于 1 时，被积函数的变化将更为剧烈，见图 F.7 (c) 和 (d)。这就解释了图 F.6 (c) 中 Gauss 积分普遍误差较大的原因。

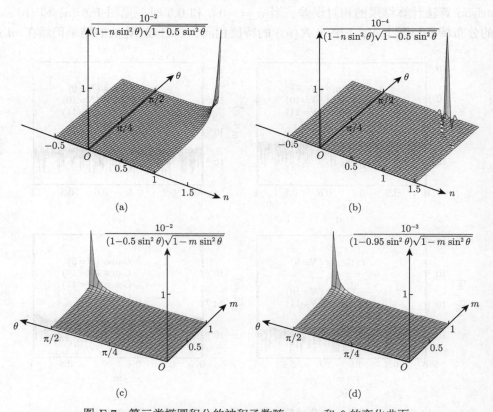

图 F.7 第三类椭圆积分的被积函数随 m、n 和 θ 的变化曲面

(a) $m = 0.5$ 时被积函数随 n 和 θ 的变化曲面，$-0.5 < n < 1$，被积函数缩小了 10^2 倍；(b) 与 (a) 相同，区别在于 $-0.5 < n < 1.5$，被积函数缩小了 10^4 倍；(c) $n = 0.5$ 时被积函数随 m 和 θ 的变化曲面，被积函数缩小了 10^2 倍；(d) 与 (c) 相同，区别在于 $n = 0.95$，被积函数缩小了 10^3 倍

尤其需要提到的是，在第一类 Lamb 问题的计算中，对于 P 波项和 S$_1$ 波项，当 $\bar{t} > \bar{t}_R$（Rayleigh 波到时）时，会出现 $n > 1$ 的第三类椭圆积分。而在一般的第三类椭圆积分定义中，是不包括 $n > 1$ 的。因为显然在这种情况下，被积函数在 $(0, \pi/2)$ 的范围内将出现奇点。具体地说，当 $\theta = \arcsin(1/\sqrt{n})$ 时，被积函数分母为零，见式 (F.3c)。图 F.7 (b) 中显示了 $m = 0.5$ 时，第三类椭圆积分的被积函数随 n 和 θ 的变化情况，在 $n = 1$ 和 $\theta = \pi/2$ 附近，被积函数出现极点。当 $n > 1$ 时，被积函数在 $\theta = \arcsin(1/\sqrt{n})$ 时均有奇异性。注意到图 F.7 (b) 的被积函数缩小了 10^4 倍，而且由于绘图网格有一定的尺寸，因此 $n > 1$ 的奇异性显示得并不明显。为了清楚地看到这种奇异性，图 F.8 (a) 和 (b) 给出了 $n > 1$ 时的两个取值时 $(m = 0.5)$ 第三类椭圆积分的被积函数随 θ 的变化曲线。很明显，在 $\theta = 1.47$ 和 0.96（分别对应于 $84.3°$ 和 $54.7°$）处被积函数存在奇点。这种性质的奇异性（奇点附近左右两侧函数符号相反）可以求其主值意义下的积分。Abramowitz 和 Stegun (1964, 第599 页, 第 17.7.9 节) 中给出了结果：

$$\Pi(n, m) = K(m) - \Pi(m/n, m) \quad (n > 1, 0 < m < 1) \tag{F.16}$$

另一方面，尽管 $n > 1$ 时存在这种奇异性，一旦加上了一个虚部，奇异性就不复存在，如图 F.8 (c) 和 (d) 中所示。此时通常的积分策略均可奏效。

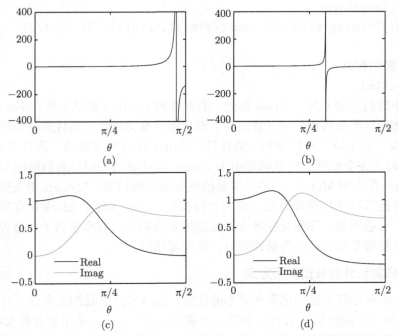

图 F.8　$n > 1$ 和 $n(m = 0.5)$ 为复数时第三类椭圆积分的被积函数随 θ 的变化曲线
(a) $n = 1.01$；(b) $n = 1.5$；(c) $n = 1.01 + 2\mathrm{i}$；(d) $n = 1.5 + 2\mathrm{i}$。"Real" 和 "Imag" 分别代表实部和虚部

F.5.5　几种方案计算效率的比较

以上我们比较了几种方案的计算精度，在保证一定精度的前提下，效率如何就决定了其是否具有应用价值。表 F.2 给出了以上讨论的几种求解椭圆积分的方案的计算时间比较，

作为对比，还显示了在 Matlab 中利用矢量和循环实现的数值积分，以及利用矢量实现的椭圆积分[①]。

表 F.2 几种方案计算 10^4 次三类椭圆积分的计算时间 (s) 比较（计算精度 10^{-8}）

积分策略	$K(m)$	$E(m)$	$\Pi(n,m)$ (n 为实数)	$\Pi(n,m)$ (n 为复数)
9 点 Gauss 积分	1.56×10^{-2}	1.56×10^{-2}	1.56×10^{-2}	1.56×10^{-2}
10 点 Gauss 积分	1.56×10^{-2}	1.56×10^{-2}	1.56×10^{-2}	1.56×10^{-2}
11 点 Gauss 积分	1.56×10^{-2}	1.56×10^{-2}	1.56×10^{-2}	1.56×10^{-2}
渐近解	6.25×10^{-4}	6.25×10^{-4}		
Carlson 算法	3.12×10^{-2}	6.25×10^{-2}	7.81×10^{-2}	2.18×10^{-1}
Matlab 矢量数值积分	4.38×10^{-2}	2.93×10^{-2}	5.43×10^{-2}	1.22×10^{-1}
Matlab 循环数值积分	10.86	10.86	11.03	11.36
Matlab 矢量椭圆积分	8.37	9.10	29.82	41.92

首先说明在 Matlab 中实现矢量数值积分、循环数值积分和矢量椭圆积分的方式。以第一类椭圆积分 $K(m)$ 的计算为例，事先定义 dm=1e-4; m=dm:dm:1-dm。

(1) 矢量数值积分：

```
integral(@(x)1./sqrt(1-m.*sin(x).^2),0,pi/2,'ArrayValued',true)
```

(2) 循环数值积分：

```
for j=1:length(m)
    res(j)=integral(@(x)1./sqrt(1-m(j).*sin(x).^2),0,pi/2);
end
```

(3) 矢量椭圆积分：

```
ellipticK(m)
```

表 F.2 中的前三种方案（Gauss 积分、渐近解和 Carlson 算法）均在 Fortran 中实现。对于第一类和第二类椭圆积分的计算而言，渐近解具有无可比拟的优势，单次计算仅需要 10^{-6} s 的量级。对于第三类椭圆积分的计算，Gauss 积分效率最高，而且 9 点、10 点和 11 点积分的时间完全相同，这意味着由于 Gauss 点选取的不同导致的时间差异是可以忽略的。Carlson 算法和 Matlab 中的矢量数值积分的量级相当。Matlab 用矢量方式实现的数值积分效率远远高于用循环方式实现的数值积分，这也体现了 Matlab 在矩阵运算方面的巨大优势。有趣的是，即便是循环方式实现的数值积分，效率也高于矢量方式实现的椭圆积分，对于复数变量的第三类椭圆积分，甚至高几倍。

F.5.6 三类椭圆积分的数值实现方案

经过以上各种计算方案的精度和效率的比较，综合考虑，我们选定如下计算方案。

(1) 对于第一类椭圆积分 $K(m)$ 和第二类椭圆积分 $E(m)$，采用渐近解求解。

(2) 对于第三类椭圆积分 $\Pi(n,m)$，若 $n>1$，首先根据式 (F.16) 将其转化为 $n<1$ 的情况。对于 $\mathrm{Re}(n)<0.9$ 且 $m<0.9$ 的情况，采用 10 点 Gauss 积分求解；其余情况采用 Carlson 算法求解。

[①] 利用循环实现椭圆积分的计算用时极大增加，不具有比较意义，这里就没有显示了。

附录 G　多项式系数的求解

在求解广义闭合解的过程中，首先采用变量替换实现 Rayleigh 函数的有理化以及被积函数中分子的有理化。例如，在式 (7.2.3) 中，被积函数分子中矩阵 $\mathbf{M}^{(\xi)}$ 和 $\mathbf{M}^{(\xi)}_{,k'}$ 的元素均可表示为关于 x 的多项式，见表 7.2.1 和表 7.2.2。根据多项式的系数 $C^{\mathrm{P}(\xi)}_{ij,m}$ 和 $C^{\mathrm{P}(\xi)}_{ijk,m}$ 可以进一步求得部分分式的展开系数，但是，由于 $\mathbf{M}^{(\xi)}$ 和 $\mathbf{M}^{(\xi)}_{,k'}$ 的元素中涉及的因子 $\bar{p}$、$\bar{q}$ 和 γ 等表达式较为复杂，根据它们的组合显式地得到这些多项式系数是非常繁琐的。如何方便地得到这些多项式的系数，是得到广义闭合解必须要解决的问题。

本附录运用擅长符号运算的数学软件 Maple，以表 7.2.1 中第一行的 $M^{(1)}_{11}$ 为例，根据操作步骤详细说明获得它对应的多项式系数 $C^{\mathrm{P}(1)}_{11,m}$ $(m = 1, 2, \cdots, 8)$ 的方法，其余的类似操作即可。

(1) 根据式 (7.2.1)，首先给 g、η^2_β、$\bar{p}$、$\bar{q}$ 和 ϵ 赋值。在 Maple 中，输入以下命令：

```
restart: g:=-k^2+x^2; eta2:=-k^2+x^2+1; q:=(x*cos(theta)-t)/sin(theta);
p:=sqrt(x^2-2*x*t*cos(theta)+t^2-k^2*sin(theta)^2)/sin(theta);
epsilon:=q^2*cos(phi)^2-p^2*sin(phi)^2;
```

屏幕显示为

$$
\begin{aligned}
&\mathrm{restart} : \mathrm{g} := x^2 - k^2;\ \mathrm{eta2} := x^2 + 1 - k^2;\ \mathrm{q} := \frac{x \cdot \cos(\mathrm{theta}) - t}{\sin(\mathrm{theta})}; \\
&\mathrm{p} := \frac{\mathrm{sqrt}\left(x^2 - 2\,x \cdot t \cdot \cos(\mathrm{theta}) + t^2 - k^2 \cdot \sin(\mathrm{theta})^2\right)}{\sin(\mathrm{theta})}; \\
&\mathrm{epsilon} := \mathrm{q}^2 \cdot \cos(\mathrm{phi})^2 - \mathrm{p}^2 \cdot \sin(\mathrm{phi})^2;
\end{aligned}
$$

运行后，屏幕显示

$$
\begin{aligned}
&-k^2 + x^2 \\
&-k^2 + x^2 + 1 \\
&\frac{x\,\cos(\theta) - t}{\sin(\theta)} \\
&\frac{\sqrt{x^2 - 2\,x\,t\,\cos(\theta) + t^2 - k^2\,\sin(\theta)^2}}{\sin(\theta)} \\
&\frac{(x\,\cos(\theta) - t)^2\,\cos(\phi)^2}{\sin(\theta)^2} - \frac{\left(x^2 - 2\,x\,t\,\cos(\theta) + t^2 - k^2\,\sin(\theta)^2\right)\,\sin(\phi)^2}{\sin(\theta)^2}
\end{aligned}
$$

(2) 根据表 7.2.1 中第一行中 $M^{(1)}_{11}$ 的具体表达式赋值，输入

```
M11 := 8*x^2*g*eta2*epsilon; sort(expand(M11), x);
```

expand 命令代表展开多项式 M11，sort 代表将多项式按照 x 的幂次降序排列。运行上述命令后得到

```
M11 := 8·x^2·g·eta2·epsilon; sort(expand(M11), x);
```

$$8\ x^2\ (-k^2+x^2)\ (-k^2+x^2+1)\left(\frac{(x\cos(\theta)-t)^2\ \cos(\phi)^2}{\sin(\theta)^2}-\frac{(x^2-2\ x\ t\cos(\theta)+t^2-k^2\sin(\theta)^2)\ \sin(\phi)^2}{\sin(\theta)^2}\right)$$

$$-\frac{8\sin(\phi)^2\ x^8}{\sin(\theta)^2}+\frac{8\cos(\phi)^2\ \cos(\theta)^2\ x^8}{\sin(\theta)^2}+\frac{16\sin(\phi)^2\ t\cos(\theta)\ x^7}{\sin(\theta)^2}-\frac{16\cos(\phi)^2\ t\cos(\theta)\ x^7}{\sin(\theta)^2}+8\sin(\phi)^2\ k^2\ x^6$$

$$-\frac{8\sin(\phi)^2\ x^6}{\sin(\theta)^2}-\frac{16\cos(\phi)^2\ \cos(\theta)^2\ k^2\ x^6}{\sin(\theta)^2}+\frac{8\cos(\phi)^2\ \cos(\theta)^2\ x^6}{\sin(\theta)^2}+\frac{8\cos(\phi)^2\ t^2\ x^6}{\sin(\theta)^2}+\frac{16\sin(\phi)^2\ k^2\ x^6}{\sin(\theta)^2}$$

$$-\frac{8\sin(\phi)^2\ t^2\ x^6}{\sin(\theta)^2}+\frac{16\sin(\phi)^2\ t\cos(\theta)\ x^5}{\sin(\theta)^2}-\frac{16\cos(\phi)^2\ t\cos(\theta)\ x^5}{\sin(\theta)^2}+\frac{32\cos(\phi)^2\ t\cos(\theta)\ k^2\ x^5}{\sin(\theta)^2}$$

$$-\frac{32\sin(\phi)^2\ t\cos(\theta)\ k^2\ x^5}{\sin(\theta)^2}+8\sin(\phi)^2\ k^2\ x^4-16\sin(\phi)^2\ k^4\ x^4+\frac{16\sin(\phi)^2\ t^2\ k^2\ x^4}{\sin(\theta)^2}+\frac{8\cos(\phi)^2\ \cos(\theta)^2\ k^4\ x^4}{\sin(\theta)^2}$$

$$-\frac{16\cos(\phi)^2\ t^2\ k^2\ x^4}{\sin(\theta)^2}-\frac{8\cos(\phi)^2\ \cos(\theta)^2\ k^2\ x^4}{\sin(\theta)^2}+\frac{8\cos(\phi)^2\ t^2\ x^4}{\sin(\theta)^2}+\frac{8\sin(\phi)^2\ k^2\ x^4}{\sin(\theta)^2}-\frac{8\sin(\phi)^2\ t^2\ x^4}{\sin(\theta)^2}$$

$$-\frac{8\sin(\phi)^2\ k^4\ x^4}{\sin(\theta)^2}+\frac{16\cos(\phi)^2\ t\cos(\theta)\ k^2\ x^3}{\sin(\theta)^2}-\frac{16\sin(\phi)^2\ t\cos(\theta)\ k^2\ x^3}{\sin(\theta)^2}+\frac{16\sin(\phi)^2\ t\cos(\theta)\ k^4\ x^3}{\sin(\theta)^2}$$

$$-\frac{16\cos(\phi)^2\ t\cos(\theta)\ k^4\ x^3}{\sin(\theta)^2}-8\sin(\phi)^2\ k^4\ x^2+8\sin(\phi)^2\ k^6\ x^2+\frac{8\sin(\phi)^2\ t^2\ k^2\ x^2}{\sin(\theta)^2}+\frac{8\cos(\phi)^2\ t^2\ k^4\ x^2}{\sin(\theta)^2}$$

$$-\frac{8\sin(\phi)^2\ t^2\ k^4\ x^2}{\sin(\theta)^2}-\frac{8\cos(\phi)^2\ t^2\ k^2\ x^2}{\sin(\theta)^2}$$

运行结果显示，Maple 已经将展开的多项式按照 x 的幂次由高到低排列了。

(3) 将相同的幂次结果拷贝，并执行因式分解（命令为 factor），得到紧凑的格式。例如对于 x^2 执行这个操作，命令和执行结果为

$$\mathrm{factor}\left(-\frac{8\cos(\phi)^2\ t^2\ k^2\ x^2}{\sin(\theta)^2}+\frac{8\sin(\phi)^2\ t^2\ k^2\ x^2}{\sin(\theta)^2}+\frac{8\cos(\phi)^2\ t^2\ k^4\ x^2}{\sin(\theta)^2}-\frac{8\sin(\phi)^2\ t^2\ k^4\ x^2}{\sin(\theta)^2}\right.$$

$$\left.-8\sin(\phi)^2\ k^4\ x^2+8\sin(\phi)^2\ k^6\ x^2\right)$$

$$\frac{8\ k^2\ x^2\ (k-1)\ (k+1)\ \left(\sin(\theta)^2\ \sin(\phi)^2\ k^2+\cos(\phi)^2\ t^2-\sin(\phi)^2\ t^2\right)}{\sin(\theta)^2}$$

将这个结果稍微整理一下，就得到了对应的多项式系数

$$C_{11,2}^{\mathrm{P}(1)}=\frac{8k^2k'^2}{\sin^2\theta}\left(k^2\sin^2\theta\sin^2\phi+\bar{t}^2\cos2\phi\right)\tag{G.1}$$

再以 x^4 项为例，命令和执行结果为

$$\mathrm{factor}\left(+\frac{8\cos(\phi)^2\ \cos(\theta)^2\ k^4\ x^4}{\sin(\theta)^2}-\frac{16\cos(\phi)^2\ t^2\ k^2\ x^4}{\sin(\theta)^2}+\frac{16\sin(\phi)^2\ t^2\ k^2\ x^4}{\sin(\theta)^2}\right.$$

$$+\frac{8\cos(\phi)^2\ t^2\ x^4}{\sin(\theta)^2}+\frac{8\sin(\phi)^2\ k^2\ x^4}{\sin(\theta)^2}-\frac{8\sin(\phi)^2\ t^2\ x^4}{\sin(\theta)^2}-\frac{8\sin(\phi)^2\ k^4\ x^4}{\sin(\theta)^2}$$

$$\left.+8\sin(\phi)^2\ k^2\ x^4-16\sin(\phi)^2\ k^4\ x^4\right)$$

$$\frac{1}{\sin(\theta)^2}\left(8\ x^4\ \left(\cos(\phi)^2\ \cos(\theta)^2\ k^4-2\sin(\theta)^2\ \sin(\phi)^2\ k^4+\sin(\theta)^2\ \sin(\phi)^2\ k^2\right.\right.$$

$$-2\cos(\phi)^2\ t^2\ k^2-\sin(\phi)^2\ k^4+2\sin(\phi)^2\ t^2\ k^2+\cos(\phi)^2\ t^2+\sin(\phi)^2\ k^2$$

$$\left.\left.-\sin(\phi)^2\ t^2\right)\right)$$

整理这个结果，得到

$$C_{11,4}^{\mathrm{P}(1)} = \frac{8}{\sin^2\theta} \left[k^4 \left(\cos^2\theta\cos^2\phi - 2\sin^2\theta\sin^2\phi - \sin^2\phi \right) + k^2\sin^2\phi \left(1 + \sin^2\theta \right) \right.$$
$$\left. - \bar{t}^2 (2k^2 - 1)\cos 2\phi \right] \tag{G.2}$$

注意到式 (G.1) 和 (G.2) 都有一个显著的特点，就是与 $\bar{t}$ 有关的部分 $\bar{t}^2$ 是显式地与其他成分分离的，这意味着我们可以将与 $\bar{t}$ 无关的部分在时间循环之外计算，而在时间循环内，简单地乘上 $\bar{t}^2$，这样可以最大限度地节约计算，提升计算效率。

以上是以 $M_{11}^{(1)}$ 中的 x^2 和 x^4 项为例，说明了如何得到对应的多项式系数 $C_{11,2}^{\mathrm{P}(1)}$ 和 $C_{11,4}^{\mathrm{P}(1)}$。对于其他幂次的系数和其他矩阵元素的各个幂次的多项式系数，按照相似的方法处理即可。结合 Maple 软件的操作，不仅可以极大地减轻人工劳动，而且由于这其中只需要少量的乘法运算，其中相当大一部分的运算是在时间循环之外进行，这将极大地提升计算效率。

附录 H 判断奇点是否在积分围路内部或路径上

根据式 (7.2.13) 中被积函数的根式判断，$\pm iz_1$ 和 $\pm iz_2$ 为枝点，其中 iz_2 位于积分路径 Γ 和 Γ_3 的交汇处，见图 7.2.1(b)。这是个可去奇点，可通过简单的变量替换去掉奇异性。被积函数的奇异性主要来自式 (7.2.14) 中的 $K_i(z)$。注意到对于 $K_i(z)$ $(i=4,5,6,7)$ 来说，$i-3$ 阶极点 $z=1$ 位于积分路径所围区域之外，因此无需考虑。而 $K_1(z)$ 和 $K_2(z)$ 的分母中的两个根 z_0^+ 和 z_0^- 是否落在积分路径所围区域内部或积分路径上，需要仔细地分析。

图 7.2.1(b) 中的积分路径 Γ 是按如下方法构造的：将 $x = m + in\cos\varphi$ 代入分式线性变换 (7.2.12)，得到

$$z = \frac{x - \xi_1}{x - \xi_2} = \frac{m - \xi_1 + in\cos\varphi}{m - \xi_2 + in\cos\varphi}$$

因此，z 的实部和虚部分别为

$$\mathrm{Re}(z) \triangleq X = \frac{(m - \xi_1)(m - \xi_2) + n^2\cos^2\varphi}{(m - \xi_2)^2 + n^2\cos^2\varphi}, \quad \mathrm{Im}(z) \triangleq Y = \frac{(\xi_1 - \xi_2)n\cos\varphi}{(m - \xi_2)^2 + n^2\cos^2\varphi}$$

根据上式的第一个式子，有

$$\cos\varphi = \frac{m - \xi_2}{n}\sqrt{\frac{X + z_2^2}{1 - X}}$$

代入第二个式子化简，得到以 z 的实部 X 表达的虚部为

$$Y(X) = \sqrt{(z_2^2 + X)(1 - X)}$$

根据上面的分析，不难得到判断 z_0（可以为 z_0^+ 或 z_0^-）位于积分路径所围区域内部的条件为

$$-z_2^2 < \mathrm{Re}(z_0) < 0 \quad \text{且} \quad 0 < \mathrm{Im}(z_0) < Y(\mathrm{Re}(z_0))$$

而 z_0 位于在负实轴的积分路径上的条件为

$$-z_2^2 < z_0 < 0$$

这里是以 P 波项为例讨论的，但是结论对于 S 波项也成立，只是需要将 z_0 相应地替换成 z_0'，即将 ξ_1 和 ξ_2 分别替换为 ξ_1' 和 ξ_2'。

附录 I 证明位于负实轴上的积分对最终结果的贡献为零

在这个附录中，我们将证明，对于 $0.2631 < \nu < 0.5$ 的情况，有下式成立

$$H(\bar{t} - k)\mathrm{Im}\left[v_{ij,1}^{\mathrm{P}(m)}V_1^{\mathrm{P}}(y_1) + v_{ij,2}^{\mathrm{P}(m)}V_2^{\mathrm{P}}(y_1) + v_{ij,3}^{\mathrm{P}(m)}V_1^{\mathrm{P}}(y_2) + v_{ij,4}^{\mathrm{P}(m)}V_2^{\mathrm{P}}(y_2)\right.$$

$$\left. + v_{ij,5}^{\mathrm{P}(m)}V_1^{\mathrm{P}}(y_3) + v_{ij,6}^{\mathrm{P}(m)}V_2^{\mathrm{P}}(y_3)\right] = 0 \quad (m = 0, 1, 2, 3) \tag{I.1}$$

注意到部分分式的展开系数 $v_{ij,n}^{\mathrm{P}(m)}$ ($i, j = 1, 2, 3$; $m = 0, 1, 2, 3$; $n = 1, 2, \cdots, 6$) 都是根据式 (7.2.5) 计算的，对于不同的 i、j 和 m 取值，区别仅在于十次多项式的实系数 c_i ($i = 0, 1, 2, \cdots, 10$) 的具体数值不同，因此可以用式 (7.2.5) 中的 w_n ($n = 1, 2, \cdots, 6$) 来代表。我们需要证明的是，在 y_1 和 y_2 互为共轭复数的情况下，式 (I.1) 成立。

这里所谓 "证明"，其实就是计算。由于较为复杂，我们采用一种 "省事" 的方式：用 Maple 强大的符号运算功能完成 "证明"。以下详述 "证明" 的步骤。

(1) 设 $y_1 = a + \mathrm{i}b$, $y_2 = a - \mathrm{i}b$, a、b 都是实数。此外，设 c_i ($i = 0, 1, 2, \cdots, 10$) 也均为实数。根据式 (7.2.5)，给 w_i ($i = 1, 2, \cdots, 6$) 赋值。在 Maple 中，输入以下命令：

```
assume(a,'real',b,'real',y3,'real',c0,'real',c1,'real',c2,'real',c3,'real',
c4,'real',c5,'real',c6,'real',c7,'real',c8,'real',c9,'real',c10,'real');
y1:=a+I*b;  y2:=a-I*b;
w1:=(c9*y1^4-c7*y1^3+c5*y1^2-c3*y1+c1)/((y1-y2)*(y1-y3));
w2:=(-c10*y1^5+c8*y1^4-c6*y1^3+c4*y1^2-c2*y1+c0)/((y1-y2)*(y1-y3));
w3:=(c9*y2^4-c7*y2^3+c5*y2^2-c3*y2+c1)/((y2-y1)*(y2-y3));
w4:=(-c10*y2^5+c8*y2^4-c6*y2^3+c4*y2^2-c2*y2+c0)/((y2-y3)*(y2-y1));
w5:=(c9*y3^4-c7*y3^3+c5*y3^2-c3*y3+c1)/((y3-y1)*(y3-y2));
w6:=(-c10*y3^5+c8*y3^4-c6*y3^3+c4*y3^2-c2*y3+c0)/((y3-y1)*(y3-y2));
```

assume 代表给变量施加条件，这里都是设定变量为实数。屏幕显示为

```
assume(a,'real', b,'real', y3,'real', c0,'real', c1,'real', c2,'real', c3,'real',
  c4,'real', c5,'real', c6,'real', c7,'real', c8,'real', c9,'real', c10,'real');
y1 := a + I·b;  y2 := a − I·b;  w1 := (c1 − c3·y1 + c5·y1² − c7·y1³ + c9·y1⁴)/((y1 − y2)·(y1 − y3));
w2 := (c0 − c2·y1 + c4·y1² − c6·y1³ + c8·y1⁴ − c10·y1⁵)/((y1 − y2)·(y1 − y3));
w3 := (c1 − c3·y2 + c5·y2² − c7·y2³ + c9·y2⁴)/((y2 − y1)·(y2 − y3));
w4 := (c0 − c2·y2 + c4·y2² − c6·y2³ + c8·y2⁴ − c10·y2⁵)/((y2 − y3)·(y2 − y1));
w5 := (c1 − c3·y3 + c5·y3² − c7·y3³ + c9·y3⁴)/((y3 − y1)·(y3 − y2));
w6 := (c0 − c2·y3 + c4·y3² − c6·y3³ + c8·y3⁴ − c10·y3⁵)/((y3 − y1)·(y3 − y2));
```

运行后，屏幕显示

$$
a\sim + I\ b\sim
$$
$$
a\sim - I\ b\sim
$$

$$
-\frac{1}{2}\ I\ \frac{\left(c9\sim\ (a\sim + I\ b\sim)^4 - c7\sim\ (a\sim + I\ b\sim)^3 + c5\sim\ (a\sim + I\ b\sim)^2 - c3\sim\ (a\sim + I\ b\sim) + c1\sim\right)}{b\sim\ (a\sim + I\ b\sim - y3\sim)}
$$

$$
-\frac{1}{b\sim\ (a\sim + I\ b\sim - y3\sim)}\left(\frac{1}{2}\ I\ \left(-c10\sim\ (a\sim + I\ b\sim)^5 + c8\sim\ (a\sim + I\ b\sim)^4 - c6\sim\ (a\sim + I\ b\sim)^3 \right.\right.
$$
$$
\left.\left. + c4\sim\ (a\sim + I\ b\sim)^2 - c2\sim\ (a\sim + I\ b\sim) + c0\sim\right)\right)
$$

$$
\frac{\frac{1}{2}\ I\ \left(c9\sim\ (a\sim - I\ b\sim)^4 - c7\sim\ (a\sim - I\ b\sim)^3 + c5\sim\ (a\sim - I\ b\sim)^2 - c3\sim\ (a\sim - I\ b\sim) + c1\sim\right)}{b\sim\ (a\sim - I\ b\sim - y3\sim)}
$$

$$
\frac{1}{(a\sim - I\ b\sim - y3\sim)\ b\sim}\left(\frac{1}{2}\ I\ \left(-c10\sim\ (a\sim - I\ b\sim)^5 + c8\sim\ (a\sim - I\ b\sim)^4 - c6\sim\ (a\sim - I\ b\sim)^3 \right.\right.
$$
$$
\left.\left. + c4\sim\ (a\sim - I\ b\sim)^2 - c2\sim\ (a\sim - I\ b\sim) + c0\sim\right)\right)
$$

$$
\frac{c9\sim\ y3\sim^4 - c7\sim\ y3\sim^3 + c5\sim\ y3\sim^2 - c3\sim\ y3\sim + c1\sim}{(y3\sim - a\sim - I\ b\sim)\ (y3\sim - a\sim + I\ b\sim)}
$$

$$
\frac{-c10\sim\ y3\sim^5 + c8\sim\ y3\sim^4 - c6\sim\ y3\sim^3 + c4\sim\ y3\sim^2 - c2\sim\ y3\sim + c0\sim}{(y3\sim - a\sim - I\ b\sim)\ (y3\sim - a\sim + I\ b\sim)}
$$

变量后面的 "$\sim$" 代表此量已经被赋予了限制条件。

　　(2) 在 Maple 中，分别输入以下命令并运行：

```
simplify(Re(w1)-Re(w3)); simplify(Im(w1)+Im(w3)); simplify(Re(w2)-Re(w4));
simplify(Im(w2)+Im(w4)); simplify(Im(w5)); simplify(Im(w6));
```

Re 和 Im 分别代表计算实部和虚部，simplify 是化简结果的函数。运行的结果均显示为 "0"。这表明，$w_1 = w_3^*$，$w_2 = w_4^*$，w_5 和 w_6 均为实数。

　　(3) 根据式 (7.2.14)，$K_1(z)$ 和 $K_2(z)$ 相同的部分是分母，而分子都是实数，从判断实数还是复数的角度看没有分别，因此为了简便直接取分子为 1。我们分别将 $c = y_1$ 和 $c = y_2$ 的结果记为 K1 和 K2，在 Maple 中输入以下命令并运行：

```
assume(z,'real',xi1,'real',xi2,'real');
K1:=1/((xi2^2+y1)*z^2-(2*(xi1*xi2+y1))*z+xi1^2+y1);
K2:=1/((xi2^2+y2)*z^2-(2*(xi1*xi2+y2))*z+xi1^2+y2);
```

屏幕显示为

```
assume(z,'real', xi1,'real', xi2,'real');
```
$$
K1 := \frac{1}{\left(\xi2^2 + y1\right)\cdot z^2 - 2\cdot(xi1\cdot xi2 + y1)\cdot z + \left(\xi1^2 + y1\right)};
$$
$$
K2 := \frac{1}{\left(\xi2^2 + y2\right)\cdot z^2 - 2\cdot(xi1\cdot xi2 + y2)\cdot z + \left(\xi1^2 + y2\right)};
$$
$$
\frac{1}{\left(\xi2\sim^2 + a\sim + I\ b\sim\right)\ z\sim^2 - 2\ \left(\xi1\sim\ \xi2\sim + a\sim + I\ b\sim\right)\ z\sim + \xi1\sim^2 + a\sim + I\ b\sim}
$$
$$
\frac{1}{\left(\xi2\sim^2 + a\sim - I\ b\sim\right)\ z\sim^2 - 2\ \left(\xi1\sim\ \xi2\sim + a\sim - I\ b\sim\right)\ z\sim + \xi1\sim^2 + a\sim - I\ b\sim}
$$

再分别输入以下命令并运行：

```
simplify(Re(K1)-Re(K2)); simplify(Im(K1)+Im(K2));
```

结果都为零。这说明 K1 和 K2 互为共轭复数。因此，我们有：$V_i^{\mathrm{P}}(y_1) = V_i^{\mathrm{P}*}(y_2)$ $(i = 1, 2)$。同时，注意到当 $c = y_3$ 时，$V_i^{\mathrm{P}}(y_3)$ $(i = 1, 2)$ 为实数。

(4) 最后，结合 (2) 和 (3) 中的讨论，不难得到

$$v_1^{P(k)} V_1^P(y_1) = \left[v_3^{P(k)} V_1^P(y_2) \right]^*, \quad v_2^{P(k)} V_2^P(y_1) = \left[v_4^{P(k)} V_2^P(y_2) \right]^* \quad (k = 0, 1, 2, 3)$$

以及

$$\mathrm{Im}\left[v_5^{P(k)} V_1^P(y_3) \right] = \mathrm{Im}\left[v_6^{P(k)} V_2^P(y_3) \right] = 0 \quad (k = 0, 1, 2, 3)$$

由此得知式 (I.1) 成立。

后 记

　　把我们有关 Lamb 问题广义闭合解的研究做一个详细的介绍并推广，一直是我最近若干年的心愿。出于完整性和系统性的考虑，在下册书中从 Cagniard-de Hoop 方法开始，到二维问题的闭合解，再到三维问题的积分解，这些作为必要的铺垫，并且在具体地介绍三类 Lamb 问题的广义闭合解之后，最终以 Lamb 问题的应用——运动源问题的广义闭合解作为结束，对于求解过程中出现的若干技术细节还补充了为数众多的附录，最终拉拉杂杂地竟成了一本 500 多页的大部头。从篇幅上看，对于读者并不"友好"。我想在书的最后聊一些与本书涉及的研究以及书的写作相关的背后的故事和体会，或许对激发潜在读者的阅读兴趣能起到些积极的作用。

　　在上册的后记中，已经叙述了部分创作背景。由于下册的核心内容是我们有关广义闭合解的研究，再补充些相关的背景是必要的。在书中多次提及，Johnson (1974) 给出的完备的积分解，是自 Lamb 问题问世之后 70 年间研究的集大成之作。后续进一步的理论工作多半是基于此开展的。由于早年在这篇论文上下了不少功夫，因此对于积分解，我是非常熟悉的，并且在教授理论地震学课的时候还通过明确地拆分 Johnson (1974) 论文中式 (26) 中的 S 波项的方式，澄清了一些模糊的地方。我指导的博士生冯禧在上课的过程中，对相关的问题产生了兴趣，通过研究已有的第一类 Lamb 问题的广义闭合解的论文 (Richards, 1979; Kausel, 2012) 产生了一个大胆的想法：是否可以将这个第二类，甚至第三类积分也采用类似的方式化简得到广义闭合解呢？这是一个很难的目标，将积分拆解最终化为闭合解与标准椭圆积分的组合，需要克服无数的技术困难。凭借扎实的数学功底，他成功地实现了在一个统一的求解框架中完成了第二类、第三类，以及运动源的广义闭合解的求解 (Feng and Zhang, 2018, 2020, 2021; 冯禧, 2021)。由于研究难度和时间所限，冯禧毕业之前的研究注意力主要集中于方法本身，并未对计算效率给予关注。不过要想使广义闭合解真正体现巨大优势，计算效率问题就是决定成败的临门一脚。为此，我在下册书的写作过程中，除了对公式予以系统化和简洁化以外，还有针对性地对广义闭合解计算过程中的两个关键因素：部分分式系数和三类标准椭圆积分的计算予以最大程度的优化。目前书中呈现的就是优化之后的结果，对于几类 Lamb 问题 Green 函数及其一阶导数的计算，特别是第三类问题，相比于积分解都达到了数量级的效率提升。我们可以充分自信地声称，到此为止，传统的三类 Lamb 问题（以及相关的扩展问题——运动源 Lamb 问题）得到了圆满的解决。

　　回顾这个历程，我想，用"幸运"和"感激"两个词来形容心情是恰当的。我们师徒二人都幸运地接触到了这个研究领域，对这个地震学中的经典问题产生了浓厚的兴趣，并付出了艰苦的努力。在这个过程中深切地感受到在 Lamb 问题的研究历史上，研究者是如何一步一步地在前人工作的基础上推进工作的。这个过程好比接力赛，每一棒都离不开之前队员的贡献。我们当然也不例外，没有 Johnson (1974) 的工作，就不会有我们后续的研究。对此我们心怀感激。同时，我们也庆幸在人生的某个阶段能有志同道合的同伴接力最终达成一个目标。缺少任何一方，都不会有当前这本书的问世。

　　研究的环节毕竟只有研究者本人参与，个中滋味也只停留在冷暖自知的阶段。如果能将研究的成果和过程让更多的人了解，并让众人也有机会花更少的力气就能体会到同样的乐趣，这个意义或许不亚于研究发现本身。将这个想法落地生根，需要付出不少心血。一路走来，有颇多感悟。把几点主要的体会跟读者分享一下，我想是有意义的。

　　Lamb 问题虽然看起来模型很简单，但是想获得圆满的解答，绝非易事。想把这个过程清晰并且尽可能简洁地叙述出来，对我来讲是个前所未有的考验。写书的过程，同时也是一个孤独的探索过程。尽管之前冯禧做过探路的工作，但是想在一个更为宏大的框架之下做到统一和简洁，并且将计算效率推到极致，很多地方必须另辟蹊径，从而面临许多新的技术困难。写作过程中多次出现"山穷水尽"的场景，但是最终还是"柳暗花明"了，而且最终呈现的一定是更接近完美的状态，这在之前毫无头绪的状态下是料想不到的。这让人不得不由衷地升起对自然规律的敬畏之心。如今完工之后，翻阅自己在几年间花费了巨大心血写成的书稿，过程中经历的苦辣酸甜历历在目，对作为写作者的我而言，感慨最深的莫过于这是一个很好的修炼途径。这些复杂的理论公式，最终都需要经历正确性的检验才有意义，一切不符合事实的错误做法在这种检验面前都无所遁形。写作过程中耗时最多的环节就是与自己的错误认识对抗的过程。明明自己推导觉得没有问题，为什么据此写的程序就是不能计算出正确的结果？我想这是所有有过 debug 经历的人都会提出的问题。只有付出足够的耐心，抽丝剥茧般地把程序所有的地方都深挖一遍，才能找出这些 bug。我曾经跟学生戏言，苏格拉底说的"未经省察的人生没有意义"的理工版本有双重的意思，没有经历 debug 的人生是不完整的。这个 bug，除了指程序中的问题之外，也指我们自身的问题，小到一个无意的疏忽，大到错误的认知。

　　我们印象中传统的理论研究是科学家就凭一支笔和一堆稿纸就得出了完美的结果，这个刻板的印象对今天的地震学理论研究已经不再成立。即便对于 Lamb 问题这样经典的问题，其最终的广义闭合解，无论是解的导出还是得到数值结果，都离不开计算机的辅助。比如，为了达到最高的计算效率，解析地获得部分分式展开的系数不可或缺，这个过程当然可以经过徒手演算得到，但是借助具有符号运算功能的软件辅助，可以省去非常多的繁琐推演工作，取得事半功倍的效果。而且更为重要的是，具体用程序实现时会发现很多在理论推导过程中难以发现的问题，比如 8.4.2 节中特殊的技术处理，仅仅靠纸和笔的推演是难以发现的。计算机对于理论研究的辅助作用，我想是七十多年前的前辈们难以想象的。这种作用甚至很大程度地降低了理论研究的门槛，使得过去只能依靠强大的理论功底和优异的科学直觉才能发现一些问题，如今通过计算机的辅助也可以达到相同的效果。而且，依赖于计算机产生的数值结果提供了公式正确性检验的终极标准，只有经过了这种严苛的检验，经过复杂推演获得的理论公式才真正地被赋予了生命。这些都表明了理论分析和数值计算之间的密切联系。灵活地将二者结合运用，将对很多方面的理论研究起到重要的推进作用。推广而言，我想，荀子讲的"君子生非异也，善假于物也"，除了字面意思之外，深层的意思可能在于我们不可抱残守缺，保持思想上的弹性，无论对于为学还是做人，才有更大的空间。

　　完成这样一部专著，在技术困难和极大的工作量面前，头脑中"坚持"和"放弃"两边打架是不可避免的。最终能够完成，我想深层次的原因还是通过某种独特性体现作品价值的强烈愿望。由于本书内容的特点，不可避免地出现大量的公式，如果从内容上到形式上做不到赏心悦目，就达不到宣传和推广的目的。为此，必须用特殊的心态面对繁重的书写任务。我始终把书当作一件艺术品来看待，在保证正确性的前提下，尽力做到形式上简洁、优美。比如第 7、8 章在几年之前曾经有过初稿，由于符号系统相对更复杂，最终全部推翻重写；再比如公式中涉及大量的符号，甚至选择什么符号表示，是拉丁字母还是希腊字母，都经过一番细致的考量。在普遍以论文和项目数量来衡量科研水平的当下，秉承工匠精神来完成一部专著是需要些想法的。除了将研究成果普及推广的愿望之外，这也是自身的一种需求。涉猎广泛固然可以体现知识广博，但长期集中精力做好一件事，如同把玩一件自己精雕细琢的艺术品一般，这何尝不也是一种美好的体验呢？"一花一世界"，在一个论题上精耕细作，借此来认识世界和体验人生，也算是一种小众的生活方式吧。

这本专著，同时也是一本详细的研究记录，我希望达到的效果是，尽量降低门槛，拉近复杂的理论工作与一般读者的距离，使阳春白雪更接地气。希望它成为铺路石，协助更多的年轻学子领略地震学的魅力、进入地震学广阔的研究领域施展才华。

张海明

2022 年 12 月